石漫滩水库历史水文资料汇编

（1952～2013）

主　编　田建设　王鸿杰　黄振离

黄河水利出版社

·郑州·

内 容 提 要

　　本书全面收集、整理、录入了淮河流域洪河水系滚河石漫滩水库以上的历史水文资料,主要内容包括资料说明、水位资料、流量资料、洪水水文要素摘录资料、水温资料、降水日表资料、降水量摘录表、短历时暴雨统计资料、蒸发资料、气温资料、风力资料、湿度资料、降水量月年统计表、流量月年统计表、"75·8"洪水调查及计算等。

　　本书可供气象防灾、历史洪水、防汛抗旱、洪水调度、工程设计等有关技术人员参考使用。

图书在版编目(CIP)数据

　　石漫滩水库历史水文资料汇编:1952～2013/田建设,
王鸿杰,黄振离主编. —郑州:黄河水利出版社,2015.11
　　ISBN　978-7-5509-1289-2

　　Ⅰ.①石…　Ⅱ.①田…　②王…　③黄…　Ⅲ.①水
库-水文资料-汇编-舞钢市-1952～2013　Ⅳ.①
TV632.614

　　中国版本图书馆 CIP 数据核字(2015)第 282422 号

组稿编辑:王路平　电话:0371-66022212　E-mail:hhslwlp@126.com

出　版　社:黄河水利出版社
　　　　地址:河南省郑州市顺河路黄委会综合楼14层　　　邮政编码:450003
发行单位:黄河水利出版社
　　　　发行部电话:0371-66026940、66020550、66028024、66022620(传真)
　　　　E-mail:hhslcbs@126.com
承印单位:郑州瑞光印务有限公司
开本:889 mm×1 194 mm　1/16
印张:37.75
字数:1 200 千字　　　　　　　　　　　　印数:1—1 000
版次:2015 年 11 月第 1 版　　　　　　　印次:2015 年 11 月第 1 次印刷

定价:200.00 元

《石漫滩水库历史水文资料汇编(1952~2013)》
编委会

主　　　编　田建设　王鸿杰　黄振离

副　主　编　张亚敏　禹万清　袁自立　杨　新

主要完成人　靳永强　翟晶晶　王培超　王冬至　王鸿燕

　　　　　　常俊超　贺旭东　赵海东　林红雨　刘　航

　　　　　　郭　宁　连　蔚　王　淼　顾思荷　王　福

　　　　　　胥春莲　刘洪武　张丽娜　程　林　范文娟

　　　　　　姜靖超　董　娜　王亚琼　田　颖　王　地

　　　　　　王　冰　齐翠阁　魏　磊　程伟涛　王为民

　　　　　　陈鹏飞　张国富　杨　峰　王增海

目　录

资 料 说 明

石漫滩水库1951年6月建在洪河的支流滚河上游,坝址位于河南省平顶山市所辖舞钢市境内,水库控制流域面积230 km²,主河道长约29.6 km,河道比降为4.27‰。全流域山区占46%,其余大部为丘陵地区。

石漫滩水库以上主要有贾岗河、水磨湾河、曹八沟河三条支流汇入,河道在流域内呈扇形分布,源短流急,洪水汇集迅猛,陡涨陡落。流域系土石质山区,有森林、灌木及杂草覆盖,水土流失较轻。

流域内有油坊山、水磨湾、袁门等多座小型水库,在一般洪水时发挥了不同程度的拦蓄作用。

在石漫滩坝址下游2 km处,有支流小东河(又称玉皇庙河)汇入滚河。

1 水文站沿革

石漫滩水库水文站于1952年1月1日设立并开始观测记录水库资料。1975年8月8日水库上游发生洪水,石漫滩水库大坝冲垮,水文设施被毁。当年10月1日在原大坝下游200 m处设立断面观测,站名石漫滩水文站,改为观测记录河道水文资料;1980年水库开始复建,水文观测断面被撤销,并在下游5 km处设立滚河李水位站;1994年水库复建,滚河李水位站被撤销,在原坝址恢复石漫滩水库水文站观测至今。

石漫滩水库先后设立柏庄、尚店、袁门、刀子岭、柴厂、尹集、石漫滩、滚河李等雨量站。本书为了反映1975年"75·8"暴雨情况,还收录了"75·8"暴雨中心林庄雨量站的降水资料。石漫滩水库以上流域1952~2013年各观测站点观测资料情况如表1所示。

表1　　　　　　　　　　　　　　观测站点情况一览表

水文编码	站名	站别	观测年份	地址
50300200	石漫滩	水库	1952~1975 1994~2013	河南省舞钢市石漫滩水库
50300300	滚河李	河道	1980~1993	河南省舞钢区武功乡滚河李村
50320050	尚店	雨量	1952~2013	河南省舞钢市尚店乡尚店村
50320100	刀子岭	雨量	1976~2013	河南省舞钢市杨庄乡刀子岭村
50320150	袁门	雨量	1956~2013	河南省舞钢市杨庄乡袁门村
50320200	柏庄	雨量	1956~2013	河南省舞钢市杨庄乡柏庄村
50320250	柴厂	雨量	1967~1985	河南省舞钢工区尹集公社柴厂村
50320300	尹集	雨量	1952~1957	河南省舞钢县尹集公社尹集村
50320350	石漫滩	雨量	1952~1980 1994-2013	河南省舞钢市石漫滩水库
50320400	滚河李	雨量	1981~1993	河南省舞钢区武功乡滚河李村

2 水文观测资料整编依据及规范

水文测验得到的数据是瞬时、离散、不连续的,必须进行水文资料审查、整编,去伪存真,才能得到连续的、有实用价值的数据。水利部水文局根据历史的发展,对水文资料的整编刊印制定出了各种规范,并不断进行修订和增补。所以,历史上的水文数据都是根据当时的水文资料整编规范进行整编的,主要的规范如下:

1955年10月《水文测站报表填制说明》;

1956年8月《水文测站暂行规范》;

1956年11月《水文资料审编刊印须知》;

1959年10月《河南省水文资料整编办法》;

1960 年 4 月《水文测验暂行规范》；

1964 年 1 月《水文资料审编刊印规范》；

1975 年 1 月《水文手册》；

1988 年 1 月《水文年鉴编印规范》；

1999 年 1 月《水文资料整编规范》；

2009 年 12 月《水文年鉴汇编刊印规范》；

2012 年 1 月《水文资料整编规范》。

由于历史上各个时期的表格设计、整编符号有差异，所以本次按《水文年鉴汇编刊印规范》(2009)、《水文资料整编规范》(2012)表格格式进行整理，并且统一了历史上的整编符号，对历史水文年鉴中刊印的错误数据进行了改正；当年表格中没有计算或统计的特征值，这次在新表格内进行了增补，无法增补的栏目空白；当年统计的数据，现在表格无此项内容时，原数据舍弃。

所有资料观测时间采用北京时间。

3 水文观测项目及资料成果表

1952 年以来，先后观测项目有水位、流量、水温、降水量、蒸发量、气温、风力、相对湿度等。除 1991 ~ 2005 年因水文年鉴停刊，资料由河南省水文水资源局保管外，所有资料全部刊印在淮河流域水文年鉴内。因历年水文资料整编规范的不同要求以及水文年鉴卷册号的调整等原因，石漫滩水库资料的测站名称变化较多，并且同一年资料，不同项目资料的站名名称也不相同，为了便于资料的使用和查找，本次对水文年鉴刊布的卷册、断面名称、项目变化情况进行了汇总，如表 2 所示。

说明：水位资料指逐日平均水位表。

流量资料指逐日平均流量表。

摘录资料指水位摘录表、水文洪水摘录表、水库要素摘录表。

水温资料指逐日水温表、月年水温统计表。

降水资料指逐日降水量表、摘录表。

表 1、2 指各时段最大降水量统计表(1)、(2)。

蒸发资料指逐日蒸发量表、月年蒸发量统计表。

气象资料指逐日气温表、逐日风力风向表、相对湿度表。

表 2   观测资料刊印卷册、站名、项目统计表

资料年份	资料所在册号	观测项目								原刊布名称	本次采用统一名称
		水位	流量	摘录	水温	降水	表 1、2	蒸发	气象		
1952	第 1、5 册	√	√	√		√		√	√	石漫滩（一）、石漫滩（二）	石漫滩水库（坝上）、石漫滩水库（出库总量）、石漫滩
1953	第 1、5 册	√	√	√		√		√	√	石漫滩（库内）、石漫滩（库外）	同上
1954	第 1、6 册	√	√	√		√		√	√	同上	同上
1955	第 1、2、5 册	√	√	√		√		√	√	同上	同上
1956	第 1、3 册	√	√	√		√		√		同上	同上
1957	第 1、2、4、5 册	√	√	√	√	√		√		同上	同上
1958 ~ 1963	第 1、2 册（合订）	√	√			√				同上	同上
1964 ~ 1966	第 1 册	√		√	√	√	√			石漫滩水库	同上
1967 ~ 1972	第 1 册	√		√		√	√			同上	同上

观测资料刊印卷册、站名、项目统计表

资料年份	资料所在册号	观测项目								原刊布名称	本次采用统一名称
		水位	流量	摘录	水温	降水	表1、2	蒸发	气象		
1973～1974	第1册	√	√	√	√	√	√			石漫滩水库（坝上）、石漫滩水库（出库总量）、石漫滩	同上
1975	第1册	√	√	√		√				同上	同上
1976	第1册	√					√			石漫滩	石漫滩
1977～1980	第1册（上、下）	√	√			√	√			同上	同上
1981～1990	第1册（上、下）	√		√		√	√			滚河李	滚河李
1991～1993	整编底稿	√		√		√	√			同上	同上
1994～1997	整编底稿	√		√		√	√			石漫滩水库（坝上）、石漫滩水库（出库总量）、石漫滩	石漫滩水库（坝上）、石漫滩水库（出库总量）、石漫滩
1998～2003	整编底稿	√	√			√	√	√		同上	同上
2004～2013	第1册（上、下）	√	√	√		√	√	√		同上	同上

4 水位资料

4.1 水位观测断面位置及基面及名称

石漫滩水文站 1975 年 8 月前有坝上、坝下两处观测断面,其中坝上为基本水尺断面,坝下水尺断面为辅助推流断面;1975 年 8 月水库垮坝后,在冲毁后的大坝坝址处,按河道断面方法观测;1980 年观测断面下迁到滚河李,仍按河道方法观测;1994 年水库复建,滚河李断面停止观测,恢复原坝上水位观测。

本次整理了石漫滩水库坝上水位、石漫滩水位、滚河李水位三个断面的资料。由于历史的原因,石漫滩水库采用的基面有五个:假定基面、测站基面、冻结基面、废黄河口(精密高)、黄海基面。其基面之间的名称及换算关系如表 3 所示。

表3　　　　　基面名称、使用时间及换算关系

年份	测站基面	基面换算高差（改正数）	绝对基面
1952～1953	假定基面	-468.813	废黄河口（精密高）
1954～1960	测站基面	0.001	废黄河口（精密高）
1975～2013	冻结基面	-0.115	黄海基面

1953 年以前石漫滩水文站采用假定基面。1955 年水利部指示,水位资料刊布高程一律冻结在 1954 年所刊布的基面作为测站基面。1960 年根据水利部《水文测验暂行规范》规定,原用测站基面改为冻结基面。如经复测有差异,其差数填在"逐日平均水位表"的表首右角"冻结基面与绝对基面高差"栏内。冻结基面与绝对基面高程无差异者填写"0.000"。

使用资料时只要将刊布的水位高程加上当年刊布资料中逐日平均水位表右上角的"冻结基面高程"栏之数值,即可换算为所示绝对基面以上的水位高程。如 1952 年逐日水位表内最高水位 566.68,表 3 查得 1952 年水位改正数 468.813,换算到废黄河口精密基面:

$$566.68 - 468.813 + 0.001 = 97.87 \text{ m}$$

如换算到黄海基面基面:

$$566.68 - 468.813 - 0.115 = 97.75 \text{ m}$$

4.2 水位观测及计算

水文观测日分界时间为 0 时。1952～1964 年每日 7 时、12 时、17 时观测三次,必要时增加观测次数。

1964 年以后每日 8 时、17 时必须定时观测,水位有变化时随时增加观测次数。观测水位时,同时观测记载水流流向、水体结冰等情况。

日平均水位采用算术平均法计算,水位变化大时,采用面积包围法计算。算术平均法与面积包围法计算值不能超过 2 cm,否则采用面积包围法计算的值。

记载及刊印水位资料时,小数点后保留两位小数,相同的整米数省略。

1996 年受水库工程影响,观测资料代表性较差,当年未整编。

4.3 整编符号及意义

流向、冰情等现象,均在所发生日期栏内逐日平均水位的右侧,用符号加以注明。同时有观测物符号与整编符号时,整编符号在观测物符号的右边。其整编符号以及观测物符号如下:

| 微冰   H 岸冰   * 冰花

● 流冰   + 改正   ※ 可疑

⊕ 插补   — 缺测

5 逐日平均流量资料

5.1 测验位置及成果

1952~1975 年流量测验在坝下溢洪道处测流,1960 年水库电站建成后,增加电站出流断面,电站采用电站功率推流。1975 年 8 月水库垮坝,在冲毁的坝址处按河道站测流。1980~1993 年测验断面下迁到滚河李,流量停测。1994 年水库复建以后,在坝下测流。

石漫滩水库溢洪道、电站放水时,在坝下测流,流量测验设备主要用流速仪,一般采用一次流量测次 10 条垂线 20 个测点左右,最多有 12 条垂线 32 测点,说明当年流量测验精度很高。除 1975 年垮坝流量外,查到实测最大流量为 1965 年的 65.2 m³/s。

石漫滩水文站流量成果主要有实测流量成果表、堰闸率定成果表、电站率定成果表、逐日平均流量表、水库水文要素摘录表、洪水水文要素摘录表、洪水水位摘录表等。

因为实测流量成果表、堰闸率定成果表、电站率定成果表是水库放水形成的流量过程,这部分资料在逐日流量表及水库摘录表中已经反映,本次不再刊印。1975 年垮坝流量因为无实测资料,所以没有还原,未刊印。

5.2 流量计算方法

测验得到的实测流量是瞬时的、离散的、不连续的,首先根据实测流量定推流曲线,推出每个时间节点对应的流量。

溢洪道采用水力学公式根据每个水位及溢洪道闸门的开闸参数,推求每个时间节点对应的流量。

电站根据实测流量、水位、发电功率,用理论公式反算出效率,定出效率关系曲线。然后采用水位、发电功率、效率线等数据,用下面公式推求每个时间节点对应的流量。

$$Q = NS/9.8H$$

垮坝后,改为河道方法测流,采用水位流量关系推求流量。即根据每个水位值推求对应时间节点的流量。

5.3 成果表及有效位数

1952 年流量采用三位有效位数,保留一位小数。1953 年以后有效位数三位,小于 1 时,有效位保留两位小数;小于 0.1 时,保留三位小数。2010 年以后流量保留三位有效数字,小数不超过三位。

5.4 逐日平均流量表

当一日内流量变化较大时,先推求出瞬时流量,视时距均匀与否,分别采用算术平均法或面积包围法计算日平均流量。流量变化小,用算术平均法计算;流量较大时,采用面积包围法计算。

石漫滩水文站部分年份未测流量,造成部分逐日平均流量表空白,如 1958 年、1959 年。1961 年 8~12 月共率定实测流量 97 次,最大流量 1.61 m³/s,1962 年率定电站实测流量 49 次,说明水库下泄放水,测验断面应该有流量,但当年未做逐日平均流量表,1966~1971 年无流量资料,当年也无说明,这些现在无法弥补,

只能空白。

1952～1957 只有输水道过水断面,刊印的石漫滩水库(二)、石漫滩水库(库外)逐日平均流量,经分析,应是输水道过水流量,是水库放水流量,所以本次更正为"石漫滩水库(出库总量)"。

1958～1959 年水文年鉴内注明水库没有放水,所以无流量资料。

1960～1972 年,1960 年建立水电站,增加水电站过水断面。1963～1965 年单独或分别刊印电站、溢洪道日平均流量,未刊印流量出库总量表,因电站、输水道在坝下 1 500 m 处都归入主河道,所以本次对两断面流量进行了合并,重新整理刊印"石漫滩水库(出库总量)"。电站、溢洪道单断面流量不再刊印。

1973 年至 1975 年 8 月整理有各断面"流量成果表"及"石漫滩水库(出库流量)表"。本次只保留"石漫滩水库(出库流量)表"。

1975 年 10 月至 1980 年整理刊印石漫滩垮坝后坝址处的逐日平均流量。

1980～1993 年滚河李为水位站,断面未测流量,无流量资料。

1998～2013 水库整理"逐日石漫滩水库(出库流量)表"。其中,1994～1997 年资料较乱,未整编日平均流量表。

5.5 水位、流量月年统计

月平均是每月的日平均值总和除以天数,月最大流量及日期是在每日观测的瞬时水位数据中挑选第一次出现的数据和时间,年平均是全年的日平均值总和除以天数。年极值是在月极值中挑选。资料不全或无法计算的项目栏目填"—"。

1963 年以前没有统计断面瞬时最大、最小流量出现日期,按统一的表格整理时此栏目空白,本次增加了径流模数、径流深度计算及各种统计值。

1974 年以前水文年鉴中刊印的测验断面以上流域面积采用 215 km²,1975 年以后采用 230 km²。本次资料及计算成果全部统一改正为 230 km²,影响到的数据,如径流模数、径流深度等全部采用新的数据进行了改正。

5.6 洪水水文要素摘录表

5.6.1 断面位置及摘录内容

原刊印摘录资料的断面较多,名称较杂,有石漫滩、石漫滩水库、石漫滩(出库总量)、石漫滩(溢洪道)、石漫滩(库内)、石漫滩(库外)、石漫滩坝上等。本次为了资料的统一,根据摘录表内的断面水位来命名,采用坝上水位资料的摘录表命名"石漫滩水库(出库总量)",垮坝后采用河道水位资料的,站名"石漫滩"。采用滚河李河道断面水位资料的站名"滚河李"。

摘录的原测是:洪峰流量或洪水总量最大和较大的峰,洪峰连续或峰形特殊的峰,春汛或汛后最大的峰,久旱以后的峰。较大泄水过程。

1952 年只摘录水库内水位,因当时按河道摘录表格式摘录,所以缺蓄水量项目。

1953～1956 年按河道摘录表摘录,只有坝下水位和流量。

1957 年分别做了库内、坝下两个摘录表。坝上摘录表包括坝上水位、蓄水量,坝下摘录表包括坝下水位和流量。因两个摘录表时间不对应,所以无法合并整理。两个摘录表本次全部整理、刊印。

1958～1959 年因降水少,水库没有放水,未做摘录表。

1960～1975 年按水库摘录表要求进行摘录。但 1960 年只整理水库水位,1961 年整理库内水位、蓄水量。1963 年以后整理水位、蓄水量、出库流量、开关闸门情况。1963 年还整理溢洪道洪水要素摘录表,考虑到此表内容已包含到逐日流量表内,所以本次不再单独整理刊印。1965 年增加石漫滩水库(溢洪道)堰闸摘录表格式,摘录时间为 7 月 12 日至 7 月 28 日。因本表内容已包含在水库水文要素摘录表内,所以"溢洪道摘录表"不再单独刊印。

1972～1973 年增加了出库流量和下泄流量栏,但为了资料的统一,本次保留了出库总流量,因表格限制,下泄流量栏内资料未刊印。

1975 年因大坝冲毁,只摘录到 8 月 8 日 0 时,其垮坝洪水情况见"75·8"洪水调查表及计算。

1975 年以前摘录表内的蓄水量根据石漫滩水库 1958 年淤积测量地形图查得。部分年份资料内的闸门或机组运行情况也未刊。

1976～1979 年,大坝冲毁后,资料摘录按河道断面整理,站名"石漫滩",有时间、水位、流量。

1980 年测验断面下迁,站名改为"滚河李",观测水位。摘录时间、水位。

1994 年,石漫滩水库在原坝址复建,资料表格按水库格式进行整编,有坝上水位、蓄水量、出库流量。

1996 年观测资料未整编。

5.6.2 摘录方法

1952～1957 年没有按水库要求全年摘录,只摘录汛期资料。1973 年后才全年摘录,摘录分两种,一种水位变化小,每月只摘 1 日、11 日、21 日及月最高、最低水位;另一种当水位变化较大时,除每月摘 1 日、11 日、21 日及月最高、最低水位外,还要按水位变化过程把水位变化过程全部摘录。

石漫滩建库较早,后又经过垮坝、改为河道观测、水库复建等情况。其洪水摘录格式变化较多,有单独水位摘录表;水位、流量洪水要素摘录表;坝上水位、蓄水量、出库流量水库要素摘录表。摘录水位分水库内及河道两个断面数据,其差别较大,所以在使用水位摘录数据时一定要注意。

6 水温资料

1957 年开始观测水库内相对水深 0.6 处的水体温度,观测精度 0.1 ℃,观测时间每日 8 时一次,代表日水温。因当年没有整理月最高、月最低水温出现的日期,现在无法弥补,所以本次整理时为了逐日水温表格的一致性,1957～1966 年的最高、最低水温日期空白。

1967 年停止水温项目观测。

1973 年恢复观测水温,但同时观测水面(相对水深 0.0),相对水深 0.2、0.6、0.8,水底五处的水温,其观测时间要求如下:每 5 天 8 时观测一次,旬平均值为二次观测平均值。并分别整理水面,相对水深 0.2、0.6、0.8,水底五处的月年统计表。1975 年 8 月因洪水冲毁坝体而停止观测。

2004 年恢复水温项目观测,观测相对水深 0.6 处的水温。每日 8 时观测,观测精度 0.2 ℃,代表日水温。

旬平均水温根据一旬内每日 8 时水温观测的水温数值的算术平均值。

月平均水温根据每日 8 时水温观测的水温值总数除以全月日数得之。一月中每日水温值不全者,不计算月平均值,填"—"。

年平均水温以全年 12 个月平均值的总数除以 12 得之。一年中月平均水温值不全者,不计算年平均值,填"—"。年最高、最低在日值中挑选,如全年资料不全,所挑选的数据和日期加括号,如能判定为极值,不加括号。

7 降水量

7.1 仪器型式、观测方法、日分界时间

降水量按观测时间分汛期、全年观测。按记录仪器型式有人工(标准雨量器)、自记观测(口径 20 cm 的虹吸式自记雨量器)两种。自记资料整理最大短历时降水表 1,人工观测资料整理最大短历时降水表 2。

1952 年每天以 9 时为日分界,即当日 9 时到次日 9 时为当日的降水量。1953～1955 年以 19 时为日分界,即前一日 19 时到当日 19 时为当日的日雨量。1956 年以后,以每日 8 时为日分界,即当日 8 时到次日 8 时为当日的降水量。

1952 年按采用记录降水起讫时间的办法,24 段制人工记录降水过程。1958 年采用 6 段制,即下雨时每天 8 时、12 时、16 时、20 时、0 时、4 时观测记录 6 次。1964 年以后逐步采用口径 20 cm 的虹吸式自记雨量计进行观测,每天 8 时换纸,下雨时 20 时观测一次仪器运行情况。

7.2 降水物符号及整编符号说明

本书中使用的各种符号代表的意义如下:

( )不全统计或欠准; ↓合并; Φ分裂符号; +改正; A冰雹;

—未观测或统计; U 霜; ·*雨加雪; *雪; B结冰;

T 有雨无量,即日降水量小于 0.1 mm; ※可疑; =雾水量; ·A 雨加雹。

符号是对数据属性的补充说明,如"13.5 ∗",13.5 表示降水量,∗ 表示雪;"2.1 ＋"表示 2.1 数据是改正过的数据。

由于历史的原因,各个时期规定的整编符号、降水物符号代表的意义不同,为了保持资料的一致性,本次全部采用《水文资料整编规范》(SL 247—2012)内的整编符号、降水物符号。如有的资料中用汉字说明表示结冰,本次统一采用"B"表示;降水量或蒸发量合并观测量符号"i""!""∣""↓",本次统一采用"↓"。

新规范内没有规定观测的符号,除日表中"T"符号保留,表示有雨无量外,其他如雾符号"∩"不再保留。本次对原资料中整编、降水物符号使用或刊印错误的情况,进行了改正。

7.3 降水量摘录

一般汛期降水资料全摘,摘录时段按雨量站的任务书观测段制的长短进行。如 24 段制、8 段制等。2010 年前的资料,当每小时时段降水量小于 2.5 mm 时进行了合并,合并时不能跨过 8 时、20 时的分界时间。2010 年以后按观测段制摘录,不再合并。

7.4 短历时暴雨统计

7.4.1 短历时暴雨资料表格

1964 年以前的短历时数据可以在摘录表中统计,考虑到误差,本次没有进行统计。1964 ~ 1980 年按统计时间长短分为表(一)、表(二)、表(三)、表(四)刊布。1981 年以后原表(一)取消,其数据列入日表,原表(二)数据不变,表名改为表(1),原表(三)、表(四)数据合并后为表(2)。

本次对 1980 年以前的表(一)至表(四)资料,在不丢失数据的原则下,重新统一整理为新规范中的表(1)、表(2)。

7.4.2 计算方法

各时段最大降水量表(1)统计值,是在原始观测资料中按 5 min 滑动进行挑选。各时段最大降水量表(2)值,是从原始观测记录中按雨量站观测段制挑选。观测段制时间间隔大于表(2)的某时段,则该时段值空白。

8 蒸发量

1952 ~ 1954 年采用口径 80 cm,深 30 cm 的暴露式蒸发器,外有木制套盆,上置铁丝网,安置测站院内。为了计算日蒸发量,蒸发量的日分界时间与降水量是一致的。

蒸发量观测精度记至 0.1 mm。结冰期间,待冰融化后,观测结冰期内的总蒸发量。整理为逐日蒸发量表。当年逐日蒸发量表内刊印月最大、最小蒸发量出现日期。本次为了资料刊印格式的统一,采用《水文资料整编规范》(SL 247—2012)内的表格格式,如逐日表中月最大、最小蒸发量出现日期,历年年最大、最小值统计等数据本次未刊印。

1955 ~ 1963 年蒸发资料的观测方式、观测精度、仪器型式不变,数据整理格式改为蒸发量月年统计表。1964 ~ 1996 年蒸发观测项目停测。

1997 年恢复蒸发项目观测。仪器型式改为 E601 型水面蒸发器,观测方式、观测精度不变。数据整理为逐日蒸发量表。

9 气象资料

石漫滩观测气象资料时间较短,只有 1953 年、1954 年两年,包括风力、温度、湿度三项。1955 年根据水利部要求全部停止。

1952　滚　河　石漫滩水库站　逐日平均水位表

表内水位(冻结基面以上米数)=假定基面以上米数

日＼月	一月	二月	三月	四月	五月	六月	七月	八月	九月	十月	十一月	十二月
1	557.78	557.75	557.88	558.08	557.77	557.93	563.51	557.99	561.36	557.97	557.95	560.41
2	78	75	87	557.96	77	92	562.69	558.01	560.79	97	94	559.60
3	78	75	87	93	558.19	91	06	04	22	97	94	558.35
4	79	75	86	90	559.16	90	05	27	559.59	96	93	20
5	79	75	86	88	558.44	89	561.12	90	558.79	96	93	19
6	79	75	88	86	09	87	559.86	559.07	559.34	95	93	18
7	78	75	90	84	557.98	85	558.26	17	562.08	94	93	15
8	78	75	98	82	91	84	10	22	565.63	94	93	13
9	78	75	558.05	81	88	83	08	76	566.59	94	93	10
10	77	75	04	81	88	82	05	563.10	22	94	93	09
11	77	75	557.98	558.95	92	81	03	564.07	565.73	93	95	08
12	77	75	93	24	88	80	03	565.18	12	93	560.23	07
13	77	77	92	00	86	79	02	18	564.45	93	562.85	06
14	77	77	91	557.94	84	79	01	01	563.75	93	563.63	04
15	77	77	90	88	82	79	00	564.69	562.97	93	564.48	04
16	76	77	88	85	82	79	557.99	553.99	12	92	563.05	03
17	76	77	86	85	558.25	79	98	19	561.18	92	562.36	02
18	76	77	558.11	84	21	79	97	552.33	559.08	92	561.43	02
19	76	78	10	99	04	79	96	561.40	558.89	94	560.26	01
20	76	78	557.96	558.01	557.99	79	95	560.61	18	94	558.68	01
21	76	82	92	557.81	92	78	94	559.87	02	558.23	10	00
22	76	86	90	79	89	77	93	32	00	15	09	00
23	76	86	88	80	86	76	93	562.61	557.99	06	25	557.99
24	75	85	85	83	84	75	96	563.53	558.09	03	29	99
25	75	88	86	80	93	75	558.46	03	14	01	24	98
26	75	90	89	79	558.00	75	60	562.28	07	00	80	98
27	75	93	87	79	00	74	09	561.39	04	557.99	559.99	97
28	75	92	86	78	557.99	84	05	560.73	02	98	44	97
29	75	88	86	77	95	563.85	03	55	00	97	558.30	97
30	75		558.31	77	95	96	01	561.29	557.99	96	48	96
31	75		48		94		557.99	84		95		96
平　均	557.77	557.79	557.95	557.91	558.00	558.22	558.80	561.41	560.75	557.97	559.31	558.18
最　高	557.79	557.93	558.78	558.99	559.21	564.08	563.78	565.23	566.68	558.50	563.67	560.47
日　期	4	27	30	11	4	29	1	12	8	21	14	1
最　低	557.75	557.75	557.85	557.77	557.77	557.74	557.93	557.99	557.99	557.91	557.93	557.96
日　期	24	1	17	29	1	27	22	1	23	19	4	30

年统计	最高水位 566.68	9月8日	最低水位 557.74	6月27日	平均水位 558.67
各种保证率水位	最高	第15天	第30天	第90天	第180天　第270天　最低

附注：
1. 治淮委员会实测记录。
2. 假定北坝头坝面上 B.M.库1 高度 575.65m。

1953　滚　河　石漫滩水库站　逐日平均水位表

表内水位(冻结基面以上米数)=假定基面以上米数

日＼月	一月	二月	三月	四月	五月	六月	七月	八月	九月	十月	十一月	十二月
1				557.91	557.93	557.78	557.77	565.79	567.00	558.27	558.54	558.43
2				90	91	78	78	97	01	33	57	48
3				89	89	77	559.42	566.10	01	12	60	01
4				90	89	77	560.47	567.96	566.95	557.91	64	557.95
5				90	88	76	53	569.17	37	91	65	96
6				90	92	76	61	570.36	65	90	68	96
7				90	87	77	66	571.18	564.74	90	17	96
8				89	86	77	69	570.51	563.77	90	16	558.01
9				89	84	76	70	47	53	90	26	48
10			557.97	88	84	78	74	48	55	90	557.88	48
11			558.11	88	84	76	563.76	44	56	90	558.21	62
12			05	88	82	78	565.42	17	57	90	35	67
13			02	89	81	77	76	569.77	57	90	44	18
14			01	88	82	80	85	42	57	90	51	00
15			557.99	88	81	77	90	568.96	58	90	56	24
16			98	87	81	76	48	35	59	94	59	40
17			97	87	80	75	564.64	567.90	59	558.03	559.12	53
18			96	87	80	76	62	55	59	557.99	558.67	64
19			96	86	80	88	565.06	19	59	90	93	59
20			95	86	80	84	13	03	562.99	96	10	557.97
21			95	86	81	85	17	34	561.75	558.06	06	94
22			94	86	82	558.55	20	48	560.20	12	06	94
23			93	86	81	70	21	60	558.39	18	08	94
24			93	86	81	64	42	68	27	23	47	93
25			92	85	80	557.96	54	71	557.95	27	27	93
26			—	85	79	86	57	24	91	31	54	93
27				85	79	83	59	566.75	93	35	69	93
28			557.95	558.11	78	81	61	82	93	38	46	93
29			93	09	78	79	63	89	558.07	41	05	93
30			92	557.97	78	78	45	94	18		29	92
31			92		78		46	97		50		92
平　均			—	557.90	557.83	557.88	563.58	568.20	562.58	558.08	558.42	558.15
最　高			(558.14)	558.22	557.94	558.75	565.91	571.61	567.02	558.51	559.45	558.77
日　期			(11)	28	1	24	15	6	4	31	17	19
最　低			(557.92)	557.85	557.78	557.75	557.77	565.69	557.91	557.90	557.84	557.92
日　期			(24)	25	28	11	1	1	25	6	10	30

年统计	最高水位 571.61	8月6日	最低水位 (557.75)	(6月11日)	平均水位 —
各种保证率水位	最高	第15天	第30天	第90天	第180天　第270天　最低

附注：本年1月1日至3月9日因站内人力不够未能观测。

1954　滚　河　石漫滩水库站　逐日平均水位表

表内水位(冻结基面以上米数) −0.000m ＝废黄河口基面以上米数

日＼月	一月	二月	三月	四月	五月	六月	七月	八月	九月	十月	十一月	十二月
1	89.11	89.50	89.38	89.86	89.31	89.94	90.56	94.89	95.85	90.15	89.43	93.38
2	11	35	50	93	44	90.00	89.59	95.13	89	22	43	73
3	12	29	34	98	53	07	61	16	96.00	14	43	92
4	12	26	33	57	59	89.94	91	94.33	11	89.46	41	94.06
5	12	24	35	65	66	26	90.19	93.23	19	46	38	18
6	12	23	34	73	73	25	91.84	91.89	24	79	38	28
7	11	22	41	79	79	24	95.69	83	93.07	38	39	39
8	11	21	35	81	84	24	98	92.93	30	94.07	38	26
9	11	21	59	26	84	23	96.09	94.51	33	37	38	93.88
10	11	23	57	21	33	23	51	96.19	35	48	38	49
11	11	24	51	21	35	23	61	15	36	93.57	38	05
12	12	23	96	21	42	22	62	95.44	38	92.24	38	92.59
13	12	23	53	21	49	23	42	94.48	39	90.37	38	11
14	12	24	90	20	28	23	95.73	93.79	40	89.52	37	91.72
15	14	24	90.05	20	27	23	94.84	92	41	50	41	88
16	18	24	89.46	20	37	22	98.67+	32	41	50	55	92.08
17	23	33	74	67+	33	22	101.48	43	41	50	66	23
18	23	29	95	42	23	22	100.94	60	95.92	50	76	40
19	22	31	90.04	25	13	22	44	87	05	50	83	55
20	38	48	89.39	23	12	22	46	94.04	94.14	47	89	66
21	35	37	61	24	37	22	28	16	92.92	46	95	80
22	28	30	74	27	66	22	99.73	35	90.90	46	90.01	92
23	31	28	28	30	96	21	20	87	89.46	46	07	93.03
24	30	26	28	49	90.68	25	98.91	95.10	45	46	12	10
25	28	25	51	62	89.40	33	10	23	51	89.92		23
26	27	85	67	73	35	41	97.30	35	70	45	84	16H
27	27	90.35	81	82	42	45	08	49	83	52	90.20	91.82H
28	30	89.67	94	87	77	48	96.43	59	93	71	91.51	90.05H
29	33		90.01	36	99	52	95.53	67	90.01	86	92.24	89.00H
30	67		89.68	18	90.11	55	94.81	75	08	93	65	72H
31	77		77		21		73	81		45		55H
平均	89.23	89.35	89.61	89.48	89.58	89.38	96.11	94.50	94.11	90.42	89.87	91.99
最高	89.94	90.45	90.20	90.02	91.32	90.15	101.59	96.35	96.42	94.57	92.86	92.64
日	30	27	15	3	24	1	17	1	16	10	30	7
最低	89.11	89.21	89.22	89.12	89.12	89.21	89.56	90.89	89.45	89.43	89.37	89.55
日期	1	7	23	30	19	21	1	7	23	31	5	31

年统计	最高水位 101.59		7月17日	最低水位 89.11		1月1日	平均水位 91.21	
各种保证率水位	最高	第15天	第30天	第90天	第180天	第270天	最低	

附注：本站基点已由精密水准队接测，本年水位1月至10月已加改正数 −468.802m。11月至2月31日因基点下沉0.015m，故改正数为 −468.817m。冰期情况(去冬今春)未记录。

1955　滚　河　石漫滩水库站　逐日平均水位表

表内水位(冻结基面以上米数) −0.000m ＝废黄河口基面以上米数

日＼月	一月	二月	三月	四月	五月	六月	七月	八月	九月	十月	十一月	十二月
1	89.64|	89.48	91.09	92.15	93.50	89.22	89.19	92.15	91.99	93.62	89.61	90.62
2	60|	46	19	33	57	22	18	86	92.06	59	60	64
3	61|	46	47	47	64	22	32	94.08	12	92.72	60	68
4	62|	48	92.90	58	70	22	67	96.27	18	65	60	70
5	64|	79	93.92	66	75	22	46	95.55	23	90.09	59+	74
6	79|	94	94.75	74	55	22	26	94.56	27	89.78	59+	76
7	90.57|	51	95.11	79	92.87	22	26	93.00	31	90.13	59+	78
8	91.09|	48	22	84	09	22	91.83	91.42	38	33	59+	82
9	32|	46	94.72	89	90.94	22	95.02	56	48		59+	85
10	57|	48	25	93	89.34	21	36	75	53	60	59+	88
11	83|	50	93.56	96	33+	21	93.89	88	57	70	59+	91
12	92.04|	50	92.75	99	33+	21	94.34	98	59	79	64+	95
13	31|	50	91.60	93.01	32+	22	92.50	92.14	83	87	59+	98
14	54|	50	90.24	04	32+	23	89.98	93.05	70	93	59+	91.00
15	72|	49	89.68	08	31+	23	56	95.17	89.62	91.00	74	04
16	85|	58	90.20	13	31+	22	50	94.42	79	07	82	06
17	99|	99	54	19	30+	21	46	93.36	90.01	13	90	08
18	93.20|	51	77	27	29+	20	41	92.02	89.66	22	90	10
19	38|	47	97	40	29+	20	38	91.55	91.00	22	90.08	13
20	64H	49H	91.14	50	28+	20	46	93.66	92	23	14	16
21	71H	90	28	57	28+	20	41	95.29	92.53	89.80	20	18
22	76H	90.16	42	62	27+	20	36	94.60	85	62	24	18
23	91.42H	36	46	67	26+	20	34	93.39	93.03	66	30	20
24	89.72H	51	90.95	70	26+	20	32	91.29	17	65	34	22
25	53H	66	48	59	25+	20	31	90.54	27	64	39	24
26	52H	78	59	46	25+	20	59	97	36	64	43	26
27	51H	87	72	36	24+	20	75	91.30	43	63	47	28
28	51	97	82	39	24+	19	86	51	49	63	51	30
29	51		94	43	23+	19	96	68	54	62	55	32
30	50		90	47	22+	18	90.11	80	58	62	58	32
31	50		91.86		22+		71	91		64		34
平均	91.10	89.83	91.84	93.11	90.38	89.21	90.38	92.80	92.18	90.65	89.93	91.02
最高	93.88	91.00	95.35	93.71	93.76	89.24	96.07	96.47	93.59	93.65	90.59	91.35
日	21	28	8	24	5	14	4	30	31		30	31
最低	89.49	89.38	89.51	92.11	89.22	89.18	89.18	90.23	89.57	89.58	89.59	90.61
日	31	20	15	30	29	1	1	24	16	21	4	1

年统计	最高水位 96.47		8月4日	最低水位 89.18		6月29日	平均水位 91.05	
各种保证率水位	最高	第15天	第30天	第90天	第180天	第270天	最低	

附注：5月11日至31日水位缺测，日平均水位系根据库外水位变化以直线插补。11月5日至14日因水库放水，原水尺附近无水，故将水尺移至水洞口附近，约距离原水尺500m，而其间河段坡度较大，故参照闸门启闭情况及库外水位予以插补。

1956　滚　河　石漫滩水库(坝上)站　逐日平均水位表

表内水位(冻结基面以上米数) −0.000m = 废黄河口基面以上米数

日＼月	一月	二月	三月	四月	五月	六月	七月	八月	九月	十月	十一月	十二月
1	91.40	92.38	90.78	94.46	96.70	93.18	98.22	93.48	97.38	89.92	89.62	90.45
2	44	43	80	43	70	18	97.99	94.21	96.80	90.16	62	48
3	46	34	84	08	71	94.50	44	98.20	19	89.87	62	52
4	49|	91.61	86	93.61	72	79	96.85	102.50	95.52		62	55
5	53	90.36	88	14	74	82	12	35	94.82		61	58
6	56	89.61	92	94.67	76	97.97	95.57	09	17		61	60
7	59	59	94	96.38	77	99.31	94.76	101.93	93.30	61	62	63
8	60|	58＋	96	97.49	77	78	60	59	92.93	61	62	66
9	62|	58＋	42	84	80	100.22	75	38	97	61	62	68|
10	64|	58＋	89.62	98	82	16	93.75	10	93.00	62	64	70
11	66|	59＋	62＋	98.08	82	99.88	92.40	100.72	02	62	66	72
12	70	78	62＋	11	84	23	91.94	23	05	62	68	75
13	72	90	61＋	05	86	98.68	92.17	99.38	08	62	70	78
14	74	90.03	61＋	01	70	32	35	98.43	92.80	62	79	81|
15	76	11	68＋	97.86	52	27	47	97.43	00	63	78	84|
16	78	18	90	74	35	97.95	57	96.63	90.67	64	78	86|
17	80	26	90.07	66	20	39	64	95.81	89.72	63	76	89|
18	82	32	91.24	50	04	96.90	70	94.48	63	63	74	92|
19	84	38	52	48	95.86	47	75	93.37	68	62	72	94|
20	86|	43	66	36	68	04	77	91.83	66	66	72	96|
21	88|	48	74	24	43	95.73	91.06	90.09	66	62	72	98
22	90|	52	82	13	37	37	90.05	94.79	65	62	84	91.00
23	92|	56	81	15	94.89	94.95	12	96.95	65	62	98H	02
24	96|	60	92.78	22	62	67	31	97.22	66	62	90.10	04
25	92.00|	64	93.38	30	34	95.82	62	36	90.08	62	16	06|
26	04|	67	48	24	08	96.64	74	45	27	62	22	08|
27	07|	70	64	15	93.78	00	82	51	27	62	28	10|
28	12|	74	77	04	54	95.26	88	57	89.64	62	32	12H
29	20|	76	88	96.92	37	94.70	98	61	63	63	37	14
30	28|		94.00	76	21	96.18	91.21	64	63	61	41	16
31	34			30		18		91	66		62		18
平　均	91.80	90.47	91.42	96.77	95.71	96.75	93.02	97.71	91.95	89.66	89.83	90.85
最　高	92.35	92.46	94.41	98.15	96.86	100.29	98.36	102.66	97.58	90.22	90.42	91.18
日　期												
最　低	91.39	89.58	89.61	93.06	93.17	93.18	89.90	89.97	89.63	89.60	89.61	90.44
日　期												

年统计	最高水位 102.66		8月4日	最低水位 89.58		2月8日	平均水位	93.00
各种保证率水位	最高	第15天	第30天	第90天	第180天	第270天	最低	

附　注　水位变化平稳时，每日8时、20时观测两次，洪水时期或水文变化显著时，按加测办法加测次。本站未详细记载结冰情况。

1957　滚　河　石漫滩水库(坝上)站　逐日平均水位表

表内水位(冻结基面以上米数) −0.000m = 废黄河口基面以上米数

日＼月	一月	二月	三月	四月	五月	六月	七月	八月	九月	十月	十一月	十二月
1	91.20	91.24	91.50	92.60	94.88	90.00	90.04	90.30	91.61	89.48	90.72	91.44
2	22	21	56	62	92	28	02	06	60	48	74	48
3	26	20	62	63	95.02	08	02	89.92	58	48	78	52
4	32	18H	70	64	37	92.72	01	86	58	48	82	56
5	36	16H	75	64	67	94.80	01	81	56	46	84	59
6	39	14H	80	66	90	12	21	74	54	44	86	62
7	42H	16|	84	66	96.00	93.23	97.82	68	53	46	88	64
8	46	20H	88	68	08	92.56	98.91	66	52	48	90	68
9	45	18|	91	74	12	99.02	99.02	66	50	46	92	70
10	42	18|	94	93.80	16	33	98.97	98	48	48	94	72
11	38	16H	96	94.04	19	02	81	90.58	48	48	96	76
12	36H	08|	92.00H	16	22	91.53	20	71	46	46	98	84
13	26|	06	04|	22	24	90.65	96.91	78	44	45	91.00	90
14	16|	10	08H	27	25	95.50	95.50	84	42	44	02	92.00
15	06|	08	12	30	26	59	96.87	89	40	43	04	04
16	90.93	04	20	32	27	31	97.19	94	40	40	04	08
17	78		00	24	36	28	20	63	98	36	40	06	11
18	49|	90.95	24	33	30	11	93	91.07	35	42	08	14
19	04|	91	27	40	30	08	99.93	12	43	43	09	16
20	89.82|	86	31	42	31	08	102.01	89.97	44	44	10	18
21	76|	84	34	44	32	14	101.98	72	66	12	20	
22	90.23|	95	40	46	36	10	31	13	90.03	14	22	
23	36|	91.06	44	46	51	08	100.20	13	54	14	15	24
24	48|	12	47	52	00	10*	98.95	12	51	22	18	26
25	60H	22	50	62	94.86	08*	97.62	12	31	31	20	28
26	72	29	52	70	93.57	06*	96.20	14	38	38	24	28
27	89	36	54	75	92.28	05*	94.77	46	42	42	28	30
28	91.08	44	56	78	91.37	04*	93.63	58	50	54	32	31
29	25H		58	82	90.89	04*	92.32	61	48	62	36	31
30	26		58	84	52	04*	90.89	62	66	66	40	32
31			60		22		48|*	62		69		22
平　均	90.92	91.12	92.14	93.90	95.09	90.98	95.95	90.72	90.78	89.76	91.04	91.97
最　高	91.46	91.45	92.60	94.85	96.59	94.93	102.29	91.62	91.61	90.70	91.41	92.33
日　期												
最　低	89.73	90.82	91.48	92.60	90.14	90.00	90.01	89.65	89.48	89.38	90.71	91.43
日　期												

年统计	最高水位 102.29		7月20日	最低水位 89.38		10月16日	平均水位	92.04
各种保证率水位	最高	第15天	第30天	第90天	第180天	第270天	最低	

附　注　水位变化平稳时，每日8时、20时观测两次，洪水时期或闸门变动时，按加测办法增加测次。6月24日至7月6日、8月1日至5日，水位较低、因库内淤积，第5支水尺不易观测，改在水洞进水口外约50m处设立临时水尺一支进行观测，两水尺水位相差较大，计算水位时已将两水尺建立相互关系换算同一基面，予以改正，但关系不良在汇编中加可疑符号＊。

1958 滚 河 石漫滩水库(坝上)站 逐日平均水位表

表内水位(冻结基面以上米数)-0.001m=废黄河口基面以上米数

日\月	一月	二月	三月	四月	五月	六月	七月	八月	九月	十月	十一月	十二月
1	92.12	92.50H	92.66	93.00	93.76	97.58	97.90	102.56	104.55	104.67	104.66	105.56
2	12	51H	66	04	81	64	93	58	54	66	66	56
3	13	51H	66	06	84	64	96	104.04	54	66	65	56
4	14	52H	67	08	86	64	98.00	51	54	65	64	56
5	15	52	67	10	88	64	59	60	53	64	63	56
6	16	54	68	12	90	65	99.23	63	52	63	62	56
7	17	56	68	14	92	65	42	64	51	62	62	56
8	17	57	69	16	94	65	49	41	50	61	62	55
9	18	58	69	17	96	66	52	40	50	60	61	55
10	19	58	70	18	94.41	66	54	41	48	60	61	55
11	20	58	70	20	96.40	66	72	42	48	59	61	54
12	22	59H	70	20	97.00	66	93	44	46	59	68	55
13	26	60	70	21	18	66	100.54	58	46	60	96	55
14	26	60	70	24	28	64	81	50	56	67	105.29	54
15	28l	61	71	25	35	27	101.00	46	62	70	42	54
16	28l	62	72	27	40	15	28	50	64	72	48	53
17	30l	62	74	27	44	15	38	54	70	73	51	53
18	32l	63	75	26	46	15	54	56	72	74	54	53
19	34l	63	76	91	48	14	102.02	58	72	75	55	53
20	36l	64	80	32	50	14	16	70	72	75	56	53
21	37l	64	82	91.68	52	14	20	35	72	75	57	52
22	38l	65	82	12	53	14	23	42	72	74	57	52
23	40l	65	83	90.18	53	13	25	46	72	74	58	51
24	41	66	84	92.70	54	12	27	50	71	73	58	53
25	42	66	85	93.26	54	12	41	52	71	72	58	55
26	42	65	88	38	54	11	50	54	70	71	58	55
27	44H	66	90	47	54	32	52	55	69	71	58	55
28	45H	66	92	55	54	81	54	55	68	70	57	56
29	94.46		96	62	54	84	56	56	66	69	57	57
30	92.48		96	70	54	84	56	56	66	68	57	57
31	48H		98		54		57	56		67		57
平均	92.29	92.60	92.77	92.96	96.28	97.45	100.79	104.38	104.61	104.68	105.16	105.55
最高	92.49	92.66	92.99	93.72	97.54	97.88	102.57	104.88	104.73	104.75	105.58	105.57
日期												
最低	92.11	92.50	92.66	89.95	93.74	97.11	97.90	102.56	104.46	104.58	104.61	105.51
日期												

年统计	最高水位 105.58		11月23日	最低水位 89.95		4月23日		平均水位 99.17		
各种保证率水位	最高	第15天	第30天	第90天	第180天	第270天	最低			

附注: 水位由1月1日迁至水库输水道进口观测,新旧水尺相距500m,两组水尺吻合。本站未详细记载结冰情况。

1959 滚 河 石漫滩水库(坝上)站 逐日平均水位表

表内水位(冻结基面以上米数)-0.001m=废黄河口基面以上米数

日\月	一月	二月	三月	四月	五月	六月	七月	八月	九月	十月	十一月	十二月
1	105.57	105.44	105.76	106.02	104.33	102.99	101.04	99.92	97.52	95.54	93.12	92.91
2	57	43	76	00	30	95	100.62	95	46	44	14	88
3	57	43	75	105.98	28	93	24	94	40	34	14	82
4	57	43	75	95	28	96	04	92	34	26	14	76
5	56	43	80	91	26	103.05	07	90	26	18	14	70
6	56	46	88	87	24	08	10	88	20	11	15	68
7	56	54	92	83	24	04	11	86	14	04	14	67
8	55	55	95	78	23	102.56	27	84	08	94.96	17	68
9	55	58	98	73	22	45	101.03	82	02	88	23	67
10	54	60	98	98	03	61	10	80	96.95	79	26	62
11	54	62	99	106.27	103.66	66	14	78	91	72	28	54
12	53	64	99	22	39	68	15	76	84	64	30	46
13	53	66	98	08	16	70	14	67	77	55	32	39
14	52	67	98	105.89	14	71	16	29	73	46	36	35
15	52	68	98	80	14	72	15	18	66	36	37	30
16	51	69	97	67	14	73	15	06	60	27	33	25
17	50	70	97	45	12	72	14	98.68	54	18	33	20
18	49	72	97	28	10	69	14	53	48	10	34	14
19	49	72	97	24	09	60	12	15	40	00	35	12
20	49	74	97	25	08	58	12	08	32	93.91	36	04
21	48	76	97	24	10	56	10	04	31	81	36	91.98
22	47	76	96	20	12	54	10	97.99	28	70	33	90H
23	46	76	106.01	08	14	52	04	95	20	56	30	82H
24	46	76	02	104.95	14	49	100.81	90	14	46	26	72
25	45	76	04	74	12	34	23	85	08	38	22	62H+
26	45	77	04	50	10	26	08	82	95.99	30	18	50H
27	45	77	00	41	08	101.88	06	80	90	18	14	42
28	45	77	00	38	08	41	04	76	80	10	08	40
29	45		04	37	06	100.90	02	69	72	10	02	38
30	44		06	34	04	67	99.99	64	63	10	92.96	34
31	44		04		02		96	58		09		22
平均	105.51	105.64	105.95	105.45	103.50	102.50	100.66	98.87	96.52	94.24	93.23	92.18
最高	105.57	105.77	106.06	106.31	104.34	103.09	101.17	99.95	97.53	95.56	93.37	92.92
日期												
最低	105.44	105.42	105.75	104.34	103.02	100.43	99.95	97.56	95.61	93.06	92.94	91.19
日期												

年统计	最高水位 106.31		4月11日	最低水位 91.19		12月31日		平均水位 100.33		
各种保证率水位	最高	第15天	第30天	第90天	第180天	第270天	最低			

附注: 本站未详细记载结冰情况。

1960　滚　河　石漫滩水库(坝上)站　逐日平均水位表

表内水位(冻结基面以上米数)-0.001m=废黄河口基面以上米数

日\月	一月	二月	三月	四月	五月	六月	七月	八月	九月	十月	十一月	十二月
1	91.06	91.38	91.21	95.70	96.78	95.74	94.13	93.68	91.22	99.04	97.54	95.62
2	90.96	40	18	78	80	68	05	63	24	01	47	55
3	80	41	16	84	84	60	93.96	59	93.63	98.98	41	47
4	52	42	15	86	88	53	86	54	95.70	94	34	39
5	58	38	14	86	88	45	75	46	97.17	90	28	31
6	70	36	17	87	88	37	63	38	98.30	86	22	23
7	66	33	21	86	90	29	58	30	68	82	15	15
8	56	31	26	85	92	22	49	22	83	77	08	08
9	68	28	38	84	94	39	39	10	93	72	02	01
10	76	31	52	82	95	06	38	00	99.00	68	96.96	94.93
11	82	33	60	84	94	94.96	46	92.90	06	64	90	85
12	88	34	66	85	91	88	46	78	12	59	84	77
13	94	34	70	85	88	78	56	64	17	54	78	69
14	91.00	34	78	85	84	70	54	50	21	49	74	61
15	07	36	92	85	80	80	48	32	26	46	70	52
16	16	36	92.00	84	77	50	42	14	30	41	62	44
17	21	38	08	83	74	40	37	91.94	34	36	58	36
18	26	40H	20	82	70	30	32	70	36	31	55	28
19	32	40	67	80	66	44	24	41	37	25	50	20
20	37	38	93.07	77	59	61	16	02	32	20	42	10
21	41H	38	29	73	52	64	26	90.67	30	14	34	02
22	46	36	38	70	44	60	20	73	28	08	28	93.93
23	49	34	44	68	38	57	32	78	25	02	22	84
24	46	32	78	64	33	52	80	80	21	97.96	15	74
25	43	32	94.48	62	26	46	80	86	18	94	08	64
26	39	30	92	73	18	47	77	90	14	90	00	54
27	33	29	95.13	96.47	10	40	73	96	10	84	95.92	44
28	28H	27	24	62	04	34	71	91.04	10	78	85	34
29	31H	24	40	95.97		28	71	12	11	72	78	23
30	34		51	75	89	20	72	16	09	66	70	12H
31	36		60		81		72	20		60		00
平均	91.08	91.35	92.68	95.91	96.60	94.82	93.58	92.11	97.96	98.37	96.65	94.40
最高	91.50	91.42	95.63	96.76	96.95	95.76	94.15	93.69	99.37	99.06	97.55	95.64
日期												
最低	90.45	91.23	91.13	95.60	95.79	94.19	93.15	90.66	91.21	97.58	95.68	92.98
日期												

年统计	最高水位	99.37		9月19日	最低水位	90.45		1月4日	平均水位	94.63
各种保证率水位	最高		第15天		第30天		第90天		第180天	第270天　　最低
附　注										

1961　滚　河　石漫滩水库(坝上)站　逐日平均水位表

表内水位(冻结基面以上米数)-0.001m=废黄河口基面以上米数

日\月	一月	二月	三月	四月	五月	六月	七月	八月	九月	十月	十一月	十二月
1	92.88	91.52H	91.52	93.28	93.89	94.32	94.76	95.09	95.04	94.48	94.12	95.74
2	77	52H	58	28	90	32	77	08	02	48	12	74
3	63H	54H	81	29	90	32	77	08	01	46	13	75
4	48	56	96	33	90	32	78	08	00	45	10	75
5	33	58	92.04	36	90	32	79	07	94.98	44	10	75
6	16H	58	10	38	90	31	82	11	96	42	09	76
7	91.96	58	14	39	90	31	85	23	95	36	09	76
8	75	58	18	38	91	32	86	25	92	34	08	76
9	52	56	22	38	94	38	89	24	90	32	07	76
10	23	56	24	40	98	40	90	24	88	32	07	76
11	06	57	25	41	94.02	41	92	24	86	30	06	76
12	17	56	27	42	02	42	92	23	83	29	05	76
13	22	54	30	44	03	42	92	23	80	26	05	75
14	26	52	32	44	04	42	94	24	77	25	03	75
15	29	52	34	46	04	42	94	24	74	24	93.96	75
16	28	52	36	47	05	42	94	24	72	22	94	75
17	29	52	38	48	07	44	99	23	68	22	94	75
18	32	54	40	48	12	46	95.00	22	66	23	94	75
19	34H	54	60	50	12	48	06	22	64	24	94.32	75
20	34H	52	80	50	14	50	08	21	62	25	95.25	75
21	35	47	92	52	16	52	09	21	60	24	56	75
22	36	44	93.00	54	18	54	09	20	58	24	56	75
23	36	44	06	55	20	60	09	18	57	24	61	75
24	39	48	09	56	22	68	09	16	56	25	66	74
25	41	50	13	70	22	70	09	14	56	24	68	72
26	42	51	16	80	26	72	09	12	55	23	70	72
27	44	54	18	84	27	72	09	11	54	21	72	72
28	47	55	20	86	28	73	09	09	53	18	73	71
29	48		22	88	30	74	09	08	52	16	73	71
30	50		24	88	32	75	09	06	50	14	73	70
31	50H		26		32		09	06		12		70
平均	91.61	91.53	92.52	93.51	94.08	94.48	94.97	95.17	94.75	94.28	94.64	95.74
最高	92.91	91.59	93.26	93.89	94.32	94.75	95.09	95.25	95.04	94.49	95.73	95.76
日期												
最低	91.06	91.43	91.52	93.27	93.89	94.31	94.76	95.05	94.50	94.11	93.94	95.69
日期												

年统计	最高水位	95.76		12月6日	最低水位	91.06		1月11日	平均水位	93.96
各种保证率水位	最高		第15天		第30天		第90天		第180天	第270天　　最低
附　注										

1962　滚　河　石漫滩水库(坝上)站　逐日平均水位表

表内水位(冻结基面以上米数)−0.001m＝废黄河口基面以上米数

日\月	一月	二月	三月	四月	五月	六月	七月	八月	九月	十月	十一月	十二月
1	95.68	95.48	95.27	94.92	94.63	94.55	94.87	95.03	100.90	101.42	102.43	105.34
2	68	47	26	90	65	55	87	02	90	42	66	38
3	68	46	26	88	64	55	86	01	90	42	82	42
4	67	45	24	87	66	55	86	00	90	42	90	44
5	66	44	22	86	66	55	86	96.43	89	41	94	46
6	66	42	22	85	68	55	86	97.49	88	41	97	49
7	65	41	21	84	70	55	93	97	89	41	98	50
8	65	40	21	83	70	54	95.06	98.04	88	42	103.00	52
9	64	39	20	82	70	52	08	10	87	50	02	54
10	64	39	19	82	70	51	09	14	85	80	03	56
11	64	38	18	81	70	50	10	16	84	102.04	03	59
12	63	38	17	80	69	49	10	17	85	14	04	60
13	63	38	17	79	68	49	10	17	84	20	04	62
14	62	37	16	78	67	49	09	17	84	23	04	64
15	63	36	15	76	67	49	09	17	92	26	04	64
16	63	35	14	75	66	49	08	68	101.06	28	05	65
17	63	35	13	74	65	52	08	99.50	08	29	06	65
18	62	35	12	74	65	52	08	100.24	10	30	06	66
19	61	33	11	72	64	53	06	51	12	32	42	66
20	60	31	10	70	60	53	06	64	14	34	95	67
21	60	31	07	69	59	53	06	70	16	35	104.16	67
22	59	31	06	68	58	53	05	76	17	36	28	67
23	58	29	06	67	57	54	05	81	19	36	41	67
24	56	28	04	67	57	58	04	84	22	36	51	67
25	55	29	02	66	56	80	04	86	27	37	73	67
26	54	29	01	65	55	82	03	90	30	38	90	67
27	53	28	94.99	64	55	85	03	92	34	38	105.04	67
28	52	28	96	64	55	87	04	96	36	38	16	67
29	52		95	65	55	87	04	92	38	39	24	66
30	50		94	65	54	87	04	92	40	39	30	66
31	48		93		54		02	90		40		65
平　均	95.61	95.36	95.12	94.76	94.63	94.59	95.02	98.91	101.05	102.04	103.61	105.59
最　高	95.69	95.48	95.27	94.92	94.70	94.87	95.10	100.97	101.40	102.40	105.32	105.67
日　期												
最　低	95.48	95.28	94.93	94.64	94.54	94.49	94.86	95.00	100.83	101.41	102.42	105.33
日　期												

年统计	最高水位 105.67		12月19日	最低水位 94.49		6月12日	平均水位 98.04	

各种保证率水位	最高 105.67	第15天 105.65	第30天 105.38	第90天 101.41	第180天 95.48	第270天 94.90	最低 94.49

附　注	

1963　滚　河　石漫滩水库(坝上)站　逐日平均水位表

表内水位(冻结基面以上米数)−0.001m＝废黄河口基面以上米数

日\月	一月	二月	三月	四月	五月	六月	七月	八月	九月	十月	十一月	十二月
1	105.65	105.45	105.02	104.87	104.97	105.84	102.52	102.02	106.16	105.94	103.55	102.99
2	65	44	00	86	98	63	50	37	35	62	53	98
3	65	43	104.99	86	98	52	50	106.02	40	28	53	96
4	64	42	98	86	99	41	49	105.88	45	104.94	52	92
5	64	41	97	85	105.00	24	48	51	45	55	52	91
6	64	40	95	87	00	06	46	70	37	17	50	90
7	64	40	94	88	00	104.81	45	76	29	103.89	48	88
8	63	40	93	88	19	54	44	84	13	87	46	86
9	63	39	94	88	62	25	34	93	105.93	86	42	86
10	62	39	94	89	71	103.96	22	106.54	73	86	42	84
11	61	39	94	90	63	66	19	72	54	86	40	82
12	60	39	93	90	58	37	18	105.97	34	85	38	80
13	60	39	94	90	82	06	16	41	13	84	36	80
14	60	38	94	90	106.11	102.75	15	40	05	83	34	79
15	59	38	94	90	19	65	14	44	05	82	31	79
16	58	37	94	90	26	65	12	52	04	80	28	78
17	58	37	94	90	32	65	12	70	02	78	27	76
18	57	36	94	92	30	64	10	81	04	77	26	74
19	56	35	93	92	07	64	08	88	09	76	24	72
20	55	34	92	92	105.82	64	06	92	17	75	22	72
21	54	33	91	92	54	62	04	96	22	74	20	70
22	53	32	90	92	12	62	02	106.02	32	72	18	69
23	52	31	88	92	104.62	62	00	20	67	71	16	68
24	51	30	88	92	22	61	101.98	28	106.03	69	14	66
25	51	30	87	92	29	58	96	18	08	67	12	64
26	50	28	86	92	91	57	95	105.90	08	66	10	62
27	50	27	86	93	105.20	56	94	58	11	64	08	60
28	49	10	88	93	31	54	94	31	14	64	06	59
29	48		88	93	58	52	102.00	22	29	60	04	58
30	47		88	96	84		04	22	23	59	00	56
31	46		88		93		02	24		57		54
平　均	105.57	105.36	104.93	104.90	105.42	103.49	102.18	105.56	105.76	104.01	103.30	102.76
最　高	105.65	105.45	105.02	104.96	106.33	105.93	102.52	106.89	106.48	106.01	103.55	102.99
日　期												
最　低	105.46	105.03	104.86	104.85	103.98	102.52	101.94	102.01	105.02	103.57	103.00	102.54
日　期												

年统计	最高水位 106.89		8月11日	最低水位 101.94		7月27日	平均水位 104.43	

各种保证率水位	最高 106.72	第15天 106.20	第30天 105.94	第90天 105.49	第180天 104.92	第270天 103.27	最低 101.94

附　注	

1964　滚　河　石漫滩水库(坝上)站　逐日平均水位表

表内水位(冻结基面以上米数)－0.001m＝废黄河口基面以上米数

日＼月	一月	二月	三月	四月	五月	六月	七月	八月	九月	十月	十一月	十二月
1	102.52	101.90	101.59	101.30	106.06	99.84	98.98	99.36	101.24	104.19	104.66	104.29
2	51	88	59	28	00	84	99.04	43	24	23	49	30
3	50	85	57	30	105.91	84	04	44	24	105.12	30	31
4	46	82	56	29	84	83	04	47	24	94	26	31
5	45	80	55	36	75	82	04	45	24	94	28	32
6	42	77	56	73	54	80	03	44	24	84	30	33
7	40	76	54	84	15	79	02	42	24	88	31	33
8	38	74	54	87	104.61	78	98.98	40	50	91	32	32
9	34	72	52	92	16	77	94	43	74	74	33	32
10	34	68	51	95	103.87	79	92	50	80	56	34	32
11	36	66	50	96	35	78	90	100.04	86	38	35	30
12	37	64	48	98	102.76	80	88	98	90	18	35	30
13	35	64	46	102.10	12	78	88	101.12	102.33	00	35	30
14	34	64	44	21	101.59	64	89	20	103.19	104.80	35	28
15	32	64	42	30	59	66	88	24	47	60	35	26
16	30	64	40	78	102.69	66	86		61	39	35	25
17	28	64	38	103.35	103.27	67	82	30	71	22	35	24
18	24	64	36	104.33	47	67	82	32	82	27	34	22
19	23	62	35	80	17	66	84	32	90	32	34	22
20	21	60	34	105.10	102.61	66	82	32	96	35	34	20
21	18	58	32	56	01	66	79	31	104.00	38	32	20
22	16	56	32	88	101.44	53	76	30	06	47	32	19
23	14	54	33	106.00	12	20	76	30	34	56	32	18
24	11	52	33	06	100.89	98.96	73	30	61	61	32	16
25	08	51	38	15	64	92	69	28	74	67	31	15
26	05	52	38	21	73	92	67	27	63	76	30	14
27	04	52	36	25	46	91	67	26	48	60	29	13
28	01	54	36	23	99.95	90	70	24	32	47	30	12
29	101.98	56	35	19	77	88	68	22	17	67	30	10
30	94		34	13	79	89	65	23	18	80	30	08
31	93		33		82		90	24		79		05
平均	102.26	101.66	101.43	103.58	102.78	99.53	98.86	100.63	102.97	104.84	104.34	104.23
最高	102.53	101.91	101.59	106.26	106.08	99.84	99.30	101.32	104.77	105.97	104.69	104.33
日期	1	1	1	27	1	1	31	18	25	5	1	6
最低	101.92	101.51	101.32	101.28	99.74	98.87	98.63	99.32	101.23	104.18	104.24	104.05
日期	31	25	21	2	28	29	31		4	1	3	31

年统计	最高水位 106.26	4月27日	最低水位 98.63	7月31日	平均水位 102.26

各种保证率水位	最高	第15天	第30天	第90天	第180天	第270天	最低

附　注

1965　滚　河　石漫滩水库(坝上)站　逐日平均水位表

表内水位(冻结基面以上米数)－0.001m＝废黄河口基面以上米数

日＼月	一月	二月	三月	四月	五月	六月	七月	八月	九月	十月	十一月	十二月
1	104.04	103.13	102.89	102.79	102.50	101.82	101.01	102.95	104.10	103.58	102.98	102.18
2	03	12	88	78	50	70	102.25	103.02	09	56	96	14
3	02	12	86	77	51	56	94	102.92	08	55	94	11
4	02	11	84	77	50	52	103.16	103.46	07	54	92	08
5	00	11	82	76	49	50	14	77	08	53	88	05
6	103.98	10	80	75	48	48	102.87	85	06	52	86	02
7	96	08	79	74	48	44	38	88	05	50	86	00
8	94	06	78	73	45	42	04	88	03	48	84	101.96
9	93	04	75	71	44	40	94	88	02	46	82	94
10	91	02	74	70	44	37	104.09	89	00	48	80	90
11	90	00	72	68	42	34	105.30	89	103.98	46	77	86
12	88	102.98	70	66	41	32	70	88	96	44	74	82
13	85	96	66	65	41	30	71	88	94	42	72	80
14	84	95	66	64	40	27	86	87	92	40	70	76
15	82	94	64	63	38	24	99	86	90	38	66	72
16	80	93	62	52	37	22	106.34	86	88	36	64	68
17	79	93	58	36	35	18	64	88	86	34	60	64
18	78	92	54	23	30	12	71	104.04	84	32	58	60
19	76	92	54	20	30	12	79	13	83	30	56	58
20	74	93	55	18	28	09	94	16	82	26	52	54
21	72	94	55	15	26	06	107.00	16	80	24	50	50
22	72	94	64	15	20	02	03	16	78	22	46	48
23	70	94	76	21	23	00	106.90	16	74	20	44	44
24	65	93	80	20	20	100.98	105.96	15	72	18	41	38
25	58	92	82	20	18	94	46	14	68	16	38	36
26	50	92	83	20	15	90	46	14	68	12	34	32
27	43	90	83	19		88	104.73	13	66	10	30	28
28	36	90	83	33	101.92	85	103.67	12	64	08	28	24
29	29		82	44	89	69	102.94	12	62	06	24	20
30	22		82	45	88	60	94	11	58	03	22	
31	15		81		84		94	11		00		11
平均	103.75	102.99	102.74	102.49	102.30	101.21	104.67	103.89	103.88	103.33	102.63	101.67
最高	104.04	103.13	102.89	102.79	102.51	101.83	107.05	104.17	104.10	103.58	102.99	102.18
日期	1	1	1	1	3	1	21	22	1	1	1	1
最低	103.14	102.89	102.54	102.15	101.84	100.47	100.92	102.89	103.58	103.00	102.21	101.10
日期	31	28	19	21	30	24	1	3	30	31	30	31

年统计	最高水位 107.05	7月21日	最低水位 100.47	6月30日	平均水位 102.97

各种保证率水位	最高 107.03	第15天 105.46	第30天 104.11	第90天 103.72	第180天 102.90	第270天 102.36	最低 100.60

附　注

1966 滚 河 石漫滩水库(坝上)站 逐日平均水位表

表内水位(冻结基面以上米数) -0.001m = 废黄河口基面以上米数

日＼月	一月	二月	三月	四月	五月	六月	七月	八月	九月	十月	十一月	十二月
1	101.08	99.92	99.24	99.24	98.85	98.33	97.21	95.63	94.44	94.34	94.13	93.85
2	04	88	23	22	84	30	17	59	44	33	13	84
3	01	83	22	20	84	28	14	56	44	31	13	83
4	100.96	79	20	18	82	26	11	51	44	30	12	82
5	92	74	18	16	79	24	09	47	44	30	12	82
6	88	70	23	14	77	20	06	43	44	31	11	82
7	84	68	24	12	75	18	02	40	44	31	10	81
8	80	66	24	10	72	14	96.98	36	43	30	09	81
9	75	60	28	08	70	12	96	31	42	29	09	80
10	71	60	41	06	68	09	92	39	42	29	08	79
11	66	58	46	04	66	06	88	40	42	29	08	79
12	63	56	50	03	64	04	83	39	42	28	07	78
13	58	52	50	02	64	02	77	35	41	27	09	77
14	52	50	51	00	64	00	71	32	41	26	08	76
15	49	48	51	98.98	64	97.98	65	28	40	26	08	76
16	44	47	50	96	62	98	60	23	41	24	07	75
17	40	44	50	94	60	96	53	18	41	22	06	74
18	35	42	48	92	56	95	46	12	40	22	05	74
19	30	40	46	90	53	92	40	06	39	21	03	73
20	28	38	44	88	50	91	35	00	38	21	03	73
21	26	38	44	87	48	88	26	94.68	38	20	02	74
22	25	38	42	86	45	84	95.75	59	38	19	02	73
23	23	36	40	84	42	80	42	47	37	19	01	73
24	23	34	38	84	40	76	46	41	37	19	93.99	73
25	20	32	36	88	38	45	48	41	37	19	98	73
26	17	30	34	88	36	39	71	41	36	18	96	72
27	13	28	32	88	36	35	76	41	36	18	94	71
28	08	26	30	87	38	32	74	41	36	17	92	71
29	04		28	86	38	29	71	41	35	16	90	70
30	00		26	86	36	25	69	40	34	15	87	66
31	99.96		24		36		66	40		14		65
平均	100.49	99.53	99.36	98.99	98.58	97.91	96.43	95.03	94.40	94.24	94.05	93.76
最高	101.08	99.92	99.51	99.24	98.85	98.34	97.22	95.64	94.44	94.34	94.13	93.85
日期	1	1	14	1	1	1	1	1	1	1	1	1
最低	99.95	99.26	99.18	98.84	98.34	97.24	95.40	94.39	94.34	94.14	93.87	93.65
日期	31	28	5	23	31	30	22	31	30	31	30	31

年统计	最高水位 101.08	1月1日	最低水位 93.65	12月31日	平均水位 96.88
各种保证率水位	最高	第15天	第30天	第90天	第180天	第270天	最低

附注

1967 滚 河 石漫滩水库(坝上)站 逐日平均水位表

表内水位(冻结基面以上米数) -0.001m = 废黄河口基面以上米数

日＼月	一月	二月	三月	四月	五月	六月	七月	八月	九月	十月	十一月	十二月
1	93.63	93.33	93.61	94.71	97.49	97.38	96.40	102.79	102.74	103.67	103.53	104.92
2	62	32	61	75	49	35	50	78	74	74	51	61
3	62	31	61	78	48	32	73	77	74	74	50	53
4	60	30	61	80	47	29	98.81	76	73	82	49	54
5	59	29	62	82	46	26	99.39	75	71	83	48	55
6	58	27	62	83	45	23	52	74	70	83	46	55
7	57	27	62	83	44	21	55	73	69	83	45	55
8	56	27	62	84	42	16	57	71	67	83	44	55
9	56	27	62	86	41	08	57	70	69	82	42	54
10	55	27	62	91	38	03	59	69	69	79	42	53
11	53	27	62	95	36	96.98	68	67	83	81	42	52
12	52	26	61	99	35	92	102.53	65	83	81	41	52
13	51	25	60	95.03	32	97	103.75	63	81	80	40	51
14	49	25	60	11	30	93	86	61	78	78	39	50
15	47	24	59	67	27	88	73	61	78	77	38	49
16	46	23	62	96.30	25	83	39	77	76	76	36	48
17	45	22	70	56	22	76	102.74	86	74	74	35	48
18	44	21	75	72	22	71	48	88	73	72	34	47
19	43	20	84	78	30	67	47	88	72	71	34	47
20	42	20	89	83	36	62	47	87	70	69	35	45
21	42	25	93	87	43	57	46	86	68	67	36	44
22	41	46	95	97.08	48	52	45	85	66	65	36	42
23	40	53	97	28	51	46	49	84	64	63	37	41
24	39	56	98	35	50	40	59	83	62	62	47	39
25	38	58	99	38	50	33	76	83	60	60	104.05	39
26	37	59	94.02	44	49	26	76	82	59	58	50	37
27	37	60	03	46	48	23	76	81	57	57	93	35
28	37	60	05	48	46	16	78	80	56	56	105.22	34
29	36		20	49	46	10	81	78	69	54	37	33
30	35		55	49	49	05	81	77	103.30	53	21	31
31	34		66		41		81	76		53		29
平均	93.48	93.34	93.82	96.01	97.41	96.79	101.36	102.77	102.73	103.71	103.71	104.48
最高	93.63	93.60	94.68	97.49	97.51	97.38	103.88	102.88	103.50	103.83	105.39	104.99
日期	1	27	31	29	23	1	14	18	30	5	29	1
最低	93.34	93.20	93.59	94.71	97.21	96.05	96.08	102.60	102.56	103.53	103.34	104.29
日期	31	19	15	1	18	30	1	14	28	30	19	31

年统计	最高水位 105.39	11月29日	最低水位 93.20	2月19日	平均水位 99.17
各种保证率水位	最高	第15天	第30天	第90天	第180天	第270天	最低

附注

1968　滚　河　石漫滩水库(坝上)站　逐日平均水位表

表内水位(冻结基面以上米数) −0.001m ＝ 废黄河口基面以上米数

日 \ 月	一月	二月	三月	四月	五月	六月	七月	八月	九月	十月	十一月	十二月
1	104.28	103.74	103.19	102.55	101.78	102.13	100.88	102.48	103.25	105.20	104.42	104.34
2	27	73	17	52	76	12	89	47	26	20	42	34
3	26	73	14	49	74	10	89	47	27	20	42	33
4	25	71	12	46	78	09	93	47	27	21	42	33
5	23	70	11	43	77	08	96	46	27	21	42	32
6	21	69	09	41	77	01	96	45	27	21	42	32
7	19	68	06	39	95	00	96	45	27	29	42	32
8	17	67	05	36	102.04	101.98	98	40	29	43	42	32
9	15	66	04	34	10	96	98	14	33	29	42	32
10	13	65	02	32	13	95	98	13	35	104.92	41	32
11	11	63	00	30	13	93	97	17	37	82	41	32
12	09	61	102.98	27	13	91	101.16	26	38	105.14	40	31
13	06	59	95	24	13	90	102.06	34	41	57	39	31
14	04	57	92	21	12	89	31	37	48	105.76	39	31
15	02	54	90	19	13	87	55	38	52	51	39	31
16	00	52	88	16	14	85	80	39	55	104.80	39	30
17	103.98	50	86	15	14	84	93	40	57	29	38	30
18	95	48	85	13	14	82	98	42	79	32	38	30
19	93	45	84	10	14	81	103.01	58	105.94	34	38	29
20	91	43	82	07	15	56	09	68	88	36	38	29
21	89	40	80	04	16	21	48	73	46	36	38	28
22	87	38	78	01	17	100.90	17	74	38	38	37	27
23	85	35	75	101.98	17	83	102.64	75	10	38	37	26
24	83	33	73	95	17	82	39	81	13	38	37	26
25	80	30	71	94	17	79	43	98	15	39	37	25
26	78	28	68	92	16	78	45	103.10	17	40	36	24
27	76	26	66	90	16	77	46	14	19	40	36	24
28	75	23	64	86	16	76	47	19	18	40	36	23
29	74	21	61	83	16	77	47	22	18	41	35	23
30	74		59	80	15	85	47	24	19	41	35	24
31	74		57		14		25	25		41		24
平均	104.00	103.52	102.89	102.18	102.06	101.58	102.00	102.61	104.15	104.82	104.39	104.29
最高	104.28	103.74	103.19	102.55	102.17	102.13	103.48	103.25	105.94	105.76	104.42	104.34
日期	1	1	1	1	22	1	21	31	19	14	1	1
最低	103.74	103.21	102.57	101.80	101.74	100.75	100.88	102.13	103.25	104.29	104.35	104.23
日期	29	29	31	30	3	29	1	9	1	17	29	28

年统计　最高水位 105.94　9月19日　最低水位 100.75　6月29日　平均水位 103.21

各种保证率水位　最高　　第15天　　第30天　　第90天　　第180天　　第270天　　最低

附注

1969　滚　河　石漫滩水库(坝上)站　逐日平均水位表

表内水位(冻结基面以上米数) −0.001m ＝ 废黄河口基面以上米数

日 \ 月	一月	二月	三月	四月	五月	六月	七月	八月	九月	十月	十一月	十二月
1	104.24	104.19	105.14	104.63	104.60	103.42	101.71	101.37	104.16	105.60	105.21	104.96
2	24	21	22	64	61	41	69	31	106.58	61	21	95
3	23	23	30	64	63	40	70	01	106.29	65	20	93
4	23	25	37	65	65	39	70	100.75	28	68	19	92
5	22	27	42	66	66	39	69	73	06	70	18	91
6	21	29	46	66	65	39	68	71	08	71	17	90
7	21	32	50	62	65	38	70	68	15	72	16	89
8	20	35	105.53	60	66	37	66	66	19	71	15	88
9	19	38	104.98	60	66	36	42	64	22	71	14	86
10	19	41	96	61	67	36	29	100.47	24	68	13	85
11	19	53	96	61	71	35	28	102.57	24	56	12	84
12	18	62	105.01	62	75	27	27	103.56	18	49	11	84
13	18	67	02	62	40	102.84	26	64	105.90	28	10	83
14	17	73	03	62	36	45	25	66	65	27	09	82
15	17	77	104.95	62	38	41	27	67	61	27	08	81
16	16	80	86	68	40	40	27	68	61	27	08	80
17	15	83	87	71	41	39	25	68	60	27	07	80
18	15	86	67	73	41	38	23	67	60	27	06	79
19	15	89	64	76	42	37	22	66	59	27	05	79
20	14	92	62	105.05	43	36	27	80	59	27	05	79
21	14	95	60	104.81	43	36	27	104.10	60	26	04	78
22	14	98	60	41	103.43	31	26	16	65	26	03	77
23	14	105.01	60	94	82	101.86	31	18	68	26	02	76
24	14	04	60	105.19	47	82	45	18	71	26	01	75
25	15	06	60	104.76	46	82	49	17	74	26	00	74
26	15	08	61	62	46	80	48	17	88	25	104.99	74
27	14	10	61	55	45	78	47	16	106.03	24	99	73
28	15	12	61	53	45	76	46	15	105.72	24	99	72
29	15		61	56	44	75	45	15	106.09	24	98	71
30	16		64	58	43	73	44	15	04	24	97	70
31	18		63		43		43	16		22		69
平均	104.18	104.67	104.91	104.68	104.23	102.64	101.43	102.90	105.83	105.41	105.09	104.81
最高	104.24	105.12	105.53	105.19	104.80	103.42	101.71	104.18	106.58	105.72	105.21	104.96
日期	1	28	8	24	12	1	1	23	2	7	1	1
最低	104.14	104.19	104.60	104.41	103.43	101.73	101.22	100.47	104.15	105.22	104.97	104.69
日期	20	1	20	22	22	30	19	10	1	31	30	31

年统计　最高水位 106.58　9月2日　最低水位 100.47　8月10日　平均水位 104.22

各种保证率水位　最高 106.29　第15天 105.88　第30天 105.65　第90天 105.06　第180天 104.64　第270天 104.14　最低 100.59

附注

1970　滚　河　石漫滩水库(坝上)站　逐日平均水位表

表内水位(冻结基面以上米数) −0.001m = 废黄河口基面以上米数

日＼月	一月	二月	三月	四月	五月	六月	七月	八月	九月	十月	十一月	十二月
1	104.68	104.34	104.23	104.18	104.44	104.41	103.25	101.78	100.06	99.28	99.49	99.08
2	67	33	26	16	52	40	10	75	03	26	49	05
3	66	32	30	15	55	40	102.83	73	99.99	24	49	03
4	65	31	35	14	56	39	82	70	96	22	48	01
5	64	29	37	12	56	38	81	67	93	21	48	98.97
6	63	29	39	10	56	37	80	65	89	20	48	94
7	62	30	39	09	55	35	78	63	86	18	48	92
8	61	31	39	08	54	30	76	60	72	16	48	90
9	60	32	40	07	56	09	74	44	25	15	48	88
10	59	31	39	09	56	103.85	71	31	10	15	47	85
11	58	31	38	12	54	62	70	28	07	15	45	81
12	57	30	37	12	53	42	68	25	07	16	43	78
13	56	30	37	12	52	43	68	21	05	18	43	74
14	55	29	36	12	51	43	67	18	01	18	42	70
15	54	28	34	11	50	43	65	15	98.97	17	40	67
16	53	27	33	10	49	42	61	11	99	17	38	65
17	52	26	32	09	46	48	29	100.57	99.13	17	36	62
18	51	24	30	08	44	74	101.97	50	13	16	34	59
19	50	22	30	07	42	56	95	48	13	15	32	56
20	49	21	30	06	40	44	93	45	11	13	30	54
21	48	20	29	05	38	46	91	42	09	12	28	52
22	47	20	28	04	36	47	89	40	11	10	25	49
23	45	22	27	14	34	47	88	37	13	08	23	46
24	44	25	27	21	32	46	87	33	13	08	22	43
25	43	24	26	24	30	41	85	30	13	20	20	39
26	42	23	25	27	28	30	85	26	14	43	18	36
27	41	22	24	28	26	28	84	23	19	47	16	33
28	40	21	23	29	25	26	82	20	24	48	14	30
29	38		22	28	31	26	81	16	28	49	13	27
30	37		21	26	35	25	82	13	28	49	11	23
31	36		20		40		80	10		49		20
平均	104.53	104.27	104.31	104.14	104.44	103.72	102.36	100.91	99.34	99.23	99.35	98.65
最高	104.68	104.34	104.40	104.29	104.56	104.41	103.25	101.78	100.06	99.49	99.49	99.08
日期	1	1	9	28	4	1	1	1	1	29	1	1
最低	104.36	104.20	104.04	104.04	104.25	103.25	101.80	100.10	98.98	99.08	99.11	98.20
日期	31	21	31	22	28	30	31	31	16	23	30	31

年统计　最高水位 104.68　1月1日　最低水位 98.20　12月31日　平均水位 102.09

各种保证率水位　最高 104.68　第15天 104.56　第30天 104.51　第90天 104.30　第180天 103.26　第270天 99.43　最低 98.20

附　注

1971　滚　河　石漫滩水库(坝上)站　逐日平均水位表

表内水位(冻结基面以上米数) −0.001m = 废黄河口基面以上米数

日＼月	一月	二月	三月	四月	五月	六月	七月	八月	九月	十月	十一月	十二月
1	98.17	97.08	95.89	96.40	96.73	96.62	102.73	102.97	104.64	104.57	104.54	105.06
2	14	05	92	39	73	59	103.09	94	64	60	52	05
3	11	00	96.08	39	84	56	21	103.02	65	63	52	04
4	07	96.95	18	38	95	55	26	03	67	68	52	03
5	04	91	23	38	97.01	53	32	03	68	69	52	03
6	00	87	26	37	04	49	36	02	69	69	51	02
7	97.96	82	29	36	06	46	34	01	69	70	53	01
8	92	77	32	36	08	43	27	01	70	70	69	104.99
9	89	71	33	36	09	50	30	00	70	70	98	98
10	85	66	34	36	09	67	70	04	70	70	105.04	97
11	81	61	35	35	09	97.34	52	13	70	69	08	96
12	77	56	37	34	08	98.02	40	16	70	68	13	95
13	72	52	37	35	07	13	45	25	70	67	13	94
14	68	48	37	39	06	19	48	31	69	67	13	93
15	63	43	39	43	05	21	50	31	69	67	15	92
16	58	37	40	47	04	25	51	31	69	66	15	91
17	53	31	40	52	02	25	51	33	68	65	15	90
18	50	23	40	59	01	25	52	33	66	64	15	89
19	48	19	40	63	96.99	28	51	36	66	64	14	88
20	45	15	41	66	97	27	50	36	65	63	13	87
21	42	10	41	67	94	27	49	38	64	63	12	86
22	39	06	41	70	92	26	33	40	62	62	12	85
23	36	03	41	71	90	25	12	40	61	62	12	84
24	34	00	42	72	88	09	09	104.19	60	61	12	83
25	30	95.98	42	71	86	99.27	09	105.08	58	60	11	82
26	27	96	41	71	84	100.33	08	19	57	59	10	81
27	24	91	40	71	80	50	07	104.98	56	58	09	80
28	21	89	40	71	76	61	06	83	55	57	09	79
29	18		40	71	72	101.39	08	62	55	56	08	78
30	15		40	71	69	102.22	07	61	56	55	07	77
31	12		39		65		05	62		54		77
平均	97.62	96.45	96.33	96.52	96.93	98.13	103.29	103.59	104.65	104.64	104.96	104.91
最高	98.17	97.08	96.42	96.72	97.09	102.36	103.80	105.22	104.70	104.70	105.15	105.06
日期	1	1	24	24	9	30	10	26	8	7	15	1
最低	97.12	95.89	95.89	96.34	96.65	96.42	102.52	102.82	104.55	104.54	104.51	104.77
日期	31	28	1	12	31	9	1	2	28	31	5	30

年统计　最高水位 105.22　8月26日　最低水位 95.89　2月28日　平均水位 100.70

各种保证率水位　最高 105.19　第15天 105.11　第30天 105.01　第90天 104.65　第180天 103.01　第270天 96.73　最低 95.89

附　注

1972　滚　河　石漫滩水库(坝上)站　逐日平均水位表

表内水位(冻结基面以上米数)−0.001m＝废黄河口基面以上米数

日＼月	一月	二月	三月	四月	五月	六月	七月	八月	九月	十月	十一月	十二月
1	104.76	104.46	104.40	104.86	103.25	102.36	101.19	102.20	100.28	99.75	99.05	98.48
2	75	45	39	87	24	34	104.07	19	29	74	01	45
3	73	44	38	87	23	32	80	18	29	73	98.97	42
4	71	44	37	88	22	31	103.97	16	27	71	93	39
5	70	44	36	88	20	30	101.88	11	26	70	91	37
6	69	44	35	88	19	28	102.42	74	27	67	88	33
7	68	43	34	34	18	26	43	73	27	64	84	30
8	67	43	34	89	17	19	47	72	26	62	81	26
9	66	43	33	88	16	101.97	53	71	24	59	79	22
10	65	42	33	88	13	75	65	70	22	56	76	19
11	64	42	33	78	102.96	69	72	69	21	52	74	15
12	63	43	33	59	77	65	77	67	21	49	72	09
13	62	44	32	41	67	62	78	66	20	45	69	05
14	61	44	32	31	63	59	80	64	18	43	66	02
15	60	45	35	31	60	56	80	62	16	40	69	97.97
16	58	45	40	30	57	46	80	59	14	37	74	94
17	57	46	44	20	54	13	81	46	12	34	76	90
18	56	46	46	11	51	100.79	80	43	10	31	77	86
19	55	46	52	16	48	70	58	39	08	30	76	82
20	54	46	60	06	46	69	30	23	05	30	75	78
21	52	45	65	103.93	43	76	28	01	02	30	73	73
22	51	45	71	92	41	79	28	100.98	99.99	29	71	71
23	50	44	81	82	40	78	26	95	97	27	68	68
24	51	44	91	70	39	75	25	93	94	22	65	64
25	50	43	96	59	38	72	23	91	91	22	63	61
26	49	43	98	47	36	70	21	88	88	20	60	57
27	48	42	105.01	38	35	86	20	85	85	17	57	53
28	47	41	02	29	34	101.13	20	81	83	15	55	49
29	46	40	03	28	35	15	19	51	80	12	52	47
30	45		04	27	37	15	20	30	77	10	50	44
31	46		104.92		37		20	28		08		41
平　均	104.59	104.44	104.57	104.26	102.72	101.46	102.62	101.39	100.10	99.41	98.75	97.94
最　高	104.76	104.46	105.08	104.89	103.25	102.36	105.13	102.20	100.29	99.75	99.05	98.48
日　期	1	1	30	8	1	1	2	1	2	1	1	1
最　低	104.45	104.40	104.32	103.27	102.34	100.69	101.15	100.28	99.77	99.08	98.50	97.41
日　期	30	29	13	30	28	20	1	31	30	31	30	31

年统计	最高水位 105.08		3月30日	最低水位 97.41		12月31日	平均水位 101.85
各种保证率水位	最高 105.04	第15天 104.88	第30天 104.67	第90天 104.40	第180天 102.26	第270天 99.88	最低 97.46

附　注

1973　滚　河　石漫滩水库(坝上)站　逐日平均水位表

表内水位(冻结基面以上米数)−0.001m＝废黄河口基面以上米数

日＼月	一月	二月	三月	四月	五月	六月	七月	八月	九月	十月	十一月	十二月
1	97.37	96.12	96.23	96.25	98.68	100.33	99.77	102.53	102.38	102.24	101.88	101.11
2	32	08	23	23	95	32	100.06	53	37	22	86	08
3	28	07	22	23	100.32	30	24	54	37	22	84	06
4	24	09	22	22	84	28	25	56	37	21	82	02
5	20	10	22	22	96	25	25	58	37	22	80	100.98
6	16	12	23	21	88	21	27	58	38	28	78	96
7	10	14	24	20	79	17	35	57	40	31	75	94
8	07	16	24	20	54	13	35	56	41	31	73	90
9	03	17	24	19	52	11	35	55	49	31	70	86
10	96.98	20	24	57	57	12	37	53	49	30	68	84
11	93	21	25	55	59	16	39	52	49	29	65	81
12	88	22	26	69	61	14	39	50	48	28	62	79
13	83	23	27	74	63	12	39	48	48	26	60	76
14	78	23	28	78	64	09	40	47	47	24	57	73
15	74	23	28	81	65	07	99	50	46	23	54	70
16	69	25	29	87	65	05	101.30	50	45	22	52	68
17	64	25	29	91	65	05	36	48	44	20	49	65
18	60	26	29	93	62	05	40	46	43	18	46	62
19	55	26	29	95	41	05	41	45	42	17	43	59
20	50	26	29	95	33	05	41	43	40	15	40	55
21	44	26	28	96	33	06	41	41	38	12	35	53
22	39	26	28	99	32	04	41	40	36	11	35	50
23	37	26	28	97.01	32	01	41	38	35	08	33	48
24	36	25	27	03	31	99.98	40	36	33	06	30	45
25	35	24	26	03	35	95	39	34	31	03	27	43
26	33	24	26	04	35	93	40	33	29	01	24	39
27	31	24	26	04	35	90	40	31	27	101.99	21	36
28	28	23	26	05	35	87	42	29	28	97	19	32
29	24		25	05	34	83	102.19	27	27	95	17	29
30	20		25	57	34	80	47	27	26	91	14	25
31	16		25		33		52	38		91		22
平　均	96.72	96.20	96.26	96.70	100.40	100.08	100.97	102.45	102.39	102.16	101.52	100.67
最　高	97.37	96.26	96.29	98.38	100.99	100.33	102.52	102.58	102.49	102.31	101.88	101.11
日　期	1	18	16	30	5	1	31	5	9	7	1	1
最　低	96.16	96.07	96.22	96.18	98.64	99.80	99.77	102.25	102.25	101.90	101.13	100.21
日　期	31	3	3	3	1	10	1	30	30	30	30	31

年统计	最高水位 102.58		8月5日	最低水位 96.07		2月3日	平均水位 99.74
各种保证率水位	最高 102.58	第15天 102.50	第30天 102.45	第90天 102.01	第180天 100.41	第270天 96.91	最低 96.07

附　注

1974　滚　河　石漫滩水库(坝上)站　逐日平均水位表

表内水位(冻结基面以上米数)−0.001m＝废黄河口基面以上米数

日＼月	一月	二月	三月	四月	五月	六月	七月	八月	九月	十月	十一月	十二月
1	100.18	99.37	98.55	97.95	97.44	99.38	98.26	96.76	102.65	102.35	103.65	103.33
2	15	35	52	91	40	35	22	84	63	47	65	32
3	11	31	48	87	36	31	17	93	62	103.00	65	31
4	07	29	45	83	32	27	13	97.55	62	52	64	31
5	03	27	43	80	28	23	08	101.21	62	71	64	30
6	00	24	46	79	24	19	04	102.44	62	78	63	28
7	99.96	22	54	92	20	15	97.99	58	62	83	63	26
8	92	19	56	94	16	12	95	65	61	88	64	25
9	89	17	56	94	12	08	91	74	59	89	67	23
10	85	14	55	94	08	06	96	87	57	89	67	22
11	81	12	53	92	04	03	94	88	57	90	67	20
12	77	11	51	90	06	00	76	89	62	91	66	18
13	74	09	49	90	47	98.96	50	90	64	91	64	16
14	69	06	46	88	64	92	40	90	63	90	62	13
15	65	04	43	86	70	88	35	90	62	90	60	10
16	61	01	41	84	72	84	30	88	60	88	59	09
17	58	98.98	38	82	91	81	25	87	58	87	59	06
18	53	95	36	80	98.26	77	20	86	57	87	57	03
19	49	92	33	78	59	74	17	84	57	86	55	01
20	47	89	30	76	87	71	12	83	53	85	54	102.98
21	46	85	26	73	99.01	67	06	82	51	83	52	96
22	45	81	23	71	24	62	01	81	49	81	50	93
23	44	76	19	69	40	57	96.95	79	46	80	49	90
24	43	72	16	67	46	53	89	77	44	78	47	87
25	42	68	13	64	50	50	83	76	42	76	45	84
26	41	65	12	61	53	47	77	74	40	75	42	81
27	40	61	08	57	53	43	70	73	38	74	40	79
28	40	58	06	54	51	39	66	71	36	72	38	77
29	40		04	51	49	35	66	70	34	70	36	74
30	40		01	48	46	31	68	70	35	69	34	71
31	39		97.98		42		70	66		67		71
平　均	99.68	99.01	98.34	97.78	98.21	98.85	97.41	101.98	102.54	103.69	103.56	103.06
最　高	100.19	99.37	98.56	97.96	99.53	99.39	98.27	102.90	102.65	103.91	103.67	103.33
日　期	1	1	8	26	1	1	13	1	1	12	9	1
最　低	99.39	98.57	97.97	97.47	97.02	98.29	96.65	96.70	102.34	102.35	103.33	102.70
日　期	31	28	31	30	12	30	28	1	29	1	30	30

年统计	最高水位 103.91	10月12日	最低水位 96.65	7月28日	平均水位 100.35

各种保证率水位	最高 103.91	第15天 103.83	第30天 103.67	第90天 102.87	第180天 99.43	第270天 98.31	最低 96.65

附　注

1975　滚　河　石漫滩水库(坝上)站　逐日平均水位表

表内水位(冻结基面以上米数)−0.115m＝黄海基面以上米数

日＼月	一月	二月	三月	四月	五月	六月	七月	八月	九月	十月	十一月	十二月
1	102.68	102.03	101.75	100.85	102.74	102.53	101.88	102.23		88.22	88.07	87.94
2	66	03	72	83	75	49	86	21		23	06	94
3	65	03	69	81	75	47	85	19		19	05	94
4	63	01	66	78	74	47	84	19		14	03	94
5	62	02	65	77	74	44	82	47		10	02	95
6	61	02	63	75	74	41	79	106.71		08	02	88.04
7	59	02	60	72	74	38	76	107.88		05	01	07
8	58	00	58	68	75	35	75			02	01	11
9	57	101.99	55	64	76	32	102.02			01	00	10
10	55	98	53	60	76	29	41			13	00	17
11	52	98	50	57	76	25	48			39	87.99	17
12	50	99	47	53	77	21	48			27	99	13
13	47	102.00	44	50	77	17	48			21	98	16
14	46	01	41	47	77	14	48			15	98	16
15	45	01	39	44	78	10	47			11	98	14
16	45	00	37	40	77	07	45			09	97	17
17	45	101.99	34	37	78	05	44			07	97	17
18	43	98	31	44	78		42			04	97	19
19	41	96	28	94	78	101.98	40			02	97	20
20	38	93	25	101.45	78	99	38			01	96	19
21	36	92	22	58	78	102.04	35			01	93	16
22	33	91	19	60	77	02	33			00	96	13
23	30	88	16	60	76	08	31			00	95	11
24	27	86	12	63	75	07	29			13	95	09
25	24	84	08	102.21	75	04	27			15	97	09
26	21	82	05	52	74	01	25			31	96	08
27	18	80	02	60	72	101.99	24			24	95	06
28	15	78	100.98	68	69	97	25			22	95	05
29	12		94	73	65	94	29			18	94	04
30	09		91	74	61	91	29			09	94	03
31	06		88		57		26			09		02
平　均	102.42	101.96	101.34	101.18	102.74	102.17	102.21			88.13	87.98	88.09
最　高	102.68	102.03	101.75	102.74	102.78	102.54	102.48			88.53	88.08	88.26
日　期	1	1	1	30	17	1	11			11	1	14
最　低	102.05	101.77	100.87	100.36	102.56	101.90	101.74			88.00	87.92	87.94
日　期	31	28	31	17	31	30	8			10	21	1

年统计	最高水位 111.40	8月8日	最低水位 87.92	11月21日	平均水位

各种保证率水位	最高	第15天	第30天	第90天	第180天	第270天	最低

附　注　8月8日至9月30日水位因垮坝而停止观测。10月至12月水位为河道水位，位置在原泄洪道闸下游200m，8月8日最高水位111.40m系洪水过后测得洪水痕迹。

1976　滚　河　石漫滩站　逐日平均水位表

表内水位(冻结基面以上米数) −0.115m＝黄海基面以上米数

日＼月	一月	二月	三月	四月	五月	六月	七月	八月	九月	十月	十一月	十二月
1	88.02	87.94	88.09	87.93	88.15	87.97	88.05	88.05	88.22	87.86	87.86	87.85
2	01	94	06	93	08	97	00	06	21	87	87	85
3	02	94	04	93	03	95	00	03	27	87	87	84
4	02	94	04	93	00	94	87.98	01	22	87	88	84
5	01	93	03	92	87.99	92	96	15	14	87	87	85
6	00	93	02	92	98	90	96	20	08	87	86	84
7	87.99	94	01	93	96	90	90	04	09	87	86	84
8	99	94	01	94	96	91	88.05	08	03	88	85	85
9	99	93	00	94	95	90	02	02	00	88	85	83
10	99	93	00	93	96	89	00	01	87.99	88	88	83
11	98	95	00	93	95	92	87.98	87.99	97	88	88	83
12	98	88.01	87.99	97	94	91	97	88.48	97	88	87	83
13	97	87.99	99	97	93	91	98	40	94	88	88	83
14	97	99	98	95	93	91	88.14	18	93	88	87	83
15	97	88.24	97	94	93	91	30	08	92	88	86	83
16	97	16	97	94	91	92	17	03	92	87	86	83
17	97	14	97	93	88.05	93	10	02	91	87	86	83
18	96	16	97	93	18	93	09	87.99	90	88	86	83
19	96	25	97	95	03	93	50	88.07	91	88	85	83
20	95	23	97	95	01	92	42	00	91	88	85	83
21	95	23	96	93	87.99	92	59	87.97	91	88	85	82
22	94	21	95	94	97	93	29	96	91	90	85	82
23	95	19	95	94	96	92	21	94	90	92	84	82
24	95	16	94	92	96	91	17	93	90	90	84	82
25	95	12	94	91	95	93	13	91	91	88	84	82
26	95	10	94	90	94	93	22	88.16	90	88	84	82
27	95	12	94	88.04	94	92	10	09	88	88	84	82
28	95	16	94	30	94	94	07	04	87	87	84	82
29	95	12	94	31	93	88.18	09	19	87	87	84	82
30	95		94	25	93	17	06	10	87	86	84	82
31	95		93		94		04	04		86		82
平　均	87.97	88.07	87.98	87.97	87.98	87.94	88.12	88.07	87.98	87.88	87.86	87.83
最　高	88.02	88.29	88.10	88.36	88.37	88.35	89.09	88.60	88.50	87.92	87.88	87.85
日　期	1	15	1	27	17	29	21	12	1	22	4	1
最　低	87.94	87.93	87.93	87.91	87.91	87.98	87.93	87.92	87.87	87.86	87.84	87.82
日　期	22	5	31	24	16	10	7	24	27	1	23	19

年统计	最高水位 89.09	7月21日	最低水位 87.82	12月19日	平均水位 87.97		
各种保证率水位	最高	第15天	第30天	第90天	第180天	第270天	最低

附　注　测验断面在原水库泄洪闸下游200m处。

1977　滚　河　石漫滩站　逐日平均水位表

表内水位(冻结基面以上米数) −0.115m＝黄海基面以上米数

日＼月	一月	二月	三月	四月	五月	六月	七月	八月	九月	十月	十一月	十二月
1	87.82	87.83	87.80	87.81	87.95	87.80	87.82	87.92	87.80	87.78	87.90	87.78
2	81	83	80	80	93	80	88	90	80	78	88	78
3	82	83	79	80	92	80	96	87	80	78	85	78
4	82	83	79	80	91	80	88	85	80	78	84	78
5	82	83	78	82	90	80	89	84	80	78	96	78
6	82	83	78	83	89	79	85	83	80	93	88.21	78
7	82	82	77	85	87	79	83	82	79	92	08	78
8	82	82	76	85	86	79	85	79	79	89	03	78
9	82	82	75	84	88	79	85	94	79	85	87.96	78
10	82	82	75	84	88	79	96	88.14	79	83	92	78
11	82	82	75	84	87	79	88.33	87.98	79	81	90	78
12	82	82	74	83	86	79	06	95	80	81	86	78
13	82	82	74	83	88.28	79	87.95	95	84	81	86	78
14	82	82	74	84	15	80	91	91	93	80	85	80
15	82	82	75	84	87.98	82	88	90	88.15	80	83	80
16	82	82	79	85	92	81	86	88	87.98	80	83	80
17	82	81	80	87	90	80	87	86	91	80	82	80
18	82	81	81	86	87	79	88.27	88	85	80	81	79
19	82	81	81	84	86	79	10	83	85	80	81	79
20	82	80	80	84	85	79	87.99	83	84	80	81	79
21	82	81	80	84	84	78	94	82	83	80	80	81
22	82	81	79	83	83	78	91	81	81	80	80	83
23	82	81	80	88.12	83	77	88	81	81	80	79	82
24	82	81	79	14	84	88.00	88	88	81	80	79	82
25	82	81	79	01	83	87.99	85	81	80	80	78	82
26	82	81	78	87.97	82	88.13	88.11	82	80	81	78	81
27	82	80	79	88.02	81	87.93	02	81	80	85	78	81
28	83	80	79	05	88	88.00	88.29	81	79	88.10	78	80
29	83		81	87.99	88	88.15	15	81	79	15	78	84
30	83		82	96	80	88.00	00	81	78	87.96	78	84
31	83		82		80		87.97	81		93		84
平　均	87.82	87.82	87.78	87.89	87.89	87.83	87.97	87.87	87.83	87.84	87.86	87.80
最　高	87.83	87.83	87.82	88.32	88.52	88.44	88.51	88.45	88.30	88.47	88.40	87.84
日　期	28	1	30	23	13	26	25	10	15	28	6	29
最　低	87.81	87.80	87.74	87.80	87.79	87.77	87.81	87.81	87.78	87.78	87.78	87.78
日　期	2	26	9	2	31	2	1	22	25	1	25	1

年统计	最高水位 88.52	5月13日	最低水位 87.74	3月9日	平均水位 87.85		
各种保证率水位	最高	第15天	第30天	第90天	第180天	第270天	最低

附　注

1978　滚　河　石漫滩站　逐日平均水位表

表内水位(冻结基面以上米数)－0.115m＝黄海基面以上米数

日＼月	一月	二月	三月	四月	五月	六月	七月	八月	九月	十月	十一月	十二月
1	87.83	87.72	87.84	87.76	87.68	87.68	87.71	87.76	87.72	87.73	87.70	87.76
2	83	72	83	75	68	67	71	71	72	72	70	76
3	82	72	82	74	66	67	72	70	72	73	70	76
4	81	72	81	74	66	66	74	70	72	75	70	76
5	80	72	81	75	66	68	77	70	74	74	70	76
6	80	72	80	73	66	70	77	69	75	74	70	76
7	80	75	80	72	66	65	76	68	75	74	70	76
8	79	80	79	70	69	65	74	72	76	74	71	76
9	79	81	80	71	69	66	73	88.06	78	74	77	76
10	79	83	79	74	67	66	71	87.99	77	74	82	76
11	78	85	79	74	66	66	79	93	76	74	82	76
12	78	85	78	73	66	65	88	88	76	74	80	76
13	78	89	78	71	66	63	82	83	75	74	79	76
14	77	94	78	70	66	64	79	79	74	74	77	76
15	76	90	78	69	65	66	86	78	75	74	77	76
16	76	90	77	69	64	65	90	78	77	74	77	76
17	76	90	77	72	64	65	84	76	77	73	77	76
18	75	90	77	73	64	65	81	75	75	71	77	76
19	75	90	77	72	64	65	78	74	74	69	77	76
20	75	90	77	72	64	65	78	78	73	69	77	76
21	75	90	77	72	63	65	78	71	74	69	77	76
22	74	89	77	72	63	63	85	71	73	69	77	76
23	73	88	76	73	64	63	78	70	73	69	77	76
24	73	88	75	71	64	65	75	84	73	69	77	75
25	73	87	75	72	64	70	74	86	73	69	77	74
26	73	86	75	71	64	74	73	82	73	69	77	74
27	73	88	75	71	65	76	78	77	73	72	77	73
28	73	86	77	71	64	74	75	73	74	71	77	73
29	73		77	70	64	73	77	73	73	74	77	73
30	73		77	69	66	72	84	74	74	71	77	73
31	77		77		69		79	74		70		73
平　均	87.77	87.84	87.78	87.72	87.65	87.67	87.78	87.78	87.74	87.72	87.76	87.75
最　高	87.83	87.95	87.84	87.76	87.69	87.77	88.07	88.45	87.79	87.75	87.85	87.76
日　期	1	14	1	1	8	27	11	9	9	4	10	1
最　低	87.72	87.72	87.75	87.69	87.63	87.62	87.71	87.68	87.72	87.69	87.70	87.73
日　期	31	1	24	15	21	24	1	7	1	19	1	27

年统计	最高水位 88.45		8月9日	最低水位 87.62		6月24日	平均水位 87.75	
各种保证率水位	最高	第15天	第30天	第90天	第180天	第270天	最低	

附　注

1979　滚　河　石漫滩站　逐日平均水位表

表内水位(冻结基面以上米数)－0.115m＝黄海基面以上米数

日＼月	一月	二月	三月	四月	五月	六月	七月	八月	九月	十月	十一月	十二月
1	87.73	87.73	87.88	87.84	87.78	87.66	87.69	87.47	87.42	87.18	87.01	87.02
2	73	73	85	83	76	66	81	53	28	15	01	02
3	73	74	84	82	74	68	88.11	46	25	12	01	01
4	73	73	82	80	75	77	87.92	45	23	11	01	01
5	73	73	81	80	72	72	88.02	44	40	10	00	01
6	73	74	80	83	77	70	87.90	44	41	09	00	01
7	73	74	80	93	76	70	86	50	32	09	00	01
8	73	74	80	92	74	70	85	47	27	08	86.99	01
9	73	74	80	90	74	71	88.17	44	25	07	87.00	02
10	73	74	80	87	73	70	87.87	45	24	07	86.98	01
11	73	74	80	84	76	70	78	45	22	06	98	01
12	73	74	80	84	88.18	70	74	43	23	06	99	01
13	73	74	79	86	04	71	72	46	67	05	98	00
14	73	74	79	85	87.83	70	70	48	79	05	98	01
15	73	75	78	85	87	70	88.00	39	88.11	03	99	01
16	73	75	78	84	82	70	87.78	34	04	04	87.00	01
17	74	75	78	83	79	70	62	32	87.66	04	00	01
18	74	75	78	81	77	73	58	32	46	04	01	02
19	74	75	78	81	76	86	56	27	40	04	00	04
20	74	75	78	80	74	80	54	24	37	02	01	07
21	73	77	78	78	73	76	51	23	76	00	00	13
22	73	83	78	71	71	73	49	22	61	00	86.99	07
23	73	86	78	88.23	71	73	49	21	90	86.99	87.00	04
24	73	93	78	87.97	70	73	49	22	71	98	01	03
25	73	88.02	78	87	70	72	52	21	54	96	01	02
26	73	05	78	83	70	71	58	19	40	96	00	02
27	73	00	78	83	70	71	47	19	33	98	00	01
28	73	87.92	78	82	70	70	47	19	29	98	00	02
29	73		79	80	68	70	45	20	25	98	00	02
30	73		89	80	68	71	45	20	23	99	01	01
31	73		84		68		55	45		99		03
平　均	87.73	87.79	87.80	87.85	87.77	87.72	87.70	87.35	87.47	87.04	87.00	87.02
最　高	87.74	88.22	87.92	88.48	88.21	88.00	88.74	87.79	88.19	87.18	87.02	87.17
日　期	17	25	30	23	12	19	15	13	15	1	24	21
最　低	87.73	87.73	87.78	87.78	87.68	87.66	87.45	87.19	87.21	86.96	86.97	87.00
日　期	1	1	15	21	29	1	29	26	11	25	11	8

年统计	最高水位 88.74		7月15日	最低水位 86.96		10月25日	平均水位 87.52	
各种保证率水位	最高	第15天	第30天	第90天	第180天	第270天	最低	

附　注

1980　滚　河　石漫滩站　逐日平均水位表

表内水位(冻结基面以上米数)－0.115m＝黄海基面以上米数

日＼月	一月	二月	三月	四月	五月	六月	七月	八月	九月	十月	十一月	十二月
1	87.06	87.04	87.05	87.13	87.03	87.51						
2	05	04	05	10	01	30						
3	06	04	07	09	01	18						
4	05	04	11	09	00	14						
5	04	04	10	19	86.98	12						
6	04	05	09	27	97	16						
7	03	05	10	17	96	15						
8	03	05	14	14	95	11						
9	03	05	20	12	94	09						
10	03	05	18	10	94	11						
11	02	06	14	09	94	12						
12	02	06	13	13	97	11						
13	02	06	14	29	95	10						
14	02	06	14	28	87.36	10						
15	02	06	13	18	07	12						
16	01	06	12	12	86.98	50						
17	02	06	12	10	96	21						
18	03	06	15	10	95	16						
19	03	06	25	09	95	16						
20	04	06	27	08	94	14						
21	03	06	38	05	93	11						
22	03	07	42	04	92	10						
23	03	06	39	03	94	29						
24	03	07	33	03	87.60	80						
25	03	07	28	05	28	48						
26	04	05	26	04	18	24						
27	06	05	24	03	12	14						
28	12	05	24	03	07	12						
29	10	06	27	03	04	09						
30	06		26	03	02	08						
31			24		15							
平均	87.04	87.05	87.19	87.11	87.04	87.20						
最高	87.13	87.07	87.47	87.33	88.05	88.30						
日期	28	22	21	5	24	23						
最低	87.00	87.04	87.05	87.03	86.92	87.08						
日期	31	1	1	23	22	9						

年统计	最高水位 (88.30)		6月23日	最低水位 (86.92)		5月22日	平均水位 －	
各种保证率水位	最高	第15天		第30天		第90天	第180天	第270天	最低

附　注　7月1日停止观测。下游5km处滚河李断面开始观测。

1980　滚　河　滚河李站　逐日平均水位表

表内水位(冻结基面以上米数)－0.115m＝黄海基面以上米数

日＼月	一月	二月	三月	四月	五月	六月	七月	八月	九月	十月	十一月	十二月
1							71.42	71.24	71.60	71.11	71.14	71.02
2							70	19	50	09	12	01
3							81	17	58	10	12	01
4							90	14	78	10	13	02
5							66	13	52	10	11	02
6							52	11	44	09	09	02
7							45	11	37	08	08	02
8							42	10	72.33	07	07	02
9							46	10	99	72.07	06	01
10							32	30	02	74.41	06	01
11							27	16	71.66	72.07	05	01
12							31	19	51	04	04	01
13							72.35	11	43	71.92	04	01
14							71.77	09	36	66	04	01
15							46	09	29	55	05	01
16							34	52	27	55	07	01
17							28	73.27	26	46	06	01
18							24	72.31	25	41	06	01
19							21	71.44	22	35	06	01
20							18	31	20	28	06	01
21							15	25	19	24	06	01
22							13	22	19	24	05	01
23							11	72.00	17	21	05	02
24							09	78.81	17	18	05	03
25							08	75.10	16	16	05	03
26							07	72.46	15	16	05	02
27							06	71.88	14	14	05	01
28							08	73.96	12	13	04	01
29							10	72.95	11	13	04	00
30							84	11	11	12	03	70.99
31							32	71.80		13		98
平均							71.39	71.96	71.44	71.43	71.07	71.01
最高							72.76	79.71	73.76	76.88	71.14	71.03
日期							13	24	9	10	1	24
最低							71.06	71.08	71.11	71.07	71.03	70.98
日期							26	15	28	7	30	31

年统计	最高水位 (79.71)		8月24日	最低水位 (70.98)		12月31日	平均水位 －	
各种保证率水位	最高	第15天		第30天		第90天	第180天	第270天	最低

附　注　本断面在石漫滩水库坝址下游5km处。7月1日开始观测。

1981　滚　河　滚河李站　逐日平均水位表

表内水位(冻结基面以上米数) −0.115m＝黄海基面以上米数

日\月	一月	二月	三月	四月	五月	六月	七月	八月	九月	十月	十一月	十二月
1	70.99	71.03	71.01	71.18	71.08	70.99	71.05	71.00	71.15	71.04	70.99	71.05
2	71.02	02	01	18	07	98	03	70.99	10	02	71.02	03
3	07	02	01	17	09	97	01	99	05	25	00	03
4	16	02	00	13	09	96	01	99	02	72.40	01	02
5	16	01	00	10	08	98	01	71.00	01	71.58	77	02
6	17	01	01	08	04	98	00	70.99	01	38	72.33	01
7	18	01	06	08	03	99	70.99	98	01	72.29	71.85	70.99
8	21	01	08	11	70.99	71.00	71.01	98	01	71.75	50	71.00
9	12	01	09	11	99	80	01	71.55	03	42	35	70.99
10	15	01	08	11	99	51	05	74.95	03	33	29	99
11	05	01	08	11	98	21	04	71.90	03	24	23	99
12	02	70.99	08	10	98	15	00	37	02	17	17	99
13	02	71.00	11	07	98	09	70.99	22	01	17	15	99
14	01	70.99	10	04	98	07	98	15	01	16	14	98
15	02	71.01	11	02	99	03	98	13	70.99	15	13	98
16	03	10	13	01	98	02	97	11	98	13	12	99
17	03	10	09	15	98	01	97	15	97	11	11	71.00
18	03	08	06	72.33	98	01	00	14	97	10	10	70.99
19	02	08	05	71.53	71.00	00	95	09	95	07	09	99
20	02	08	05	34	70.99	70.99	94	13	94	05	09	71.01
21	04	08	04	28	99	71.15	94	15	93	03	09	02
22	04	07	05	23	99	11	94	79	93	02	08	70.99
23	06	07	05	20	98	06	94	72.71	92	01	08	71.01
24	05	07	12	18	99	06	94	73.96	92	00	08	00
25	05	06	08	16	71.01	71	96	72.53	92	00	07	00
26	03	04	09	14	01	41	98	71.69	92	00	07	70.99
27	03	03	10	12	01	21	97	46	92	00	06	98
28	04	02	25	11	01	15	96	37	92	00	06	98
29	04		23	10	00	12	98	30	95	70.99	06	98
30	04		19	09	70.99	08	71.12	21	99	98	06	99
31	03		18		70.99		03	18		97		99
平均	71.06	71.04	71.08	71.19	71.01	71.13	70.99	71.52	70.99	71.22	71.21	71.00
最高	71.27	71.12	71.30	72.95	71.09	72.35	71.21	76.76	71.15	73.13	72.63	71.05
日期	8	1	28	18	3	25	30	10	1	4	5	1
最低	70.98	70.99	70.99	71.01	70.98	70.96	70.94	70.96	70.92	70.97	70.98	70.98
日期	1	12	6	16	11	4	19	7	23	30	1	14

年统计	最高水位 76.76		8月10日	最低水位 70.92			9月23日	平均水位 71.12			
各种保证率水位	最高		第15天		第30天		第90天		第180天		第270天	最低

附　注

1982　滚　河　滚河李站　逐日平均水位表

表内水位(冻结基面以上米数) −0.115m＝黄海基面以上米数

日\月	一月	二月	三月	四月	五月	六月	七月	八月	九月	十月	十一月	十二月
1	71.01	70.96	70.93	71.10	70.93	71.07	70.89	75.22	72.59	72.02	71.44	71.69
2	01	95	94	17	93	02	88	74.28	57	71.95	42	62
3	01	97	98	22	92	70.98	88	61	53	87	42	59
4	01	97	95	20	91	98	87	72.55	41	83	40	56
5	01	97	95	17	91	96	86	06	27	83	40	54
6	01	98	96	14	91	94	86	71.74	16	78	42	52
7	02	98	96	12	91	93	86	54	05	71	59	52
8	02	98	95	09	91	92	87	44	00	63	66	51
9	01	98	94	08	91	92	99	90	71.96	60	61	51
10	01	98	94	04	91	91	71.23	72.33	93	58	55	50
11	00	98	94	05	90	90	05	71.84	89	55	54	48
12	70.99	96	95	06	71.00	91	70.98	74.70	86	53	54	47
13	99	96	94	03	02	90	71.09	78.29	82	52	54	47
14	99	96	95	02	70.94	89	06	79.85	81	54	53	47
15	98	96	95	01	93	90	01	74.86	79	52	52	46
16	98	96	96	01	92	90	70.97	73.09	78	50	52	46
17	98	98	71.00	03	91	91	96	72.74	87	49	43	45
18	98	98	00	03	91	71.12	95	49	72.06	48	40	45
19	99	98	24	03	90	70.99	94	35	71.91	47	40	44
20	71.00	98	28	03	89	95	93	35	79	45	39	44
21	70.99	97	18	02	88	95	72.88	32	73	45	39	44
22	98	96	15	70.99	88	96	78.77	35	70	44	38	43
23	99	96	16	99	89	94	74.71	19	68	43	38	43
24	71.01	96	28	96	88	93	73.46	70	66	44	37	42
25	00	96	27	93	88	91	18	73.56	62	44	36	42
26	70.99	97	24	93	87	91	71.79	72.80	60	44	36	42
27	98	96	22	93	90	90	55	34	60	41	41	41
28	97	95	18	93	90	89	46	20	60	40	72.20	41
29	97		20	94	96	89	79	16	64	41	14	41
30	96		19	71.07	71.07	89	68	49	78	41	71.82	41
31	96		12		08		74.62	73.27		44		39
平均	70.99	70.97	71.06	71.04	70.92	70.94	71.77	73.18	71.92	71.57	71.52	71.48
最高	71.02	70.98	71.33	71.25	71.09	71.16	81.35	83.41	72.73	72.08	72.52	71.70
日期	7	6	19	3	13	18	22	14	1	1	28	1
最低	70.96	70.94	70.92	70.91	70.87	70.89	70.85	71.38	71.59	71.40	71.35	71.38
日期	30	28	2	25	25	6	6	13	2	28	26	31

年统计	最高水位 83.41		8月14日	最低水位 70.85			7月6日	平均水位 71.45			
各种保证率水位	最高		第15天		第30天		第90天		第180天		第270天	最低

附　注

1983　滚　河　滚河李站　逐日平均水位表

表内水位(冻结基面以上米数)－0.115m＝黄海基面以上米数

日＼月	一月	二月	三月	四月	五月	六月	七月	八月	九月	十月	十一月	十二月
1	71.37	71.31	71.36	71.41	71.56	71.50	71.55	71.84	71.18	71.19	71.45	71.19
2	36	31	37	50	51	47	77	51	17	18	44	18
3	37	31	35	52	50	44	59	40	17	42	42	18
4	37	31	35	46	54	41	53	30	15	73.94	41	18
5	36	31	34	39	54	39	49	25	16	77.12	38	18
6	35	30	35	38	53	38	46	23	17	74.46	36	17
7	35	30	34	38	49	37	43	21	20	73.09	35	18
8	34	30	34	41	46	36	42	20	72.77	72.51	35	17
9	34	30	34	44	40	33	40	26	73.94	19	36	16
10	34	29	34	44	35	33	39	26	75.82	00	35	16
11	33	29	34	51	34	65	40	60	73.45	71.88	33	15
12	33	29	33	49	33	72.10	42	76	72.19	69	30	15
13	33	28	32	48	32	71.65	40	72.22	71.83	71	29	14
14	33	28	32	45	39	54	29	67	67	72.11	28	14
15	35	28	33	43	72.09	49	27	71.71	59	03	32	14
16	34	28	29	41	71.63	47	25	47	55	71.85	32	14
17	35	28	29	42	54	43	25	37	51	88	32	14
18	35	28	30	42	52	39	24	33	49	76.37	30	13
19	33	28	30	41	46	37	26	30	45	43	30	14
20	32	28	29	41	46	35	75.84	29	32	74.22	29	14
21	31	28	30	40	43	33	76.72	27	27	73.00	28	13
22	32	28	42	37	44	33	73.73	37	28	72.54	28	13
23	32	28	72.08	36	51	35	72.45	58	48	30	28	13
24	32	28	71.98	42	90	72.29	09	39	40	16	27	13
25	32	28	69	44	89	41	71.90	31	32	02	26	13
26	31	28	57	53	72	71.88	76	28	29	71.96	21	13
27	31	28	52	48	55	67	69	27	25	76	21	13
28	31	28	49	49	48	56	63	22	23	61	20	13
29	31		46	56	72.00	51	61	21	22	55	19	13
30	31		44	56	08	49	57	18	20	50	19	12
31	31		42		71.61		44	18		49		12
平均	71.33	71.29	71.42	71.45	71.57	71.54	71.91	71.43	71.72	72.61	71.31	71.15
最高	71.37	71.31	72.21	71.58	73.98	73.90	80.39	73.81	77.46	79.01	71.47	71.19
日期	1	1	24	26	29	24	20	14	10	18	1	1
最低	71.31	71.28	71.29	71.34	71.30	71.32	71.24	71.17	71.14	71.14	71.19	71.12
日期	21	13	16	23	14	9	17	30	4	3	29	30

年统计	最高水位 80.39	7月20日	最低水位 71.12	12月30日	平均水位 71.56
各种保证率水位	最高	第15天	第30天	第90天	第180天	第270天	最低

附注

1984　滚　河　滚河李站　逐日平均水位表

表内水位(冻结基面以上米数)－0.115m＝黄海基面以上米数

日＼月	一月	二月	三月	四月	五月	六月	七月	八月	九月	十月	十一月	十二月
1	71.12	71.16	71.07	71.06	71.08	71.09	71.21	72.06	71.53	73.63	71.54	71.62
2	11	15	06	05	07	09	72.90	00	45	45	54	61
3	11	14	06	06	06	09	75	71.93	41	16	54	59
4	13	13	06	08	13	08	71.80	87	40	72.83	52	60
5	13	13	06	06	13	11	08	65	78	37	61	60
6	12	13	06	11	10	08	63	63	73.18	52	52	60
7	13	13	07	12	08	10	72.74	65	78.88	47	52	59
8	13	13	06	10	08	08	75.95	72.32	76.07	35	52	60
9	13	13	06	10	07	08	74.18	75.91	44	16	54	84
10	15	12	06	09	07	08	72.68	74.79	15	71.93	61	79
11	18	12	06	09	07	07	18	72.91	73.75	89	71	78
12	18	12	06	12	60		71.90	54	72.84	92	69	77
13	15	12	07	11	33	75.32	80	28	53	84	72.97	78
14	17	12	09	08	21	74.24	61	10	55	79	74.00	72.06
15	15	12	10	06	17	46	61	71.80	37	77	73.04	42
16	18	12	09	08	14	72.40	59	73	23	74	72.55	54
17	18	12	08	47	14	71.74	72.39	73	17	72	37	53
18	30	12	07	23	11	54	73.86	09	68	30	05
19	34H	10	08	19	11	43	76	72.20	71.97	67	19	46
20	36	10	09	18	12	32	72.70	04	90	64	12	50
21	36	10	09	17	10	20	21	71.84	87	71.86	45
22	34	12	08	14	09	38	71.89	61	84	60	79	18
23	33	12	07	13	09	39	70	48	75	61	76	07
24	32	11	07	12	12	39	73.97	43	73.26	64	73	07
25	19	11	07	12	13	40	77.11	73.29	26	65	70	71.92
26	16	10	07	11	12	39	78.95	72.19	74.71	65	70	88H
27	16	09	07	09	11	34	75.44	71.91	77.16	63	68	85H
28	16	09	07	09	11	36	73.24	78	75.77	57	65	83
29	16	08	07	10	12	27	72.62	74	73.75	56	64	82
30	16		07	09	09	23	36	63	59	68	64	81
31	16		05		08		21	55		56		79
平均	71.19	71.12	71.07	71.12	71.13	71.63	72.99	72.18	73.31	72.02	71.92	71.94
最高	71.36	71.16	71.10	71.79	72.15	76.11	80.83	78.60	82.88	74.53	74.34	72.61
日期	20	1	15	17	12	13	25	9	7	1	14	17
最低	71.11	71.08	71.05	71.05	71.07	71.04	71.19	71.42	71.37	71.55	71.52	71.59
日期	2	29	31	2	12	2	24	5	31	4	3

年统计	最高水位 82.88	9月7日	最低水位 71.04	6月12日	平均水位 71.80
各种保证率水位	最高	第15天	第30天	第90天	第180天	第270天	最低

附注

1985　滚　河　滚河李站　逐日平均水位表

表内水位(冻结基面以上米数)−0.115m＝黄海基面以上米数

日＼月	一月	二月	三月	四月	五月	六月	七月	八月	九月	十月	十一月	十二月
1	71.79	71.72	71.82	71.69	71.73	71.74	71.45	71.57	71.54	71.50	72.01	71.40
2	87	83	83	67	67	64	44	53	50	48	71.94	40
3	94	68	81	65	72.76	64	44	50	48	47	81	40
4	85	66	77	63	73.42	65	45	98	45	45	70	39
5	79	65	75	66	63	64	48	63	45	45	69	40
6	75	66	76	65	96	63	47	54	46	44	67	38
7	73	66	78	63	72.78	61	48	49	46	43	63	40
8	72	67	72.17	61	37	57	45	47	45	43	59	39
9	70	67	40	59	19	56	62	80	44	43	59	38
10	69	67	21	59	71.99	56	55	72.03	43	56	57	36
11	68	66	12	59	89	57	48	71.61	43	50	57	36
12	67	65	15	59	72.18	57	49	54	54	72.32	56	36
13	66	78	00	59	16	54	51	52	74	75	54	36
14	69	87	71.95	58	09	51	50	49	78	75.48	53	35
15	75	87	83	57	65	49	55	48	72.85	74.16	51	35
16	73	74	78	56	45	49	54	47	60	73.14	50	35
17	73	85	76	55	19	48	52	46	65	40	50	35
18	73	88	74	55	14	47	47	46	09	60	49	35
19	71	86	73	53	09	47	45	46	71.79	51	48	35
20	68	82	72	54	71.94	46	47	45	72	72	47	35
21	62	88	70	54	80	51	60	45	71	72.76	49	33
22	72	90	68	54	87	51	62	44	72.13	36	49	32
23	79	93	66	53	86	48	52	45	61	15	52	32
24	79	92	65	54	74	47	72.88	45	16	03	49	35
25	81	79	64	74.24	70	46	75	49	71.93	05	46	35
26	93	74	80	73.04	72.00	46	01	48	76	00	45	35
27	93	74	72.19	72.34	16	46	71.83	46	64	03	44	35
28	79	80	04	04	71.96	45	76	44	59	73.94	43	35
29	79		71.99	71.91	89	44	72	45	55	72.73	42	37
30	71		76	80	87	44	69	51	52	31	41	49
31	78		72		83		65	71		11		42
平　均	71.76	71.77	71.87	71.87	72.22	71.53	71.64	71.54	71.78	72.41	71.57	71.37
最　高	71.94	71.94	72.68	75.76	75.54	71.76	76.13	73.31	73.76	76.08	72.02	71.52
日　期	2	23	8	25	3	1	24	9	15	14	1	30
最　低	71.62	71.64	71.63	71.51	71.64	71.44	71.43	71.44	71.43	71.42	71.40	71.31
日　期	21	12	25	19	2	29	4	22	9	8	30	22

年统计	最高水位 76.13		7月24日	最低水位 71.31		12月22日	平均水位 71.77	
各种保证率水位	最高	第15天	第30天	第90天	第180天	第270天	最低	
附　注								

1986　滚　河　滚河李站　逐日平均水位表

表内水位(冻结基面以上米数)−0.115m＝黄海基面以上米数

日＼月	一月	二月	三月	四月	五月	六月	七月	八月	九月	十月	十一月	十二月
1	71.42	71.43	71.34	71.34	71.34	71.32	71.30	71.55	71.29	71.28	71.26	71.17
2	55	41	33	34	33	31	30	38	27	28	30	18
3	53	40	33	34	32	31	32	34	26	27	25	18
4	56	40	33	34	31	31	43	32	25	26	24	17
5	56	40	33	34	31	31	40	31	25	26	23	17
6	55	39	33	34	30	30	35	34	25	25	25	16
7	45	39	40	33	30	30	34	37	27	24	27	16
8	41	39	40	33	27	31	33	35	42	24	23	17
9	41	38	36	33	27	31	32	33	75.12	22	23	17
10	39	37	34	33	28	31	32	31	74.52	22	23	16
11	39	36	33	33	28	31	33	30	73.16	22	22	16
12	39	37	34	31	29	33	30	29	72.34	22	22	15
13	39	38	34	32	30	32	35	27	06	22	22	16
14	40	37	38	31	32	32	30	26	00	21	21	16
15	40	36	36	31	30	43	30	29	71.88	21	21	16
16	40	36	36	30	29	60	30	31	67	21	21	22
17	43	37	40	30	27	45	29	29	48	26	21	23
18	47	37	42	30	35	40	29	29	44	41	19	23
19	47	36	42	29	40	36	30	38	40	41	19	23
20	47	36	40	28	36	36	35	36	38	42	19	21
21	48	36	39	28	34	42	33	33	34	66	21	21
22	50	35	38	28	33	43	29	31	32	51	21	20
23	59	36	38	28	31	40	27	30	31	44	21	21
24	56	36	37	28	30	39	25	30	30	36	18	21
25	50	36	36	28	30	38	28	29	31	36	19	21
26	46	35	35	29	31	37	30	29	29	33	19	19
27	44	35	36	35	31	36	28	29	27	32	19	19
28	44	34	35	33	30	35	26	29	29	33	18	19
29	44		34	33	29	34	24	28	34	30	18	19
30	44		35	34	28	31	23	28	30	30	18	19
31	43		35		29		64	27		27		19
平　均	71.46	71.37	71.36	71.32	71.31	71.36	71.32	71.32	71.73	71.31	71.22	71.19
最　高	71.62	71.43	71.42	71.36	71.42	72.22	71.75	71.55	76.46	71.71	71.30	71.23
日　期	23	1	7	27	18	16	31	1	9	21	2	16
最　低	71.38	71.34	71.33	71.28	71.26	71.30	71.23	71.26	71.25	71.21	71.17	71.15
日　期	11	27	1	19	8	5	29	1	10		30	12

年统计	最高水位 76.46		9月9日	最低水位 71.15		12月12日	平均水位 71.35	
各种保证率水位	最高	第15天	第30天	第90天	第180天	第270天	最低	
附　注								

1987　滚　河　滚河李站　逐日平均水位表

表内水位(冻结基面以上米数) −0.115m = 黄海基面以上米数

日＼月	一月	二月	三月	四月	五月	六月	七月	八月	九月	十月	十一月	十二月
1	71.19	71.17	71.28	71.34	71.48	73.15	71.11	71.14	70.99	70.88	71.42	71.06
2	32	17	26	32	82	57	09	13	99	88	38	02
3	22	17	27	31	43	71.92	08	13	71.00	88	30	02
4	35	17	27	29	34	70.94	08	14	05	88	25	02
5	37	17	25	31	29	80	08	72.66	02	88	20	01
6	38	17	24	29	27	72.69	11	04	70.98	88	16	01
7	45	17	25	26	25	73.02	08	71.82	96	88	14	00
8	51	17	23	23	22	72.25	08	43	95	88	11	70.99
9	51	17	28	22	19	71.91	08	28	95	88	07	99
10	43	17	40	24	18	79	08	27	94	88	07	98
11	43	18	56	23	18	70	07	17	93	88	07	98
12	43	19	57	24	76	76	08	13	92	71.92*	08	97
13	34	18	59	21	72.98	72.17	08	13	92	74.03	07	94
14	31	18	64	21	02	07	08	35	92	01*	06	92
15	28	22	59	20	71.72	71.96	06	32	91	75.21	04	93
16	27	22	56	20	53	73	04	17	94	72.88	02	93
17	25	25	53	18	49	51	03	13	92	10	01	93
18	25	33	51	17	45	42	28	09	90	71.74	00	93
19	30	38	72.35	17	42	42	75.16	06	89	52	70.99	92
20	29	37	71.94	18	40	41	74.36	07	88	36	99	92
21	27	37	86	21	41	39	72.55	04	87	33	97	92
22	26	43	85	19	52	43	10	02	87	48	95	91
23	28	47	78	17	40	39	71.97	03	89	55	95	91
24	23	44	78	52	33	26	87	04	88	39	95	90
25	23	40	70	55	36	21	71	02	88	32	95	89
26	21	37	56	38	72	18	51	01	88	30	98	88
27	20	32	52	31	72.34	17	30	11	88	27	71.07	87
28	19	30	50	24	71.72	16	24	24	88	20	18	87
29	19		48	23	50	15	31	70.99	88	12	16	87
30	18		46	23	37	13	27	99	88	16	10	87
31	18		37		31		18	99		18		87
平均	71.30	71.26	71.53	71.26	71.53	71.72	71.52	71.22	70.93	71.57	71.09	70.94
最高	71.52	71.47	72.58	72.08	73.69	74.56	79.82	74.70	71.06	75.95*	71.60	71.07
日期	8	23	19	24	13	2	19	5	4	15	1	1
最低	71.18	71.17	71.23	71.16	71.17	70.78	71.03	70.99	70.87	70.88	70.95	70.87
日期	30	1	6	18	10	5	16	29	20	1	21	27

年统计	最高水位	79.82		7月16日	最低水位	70.78		6月5日	平均水位	71.32		
各种保证率水位	最高		第15天		第30天		第90天		第180天		第270天	最低

附注

1988　滚　河　滚河李站　逐日平均水位表

表内水位(冻结基面以上米数) −0.115m = 黄海基面以上米数

日＼月	一月	二月	三月	四月	五月	六月	七月	八月	九月	十月	十一月	十二月
1	70.87	70.82	70.84	71.11	70.76	70.80	70.67	72.88	70.85	70.75	70.67	70.65
2	87	82	83	09	74	78	73	73.15	91	74	67	64
3	87	82	83	08	72	76	73	72.25	90	73	67	64
4	87	82	82	07	80	73	76	71.82	88	76	67	64
5	87	82	82	06	79	70	81	63	85	75	66	64
6	87	82	82	11	79	69	76	40	84	74	66	64
7	87	82	81	11	98	68	72	14	82	73	66	64
8	87	82	81	71.08	00	67	68	07	85	72	66	64
9	87	82	81	70.99	00	67	62	10	91	70	65	63
10	87	82	81	97	70.94	71	62	72.04	71.03	68	65	64
11	87	82	81	95	82	70	58	71.69	01	66	65	67
12	87	82	81	92	82	68	61	44	70.95	64	64	64
13	87	83	85	92	77	67	63	28	71.40	63	65	64
14	87	82	71.37	92	77	66	61	06	72.63	64	65	64
15	86	82	72.15	91	77	66	60	01	71.73	71	65	63
16	86	83	20	90	77	65	60	11	40	96	66	63
17	86	84	71.98	89	76	64	76	08	14	93	67	64
18	86	84	79	87	76	65	80	05	01	81	65	65
19	85	83	58	58	76	66	69	00	01	78	65	65
20	85	83	64	83	79	65	65	06	70.98	77	65	64
21	84	83	67	82	83	64	67	00	94	74	65	64
22	84	82	61	81	71.07	66	74	70.96	86	74	65	66
23	85H	82	47	79	70.94	66	71	92	83	75	65	66
24	84H	82	42	77	89	66	76.37	90	82	74	65	66
25	83	84	36	77	87	66	72.81	89	79	73	65	66
26	83	87	30	77	84	64	71.70	88	79	71	64	66
27	83	88	25	77	80	64	33	87	77	70	64	66
28	83	90	22	77	78	67	20	85	76	69	65	66
29	83	87	23	77	78	69	02	84	75	69	65	67
30	83		16	77	77	67	72.52	83	75	69	65	66
31	82		13		80		83	82		68		63
平均	70.85	70.83	71.23	70.91	70.83	70.68	71.15	71.29	71.01	70.73	70.65	70.65
最高	70.87	70.90	72.31	71.15	71.13	70.80	77.99	75.23	73.56	71.09	70.67	70.68
日期	1	28	15	7	7	1	24	1	14	16	1	29
最低	70.82	70.82	70.81	70.77	70.71	70.63	70.55	70.81	70.75	70.63	70.63	70.63
日期	23	1	7	24	3	17	11	1	29	13	12	9

年统计	最高水位	77.99		7月24日	最低水位	70.55		7月11日	平均水位	70.90		
各种保证率水位	最高		第15天		第30天		第90天		第180天		第270天	最低

附注

1989　滚　河　滚河李站　逐日平均水位表

表内水位(冻结基面以上米数) −0.115m = 黄海基面以上米数

日＼月	一月	二月	三月	四月	五月	六月	七月	八月	九月	十月	十一月	十二月
1	70.63	70.69	73.15	70.92	70.67	71.48	70.90	71.41	71.41	70.99	70.83	70.88
2	65	67	70	85	66	47	86	36	48	97	88	88
3	65	67	74.27	81	65	51	82	31	47	96	95	87
4	68	66	73.74	79	65	61	78	25	42	96	97	86
5	73	65	10	78	64	65	73.71	34	36	98	93	84
6	82	68	72.88	77	64	70	72.60	74.51	35	98	93	88
7	82	76	72	76	64	74.19	14	77.34	34	97	71.09	87
8	84	75	59	76	64	73.95	71.92	76.95	34	96	08	86
9	86	73	47	76	64	71.98	46	73.62	34	95	01	85
10	71.00	72	38	75	68	94	73.46	72.98	30	94	70.96	85
11	70.97	71	30	74	72.06	67	77.18	67	24	92	95	85
12	71.07	71	21	74	73.93	83	74.30	53	18	91	97	85
13	07	71	13	73	51	77.03	72.55	39	16	90	96	90
14	07	72	10	72	72.99	73.69	74.44	48	15	90	92	91
15	00	74	08	72	45	71.97	45	74.42	13	92	91	91
16	70.97	83	07	73	05	50	73.47	72.76	12	91	91	89
17	95	71.09	06	70	71.84	31	72.59	73.93	11	90	91	88
18	99	38	05	69	77	16	31	45	11	89	90	90
19	71.06	88	04	68	76	70.99	16	77	10	89	89	94
20	14	76	71.92	67	96	94	05	04	08	88	89	92
21	17	63	77	66	76	71.50	71.95	72.62	04	88	89	93
22	15	67	71	70	71	40	87	37	03	87	89	71.04
23	11	73	69	70	67	33	72.14	11	01	87	89	04
24	06	46	68	69	62	27	96	71.92	05	87	88	04
25	03	51	66	67	57	21	73.12	83	05	87	87	14
26	02	83	33	65	55	05	72.03	76	16	87	87	14
27	01	72.05	27	64	54	02	71.93	74	08	87	87	09
28	70.96	74	23	65	55	70.98	88	72.06	06	87	86	04
29	89		18	66	55	90	58	71.66	02	87	86	03
30	82		12	69	53	85	46	46	00	87	84	02
31	75		01		50		44	45		87		01
平均	70.93	71.15	72.18	70.73	71.56	71.84	72.47	72.73	71.19	70.91	70.92	70.94
最高	71.17	72.96	74.51	70.96	74.24	80.20	79.03	79.40	71.51	71.00	71.14	71.18
日期	20	28	3	1	12	13	11	8	2	1	7	23
最低	70.63	70.65	70.96	70.63	70.64	70.84	70.78	71.25	71.00	70.85	70.82	70.84
日期	1	5	31	27	30	4	4	30	31	1		5

年统计	最高水位 80.20	6月13日	最低水位 70.63	1月1日	平均水位 71.47
各种保证率水位	最高　第15天	第30天	第90天	第180天	第270天　最低

附注

1990　滚　河　滚河李站　逐日平均水位表

表内水位(冻结基面以上米数) −0.115m = 黄海基面以上米数

日＼月	一月	二月	三月	四月	五月	六月	七月	八月	九月	十月	十一月	十二月
1	71.03	70.97	71.58	71.92	73.16	71.03	71.18	71.25	70.83	70.68	70.59	70.66
2	00	71.04	56	91	72.24	70.91	14	19	83	67	58	66
3	70.99	04	50	93	71.88	88	07	12	81	67	58	68
4	95	03	45	91	67	85	03	08	82	67	59	67
5	95	06	41	62	47	82	70.96	04	88	65	58	66
6	94	08	40	46	37	79	91	37	81	64	61	66
7	92	07	40	41	32	71.11	86	42	78	62	65	66
8	92	10	38	29	24	72.25	83	11	76	62	76	64
9	94	30	26	28	16	71.20	81	09	76	62	81	65
10	96	52	21	36	09	00	83	70.98	77	62	73	67
11	95	57	18	42	01	70.95	97	93	75	62	71	65
12	93	51	11	70	70.94	92	71.93	95	73	64	72	66
13	92	36	14	61	89	89	34	95	73	65	70	68
14	92	28	26	48	89	92	07	71.41	72	67	72	70
15	92	26	18	40	91	95	70.98	72.46	70	68	73	72
16	94	35	16	31	74.17	87	98	74.29	70	70	72	73
17	93	72.53	15	28	73.62	88	73.03	72.55	69	73	94	74
18	92	73.42	14	23	72.70	71.70	71.70	71.93	68	70	71.67	75
19	92	72.47	12	21	71.78	72.27	32	57	64	67	76	76
20	92	82	03	17	43	75.85	72.96	40	64	69	25	75
21	91	73.64	01	15	36	73.78	74.13	30	64	69	70.98	75
22	92	72.89	03	12	35	40	72.37	24	65	68	90	73
23	93	30	11	05	30	72.68	71.84	21	71.07	68	89	72
24	91	04	16	02	28	71.89	48	09	70.86	66	83	70
25	91	71.91	84	00	20	79	87	00	77	63	79	68
26	91	77	74.55	70.98	15	74	72.44	00	74	62	77	66
27	90	68	46	97	10	61	71.74	70.98	73	60	74	66
28	91	64	73.57	96	04	41	69	96	71	60	72	68
29	92		72.79	92	19	30	72.80	92	69	61	70	65
30	92		35	71.21	35	20	71.97	88	68	61	67	65
31	92		01		26		22	84		59		64
平均	70.93	71.74	71.66	71.34	71.57	71.58	71.60	71.34	70.75	70.65	70.81	70.69
最高	71.07	74.19	75.39	72.57	75.56	76.67	76.31	76.12	71.30	70.74	71.82	70.76
日期	1	21	26	30	16	20	20	16	23	17	19	18
最低	70.90	70.90	71.01	70.87	70.88	70.78	70.78	70.83	70.64	70.59	70.58	70.63
日期	27	1	21	29	10	13	6	10	31	19	28	8

年统计	最高水位 76.67	6月20日	最低水位 70.58	11月2日	平均水位 71.22
各种保证率水位	最高　第15天	第30天	第90天	第180天	第270天　最低

附注

1991　滚　河　滚河李站　逐日平均水位表

表内水位(冻结基面以上米数)－0.115m＝黄海基面以上米数

日＼月	一月	二月	三月	四月	五月	六月	七月	八月	九月	十月	十一月	十二月
1	70.64	70.62	70.70	71.11	70.72	72.94	70.88	70.95	72.41	70.70	70.74	70.63
2	64	63	70	08	65	73.18	85	88	73.91	69	71	63
3	66	64	70	06	65	72.89	81	71.41	72.41	69	83	64
4	64	63	69	04	67	16	78	93	73.96	69	78	63
5	67	63	69	02	75	71.82	75	39	33	69	75	61
6	67	63	80	01	75	60	72.65	73.44	71.97	69	77	60
7	67	63	72.72	70.98	72	47	71.96	75.04	99	69	96	61
8	65	63	71.91	95	71	32	39	73.58	35	69	83	61
9	65	64	78	96	67	13	14	72.18	28	68	75	62
10	65	66	72.48	84	65	11	00	71.64	40	68	68	63
11	64	64	17	71.00	64	09	70.95	43	41	68	70	62
12	65	64	71.75	50	62	05	88	33	32	67	70	61
13	64	74	57	63	60	52	84	24	28	65	69	62
14	65	90	50	31	59	75.06	83	17	19	66	67	60
15	64	96	36	15	58	74.09	81	12	11	72	67	60
16	63	89	28	11	56	72.48	79	06	01	72	67	59
17	62	85	19	79	55	71.86	77	05	70.99	71	68	60
18	62	79	15	90	56	60	75	00	94	70	68	60
19	62	75	11	49	60	48	73	70.90	89	69	62	59
20	64	72	09	25	60	38	71	85	84	69	61	59
21	71	70	07	15	59	30	71	81	80	73	63	59
22	69	68	05	11	59	24	70	78	79	73	64	61
23	65	68	03	07	60	18	68	73	85	73	64	62
24	64	67	05	02	71.87	11	68	72	91	74	62	62
25	63	68	20	70.99	76.41	05	65	91	84	74	63	63
26	64	65	72.44	99	73.40	01	65	87	79	73	63	64
27	63	69	08	97	72.06	70.95	66	76	75	74	63	65
28	63	69	71.60	91	71.59	91	67	72	74	77	62	65
29	63		42	84	72.99	89	66	71	74	76	63	64
30	63		27	96	74.28	90	65	70	72	81	64	62
31	63		18		73.52		71	69		80		62
平均	70.65	70.70	71.38	71.14	71.31	71.73	70.89	71.35	71.41	70.71	70.69	70.62
最高	70.73	71.00	73.26	72.38	77.61	76.15	74.50	76.35	75.56	70.82	71.03	70.65
日期	21	15	7	17	25	14	6	6	1	30	7	27
最低	70.62	70.61	70.68	70.75	70.55	70.89	70.64	70.69	70.68	70.65	70.60	70.58
日期	4	1	4	30	16	29	26	31	1	13	20	16

年统计	最高水位 77.61	5月25日	最低水位 70.55	5月16日	平均水位 71.05
各种保证率水位	最高	第15天	第30天	第90天	第180天　第270天　最低

附注

1992　滚　河　滚河李站　逐日平均水位表

表内水位(冻结基面以上米数)－0.115m＝黄海基面以上米数

日＼月	一月	二月	三月	四月	五月	六月	七月	八月	九月	十月	十一月	十二月
1	70.62	70.53	70.55	70.93	70.48	70.37	70.43	70.41	72.12	70.49	70.34	70.38
2	61	54	65	91	47	38	44	40	71.12	49	35	38
3	60	58	64	89	48	40	37	38	70.73	64	35	39
4	60	51	65	87	52	39	34	39	57	82	34	39
5	61	50	67	84	54	39	30	37	52	94	35	41
6	60	49	73	79	75	38	28	50	48	87	36	42
7	59	49	84	77	72	37	26	41	42	72	44	43
8	60	49	83	77	62	37	26	39	40	65	45	41
9	58	49	77	71.19	57	35	26	39	40	60	40	40
10	54	49	72	41	54	35	26	36	40	58	39	40
11	52	49	68	12	53	35	28	40	40	53	40	40
12	48	48	64	70.99	55	38	27	45	61	49	41	39
13	51	48	60	94	53	44	44	45	71	46	40	39
14	60	48	71	87	51	60	77	40	61	44	41	39
15	58	48	71.88	83	50	52	66	51	56	42	42	39
16	53	48	72.26	79	51	47	71.76	46	52	40	43	39
17	53	49	71.63	77	52	45	70.93	41	50	40	42	40
18	52	49	37	75	51	43	87	42	51	40	41	40
19	52	49	19	69	51	42	60	61	51	40	42	41
20	52	49	15	67	50	41	62	62	51	39	42	42
21	61	49	19	65	48	44	62	44	77	38	42	40
22	60	50	24	64	47	43	57	40	77	38	42	40
23	61	51	21	62	46	42	48	40	71	38	42	40
24	57	52	24	59	44	39	44	40	63	38	40	40
25	51	52	34	58	41	40	39	40	53	40	40	41
26	51	51	38	58	40	40	37	39	49	39	40	41
27	49	51	32	57	40	40	35	38	49	39	39	39
28	53	50	20	51	44	38	33	37	61	38	40	38
29	51	50	12	48	41	40	32	37	59	36	40	39
30	52		03	49	37	43	34	37	53	35	39	40
31	53		70.99		36		38	39		34		40
平均	70.56	70.50	71.05	70.78	70.50	70.41	70.48	70.42	70.62	70.49	70.40	70.40
最高	70.64	70.59	72.55	71.51	70.81	70.64	72.34	70.67	73.06	71.02	70.46	70.43
日期	21	3	16	9	6	14	16	19	1	5	7	6
最低	70.47	70.48	70.51	70.48	70.35	70.35	70.24	70.34	70.39	70.33	70.33	70.38
日期	12	12	1	28	30	9	8	5	10	31	1	1

年统计	最高水位 73.06	9月1日	最低水位 70.24	7月8日	平均水位 70.55
各种保证率水位	最高	第15天	第30天	第90天	第180天　第270天　最低

附注

1993　滚　河　滚河李站　逐日平均水位表

表内水位(冻结基面以上米数)－0.115m＝黄海基面以上米数

日＼月	一月	二月	三月	四月	五月	六月	七月	八月	九月	十月	十一月	十二月
1	70.40	70.42	70.86	70.50	70.82	70.38	70.46	70.39	70.76	70.39	70.33	70.49
2	40	41	82	50	81	36	43	38	77	36	32	48
3	40	40	73	51	67	37	40	46	82	40	30	46
4	40	41	60	50	53	50	40	44	73	38	29	45
5	39	41	53	48	50	44	39	40	64	37	30	45
6	40	42	50	47	50	40	43	39	57	35	31	44
7	40	43	49	46	47	38	43	40	57	36	34	44
8	40	45	48	45	41	36	37	39	55	36	37	45
9	42	45	46	45	45	35	35	37	49	37	46	45
10	43	42	46	44	44	35	32	38	54	37	49	46
11	44	41	46	44	40	64	31	81	60	35	71	46
12	45	40	48	43	40	71.32	30	71.42	56	36	77	47
13	47	41	61	42	44	70.64	30	72.93	51	36	62	45
14	48	45	71.29	41	44	51	31	71.87	49	36	54	46
15	49	66	83	41	42	44	31	48	50	37	51	44
16	50	74	43	40	44	53	42	47	51	37	49	41
17	51	69	23	40	41	72.04	43	05	50	37	47	40
18	50	68	12	40	41	70.92	36	70.83	47	37	45	38
19	49	86	04	40	42	66	34	66	48	36	48	41
20	50	71.59	70.99	39	58	57	32	61	47	35	48	38
21	49	62	94	39	79	56	39	57	45	35	49	36
22	49	66	92	37	64	67	51	53	43	34	54	38
23	49	33	89	34	56	56	76	52	43	33	60	39
24	48	20	79	36	48	46	63	74.12	42	33	58	40
25	47	08	65	34	45	50	48	72.92	41	34	55	44
26	46	70.99	69	34	47	49	45	21	40	36	53	37
27	45	90	61	34	44	47	43	71.53	39	35	52	37
28	43	87	54	42	44	40	40	24	39	36	50	40
29	43		53	41	44	50	40	10	38	35	50	40
30	42		52	46	40	45	40	03	38	35	50	27
31	42		49		39		39	70.93		34		26
平　均	70.45	70.74	70.77	70.42	70.50	70.58	70.41	71.09	70.52	70.36	70.48	70.42
最　高	70.51	71.81	72.06	70.64	70.95	74.28	70.93	76.24	70.85	70.42	70.98	70.51
日　期	16	22	14	30	1	17	23	24	1	3	11	14
最　低	70.39	70.40	70.45	70.33	70.39	70.32	70.29	70.36	70.37	70.33	70.29	70.26
日　期	5	2	9	23	31	11	13	2	29	23	4	30

年统计	最高水位 76.24		8月24日	最低水位 70.26		12月30日	平均水位 70.56	
各种保证率水位	最高	第15天	第30天	第90天	第180天	第270天	最低	
附　注								

1994　滚　河　石漫滩水库(坝上)站　逐日平均水位表

表内水位(冻结基面以上米数)－0.115m＝黄海基面以上米数

日＼月	一月	二月	三月	四月	五月	六月	七月	八月	九月	十月	十一月	十二月
1				92.50	92.56	92.42	92.52	92.84	93.02	92.61	92.72	92.82
2				51	56	42	51	89	92.96	61	72	82
3				55	56	42	49	95	99	62	72	81
4				52	56	42	48	98	92	62	72	80
5				49	55	41	51	93.02	86	61	72	79
6				49	54	42	58	09	82	62	72	79
7				48	54	48	55	85	75	63	71	79
8				49	54	56	50	45	70	63	71	82
9				51	54	54	48	16	70	64	71	85
10				53	53	51	47	92.92	67	65	71	86
11				52	54	49	51	83	66	65	72	90
12				53	52	48	95.91	86	65	65	73	90
13				53	50	48	94.76	93.04	64	64	73	89
14				52	49	48	93.32	18	64	65	76	87
15				52	48	48	01	17	66	67	82	86
16				51	48	47	92.93	12	69	74	91	86
17				51	48	47	87	03	71	79	92	85
18				52	47	46	80	17	69	81	91	85
19				65	47	46	76	25	68	80	92	86
20				89	46	46	73	14	67	77	90	86
21				84	46	46	70	92.87	67	74	89	86
22				74	46	46	65	93	67	72	88	84
23				67	45	44	64	93.31	67	72	87	81
24				63	44	45	63	03	66	71	86	77
25				63	44	97	62	03	66	71	85	76
26				61	45	86	59	09	66	71	83	76
27				60	45	65	57	11	64	71	81	76
28				58	44	59	60	92.99	63	72	82	75
29				58	44	56	70	93.21	62	72	85	75
30				57	43	53	77	30	62	72	83	72
31					43		81	08		72		72
平　均				92.57	92.49	92.51	92.84	93.10	92.72	92.69	92.80	92.82
最　高				92.93	92.56	93.22	97.73	94.22	93.05	92.81	92.92	92.91
日　期				20	1	25	12	7	7	18	16	11
最　低				92.48	92.42	92.41	92.46	92.82	92.61	92.61	92.71	92.71
日　期				7	31	5	10	3	1	7	30	

年统计	最高水位 97.73		7月12日	最低水位 (92.41)		6月5日	平均水位 －	
各种保证率水位	最高	第15天	第30天	第90天	第180天	第270天	最低	
附　注	4月1日开始观测。							

1995　滚　河　石漫滩水库(坝上)站　逐日平均水位表

表内水位(冻结基面以上米数) −0.115m = 黄海基面以上米数

日＼月	一月	二月	三月	四月	五月	六月	七月	八月	九月	十月	十一月	十二月
1	92.72	92.66	92.65	92.64	92.63	92.69	92.70	92.90	92.95	92.61	92.71	92.58
2	72	66	65	63	63	68	68	89	90	62	70	58
3	70	66	66	63	63	68	67	90	87	66	69	59
4	69	66	64	63	63	68	66	92	86	66	68	59
5	69	66	65	63	63	68	64	93.01	85	65	67	59
6	68	67	65	63	62	68	63	15	84	64	67	59
7	67	67	64	63	61	67	64	93	81	62	67	59
8	67	66	64	63	61	67	69	53	77	62	66	58
9	66	67	66	62	60	68	70	11	74	61	65	58
10	66	67	65	62	60	78	79	01	71	59	65	58
11	66	67	64	62	60	83	93.09	92.94	70	58	65	58
12	66	69	64	62	59	84	92.96	93.30	69	58	64	57
13	68	68	64	62	59	82	95	23	68	62	63	57
14	72	68	64	63	60	81	84	08	67	67	63	57
15	75	67	64	63	60	82	80	27	67	71	63	58
16	75	67	64	63	60	84	87	25	65	65	63	59
17	75	67	66	62	59	82	85	07	65	65	63	59
18	73	66	66	62	60	80	79	02	65	67	63	59
19	70	66	66	62	61	78	80	92.97	64	70	63	58
20	68	66	64	61	63	79	84	99	64	76	63	58
21	66	66	64	61	64	87	85	93.34	63	83	62	58
22	66	66	64	63	65	89	78	86	63	82	61	58
23	66	66	64	63	67	88	96	25	63	88	60	58
24	65	66	65	65	66	86	93.39	02	62	89	59	58
25	65	66	68	66	70	83	95.22	92.93	61	91	58	57
26	65	66	68	65	70	80	93.99	86	61	85	58	57
27	65	66	67	64	70	78	21	81	61	81	58	57
28	65	65	66	64	70	75	01	78	61	78	58	57
29	66		66	64	70	73	92.94	93	61	75	58	57
30	65		66	64	70	72	91	93.45	61	72	58	57
31	66		66		69		91	10		72		57
平均	92.68	92.66	92.65	92.63	92.64	92.77	92.96	93.12	92.70	92.71	92.63	92.58
最高	92.75	92.69	92.68	92.66	92.70	92.89	95.79	94.13	93.00	92.93	92.71	92.59
日期	15	12	25	25	25	22	25	22	1	25	1	3
最低	92.65	92.65	92.64	92.61	92.59	92.66	92.63	92.76	92.61	92.58	92.58	92.57
日期	24	28	7	20	12	9	6	29	25	11	25	12

年统计	最高水位 95.79	7月25日	最低水位 92.57	12月12日	平均水位 92.73		
各种保证率水位	最高 95.22	第15天 93.15	第30天 92.95	第90天 92.75	第180天 92.66	第270天 92.63	最低 92.57

附注

1997　滚　河　石漫滩水库(坝上)站　逐日平均水位表

表内水位(冻结基面以上米数) −0.115m = 黄海基面以上米数

日＼月	一月	二月	三月	四月	五月	六月	七月	八月	九月	十月	十一月	十二月
1	101.31	100.43	100.74	101.08	101.53	101.63	101.74	102.55	102.51	102.61	102.53	102.71
2	31	45	75	12	54	62	76	55	51	61	53	71
3	32	48	75	15	55	62	77	55	50	61	52	72
4	29	50	76	18	55	62	88	56	50	61	52	71
5	10	52	76	21	56	62	92	56	49	60	51	70
6	100.79	54	76	23	56	62	93	56	49	60	51	71
7	48	56	77	26	57	65	93	56	49	60	51	71
8	33	59	77	30	67	67	94	57	48	60	51	71
9	23	61	77	32	59	67	94	58	47	60	50	71
10	22	63	78	32	59	67	94	58	46	59	50	71
11	23	64	79	34	60	67	94	57	46	59	53	71
12	23	65	85	35	61	67	94	56	45	59	57	71
13	24	66	90	36	62	67	94	55	46	59	59	71
14	24	67	93	38	62	68	94	55	51	58	60	71
15	25	67	89	39	63	68	94	54	57	58	60	71
16	25	68	83	40	63	68	95	54	61	57	61	71
17	25	68	83	40	63	68	96	54	63	57	61	72
18	26	68	85	41	63	68	97	54	64	58	62	72
19	27	68	87	42	63	68	102.03	53	64	58	62	72
20	27	69	90	43	62	68	18	52	64	58	63	72
21	29	69	92	44	63	68	20	52	63	57	64	73
22	31	69	94	45	63	68	28	52	63	57	65	73
23	34	70	96	46	63	68	46	52	63	57	65	73
24	34	70	98	46	63	69	50	52	64	56	66	73
25	35	71	101.00	47	63	69	52	53	63	57	67	74
26	36	71	02	47	63	69	53	53	63	57	67	74
27	36	71	02	48	63	69	53	53	63	57	68	74
28	37	73	04	49	63	69	53	52	62	56	68	75
29	38		05	49	63	69	54	52	62	55	69	76
30	40		06	51	63	71	55	52	61	55	70	76
31	42		07		63		55	51		55		76
平均	100.48	100.63	100.88	101.36	101.61	101.67	102.12	102.54	102.56	102.58	102.59	102.72
最高	101.32	100.73	101.07	101.52	101.72	101.72	102.55	102.58	102.64	102.61	102.71	102.76
日期	3	28	31	30	15	30	30	8	17	1	30	29
最低	100.22	100.42	100.73	101.07	101.52	101.62	101.72	102.51	102.45	102.54	102.50	102.70
日期	9	1	1	2	1	2	1	30	12	31	8	4

年统计	最高水位 102.76	12月29日	最低水位 100.22	1月9日	平均水位 101.82		
各种保证率水位	最高 102.76	第15天 102.72	第30天 102.71	第90天 102.57	第180天 101.92	第270天 101.30	最低 100.22

附注

1998　滚　河　石漫滩水库(坝上)站　逐日平均水位表

表内水位(冻结基面以上米数) −0.115m = 黄海基面以上米数

日＼月	一月	二月	三月	四月	五月	六月	七月	八月	九月	十月	十一月	十二月
1	102.76	103.06	103.21	103.95	105.33	107.81	106.88	106.92	107.10	107.15	107.13	107.21
2	77	06	21	98	41	61	97	57	11	15	13	23
3	77	07	22	104.00	43	21	58	47	12	14	13	23
4	77	07	22	22	02	106.86	54	52	12	14	14	23
5	77	08	22	06	46	83	59	59	13	13	14	23
6	77	08	23	10	47	89	62	61	14	13	15	23
7	77	09	23	21	49	94	65	67	14	13	15	23
8	77	09	24	31	55	98	67	70	14	14	15	23
9	78	09	28	37	75	107.01	68	76	14	14	15	23
10	79	09	34	41	106.05	106.76	71	87	15	14	15	23
11	82	09	42	52	35	52	74	92	15	14	16	23
12	83	10	49	76	47	55	76	94	15	14	16	23
13	84	10	55	86	54	58	77	99	15	14	16	23
14	88	11	61	93	59	60	78	107.00	15	14	16	23
15	90	12	66	97	63	61	80	73	16	14	17	24
16	91	13	68	99	65	61	92	60	16	14	18	24
17	93	14	70	105.00	67	62	78	01	16	13	19	24
18	93	15	73	01	69	63	66	106.84	16	13	20	25
19	94	16	75	03	70	64	64	88	16	13	20	26
20	95	16	77	04	73	64	70	91	16	13	20	26
21	96	17	78	05	107.57	64	72	94	16	13	20	26
22	97	18	79	06	72	65	73	107.05	15	13	21	26
23	98	18	80	08	08	66	74	10	15	13	21	27
24	103.00	18	82	10	00	66	75	13	15	13	21	27
25	01	19	84	11	09	66	75	16	15	12	21	27
26	02	19	85	12	16	66	75	17	15	12	21	27
27	02	20	86	13	20	66	75	20	15	12	21	28
28	03	21	87	13	106.91	67	80	14	15	12	21	28
29	04		88	14	85	69	89	04	15	13	21	28
30	05		89	15	90	75	93	05	15	13	21	28
31	05		91		107.00		98	08		13		28
平　均	102.90	103.13	103.58	104.72	106.45	106.79	106.75	106.95	107.15	107.13	107.18	107.25
最　高	103.05	103.21	103.93	105.20	108.00	107.90	107.16	107.96	107.16	107.15	107.21	107.28
日　期	30	28	31	30	21	1	2	15	14	1	22	27
最　低	102.76	103.05	103.21	103.93	105.20	106.50	106.50	106.47	107.09	107.12	107.13	107.21
日　期	1	1	1	1	1	11	3	2	1	25	1	1

年统计	最高水位 108.00	5月21日	最低水位 102.76	1月1日	平均水位 105.85
各种保证率水位	最高 107.81	第15天 107.26	第30天 107.23	第90天 107.15	第180天 106.75	第270天 104.10	最低 102.76

附　注

1999　滚　河　石漫滩水库(坝上)站　逐日平均水位表

表内水位(冻结基面以上米数) −0.115m = 黄海基面以上米数

日＼月	一月	二月	三月	四月	五月	六月	七月	八月	九月	十月	十一月	十二月
1	107.28	107.30	107.30	107.35	107.02	106.51	106.58	106.53	106.46	106.47	106.55	106.56
2	28	30	30	35	03	52	57	53	46	47	55	56
3	29	30	28	35	06	53	57	52	45	47	55	56
4	29	30	21	35	07	53	57	52	50	47	55	56
5	29	30	21	35	04	54	59	52	51	47	55	56
6	29	30	22	35	106.97	55	90	51	51	49	55	56
7	29	30	24	37	92	55	107.13	51	51	49	55	55
8	30	30	25	37	86	55	08	50	51	49	55	55
9	30	30	25	41	80	55	106.98	50	51	49	55	55
10	30	30	26	42	74	55	86	50	51	50	55	55
11	30	30	26	48	68	55	77	50	51	50	55	55
12	30	30	26	54	62	55	64	49	51	50	55	54
13	30	30	26	54	56	55	47	49	51	51	55	54
14	29	30	26	52	54	56	47	48	51	52	56	54
15	29	30	26	50	65	56	48	48	51	53	56	54
16	29	30	27	48	76	56	49	48	51	53	56	54
17	29	30	27	46	84	55	50	48	51	53	56	54
18	28	31	28	43	95	55	47	47	51	53	56	54
19	28	31	31	35	107.01	54	52	47	51	53	56	55
20	28	31	32	26	05	54	53	47	50	53	56	55
21	28	30	33	19	05	54	53	47	49	53	56	55
22	28	30	33	13	01	55	53	47	49	53	56	55
23	29	30	33	08	106.97	58	53	46	49	53	56	55
24	29	30	33	06	92	59	53	46	49	53	56	55
25	29	30	33	02	86	59	54	46	48	53	56	55
26	29	30	33	106.97	81	59	54	46	48	53	56	55
27	29	30	33	98	75	58	53	46	48	53	56	56
28	30	30	34	107.00	70	58	53	46	47	53	56	56
29	30		34	01	63	58	53	46	47	53	56	56
30	30		34	02	58	58	53	46	47	55	56	56
31	30		34		52		53	46		55		56
平　均	107.29	107.30	107.29	107.29	106.84	106.55	106.61	106.48	106.49	106.51	106.56	106.55
最　高	107.30	107.31	107.34	107.55	107.08	106.59	107.14	106.53	106.51	106.55	106.56	106.56
日　期	7	18	28	12	4	23	7	1	4	31	14	1
最　低	107.28	107.30	107.21	106.96	106.50	106.51	106.46	106.46	106.45	106.47	106.55	106.54
日　期	1	1	4	26	31	1	13	23	1	1	1	12

年统计	最高水位 107.55	4月12日	最低水位 106.45	9月3日	平均水位 106.81
各种保证率水位	最高 107.54	第15天 107.35	第30天 107.33	第90天 107.28	第180天 106.56	第270天 106.53	最低 106.45

附　注

2000　滚　河　石漫滩水库(坝上)站　逐日平均水位表

表内水位(冻结基面以上米数)－0.115m＝黄海基面以上米数

日＼月	一月	二月	三月	四月	五月	六月	七月	八月	九月	十月	十一月	十二月
1	106.56	106.66	106.74	106.74	106.68	106.63	105.57	105.56	106.03	106.60	107.00	106.85
2	56	66	74	74	67	44	62	57	03	73	03	87
3	56	66	74	74	67	24	71	59	07	81	06	89
4	56	67	74	74	66	09	68	65	08	85	09	90
5	57	67	74	74	65	04	81	106.08	12	87	11	91
6	57	67	75	74	64	04	53	39	14	89	13	92
7	57	68	75	74	62	04	54	50	14	91	15	93
8	57	68	75	74	62	03	53	16	15	93	15	94
9	57	68	75	74	64	105.85	49	105.86	16	94	16	94
10	57	68	75	74	64	66	49	69	16	95	17	95
11	60	68	75	74	64	49	45	72	16	96	17	96
12	61	68	75	73	65	38	41	75	17	107.03	18	97
13	61	68	75	73	65	31	107.01	77	17	09	19	98
14	61	69	75	72	65	20	37	78	17	12	20	99
15	62	69	75	71	64	08	108.71	80	17	15	17	107.00
16	62	69	75	70	70	104.97	107.49	82	18	17	106.63	01
17	63	69	75	70	70	85	65	84	18	18	61	02
18	63	70	75	70	64	73	65	86	18	19	63	03
19	63	72	75	70	70	59	72	91	18	18	66	04
20	63	72	75	70	70	49	79	91	18	21	69	05
21	63	72	75	70	63	38	87	93	19	22	71	06
22	63	72	75	69	62	34	91	95	19	27	73	06
23	64	73	75	69	62	27	95	96	21	36	75	06
24	65	73	75	69	61	17	97	98	23	44	76	06
25	65	73	75	69	61	16	99	106.00	26	51	78	07
26	65	73	75	69	62	107.43	90	00	30	58	79	07
27	65	73	75	69	62	108.41	36	01	40	64	80	07
28	66	73	75	69	62	107.27	106.56	01	47	84	81	08
29	66	74	75	68	62	105.95	105.81	01	51	98	82	08
30	66		74	68	62	58	55	01	54	87	84	09
31	66		74		62		55	02		10		09
平均	106.61	106.70	106.75	106.71	106.64	105.57	106.66	105.91	106.20	107.18	106.93	107.00
最高	106.66	106.74	106.75	106.74	106.68	108.62	110.11	106.55	106.55	108.04	107.22	107.09
日期	27	29	5	1	1	27	15	7	30	30	15	30
最低	106.56	106.66	106.74	106.68	106.61	104.11	105.40	105.55	106.03	106.55	106.56	106.84
日期	1	1	1	28	24	25	12	1	1	1	16	1

年统计	最高水位	110.11		7月15日	最低水位	104.11		6月25日	平均水位	106.57		
各种保证率水位	最高	108.71	第15天	107.64	第30天	107.19	第90天	106.87	第180天	106.69	第270天	106.40	最低	104.16

附注：

2001　滚　河　石漫滩水库(坝上)站　逐日平均水位表

表内水位(冻结基面以上米数)－0.115m＝黄海基面以上米数

日＼月	一月	二月	三月	四月	五月	六月	七月	八月	九月	十月	十一月	十二月
1	107.09	107.65	106.27	106.43	106.24	105.33	105.57	107.23	106.71	106.71	106.72	106.70
2	10	69	28	43	10	33	61	03	71	70	72	69
3	10	72	29	43	105.98	32	70	08	71	69	72	71
4	10	75	30	43	87	32	72	03	72	68	72	71
5	10	77	31	43	73	31	73	106.69	72	68	72	73
6	11	80	33	43	64	30	73	43	73	67	72	73
7	12	81	34	43	43	30	74	48	73	67	72	73
8	14	74	35	43	42	30	74	56	73	67	72	74
9	16	66	36	43	42	30	74	58	73	67	72	75
10	17	59	37	43	42	31	74	60	73	67	72	78
11	18	51	37	43	41	31	73	61	73	66	72	79
12	19	44	38	43	41	31	73	61	73	66	72	81
13	20	37	39	43	41	31	72	61	73	66	72	81
14	22	30	39	43	40	31	72	61	73	66	72	82
15	23	23	40	43	40	31	72	64	73	65	72	83
16	25	03	40	43	40	39	72	68	73	65	72	84
17	26	106.79	41	42	39	45	72	68	73	65	71	84
18	28	55	41	41	39	50	71	68	73	65	71	84
19	29	32	42	40	38	52	71	69	73	65	71	85
20	30	12	42	39	37	53	71	69	72	65	71	86
21	31	08	42	39	36	53	71	69	72	65	71	87
22	33	10	42	39	36	53	71	69	71	65	71	87
23	35	13	42	39	36	53	106.10	70	71	66	70	88
24	37	16	42	40	35	53	40	70	71	66	70	88
25	39	19	43	40	35	53	58	70	71	66	70	89
26	41	21	43	40	35	53	73	70	71	70	70	89
27	42	23	43	39	35	53	90	70	71	72	70	89
28	44	25	43	39	35	53	107.11	70	71	72	70	90
29	47		43	40	34	56	106.78	70	71	72	70	90
30	54		43	37	34	57	107.22	70	71	72	70	90
31	61		43		34		75	70		72		90
平均	107.27	107.01	106.38	106.41	105.49	105.41	106.06	106.71	106.72	106.68	106.71	106.82
最高	107.63	107.83	106.43	106.43	106.31	105.57	108.39	107.47	106.73	106.72	106.72	106.90
日期	31	7	24	1	1	29	30	1	6	27	1	28
最低	107.09	106.05	106.26	106.31	105.33	105.30	105.57	106.41	106.71	106.65	106.70	106.69
日期	1	20	1	30	1	5	1	1	15	23	1	1

年统计	最高水位	108.39		7月30日	最低水位	105.30		6月5日	平均水位	106.47		
各种保证率水位	最高	107.81	第15天	107.51	第30天	107.28	第90天	106.73	第180天	106.67	第270天	106.29	最低	105.30

附注：

2002　滚　河　石漫滩水库(坝上)站　逐日平均水位表

表内水位(冻结基面以上米数)−0.115m＝黄海基面以上米数

日＼月	一月	二月	三月	四月	五月	六月	七月	八月	九月	十月	十一月	十二月
1	106.90	106.95	106.98	107.09	107.15	106.36	106.15	106.20	105.65	105.15	105.13	105.24
2	90	95	99	09	19	08	02	20	65	13	14	24
3	90	95	99	09	17	105.99	105.87	16	65	13	14	25
4	90	95	107.00	10	12	98	88	105.94	65	13	14	25
5	91	95	01	11	09	98	91	63	65	13	14	25
6	91	95	02	12	20	98	94	57	65	13	15	27
7	91	95	02	12	20	97	96	59	64	13	16	28
8	91	95	03	13	05	85	97	59	64	12	16	29
9	91	95	03	13	106.93	64	98	59	65	12	17	29
10	91	95	04	13	92	59	106.00	59	67	11	17	29
11	91	95	04	13	93	59	01	59	67	11	18	30
12	93	95	04	13	90	58	02	59	55	11	18	30
13	93	95	05	13	87	58	02	60	44	11	19	30
14	93	95	06	13	92	57	03	59	43	11	19	31
15	93	95	07	13	107.00	57	04	59	43	11	19	31
16	94	96	07	14	05	57	04	60	43	11	20	31
17	94	96	07	14	08	57	04	60	42	11	20	32
18	94	96	07	14	03	57	04	60	32	12	20	32
19	94	96	07	14	106.72	59	09	60	19	12	20	32
20	94	96	08	14	64	61	11	60	11	14	22	33
21	94	96	08	14	68	62	11	60	13	14	23	35
22	94	96	09	14	70	106.44	12	60	15	14	23	37
23	94	96	09	14	72	107.06	13	60	15	13	23	38
24	94	96	09	14	74	106.69	14	63	15	13	23	39
25	94	96	09	14	73	27	14	65	15	12	23	39
26	94	96	09	13	67	105.96	15	65	17	12	23	40
27	95	97	09	13	46	106.53	16	66	17	12	23	40
28	95	98	09	14	39	107.13	18	66	17	13	23	40
29	95		09	15	40	106.84	19	65	17	13	23	41
30	95		09	15	41	47	19	65	17	13	23	41
31	95		09		42		20	65		13		42
平均	106.93	106.96	107.06	107.13	106.85	106.01	106.06	105.68	105.40	105.12	105.19	105.33
最高	106.95	106.98	107.09	107.15	107.24	107.20	106.33	106.20	105.68	105.16	105.24	105.42
日期	27	27	22	28	7	28	1	1	11	1	30	30
最低	106.90	106.95	106.98	107.09	106.39	105.57	105.85	105.56	105.10	105.11	105.13	105.24
日期	1	1	1	1	27	14	3	6	20	10	1	1

年统计	最高水位 107.24		5月7日	最低水位 105.10		9月20日	平均水位	106.14
各种保证率水位	最高 107.20	第15天 107.14	第30天 107.12	第90天 106.95	第180天 106.04	第270天 105.37	最低	105.11

附注

2003　滚　河　石漫滩水库(坝上)站　逐日平均水位表

表内水位(冻结基面以上米数)−0.115m＝黄海基面以上米数

日＼月	一月	二月	三月	四月	五月	六月	七月	八月	九月	十月	十一月	十二月
1	105.44	105.57	105.83	106.53	106.96	107.39	106.75	106.44	107.28	106.93	107.60	107.74
2	45	57	84	54	96	106.85	107.07	44	38	94	61	74
3	46	58	84	54	97	39	106.84	44	40	107.01	61	75
4	47	58	85	55	98	35	62	44	17	27	62	77
5	48	58	87	56	107.00	35	65	44	106.98	66	62	81
6	48	58	89	56	07	35	73	44	107.11	85	63	83
7	49	58	92	56	23	35	79	44	42	86	68	84
8	50	58	95	57	31	35	85	44	15	84	76	86
9	51	61	98	58	35	36	89	45	106.97	79	81	87
10	51	64	106.00	58	36	40	69	45	107.06	40	85	88
11	52	65	02	59	38	41	47	46	15	66	88	90
12	52	65	04	59	42	41	26	47	22	31	90	91
13	53	66	05	60	44	41	06	49	29	26	92	88
14	53	67	09	60	45	41	04	53	34	33	94	72
15	53	69	15	61	47	40	07	93	40	39	88	59
16	53	70	23	61	48	40	10	107.35	45	42	59	58
17	53	70	29	62	48	40	14	42	47	47	53	60
18	54	71	33	64	49	40	19	45	49	49	55	60
19	54	72	36	66	49	40	21	44	57	51	57	60
20	55	73	39	67	49	40	23	40	69	52	61	61
21	55	75	42	68	50	40	28	35	70	53	63	61
22	56	78	43	74	50	46	33	29	46	55	65	61
23	56	78	44	82	50	46	35	23	41	55	67	61
24	56	79	45	86	50	46	37	16	46	55	69	62
25	56	81	47	88	50	46	39	15	46	56	70	62
26	57	81	48	89	50	47	40	25	31	56	70	62
27	57	81	49	91	50	48	41	33	27	57	71	62
28	57	83	50	93	50	49	42	34	29	58	72	63
29	57		50	95	49	50	44	108.25	23	59	72	63
30	57		51	95	49	57	45	106.97	56	59	73	63
31	57		52		49		44	107.83		60		64
平均	105.53	105.68	106.20	106.68	107.36	106.46	106.45	107.00	107.32	107.49	107.70	107.71
最高	105.57	105.83	106.53	106.95	107.50	107.49	107.16	108.76	107.76	107.90	107.95	107.92
日期	26	28	31	29	21	1	2	29	21	6	15	13
最低	105.43	105.57	105.83	106.53	106.95	106.35	106.02	106.44	106.93	106.91	107.51	107.57
日期	1	1	1	1	3	13		1	9	1	16	15

年统计	最高水位 108.76		8月29日	最低水位 105.43		1月1日	平均水位	106.80
各种保证率水位	最高 108.56	第15天 107.85	第30天 107.72	第90天 107.50	第180天 106.86	第270天 106.36	最低	105.44

附注

2004　滚　河　石漫滩水库(坝上)站　逐日平均水位表

表内水位(冻结基面以上米数)−0.115m＝黄海基面以上米数

日\月	一月	二月	三月	四月	五月	六月	七月	八月	九月	十月	十一月	十二月
1	107.65	107.82	107.91	107.62	107.57	106.86	106.65	106.95	107.12	107.73	107.42	107.52
2	65	82	91	62	51	86	65	97	14	67	42	52
3	65	83	91	62	45	86	64	107.00	17	61	42	52
4	66	83	91	62	39	86	63	41	20	55	42	52
5	67	83	91	62	32	86	63	81	23	51	42	53
6	67	83	91	62	26	87	63	51	25	46	42	53
7	67	83	91	62	20	87	63	23	27	41	42	53
8	68	84	91	62	17	87	62	21	29	38	42	53
9	68	84	91	62	17	86	61	25	30	39	43	53
10	69	84	91	62	17	86	67	35	31	40	44	54
11	70	84	88	62	18	86	77	63	32	40	44	54
12	71	84	73	62	19	86	78	33	32	40	44	54
13	72	85	59	62	19	86	79	106.98	32	40	45	55
14	72	85	56	62	19	86	79	74	35	40	46	55
15	73	85	56	62	20	86	80	107.31	40	40	46	55
16	74	85	56	62	18	86	96	78	42	40	46	56
17	75	85	56	62	19	87	108.88	70	43	41	47	57
18	76	86	56	62	18	87	17	42	43	41	47	57
19	76	86	56	62	18	87	107.92	11	45	41	47	57
20	77	87	57	62	18	87	80	08	56	42	47	57
21	78	89	59	62	17	87	36	40	61	42	47	58
22	78	90	59	62	14	87	24	53	62	42	47	60
23	78	90	60	62	08	84	106.73	60	64	42	48	61
24	79	90	61	61	05	70	73	66	66	42	48	62
25	79	90	61	60	05	63	77	69	69	42	49	62
26	80	90	61	60	05	63	80	42	71	42	50	62
27	80	90	61	60	05	63	83	07	72	42	51	63
28	81	90	62	61	03	63	86	02	73	42	51	64
29	81	91	62	61	106.89	62	88	05	74	42	51	64
30	81		62	60	86	63	91	07	75	42	51	65
31	82		62		86		93	10		42		65
平均	107.74	107.86	107.71	107.62	107.17	106.81	106.97	107.30	107.44	107.44	107.46	107.57
最高	107.82	107.91	107.91	107.62	107.60	106.87	109.44	107.91	107.75	107.75	107.52	107.65
日期	31	29	1	1	1	6	17	5	30	1	30	30
最低	107.65	107.82	107.56	107.60	106.86	106.62	106.61	106.71	107.11	107.38	107.42	107.52
日期	1	1	14	24	29	28	9	14	1	7	1	1

年统计	最高水位	109.44		7月17日	最低水位	106.61		7月9日	平均水位	107.42
各种保证率水位	最高 108.88	第15天 107.90	第30天 107.85	第90天 107.65	第180天 107.52	第270天 107.21	最低 106.61			

附注

2005　滚　河　石漫滩水库(坝上)站　逐日平均水位表

表内水位(冻结基面以上米数)−0.115m＝黄海基面以上米数

日\月	一月	二月	三月	四月	五月	六月	七月	八月	九月	十月	十一月	十二月
1	107.65	107.78	107.93	108.11	107.72	106.99	106.72	106.73	107.23	107.26	107.29	107.45
2	65	78	93	11	68	99	74	85	26	44	29	45
3	66	78	93	11	65	99	74	107.09	39	72	29	45
4	66	79	94	12	62	99	75	27	53	83	30	45
5	66	79	94	12	59	99	77	106.98	61	79	31	45
6	67	79	94	11	55	98	92	63	68	47	32	45
7	67	80	94	02	51	98	107.35	33	73	14	32	45
8	68	80	95	107.91	49	98	69	27	75	08	33	45
9	68	80	95	86	49	107.00	53	31	78	10	33	45
10	68	81	95	78	49	03	25	35	80	12	34	45
11	69	81	96	70	49	03	106.97	37	81	14	34	45
12	70	82	97	63	49	03	56	39	82	15	34	45
13	70	82	97	59	66	03	59	42	84	16	35	45
14	70	83	97	57	70	03	63	44	85	16	37	45
15	71	85	98	54	40	03	67	45	86	17	38	45
16	71	85	98	55	11	03	71	47	87	18	39	46
17	72	86	98	56	106.83	05	74	48	89	19	40	46
18	72	87	98	56	05		78	51	90	20	40	46
19	72	87	99	57	76	05	81	55	90	21	41	46
20	73	88	99	59	79	05	83	58	77	22	42	46
21	73	88	108.01	60	82	05	87	62	63	24	42	46
22	74	89	04	61	84	07	97	82	49	25	42	46
23	74	90	06	62	86	07	107.12	107.18	37	25	42	46
24	74	90	06	63	87	05	24	47	38	26	43	46
25	75	91	07	66	89	89	14	59	69	26	43	46
26	76	91	08	67	90	106.99	00	66	97	27	43	46
27	77	92	08	69	93	88	106.85	70	108.01	27	44	47
28	77	92	08	70	94	76	71	74	107.46	28	45	47
29	77		09	71	95	65	59	108.10	02	28	45	47
30	77		09	73	97	62	71	107.64	12	29	45	48
31	77		10		98		71			29		48
平均	107.71	107.84	108.00	107.76	107.22	106.98	106.89	106.91	107.65	107.28	107.38	107.46
最高	107.78	107.93	108.11	108.12	107.77	107.07	107.83	108.44	108.16	107.87	107.45	107.48
日期	31	28	31	4	14	22	8	29	27	4	28	30
最低	107.65	107.78	107.93	107.54	106.70	106.62	106.52	106.25	106.97	107.06	107.29	107.45
日期	1	1	1	15	17	29	12	8	1	7	1	1

年统计	最高水位	108.44		8月29日	最低水位	106.25		8月7日	平均水位	107.42
各种保证率水位	最高 108.18	第15天 108.07	第30天 107.97	第90天 107.77	第180天 107.46	第270天 107.12	最低 106.27			

附注

2006　滚　河　石漫滩水库(坝上)站　逐日平均水位表

表内水位(冻结基面以上米数)−0.115m＝黄海基面以上米数

日＼月	一月	二月	三月	四月	五月	六月	七月	八月	九月	十月	十一月	十二月
1	107.48	107.78	107.40	107.52	107.59	106.59	106.46	106.22	106.73	106.97	107.00	107.21
2	48	79	40	52	52	58	51	31	73	97	00	23
3	49	81	41	53	45	58	39	39	73	97	00	25
4	49	82	41	54	37	58	107.47	46	75	97	00	26
5	50	84	42	56	33	58	20	52	82	97	106.99	27
6	50	86	42	57	28	58	106.68	73	83	97	99	27
7	50	87	43	57	22	58	70	92	83	98	99	28
8	50	89	45	58	15	58	77	107.16	85	98	99	29
9	50	90	46	58	07	56	83	30	87	98	99	30
10	51	92	47	58	106.97	48	89	38	87	98	99	31
11	52	94	48	59	87	40	92	36	88	99	99	31
12	52	95	48	59	77	31	94	01	88	99	99	31
13	52	96	49	59	67	20	96	106.65	88	99	99	32
14	52	98	49	59	58	11	98	58	88	107.00	99	32
15	53	108.00	49	59	50	105.99	99	62	88	00	99	33
16	53	00	49	59	59	89	107.01	64	89	00	99	33
17	54	107.94	50	59	51	88	04	66	89	00	99	33
18	54	86	50	59	51	88	07	69	90	00	99	33
19	55	78	50	59	52	88	08	69	90	00	107.00	33
20	58	70	50	59	53	88	09	70	90	00	00	34
21	60	62	50	60	53	88	14	70	90	00	00	35
22	61	53	50	61	53	91	41	70	91	00	02	35
23	62	45	51	61	54	93	17	70	91	00	05	35
24	63	38	51	61	55	94	106.84	70	91	00	07	35
25	63	37	51	61	56	94	79	70	91	00	09	36
26	64	38	52	62	58	94	82	71	91	00	11	36
27	66	38	52	62	58	94	86	72	92	00	15	37
28	69	39	52	62	59	95	107.32	72	94	00	17	37
29	71		52	62	59	106.07	54	72	95	00	20	37
30	74		52	62	59	39	07	72	96	00	20	38
31	76		52		59		106.47	73		00		38
平均	107.57	107.75	107.48	107.59	106.81	106.20	106.95	106.74	106.87	106.99	107.03	107.32
最高	107.77	108.02	107.52	107.62	107.62	106.59	107.68	107.44	106.97	107.00	107.21	107.39
日期	31	16	26	26	1	1	28	11	30	13	30	31
最低	107.48	107.37	107.40	107.52	106.50	105.88	106.26	106.18	106.73	106.97	106.99	107.21
日期	1	24	1	1	15	16	31	1	1	1	5	1

年统计：最高水位 108.02　2月16日　最低水位 105.88　6月16日　平均水位 107.10

各种保证率水位：最高 108.00　第15天 107.82　第30天 107.62　第90天 107.50　第180天 107.07　第270天 106.87　最低 105.88

附注：

2007　滚　河　石漫滩水库(坝上)站　逐日平均水位表

表内水位(冻结基面以上米数)−0.115m＝黄海基面以上米数

日＼月	一月	二月	三月	四月	五月	六月	七月	八月	九月	十月	十一月	十二月
1	107.39	107.49	107.60	107.35	107.39	107.19	106.93	106.81	106.41	106.52	106.53	106.52
2	40	49	61	36	30	22	95	84	42	52	53	53
3	40	49	77	36	22	25	96	86	43	52	53	53
4	41	49	108.09	36	14	26	98	88	44	52	52	53
5	41	49	18	37	05	26	108.42	91	45	52	52	53
6	42	49	20	37	106.96	27	46	94	45	53	52	53
7	43	49	14	38	88	27	106.78	97	45	53	52	53
8	44	51	05	39	83	27	12	107.01	46	52	52	53
9	44	51	107.96	39	83	27	21	04	46	52	52	53
10	45	52	86	40	83	27	30	106.99	47	51	52	53
11	45	52	76	40	83	27	37	56	47	51	51	53
12	46	52	66	40	83	27	42	15	47	51	51	53
13	47	53	56	40	82	28	55	12	47	52	51	53
14	47	53	45	40	82	28	107.31	13	48	53	51	50
15	48	53	35	41	82	28	108.00	16	49	53	50	53
16	48	54	33	41	82	27	107.17	19	49	54	52	53
17	48	55	30	41	81	27	106.36	21	49	54	52	53
18	48	55	24	41	81	28	05	22	48	54	52	53
19	48	55	18	42	80	34	43	25	48	54	52	53
20	48	56	20	42	80	42	107.49	26	47	53	52	53
21	49	56	22	42	80	48	54	28	47	53	52	53
22	49	56	24	43	81	48	106.90	29	47	53	53	54
23	49	57	26	43	82	10	36	31	47	53	53	54
24	49	57	28	43	84	106.79	37	33	47	53	53	54
25	49	57	30	43	84	78	46	35	47	53	53	55
26	49	58	30	43	84	80	52	35	47	53	53	55
27	49	58	31	43	84	83	59	36	47	53	52	56
28	49	59	32	43	84	85	65	36	50	50	52	56
29	49		33	43	84	86	69	37	50	50	52	56
30	49		34	43	91	91	74	38	52	52	52	56
31	49		35		107.15		78	40		53		55
平均	107.46	107.53	107.54	107.40	106.91	107.18	106.83	106.49	106.47	106.53	106.52	106.54
最高	107.49	107.60	108.22	107.43	107.43	107.54	108.89	107.06	106.52	106.54	106.53	106.56
日期	21	28	6	22	1	22	6	10	30	16	1	27
最低	107.39	107.49	107.18	107.35	106.80	106.76	106.01	106.11	106.41	106.51	106.50	106.52
日期	1	1	19	1	18	24	18	12	1	10	14	1

年统计：最高水位 108.89　7月6日　最低水位 106.01　7月18日　平均水位 106.95

各种保证率水位：最高 108.46　第15天 107.60　第30天 107.54　第90天 107.41　第180天 106.84　第270天 106.52　最低 106.05

附注：

2008　滚　河　石漫滩水库(坝上)站　逐日平均水位表

表内水位(冻结基面以上米数)－0.115m＝黄海基面以上米数

日\月	一月	二月	三月	四月	五月	六月	七月	八月	九月	十月	十一月	十二月
1	106.55	106.71	106.85	106.68	107.38	106.21	106.22	107.14	107.07	106.83	106.99	107.15
2	55	72	85	68	39	21	23	20	07	84	99	16
3	55	73	85	68	49	21	23	24	08	84	99	17
4	55	74	85	68	65	21	23	27	03	85	107.00	17
5	55	74	85	68	60	20	28	30	106.72	85	00	18
6	55	75	86	68	51	19	30	05	70	85	00	18
7	55	76	88	68	40	19	31	106.96	70	85	01	18
8	55	76	90	73	31	19	31	99	72	86	02	18
9	55	76	91	80	23	18	33	107.01	74	86	02	18
10	56	77	91	83	14	18	37	03	75	86	02	18
11	57	77	90	85	03	18	37	04	77	86	02	19
12	58	78	78	87	106.93	18	38	05	77	86	02	20
13	58	78	57	89	82	18	38	06	77	87	02	20
14	58	79	50	91	75	18	39	08	77	87	02	21
15	59	79	51	93	70	18	40	09	78	87	03	21
16	59	80	52	96	66	18	40	22	79	87	03	21
17	60	80	53	96	61	18	42	28	79	87	03	22
18	60	81	54	97	56	18	45	28	80	87	03	22
19	61	81	56	107.04	51	105.94	45	31	82	87	03	22
20	62	81	58	16	46	106.03	45	44	82	88	04	22
21	63	81	59	24	40	18	46	18	83	92	04	22
22	64	81	61	28	35	19	69	106.85	83	94	05	22
23	65	82	63	31	29	20	107.53	87	84	96	06	22
24	66	82	64	34	24	21	38	91	84	96	08	22
25	66	83	65	36	22	21	25	94	84	96	10	22
26	67	83	66	36	22	22	31	95	83	96	11	22
27	68	84	66	37	23	22	106.95	96	83	97	12	22
28	68	84	66	37	23	22	88	97	83	98	12	22
29	70	85	66	37	23	22	93	98	83	98	13	23
30	70		67	37	22	22	97	107.02	83	98	14	23
31	71		68		22		107.04	05		98		24
平均	106.61	106.79	106.70	107.00	106.77	106.18	106.59	107.08	106.83	106.90	107.04	107.20
最高	106.71	106.85	106.91	107.38	107.66	106.22	107.64	107.51	107.09	106.99	107.14	107.25
日期	31	29	9	30	4	27	23	20	4	31	30	31
最低	106.55	106.71	106.50	106.68	106.21	105.86	106.22	106.81	106.70	106.83	106.99	107.14
日期	1	1	13	1	31	19	1	22	5	1	1	1

年统计	最高水位 107.66		5月4日	最低水位 105.86		6月19日	平均水位 106.81	

各种保证率水位	最高 107.65	第15天 107.36	第30天 107.23	第90天 107.04	第180天 106.84	第270天 106.63	最低 105.94

附注

2009　滚　河　石漫滩水库(坝上)站　逐日平均水位表

表内水位(冻结基面以上米数)－0.115m＝黄海基面以上米数

日\月	一月	二月	三月	四月	五月	六月	七月	八月	九月	十月	十一月	十二月
1	107.26	107.11	107.20	107.33	107.32	106.88	107.12	107.12	107.22	106.94	106.97	107.14
2	27	11	21	33	33	89	12	12	25	94	97	16
3	28	11	22	33	33	89	12	12	27	94	97	17
4	30	11	22	33	33	89	12	13	29	94	97	17
5	31	11	23	33	33	89	12	14	32	94	97	18
6	32	12	23	34	27	89	14	15	35	94	96	19
7	33	12	23	31	17	90	31	15	29	95	96	20
8	34	12	23	02	17	91	34	106.87	95	95	96	21
9	34	13	24	106.99	17	92	106.92	17	75	95	96	21
10	35	13	24	99	17	93	52	17	76	95	97	22
11	35	14	24	99	18	93	52	17	77	95	98	22
12	35	14	25	99	18	93	72	17	78	96	107.01	23
13	35	14	26	98	18	94	79	17	80	96	02	24
14	35	15	27	96	18	94	83	17	80	96	02	26
15	34	15	27	96	24	94	85	17	81	96	02	27
16	34	15	28	96	29	94	86	18	82	96	03	27
17	34	15	28	96	30	94	87	22	82	96	03	28
18	35	15	29	97	31	96	88	25	83	96	03	28
19	30	16	29	107.04	32	97	89	27	85	95	04	29
20	20	16	30	16	32	97	89	29	87	95	04	30
21	12	16	30	24	33	97	90	30	87	95	05	30
22	11	16	30	27	33	97	107.00	31	88	95	05	31
23	11	16	31	29	34	97	04	32	89	95	06	31
24	11	16	31	30	34	97	06	106.88	90	95	06	31
25	11	17	32	30	34	97	07	88	90	95	06	31
26	11	18	32	31	106.95	97	08	82	91	95	07	31
27	11	19	32	31	80	96	09	82	92	94	09	31
28	11	19	31	31	83	107.05	09	82	92	94	12	32
29	11		33	32	85	09	10	95	93	94	13	32
30	11		33	32	86	10	10	107.13	93	95	14	33
31	11		33		88		11	19		96		33
平均	107.24	107.14	107.27	107.17	107.19	106.95	106.99	107.14	106.95	106.95	107.02	107.25
最高	107.35	107.19	107.33	107.34	107.40	107.12	107.43	107.34	107.37	106.97	107.14	107.33
日期	10	27	28	6	25	30	8	24	7	31	30	30
最低	107.11	107.11	107.19	106.96	106.79	106.88	106.43	106.81	106.74	106.94	106.96	107.14
日期	21	1	1	13	26	1	10	25	8	1	6	1

年统计	最高水位 107.43		7月8日	最低水位 106.43		7月10日	平均水位 107.11	

各种保证率水位	最高 107.35	第15天 107.34	第30天 107.33	第90天 107.27	第180天 107.13	第270天 106.96	最低 106.52

附注

2010 滚河 石漫滩水库(坝上)站 逐日平均水位表

表内水位(冻结基面以上米数)-0.115m＝黄海基面以上米数

日＼月	一月	二月	三月	四月	五月	六月	七月	八月	九月	十月	十一月	十二月
1	107.33	107.14	107.23	107.58	106.88	106.75	107.00	107.15	106.61	107.00	107.04	107.00
2	33	11	23	59	89	75	106.68	17	63	01	05	00
3	34	11	24	59	90	75	50	106.84	65	01	05	106.99
4	34	11	27	60	94	75	51	52	67	01	05	99
5	35	11	27	60	107.06	75	52	53	70	02	05	99
6	35	11	29	61	03	75	52	55	77	02	05	99
7	35	12	31	61	106.96	75	52	56	107.13	02	05	99
8	36	12	32	61	90	77	52	58	31	03	04	99
9	36	13	33	60	83	85	52	59	106.98	03	04	99
10	36	14	34	54	76	90	52	60	73	03	04	98
11	37	16	35	46	69	93	52	61	57	04	04	98
12	37	16	36	40	62	94	52	62	64	04	03	98
13	37	17	37	33	55	95	51	63	71	04	03	98
14	37	17	38	28	55	96	51	63	76	04	03	98
15	38	18	41	23	55	97	51	65	80	04	03	98
16	38	18	43	17	57	97	63	65	84	04	02	97
17	38	18	45	10	61	98	89	66	86	04	02	97
18	39	18	46	03	63	98	107.08	66	88	04	02	97
19	39	18	47	106.97	64	99	106.84	66	89	04	01	96
20	40	19	48	91	65	107.00	58	67	90	04	01	96
21	41	19	49	107.05	65	00	59	70	91	04	01	96
22	41	19	49	17	66	00	65	74	91	04	01	96
23	42	20	51	18	67	01	71	79	92	04	01	96
24	42	20	51	16	67	03	81	83	92	05	01	96
25	43	21	52	13	68	03	90	107.00	94	05	01	96
26	44	21	52	07	68	03	97	34	96	04	01	96
27	45	22	53	05	70	03	107.02	39	98	04	00	95
28	45	22	54	00	73	03	05	02	99	04	00	95
29	44		54	106.95	73	03	08	106.62	99	04	00	95
30	35		55	90	74	03	10	55	107.00	04	00	94
31	24		56		74		12	58		04		94
平均	107.38	107.16	107.41	107.28	106.74	106.92	106.72	106.74	106.85	107.03	107.03	106.97
最高	107.45	107.23	107.57	107.61	107.07	107.03	107.15	107.46	107.39	107.05	107.05	107.00
日期	27	28	31	6	5	24	18	27	8	24	2	1
最低	107.19	107.11	107.23	106.88	106.54	106.75	106.50	106.49	106.53	107.00	107.00	106.94
日期	31	1	1	30	13	1	2	4	11	1	27	30

年统计	最高水位 107.61		4月6日	最低水位 106.49		8月4日	平均水位 107.02	
各种保证率水位	最高 107.61	第15天 107.53	第30天 107.44	第90天 107.18	第180天 107.02	第270天 106.89	最低 106.50	

附 注

2011 滚河 石漫滩水库(坝上)站 逐日平均水位表

表内水位(冻结基面以上米数)-0.115m＝黄海基面以上米数

日＼月	一月	二月	三月	四月	五月	六月	七月	八月	九月	十月	十一月	十二月
1	106.94	106.83	106.51	106.35	106.23	106.48	106.92	106.83	107.37	107.82	107.68	107.88
2	93	83	51	35	23	44	92	94	37	84	61	73
3	93	83	52	36	23	38	93	107.03	37	85	55	57
4	92	84	52	36	23	33	94	06	37	87	54	43
5	92	84	52	36	23	33	95	08	37	88	57	31
6	92	84	52	36	23	32	95	12	38	89	61	31
7	92	84	52	36	23	32	96	14	39	90	70	36
8	92	84	53	36	23	32	96	16	40	91	88	40
9	92	84	53	36	22	31	96	17	41	92	99	46
10	92	85	53	36	36	31	97	18	42	108.06	09	51
11	92	85	53	36	46	31	98	18	43	93	09	53
12	92	84	53	36	48	31	98	19	44	96	107.97	56
13	92	80	53	36	48	31	98	19	44	98	80	57
14	92	73	53	36	48	31	99	20	45	98	64	59
15	89	67	53	36	48	30	107.00	20	58	99	52	60
16	83	62	53	36	48	30	00	20	80	108.00	54	63
17	81	56	53	36	48	30	00	20	88	00	57	64
18	82	50	53	36	48	29	00	23	108.00	01	58	66
19	82	45	52	36	48	29	106.99	23	22	01	59	68
20	82	45	48	36	48	25	98	24	22	01	60	69
21	82	45	45	36	48	04	78	25	10	02	61	71
22	83	45	40	36	48	04	75	28	107.96	03	62	72
23	83	45	36	36	48	87	76	31	92	09	63	74
24	83	46	35	36	49	107.19	78	33	94	13	64	74
25	83	46	35	36	49	106.94	78	35	96	11	65	75
26	83	48	35	35	49	86	78	35	97	06	66	76
27	83	49	35	35	49	89	81	36	99	00	67	76
28	83	50	35	35	49	91	81	36	108.03	107.94	68	77
29	83		35	35	30	91	81	36	107.79	88	76	78
30	83		35	24	48	92	81	37	80	81	95	78
31	83		35		48		81	37		75		79
平均	106.87	106.66	106.47	106.35	106.40	106.47	106.90	107.21	107.69	107.95	107.70	107.63
最高	106.94	106.85	106.53	106.36	106.49	107.25	107.00	107.37	108.28	108.14	108.11	107.94
日期	1	10	8	2	24	24	15	30	19	26	11	1
最低	106.81	106.45	106.35	106.23	106.22	106.04	106.75	106.81	107.37	107.72	107.50	107.29
日期	16	19	23	30	9	21	21	1	1	31	15	5

年统计	最高水位 108.28		9月19日	最低水位 106.04		6月21日	平均水位 107.03	
各种保证率水位	最高 108.22	第15天 108.01	第30天 107.95	第90天 107.58	第180天 106.92	第270天 106.48	最低 106.04	

附 注

2012 滚 河 石漫滩水库(坝上)站 逐日平均水位表

表内水位(冻结基面以上米数)-0.115m=黄海基面以上米数

日＼月	一月	二月	三月	四月	五月	六月	七月	八月	九月	十月	十一月	十二月
1	107.79	107.55	107.65	107.03	107.28	106.91	106.43	106.76	106.94	107.39	107.35	107.34
2	80	55	65	04	29	91	46	77	96	38	35	34
3	81	55	66	04	25	91	48	78	98	38	35	35
4	82	56	66	05	06	91	51	78	99	38	35	35
5	82	56	66	05	106.91	90	71	85	99	38	35	35
6	83	57	67	05	90	88	97	87	99	38	34	35
7	83	57	67	06	90	88	107.00	88	107.00	38	34	35
8	84	57	67	06	91	88	07	85	06	38	34	36
9	85	58	67	06	91	88	07	69	11	38	34	36
10	86	58	67	06	91	83	20	64	13	38	34	36
11	87	58	67	06	91	81	21	64	17	38	34	36
12	87	59	68	07	91	81	21	64	27	38	34	36
13	88	59	68	07	91	80	20	64	31	38	33	37
14	89	60	68	08	91	78	22	64	33	38	33	38
15	90	61	68	08	91	72	24	65	35	38	33	39
16	91	61	68	08	92	67	23	66	36	38	33	40
17	85	61	68	08	92	61	20	66	36	38	33	40
18	78	62	69	08	92	55	18	66	36	38	33	39
19	71	62	69	08	92	50	16	66	37	38	33	38
20	64	62	69	08	92	44	13	69	38	38	33	38
21	57	62	71	09	91	38	13	78	38	38	33	39
22	52	63	83	09	91	38	12	86	38	38	33	39
23	51	63	89	11	91	38	09	88	39	37	33	39
24	51	63	92	18	90	37	02	88	39	36	33	39
25	51	63	92	21	90	36	106.94	89	40	35	33	40
26	52	63	86	22	90	36	88	89	40	35	34	40
27	53	64	66	23	90	36	80	91	40	36	34	41
28	53	64	46	23	90	36	74	92	40	36	34	40
29	53	64	28	25	90	37	73	92	40	36	34	34
30	54		09	26	91	40	73	93	39	36	34	31
31	02				91		74	93		35		31
平 均	107.72	107.60	107.65	107.10	106.95	106.64	106.96	106.78	107.24	107.37	107.34	107.37
最 高	107.91	107.65	107.92	107.27	107.29	106.91	107.24	106.93	107.40	107.39	107.35	107.41
日 期	16	29	24	30	2	1	15	30	25	1	1	26
最 低	107.51	107.55	107.02	107.03	106.90	106.36	106.42	106.64	106.93	107.35	107.33	107.31
日 期	22	1	31	1	5	24	1	9	1	24	12	29

年统计: 最高水位 107.92　3月24日　最低水位 106.36　6月24日　平均水位 107.23

各种保证率水位: 最高 107.92　第15天 107.83　第30天 107.68　第90天 107.40　第180天 107.34　第270天 106.92　最低 106.36

附 注

2013 滚 河 石漫滩水库(坝上)站 逐日平均水位表

表内水位(冻结基面以上米数)-0.115m=黄海基面以上米数

日＼月	一月	二月	三月	四月	五月	六月	七月	八月	九月	十月	十一月	十二月
1	107.32	107.34	107.12	107.11	107.08	106.65	106.58	106.82	106.94	106.96	106.92	106.92
2	32	34	12	11	08	65	58	88	86	96	92	92
3	32	35	12	11	08	65	57	84	83	96	92	92
4	32	35	12	11	07	65	59	75	84	95	92	92
5	32	35	12	11	07	65	62	66	84	95	92	92
6	32	31	12	12	07	65	62	64	84	95	93	92
7	32	24	12	12	07	65	62	64	84	95	93	92
8	32	17	12	12	08	64	61	64	86	95	93	92
9	33	11	12	11	08	64	60	67	89	95	93	92
10	33	11	12	11	07	64	60	67	91	94	93	92
11	33	11	12	11	07	64	60	67	91	94	93	90
12	33	11	12	10	06	64	61	67	92	94	93	81
13	33	11	12	10	06	64	61	67	92	94	93	72
14	33	11	11	09	05	63	61	66	92	94	93	66
15	33	11	11	09	05	63	61	66	93	93	93	64
16	33	11	11	09	04	63	65	66	93	94	93	64
17	33	11	12	08	03	62	68	66	94	93	93	64
18	33	11	12	04	04	61	75	66	94	93	92	64
19	33	11	12	08	04	61	107.00	65	94	92	92	64
20	33	11	12	09	03	60	05	65	94	92	92	64
21	34	11	12	09	03	59	28	64	94	92	92	64
22	34	11	12	10	02	58	21	63	94	92	92	64
23	34	12	12	10	02	57	106.83	62	94	91	92	63
24	34	12	12	10	01	57	64	96	97	91	92	63
25	34	12	12	10	106.95	60	65	107.65	97	90	92	63
26	34	12	12	09	97	60	66	41	97	90	92	63
27	34	12	12	09	95	59	67	21	96	90	93	63
28	34	12	12	08	89	59	67	17	96	90	93	63
29	34		12	08	83	59	68	14	96	89	93	63
30	34		12	08	76	59	76	07	96	90	92	63
31	34		11		67		78	01		91		63
平 均	107.33	107.17	107.12	107.10	107.01	106.62	106.71	106.82	106.92	106.93	106.92	106.74
最 高	107.34	107.36	107.12	107.12	107.08	106.65	107.28	107.78	106.97	106.96	106.93	106.92
日 期	21	5	1	6	1	1	21	25	1	1	6	1
最 低	107.32	107.11	107.11	107.08	106.65	106.57	106.56	106.62	106.83	106.89	106.92	106.63
日 期	1	9	14	17	31	23	4	23	2	29	1	23

年统计: 最高水位 107.78　8月25日　最低水位 106.56　7月4日　平均水位 106.95

各种保证率水位: 最高 107.65　第15天 107.34　第30天 107.33　第90天 107.11　第180天 106.94　第270天 106.76　最低 106.57

附 注

1952　滚　河　石漫滩水库(出库总量)站　逐日平均流量表

集水面积　230 km²，流量 m³/s

日＼月	一月	二月	三月	四月	五月	六月	七月	八月	九月	十月	十一月	十二月
1	1.1	0.3	2.6	7.8	0.9	2.6	35.8	1.4	17.0	2.0	1.4	34.7
2	1.1	0.3	2.6	5.7	0.9	2.0	33.6	0.9	13.4	1.7	1.1	27.0
3	1.1	0.3	2.6	4.4	12.5	1.7	38.0	0.9	11.7	1.7	0.9	15.2
4	1.4	0.3	3.2	3.2	26.0	1.4	32.5	4.4	10.1	1.7	0.9	10.9
5	1.4	0.3	3.2	2.6	20.0	1.4	30.3	1.7	7.1	1.7	0.9	10.1
6	1.4	0.3	3.2	2.6	10.9	1.1	25.0	1.1	19.0	1.4	0.9	10.1
7	1.1	0.3	4.4	2.6	7.1	0.9	13.4	1.4	47.3	1.4	0.9	8.5
8	1.1	0.3	5.0	2.0	5.7	0.9	7.8	1.4	62.9	1.4	0.9	7.8
9	1.1	0.3	10.9	1.7	4.4	0.9	3.2	10.9	39.3	1.1	0.9	6.4
10	0.9	0.3	8.5	2.0	5.0	0.6	2.6	22.0	33.6	1.1	0.9	5.7
11	0.9	0.3	6.4	24.0	5.7	0.6	2.0	27.0	32.5	1.1	1.1	5.7
12	0.9	0.3	5.7	13.4	4.4	0.6	2.0	19.0	31.4	1.1	43.2	5.0
13	0.9	0.3	4.4	7.1	3.8	0.6	2.0	19.0	31.4	0.9	56.3	5.0
14	0.9	0.3	3.8	5.0	2.6	0.6	2.0	18.0	29.2	0.9	45.9	5.0
15	0.9	0.3	3.2	3.8	1.7	0.6	2.0	29.2	26.0	0.9	40.6	4.4
16	0.9	0.3	2.6	2.6	2.0	0.6	2.0	30.3	24.0	0.6	36.9	4.4
17	0.9	0.3	2.0	2.0	17.0	0.6	2.0	29.2	22.0	0.6	33.6	3.8
18	0.9	0.3	12.5	1.7	15.2	0.6	1.4	27.0	16.1	0.6	29.2	3.8
19	0.9	0.3	11.7	0.9	9.3	0.6	1.4	21.0	12.5	0.6	25.0	3.2
20	0.6	0.6	6.4	1.1	7.1	0.6	1.4	14.3	4.4	1.1	17.0	3.2
21	0.6	1.4	4.4	1.4	5.7	0.6	1.4	10.9	3.2	12.5	6.4	3.2
22	0.6	2.0	3.8	1.4	4.4	0.6	1.4	18.0	2.6	9.3	6.4	2.6
23	0.6	2.0	3.2	1.7	3.8	0.6	1.4	37.9	2.6	5.0	14.3	2.6
24	0.3	1.7	2.6	2.0	3.2	0.6	2.0	34.7	5.0	3.8	14.3	2.6
25	0.3	1.7	2.0	1.7	1.7	0.3	12.3	30.3	7.1	3.2	13.4	2.0
26	0.3	1.7	2.6	1.4	4.4	0.3	19.0	27.0	5.0	2.6	28.1	2.0
27	0.3	3.8	2.0	1.1	4.4	0.3	3.8	24.0	4.4	2.0	34.7	2.0
28	0.3	3.8	2.0	0.9	4.4	1.7	2.6	15.2	3.8	1.7	26.0	1.7
29	0.3	2.6	1.7	0.9	3.8	48.7	1.7	16.1	2.6	1.7	14.3	1.7
30	0.3		13.4	0.9	3.2	40.6	1.7	26.0	2.6	1.7	26.0	1.7
31	0.3		17.0		2.6		1.7	22.0		1.4		1.7
平　均	0.8	0.9	5.1	3.7	6.6	3.8	9.3	18.1	17.7	22.2	17.4	6.6
最　大	1.4	3.8	17.0	24.0	26.0	48.7	38.0	30.3	149.0	21.0	71.6	36.9
日　期	4	27	31	11	4	29	3	16	8	21	13	1
最　小	0.3	0.3	1.7	0.9	0.9	0.3	1.4	0.9	2.6	0.6	0.9	1.7
日　期	24	1	29	19	1	25	18	2	1	10	3	28

年统计	最大流量	149.0		9月8日	最小流量	0.3		1月24日	平均流量	7.7		
	径流量	2.432		10⁸m³	径流模数		10⁻³m³/s.km²	径流深度				mm

附　注　治淮委员会实测。本表流量根据测得水位流量关系推求并用斯陶特氏法改之。

1953　滚　河　石漫滩水库(出库总量)站　逐日平均流量表

集水面积　230 km²，流量 m³/s

日＼月	一月	二月	三月	四月	五月	六月	七月	八月	九月	十月	十一月	十二月
1	1.05	0.42	1.58	0.54	0.42	0.14	0.22	7.23	0.54	0.05	0.05	0.14
2	1.05	0.42	1.29	0.42	0.30	0.14	0.22	1.29	0.42	0.05	0.04	1.05
3	1.05	0.42	1.05	0.42	0.26	0.10	3.02	1.46	0.42	1.05	0.04	1.05
4	1.29	0.54	1.05	0.42	0.26	0.14	0.30	23.0	12.5	0.18	0.04	0.54
5	1.29	0.54	0.67	0.42	0.22	0.14	0.30	4.40	30.1	0.18	0.04	0.54
6	1.05	0.42	0.54	0.42	0.14	0.14	0.30	63.0	30.5	0.18	0.04	0.54
7	1.05	0.42	0.54	0.42	0.22	0.14	0.26	86.5	32.4	0.18	1.58	0.54
8	1.05	0.42	0.54	0.30	0.22	0.14	0.22	45.2	22.0	0.14	0.05	0.30
9	0.81	0.42	0.54	0.30	0.18	0.14	0.18	4.40	0.22	0.14	0.07	0.18
10	0.81	0.42	0.81	0.30	0.18	0.10	0.18	4.95	0.22	0.14	0.42	0.18
11	0.81	0.42	3.48	0.30	0.14	0.14	10.3	15.8	0.22	0.14	0.14	0.18
12	0.81	0.42	2.22	0.30	0.18	0.07	5.07	26.6	0.18	0.14	0.14	0.42
13	0.81	0.67	1.58	0.30	0.14	0.14	1.05	22.7	0.18	0.14	0.10	1.87
14	0.81	1.05	1.29	0.30	0.14	0.18	0.52	22.2	0.14	0.14	0.10	0.26
15	0.81	1.29	1.29	0.26	0.10	0.18	0.30	34.7	0.14	0.10	0.07	0.18
16	0.81	1.05	0.81	0.26	0.10	0.18	31.2	31.5	0.10	0.05	2.00	0.18
17	0.54	1.29	0.81	0.26	0.10	0.14	23.1	16.4	0.10	0.04	14.8	0.14
18	0.67	1.29	0.81	0.26	0.10	0.30	4.53	16.4	0.22	0.22	10.5	0.14
19	0.67	1.29	0.81	0.26	0.10	0.30	1.05	16.4	0.39	0.54	6.45	0.67
20	0.42	2.22	0.67	0.22	0.10	0.30	0.67	17.7	27.6	0.05	3.94	0.42
21	0.42	2.56	0.67	0.22	0.10	1.97	0.42	4.40	24.7	0.04	2.56	0.42
22	0.42	2.56	0.67	0.22	0.14	2.28	0.30	3.48	19.1	0.04	2.22	0.42
23	0.30	2.22	0.54	0.22	0.10	0.30	0.26	2.56	5.26	0.04	1.58	0.30
24	0.30	2.22	0.54	0.22	0.07	2.78	1.05	1.58	0.81	0.04	0.30	0.30
25	0.67	2.22	0.54	0.22	0.07	1.28	0.30	9.09	0.30	0.04	0.30	0.30
26	0.67	2.56	0.42	0.18	0.07	0.42	0.30	31.2	0.26	0.04	0.26	0.30
27	0.67	2.22	0.67	0.18	0.07	0.30	0.26	33.5	0.22	0.04	2.22	0.30
28	0.54	1.87	0.67	2.56	0.07	0.26	0.22	3.02	0.14	0.04	0.54	0.30
29	0.54		0.54	2.56	0.07	0.26	0.26	1.58	0.05	0.04	0.54	0.26
30	0.42		0.54	0.67	0.07	0.22	16.0	1.05	0.05	0.05	0.26	0.26
31	0.42		0.54		0.07		7.85	0.67		0.05		0.26
平　均	0.74	1.21	0.94	0.46	0.15	0.44	3.58	17.9	6.98	0.14	1.70	0.42
最　大	1.29	3.02	4.40	5.60	0.42	12.3	103	171	37.2	6.94	19.1	6.94
日　期	4	21	11	28	1	24	31	6	4	3	17	19
最　小	0.30	0.42	0.42	0.18	0.07	0.07	0.14	0.42	0.05	0.04	0.04	0.14
日　期	23	1	25	12	9	29	6	2	1			

年统计	最大流量	171		8月6日	最小流量	0.04		10月6日	平均流量	2.91		
	径流量	0.9160		10⁸m³	径流模数	12.6	10⁻³m³/s.km²	径流深度	398.3			mm

附　注

1954　滚　河　石漫滩水库(出库流量)站　逐日平均流量表

集水面积 230 km², 流量 m³/s

日＼月	一月	二月	三月	四月	五月	六月	七月	八月	九月	十月	十一月	十二月
1	0.46	7.85	6.35	0.25	0.20	1.06	0.10	1.62	0.67	0.15	0.46	2.50
2	0.46	5.79	2.85	0.25	0.20	0.25	0.10	1.80	0.67	0.15	0.35	1.25
3	0.67	3.55	4.11	0.25	0.20	0.20	0.15	17.4	1.62	0.88	0.35	0.88
4	0.67	2.85	4.67	0.46	0.20	1.25	0.56	31.2	0.88	1.43	0.35	0.77
5	0.56	2.50	5.23	0.25	0.20	1.06	0.56	26.8	0.88	1.43	0.35	0.67
6	0.56	1.80	5.23	0.25	0.20	0.56	18.5	22.6	0.67	6.35	0.35	0.67
7	0.46	1.62	7.10	0.25	0.20	0.56	5.79	9.28	0.67	20.7	0.35	0.67
8	0.46	1.62	5.23	0.56	0.20	0.56	1.62	1.62	0.56	3.55	0.35	10.9
9	0.46	1.62	1.80	0.88	0.56	0.46	0.88	6.90	0.56	1.62	0.35	10.9
10	0.46	2.15	1.62	0.56	0.88	0.46	23.3	4.98	0.46	4.67	0.30	10.1
11	0.46	2.15	1.25	0.67	0.20	0.35	31.23	22.4	0.46	31.2	0.30	10.1
12	0.67	1.80	0.88	0.67	0.35	0.35	30.6	32.4	0.46	23.6	0.30	9.35
13	0.67	2.15	1.25	0.56	0.35	0.46	41.9	30.1	0.46	13.4	0.30	8.60
14	0.67	1.80	0.67	0.56	2.50	0.35	35.8	24.0	0.46	1.62	0.30	2.50
15	0.88	2.15	0.67	0.56	1.62	0.35	32.4	14.3	0.46	1.43	0.10	0.67
16	1.25	2.15	0.77	0.67	1.25	0.35	96.5	6.73	0.35	1.25	0.10	0.67
17	2.15	3.55	0.46	5.23	1.25	0.30	55.2	0.67	2.80	1.06	0.10	0.67
18	2.15	3.20	0.46	4.67	1.06	0.30	53.0	0.88	27.5	1.06	0.10	0.56
19	2.15	4.11	0.46	1.80	0.77	0.30	44.2	1.43	23.6	0.88	0.10	0.56
20	7.10	2.15	0.77	1.62	0.67	0.30	59.2	1.25	24.1	0.88	0.10	0.56
21	5.79	4.67	0.35	1.06	1.06	0.30	44.3	1.06	27.0	0.77	0.10	0.56
22	3.20	4.11	0.35	0.88	1.25	0.15	43.2	13.9	20.7	0.77	0.10	0.67
23	2.85	3.20	1.43	0.46	3.55	0.15	21.1	5.23	0.88	0.77	0.10	0.67
24	3.20	2.85	0.46	0.35	24.7	0.10	29.4	2.15	0.67	0.67	0.10	0.67
25	2.85	2.50	0.30	0.30	6.35	0.15	44.5	1.43	0.25	0.67	1.06	0.67
26	2.85	10.1	0.30	0.30	3.20	0.10	42.0	1.43	0.20	0.67	0.35	11.7
27	3.20	15.1	0.35	0.30	1.25	0.10	53.6	1.06	0.20	0.20	0.35	21.7
28	3.55	13.4	0.30	0.56	0.56	0.15	44.0	0.88	0.20	0.20	12.6	10.1
29	4.67		0.30	1.80	0.46	0.15	43.2	0.77	0.15	0.25	23.6	3.20
30	3.20		0.30	0.30	0.35	0.10	20.8	0.77	0.15	0.56	3.20	2.85
31	8.60		0.25		0.46		3.65	0.77		0.67		2.85
平　均	2.17	4.02	1.82	0.91	1.90	0.38	29.7	9.28	4.62	3.98	1.56	4.17
最　大	9.35	17.9	8.60	7.10	29.0	12.6	219	80.0	59.0	50.1	27.9	35.8
日　期	31	27	7	17	24	4	16	22	18	6	28	27
最　小	0.46	1.06	0.25	0.25	0.20	0.10	0.10	0.67	0.15	0.15	0.10	0.56
日　期	1	20	31	1		22	1		28		15	18

年统计	最大流量	219		7月16日	最小流量	0.10		6月22日	平均流量	5.43
	径流量	1.712	10⁸m³		径流模数	23.6	10⁻³m³/s·km²		径流深度 744.3	mm

附　注

1955　滚　河　石漫滩水库(出库总量)站　逐日平均流量表

集水面积 230 km², 流量 m³/s

日＼月	一月	二月	三月	四月	五月	六月	七月	八月	九月	十月	十一月	十二月
1	5.48	2.33	0.39	1.24	0.31	0.24	0.16	10.7	0.25	0.25	0.42	0.080
2	5.48	2.06	0.39	0.93	0.62	0.16	0.025	42.4	0.25	6.02	0.50	0.080
3	6.11	1.78	2.60	0.78	0.47	0.16	0.050	59.2	0.25	16.2	0.50	0.080
4	6.11	1.09	7.37	0.62	0.47	0.16	0.16	58.0	0.25	14.5	0.42	0.080
5	5.48	0.47	6.74	0.62	0.62	0.78	1.68	50.2	0.16	4.98	0.42	0.080
6	3.95	1.78	4.40	0.39	10.9	0.16	0.47	44.7	0.16	0.71	0.42	0.050
7	1.51	2.33	2.60	0.39	13.2	0.16	0.66	38.0	0.25	0.25	0.42	0.050
8	1.78	2.33	14.7	0.39	10.9	0.16	41.2	10.9	0.25	0.25	0.42	0.050
9	1.78	2.06	25.5	0.39	13.9	0.24	71.0	0.39	0.16	0.16	0.42	0.050
10	1.51	2.60	25.5	0.31	0.93	0.16	46.4	0.39	0.16	0.16	0.42	0.050
11	1.51	3.05	22.5	0.31	0.78	0.16	53.2	0.31	0.22	0.16	0.42	0.080
12	1.51	3.50	18.0	0.24	0.62	0.080	56.9	0.31	9.42	0.16	0.42	0.080
13	1.51	3.50	20.6	0.24	0.62	0.16	45.0	1.19	12.6	0.080	0.42	0.050
14	1.51	3.50	7.37	0.31	0.47	0.24	14.6	17.7	10.1	0.080	0.42	0.050
15	1.24	3.05	2.06	0.31	0.47	0.24	4.22	52.4	1.86	0.080	0.25	0.050
16	1.24	1.24	0.78	0.39	0.47	0.24	2.60	60.2	3.50	0.080	0.25	0.050
17	1.09	1.24	0.62	0.47	0.47	0.16	2.06	42.3	8.02	0.080	0.16	0.050
18	0.93	2.33	0.47	0.93	0.39	0.16	1.51	21.3	2.67	0.16	0.16	0.080
19	1.51	2.33	0.62	0.93	0.39	0.16	1.24	30.9	7.43	0.080	0.16	0.080
20	1.51	1.24	0.47	0.78	0.31	0.16	4.73	26.5	10.6	0.50	0.16	0.080
21	12.4	0.39	0.39	0.62	0.31	0.16	1.24	51.8	1.92	3.05	0.16	0.080
22	25.5	0.39	0.39	0.47	0.31	0.16	0.93	48.3	1.33	0.50	0.16	0.080
23	20.6	0.39	1.78	0.47	0.31	0.16	0.78	41.2	0.92	0.50	0.080	0.080
24	8.00	0.39	6.74	1.24	0.31	0.16	0.78	25.5	0.71	0.50	0.080	0.080
25	4.85	0.39	1.09	3.05	0.31	0.16	0.62	3.67	0.50	0.42	0.080	0.080
26	3.95	0.39	0.31	3.50	0.31	0.16	0.080	0.71	0.42	0.42	0.080	0.080
27	3.50	0.31	0.31	1.09	0.31	0.16	0.050	0.50	0.42	0.42	0.080	0.050
28	3.05	0.31	0.31	0.31	0.31	0.16	0.050	0.42	0.33	0.42	0.080	0.050
29	2.60		0.62	0.39	0.24	0.080	0.050	0.42	0.33	0.42	0.080	0.050
30	2.33		1.78	0.31	0.24	0.080	0.050	0.42	0.25	0.42	0.080	0.050
31	2.33		1.51		0.24		0.88	0.33		0.33		0.050
平　均	4.58	1.67	5.77	0.75	1.96	0.17	11.4	23.9	2.52	1.69	0.27	0.065
最　大	27.6	8.00	26.5	3.50	18.9	0.24	145	100	22.1	20.4	3.43	0.080
日　期	21	6	9	24	9	1	9	19	19	20	13	1
最　小	0.47	0.31	0.31	0.24	0.24	0.080	0.025	0.24	0.16	0.080	0.080	0.050
日　期	12	27	1	12	29	2	2	13	5	12	23	6

年统计	最大流量	145		7月9日	最小流量	0.025		7月2日	平均流量	4.63
	径流量	1.459	10⁸m³		径流模数	20.1	10⁻³m³/s·km²		径流深度 634.3	mm

附　注

1956　滚　河　石漫滩水库(出库总量)站　逐日平均流量表

集水面积　230 km²，流量 m³/s

日\月	一月	二月	三月	四月	五月	六月	七月	八月	九月	十月	十一月	十二月
1	0.10	0.15	0.073	8.12	3.01	0.042	20.4	1.80	24.8	0.11	0.16	0.050
2	0.10	0.15	0.073	8.90	0.25	0.042	34.0	3.49	23.8	0.11	0.16	0.052
3	0.10	5.81	0.073	14.2	0.25	8.17	34.6	84.3	23.8	1.05	0.16	0.052
4	0.10	10.6	0.073	13.5	0.25	1.19	32.0	76.4	21.9	0.32	0.16	0.052
5	0.10	8.22	0.073	15.0	0.25	0.34	24.5	39.0	21.9	0.32	0.16	0.052
6	0.10	0.63	0.073	25.4	0.25	36.8	21.2	21.4	15.8	0.32	0.16	0.052
7	0.10	0.63	0.073	18.4	0.25	16.9	34.0	16.8	19.4	0.32	0.16	0.052
8	0.10	0.63	0.073	6.82	0.25	47.8	51.2	33.9	0.16	0.32	0.16	0.052
9	0.10	0.52	5.05	3.47	0.25	50.6	31.8	3.13	0.055	0.32	0.16	0.052
10	0.10	0.52	0.33	1.82	0.25	29.8	30.9	35.2	0.055	0.40	0.16	0.052
11	0.10	0.42	0.25	1.06	0.25	44.6	23.9	60.1	0.055	0.32	0.16	0.052
12	0.10	0.25	0.25	2.38	0.25	41.5	1.24	57.2	0.055	0.32	0.16	0.052
13	0.10	0.25	0.25	8.10	0.81	26.9	0.98	51.8	0.055	0.32	0.11	0.052
14	0.10	0.18	0.25	7.42	10.9	15.7	0.72	49.0	9.86	0.24	0.16	0.052
15	0.10	0.12	0.18	7.42	8.10	2.47	0.56	46.2	10.8	0.24	0.16	0.052
16	0.10	0.12	0.25	7.42	8.10	28.7	0.40	21.0	7.02	0.24	0.16	0.052
17	0.10	0.12	0.42	7.42	6.68	24.5	0.40	41.2	0.56	0.24	0.24	0.052
18	0.10	0.12	1.82	8.10	7.42	19.1	0.40	36.6	0.56	0.24	0.16	0.052
19	0.10	0.12	0.63	8.10	7.42	18.3	0.40	23.1	0.56	0.16	0.16	0.052
20	0.10	0.12	0.52	7.42	7.42	18.3	3.58	24.9	0.40	0.16	0.16	0.052
21	0.10	0.12	0.42	7.42	12.1	12.3	19.8	4.40	0.40	0.16	0.11	0.052
22	0.10	0.12	0.42	4.22	8.70	15.8	1.25	76.4	0.40	0.16	0.11	0.052
23	0.10	0.12	6.09	0.42	8.70	15.8	0.24	7.15	0.40	0.16	0.050	0.052
24	0.10	0.12	11.8	6.30	8.70	16.4	0.16	2.90	0.40	0.16	0.050	0.052
25	0.10	0.12	6.24	9.39	8.70	26.1	0.16	1.85	0.055	0.16	0.050	0.052
26	0.10	0.12	3.06	8.10	8.10	27.9	0.16	1.50	0.055	0.16	0.050	0.052
27	0.10	0.12	1.06	7.42	8.10	31.5	0.11	1.24	0.83	0.16	0.050	0.052
28	0.20	0.12	1.06	7.42	4.28	28.7	0.11	0.98	0.35	0.16	0.050	0.052
29	0.20	0.073	1.06	7.42	4.82	37.4	0.40	0.72	0.32	0.16	0.050	0.052
30	0.20		1.82	7.42	3.96	67.6	0.32	0.72	0.32	0.16	0.050	0.052
31	0.15		4.31		0.070		1.18	1.35		0.16		0.052
平　均	0.11	1.06	1.55	8.20	4.48	23.7	12.0	26.6	6.17	0.25	0.13	0.052
最　大	0.20	11.2	16.6	49.0	18.3	115	117	185	24.8	12.7	0.24	0.052
日　期								0				
最　小	0.062	0.073	0.073	0.33	0.070	0.042	0.11	0.56	0.055	0.11	0.050	0.050
日　期												

年统计	最大流量	185		8月11日	最小流量	0.042		6月1日	平均流量	7.03	
	径流量	2.224	10⁸m³		径流模数	30.7	10⁻³m³/s.km²		径流深度	967.0	mm

附注：本表逐日平均流量系根据本年测得之水位流量关系采用单一曲线法推求，冰期系根据畅流期水位流量关系曲线推求。

1957　滚　河　石漫滩水库(出库总量)站　逐日平均流量表

集水面积　230 km²，流量 m³/s

日\月	一月	二月	三月	四月	五月	六月	七月	八月	九月	十月	十一月	十二月
1	0.052	0.85	0.14	0.10	0.55	0.50	0	0	0	0	0	0
2	0.052	1.06	0.14	0.10	0.85	1.95	0	0	0	0	0	0
3	0.10	0.85	0.19	0.10	1.62	0.87	0	0	0	0	0	0
4	0.10	0.85	0.14	0.10	2.70	12.5	0	0	0	0	0	0
5	0.10	0.85	0.14	0.10	3.56	9.95	0	0	0	0	0	0
6	0.10	0.85	0.14	0.076	1.96	31.0	0.23	0	0	0	0	0
7	0.10	0.85	0.14	0.076	1.30	14.3	2.86	0	0	0	0	0
8	0.076	1.06	0.14	0.076	0.85	11.8	0	0	0	0	0	0
9	0.32	1.30	0.10	0.14	0.55	19.6	1.62	0	0	0	0	0
10	0.42	0.55	0.14	3.56	0.42	5.28	8.85	0	0	0	0	0
11	0.55	1.06	0.10	1.30	0.32	8.00	25.7	0	0	0	0	0
12	0.42	1.30	0.10	1.06	0.32	3.93	52.2	0	0	0	0	0
13	0.85	1.30	0.19	0.55	0.32	4.66	55.0	0	0	0	0	0
14	1.06	1.96	0.14	0.32	0.24	8.94	40.3	0	0	0	0	0
15	1.06	1.96	0.14	0.32	0.19	3.40	1.95	0	0	0	0	0
16	1.30	1.96	0.14	0.32	0.19	1.95	1.59	0	0	0	0	0
17	1.30	1.30	0.14	0.24	0.19	1.09	1.59	0	0	0	0	0
18	1.62	1.30	0.14	0.24	0.19	0.050	1.95	0	0	0	0	0
19	0.32	1.06	0.14	0.19	0.14	0	0	0	2.74	0	0	0
20	0.32	1.06	0.19	0.19	0.14	0	8.83	0	0.088	0	0	0
21	0.32	0.55	0.19	0.14	0.14	0.24	30.9	0	0	0	0	0
22	0.19	0.19	0.19	0.14		0	62.3	0	0	0	0	0
23	0.10	0.14	0.19	0.14	15.2	0	69.0	0	0	0	0	0
24	0.10	0.14	0.19	0.85	32.9	0	63.8	0	0	0	0	0
25	0.10	0.14	0.19	1.30	34.4	0	58.2	0	0	0	0	0
26	0.14	0.14	0.14	0.85	28.2	0	51.4	0	0	0	0	0
27	0.14	0.14	0.14	0.55	15.6	0	35.1	0	0	0	0	0
28	0.32	0.14	0.14	0.42	9.78	0	24.8	0	0	0	0	0
29	0.24		0.14	0.42	6.47	0	17.8	0	0	0	0	0
30	0.32		0.14	1.31	1.31	3.53	0	0	0	0	0	0
31	0.85		0.10		1.31		0	0		0		1.85
平　均	0.44	0.89	0.15	0.48	5.22	4.67	20.0	0	0.094	0	0	0.065
最　大	1.62	1.96	0.19	5.00	(38.6)	34.6	73.5	0	9.20	0	0	7.00
日　期												
最　小	0.052	0.14	0.10	0.076	(1.09)	0	0	0	0	0	0	0
日　期												

年统计	最大流量	73.5		7月22日	最小流量	0		(6月19日)	平均流量	2.70	
	径流量	(0.8510)	10⁸m³		径流模数	11.7	10⁻³m³/s.km²		径流深度	370.0	mm

附注：5月22号缺测。

1963　滚　河　石漫滩水库(出库总量)站　逐日平均流量表

集水面积　230 km², 流量 m³/s

日＼月	一月	二月	三月	四月	五月	六月	七月	八月	九月	十月	十一月	十二月
1	0.254	0.861	0.872	0.867	0.271	0.318	0.775	0.913	0.202	0.282	0.947	0.547
2	0.588	0.838	0.866	1.03	0.380	0.162	0.689	0.957	0.905	0.194	0.949	0.282
3	0.576	0.830	0.180	0.736	0.276	0.341	0.887	24.6	0.913	0.766	0.314	0.885
4	0.547	0.902	0.438	0.743	0.333	0.309	0.757	49.1	0.955	0.935	1.03	0.955
5	0.555	0.882	0.920	0.944	0.309	0.320	0.721	0.809	0.970	0.901	1.05	0.473
6	0.502	0.968	1.03	0.945	0.330	0.333	0.978	0.817	0.943	0.257	0.943	0.443
7	0.286	0.440	1.08	0.309	0.379	0.345	0.232	0.906	0.880	0.878	0.980	0.978
8	0.442	0.219	0.854	0.474	0.401	0.334	0.994	0.877	0.299	0.948	0.965	0.666
9	0.518	0.227	0.967	0.451	0.338	0.162	0.981	0.915	0.950	0.897	0.980	1.00
10	0.618	0.284	0.276	0.362	0.338	0.308	1.03	37.9	0.868	0.977	0.279	1.04
11	0.932	0.330	0.640	0.408	0.323	0.317	0.966	63.1	0.925	0.980	0.980	1.02
12	0.929	0.290	0.958	0.374	0.192	0.304	1.02	49.1	0.817	0.941	0.996	1.01
13	0.262	0.634	0.731	0.379	0.351	0.316	0.864	0.404	0.879	0.216	0.996	1.05
14	0.859	0.634	0.444	0.223	0.297	0.322	0.207	0.865	0.876	0.948	0.876	1.02
15	0.921	0.814	0.684	0.379	0.340	0.332	0.752	0.901	0.207	1.00	0.933	0.295
16	0.878	0.882	0.977	0.348	0.318	0.191	0.944	0.899	0.885	0.980	0.905	1.04
17	0.915	0.223	0.291	0.363	0.455	0.505	0.906	0.841	0.948	0.973	0.270	1.06
18	0.928	0.934	0.992	0.371	0.426	0.722	0.706	0.198	0.937	0.607	0.975	1.06
19	0.885	0.945	0.868	0.369	0.300	0.684	0.810	0.632	0.950	0.695	0.992	1.00
20	0.878	0.824	0.841	0.357	0.461	0.796	0.920	0.678	0.877	0.221	0.634	0.852
21	0.850	0.948	0.870	0.226	0.422	0.574	0.220	0.910	0.757	0.839	0.589	0.615
22	0.884	0.705	0.924	0.367	26.0	0.506	0.910	0.922	0.241	0.871	0.962	0.276
23	0.777	0.764	0.771	0.369	0.341	0.259	0.879	0.934	0.921	0.862	0.973	0.575
24	0.245	0.237	0.292	0.268	0.352	0.847	0.905	0.923	0.836	0.872	0.268	0.622
25	0.242	0.902	0.821	0.311	0.359	0.937	0.826	0.316	0.575	0.899	0.978	0.622
26	0.254	0.749	0.866	0.358	0.171	0.907	0.888	0.736	0.881	0.854	0.973	0.718
27	0.229	0.845	0.854	0.355	0.291	0.854	0.982	0.778	0.555	0.309	0.987	0.628
28	0.241	0.952	0.902	0.300	0.314	0.933	0.201	0.894	0.957	0.995	0.859	0.362
29	0.896		0.802	0.365	0.334	0.864	0.926	0.860	0.925	1.01	0.868	0.383
30	0.881		0.776	0.376	0.319	0.227	0.982	0.902	0.229	0.960	1.02	0.854
31	0.836		0.859		0.332		0.762	0.905		1.04		0.938
平　均	0.633	0.681	0.763	0.458	1.063	0.478	0.794	7.891	0.769	0.778	0.849	0.751
最　大	1.32	1.38	1.58	1.60	66.8	1.69	1.75	8.40	1.34	1.55	1.75	1.89
日　期												
最　小	0	0	0	0	0	0	0	0	0	0	0	0
日　期												

年统计	最大流量 66.8　5月22日	最小流量 0　1月1日	平均流量 1.35
	径流量 0.4246 10⁸m³	径流模数 5.85 10⁻³m³/s·km²	径流深度 184.6 mm

附注：本表流量为电站和溢洪道之和。

1964　滚　河　石漫滩水库(出库总量)站　逐日平均流量表

集水面积　230 km², 流量 m³/s

日＼月	一月	二月	三月	四月	五月	六月	七月	八月	九月	十月	十一月	十二月
1	0.355	1.21	0.335	1.40	0.225	0.628	1.36	1.67	1.40	0.418	0.338	1.30
2	0.368	1.35	1.36	1.42	0.315	0.656	1.3	0.261	1.18	0.342	1.13	1.38
3	1.15	1.38	1.34	1.31	0.619	0.663	1.27	1.62	1.39	0.392	1.41	1.31
4	1.32	1.34	1.24	1.33	0.845	0.673	1.36	1.51	1.43	0.516	1.30	0.848
5	0.371	1.47	1.30	0.280	0.813	0.674	0.251	1.62	1.44	0.305	1.31	1.49
6	1.33	1.48	1.41	1.28	0.796	0.626	1.25	1.52	0.438	0.834	1.23	0.920
7	1.13	1.37	1.36	1.33	0.831	0.152	1.42	1.43	1.26	0.917	1.2	1.49
8	1.44	1.48	0.308	1.35	0.861	0.652	1.48	1.43	0.920	1.30	0.312	1.50
9	1.38	1.30	1.37	1.29	0.763	0.622	1.27	0.391	0.862	1.35	1.15	1.47
10	0.821	1.39	1.22	1.22	0.248	0.686	1.18	1.44	0.931	1.25	0.617	1.53
11	0.351	1.28	1.28	1.30	0.879	0.644	1.58	1.72	1.35	0.467	1.15	1.59
12	0.382	0.355	1.36	0.302	0.947	0.647	0	1.48	1.02	1.37	1.18	1.50
13	0.592	0.394	1.37	1.17	0.760	0.617	0.283	1.37	0.328	1.28	1.19	1.42
14	0.966	0.341	1.21	1.41	0.565	0.184	1.54	1.41	0.872	1.30	1.22	1.50
15	1.41	0.325	0.309	1.31	0.658	0.653	1.48	1.45	0.918	1.12	0.350	1.53
16	1.26	0.355	1.31	1.23	0.638	0.380	1.58	0.264	0.956	1.34	1.36	1.56
17	1.35	0.332	1.43	1.31	0.166	0.723	1.63	1.51	0.995	1.33	1.36	1.54
18	1.33	1.30	1.48	1.26	0.697	0.657	1.58	1.53	1.28	0.307	1.38	1.46
19	0.332	1.42	1.43	1.02	0.705	0.726	0.243	1.43	1.28	1.15	1.36	1.48
20	1.31	1.49	1.44	1.28	0.719	0.594	1.40	1.46	0.384	1.12	1.32	0.894
21	1.45	1.42	1.42	1.22	0.698	0.158	1.54	1.52	1.26	1.12	1.44	0.884
22	1.39	1.43	0.362	1.17	0.630	0.705	1.64	1.50	1.28	1.20	0.298	1.26
23	1.18	0.274	1.19	1.05	0.626	0.678	1.64	0.277	1.25	1.09	0.414	1.47
24	1.44	1.35	1.34	0.908	0.189	0.363	1.65	1.37	1.06	1.01	1.37	1.51
25	1.41	0.755	1.23	0.851	0.533	0.661	1.68	1.40	0.941	0.332	1.44	1.54
26	0.378	1.36	1.35	0.386	0.656	0.681	0.310	1.20	1.02	1.07	1.43	1.34
27	1.43	1.37	1.41	0.511	0.645	0.690	1.66	1.38	0.300	1.17	1.46	0.651
28	1.44	0.894	1.37	0.882	0.685	0.171	1.56	1.32	0.921	1.10	1.51	1.52
29	1.38	1.39	0.325	0.821	0.683	1.13	1.68	1.34	1.03	1.22	1.22	1.44
30	1.37		1.39	0.794	1.682	1.40	1.69	0.320	1.01	1.17	1.40	1.40
31	1.30		1.42		0.187		1.78	1.38		1.16		1.37
平　均	1.07	1.09	1.18	1.08	0.621	0.616	1.30	1.27	1.02	0.969	1.13	1.36
最　大	1.96	2.08	2.13	2.18	1.70	2.12	2.71	2.64	2.25	1.94	1.97	2.29
日　期	31	8	31	2	12	30	22	1	11	10	28	22
最　小	0	0	0	0	0	0	0	0	0	0	0	0
日　期	1	1	1	5	1	1	5	2	1	1	1	1

年统计	最大流量 2.71	7月22日	最小流量 0	1月1日	平均流量 1.06
	径流量 0.3353 10⁸m³		径流模数 4.62 10⁻³m³/s·km²		径流深度 145.8 mm

附注：本表为电站流量,流量采用功率-水头-流量关系曲线推求。停电之日流量等于零。一日内不同机组运行时,采用分段计算平均负荷、平均水头推求流量,再加权求出日平均流量。

1973　滚　河　石漫滩水库(出库总量)站　逐日平均流量表

集水面积　230 km², 流量 m³/s

日\月	一月	二月	三月	四月	五月	六月	七月	八月	九月	十月	十一月	十二月
1	1.52	1.27	0.190	0.170	0.190	0.470	1.18	0.960	0.920	0.960	0	1.40
2	1.66	1.16	0.190	0.180	0.180	0.790	1.10	0.930	0.430	0.900	0	1.38
3	1.37	1.54	0.170	0.170	0.170	1.56	1.30	0.860	0.360	1.09	0	1.63
4	1.49	0.550	0.170	0.170	0.230	1.48	1.30	0.960	0.490	1.05	0	1.62
5	1.66	0.450	0.180	0.160	6.02	1.32	1.00	0.890	1.06	1.08	0	1.59
6	1.70	0.060	0.190	0.150	14.2	1.34	0.970	0.860	1.12	1.10	0	1.62
7	1.75	0.080	0.170	0.130	16.4	1.45	0.990	0.930	1.08	1.08	0	1.65
8	1.50	0.100	0.200	0.180	11.1	1.47	1.01	0.880	1.09	1.04	0	1.67
9	1.61	0.140	0.200	0.170	0.380	1.46	0.840	1.00	0.730	1.14	0	1.59
10	1.73	0.170	0.210	0.170	0.460	1.18	0.890	1.34	1.13	1.03	0	1.58
11	1.72	0.170	0.170	0.160	0.550	1.15	1.10	1.37	0.850	1.06	0	1.72
12	1.78	0.140	0.170	0.180	0.620	1.48	1.01	1.55	0.750	1.10	0	1.53
13	1.66	0.150	0.170	0.170	0.530	1.27	0.990	1.86	0.790	1.10	0	1.60
14	1.67	0.140	0.170	0.170	0.610	1.21	1.07	0.620	0.820	1.11	0	1.62
15	1.72	0.130	0.160	0	0.500	1.21	1.03	0.820	0.840	1.15	0	1.61
16	1.65	0.130	0.180	0.190	0.660	1.17	1.04	1.48	0.890	0.710	0	1.05
17	1.48	0.120	0.170	0.180	0.710	1.06	1.00	1.35	0.910	1.08	0	1.77
18	1.68	0.140	0.160	0.180	5.03	0.540	1.00	1.25	0.920	1.11	0	1.61
19	1.59	0.150	0.160	0.220	10.3	0.430	1.07	1.07	0.920	1.12	0	1.75
20	1.66	0.150	0.180	0.220	0.530	0.650	0.850	1.01	0.920	1.16	0	1.67
21	1.88	0.160	0.200	0.220	0.490	0.940	0.830	1.08	0.950	1.15	0	0.590
22	1.80	0.160	0.170	0.190	0.490	1.17	0.980	0.990	1.00	1.25	0	1.24
23	1.64	0.160	0.130	0.170	0.520	1.07	1.01	1.14	0.950	1.23	0	1.58
24	1.56	0.110	0.150	0.160	0.520	1.07	0.900	1.03	0.980	1.40	0	1.66
25	1.49	0.160	0.170	0.160	0.600	1.01	1.06	1.13	0.850	1.39	0	1.39
26	1.54	0.180	0.170	0.170	0.600	1.23	1.10	1.22	0.960	1.15	0	1.53
27	1.55	0.160	0.150	0.190	0.600	1.39	0.970	1.42	0.740	1.11	0	1.66
28	1.51	0.180	0.150	0.170	0.490	1.38	0.930	1.43	0.850	1.17	0	1.62
29	1.59		0.170	0.170	0.590	1.31	0.870	1.19	1.03	1.17	0	1.89
30	1.49		0.170	0.180	0.710	1.19	0.860	1.18	0.880	1.20	0	1.90
31	1.40		0.170		0.390		0.970	1.04		1.21		1.90
平 均	1.61	0.290	0.170	0.170	2.43	1.15	1.01	1.12	0.870	1.12	0	1.57
最 大	1.88	1.27	0.210	0.220	23.5	1.56	1.30	1.86	1.13	1.40	0	1.90
日 期	21	1	10	19	7	3	3	13	10	24	1	30
最 小	1.37	0.060	0.130	0	0.170	0.430	0.830	0.620	0.360	0.710	0	0.590
日 期	3	6	23	15	19	21	21	14	3	16	1	21

年统计：最大流量 23.5　5月7日　最小流量 0　4月15日　平均流量 0.970
径流量 0.3059　$10^8 m^3$　径流模数 4.22　$10^{-3}m^3/s \cdot km^2$　径流深度 133　mm

附 注　本表流量系输水道与电站流量之和,年蓄变量 $0.1126 \times 10^8 m^3$。极值在日值中挑选。

1974　滚　河　石漫滩水库(出库总量)站　逐日平均流量表

集水面积　230 km², 流量 m³/s

日\月	一月	二月	三月	四月	五月	六月	七月	八月	九月	十月	十一月	十二月
1	1.88	1.25	1.18	1.14	1.25	1.77	1.48	0.740	1.03	1.30	0.870	2.00
2	1.11	1.28	1.24	1.23	1.28	1.59	1.59	0.700	1.11	1.32	0.600	1.57
3	1.98	1.44	1.17	1.23	1.25	1.63	1.49	0.550	0.500	1.38	0.650	1.85
4	1.90	1.35	1.34	1.20	1.24	1.75	1.51	0.780	0.100	1.42	0.590	1.86
5	1.90	1.49	1.34	1.08	1.23	1.79	1.53	0.420	0.340	1.36	0.710	1.94
6	1.58	1.20	1.40	0.740	1.17	1.89	1.68	0.180	0.320	1.43	0.640	1.95
7	1.76	1.17	1.00	1.12	1.30	1.78	1.62	0.170	0.260	1.40	0.650	1.89
8	1.97	1.18	1.33	1.20	1.32	1.69	1.61	0.150	1.33	1.43	0.530	1.91
9	1.93	1.22	1.20	1.06	1.23	1.57	1.37	0.150	1.48	1.41	0.750	1.97
10	1.92	1.35	1.37	0.680	1.20	1.57	0.610	0.260	1.44	1.54	0.820	1.97
11	1.86	1.18	1.39	0.980	1.18	1.51	8.09	0.200	1.53	0.960	1.23	2.00
12	1.87	1.34	1.46	1.23	1.25	1.51	11.8	0.320	1.53	0.490	1.85	2.04
13	1.89	1.42	1.34	1.08	1.22	1.63	7.16	0.260	1.37	1.63	1.88	2.04
14	2.05	1.48	1.26	1.12	1.28	1.65	1.58	0.940	1.31	1.53	1.73	1.96
15	2.02	1.35	1.13	1.15	1.20	1.59	1.52	1.13	1.21	1.65	1.65	1.55
16	1.55	1.27	1.15	1.17	1.13	1.49	1.50	1.24	1.34	1.53	1.88	2.21
17	1.82	1.45	1.09	1.26	1.45	1.32	1.63	1.27	1.22	1.62	1.72	2.20
18	1.95	1.82	1.18	1.37	0	1.66	1.45	1.23	1.35	1.45	1.74	1.97
19	1.77	1.55	1.17	0.710	0	1.49	1.67	1.05	1.31	1.35	1.73	1.98
20	0.330	1.73	1.24	1.30	0.137	1.55	1.69	1.07	1.30	1.37	1.74	2.12
21	0.450	1.45	1.33	1.02	0.062	1.85	1.76	1.07	1.30	1.39	1.79	2.13
22	0.520	1.76	1.31	1.06	0.175	1.66	1.61	1.13	1.31	1.40	1.84	2.11
23	0.500	1.84	1.30	1.18	0.071	1.76	1.62	1.15	1.27	1.48	1.80	2.10
24	0.490	1.90	1.39	1.21	0.100	1.30	1.66	1.14	1.35	1.52	1.83	2.09
25	0.510	1.30	1.33	1.17	0.067	1.25	1.67	1.18	1.29	1.48	1.81	2.07
26	0.470	1.52	1.42	1.08	0.075	1.48	1.75	1.14	1.39	1.45	1.79	2.09
27	0.480	1.42	1.28	0.980	1.13	1.72	1.82	1.03	1.39	1.63	1.88	2.15
28	0.400	1.30	1.15	1.25	1.75	1.65	2.04	1.23	1.46	1.53	1.82	2.08
29	0.390		1.11	1.10	1.74	1.60	1.42	0.980	1.57	1.36	1.98	1.98
30	0.520		1.18	1.37	1.83	1.63	0.340	1.19	1.45	1.57	1.88	2.07
31	0.570		1.30		1.75		0.460	1.12		1.55		2.15
平 均	1.30	1.43	1.26	1.12	0.970	1.61	2.22	0.810	1.17	1.42	1.42	2.00
最 大	2.05	1.90	1.46	1.37	1.83	1.89	11.8	1.27	1.57	1.65	1.98	2.21
日 期	14	24	12	18	30	6	12	17	29	15	29	16
最 小	0.330	1.17	1.00	0.710	0	1.25	0.340	0.150	0.100	0.490	0.530	1.55
日 期	30	14	7	19	18	25	30	8	4	12	8	15

年统计：最大流量 11.8　7月12日　最小流量 0　5月18日　平均流量 1.39
径流量 0.4396　$10^8 m^3$　径流模数 6.06　$10^{-3}m^3/s \cdot km^2$　径流深度 191.1　mm

附 注　本表数据系根据日平均水头、负荷以理论公式计算所得。最大、最小在日平均值中挑选。

1975　滚　河　石漫滩水库(出库总量)站　逐日平均流量表

集水面积　230 km²，流量 m³/s

日＼月	一月	二月	三月	四月	五月	六月	七月	八月	九月	十月	十一月	十二月
1	1.25	1.36	2.12	0.640	1.60	2.04	1.63	1.46@		3.92	1.08	0.550
2	2.15	2.44	1.78	0.630	1.52	1.95	1.71	1.46@		4.18	1.01	0.550
3	2.13	2.36	2.15	1.03	1.53	1.70	2.02	1.46@		3.15	0.950	0.550
4	2.05	2.32	1.76	0.820	1.62	1.70	2.01	1.46@		2.07	0.850	0.550
5	2.07	2.33	1.73	0.280	0.250	1.82	1.86	0.750		1.41	0.800	0.580
6	2.06	2.28	1.39	1.11	0.400	1.92	1.76	369		1.17	0.800	0.890
7	2.13	2.22	1.93	1.91	0.370	1.71	1.86	410		0.950	0.770	1.08
8	1.58	1.96	1.69	1.79	0.470	2.03	1.85			0.800	0.770	0.570
9	2.24	2.02	1.76	1.77	0.410	2.08	1.93			0.770	0.730	1.41
10	2.20	1.93	1.75	1.71	0.400	2.23	1.90			1.88	0.730	2.67
11	2.12	1.24	1.77	1.72	0.200	2.20	1.83			9.30	0.680	2.67
12	2.10	1.16	1.91	1.53	0.480	2.12	1.72			5.33	0.680	1.88
13	2.14	0.750	1.83	1.25	0.480	1.95	1.74			3.67	0.650	2.47
14	2.10	0.700	1.72	1.65	0.480	1.71	1.44			2.27	0.650	2.47
15	0.160	0.770	0.500	1.15	0.510	1.67	1.48			1.57	0.650	2.02
16	0.160	1.56	1.72	1.75	0.440	1.65	1.50			1.28	0.630	2.67
17	0.770	1.87	1.81	1.84	0.580	0.400	1.54			1.08	0.630	2.67
18	2.21	1.80	1.60	1.73	0.640	1.96	1.54			0.890	0.630	3.15
19	1.94	1.86	1.47	1.73	0.690	1.93	1.42			0.800	0.630	3.41
20	2.17	1.81	1.59	1.82	0.630	1.90	1.41			0.770	0.600	3.15
21	2.16	0.530	1.71	1.79	0.550	2.15	1.40			0.770	0.520	2.47
22	2.20	1.63	1.85	2.01	0.400	2.23	1.52			0.730	0.600	1.88
23	2.05	1.82	1.66	1.81	0.510	2.43	1.56			0.730	0.580	1.57
24	2.03	1.74	1.77	2.02	0.450	2.62	1.59			1.88	0.580	1.28
25	1.94	1.73	1.80	2.02	0.790	2.04	1.53			2.26	0.630	1.28
26	2.21	1.55	1.85	1.84	1.09	1.67	1.06			6.63	0.600	1.17
27	2.02	1.63	1.87	1.69	1.64	1.78	1.26			4.46	0.580	1.01
28	2.12	1.62	1.79	1.54	1.85	1.64	1.43			3.92	0.580	0.950
29	2.16		1.85	1.57	2.00	1.67	1.20			2.91	0.550	0.890
30	2.13		1.29	1.64	2.07	1.83	1.45			1.71	0.550	0.850
31	2.13		1.64		2.19		1.48			1.28		0.800
平　均										2.40	0.690	1.65
最　大										14.4	1.17	5.00
日　期										11	1	4
最　小										0.730	0.500	0.550
日　期										10	21	1

年统计	最大流量		月日	最小流量		月日	平均流量	
	径流量	10⁸m³		径流模数	10⁻³m³/s.km²		径流深度	mm

附注　本表流量系溢洪道、输水道、电站三者之和。流量均非实测，以各率定公式或曲线图查算所得。8月8日大坝溃决，8月8日至9月30日缺测，10月1日后系河道流量。

1976　滚　河　石漫滩站　逐日平均流量表

集水面积　230 km²，流量 m³/s

日＼月	一月	二月	三月	四月	五月	六月	七月	八月	九月	十月	十一月	十二月
1	0.740	0.170	1.51	0.120	2.00	0.260	0.530	1.39	6.00	0.300	0.300	0.260
2	0.640	0.170	1.15	0.120	1.18	0.260	0.360	1.50	3.29	0.350	0.350	0.260
3	0.740	0.170	0.940	0.120	0.710	0.160	0.360	1.28	5.71	0.350	0.350	0.210
4	0.740	0.170	0.940	0.840	0.450	0.130	0.300	1.13	3.38	0.350	0.400	0.210
5	0.640	0.120	0.840	0.079	0.380	0.080	0.230	4.03	2.20	0.350	0.350	0.260
6	0.560	0.170	0.740	0.079	0.310	0.050	0.230	4.29	1.68	0.350	0.350	0.210
7	0.480	0.170	0.640	0.100	0.210	0.050	0.190	1.35	1.75	0.350	0.300	0.210
8	0.480	0.170	0.640	0.210	0.210	0.060	0.530	1.69	1.30	0.400	0.260	0.260
9	0.480	0.120	0.560	0.170	0.170	0.050	0.430	1.20	1.08	0.400	0.260	0.160
10	0.480	0.120	0.560	0.100	0.210	0.039	0.360	1.14	1.00	0.400	0.400	0.160
11	0.400	0.220	0.560	0.100	0.170	0.120	0.300	1.01	0.870	0.400	0.400	0.160
12	0.400	0.640	0.480	0.260	0.130	0.092	0.260	14.4	0.870	0.400	0.350	0.160
13	0.340	0.480	0.480	0.260	0.100	0.092	0.300	9.82	0.700	0.400	0.400	0.160
14	0.340	0.480	0.400	0.160	0.100	0.092	2.84	2.65	0.650	0.400	0.350	0.160
15	0.340	3.27	0.340	0.130	0.100	0.092	4.04	1.63	0.590	0.400	0.300	0.160
16	0.340	2.03	0.340	0.130	0.060	0.120	1.17	1.24	0.590	0.400	0.300	0.160
17	0.340	1.80	0.340	0.100	1.81	0.150	0.730	1.21	0.540	0.350	0.300	0.160
18	0.280	1.90	0.340	0.100	2.64	0.150	0.790	1.00	0.500	0.400	0.300	0.160
19	0.280	3.54	0.340	0.160	0.710	0.150	15.0	2.04	0.540	0.400	0.300	0.160
20	0.220	3.27	0.340	0.160	0.540	0.120	10.7	1.10	0.540	0.400	0.260	0.160
21	0.220	3.27	0.280	0.100	0.380	0.120	25.4	0.870	0.540	0.400	0.260	0.120
22	0.170	3.01	0.220	0.130	0.260	0.150	4.82	0.800	0.540	0.500	0.210	0.120
23	0.220	2.76	0.220	0.130	0.210	0.120	3.18	0.700	0.590	0.500	0.210	0.120
24	0.220	2.39	0.170	0.079	0.210	0.092	2.62	0.650	0.500	0.500	0.210	0.120
25	0.220	1.88	0.170	0.060	0.170	0.150	2.13	0.750	0.540	0.400	0.210	0.120
26	0.220	1.64	0.170	0.050	0.130	0.150	3.76	2.30	0.500	0.400	0.210	0.120
27	0.220	1.88	0.170	1.96	0.130	0.120	1.85	1.75	0.380	0.400	0.210	0.120
28	0.220	2.39	0.170	5.20	0.130	0.170	1.60	1.35	0.350	0.350	0.210	0.120
29	0.220	1.88	0.170	5.42	0.100	2.16	1.74	3.14	0.350	0.350	0.210	0.120
30	0.220		0.170	3.96	0.130	1.18	1.50	1.85	0.350	0.350	0.210	0.120
31	0.220		0.120		0.130		1.35	1.35		0.300		0.120
平　均	0.380	1.39	0.470	0.660	0.460	0.220	2.89	2.28	1.28	0.390	0.290	0.170
最　大	0.740	4.05	1.64	7.06	7.42	5.62	80.8	22.3	14.7	0.590	0.400	0.260
日　期	1	15	1	27	17	29	21	12	1	22	4	1
最　小	0.170	0.120	0.120	0.050	0.060	0.039	0.150	0.650	0.350	0.300	0.210	0.120
日　期	22	5	31	26	16	6	7	24	27	1	23	21

年统计	最大流量 80.8		7月21日	最小流量 0.039		6月6日	平均流量 0.910	
	径流量 0.2863	10⁸m³		径流模数 3.95	10⁻³m³/s.km²		径流深度 124.5	mm

附注

1977　滚　河　石漫滩站　逐日平均流量表

集水面积　230 km², 流量 m³/s

日\月	一月	二月	三月	四月	五月	六月	七月	八月	九月	十月	十一月	十二月
1	0.100	0.120	0.070	0.082	0.850	0.330	0.460	3.20	0.480	0.310	3.06	0.180
2	0.082	0.120	0.070	0.070	0.650	0.330	2.11	2.64	0.480	0.310	2.48	0.180
3	0.100	0.120	0.060	0.070	0.580	0.330	3.53	2.00	0.480	0.310	1.71	0.180
4	0.100	0.120	0.060	0.070	0.510	0.330	1.30	1.51	0.480	0.310	1.48	0.180
5	0.100	0.120	0.048	0.100	0.430	0.330	1.46	1.27	0.480	0.390	5.42	0.180
6	0.100	0.120	0.048	0.120	0.370	0.210	0.850	0.930	0.480	4.61	13.6	0.180
7	0.100	0.100	0.037	0.180	0.260	0.210	0.600	0.820	0.340	3.61	8.90	0.180
8	0.100	0.100	0.028	0.180	0.210	0.210	0.880	1.91	0.340	2.05	7.26	0.180
9	0.100	0.100	0.015	0.150	0.310	0.210	0.850	3.85	0.340	0.960	4.86	0.180
10	0.100	0.100	0.018	0.150	0.310	0.210	3.71	11.5	0.340	0.650	3.45	0.180
11	0.100	0.100	0.018	0.150	0.260	0.210	18.4	5.81	0.340	0.450	3.00	0.180
12	0.100	0.100	0.012	0.120	0.220	0.210	6.69	4.78	0.370	0.450	2.48	0.180
13	0.100	0.100	0.012	0.120	16.6	0.210	2.95	3.75	0.750	0.450	1.96	0.180
14	0.100	0.100	0.012	0.150	9.05	0.290	1.92	3.14	3.69	0.390	1.71	0.550
15	0.100	0.100	0.018	0.150	3.30	0.510	1.29	3.00	11.9	0.390	1.20	0.550
16	0.100	0.100	0.060	0.180	2.12	0.440	0.980	2.40	5.41	0.390	1.20	0.550
17	0.100	0.082	0.070	0.260	1.79	0.330	1.31	1.68	2.77	0.390	0.980	0.550
18	0.100	0.082	0.082	0.220	1.32	0.210	15.9	1.19	1.69	0.390	0.980	0.360
19	0.100	0.082	0.082	0.150	1.15	0.210	8.16	1.07	0.880	0.390	0.770	0.360
20	0.100	0.082	0.070	0.150	1.00	0.210	4.38	0.970	0.720	0.390	0.770	0.360
21	0.100	0.082	0.070	0.150	0.840	0.110	2.96	0.860	0.600	0.390	0.550	0.660
22	0.100	0.082	0.060	0.120	0.700	0.073	2.08	0.660	0.540	0.390	0.550	1.09
23	0.100	0.082	0.070	5.38	0.700	0.035	1.50	0.690	0.450	0.390	0.360	0.980
24	0.100	0.082	0.060	4.49	0.840	3.76	1.39	2.35	0.450	0.390	0.360	0.980
25	0.100	0.082	0.060	1.65	0.700	4.40	5.91	1.43	0.420	0.390	0.180	0.980
26	0.100	0.082	0.048	1.10	0.570	8.51	9.46	0.860	0.390	0.450	0.180	0.770
27	0.100	0.070	0.060	1.95	0.440	2.29	6.36	0.660	0.390	1.05	0.180	0.770
28	0.120	0.070	0.060	2.25	0.440	1.29	16.5	0.660	0.340	9.77	0.180	0.490
29	0.120		0.082	1.36	0.440	0.850	11.1	0.660	0.340	12.9	0.180	0.670
30	0.120		0.100	0.920	0.330	0.730	5.91	0.660	0.310	4.87	0.180	0.670
31	0.120		0.100		0.330		4.72	0.660		3.83		0.670
平均	0.100	0.096	0.054	0.740	1.54	0.920	4.70	2.18	1.23	1.69	2.34	0.460
最　大	0.120	0.120	0.100	11.4	27.0	19.3	27.7	23.7	17.9	25.9	20.6	1.20
日　期	28	1	30	23	13	26	25	10	15	28	6	28
最　小	0.082	0.070	0.012	0.070	0.150	0.035	0.410	0.660	0.310	0.310	0.180	0.180
日　期	2	27	9	2	8	22	1	22	30	1	25	1

年统计	最大流量 27.7	7月25日	最小流量 0.012		3月9日	平均流量 1.35	
	径流量 0.4160	10⁸m³	径流模数 5.74	10⁻³m³/s·km²	径流深度 180.9		mm

附　注

1978　滚　河　石漫滩站　逐日平均流量表

集水面积　230 km², 流量 m³/s

日\月	一月	二月	三月	四月	五月	六月	七月	八月	九月	十月	十一月	十二月
1	0.640	0.240	1.18	0.400	0.170	0.170	0.220	0.410	0.260	0.290	0.200	0.460
2	0.640	0.240	1.02	0.360	0.160	0.150	0.220	0.220	0.260	0.260	0.200	0.460
3	0.590	0.240	0.880	0.310	0.150	0.140	0.250	0.200	0.260	0.290	0.200	0.460
4	0.540	0.240	0.760	0.310	0.140	0.140	0.300	0.200	0.260	0.400	0.200	0.460
5	0.500	0.240	0.760	0.360	0.140	0.140	0.570	0.200	0.320	0.340	0.200	0.460
6	0.500	0.240	0.660	0.280	0.140	0.200	0.530	0.180	0.400	0.340	0.200	0.460
7	0.500	0.340	0.660	0.200	0.240	0.140	0.410	0.170	0.370	0.340	0.200	0.460
8	0.460	0.680	0.580	0.200	0.180	0.130	0.300	1.15	0.480	0.340	0.220	0.460
9	0.460	0.760	0.660	0.220	0.180	0.140	0.270	8.60	0.660	0.340	0.690	0.460
10	0.460	1.07	0.580	0.310	0.150	0.140	0.220	5.47	0.500	0.340	1.21	0.460
11	0.420	1.34	0.580	0.310	0.140	0.140	1.54	3.20	0.470	0.340	1.25	0.460
12	0.420	1.34	0.520	0.280	0.140	0.120	2.67	1.95	0.430	0.340	0.800	0.460
13	0.420	2.27	0.520	0.220	0.140	0.120	1.17	1.05	0.400	0.340	0.690	0.460
14	0.390	3.32	0.520	0.200	0.140	0.120	0.680	0.690	0.340	0.340	0.540	0.460
15	0.360	2.38	0.520	0.180	0.130	0.140	2.02	0.580	0.400	0.340	0.540	0.460
16	0.360	2.38	0.460	0.180	0.120	0.130	2.54	0.550	0.500	0.340	0.540	0.460
17	0.360	2.38	0.460	0.240	0.120	0.130	1.57	0.450	0.500	0.290	0.540	0.460
18	0.320	2.38	0.460	0.280	0.120	0.130	1.09	0.370	0.400	0.220	0.540	0.460
19	0.320	2.38	0.460	0.240	0.120	0.130	0.620	0.320	0.340	0.180	0.540	0.460
20	0.320	2.38	0.460	0.240	0.120	0.130	0.570	0.280	0.290	0.180	0.540	0.460
21	0.320	2.38	0.460	0.240	0.120	0.130	0.790	0.230	0.340	0.180	0.540	0.460
22	0.290	2.14	0.460	0.240	0.120	0.120	1.61	0.230	0.290	0.180	0.540	0.460
23	0.270	1.92	0.400	0.280	0.120	0.120	0.570	0.200	0.290	0.180	0.540	0.460
24	0.270	1.92	0.360	0.220	0.120	0.210	0.350	3.63	0.290	0.180	0.540	0.400
25	0.270	1.72	0.360	0.240	0.120	0.210	0.300	2.18	0.290	0.180	0.540	0.340
26	0.270	1.52	0.360	0.220	0.120	0.330	0.280	1.27	0.290	0.180	0.540	0.340
27	0.270	1.92	0.360	0.220	0.130	0.470	0.670	0.550	0.290	0.260	0.540	0.290
28	0.270	1.52	0.460	0.220	0.120	0.330	0.370	0.290	0.340	0.220	0.540	0.290
29	0.270		0.460	0.200	0.120	0.280	0.600	0.290	0.340	0.220	0.540	0.290
30	0.270		0.460	0.180	0.140	0.240	1.63	0.340	0.340	0.220	0.540	0.290
31	0.240		0.460		0.180		0.680	0.320		0.200		0.290
平均	0.390	1.50	0.560	0.250	0.140	0.170	0.830	1.15	0.360	0.270	0.510	0.420
最　大	0.640	3.56	1.18	0.400	0.180	0.520	7.44	26.7	0.740	0.400	1.98	0.460
日　期	1	14	1	1	8	27	11	9	9	4	10	1
最　小	0.240	0.240	0.360	0.180	0.120	0.110	0.220	0.170	0.260	0.180	0.200	0.290
日　期	31	1	24	15	16	24	1	7	1	1	1	27

年统计	最大流量 26.7	8月9日	最小流量 0.110		6月24日	平均流量 0.540	
	径流量 0.1710	10⁸m³	径流模数 2.36	10⁻³m³/s·km²	径流深度 74.3		mm

附　注

1979　滚　河　石漫滩站　逐日平均流量表

集水面积　230 km²，流量 m³/s

日＼月	一月	二月	三月	四月	五月	六月	七月	八月	九月	十月	十一月	十二月
1	0.290	0.290	2.82	1.41	1.48	0.480	0.810	2.74	2.92	3.25	0.720	0.760
2	0.290	0.300	2.07	1.25	1.17	0.510	5.82	4.80	1.43	2.73	0.720	0.750
3	0.290	0.330	1.75	1.08	1.12	0.660	16.9	2.51	1.15	2.38	0.720	0.720
4	0.290	0.290	1.36	0.900	1.20	2.29	6.85	2.12	1.05	2.24	0.710	0.720
5	0.290	0.300	1.17	0.930	1.03	1.23	11.8	1.83	3.63	2.11	0.680	0.720
6	0.290	0.350	1.04	1.27	1.35	0.930	6.34	5.37	3.50	1.96	0.680	0.720
7	0.290	0.350	1.03	3.29	1.22	0.910	4.67	3.57	2.22	1.96	0.670	0.710
8	0.290	0.350	1.03	3.10	1.12	0.860	4.18	2.58	1.56	1.85	0.660	0.710
9	0.290	0.350	1.03	2.66	1.10	0.990	27.5	1.93	1.26	1.75	0.670	0.780
10	0.290	0.350	1.03	1.86	1.05	0.920	12.7	2.21	1.11	1.71	0.620	0.730
11	0.290	0.350	1.03	1.41	1.96	0.910	8.24	2.27	0.910	1.63	0.610	0.720
12	0.290	0.350	1.00	1.43	22.5	0.940	5.94	1.69	1.00	1.59	0.640	0.710
13	0.290	0.350	0.890	1.70	13.7	1.01	4.86	3.04	11.1	1.51	0.620	0.690
14	0.290	0.370	0.850	1.57	6.75	0.920	3.85	3.46	16.6	1.45	0.630	0.720
15	0.290	0.430	0.750	1.53	4.34	0.910	21.8	1.29	39.1	1.31	0.660	0.720
16	0.300	0.430	0.740	1.39	2.80	0.910	16.0	1.09	36.2	1.37	0.680	0.720
17	0.350	0.430	0.740	1.21	2.15	0.970	8.46	1.02	17.0	1.38	0.690	0.730
18	0.350	0.430	0.740	1.01	1.77	1.29	6.91	1.02	8.77	1.38	0.700	0.780
19	0.350	0.430	0.740	0.980	1.60	5.04	5.97	0.920	6.56	1.36	0.670	0.860
20	0.340	0.450	0.740	0.860	1.40	2.88	5.20	0.870	5.67	1.20	0.710	1.04
21	0.290	0.690	0.740	0.750	1.30	1.94	4.23	0.850	15.8	0.960	0.680	1.60
22	0.290	1.60	0.740	0.760	1.02	1.35	3.39	0.840	9.63	0.920	0.660	1.04
23	0.290	2.39	0.740	18.0	0.950	1.34	3.20	0.830	22.2	0.830	0.700	0.860
24	0.290	4.14	0.740	8.44	0.880	1.39	3.30	0.840	17.4	0.720	0.750	0.800
25	0.290	7.36	0.740	4.64	0.880	1.14	4.55	0.820	11.9	0.590	0.710	0.760
26	0.290	8.28	0.740	2.85	0.880	1.05	6.88	0.810	7.85	0.590	0.680	0.750
27	0.290	6.37	0.740	2.68	0.880	1.02	2.71	0.800	6.24	0.620	0.680	0.720
28	0.290	3.87	0.740	2.24	0.830	0.920	2.56	0.800	5.19	0.620	0.680	0.730
29	0.290		0.900	1.73	0.670	0.970	2.13	0.810	4.44	0.630	0.690	0.750
30	0.290		2.29	1.69	0.660	0.990	2.14	0.810	4.21	0.650	0.730	0.720
31	0.290		1.48		0.620		5.43	4.12		0.670		0.810
平　均	0.300	1.50	1.07	2.49	2.59	1.26	7.27	1.89	8.92	1.42	0.680	0.790
最　大	0.350	15.2	3.11	27.5	24.0	11.0	62.0	16.3	44.6	3.26	0.760	1.93
日　期	17	25	30	23	12	19	15	13	15	1	24	21
最　小	0.290	0.290	0.740	0.740	0.660	0.470	0.560	0.800	0.840	0.580	0.600	0.680
日　期	1	1	15	21	29	1	2	26	1	25	11	8

年统计	最大流量	62.0		7月15日	最小流量	0.290		1月1日	平均流量	2.51	
	径流量	0.7930		10⁸m³	径流模数	10.9		10⁻³m³/s.km²	径流深度	344.8	mm

附　注

1980　滚　河　石漫滩站　逐日平均流量表

集水面积　230 km²，流量 m³/s

日＼月	一月	二月	三月	四月	五月	六月	七月	八月	九月	十月	十一月	十二月
1	0.990	0.910	0.950	1.59	0.840	10.2						
2	0.960	0.900	0.960	1.25	0.790	4.95						
3	0.990	0.900	1.03	1.17	0.780	2.87						
4	0.940	0.900	1.35	1.19	0.750	2.23						
5	0.900	0.910	1.24	2.67	0.720	1.87						
6	0.890	0.950	1.17	3.61	0.690	2.52						
7	0.860	0.950	1.23	2.09	0.670	2.39						
8	0.860	0.950	1.68	1.60	0.640	1.75						
9	0.860	0.950	2.40	1.40	0.620	1.51						
10	0.850	0.960	2.19	1.24	0.620	1.74						
11	0.820	1.00	1.64	1.17	0.640	1.84						
12	0.820	1.00	1.56	1.69	0.700	1.76						
13	0.820	1.00	1.63	4.03	0.640	1.66						
14	0.820	1.00	1.61	6.96	0.640	1.68						
15	0.810	1.00	1.51	2.23	1.39	2.03						
16	0.800	1.00	1.44	1.46	0.750	9.93						
17	0.830	1.00	1.43	1.26	0.660	3.31						
18	0.860	1.00	1.89	1.23	0.640	2.49						
19	0.870	1.00	3.38	1.16	0.640	2.54						
20	0.890	1.00	3.68	1.09	0.620	2.22						
21	0.860	1.01	6.09	0.940	0.610	1.81						
22	0.860	1.06	6.85	0.890	0.600	1.60						
23	0.860	1.02	6.18	0.860	0.690	6.55						
24	0.870	1.05	4.87	0.880	12.6	18.6						
25	0.900	1.04	3.85	0.930	4.62	9.48						
26	0.900	0.960	3.43	0.890	2.75	3.90						
27	1.00	0.950	3.09	0.860	1.90	2.25						
28	1.43	0.960	3.10	0.860	1.34	1.86						
29	1.22	0.990	3.59	0.860	1.09	1.58						
30	1.00		3.54	0.860	0.950	1.44						
31	0.910		3.18		3.36							
平　均	0.910	0.980	2.64	1.53	1.65	3.69						
最　大	1.53	1.06	8.05	4.86	26.1	34.0						
日　期	28	22	21	5	24	23						
最　小	0.760	0.900	0.950	0.860	0.600	1.44						
日　期	31	1	1	23	22	9						

年统计	最大流量	(34.0)		6月23日	最小流量	(0.600)		5月22日	平均流量	—	
	径流量			10⁸m³	径流模数			10⁻³m³/s.km²	径流深度		mm

附　注　7月1日以后停测。

1998　滚　河　石漫滩水库（出库总量）站　逐日平均流量表

集水面积　230 km², 流量 m³/s

日\月	一月	二月	三月	四月	五月	六月	七月	八月	九月	十月	十一月	十二月
1	0	0	0	0	0	77.4	18.3	33.3	0	0	0	0
2	0	0	0	0	0	66.3	61.1	23.2	0	0	0	0
3	0	0	0	0	0	58.6	25.3	0	0	0	0	0
4	0	0	0	0	0	25.0	0	0	0	0	0	0
5	0	0	0	0	0	0	0	0	0	0	0	0
6	0	0	0	0	0	0	0	0	0	0	0	0
7	0	0	0	0	0	0	0	0	0	0	0	0
8	0	0	0	0	0	0	0	0	0	0	0	0
9	0	0	0	0	0	23.0	0	0	0	0	0	0
10	0	0	0	0	0	41.8	0	0	0	0	0	0
11	0	0	0	0	0	4.84	0	0	0	0	0	0
12	0	0	0	0	0	0	0	0	0	0	0	0
13	0	0	0	0	0	0	0	0	0	0	0	0
14	0	0	0	0	0	0	0	32.3	0	0	0	0
15	0	0	0	0	0	0	0	100	0	0	0	0
16	0	0	0	0	0	0	23.2	102	0	0	0	0
17	0	0	0	0	0	0	42.1	59.5	0	0	0	0
18	0	0	0	0	0	0	0	0	0	0	0	0
19	0	0	0	0	0	0	0	0	0	0	0	0
20	0	0	0	0	0	0	0	0	0	0	0	0
21	0	0	0	0	57.9	0	0	0	0	0	0	0
22	0	0	0	0	112	0	0	0	0	0	0	0
23	0	0	0	0	68.1	0	0	0	0	0	0	0
24	0	0	0	0	0	0	0	0	0	0	0	0
25	0	0	0	0	0	0	0	0	0	0	0	0
26	0	0	0	0	0	0	0	0	0	0	0	0
27	0	0	0	0	18.9	0	0	0	0	0	0	0
28	0	0	0	0	36.9	0	0	27.3	0	0	0	0
29	0		0	0	0	0	0	0	0	0	0	0
30	0		0	0	0	0	0	0	0	0	0	0
31	0		0		0		0	0		0		0
平均	0	0	0	0	9.48	9.90	5.48	12.2	0	0	0	0
最大	0	0	0	0	115	111	64.8	113	0	0	0	0
日期	1	1	1	1	21	1	2	15	1	1	1	1
最小	0	0	0	0	0	0	0	0	0	0	0	0
日期	1	1	1	1	1	1	1	1	1	1	1	1

年统计	最大流量	115		5月21日	最小流量	0		1月1日	平均流量	3.12	
	径流量	0.9835		10⁸m³	径流模数	13.6		10^{-3}m³/s·km²	径流深度	427.6	mm

附注	

1999　滚　河　石漫滩水库（出库总量）站　逐日平均流量表

集水面积　230 km², 流量 m³/s

日\月	一月	二月	三月	四月	五月	六月	七月	八月	九月	十月	十一月	十二月
1	0	0	0	0	0	0	0	0	0	0	0	0
2	0	0	0	0	0	0	0	0	0	0	0	0
3	0	0	3.25	0	0	0	0	0	0	0	0	0
4	0	0	0.940	0	0	0	0	0	0	0	0	0
5	0	0	0	0	0	0	1.31	0	0	0	0	0
6	0	0	0	0	0	0	9.00	0	0	0	0	0
7	0	0	0	0	0	0	9.00	0	0	0	0	0
8	0	0	0	0	0	0	9.00	0	0	0	0	0
9	0	0	0	0	0	0	9.00	0	0	0	0	0
10	0	0	0	0	0	0	9.00	0	0	0	0	0
11	0	0	0	0	0	0	9.00	0	0	0	0	0
12	0	0	0	4.90	0	0	9.00	0	0	0	0	0
13	0	0	0	10.0	0	0	5.44	0	0	0	0	0
14	0	0	0	10.0	0	0	0	0	0	0	0	0
15	0	0	0	10.0	0	0	0	0	0	0	0	0
16	0	0	0	10.0	0	0	0	0	0	0	0	0
17	0	0	0	10.0	0	0	0	0	0	0	0	0
18	0	0	0	10.0	0	0	0	0	0	0	0	0
19	0	0	0	10.0	0	0	0	0	0	0	0	0
20	0	0	0	10.0	0	0	0	0	0	0	0	0
21	0	0	0	10.0	3.39	0	0	0	0	0	0	0
22	0	0	0	10.0	6.50	0	0	0	0	0	0	0
23	0	0	0	10.0	6.50	0	0	0	0	0	0	0
24	0	0	0	10.0	6.50	0	0	0	0	0	0	0
25	0	0	0	10.0	6.50	0	0	0	0	0	0	0
26	0	0	0	4.69	6.50	0	0	0	0	0	0	0
27	0	0	0	0	6.50	0	0	0	0	0	0	0
28	0	0	0	0	6.50	0	0	0	0	0	0	0
29	0		0	0	6.50	0	0	0	0	0	0	0
30	0		0	0	6.50	0	0	0	0	0	0	0
31	0		0		3.11		0	0		0		0
平均	0	0	0.140	4.65	2.10	0	2.25	0	0	0	0	0
最大	0	0	6.00	10.0	6.50	0	9.00	0	0	0	0	0
日期	1	1	3	12	21	1	5	1	1	1	1	1
最小	0	0	0	0	0	0	0	0	0	0	0	0
日期	1	1	1	1	1	1	1	1	1	1	1	1

年统计	最大流量	10.0		4月12日	最小流量	0		1月1日	平均流量	0.760	
	径流量	0.2406		10⁸m³	径流模数	3.32		10^{-3}m³/s·km²	径流深度	104.6	mm

附注	本表流量由输水道流量合成。年蓄水变量 -0.0591×10^8m³。

2000　滚　河　石漫滩水库(出库总量)站　逐日平均流量表

集水面积　230 km²，流量 m³/s

日＼月	一月	二月	三月	四月	五月	六月	七月	八月	九月	十月	十一月	十二月
1	0	0	0	0	0	3.82	0	0	0	0	0	0
2	0	0	0	0	0	40.0	0	0	0	0	0	0
3	0	0	0	0	0	35.3	25.8	0	0	0	0	0
4	0	0	0	0	0	20.7	48.3	0	0	0	0	0
5	0	0	0	0	0	0	98.8	0	0	0	0	0
6	0	0	0	0	0	0	31.9	0	0	0	0	0
7	0	0	0	0	0	0	14.1	33.7	0	0	0	0
8	0	0	0	0	0	19.5	13.7	50.9	0	0	0	0
9	0	0	0	0	0	29.2	13.4	27.8	0	0	0	0
10	0	0	0	0	0	17.7	13.1	7.18	0	0	0	0
11	0	0	0	0	0	14.4	12.7	0	0	0	0	0
12	0	0	0	0	0	10.8	12.4	0	0	0	0	0
13	0	0	0	0	0	8.95	67.9	0	0	0	0	0
14	0	0	0	0	0	14.0	100	0	0	0	0	0
15	0	0	0	0	0	14.0	348	0	0	0	70.7	0
16	0	0	0	0	0	14.0	0	0	0	0	19.0	0
17	0	0	0	0	0	14.0	0	0	0	0	0	0
18	0	0	0	0	0	14.0	0	0	0	0	0	0
19	0	0	0	0	0	14.0	0	0	0	0	0	0
20	0	0	0	0	0	14.0	0	0	0	0	0	0
21	0	0	0	0	0	14.0	0	0	0	0	0	0
22	0	0	0	0	0	14.0	0	0	0	0	0	0
23	0	0	0	0	0	14.0	0	0	0	0	0	0
24	0	0	0	0	0	14.0	0	0	0	0	0	0
25	0	0	0	0	0	14.0	0	0	0	0	0	0
26	0	0	0	0	0	29.1	42.1	0	0	0	0	0
27	0	0	0	0	0	115	58.9	0	0	0	0	0
28	0	0	0	0	0	129	78.3	0	0	0	0	0
29	0	0	0	0	0	62.0	43.2	0	0	0	0	0
30	0		0	0	0	14.9	5.50	0	0	7.23	0	0
31	0		0		0		0	0		21.6		0
平　均	0	0	0	0	0	23.9	33.2	3.86	0	0.930	2.99	0
最　大	0	0	0	0	0	129	672	75.1	0	195	151	0
日　期	1	1	1	1	1	28	15	7	1	31	15	1
最　小	0	0	0	0	0	0	0	0	0	0	0	0
日　期	1	1	1	1	1	1	1	1	1	1	1	1

年统计	最大流量 672		7月15日	最小流量 0		1月1日	平均流量 5.42	
	径流量 1.714	10⁸m³	径流模数 23.6		10⁻³m³/s·km²	径流深度 745.2		mm

附　注　本表流量由输水道和闸下流量合成。年蓄水变量 0.0435×10⁸m³。

2001　滚　河　石漫滩水库(出库总量)站　逐日平均流量表

集水面积　230 km²，流量 m³/s

日＼月	一月	二月	三月	四月	五月	六月	七月	八月	九月	十月	十一月	十二月
1	0	0	0	0	13.0	0	0	78.9	0	0	0	0
2	0	0	0	0	11.8	0	0	0	0	0	0	0
3	0	0	0	0	10.6	0	0	0	0	0	0	0
4	0	0	0	0	9.49	0	0	35.0	0	0	0	0
5	0	0	0	0	7.90	0	0	47.0	0	0	0	0
6	0	11.5	0	0	20.9	0	0	1.65	0	0	0	0
7	0	19.3	0	0	6.64	0	0	0	0	0	0	0
8	0	19.2	0	0	0	0	0	0	0	0	0	0
9	0	19.2	0	0	0	0	0	0	0	0	0	0
10	0	0	0	0	0	0	0	0	0	0	0	0
11	0	19.1	0	0	0	0	0	0	0	0	0	0
12	0	19.0	0	0	0	0	0	0	0	0	0	0
13	0	19.0	0	0	0	0	0	0	0	0	0	0
14	0	18.9	0	0	0	0	0	0	0	0	0	0
15	0	28.8	0	0	0	0	0	0	0	0	0	0
16	0	37.4	0	0	0	0	0	0	0	0	0	0
17	0	35.7	0	5.66	0	0	0	0	0	0	0	0
18	0	33.7	0	0	0	0	0	0	0	0	0	0
19	0	31.7	0	0	0	0	0	0	0	0	0	0
20	0	21.6	0	0	0	0	0	0	0	0	0	0
21	0	0	0	0	0	0	0	0	0	0	0	0
22	0	0	0	0	0	0	0	0	0	0	0	0
23	0	0	0	0	0	0	0	0	0	0	0	0
24	0	0	0	0	0	0	0	0	0	0	0	0
25	0	0	0	0	0	0	0	0	0	0	0	0
26	0	0	0	0	0	0	0	0	0	0	0	0
27	0	0	0	0	0	0	32.0	0	0	0	0	0
28	0	0	0	0	0	0	62.1	0	0	0	0	0
29	0		0	0	0	0	73.9	0	0	0	0	0
30	0		0	8.72	0	0	130	0	0	0	0	0
31	0		0		0		124	0		0		0
平　均	0	11.9	0	0.480	2.59	0	13.6	5.24	0	0	0	0
最　大	0	38.9	0	18.1	32.5	0	185	92.4	0	0	0	0
日　期	1	15	1	17	6	1	30	1	1	1	1	1
最　小	0	0	0	0	0	0	0	0	0	0	0	0
日　期	1	1	1	1	7	1	1	1	1	1	1	1

年统计	最大流量 185		7月30日	最小流量 0		1月1日	平均流量 2.78	
	径流量 0.8755	10⁸m³	径流模数 12.1		10⁻³m³/s·km²	径流深度 380.7		mm

附　注　本表是由输水道、闸下断面流量合成。年蓄水变量 −0.0157×10⁸m³。

2002　滚　河　石漫滩水库(出库总量)站　逐日平均流量表

集水面积　230 km²，流量 m³/s

日\月	一月	二月	三月	四月	五月	六月	七月	八月	九月	十月	十一月	十二月
1	0	0	0	0	6.51	21.0	31.6	0	0	5.55	0	0
2	0	0	0	0	6.65	23.6	10.8	0	0	0.700	0	0
3	0	0	0	0	6.57	0	12.0	19.5	0	0	0	0
4	0	0	0	0	9.20	0	0	27.3	0	0	0	0
5	0	0	0	0	17.3	0	0	18.7	0	0	0	0
6	0	0	0	0	27.6	0	0	5.48	0	0	0	0
7	0	0	0	0	27.6	0	0	0	0	0	0	0
8	0	0	0	0	27.5	14.4	0	0	0	0	0	0
9	0	0	0	0	10.8	15.3	0	0	0	0	0	0
10	0	0	0	0	0	0	0	0	0	0	0	0
11	0	0	0	0	0	0	0	0	7.69	0	0	0
12	0	0	0	0	11.2	0	0	0	19.7	0	0	0
13	0	0	0	0	0	0	0	0	7.15	0	0	0
14	0	0	0	0	0	0	0	0	0	0	0	0
15	0	0	0	0	0	0	0	0	0	0	0	0
16	0	0	0	0	0	0	0	0	10.4	0	0	0
17	0	0	0	0	0	0	0	0	17.1	0	0	0
18	0	0	0	0	27.1	0	0	0	17.1	0	0	0
19	0	0	0	0	31.2	0	0	0	17.0	0	0	0
20	0	0	0	0	0	0	0	0	8.06	0	0	0
21	0	0	0	0	0	0	0	0	0	0	0	0
22	0	0	0	0	0	0	0	0	0	0	0	0
23	0	0	0	0	0	64.3	0	0	0	0	0	0
24	0	0	0	0	0	55.5	0	0	0	0	0	0
25	0	0	0	0	5.62	44.0	0	0	0	0	0	0
26	0	0	0	0	17.3	12.4	0	0	0	0	0	0
27	0	0	0	0	23.7	0	0	0	0	0	0	0
28	0	0	0	0	0	36.5	0	0	0	0	0	0
29	0		0	0	0	52.7	0	0	0	0	0	0
30	0		0	0	0	44.6	0	0	0	0	0	0
31	0		0		0		0	0		0		0
平均	0	0	0	0	8.25	12.8	1.75	2.29	2.90	0.200	0	0
最大	0	0	0	0	49.5	67.0	42.2	33.2	24.5	18.5	0	0
日期	1	1	1	1	18	23	2	3	11	1	1	1
最小	0	0	0	0	0	0	0	0	0	0	0	0
日期	1	1	1	1	1	1	1	1	1	1	1	1

年统计：最大流量 67.0　6月23日　最小流量 0　1月1日　平均流量 2.35
径流量 0.7421　10⁸m³　径流模数 10.2　10^{-3} m³/s·km²　径流深度 322.7　mm

附注：本表是由输水道、闸下流量合成。年蓄水变量 0.1166×10^8 m³。

2003　滚　河　石漫滩水库(出库总量)站　逐日平均流量表

集水面积　230 km²，流量 m³/s

日\月	一月	二月	三月	四月	五月	六月	七月	八月	九月	十月	十一月	十二月
1	0	0	0	0	0	44.7	0	0	51.6	0	0	0
2	0	0	0	0	0	65.5	31.8	0	54.1	0	0	0
3	0	0	0	0	0	9.60	52.7	0	54.3	0	0	0
4	0	0	0	0	0	0	43.2	0	51.0	0	0	0
5	0	0	0	0	0	0	0	0	17.0	0	0	0
6	0	0	0	0	0	0	0	0	15.6	0	0	0
7	0	0	0	0	0	0	0	0	42.8	0	0	0
8	0	0	0	0	0	0	0	0	31.9	0	0	0
9	0	0	0	0	0	0	23.7	0	16.8	41.1	0	0
10	0	0	0	0	0	0	38.3	0	0	46.4	0	0
11	0	0	0	0	0	0	36.4	0	0	56.2	0	0
12	0	0	0	0	0	0	34.5	0	0	56.2	0	0
13	0	0	0	0	0	0	16.0	0	0	0	0	0
14	0	0	0	0	0	0	0	0	0	0	0	0
15	0	0	0	0	0	0	0	0	0	0	29.2	0
16	0	0	0	0	0	0	0	9.12	0	0	23.7	0
17	0	0	0	0	0	0	0	15.4	0	0	0	0
18	0	0	0	0	0	0	0	15.4	0	0	0	0
19	0	0	0	0	0	0	0	15.4	0	0	0	0
20	0	0	0	0	0	0	0	15.4	0	0	0	0
21	0	0	0	0	0	0	0	15.3	28.2	0	0	0
22	0	0	0	0	0	0	0	15.3	23.9	0	0	0
23	0	0	0	0	0	0	0	15.3	0	0	0	0
24	0	0	0	0	0	0	0	15.2	0	0	0	0
25	0	0	0	0	0	0	0	15.2	11.4	0	0	0
26	0	0	0	0	0	0	0	15.3	14.3	0	0	0
27	0	0	0	0	0	0	0	15.3	0	0	0	0
28	0	0	0	0	0	0	0	15.3	0	0	0	0
29	0		0	0	0	0	0	62.2	28.3	0	0	0
30	0		0	0	0	0	0	78.1	18.2	0	0	0
31	0		0		0		0	53.7		0		0
平均	0	0	0	0	0	3.99	8.92	12.5	15.3	6.45	1.76	0
最大	0	0	0	0	0	82.3	58.9	109	55.9	96.9	50.1	0
日期	1	1	1	1	1	1	2	29	7	11	15	1
最小	0	0	0	0	0	0	0	0	0	0	0	0
日期	1	1	1	1	1	1	1	1	1	1	1	1

年统计：最大流量 109　8月29日　最小流量 0　1月1日　平均流量 4.10
径流量 1.292　10⁸m³　径流模数 17.8　10^{-3} m³/s·km²　径流深度 561.7　mm

附注：本表由输水道、闸下断面流量合成。年蓄水变量为 0.1798×10^8 m³。

2004　滚　河　石漫滩水库（出库总量）站　逐日平均流量表

集水面积　230 km², 流量 m³/s

日＼月	一月	二月	三月	四月	五月	六月	七月	八月	九月	十月	十一月	十二月
1	0	0	0	0	11.1	0	0	0	0	7.34	0	0
2	0	0	0	0	8.16	0	0	0	0	7.25	0	0
3	0	0	0	0	8.03	0	0	0	0	7.15	0	0
4	0	0	0	0	7.90	0	0	17.4	0	8.15	0	0
5	0	0	0	0	7.75	0	0	59.8	0	6.97	0	0
6	0	0	0	0	7.61	0	0	55.8	0	6.89	0	0
7	0	0	0	0	7.47	0	0	28.6	0	6.80	0	0
8	0	0	0	0	0	0	0	0	0	0	0	0
9	0	0	0	0	0	0	0	0	0	0	0	0
10	0	0	0	0	0	0	0	0	0	0	0	0
11	0	0	12.5	0	0	0	0	34.4	0	0	0	0
12	0	0	19.6	0	0	0	0	53.4	0	0	0	0
13	0	0	13.5	0	0	0	0	47.9	0	0	0	0
14	0	0	0	0	0	0	0	14.9	0	0	0	0
15	0	0	0	0	0	0	0	0	0	0	0	0
16	0	0	0	0	0	0	16.2	34.5	0	0	0	0
17	0	0	0	0	0	0	188	58.3	0	0	0	0
18	0	0	0	0	0	0	157	54.6	0	0	0	0
19	0	0	0	0	0	0	40.4	33.9	0	0	0	0
20	0	0	0	0	0	0	89.7	0	0	0	0	0
21	0	0	0	0	0	0	40.1	0	0	0	0	0
22	0	0	0	0	7.33	0	61.0	0	0	0	0	0
23	0	0	0	0	6.08	10.1	32.4	0	0	0	0	0
24	0	0	0	0	0	6.39	0	0	0	0	0	0
25	0	0	0	0	0	0	0	13.9	0	0	0	0
26	0	0	0	0	0	0	0	53.8	0	0	0	0
27	0	0	0	0	0	0	0	31.4	0	0	0	0
28	0	0	0	0	12.4	0	0	0	0	0	0	0
29	0	0	0	0	11.4	0	0	0	0	0	0	0
30	0		0	0	0	0	0	0	0	0	0	0
31	0		0		0		0	0		0		0
平　均	0	0	1.47	0	3.07	0.550	20.2	19.1	0	1.63	0	0
最　大	0	0	20.3	0	66.9	17.9	354	61.0	0	59.1	0	0
日　期	1	1	11	1	1	23	17	5	1	1	1	1
最　小	0	0	0	0	0	0	0	0	0	0	0	0
日　期	1	1	1	1	1	1	1	1	1	1	1	1

年统计	最大流量 354	7月17日	最小流量 0	1月1日	平均流量 3.89	
	径流量 1.231	10⁸m³	径流模数 17.0	10⁻³m³/s·km²	径流深度 535.2	mm

附　注　本表流量由石漫滩水库（闸下）流量合成。水库年蓄水变量为0。

2005　滚　河　石漫滩水库（出库总量）站　逐日平均流量表

集水面积　230 km², 流量 m³/s

日＼月	一月	二月	三月	四月	五月	六月	七月	八月	九月	十月	十一月	十二月
1	0	0	0	0	4.69	0	0	0	5.88	0	0	0
2	0	0	0	0	2.52	0	0	0	0	0	0	0
3	0	0	0	0	2.49	0	0	0	0	8.84	0	0
4	0	0	0	0	2.47	0	0	27.8	0	7.68	0	0
5	0	0	0	0	2.44	0	0	47.8	0	35.8	0	0
6	0	0	0	10.7	2.42	0	1.61	41.9	0	55.3	0	0
7	0	0	0	18.7	2.39	0	17.9	22.4	0	32.0	0	0
8	0	0	0	18.7	0	0	57.7	0	0	0	0	0
9	0	0	0	18.7	0	0	74.8	0	0	0	0	0
10	0	0	0	18.7	0	0	69.8	0	0	0	0	0
11	0	0	0	16.7	0	0	63.6	0	0	0	0	0
12	0	0	0	9.17	0	0	14.0	0	0	0	0	0
13	0	0	0	9.16	0	0	0	0	0	0	0	0
14	0	0	0	9.15	29.7	0	0	0	0	0	0	0
15	0	0	0	3.41	44.5	0	0	0	0	0	0	0
16	0	0	0	0	41.1	0	0	0	0	0	0	0
17	0	0	0	0	33.6	0	0	0	0	0	0	0
18	0	0	0	0	0	0	0	0	0	0	0	0
19	0	0	0	0	0	0	0	0	6.70	0	0	0
20	0	0	0	0	0	0	0	0	23.3	0	0	0
21	0	0	0	0	0	0	0	0	22.4	0	0	0
22	0	0	0	0	0	0	0	0	21.6	0	0	0
23	0	0	0	0	0	0	0	0	7.45	0	0	0
24	0	0	0	0	0	0	13.6	0	4.71	0	0	0
25	0	0	0	0	0	10.7	22.2	0	0	0	0	0
26	0	0	0	0	0	16.0	21.0	0	36.0	0	0	0
27	0	0	0	0	0	15.4	19.9	0	103	0	0	0
28	0	0	0	0	0	14.8	18.8	5.43	89.2	0	0	0
29	0	0	0	0	0	6.94	6.72	56.9	26.8	0	0	0
30	0		0	0	0	0	0	64.3	0	0	0	0
31	0		0		0		0	30.3		0		0
平　均	0	0	0	4.44	5.43	2.13	13.0	9.58	11.6	4.50	0	0
最　大	0	0	0	18.7	104	16.5	80.2	99.8	106	60.6	0	0
日　期	1	1	1	6	25		8	29	26	4	1	1
最　小	0	0	0	0	0	0	0	0	0	0	0	0
日　期	1	1	1	1	1	1	1	1	1	1	1	1

年统计	最大流量 106	9月26日	最小流量 0	1月1日	平均流量 4.25	
	径流量 1.340	10⁸m³	径流模数 18.5	10⁻³m³/s·km²	径流深度 582.6	mm

附　注　本表流量由输水道、闸下合成。年蓄水变量 -0.0138×10⁸m³。

2006　滚　河　石漫滩水库(出库总量)站　逐日平均流量表

集水面积　230 km², 流量 m³/s

日\月	一月	二月	三月	四月	五月	六月	七月	八月	九月	十月	十一月	十二月
1	0	0	0	0	9.48	0	0	18.0	0	0	0	0
2	0	0	0	0	9.10	0	0	0	0	0	0	0
3	0	0	0	0	9.15	0	0	0	0	0	0	0
4	0	0	0	0	8.98	0	90.0	0	0	0	0	0
5	0	0	0	0	8.92	0	94.1	0	0	0	0	0
6	0	0	0	0	8.78	0	27.3	0	0	0	0	0
7	0	0	0	0	8.61	0	0	0	0	0	0	0
8	0	0	0	0	11.0	0	0	0	0	0	0	0
9	0	0	0	0	18.7	10.6	0	0	0	0	0	0
10	0	0	0	0	18.6	18.2	0	0	0	0	0	0
11	0	0	0	0	18.5	18.1	0	32.2	0	0	0	0
12	0	0	0	0	18.4	18.0	0	48.3	0	0	0	0
13	0	0	0	0	18.4	17.9	0	32.3	0	0	0	0
14	0	0	0	0	18.3	17.9	0	0	0	0	0	0
15	0	0	0	0	6.48	17.8	0	0	0	0	0	0
16	0	10.6	0	0	0	8.15	0	0	0	0	0	0
17	0	18.7	0	0	0	0	0	0	0	0	0	0
18	0	18.7	0	0	0	0	0	0	0	0	0	0
19	0	18.7	0	0	0	0	0	0	0	0	0	0
20	0	18.7	0	0	0	0	0	0	0	0	0	0
21	0	18.7	0	0	0	0	0	0	0	0	0	0
22	0	18.6	0	0	0	0	31.9	0	0	0	0	0
23	0	18.6	0	0	0	0	50.9	0	0	0	0	0
24	0	9.31	0	0	0	0	31.0	0	0	0	0	0
25	0	0	0	0	0	0	0	0	0	0	0	0
26	0	0	0	0	0	0	0	0	0	0	0	0
27	0	0	0	0	0	0	0	0	0	0	0	0
28	0	0	0	0	0	0	42.8	0	0	0	0	0
29	0		0	0	0	0	98.9	0	0	0	0	0
30	0		0	0	0	0	83.8	0	0	0	0	0
31	0		0		0		61.9	0		0		0
平　均	0	5.38	0	0	6.17	4.22	19.8	4.22	0	0	0	0
最　大	0	18.7	0	0	57.3	18.3	107	54.9	0	0	0	0
日　期	1	16	1	1	1	9	4	11	1	1	1	1
最　小	0	0	0	0	0	0	0	0	0	0	0	0
日　期	1	1	1	1	1	1	1	1	1	1	1	1

年统计	最大流量 107		7月4日	最小流量 0		1月1日	平均流量 3.32	
	径 流 量 1.047	10⁸m³	径流模数 14.4	10⁻³m³/s.km²	径流深度 455.2			mm

附　注　本表流量由输水道、闸下断面流量合成。年蓄水变量 $-0.0073 \times 10^8 m^3$

2007　滚　河　石漫滩水库(出库总量)站　逐日平均流量表

集水面积　230 km², 流量 m³/s

日\月	一月	二月	三月	四月	五月	六月	七月	八月	九月	十月	十一月	十二月
1	0	0	0	0	9.03	0	0	0	0	0	0	0
2	0	0	0	0	8.83	0	0	0	0	0	0	0
3	0	0	0	0	8.61	0	0	0	0	0	0	0
4	0	0	0	0	8.38	0	0	0	0	0	0	0
5	0	0	0	0	8.14	0	134	0	0	0	0	0
6	0	0	11.5	0	7.91	0	251	0	0	0	0	0
7	0	0	19.6	0	7.66	0	133	0	0	0	0	0
8	0	0	19.5	0	0	0	22.2	0	0	0	0	0
9	0	0	19.4	0	0	0	0	0	0	0	0	0
10	0	0	19.4	0	0	0	0	25.1	0	0	0	0
11	0	0	19.3	0	0	0	0	44.3	0	0	0	0
12	0	0	19.2	0	0	0	0	16.5	0	0	0	0
13	0	0	19.2	0	0	0	0	0	0	0	0	0
14	0	0	19.0	0	0	0	44.3	0	0	0	0	0
15	0	0	18.9	0	0	0	122	0	0	0	0	0
16	0	0	18.9	0	0	0	98.3	0	0	0	0	0
17	0	0	18.9	0	0	0	69.5	0	0	0	0	0
18	0	0	18.9	0	0	0	0	0	0	0	0	0
19	0	0	6.30	0	0	0	33.5	0	0	0	0	0
20	0	0	0	0	0	0	0	0	0	0	0	0
21	0	0	0	0	0	0	81.6	0	0	0	0	0
22	0	0	0	0	0	28.6	82.3	0	0	0	0	0
23	0	0	0	0	0	49.9	28.6	0	0	0	0	0
24	0	0	0	0	0	13.1	0	0	0	0	0	0
25	0	0	0	0	0	0	0	0	0	0	0	0
26	0	0	0	0	0	0	0	0	0	0	0	0
27	0	0	0	0	0	0	0	0	0	0	0	0
28	0	0	0	0	0	0	0	0	0	0	0	0
29	0		0	0	0	0	0	0	0	0	0	0
30	0		0	0	0	0	0	0	0	0	0	0
31	0		0		0		0	0		0		0
平　均	0	0	8.00	0	1.89	3.05	35.5	2.77	0	0	0	0
最　大	0	0	19.8	0	54.8	56.2	323	52.5	0	0	0	0
日　期	1	1	6	1	1	22	6	10	1	1	1	1
最　小	0	0	0	0	0	0	0	0	0	0	0	0
日　期	1	1	1	1	1	1	1	1	1	1	1	1

年统计	最大流量 323		7月6日	最小流量 0		1月1日	平均流量 4.34	
	径 流 量 1.369	10⁸m³	径流模数 18.9	10⁻³m³/s.km²	径流深度 595.2			mm

附　注　本表流量由输水道、闸下流量合成。年蓄水变量 $-0.0701 \times 10^8 m^3$。

2008　滚　河　石漫滩水库(出库总量)站　逐日平均流量表

集水面积　230 km², 流量 m³/s

日＼月	一月	二月	三月	四月	五月	六月	七月	八月	九月	十月	十一月	十二月
1	0	0	0	0	0	0	0	0	0	0	0	0
2	0	0	0	0	0	0	0	0	0	0	0	0
3	0	0	0	0	7.87	0	0	0	0	0	0	0
4	0	0	0	0	28.0	0	0	0	24.3	0	0	0
5	0	0	0	0	28.0	0	0	31.6	15.2	0	0	0
6	0	0	0	0	27.9	0	0	37.6	0	0	0	0
7	0	0	0	0	27.8	0	0	0	0	0	0	0
8	0	0	0	0	27.6	0	0	0	0	0	0	0
9	0	0	0	0	27.5	0	0	0	0	0	0	0
10	0	0	0	0	27.4	0	0	0	0	0	0	0
11	0	0	9.07	0	27.3	0	0	0	0	0	0	0
12	0	0	26.2	0	27.1	0	0	0	0	0	0	0
13	0	0	16.1	0	25.2	0	0	0	0	0	0	0
14	0	0	0	0	16.9	0	0	0	0	0	0	0
15	0	0	0	0	16.9	0	0	0	0	0	0	0
16	0	0	0	0	16.9	0	0	0	0	0	0	0
17	0	0	0	0	16.8	0	0	0	0	0	0	0
18	0	0	0	0	16.8	5.73	0	0	0	0	0	0
19	0	0	0	0	16.8	19.2	0	0	0	0	0	0
20	0	0	0	0	16.7	0	0	37.4	0	0	0	0
21	0	0	0	0	16.7	0	0	51.1	0	0	0	0
22	0	0	0	0	16.6	0	0	17.8	0	0	0	0
23	0	0	0	0	16.6	0	34.0	0	0	0	0	0
24	0	0	0	0	14.3	0	54.1	0	0	0	0	0
25	0	0	0	0	0	0	37.4	0	0	0	0	0
26	0	0	0	0	0	0	31.3	0	0	0	0	0
27	0	0	0	0	0	0	34.5	0	0	0	0	0
28	0	0	0	0	0	0	0	0	0	0	0	0
29	0		0	0	0	0	0	0	0	0	0	0
30	0		0	0	0	0	0	0	0	0	0	0
31	0		0		0		0	0		0		0
平　均	0	0	1.66	0	15.0	0.831	6.17	5.66	1.32	0	0	0
最　大	0	0	45.2	0	28.0	33.0	57.5	55.7	49.6	0	0	0
日　期	1	1	12	1	3	18	23	20	4	1	1	1
最　小	0	0	0	0	0	0	0	0	0	0	0	0
日　期	1	1	1	1	1	1	1	1	1	1	1	1

年统计	最大流量	57.5		7月23日	最小流量	0		1月1日	平均流量	2.59	
	径流量	0.8176	10⁸m³	径流模数	11.3	10⁻³m³/s.km²	径流深度	355.5		mm	

附　注	本表流量由输水道、闸下流量合成。年蓄水变量0.0575×10⁸m³。

2009　滚　河　石漫滩水库(出库总量)站　逐日平均流量表

集水面积　230 km², 流量 m³/s

日＼月	一月	二月	三月	四月	五月	六月	七月	八月	九月	十月	十一月	十二月
1	0	0	0	0	0	0	0	0	0	0	0	0
2	0	0	0	0	0	0	0	0	0	0	0	0
3	0	0	0	0	0	0	0	0	0	0	0	0
4	0	0	0	0	0	0	0	0	0	0	0	0
5	0	0	0	0	0	0	0	0	0	0	0	0
6	0	0	0	0	18.9	0	0	0	0	0	0	0
7	0	0	0	18.6	0	0	0	0	30.4	0	0	0
8	0	0	0	16.6	0	0	30.9	0	35.1	0	0	0
9	0	0	0	0	0	0	46.9	0	0	0	0	0
10	0	0	0	0	0	0	26.3	0	0	0	0	0
11	0	0	0	0	0	0	0	0	0	0	0	0
12	0	0	0	0	0	0	0	0	0	0	0	0
13	0	0	0	3.48	0	0	0	0	0	0	0	0
14	0	0	0	0	0	0	0	0	0	0	0	0
15	0	0	0	0	0	0	0	0	0	0	0	0
16	0	0	0	0	0	0	0	0	0	0	0	0
17	0	0	0	0	0	0	0	0	0	0	0	0
18	3.70	0	0	0	0	0	0	0	0	0	0	0
19	13.2	0	0	0	0	0	0	0	0	0	0	0
20	18.8	0	0	0	0	0	0	0	0	0	0	0
21	6.28	0	0	0	0	0	0	0	0	0	0	0
22	0	0	0	0	0	0	0	0	0	0	0	0
23	0	0	0	0	0	0	0	0	0	0	0	0
24	0	0	0	0	0	0	0	29.8	0	0	0	0
25	0	0	0	0	24.3	0	0	25.7	0	0	0	0
26	0	0	0	0	39.9	0	0	0	0	0	0	0
27	0	0	0	0	0	0	0	0	0	0	0	0
28	0	0	0	0	0	0	0	0	0	0	0	0
29	0		0	0	0	0	0	0	0	0	0	0
30	0		0	0	0	0	0	0	0	0	0	0
31	0		0		0		0	0		0		0
平　均	1.35	0	0	1.29	2.68	0	3.36	1.79	2.18	0	0	0
最　大	18.9	0	0	112	402	0	54.8	53.6	53.9	0	0	0
日　期	19	1	1	13	6	1	8	24	7	1	1	1
最　小	0	0	0	0	0	0	0	0	0	0	0	0
日　期	1	1	1	1	1	1	1	1	1	1	1	1

年统计	最大流量	402		5月6日	最小流量	0		1月1日	平均流量	1.07	
	径流量	0.3360	10⁸m³	径流模数	4.63	10⁻³m³/s.km²	径流深度	146.1		mm	

附　注	表内流量为输水道、闸下断面合成。年蓄水变量0.063×10⁸m³。

2010　滚　河　石漫滩水库(出库总量)站　逐日平均流量表

集水面积　230 km², 流量 m³/s

日\月	一月	二月	三月	四月	五月	六月	七月	八月	九月	十月	十一月	十二月
1	0	15.7	0	0	0	0	13.0	0	0	0	0	0
2	0	0	0	0	0	0	38.6	15.8	0	0	0	0
3	0	0	0	0	0	0	45.5	15.3	0	0	0	0
4	0	0	0	0	0	0	0	15.3	0	0	0	0
5	0	0	0	0	8.83	0	0	0	0	0	0	0
6	0	0	0	0	15.1	0	0	0	0	0	0	0
7	0	0	0	0	15.0	0	0	0	0	0	0	0
8	0	0	0	0	15.0	0	0	0	30.8	0	0	0
9	0	0	0	2.50	15.0	0	0	0	47.8	0	0	0
10	0	0	0	9.91	14.9	0	0	0	43.6	0	0	0
11	0	0	0	9.88	14.9	0	0	0	13.8	0	0	0
12	0	0	0	9.85	14.8	0	0	0	0	0	0	0
13	0	0	0	9.80	6.81	0	0	0	0	0	0	0
14	0	0	0	9.77	0	0	0	0	0	0	0	0
15	0	0	0	9.76	0	0	0	0	0	0	0	0
16	0	0	0	9.74	0	0	0	0	0	0	0	0
17	0	0	0	9.71	0	0	0	0	0	0	0	0
18	0	0	0	9.68	0	0	27.6	0	0	0	0	0
19	0	0	0	9.65	0	0	45.5	0	0	0	0	0
20	0	0	0	9.63	0	0	20.0	0	0	0	0	0
21	0	0	0	9.69	0	0	0	0	0	0	0	0
22	0	0	0	9.73	0	0	0	0	0	0	0	0
23	0	0	0	9.74	0	0	0	0	0	0	0	0
24	0	0	0	9.73	0	0	0	0	0	0	0	0
25	0	0	0	9.72	0	0	0	0	0	0	0	0
26	0	0	0	9.70	0	0	0	0	0	0	0	0
27	0	0	0	9.68	0	0	0	29.1	0	0	0	0
28	0	0	0	9.67	0	0	0	48.4	0	0	0	0
29	7.95		0	9.64	0	0	0	30.2	0	0	0	0
30	18.9		0	6.44	0	0	0	0	0	0	0	0
31	18.8		0		0		0	0		0		0
平　均	1.47	0.561	0	6.79	3.88	0	4.67	5.95	4.53	0	0	0
最　大	19.0	18.8	0	9.93	15.1	0	50.7	55.1	54.2	0	0	0
日　期	29	1	1	9	5	1	18	27	8	1	1	1
最　小	0	0	0	0	0	0	0	0	0	0	0	0
日　期	1	1	1	1	1	1	1	1	1	1	1	1

年统计	最大流量 55.1		8月27日	最小流量 0		1月1日	平均流量 2.33	
	径流量 0.7347		10^8m³	径流模数 10.1		10^{-3}m³/s·km²	径流深度 319.4	mm

附　注：表内流量由输水道、闸下断面流量合成。年蓄水变量0.0328×10^4m³。断面以上工农业用水量为0.0628×10^8m³。

2011　滚　河　石漫滩水库(出库总量)站　逐日平均流量表

集水面积　230 km², 流量 m³/s

日\月	一月	二月	三月	四月	五月	六月	七月	八月	九月	十月	十一月	十二月
1	0	0	0	0	0	2.37	0	0	0	0	33.2	20.2
2	0	0	0	0	0	9.41	0	0	0	0	33.1	19.6
3	0	0	0	0	0	9.71	0	0	0	0	23.4	18.9
4	0	0	0	0	0	3.14	0	0	0	0	0	18.2
5	0	0	0	0	0	0	0	0	0	0	0	7.42
6	0	0	0	0	0	0	0	0	0	0	0	0
7	0	0	0	0	0	0	0	0	0	0	0	0
8	0	0	0	0	0	0	0	0	0	0	0	0
9	0	0	0	0	0	0	0	0	0	0	0	0
10	0	0	0	0	0	0	0	0	0	0	0	0
11	0	0	0	0	0	0	0	0	0	0	12.3	0
12	0	4.81	0	0	0	0	0	0	0	0	20.6	0
13	0	9.57	0	0	0	0	0	0	0	0	19.9	0
14	3.23	9.54	0	0	0	0	0	0	0	0	19.2	0
15	9.61	9.52	0	0	0	0	0	0	0	0	7.04	0
16	6.81	9.49	0	0	0	0	0	0	0	0	0	0
17	0	9.47	0	0	0	0	0	0	0	0	0	0
18	0	9.44	0	0	0	0	0	0	6.87	0	0	0
19	0	4.72	3.95	0	0	0	0	0	0	0	0	0
20	0	0	9.43	0	0	19.0	7.96	0	21.6	0	0	0
21	0	0	9.41	0	0	0.777	29.9	0	21.2	0	0	0
22	0	0	9.39	0	0	0	0	0	16.5	8.13	0	0
23	0	0	4.31	0	0	0	0	0	0	13.9	0	0
24	0	0	0	0	0	19.1	0	0	0	13.9	0	0
25	0	0	0	0	0	26.4	0	0	0	13.9	0	0
26	0	0	0	0	0	0	0	0	0	13.9	0	0
27	0	0	0	0	0	0	0	0	0	13.9	0	0
28	0	0	0	2.79	0	0	0	0	31.9	13.8	0	0
29	0		0	11.1	0	0	0	0	18.5	13.8	0	0
30	0		0	4.62	0	0	0	0	0	13.8	12.1	0
31	0		0		0		0	0		16.5		0
平　均	0.634	2.38	1.18	0.617	0	3.00	1.22	0	3.89	3.92	6.03	2.72
最　大	9.63	9.59	9.45	11.1	0	59.0	48.0	0	51.9	33.2	33.2	20.5
日　期	14	12	19	28	1	20	20	1	28	31	1	1
最　小	0	0	0	0	0	0	0	0	0	0	0	0
日　期	1	1	1	1	1	1	1	1	1	1	3	5

年统计	最大流量 59.0		6月20日	最小流量 0		1月1日	平均流量 2.12	
	径流量 0.6673		10^8m³	径流模数 9.20		10^{-3}m³/s·km²	径流深度 290.1	mm

附　注：表内流量由输水道、溢洪道流量合成。年蓄水变量0.0713×10^8m³。石漫滩水库向舞阳钢铁厂供水0.0628×10^8m³。

2012　滚　河　石漫滩水库（出库总量）站　逐日平均流量表

集水面积　230 km², 流量　m³/s

日\月	一月	二月	三月	四月	五月	六月	七月	八月	九月	十月	十一月	十二月
1	0	0	0	0	0	0	0	0	0	0	0	0
2	0	0	0	0	0	0	0	0	0	0	0	0
3	0	0	0	0	13.5	0	0	0	0	0	0	0
4	0	0	0	0	19.5	0	0	0	0	0	0	0
5	0	0	0	0	6.77	2.48	2.76	0	0	0	0	0
6	0	0	0	0	0	0	5.16	0	0	0	0	0
7	0	0	0	0	0	0	5.49	0	0	0	0	0
8	0	0	0	0	0	0	5.77	12.5	0	0	0	0
9	0	0	0	0	0	1.60	5.88	14.9	0	0	0	0
10	0	0	0	0	0	4.24	5.88	0	0	0	0	0
11	0	0	0	0	0	0	5.88	0	0	0	0	0
12	0	0	0	0	0	0	5.88	0	0	0	0	0
13	0	0	0	0	0	0	5.89	0	0	0	0	0
14	0	0	0	0	0	3.01	5.90	0	0	0	0	0
15	0	0	0	0	0	5.10	5.90	0	0	0	0	0
16	2.15	0	0	0	0	5.06	5.90	0	0	0	0	0
17	6.41	0	0	0	0	5.08	5.90	0	0	0	0	0
18	6.40	0	0	0	0	5.08	5.90	0	0	0	0	3.59
19	6.38	0	0	0	0	5.10	5.90	0	0	0	0	0
20	6.31	0	0	0	0	5.11	2.48	0	0	0	0	0
21	6.30	0	0	0	0	1.72	0	0	0	0	0	0
22	2.89	0	0	0	0	0	3.63	0	0	0	0	0
23	0	0	2.04	0	0	0	5.80	0	0	0	0	0
24	0	0	5.73	0	0	0	6.25	0	0	0	0	0
25	0	0	5.73	0	0	0	6.72	0	0	0	0	0
26	0	0	19.2	0	0	0	7.19	0	0	0	0	0
27	0	0	26.4	0	0	0	7.66	0	0	0	0	0
28	0	0	26.0	0	0	0	3.01	0	0	0	0	3.63
29	0		25.6	0	0	0	0	0	0	0	0	7.24
30	0		17.9	0	0	0	0	0	0	0	0	0
31	0		0		0		0	0		0		0
平　均	1.19	0	4.15	0	1.28	1.45	4.09	0.884	0	0	0	0.466
最　大	6.42	0	26.6	0	21.9	5.16	8.08	22.7	0	0	0	13.1
日　期	16	1	26	1	3	14	28	8	1	1	1	18
最　小	0	0	0	0	0	0	0	0	0	0	0	0
日　期	1	1	1	1	1	1	1	1	1	1	1	1

年统计	最大流量 26.6	3月26日	最小流量 0		1月1日	平均流量 1.14	
	径流量 0.3606	10⁸m³	径流模数 4.97	10⁻³m³/s·km²	径流深度 156.8		mm

附　注　表内流量由输水道、溢洪道断面流量合成。年蓄水变量 -0.0394×10⁸m³。断面以上调查水量引出 0.0437×10⁸m³。

2013　滚　河　石漫滩水库（出库总量）站　逐日平均流量表

集水面积　230 km², 流量　m³/s

日\月	一月	二月	三月	四月	五月	六月	七月	八月	九月	十月	十一月	十二月
1	0	0	0	0	0	0	0	0	11.1	0	0	0
2	0	0	0	0	0	0	0	3.19	7.81	0	0	0
3	0	0	0	0	0	0	0	11.0	0	0	0	0
4	0	0	0	0	0	0	0	11.0	0	0	0	0
5	0	4.37	0	0	0	0	0	7.97	0	0	0	0
6	0	12.4	0	0	0	0	0	0	0	0	0	0
7	0	12.4	0	0	0	0	0	0	0	0	0	0
8	0	12.3	0	0	0	0	0	0	0	0	0	0
9	0	4.64	0	0	0	0	0	0	0	0	0	0
10	0	0	0	0	0	0	0	0	0	0	0	0
11	0	0	0	0	0	0	0	0	0	0	0	5.96
12	0	0	0	0	0	0	0	0	0	0	0	9.85
13	0	0	0	0	0	0	0	0	0	0	0	9.80
14	0	0	0	0	0	0	0	0	0	0	0	3.69
15	0	0	0	0	0	0	0	0	0	0	0	0
16	0	0	0	0	0	0	0	0	0	0	0	0
17	0	0	0	0	0	0	0	0	0	0	0	0
18	0	0	0	0	0	0	0	0	0	0	0	0
19	0	0	0	0	0	0	6.45	0	0	0	0	0
20	0	0	0	0	0	0	11.1	0	0	0	0	0
21	0	0	0	0	0	0	11.2	0	0	0	0	0
22	0	0	0	0	0	0	32.5	0	0	0	0	0
23	0	0	0	0	0	0	43.7	0	0	0	0	0
24	0	0	0	0	3.11	0	0	5.11	0	0	0	0
25	0	0	0	0	8.81	0	0	45.5	0	0	0	0
26	0	0	0	0	8.81	0	0	59.4	0	0	0	0
27	0	0	0	0	8.81	0	0	11.2	0	0	0	0
28	0	0	0	0	8.78	0	0	11.2	0	0	0	0
29	0		0	0	8.75	0	0	11.2	0	0	0	0
30	0		0	0	8.72	0	0	11.1	0	0	0	0
31	0		0		6.17		0	11.1		0		0
平　均	0	1.65	0	0	2.00	0	3.39	6.42	0.630	0	0	0.945
最　大	0	12.4	0	0	8.83	0	52.7	70.9	11.1	0	0	9.91
日　期	1	5	1	1	24	1	22	25	1	1	1	11
最　小	0	0	0	0	0	0	0	0	0	0	0	0
日　期	1	1	1	1	1	1	1	1	1	1	1	1

年统计	最大流量 70.9	8月25日	最小流量 0		1月1日	平均流量 1.26	
	径流量 0.3976	10⁸m³	径流模数 5.48	10⁻³m³/s·km²	径流深度 172.9		mm

附　注　表内流量由溢洪道、输水道断面流量合成。年蓄水变量 -0.0590×10⁸m³。断面以上调查水量引出 0.0809×10⁸m³。

洪 水 水 文 要 素 摘 录 表

1952　滚 河　石漫滩站

月	日	时分	水位 (m)	流量 (m³/s)	含沙量 (kg/m³)	月	日	时分	水位 (m)	流量 (m³/s)	含沙量 (kg/m³)	月	日	时分	水位 (m)	流量 (m³/s)	含沙量 (kg/m³)
6	28	7	557.78			7	3	7;20	561.86			8	7	17	559.18		
		11	80					10;15	76				8	7	21		
		12	83					13;20	98					12	22		
		16	85					14;10	562.02					17	23		
		22	97					17;05	20				9	7	26		
	29	1;25	560.35					17;45	30					12	27		
		2;15	562.65					19;10	35					17	28		
		3;05	563.60					22;30	39					20;20	560.55		
		4;40	564				4	0;20	36					22;20	562.29		
		6	08					5	27				10	0;10	74		
		6;45	08					7;30	22					1;30	86		
		7;35	06					9	17					4;55	563.00		
		9	04					10;47	11					8;10	05		
		10	02					12;33	06					11;40	07		
		11;15	98					14;15	00					13;40	16		
		12	96					15;59	561.93					15	20		
		13;25	93					16;51	89					17;30	21		
		14;35	88					22;15	71					22	23		
		15;28	85				5	0;15	62				11	1;25	80		
		17;20	84					4;50	43					4;40	564.00		
		18;55	80					8;40	32					8;30	10		
		21;30	70					9;20	14					11;30	14		
		23;15	69					15	560.99					16;40	17		
	30	1	65					21;15	81					18	18		
		4;23	61					22	70				12	3	565.13		
		9;30	99				6	1;01	48					6;30	18		
		9;45	564.01					6	20					11;30	20		
		10;15	04					6;35	16					14;45	23		
		10;25	05					8;37	05					19;20	23		
		10;35	06					10;20	559.96				13	5;20	22		
		11	07					12	87					13;30	18		
		12;50	08					13;40	77					19;20	14		
		15	04					16;15	62				14	5;30	07		
		18;20	563.98					18;05	52					12	00		
		18;50	97				7	8;59	558.50				15	6	83		
7	1	0;45	78					11;40	30					12	70		
		3	73					15;50	19					18	53		
		5;15	69					17;38	17				16	7	14		
		6;20	67					20;25	13					12	563.99		
		7;28	64				8	5;10	11					17	84		
		9;47	59					12	10				17	7	39		
		10;45	57					18	09					12	17		
		12;25	52			8	3	7	03					17	01		
		14;45	46					12	04				18	7	562.51		
		16;36	40					17	05					12	34		
		18;30	33				4	7	07					17	14		
		22;15	20					12;55	14				19	7	561.6		
		22;48	20					13;50	21					12	40		
	2	1;25	09					16;20	42					17	20		
		5	562.96					21;25	65				20	7	560.75		
		5;20	95				5	5;30	82					12	61		
		5;50	93					12	91					17	46		
		7;55	87					19	97				21	7	04		
		11;40	71				6	7	559.05					12	559.87		
		13;55	61					12	07					17	70		
		17;30	47					17	09				22	7	22		
		22;20	27				7	7	15					12	07		
	3	3;40	04					12	17					17	06		

洪水水文要素摘录表

月	日	时分	水位(m)	流量(m³/s)	含沙量(kg/m³)	月	日	时分	水位(m)	流量(m³/s)	含沙量(kg/m³)	月	日	时分	水位(m)	流量(m³/s)	含沙量(kg/m³)
8	22	22;15	559.93			8	31	17	561.77			9	9	12	566.59		
	23	0;45	560.23			9	1	7	48					17	54		
		4;04	561.25					12	36				10	7	30		
		5;30	90					17	24					12	25		
		7;50	562.47				2	7	560.90					17	12		
		10;30	85					12	79				11	7	565.82		
		15;30	563.34					17	67					17	60		
		17;20	48				3	7	32				12	7	23		
		21;30	61					12	23					12	12		
	24	1;45	64					17	11					17	00		
		7;45	62				4	7	559.73				13	7	564.60		
		16;15	49					12	59					12	45		
		22	37					17	45					17	30		
	25	6;20	18				5	7	558.97				14	7	563.91		
		12	04					12	79					12	76		
		17	562.88					17	61					17	59		
	26	7	45				6	7	10				15	7	14		
		12	25					8;15	12					12	562.98		
		17	13					12;37	559.44					17	80		
	27	7	561.54					14	73				16	7	29		
		12	36					18;40	560.69					12	12		
		17	26				7	2;10	88					17	561.95		
	28	7	560.86					6;30	89				17	7	38		
		12	73					11;37	561.80					12	19		
		17	61					13;13	562.34					17	560.98		
	29	12	57					16;20	563.09				18	7	32		
		17	61					21;40	46					12	08		
	30	6	63				8	1;40	59					17	559.84		
		10;30	561.10					8;45	565.20				19	7	17		
		14;50	73					10;20	566.04					12	558.88		
		17	83					11;25	25					17	62		
		22;15	92					13;14	46				20	7	35		
	31	7	90					21	68					12	15		
		12	84			9	9	6;20	65					17	03		

1953 滚 河 石漫滩站

月	日	时分	水位(m)	流量(m³/s)	含沙量(kg/m³)	月	日	时分	水位(m)	流量(m³/s)	含沙量(kg/m³)	月	日	时分	水位(m)	流量(m³/s)	含沙量(kg/m³)
7	10	23;55	552.09	0.420		7	16	23;30	552.54	32.4		7	30	16;45	552.54	32.4	
	11	1	26	6.94			17	6	54	32.4				17	40	18.2	
		1;10	29	9.17				15	53	31.2				17;40	38	16.4	
		1;20	40	18.2				16	50	27.8				18;15	32	11.5	
		1;35	52	30.1				16;50	26	6.94				18;50	26	7.00	
		1;55	46	23.7				17;15	31	10.7				19	25	6.27	
		3	28	8.39				17;35	31	10.7				21	19	3.02	
		6	17	2.22				19	22	4.40			31	2;30	13	1.05	
		9	13	1.05				21	16	1.87				6	11	0.670	
		15	11	0.670			18	6	16	1.87				21	09	0.420	
		18	40	18.2				9	15	1.58				22;40	93	97.4	
		19	35	13.8				14;25	15	1.58				23;05	76	65.4	
		20;10	22	4.40				15;10	60	39.6		8	1	0	47	24.7	
		21;30	51	28.9				17	28	8.39				2	27	7.67	
		22	75	63.5				18	22	4.40				4	22	4.40	
		22;45	60	39.6				19	19	3.02				6	19	3.02	
		23	62	42.4				21	16	1.87				9	17	2.22	
		23;10	63	43.8		19		2	16	1.87				15	16	1.87	
	12	0;25	46	23.7		30		0	07	0.260				18	13	1.05	
		2	34	13.0				5;05	08	0.300				19;40	32	11.5	
		6	23	5.00				6;40	44	21.8				20;20	76	65.4	
		12	18	2.56				8	54	32.4				22	28	8.39	
		18	18	2.56				9	55	33.5		2		0	18	2.56	
		21	16	1.87				15	55	33.5				21	13	1.05	

洪 水 水 文 要 素 摘 录 表

月	日	时分	水位(m)	流量(m³/s)	含沙量(kg/m³)	月	日	时分	水位(m)	流量(m³/s)	含沙量(kg/m³)	月	日	时分	水位(m)	流量(m³/s)	含沙量(kg/m³)
8	3	6	552.11	0.670		8	6	10	552.94	99.4		8	10	21	552.23	5.00	
		9	10	0.540				11	52	30.1				23:10	27	7.67	
		12	10	0.540				12	36	14.7				23:20	37	15.6	
		15	09	0.420				13	33	12.3			11	0	39	17.3	
		21	09	0.420				14	46	23.7				6	38	16.4	
		22:40	26	6.94				14:40	88	87.8				15	36	14.7	
		23:40	39	17.3				16	553.20	156				18	35	13.8	
	4	0	36	14.7				16:30	23	163				21	35	13.8	
		1	28	8.39				16:40	23	163				22	36	14.7	
		3	29	9.17				17	26	171				22:17	39	17.3	
		3:40	36	14.7				17:20	17	150				23	42	20.0	
		4	49	26.8				18	13	140			12	1	42	20.0	
		4:20	56	34.7				19	11	136				6	41	19.1	
		5	45	22.7				20	07	127				12	41	19.1	
		5:30	40	18.2				21	07	127				13	57	35.9	
		6:10	49	26.8			7	0	03	119				21	57	35.9	
		6:30	46	23.7				2	02	116				22	56	34.7	
		6:40	48	25.8				9	552.90	91.6				22:30	47	24.7	
		7	52	30.1				11	87	86.0				23	46	23.7	
		8	45	22.7				12	79	71.0			14	15	45	22.7	
		8:20	43	20.9				15	76	65.4				15:30	39	17.3	
		9	44	21.8				16	74	61.7				16:15	18	2.56	
		9:10	46	23.7				17	73	60.0				18:35	18	2.56	
		10	47	24.7				18	77	67.3				18:50	34	13.0	
		10:30	67	48.2				18:30	83	78.4				20	56	34.7	
		11	86	84.1				19	83	78.4			16	20:35	55	33.5	
		11:20	87	86.0				19:30	82	76.6				21	52	30.1	
		12	68	51.5				20	82	76.6				21:20	42	20.0	
		14:25	40	18.2				20:30	81	74.7				22	39	17.3	
		14:45	40	18.2				21	81	74.7			19	21	39	17.3	
		15:45	50	27.8			8	0	87	86.0			20	6	40	18.2	
		16	48	25.8				2	85	82.2				8:30	19	3.02	
		17	43	20.9				5:15	83	78.4				9	18	2.54	
		21	33	12.3				6	82	76.6				12	40	18.2	
	5	2:30	26	6.94				7	82	76.6				12:30	46	23.7	
	6	6:30	24	5.60				9	80	72.8				13:30	54	32.4	
		6	19	3.02				11	68	51.5				14:10	57	35.9	
		6:40	21	3.94				11:30	33	12.3				15	56	34.7	
		7	21	3.94				12	24	5.60				17:45	48	25.8	
		7:30	20	3.48				15	23	5.00				19	42	20.0	
		8	20	3.48				18	22	4.40				20:30	36	14.7	
		8:40	26	6.94			10	9	22	4.40			21	0	24	5.60	
		9	41	19.1				18	21	3.94							

1954　滚　河　石漫滩站

月	日	时分	水位(m)	流量(m³/s)	含沙量(kg/m³)	月	日	时分	水位(m)	流量(m³/s)	含沙量(kg/m³)	月	日	时分	水位(m)	流量(m³/s)	含沙量(kg/m³)
7	6	9	83.25	0.350		7	10	4	83.30	0.880		7	12	18	83.69	27.9	
		12	32	1.25				5:30	51	10.9				21	83	44.5	
		15	88	51.5				7	71	30.1				22	84	45.8	
		17	83	44.5				9	69	27.9			13	0	84	45.8	
		18	70	29.0				12	69	27.9				18	79	39.4	
		20:15	89	53.0				14:30	71	30.1			14	12	76	35.8	
		21:05	79	39.4				16	80	40.6			15	12	73	32.4	
		21:20	81	41.9			11	0	69	27.9			16	2	73	32.4	
	7	0	62	20.7				6	70	29.0				3	86	48.6	
		3	53	12.6				9	74	33.5				4	89	53.0	
		6	47	7.85				12	76	35.8				5:10	84.14	97.3	
	8	0	36	2.15				18	72	31.2				6	07	83.8	
		12	33	1.43			12	0	72	31.2				7	11	91.4	
	9	6	31	1.06				6	68	26.9				8	63	200	
		9	30	0.880				15	69	27.9				8:20	72	219	

洪 水 水 文 要 素 摘 录 表

月	日	时分	水位 (m)	流量 (m³/s)	含沙量 (kg/m³)	月	日	时分	水位 (m)	流量 (m³/s)	含沙量 (kg/m³)	月	日	时分	水位 (m)	流量 (m³/s)	含沙量 (kg/m³)
7	16	9	84.57	186		7	28	16	83.78	38.2		8	16	2:25	83.82	43.2	
		10:30	20	109				18	76	35.8				3	55	14.2	
		11:15	28	125				23	82	43.2				4	35	1.80	
		12	25	119			29	0	83	44.5				6	31	1.06	
		13	34	137				6	82	43.2			17	0	29	0.770	
		13:15	35	140			30	9	79	39.4			22	6	30	0.880	
		15	14	97.3				10:30	79	39.4				12	30	0.880	
		18:10	93.98	67.1				11	59	17.9				14	55	14.2	
		19	94.12	93.4				12	37	2.50				14:20	62	20.7	
	17	0	93.98	67.1				15	34	1.62				15	55	14.2	
		6	92	57.5				22:30	33	1.43				15:30	55	14.2	
		18	87	50.1				23	48	8.60				16	60	18.8	
		22:10	88	51.5			31	0	72	31.2				16:50	84.05	80.0	
		22:30	91	56.0				1	72	31.2				18	83.86	48.6	
	18	6	90	54.5				1:30	70	29.0				19	76	35.8	
	19	6	88	51.5				2	46	7.10			23	0	54	13.4	
		7:4	94	60.5				3	35	1.80				18	39	3.20	
		9	73	32.4				9	32	1.25			24	18	35	1.80	
		10	48	8.60		8	1	6	32	1.25		9	17	6	25	0.350	
		12	44	5.79				12	34	1.62				20:30	25	0.350	
		13:40	45	6.35				18	36	2.15				21	52	11.7	
		15	91	56.0			3	6	34	1.62			18	6	63	21.7	
		15:30	93	59.0				11:10	43	5.23				8	93	59.0	
	20	6	89	53.0				12	67	25.8				9	89	53.0	
		8	84.11	91.4				15	74	33.5				10	42	4.67	
		10	83.98	67.1			4	18	71	30.1				11:20	31	1.06	
		15	90	54.5			7	6	63	21.7				11:30	48	8.60	
		16	95	62.0				8	45	6.35				12	62	20.7	
		16:30	96	63.7				9	34	1.62				19:30	63	21.7	
		18	95	62.0				12	31	1.06				20	79	39.4	
		22:30	85	47.1				19:30	39	3.20				20:50	93	59.0	
	21	0	46	7.10				20	64	22.6				21:40	93	59.0	
		0:30	45	6.35				21	51	10.9				23	70	29.0	
		2	86	48.6				22	44	5.79			19	0	62	20.7	
	22	0	83	44.5			8	0	38	2.85				12	62	20.7	
		6	82	43.2				6	34	1.62				15	61	19.8	
		18	82	43.2			9	6	34	1.62				16	90	54.5	
	23	9	81	41.9				12	45	6.35				17	91	56.0	
		10	74	33.5				13	61	19.8				18	65	23.6	
		11	38	2.85				13:40	69	27.9			20	6	60	18.8	
		18	34	1.62				14:30	62	20.7				12	60	18.8	
		22	37	2.50				15	65	23.6				13	77	37.0	
		23	79	39.4				16	55	14.2				13:30	88	51.5	
	24	0	80	40.6				18	46	7.10				15	88	51.5	
		4:45	80	40.6			10	6	40	3.55				15:30	80	40.6	
		5	78	38.2				21	37	2.50				16	66	24.7	
		6	38	2.85				22	59	17.9			21	6	63	21.7	
		8	34	1.62			11	0	60	18.8				6:30	70	29.0	
		12	33	1.43				17:15	59	17.9				7	84	45.8	
		14:10	34	1.62				18	74	33.5				8	85	47.1	
		15	87	50.1			12	6	73	32.4				9	83	44.5	
		18	87	50.1				18	73	32.4				10	62	20.7	
	25	6	86	48.6			14	9:25	69	27.9				15	62	20.7	
		15	86	48.6				9:45	72	31.2				18	61	19.8	
		17	78	38.2				10	71	30.1				19	82	41.9	
	26	9	77	37.0				11	75	34.6				20:30	83	44.5	
		15	76	35.8				12	73	32.4				21	70	29.0	
		17	77	37.0				13	70	29.0				22	65	23.6	
		18:30	93	59.0				14	41	4.11			22	6	62	20.7	
	27	4	87	50.1				15	37	2.50				7:30	62	20.7	
		5	91	56.0			15	15	30	0.880				8	77	37.0	
		6:20	95	62.0				16	69	27.9				10	76	35.8	
		9	92	57.5				18	69	27.9				10:30	65	23.6	
	28	15	84	45.8				21	86	48.6				11	61	19.8	

洪 水 水 文 要 素 摘 录 表

月	日	时分	水位 (m)	流量 (m³/s)	含沙量 (kg/m³)	月	日	时分	水位 (m)	流量 (m³/s)	含沙量 (kg/m³)	月	日	时分	水位 (m)	流量 (m³/s)	含沙量 (kg/m³)
9	22	17:30	83.58	17.0		9	22	21	83.57	16.0		9	23	6	83.31	1.06	
		18	68	26.8				22	45	6.35				9	30	0.880	
		18:30	69	27.9				23	0	35	1.80			20	28	0.670	

1955 滚 河 石漫滩水库站

月	日	时分	水位 (m)	流量 (m³/s)	含沙量 (kg/m³)	月	日	时分	水位 (m)	流量 (m³/s)	含沙量 (kg/m³)	月	日	时分	水位 (m)	流量 (m³/s)	含沙量 (kg/m³)
7	8	3:35	83.45	8.00		7	12	20	83.90	54.5		8	2	11:30	83.77	43.5	
		4	52	13.2			13	8	86	48.5				13:02	78	45.2	
		5	54	14.7				11:10	85	47.2				14	90	70.1	
		6	69	27.7				14	83	44.5				14:50	84	86.8	
		7	81	44.4				17	82	43.5				15	84	86.7	
		8	81	44.4				20	80	40.7				15:10	84.01	88.3	
		9	90	64.2				22	78	36.9				15:20	84	86.7	
		9:30	87	54.5				23	77	36.9				15:40	84	86.7	
		10:10	99	83.2				23:40	74	34.4				16	83.99	85.1	
		10:30	99	83.2			14	0	61	20.2				17	84.06	93.5	
		12	94	73.2				1:10	36	3.05				17:10	06	93.5	
		14	49	10.9				2	75	34.3				18:40	83.90	61.2	
		15	46	8.72				3	75	34.3				19	90	61.2	
		15:30	76	36.9				5	73	32				20:40	84	50.2	
		16	89	61.5				8	67	26.5				21	84	50.2	
		17	89	61.5				11	44	7.37				22:30	80	44.0	
		21	87	56.7				14	41	5.48				23	80	44.0	
		23	87	56.7				17	41	5.48			3	1	78	39.3	
	9	0	86	54.5				20	40	4.85				6	75	36.5	
		3	86	54.5				20:30	40	4.85				7	84	47.7	
		5	97	79.2				20:50	38	3.85				7:50	96	67.7	
		6	84.23	131				20:55	47	9.44				8:30	96	67.7	
		7	34	145			15	8	38	3.85				8:50	98	71.5	
		7:30	37	143				11	37	3.50				9:20	98	71.5	
		8	33	130				17	37	3.50				9:40	99	73.4	
		12	84	70.0				20	36	3.05				10:20	99	73.4	
		18	83.90	54.5			16	8	35	2.60				11	98	71.5	
	10	7	85	47.2				20	34	2.33				14	96	67.7	
		7:10	85	47.2			17	8	33	2.06				15	95	65.8	
		8:30	40	4.85				20	32	1.78				17	95	65.8	
		8:50	38	3.95			18	8	31	1.51				20	97	69.6	
		9	38	3.95			19	8	30	1.24				20:30	97	69.6	
		9:30	37	3.50			20	8	28	0.930				21	98	71.5	
		11	36	3.05			30	17	19	0.050				22	84.02	79.3	
		11:10	35	2.60				20	20	0.080				22:20	02	79.3	
		11:20	35	2.60			31	8	21	0.160				23	83.92	60.6	
		12:30	94	60.5				17	21	0.160			4	0	92	60.6	
		14	94	60.5				18:10	31	1.92				0:30	95	65.8	
	11	0	91	56.0				18:40	37	4.47				1	94	64.1	
		17	86	48.5				20	34	3.05				14	88	54.0	
		20:10	90	54.5		8	1	7:40	34	3.05				15	84.02	79.3	
		20:40	90	54.5				8	42	7.34				16	83.92	60.6	
		21:10	92	57.5				8:20	50	12.8				20	88	54.0	
		21:30	92	57.5				8:30	50	12.8			5	8	86	50.9	
	12	0	96	62.2				11	52	14.6				11	85	49.3	
		0:40	95	62.2				17	52	14.6				14	85	49.3	
		1	95	62.2				20	51	13.7				17	84	47.9	
		2	94	60.5			2	8	55	17.8				20	84	47.9	
		3	94	60.5				8:45	57	19.8			6	1:25	83	46.5	
		4	93	59.0				9	58	20.7				5	83	46.5	
		8	93	59.0				9:40	74	38.8				8	82	45.0	
		9	92	57.5				9:50	75	40.3				14	82	45.0	
		11	92	57.5				10	75	40.3				20	80	42.2	
		14	91	56.0				10:30	75	40.3			7	8	78	39.6	
		17	91	56.0				10:50	77	43.5				20	74	34.4	

— 59 —

洪 水 水 文 要 素 摘 录 表

日期 月	日	时分	水位 (m)	流量 (m³/s)	含沙量 (kg/m³)	日期 月	日	时分	水位 (m)	流量 (m³/s)	含沙量 (kg/m³)	日期 月	日	时分	水位 (m)	流量 (m³/s)	含沙量 (kg/m³)
8	8	8	83.61	20.6		8	15	9	83.92	60.6		8	20	7:30	83.71	31.3	
		9	34	2.33				9:20	93	62.4				8	56	17.8	
		10:15	29	1.09				11	92	60.6				8:45	39	5.50	
		11	29	1.09				14	94	64.1				9	39	5.50	
		17	26	0.620				17	93	62.4				12:40	52	14.5	
		20	26	0.620				20	93	62.4				14:50	40	6.02	
	9	8	25	0.470			16	8	91	58.9				15	40	6.02	
		14	25	0.470				11	91	58.9				16	70	30.2	
		17	24	0.390				14	90	57.2				17	74	34.5	
	10	20	24	0.390				17	94	64.1				20	76	36.9	
	11	8	23	0.310				20:03	94	64.1			21	0	84	47.9	
	13	8	23	0.310			17	4	84	47.9				1:10	79	40.6	
		11	22	0.240				8	81	43.6				7:40	87	52.5	
		14	22	0.240				17	78	39.6				8:30	83	46.5	
		15	24	0.390				20	78	39.6				9:40	91	58.9	
		15:20	24	0.390			18	1:20	38	4.98				10	91	58.9	
		15:25	33	2.06				2	74	34.5				20	87	52.5	
		15:40	58	18.0				2:30	76	36.9			22	8	85	48.3	
		16	51	12.4				6	57	18.7				20	82	45.0	
		17	37	3.50				7:40	34	3.05			23	8	80	42.2	
		20	29	1.09				8:40	34	3.05				20	77	38.2	
	14	8	30	1.24				10	32	2.30			24	8	73	33.4	
		8:40	30	1.24				10:10	32	2.30				18	65	25.5	
		9:10	48	10.2				10:20	36	3.95				19	48	11.4	
		14	53	15.5				10:30	51	13.6				20	32	2.30	
		15:05	54	16.2				11:10	64	24.6			25	8	28	1.12	
		15:15	53	15.5				17	64	24.6				10	41	6.68	
		15:30	62	24.1			19	0	62	22.9				11:10	72	32.4	
		15:50	79	48.3				8	59	20.4				11:20	72	32.4	
		16	79	48.3				11	58	19.5				12	59	20.4	
		16:20	77	45.7				14	58	19.5				13	35	3.43	
		16:45	85	58.7				15	71	34.0				14	30	1.54	
		16:50	86	59.4				16	74	37.0				20	28	1.12	
		19	61	22.1				16:40	79	49.0			26	8	27	0.920	
		19:20	60	21.2				17	84.02	96.2				20	26	0.710	
		20	72	32.4				17:15	09	100			27	8	25	0.500	
		20:30	73	33.4				17:20	09	97.0			28	8	24	0.420	
		21:40	73	33.4				18	84	73.4			29	8	24	0.420	
		23:20	84	47.5				20:10	83.73	33.4			30	11	24	0.420	
		23:40	84	47.5				20:40	75	35.6				14	23	0.330	
	15	1	78	39.6				20:50	75	35.6			31	8	23	0.330	
		6	74	34.5				21	74	34.5		9	1	8	22	0.250	
		7:40	74	34.5				22	74	34.5			4	8	22	0.250	
		8	76	36.9			20	0	72	32.4			5	8	21	0.160	
		8:10	82	45.0				7	71	31.3							

1956 滚 河 石漫滩水库站

日期 月	日	时分	水位 (m)	流量 (m³/s)	含沙量 (kg/m³)	日期 月	日	时分	水位 (m)	流量 (m³/s)	含沙量 (kg/m³)	日期 月	日	时分	水位 (m)	流量 (m³/s)	含沙量 (kg/m³)
3	30	8	83.26	1.05		4	5	20	83.53	17.5		4	7	18:50	83.73	37.6	
		20	31	3.05			6	8	82	49.0				20	74	38.8	
	31	8	33	4.05				9	66	29.8				21	57	21.0	
		21:50	33	4.05				10	61	24.8			8	0	50	15.0	
		22:10	39	7.42				14	51	15.8				8	41	8.70	
4	1	0	41	8.70				20	52	16.6				20	35	5.05	
		8	40	8.10			7	0	49	14.2			9	8	33	4.05	
	2	18:40	39	7.42				8	49	14.2			10	8	29	2.23	
		19:45	49	14.2				12	46	12.0			11	8	27	1.44	
		21	50	15.0				16	61	24.8				20	26	1.05	
	3	8	49	14.2				17:55	60	23.8			12	18	25	0.750	
	4	8	48	13.5				18:20	63	26.8		6	1	8	16	0.042	
	5	8	47	12.7				18:30	70	24.0			2	8	16	0.042	

洪 水 水 文 要 素 摘 录 表

月	日	时分	水位 (m)	流量 (m³/s)	含沙量 (kg/m³)
6	3	1:30	83.30	2.65	
		2:10	55	19.1	
		2:40	51	15.8	
		3	54	18.3	
		4:10	46	12.0	
		5:10	49	14.2	
		5:30	48	13.5	
		5:45	50	15.0	
		8	35	5.05	
		13	28	1.82	
		13:40	41	8.70	
	4	1:10	41	8.70	
		3	25	0.750	
		8	23	0.520	
		20	21	0.330	
	5	8	20	0.250	
		23:30	19	0.180	
		23:40	29	2.23	
	6	0	48	13.5	
		0:20	51	15.8	
		1	42	9.39	
		2	52	16.6	
		3	57	21.0	
		4	97	71.9	
		4:20	91	62.0	
		5:10	17	110	
		5:20	16	108	
		6:20	19	115	
		8:20	76	41.2	
		9:10	81	47.6	
		10	77	42.5	
		12	79	45.0	
		15	61	24.8	
		22	45	11.2	
	7	0	44	10.6	
		8	38	7.09	
		15	35	5.45	
		16	68	31.9	
		16:10	69	33.0	
		20	68	31.9	
	8	3	78	43.7	
		4:30	95	68.5	
		5	90	60.4	
		10	82	49.0	
		11	81	47.6	
		16	77	42.5	
		17	83	50.4	
		18:50	77	42.5	
		20	77	42.5	
		20:40	83	50.4	
		22:30	77	42.5	
	9	1	77	42.5	
		2	90	60.4	
		2:30	94	66.9	
		3	90	60.4	
		5	83	50.4	
		8	82	49.0	
		9	81	47.6	
		9:30	88	57.5	
		11	92	63.6	
		14	89	59.0	
		18:10	89	59.0	
		19	68	31.9	
		21	69	33.0	
6	10	0	83.67	30.9	
		8	66	29.8	
	11	6:15	64	27.8	
		7	84	51.8	
	12	8	81	47.6	
		9:30	81	47.6	
		10	73	37.6	
	13	6	72	36.4	
		7	60	23.8	
		20	59	22.9	
	14	8:40	59	22.9	
		9	68	31.9	
		13:10	69	33.0	
		14	33	4.57	
		15	26	1.85	
		20	24	1.24	
	15	21	23	0.980	
		22	42	9.39	
		23	43	9.99	
		23:30	63	26.8	
	16	17	64	27.8	
		17:30	69	33.0	
		22:10	69	33.0	
		22:30	62	25.8	
	17	22:10	61	24.8	
		22:50	55	19.1	
	18	8	55	19.1	
	19	8	55	19.1	
	20	8	54	18.3	
	21	14:10	53	17.5	
		15	31	3.69	
		16	24	1.24	
		20	20	0.400	
		22	25	1.50	
		22:30	50	15.0	
	22	8	51	15.8	
	23	8	51	15.8	
	24	8	50	15.0	
		13	52	16.6	
		20	51	15.8	
		22:45	52	16.6	
		23	64	27.8	
	25	0	69	33.0	
		5:40	76	41.2	
		7	79	45.0	
		7:30	84	51.8	
		8	95	68.5	
		8:10	99	75.3	
		9	81	47.6	
		10:30	64	27.8	
		11:20	64	27.8	
		15	49	14.2	
		18	43	9.99	
		20	41	8.78	
	26	4:20	36	6.00	
		4:30	56	20.0	
		5	70	34.0	
		20:00	68	31.9	
	27	8	67	30.9	
		20	66	29.8	
		20:30	71	35.2	
	28	9	71	35.2	
		9:10	68	31.9	
		9:30	50	15.0	
6	28	10	83.34	5.01	
		11	28	2.55	
		14	27	2.20	
		14:30	69	33.0	
		14:50	71	35.2	
	29	8	71	35.2	
		21:10	73	37.6	
		21:30	80	46.2	
		21:50	82	49.0	
	30	2:30	91	62.0	
		4:40	84.15	106	
		6	14	104	
		8	10	95.4	
		9:40	13	102	
		10	16	108	
		10:20	16	108	
		11	11	97.5	
		12	09	93.5	
		13	01	78.8	
		14	83.82	49.0	
		16	79	45.0	
		17:20	86	54.6	
		20	74	38.8	
		21	69	33.0	
7	1	0	59	22.9	
		2	53	17.5	
		8	44	10.6	
		16	39	7.63	
		16:30	71	35.2	
		17	73	37.6	
		20	73	37.6	
	2	20	70	34.0	
	3	20	68	31.9	
		21:10	89	59.0	
		22	78	43.7	
		23	72	36.4	
	4	0	70	34.0	
		8	68	31.9	
		23	67	30.9	
		23:20	70	34.0	
	5	15:20	69	33.0	
		16:40	29	2.90	
		20	25	1.50	
		22:30	26	1.85	
		23:20	69	33.0	
	6	7:30	68	31.9	
		8:10	46	12.0	
		21	46	12.0	
		21:30	69	33.0	
	7	8	70	34.0	
		20	69	33.0	
	8	8	73	37.6	
		9:30	95	68.5	
		10:30	84.20	117	
		11	19	115	
		13	83.94	66.9	
		17	81	47.6	
		20	78	43.7	
	9	5:20	73	37.6	
		6	46	12.0	
		6:30	36	6.00	
		8:40	35	5.45	
		9:30	72	36.4	
		20	70	34.0	

洪 水 水 文 要 素 摘 录 表

月	日	时分	水位 (m)	流量 (m³/s)	含沙量 (kg/m³)	月	日	时分	水位 (m)	流量 (m³/s)	含沙量 (kg/m³)	月	日	时分	水位 (m)	流量 (m³/s)	含沙量 (kg/m³)
7	10	8	83.68	31.9		8	3	18:40	84.34	150		8	20	20	83.58	21.9	
	11	8	64	27.8				19:20	34	150			21	1	53	17.5	
		20	61	24.8				21:30	12	99.6				2	36	6.00	
		21	41	8.78				22:20	23	124				3	32	4.13	
		22	27	2.20				23	16	108				6	31	3.69	
	12	8	24	1.24			4	0	19	115				20	30	3.25	
	13	8	23	0.980				5:30	04	84.0			22	1:35	67	30.9	
	14	8	22	0.720				7:30	03	82.3				2	84.05	85.8	
	15	8	21	0.560				9:30	01	78.8				3	21	119	
	16	8	21	0.560				10:30	01	78.8				4:30	30	140	
	17	8	20	0.400				14	83.96	70.2				5:30	36	154	
	18	8	20	0.400			5	0	85	53.8				6:30	29	138	
	19	8	20	0.400				12	74	38.8				8	18	112	
	20	21:08	19	0.320				16	68	31.9				9	26	130	
		21:30	63	26.8			6	0	64	27.8				12	06	87.7	
		22:10	67	30.9				12	57	21.0				14	01	78.8	
	21	8	64	27.8			7	0	51	15.8				15	03	82.3	
		13	60	23.8				8	48	13.5				16:30	83.97	71.9	
		17:30	54	18.3				19	45	11.2				18	64	27.8	
		19	27	2.20				20	69	33.0				20	57	21.0	
		20	23	0.980			8	7:10	64	27.8			23	2:30	44	10.6	
	22	8	18	0.240				8	74	38.8				8	39	7.63	
		9:10	18	0.240				20	72	36.4				20	33	4.57	
		9:45	49	14.2				23	70	34.0			24	8	30	3.25	
		11	27	2.20			9	0	31	3.69			25	8	27	2.20	
		20	18	0.240				0:30	28	2.55			26	8	25	1.50	
	23	8	18	0.240				8	24	1.24			27	8	24	1.24	
	24	8	17	0.160				22:15	23	0.980			28	8	23	0.980	
	25	8	17	0.160				23	67	30.9			29	8	22	0.720	
	26	8	17	0.160				23:30	68	31.9			30	8	22	0.720	
	27	8	16	0.110			10	8	71	35.2			31	8	21	0.560	
	28	8	16	0.110			11	8:30	72	36.4				22:50	21	0.560	
	29	8	21	0.560				9:10	88	57.5				23	32	4.13	
	30	8	19	0.320				10	75	40.0				23:30	60	23.8	
	31	8	18	0.240				10:30	74	38.8		9	1	0	61	24.8	
		19:30	21	0.560				11	84.15	106				8	61	24.8	
		20	41	8.78				11:25	48	185			2	8	60	23.8	
		21	36	6.00				13	05	85.8			3	8	60	23.8	
		22	32	4.13				15:30	83.75	40.0			4	8	59	22.9	
8	1	0	27	2.20				16	74	38.8			5	8	58	21.9	
		8	22	0.720				17	84.02	80.5			6	7:30	56	20.0	
		20	20	0.400				20	83.97	71.9				8	49	14.2	
		22:30	36	6.00			12	0	93	65.3				8:30	32	4.13	
		22:46	51	15.8				8	88	57.5				9:30	24	1.24	
		24	37	6.54			13	8	85	53.2				15	18	0.240	
	2	1	31	3.69			14	8	83	50.4				15:30	55	19.1	
		3	26	1.85			15	8	80	46.2				15:50	59	22.9	
		8	22	0.720			16	6:20	78	43.7				16:20	60	23.8	
		18	23	0.980				7:30	32	4.13			7	8	59	22.9	
		19	37	6.54				8:30	27	2.20				20	57	21.0	
		20	46	12.0				18:30	24	1.24				20:30	40	8.18	
		21	49	14.2				19:30	64	27.8				21	30	3.25	
	3	0	42	9.39				21:30	65	28.8				22	22	0.720	
		3:30	41	8.78				22	76	41.2			8	8	17	0.160	
		4	62	25.8				22:20	78	43.7			9	8	15	0.055	
		5	84.00	77.0			17	8	77	42.5			10	8	15	0.055	
		6	27	133				20	76	41.2			11	8	15	0.055	
		7	33	147			18	8	74	38.8			12	8	15	0.055	
		8:20	46	180				20	72	36.4			13	8	15	0.055	
		10	15	106				22	59	22.9			14	2:30	15	0.055	
		12	83.87	56.1			19	21	58	21.9				3	44	10.6	
		15	70	34.0				22:30	65	28.8				20	45	11.2	
		15:30	70	34.0			20	0	65	28.8			15	8	43	9.99	
		17	97	71.9				8	63	26.8				14:40	51	15.8	

洪 水 水 文 要 素 摘 录 表

月	日	时分	水位(m)	流量(m³/s)	含沙量(kg/m³)	月	日	时分	水位(m)	流量(m³/s)	含沙量(kg/m³)	月	日	时分	水位(m)	流量(m³/s)	含沙量(kg/m³)
9	15	15	83.45	11.2		9	18	8	83.21	0.560		9	26	8	83.15	0.055	
		15:10	43	9.99			19	8	21	0.560			27	21	15	0.055	
	16	0	42	9.36			20	8	20	0.400				21:40	56	20.0	
		7	41	8.78			21	8	20	0.400				22	46	12.0	
		15	40	8.18			22	8	20	0.400				22:30	31	3.69	
		18	39	7.63			23	8	20	0.400				23:30	24	1.24	
		19:30	26	1.85			24	8	20	0.400			28	0	22	0.720	
		20:20	23	0.980				20	20	0.400				8	18	0.240	
	17	8	21	0.560			25	8	15	0.055			29	8	19	0.320	

1957　滚　河　石漫滩水库(坝上)站

月	日	时分	水位(m)	流量(m³/s)	含沙量(kg/m³)	月	日	时分	水位(m)	流量(m³/s)	含沙量(kg/m³)	月	日	时分	水位(m)	流量(m³/s)	含沙量(kg/m³)
5	23	2	96.45			6	9	11	92.05			7	7	4	97.05		
		8	51					18	91.66					5	32		
		14	59					19	92.10					7	68		
		17	59					23	55					8	92		
		20	51				10	4	42					10	98.25		
	24	8	15					9:20	20					15	60		
		20	95.70					20	37				8	0	80		
	25	8	09					21	37					8	88		
		20	94.46				11	0	31					14	93		
	26	8	93.81					8	12					20	97		
		20	12					11	04				9	2	97		
	27	3	92.71					20	91.82					8	99.01		
		12	25				12	8:30	45					14	03		
		20	91.91					20	57					17:50	04		
	28	8	50					20:30	58					20	04		
		20	14				13	0	33				10	2	02		
	29	8	90.97					6	90.86					8	00		
	30	8	61					15:30	39					20	98.92		
	31	8	30					19:30	46				11	8	92		
6	4	6:10	09				14	0	22					16	77		
		7:30	59					7	38					20	67		
		8	91.12					8	82				12	8	39		
		8:30	75					9	91.30					20	97.86		
		9	92.41					13	55				13	4	38		
		9:30	94				15	0	13					8	15		
		10	93.30					4	90.92					14	96.79		
		10:30	53					8	73					20	43		
		11	72					16	36				14	2	04		
		12	94				16	8	21					8	95.65		
		14	94.14					20	43					14	25		
		16	27				17	8	26					20	94.90		
		19:40	43					20	15					22	95.22		
		20	45				18	8	12				15	0	96.19		
	5	16	93					20	10					20	99		
		17	90				19	8	08				16	0	97.01		
		19	85					20	08					8	05		
	6	2	60				21	8	16					14	12		
		6	40					20	13					16	28		
		16	93.94				22	8	24				17	0	56		
	7	0	55				23	20	08					4	59		
		8	17			7	6	21	32					20	66		
		8:30	14					22	83				18	8	92		
		10:30	20					23	91.83				19	0	98.11		
		22	10				7	0	93.05					6	65		
	8	9	92.45					1	94.28					8	99.16		
		10	45					1:30	87					9	55		
		20	50					2	95.55					10	99		
		21	48					2:30	96.23					11	100.36		
	9	2	25					3	56					13	68		

63

洪 水 水 文 要 素 摘 录 表

月	日	时分	水位 (m)	流量 (m³/s)	含沙量 (kg/m³)	月	日	时分	水位 (m)	流量 (m³/s)	含沙量 (kg/m³)	月	日	时分	水位 (m)	流量 (m³/s)	含沙量 (kg/m³)
7	19	16	100.87			7	21	16	101.93			7	26	8	96.46		
		20	101.01				22	0	72					16	95.96		
	20	0	09					8	49				27	0	43		
		2	14					12	34					8	94.91		
		4	37					16	16					16	59		
		5	67					20	100.97				28	0	21		
		6	90				23	0	79					8	93.83		
		7	102.05					8	40					16	44		
		8	14					16	01				29	0	03		
		10	23				24	0	99.59					8	92.59		
		14	29					8	17					16	08		
		15	29					16	98.73					20	91.79		
		16	28				25	0	30				30	0	48		
		18	26					8	97.85					8	90.84		
	21	0	18					16	40					20	72		
		8	07				26	0	96.93				31	8	54		

1957　滚　河　石漫滩水库站

月	日	时分	水位 (m)	流量 (m³/s)	含沙量 (kg/m³)	月	日	时分	水位 (m)	流量 (m³/s)	含沙量 (kg/m³)	月	日	时分	水位 (m)	流量 (m³/s)	含沙量 (kg/m³)
5	23	10:05	88.31	1.09		6	11	8	88.48	8.00		7	14	8	88.94	48.6	
		11	58	14.9				20	47	7.50				18	90	44.9	
		17	77	31.2			12	8	45	6.60				20	37	3.03	
		20	77	31.2				20	24	0.060			15	0	33	1.59	
	24	8	74	30.6				20:30	24	0.060				8	34	1.95	
		16:30	82	38.6				20:35	30	0.900				20	34	1.95	
		17	82	38.2				21:20	57	14.1			16	8	33	1.59	
	25	8	81	35.5			13	0	54	6.60			17	8	33	1.59	
		20	79	32.7				15:30	32	1.31			18	8	34	1.95	
	26	8	77	29.4				16	23	0.050				20	33	1.59	
		20	71	25.6				19	23	0.050			19	8	34	1.95	
	27	5:20	62	16.7				19:05	31	1.10			20	8	35	2.28	
		24	47	12.0				20	38	3.40				14:20	35	2.28	
	28	8	44	10.6			14	8	44	7.30				14:50	62	18.2	
		20	44	8.30				13	47	13.1			21	0	62	18.2	
	29	8	36	7.00				20	52	11.2				8	63	19.0	
	30	8	32	1.31			15	8	45	6.50				16	86	44.9	
6	4	6:10	35	6.50			16	8	28	0.520				16:30	90	44.5	
		8	48	8.07				20	39	3.82			22	0	90	44.5	
		10	60	19.9			17	8	35	2.28				8	92	49.3	
		12	55	22.6				20	27	0.370				11	89.07	73.5	
		16	65	23.9			18	8	25	0.120				16	08	72.6	
		20	36	24.6		7	6	21		0				20	08	71.9	
		21		0				22	88.33	1.59			23	8	03	69.7	
	5	16	88.30	0			7	0	39	3.82				20	03	67.4	
		17	68	34.6				7	59	15.8			24	8	02	64.8	
		22	78	34.0				8		0				20	01	62.0	
	6	8	76	32.0			9	17		0			25	8	00	59.2	
	7	8	72	25.8				18	88.30	0.900			26	8	88.97	52.8	
		19:30	31	0				20	45	6.50			27	9:15	88	44.1	
		20	54	26.0			10	8	45	6.50				10	31	1.09	
	8	9:30	68	21.2				20	52	10.5				11	68	29.6	
		10	29	0			11	8	51	9.80				20	73	28.0	
		10:30	26	0				10:30	76	30.3			28	8	70	25.7	
		20	26	0				20	76	30.3			29	0	67	22.1	
		21:30	65	21.3			12	8	74	28.6				8	64	19.7	
	9	8	63	19.1				12:30		61.0				20	57	14.6	
		20	64	19.7				13:10	89.00	60.8			30	8	47	7.48	
	10	9:20	29	0.690				20	00	59.3				9	23	0.050	
		20	25	0.120			13	8	88.99	56.0							
		21	50	9.24				20	97	52.6							

水 库 水 文 要 素 摘 录 表

1960　滚　河　石漫滩水库(坝上)站

月	日	时分	坝上水位 (m)	蓄水量 (10⁸m³)	出库流量 (m³/s)	月	日	时分	坝上水位 (m)	蓄水量 (10⁸m³)	出库流量 (m³/s)	月	日	时分	坝上水位 (m)	蓄水量 (10⁸m³)	出库流量 (m³/s)
3	4	8	91.16			5	7	8	96.89			7	2	8	94.07		
	5	8	14				8	8	91				3	8	93.98		
	6	8	16				9	8	94				4	8	88		
	8	8	24				10	8	95				5	8	78		
	9	8	33				11	8	94				6	8	66		
	10	8	49				12	8	92				7	8	60		
	11	8	58				13	8	88				8	8	52		
	12	8	65				14	8	85				9	8	43		
	13	8	68				15	8	81				10	8	34		
	14	8	76				16	8	78				11	8	46		
	15	8	89				17	8	74				12	8	42		
		20	94				18	8	71				13	8	56		
	16	20	92.02				19	8	67				14	8	56		
	17	8	06				20	8	61				15	8	50		
	18	8	13				21	8	53				16	8	43		
	19	8	53				22	8	46				17	8	38		
		20	80				23	8	39				18	8	33		
	20	20	93.18				24	8	35				19	8	26		
	21	8	26				25	8	28				20	8	18		
	22	8	36				26	8	20				21	8	28		
	23	8	43				27	8	12				22	8	22		
	24	8	54				28	8	06				23	15:30	16		
		20	94.10				29	8	95.99					20	67		
	25	8	39				30	8	91				24	8	78		
	26	8	87				31	8	83				25	8	80		
	27	8	95.09			6	1	8	76				26	8	78		
	28	8	20				2	8	70				27	8	74		
	29	8	37				3	8	62				28	8	71		
	30	8	48				4	8	55				30	8	71		
	31	8	58				5	8	47				31	8	72		
4	1	8	67				6	8	39			8	1	8	69		
	2	8	76				7	8	31				2	8	64		
	3	8	82				8	8	24				3	8	60		
	4	8	85				9	8	16				4	8	56		
	6	8	87				10	8	08				5	8	48		
	10	8	83				11	8	94.99				6	8	40		
	11	8	84				12	8	90				7	8	32		
	12	8	85				13	8	81				8	8	24		
	15	8	85				14	8	72				9	8	13		
	19	8	81				15	8	62				10	8	03		
	20	8	78				16	8	52				11	8	92.93		
	21	8	74				17	8	42				12	8	81		
	22	8	70				18	8	32				13	8	68		
	23	8	68				19	8	32				14	8	54		
	24	8	65					20	58				15	8	37		
	25	8	63				20	20	62				16	8	18		
	26	8	60				21	8	64				17	8	00		
	27	8	96.44				22	8	61				18	8	91.77		
	28	8	61				23	8	57				19	8	49		
	29	8	68				24	8	54				20	8	13		
5	30	8	74				25	8	48				21	8	90.66		
	1	8	77				26	8	48				22	8	73		
	2	8	79				27	8	42				23	8	78		
	3	8	83				28	8	36				24	8	80		
	4	8	87				29	8	30				25	8	85		
	5	8	88				30	8	22				26	8	90		
	6	8	87			7	1	8	15				27	8	93		

— 65 —

水库水文要素摘录表

月	日	时分	坝上水位 (m)	蓄水量 (10⁸m³)	出库流量 (m³/s)
8	28	8	91.03		
	29	8	10		
	30	8	15		
	31	8	19		
9	1	8	21		
	2	8	24		
	3	8	26		
	4	0	72		
		5	92.33		
		8	93.21		
		14	94.24		
		20	70		
	5	8	95.35		
		14	92		
		20	96.22		
	6	8	82		
		14	97.37		
		20	76		
	7	5	98.14		
		20	48		
	8	20	73		
	9	8	80		
	10	8	91		
	11	8	99		
	12	8	99.05		
	13	8	11		
	14	8	16		
	15	8	20		
	16	8	24		
	17	8	29		
	18	8	33		
	19	8	37		
	20	8	32		
	21	8	31		
	22	8	29		
	23	8	26		
	24	8	22		
	25	8	19		
	26	8	15		
	27	8	11		
	28	8	09		
	29	8	11		
	30	8	10		
10	1	8	06		
	2	8	02		
	3	8	98.98		

月	日	时分	坝上水位 (m)	蓄水量 (10⁸m³)	出库流量 (m³/s)
10	4	8	98.95		
	5	8	90		
	6	8	87		
	7	8	83		
	8	8	78		
	9	8	73		
	10	8	70		
	11	8	65		
	12	8	60		
	13	8	55		
	14	8	50		
	15	8	46		
	16	8	42		
	17	8	38		
	18	8	32		
	19	8	26		
	20	8	21		
	21	8	16		
	22	8	09		
	23	8	03		
	24	8	97.98		
	25	8	94		
	26	8	91		
	27	8	85		
	28	8	79		
	29	8	73		
	30	8	67		
	31	8	61		
11	1	8	55		
	2	8	48		
	3	8	43		
	4	8	36		
	5	8	30		
	6	8	24		
	7	8	17		
	8	8	10		
	9	8	04		
	10	8	96.98		
	11	8	91		
	12	8	85		
	13	8	79		
	14	8	75		
	15	8	71		
	16	8	64		
	17	8	58		
	18	8	56		

月	日	时分	坝上水位 (m)	蓄水量 (10⁸m³)	出库流量 (m³/s)
11	19	8	96.51		
	20	8	44		
	21	8	36		
	22	8	29		
	23	8	23		
	24	8	17		
	25	8	09		
	26	8	02		
	27	8	95.94		
	28	8	87		
	29	8	79		
	30	8	72		
12	1	8	64		
	2	8	57		
	3	8	49		
	4	8	41		
	5	8	33		
	6	8	25		
	7	8	17		
	8	8	09		
	9	8	03		
	10	8	94.95		
	11	8	87		
	12	8	79		
	13	8	71		
	14	8	63		
	15	8	54		
	16	8	46		
	17	8	38		
	18	8	30		
	19	8	22		
	20	8	13		
	21	8	04		
	22	8	93.95		
	23	8	86		
	24	8	77		
	25	8	67		
	26	8	57		
	27	8	47		
	28	8	36		
	29	8	26		
	30	8	14		
	31	8	03		
		20	92.98		

1961　滚　河　石漫滩水库(坝上)站

月	日	时分	坝上水位 (m)	蓄水量 (10⁸m³)	出库流量 (m³/s)
1	5	8	92.37	1.170	
		20	29	1.100	
	10	8	91.31	0.2700	
	11	8	06	0.1300	
	15	8	28	0.2300	
		20	30	0.2500	
	20	8	33	0.2800	
		20	34	0.2900	
	25	8	41	0.3200	
		20	41	0.3200	

月	日	时分	坝上水位 (m)	蓄水量 (10⁸m³)	出库流量 (m³/s)
1	31	8	91.50	0.3700	
		20	51	0.3800	
2	5	8	57	0.4300	
		20	58	0.4400	
	10	8	56	0.4200	
		20	56	0.4200	
	15	8	52	0.4000	
		20	53	0.4200	
	20	8	53	0.4200	
		20	50	0.3700	

月	日	时分	坝上水位 (m)	蓄水量 (10⁸m³)	出库流量 (m³/s)
2	25	8	91.49	0.3600	
		20	50	0.3700	
	28	8	55	0.4400	
3	1	20	52	0.4000	
	3	20	86	0.6600	
	5	8	92.02	0.8000	
	10	8	24	1.040	
		20	24	1.040	
	15	8	34	1.040	
	18	20	42	1.200	

水 库 水 文 要 素 摘 录 表

日期 月	日	时分	坝上水位 (m)	蓄水量 (10⁸m³)	出库流量 (m³/s)	日期 月	日	时分	坝上水位 (m)	蓄水量 (10⁸m³)	出库流量 (m³/s)	日期 月	日	时分	坝上水位 (m)	蓄水量 (10⁸m³)	出库流量 (m³/s)
3	20	8	92.77	1.640		6	30	6	94.75	5.070		10	10	8	94.32	4.100	
		20	84	1.720				18	75	5.070				20	31	4.090	
	25	8	93.12	2.100		7	5	6	78	5.120			15	8	24	3.980	
		20	14	2.130				18	79	5.150				20	24	3.980	
	31	8	26	2.300			10	6	90	5.420			20	8	25	4.000	
4	5	20	26	2.300				18	91	5.440				20	25	4.000	
		8	35	2.440			15	6	93	5.480			25	8	25	4.000	
		20	36	2.450				18	94	5.500				20	24	3.980	
	10	8	39	2.510			20	6	95.08	5.800			31	8	13	3.750	
		20	40	2.520				18	09	5.840				20	11	3.700	
	15	8	45	2.580			25	6	09	5.840		11	5	8	10	3.680	
		20	47	2.620				18	09	5.840				20	10	3.680	
	20	8	50	2.670			31	6	09	5.840			10	8	07	3.620	
	24	20	57	2.760				18	09	5.840				20	07	3.620	
	25	8	65	2.920		8	5	6	07	5.780			14	8	05	3.600	
		20	74	3.050			6	6	06	5.750			15	20	93.94	3.410	
	30	8	88	3.300			7	6	21	6.110			18	20	94	3.410	
		20	89	3.310			10	18	24	6.200			19	8	94.10	3.680	
5	5	6	90	3.330			15	6	23	6.180				14	34	4.160	
		18	90	3.330				18	24	6.200				20	62	4.750	
	10	6	98	3.480			20	6	21	6.150			20	2	95.01	5.650	
		18	99	3.500				18	21	6.150				8	23	6.180	
	15	6	94.04	3.580			25	6	15	6.000				20	39	6.700	
		18	04	3.580				18	14	5.980			21	8	46	6.770	
	20	6	13	3.750			31	6	06	5.770			22	8	54	6.950	
		18	15	3.780				18	05	5.750			25	8	68	7.400	
	25	6	22	3.940		9	5	6	94.98	5.600				20	69	7.430	
		18	23	3.950				18	97	5.560			30	8	73	7.550	
	31	6	32	4.100			10	6	88	5.420				20	73	7.550	
		18	32	4.100				18	87	5.390		12	5	8	75	7.580	
6	5	6	32	4.100			15	6	74	5.030				20	75	7.580	
		18	31	4.090				18	74	5.030			10	8	76	7.600	
	10	6	39	4.280			20	6	63	4.800				20	76	7.600	
		18	40	4.300				18	61	4.730			15	8	75	7.580	
	15	6	41	4.310			25	6	56	4.640			20	8	75	7.580	
		18	42	4.330				18	56	4.640			25	8	72	7.520	
	20	6	49	4.500			30	6	51	4.540				20	72	7.520	
	23	6	54	4.600				18	50	4.530			31	8	70	7.450	
	24	0	66	4.770		10	5	8	44	4.370				20	69	7.430	
	25	18	71	4.970				20	43	4.350		1	1	8	69		732.6

1962　滚　河　石漫滩水库(坝上)站

日期 月	日	时分	坝上水位 (m)	蓄水量 (10⁸m³)	出库流量 (m³/s)	日期 月	日	时分	坝上水位 (m)	蓄水量 (10⁸m³)	出库流量 (m³/s)	日期 月	日	时分	坝上水位 (m)	蓄水量 (10⁸m³)	出库流量 (m³/s)
1	1	8	95.69	0.7326		3	25	8	95.03	0.5722		6	15	6	94.49	0.4630	
	5	8	66	0.7254			31	8	94.93	0.5510			20	6	53	0.4710	
	10	8	64	0.7206		4	5	8	86	0.5370			24	6	55	0.4750	
	15	8	63	0.7182			10	8	82	0.5290				18	55	0.4750	
	20	8	60	0.7110			15	8	76	0.5170				22	75	0.5150	
	25	8	55	0.6985			20	8	71	0.5070				23:30	80	0.5250	
	31	8	49	0.6836			25	8	66	0.4970			25	6	80	0.5250	
2	5	8	44	0.6716			30	8	65	0.4950			30	6	87	0.5390	
	10	8	39	0.6596		5	1	8	63	0.4910		7	5	6	86	0.5370	
	15	8	36	0.6524			5	8	66	0.4970			7	6	87	0.5390	
	20	8	31	0.6404			10	8	70	0.5050				12	92	0.5490	
	25	8	29	0.6356			15	8	67	0.4990				18	98	0.5610	
	28	8	28	0.6332			20	6	61	0.4870			8	0	95.04	0.5746	
3	5	8	23	0.6212			25	6	56	0.4770				6	05	0.5770	
	10	8	19	0.6115			31	6	54	0.4730				18	07	0.5818	
	15	8	15	0.6015		6	5	6	55	0.4750			9	6	07	0.5818	
	20	8	10	0.5890			10	6	51	0.4670				18	09	0.5866	

水 库 水 文 要 素 摘 录 表

第一部分（左栏）

月	日	时分	坝上水位 (m)	蓄水量 (10⁸m³)	出库流量 (m³/s)
7	11	6	95.09	0.5866	
		18	10	0.5890	
	13	18	10	0.5890	
	14	6	09	0.5866	
	20	6	06	0.5794	
	25	6	04	0.5746	
	28	6	03	0.5722	
	30	6	04	0.5746	
	31	6	02	0.5698	
8	4	18	00	0.5650	
	5	1	08	0.5842	
		1;30	24	0.6236	
		2	45	0.6740	
		2;30	63	0.7182	
		3	75	0.7470	
		4	87	0.7765	
		5	96.05	0.8225	
		6	27	0.8853	
		7	46	0.9394	
		9	61	0.9828	
		12	70	0.1008	
		18	76	0.1025	
	6	3	80	0.1037	
		4	87	0.1057	
		5	96	0.1082	
		6	97.05	0.1110	
		7	13	0.1137	
		8	29	0.1191	
		9	54	0.1273	
		10	64	0.1306	
		12	73	0.1336	
		14	78	0.1353	
		18	83	0.1370	
	7	0	89	0.1390	
		6	94	0.1406	
		18	98.00	0.1426	
	8	6	03	0.1438	
	9	6	09	0.1462	
	10	6	13	0.1478	
	11	6	16	0.1491	
	12	6	17	0.1495	
	15	18	17	0.1495	
	16	1	22	0.1515	
		2	29	0.1543	
		3	37	0.1576	
		4	44	0.1604	
		6	53	0.1640	
		8	57	0.1656	

第二部分（中栏）

月	日	时分	坝上水位 (m)	蓄水量 (10⁸m³)	出库流量 (m³/s)
8	16	12	98.62	0.1678	
		15	75	0.1734	
		18	94	0.1806	
	17	0	99.07	0.1859	
		6	13	0.1883	
		8	19	0.1907	
		9	30	0.1952	
		10	43	0.2004	
		11	51	0.2037	
		12	57	0.2062	
		15	70	0.2114	
		18	82	0.2163	
		21	92	0.2203	
	18	0	100.00	0.2236	
		2	06	0.2265	
		4	10	0.2285	
		6	15	0.2309	
		10	23	0.2348	
		12	26	0.2362	
		18	34	0.2401	
	19	0	42	0.2440	
		6	47	0.2464	
		18	55	0.2504	
	20	6	60	0.2528	
		18	67	0.2562	
	21	6	69	0.2571	
	22	6	75	0.2600	
	23	6	80	0.2625	
	24	6	84	0.2644	
	25	6	86	0.2654	
	27	6	92	0.2683	
	28	18	97	0.2707	
	29	6	92	0.2683	
	31	6	90	0.2673	
9	5	6	89	0.2668	
	10	6	85	0.2649	
	14	18	83	0.2639	
	15		85	0.2649	
		8	87	0.2659	
		16	96	0.2702	
		18	101.00	0.2722	
	16	6	05	0.2748	
	20	6	12	0.2786	
		18	16	0.2807	
	24	6	21	0.2834	
	25	6	26	0.2861	
	27	6	33	0.2898	
	30	6	39	0.2931	

第三部分（右栏）

月	日	时分	坝上水位 (m)	蓄水量 (10⁸m³)	出库流量 (m³/s)
10	4	20	101.42	0.2947	
	5	8	41	0.2941	
	9	8	45	0.2962	
		20	54	0.3010	
	10	8	77	0.3133	
		20	90	0.3203	
	11	8	102.00	0.3256	
	12	8	12	0.3321	
	13	8	19	0.3368	
	15	8	25	0.3404	
	20	8	34	0.3457	
	22	8	36	0.3468	
	25	8	37	0.3474	
	31	8	40	0.3492	
11	1	8	42	0.3504	
		20	44	0.3516	
	2	8	60	0.3609	
		20	73	0.3686	
	3	8	80	0.3727	
	4	8	89	0.3780	
	5	8	94	0.3810	
	10	8	103.03	0.3864	
	15	8	04	0.3871	
	18	20	07	0.3890	
	19	8	21	0.3980	
		14	48	0.4154	
		20	72	0.4309	
	20	8	92	0.4438	
		20	104.02	0.4503	
	21	8	12	0.4574	
	22	8	24	0.4659	
	23	8	38	0.4759	
	24	8	47	0.4823	
	25	8	68	0.4971	
	26	8	85	0.5092	
	27	8	105.01	0.5207	
	28	8	14	0.5307	
	29	8	22	0.5369	
	30	8	29	0.5423	
12	5	8	46	0.5556	
	10	8	55	0.5606	
	15	8	64	0.5672	
	20	8	67	0.5708	
	25	8	67	0.5708	
	31	8	65	0.5684	
1	1	8	65	0.5704	

1963　滚　河　石漫滩水库(坝上)站

第一部分（左栏）

月	日	时分	坝上水位 (m)	蓄水量 (10⁸m³)	出库流量 (m³/s)
1	1	8	105.65	0.5704	0
	5	8	64	0.5696	1.04
	10	8	62	0.5681	1.08
	15	8	59	0.5657	1.02
	20	8	55	0.5626	1.06
	25	8	51	0.5595	0.498
	31	8	46	0.5556	1.01
2	5	8	41	0.5517	1.01
	10	8	39	0.5501	0

第二部分（中栏）

月	日	时分	坝上水位 (m)	蓄水量 (10⁸m³)	出库流量 (m³/s)
2	15	8	105.38	0.5493	0.970
	20	8	34	0.5462	1.01
	25	8	30	0.5431	1.01
	27	20	27	0.5408	1.08
		20;06	27	0.5408	22.1
	28	9	15	0.5315	22.1
		9;06	15	0.5315	0.846
		10	14	0.5307	0.835
		10;23	14	0.5307	67.4

第三部分（右栏）

月	日	时分	坝上水位 (m)	蓄水量 (10⁸m³)	出库流量 (m³/s)
2	28	14;05	105.03	0.5222	67.4
		14;23	03	0.5222	0.856
3	5	8	104.97	0.5177	0.855
	10	8	93	0.5149	0
	15	8	94	0.5156	0.486
	20	8	93	0.5149	0.383
	26	8	86	0.5099	0.978
	31	8	88	0.5113	0.840
4	5	20	85	0.5092	0.988

水库水文要素摘录表

月	日	时分	坝上水位 (m)	蓄水量 (10⁸m³)	出库流量 (m³/s)	月	日	时分	坝上水位 (m)	蓄水量 (10⁸m³)	出库流量 (m³/s)	月	日	时分	坝上水位 (m)	蓄水量 (10⁸m³)	出库流量 (m³/s)
4	10	8	104.89	0.5120	0.378	6	10	8	104.03	0.4510	29.4	8	13	12:30	105.36	0.5478	62.0
	15	8	90	0.5127	0.540		14	19:20	102.64	0.3633	28.3			12:48	36	0.5478	0.316
	20	8	92	0.5141	0.434			19:29	64	0.3633	0.885		17	8	67	0.5720	0.920
	25	8	92	0.5141	0.390		17	20	65	0.3638	0.805		20	8	91	0.5906	0.565
	30	8	95	0.5163	0.504		20	8	64	0.3633	0.402		24	0:15	106.30	0.6231	0.963
5	5	8	105.00	0.5199	0.290		25	8	59	0.3603	0.710			0:24	30	0.6231	33.9
	8	8	00	0.5199	0.406		30	8	52	0.3563	0		25	16:20	15	0.6104	33.8
		10	05	0.5238	0.431	7	5	8	48	0.3539	0.912			16:31	15	0.6104	41.0
	10	13	75	0.5782	0.354		8	21	44	0.3516	1.52		27	8	105.66	0.5712	40.8
		13:15	75	0.5782	33.4			21:03	44	0.3516	11.5		28	12	29	0.5423	40.6
		22	66	0.5727	33.4		10	17:10	19	0.3368	11.0			12:09	29	0.5423	11.8
		22:10	66	0.5727	12.0			17:13	19	0.3368	0.950		29	13:15	19	0.5346	11.8
	11	14:20	61	0.5673	12.0		15	8	14	0.3339	0.875			13:18	19	0.5346	0.825
		14:23	61	0.5673	0.270		20	8	06	0.3297	0.668		31	20	23	0.5377	1.06
		20	63	0.5688	0.995		25	8	101.96	0.3235	0.833	9	1	0	54	0.5618	0
		20:03	63	0.5688	12.0		28	20	94	0.3224	1.18			1	83	0.5843	0
	13	2	57	0.5642	11.0		30	8	102.04	0.3280	0.934			8	106.14	0.6095	0
		6	57	0.5642	11.0	8	1	8	01	0.3262	0.925		3	8	39	0.6308	0.915
	14	10	106.11	0.6070	11.4		2	8	06	0.3291	0.879		5	0:45	48	0.6384	0.940
		14	13	0.6086	11.0			14	44	0.3516	0.915			0:48	48	0.6384	11.9
		21:30	13	0.6086	12.0			20	67	0.3650	1.37		7	14	29	0.6222	11.9
		21:33	13	0.6086	1.00			22:30	103.12	0.3922	1.18			14:03	29	0.6222	22.4
	18	0:10	33	0.6256	0.765			22:39	12	0.3922	31.6		8	20	07	0.6036	22.5
		0:13	33	0.6256	11.8			23	40	0.4103	31.6		11	8	105.57	0.5642	22.1
		19	29	0.6222	11.7	3		0	104.18	0.4617	32.5		13	20	05	0.5238	22.0
	19	11	29	0.6222	41.7			1	54	0.4872	0.32.5			20:06	05	0.5238	1.24
	21	18:30	105.46	0.5556	40.7			1:03	54	0.4872	11.5		17	20	02	0.5214	1.18
		18:35	46	0.5556	60.5			5	105.17	0.5331	11.4		19	8	06	0.5245	0.945
	22	4	26	0.5400	61.0			8	106.08	0.6044	11.4		22	20	36	0.5478	1.25
		4:16	26	0.5400	0.456			9:30	27	0.6206	11.4		23	20	81	0.5828	1.22
		5:07	28	0.5416	66.3			9:45	27	0.6206	56.4		25	8	106.02	0.5993	0.396
		5:17	28	0.5416	66.3			14:47	63	0.6512	119		28	20	15	0.6104	1.34
		14:30	06	0.5245	63.3			14:56	63	0.6512	119		29	18	34	0.6265	0.950
		14:40	06	0.5245	0.344			21:40	47	0.6376	116			18:11	34	0.6265	42.2
		15	06	0.5245	0.349			21:59	47	0.6376	147			20	35	0.6274	42.2
		15:16	06	0.5245	60.3	4		8	07	0.6036	132		30	20	14	0.6095	42.4
	23	21	104.43	0.4823	61.0			21:07	105.45	0.5548	132	10	3	8	105.36	0.5478	41.0
		21:05	43	0.4823	40.5			21:08	45	0.5548	82.4		5	8	104.62	0.4928	40.6
	25	4:30	103.98	0.4476	39.5			21:20	44	0.5540	82.4		7	5:37	103.87	0.4406	39.9
		4:41	98	0.4476	0			21:28	44	0.5540	1.00			5:48	87	0.4406	0.985
		16:50	104.58	0.4900	0.394		8	0	80	0.5820	0.983		10	8	86	0.4399	0.880
		16:56	58	0.4900	20.9		9	20	93	0.5927	0.936		15	8	82	0.4373	0.955
	26	10:10	89	0.5120	20.5		10	2	106.38	0.6299	0.930		20	8	75	0.4328	0
		10:16	89	0.5120	0			8:40	68	0.6554	0.895		25	8	67	0.4277	0.915
	28	8	105.30	0.5431	0.348			8:47	68	0.6554	30.9		31	8	57	0.4212	0.965
		8:06	30	0.5431	21.3			9:30	68	0.6554	30.9	11	5	8	52	0.4180	1.02
	29	2:40	37	0.5486	21.3			9:37	67	0.6550	93.7		10	8	42	0.4116	0
		2:43	37	0.5486	11.0			22	47	0.6376	91.9		15	8	32	0.4051	0.945
		12:50	64	0.5696	11.0		11	0	75	0.6614	94.4		20	8	23	0.3993	0
		12:53	64	0.5696	0.388			4	89	0.6732	95.0		25	8	13	0.3928	1.04
	31	13:30	95	0.5937	0.387			12:15	77	0.6630	95.0		30	8	01	0.3851	1.27
		13:33	95	0.5937	11.4			12:20	77	0.6630	114	12	5	8	102.91	0.3792	0
6	1	3	93	0.5921	11.4	12		8	12	0.6078	97.3		10	8	85	0.3756	1.04
		3:05	93	0.5921	30.0			8:05	12	0.6078	97.3		15	8	79	0.3721	0
	3	1:30	58	0.5649	30.0			20:30	105.64	0.5696	97.3		20	8	72	0.3680	1.04
		1:36	58	0.5649	21.0			20:37	64	0.5696	50.0		25	8	64	0.3633	0.888
	6	9:30	10	0.5276	21.3			21	64	0.5696	50.0		31	8	54	0.3574	0.985
		9:34	10	0.5276	30.3			21:03	64	0.5696	62.1	1	1	8	53	0.3568	0

水 库 水 文 要 素 摘 录 表

1964　滚　河　石漫滩水库(坝上)站

月	日	时分	坝上水位 (m)	蓄水量 (10⁸m³)	出库流量 (m³/s)
1	1	8	102.53	0.3568	0
	5	8	45	0.3522	
	10	8	33	0.3451	
	11	17	37	0.3474	
	12	17	37	0.3474	
	15	8	33	0.3451	1.57
	20	8	22	0.3386	1.42
	25	8	09	0.3309	1.61
	31	8	101.94	0.3224	1.57
2	5	8	81	0.3154	1.56
	10	8	69	0.3091	1.67
	12	17	64	0.3064	0
	18	17	64	0.3064	1.27
	20	8	61	0.3047	1.54
	25	8	51	0.2994	1.42
	29	17	57	0.3026	1.14
3	1	8	59	0.3037	0
	2	17	59	0.3037	0.910
	5	8	55	0.3016	1.50
	10	8	51	0.2994	1.32
	15	8	42	0.2947	0
	20	8	34	0.2904	1.39
	24	8	32	0.2893	1.43
	26	8	38	0.2925	1.35
	31	8	33	0.2898	1.43
4	2	8	28	0.2871	1.43
	5	8	29	0.2877	0
		16	34	0.2904	0
		19	47	0.2973	1.50
	6		73	0.3112	1.27
		17	77	0.3133	1.26
	10	8	94	0.3224	1.18
	13	9:30	102.08	0.3303	1.35
		9:34	08	0.3303	11.1
	14	9:40	21	0.3380	11.2
		9:42	21	0.3380	6.29
		19:10	22	0.3386	6.84
		19:14	22	0.3386	1.94
	15	17	32	0.3445	1.30
	16	8	58	0.3597	1.22
		20	103.05	0.3877	1.66
	17	8	25	0.4006	1.22
		17	37	0.4084	1.30
	18	0	81	0.4366	1.24
		6	104.02	0.4503	1.20
		8	23	0.4652	1.04
		14	50	0.4844	1.16
		20	62	0.4928	1.87
	19	8	77	0.5035	0.698
	20	2	93	0.5149	1.17
		8	105.07	0.5253	1.21
		17	14	0.5307	1.24
	21	8	47	0.5564	0.943
		20	72	0.5758	1.58
	22	8	86	0.5867	1.12
	25	8	106.14	0.6095	0.802
	27	15:10	26	0.6197	0
4	27	20	106.26	0.6197	10.1
	30	8	14	0.6095	9.48
5	1	21	105.82	0.5836	9.99
		21:12	82	0.5836	39.3
	5	1:20	76	0.5789	38.8
		1:40	76	0.5789	0.775
		22:30	75	0.5782	1.10
		22:44	75	0.5782	39.0
7		6:30	26	0.5400	38.5
		6:45	26	0.5400	0.730
		7:30	24	0.5385	0.710
		7:32	24	0.5385	41.1
		15:45	09	0.5268	39.9
		15:46	09	0.5268	58.1
		18:20	03	0.5222	57.7
		18:44	01	0.5207	114
		19	00	0.5199	114
		19:01	00	0.5199	57.5
8	6		104.73	0.5006	57.0
		6:25	73	0.5006	0.965
		7	72	0.4999	0.915
		7:01	72	0.4999	54.6
		16:40	49	0.4837	52.0
		17:52	49	0.4837	59.5
9		8	19	0.4624	59.0
		14	10	0.4560	58.8
		20	10	0.4560	59.4
	11	8	103.44	0.4129	57.3
	12	8	102.87	0.3768	56.2
	13	8	23	0.3392	54.6
	14	8:40	101.54	0.3010	52.0
		20	54	0.3010	0.928
	15	20	59	0.3037	0.891
	16	8	102.62	0.3621	0
		9:40	78	0.3710	0.673
		10:02	80	0.3727	55.7
		12	91	0.3792	55.7
		23:30	103.05	0.3877	56.3
		23:54	05	0.3877	0.660
	18	8	45	0.4135	0
		20	52	0.4180	1.03
		20:22	52	0.4180	57.6
	19	20	102.99	0.3839	56.6
	20	20	42	0.3504	55.8
	21	8	12	0.3327	53.5
	22	10:50	101.40	0.2936	52.8
		15:52	40	0.2936	52.6
		18:20	34	0.2904	51.8
		21:22	34	0.2904	52.7
	23	5	10	0.2775	51.7
		5:24	10	0.2775	0.680
		21:40	11	0.2780	0.869
		22:02	11	0.2780	50.0
	25	7:10	100.59	0.2523	50.0
		7:31	59	0.2523	0
	26	20:40	77	0.2610	0.925
		20:54	77	0.2610	33.4
5	28	21:30	99.74	0.2130	32.0
		21:44	74	0.2130	0.954
6	1	8	84	0.2170	0.736
	3	8	84	0.2170	0
	9	20	76	0.2140	0.924
	10	8	79	0.2154	0
	13	16	82	0.2163	0.598
		16:24	81	0.2159	51.1
		22:20	63	0.2086	50.9
		22:43	63	0.2086	0.909
	18	20	67	0.2102	1.09
	22	8	65	0.2094	0
		8:24	65	0.2094	52.8
		12	51	0.2037	52.9
		12:27	50	0.2033	13.7
	23	8	26	0.1936	13.0
	24	9:30	98.94	0.1806	12.8
		9:42	94	0.1806	0
	30	8	87	0.1778	1.51
7	2	8	99.03	0.1845	1.20
	4	8	05	0.1855	1.46
	10	8	98.93	0.1805	0.830
	14	5	86	0.1775	1.58
		8	89	0.1786	1.57
	18	8	82	0.1757	1.41
	19	20	84	0.1765	0
	27	12	65	0.1689	1.83
		20	70	0.1718	2.50
	31	8	63	0.1683	1.71
		11	65	0.1689	2.11
		14	94	0.1806	1.52
		20	99.77	0.1940	2.51
8	1	0	32	0.1975	1.70
	4	20	48	0.2020	2.07
	9	8	40	0.1992	0
	10	0	50	0.2033	1.19
	11	6	52	0.2040	1.83
		9	79	0.2154	1.81
		12	100.20	0.2333	1.49
		14	29	0.2377	1.40
		21	42	0.2440	2.30
	12	0	76	0.2605	1.55
		1	86	0.2654	1.55
		12	101.00	0.2722	1.42
	13	8	10	0.2775	0.910
		20	20	32	0.2893
	20	20	32	0.2893	1.93
	25	8	28	0.2871	1.28
	30	8	22	0.2840	0
9	4	20	23	0.2845	1.88
	8	4	24	0.2850	0.755
		10	53	0.3005	0.832
		14	63	0.3058	0.608
		20	68	0.3085	1.60
	10	8	78	0.3138	0.988
	12	20	92	0.3214	1.68
	13	8	102.10	0.3315	0
		20	67	0.3650	1.69

水 库 水 文 要 素 摘 录 表

月	日	时分	坝上水位 (m)	蓄水量 (10^8 m³)	出库流量 (m³/s)	月	日	时分	坝上水位 (m)	蓄水量 (10^8 m³)	出库流量 (m³/s)	月	日	时分	坝上水位 (m)	蓄水量 (10^8 m³)	出库流量 (m³/s)
9	14	8	103.14	0.3950	0.287	10	8	14;1	105.93	0.5921	37.2	10	30	13;38	104.82	0.5070	21.9
		20	34	0.4064	1.54			17;20	90	0.5898	37.1		31	8	81	0.5063	21.6
	15	8	44	0.4129	0.920			17;32	90	0.5898	70.0	11	3	18;30	24	0.4659	22.0
	17	8	70	0.4296	0.973			18	89	0.5890	69.9			18;42	24	0.4659	1.61
	20	8	95	0.4457	0			20	89	0.5890	34.2		6	8	29	0.4695	1.17
	22	14	104.05	0.4524	1.16			22;35	85	0.5859	34.1		11	8	35	0.4738	1.16
	23	8	28	0.4688	1.37			22;39	85	0.5859	22.6		17	17	35	0.4738	1.17
	25	8;30	77	0.5035	0.816		10	8	59	0.5657	22.5		20	8	34	0.4730	1.56
		8;33	77	0.5035	21.4		15	8	104.63	0.4935	22.0		24	17	32	0.4716	1.23
	29	10;10	14	0.4588	18.1		17	17	20	0.4631	21.4		28	8	29	0.4695	1.61
		10;11	14	0.4588	1.00			17;12	20	0.4631	1.04	12	30	17	30	0.4702	1.48
	30	20	18	0.4617	1.52		20	8	34	0.4730	0.988		5	8	31	0.4709	1.75
10	1	8	18	0.4617	0		22	0	40	0.4773	1.12		8	8	33	0.4723	1.44
	2	8	21	0.4638	0			8	46	0.4816	0.840		13	8	30	0.4702	1.59
	4	0	41	0.4780	0.983		26	9	79	0.5049	0.925		18	8	23	0.4652	1.79
		4;30	56	0.4886	1.25			9;10	79	0.5049	21.7		23	8	18	0.4617	1.72
		4;31	56	0.4886	20.8		27	8	66	0.4957	21.6		28	8	12	0.4574	1.86
		12	105.12	0.5292	22.5			14	60	0.4914	21.9		30	12;10	09	0.4553	1.18
		20	73	0.5766	26.5			15	57	0.4893	21.7			12;13	09	0.4553	40.2
	5	0	87	0.5875	27.1		28	8	44	0.4801	21.6			13;30	06	0.4532	40.0
		9;20	97	0.5953	27.2			19;30	49	0.4837	22.2			13;33	06	0.4532	1.32
		12	97	0.5953	36.2			19;44	49	0.4837	1.66		31	17	05	0.4524	0.958
	6	14;30	81	0.5828	35.9		29	20	74	0.5014	1.66	1	1	8	04	0.4517	
		14;31	81	0.5828	0.729		30	8	80	0.5056	1.03						
	8	8	93	0.5921	1.24			13;30	82	0.5070	1.19						

1965 　滚 河　石漫滩水库(坝上)站

月	日	时分	坝上水位 (m)	蓄水量 (10^8 m³)	出库流量 (m³/s)	月	日	时分	坝上水位 (m)	蓄水量 (10^8 m³)	出库流量 (m³/s)	月	日	时分	坝上水位 (m)	蓄水量 (10^8 m³)	出库流量 (m³/s)
1	1	8	104.04	0.4517		4	16	14;30	102.50	0.3551	39.8	6	28	23;23	100.84	0.2644	15.6
	6	8	103.98	0.4476				14;31	50	0.3551	25.6		30	7;15	47	0.2464	15.3
	11	8	90	0.4425			18	8;30	24	0.3398	24.7			7;22	47	0.2464	1.62
	16	8	80	0.4360				8;38	24	0.3398	0.274			12;30	50	0.2479	
	21	8	72	0.4309			21	8	15	0.3344				16	58	0.2518	
	23	14	71	0.4302	1.80		23	17	21	0.3380				17	66	0.2557	
		14;02	71	0.4302	5.72		26	8	20	0.3374				20	83	0.2639	
	26	8	52	0.4180	5.54		27	17	19	0.3368		7	1	8	99	0.2717	
	31	16;30	14	0.3935	4.95		28	8	30	0.3433				20	101.08	0.2764	
		16;34	14	0.3935	0.948	5	1	8	49	0.3545			2	0	08	0.2764	
2	1	8	13	0.3928			3	20	51	0.3557				4	16	0.2807	
	6	8	10	0.3909			6	8	49	0.3545				5	50	0.2989	
	11	8	00	0.3845			11	8	42	0.3504				5;30	79	0.3144	
	16	8	102.93	0.3804			16	8	37	0.3474				9	102.48	0.3539	
	19	8	91	0.3792			21	8	27	0.3415				12	60	0.3609	
	21	8	94	0.3810			26	8	16	0.3350			3	5;30	76	0.3703	
	22	17	95	0.3816			27	18	11	0.3321	1.63			14	103.04	0.3871	
	26	8	92	0.3798				18;14	11	0.3321	31.2		4	8	14	0.3935	
3	1	8	89	0.3780			28	4;36	101.94	0.3224	31.5		5	9;30	19	0.3968	1.24
	6	8	80	0.3727				4;52	94	0.3224	2.18			9;39	19	0.3968	26.4
	11	8	72	0.3680			31	20	84	0.3171			6	8	102.94	0.3810	26.8
	16	8	62	0.3621		6	1	8	83	0.3165				14;50	86	0.3762	26.4
	19	17	54	0.3574			2	8;05	79	0.3144	1.56			14;58	86	0.3762	45.8
	21	17	55	0.3580				8;19	79	0.3144	35.5		8	8	101.92	0.3214	44.7
	26	8	83	0.3745				17;55	58	0.3031	35.8			14;30	99	0.3251	44.6
4	1	8	79	0.3721				18;11	58	0.3031	2.23			14;51	98	0.3245	1.60
	6	8	75	0.3698			6	8	48	0.2987		9	3	102.32	0.3445		
	11	8	69	0.3662			11	8	35	0.2909			11	103.06	0.3883		
	15	20	63	0.3627	2.00		16	8	22	0.2840		10	4	41	0.4109		
		20;04	63	0.3627	26.8		21	8	06	0.2754			10	82	0.4373		
	16	13;30	52	0.3563	25.7		26	8	100.91	0.2678			14	104.41	0.4780		
		13;31	52	0.3563	40.2		28	23;20	84	0.2644	1.85		20	73	0.5006		

水 库 水 文 要 素 摘 录 表

第一组

月	日	时分	坝上水位 (m)	蓄水量 (10⁸m³)	出库流量 (m³/s)
7	11	2	104.89	0.5120	
		8	105.24	0.5385	
		14	42	0.5525	
	12	0:30	57	0.5642	1.14
		0:31	57	0.5642	63.4
		6	50	0.5587	62.8
		10	61	0.5673	64.0
		14:15	89	0.5890	66.6
		14:26	89	0.5890	98.2
	13	7:40	64	0.5696	95.8
		7:54	64	0.5696	64.4
		8:20	63	0.5688	64.3
		8:21	63	0.5688	1.54
	14	14	87	0.5875	
	15	14	97	0.5953	
		20	106.07	0.6036	
	16	5:30	13	0.6086	
		8	31	0.6240	
	17	0	56	0.6452	
		14	67	0.6546	
	19	17	77	0.6630	
		23	90	0.6741	
	21	1:40	97	0.6800	1.38
		1:41	97	0.6800	7.73
		8	97	0.6800	7.90
		18:30	107.03	0.6860	8.05
		18:31	03	0.6860	11.8
		19:10	04	0.6872	11.8
		19:11	04	0.6872	23.1
		23	05	0.6883	22.6
	22	8	05	0.6883	23.0
	23	11	106.92	0.6758	21.3
		11:01	92	0.6758	43.1
	24	1:15	73	0.6596	39.7
		1:16	73	0.6596	66.4
	26	8	105.54	0.5618	54.0
		19:55	29	0.5423	51.7
		19:56	29	0.5423	1.38
		20	29	0.5423	1.41
		20:02	29	0.5423	85.4
		23	20	0.5354	84.2
		23:01	20	0.5354	53.8

第二组

月	日	时分	坝上水位 (m)	蓄水量 (10⁸m³)	出库流量 (m³/s)
7	26	23:20	105.19	0.5346	53.7
		23:32	19	0.5346	85.9
	27	12:30	104.74	0.5014	81.1
		12:37	74	0.5014	102
		20	42	0.4787	98.1
		20:01	42	0.4787	109
	28	13:30	103.60	0.4231	94.9
		13:34	60	0.4231	108
	29	0	10	0.3909	98.1
		0:24	08	0.3896	115
		2:40	102.94	0.3810	112
		2:42	94	0.3810	80.1
		3	93	0.3804	80.1
		3:44	93	0.3804	0
		8	92	0.3798	
8	1	8	94	0.3810	
		16	94	0.3810	
	2	20	103.04	0.3871	1.80
		20:02	04	0.3871	26.3
		20:20	03	0.3864	26.3
		20:41	02	0.3858	82.0
		23:20	102.91	0.3792	80.0
		23:21	91	0.3792	57.2
		23:50	90	0.3786	57.2
	3	0:12	90	0.3786	1.73
		8	89	0.3780	
	4	0	103.00	0.3845	
		8	39	0.4096	
		20	66	0.4270	
	5	14	79	0.4354	
	6	8	84	0.4386	
	7	8	88	0.4412	
	11	8	89	0.4418	
	16	8	86	0.4399	
	18	0	91	0.4441	
		14	104.08	0.4546	
	19	8	12	0.4574	
	21	8	16	0.4603	
	23	8	17	0.4610	
	26	8	14	0.4588	
	28	8	12	0.4574	
9	1	8	10	0.4560	

第三组

月	日	时分	坝上水位 (m)	蓄水量 (10⁸m³)	出库流量 (m³/s)
9	6	8	104.07	0.4539	
	10	8:30	00	0.4489	1.47
		8:31	00	0.4489	24.2
		8:57	00	0.4489	24.2
		9:05	00	0.4489	38.2
		9:06	00	0.4489	1.51
	11	8	103.98	0.4476	
	16	8	89	0.4418	
	21	8	80	0.4360	
	26	8	68	0.4283	
10	1	8	58	0.4218	
	6	8	52	0.4180	
	9	17	46	0.4141	
	10	17	48	0.4154	
	11	8	47	0.4148	
		9:15	47	0.4148	1.47
		9:16	47	0.4148	49.6
		9:25	47	0.4148	23.5
		9:33	47	0.4148	64.9
		9:36	47	0.4148	1.38
		10:12	47	0.4148	1.28
		10:34	46	0.4141	65.4
		10:35	46	0.4141	65.4
		11:01	46	0.4141	1.29
	16	8	36	0.4077	
	21	8	25	0.4006	
	26	8	13	0.3928	
11	1	8	102.99	0.3839	
	6	8	86	0.3710	
	11	8	78	0.3710	
	16	8	64	0.3633	
	21	8	50	0.3551	
	26	8	35	0.3462	
12	1	8	18	0.3362	
	6	8	03	0.3274	
	11	8	101.87	0.3187	
	16	8	69	0.3091	
	21	8	51	0.2994	
	26	8	32	0.2893	
1	1	8	08	0.2764	

1966　滚　河　石漫滩水库 (坝上) 站

第一组

月	日	时分	坝上水位 (m)	蓄水量 (10⁸m³)	出库流量 (m³/s)
1	1	8	101.08	0.2764	
	8	8	100.80	0.2625	
	15	8	50	0.2479	
	25	17	20	0.2333	
2	1	8	99.92	0.2203	
3		8	25	0.1932	
4		8	24	0.1927	
5		8	98.85	0.1770	
6		8	34	0.1563	
	24	21	97.76	0.1346	0
		21:22	76	0.1346	43.7
	25	4:28	46	0.1247	42.3
		4:50	46	0.1247	0

第二组

月	日	时分	坝上水位 (m)	蓄水量 (10⁸m³)	出库流量 (m³/s)
7	1	8	97.22	0.1167	
	14	8	96.72	0.1014	
	21	8	29	0.0891	
		17:30	26	0.0882	0
		17:40	26	0.0882	20.2
	22	8	95.91	0.0786	19.7
		13	78	0.0754	19.5
		13:20	78	0.0754	46.0
		19	41	0.0664	43.5
		19:30	41	0.0664	0
		20	40	0.0662	
	25	8	45	0.0674	
		20	52	0.0691	

第三组

月	日	时分	坝上水位 (m)	蓄水量 (10⁸m³)	出库流量 (m³/s)
7	26	8	95.70	0.0749	
8	1	8	64	0.0721	
	10	0	28	0.0633	
		8	41	0.0664	
	20	21:30	94.98	0.0561	0
		22:20	91	0.0547	46.7
	21	0:30	71	0.0507	44.7
		1:20	71	0.0507	0
	25	8	40	0.0445	
9	1	8	44	0.0453	
10		8	34	0.0433	
11		8	13	0.0391	
12		8	93.85	0.0341	

水库水文要素摘录表

1967　滚　河　石漫滩水库(坝上)站

月	日	时分	坝上水位(m)	蓄水量(10⁸m³)	出库流量(m³/s)	月	日	时分	坝上水位(m)	蓄水量(10⁸m³)	出库流量(m³/s)	月	日	时分	坝上水位(m)	蓄水量(10⁸m³)	出库流量(m³/s)
3	15	8	93.59	0.0298		4	23	20	97.31	0.1198		7	15	8	103.78	0.4347	31.2
	16	8	61	0.0302			26	8	41	0.1230			16	16	36	0.4077	30.7
	17	17	72	0.0319		7	1	3	96.08	0.0831				20;30	20	0.3974	70.7
	19	17	86	0.0343				6	37	0.0914				20;34	20	0.3974	62.4
	21	8	93	0.0354				10	47	0.0942			17	19;40	102.50	0.3551	62.4
	28	8	94.05	0.0375				20	51	0.0954				20;04	49	0.3545	0
	29	8	10	0.0385			3	8	48	0.0945		9	28	8	56	0.3586	
		12	15	0.0395				19	53	0.0960			29	8	60	0.3609	
		22	39	0.0443				21	97.63	0.1303				20	79	0.3721	
	30	17	58	0.0481			4	2	98.34	0.1563			30	2	103.04	0.3871	
	31	17	68	0.0501				8	64	0.1688				14	39	0.4097	
4	14	14	95.08	0.0584			5	20	99.46	0.2017				20	50	0.4167	
	15	2	32	0.0643			7	8	55	0.2054		11	24	8	40	0.4103	
		20	96	0.0798			11	20	71	0.2118			25	0	54	0.4193	
	16	8	96.25	0.0880			12	0	95	0.2216				14	104.14	0.4588	
		20	43	0.0931				5	101.54	0.3010			27	8	85	0.5092	
	17	20	63	0.0988				10	102.84	0.3751			28	8	105.20	0.5354	
	18	20	74	0.1020				15	103.31	0.4045			29	21;30	39	0.5501	0
	21	8	85	0.1052				20	50	0.4167				21;42	39	0.5501	32.4
		20	88	0.1060			14	22;38	88	0.4412	0	12	2	20	104.53	0.4865	31.7
	22	14	97.12	0.1134				22;50	88	0.4412	31.2			20;12	53	0.4865	0

1968　滚　河　石漫滩水库(坝上)站

月	日	时分	坝上水位(m)	蓄水量(10⁸m³)	出库流量(m³/s)	月	日	时分	坝上水位(m)	蓄水量(10⁸m³)	出库流量(m³/s)	月	日	时分	坝上水位(m)	蓄水量(10⁸m³)	出库流量(m³/s)
6	19	8	101.81	0.3154		7	23	22;22	102.38	0.3480	0	9	19	8	105.74	0.5774	38.6
		22;30	80	0.3149	0		25	8	43	0.3510				14	88	0.5882	41.0
		22;40	80	0.3149	24.0	8	8	8	44	0.3516				20	94	0.5929	42.0
	22	13	100.84	0.2644	23.2			15;40	44	0.3516	0		20	8	92	0.5914	41.6
		13;10	84	0.2644	0			16	43	0.3510	48.2			14	86	0.5867	40.7
	23	8	83	0.2639			9	4	13	0.3333	47.5			14;01	86	0.5867	0
7	11	8	97	0.2707				4;20	13	0.3333	0			17	87	0.5875	0
	12	8	99	0.2717			11	8	15	0.3345				17;01	87	0.5875	40.7
		20	101.33	0.2898			13	8	34	0.3457				22	82	0.5836	73.0
	13	4	97	0.3240			14	8	37	0.3474				22;01	82	0.5836	73.0
		20	102.18	0.3362			18	8	41	0.3498			21	17;10	30	0.5431	69.3
	14	20	35	0.3463			19	8	44	0.3516				17;11	30	0.5431	43.5
	16	20	86	0.3762				14	62	0.3621			22	8	05	0.5238	42.2
	18	8	98	0.3833			21	8	73	0.3686				8;01	05	0.5238	0
	20	8	103.05	0.3877			24	8	77	0.3709			23	8	10	0.5276	
		13	10	0.3909			25	8	95	0.3816		10	6	8	21	0.5362	
	21	8	17	0.3955			26	20	103.12	0.3922			8	8	37	0.5486	
		11	23	0.3993			28	8	19	0.3968				14	46	0.5556	
		12	38	0.4090			30	8	24	0.4000				21;45	52	0.5603	0
		14	43	0.4122	0	9	7	8	27	0.4019				21;46	52	0.5603	46.0
		14;02	43	0.4122	56.5		8	8	27	0.4019			10	20	104.83	0.5077	40.8
		20	48	0.4154	57.0		13	8	41	0.4109			11	8	77	0.5035	40.4
	22	13;30	14	0.3935	34.0		18	8	59	0.4225				17;30	85	0.5092	41.0
		13;32	14	0.3935	0			20	98	0.4476				17;31	85	0.5092	31.0
		14;50	14	0.3935	0		19	0	105.25	0.5393			12	8	105.01	0.5207	31.3
		15;12	14	0.3935	55.9			2;30	52	0.5603	0			13;10	13	0.5299	32.2
	23	22	102.38	0.3480	54.2			2;31	52	0.5603	34.7			13;11	13	0.5299	0

水 库 水 文 要 素 摘 录 表

日			坝上水位	蓄水量	出库流量	日			坝上水位	蓄水量	出库流量	日			坝上水位	蓄水量	出库流量
月	日	时分	水位(m)	(10^8m³)	(m³/s)	月	日	时分	水位(m)	(10^8m³)	(m³/s)	月	日	时分	水位(m)	(10^8m³)	(m³/s)
10	12	20	105.36	0.5478		10	15	11	105.60	0.5665	19.8	10	20	8	104.36	0.4745	
	13	8	57	0.5642				11:01	60	0.5665	76.2		26	8	40	0.4773	
	14	9:30	76	0.5789			17	8	104.29	0.4695	59.4	1	1	8	24	0.4659	
		9:31	76	0.5789	20.3			8:02	29	0.4695	0						

1969　滚　河　石漫滩水库(坝上)站

月	日	时分	坝上水位(m)	蓄水量(10^8m³)	出库流量(m³/s)	月	日	时分	坝上水位(m)	蓄水量(10^8m³)	出库流量(m³/s)	月	日	时分	坝上水位(m)	蓄水量(10^8m³)	出库流量(m³/s)
1	1	8	104.24	0.4659		4	25	4:20	104.95	0.5163	0	7	16	8	101.27	0.2866	
	20	8	14	0.4588				4:22	95	0.5163	89.0		19	8	22	0.2840	
2	10	8	41	0.4780				17	60	0.4914	84.0		20	8	27	0.2866	
	12	8	62	0.4928				17:02	60	0.4914	0		23	8	26	0.2861	
3	1	8	105.14	0.5307			26	6	63	0.4935	0		24	8	45	0.2963	
	4	8	37	0.5486				6:02	63	0.4935	84.6		25	8	49	0.2984	
	8	8:30	53	0.5610	0			7	59	0.4907	84.0	8	1	10	42	0.2947	0
		8:32	53	0.5610	86.0			7:02	59	0.4907	0			10:12	42	0.2947	28.8
		16:30	25	0.5393	83.0		27	4	65	0.4950	0			15:30	32	0.2893	28.7
		16:32	25	0.5393	0			4:02	65	0.4950	84.8			15:42	32	0.2893	0
		22	25	0.5393	0			6:30	56	0.4886	83.5		2	19:30	32	0.2893	0
		22:02	25	0.5393	83.0			6:32	56	0.4886	0			19:42	32	0.2893	28.7
	9	7:10	104.94	0.5156	79.5			9:40	56	0.4886	0		4	2	100.75	0.2601	28.1
		7:12	94	0.5156	0			9:42	56	0.4886	83.5			2:12	75	0.2601	0
	12	13:15	105.03	0.5222	0			11	54	0.4872	83.0		10	11:30	62	0.2538	0
		13:17	03	0.5222	90.0			11:02	54	0.4872	0			11:42	62	0.2538	27.9
		13:55	00	0.5199	89.8			12:15	54	0.4872	0			22	47	0.2464	27.7
		13:57	00	0.5199	0			12:17	54	0.4872	97.0		11	7:10	101.76	0.3128	29.2
	15	10	05	0.5238	0			14	49	0.4837	96.0			7:22	76	0.3128	0
		10:02	05	0.5238	86.2			14:02	49	0.4837	0			11	102.84	0.3751	
		15:30	104.84	0.5084	83.0	5	5	8	66	0.4957				14	103.19	0.3968	
		15:32	84	0.5084	0		11	8	67	0.4964				16	30	0.4038	
	17	22	88	0.5113	0			14	70	0.4985				20	41	0.4109	
		22:01	88	0.5113	60.0			19	76	0.5028			12	8	55	0.4199	
	18	7	64	0.4942	57.7		12	14	80	0.5056	0		13	8	64	0.4257	
		7:01	64	0.4942	0			14:01	80	0.5056	49.5		16	8	68	0.4283	
	20	10:30	64	0.4942	0		13	10	39	0.4766	46.3		20	8	68	0.4283	
		10:31	64	0.4942	53.0			10:01	39	0.4776	80.6			16	83	0.4380	
		11:30	61	0.4921	52.5			11	35	0.4738	80.0			18:30	96	0.4463	
		11:31	61	0.4921	0			11:01	35	0.4738	31.2		21	8	104.10	0.4560	
		15	61	0.4921	0			11:30	34	0.4730	31.1		23	8	18	0.4617	
		15:01	61	0.4921	52.5			11:31	34	0.4730	0		28	8	15	0.4596	
		15:30	60	0.4914	52.5		22	5:30	43	0.4794	0	9	1	22	17	0.4610	
		15:31	60	0.4914	0			5:31	43	0.4794	46.6		2	2	18	0.4617	
	29	8	64	0.4942			24	5:50	103.46	0.4141	37.0			7	30	0.4702	
4	7	6:40	66	0.4957	0			5:51	46	0.4141	0			9	105.78	0.5805	0
		6:42	66	0.4957	85.0	6	12	11	34	0.4064	0			9:02	78	0.5805	99.2
		10	60	0.4914	84.0			11:16	34	0.4064	40.5			13	106.50	0.6401	106
		10:02	60	0.4914	0		14	8	102.45	0.3522	39.2			16	58	0.6469	107
	15	8	62	0.4928				8:16	45	0.3522	0			16:30	58	0.6469	107
	19	8	76	0.5028			22	8:30	35	0.3463	0			16:50	56	0.6452	162
	20	9:30	105.10	0.5276	0			8:40	35	0.3463	24.5			20	49	0.6393	162
		9:31	10	0.5276	42.5			18	30	0.3433	24.5			20:20	49	0.6393	106
		14	10	0.5276	42.5			18:10	30	0.3433	0		3	2	33	0.6257	104
	22	9:50	104.45	0.4809	38.7			19	30	0.3433	0			2:02	33	0.6257	0
		9:52	45	0.4809	81.7			19:30	30	0.3433	72.1			3:15	33	0.6257	0
		11	41	0.4780	81.0		23	6	101.83	0.3165	70.5			3:35	33	0.6257	55.5
		11:02	41	0.4780	0			6:30	83	0.3165	0			13	25	0.6189	55.4
	23	8	90	0.5127		7	8	20:30	68	0.3085	0			13:20	25	0.6189	0
	24	6:30	105.19	0.5346	0			20:42	68	0.3085	29.1		4	10	33	0.6257	0
		6:32	19	0.5346	92.2		9	18	30	0.2882	28.7			10:18	33	0.6257	49.8
		18:40	104.91	0.5134	88.3			18:12	30	0.2882	0			20	23	0.6172	49.7
		18:42	91	0.5134	0		14	8	25	0.2856			5	11:30	01	0.5985	49.4

水 库 水 文 要 素 摘 录 表

月	日	时分	坝上水位 (m)	蓄水量 (10^8m^3)	出库流量 (m^3/s)	月	日	时分	坝上水位 (m)	蓄水量 (10^8m^3)	出库流量 (m^3/s)	月	日	时分	坝上水位 (m)	蓄水量 (10^8m^3)	出库流量 (m^3/s)
9	5	11;48	106.01	0.5985	0	9	28	9	105.75	0.5782	45.5	10	7	9;40	105.72	0.5758	0
		20	03	0.6002				9;01	75	0.5782	99.0			9;42	72	0.5758	98.5
	7	8	15	0.6104				9;30	73	0.5766	99.0			10;20	71	0.5751	98.2
	10	8	24	0.6180				9;31	73	0.5766	66.6			10;21	71	0.5751	0
	12	9	24	0.6180	0			17:30	58	0.5649	65.6		10	17;20	71	0.5751	0
		9;57	22	0.6163	101			17;32	58	0.5649	0			17;21	71	0.5751	66.6
		10;52	18	0.6129	100		29	6;10	95	0.5937	0			22;30	56	0.5634	65.5
		11;38	17	0.6121	30.0			6;11	95	0.5937	68.0			22;31	56	0.5634	0
	14	13;30	105.61	0.5673	29.6			8	96	0.5945	68.0		12	13	56	0.5634	0
		13;41	61	0.5673	0			9	106.02	0.5993	68.5			13;01	56	0.5634	65.5
	19	8	59	0.5657				10;30	05	0.6019	71.0			22	29	0.5423	63.5
	20	8	59	0.5657				15	22	0.6163	72.0			22;01	29	0.5423	0
	21	8	60	0.5665				17	26	0.6197	72.2		20	8	27	0.5408	
	22	6	63	0.5688				20	29	0.6223	72.5		31	8	22	0.5369	
		20	67	0.5720			30	0	26	0.6197	72.2	11	15	8	08	0.5261	
	25	8	74	0.5774				14	02	0.5993	70.5		30	8	104.97	0.5177	
	26	8	82	0.5836				20	105.87	0.5875	69.5	12	15	8	81	0.5063	
		18:30	96	0.5945		10	1	9;30	54	0.5618	67.0		31	8	69	0.4978	
	27	10	106.10	0.6061	0			9;31	54	0.5618	0	1	1	8	68	0.4971	
		10;11	10	0.6061	47.0		2	8	61	0.5673							

1970　滚　河　石漫滩水库(坝上)站

月	日	时分	坝上水位 (m)	蓄水量 (10^8m^3)	出库流量 (m^3/s)	月	日	时分	坝上水位 (m)	蓄水量 (10^8m^3)	出库流量 (m^3/s)	月	日	时分	坝上水位 (m)	蓄水量 (10^8m^3)	出库流量 (m^3/s)
1	1	8	104.68	0.4971		6	17	8	103.40	0.4103		8	9	8	101.53	0.3005	0
	15	8	54	0.4872				18	53	0.4186				8;11	53	0.3005	26.3
2	5	8	29	0.4695			18	0	68	0.4283				20	32	0.2893	26.0
	9	8	32	0.4716				10	79	0.4354	0			20;11	32	0.2893	0
	21	8	20	0.4631				10;10	79	0.4354	25.7		16	20	11	0.2780	0
	22	8	20	0.4631			19	23	44	0.4129	25.4		17	21	08	0.2764	85.1
	24	8	25	0.4667				23;10	44	0.4129	0			5	100.56	0.2508	82.8
	28	8	21	0.4638			22	8	47	0.4148				6	53	0.2494	0
3	4	8	35	0.4738			25	11	46	0.4141	0		31	8	10	0.2285	
	6	8	39	0.4766				11;01	46	0.4141	32.5	9	8	9;30	99.83	0.2167	0
	9	8	40	0.4773				20;30	30	0.4038	31.6			9;42	83	0.2167	26.9
	18	8	30	0.4702				20;31	30	0.4038	0		9	17	12	0.1879	26.1
4	9	8	07	0.4539		7	2	9	23	0.3993	40.0			17;12	12	0.1879	0
	11	8	12	0.4574				9;02	23	0.3993	40.0		11	8	07	0.1859	
	14	8	12	0.4575				9;30	23	0.3993	40.0		12	8	07	0.1859	
	22	8	04	0.4517				9;45	23	0.3993	78.0		13	8	05	0.1851	
	24	8	21	0.4638				20	102.89	0.3780	56.6		15	8	98.97	0.1818	
	26	8	27	0.4681				20;02	89	0.3780	37.6		16	8	95	0.1810	
	28	8	29	0.4695				22;30	85	0.3757	37.5		17	8	99.13	0.1883	
	30	8	26	0.4674				22;45	85	0.3757	0		19	8	13	0.1883	
5	1	8	44	0.4801			6	8	80	0.3727			21	8	09	0.1867	
	2	8	52	0.4858			10	8	71	0.3674			23	8	13	0.1883	
	3	8	55	0.4879			16	16	63	0.3627	0		26	8	14	0.1887	
	6	8	56	0.4886				16;01	63	0.3627	13.0		29	8	28	0.1944	
	8	8	54	0.4872				16;30	63	0.3627	13.0	10	9	8	15	0.1891	
	9	8	56	0.4886				16;38	63	0.3627	32.5		11	8	15	0.1891	
	10	8	56	0.4886			17	9	34	0.3457	25.7		13	8	18	0.1903	
	16	8	49	0.4837				9;01	34	0.3457	19.2		18	8	17	0.1899	
	28	8	25	0.4667				9;30	33	0.3451	19.2		24	8	08	0.1863	
	31	8	40	0.4773				9;35	33	0.3451	32.2		25	8	28	0.1944	
6	8	9	34	0.4730	0		18	6;30	101.96	0.3235	31.8		26	8	43	0.2004	
		9;08	34	0.4730	20.4			6;43	96	0.3235	0		27	8	47	0.2021	
	12	11;45	103.38	0.4090	19.8		30	8	82	0.3160			29	8	49	0.2029	
		11;53	38	0.4090	0	8	8	15	62	0.3053	0	11	4	8	48	0.2025	
		23	39	0.4097				15;11	62	0.3053	26.4		9	8	48	0.2025	
	13	6	43	0.4122				19;30	54	0.3010	26.3		12	8	43	0.2004	
	15	8	43	0.4122				19;41	54	0.3010	0		14	8	42	0.2000	

水 库 水 文 要 素 摘 录 表

月	日	时分	坝上水位 (m)	蓄水量 ($10^8 m^3$)	出库流量 (m^3/s)	月	日	时分	坝上水位 (m)	蓄水量 ($10^8 m^3$)	出库流量 (m^3/s)	月	日	时分	坝上水位 (m)	蓄水量 ($10^8 m^3$)	出库流量 (m^3/s)
11	30	8	99.11	0.1875		12	16	8	98.65	0.1700		12	31	8	98.20	0.1515	
12	6	8	98.94	0.1820			21	8	52	0.1640			1	1	8	17	0.1494	
	11	8	81	0.1760			26	8	36	0.1580								

1971　滚　河　石漫滩水库（坝上）站

月	日	时分	坝上水位 (m)	蓄水量 ($10^8 m^3$)	出库流量 (m^3/s)	月	日	时分	坝上水位 (m)	蓄水量 ($10^8 m^3$)	出库流量 (m^3/s)	月	日	时分	坝上水位 (m)	蓄水量 ($10^8 m^3$)	出库流量 (m^3/s)
1	1	8	98.17	0.1494		6	25	8	98.39	0.1583		8	1	8:12	103.04	0.3871	30.4
	17	8	97.53	0.1270				13	99.80	0.2155				19:40	102.88	0.3774	30.3
2	2	8	05	0.1111				15	94	0.2211			2	7	82	0.3739	30.2
	12	8	96.56	0.0968				20	100.13	0.2299				7:12	83	0.3745	0
	15	8	43	0.0931			26	8	31	0.2387				8	90	0.3786	
	18	8	23	0.0874			27	8	49	0.2474				10	95	0.3816	
	23	8	03	0.0817			29	8	68	0.2566				14	99	0.3839	
	26	8	95.96	0.0798				11	63	0.2542			3	8	103.02	0.3858	
	27	8	91	0.0786				12	76	0.2605			4	8	03	0.3864	
	28	8	89	0.0782				14	84	0.2644			7	8	01	0.3851	
3	1	8	89	0.0782				16	89	0.2668			10	8	00	0.3845	
	2	8	92	0.0789			30	14	102.24	0.3398				20	10	0.3909	
	3	8	96.08	0.0831				20	36	0.3468			11	8	13	0.3929	
	4	8	18	0.0859		7	1	6	52	0.3563			12	8	16	0.3948	
	5	8	23	0.0874				10:30	73	0.3686			13	8	21	0.3980	
	8	8	32	0.0900				14	83	0.3745				11:30	27	0.4019	
	12	8	37	0.0914				20	93	0.3804			14	8	31	0.4045	
	14	8	37	0.0914			2	16	103.13	0.3929			16	8	31	0.4045	
	16	8	40	0.0922			3	8	20	0.3974			18	8	33	0.4058	
	19	8	40	0.0922			5	8	32	0.4051			19	8	36	0.4077	
	24	8	42	0.0928			7	8	39	0.4097	0		20	8	36	0.4077	
	27	8	40	0.0922				8:01	39	0.4097	22.5		22	8	40	0.4103	
4	7	8	36	0.0911				11:30	37	0.4084	22.3		24	0	40	0.4103	
	12	8	34	0.0905				11:31	37	0.4084	40.0			5:30	50	0.4167	
	13	8	35	0.0908				19	26	0.4012	38.0				67	0.4277	
	15	8	43	0.0931				19:02	26	0.4012	0			14	104.55	0.4879	
	16	8	45	0.0937			9	8	28	0.4025				16	70	0.4985	
	18	8	59	0.0977				20	30	0.4038				20	87	0.5106	
	20	8	66	0.0997				22	34	0.4064			25	0	95	0.5163	
	24	8	72	0.1014			10	2	61	0.4238				8	105.06	0.5245	
	29	8	71	0.1011				6:30	76	0.4334				20	14	0.5307	
5	2	8	73	0.1017				9	80	0.4360	0		26	22	22	0.5369	0
	4	8	95	0.1080				9:02	80	0.4360	54.0			22:02	22	0.5369	82.7
	5	8	97.01	0.1097				12	78	0.4347	53.7			22:50	20	0.5354	82.6
	7	8	06	0.1114				19:40	66	0.4270	51.3			22:52	20	0.5354	0
	9	8	09	0.1124				19:42	66	0.4270	0		27	0:20	20	0.5354	0
	11	8	09	0.1124			11	4	69	0.4290	0			0:38	20	0.5354	50.9
	16	8	04	0.1107				4:02	69	0.4290	64.2			20	104.82	0.5070	50.3
	20	8	96.97	0.1085				19	36	0.4077	51.0			20:18	82	0.5070	0
	26	8	84	0.1048				19:02	36	0.4077	0		28	21	84	0.5084	0
6	5	8	53	0.0960			12		40	0.4103				21:01	84	0.5084	50.0
	8	8	43	0.0931			13	8	45	0.4135			29	7	62	0.4928	48.0
	9	8	42	0.0928			15		50	0.4167				7:01	62	0.4928	84.5
		20	61	0.0983			18		52	0.4180				8	59	0.4907	84.0
	10	20	69	0.1005			20		50	0.4167				8:02	59	0.4907	0
	11	8	97.07	0.1117			21	17:30	50	0.4167	0	9	3	8	65	0.4950	
		19	77	0.1350				17:31	50	0.4167	19.0		6	8	69	0.4978	
	12	8	98.02	0.1434			23	4	18	0.3961	17.0			8	70	0.4985	
	13	8	13	0.1478				4:07	18	0.3961	36.0		13	8	70	0.4985	
	14	8	19	0.1502				8	10	0.3909	31.0		16	8	69	0.4978	
	15	8	21	0.1511				8:02	10	0.3909	0		28	8	55	0.4879	
	16	8	25	0.1527			28	06	06	0.3883		10	1	8	57	0.4893	
	19	8	28	0.1539			29	8	08	0.3896			3	8	63	0.4935	
	24	8	24	0.1523		8	1	8	04	0.3871	0		4	8	68	0.4971	

水 库 水 文 要 素 摘 录 表

月	日	时分	坝上水位(m)	蓄水量(10⁸m³)	出库流量(m³/s)	月	日	时分	坝上水位(m)	蓄水量(10⁸m³)	出库流量(m³/s)	月	日	时分	坝上水位(m)	蓄水量(10⁸m³)	出库流量(m³/s)
10	7	8	104.70	0.4985		11	8	8	104.69	0.4978		11	22	8	105.13	0.5299	
	10	8	70	0.4985			9	8	98	0.5185		12	1	8	06	0.5245	
	21	8	63	0.4935			12	8	105.12	0.5292			16	8	104.91	0.5134	
11	6	8	51	0.4851			15	8	15	0.5315			31	8	77	0.5035	
	7	8	53	0.4865			18	8	15	0.5315		1	1	8	76	0.5028	

1972　滚　河　石漫滩水库(坝上)站

月	日	时分	坝上水位(m)	蓄水量(10⁸m³)	出库流量(m³/s)	月	日	时分	坝上水位(m)	蓄水量(10⁸m³)	出库流量(m³/s)	月	日	时分	坝上水位(m)	蓄水量(10⁸m³)	出库流量(m³/s)
1	1	8	104.76	0.5028		4	18	19	104.15	0.4596		7	2	15:01	105.02	0.5214	51.0
	6	8	69	0.4978			20	9	16	0.4603	0			17	09	0.5268	51.8
	11	8	64	0.4942				9:01	16	0.4603	52.4			21	13	0.5299	52.0
	16	8	58	0.4900				18:30	103.93	0.4444	49.7			21:01	13	0.5299	72.0
	21	8	52	0.4858				18:31	93	0.4444	0		3	8	104.96	0.5170	70.0
	26	8	49	0.4837			23	8	92	0.4438	0			14:30	82	0.5070	68.5
	31	8	46	0.4816				8:01	92	0.4438	49.6			14:31	82	0.5070	118
2	6	8	44	0.4801				18	70	0.4296	46.1			15	80	0.5056	118
	11	8	42	0.4787				18:01	70	0.4296	0			15:18	78	0.5042	166
	16	8	45	0.4809			25	8	69	0.4290			4	0	30	0.4702	
	20	8	46	0.4816				8:01	69	0.4290	46.0			2	19	0.4624	147
	25	8	43	0.4794				18:30	47	0.4148	42.2			2:03	18	0.4617	46.6
	29	8	40	0.4773				18:31	47	0.4148	0			13:30	01	0.4496	46.3
3	6	8	35	0.4738			27	8	47	0.4148	0			13:32	01	0.4496	104
	9	8	33	0.4723				8:01	47	0.4148	42.2			20	103.73	0.4305	
	14	8	32	0.4716				17	29	0.4032	38.0		5	8	20	0.4062	
	17	8	44	0.4801				17:01	29	0.4032	0			16	102.95	0.3816	67.6
	18	8	46	0.4816		5	1	8	25	0.4006				16:02	95	0.3816	44.6
	20	8	60	0.4914			6	8	19	0.3968				17	94	0.3810	44.5
	21	8	65	0.4950			10	16:30	13	0.3928	0			17:12	93	0.3804	74.0
	22	8	68	0.4971				16:36	13	0.3928	14.9		6	0	67	0.3650	
		20	73	0.5006			12	8	102.78	0.3715				8	33	0.3451	72.2
	23	8	81	0.5063				11	76	0.3703	14.7			8:30	31	0.3439	0
	24	8	91	0.5134				11:04	76	0.3703	5.00		7	0	42	0.3504	
	25	8	96	0.5170			13	18:30	64	0.3633	4.80		9	8	50	0.3551	
	29	8	105.03	0.5222				18:32	64	0.3633	0		10	8	65	0.3639	
	30	9	08	0.5261	0		22	8	41	0.3498			12	8	77	0.3709	
		9:01	08	0.5261	31.7		28	8	34	0.3457			14	8	80	0.3727	
		18:30	104.96	0.5170	31.0		31	8	37	0.3474			18	19	81	0.3733	0
		18:31	96	0.5170	0	6	8	8:30	24	0.3398	0			19:10	81	0.3733	24.8
	31	9:30	97	0.5177	0			8:36	24	0.3398	14.5		20	11	27	0.3415	24.4
		9:31	97	0.5177	31.1		10	15:30	101.70	0.3096	14.2			11:10	27	0.3415	0
		18:15	86	0.5099	30.4			15:36	70	0.3096	0		22	8	28	0.3421	
		18:16	86	0.5099	0		16	9	53	0.3005	0		29	8	19	0.3368	
4	8	8	89	0.5120				9:09	53	0.3005	21.3	8	4	19	16	0.3350	0
	11	8	87	0.5106	0		18	16	100.70	0.2576	20.4			19:12	16	0.3350	29.6
		8:01	87	0.5106	41.0			16:09	70	0.2576	0		5	19	101.74	0.3117	29.2
		18	67	0.4964	40.0		20	8	69	0.2571				19:12	74	0.3117	0
		18:01	67	0.4964	0		22	8	79	0.2620			11	8	69	0.3091	
	12	8	67	0.4964	0		23	8	78	0.2615			16	19	59	0.3037	
		8:01	67	0.4964	40.0		27	8	70	0.2576				19:08	59	0.3037	18.7
		18	49	0.4837	39.0			11	75	0.2601			17	4:30	47	0.2973	18.6
		18:01	49	0.4837	0			16	101.00	0.2722				4:38	47	0.2973	0
	13	9	49	0.4837	0		28	20	15	0.2802			19	23	38	0.2925	
		9:01	49	0.4837	39.0	7	1	8	15	0.2802				23:12	38	0.2925	28.7
		18:30	31	0.4709	37.8		2	0	27	0.2866			20	7	24	0.2850	28.6
		18:31	31	0.4709	0			4	102.43	0.3510				7:12	24	0.2850	0
	17	9	30	0.4702	0			6	103.20	0.3974				19:20	20	0.2829	0
		9:01	30	0.4702	54.2			8	57	0.4212				19:32	20	0.2829	28.6
		18:30	07	0.4539	51.7			10	104.37	0.4752			21	6:30	00	0.2722	28.4
		18:31	07	0.4539	0			12	76	0.5028				6:42	00	0.2722	0
	18	8	07	0.4539				15	105.02	0.5214	0		28	19	100.81	0.2630	0

水库水文要素摘录表

月	日	时分	坝上水位 (m)	蓄水量 (10⁸m³)	出库流量 (m³/s)	月	日	时分	坝上水位 (m)	蓄水量 (10⁸m³)	出库流量 (m³/s)	月	日	时分	坝上水位 (m)	蓄水量 (10⁸m³)	出库流量 (m³/s)
8	28	19:11	100.81	0.2630	25.6	10	5	8	99.70	0.2114		11	18	8	98.77	0.1736	
	29	22	32	0.2392	25.2		6	8	67	0.2102			21	8	73	0.1720	
		22:11	32	0.2392	0		11	8	52	0.2041			26	8	60	0.1668	
9	1	8	28	0.2372			18	8	31	0.1956			30	8	50	0.1628	
	3	8	29	0.2377			19	8	30	0.1952		12	1	8	48	0.1620	
	5	8	26	0.2362			21	8	30	0.1952			6	8	33	0.1559	
	7	8	27	0.2367			26	8	20	0.1911			11	8	15	0.1486	
	11	8	21	0.2338			31	8	08	0.1863			16	8	97.94	0.1406	
	12	8	21	0.2338		11	1	8	05	0.1851			21	8	73	0.1336	
	16	8	15	0.2309			2	8	01	0.1834			26	8	57	0.1283	
	19	8	08	0.2275			3	8	98.97	0.1818			31	8	41	0.1230	
	26	8	99.88	0.2187			8	8	81	0.1753		1	1	8	37	0.1217	
10	1	8	75	0.2135			14	8	66	0.1692							

1973　滚　河　石漫滩水库(坝上)站

月	日	时分	坝上水位 (m)	蓄水量 (10⁸m³)	出库流量 (m³/s)	月	日	时分	坝上水位 (m)	蓄水量 (10⁸m³)	出库流量 (m³/s)	月	日	时分	坝上水位 (m)	蓄水量 (10⁸m³)	出库流量 (m³/s)
1	1	8	97.37	0.1217		5	3	10	100.50	0.2479		7	15	5	100.72	0.2586	
	7	8	10	0.1127				14	66	0.2557				8	99	0.2717	
	11	8	96.93	0.1074				20	68	0.2566				20	101.21	0.2834	
	16	8	69	0.1005			4	0	76	0.2605			16	8	28	0.2871	
	21	8	44	0.0934				8	84	0.2644			19	19	41	0.2941	
	22	8	39	0.0919			5	8	97	0.2707			21	8	41	0.2941	
	27	8	31	0.0897				14	99	0.2717	0.280		28	8	40	0.2936	
2	1	8	12	0.0843				14:06	99	0.2717	14.2			20	43	0.2952	
	3	8	07	0.0828			6	8	88	0.2663	14.2		29	0	50	0.2989	
	9	8	17	0.0857				18:30	85	0.2649	14.2			1:30	67	0.3080	
	11	8	21	0.0868			7	8	83	0.2639	14.1			2	76	0.3128	
	13	8	23	0.0874				18	76	0.2605	14.0			2:30	85	0.3176	
	15	8	23	0.0874				18:04	76	0.2605	23.5			3	91	0.3208	
	16	8	25	0.0880			8	8	59	0.2523	23.5			8	102.23	0.3392	
	21	8	26	0.0882				11	47	0.2464	23.3			20	38	0.3480	
	23	8	26	0.0882				11:10	47	0.2464	0.380		30	20	48	0.3539	
3	1	8	23	0.0874			11	8	59	0.2523	0.510	8	1	8	53	0.3568	
	5	8	22	0.0871			18	16	64	0.2547			3	8	53	0.3568	
	11	8	25	0.0880				16:06	64	0.2547	14.2			20	55	0.3580	
	21	8	29	0.0891			19	17:30	34	0.2401	13.9		4	8	55	0.3580	
	31	8	25	0.0880				17:36	34	0.2401	0.420		5	8	58	0.3597	
4	1	8	25	0.0880			21	8	33	0.2396			6	8	58	0.3597	
	10	8	18	0.0859			24	8	31	0.2387			7	20	56	0.3586	
		20	20	0.0865			25	8	35	0.2406			10	20	52	0.3563	
	11	8	55	0.0966		6	1	8	33	0.2396			11	8	52	0.3563	
	12	8	69	0.1005			10	8	08	0.2275			14	8	46	0.3527	
	15	8	81	0.1040				18	15	0.2309			15	8	50	0.3551	
	17	8	91	0.1068			11	8	16	0.2314			16	8	50	0.3551	
	19	8	95	0.1080			17	8	04	0.2255			21	8	41	0.3498	
	21	8	96	0.1082				18	05	0.2261				20	40	0.3492	
	24	8	97.03	0.1104			21	8	06	0.2265			30	8	25	0.3404	
	30	0	07	0.1117			30	8	99.80	0.2155				20	28	0.3421	
		8	14	0.1140		7	1	20	77	0.2143			31	8	37	0.3474	
		11	31	0.1197			2	2	79	0.2151		9	1	8	38	0.3480	
		14	67	0.1316				14	100.18	0.2323							
		18	98.04	0.1442			4	8	25	0.2358			7	8	38	0.3480	
		20	16	0.1490			6	8	23	0.2348				20	41	0.3498	
5	1	0	38	0.1579				20	31	0.2387			9	8	49	0.3545	
		8	64	0.1684			7	8	34	0.2401			11	8	49	0.3545	
		20	83	0.1761			8	20	35	0.2406			15	20	45	0.3522	
	2	8	93	0.1802			9	8	34	0.2401			21	8	38	0.3480	
		20	99.00	0.1830			11	8	39	0.2425				20	38	0.3480	
	3	0	02	0.1838			14	20	39	0.2425			22	8	36	0.3468	
		8	100.38	0.2420			15	0	57	0.2513			28	8	28	0.3421	

水 库 水 文 要 素 摘 录 表

月	日	时分	坝上水位 (m)	蓄水量 (10⁸m³)	出库流量 (m³/s)	月	日	时分	坝上水位 (m)	蓄水量 (10⁸m³)	出库流量 (m³/s)	月	日	时分	坝上水位 (m)	蓄水量 (10⁸m³)	出库流量 (m³/s)
10	1	8	102.24	0.3398		11	1	8	101.88	0.3192		12	6	8	100.96	0.2702	
	5	17	22	0.3386			6	8	78	0.3138			11	8	82	0.2635	
	7	8	31	0.3439			11	8	65	0.3069			16	8	68	0.2566	
	11	8	29	0.3427			16	8	52	0.3000			21	8	53	0.2494	
	16	8	22	0.3386			21	8	37	0.2920			26	8	40	0.2430	
	21	8	12	0.3327			26	8	24	0.2850			31	8	22	0.2343	
	26	8	01	0.3262		12	1	8	11	0.2780		1	1	8	19	0.2328	

1974　滚　河　石漫滩水库(坝上)站

月	日	时分	坝上水位 (m)	蓄水量 (10⁸m³)	出库流量 (m³/s)	月	日	时分	坝上水位 (m)	蓄水量 (10⁸m³)	出库流量 (m³/s)	月	日	时分	坝上水位 (m)	蓄水量 (10⁸m³)	出库流量 (m³/s)
1	1	8	100.19	0.2328		5	17	20	98.14	0.1482		8	5	17	102.17	0.3356	
	6	8	00	0.2236			18	20	30	0.1547				22	28	0.3421	
	11	8	99.82	0.2163			19	20	73	0.1720			6	8	42	0.3504	
	16	8	61	0.2078			20	8	85	0.1768				20	50	0.3551	
	21	8	46	0.2017			21	8	97	0.1818			8	8	64	0.3633	
	26	8	41	0.1996			22	8	99.21	0.1915			9	8	68	0.3656	
2	1	8	37	0.1980				20	32	0.1960				20	83	0.3745	
	6	8	24	0.1927			23	20	42	0.2000			10	8	87	0.3768	
	11	8	12	0.1879			25	20	51	0.2037			11	8	87	0.3768	
	16	8	02	0.1838			26	8	52	0.2041			13	8	90	0.3786	
	21	8	98.86	0.1773				20	53	0.2045			15	8	90	0.3786	
	26	8	65	0.1688			27	20	53	0.2045			21	8	82	0.3739	
3	1	8	55	0.1648			28	8	52	0.2041			26	8	14	0.3692	
	5	8	43	0.1600		6	1	8	39	0.1988		9	1	8	65	0.3639	
	6	8	44	0.1604			6	8	20	0.1911			7	20	62	0.3621	
	7	8	53	0.1640			11	8	03	0.1842			11	8	56	0.3586	
	8	17	56	0.1652			16	8	98.85	0.1768			13	8	64	0.3633	
	9	8	56	0.1652			21	8	68	0.1700			21	8	51	0.3557	
	11	8	53	0.1640			26	8	48	0.1620			26	8	40	0.3492	
	16	8	41	0.1592		7	1	8	27	0.1535		10	1	8	35	0.3463	
	21	8	27	0.1535			6	8	05	0.1446				17	35	0.3463	
	26	8	12	0.1474			9	20	97.90	0.1393			2	18	42	0.3504	
4	1	8	97.96	0.1413			10	8	96	0.1413			4	8	103.53	0.4186	
	6	8	78	0.1353				20	97	0.1416			5	8:05	69	0.4290	
		17	79	0.1357			11	8	96	0.1413	0		9	8	89	0.4419	
	7	8	90	0.1393				12:30	90	0.1393	10.2		11	8	90	0.4425	
		17	93	0.1403				13	93	0.1403	10.2		12	17	91	0.4431	
	10	8	94	0.1406				14	93	0.1403	10.2		13	17	91	0.4431	
	11	8	92	0.1400				16	95	0.1410	10.2		21	8	83	0.4380	
	16	8	84	0.1373			12	8	81	0.1363	10.2		26	17	75	0.4328	
	21	8	73	0.1336			13	13	45	0.1244	10.0	11	1	8	65	0.4264	
	26	8	61	0.1296			21	8	07	0.1117			8	8	63	0.4251	
5	1	8	45	0.1244			28	8	96.66	0.0997			11	8	67	0.4277	
	6	8	25	0.1177			30	8	66	0.0997			21	8	52	0.4180	
	11	8	05	0.1111				20	70	0.1008		12	1	8	33	0.4058	
	12	8	02	0.1101		8	1	8	70	0.1008			6	8	28	0.4025	
		20	09	0.1124				20	82	0.1043			11	8	20	0.3974	
	13	8	47	0.1250			3	14	84	0.1048			16	8	09	0.3903	
		20	57	0.1283				17	96	0.1082			21	8	102.96	0.3821	
	15	8	69	0.1323			4	16	97.45	0.1243			26	8	81	0.3733	
	16	8	72	0.1333				20	98.08	0.1458			30	8	71	0.3674	
	17	8	73	0.1336			5	0	34	0.1563				17	70	0.3680	
		11	76	0.1346				10	101.81	0.3154			31	8	71	0.3674	
		14	98.02	0.1434				12	102.09	0.3309		1	1	8	68	0.3656	

水库水文要素摘录表

1975　滚　河　石漫滩水库(坝上)站

月	日	时分	坝上水位 (m)	蓄水量 ($10^8 m^3$)	出库流量 (m^3/s)
1	1	8	102.68	0.3656	
	6	8	61	0.3615	
	11	8	52	0.3563	
	16	8	45	0.3522	
	21	8	36	0.3468	
	26	8	21	0.3380	
2	1	8	03	0.3274	
	6	8	02	0.3268	
	11	8	11.98	0.3245	
	16	8	102.00	0.3256	
	21	8	101.92	0.3214	
	26	8	82	0.3160	
3	1	8	75	0.3123	
	6	8	06	0.3058	
	11	8	50	0.2989	
	16	8	37	0.2920	
	21	8	22	0.2840	
	26	8	05	0.2749	
4	1	8	100.85	0.2649	
	6	8	75	0.2601	
	11	8	57	0.2513	
	16	8	41	0.2435	
	17	20	36	0.2411	
	18	20	49	0.2474	
	19	20	101.23	0.2845	
	20	8	43	0.2952	
	21	8	56	0.3021	
	22	8	60	0.3042	
	24	8	61	0.3047	
	25	8	102.18	0.3362	
		20	39	0.3468	
	26	8	49	0.3545	
	27	8	57	0.3592	
		20	63	0.3627	
	29	8	72	0.3680	
5	1	8	74	0.3692	
	6	8	74	0.3692	
	11	8	76	0.3703	
	16	8	77	0.3709	
	21	8	78	0.3715	
	26	8	74	0.3692	
6	1	8	54	0.3574	
	6	8	41	0.3498	
	11	8	26	0.3409	
	16	8	08	0.3303	
	20	16	00	0.3256	0
	21	8	04	0.3280	0.400
	22	20	01	0.3262	0.100
6	23	3:30	102.05	0.3286	0.700
		10:45	09	0.3309	1.70
	24	15	07	0.3297	1.10
	25	8	05	0.3286	0.700
	26	14	00	0.3256	0
7	1	8	1010.88	0.3192	
	6	8	79	0.3144	
	8	20	74	0.3117	
	9	5:30	77	0.3133	
		14:30	102.15	0.3345	
		20	20	0.3374	
	10	8	41	0.3498	
	11	8	47	0.3533	
		20	48	0.3539	
	14	20	48	0.3539	
	16	8	45	0.3522	
	21	8	36	0.3468	
	26	8	25	0.3404	
	28	8	22	0.3386	
		20	29	0.3427	
8	1	8	24	0.3398	
	4	8	17	0.3356	
	5	8	26	0.3409	
		20	40	0.3492	
		22	98	0.3833	
		23	103.87	0.4406	
		23:30	104.35	0.4738	0
		23:50	105.22	0.5369	53.6
	6	0	65	0.5704	54.4
		0:40	106.05	0.6019	55.1
		0:44	07	0.6036	259
		1	16	0.6112	259
		2	45	0.6359	272
		3	107.03	0.6854	289
		3:30	16	0.6975	293
		4	25	0.7059	295
		5	33	0.7134	297
		6	34	0.7143	345
		7	31	0.7115	345
		7:02	31	0.7115	436
		8	24	0.7050	435
		9	15	0.6966	432
		10	05	0.6873	428
		11	106.92	0.6784	425
		12	85	0.6699	420
		13	76	0.6622	416
		14	65	0.6529	411
		15	54	0.6435	405
8	6	16	106.46	0.6367	400
		16:30	44	0.6350	399
		17:30	47	0.6376	401
		18	47	0.6376	101
		19	42	0.6333	398
		20	37	0.6291	396
		21	30	0.6231	392
		22	25	0.6189	389
		23	21	0.6155	387
	7	0	15	0.6104	385
		1	14	0.6095	384
		2	16	0.6112	385
		3	24	0.6180	389
		4	40	0.6316	397
		4:30	43	0.6342	399
		5	66	0.6537	411
		6	72	0.6588	414
		6:30	74	0.6605	415
		6:34	74	0.6605	212
		7	83	0.6682	212
		8	107.09	0.6910	216
		9	34	0.7143	217
		9:50	50	0.7292	220
		9:54	51	0.7301	446
		10	55	0.7339	447
		11	71	0.7487	452
		12	90	0.7665	460
		12:20	95	0.7706	461
		12:24	96	0.7727	224
		13	108.12	0.7881	225
		14	24	0.8004	226
		14:04	24	0.8004	471
		15	29	0.8056	474
		15:30	31	0.8076	473
		16	37	0.8137	476
		17	58	0.8353	483
		18	88	0.8662	493
		19	109.13	0.8931	502
		20	31	0.9132	507
		21	41	0.9244	511
		22	59	0.9447	518
		22:30	80	0.9682	524
		22:47	99	0.9895	532
	8	0	110.88	1.104	563
		0:10	111.00	1.120	567
		0:20	37	1.170	580
		0:30	40	1.174	580

洪水水文要素摘录表

1976　滚　河　石漫滩站

月	日	时分	水位(m)	流量(m³/s)	含沙量(kg/m³)	月	日	时分	水位(m)	流量(m³/s)	含沙量(kg/m³)	月	日	时分	水位(m)	流量(m³/s)	含沙量(kg/m³)
6	27	8	87.91	0.092		7	25	20	88.12	2.00		8	19	0	88.25	3.96	
	28	20	94	0.170			26	0	43	10.1				8	05	2.30	
	29	6	88.02	0.420				8	21	3.18			20	20	00	1.10	
		14	32	4.50				20	14	2.20			21	8	87.97	0.870	
		16	35	5.62			27	20	09	1.75			24	8	92	0.600	
		20	34	5.20			28	8	05	1.42				20	94	0.700	
	30	8	19	1.40				20	09	1.75			25	8	92	0.600	
7	1	8	06	0.570			30	8	07	1.58				20	97	0.870	
	2	20	87.99	0.330		8	1	8	02	1.20			26	20	88.16	2.30	
	3	8	88.00	0.360				20	07	1.58			27	20	06	1.50	
	5	20	87.95	0.200			5	8	87.99	1.00			28	20	04	1.35	
	7	8	96	0.230				20	88.30	5.10			29	5	10	1.85	
		20	93	0.150				23	58	20.7				10	28	4.60	
	8	8	96	0.230			6	0	53	16.7				12	29	4.83	
		20	88.04	0.500				8	19	2.85				20	20	3.00	
	11	8	87.98	0.310			7	8	04	1.35			30	20	05	1.42	
	12	20	96	0.230				20	04	1.35		9	1	8	02	1.20	
	14	8	99	0.330			8	8	11	1.95				14	44	10.7	
		14	88.07	0.610				10	09	1.75				14;30	50	14.7	
		17	34	5.20			9	8	02	1.20				16	50	14.7	
		20	41	8.86				20	01	1.15				18	49	13.8	
	16	20	14	0.930			10	8	02	1.20				20	40	8.15	
	17	20	08	0.650			11	8	00	1.08			2	0	32	5.65	
	18	20	07	0.610				20	87.98	0.940				8	22	3.38	
	19	2	35	5.65			12	0	88.03	1.29			3	3;30	12	2.00	
		6	65	26.7				2	40	8.15				8	47	12.5	
		13	50	14.5				6	50	14.6				20	21	3.21	
	20	2	52	16.0				8	60	22.3			4	20	22	3.38	
		20	32	4.45				14	45	11.4			6	8	10	1.85	
	21	4;18	89.09	80.8				20	55	18.3				20	06	1.50	
		6	88.82	43.3			13	8	50	14.5			7	8	09	1.75	
		8	64	25.7				20	30	5.13			9	8	04	1.35	
		14	46	11.9			14	8	20	3.00			11	8	87.97	0.870	
		16	42	9.40			15	20	05	1.42			16	8	92	0.590	
	23	8	22	3.18			18	20	87.99	1.00							

1977　滚　河　石漫滩站

月	日	时分	水位(m)	流量(m³/s)	含沙量(kg/m³)	月	日	时分	水位(m)	流量(m³/s)	含沙量(kg/m³)	月	日	时分	水位(m)	流量(m³/s)	含沙量(kg/m³)
4	23	0	87.83	0.120		4	28	0	88.09	3.10		6	24	15	87.94	2.24	
		5	84	0.150			29	8	00	1.50				15;54	21	10.4	
		8	88.08	2.88			30	8	87.96	0.980				16;18	30	16.8	
		12	23	7.25		5	12	20	86	0.220				16;30	29	16.4	
		13	28	9.41			13	0	87	0.260				20	09	7.45	
		14	28	9.41				7	95	0.850				21	06	6.30	
		15	32	11.4				8	88.40	16.8				22	14	8.75	
		16	32	11.4				9	52	27.0				22;24	16	9.45	
		17	30	10.3				10	52	27.0				23	13	8.42	
		20	24	7.70				14	50	26.6			25	1	19	10.5	
	24	8	16	4.90				20	44	23.2				8	01	4.70	
	25	8	03	1.95			14	8	19	10.4			26	0	89	1.46	
	26	8	87.97	1.10			15	20	87.97	3.10				2	90	1.69	
	27	0	97	1.10			17	8	90	1.79				3	88.24	12.2	
		10	99	1.34			20	8	85	1.00				4	43	19.0	
		20	88.09	3.10		6	24	12	77	0.035				5	44	19.3	

洪 水 水 文 要 素 摘 录 表

月	日	时分	水位 (m)	流量 (m³/s)	含沙量 (kg/m³)	月	日	时分	水位 (m)	流量 (m³/s)	含沙量 (kg/m³)	月	日	时分	水位 (m)	流量 (m³/s)	含沙量 (kg/m³)
6	26	6	88.38	17.2		7	18	12	88.40	21.9		7	29	8	88.18	12.3	
		29		13.9				13	40	21.9			30	8	01	6.15	
		20	00	4.25				14	38	20.8			31	20	87.96	4.57	
7	27	8	87.94	2.66			19	8	11	8.55		8	8	4	82	0.820	
7	10	2	84	0.730			20	20	87.97	3.78				8	93	3.42	
		8	91	1.92			22	8	91	2.18				10	90	2.62	
		20	88.00	4.42			25	8	87	1.27				20	86	1.60	
		21:30	20	12.3				18:30	88	1.51			9	5	86	1.60	
		22	23	13.7				19:30	88.21	12.7				8	91	2.90	
		22:30	21	12.7				20	39	21.4				10	88.00	5.48	
	11	0	35	19.1				21	48	26.1				10:30	00	5.48	
		2	45	23.9				22	51	27.7				12	87.98	4.88	
		3	50	26.3				22:30	50	27.2				15	88.00	5.48	
		4	50	26.3			26	2	33	18.4				16	01	5.82	
		8	41	21.9				6	16	10.6				17	00	5.48	
		20	20	12.3				20	00	5.82			10	2	87.94	3.70	
	12	8	08	7.35			27	2	87.98	5.18				4	96	4.28	
	13	8	87.95	2.92				6	99	5.49				8	88.14	10.4	
	16	8	86	0.980				8	88.00	5.80				9	35	18.9	
	17	5	85	0.850			28	8	20	13.0				9:30	40	21.3	
		8	86	1.07				10	45	22.3				10	45	23.7	
	18	4	88.13	9.34				11	50	24.2				11	40	21.9	
		4:30	40	21.9				12	50	24.2				20	10	10.3	
		4:48	42	23.0				14	40	20.4			11	8	87.99	6.02	
		8	33	18.4				20	30	16.7			12	8	93	3.89	
		10	33	18.4			29	0	31	17.1							

1978　滚　河　石漫滩站

月	日	时分	水位 (m)	流量 (m³/s)	含沙量 (kg/m³)	月	日	时分	水位 (m)	流量 (m³/s)	含沙量 (kg/m³)	月	日	时分	水位 (m)	流量 (m³/s)	含沙量 (kg/m³)
7	11	0	87.71	0.220		7	21	8	87.76	0.440		8	9	16	87.93	3.38	
		8	71	0.220				17	76	0.440				20	94	3.68	
		14	72	0.250				17:30	77	0.520				20:18	88.20	14.5	
		16	75	0.370				19	79	0.740				20:30	29	18.8	
		18:30	77	0.520				20	80	0.940				20:48	40	24.2	
		19:18	95	4.23				21	85	1.74				21	45	26.7	
		19:24	99	5.27				22	90	2.60				21:18	40	24.2	
		20	88.05	6.90			22	0	92	2.95				21:30	38	20.7	
		21	07	7.44				2	91	2.78				21:42	30	19.3	
		22	03	6.37				8	85	1.74				22	21	15.0	
	12	0	00	5.55				20	80	0.940			10	0	18	13.6	
		5:30	87.91	3.20			23	8	78	0.620				5	01	6.23	
		8	90	2.96			24	20	74	0.320				6	87.99	5.45	
		14	86	2.05			25	8	74	0.320				8	97	4.74	
	13	0	83	1.45		8	8	8	68	0.170				20	94	3.68	
		8	83	1.45				19	68	0.170			11	0	93	3.38	
		20	80	0.890				21	70	0.200				10	93	3.38	
	14	8	79	0.740				22	78	0.580			12	8	90	2.48	
	15	5:30	78	0.620				22:30	83	1.08			13	8	84	1.22	
		8	80	0.940				22:48	92	3.02			14	8	80	0.750	
		10	85	1.74				22:54	88.10	10.0			17	8	76	0.450	
		14	89	2.43				23	18	13.6			19	8	74	0.340	
		16	95	3.50				23:12	30	19.3			20	8	73	0.290	
		17	95	3.50				23:30	39	23.7			23	8	70	0.200	
		20	94	3.33			9	0	38	20.7			24	14:30	70	0.200	
	16	0	92	2.95				1	28	18.3				16	73	0.290	
		14	90	2.60				2	20	14.5				16:48	90	3.19	
		20	88	2.24				5:30	04	7.45				16:54	99	5.90	
	17	8	85	1.74				6	02	6.64				17	88.02	6.92	
	18	8	82	1.23				8	00	5.85				17:24	15	12.0	
	19	8	78	0.620				14	87.93	3.38				17:30	20	14.0	

洪 水 水 文 要 素 摘 录 表

月	日	时分	水位 (m)	流量 (m³/s)	含沙量 (kg/m³)	月	日	时分	水位 (m)	流量 (m³/s)	含沙量 (kg/m³)	月	日	时分	水位 (m)	流量 (m³/s)	含沙量 (kg/m³)
8	24	17:36	88.22	14.8		8	24	22	88.05	8.02		8	26	6	87.85	1.98	
		18	30	18.2			25	0	87.99	5.90				8	84	1.68	
		18:30	30	18.2				5	90	3.19				20	80	0.860	
		19	26	16.5				20	81	1.01			27	8	78	0.630	
		19:30	22	14.8			26	0	81	1.01			28	8	73	0.290	
		20	19	13.6				5:30	85	1.98			29	20	73	0.290	

1979　滚　河　石漫滩站

月	日	时分	水位 (m)	流量 (m³/s)	含沙量 (kg/m³)	月	日	时分	水位 (m)	流量 (m³/s)	含沙量 (kg/m³)	月	日	时分	水位 (m)	流量 (m³/s)	含沙量 (kg/m³)
4	22	8	87.78	0.740		9	13	3	87.31	1.92		9	18	0	87.53	11.3	
	23	0	79	0.800				5	50	5.30				2	51	10.5	
		2	90	2.60				7	56	6.73				8	47	9.00	
		2:06	95	3.96				8	64	9.01				12	46	8.64	
		2:24	88.25	16.1				11	73	12.1				14	45	8.30	
		2:30	37	21.8				12	72	11.7				18	44	7.96	
		3	45	25.9				14	68	10.3				20	43	7.64	
		4	48	27.5				16	80	14.9			20	20	32	4.40	
		5	46	27.2				18:30	76	17.4			21	4	86	20.5	
		8	40	24.9				19	89	18.8				5	91	22.3	
		10	33	22.2				20	89	18.8				7	94	23.0	
		17	20	17.1				21	87	17.9				8	94	23.0	
		20	10	13.4				22	87	17.9				10	90	21.0	
	24	0	05	11.5			14	1	88.01	24.5				12	81	17.0	
		20	87.92	6.61				2	02	24.9				18	67	11.3	
	25	0	91	6.21				5	87.94	22.0			22	0	61	9.42	
		2	90	5.80				6	87	19.1				2	56	8.05	
		8	88	4.98				10	75	14.6				6	66	10.9	
		14	87	4.55				16	66	11.6				8	67	11.3	
	26	0	84	3.23				22	66	11.6				10	69	12.1	
		8	83	2.77			15	0	99	30.7				12	66	10.9	
7	15	10	72	5.00				2:30	88.14	41.0				20	56	8.05	
		11	79	8.60				4	14	41.0			23	0	53	7.37	
		12	88.24	33.5				6	09	37.5				2	53	7.37	
		13	26	34.6				8	09	37.5				8	93	22.5	
		14	35	39.7				10	04	34.1				10	88.00	25.8	
		15:30	68	58.5				12	09	37.5				11	05	28.2	
		16	73	61.4				14	17	43.2				12	06	28.7	
		16:12	74	62.0				16	19	44.6				18	03	27.8	
		16:30	55	52.5				18	19	44.6			24	0	87.91	23.9	
		17	51	50.5				20	11	38.9				2	83	21.2	
		18	26	38.4			16	2	04	34.1				4	78	19.6	
		22	04	27.9				5	19	44.6				10	71	17.3	
	16	0	87.98	25.1				8	19	44.6				16	66	15.7	
		4	89	20.8				10	16	43.0			25	0	62	14.4	
		12	77	15.3				16	87.98	33.3				2	62	14.4	
	17	0	64	9.50			17	0	81	24.5			26	2	43	8.75	
		2	64	9.50				10	68	17.9				20	37	7.11	
		8	62	8.64				14	64	16.0			27	8	34	6.36	
9	12	8	21	0.840				18	57	12.9			28	8	30	5.47	
	13	0	26	1.32				20	55	12.1				20	26	4.69	

1980　滚　河　滚河李站

月	日	时分	水位 (m)	流量 (m³/s)	含沙量 (kg/m³)	月	日	时分	水位 (m)	流量 (m³/s)	含沙量 (kg/m³)	月	日	时分	水位 (m)	流量 (m³/s)	含沙量 (kg/m³)
8	16	8	71.08			8	17	0	75.25			8	17	11	72.22		
		20	12					3	74.75					14	71.78		
		22	74.15					6	73.61					18	48		

洪水水文要素摘录表

日期			水位	流量	含沙量	日期			水位	流量	含沙量	日期			水位	流量	含沙量
月	日	时分	(m)	(m³/s)	(kg/m³)	月	日	时分	(m)	(m³/s)	(kg/m³)	月	日	时分	(m)	(m³/s)	(kg/m³)
8	17	20	73.31			8	24	14	79.48			10	8	20	71.08		
		20;30	74.18					14;30	59				9	8	16		
		21	65					15	66					14	52		
		21;30	93					15;30	70				10	0	75.10		
		22	75.07					16	71					2	76.81		
		22;30	11					16;30	69					3	88		
		23	06					17	63					4	85		
	18	10	71.98				25	0	77.56					6	75.45		
		14	71					2	32					8	74.87		
		20	56				26	0	73.10					10	65		
	19	2	49					4	72.77					14	73.81		
		8	48					8	54					20	72.92		
		20	38					14	38				11	0	61		
	20		28					16	27					8	13		
	21	20	23				27	0	04					14	71.93		
	22	8	23					18	71.81					20	83		
	23	8	17					20	71				12	0	81		
		14	18				28	0	77					8	86		
		17	30					4	81					14	72.10		
		20	72.96					10	75.13					20	20		
		22;30	76.04					11	37					22	21		
		23;30	72					12	51				13	14	71.86		
	24	3	79.05					13	45				14	8	68		
		3;30	20				29	4	73.28				15	8	54		
		4	21				30	1	72.39					14	53		
		4;12	20				31	8	71.82					20	54		
		8	78.50			9	1	8	60				16	0	59		
		10	66					20	57					2	60		
		11	87				2	20	46					20	50		
		12	99				3	8	43								
		13	79.35			10	8	8	07								

1981　滚　河　滚河李站

日期			水位	流量	含沙量	日期			水位	流量	含沙量	日期			水位	流量	含沙量
月	日	时分	(m)	(m³/s)	(kg/m³)	月	日	时分	(m)	(m³/s)	(kg/m³)	月	日	时分	(m)	(m³/s)	(kg/m³)
4	17	8	71.01			6	27	8	71.21			8	13	8	71.26		
		18;42	04			8	29	8	70.98					14	20		
	18	4	72.95					20	99				22	0	07		
		6;30	84					21	74.06					6	15		
		8	67					21;15	44					6;30	22		
		20	71.89					21;30	68					8	26		
	19	8	56					21;45	83					12	65		
		16	44					22	93					14	72.30		
		20	43					22;15	99					15	86		
	20	17	31					22;30	75.09					16	94		
	21	8	29				10	0	46					16;30	90		
	22	8	23					0;30	49				23	0	71.78		
6	24	20	05					0;45	49					2	63		
	25	0	08					6	74.03					4	53		
		2	09					7	73.92					8	43		
		4	14					8;15	75.55					10	41		
		8	35					10	76.60					13	61		
		11	72.21					10;30	76					14	72.84		
		12	31				11	0	73.04					15;30	74.50		
		13	35					4	72.38					16	85		
		14	35					8	71.92					16;30	97		
		20	71.80					14	65					17	99		
	26	4	49					20	52					17;30	97		
		12	38				12	0	46					22	73.96		
	27	0	27					8	39				24	2	56		
		2	26				13	0	28					8	31		

洪 水 水 文 要 素 摘 录 表

月	日	时分	水位 (m)	流量 (m³/s)	含沙量 (kg/m³)	月	日	时分	水位 (m)	流量 (m³/s)	含沙量 (kg/m³)	月	日	时分	水位 (m)	流量 (m³/s)	含沙量 (kg/m³)
8	24	9	73.69			8	31	8	71.18			10	6	20	71.41		
		10	93			10	2	8	02				7	0	47		
		13	74.36				3	8	03					8	72.56		
		14	47					12	26					10	61		
		15	53					14	34					14	53		
		16	51					16	34				8	12	71.67		
		18	50					18	55					20	64		
		20	39					22	51				9	0	48		
	25	0	73.66				4	0	47					8	42		
		8	72.70					4	83					14	39		
		14	26					8	73.01					20	43		
	26	2	71.83					9	13				10	0	42		
		8	72					10	12					8	30		
	27	2	52					20	72.20					14	37		
		20	41				5	8	71.60					20	28		
	28	8	37					12	52				11	8	21		
		20	35				6	0	37					20	26		
	29	20	28					4	36				12	8	17		
	30	8	21					8	36								
		20	20					16	38								

1982 滚 河 滚河李站

月	日	时分	水位 (m)	流量 (m³/s)	含沙量 (kg/m³)	月	日	时分	水位 (m)	流量 (m³/s)	含沙量 (kg/m³)	月	日	时分	水位 (m)	流量 (m³/s)	含沙量 (kg/m³)
7	10	11	70.98			7	23	4	75.33			8	1	21	75.77		
		12	71.27					6	74.98					22	88		
		12:30	80					8	92				2	2	12		
		13	72.05				24	0	73.71					6	74.29		
		13:30	00					19	72.88					8	73.97		
		16	71.50					20	73.60					14	20		
		20	25					23	74.62					18	72.75		
	11	0	14				25	0	85					19	73.45		
		8	06					1	78					20	74.29		
		20	00					6	73.78					21	75.50		
	12	8	70.98					10	23					22	76.51		
	21	6	92					20	72.24					22:30	76		
		10	99				26	0	08					23	86		
		12	71.01					2	71.92				3	0	84		
		13:18	72.20				27	0	59					1	70		
		14	90					2	58					2	44		
		14:18	73.57					8	57					8	75.13		
		14:42	74.19					14	54					12	74.38		
		16	75.00					20	52					16	73.75		
		17	48				28	8	43					18	52		
		17:30	53					20	42				4	8	72.56		
		18	51				31	0	62					19	26		
		22	74.83					4	67					20	53		
		22:30	76.81					6	72.33				5	2	21		
	22	0	77.74					8	74.03				6	2	74.82		
		0:30	78.72					9	61				8	6	72.17		
		1	79.40					11	75.61					8	74.45		
		2	80.46					13	76.23				9	8	38		
		3	81.08					15	36				11	14	73		
		4	35					17	34					20	76		
		5	21					18	27					22	79		
		7	80.33					20	23				12	0	72.48		
		9	79.62			8	1	2	75.35					2	70		
		10	30					5	20					6	73.00		
		12	78.72					7	76.08					8	45		
		16	77.95					10	75.41					10	66		
		20	01					18	74.16					12	74.13		
	23	0	76.15					20	75.01					14	40		

洪 水 水 文 要 素 摘 录 表

洪 水 水 文 要 素 摘 录 表

月	日	时分	水位 (m)	流量 (m³/s)	含沙量 (kg/m³)	月	日	时分	水位 (m)	流量 (m³/s)	含沙量 (kg/m³)	月	日	时分	水位 (m)	流量 (m³/s)	含沙量 (kg/m³)
8	12	16	74.96			8	13	17	78.96			8	14	18	79.20		
		17	75.81					20	77.97				15	4	76.04		
		18	77.01				14	0	76.94					8	75.21		
		19	68					2	56					18	73.92		
		20	86					3	56				16	0	42		
	13	21	80					4	77.55				17	0	72.85		
		0	01					4;30	79.00					8	80		
		2	76.79					5	81.13				18	8	50		
		4	78					5;30	72					20	44		
		6	77.65					6	82.10				19	0	40		
		7	78.29					6;30	13					8	35		
		8	56					7	12					20	33		
		9	75					8	22				20	0	31		
		10	79.10					9;30	83.41					8	29		
		12	80.02					10	40					16	40		
		13	13					12	82.59					20	40		
		14	01					14	81.13				21	8	28		
		16	79.36					16	80.02								

1983　滚　河　滚河李站

月	日	时分	水位 (m)	流量 (m³/s)	含沙量 (kg/m³)	月	日	时分	水位 (m)	流量 (m³/s)	含沙量 (kg/m³)	月	日	时分	水位 (m)	流量 (m³/s)	含沙量 (kg/m³)
5	29	8	71.45			6	25	0	73.22			7	22	2	74.81		
		15	44					8	72.47					8	00		
		16	78					20	11					12	73.55		
		17	72.25				26	2	71.99					16	22		
		17;30	14					8	91					20	11		
		18	18					20	80				23	2	72.74		
		18;18	45				27	0	76					8	53		
		18;30	96					8	70					20	28		
		19	73.80					20	63				24	2	18		
		19;30	98				28	8	58					8	14		
		20	90				29	8	52				25	2	71.97		
		22	38				30	8	49					8	93		
	30	0	72.98			7	18	20	24				26	8	78		
		2	61				19	8	25				27	8	70		
		8	09					20	25				28	8	64		
		14	71.93					22	28				29	8	61		
	31	0	71				20	0	46				30	8	58		
		8	63					1	76				31	8	44		
6	1	0	54					2	75.16			8	11	0	23		
		8	51					2;30	78.46					8	23		
		10	56					3	79.69					18	58		
		10;30	53					3;30	80.36					19	72.53		
		14	48					4	39					19;30	75		
		20	47					4;30	79.99					20	74		
	2	8	47					6	78.89					22	44		
	3	8	45					8	77.91				12	0	26		
	21	20	32					10	76.91					4	13		
	22	8	33					14	75.49					8	71.94		
	23	8	34					18	74.29					12	63		
		20	35					20	73.75					20	48		
	24	0	36				21	0	04				13	8	34		
		8	39					1	60					10	66		
		12	45					2	76.56					11	72.05		
		14	83					3	78.57					11;30	75		
		15	73.02					4	72					12	73.16		
		16	60					5	55					13	25		
		17	88					7	18					14	11		
		18	90					8	04					16	09		
		19	87					16	76.43					20	72.85		
		20	75					20	75.67				14	0	26		

洪 水 水 文 要 素 摘 录 表

月	日	时分	水 位 (m)	流 量 (m³/s)	含沙量 (kg/m³)	月	日	时分	水 位 (m)	流 量 (m³/s)	含沙量 (kg/m³)	月	日	时分	水 位 (m)	流 量 (m³/s)	含沙量 (kg/m³)
8	14	8	72.22			9	12	20	72.02			10	13	8	71.68		
		9;30	73.25				13	8	71.86					14	70		
		10	51					20	77					20	80		
		12	81				14	8	69				14	2	90		
		13	71				15	8	60					8	72.08		
		14	35				16	8	56					14	21		
		16	72.97				17	8	51					20	24		
		18	60				18	8	50				15	2	22		
	15	0	09			10	3	8	14					14	71.94		
		4	71.85					20	16				16	8	86		
		12	66				4	0	19					14	83		
	16	0	54					6;30	79					20	83		
		8	49					7;30	72.26				17	2	85		
	17	8	38					8	55					8	88		
	18	8	34					9	73.04					14	87		
9	8	0	18					11	72					20	88		
		6	24					12	74.26				18	0	93		
		8	45					13	71					4	72.16		
		9	72.50					14	95					6	73.25		
		9;30	73.23					15	75.04					8	75.09		
		10	83					16	01					9	76.12		
		10;30	74.12					18	22					10	97		
		11	27					20	76.08					11	77.77		
		12	27					22	96					12	78.42		
		15	01					23	77.06					13	73		
		20	73.38				5	1	23					14	86		
	9	0	72.75					2;30	76					15	95		
		2	51					4	78.39					16	79.01		
		6	73.25					5	50					17	78.99		
		8	74.12					6	40					20	63		
		10	71					8	77.91				19	0	77.75		
		11	77					10	36					4	76.84		
		12	76					14	76.78					8	33		
		16	65					16	52					10	29		
		18	45					20	39					12	85		
	10	0	73.65				6	0	75.96					13	77		
		2	41					8	74.80					14	66		
		4	84					16	73.91					17	16		
		6	75.76				7	0	38					20	75.85		
		8	77.09					8	07				20	0	33		
		9	37					12	20					4	74.86		
		10	46					16	10					8	48		
		11	41					20	72.90					16	73.85		
		14	76.89				8	4	60				21	0	38		
		17	27					8	58					8	09		
		20	75.75					20	39					16	72.87		
	11	0	74.94				9	8	23				22	2	66		
		2	62				10	8	04					8	56		
		8	73.71				11	8	71.90					20	44		
		16	72.95					20	86				23	8	31		
		20	74				12	8	71				24	8	18		
	12	0	51					20	67					20	13		
		8	26				13	2	67				25	8	71.98		

1984　滚　河　滚河李站

月	日	时分	水 位 (m)	流 量 (m³/s)	含沙量 (kg/m³)	月	日	时分	水 位 (m)	流 量 (m³/s)	含沙量 (kg/m³)	月	日	时分	水 位 (m)	流 量 (m³/s)	含沙量 (kg/m³)
6	12	8	71.04			6	13	3	74.38			6	13	12	75.75		
		20	07					4	72					14	96		
	13	0	72.05					6	75.24					16	76.09		
		1	73.07					8	40					17	11		
		2	85					10	59					18	02		

洪水水文要素摘录表

月	日	时分	水位 (m)	流量 (m³/s)	含沙量 (kg/m³)	月	日	时分	水位 (m)	流量 (m³/s)	含沙量 (kg/m³)	月	日	时分	水位 (m)	流量 (m³/s)	含沙量 (kg/m³)
6	13	20	75.83			7	8	10;30	78.94			7	24	19	76.29		
	14	0	29					11	79.09					20	21		
		4	74.75					11;30	11				25	0	75.51		
		8	24					12	06					2	14		
		12	73.96					13	78.78					4	74.89		
		16	73					16	77.72					6	75.14		
		20	67					20	76.75					8	50		
	15	0	74.84				9	0	75.88					10	69		
		4	75.21					8	74.51					11	67		
		6	34					12	73.99					12	64		
		7	30					20	30					13	64		
		8	15				10	0	04					14	77.22		
		12	74.71					8	72.75					15	79.93		
		16	06					12	64					15;30	80.60		
		20	73.56					20	48					16	83		
	16	0	10				11	0	34					16;30	83		
		4	72.78					8	25					17	74		
		8	59					20	05					18	41		
		16	15				12	8	71.91					20	79.52		
		20	07				13	8	81					22	78.58		
	17	0	71.94				14	8	71				26	0	77.93		
		8	78					20	51					2	54		
		20	64				15	8	60					3	51		
	18	8	56					20	61					4	71		
	19	8	44				16	8	59					5	88		
	20	8	36				17	8	54					6	90		
7	2	8	19					17;30	72.03					7	78.42		
		11	22					18	33					8	79.21		
		12	26					20	74.28					9	71		
		13	72.68					21	74					10	85		
		14	74.32					22	75.49					11	83		
		15	85					23	48					12	85		
		16	75.29				18	0	34					13	80.32		
		17	40					8	74.06					14	61		
		18	47					12	73.46					15	53		
		18;30	40					14	38					16	27		
		19	33					18	29					18	79.54		
		22	74.67					20	29					20	78.84		
	3	0	20					22	36				27	0	77.66		
		6	73.16				19	0	51					4	76.65		
		8	72.92					4	74.09					8	75.93		
		12	54					6	10					12	27		
		20	15					8	14					16	74.74		
	4	0	01					10	11					20	27		
		8	71.83					12	73.99				28	0	73.91		
		20	71					20	33					8	36		
	5	8	65				20	8	72.82					20	72.92		
	6	8	62					16	59				29	8	66		
		18	61					20	39					20	51		
		20	65				21	0	40				30	8	38		
	7	6	76					8	27					20	29		
		8	73.01					20	08				31	8	26		
		10	46				22	8	71.86					20	16		
		12	51					20	86			8	1	8	09		
		13	48				23	8	78				2	8	01		
		16	16					20	62				3	8	71.96		
		20	72.97				24	0	56				4	8	88		
	8	0	73					6;40	87				5	8	79		
		4	48					8	72.25				6	8	70		
		6	61					10	73.01					20	55		
		7	73.37					12	74.42				7	8	54		
		8	75.20					14	90					20	70		
		9	77.06					16	75.78				8	4	72.69		
		10	78.60					18	76.28					8	41		

洪 水 水 文 要 素 摘 录 表

日		期	水 位	流 量	含沙量	日		期	水 位	流 量	含沙量	日		期	水 位	流 量	含沙量
月	日	时分	(m)	(m³/s)	(kg/m³)	月	日	时分	(m)	(m³/s)	(kg/m³)	月	日	时分	(m)	(m³/s)	(kg/m³)
8	8	12	72.27			9	7	8	82.27			9	24	11	74.18		
		20	15					9	81.57					12	06		
	9	0	13					10	80.97					14	73.80		
		4	35					12	79.74					16	51		
		6	73.95					14	78.69					18	36		
		8	74.68					16	77.86					20	26		
		10	75.76					20	76.74				25	0	26		
		12	77.40					22	31					4	33		
		13	78.34				8	0	29					8	43		
		14	60					0;30	37					12	18		
		15	53					1	48					16	12		
		16	36					2	77.01					20	17		
		18	03					3	51				26	0	42		
		20	77.67					4	58					4	74.29		
	10	0	76.88					5	49					8	50		
		4	03					6	34					10	71		
		8	75.30					8	76.95					12	76		
		10	74.96					14	75.74					14	88		
		14	39					18	15					16	88		
		20	73.62					20	74.90					20	75.19		
	11	0	25					22	66					22	22		
		8	72.86				9	0	45				27	0	82		
		12	73					4	19					4	77.16		
		16	66					6	75.02					8	78.18		
		19	71					7	66					9	18		
		20	86					8	76.31					10	11		
		21	73.19					9	76					14	77.54		
		22	22					10	77.04					20	76.51		
	12	0	07					11	26				28	0	42		
		4	72.75					12	44					2	82		
		8	57					13	48					4	81		
		16	37					14	44					8	38		
		20	33					15	35					12	75.84		
	13	0	38					16	30					20	74.85		
		4	35					18	43				29	0	48		
		8	31					19	51					8	73.88		
	14	0	16					20	51					16	51		
		8	13					21	49					20	42		
		20	07					22	32				30	0	26		
	15	8	71.79					23	21					4	16		
	16	8	73				10	0	16					8	08		
	17	8	73					2	07					12	22		
9	6	8	37					4	19					16	59		
		10	41					6	19					18	74.26		
		12	65					8	76.93					20	56		
		13	72.25					12	35					22	59		
		14	73.26					16	75.57			10	1	0	53		
		16	74.28					20	00					4	04		
		17	51				11	0	74.55					8	73.72		
		18	44					8	73.94					16	36		
		19	42					12	67					20	28		
		20	88					20	29				2	0	21		
		21	76.46				12	8	72.91					4	26		
		22	77.86					12	77					8	55		
		23	78.49					20	69					12	68		
	7	0	52				13	8	56					16	58		
		1	16					20	45					20	38		
		2	77.98				23	8	71				3	0	32		
		3	78.11					20	70					4	25		
		4	83				24	6	47					12	17		
		5	80.76					7	73.45					16	08		
		6	82.47					8	82				4	0	72.97		
		6;30	88					9	74.15					8	88		
		7	82					10	24					20	74		

洪水水文要素摘录表

日期			水位	流量	含沙量	日期			水位	流量	含沙量	日期			水位	流量	含沙量
月	日	时分	(m)	(m³/s)	(kg/m³)	月	日	时分	(m)	(m³/s)	(kg/m³)	月	日	时分	(m)	(m³/s)	(kg/m³)
10	5	8	72.64			10	5	20	72.56			10	6	8	72.52		

1985 滚 河 滚河李站

月	日	时分	水位(m)	流量(m³/s)	含沙量(kg/m³)	月	日	时分	水位(m)	流量(m³/s)	含沙量(kg/m³)	月	日	时分	水位(m)	流量(m³/s)	含沙量(kg/m³)
4	24	20	71.53			7	24	8	72.50			9	17	8	72.82		
	25	0	55					14	70					14	59		
		2	60					15	17					20	43		
		5;30	74.94					16	76				18	8	11		
		7	75.54					16;30	73.87					20	71.92		
		7;30	71					16;42	74.44				19	8	80		
		8	76					17	75.78					20	74		
		9	73					18	76.05				20	8	72		
		10	53					18;30	13					20	70		
		12	24					19	13				21	2	69		
		16	74.55					19;30	08					8	67		
		20	73.94					20	00					14	68		
	26	0	65					22	75.31					20	71		
		8	18				25	0	74.47				22	0	92		
		16	72.82					2	73.94					4	72.13		
		20	69					4	47					6	18		
	27	8	40					6	72.99					8	18		
	28	0	15					8	78					12	10		
		4	06					12	47					14	09		
		8	05					20	23					20	10		
		20	00				26	0	14				23	0	43		
	29	8	71.95					8	03					2	71		
		20	86					20	71.91					6	79		
5	2	20	64				27	2	86					8	78		
	3	8	86					8	85					12	70		
		16	72.03			9	12	8	43					14	61		
		17	24					18	50					18	46		
		18	74.32					20	86					20	41		
		18;30	75.26					22	96				24	0	39		
		19	54				13	2	94					2	28		
		20	54					8	72					8	18		
		22	12					20	65					14	14		
	4	0	74.62				14	0	65					20	03		
		4	73.90					2	66				25	0	00		
		8	49					8	71					8	71.95		
		20	72.99					14	78					14	90		
	5	0	86					20	96					20	87		
		4	77				15	2	72.13				26	2	84		
		8	93					8	50					8	81		
		10	73.46					9	73.20					14	71		
		14	74.00					10	67					20	67		
		20	30					12	76				27	2	66		
		22	42					13	76					8	65		
	6	0	64					14	04					14	64		
		2	70					16	04					20	62		
		4	59					20	72.92			10	11	20	50		
		8	28				16	0	84				12	0	54		
		14;18	73.74					2	82					6	61		
		20	37					8	40					8	72.11		
	7	0	14					12	39					9	59		
		8	72.86					14	44					10	78		
		20	59					20	69					12	73.03		
	8	8	39					22	77					14	03		
	9	8	20				17	0	86					16	72.94		
		20	17					2	85					18	63		
	10	8	05					6	84					20	41		

洪 水 水 文 要 素 摘 录 表

月	日	时分	水位 (m)	流量 (m³/s)	含沙量 (kg/m³)	月	日	时分	水位 (m)	流量 (m³/s)	含沙量 (kg/m³)	月	日	时分	水位 (m)	流量 (m³/s)	含沙量 (kg/m³)
10	13	0	72.16			10	16	20	72.86			10	23	8	72.17		
		2	06				17	0	83					20	11		
		8	71.90					4	91				24	0	08		
		10	92					8	73.11					8	04		
		12	72.38					12	26					20	02		
		13	61					16	67				25	0	03		
		14	79					20	74.01					8	04		
		15	91				18	0	01					20	06		
		16	73.03					4	73.85				26	8	00		
		17	14					8	68					20	71.99		
		18	27					16	47				27	8	72.01		
		20	79					20	40					14	07		
		21	74.18				19	0	26					20	05		
		23	67					4	04				28	0	07		
	14	0	78					10	02					6	74.76		
		2	75.11					12	08					7	88		
		4	70					14	41					8	99		
		6	76.02					16	77					9	97		
		7	08					18	74.09					10	85		
		8	08					20	25					12	56		
		9	07				20	0	31					14	22		
		10	00					2	31					17	73.81		
		12	75.83					4	21					20	47		
		15	57					8	73.94				29	0	16		
		18	24					12	72					4	72.92		
		20	03					14	56					8	80		
	15	0	74.70					20	27					12	69		
		4	47				21	0	12					20	55		
		8	35					4	72.98				30	0	47		
		12	16					8	83					4	40		
		14	05					12	74					8	33		
		20	73.84					14	65					20	21		
	16	0	66					20	58				31	4	14		
		4	46				22	0	50					12	11		
		8	25					8	40					20	08		
		12	05					20	27								
		16	72.95				23	0	23								

1986　滚　河　滚河李站

月	日	时分	水位 (m)	流量 (m³/s)	含沙量 (kg/m³)	月	日	时分	水位 (m)	流量 (m³/s)	含沙量 (kg/m³)	月	日	时分	水位 (m)	流量 (m³/s)	含沙量 (kg/m³)
5	17	8	71.27			6	14	20	71.32			7	31	16	72.22		
		20	27				15	8	39					18	08		
	18	6	32					12	40					20	71.88		
		8	33					14	42			8	1	0	75		
		12	33					16	44					4	64		
		17	37					18	47					8	57		
		18	39				16	8	62					12	53		
		20	42					20	57					16	49		
	19	8	42				17	8	47					20	47		
		20	38					20	42				2	0	45		
	20	8	37				18	8	40					8	40		
		20	35					20	40					20	36		
	21	8	35				19	8	35				3	8	35		
		20	33			7	30	8	23				4	8	33		
	22	8	33					20	23					20	31		
		20	32				31	8	24				5	8	31		
	23	8	32					10	36			9	8	6	29		
		20	30					12	69					8	32		
	25	20	30					14	72.15					20	36		
6	14	8	32					15	22				9	0	72.44		

洪 水 水 文 要 素 摘 录 表

日期 月	日	时分	水位 (m)	流量 (m³/s)	含沙量 (kg/m³)
9	9	1	73.64		
		2	74.69		
		3	75.36		
		4	76.05		
		5	38		
		6	46		
		7	46		
		8	40		
		10	15		
		12	75.74		
		14	23		
		16	74.73		
		18	33		
		20	73.97		
	10	0	74.34		
		1	80		
		3	75.58		
		4	58		
		6	43		

日期 月	日	时分	水位 (m)	流量 (m³/s)	含沙量 (kg/m³)
9	10	8	75.23		
		10	74.93		
		12	60		
		14	35		
		16	73.99		
		18	76		
		20	59		
		22	52		
	11	0	56		
		2	76		
		6	51		
		8	40		
		12	11		
		16	72.89		
		20	75		
	12	0	62		
		4	50		
		8	36		
		12	31		

日期 月	日	时分	水位 (m)	流量 (m³/s)	含沙量 (kg/m³)
9	12	20	72.21		
	13	0	17		
		8	08		
		20	01		
	14	0	01		
		4	03		
		8	04		
		12	00		
		20	71.97		
	15	8	92		
		20	82		
	16	8	71		
		20	59		
	17	8	48		
		20	47		
	18	8	45		
	19	8	41		
	20	8	38		

1987 滚 河 滚河李站

日期 月	日	时分	水位 (m)	流量 (m³/s)	含沙量 (kg/m³)
5	11	8	71.17		
	12	12	30		
		15	50		
		17	83		
		18	72.12		
		19	42		
		20	78		
		21	73.06		
		22	30		
		23	48		
	13	0	63		
		2	69		
		6	42		
		8	25		
		12	72.95		
		16	67		
		20	47		
	14	0	25		
		2	32		
		8	06		
		14	71.95		
		20	86		
	15	8	76		
		20	68		
	16	8	54		
	18	3	06		
		10	17		
		12	19		
		14	36		
		16	46		
		18	53		
		20	50		
		22	45		
	19	0	42		
		2	40		
		6	38		

日期 月	日	时分	水位 (m)	流量 (m³/s)	含沙量 (kg/m³)
5	19	8	71.48		
		9	67		
		9;30	72.17		
		10	73.09		
		10;30	82		
		11	74.57		
		11;30	75.43		
		11;48	92		
		12	76.31		
		12;30	77.34		
		12;42	84		
		12;48	78.27		
		13	63		
		13;30	79.36		
		13;42	53		
		14	72		
		14;30	82		
		15	75		
		16	47		
		17	04		
		18	78.63		
		19	27		
		20	77.90		
		21	53		
		22	16		
	20	0	76.66		
		2	15		
		4	75.63		
		6	16		
		8	74.81		
		10	46		
		12	10		
		14	73.85		
		16	61		
		18	41		
		20	22		

日期 月	日	时分	水位 (m)	流量 (m³/s)	含沙量 (kg/m³)
5	20	22	73.09		
	21	2	72.84		
		8	66		
		14	47		
		20	31		
	22	0	32		
		8	07		
		20	12		
	23	20	71.94		
	24	20	85		
	25	8	75		
	26	8	58		
	27	8	32		
10	12	8	70.88		
		16	71.49		
		18	72.89		
		20	73.39		
		22	75.28		
	13	8	73.90		
		12	59		
		20	98		
	14	8	91		
		20	74.02		
	15	8	75.95		
		12	81		
		20	73.88		
		22	91		
	16	8	02		
		20	72.41		
	17	20	71.88		
	18	8	82		
	19	8	54		
	20	8	36		
		20	35		

洪 水 水 文 要 素 摘 录 表

1988 滚 河 滚河李站

月	日	时分	水位(m)	流量(m³/s)	含沙量(kg/m³)	月	日	时分	水位(m)	流量(m³/s)	含沙量(kg/m³)	月	日	时分	水位(m)	流量(m³/s)	含沙量(kg/m³)
7	23	20	70.64			7	28	8	71.23			8	4	20	71.70		
		22	79					20	13				5	8	65		
		22;30	71.13				29	8	03				6	8	51		
	24	0	51					20	01				7	8	16		
		2	74.96				30	8	70.98				8	8	07		
		3	76.22					17	72.33				9	8	05		
		4	20					19	75.88			9	13	6	70.93		
		5	24					20	76.30					8	95		
		6	43					21	27					14	71.06		
		8	92				31	0	74.51					19	53		
		9	77.24					8	72.96					22	73.11		
		10	05					20	10				14	0	56		
		11	34			8	1	0	71.63					2	33		
		13	99					8	75					6	11		
		14	96					13;30	72.16					8	72.87		
		16	41					16	73.45					14	36		
		18	42					20	75.23					20	13		
		22	74.60					22	10				15	8	71.75		
	25	0	50				2	0	74.15					20	60		
		6	72.95					2	02				16	8	46		
		8	72					4	73.90					20	29		
		20	48					8	16				17	8	15		
	26	8	71.70					20	72.68				18	8	06		
		20	51				3	8	30				19	8	01		
	27	8	33					20	10								
		20	33				4	8	71.86								

1989 滚 河 滚河李站

月	日	时分	水位(m)	流量(m³/s)	含沙量(kg/m³)	月	日	时分	水位(m)	流量(m³/s)	含沙量(kg/m³)	月	日	时分	水位(m)	流量(m³/s)	含沙量(kg/m³)
6	12	20	71.50			7	5	7	70.96			7	10	5;30	71.35		
	13	6;18	80.15					8	71.61					8	61		
		7	20					9;30	75.04					10	72.41		
		8	79.97					10	88					11	73.68		
		11	78.59					10;30	76.29					14	75.38		
		15	77.12					11	47					15	63		
		16	75.89					11;30	55					16	69		
		20	74.66					13	55					16;30	69		
	14	0	06					14	26					19	21		
		6	66					15	14				11	0	74.19		
		8	30					20	74.46					1	08		
		10	73.92				6	4	72.96					2	20		
		12	79					6	71					3	98		
		14	50					8	64					4;45	77.69		
		15	22					20	28					5;30	78.31		
		16	36				7	8	14					6;20	67		
		22	72.76					14	07					7	82		
	15	2	29					17	10					8	90		
		8	04					18	16					9	79.03		
		20	71.75					20	16					10	03		
	16	0	66					22	15					11	78.85		
		8	56				8	8	02					15	77.76		
		23	34				9	8	71.45					20	76.54		
7	4	20	70.78					20	39				12	8	74.56		
	5	5;30	80				10	0	39					20	73.51		

洪 水 水 文 要 素 摘 录 表

月	日	时分	水位 (m)	流量 (m³/s)	含沙量 (kg/m³)	月	日	时分	水位 (m)	流量 (m³/s)	含沙量 (kg/m³)	月	日	时分	水位 (m)	流量 (m³/s)	含沙量 (kg/m³)
7	13	0	73.26			7	17	0	72.79			8	6	22	77.93		
		8	01					8	64					23	88		
		20	71.76					16	53				7	4	19		
	14	8	72.54					20	44					6	21		
		10	56				18	8	32					8	48		
		11:30	73.16				19	8	17					8:30	58		
		11:45	75.48				20	8	06					9	59		
		12:15	76.81				21	8	71.99					10	46		
		12:45	77.64					16	91					14	76.59		
		13	80				22	8	88					18	77.20		
		13:30	93					16	88					20	21		
		13:45	87				23	8	65					22	79		
		14	84			8	6	6	50				8	0:30	79.27		
		17	76.78					7	53					1	40		
		20	75.76					8	59					1:30	40		
		23	74.88					10	71					5	78.53		
	15	0	66					10:30	72.91					8	17		
		6	57					11	73.05					14	76.37		
		8	62					11:30	31					22	74.69		
		9	70					11:45	34				9	6	73.84		
		10	73					13	75.03					8	74		
		12	87					14:30	77.01					17	36		
		13	78					15	12				10	8	72.99		
		18	08					15:30	53					20	90		
		19	03					16	76				11	8	70		
		21	73.88					16:30	88				12	6	49		
		22	85					17	94					8	63		
	16	0	74.26					17:30	96				13	8	39		
		4	11					18	95					20	37		
		8	73.71					19	85								
		20	72.94					20	84								

1990　滚　河　滚河李站

月	日	时分	水位 (m)	流量 (m³/s)	含沙量 (kg/m³)	月	日	时分	水位 (m)	流量 (m³/s)	含沙量 (kg/m³)	月	日	时分	水位 (m)	流量 (m³/s)	含沙量 (kg/m³)
6	1	8	71.05			6	15	8	70.94			6	22	0	73.77		
		20	70.95				16	8	88					8	47		
	2	8	92				17	8	84					16	27		
		20	89					20	93					20	23		
	3	8	89				18	8	95				23	0	09		
	4	8	85					10	71.37					12	02		
		20	84					14	52					20	71.94		
	5	8	82					16	40				24	8	93		
		20	81					20	28					20	83		
	6	8	79				19	8	72.52				25	8	79		
		20	78					12	18					20	79		
	7	8	87					16	06				26	8	76		
		15	71.15					20	14				27	8	67		
		20	42				20	0	73.62					20	52		
	8	0	78					2	74.89				28	8	45		
		3	73.48					6	76.46					20	34		
		8	30					8	61				29	8	31		
		12	71.74					9	57					20	28		
	9	8	21					11	67				30	8	20		
	10	8	00					12	67			7	1	8	15		
	11	8	70.95					13	61					20	21		
	12	8	93					18	75.83				2	8	16		
	13	8	89				21	3	74.43				3	8	07		
	14	8	87					6	02				4	8	05		
		17	87					8	73.86				5	8	70.97		
		20	71.10					16	25					20	93		

洪 水 水 文 要 素 摘 录 表

日 期			水 位	流 量	含沙量	日 期			水 位	流 量	含沙量	日 期			水 位	流 量	含沙量
月	日	时分	(m)	(m³/s)	(kg/m³)	月	日	时分	(m)	(m³/s)	(kg/m³)	月	日	时分	(m)	(m³/s)	(kg/m³)
7	6	8	70.92			7	28	8	71.52			8	16	5	76.06		
	7	8	87					20	43					8	75.36		
	8	8	83					22	72.45					14	73.91		
		20	83					23	73.24					20	28		
	9	8	82				29	2	94				17	8	72.66		
	10	8	78					2;30	93					20	28		
		20	89					3	63				18	8	71.98		
	11	8	92					4	34				19	8	60		
		20	90					8	72.66					20	48		
	12	6	72.66					14	71.88				20	8	42		
		8	38					17	73				21	8	30		
		12	71.90					18	72.86					20	29		
		18	62					19	73.38				22	8	25		
	13	8	44					19;30	53				23	8	19		
		20	17					20	47					20	23		
	14	8	09				30	2	72.61				24	8	09		
		20	02					4	49					20	06		
	15	8	70.98					8	12				25	8	70.98		
		20	97					14	71.87					20	71.00		
	16	8	93					20	42				26	8	00		
	17	20	71.00				31	8	24					20	00		
		3	34					20	14				27	8	70.99		
		6	75.23			8	1	8	29					20	97		
		6;30	27				2	8	21				28	8	96		
		7	22				3	8	13					20	95		
		8	00				4	8	09				29	8	93		
		13	73.36					20	06					20	91		
		18	72.40				5	8	05				30	0	89		
		20	24					20	03					20	87		
	18	8	71.71				6	8	03				31	8	83		
	19	8	40					11	71			9	1	8	83		
		20	18					12	70				2	8	83		
	20	8	12					15	50				3	8	81		
		12	33					19;24	60				4	8	80		
		14	72.39					20	57				5	8	90		
		15	75.10				7	8	58					20	87		
		16	76.09					20	20				6	8	81		
		16;45	31				8	8	10				7	8	79		
		17	31					20	09					20	77		
		17;30	25				9	8	09				8	8	76		
		18	16					16	09					20	75		
	21	0	74.34					20	08				9	8	75		
		4	74				10	8	70.98					20	77		
		7	75.53					20	94				10	8	78		
		8	38				11	8	93					20	76		
		14	73.88				12	8	91				12	8	73		
		17	41					20	71.00				13	8	73		
	22	0	72.76				13	8	70.91				14	8	73		
		8	49					20	93					20	71		
		20	11				14	8	71.71				15	8	70		
	23	8	71.93					10	53				16	8	70		
	24	8	49					20	26				17	8	68		
		20	41				15	6;30	16				18	8	69		
	25	8	37					8	25					20	67		
		17	36					9	33				19	8	64		
		22	73.88					11	73.08				20	8	64		
		23	95					13	70				21	8	64		
	26	0	93					14	85				22	8	64		
		7	72.66					15	85					20	64		
		8	54					16	76				23	2	83		
		16	71.93					20	13					6;30	71.14		
		20	83				16	0	72.78					8	29		
	27	8	76					4	76.12					9	30		
		20	71					4;30	12					20	01		

洪水水文要素摘录表

月	日	时分	水位(m)	流量(m³/s)	含沙量(kg/m³)	月	日	时分	水位(m)	流量(m³/s)	含沙量(kg/m³)	月	日	时分	水位(m)	流量(m³/s)	含沙量(kg/m³)
9	24	8	70.87			9	26	8	70.74			9	30	8	70.68		
		20	80				27	8	73			10	1	8	68		
	25	8	77				28	8	71								
		20	75				29	8	69								

1991　滚　河　滚河李站

月	日	时分	水位(m)	流量(m³/s)	含沙量(kg/m³)	月	日	时分	水位(m)	流量(m³/s)	含沙量(kg/m³)	月	日	时分	水位(m)	流量(m³/s)	含沙量(kg/m³)
5	24	8	70.62			6	14	12	75.78			8	6	18	76.21		
		14	68					13	92					20	35		
		16	71.20					14	93					20;30	30		
		17	72.08					15	76.09				7	6	74.47		
		18	73.30					16	13					8	17		
		19	74.45					16;30	15					10	27		
		20	63					17	09					12	68		
		20;30	66					18	02					14	75.43		
		21	70				15	0	75.18					16	72		
		22	98					8	74.45					16;30	72		
		23	75.94				16	8	72.60					17;30	67		
	25	0	76.99					20	12				8	0	00		
		1	77.51				17	8	71.91					8	73.83		
		2	59				18	8	61					20	72.80		
		2;18	61				19	8	48				9	8	23		
		2;30	57					20	46				10	8	71.66		
		3	36				20	8	40					20	53		
		4	21					20	34				11	8	46		
		6	76.76			7	6	6	70.73					20	36		
		8	76					8	71.89			9	1	8	70.68		
		10	71					10	73.04					20	74.50		
		12	60					11	78					21	75.38		
		20	75.63					12	74.31					22	56		
	26	2	74.57					13	50					22;30	56		
		8	73.72					13;30	50				2	6	74.41		
		20	72.60					14;30	40					8	20		
	27	8	09					20	73.22				3	8	72.16		
		20	71.91				7	8	71.99					20	08		
	28	8	61					20	59					21	58		
		20	48				8	8	42					22	73.10		
6	12	20	04				9	8	18					23	78		
	13	8	30					20	06				4	0	74.05		
		10	56				10	8	01					1	40		
		10;30	65					20	70.98					2	60		
		12	65			8	3	8	80					2;30	65		
		14	65					14	93					8	73.86		
		20	64					20	72.71					10	88		
	14	0	72.07					22	89					10;30	93		
		2	73.28				4	8	02					20	73		
		3	51					20	71.53				5	8	38		
		4	86				5	8	39					20	25		
		6	74.20					20	35				6	8	71.88		
		7	70				6	8	27					20	73		
		8	94					10	38				7	8	65		
		9	75.22					12	72.80					20	53		
		10	46					14	74.24				8	8	35		
		11	66					16	75.59								

洪 水 水 文 要 素 摘 录 表

日期			水 位	流 量	含沙量	日期			水 位	流 量	含沙量	日期			水 位	流 量	含沙量
月	日	时分	(m)	(m³/s)	(kg/m³)	月	日	时分	(m)	(m³/s)	(kg/m³)	月	日	时分	(m)	(m³/s)	(kg/m³)

1992　滚　河　滚河李站

月	日	时分	水位(m)	流量(m³/s)	含沙量(kg/m³)	月	日	时分	水位(m)	流量	含沙量	月	日	时分	水位(m)	流量	含沙量
7	12	17	70.26			7	20	17	70.64			9	1	6:25	72.90		
	13	8	30				21	8	63					6:35	95		
		16	48					17	60					6:45	73.00		
		17	52				22	8	59					7	03		
		18	54					17	54					7:30	06		
		19	55				23	8	51					8	03		
		20	57					17	45					12	72.81		
	14	0	98				24	8	45					14	48		
		6	90					17	43					16	28		
		8	85				25	8	39					17	17		
		12	75					17	38				2	0	71.53		
		17	67				26	8	38					6	25		
		20	62					17	36					8	10		
	15	8	55				27	8	35					17	02		
		17	51					17	34				3	8	70.73		
	16	8	72.34				28	8	34					17	69		
		19	71.43					17	32				4	8	61		
	17	8	70.98			8	31	8	36					17	52		
		17	80					17	39				5	8	53		
	18	8	68					20	44					17	52		
		17	63					22	48				6	8	51		
	19	8	63			9	1	0	54					17	45		
		17	56					2	73				7	8	43		
	20	8	60					6	72.70					17	40		

1993　滚　河　滚河李站

月	日	时分	水位(m)	流量(m³/s)	含沙量(kg/m³)	月	日	时分	水位(m)	流量	含沙量	月	日	时分	水位(m)	流量	含沙量
8	10	8	70.36			8	13	9	73.40			8	20	8	70.61		
		20	39					9:30	42					20	60		
	11	0	45					10:30	40				21	8	58		
		4	86					12	30					20	56		
		6:30	71.08					16	72.91				22	8	53		
		8	00					18	83					20	51		
		10	70.89				14	0	46				23	8	53		
		12	83					1	41					20	50		
		14	74					8	01					21	51		
		15	76					15	71.71					23	53		
		18	76					20	56				24	0	57		
		20	79					21	51					2	66		
		22	80				15	6	35					2:30	72.04		
	12	0	79					8	34					2:54	75		
		2	77					9	35					3	73.22		
		6	69					12	37					3:06	74.04		
		8	68					14	41					3:12	69		
		12	67					16	47					3:30	94		
		14	70					17	54					3:54	75.41		
		16	83					18	59					4	54		
		17	71.10					19	65					4:24	89		
		17:30	72.07					20	67					4:36	76.04		
		18	73.15					22	74					5	14		
		18:30	37				16	0	76					5:30	20		
		19	42					1	76					6	24		
		20	40					3	74					6:30	23		
		21	32					8	56					7	21		
	13	0	72.94					17	34					8	05		
		2	73					20	22					9	75.82		
		4	61				17	8	08					13	74.68		
		5:30	84					16	00					14	32		
		6	94				18	8	70.90					20	73.32		
		7	73.15					12	80				25	2	72.68		
		8	30				19	8	66					4	60		

洪 水 水 文 要 素 摘 录 表

日期 月	日	时分	水 位 (m)	流 量 (m³/s)	含沙量 (kg/m³)	日期 月	日	时分	水 位 (m)	流 量 (m³/s)	含沙量 (kg/m³)	日期 月	日	时分	水 位 (m)	流 量 (m³/s)	含沙量 (kg/m³)
8	25	6	72.68			8	27	0	71.76			9	2	8	70.75		
		8	73.03					8	58					20	80		
		9	17				28	8	25				3	8	80		
		10	26				29	8	13					20	85		
		11	29					20	05				4	8	75		
		12	31				30	8	05					20	68		
		13	31					20	01				5	8	65		
		17	08				31	8	70.95				6	8	58		
		20	72.60					20	90					20	55		
	26	0	78			9	1	8	74								
		8	31					20	74								

水库水文要素摘录表

1994　滚　河　石漫滩水库(坝上)站

月	日	时分	坝上水位(m)	蓄水量(10⁸m³)	出库流量(m³/s)	月	日	时分	坝上水位(m)	蓄水量(10⁸m³)	出库流量(m³/s)	月	日	时分	坝上水位(m)	蓄水量(10⁸m³)	出库流量(m³/s)
4	1	0	92.50	0.0200		7	12	8;15	96.55	0.1014	261	8	6	11;30	93.08	0.0244	12.7
		8	50	0.0200				8;30	72	0.1072	279			20	17	0.0246	17.7
	7	8	48	0.0198				8;40	82	0.1107	289		7	3	19	0.0246	18.6
	11	8	51	0.0201				8;50	92	0.1142	299			4	61	0.0286	35.4
	20	8	93	0.0235				9	97.02	0.1177	310			4;30	74	0.0310	41.2
	21	8	86	0.0230				9;10	10	0.1205	319			5;15	81	0.0322	44.5
5	1	8	56	0.0206				9;20	17	0.1230	327			8	79	0.0318	43.5
	11	8	54	0.0204				9;30	23	0.1250	333			9	78	0.0317	43.1
	21	8	46	0.0197				9;40	29	0.1272	340			9;30	79	0.0318	43.5
	30	8	43	0.0194				9;50	35	0.1292	347			10	84	0.0326	45.9
6	1	8	42	0.0194				10	41	0.1314	354			11	94.01	0.0348	54.5
	5	8	41	0.0193				10;10	46	0.1333	359			12;30	17	0.0375	63.2
	11	8	49	0.0199				10;20	51	0.1354	365			13	19	0.0378	64.4
	21	8	46	0.0197				10;40	58	0.1382	373			14	22	0.0384	66.2
	24	8	44	0.0195	0.250			10;50	62	0.1398	378			15	20	0.0380	65.0
	25	1	47	0.0198	0.500			11	64	0.1406	380			17	13	0.0368	60.9
		8	89	0.0232	8.01			11;10	67	0.1418	383			20	93.99	0.0344	53.5
		9	93.00	0.0240	10.0			11;20	68	0.1422	385		8	0	79	0.0318	43.5
		10	09	0.0244	13.2			11;30	70	0.1430	387			8	39	0.0259	26.6
		11	14	0.0244	16.4			11;40	71	0.1434	388			12	42	0.0262	27.8
		12	18	0.0246	18.1			11;50	72	0.1438	389			20	36	0.0256	25.4
		13	21	0.0248	19.4			12	73	0.1442	390		9	8	20	0.0247	19.0
		14	22	0.0248	19.8			13	73	0.1442	390		11	8	92.82	0.0227	
		15	22	0.0248	19.8			13;30	72	0.1438	389		21	8	83	0.0227	
		17	18	0.0246	18.1			14	71	0.1434	388	9	1	8	93.04	0.0242	
		20	14	0.0244	16.4			15;30	68	0.1422	385		11	8	92.66	0.0214	
	26	0	05	0.0243	11.6			16	65	0.1410	381		21	8	67	0.0215	
		8	92.89	0.0232	8.01			16;30	60	0.1390	375		29	8	62	0.0211	
		20	75	0.0221	5.20			17	54	0.1366	369	10	11	8	61	0.0210	
7	1	8	52	0.0202				18	41	0.1314	354		11	8	65	0.0213	
	10	8	46	0.0197				19	24	0.1254	334		18	8	81	0.0226	
	11	8	48	0.0198	0.590			20	11	0.1208	320		21	8	74	0.0220	
	12	5;30	62	0.0211	2.55			22	96.75	0.1082	282	11	1	8	72	0.0219	
		6	93.08	0.0244	12.7		13	0	36	0.0957	242		7	8	71	0.0218	
		6;15	15	0.0245	16.8			4	95.59	0.0727	167		11	8	72	0.0219	
		6;30	81	0.0322	44.5			6	41	0.0673	151		16	8	92	0.0234	
		6;55	94.76	0.0508	101			8	10	0.0591	126		21	8	89	0.0232	
		7	97	0.0553	117			12	94.64	0.0475	92.6	12	1	8	82	0.0227	
		7;10	95.28	0.0641	140			16	23	0.0385	66.8		11	8	91	0.0234	
		7;20	53	0.0710	162			20	93.91	0.0333	49.4		21	8	86	0.0230	
		7;30	78	0.0774	184		14	8	34	0.0255	24.6		30	8	71	0.0218	
		7;40	98	0.0834	203		21	8	92.71	0.0218		1	1	8	72	0.0219	
		7;50	96.19	0.0897	224	8	1	8	83	0.0227							
		8	34	0.0950	240		6	8	93.04	0.0242	11.2						

1995　滚　河　石漫滩水库(坝上)站

月	日	时分	坝上水位(m)	蓄水量(10⁸m³)	出库流量(m³/s)	月	日	时分	坝上水位(m)	蓄水量(10⁸m³)	出库流量(m³/s)	月	日	时分	坝上水位(m)	蓄水量(10⁸m³)	出库流量(m³/s)
1	1	8	92.72	0.0219		2	1	8	92.66	0.0214		3	1	8	92.65	0.0213	
	11	8	66	0.0214			11	8	67	0.0215			7	8	64	0.0212	
	15	8	75	0.0221			12	8	69	0.0216			11	8	64	0.0212	
	21	8	66	0.0214			21	8	66	0.0214			21	8	64	0.0212	
	24	8	65	0.0213			28	8	65	0.0213			25	8	68	0.0215	

水 库 水 文 要 素 摘 录 表

月	日	时分	坝上水位 (m)	蓄水量 $(10^8 m^3)$	出库流量 (m^3/s)	月	日	时分	坝上水位 (m)	蓄水量 $(10^8 m^3)$	出库流量 (m^3/s)	月	日	时分	坝上水位 (m)	蓄水量 $(10^8 m^3)$	出库流量 (m^3/s)
4	1	8	92.64	0.0212		7	24	20	93.46	0.0266	29.4	8	14	8	93.04	0.0242	11.2
	11	8	62	0.0211			25	0	44	0.0264	28.6		15	8	15	0.0245	16.8
	20	8	61	0.0210				2	85	0.0327	46.4			14	40	0.0260	27.0
	21	8	61	0.0210				4	95.13	0.0600	129			20	39	0.0259	26.6
	25	8	66	0.0214				6	31	0.0646	143		16	8	28	0.0252	22.3
5	1	8	63	0.0212				7	49	0.0696	158		17	8	07	0.0244	12.3
	11	8	60	0.0209				8	67	0.0749	174		18	8	03	0.0242	10.9
	12	8	59	0.0208				9	79	0.0777	185		19	8	92.98	0.0239	9.50
	21	8	64	0.0212				10	77	0.0772	183		20	8	94	0.0236	8.94
	25	8	70	0.0217				12	70	0.0756	177		21	8	93.13	0.0244	16.0
6	1	8	69	0.0216				14	73	0.0761	180		22	8	94.13	0.0368	60.9
	9	8	66	0.0214	3.40			16	58	0.0724	166			13	93.89	0.0333	48.4
	10	8	77	0.0223	5.60			18	42	0.0676	152		23	8	25	0.0250	21.1
	11	8	83	0.0227	6.80			20	25	0.0633	138		24	8	02	0.0241	10.6
	12	8	84	0.0228	7.00		26	0	94.84	0.0527	107		25	8	92.95	0.0237	9.12
	13	8	82	0.0227	6.60			8	12	0.0366	60.4		26	8	86	0.0230	7.42
	14	8	80	0.0225	6.20			20	93.55	0.0277	32.9		27	8	81	0.0226	6.40
	15	8	82	0.0227	6.60		27	8	21	0.0248	19.4		28	8	78	0.0223	5.80
	16	8	84	0.0228	7.00		28	8	02	0.0241	10.6		29	8	76	0.0222	5.40
	17	8	82	0.0227	6.60	8	1	8	92.90	0.0233			30	6	93.46	0.0266	29.4
	18	8	80	0.0225	6.20		6	8	95	0.0237	9.12			8	63	0.0289	36.3
	19	8	78	0.0223	5.80			19	93.20	0.0247	19.0			9	66	0.0294	37.6
	20	8	77	0.0223	5.60			20	53	0.0274	32.1			10	64	0.0290	36.7
	21	8	87	0.0231	7.62			21	60	0.0284	35.0			16	45	0.0265	29.0
	22	8	89	0.0232	8.01			22	65	0.0292	37.2		31	8	11	0.0243	15.1
	23	8	88	0.0232	7.82			23	81	0.0322	44.5	9	1	8	92.95	0.0237	
	24	8	87	0.0231	7.62		7	0	83	0.0324	45.4		11	8	70	0.0217	
	25	8	83	0.0227	6.80			1	86	0.0329	46.9		21	8	63	0.0212	
	26	8	80	0.0225	6.20			2	90	0.0332	48.9		25	8	61	0.0210	
	27	8	78	0.0223	5.80			4	95	0.0339	51.4	10	1	8	61	0.0210	
	28	8	75	0.0221	5.20			8	91	0.0333	49.4		11	8	58	0.0207	
	29	8	73	0.0219	4.80			12	88	0.0332	47.9		21	8	85	0.0229	
	30	8	72	0.0219	4.60			16	94.02	0.0349	55.1		25	8	93	0.0235	
7	1	8	70	0.0217	4.20			20	93.98	0.0343	53.0	11	1	8	71	0.0218	
	6	8	63	0.0212			8	8	60	0.0284	35.0		11	8	65	0.0213	
	11	8	93.12	0.0244			9	8	10	0.0243	14.6		21	8	62	0.0211	
	21	8	92.88	0.0232			10	8	02	0.0241	10.6		25	8	58	0.0207	
	23	8	73	0.0219	4.80		11	8	92.93	0.0235	8.76	12	1	8	58	0.0207	
	24	0	93.41	0.0261	27.4			20	91	0.0234	8.39		3	8	59	0.0208	
		8	35	0.0256	25.0		12	8	93.24	0.0249	20.7		11	8	58	0.0207	
		12	31	0.0253	23.4			12	46	0.0266	29.4		12	8	57	0.0206	
		16	41	0.0261	27.4		13	8	27	0.0251	21.9		21	8	58	0.0207	

1997　滚　河　石漫滩水库 (出库总量) 站

月	日	时分	坝上水位 (m)	蓄水量 $(10^8 m^3)$	出库流量 (m^3/s)	月	日	时分	坝上水位 (m)	蓄水量 $(10^8 m^3)$	出库流量 (m^3/s)	月	日	时分	坝上水位 (m)	蓄水量 $(10^8 m^3)$	出库流量 (m^3/s)
1	1	0	101.31	0.3124		3	6	8	100.76	0.2830	0	5	21	8	101.62	0.3291	0
		8	31	0.3124			7	8	77	0.2835	0	6	1	8	63	0.3297	0
	3	8	32	0.3129			8	8	77	0.2835	0		2	8	62	0.3291	0
	9	8	100.22	0.2565			9	8	77	0.2835	0		11	8	67	0.3318	0
	11	8	23	0.2570			11	8	78	0.2840	0		21	8	68	0.3324	0
	21	8	28	0.2592			21	8	92	0.2911	0	7	1	0	72	0.3346	0
2	1	0	42	0.2660			31	8	101.07	0.2989	0			8	74	0.3357	0
		8	43	0.2665		4	1	0	07	0.2989	0		11	8	94	0.3466	0
	11	8	64	0.2769				8	08	0.2995	0		19	8	97	0.3483	0
	21	8	69	0.2794			11	8	34	0.3140	0		20	8	102.17	0.3594	0
	28	8	73	0.2814			21	8	44	0.3194	0		21	8	20	0.3611	0
3	1	0	73	0.2814		5	1	0	52	0.3237	0		22	8	21	0.3616	0
		8	74	0.2819				8	53	0.3242	0		23	8	46	0.3756	0
	4	8	76	0.2830	0		11	8	60	0.3280	0		24	8	50	0.3780	0
	5	8	76	0.2830	0		15	8	63	0.3297	0		25	8	52	0.3791	0

水 库 水 文 要 素 摘 录 表

月	日	时分	坝上水位 (m)	蓄水量 ($10^8 m^3$)	出库流量 (m^3/s)	月	日	时分	坝上水位 (m)	蓄水量 ($10^8 m^3$)	出库流量 (m^3/s)	月	日	时分	坝上水位 (m)	蓄水量 ($10^8 m^3$)	出库流量 (m^3/s)
7	26	8	102.53	0.3797	0	9	11	8	102.46	0.3756		11	11	8	102.52	0.3791	
	27	8	53	0.3797	0		12	8	45	0.3751			21	8	64	0.3862	
	28	8	53	0.3797	0		17	20	64	0.3862			30	17	71	0.3903	
	29	8	54	0.3803	0		21	8	63	0.3856		12	1	8	71	0.3903	
	30	8	55	0.3809	0	10	1	0	61	0.3844			4	17	70	0.3897	
8	1	8	55	0.3809				8	61	0.3844			11	8	71	0.3903	
	8	20	58	0.3826			11	8	59	0.3832			21	8	73	0.3915	
	11	8	58	0.3826			21	8	58	0.3826			29	8	76	0.3933	
	21	8	52	0.3791			31	20	54	0.3803		1	1	0	76	0.3856	
	30	20	51	0.3785		11	1	8	53	0.3797				8	76	0.3856	
9	1	8	51	0.3785			8	17	50	0.3780							

1998 滚 河 石漫滩水库(出库总量)站

月	日	时分	坝上水位 (m)	蓄水量 ($10^8 m^3$)	出库流量 (m^3/s)	月	日	时分	坝上水位 (m)	蓄水量 ($10^8 m^3$)	出库流量 (m^3/s)	月	日	时分	坝上水位 (m)	蓄水量 ($10^8 m^3$)	出库流量 (m^3/s)
1	1	0	102.76	0.3856		5	28	16:45	106.81	0.6688	0	7	16	20	107.03	0.6874	54.9
		8	76	0.3856		6	1	2:20	107.64	0.7383	103		17	0	106.97	0.6825	53.1
	11	8	82	0.3892				4	76	0.7485	107			8	85	0.6721	51.0
	21	8	96	0.3976				6	83	0.7546	109			20	64	0.6552	46.2
	30	8	103.05	0.4030				6:30	85	0.7564	69.0			20:30	64	0.6552	0
2	1	0	05	0.4030				8	87	0.7581	69.0		21	8	72	0.6614	0
		8	06	0.4036				10	90	0.7612	69.0	8	1	8	107.01	0.6858	0
	11	8	09	0.4054				12	90	0.7612	69.0			9:10	106.99	0.6841	53.7
	21	8	17	0.4102				13:20	90	0.7612	111			20	81	0.6688	51.0
	28	8	21	0.4126				14	89	0.7599	111		2	0	74	0.6630	49.2
3	1	0	21	0.4126				15:50	85	0.7564	69.0			8	60	0.6520	45.0
		8	21	0.4126				16	85	0.7564	69.0			16	51	0.6448	0
	11	8	41	0.4246				18	85	0.7564	69.0			20	47	0.6416	0
	21	8	78	0.4468				20	82	0.7537	69.0		11	8	91	0.6774	0
4	1	0	93	0.4558			2	0	77	0.7493	69.0		14	11	107.05	0.6890	55.5
		8	94	0.4564				8	68	0.7416	68.5			20	106.95	0.6808	52.5
	11	8	104.45	0.4884				12	62	0.7366	66.6		15	0	90	0.6766	51.0
	21	8	105.05	0.5287				20	48	0.7256	63.0			4	107.36	0.7155	61.8
5	1	0	20	0.5410			3	0	41	0.7198	63.0			5:10	50	0.7268	102
		8	31	0.5499				8	27	0.7070	59.1			8	85	0.7564	109
	11	8	106.33	0.6304				20	09	0.6923	56.8			12	89	0.7599	111
	21	8	107.25	0.7053			4	0	02	0.6866	54.6			20	96	0.7665	113
		11:10	44	0.7223	87.0			8	106.89	0.6755	51.0		16	0	88	0.7590	110
		11:30	49	0.7264	89.6			15	78	0.6663	0			8	72	0.7450	106
		12	66	0.7400	93.0		9	15:50	107.04	0.6882	46.2			20	40	0.7190	96.0
		12:30	74	0.7467	95.0			16	04	0.6882	46.2		17	0	29	0.7088	92.7
		15:30	90	0.7612	95.0			20	106.99	0.6841	45.0			8	07	0.6907	85.5
		15:40	90	0.7612	115		10	0	93	0.6791	45.0			11	01	0.6858	54.4
		21	108.00	0.7700	115			8	81	0.6688	42.2			20	106.83	0.6704	50.6
		22	00	0.7700	115			20	65	0.6560	40.5			21:20	83	0.6704	0
		23	107.99	0.7691	115		11	0	59	0.6512	38.7		21	8	93	0.6791	0
	22	8	83	0.7546	115			6	50	0.6440	0		28	11:30	107.16	0.6976	64.8
		12	73	0.7459	115			8	50	0.6440	0			19:59	04	0.6882	63.0
		16	63	0.7374	111		21	8	64	0.6552	0			20	04	0.6882	0
		20	51	0.7276	105	7	1	8	77	0.6655	0	9	1	0	09	0.6923	
	23	0	39	0.7181	105			18:20	107.02	0.6866	63.0			8	10	0.6927	
		8	16	0.6976	95.0			20	15	0.6968	64.5		11	8	15	0.6968	
		14	00	0.6850	90.0		2	0	16	0.6976	64.8		14	20	16	0.6976	
		16	106.95	0.6808	87.5			8	04	0.6882	63.0		21	8	16	0.6976	
		18:20	92	0.6783	0			20	106.84	0.6713	58.2	10	1	0	15	0.6968	
	27	16:10	107.23	0.7035	57.9		3	0	76	0.6647	55.8			8	15	0.6968	
		20	17	0.6984	57.0			8	61	0.6528	51.3		11	8	14	0.6959	
	28	0	10	0.6927	57.0			15	50	0.6440	0		21	8	13	0.6951	
		8	106.96	0.6816	52.8		11	8	73	0.6622	0		25	8	12	0.6943	
		16:30	81	0.6688	51.0		16	19:30	107.02	0.6866	54.6	11	1	0	13	0.6951	

水 库 水 文 要 素 摘 录 表

月	日	时分	坝上水位 (m)	蓄水量 ($10^8 m^3$)	出库流量 (m^3/s)	月	日	时分	坝上水位 (m)	蓄水量 ($10^8 m^3$)	出库流量 (m^3/s)	月	日	时分	坝上水位 (m)	蓄水量 ($10^8 m^3$)	出库流量 (m^3/s)
11	1	8	107.13	0.6951		12	1	0	107.21	0.7018		12	27	8	107.28	0.7079	
	11	8	16	0.6976				8	21	0.7018		1	1	0	28	0.7082	
	21	8	20	0.7010			11	8	23	0.7035				8	28	0.7082	
	22	8	21	0.7018			21	8	26	0.7061							

1999　滚　河　石漫滩水库(出库总量)站

月	日	时分	坝上水位 (m)	蓄水量 ($10^8 m^3$)	出库流量 (m^3/s)	月	日	时分	坝上水位 (m)	蓄水量 ($10^8 m^3$)	出库流量 (m^3/s)	月	日	时分	坝上水位 (m)	蓄水量 ($10^8 m^3$)	出库流量 (m^3/s)
1	1	0	107.28	0.7082		6	1	0	106.51	0.6448	0	8	12	8	106.49	0.6432	0
		8	28	0.7082				8	51	0.6448	0		13	8	49	0.6432	0
	7	17	30	0.7100			2	8	52	0.6456	0		14	8	48	0.6424	0
	11	8	30	0.7100			11	8	55	0.6480			15	8	48	0.6424	0
	21	8	28	0.7082			21	8	54	0.6472			16	8	48	0.6424	0
2	1	0	30	0.7100			23	20	59	0.6512			17	8	48	0.6424	0
		8	30	0.7100		7	1	8	58	0.6504			18	8	47	0.6416	0
	11	8	30	0.7100			5	8	59	0.6512	0		19	8	47	0.6416	0
	18	8	31	0.7109				20	59	0.6512	0		20	8	47	0.6416	0
	21	8	30	0.7100				21	60	0.6520	9.00		21	8	47	0.6416	0
3	1	8	30	0.7100			6	8	75	0.6640	9.00		22	8	47	0.6416	0
	4	7:30	21	0.7019				16	107.06	0.6898	9.00		23	8	46	0.6408	0
	11	8	26	0.7064			7	0	12	0.6946	9.00		24	8	46	0.6408	0
	21	8	33	0.7127				8	12	0.6946	9.00		25	8	46	0.6408	0
	28	8	34	0.7136				12	14	0.6962	9.00		26	8	46	0.6408	0
4	1	8	35	0.7145			8	8	10	0.6930	9.00		27	8	46	0.6408	0
	11	8	45	0.7230			9	8	106.99	0.6842	9.00		28	8	46	0.6408	0
	12	20	55	0.7310			10	8	87	0.6740	9.00		29	8	46	0.6408	0
	21	8	20	0.7010			11	8	77	0.6656	9.00		30	8	46	0.6408	0
	26	20	106.96	0.6816			12	8	66	0.6568	9.00		31	8	46	0.6408	0
5	1	8	107.02	0.6866	0		13	8	46	0.6408	9.00	9	1	0	46	0.6408	0
	2	8	03	0.6874	0			9	46	0.6408	9.00			8	46	0.6408	0
	3	8	05	0.6890	0			20	46	0.6408	0		2	8	46	0.6408	0
	4	8	08	0.6914	0		14	8	47	0.6416	0		3	8	45	0.6400	0
	5	8	05	0.6890	0		15	8	48	0.6424	0		4	8	50	0.6440	0
	6	8	106.98	0.6833	0		16	8	49	0.6432	0			20	51	0.6448	0
	7	8	93	0.6790	0		17	8	50	0.6440	0		5	8	51	0.6448	0
	8	8	87	0.6740	0		18	8	51	0.6448	0		6	8	51	0.6448	0
	9	8	81	0.6688	0		19	8	52	0.6456	0		7	8	51	0.6448	0
	10	8	75	0.6640	0		20	8	53	0.6464	0		8	8	51	0.6448	0
	11	8	69	0.6592	0		21	8	53	0.6464	0		9	8	51	0.6448	0
	12	8	63	0.6544	0		22	8	53	0.6464	0		10	8	51	0.6448	0
	13	8	57	0.6496	0		23	8	53	0.6464	0		11	8	51	0.6448	0
	14	8	53	0.6464	0		24	8	53	0.6464	0		12	8	51	0.6448	0
	15	8	62	0.6536	0		25	8	54	0.6472	0		13	8	51	0.6448	0
	16	8	76	0.6648	0		26	8	54	0.6472	0		14	8	51	0.6448	0
	17	8	81	0.6688	0		27	8	53	0.6464	0		15	8	51	0.6448	0
	18	8	94	0.6799	0		28	8	53	0.6464	0		16	8	51	0.6448	0
	19	8	107.00	0.6850	0		29	8	53	0.6464	0		17	8	51	0.6448	0
	20	8	05	0.6890	0		30	8	53	0.6464	0		18	8	51	0.6448	0
	21	8	06	0.6898	0		31	8	53	0.6464	0		19	8	51	0.6448	0
		15	06	0.6898	6.50	8	1	0	53	0.6464	0		20	8	50	0.6440	0
	22	8	02	0.6866	6.50			8	53	0.6464	0		21	8	49	0.6432	0
	23	8	106.98	0.6833	6.50		2	8	53	0.6464	0		22	8	49	0.6432	0
	24	8	93	0.6790	6.50		3	8	52	0.6456	0		23	8	49	0.6432	0
	25	8	87	0.6740	6.50		4	8	52	0.6456	0		24	8	49	0.6432	0
	26	8	83	0.6706	6.50		5	8	52	0.6456	0		25	8	48	0.6424	0
	27	8	76	0.6648	6.50		6	8	51	0.6448	0		26	8	48	0.6424	0
	28	8	71	0.6608	6.50		7	8	51	0.6448	0		27	8	48	0.6424	0
	29	8	64	0.6552	6.50		8	8	50	0.6440	0		28	8	47	0.6416	0
	30	8	59	0.6512	6.50		9	8	50	0.6440	0		29	8	47	0.6416	0
	31	8	53	0.6464	6.50		10	8	50	0.6440	0		30	8	47	0.6416	0
		15	50	0.6440			11	8	50	0.6440	0	10	1	0	47	0.6416	

水　库　水　文　要　素　摘　录　表

月	日	时分	坝上水位 (m)	蓄水量 ($10^8 m^3$)	出库流量 (m^3/s)	月	日	时分	坝上水位 (m)	蓄水量 ($10^8 m^3$)	出库流量 (m^3/s)	月	日	时分	坝上水位 (m)	蓄水量 ($10^8 m^3$)	出库流量 (m^3/s)
10	1	8	106.47	0.6416		11	1	8	106.55	0.6480		12	1	8	106.56	0.6488	
	11	8	50	0.6440			11	8	55	0.6480			11	8	55	0.6480	
	21	8	53	0.6464			14	0	56	0.6488			12	17	54	0.6472	
	31	8	55	0.6480			21	8	56	0.6488			21	8	55	0.6480	
11	1	0	55	0.6480		12	1	0	56	0.6488		1	1	8	56	0.6488	

2000　滚　河　石漫滩水库(出库总量)站

月	日	时分	坝上水位 (m)	蓄水量 ($10^8 m^3$)	出库流量 (m^3/s)	月	日	时分	坝上水位 (m)	蓄水量 ($10^8 m^3$)	出库流量 (m^3/s)	月	日	时分	坝上水位 (m)	蓄水量 ($10^8 m^3$)	出库流量 (m^3/s)
1	1	8	106.56	0.6488		7	4	5	105.55	0.5681	34.6	7	15	0;31	109.32	0.8838	128
	11	8	60	0.6520				6	59	0.5712	37.6			1	59	0.9090	134
	21	8	63	0.6530				8	61	0.5727	40.3			1;30	79	0.9290	139
	27	17	66	0.6568				15	60	0.5720	46.4			2	90	0.9400	141
2	1	8	66	0.6568				15;30	59	0.5712	46.5			2;30	97	0.9470	144
	11	8	68	0.6560				16	58	0.5704	46.6			3	110.03	0.9533	146
	21	8	72	0.6610				17	57	0.5696	46.0			3;30	09	0.9599	147
	29	8	74	0.6632				18	71	0.5808	50.2			3;50	10	0.9610	149
3	1	8	74	0.6632				19	81	0.5888	61.5			3;51	10	0.9610	671
	5	17	75	0.6640				20	87	0.5936	70.7			4	11	0.9621	672
	11	8	75	0.6640				21	98	0.6024	78.1			4;01	11	0.9621	672
	21	8	75	0.6640				22	106.03	0.6064	81.4			5	02	0.9522	667
4	1	8	74	0.6632			5	0	05	0.6080	76.3			7	109.72	0.9220	649
	11	8	74	0.6632				1	08	0.6104	77.8			8	49	0.8996	628
	21	8	70	0.6600				1;29	09	0.6112	78.6			10	15	0.8685	613
	28	17	68	0.6584				1;30	09	0.6112	145			11	108.95	0.8508	592
5	1	8	68	0.6584				2	04	0.6072	148			12	76	0.8346	575
	3	8	67	0.6576				4	00	0.6040	144			13	55	0.8165	555
	11	8	64	0.6552				6	105.92	0.5976	126			14	33	0.7970	555
	12	0	64	0.6552				8	88	0.5944	119			15	14	0.7812	556
		8	65	0.6560				14	74	0.5832	85.0			16	107.94	0.7646	497
	14	8	65	0.6560				20	67	0.5776	72.2			16;30	83	0.7547	483
	17	0	64	0.6552			6	8	49	0.5638	64.2			16;31	83	0.7547	301
	20	20	64	0.6552				8;01	49	0.5638	15.0			18	69	0.7426	12.0
	21	8	63	0.6544			7	8	54	0.5675	15.0			21;30	40	0.7190	0.057
	22	8	62	0.6536			8	8	53	0.5668	15.0			21;31	40	0.7190	25.8
	24	8	61	0.6528			9	8	49	0.5638	13.5			21;40	39	0.7181	258
	25	8	61	0.6528			10	8	49	0.5638	12.0			21;41	39	0.7181	0
	28	0	62	0.6536			11	8	46	0.5615	12.0		16	2	42	0.7206	
6	1	8	62	0.6536			12	8	42	0.5585	12.0			8	47	0.7246	
		20	62	0.6536				20	40	0.5570	12.0			16	52	0.7286	
	2	0	69	0.6592			13	5	99	0.6032	12.0		17	8	59	0.7342	
		8	48	0.6424				8	107.25	0.7055	12.0		18	8	64	0.7384	
		12	42	0.6376				10	50	0.7270	12.0		19	8	71	0.7444	
		20	30	0.6280				10;30	53	0.7294	114		20	8	78	0.7503	
	11	8	105.51	0.5652				14	60	0.7350	114		21	8	86	0.7574	
	21	8	104.40	0.4850				18	56	0.7318	114		22	8	91	0.7619	
	25	8	11	0.4666				20	54	0.7302	102		23	8	94	0.7646	
	27	6	108.62	0.8227				22	50	0.7270	102		24	8	97	0.7673	
7	1	8	105.57	0.5698	0		14	0	42	0.7206	97.2		25	8	99	0.7691	
	2	8	61	0.5727	0			8	27	0.7073	92.1		26	8	108.02	0.7716	0
	3	8	66	0.5767	0			9;59	22	0.7028	90.6			10	107.98	0.7682	72.3
		8;30	66	0.5767	28.6			10	22	0.7028	94.8		27	8	56	0.7318	59.9
		14	78	0.5864	35.0			17	07	0.6906	94.8			9;59	42	0.7206	56.3
		14;01	80	0.5880	52.5			18	16	0.6978	98.6			10	42	0.7206	64.8
		15;30	81	0.5888	54.2			20	44	0.7222	107		28	8	106.74	0.6632	46.0
		16	82	0.5896	54.8			22	68	0.7418	114			9	71	0.6608	45.5
		17;59	81	0.5888	54.3			23	108.40	0.8030	132			9;01	71	0.6608	118
		18	81	0.5888	46.5			23;30	81	0.8388	144			20	22	0.6216	86.5
		20	74	0.5832	36.0			23;55	109.00	0.8550	148		29	0	10	0.6120	65.0
	4	0	61	0.5727	32.8		15	0	04	0.8586	74.0			8	105.86	0.5928	49.4
		2	57	0.5696	32.8			0;30	31	0.8829	76.3			20	64	0.5752	28.5

水 库 水 文 要 素 摘 录 表

日期 月	日	时分	坝上水位 (m)	蓄水量 (10⁸m³)	出库流量 (m³/s)	日期 月	日	时分	坝上水位 (m)	蓄水量 (10⁸m³)	出库流量 (m³/s)	日期 月	日	时分	坝上水位 (m)	蓄水量 (10⁸m³)	出库流量 (m³/s)
7	30	5	105.56	0.5690	25.5	8	16	8	105.82	0.5896		9	22	8	106.19	0.6192	
		5:01	56	0.5690	0		17	8	84	0.5912			23	8	21	0.6208	
		8	54	0.5675			18	8	86	0.5928			24	8	23	0.6224	
	31	8	55	0.5682			19	8	88	0.5944			25	8	26	0.6248	
8	1	0	55	0.5682			20	8	90	0.5960			26	8	29	0.6272	
	2	8	56	0.5690			21	8	93	0.5984			27	8	39	0.6352	
	3	8	57	0.5698			22	8	95	0.6000			28	8	46	0.6408	
	4	8	58	0.5705			23	8	96	0.6008			29	8	51	0.6448	
	5	8	62	0.5736			24	8	98	0.6024			30	8	53	0.6464	
		8	99	0.6032			25	8	106.00	0.6040				20	55	0.6480	
	6	8	106.37	0.6336			26	8	00	0.6040		10	1	0	55	0.6480	
	7	8	50	0.6440	0		29	0	01	0.6048				8	56	0.6488	
		18	55	0.6480	75.0		30	8	01	0.6048			11	8	96	0.6816	
	8	8	20	0.6200	61.2		31	8	02	0.6056			21	8	107.22	0.7028	
		8:01	20	0.6200	51.0	9	1	8	03	0.6064			30	8	108.04	0.7732	
		20	04	0.6072	39.0		2	8	03	0.6064		11	1	8	106.99	0.6842	
	9	0	105.99	0.6032	38.6		3	8	06	0.6088			11	8	107.17	0.6986	
		8	89	0.5952	31.7		4	8	08	0.6104			15	16:30	22	0.7028	
		8:01	89	0.5952	30.0		5	8	13	0.6144			16	8	106.56	0.6488	
	10	7:59	68	0.5784	17.4		6	8	14	0.6152			21	8	71	0.6608	
		8	68	0.5784	27.3		8	8	15	0.6160		12	1	0	84	0.6714	
		9	67	0.5776	25.7		11	8	16	0.6168				8	85	0.6722	
		9:01	67	0.5776	0		12	0	16	0.6168			11	8	96	0.6816	
	11	8	72	0.5816				8	17	0.6176			21	8	107.06	0.6898	
	12	8	75	0.5840			15	20	17	0.6176			30	8	09	0.6922	
	13	8	77	0.5856			16	8	18	0.6184		1	1	0	09	0.6923	
	14	8	78	0.5864			20	0	18	0.6184				8	09	0.6923	
	15	8	80	0.5880			21	8	19	0.6192							

2001　滚　河　石漫滩水库（出库总量）站

日期 月	日	时分	坝上水位 (m)	蓄水量 (10⁸m³)	出库流量 (m³/s)	日期 月	日	时分	坝上水位 (m)	蓄水量 (10⁸m³)	出库流量 (m³/s)	日期 月	日	时分	坝上水位 (m)	蓄水量 (10⁸m³)	出库流量 (m³/s)
1	1	0	107.09	0.6923		2	14	8	107.31	0.7111	18.9	3	24	17	106.43	0.6384	0
		8	09	0.6923				17	29	0.7088	18.9	4	1	0	43	0.6384	0
	11	8	18	0.6993			15	8	25	0.7053	18.9			8	43	0.6384	0
	21	8	31	0.7111				16	23	0.7035	38.9		11	8	43	0.6384	0
2	1	0	63	0.7374				17	22	0.7027	38.8		21	8	39	0.6352	0
		8	64	0.7383			16	0	15	0.6968	38.4		29	8	40	0.6360	0
	6	8	79	0.7511	0			8	07	0.6907	37.8		30	8	40	0.6360	0
	7	8	83	0.7546	0			17	106.97	0.6825	37.0			8	40	0.6360	0
		11:30	83	0.7546	19.3		17	0	90	0.6766	36.5			10	39	0.6352	14.3
		17	80	0.7520	19.3			8	83	0.6704	36.1			17	35	0.6320	13.9
	8	0	78	0.7502	19.3			17	74	0.6630	35.3	5	1	0	31	0.6288	13.6
		8	75	0.7476	19.3		18	0	67	0.6576	34.7			8	27	0.6256	13.3
		17	72	0.7450	19.3			8	59	0.6512	34.1			20	18	0.6184	12.5
	9	0	70	0.7433	19.2			17	50	0.6440	33.3		2	0	16	0.6168	12.3
		8	68	0.7416	19.2		19	0	43	0.6384	32.7			8	12	0.6136	12.0
		17	64	0.7383	19.2			8	36	0.6328	32.1			20	05	0.6080	11.3
	10	0	62	0.7366	19.2			17	28	0.6264	31.3		3	0	04	0.6072	11.2
		8	60	0.7350	19.2		20	0	22	0.6216	30.7			8	01	0.6048	10.9
		17	57	0.7325	19.1			8	16	0.6168	30.2			20	105.93	0.5984	10.1
	11	0	55	0.7309	19.1			17	07	0.6096	29.3		4	0	92	0.5976	10.0
		8	52	0.7284	19.1			17:30	05	0.6080	0			8	90	0.5960	9.81
		17	49	0.7264	19.1			20	05	0.6080	0			20	83	0.5904	9.03
	12	0	47	0.7248	19.0		21	0	06	0.6088	0		5	0	80	0.5880	8.71
		8	45	0.7231	19.0			8	08	0.6104	0			8	74	0.5832	7.98
		17	43	0.7215	19.0		22	0	09	0.6112	0			20	70	0.5798	7.50
	13	0	41	0.7198	19.0	3	1	0	26	0.6248	0		6	0	70	0.5798	7.50
		8	38	0.7172	19.0			8	27	0.6256	0			8	70	0.5798	7.50
		17	35	0.7146	18.9		11	8	37	0.6336	0			10	70	0.5798	32.5
	14	0	33	0.7129	18.9		21	8	42	0.6376	0			20	54	0.5674	27.4

水库水文要素摘录表

月	日	时分	坝上水位(m)	蓄水量(10⁸m³)	出库流量(m³/s)	月	日	时分	坝上水位(m)	蓄水量(10⁸m³)	出库流量(m³/s)	月	日	时分	坝上水位(m)	蓄水量(10⁸m³)	出库流量(m³/s)
5	7	0	105.50	0.5643	23.1	7	30	0	106.51	0.6448	63.7	8	5	20	106.56	0.6488	46.8
		7:54	42	0.5585	16.9			3	46	0.6408	61.8		6	0	51	0.6448	15.8
		8	42	0.5585	0			5	54	0.6472	64.9			5	45	0.6400	0
	8	0	42	0.5585	0			6	64	0.6552	68.9			8	41	0.6368	0
		12	42	0.5585				7	107.19	0.7001	88.0			20	42	0.6376	0
	9	0	42	0.5585				8	62	0.7366	101		7	0	43	0.6384	
	11	8	41	0.5584				9	92	0.7630	110			8	44	0.6392	
	21	8	36	0.5538				10	108.09	0.7774	147			20	53	0.6464	
	31	20	33	0.5515				13	33	0.7969	156		11	8	61	0.6528	
6	1	8	33	0.5515				15	39	0.8021	158		21	8	69	0.6592	
	5	20	30	0.5491				16	39	0.8021	158	9	1	0	71	0.6606	
	11	8	31	0.5499				18	37	0.8003	157			8	71	0.6606	
	21	8	53	0.5666				18:24	36	0.7995	185		6	8	73	0.6622	
	29	20	57	0.5696				20	32	0.7960	183		11	8	73	0.6622	
7	1	0	57	0.5696			31	0	18	0.7843	178		21	8	72	0.6614	
		8	57	0.5696				8	107.84	0.7555	165	10	1	8	71	0.6606	
	11	8	73	0.5824				10:30	72	0.7450	97.3		11	8	66	0.6568	
	21	8	71	0.5808				20	55	0.7309	93.9		15	8	65	0.6560	
	25	8	106.56	0.6488		8	1	0	47	0.7248	92.4		21	8	65	0.6560	
	26	8	65	0.6560				8	31	0.7111	89.3		27	8	72	0.6614	
	27	0	88	0.6746	0			20	05	0.6890	84.1	11	1	0	72	0.6614	
		8	95	0.6808	0			23	04	0.6882	0			8	72	0.6614	
		11:30	92	0.6783	55.0			23:06	04	0.6882	0		11	8	72	0.6614	
		20	83	0.6704	52.7		2	0	04	0.6882	0		21	8	71	0.6606	
	28	0	92	0.6783	54.5			8	01	0.6858	0		23	8	70	0.6600	
		8	107.09	0.6923	57.6			20	04	0.6882	0	12	1	8	70	0.6600	
		10	20	0.7010	59.7		3	0	05	0.6890	0			17	69	0.6592	
		14	20	0.7010	59.7			8	07	0.6907	0		11	8	79	0.6671	
		20	17	0.6984	59.1		4	0	11	0.6935	0		21	8	87	0.6738	
		21	14	0.6959	87.3			8	12	0.6943	0		28	8	90	0.6766	
	29	0	07	0.6907	84.1			10	09	0.6923	58.2	1	1	0	90	0.6766	
		8	106.88	0.6746	77.7			20	106.93	0.6791	54.7			8	90	0.6766	
		14	73	0.6622	72.4		5	0	87	0.6738	53.5						
		20	58	0.6504	66.5			8	75	0.6639	50.9						

2002 滚 河 石漫滩水库(出库总量)站

月	日	时分	坝上水位(m)	蓄水量(10⁸m³)	出库流量(m³/s)	月	日	时分	坝上水位(m)	蓄水量(10⁸m³)	出库流量(m³/s)	月	日	时分	坝上水位(m)	蓄水量(10⁸m³)	出库流量(m³/s)
1	1	0	106.90	0.6766		5	1	16:54	107.14	0.6959	19.5	5	4	20	107.09	0.6923	0
		8	90	0.6766				17	14	0.6959	0		5	0	09	0.6923	0
	11	8	91	0.6774				20	14	0.6959	0			8	10	0.6927	0
	21	8	94	0.6800			2	0	17	0.6984	0			8:54	10	0.6927	0
	27	8	95	0.6808				8	22	0.7027	0			9	10	0.6927	27.6
2	1	0	95	0.6808				8:54	22	0.7027	20.0			20	07	0.6907	27.5
		8	95	0.6808				9	22	0.7027	0		6	0	11	0.6935	27.6
	11	8	95	0.6808				16:54	18	0.6993	19.9			8	20	0.7010	27.6
	21	8	96	0.6816				17	18	0.6993	0			20	23	0.7035	27.6
	27	17	98	0.6833				20	18	0.6993	0		7	0	23	0.7035	27.6
3	1	0	98	0.6833			3	0	19	0.7001	0			8	24	0.7044	27.6
		8	98	0.6833				8	20	0.7010	0			20	16	0.6976	27.6
	11	8	107.04	0.6882				8:54	19	0.7001	0		8	0	13	0.6951	27.6
	21	8	08	0.6915				9	19	0.7001	19.9			8	07	0.6907	27.5
	22	8	09	0.6923				16:54	15	0.6968	19.5			20	00	0.6850	27.5
4	1	0	09	0.6923				17	15	0.6968	0	9	0	106.98	0.6833	27.5
	11	8	13	0.6951				20	15	0.6968	0			8	94	0.6800	27.4
	21	8	14	0.6959			4	0	15	0.6968	0			9:24	92	0.6783	27.4
	28	17	15	0.6968				8	16	0.6976	0			9:30	92	0.6783	0
5	1	8	15	0.6968	0			8:54	15	0.6968	0			20	92	0.6783	0
		8:54	15	0.6968	0			9	15	0.6968	27.6	10	0	92	0.6783	0
		9	15	0.6968	19.6			16:54	09	0.6923	27.6	11	8	93	0.6791	0
		12	15	0.6968	19.5			17	09	0.6923	0	12	0	93	0.6791	0

水库水文要素摘录表

月	日	时分	坝上水位(m)	蓄水量($10^8 m^3$)	出库流量(m^3/s)	月	日	时分	坝上水位(m)	蓄水量($10^8 m^3$)	出库流量(m^3/s)	月	日	时分	坝上水位(m)	蓄水量($10^8 m^3$)	出库流量(m^3/s)
5	12	8	106.94	0.6800	0	6	6	0	105.98	0.6024	0	7	3	8	105.85	0.5920	31.0
		10;24	92	0.6783	0			8	98	0.6024	0			8;30	85	0.5920	31.0
		10;30	92	0.6783	38.8		7	0	98	0.6024	0			8;36	85	0.5920	0
		17;24	87	0.6738	37.9			8	98	0.6024	0			20	85	0.5920	0
		17;30	87	0.6738	0			20	97	0.6016	0		11	8	106.01	0.6048	0
		20	85	0.6721	0		8	8	90	0.5960	0		21	8	11	0.6128	0
	13	0	86	0.6729	0			10;54	87	0.5936	0	8	1	0	20	0.6200	0
		8	87	0.6738	0			11	87	0.5936	29.2			8	20	0.6200	0
		20	88	0.6746	0			20	78	0.5864	25.5		3	8	20	0.6200	0
	14	8	90	0.6766	0		9	0	73	0.5824	23.6			9;24	19	0.6192	0
	15	8	99	0.6841	0			8	65	0.5759	20.7			9;30	19	0.6192	33.2
	16	8	107.04	0.6882	0			17;24	60	0.5720	19.0			20	12	0.6136	31.7
	17	8	08	0.6915	0			17;30	60	0.5720	16.9		4	0	10	0.6120	31.2
	18	0	09	0.6923	0			17;36	60	0.5720	0			8	05	0.6080	30.1
		8	10	0.6927	0			20	59	0.5712	0			20	105.78	0.5864	23.2
		10;24	07	0.6907	0		10	0	59	0.5712	0		5	0	74	0.5832	22.2
		10;30	07	0.6907	49.5			12	59	0.5712	0			8	65	0.5759	19.4
		20	106.95	0.6808	47.4		11	8	59	0.5712	0			20	57	0.5696	16.7
	19	0	89	0.6755	46.4		14	8	57	0.5696	0		6	0	57	0.5696	16.7
		8	77	0.6655	44.3		21	8	62	0.5735	0			7;54	56	0.5689	16.4
		16;54	63	0.6544	41.9		22	8	106.12	0.6136	0			8	56	0.5689	0
		17	63	0.6544	0			20	107.07	0.6907	0			20	57	0.5696	0
		20	63	0.6544	0		23	0	16	0.6976	0		11	8	59	0.5712	0
	20	0	63	0.6544	0			0;06	16	0.6976	67.0		21	8	60	0.5720	0
		8	64	0.6552	0			8	12	0.6943	65.9	9	1	8	65	0.5759	0
	21	8	67	0.6576	0			20	106.96	0.6816	62.2		11	8	68	0.5782	0
	22	8	70	0.6600	0		24	0	90	0.6766	60.9			16;24	67	0.5774	0
	23	8	72	0.6614	0			8	76	0.6647	57.5			16;30	67	0.5774	24.5
	24	8	74	0.6630	0			20	54	0.6472	51.7			20	67	0.5774	24.5
	25	0	74	0.6630	0		25	0	48	0.6424	50.1		12	0	64	0.5751	24.2
		8	75	0.6639	0			8	34	0.6312	46.2			8	58	0.5704	23.0
		8;54	75	0.6639	0			20	13	0.6144	39.7			8;54	57	0.5696	23.0
		9	75	0.6639	17.0		26	0	07	0.6096	37.7			9	57	0.5696	17.3
		16;54	71	0.6606	16.7			8	105.93	0.5984	32.9			20	49	0.5638	17.3
		17	71	0.6606	0			8;24	93	0.5984	32.9		13	0	47	0.5623	17.3
		20	70	0.6600	0			8;30	93	0.5984	0			8	43	0.5593	17.2
	26	0	70	0.6600	0			20	94	0.5992	0			9;54	43	0.5593	17.2
		8	71	0.6606	0		27	8	99	0.6032	0			10	43	0.5593	0
		8;54	70	0.6600	0			8	106.09	0.6112	0			20	43	0.5593	0
		9	70	0.6600	16.6		28	4	107.16	0.6976	0		14	0	43	0.5593	0
		14;54	66	0.6568	16.5			8	20	0.7010	0			8	42	0.5585	0
		15	66	0.6568	35.6			8;54	20	0.7010	0			20	43	0.5593	0
		20	62	0.6536	34.8			9	20	0.7010	59.7		15	0	43	0.5593	0
	27	0	58	0.6504	34.2			12	19	0.7001	59.5			8	43	0.5593	0
		8	49	0.6432	32.8			16	13	0.6951	58.4		16	8	43	0.5593	0
		17;24	41	0.6368	30.8			20	07	0.6907	57.2		17	8	44	0.5600	0
		17;30	41	0.6368	0		29	0	01	0.6858	56.1			9;24	44	0.5600	0
		20	39	0.6352	0			8	106.90	0.6766	54.1			9;30	44	0.5600	17.2
	28	0	39	0.6352	0			20	72	0.6614	50.2			20	40	0.5570	17.2
6	1	8	42	0.6376	0		30	0	65	0.6560	48.8		18	0	38	0.5554	17.2
		10	40	0.6360	37.2			8	52	0.6456	45.9			8	34	0.5523	17.1
		20	29	0.6272	35.4			20	35	0.6320	41.8			20	27	0.5466	17.1
	2	0	22	0.6216	33.9	7	1	0	33	0.6304	41.3		19	0	25	0.5450	17.1
		8	12	0.6136	31.7			8	18	0.6184	37.5			8	20	0.5410	17.0
		17;54	01	0.6048	29.4			20	04	0.6072	33.7			20	15	0.5370	17.0
		18	01	0.6048	0			20;24	04	0.6072	33.7		20	0	13	0.5354	16.9
		20	105.99	0.6032	0			20;30	04	0.6072	0			8	10	0.5330	16.9
	3	0	99	0.6032	0		2	0	04	0.6072	0			11;24	10	0.5330	16.9
		8	99	0.6032	0			4	04	0.6072	0			11;30	10	0.5330	0
		20	99	0.6032	0			8	04	0.6072	0			20	10	0.5330	0
	4	0	99	0.6032	0			17;24	01	0.6048	0		21	8	13	0.5354	0
		8	98	0.6024	0			17;30	01	0.6048	42.2	10	1	0	16	0.5378	0
	5	0	98	0.6024	0			20	00	0.6040	40.2			8	16	0.5378	0
		8	98	0.6024	0		3	0	105.95	0.6000	37.0			8;54	00	0.5250	0

水 库 水 文 要 素 摘 录 表

月	日	时分	坝上水位 (m)	蓄水量 (10^8 m³)	出库流量 (m³/s)	月	日	时分	坝上水位 (m)	蓄水量 (10^8 m³)	出库流量 (m³/s)	月	日	时分	坝上水位 (m)	蓄水量 (10^8 m³)	出库流量 (m³/s)
10	1	9	105.16	0.5378	17.0	10	3	8;48	105.00	0.5250	0	11	11	8	105.18	0.5394	
		16;24	15	0.5370	18.5			8;54	13	0.5354	16.9		21	8	23	0.5434	
		16;30	15	0.5370	0			9;48	13	0.5354	16.9	12	1	8	24	0.5442	
		17	15	0.5370	0			9;54	13	0.5354	0			8	24	0.5442	
	2	0	14	0.5362	0			17	13	0.5354			11	8	30	0.5491	
		8	13	0.5354	0		11	8	11	0.5338			21	8	35	0.5530	
		17	13	0.5354	0		21	8	14	0.5362			30	17	42	0.5585	
	3	0	13	0.5354	0	11	1	0	13	0.5354		1	1	0	43	0.5593	
		8	13	0.5354	0			8	13	0.5354				8	44	0.5600	

2003　滚　河　石漫滩水库(出库总量)站

月	日	时分	坝上水位 (m)	蓄水量 (10^8 m³)	出库流量 (m³/s)	月	日	时分	坝上水位 (m)	蓄水量 (10^8 m³)	出库流量 (m³/s)	月	日	时分	坝上水位 (m)	蓄水量 (10^8 m³)	出库流量 (m³/s)
1	1	0	105.43	0.5593		5	29	0	107.49	0.7264	0	8	24	0	107.19	0.7001	15.2
		8	44	0.5600				8	49	0.7264	0			8	17	0.6984	15.2
	11	8	52	0.5658			30	8	49	0.7264	0		25	0	13	0.6951	15.2
	21	8	55	0.5681			31	8	49	0.7264	0			8	10	0.6927	15.2
	26	8	57	0.5696		6	1	0	49	0.7264	0			20	20	0.7010	15.2
2	1	0	57	0.5696				10	49	0.7264	0		26	0	22	0.7027	15.3
		8	57	0.5696				10;30	49	0.7264	82.3			8	26	0.7061	15.3
	11	8	65	0.5759				20	24	0.7044	76.1		27	8	33	0.7129	15.3
	21	8	75	0.5840			2	0	13	0.6951	73.3		28	0	35	0.7146	15.3
	28	8	83	0.5904				8	106.92	0.6783	67.7			8	35	0.7146	15.3
3	1	0	83	0.5904				20	68	0.6584	60.9			20	33	0.7129	15.3
		8	83	0.5904			3	0	57	0.6496	57.6		29	0	33	0.7129	15.3
	11	8	106.02	0.6056				8	35	0.6320	0			8	92	0.7630	15.7
	21	8	42	0.6376				20	35	0.6320	0			8;30	92	0.7630	72.0
4	1	0	53	0.6464			4	0	35	0.6320	0			9	108.11	0.7786	74.8
	21	8	68	0.6584				8	35	0.6320	0			11	46	0.8082	79.9
	29	8	95	0.6808			11	8	41	0.6368	0			14	66	0.8262	82.6
5	1	0	95	0.6808	0			20	40	0.6360	0			18	73	0.8320	83.6
		8	96	0.6816	0	7	1	8	69	0.6592	0			20	74	0.8329	83.7
	2	8	96	0.6816	0		2	10;30	107.16	0.6976	0			22	76	0.8346	109
	3	8	97	0.6825	0		11	8	106.50	0.6440	36.7			23	75	0.8337	109
	4	8	98	0.6833	0		13	20	02	0.6056	0		30	0	74	0.8329	108
	5	8	99	0.6841	0		21	8	26	0.6248	0			1	73	0.8320	108
	6	8	107.05	0.6890	0	8	1	0	44	0.6392	0			2	73	0.8320	108
	7	8	22	0.7027	0		11	8	46	0.6408	0			6	69	0.8287	108
	8	8	30	0.7102	0		12	0	46	0.6408	0			8	69	0.8287	108
	9	8	35	0.7146	0			8	47	0.6416	0			9;18	67	0.8270	63.3
	10	8	36	0.7155	0		13	8	49	0.6432	0			10	66	0.8262	63.2
	11	8	38	0.7172	0		14	8	52	0.6456	0		31	8	107.97	0.7674	55.4
	12	8	42	0.7206	0		15	8	80	0.6680	0			12	81	0.7528	53.3
	13	8	44	0.7223	0		16	8	107.35	0.7146	0	9	1	2	39	0.7181	47.7
	14	8	45	0.7231	0			9;30	35	0.7146	0			4	33	0.7129	46.9
	15	8	47	0.7248	0			10	36	0.7155	15.3			5	32	0.7120	53.3
	16	8	48	0.7256	0			20	39	0.7181	15.4			8	28	0.7079	52.8
	17	8	48	0.7256	0		17	8	41	0.7198	15.4			20	23	0.7035	52.1
	18	8	49	0.7264	0		18	8	45	0.7231	15.4		2	0	22	0.7027	51.9
	19	8	49	0.7264	0		19	0	45	0.7231	15.4			8	31	0.7111	53.2
	20	8	49	0.7264	0			8	45	0.7231	15.4			14	45	0.7231	55.0
	21	8	50	0.7268	0			20	44	0.7223	15.4			20	49	0.7264	55.5
	22	8	50	0.7268	0		20	8	41	0.7198	15.4		3	0	49	0.7264	55.5
	23	8	50	0.7268	0			20	38	0.7172	15.4			8	44	0.7223	54.9
	24	8	50	0.7268	0		21	8	37	0.7164	15.4			20	21	0.7018	51.8
	25	8	50	0.7268	0			8	36	0.7155	15.3		5	0	04	0.6882	48.8
	26	8	50	0.7268	0			20	33	0.7129	15.3			8	106.95	0.6808	47.4
	27	8	50	0.7268	0		22	8	30	0.7102	15.3			9	95	0.6808	0
	28	0	50	0.7268	0		23	0	26	0.7061	15.3			14	96	0.6816	0
		8	50	0.7268	0			8	24	0.7044	15.3			20	98	0.6833	0
		20	49	0.7264	0			20	20	0.7010	15.2		6	8	107.05	0.6890	0

水库水文要素摘录表

月	日	时分	坝上水位 (m)	蓄水量 (10⁸m³)	出库流量 (m³/s)	月	日	时分	坝上水位 (m)	蓄水量 (10⁸m³)	出库流量 (m³/s)	月	日	时分	坝上水位 (m)	蓄水量 (10⁸m³)	出库流量 (m³/s)
9	6	16:30	107.20	0.7010	0	9	8	20	107.04	0.6882	0	11	1	8	107.60	0.7350	
		17	20	0.7010	51.6			20:30	04	0.6882	48.8		11	8	88	0.7590	
		20	21	0.7018	51.8		9	0	04	0.6850	48.2		15	8	95	0.7656	
	7	0	19	0.7001	51.4			8	106.93	0.6791	47.0		16	16	51	0.7276	
		4	32	0.7120	53.3			9	92	0.6783			21	8	63	0.7374	
		8	52	0.7284	55.9		11	8	107.14	0.6959		12	1	8	74	0.7467	
		9:18	54	0.7301	37.5		21	8	76	0.7485			11	8	90	0.7612	
		10	54	0.7301	37.5	10	1	8	106.95	0.6808			13	8	92	0.7630	
		14	49	0.7264	37.0			17	91	0.6774			15	17	57	0.7325	
		20	41	0.7198	36.3		6	8	107.90	0.7612		1	1	0	65	0.7392	
	8	8	20	0.7010	34.4		11	8	76	0.7485							
		14	13	0.6951	33.5		21	8	53	0.7292				8	65	0.7392	

2004　滚　河　石漫滩水库（出库总量）站

月	日	时分	坝上水位 (m)	蓄水量 (10⁸m³)	出库流量 (m³/s)	月	日	时分	坝上水位 (m)	蓄水量 (10⁸m³)	出库流量 (m³/s)	月	日	时分	坝上水位 (m)	蓄水量 (10⁸m³)	出库流量 (m³/s)
1	1	0	107.65	0.7392		7	17	2	107.73	0.7460	0	7	19	6	107.87	0.7583	99.9
		8	65	0.7392				4	95	0.7655	0			8	86	0.7574	99.7
	11	8	70	0.7435				5:30	108.16	0.7828	0			8:10	86	0.7574	0
	21	8	78	0.7503				5:36	16	0.7828	52.4			12	92	0.7628	0
	31	8	82	0.7538				6	40	0.8030	54.7			20	99	0.7691	0
2	1	0	82	0.7538				6:30	67	0.8270	57.0			21:20	108.00	0.7700	0
		8	82	0.7538				7	94	0.8499	59.5			21:26	00	0.7700	62.1
	11	8	84	0.7556				7:10	94	0.8499	59.5		20	0	107.98	0.7682	61.9
	21	8	89	0.7601				7:16	94	0.8499	122			4	93	0.7637	61.4
	29	8	91	0.7619				7:30	109.11	0.8649	125			8	89	0.7601	60.8
3	1	0	91	0.7619				8	21	0.8739	126			11	83	0.7547	60.2
		8	91	0.7619				8:15	21	0.8739	126			11:10	83	0.7547	118
	11	8	91	0.7619				8:21	21	0.8739	216			20	65	0.7392	113
	14	8	56	0.7318				8:30	28	0.8802	217		21	0	54	0.7302	110
	21	8	59	0.7342				9	33	0.8847	219			8	31	0.7109	103
4	1	0	62	0.7367				10	38	0.8892	221			9	30	0.7100	103
		8	62	0.7367				11	43	0.8938	222			9:10	30	0.7100	0
	11	8	62	0.7367				12	44	0.8948	222			12	31	0.7109	0
	21	8	62	0.7367				14	43	0.8938	222			20	35	0.7145	0
	24	17	60	0.7350				15	40	0.8910	221		22	0	36	0.7154	0
5	1	0	60	0.7350				15:30	40	0.8910	221			8	37	0.7163	0
		8	60	0.7350				15:36	40	0.8910	310			9	37	0.7163	0
	11	8	18	0.6994				18	26	0.8784	304			9:10	37	0.7163	105
	21	8	17	0.6986				20	14	0.8676	299			14	25	0.7055	101
	29	15	106.86	0.6731				21:20	08	0.8622	296			20	07	0.6906	95.3
6	1	8	86	0.6731				21:26	08	0.8622	354		23	0	106.87	0.6740	89.3
	6	8	87	0.6740				23	108.93	0.8490	346			8	70	0.6600	82.9
	11	8	86	0.6731			18	0	84	0.8414	342			9	70	0.6600	82.9
	21	8	87	0.6740				2	64	0.8244	330			9:10	70	0.6600	0
	28	20	62	0.6536				4	48	0.8102	319			20	70	0.6600	0
7	1	8	65	0.6560				6	32	0.7962	309	8	1	8	95	0.6808	
	9	8	61	0.6528				8	15	0.7820	298		3	8	99	0.6842	0
	11	8	77	0.6656				8:10	15	0.7820	106			20	107.00	0.6850	0
	16	8	81	0.6688	0			10	08	0.7764	105		4	0	03	0.6874	0
		12	83	0.6706	0			12	03	0.7724	103			8	09	0.6922	0
		14	90	0.6765	0			13	01	0.7708	103			10	21	0.7019	0
		17	107.09	0.6922	0			13:10	01	0.7708	0			12	30	0.7100	0
		17:10	09	0.6922	57.7			16	03	0.7724	0			14	39	0.7181	0
		17:30	09	0.6922	57.7			17:20	05	0.7740	0			16	70	0.7435	0
		18	14	0.6962	58.6			17:26	05	0.7740	104			17	75	0.7478	0
		20	25	0.7055	60.7			18	03	0.7724	103			17:10	75	0.7478	59.1
		22	29	0.7091	61.5			20	107.99	0.7691	102			20	86	0.7574	60.5
		23:30	29	0.7091	61.5			22	94	0.7646	101			22	90	0.7610	60.9
		23:36	29	0.7091	0		19	0	89	0.7601	100		5	0	91	0.7619	61.0
	17	0	51	0.7278	0			2	87	0.7583	99.9			4	91	0.7619	61.0

水 库 水 文 要 素 摘 录 表

月	日	时分	坝上水位 (m)	蓄水量 (10⁸m³)	出库流量 (m³/s)	月	日	时分	坝上水位 (m)	蓄水量 (10⁸m³)	出库流量 (m³/s)	月	日	时分	坝上水位 (m)	蓄水量 (10⁸m³)	出库流量 (m³/s)
8	5	8	107.87	0.7583	60.6	8	14	8	106.71	0.6608	43.3	8	23	8	107.59	0.7342	0
		14	80	0.7520	59.6			8:10	71	0.6608	0			20	62	0.7367	0
		20	72	0.7452	58.6			16	72	0.6616	0		24	0	63	0.7376	0
	6	0	67	0.7410	58.0			20	74	0.6632	0			8	65	0.7392	0
		8	57	0.7326	56.6		15	0	75	0.6640	0			20	68	0.7418	0
		14	48	0.7254	55.4			4	89	0.6756	0		25	0	69	0.7426	0
		20	39	0.7181	54.2			6	107.07	0.6906	0			8	70	0.7435	0
		22	38	0.7172	54.1			8	19	0.7002	0			18	71	0.7444	0
	7	0	34	0.7136	53.6			12	38	0.7172	0			18:10	71	0.7444	58.5
		4	28	0.7082	52.7			16	51	0.7278	0			22	64	0.7384	57.5
		8	23	0.7037	52.0			20	63	0.7376	0		26	0	01	0.6858	48.3
		13	22	0.7028	51.9			22	66	0.7401	0			4	54	0.7302	56.2
		13:10	22	0.7028	0		16	0	70	0.7435	0			8	48	0.7254	55.4
		20	18	0.6994	0			4	75	0.7478	0			12	41	0.7198	54.4
	8	0	19	0.7002	0			8	80	0.7520	0			16	36	0.7154	53.8
		8	20	0.7010	0			10	82	0.7538	0			20	29	0.7091	53.0
		20	23	0.7037	0			10:10	82	0.7538	59.8		27	0	23	0.7037	52.0
	9	0	24	0.7046	0			14	80	0.7520	59.6			4	16	0.6978	50.8
		8	25	0.7055	0			20	79	0.7512	59.5			8	11	0.6938	50.0
		20	26	0.7064	0		17	0	79	0.7512	59.5			12	04	0.6882	48.8
	10	0	27	0.7073	0			8	75	0.7478	59.1			15	00	0.6850	48.2
		8	28	0.7082	0			12	71	0.7444	58.5			15:10	00	0.6850	0
		17	29	0.7091	0			16	66	0.7401	57.7			20	00	0.6850	0
		19	48	0.7254	0			20	62	0.7367	57.3	9	1	0	11	0.6938	
		22	59	0.7342	0		18	0	57	0.7326	56.6			8	12	0.6946	
	11	0	62	0.7367	0			8	47	0.7246	55.3		11	8	32	0.7118	
		4	66	0.7401	0			14	39	0.7181	54.2		21	8	61	0.7358	
		8	70	0.7435	0			20	31	0.7109	53.3		30	8	75	0.7478	
		9:30	71	0.7444	0		19	0	25	0.7055	52.4	10	1	0	75	0.7478	
		9:36	71	0.7444	58.5			8	14	0.6962	50.6			8	75	0.7478	
		14	62	0.7367	57.3			14	06	0.6898	49.1		7	15:30	38	0.7172	
		20	57	0.7326	56.6			16	04	0.6882	48.8		11	8	40	0.7190	
	12	0	50	0.7270	55.6			16:10	04	0.6882	0		21	8	42	0.7206	
		4	44	0.7222	54.9			20	03	0.6874	0	11	1	0	42	0.7206	
		8	39	0.7181	54.2		20	0	04	0.6882	0			8	42	0.7206	
		12	33	0.7127	53.5			8	07	0.6906	0		11	8	44	0.7222	
		16	27	0.7073	52.6			20	09	0.6922	0		21	8	47	0.7246	
		20	22	0.7028	51.9		21	0	22	0.7028	0		30	17	52	0.7286	
	13	0	16	0.6978	50.8			4	33	0.7127	0	12	1	0	52	0.7286	
		4	10	0.6930	49.7			8	39	0.7181	0			8	52	0.7286	
		8	04	0.6882	48.8			14	44	0.7222	0		11	8	54	0.7302	
		12	106.98	0.6833	47.8			20	45	0.7230	0		21	8	58	0.7334	
		16	93	0.6790	47.0		22	0	48	0.7254	0		30	8	65	0.7392	
		20	87	0.6740	45.9			8	52	0.7286	0	1	1	0	65	0.7392	
	14	0	82	0.6697	45.2			20	55	0.7310	0			8	65	0.7392	
		4	75	0.6640	44.0		23	0	56	0.7318	0						

2005　滚　河　石漫滩水库（出库总量）站

月	日	时分	坝上水位 (m)	蓄水量 (10⁸m³)	月	日	时分	坝上水位 (m)	蓄水量 (10⁸m³)	月	日	时分	坝上水位 (m)	蓄水量 (10⁸m³)
1	1	0	107.65	0.7392	3	1	0	107.93	0.7637	5	1	8	107.74	0.7469
		8	65	0.7392			8	93	0.7637		11	8	49	0.7262
	11	8	69	0.7426		11	8	96	0.7664		14	8	77	0.7494
	21	8	73	0.7460		21	8	108.00	0.7700		17	20	106.70	0.6600
	31	17	78	0.7503		31	8	10	0.7780		21	8	82	0.6697
2	1	0	78	0.7503	4	1	8	11	0.7788	6	1	8	99	0.6842
		8	78	0.7503		4	8	12	0.7796		11	8	107.03	0.6874
	11	8	81	0.7529		11	8	107.72	0.7452		21	8	04	0.6882
	21	8	88	0.7592		15	8	54	0.7302		22	8	07	0.6906
	27	8	92	0.7628		21	8	60	0.7350		29	20	106.62	0.6536

水 库 水 文 要 素 摘 录 表

月	日	时分	坝上水位 (m)	蓄水量 ($10^8\,\mathrm{m}^3$)	出库流量 (m^3/s)	月	日	时分	坝上水位 (m)	蓄水量 ($10^8\,\mathrm{m}^3$)	出库流量 (m^3/s)	月	日	时分	坝上水位 (m)	蓄水量 ($10^8\,\mathrm{m}^3$)	出库流量 (m^3/s)
7	1	8	106.72	0.6616		7	17	20	106.75	0.6640	0	8	2	14	106.88	0.6748	0
	6	8	79	0.6672	0		18	0	76	0.6648	0			16	93	0.6790	0
		12	80	0.6680	0			8	77	0.6656	0			20	99	0.6842	0
		14	91	0.6774	0			20	79	0.6672	0		3	0	107.02	0.6866	0
		16	97	0.6824	0		19	0	79	0.6672	0			8	07	0.6906	0
		20	107.13	0.6954	0			8	80	0.6680	0			16	09	0.6922	0
		21;30	18	0.6994	0			20	82	0.6697	0			20	12	0.6946	0
		22	20	0.7010	17.1		20	0	82	0.6697	0			22	18	0.6994	0
	7	0	22	0.7028	17.3			8	83	0.6706	0		4	0	24	0.7046	0
		2	23	0.7037	17.3			20	84	0.6714	0			2	27	0.7073	0
		8	24	0.7046	17.4		21	0	84	0.6714	0			8	31	0.7109	0
		10	28	0.7082	17.6			8	85	0.6722	0			11	32	0.7118	0
		12	31	0.7109	17.8			20	89	0.6756	0			11;30	33	0.7127	53.5
		14	39	0.7181	18.1		22	0	90	0.6765	0			16	27	0.7073	52.6
		16	45	0.7230	18.3			8	92	0.6782	0			20	22	0.7028	51.9
		20	49	0.7262	18.5			14	97	0.6824	0		5	0	16	0.6978	50.8
	8	0	51	0.7278	18.6			20	107.04	0.6882	0			4	09	0.6922	49.6
		8	53	0.7294	18.7		23	0	07	0.6906	0			8	04	0.6882	48.8
		9	60	0.7350	75.4			2	08	0.6914	0			12	106.98	0.6833	47.8
		10	67	0.7410	77.4			8	10	0.6930	0			16	91	0.6774	46.8
		12	77	0.7494	79.1			14	13	0.6954	0			20	86	0.6731	45.8
		16	81	0.7529	79.7			20	15	0.6970	0		6	0	80	0.6680	44.8
		19	83	0.7547	80.2		24	0	22	0.7028	0			2	77	0.6656	44.4
	9	0	77	0.7494	79.1			8	26	0.7064	0			8	68	0.6584	42.8
		4	70	0.7435	77.8			9;30	27	0.7073	0			14	60	0.6520	41.4
		8	63	0.7376	76.5			10	27	0.7073	23.1			20	52	0.6456	39.9
		10	58	0.7334	75.6			12	26	0.7064	23.1		7	0	46	0.6408	38.7
		14	49	0.7262	74.0			20	23	0.7037	22.8			4	42	0.6376	37.9
		16	44	0.7222	73.2		25	0	21	0.7019	22.7			8	37	0.6336	36.9
		20	36	0.7154	71.8			8	17	0.6986	22.4			12	31	0.6288	35.8
	10	0	26	0.7064	70.0			14	13	0.6954	22.1			17	25	0.6240	0
		2	21	0.7019	69.0			20	10	0.6930	21.8			20	26	0.6248	0
		5	14	0.6962	67.4		26	0	07	0.6906	21.6		8	0	26	0.6248	0
		6	12	0.6946	66.9			2	06	0.6898	21.5			8	26	0.6248	0
		7	13	0.6954	67.0			8	02	0.6866	21.2			20	29	0.6272	0
		8	18	0.6994	68.3			14	106.99	0.6842	21.0		9	0	29	0.6272	0
		10	28	0.7082	70.3			20	95	0.6808	20.8			8	30	0.6280	0
		12	33	0.7127	71.3		27	0	93	0.6790	20.5			20	32	0.6296	0
		15	34	0.7136	71.5			4	90	0.6765	20.3		10	0	33	0.6304	0
		20	29	0.7091	70.7			8	87	0.6740	20.1			8	34	0.6312	0
	11	0	23	0.7037	69.3			14	84	0.6714	19.8			20	36	0.6328	0
		4	15	0.6970	67.6			20	80	0.6680	19.5		11	0	36	0.6328	0
		8	07	0.6906	65.8		28	0	78	0.6664	19.4			8	37	0.6336	0
		12	106.98	0.6833	63.7			8	74	0.6632	19.0			20	38	0.6344	0
		16	88	0.6748	61.6			14	70	0.6600	18.6		12	0	38	0.6344	0
		20	79	0.6672	59.5			20	67	0.6576	18.4			8	39	0.6352	0
	12	0	70	0.6600	57.4		29	0	64	0.6552	18.1			20	40	0.6360	0
		4	61	0.6528	55.4			8	60	0.6520	17.8		13	0	40	0.6360	0
		8	52	0.6456	0			10	59	0.6512	0			8	41	0.6368	0
		20	55	0.6480	0			14	56	0.6488	0			20	43	0.6384	0
	13	0	56	0.6488	0			16	55	0.6480	0		14	0	43	0.6384	0
		8	58	0.6504	0			19	55	0.6480	0			8	43	0.6384	0
		20	60	0.6520	0		30	0	62	0.6536	0			20	45	0.6400	0
	14	0	61	0.6528	0			8	65	0.6560	0		15	0	45	0.6400	0
		8	62	0.6536	0			20	68	0.6584	0			8	45	0.6400	0
		20	64	0.6552	0		31	0	69	0.6592	0			20	46	0.6408	0
	15	0	65	0.6560	0			8	70	0.6600	0		16	0	46	0.6408	0
		8	66	0.6568	0			20	72	0.6616	0			8	47	0.6416	0
		20	68	0.6584	0	8	1	0	72	0.6616	0			20	47	0.6416	0
	16	0	69	0.6592	0			8	73	0.6624	0		17	0	47	0.6416	0
		8	70	0.6600	0			20	74	0.6632	0			8	48	0.6424	0
		20	72	0.6616	0		2	0	75	0.6640	0			20	49	0.6432	0
	17	0	73	0.6624	0			8	77	0.6656	0		18	0	50	0.6440	0
		8	74	0.6632	0			12	78	0.6664	0			8	51	0.6448	0

水库水文要素摘录表

月	日	时分	坝上水位(m)	蓄水量(10⁸m³)	出库流量(m³/s)	月	日	时分	坝上水位(m)	蓄水量(10⁸m³)	出库流量(m³/s)	月	日	时分	坝上水位(m)	蓄水量(10⁸m³)	出库流量(m³/s)
8	18	20	106.52	0.6456	0	8	31	12	107.64	0.7384	30.4	9	20	0	107.86	0.7574	23.7
	19	0	53	0.6464	0			16	54	0.7302	26.9			8	80	0.7520	23.5
		8	54	0.6472	0			20	45	0.7230	23.5			20	71	0.7444	23.0
		20	56	0.6488	0	9	1	0	36	0.7154	20.1		21	0	69	0.7426	22.8
	20	0	57	0.6496	0			7	21	0.7019	18.9			8	65	0.7392	22.6
		8	58	0.6504	0			7;30	20	0.7010	0			20	58	0.7334	22.2
		20	59	0.6512	0			8	19	0.7002	0		22	0	56	0.7318	22.0
	21	0	59	0.6512	0			20	22	0.7028	0			8	51	0.7278	21.7
		8	60	0.6520	0		2	0	23	0.7037	0			20	44	0.7222	21.4
		20	64	0.6552	0			8	24	0.7046	0		23	0	41	0.7198	21.2
	22	0	67	0.6576	0			20	28	0.7082	0			8	36	0.7154	20.9
		4	69	0.6592	0		3	0	30	0.7100	0			9	36	0.7154	0
		8	74	0.6632	0			8	35	0.7145	0			20	36	0.7154	0
		12	81	0.6688	0			20	46	0.7238	0		24	0	36	0.7154	0
		16	90	0.6765	0		4	0	48	0.7254	0			8	37	0.7163	0
		20	96	0.6816	0			8	52	0.7286	0			20	39	0.7181	0
	23	0	107.02	0.6866	0			20	56	0.7318	0		25	0	41	0.7198	0
		8	10	0.6930	0		5	0	57	0.7326	0			2	44	0.7222	0
		14	21	0.7019	0			8	60	0.7350	0			6	52	0.7286	0
		20	32	0.7118	0			20	64	0.7384	0			8	59	0.7342	0
	24	0	37	0.7163	0		6	0	65	0.7392	0			10	66	0.7401	0
		2	39	0.7181	0			8	67	0.7410	0			12	73	0.7460	0
		8	45	0.7230	0			20	70	0.7435	0			14	78	0.7503	0
		14	50	0.7270	0		7	0	71	0.7444	0			18	86	0.7574	0
		20	53	0.7294	0			8	72	0.7452	0			19	87	0.7583	0
	25	0	55	0.7310	0			20	74	0.7469	0			19;30	88	0.7592	23.7
		8	58	0.7334	0		8	0	74	0.7469	0		26	0	89	0.7601	23.8
		20	62	0.7367	0			8	75	0.7478	0			8	90	0.7610	24.0
	26	0	63	0.7376	0			20	76	0.7486	0			12	92	0.7628	24.0
		8	65	0.7392	0		9	0	77	0.7494	0			14	94	0.7646	24.1
		20	68	0.7418	0			8	78	0.7503	0			16	98	0.7682	24.3
	27	0	69	0.7426	0			20	79	0.7512	0			17	108.00	0.7700	50.9
		8	70	0.7435	0		10	0	79	0.7512	0			20	08	0.7764	51.6
		20	71	0.7444	0			8	80	0.7520	0			22	13	0.7804	52.1
	28	0	72	0.7452	0			20	80	0.7520	0			23	14	0.7812	106
		8	73	0.7460	0		11	0	80	0.7520	0		27	0	16	0.7828	106
		17	75	0.7478	0			8	81	0.7529	0			2	16	0.7828	106
		17;30	75	0.7478	19.3			20	81	0.7529	0			8	10	0.7780	105
		20	76	0.7486	19.3		12	0	81	0.7529	0			14	107.99	0.7691	102
	29	0	78	0.7503	19.3			8	82	0.7538	0			20	86	0.7574	99.7
		8	81	0.7529	19.3			20	83	0.7547	0		28	0	76	0.7486	97.2
		9;30	89	0.7601	19.4		13	0	83	0.7547	0			4	66	0.7401	94.4
		10	92	0.7628	55.9			8	84	0.7556	0			8	57	0.7326	92.1
		12	108.08	0.7764	65.1			20	83	0.7547	0			14	41	0.7198	87.9
		14	28	0.7928	74.6		14	0	84	0.7556	0			20	26	0.7064	83.8
		16	38	0.8013	83.9			8	85	0.7565	0		29	0	16	0.6978	81.0
		19	42	0.8048	97.5			20	86	0.7574	0			2	11	0.6938	79.4
		19;30	43	0.8057	99.8		15	0	86	0.7574	0			8	106.97	0.6824	75.2
		20	44	0.8066	98.6			8	86	0.7574	0			8;30	97	0.6824	0
	30	0	40	0.8030	88.2			20	86	0.7574	0			20	107.01	0.6858	0
		2	37	0.8004	84.2		16	0	86	0.7574	0		30	0	03	0.6874	0
		4	34	0.7979	80.2			8	87	0.7583	0			8	11	0.6938	0
		6	30	0.7945	76.2			20	88	0.7592	0			20	17	0.6986	0
		8	27	0.7920	72.2		17	0	88	0.7592	0	10	1	0	19	0.7002	0
		12	21	0.7868	64.2			8	89	0.7601	0			8	23	0.7037	0
		14	15	0.7820	60.2			20	89	0.7601	0			14	26	0.7064	0
		16	10	0.7780	56.3		18	0	89	0.7601	0			20	31	0.7109	0
		18	05	0.7740	52.3			8	89	0.7601	0		2	0	34	0.7136	0
		20	01	0.7708	48.4			20	90	0.7610	0			2	36	0.7154	0
		22	107.96	0.7664	44.4		19	0	90	0.7610	0			8	40	0.7190	0
	31	0	91	0.7619	40.5			8	91	0.7619	0			20	52	0.7286	0
		2	87	0.7583	38.8			17	90	0.7610	0		3	0	56	0.7318	0
		6	78	0.7503	35.4			17;30	89	0.7601	24.0			4	65	0.7392	0
		8	73	0.7460	33.8			20	89	0.7601	23.8			8	72	0.7452	0

水 库 水 文 要 素 摘 录 表

月	日	时分	坝上水位 (m)	蓄水量 (10^8m^3)	出库流量 (m^3/s)	月	日	时分	坝上水位 (m)	蓄水量 (10^8m^3)	出库流量 (m^3/s)	月	日	时分	坝上水位 (m)	蓄水量 (10^8m^3)	出库流量 (m^3/s)
10	3	9:50	107.77	0.7494	0	10	5	14	107.80	0.7520	59.6	10	11	8	107.14	0.6962	
		10	77	0.7494	59.2			20	71	0.7444	58.5		21	8	24	0.7046	
		17	73	0.7460	0		6	0	64	0.7384	57.5	11	1	0	29	0.7091	
		20	76	0.7486	0			8	53	0.7294	56.1			8	29	0.7091	
	4	0	80	0.7520	0			14	44	0.7222	54.9		11	8	34	0.7136	
		8	86	0.7574	0			20	35	0.7145	53.7		21	8	42	0.7206	
		9:55	87	0.7583	0		7	0	29	0.7091	53.0		28	8	45	0.7230	
		10	87	0.7583	60.6			4	23	0.7037	52.0	12	1	0	45	0.7230	
		16	79	0.7512	0			8	18	0.6994	51.2			8	45	0.7230	
		20	81	0.7529	0			14	08	0.6914	49.5		11	8	45	0.7230	
	5	0	83	0.7547	0			16	07	0.6906	0		21	8	46	0.7238	
		8	86	0.7574	0			20	06	0.6898	0		30	8	48	0.7254	
		9:25	87	0.7583	0		8	0	06	0.6898	0						
		9:30	87	0.7583	60.6			8	07	0.6906	0						

2006　滚　河　石漫滩水库（出库总量）站

月	日	时分	坝上水位 (m)	蓄水量 (10^8m^3)	出库流量 (m^3/s)	月	日	时分	坝上水位 (m)	蓄水量 (10^8m^3)	出库流量 (m^3/s)	月	日	时分	坝上水位 (m)	蓄水量 (10^8m^3)	出库流量 (m^3/s)
1	11	8	107.52	0.7286		5	2	9:36	107.54	0.7302	56.3	5	7	8	107.24	0.7046	0
	21	8	60	0.7350				11:26	53	0.7294	55.7			9:30	23	0.7037	0
	31	17	77	0.7494				11:30	53	0.7294	0			9:36	23	0.7037	52.1
2	1	8	78	0.7503				15	51	0.7278	0			11:30	22	0.7028	51.7
	11	8	94	0.7646				15:06	51	0.7278	55.7			11:36	22	0.7028	0
	14	8	98	0.7682	0			17	50	0.7270	55.4			15	20	0.7010	0
	15	8	99	0.7691	0			17:06	50	0.7270	0			15:06	20	0.7010	51.7
	16	8	108.02	0.7716	0		3	8	48	0.7254	0			17	20	0.7010	51.2
		10:20	01	0.7708	0			9:30	47	0.7246	0			17:06	19	0.7002	0
		10:30	01	0.7708	18.7			9:36	47	0.7246	55.4		8	8	18	0.6994	0
	17	8	107.95	0.7655	18.7			11:30	46	0.7238	54.9			9:50	17	0.6986	0
	18	8	87	0.7583	18.7			11:36	46	0.7238	0			10	17	0.6986	18.8
	19	8	79	0.7512	18.7			15	43	0.7214	0		9	8	08	0.6914	18.7
	20	8	72	0.7452	18.7			15:06	43	0.7214	54.9		10	8	106.99	0.6842	18.6
	21	8	63	0.7376	18.7			17	42	0.7206	54.3		11	8	89	0.6756	18.5
	22	8	55	0.7310	18.7			17:06	42	0.7206	0		12	8	79	0.6672	18.4
	23	8	47	0.7246	18.6		4	8	40	0.7190	0		13	8	69	0.6592	18.4
	24	8	38	0.7172	18.5			9:30	39	0.7181	0		14	8	60	0.6520	18.3
		12	37	0.7163	18.5			9:36	39	0.7181	54.3		15	8	50	0.6440	18.2
		12:06	37	0.7163	0			11:30	38	0.7172	53.8			8:30	50	0.6440	18.2
	25	8	37	0.7163	0			11:36	38	0.7172	0			8:36	50	0.6440	0
3	1	0	40	0.7190				15	36	0.7154	0		21	8	53	0.6464	0
		8	40	0.7190				15:06	36	0.7154	53.8	6	1	0	59	0.6512	0
	11	8	48	0.7254				17	35	0.7145	53.5			8	59	0.6512	0
	21	8	50	0.7270				17:06	35	0.7145	0		8	20	58	0.6504	0
	26	8	52	0.7286			5	8	35	0.7145	0		9	8	58	0.6504	0
4	1	0	52	0.7286				9:30	34	0.7136	0			10	57	0.6496	0
		8	52	0.7286				9:36	34	0.7136	53.7			10:10	57	0.6496	18.3
	11	8	59	0.7342				11:30	34	0.7136	53.5		10	8	49	0.6432	18.2
	21	8	60	0.7350				11:36	34	0.7136	0		11	8	41	0.6368	18.1
	26	8	62	0.7367				15	33	0.7127	0		12	8	33	0.6304	18.0
5	1	0	62	0.7367	0			15:06	33	0.7127	53.5		13	8	22	0.6216	17.9
		8	62	0.7367	0			17	32	0.7118	53.3		14	8	13	0.6144	17.9
		9:25	61	0.7358	0			17:06	32	0.7118	0		15	8	02	0.6056	17.8
		9:30	61	0.7358	57.3		6	8	31	0.7109	0		16	8	105.89	0.5952	17.7
		11:26	60	0.7350	56.7			9:30	30	0.7100	0			11	89	0.5952	17.7
		11:30	60	0.7350	0			9:36	30	0.7100	53.3			11:06	89	0.5952	0
		15	58	0.7334	0			11:30	29	0.7091	52.6			20	88	0.5944	0
		15:06	58	0.7334	56.7			11:36	29	0.7091	0		17	8	88	0.5944	0
		17	57	0.7326	56.3			15	27	0.7073	0		21	8	88	0.5944	0
		17:06	57	0.7326	0			15:06	27	0.7073	52.6		29	8	106.01	0.6048	0
	2	8	55	0.7310	0			17	26	0.7064	52.1			20	26	0.6248	0
		9:30	54	0.7302	0			17:06	26	0.7064	0		30	8	39	0.6352	0

水 库 水 文 要 素 摘 录 表

月	日	时分	坝上水位(m)	蓄水量(10⁸m³)	出库流量(m³/s)
7	1	0	106.43	0.6384	0
		8	45	0.6400	0
	2	8	50	0.6440	0
	3	8	55	0.6480	0
	4	1	83	0.6706	0
		3;28	107.40	0.7190	0
		3;30	40	0.7190	101
		4	43	0.7214	102
		5	44	0.7222	103
		8	46	0.7238	103
		9	46	0.7238	104
		10	49	0.7262	104
		12	57	0.7326	106
		14	59	0.7342	107
		20	60	0.7350	107
	5	2	46	0.7238	104
		8	32	0.7118	98.5
		20	106.97	0.6824	86.0
	6	8	63	0.6544	72.0
		8;30	63	0.6544	71.4
		8;36	63	0.6544	0
		20	65	0.6560	0
	11	8	92	0.6782	
	20	20	107.09	0.6922	0
	21	8	12	0.6946	0
	22	2	30	0.7100	0
		8	49	0.7262	0
		9;58	51	0.7278	0
		10	51	0.7278	55.6
	23	0	33	0.7127	53.5
		8	22	0.7028	51.9
	24	8	106.89	0.6756	46.4
7	24	16	106.75	0.6640	44.0
		16;06	75	0.6640	0
	25	8	79	0.6672	0
	26	8	82	0.6697	0
	27	8	85	0.6722	0
	28	8	96	0.6816	0
		13;58	107.63	0.7376	0
		14	63	0.7376	102
		16	68	0.7418	103
		20	67	0.7410	103
	29	4	59	0.7342	100
		6	63	0.7376	102
		8	64	0.7384	102
	30	8	36	0.7154	93.3
		8	18	0.6994	87.5
	31	4	106.66	0.6568	69.9
		8	56	0.6488	65.6
		20	29	0.6272	54.2
8	1	8	18	0.6184	49.2
		8;30	18	0.6184	49.0
		8;36	18	0.6184	0
	2	8	29	0.6272	0
	3	8	38	0.6344	0
	4	8	46	0.6408	0
	5	8	52	0.6456	0
	6	6	70	0.6600	0
		8	73	0.6624	0
	7	8	87	0.6740	0
	8	8	107.14	0.6962	0
	9	8	29	0.7091	0
	10	8	37	0.7163	0
	11	8	44	0.7222	0
8	11	9;28	107.44	0.7222	0
		9;30	44	0.7222	54.9
	12	0	19	0.7002	51.3
		8	08	0.6914	49.5
	13	4	106.76	0.6648	44.1
		8	71	0.6608	43.3
		18	55	0.6480	40.5
		18;06	55	0.6480	0
	14	8	58	0.6504	0
	21	8	70	0.6600	
9	1	0	73	0.6624	
		8	73	0.6624	
	11	8	88	0.6748	
	21	8	90	0.6765	
	30	8	96	0.6816	
10	1	0	97	0.6824	
		8	97	0.6824	
	11	8	99	0.6842	
	13	17	107.00	0.6850	
	21	8	00	0.6850	
11	1	8	00	0.6850	
	5	8	106.99	0.6842	
	11	8	99	0.6842	
	21	8	107.00	0.6850	
	30	17	21	0.7019	
12	1	0	21	0.7019	
		8	21	0.7019	
	11	8	31	0.7109	
	21	8	35	0.7145	
	31	17	39	0.7181	
1	1	0	39	0.7181	
		8	39	0.7181	

2007　滚　河　石漫滩水库(出库总量)站

月	日	时分	坝上水位(m)	蓄水量(10⁸m³)	出库流量(m³/s)
1	1	0	107.39	0.7181	
		8	39	0.7181	
	11	8	45	0.7230	
	21	8	49	0.7262	
2	1	0	49	0.7262	
		8	49	0.7262	
	11	8	52	0.7286	
	21	8	56	0.7318	
	28	8	59	0.7342	
3	1	8	60	0.7350	
	6	8	108.22	0.7877	
	11	8	107.78	0.7503	
	19	8	18	0.6994	
	21	8	22	0.7028	
4	1	0	35	0.7145	
		8	35	0.7145	
	11	8	40	0.7190	
	21	8	42	0.7206	
	22	8	43	0.7214	
5	1	0	43	0.7214	
		8	43	0.7214	
	11	8	106.83	0.6706	
	18	20	80	0.6680	
	21	8	80	0.6680	
6	1	8	107.19	0.7002	
6	11	8	107.27	0.7073	
	21	8	48	0.7254	0
	22	8	53	0.7294	0
		11	54	0.7302	0
		11;25	53	0.7294	0
		11;30	53	0.7294	56.2
	23	0	32	0.7118	53.4
		8	18	0.6994	51.2
	24	6;55	106.78	0.6664	44.1
		7	78	0.6664	0
		8	76	0.6648	0
	25	8	78	0.6664	0
7	1	8	93	0.6790	
	4	8	98	0.6833	0
	5	2	107.28	0.7082	0
		4;30	108.10	0.7780	0
		4;55	27	0.7920	0
		5	30	0.7945	110
		5;25	43	0.8057	110
		5;30	46	0.8084	153
		6	60	0.8210	219
		6;30	67	0.8270	222
		7	72	0.8312	159
		7;24	74	0.8329	160
		7;30	74	0.8329	118
7	5	8	108.77	0.8354	119
		13;55	77	0.8354	119
		14	77	0.8354	161
		16;55	66	0.8261	158
		17	66	0.8261	221
		22	48	0.8102	214
	6	0	60	0.8210	219
		1	75	0.8338	225
		3	89	0.8456	230
		4	89	0.8456	230
		8	80	0.8380	226
		14	48	0.8102	214
		15	40	0.8030	208
		15;15	39	0.8022	206
		15;20	38	0.8013	323
		16	35	0.7988	321
		17	25	0.7902	315
		18	16	0.7828	311
		19	07	0.7756	305
		21;30	107.82	0.7538	287
		22	78	0.7503	284
	7	2	38	0.7172	256
		5	10	0.6930	235
		6	00	0.6850	227
		6;55	106.92	0.6782	219

水 库 水 文 要 素 摘 录 表

月	日	时分	坝上水位 (m)	蓄水量 (10⁸m³)	出库流量 (m³/s)
7	7	7	106.91	0.6774	99.6
		8	87	0.6740	98.2
		11	75	0.6640	93.2
		15	60	0.6520	87.0
		16	58	0.6504	86.2
		17	55	0.6480	84.4
		18	52	0.6456	83.5
		22	37	0.6336	77.0
		23	34	0.6312	75.0
	8	0	30	0.6280	73.8
		1	26	0.6248	71.8
		3	20	0.6200	68.8
		4	16	0.6168	66.8
		6	10	0.6120	63.6
		7	08	0.6104	62.5
		7:54	05	0.6080	60.8
		8	05	0.6080	0
	9	8	19	0.6192	0
	10	8	29	0.6272	0
	11	8	36	0.6328	0
	12	8	41	0.6368	0
	13	8	47	0.6416	0
		20	68	0.6584	0
	14	8	85	0.6722	0
		14	107.28	0.7082	0
		15:10	48	0.7254	0
		15:20	51	0.7278	110
		16	62	0.7367	112
		17	77	0.7494	117
		18	92	0.7628	120
		20	108.07	0.7756	124
		22	15	0.7820	126
		23	19	0.7852	126
	15	1	24	0.7894	128
		2	24	0.7894	128
		6	19	0.7852	126
7	15	8	108.16	0.7828	126
		20	107.77	0.7494	117
	16	2	54	0.7302	110
		4	47	0.7246	107
		8	32	0.7118	103
		10	24	0.7046	101
		12	16	0.6978	98.1
		20	106.87	0.6740	89.3
	17	5	58	0.6504	78.7
		8	49	0.6432	75.3
		20	09	0.6112	58.4
		23:50	01	0.6048	54.8
	18	0	01	0.6048	0
		8	04	0.6072	0
	19	6	16	0.6168	0
		8	25	0.6240	0
		16	44	0.6392	0
		20	89	0.6756	0
	20	4	107.23	0.7037	0
		8	49	0.7262	0
		9:55	57	0.7326	0
		10	57	0.7326	56.6
	21	5	67	0.7410	58.0
		8	66	0.7401	57.7
		9:55	62	0.7367	57.6
		10	62	0.7367	103
	22	4	13	0.6954	89.2
		8	02	0.6866	86.0
		20	106.66	0.6568	75.4
	23	8	33	0.6304	63.8
		10:15	33	0.6304	63.8
		10:20	33	0.6304	0
	24	8	36	0.6328	0
8	1	8	81	0.6688	
	9	20	107.05	0.6890	0
	10	8	06	0.6898	0
8	10	11:54	107.06	0.6898	0
		12	06	0.6898	52.5
	11	4	106.72	0.6616	46.4
		8	65	0.6560	44.9
		20	41	0.6368	40.0
		20:30	40	0.6360	47.9
	12	8	13	0.6144	39.6
		9:25	13	0.6144	39.1
		9:30	13	0.6144	0
		20	11	0.6128	0
	13	8	12	0.6136	0
	21	8	28	0.6264	
9	1	0	41	0.6368	
		8	41	0.6368	
	11	8	47	0.6416	
	21	8	47	0.6416	
	30	8	52	0.6456	
10	1	8	52	0.6456	
	10	8	51	0.6448	
	11	8	51	0.6448	
	16	8	54	0.6472	
	21	8	53	0.6464	
11	1	0	53	0.6464	
		8	53	0.6464	
	11	8	51	0.6448	
	14	17	50	0.6440	
	21	8	52	0.6456	
12	1	0	52	0.6456	
		8	52	0.6456	
	11	8	53	0.6464	
	21	8	53	0.6464	
	27	8	56	0.6488	
1	1	0	55	0.6480	
		8	55	0.6480	

2008　滚　河　石漫滩水库(出库总量)站

月	日	时分	坝上水位 (m)	蓄水量 (10⁸m³)	出库流量 (m³/s)
1	1	0	106.55	0.6480	
		8	55	0.6480	
	11	8	57	0.6496	
	21	8	63	0.6544	
	31	8	71	0.6608	
2	1	0	71	0.6608	
		8	71	0.6608	
	11	8	77	0.6656	
	21	8	81	0.6688	
	29	8	85	0.6722	
3	1	8	85	0.6722	
	9	8	91	0.6774	
	11	8	91	0.6774	
	13	17	50	0.6440	
	21	8	59	0.6512	
4	1	0	68	0.6584	
		8	68	0.6584	
	11	8	107.23	0.7037	
	21	8	37	0.7163	
	27	8	37	0.7163	
5	1	8	107.38	0.7172	
	2	8	39	0.7181	0
	3	8	46	0.7238	0
		17	51	0.7278	0
		17:30	52	0.7286	27.9
		20	60	0.7350	28.0
	4	8	66	0.7401	28.0
	5	8	61	0.7358	28.0
	6	8	53	0.7294	27.9
	7	8	42	0.7206	27.8
	8	8	32	0.7118	27.6
	9	8	24	0.7046	27.5
	10	8	16	0.6978	27.4
	11	8	05	0.6890	27.3
	12	8	106.95	0.6808	27.1
	13	8	83	0.6706	26.9
		19:30	78	0.6664	26.9
		20	78	0.6664	16.9
	14	8	76	0.6648	16.9
	15	8	71	0.6608	16.9
5	16	8	106.67	0.6576	16.9
	17	8	63	0.6544	16.8
	18	8	57	0.6496	16.8
	19	8	52	0.6456	16.8
	20	8	46	0.6408	16.7
	21	8	41	0.6368	16.7
	22	8	36	0.6328	16.6
	23	8	30	0.6280	16.6
	24	8	25	0.6240	16.5
		20	22	0.6216	16.5
		20:30	22	0.6216	16.5
		21	22	0.6216	0
	25	8	22	0.6216	0
6	1	8	21	0.6208	
	11	8	18	0.6184	
	19	16	105.86	0.5928	
	21	8	106.17	0.6176	
	27	8	22	0.6216	
7	1	0	22	0.6216	
		8	22	0.6216	

水库水文要素摘录表

月	日	时分	坝上水位 (m)	蓄水量 (10⁸m³)	出库流量 (m³/s)
7	11	8	106.37	0.6336	
	21	8	46	0.6408	
		20	46	0.6408	0
	22	8	50	0.6440	0
		20	107.02	0.6866	0
	23	4	34	0.7136	0
		8	56	0.7318	0
		9:30	61	0.7358	0
		10	63	0.7376	57.4
		12	64	0.7384	57.5
	24	4	51	0.7278	55.7
		8	45	0.7230	55.0
		16	32	0.7118	53.4
	25	4	14	0.6962	50.6
		8	25	0.7055	52.4
		16	28	0.7082	52.7
		17	27	0.7073	52.6
		17:30	26	0.7064	0
		20	28	0.7082	0
	26	8	38	0.7172	0
		9:30	39	0.7181	0
		10	39	0.7181	54.2
	27	4	07	0.6906	49.4
7	27	8	107.00	0.6850	48.2
		17	106.84	0.6714	45.6
		17:30	84	0.6714	0
	28	8	88	0.6748	0
8	1	8	107.13	0.6954	
	11	8	04	0.6882	
	16	0	10	0.6930	0
		8	10	0.6930	0
	17	8	21	0.7019	0
	18	8	27	0.7073	0
	19	8	30	0.7100	0
	20	6	43	0.7214	0
		7:30	48	0.7254	0
		8	49	0.7262	55.5
		10	51	0.7278	55.7
		22	41	0.7198	54.4
	21	6	28	0.7082	52.7
		8	24	0.7046	52.1
		16	11	0.6938	50.0
	22	0	106.97	0.6824	47.7
		8	83	0.6706	45.3
		9	81	0.6688	45.0
		9:30	81	0.6688	0
8	22	20	106.84	0.6714	0
9	1	8	107.07	0.6906	
	4	11:30	09	0.6922	
	5	8	106.70	0.6600	
	11	8	77	0.6656	
	21	8	83	0.6706	
10	1	0	83	0.6706	
		8	83	0.6706	
	11	8	86	0.6731	
	21	8	93	0.6790	
	28	8	98	0.6833	
11	1	0	99	0.6842	
		8	99	0.6842	
	11	8	107.02	0.6866	
	21	8	04	0.6882	
	30	8	14	0.6962	
12	1	0	14	0.6962	
		8	15	0.6970	
	11	8	19	0.7002	
	21	8	22	0.7028	
	31	17	25	0.7055	
1	1	0	25	0.7055	
		8	26	0.7064	

2009　滚　河　石漫滩水库（出库总量）站

月	日	时分	坝上水位 (m)	蓄水量 (10⁸m³)	出库流量 (m³/s)
1	1	0	107.25	0.7055	
		8	26	0.7064	
	10	8	35	0.7145	
	11	8	35	0.7145	
	21	8	11	0.6938	
2	1	0	11	0.6938	
		8	11	0.6938	
	11	8	14	0.6962	
	21	8	16	0.6978	
	27	8	19	0.7002	
3	1	0	19	0.7002	
		8	20	0.7010	
	11	8	24	0.7046	
	21	8	30	0.7100	
	28	8	33	0.7127	
4	1	8	33	0.7127	
	6	8	34	0.7136	
	11	8	106.99	0.6842	
	13	16:40	96	0.6816	
	21	8	107.23	0.7037	
5	1	8	32	0.7118	0
	5	20	33	0.7127	0
	6	8	34	0.7136	0
		13:45	34	0.7136	0
		13:50	34	0.7136	402
		14	32	0.7118	399
		14:20	25	0.7055	390
		14:25	25	0.7055	0
		14:45	25	0.7055	0
		14:50	25	0.7055	390
		15	20	0.7010	383
		15:20	17	0.6986	378
		15:25	17	0.6986	0
		20	17	0.6986	0
5	11	8	107.18	0.6994	
	21	8	33	0.7127	
	24	20	34	0.7136	0
	25	8	39	0.7181	0
		12:55	40	0.7190	0
		13	40	0.7190	54.3
	26	4	10	0.6930	49.7
		8	02	0.6866	48.4
		20	106.79	0.6672	44.6
		20:05	79	0.6672	0
	27	8	79	0.6672	0
6	1	0	88	0.6748	
		8	88	0.6748	
	11	8	93	0.6790	
	21	8	97	0.6824	
	30	20	107.11	0.6938	
7	1	8	12	0.6946	
	7	0	15	0.6970	0
		8	26	0.7064	0
	8	8	43	0.7214	
		9:55	43	0.7214	0
		10	43	0.7214	54.8
	9	4	07	0.6906	49.4
		8	106.99	0.6842	48.1
	10	0	70	0.6600	43.0
		8	55	0.6480	40.5
		15:30	43	0.6384	38.2
		15:35	43	0.6384	0
	11	8	45	0.6400	0
	21	8	89	0.6756	
8	1	8	107.12	0.6946	
	11	8	17	0.6986	
	21	8	30	0.7100	
	23	20	33	0.7127	0
8	24	0	107.34	0.7136	0
		8	34	0.7136	0
		10:05	32	0.7118	0
		10:10	31	0.7109	53.6
	25	4	106.99	0.6842	48.1
		8	91	0.6774	46.8
		13	81	0.6688	45.0
		13:05	81	0.6688	0
	26	8	82	0.6697	0
9	1	8	107.21	0.7019	
	6	8	35	0.7145	0
	7	0	37	0.7163	0
		8	37	0.7163	0
		9:55	37	0.7163	0
		10	37	0.7163	53.9
	8	0	09	0.6922	49.6
		8	106.93	0.6790	47.0
		18	74	0.6632	43.8
		18:05	74	0.6632	0
	9	8	75	0.6640	0
		20	75	0.6640	0
	11	8	77	0.6656	
	21	8	87	0.6740	
10	1	0	94	0.6799	
		8	94	0.6799	
	11	8	95	0.6808	
	21	8	95	0.6808	
	31	17	97	0.6824	
11	1	8	97	0.6824	
	6	8	96	0.6816	
	11	8	98	0.6833	
	21	8	107.05	0.6890	
	30	8	14	0.6962	
12	1	0	14	0.6962	

水 库 水 文 要 素 摘 录 表

日	期		坝上水位	蓄水量	出库流量	日	期		坝上水位	蓄水量	出库流量	日	期		坝上水位	蓄水量	出库流量
月	日	时分	(m)	(10⁸m³)	(m³/s)	月	日	时分	(m)	(10⁸m³)	(m³/s)	月	日	时分	(m)	(10⁸m³)	(m³/s)
12	1	8	107.14	0.6962		12	21	8	107.30	0.7100		1	1	0	107.33	0.7127	
	11	8	22	0.7028			30	8	33	0.7127				8	33	0.7127	

2010　滚　河　石漫滩水库(出库总量)站

月	日	时分	坝上水位(m)	蓄水量(10⁸m³)	出库流量(m³/s)	月	日	时分	坝上水位(m)	蓄水量(10⁸m³)	出库流量(m³/s)	月	日	时分	坝上水位(m)	蓄水量(10⁸m³)	出库流量(m³/s)
1	1	0	107.33	0.7127		5	9	8	106.85	0.6722	15.0	8	2	16:25	107.20	0.7010	0
		8	33	0.7127			10	8	78	0.6664	14.9			16:30	20	0.7010	51.4
	11	8	37	0.7163			11	8	70	0.6600	14.9		3	8	106.92	0.6782	46.9
	21	8	41	0.7198			12	8	63	0.6544	14.8		4	4	57	0.6496	40.9
	27	8	45	0.7230			13	8	55	0.6480	14.8			8	49	0.6432	39.3
	31	17	22	0.7028				11	54	0.6472	14.8			9	49	0.6432	39.3
2	1	8	15	0.6970				11:05	54	0.6472	0			9:05	49	0.6432	0
		20	11	0.6938			14	8	55	0.6480	0		5	8	53	0.6464	0
	11	8	16	0.6978			15	8	55	0.6480	0			20	54	0.6472	0
	21	8	19	0.7002				20	55	0.6480	0		11	8	61	0.6528	0
	27	8	22	0.7028			21	8	65	0.6560	0		20	0	67	0.6576	0
3	1	0	23	0.7037		6	1	0	75	0.6640				8	67	0.6576	0
		8	23	0.7037				8	75	0.6640			21	8	70	0.6600	0
	11	8	35	0.7145			11	8	93	0.6790			22	8	73	0.6624	0
	21	8	49	0.7262			21	8	107.00	0.6850			23	8	79	0.6672	0
	31	17	56	0.7318			24	8	03	0.6874			24	8	82	0.6697	0
4	1	8	58	0.7334		7	1	0	02	0.6866	0		25	8	89	0.6756	0
	6	8	61	0.7358				8	02	0.6866	0			20	107.16	0.6978	0
	9	17:55	60	0.7350				17:25	02	0.6866	0		26	8	32	0.7118	0
		18	60	0.7350	9.93			17:30	02	0.6866	48.4		27	0	41	0.7198	0
	10	8	55	0.7310	9.91		2	8	106.75	0.6640	44.0			8	45	0.7230	0
	11	8	47	0.7246	9.88			21:30	50	0.6440	39.5			10:55	46	0.7238	0
	12	8	41	0.7198	9.85			21:35	50	0.6440	0			11	46	0.7238	55.1
	13	8	34	0.7136	9.80		3	8	50	0.6440	0		28	4	16	0.6978	50.8
	14	8	29	0.7091	9.78		11	8	52	0.6456				8	08	0.6914	49.5
	15	8	23	0.7037	9.76		15	8	51	0.6448	0			20	106.87	0.6740	45.9
	16	8	18	0.6994	9.74		16	6	55	0.6480	0		29	8	67	0.6576	42.6
	17	8	11	0.6938	9.71			8	56	0.6488	0			17	52	0.6456	39.9
	18	8	04	0.6882	9.68			16	69	0.6592	0			17:05	52	0.6456	0
	19	8	106.98	0.6833	9.66		17	8	79	0.6672	0		30	8	54	0.6472	0
	20	8	91	0.6774	9.63			16	98	0.6833	0		31	8	58	0.6504	0
	21	8	107.02	0.6866	9.67		18	4	107.11	0.6938	0	9	1	0	60	0.6520	0
	22	8	17	0.6986	9.73			8	13	0.6954	0			8	61	0.6528	0
	23	8	18	0.6994	9.74			10:25	15	0.6970	0		2	8	63	0.6544	0
	24	8	16	0.6978	9.73			10:30	15	0.6970	50.7		3	8	65	0.6560	0
	25	8	13	0.6954	9.72			20	00	0.6850	48.2		4	8	67	0.6576	0
	26	8	08	0.6914	9.70		19	8	106.90	0.6765	46.5		5	8	68	0.6584	0
	27	8	05	0.6890	9.68		20	0	70	0.6600	43.0		6	8	75	0.6640	0
	28	8	01	0.6858	9.67			8	58	0.6504	41.2		7	8	107.07	0.6906	0
	29	8	106.96	0.6816	9.65			11:30	53	0.6464	40.1			20	28	0.7082	0
	30	8	91	0.6774	9.63			11:35	53	0.6464	0		8	8	38	0.7172	0
		16	88	0.6748	9.62		21	8	58	0.6504	0			9:55	39	0.7181	0
		16:05	88	0.6748	0		22	8	64	0.6552	0			10	39	0.7181	54.2
5	1	0	88	0.6748	0		23	8	69	0.6592	0			20	23	0.7037	52.0
		8	88	0.6748	0		24	8	80	0.6680	0		9	8	04	0.6882	48.8
	2	8	89	0.6756	0		25	8	90	0.6765	0		10	0	106.80	0.6680	44.8
	3	8	90	0.6765	0		26	8	97	0.6824	0			8	76	0.6648	44.1
	4	8	90	0.6765	0		27	8	107.02	0.6866	0		11	4	58	0.6504	41.2
	5	0	107.03	0.6874	0		28	8	05	0.6890	0			8	53	0.6464	40.1
		8	06	0.6898	0		29	8	08	0.6914	0			8:05	53	0.6464	0
		9:55	07	0.6906	0		30	8	10	0.6930	0		12	8	63	0.6544	0
		10	07	0.6906	15.1		31	8	11	0.6938	0		21	8	91	0.6774	
	6	8	06	0.6882	15.1	8	1	0	13	0.6954	0	10	1	0	107.00	0.6850	
	7	8	106.97	0.6824	15.0			8	13	0.6954	0			8	00	0.6850	
	8	8	91	0.6774	15.0		2	8	19	0.7002	0		11	8	04	0.6882	

水库水文要素摘录表

月	日	时分	坝上水位 (m)	蓄水量 $(10^8\mathrm{m}^3)$	出库流量 $(\mathrm{m}^3/\mathrm{s})$
10	21	8	107.04	0.6882	
	24	8	05	0.6890	
11	1	8	04	0.6882	
	2	8	05	0.6890	
	11	8	04	0.6882	
11	21	8	107.01	0.6858	
	27	8	00	0.6850	
12	1	0	00	0.6850	
		8	00	0.6850	
	11	8	106.98	0.6833	
12	21	8	106.96	0.6816	
	30	8	94	0.6799	
1	1	0	94	0.6799	
		8	94	0.6799	

2011　滚　河　石漫滩水库(出库总量)站

月	日	时分	坝上水位 (m)	蓄水量 $(10^8\mathrm{m}^3)$	出库流量 $(\mathrm{m}^3/\mathrm{s})$
1	1	0	106.94	0.6799	
		8	94	0.6799	
	11	8	92	0.6782	
	16	17	81	0.6688	
	21	8	82	0.6697	
2	1	8	83	0.6706	
	10	8	85	0.6722	
	11	8	85	0.6722	
	19	8	45	0.6400	
	21	8	45	0.6400	
3	1	8	51	0.6448	
	8	8	53	0.6464	
	11	8	53	0.6464	
	21	8	45	0.6400	
	23	11	35	0.6320	
4	1	8	35	0.6320	
	2	17	36	0.6328	
	11	8	36	0.6328	
	21	8	36	0.6328	
	30	10	23	0.6224	
5	1	8	23	0.6224	
	9	8	22	0.6216	
	11	8	46	0.6408	
	21	8	48	0.6424	
	24	8	49	0.6432	
6	1	8	48	0.6424	
	11	8	31	0.6288	
	19	0	29	0.6272	0
		8	29	0.6272	0
		20	29	0.6272	0
	20	0	29	0.6272	0
		8	29	0.6272	0
		15;35	29	0.6272	0
		15;40	29	0.6272	59.0
		18	23	0.6224	56.8
		20	16	0.6168	54.3
	21	0	04	0.6072	49.7
		0;20	04	0.6072	49.7
		0;25	04	0.6072	0
		8	04	0.6072	0
		20	04	0.6072	0
	22	0	04	0.6072	0
		8	04	0.6072	0
		20	05	0.6080	0
	23	0	06	0.6088	0
		2	11	0.6128	0
		3	14	0.6152	0
		3;30	19	0.6192	0
		4	24	0.6232	0
		4;20	30	0.6280	0
		4;40	36	0.6328	0
		5	41	0.6368	0
	23	5;20	106.48	0.6424	0
		5;40	55	0.6480	0
		6	61	0.6528	0
		6;20	67	0.6576	0
		6;40	73	0.6624	0
		7	79	0.6672	0
		7;20	85	0.6722	0
		7;40	89	0.6756	0
		8	92	0.6782	0
		9	99	0.6842	0
		10	107.03	0.6874	0
		12	08	0.6914	0
		14	13	0.6954	0
		16	16	0.6978	0
		18	17	0.6986	0
		20	18	0.6994	0
		23	20	0.7010	0
	24	0	21	0.7019	0
		4	22	0.7028	0
		8	24	0.7046	0
		10;25	25	0.7055	0
		10;30	25	0.7055	34.9
		14	20	0.7010	34.4
		20	13	0.6954	33.5
		22	10	0.6930	33.2
	25	0	07	0.6906	32.9
		4	03	0.6874	32.4
		8	106.98	0.6833	31.9
		12	93	0.6790	31.4
		16	88	0.6748	30.8
		20	84	0.6714	30.3
		20;05	84	0.6714	0
	26	0	84	0.6714	0
		8	86	0.6731	0
7	1	8	92	0.6782	
	11	8	98	0.6833	
	15	8	107.00	0.6850	
	19	8	106.99	0.6842	0
		20	99	0.6842	0
	20	0	99	0.6842	0
		8	99	0.6842	0
		19;55	99	0.6842	0
		20	99	0.6842	48.0
	21	0	90	0.6765	46.5
		6	83	0.6706	45.3
		8	75	0.6640	44.0
		20	75	0.6640	11.0
	22	0	75	0.6640	0
		0;05	75	0.6640	0
		8	75	0.6640	0
8	1	0	81	0.6688	
		8	81	0.6688	
	11	8	107.18	0.6994	
	21	8	24	0.7046	
	30	8	37	0.7163	
9	1	0	37	0.7163	
		8	37	0.7163	
	11	8	43	0.7214	
	14	8	45	0.7230	
		20	46	0.7238	0
	15	0	46	0.7238	0
		8	48	0.7254	0
		12	56	0.7318	0
		14	63	0.7376	0
		20	71	0.7444	0
	16	0	75	0.7478	0
		8	79	0.7512	0
		12	80	0.7520	0
		20	82	0.7538	0
	17	0	85	0.7565	0
		8	87	0.7583	0
		20	91	0.7619	0
	18	0	92	0.7628	0
		8	97	0.7673	0
		12	108.01	0.7708	0
		20	06	0.7748	0
	19	0	10	0.7780	0
		8	18	0.7844	0
		12	23	0.7886	0
		14	26	0.7911	0
		16;25	27	0.7920	0
		16;30	27	0.7920	21.8
		17	28	0.7928	21.9
		20	28	0.7928	21.9
	20	0	27	0.7920	21.8
		8	24	0.7894	21.7
		12	23	0.7886	21.7
		14	22	0.7877	21.6
		20	19	0.7852	21.5
	21	0	17	0.7836	21.4
		4	15	0.7820	21.4
		8	12	0.7796	21.2
		12	10	0.7780	21.2
		16	08	0.7764	21.1
		20	05	0.7740	21.0
	22	0	03	0.7724	20.9
		4	00	0.7700	24.3
		8	107.98	0.7682	20.7
		12	95	0.7655	20.5
		18;30	91	0.7619	20.4
		18;35	91	0.7619	0
		20	91	0.7619	0
	23	0	91	0.7619	0
		8	92	0.7628	0

水 库 水 文 要 素 摘 录 表

月	日	时分	坝上水位(m)	蓄水量(10^8m³)	出库流量(m³/s)	月	日	时分	坝上水位(m)	蓄水量(10^8m³)	出库流量(m³/s)	月	日	时分	坝上水位(m)	蓄水量(10^8m³)	出库流量(m³/s)
9	23	20	107.93	0.7637	0	10	11	8	107.93	0.7637		11	10	17	108.07	0.7756	0
	24	0	93	0.7637	0		21	8	108.02	0.7716			11	0	08	0.7764	0
		8	94	0.7646	0		24	8	14	0.7812				8	11	0.7788	0
		20	95	0.7655	0	11	1	0	107.72	0.7452				9:55	11	0.7788	0
	25	0	95	0.7655	0			8	70	0.7435				10	11	0.7788	21.2
		8	96	0.7664	0		3	17	53	0.7294	32.9			17	08	0.7764	21.1
		20	97	0.7673	0			17:05	53	0.7294	0		12	0	04	0.7732	20.9
	26	0	97	0.7673	0		4	0	53	0.7294	0			8	107.99	0.7691	20.7
		8	97	0.7673	0			8	54	0.7302	0			17	94	0.7646	20.5
		20	98	0.7682	0			17	55	0.7310	0		13	0	89	0.7601	20.3
	27	0	98	0.7682	0		5	0	55	0.7310	0			8	83	0.7547	20.0
		8	98	0.7682	0			8	56	0.7318	0			17	77	0.7494	19.8
		20	108.00	0.7700	0			17	58	0.7334	0		14	0	72	0.7452	19.5
	28	0	03	0.7724	0		6	0	59	0.7342	0			8	67	0.7410	19.3
		8	11	0.7788	0			8	60	0.7350	0			17	61	0.7358	19.1
		8:55	11	0.7788	0			17	62	0.7367	0		15	0	56	0.7318	18.8
		9	11	0.7788	51.9		7	0	63	0.7376	0			8	51	0.7278	18.6
		12	07	0.7756	51.5			8	65	0.7392	0			9	50	0.7270	18.5
		16	01	0.7708	50.9			12	68	0.7418	0			9:05	50	0.7270	0
		20	107.95	0.7655	50.3			17	75	0.7478	0		21	8	61	0.7358	
	29	0	89	0.7601	49.7		8	0	79	0.7512	0	12	1	0	94	0.7646	
		4	83	0.7547	49.1			8	86	0.7574	0			8	90	0.7610	
		8	77	0.7494	48.5			12	88	0.7592	0		5	8	29	0.7091	
		9	75	0.7478	48.3			17	91	0.7619	0		11	8	53	0.7294	
		9:05	75	0.7478	0		9	0	95	0.7655	0		21	8	71	0.7444	
		20	77	0.7494	0			8	98	0.7682	0	1	1	0	79	0.7512	
	30	0	79	0.7512	0			17	108.01	0.7708	0			8	79	0.7512	
		8	79	0.7512	0		10	0	03	0.7724	0						
10	1	8	82	0.7538	0			8	05	0.7740	0						

2012　滚　河　石漫滩水库(出库总量)站

月	日	时分	坝上水位(m)	蓄水量(10^8m³)	出库流量(m³/s)	月	日	时分	坝上水位(m)	蓄水量(10^8m³)	出库流量(m³/s)	月	日	时分	坝上水位(m)	蓄水量(10^8m³)	出库流量(m³/s)
1	1	0	107.79	0.7512		3	25	8	107.92	0.7628	5.73	5	1	8	107.28	0.7082	
		8	79	0.7512				17	92	0.7628	5.73		2	8	29	0.7091	
	11	8	87	0.7583			26	0	91	0.7619	5.73		5	8	106.90	0.6765	
	16	8	91	0.7619				8	91	0.7619	5.73		11	8	91	0.6774	
	21	8	59	0.7342				8:25	91	0.7619	5.73		21	8	91	0.6774	
	22	11	51	0.7278				8:30	91	0.7619	26.6	6	1	0	91	0.6774	
2	1	0	55	0.7310				12	88	0.7592	26.6			8	91	0.6774	
		8	55	0.7310				17	82	0.7538	26.6		11	8	81	0.6688	
	11	8	58	0.7334			27	0	76	0.7486	26.5		21	8	38	0.6344	
	21	8	62	0.7367				8	71	0.7444	26.4		24	20	36	0.6328	
3	1	0	65	0.7392				12	67	0.7410	26.4	7	1	0	42	0.6376	0
		8	65	0.7392				17	62	0.7367	26.3			8	42	0.6376	0
	11	8	67	0.7410			28	8	55	0.7310	26.2			20	44	0.6392	0
	21	8	69	0.7426	0			8	48	0.7254	26.1		2	0	44	0.6392	0
		8	69	0.7426	0			17	42	0.7206	25.9			8	45	0.6400	0
		17	71	0.7444	0		29	0	37	0.7163	25.8			20	48	0.6424	0
	22	0	76	0.7486	0			8	30	0.7100	25.7		3	0	48	0.6424	0
		8	82	0.7538	0			17	24	0.7046	25.5			8	48	0.6424	0
		17	85	0.7565	0		30	0	19	0.7002	25.4			20	49	0.6432	0
	23	0	87	0.7583	0			8	11	0.6938	25.2		4	0	49	0.6432	0
		8	88	0.7592	0			17	06	0.6898	25.0			4	49	0.6432	0
		15:25	90	0.7610	0			17:05	06	0.6898	0			8	50	0.6440	0
		15:30	90	0.7610	5.73		31	0	02	0.6866				12	51	0.6448	0
		17	91	0.7619	5.73	4		8	03	0.6874				16	52	0.6456	0
	24	0	92	0.7628	5.73			8	03	0.6874				20	53	0.6464	0
		8	92	0.7628	5.73		11	8	06	0.6898		5	0	55	0.6480	0
		17	92	0.7628	5.73		21	8	09	0.6922			4	57	0.6496	0
	25	0	92	0.7628	5.73	5	1	0	27	0.7073			8	61	0.6528	0

水库水文要素摘录表

月	日	时分	坝上水位(m)	蓄水量(10⁸m³)	出库流量(m³/s)	月	日	时分	坝上水位(m)	蓄水量(10⁸m³)	出库流量(m³/s)	月	日	时分	坝上水位(m)	蓄水量(10⁸m³)	出库流量(m³/s)
7	5	10:25	106.62	0.6536	0	7	9	20	107.07	0.6906	5.88	8	9	17:30	106.64	0.6552	19.3
		10:30	62	0.6536	4.80		10	0	16	0.6978	5.88			17:35	64	0.6552	0
		12	65	0.6560	4.82			4	18	0.6994	5.88			20	64	0.6552	0
		14	69	0.6592	4.86			6	19	0.7002	5.88		10	0	64	0.6552	0
		16	78	0.6664	4.88			8	19	0.7002	5.88			8	64	0.6552	0
		18	86	0.6731	4.89			12	20	0.7010	5.88		11	8	64	0.6552	
		20	90	0.6765	4.91			16	21	0.7019	5.88		21	8	75	0.6640	
	6	0	93	0.6790	4.97			20	21	0.7019	5.88		30	8	93	0.6790	
		4	95	0.6808	5.04		11	0	21	0.7019	5.88	9	1	0	93	0.6790	
		8	96	0.6816	5.10			8	21	0.7019	5.88			8	93	0.6790	
		12	98	0.6833	5.16		15	8	24	0.7046			11	8	107.15	0.6970	
		16	98	0.6833	5.23		21	8	13	0.6954			21	8	38	0.7172	
		20	98	0.6833	5.29	8	1	8	106.76	0.6648			25	8	40	0.7190	
	7	0	99	0.6842	5.34		4	8	78	0.6664	0	10	1	0	39	0.7181	
		8	99	0.6842	5.45			20	78	0.6664	0			8	39	0.7181	
		9	107.00	0.6850	5.46		5	0	81	0.6688	0		11	8	38	0.7172	
		12	00	0.6850	5.50			8	85	0.6722	0		21	8	38	0.7172	
		16	00	0.6850	5.54			20	86	0.6731	0		24	17	35	0.7145	
		20	00	0.6850	5.59		6	0	87	0.6740	0	11	1	0	35	0.7145	
	8	0	00	0.6850	5.63			8	87	0.6740	0			8	35	0.7145	
		4	00	0.6850	5.67			20	87	0.6740	0		11	8	34	0.7136	
		8	00	0.6850	5.71		7	0	87	0.6740	0		12	17	33	0.7127	
		12	00	0.6850	5.77			8	88	0.6748	0		21	8	33	0.7127	
		16	00	0.6850	5.83			20	88	0.6748	0	12	1	8	34	0.7136	
		19	00	0.6850	5.88		8	0	89	0.6756	0		11	8	36	0.7154	
		20	02	0.6866	5.88			8	89	0.6756	0		21	8	39	0.7181	
	9	0	03	0.6874	5.88			10:25	89	0.6756	0		26	17	41	0.7198	
		4	05	0.6890	5.88			10:30	89	0.6756	22.7		29	17	31	0.7109	
		8	06	0.6898	5.88			20	80	0.6680	21.9	1	1	0	32	0.7118	
		12	07	0.6906	5.88		9	0	77	0.6656	21.4			8	32	0.7118	
		16	07	0.6906	5.88			8	72	0.6616	20.5						

2013　滚　河　石漫滩水库(出库总量)站

月	日	时分	坝上水位(m)	蓄水量(10⁸m³)	出库流量(m³/s)	月	日	时分	坝上水位(m)	蓄水量(10⁸m³)	出库流量(m³/s)	月	日	时分	坝上水位(m)	蓄水量(10⁸m³)	出库流量(m³/s)
1	1	0	107.32	0.7128	0	6	1	8	106.65	0.6560	0	7	19	10:06	107.01	0.6858	11.1
		8	32	0.7128	0		11	8	64	0.6552	0			20	01	0.6858	11.1
	11	8	33	0.7136	0		21	8	59	0.6512	0		20	0	00	0.6850	11.1
	21	8	34	0.7144	0		23	8	57	0.6496	0			8	00	0.6850	11.1
2	1	8	34	0.7144	0	7	1	8	58	0.6504	0			12	00	0.6850	11.1
	5	8	36	0.7158	0		4	8	56	0.6488	0			13	106.99	0.6841	11.1
	9	8	11	0.6938	0		11	8	60	0.6520	0			16	99	0.6841	11.1
	11	8	11	0.6938	0		15	8	61	0.6528	0			18	107.07	0.6906	11.1
	21	8	11	0.6938	0			20	61	0.6528	0			19	14	0.6962	11.2
3	1	0	12	0.6946	0		16	0	62	0.6536	0			20	16	0.6976	11.2
		8	12	0.6946	0			8	65	0.6560	0			21	21	0.7019	11.2
	11	8	12	0.6946	0			20	67	0.6576	0		21	0	25	0.7062	11.2
	14	8	11	0.6938	0		17	0	67	0.6576	0			8	28	0.7092	11.2
	21	8	12	0.6946	0			8	68	0.6584	0			20	28	0.7092	11.2
4	1	8	11	0.6938	0			20	68	0.6584	0		22	0	28	0.7092	11.2
	6	8	12	0.6946	0		18	0	68	0.6584	0			8	27	0.7082	11.2
	11	8	11	0.6938	0			8	68	0.6584	0			11	27	0.7082	11.2
	17	8	08	0.6914	0			14	70	0.6600	0			11:06	27	0.7082	52.7
	21	8	09	0.6922	0			16	77	0.6656	0			14	21	0.7019	51.8
5	1	0	08	0.6914	0			18	85	0.6720	0			17	14	0.6962	50.5
		8	08	0.6914	0			20	88	0.6743	0			20	12	0.6946	50.1
	11	8	07	0.6906	0		19	0	96	0.6815	0		23	0	04	0.6883	48.8
	21	8	03	0.6875	0			4	107.00	0.6850	0			4	106.98	0.6833	47.9
	31	17	106.65	0.6560	0			8	01	0.6858	0			8	91	0.6769	46.7
6	1	0	65	0.6560	0			10	01	0.6858	0			12	82	0.6696	45.2

水 库 水 文 要 素 摘 录 表

月	日	时分	坝上水位 (m)	蓄水量 (10⁸m³)	出库流量 (m³/s)
7	23	16	106.75	0.6640	44.0
		20	69	0.6592	42.9
		23	64	0.6552	42.1
		23:06	64	0.6552	0
	24	0	64	0.6552	0
		8	64	0.6552	0
		20	64	0.6552	0
	25	0	64	0.6552	0
		8	65	0.6560	0
		20	65	0.6560	0
	26	0	65	0.6560	0
		8	66	0.6568	0
		20	66	0.6568	0
	27	0	66	0.6568	0
		8	67	0.6576	0
		20	67	0.6576	0
	28	0	67	0.6576	0
		8	67	0.6576	0
		20	67	0.6576	0
	29	0	67	0.6576	0
		8	68	0.6584	0
		20	68	0.6584	0
	30	0	74	0.6632	0
		8	76	0.6648	0
		20	77	0.6656	0
	31	0	78	0.6664	0
		8	78	0.6664	0
		20	79	0.6672	0
8	1	0	80	0.6680	0
		8	80	0.6680	0
		20	85	0.6720	0
	2	0	86	0.6727	0
		8	88	0.6743	0
		17	90	0.6760	0
		17:06	90	0.6760	11.0
		20	89	0.6752	11.0
	3	0	88	0.6743	11.0
		8	85	0.6720	11.0
		20	81	0.6688	11.0
	4	0	79	0.6672	11.0
		8	76	0.6648	11.0
		20	72	0.6616	10.9
	5	0	70	0.6600	10.9

月	日	时分	坝上水位 (m)	蓄水量 (10⁸m³)	出库流量 (m³/s)
8	5	8	106.67	0.6576	10.9
		17:30	64	0.6552	10.9
		17:36	64	0.6552	0
		20	64	0.6552	0
	6	0	64	0.6552	0
		8	64	0.6552	0
	11	8	67	0.6576	0
	21	8	64	0.6552	0
	23	8	62	0.6536	0
		20	62	0.6536	0
	24	0	63	0.6544	0
		4	66	0.6568	0
		8	78	0.6664	0
		10	87	0.6735	0
		12	95	0.6806	0
		13	98	0.6833	0
		13:06	99	0.6841	11.1
		14	107.04	0.6883	11.1
		16	13	0.6954	11.2
		18	20	0.7010	11.2
		20	26	0.7072	11.2
	25	0	33	0.7136	11.3
		2	43	0.7214	11.3
		4	52	0.7286	11.3
		6	61	0.7358	11.4
		8	69	0.7422	11.4
		10	78	0.7502	11.5
		10:06	78	0.7502	70.9
		20	70	0.7430	69.8
	26	0	64	0.7382	69.0
		4	57	0.7326	68.0
		8	50	0.7270	66.9
		12	41	0.7198	65.8
		16	33	0.7136	64.7
		20	24	0.7048	63.4
		21	23	0.7038	63.3
		21:06	23	0.7038	11.2
	27	0	23	0.7038	11.2
		8	21	0.7019	11.2
		20	20	0.7010	11.2
	28	0	18	0.6992	11.2
		8	18	0.6992	11.2
		20	17	0.6984	11.2

月	日	时分	坝上水位 (m)	蓄水量 (10⁸m³)	出库流量 (m³/s)
8	29	0	107.16	0.6976	11.2
		8	15	0.6968	11.2
		20	12	0.6946	11.1
	30	0	11	0.6938	11.1
		8	08	0.6914	11.1
		20	05	0.6890	11.1
	31	0	04	0.6883	11.1
		8	02	0.6867	11.1
		20	106.99	0.6841	11.1
9	1	0	97	0.6824	11.1
		8	96	0.6815	11.1
		20	92	0.6777	11.0
	2	0	91	0.6769	11.0
		8	88	0.6743	11.0
		17	83	0.6704	11.0
		17:06	83	0.6704	0
		20	83	0.6704	0
	3	0	83	0.6704	0
		8	83	0.6704	0
		20	83	0.6704	0
	4	0	83	0.6704	0
		8	84	0.6712	0
	11	8	91	0.6769	0
	21	8	94	0.6795	0
10	1	0	96	0.6815	0
		8	96	0.6815	0
	11	8	94	0.6795	0
	21	8	92	0.6777	0
	29	8	89	0.6752	0
11	1	0	92	0.6777	0
		8	92	0.6777	0
	6	8	93	0.6786	0
	11	8	93	0.6786	0
	21	8	92	0.6777	0
12	1	0	92	0.6777	0
		8	92	0.6777	0
		20	92	0.6777	0
	11	8	92	0.6777	0
	21	8	64	0.6552	0
	23	8	63	0.6544	0
1	1	0	63	0.6544	0
		8	63	0.6544	0

1957　滚　河　石漫滩水库（坝上）站　水温月年统计表

水温℃

项目	月	一月	二月	三月	四月	五月	六月	七月	八月	九月	十月	十一月	十二月
旬平均	上	2.7	0.9	6.7	14.3	16.1		25.6	24.7	22.1	13.4	12.1	6.5
	中	1	3.1	5.6	14.5	20.8	24.3	25.6	27.5	21.2	12.9	12.1	6.7
	下	1.3	5.7	11.7	16.8	21	23.1	27	27.7	16.7	10.9	7.8	5.2
月统计	平均	1.7	3.1	8.1	15.2	19.3		26.1	26.7	20	12.4	10.7	6.1
	最高日期	4.6	8.7	14.6	22.1	25.6	31.2	34.2	34.2	27	22.6	17	9.2
	最低日期	0	0.1	0.9	4.2	14.4	20	22.6	23.6	13	6.5	4.5	4
年统计		最高水温 34.2			7月9日	最低水温 0.0			1月20日	平均水温			
附注													

1958　滚　河　石漫滩水库（坝上）站　水温月年统计表

水温℃

项目	月	一月	二月	三月	四月	五月	六月	七月	八月	九月	十月	十一月	十二月
旬平均	上	3.3	1.7	5.1	13	18.1	22.8	26.7	28.4	24.7	19.7	13.4	8.7
	中		3.9	9.8	15.9	16.2	25.8	27.2	25.2	23.7	17.5	10.5	7.7
	下		6.9	12.5	18.2	23.2	26.6	29.3	24.4	21.8	15.4	9.8	6.3
月统计	平均		4.1	9.2	15.7	19.3	25	27.8	26	23.4	17.5	11.2	7.5
	最高日期	5.6	10.2	16	24.4	28.6	32.1	33.2	31	26.5	20.2	14.5	9.6
	最低日期	0.3	0	0	11.2	10.9	20.2	24.5	23.4	20	14.2	5.2	4.8
年统计		最高水温 33.2			7月21日	最低水温 0.0			2月1日	平均水温			
附注													

1959　滚　河　石漫滩水库（坝上）站　水温月年统计表

水温℃

项目	月	一月	二月	三月	四月	五月	六月	七月	八月	九月	十月	十一月	十二月
旬平均	上		3.2	5.4	11.9	17.3	23	27.8	29.7	25.7	21.3	11.8	6.3
	中		3.8	7.1	14.2	19.3	24.9	29.4	29.4	23.4	19.6	7.9	4.8
	下		4.3	10.8	16.5	20.4	26.2	30	29.2	22.1	15.1	6.7	
月统计	平均		3.7	7.9	14.2	19	24.7	29.1	29.4	23.7	18.5	8.8	
	最高日期	4.8	4.8	13	24.2	29.8	32.6	34.5	32.8	27.4	24	16	7.5
	最低日期	0.3	2.2	4.2	10.8	14.1	18	23	28	21.2	12.5	3	0.4
年统计		最高水温 34.5			7月11日	最低水温 0.3			1月3日	平均水温			
附注													

1960　滚　河　石漫滩水库（坝上）站　水温月年统计表

水温℃

项目	月	一月	二月	三月	四月	五月	六月	七月	八月	九月	十月	十一月	十二月
旬平均	上	2.6	4.9	8.8	11.8	17.7	24.2	28.2	29.1	22.6	17.8	13.8	5.4
	中	2.3	4.5	9.5	12.8	19.4	25.2	27.6	25.6	22.4	16.9	11.7	5
	下		6.3	9.8	16.8	21.7	26.5	26.9	23.6	21.2	15.3	8.4	2.8
月统计	平均		5.2	9.4	13.8	19.7	25.3	27.5	26	22.1	16.6	11.3	4.3
	最高日期	7.4	13.6	15	19.4	26.6	29	33.8	31.6	29.2	21.2	14.6	6.5
	最低日期	0.2	2.2	5.4	10	14.6	22.8	23.6	21.4	19	14.4	6	1.2
年统计		最高水温 33.8			7月17日	最低水温 0.2			1月20日	平均水温			
附注													

1961　滚　河　石漫滩水库（坝上）站　水温月年统计表

水温℃

项目＼月		一月	二月	三月	四月	五月	六月	七月	八月	九月	十月	十一月	十二月
旬平均	上	2.5	4.1	9.2	16.2	21.9	29	34.9	37.2	32.1	18.6	13.1	8.2
	中	3.5	7.7	10.9	17.1	23.5	30	36.2	35.7	29.1	18	12.4	6.3
	下	3.9	7.5	11.1	18.9	26.8	31	38.2	34.3	28.7	14.4	9.9	4.6
月统计	平均	3.3	6.4	10.4	17.4	24.2	30	36.5	35.7	30	16.9	11.8	6.3
	最高 日期	8	14.2	18	22	32.4	38.6	42.6	40.4	35	23	13.6	10
	最低 日期	0.6	1	7	13.2	12	22	33.5	31.4	26	10.5	9	3.2
年统计		最高水温 42.6			7月21日		最低水温 0.6			1月10日		平均水温 19.1	
附注													

1962　滚　河　石漫滩水库（坝上）站　水温月年统计表

水温℃

项目＼月		一月	二月	三月	四月	五月	六月	七月	八月	九月	十月	十一月	十二月
旬平均	上		3.5	7.2	12.8	18	24.5	27.2	27.2	24.2	19	14.3	5
	中	2.1	5.4	10.6	14.5	20.5	24.6	29.7	26.6	23.6	17.2	8.5	6
	下	2.5	5.9	9.7	17.2	23.6	25.2	29	25.6	21.1	16.7	4.8	5.5
月统计	平均		4.8	9.2	14.8	20.8	24.8	28.7	26.4	23	17.6	9.2	5.5
	最高 日期	4.6	8	14.8	20.2	28	29.6	35.6	32.2	28.2	24	16	7.4
	最低 日期	1.6	2.2	5.2	11	17	23	25	23	19	15	1.8	3.7
年统计		最高水温 35.6			7月15日		最低水温 1.6			1月2日		平均水温	
附注													

1963　滚　河　石漫滩水库（坝上）站　水温月年统计表

水温℃

项目＼月		一月	二月	三月	四月	五月	六月	七月	八月	九月	十月	十一月	十二月
旬平均	上	3.9	2.1	6	11.3	15.3	21.8	26.5	28	25	20	15.7	8.9
	中	2.6	2.9	6.9	12.7	18.9	24	26.6	28	24.1	18.5	13.3	7.3
	下	2.4	4.3	9.4	13.7	19.8	25.6	28	26.7	21.1	17	12.1	5.3
月统计	平均	3	3	7.5	12.6	18.1	23.8	27.1	27.5	23.4	18.4	13.7	7.1
	最高 日期	5	5.4	12.4	19.4	25.8	31.8	33	33	26.6	23	17	10.4
	最低 日期	1.6	1.8	5.2	10.6	13.2	19.4	22.4	25	20	16.2	9.8	4
年统计		最高水温 33.0			7月21日		最低水温 1.6			1月28日		平均水温 15.4	
附注													

1964　滚　河　石漫滩水库（坝上）站　水温月年统计表

水温℃

项目＼月		一月	二月	三月	四月	五月	六月	七月	八月	九月	十月	十一月	十二月
旬平均	上	4.4	2.2	3.8	11.4	18.5	22.8	27.8	28.6	25.1	19	13.9	9.2
	中	3.3	1.4	6.8	12.5	19	25.2	29.6	28.2	22.8	18	12.6	7.1
	下	2.7	1.8	8.3	14.3	20.4	26	28.4	27.5	20.2	15.9	11.6	6.1
月统计	平均	3.4	1.8	6.3	12.7	19.3	24.7	28.6	28.1	22.7	17.6	12.7	7.4
	最高 日期	7.2	6	18	19.4	23.2	29.7	32.8	33.6	26.6	21.6	15.5	11.9
	最低 日期	1.2	0.6	3.2	10.4	15.9	21.5	25.2	22.8	19	15.2	11.2	5.7
年统计		最高水温 33.6			8月4日		最低水温 0.6			2月7日		平均水温 15.4	
附注													

1965　滚　河　石漫滩水库（坝上）站　水温月年统计表

水温℃

项目	月	一 月	二 月	三 月	四 月	五 月	六 月	七 月	八 月	九 月	十 月	十一月	十二月
旬平均	上	5.2	4	5.6	10.9	16	23	26.1	28	24.8	20.7	15.9	8.1
	中	4	5.2	8.4	14.3	20.1	24.2	25.9	27.7	23.4	18.4	13.5	6
	下	3.9	5.2	8.9	13.3	22.5	25.5	28.3	26.5	22.7	18	11.1	3.6
月统计	平 均	4.3	4.7	7.7	12.9	19.6	24.2	26.8	27.4	23.7	19	13.5	5.8
	最高	6.4	8.7	12.2	21	28.8	30.2	34.4	33.2	27.8	23.8	17.4	10
	日期	3	28	17	16	27	19	30	2	2	1	1	2
	最低	3.2	3.2	5.2	10.2	13.2	21	24.4	25.2	22	17.4	9.4	2
	日期	18	6	4	3	2	9	13	20	29	22	30	30
年　统　计		最高水温 34.4			7月30日		最低水温 2.0			12月30日		平均水温 15.8	
附　　注													

1966　滚　河　石漫滩水库（坝上）站　水温月年统计表

水温℃

项目	月	一 月	二 月	三 月	四 月	五 月	六 月	七 月	八 月	九 月	十 月	十一月	十二月
旬平均	上	3	4.4	6.6	11.9	19	22.4	26.8	30.5	23.4	18.8	11.9	3
	中	3.5	5.7	8.2	13.9	20	24	28.8	29.7	21.7	17.1	10.9	4.6
	下	2.9	5.3	9.8	17.5	20.7	26.8	29.7	26.9	20.3	14.2	7.3	1.6
月统计	平 均	3.2	5.1	8.2	14.4	19.9	24.4	28.5	29	21.8	16.6	10	3
	最高	4.6	8.9	15.1	23.4	24.6	30	34.8	35.8	28.2	20.4	13.1	5.2
	日期	10	8	31	21	7	22	30	5	1	3	3	13
	最低	2.2	3.2	5.2	10.6	17.2	21.6	24.7	23	19.4	11.2	5.9	0.4
	日期	2	1	8	1	3	3	1	25	26	29	30	31
年　统　计		最高水温 35.8			8月5日		最低水温 0.4			12月31日		平均水温 15.3	
附　　注													

1973　滚　河　石漫滩水库（坝上、水面）站　水温月年统计表

水温℃

日期	月份	一 月	二 月	三 月	四 月	五 月	六 月	七 月	八 月	九 月	十 月	十一月	十二月
5								26.0	28.4	25.4	19.8	14.5	7.9
10								29.0	28.8	24.2	17.7	13.6	7.9
15								27.0	29.0	24.0	17.2	—	7.2
20								27.2	28.8	24.0	15.9	12.2	6.8
25								27.6	28.8	24.2	16.2	11.0	4.3
30 或 31								28.8	26.8	—	16.0	9.8	2.8
月统计	平 均							27.6	28.4	24.4	17.1	12.2	6.2
	最高							29.0	29.0	25.4	19.8	14.5	7.9
	日期							10	15	5	5	5	5
	最低							26.0	26.8	24.0	15.9	9.8	2.8
	日期							5	31	15	20	30	31
年　统　计		最高水温 29.0			7月10日		最低水温 （2.8）			12月31日		平均水温	
附　　注		本站自7月5日开始观测。											

1973 滚 河 石漫滩水库(坝上、0.2水深)站 水温月年统计表

水温℃

日期\月份	一月	二月	三月	四月	五月	六月	七月	八月	九月	十月	十一月	十二月
5							25.8	28.3	25.4	20.0	14.5	7.9
10							29.0	28.8	24.2	17.7	13.6	7.9
15							27.0	29.0	24.0	17.2	—	7.2
20							27.2	28.8	24.2	15.9	12.2	6.8
25							27.6	28.8	24.2	16.2	11.0	4.3
30 或 31							28.6	27.0	—	16.0	9.8	3.0
月统计 平均							27.5	28.5	24.4	17.2	12.2	6.2
月统计 最高							29.0	29.0	25.4	20.0	14.5	7.9
月统计 日期							10	15	5	5	5	5
月统计 最低							25.8	27.0	24.0	15.9	9.8	3.0
月统计 日期							5	31	15	20	30	31

| 年 统 计 | 最高水温 29.0 7 月 10 日 | 最低水温 (3.0) 12 月 31 日 | 平均水温 |
| 附 注 | 本站自 7 月 5 日开始观测。 |

1973 滚 河 石漫滩水库(坝上、0.6水深)站 水温月年统计表

水温℃

日期\月份	一月	二月	三月	四月	五月	六月	七月	八月	九月	十月	十一月	十二月
5							25.2	28.3	25.4	20.1	14.5	7.9
10							28.0	28.8	24.2	17.7	13.6	7.9
15							25.8	28.8	24.0	17.2	—	7.3
20							26.8	28.6	24.2	15.9	12.2	6.8
25							27.8	28.6	24.1	16.2	11.0	4.3
30 或 31							28.2	27.6	—	16.0	9.8	3.0
月统计 平均							27.0	28.5	24.4	17.2	12.2	6.2
月统计 最高							28.2	28.8	25.4	20.1	14.5	7.9
月统计 日期							31	10	5	5	5	5
月统计 最低							25.2	27.6	24.0	15.9	9.8	3.0
月统计 日期							5	31	15	20	30	31

| 年 统 计 | 最高水温 28.8 8 月 10 日 | 最低水温 (3.0) 12 月 31 日 | 平均水温 |
| 附 注 | 本站自 7 月 5 日开始观测。 |

1973 滚 河 石漫滩水库(坝上、0.8水深)站 水温月年统计表

水温℃

日期\月份	一月	二月	三月	四月	五月	六月	七月	八月	九月	十月	十一月	十二月
5							25.2	28.2	25.0	20.1	14.6	7.9
10							27.8	28.8	24.0	17.6	13.6	7.9
15							25.8	28.8	24.0	17.2	—	7.3
20							27.0	28.6	24.0	15.9	12.2	6.8
25							28.0	28.6	24.1	16.2	11.1	4.3
30 或 31							27.8	27.8	—	16.0	10.0	3.0
月统计 平均							26.9	28.5	24.2	17.2	12.3	6.2
月统计 最高							28.0	28.8	25.0	20.1	14.6	7.9
月统计 日期							25	10	5	5	5	5
月统计 最低							25.2	27.8	24.0	15.9	10.0	3.0
月统计 日期							5	31	10	20	30	31

| 年 统 计 | 最高水温 28.8 8 月 10 日 | 最低水温 (3.0) 12 月 31 日 | 平均水温 |
| 附 注 | 本站自 7 月 5 日开始观测。 |

1973　滚　河　石漫滩水库(坝上、河底)站　水温月年统计表

水温℃

日期 ＼ 月份	一月	二月	三月	四月	五月	六月	七月	八月	九月	十月	十一月	十二月
5							25.0	28.0	25.0	20.1	14.6	7.9
10							25.8	28.8	24.0	17.7	13.6	7.9
15							25.0	28.6	24.0	17.2	—	7.3
20							26.4	28.6	24.0	15.9	12.2	6.8
25							28.0	28.6	24.1	16.2	11.1	4.3
30 或 31							28.2	27.8	—	16.0	10.0	3.0
月统计 平均							26.4	28.4	24.2	17.2	12.3	6.2
月统计 最高 日期							28.2 31	28.8 10	25.0 5	20.1 5	14.6 5	7.9 5
月统计 最低 日期							25.0 5	27.8 31	24.0 10	15.9 20	10.0 30	3.0 31

| 年统计 | 最高水温 28.8　　8月10日　　最低水温 (3.0)　　12月31日　　平均水温 |
| 附注 | |

1974　滚　河　石漫滩水库(坝上、水面)站　水温月年统计表

水温℃

项目 ＼ 月	一月	二月	三月	四月	五月	六月	七月	八月	九月	十月	十一月	十二月
旬平均 上	3.1	—	—	15	18.5	24	27.1	—	24.6	17.8	13.6	6.9
旬平均 中	2.3	3.2	(7.9)	17.4	19.7	24.8	28.5	26.3	21.6	17.5	10.1	5.3
旬平均 下	0.8	3.6	10	18	24.3	26.2	28.1	25.1	21.1	15.1	9.4	3.4
月统计 平均	2.1	(3.4)	(8.3)	16.8	20.8	25	28.5	(25.9)	22.4	16.8	11	5.2
月统计 最高 日期	3.2 10	3.8 20	11.6 31	18.4 25	24.8 25	26.4 25	30.2 25	26.8 20	24.8 5	18 5	14.1 5	7.0 5
月统计 最低 日期	0.6 25	2.6 15	5.7 10	13.8 5	18.2 5	23.4 5	26 5	24.8 31	20.4 30	14.8 31	8.8 30	2.8 31

| 年统计 | 最高水温 30.2　　7月25日　　最低水温 0.6　　1月25日　　平均水温 15.8 |
| 附注 | 水温每5日观测一次,旬平均值为二次观测平均值。 |

1974　滚　河　石漫滩水库(坝上、0.2水深)站　水温月年统计表

水温℃

项目 ＼ 月	一月	二月	三月	四月	五月	六月	七月	八月	九月	十月	十一月	十二月
旬平均 上	3.1	—	—	14.9	18.4	24.0	27.1	—	24.7	17.7	13.7	6.9
旬平均 中	2.3	3.2	(7.8)	17.4	19.7	24.8	28.3	26.2	21.6	17.5	10.2	5.3
旬平均 下	1.5	3.6	10.0	17.8	24.3	26.1	29.9	25.1	21.1	15.1	9.4	3.5
月统计 平均	2.3	3.4	8.3	16.7	20.8	25.0	28.4	25.8	22.5	16.8	11.1	5.2
月统计 最高 日期	3.2 10	3.8 20	11.6 31	18.2 25	24.8 25	26.4 25	30.2 25	26.8 20	24.8 5	17.8 5	14.2 5	7.0 5
月统计 最低 日期	1.4 31	2.6 15	5.7 10	13.6 5	18.2 5	23.4 5	25.9 5	24.8 31	20.4 30	14.8 31	8.8 30	2.8 31

| 年统计 | 最高水温 30.2　　7月25日　　最低水温 1.4　　1月31日　　平均水温 15.8 |
| 附注 | 水温每5日观测一次,旬平均值为二次观测平均值。 |

1974　滚　河　石漫滩水库(坝上、0.6水深)站　水温月年统计表

水温℃

项目	月	一月	二月	三月	四月	五月	六月	七月	八月	九月	十月	十一月	十二月
旬平均	上	3.1	—	—	14.8	18.3	24.0	26.6	—	24.6	17.6	13.7	7.0
	中	2.3	3.2	(7.8)	17.3	19.7	24.8	27.7	26.1	21.7	17.5	10.2	5.6
	下	1.6	3.6	9.8	17.8	24.3	26.1	29.8	25.0	20.9	15.1	9.4	3.5
月统计	平均	2.3	3.4	8.2	16.6	20.8	25.0	28.0	25.6	22.4	16.7	11.1	5.4
	最高	3.2	3.8	11.2	18.2	24.8	26.4	30.1	26.5	24.6	17.8	14.2	7.2
	日期	10	20	31	25	25	25	25	20	5	20	5	5
	最低	1.4	2.6	5.7	13.3	18.2	23.4	25.8	24.8	20.4	14.8	8.8	2.9
	日期	31	15	10	5	5	5	5	31	30	31	30	31

年统计	最高水温　30.1　　7月25日　　最低水温　1.4　　1月31日　　平均水温　15.8
附注	水温每5日观测一次,旬平均值为二次观测平均值。

1974　滚　河　石漫滩水库(坝上、0.8水深)站　水温月年统计表

水温℃

项目	月	一月	二月	三月	四月	五月	六月	七月	八月	九月	十月	十一月	十二月
旬平均	上	3.1	—	—	14.5	18.3	24.0	26.5	—	24.6	17.6	13.7	7.0
	中	2.3	3.2	(7.8)	17.3	19.7	24.8	27.5	26.0	21.7	17.5	10.2	5.6
	下	1.8	3.6	9.7	17.8	23.9	26.0	29.8	25.0	20.6	15.2	9.4	3.5
月统计	平均	2.4	3.4	8.1	16.6	20.6	24.9	27.9	25.5	22.3	16.8	11.0	5.4
	最高	3.2	3.8	11.0	18.2	24.0	26.4	30.0	26.5	24.6	17.8	14.2	7.2
	日期	10	20	31	25	25	25	25	20	5	20	5	5
	最低	1.6	2.6	5.7	13.2	18.2	23.4	25.7	24.8	20.4	14.8	8.8	2.9
	日期	31	15	10	5	5	5	5	31	30	31	30	31

年统计	最高水温　30.0　　7月25日　　最低水温　1.6　　1月31日　　平均水温　15.7
附注	水温每5日观测一次,旬平均值为二次观测平均值。

1974　滚　河　石漫滩水库(坝上、库底)站　水温月年统计表

水温℃

项目	月	一月	二月	三月	四月	五月	六月	七月	八月	九月	十月	十一月	十二月
旬平均	上	3.1	—	—	14.5	18.3	23.9	26.1	—	24.6	17.6	13.7	7.0
	中	2.4	3.2	(7.8)	17.3	19.7	24.7	27.5	26.0	21.7	17.5	10.2	5.6
	下	1.9	3.6	9.7	17.8	23.8	25.8	29.8	25.0	20.6	15.2	9.5	3.5
月统计	平均	2.5	3.4	8.1	16.5	20.6	24.8	27.8	25.5	22.3	16.8	11.1	5.4
	最高	3.2	3.8	11.0	18.2	23.8	26.2	30.0	26.5	24.6	17.8	14.2	7.2
	日期	10	20	31	25	25	25	25	20	5	10	5	5
	最低	1.6	2.6	5.7	13.0	18.2	23.4	25.6	24.8	20.4	14.8	8.8	2.9
	日期	31	15	10	5	5	5	5	31	30	31	30	31

年统计	最高水温　30.0　　7月25日　　最低水温　1.6　　1月31日　　平均水温　15.7
附注	水温每5日观测一次,旬平均值为二次观测平均值。

2004　滚　河　石漫滩站　逐日水温表

水温 ℃

日\\月	一月	二月	三月	四月	五月	六月	七月	八月	九月	十月	十一月	十二月
1	5.2	3.8	8.4	12.6	18.6	22.6	29.6	27.8	25.2	21.4	17.6	12.2
2	5.3	3.6	8.2	12.6	19.0	22.4	28.4	27.6	25.0	21.4	17.1	10.6
3	5.4	3.6	7.4	12.8	17.6	22.0	29.0	28.1	25.2	20.6	17.2	10.4
4	5.8	3.6	7.6	12.6	17.2	21.8	29.0	28.0	24.5	19.8	17.2	10.2
5	5.6	3.6	7.8	12.8	17.6	22.0	28.2	27.2	24.2	20.2	17.2	10.2
6	5.4	3.7	7.8	12.8	18.4	21.2	28.4	27.4	24.0	19.6	17.4	10.4
7	5.8	3.8	8.0	12.6	18.8	21.6	27.8	27.4	23.6	19.4	17.4	9.8
8	5.4	3.8	8.4	12.6	18.4	22.0	28.8	27.4	23.6	19.8	17.2	9.6
9	5.4	4.0	8.6	12.6	19.6	22.8	29.0	28.6	23.0	19.9	17.2	9.6
10	5.4	4.2	9.0	13.0	20.6	24.4	28.8	30.4	24.2	19.6	17.0	9.4
11	5.1	4.8	9.0	13.4	21.6	25.0	27.4	28.4	24.4	18.6	16.8	9.8
12	4.8	4.8	8.8	15.6	21.0	26.2	27.3	29.6	23.6	19.0	16.4	9.4
13	4.8	4.4	9.0	16.4	22.0	25.6	27.4	27.8	23.8	19.0	15.4	9.4
14	5.0	5.2	9.4	16.2	22.2	24.6	27.6	27.6	24.2	18.4	15.6	9.6
15	5.0	5.2	9.6	14.6	21.4	23.6	28.0	25.0	23.2	18.4	15.4	9.6
16	4.8	5.6	10.4	14.8	18.2	23.0	27.8	24.2	24.2	19.0	15.0	9.2
17	4.6	5.4	10.6	16.4	20.1	23.8	26.4	23.8	24.4	18.4	14.8	9.0
18	4.4	5.0	10.4	17.2	20.2	23.4	25.8	24.4	24.4	18.2	14.6	8.8
19	4.2	5.6	10.0	15.7	20.0	24.4	26.6	24.4	23.8	18.2	14.4	8.8
20	4.2	6.6	10.0	17.2	21.0	25.2	26.2	26.2	22.9	18.2	14.8	6.8
21	4.2	6.4	9.8	18.2	21.0	26.2	26.6	25.2	22.6	19.0	14.6	6.6
22	4.0	5.8	10.0	19.0	21.8	27.0	26.0	24.4	22.6	18.6	14.4	6.8
23	4.0	7.2	10.2	18.6	22.2	28.0	27.2	23.8	22.6	18.6	14.4	5.8
24	3.2	7.2	10.8	17.6	22.8	28.0	27.0	24.2	22.6	18.4	14.2	6.2
25	3.6	6.9	10.6	17.6	22.2	28.6	28.1	25.2	22.3	18.4	13.4	6.2
26	3.2	7.6	11.2	17.6	22.2	28.4	28.2	26.0	20.0	18.0	13.0	6.2
27	3.0	8.2	11.8	17.4	21.8	29.4	28.8	25.2	20.3	18.0	11.4	5.8
28	3.2	8.0	12.0	18.2	21.8	30.2	30.0	23.8	23.0	17.8	10.2	5.6
29	3.2	8.4	12.2	19.2	22.0	30.6	30.8	24.0	23.5	17.6	11.2	5.2
30	3.4		12.1	19.2	22.0	30.6	30.6	24.0	22.6	17.6	11.4	5.0
31	3.6		13.1		22.0		28.4	24.2		17.6		4.6
平　均	4.5	5.4	9.7	15.6	20.5	25.2	28.1	26.2	23.4	18.9	15.1	8.3
最高	5.8	8.4	13.1	19.2	22.8	30.6	30.8	30.4	25.2	21.4	17.6	12.2
日期	4	29	31	29	24	29	29	10	1	1	1	1
最低	3.0	3.6	7.4	12.6	17.2	21.2	25.8	23.8	20.0	17.6	10.2	4.6
日期	27	2	3	1	4	6	18	17	26	29	28	31

年统计	最高水温	30.8		7月29日	最低水温	3.0		1月27日	平均水温	16.7

附　注

2005　滚　河　石漫滩站　逐日水温表

水温 ℃

日\\月	一月	二月	三月	四月	五月	六月	七月	八月	九月	十月	十一月	十二月
1	4.2	4.4	4.4	11.0	21.0	24.4	30.2	28.6	24.8	21.4	17.2	12.4
2	4.2	4.0	4.4	11.6	20.8	24.4	30.0	29.6	25.2	21.2	17.0	12.8
3	4.2	4.0	4.4	11.2	21.0	24.6	30.4	29.4	23.8	20.4	16.8	12.8
4	5.0	4.2	4.5	11.4	20.6	26.2	30.0	29.0	23.6	19.8	17.0	12.0
5	4.9	4.0	4.4	11.6	20.6	26.6	29.4	29.2	23.6	20.0	17.4	11.4
6	4.8	4.0	5.6	11.8	20.0	26.0	29.2	29.2	23.0	20.4	17.0	11.2
7	4.6	3.8	5.9	13.0	19.0	25.1	28.2	29.4	23.2	19.4	17.0	10.4
8	4.4	3.6	6.0	12.2	19.0	25.2	27.4	28.4	23.8	19.6	16.8	10.2
9	4.6	3.2	6.2	11.8	19.8	25.2	26.4	28.6	23.8	19.4	17.0	10.4
10	4.6	3.0	7.4	12.2	20.8	24.2	26.4	28.4	25.2	19.4	16.8	10.2
11	4.4	3.0	6.4	12.0	20.4	23.6	24.8	28.8	25.8	19.6	17.2	9.4
12	4.6	2.6	5.8	12.2	21.4	24.2	24.1	29.2	24.6	20.0	17.0	9.2
13	4.4	2.8	6.0	12.6	21.4	25.9	25.6	30.4	25.8	20.2	16.6	9.0
14	4.6	3.2	6.6	12.4	22.0	25.8	26.6	30.2	26.0	19.8	16.2	8.4
15	4.2	3.0	6.8	13.2	21.4	26.8	29.0	30.2	25.0	19.6	15.8	8.2
16	4.2	3.0	7.2	14.2	21.1	27.6	28.4	30.0	24.5	18.2	15.6	7.8
17	4.6	3.0	6.8	15.0	20.8	27.2	28.4	29.2	24.8	19.2	15.2	7.6
18	4.6	2.8	6.8	16.4	19.8	27.2	28.4	28.2	24.6	18.4	15.2	7.4
19	4.6	3.0	7.2	16.8	21.8	27.2	29.0	26.4	25.6	18.2	15.0	7.2
20	4.6	2.2	7.2	16.6	21.6	27.0	29.0	26.6	25.6	18.2	14.8	7.2
21	4.6	3.0	7.8	16.4	20.6	28.0	29.3	25.3	24.8	18.2	14.4	6.8
22	4.6	3.2	7.8	17.0	21.4	27.8	28.6	24.8	23.0	17.8	14.2	6.4
23	4.6	4.0	8.0	16.4	21.8	27.8	28.6	24.8	23.4	17.4	14.2	6.2
24	4.4	3.4	7.8	16.8	21.6	29.6	29.0	24.2	21.8	17.2	13.8	5.8
25	4.4	3.6	8.4	18.4	23.8	30.4	28.6	23.8	22.6	17.2	13.6	6.4
26	4.0	3.6	8.6	18.2	23.8	27.8	28.8	24.4	22.4	17.6	13.2	6.2
27	4.0	3.8	8.6	18.2	23.4	28.4	29.4	24.6	21.6	17.4	13.4	6.2
28	4.0	3.8	9.0	19.4	24.8	28.8	29.4	24.8	21.6	17.2	13.2	6.2
29	4.4		10.1	19.8	24.4	28.4	30.2	25.2	21.4	17.0	13.0	6.2
30	4.4		9.6	21.6	24.2	30.2	29.7	24.9	21.2	17.0	12.4	6.2
31	4.4		9.9		23.8		24.8	24.8		17.0		6.0
平　均	4.5	3.4	7.0	14.7	21.5	26.7	28.5	27.4	23.9	18.8	15.5	8.5
最高	5.0	4.4	10.1	21.6	24.8	30.4	30.4	30.4	26.0	21.4	17.4	12.8
日期	4	1	29	30	28	25	3	13	14	1	5	2
最低	4.0	2.2	4.4	11.0	19.0	23.6	24.1	23.8	21.2	17.0	12.4	5.8
日期	26	20	1	1	7	11	12	25	30	29	30	24

年统计	最高水温	30.4		6月25日	最低水温	2.2		2月20日	平均水温	16.7

附　注

2006　滚　河　石漫滩站　逐日水温表

水温 ℃

日＼月	一月	二月	三月	四月	五月	六月	七月	八月	九月	十月	十一月	十二月
1	5.8	3.2	5.4	12.8	18.0	24.8	28.8	27.0	27.4	22.2	19.4	11.6
2	5.4	3.4	5.4	13.0	18.4	25.0	29.2	28.2	27.0	22.2	19.0	11.6
3	5.2	3.4	5.8	14.8	18.8	25.2	29.4	27.8	26.8	22.4	18.8	11.6
4	4.4	3.2	5.8	15.6	20.2	25.6	28.8	27.8	25.6	22.4	18.6	11.6
5	4.2	3.2	6.0	14.6	21.0	25.8	27.4	28.2	25.0	22.6	18.4	11.6
6	3.8	3.0	8.2	14.4	20.0	25.4	28.4	28.2	24.2	22.6	18.6	11.2
7	3.8	3.2	7.4	14.4	20.4	26.0	28.4	29.0	24.4	22.4	18.4	11.0
8	4.0	3.0	7.6	15.2	21.0	26.0	28.6	29.0	24.2	22.4	17.8	10.2
9	3.2	2.8	7.8	15.8	21.6	25.4	28.6	29.2	24.0	22.0	17.8	10.0
10	3.0	2.9	8.2	15.8	20.6	25.2	28.4	30.0	23.6	22.0	18.2	9.8
11	3.6	3.2	8.2	16.4	20.4	25.2	29.0	30.2	23.4	22.4	17.8	8.6
12	3.8	4.0	8.0	14.6	19.4	25.8	29.4	30.2	23.2	22.8	17.4	8.8
13	4.0	4.2	7.4	14.4	18.6	26.8	31.2	30.2	23.6	22.6	17.0	9.3
14	4.2	4.4	7.6	14.4	18.4	26.0	31.0	30.8	23.4	23.4	16.8	9.2
15	4.4	4.8	7.2	14.2	18.5	25.8	30.0	30.8	23.0	22.4	16.2	8.6
16	4.8	4.8	8.0	14.2	19.4	25.8	29.8	30.0	23.0	22.8	16.2	9.0
17	4.6	4.8	8.4	14.6	19.8	25.8	29.4	30.2	23.4	22.8	16.4	8.6
18	4.4	4.9	8.6	14.8	21.4	28.0	29.6	30.0	23.8	22.4	16.4	8.6
19	4.0	5.6	9.2	15.2	22.0	27.8	29.4	29.8	24.0	22.2	16.2	8.0
20	3.2	5.6	9.8	15.8	21.2	29.0	29.2	29.2	23.6	22.0	15.8	8.2
21	3.2	5.8	9.6	15.8	21.6	28.2	29.4	29.0	23.8	21.8	15.6	8.4
22	3.2	5.6	9.6	15.6	21.4	28.3	29.2	28.4	23.8	21.8	15.0	8.2
23	4.0	5.8	10.2	16.0	22.0	27.4	29.0	27.8	24.2	21.2	14.2	8.4
24	3.8	6.2	10.4	16.2	23.4	27.6	28.0	28.4	24.2	20.8	14.0	8.4
25	3.0	6.2	10.6	16.6	22.4	27.8	27.4	28.6	23.8	20.4	13.4	8.2
26	4.0	6.0	11.0	16.4	22.4	28.2	27.6	28.8	23.6	20.2	13.4	8.0
27	3.6	5.8	12.0	16.8	22.0	28.6	27.4	29.4	23.6	20.0	12.8	8.0
28	3.6	5.4	11.4	17.4	22.0	29.8	27.2	29.6	23.2	19.8	12.2	7.8
29	3.6		11.6	17.4	23.0	29.8	26.6	29.4	22.8	19.4	12.2	7.4
30	3.2		12.2	17.4	23.2	29.4	27.4	28.6	22.4	19.4	12.0	7.4
31	3.4		13.0		23.4		27.8	27.8		19.6		7.2
平　均	3.9	4.4	8.8	15.4	20.8	26.8	28.7	29.1	24.1	21.7	16.2	9.2
最　高	5.8	6.2	13.0	17.4	23.4	29.8	31.2	30.8	27.4	22.8	19.4	11.6
日　期	1	24	31	28	24	28	13	14	1	12	1	1
最　低	3.0	2.8	5.4	12.8	18.0	24.8	26.6	27.0	22.4	19.4	12.0	7.2
日　期	10	9	1	1	1	1	29	1	30	29	30	31

年统计	最高水温 31.2	7月13日	最低水温 2.8	2月9日	平均水温 17.4

附　注

2007　滚　河　石漫滩站　逐日水温表

水温 ℃

日＼月	一月	二月	三月	四月	五月	六月	七月	八月	九月	十月	十一月	十二月
1	7.0	5.2	8.4	14.0	19.0	24.8	28.8	28.6	25.6	19.6	16.8	11.8
2	7.0	5.6	8.6	13.4	19.4	25.0	29.6	29.0	25.4	19.2	16.4	11.2
3	6.6	5.8	8.8	13.4	20.0	25.0	29.6	28.4	25.2	20.2	16.0	10.6
4	6.2	6.8	8.4	13.2	19.8	25.4	29.0	28.6	25.2	21.2	16.2	10.4
5	6.0	6.6	8.2	13.6	20.0	25.4	25.4	29.2	25.4	21.8	16.2	10.6
6	5.6	6.4	8.4	13.8	20.2	26.4	26.0	28.6	24.8	22.0	16.0	10.4
7	5.2	6.6	8.6	14.2	21.4	26.4	26.4	28.8	25.2	21.2	16.0	10.2
8	5.2	6.0	8.2	15.0	21.6	27.8	26.0	29.0	25.6	20.4	15.8	10.2
9	5.2	6.0	8.4	15.2	21.6	27.4	26.2	30.2	24.6	20.2	15.8	10.2
10	5.2	6.2	8.4	15.0	22.0	26.6	26.2	30.6	24.6	20.4	15.6	10.0
11	5.0	6.2	8.4	15.2	20.0	26.4	28.0	28.8	25.8	20.0	15.4	9.6
12	5.0	6.6	8.8	15.6	20.2	26.8	29.4	28.8	26.6	19.6	15.2	9.2
13	5.0	7.2	8.8	15.8	20.4	26.8	28.8	29.0	25.6	19.0	15.0	9.2
14	5.0	6.4	9.2	16.8	20.4	26.2	26.2	29.2	24.6	18.8	15.0	8.2
15	5.0	6.8	9.2	16.2	20.6	26.6	25.0	29.4	24.4	18.6	15.0	8.4
16	5.0	7.0	9.0	16.4	21.0	26.6	25.6	28.6	25.0	18.6	14.4	8.4
17	4.8	6.8	9.0	16.4	21.2	27.0	28.0	28.4	25.6	18.4	14.8	8.6
18	4.8	6.6	8.8	16.0	21.4	26.4	29.4	28.0	24.6	18.4	14.0	8.4
19	4.8	6.6	9.0	17.2	21.6	25.4	27.6	28.2	24.2	18.2	13.4	8.2
20	5.2	7.2	9.2	17.2	22.4	24.8	25.8	28.2	24.0	18.2	13.2	8.2
21	5.2	7.0	9.2	17.8	22.2	24.4	25.6	28.0	24.0	18.2	13.0	8.0
22	5.4	7.4	10.2	18.2	23.8	24.4	24.8	28.4	24.4	18.0	13.6	8.4
23	5.0	7.4	10.4	17.8	23.4	24.2	24.8	28.0	24.0	18.0	13.2	8.2
24	5.0	8.2	11.2	17.6	23.6	24.3	25.6	27.8	23.8	18.0	13.4	8.0
25	5.2	8.2	12.0	17.8	23.0	25.8	25.2	28.4	23.8	18.0	13.2	8.0
26	5.2	8.6	12.2	17.8	23.4	26.2	25.6	28.4	24.2	18.2	12.8	8.0
27	5.0	8.8	12.6	18.0	23.8	25.4	26.8	28.8	24.4	18.2	12.6	8.2
28	4.8	8.6	13.0	18.2	23.8	27.4	27.4	28.2	23.2	18.0	12.6	7.8
29	5.2		13.2	18.4	25.4	30.0	29.2	28.2	22.4	17.8	12.0	7.6
30	5.2		13.2	19.2	26.2	29.0	30.0	27.6	21.4	17.0	12.0	7.4
31	5.6		13.4		25.0		29.0	26.2		17.0		7.0
平　均	5.3	6.9	9.8	16.1	21.9	26.2	27.1	28.6	24.6	19.0	14.5	9.0
最　高	7.0	8.8	13.4	19.2	26.2	30.0	30.0	30.6	26.6	22.0	16.8	11.8
日　期	1	27	31	30	30	29	30	10	12	6	1	1
最　低	4.8	5.2	8.2	13.2	19.0	24.2	24.8	26.2	21.4	16.8	12.0	7.0
日　期	17	1	5	4	1	23	22	31	30	31	29	31

年统计	最高水温 30.6	8月10日	最低水温 4.8	1月17日	平均水温 17.4

附　注

2008　滚　河　石漫滩站　逐日水温表

水温 ℃

日＼月	一月	二月	三月	四月	五月	六月	七月	八月	九月	十月	十一月	十二月
1	6.8	2.4	6.2	12.8	19.4	23.2	28.8	27.4	26.2	21.4	17.2	11.3
2	6.8	2.8	5.8	12.8	20.6	24.0	27.1	27.8	26.2	22.2	17.0	11.6
3	6.6	2.8	6.2	12.8	21.6	24.2	28.6	29.0	27.0	22.0	16.8	11.2
4	6.8	3.0	6.5	13.0	20.4	24.0	29.0	30.2	25.8	21.8	17.1	11.2
5	6.6	3.2	7.2	13.6	19.6	24.0	27.6	30.4	25.8	21.4	17.0	11.2
6	6.6	2.6	7.8	14.0	20.0	24.6	26.4	28.4	26.6	20.8	17.0	11.0
7	6.2	2.8	7.2	14.0	20.2	24.6	27.0	29.0	26.6	20.6	16.8	9.8
8	6.2	3.0	7.4	14.2	21.4	23.8	27.0	29.0	26.5	20.6	16.4	9.8
9	6.2	3.0	7.6	14.6	21.0	24.4	27.0	29.0	26.2	20.6	16.6	9.8
10	6.2	2.6	7.6	14.0	21.0	25.2	27.0	29.7	25.0	20.4	16.2	10.4
11	5.8	3.0	7.8	15.0	21.2	25.4	28.2	29.8	24.8	20.4	16.0	10.0
12	5.4	2.8	8.0	15.0	20.9	25.7	28.4	29.7	25.0	20.0	15.9	10.0
13	4.6	3.4	9.2	14.8	21.0	26.2	28.8	30.2	25.8	19.8	16.0	9.8
14	4.4	3.6	8.8	14.4	21.2	26.2	28.9	29.6	25.0	19.6	15.7	9.2
15	4.6	3.8	11.2	15.0	20.6	26.0	29.0	29.6	25.8	19.8	15.6	8.6
16	4.6	3.8	10.8	15.4	21.6	26.0	27.6	28.4	26.4	20.6	15.4	8.6
17	4.6	3.2	10.8	16.0	22.2	24.4	29.2	27.0	26.7	20.6	15.4	9.0
18	4.6	4.0	11.8	16.2	22.7	24.1	28.5	26.6	26.0	20.8	14.8	8.7
19	4.0	4.2	12.2	16.8	22.7	25.2	27.6	26.8	25.0	20.8	14.4	8.8
20	3.8	4.6	11.6	16.2	22.8	25.2	28.6	27.6	25.2	20.8	14.0	8.8
21	3.4	5.0	11.8	16.2	22.8	24.7	28.5	28.2	25.0	20.4	13.5	8.4
22	3.0	5.2	12.2	16.0	22.4	25.2	28.2	27.2	24.8	20.2	14.0	7.8
23	3.2	5.4	12.0	16.2	22.4	25.0	27.0	27.2	24.8	19.2	14.0	6.4
24	2.8	5.2	11.4	16.2	23.8	25.6	26.4	28.2	24.0	18.8	13.6	6.4
25	2.8	5.4	12.6	16.4	25.2	26.8	25.8	27.8	23.2	18.4	13.1	6.8
26	2.8	5.0	12.8	16.8	25.8	27.4	26.2	29.2	23.0	18.0	13.2	6.8
27	2.6	4.8	12.8	17.2	26.2	27.6	27.6	28.8	22.2	18.2	12.6	6.6
28	2.6	5.2	12.8	17.2	26.0	26.5	28.3	27.8	21.8	18.4	12.0	6.6
29	2.8	5.6	12.8	18.0	25.6	28.2	29.0	28.4	21.3	17.6	11.6	6.4
30	3.2		12.4	19.2	24.8	28.8	28.8	27.2	21.4	17.8	11.6	6.4
31	2.6		12.8		24.2		27.8	28.5		17.2		6.4
平　均	4.6	3.8	9.9	15.3	22.3	25.4	27.8	28.5	25.0	20.0	15.0	8.8
最　高	6.8	5.6	12.8	19.2	26.2	28.8	29.2	30.4	27.0	22.2	17.2	11.6
日　期	1	29	26	30	27	30	17	5	3	2	1	2
最　低	2.6	2.4	5.8	12.8	19.4	23.2	25.8	26.6	21.3	17.2	11.6	6.4
日　期	27	1	2	1	1	1	25	18	29	31	29	23

年统计	最高水温	30.4		8月5日	最低水温	2.4		2月1日	平均水温	17.2

附　注

2009　滚　河　石漫滩站　逐日水温表

水温 ℃

日＼月	一月	二月	三月	四月	五月	六月	七月	八月	九月	十月	十一月	十二月
1	6.0	4.6	7.0	11.2	18.4	22.4	27.9	29.0	25.4	22.4	18.8	7.8
2	5.8	4.6	6.8	11.2	18.5	22.2	29.0	29.4	25.8	22.8	18.4	9.2
3	5.7	4.4	6.4	11.2	19.0	22.5	28.7	29.6	26.6	22.8	17.2	8.4
4	5.8	4.6	6.8	11.1	19.8	23.1	29.3	28.8	26.4	23.0	16.4	8.2
5	5.6	5.2	7.0	11.2	20.0	23.5	30.0	28.6	27.4	23.2	16.4	8.6
6	5.4	4.8	6.7	12.2	20.7	24.0	29.8	28.0	27.4	23.2	17.0	8.6
7	5.2	5.6	7.0	13.4	21.0	24.8	29.2	27.8	25.2	22.8	17.0	8.6
8	5.0	5.8	7.4	14.4	22.3	24.2	30.0	27.8	25.0	22.2	17.0	8.4
9	4.6	5.6	7.6	14.2	23.0	24.1	28.6	27.6	24.6	22.0	16.8	8.4
10	4.6	5.8	7.9	14.0	23.4	24.2	28.6	27.8	24.0	21.6	16.0	8.6
11	4.3	6.2	8.0	14.8	21.7	25.2	27.8	28.0	23.8	21.0	14.6	8.4
12	4.1	7.0	7.8	15.4	21.9	24.8	26.7	28.4	23.4	21.0	13.2	8.2
13	4.1	7.2	7.6	16.4	22.1	25.5	27.2	28.2	23.2	20.8	13.4	8.0
14	4.0	7.6	7.4	17.2	22.0	27.2	27.0	28.6	22.8	20.6	12.4	7.8
15	3.9	7.8	7.7	15.6	21.4	27.5	28.0	29.4	22.8	20.4	11.8	7.4
16	4.0	7.2	8.2	15.6	20.9	27.8	28.4	30.2	23.2	20.4	11.6	7.4
17	4.3	7.2	8.6	15.8	21.0	28.2	30.0	29.0	23.4	20.2	11.0	7.0
18	4.3	7.0	9.5	15.8	21.0	27.5	29.5	28.6	22.8	20.0	11.0	6.8
19	4.4	7.0	9.9	16.2	21.2	27.8	30.2	28.8	22.8	19.8	10.4	6.4
20	4.2	6.4	10.6	16.2	22.0	26.8	30.5	28.8	22.6	19.4	10.4	6.4
21	4.3	6.4	10.7	16.0	22.5	25.5	30.2	28.4	21.6	19.6	10.2	6.2
22	4.9	7.2	10.5	17.2	22.6	26.4	30.2	27.2	21.8	19.4	9.2	5.8
23	4.0	7.2	11.0	17.2	21.9	26.8	29.6	27.2	22.4	19.4	9.6	6.4
24	3.4	7.2	10.9	17.0	22.6	26.0	29.4	27.8	23.2	19.6	10.0	6.6
25	3.8	7.0	10.4	17.0	22.4	26.9	29.6	28.0	22.2	19.6	10.0	6.2
26	3.9	6.2	10.8	17.2	21.6	28.5	29.2	29.0	22.4	19.6	10.2	6.0
27	4.2	6.2	11.5	17.2	21.9	29.5	29.2	28.4	22.4	19.6	9.0	5.8
28	4.4	6.2	11.3	17.2	21.6	28.0	29.2	28.2	22.6	19.2	8.8	5.8
29	4.8		11.2	18.0	22.8	28.5	29.0	27.6	23.0	19.4	8.6	5.6
30	4.6		11.9	18.8	21.3	28.0	29.2	25.4	22.6	19.0	8.2	5.8
31	4.5		11.5		21.8		29.4	25.2		19.0		5.8
平　均	4.6	6.3	9.0	15.2	21.4	25.9	29.1	28.2	23.8	20.7	12.8	7.2
最　高	6.0	7.8	11.9	18.8	23.4	29.5	30.5	30.2	27.4	23.2	18.8	9.2
日　期	1	15	30	30	10	27	20	16	5	5	1	2
最　低	3.4	4.4	6.4	11.1	18.4	22.2	26.7	25.2	21.6	19.0	8.2	5.6
日　期	24	3	3	4	1	2	12	31	21	30	30	29

年统计	最高水温	30.5		7月20日	最低水温	3.4		1月24日	平均水温	17.0

附　注

2010　滚　河　石漫滩站　逐日水温表

水温 ℃

日\月	一月	二月	三月	四月	五月	六月	七月	八月	九月	十月	十一月	十二月
1	5.8	4.8	5.8	11.0	16.6	24.2	29.6	31.6	26.8	22.0	16.4	12.0
2	5.6	5.0	5.8	11.4	17.0	23.8	30.0	30.4	26.8	22.0	16.2	12.0
3	5.4	4.8	5.4	12.4	17.8	24.8	30.0	29.8	26.2	21.6	15.6	11.6
4	5.2	4.6	5.8	12.2	19.8	24.6	30.0	29.8	26.4	21.4	15.6	11.4
5	5.0	4.6	6.6	12.0	19.6	24.6	30.2	30.8	26.6	21.4	15.6	11.4
6	4.8	4.8	6.2	12.0	20.0	25.2	31.0	31.0	25.6	20.8	15.6	11.0
7	4.8	4.8	5.6	12.6	19.0	25.4	30.6	29.8	25.2	21.4	15.4	10.4
8	4.6	4.8	5.8	13.2	18.8	24.0	31.4	29.0	24.6	21.4	15.2	10.4
9	4.2	4.6	5.6	13.2	19.0	23.2	30.0	30.4	24.0	21.4	15.4	10.4
10	3.8	4.6	5.4	13.2	18.8	22.4	29.6	30.8	24.0	21.8	15.0	10.2
11	3.6	3.8	6.2	13.6	18.6	23.0	28.8	31.0	23.8	20.8	15.4	10.2
12	3.6	3.6	7.2	13.6	19.8	23.0	29.0	31.0	24.4	20.8	15.2	10.0
13	3.2	3.2	7.4	13.8	19.4	23.2	28.6	32.0	25.8	20.6	15.0	10.2
14	3.2	3.4	7.4	13.6	19.4	23.8	28.3	31.8	25.6	20.2	14.8	9.6
15	3.8	3.8	7.0	12.8	19.6	25.2	28.0	31.2	25.2	20.4	14.4	9.0
16	3.8	3.6	7.0	12.2	19.8	26.2	28.6	28.8	25.8	20.0	13.6	8.6
17	4.0	3.2	8.2	12.0	19.6	27.0	28.0	29.8	27.6	20.0	13.2	8.0
18	4.2	3.8	8.2	13.2	19.6	26.0	27.4	29.8	28.2	19.6	13.0	7.2
19	4.4	4.2	8.6	13.6	18.4	27.4	27.4	30.2	25.6	19.4	13.0	7.6
20	4.3	5.0	8.6	14.2	19.4	28.2	26.8	30.4	26.2	19.4	13.0	7.8
21	4.2	5.4	9.0	14.4	20.4	28.2	27.0	29.6	25.4	19.0	13.0	7.6
22	4.2	5.4	9.9	13.8	20.0	28.4	28.0	29.2	24.2	18.4	13.0	7.6
23	4.0	5.4	9.4	14.2	21.6	28.2	27.8	28.2	23.2	18.8	12.8	7.4
24	4.2	5.4	9.8	14.4	21.6	28.4	27.2	27.4	23.0	18.6	12.6	7.0
25	4.0	5.8	9.2	15.0	23.0	27.2	27.4	26.4	22.2	18.4	12.2	6.6
26	4.0	6.2	9.4	15.2	22.6	27.6	28.0	25.8	21.8	17.8	11.8	6.4
27	4.2	6.2	9.8	15.0	22.4	27.4	28.8	25.4	21.6	17.2	11.8	6.0
28	4.2	6.4	10.0	15.0	22.0	27.8	30.0	25.2	22.0	17.0	11.8	5.8
29	4.6		11.0	15.0	22.6	28.2	30.8	25.0	22.0	16.8	12.0	6.0
30	4.8		10.8	16.0	22.8	29.0	31.0	25.8	21.4	16.6	12.0	6.0
31	4.8		10.8		23.8		31.4	26.8		16.0		5.6
平　均	4.3	4.7	7.8	13.5	20.1	25.9	29.1	29.2	24.7	19.7	14.0	8.7
最　高	5.8	6.4	11.0	16.0	23.8	29.0	31.4	32.0	28.2	22.0	16.4	12.0
日　期	1	28	29	30	31	30	8	13	18	1	1	1
最　低	3.2	3.2	5.4	11.0	16.6	22.4	26.8	25.0	21.4	16.0	11.8	5.6
日　期	13	13	3	1	1	10	20	29	30	31	27	31

年统计	最高水温	32.0		8月13日	最低水温	3.2		1月13日	平均水温	16.8

附　注	

2011　滚　河　石漫滩站　逐日水温表

水温 ℃

日\月	一月	二月	三月	四月	五月	六月	七月	八月	九月	十月	十一月	十二月
1	5.0	3.0	4.8	12.4	19.0	21.4	28.2	29.0	28.0	20.8	17.6	11.2
2	4.8	3.4	5.2	12.0	18.8	22.8	28.6	28.4	27.6	20.2	17.6	11.0
3	4.8	3.2	5.2	11.0	18.8	22.8	28.2	26.2	26.0	20.0	17.6	10.6
4	4.6	3.2	5.0	11.0	19.2	23.4	28.0	27.2	26.0	19.2	17.6	10.2
5	4.4	3.2	6.0	11.2	19.2	24.4	27.4	27.4	25.8	19.4	17.4	10.0
6	4.2	3.6	5.6	11.0	19.2	24.6	27.2	27.2	25.4	19.4	17.0	10.0
7	3.8	3.8	5.6	10.8	21.2	24.2	25.8	27.0	24.8	19.6	16.6	9.8
8	3.8	4.0	6.0	11.2	21.4	24.0	26.4	26.8	24.2	20.4	16.2	9.8
9	4.0	3.6	5.6	11.6	21.8	25.6	25.8	27.6	24.0	20.4	16.0	9.4
10	3.8	3.6	5.6	12.0	21.0	25.4	27.6	28.8	23.8	21.2	15.8	9.2
11	3.0	3.4	6.0	12.0	20.0	26.6	28.6	29.2	23.6	20.6	15.8	8.6
12	3.0	3.6	7.0	12.2	19.8	26.4	28.6	29.4	23.4	20.0	15.4	8.6
13	3.2	3.4	7.4	12.6	20.2	26.4	28.6	30.0	22.8	19.6	15.2	8.6
14	3.2	3.4	7.4	13.2	20.8	26.0	28.4	31.0	22.6	19.2	15.2	8.6
15	3.6	3.6	7.2	15.2	20.6	25.0	28.8	30.6	22.4	19.2	15.0	8.4
16	2.8	3.4	7.4	15.2	20.8	25.2	28.2	29.8	22.4	19.0	15.0	8.0
17	3.0	4.0	7.6	14.6	21.0	25.8	28.4	30.0	20.8	19.0	15.0	7.8
18	3.0	4.0	8.4	15.4	21.0	25.8	28.4	29.2	20.8	19.2	14.8	7.8
19	3.0	4.2	8.4	15.8	22.0	26.0	28.4	27.2	20.8	19.2	14.8	7.8
20	3.0	4.2	8.6	16.4	22.2	26.0	28.6	27.2	20.4	19.2	14.6	7.6
21	3.2	4.8	8.8	16.8	21.4	26.0	28.8	26.4	20.0	19.2	14.4	7.4
22	3.2	4.8	8.4	17.2	20.4	26.2	28.8	25.8	20.0	19.0	14.2	7.4
23	3.0	5.0	8.6	17.2	20.2	25.4	28.6	25.4	20.4	18.8	13.8	7.0
24	3.0	5.0	9.2	17.2	20.4	25.0	29.4	25.6	20.4	18.6	13.6	7.0
25	3.0	5.2	8.6	17.0	20.2	25.8	29.4	25.8	20.8	18.2	13.6	6.8
26	2.8	4.8	8.8	17.0	21.6	25.2	30.2	26.0	22.0	18.0	13.2	6.8
27	2.8	5.0	9.0	16.8	22.4	25.0	30.2	26.2	21.8	18.0	13.2	6.8
28	2.8	5.0	9.8	17.8	23.2	25.8	30.0	26.4	20.0	17.8	13.0	6.6
29	2.8		10.0	18.8	23.4	26.8	30.6	26.8	20.6	17.6	12.0	6.6
30	2.8		10.6	19.0	21.8	26.8	30.4	27.4	20.8	17.6	12.0	6.2
31	3.0		11.0		20.8		30.4	27.6		17.4		6.2
平　均	3.4	4.0	7.5	14.4	20.8	25.1	28.5	27.8	22.8	19.2	15.1	8.3
最　高	5.0	5.2	11.0	19.0	23.4	26.8	30.6	31.0	28.0	21.2	17.6	11.2
日　期	1	25	31	30	29	30	29	14	1	10	1	1
最　低	2.8	3.0	4.8	10.8	18.8	21.4	25.8	25.4	20.0	17.4	12.0	6.2
日　期	16	1	1	7	2	1	7	23	21	31	30	30

年统计	最高水温	31.0		8月14日	最低水温	2.8		1月16日	平均水温	16.4

附　注	

2012　滚　河　石漫滩站　逐日水温表

水温 ℃

日＼月	一月	二月	三月	四月	五月	六月	七月	八月	九月	十月	十一月	十二月
1	6.0	3.6	4.8	9.6	18.4	23.0	25.2	31.4	27.8	23.4	17.6	10.6
2	6.0	3.4	4.8	9.8	18.3	23.4	24.6	30.4	27.4	23.6	17.4	10.2
3	5.8	3.2	4.8	10.4	20.0	24.2	24.6	29.8	26.4	23.6	17.6	9.8
4	5.8	3.4	4.8	10.6	21.0	24.8	25.8	29.8	26.2	23.2	17.0	9.8
5	5.6	3.6	4.8	10.8	21.2	24.6	25.6	28.8	26.6	23.0	16.4	9.4
6	5.2	3.8	5.0	10.6	21.2	24.6	25.4	28.6	26.6	22.6	16.0	9.2
7	5.2	3.6	5.2	11.2	23.8	24.8	27.4	28.8	26.8	22.4	16.0	9.2
8	5.0	3.6	5.4	12.0	23.4	24.6	27.6	29.2	26.8	22.2	15.8	9.2
9	5.0	3.4	5.4	14.0	23.6	25.8	28.8	28.8	26.0	22.2	15.6	9.2
10	5.0	3.4	5.6	14.8	24.0	25.6	28.4	28.8	26.0	23.4	15.2	9.0
11	5.0	3.2	5.2	14.4	24.4	25.8	27.4	28.2	25.8	23.6	15.0	8.6
12	4.8	3.2	5.4	14.8	24.6	25.0	27.6	28.2	25.4	23.6	14.8	8.4
13	4.8	3.2	6.0	14.6	23.4	25.4	27.6	28.4	25.0	21.4	13.8	8.2
14	4.8	3.4	6.0	13.6	24.0	25.4	28.0	27.4	24.0	21.4	14.0	7.8
15	4.8	3.8	6.4	13.4	23.6	25.4	27.6	27.4	24.0	21.2	13.8	7.8
16	4.8	3.6	6.6	13.2	23.0	26.2	28.0	27.6	24.2	21.0	13.4	7.8
17	4.6	3.6	6.6	14.2	23.4	26.2	28.2	27.6	24.2	20.2	13.4	7.4
18	4.6	3.8	6.6	14.8	23.4	26.4	28.6	28.4	23.6	20.2	13.2	7.4
19	4.6	4.0	6.6	15.4	23.4	27.0	29.0	28.2	24.0	19.8	13.0	7.2
20	4.6	4.4	6.6	15.8	23.8	27.2	29.6	27.8	24.2	20.0	13.0	7.0
21	4.2	4.6	6.4	16.4	23.6	27.6	30.8	27.6	24.2	20.2	13.2	7.0
22	3.4	4.6	6.4	16.4	23.6	27.6	28.6	27.2	24.0	19.6	13.0	6.6
23	3.2	4.6	6.6	16.6	23.6	28.2	30.0	26.6	24.8	19.0	12.6	6.4
24	3.2	4.2	6.6	18.4	23.6	28.6	30.4	26.8	24.6	18.6	12.4	6.0
25	3.2	4.6	6.8	17.8	23.0	28.8	30.4	26.8	24.4	18.2	12.4	5.6
26	3.2	4.8	7.4	17.0	23.8	28.2	30.2	27.2	24.2	18.2	12.0	5.4
27	3.2	4.8	8.2	15.8	23.0	27.6	31.8	26.0	24.0	18.2	11.2	5.0
28	3.0	4.8	9.8	17.8	23.4	26.4	32.0	26.6	23.4	18.2	10.8	5.2
29	3.0	4.6	9.6	18.2	23.6	25.8	31.5	26.2	23.4	18.6	11.0	5.0
30	3.2		9.2	18.8	22.4	25.6	31.8	27.6	23.2	18.2	10.8	4.6
31	3.2		9.4		23.0		32.6	27.8		18.0		4.2
平　均	4.5	3.9	6.4	14.4	22.9	26.0	28.6	28.1	25.0	20.9	14.0	7.6
最　高	6.0	4.8	9.8	18.8	24.6	28.8	32.6	31.4	27.8	23.6	17.6	10.6
日　期	1	26	28	30	12	25	31	1	1	2	1	1
最　低	3.0	3.2	4.8	9.6	18.3	23.0	24.6	26.0	23.2	18.0	10.8	4.2
日　期	28	3	1	1	2	1	2	27	30	31	28	31

年统计	最高水温	32.6		7月31日	最低水温	3.0		1月28日	平均水温	16.9

附　注	

2013　滚　河　石漫滩站　逐日水温表

水温 ℃

日＼月	一月	二月	三月	四月	五月	六月	七月	八月	九月	十月	十一月	十二月
1	3.8	3.6	6.4	11.4	17.8	21.6	29.0	31.8	27.0	23.4	16.6	10.8
2	3.8	3.4	6.0	11.6	18.4	22.4	28.6	31.4	27.0	23.8	16.8	10.6
3	3.6	3.2	6.0	12.0	19.2	23.0	28.4	30.4	26.8	23.6	17.0	10.6
4	3.2	3.4	6.2	12.0	20.2	24.2	28.2	29.0	27.0	23.2	16.8	10.4
5	3.2	3.2	6.8	12.2	20.4	25.4	28.2	30.0	26.8	23.4	16.4	10.4
6	3.0	3.2	7.0	12.4	20.6	26.8	28.6	30.0	26.4	23.2	16.0	10.2
7	3.0	3.0	8.0	12.2	21.0	26.2	29.2	30.2	26.0	22.2	15.8	10.2
8	3.0	3.0	8.2	12.4	20.2	26.0	31.4	30.8	25.8	22.4	15.8	10.0
9	2.8	2.8	8.2	12.6	20.8	26.4	31.0	30.8	25.4	21.8	16.0	10.0
10	2.4	3.0	8.4	12.4	20.4	24.4	30.4	31.7	25.4	21.6	16.0	9.8
11	2.8	3.2	8.2	12.6	21.0	24.0	30.0	32.0	25.4	21.6	15.8	9.6
12	3.0	3.4	8.4	12.6	21.8	23.6	30.4	32.8	25.0	22.0	15.8	9.6
13	2.8	3.6	8.4	13.2	21.6	24.6	30.4	32.0	25.2	22.4	15.6	9.0
14	2.6	3.8	8.4	13.6	21.8	25.6	30.0	32.0	24.6	22.2	15.8	9.0
15	2.8	4.0	8.2	14.6	22.0	26.8	29.6	32.2	25.6	21.4	15.6	9.2
16	3.0	3.8	8.6	15.4	22.0	27.6	29.2	32.0	25.4	20.4	15.0	9.0
17	3.0	4.0	9.0	15.2	21.6	28.2	30.0	32.0	26.6	20.2	14.6	8.8
18	2.4	3.8	9.2	15.6	21.4	28.0	29.8	32.4	25.2	20.0	14.2	9.0
19	2.6	4.0	9.4	14.4	21.2	29.0	29.2	31.4	26.0	19.8	14.0	8.0
20	2.8	4.2	9.6	14.4	21.2	28.8	29.0	31.2	26.6	19.8	13.8	7.8
21	2.6	4.6	9.6	14.2	22.0	28.0	28.8	31.0	26.6	20.0	13.6	7.6
22	2.6	4.8	10.0	14.0	22.0	27.8	29.0	30.2	25.8	19.6	13.2	7.6
23	2.8	5.0	10.0	13.8	23.0	27.6	28.8	30.4	25.6	19.4	12.6	7.4
24	3.0	5.2	10.0	14.2	23.8	27.4	28.6	29.2	24.2	19.0	13.0	7.4
25	3.0	5.6	10.0	14.6	24.4	26.8	29.8	28.4	24.6	18.6	12.6	7.2
26	3.4	5.6	10.0	15.2	23.4	27.4	31.2	27.8	23.8	18.6	12.0	7.0
27	3.2	5.4	10.2	15.4	22.6	26.4	31.4	28.0	23.2	18.0	11.8	6.4
28	3.2	6.0	10.4	16.2	23.2	26.6	31.8	28.6	22.6	17.8	11.4	6.0
29	3.4		10.6	17.0	22.0	28.6	31.4	28.2	22.6	17.8	10.8	5.2
30	3.2		11.0	17.4	21.8	28.8	31.2	27.8	22.6	17.6	10.0	5.0
31	3.6		11.0		21.2		31.2	27.4		17.4		5.2
平　均	3.0	4.0	8.8	13.8	21.4	26.3	29.8	30.4	25.4	20.7	14.5	8.5
最　高	3.8	6.0	11.0	17.4	24.4	29.0	31.8	32.8	27.0	23.8	17.0	10.8
日　期	1	28	30	30	25	19	28	12	1	2	3	1
最　低	2.4	2.8	6.0	11.4	17.8	21.6	28.2	27.4	22.6	17.4	10.0	5.0
日　期	10	9	2	1	1	1	4	31	28	31	30	30

年统计	最高水温	32.8		8月12日	最低水温	2.4		1月10日	平均水温	17.2

附　注	

1952　滚　河　尚店站　逐日降水量表

降水量 mm

日＼月	一月	二月	三月	四月	五月	六月	七月	八月	九月	十月	十一月	十二月
1												
2							2.5Φ					
3							24.7Φ	33.3				
4								20.2				
5									31.5		0.1	
6							3.1	0.2	40.1			
7									68.7			
8									4.6		0.2	
9								50.4		7.0	0.4	
10							0.7	42.0			22.4	
11							1.5	9.1			38.0	
12									1.0		19.5	
13											2.1	
14												
15												
16												
17						0.1						
18						5.0					0.1	
19									5.0	9.5	1.2	
20										26.9	10.0	
21								8.4		5.5	5.8	
22							1.9	32.2			2.2	
23							16.4	6.1	9.5		13.2	
24							34.6		4.1		4.5	
25							22.1		0.1	3.0		
26							0.5			1.0	11.3	
27						39.0		3.5		1.5	9.0	
28						117.1		31.5				
29						25.1		12.0			10.5	
30											18.5	
31												
降水量						186.3	108.0	248.9	164.6	54.4	169.0	0
降水日数						5	10	12	9	7	18	0
最大日量						117.1	34.6	50.4	68.7	26.9	38.0	

年统计	降水量　(931.2)			降水日数　(61)	
时　段　(d)	1	3	7	15	30
最 大 降 水 量	117.1	181.2	208.4	213.7	335.5
开 始 月 — 日	6—28	6—27	6—27	6—27	8—9

附　注：附注6月开始观测。

1952　滚　河　石漫滩站　逐日降水量表

降水量 mm

日＼月	一月	二月	三月	四月	五月	六月	七月	八月	九月	十月	十一月	十二月
1					2.8			3.0				1.3*
2					25.5		1.8	9.2				
3			1.5*		20.4		35.3	15.3				
4			2.7*		2.4							
5					3.0		0.5		27.4			
6			12.9*				3.9		38.9			
7									85.5		3.5	
8			5.4		0.6				3.3		1.4	
9			1.6		2.8			86.0	0.6	6.2		
10				31.1	6.6			36.0		0.2	4.3	
11				0.4			0.4	4.1			44.7	
12							2.7				29.0	
13		5.0*					0.7		0.9		22.8	
14		16.3*									5.4	
15		3.1*			2.0						0.4	
16			20.7		29.8							
17			1.1		6.0				0.9			
18						2.6			0.6			
19					1.6					8.0	0.2	0.1*
20										27.6	2.0	
21								5.6		5.7	2.0	
22				8.6			1.2	75.1			10.7	
23		0.1*		9.9			2.8	6.7	6.3		5.2	
24		9.5*	0.2*				8.6		21.6		0.8	
25			8.0*				31.3		5.4	2.8	9.7	
26		0.2*					9.3	2.4		1.0	15.0	0.1*
27						17.8		24.6			0.7	
28						127.1		20.0				
29			20.7			29.2		2.3			8.2	
30			7.0			13.4					18.0*	
31					0.4							
降水量	0	34.2	81.8	50.0	103.9	190.1	98.5	290.3	191.4	51.5	184.0	1.5
降水日数	0	6	11	4	13	5	12	13	11	7	19	3
最大日量		16.3	20.7	31.1	29.8	127.1	35.3	86.0	85.5	27.6	44.7	1.3

年统计	降水量　1277.2			降水日数　104	
时　段　(d)	1	3	7	15	30
最 大 降 水 量	127.1	174.1	224.6	229.4	414.6
开 始 月 — 日	6—28	6—27	6—27	6—27	8—9

附　注：

1953　滚　河　尚店站　逐日降水量表

降水量 mm

日\月	一月	二月	三月	四月	五月	六月	七月	八月	九月	十月	十一月	十二月
1			2.1				7.6	9.7				5.0*
2		0.4					79.7	6.0				2.6*
3	5.5*	0.7					2.6	111.5	T		T	
4				5.3			8.0	6.1		0.2		4.0*
5					T	T	6.0	54.4	0.4	T	T	0.1
6			T			1.3	4.3	36.1			0.5	0.1
7								8.1		T	3.3	T*
8			1.0			0.1					6.6	0.1
9			2.5			5.3					16.4	
10			20.1	T	T		73.6	10.1			0.8	0.1
11		2.0					31.8					
12		1.5*					9.0				0.1	
13		1.7				0.9					0.1	
14		0.8										
15		7.1								3.8	0.2	T
16											30.1·*	0.3*
17						T	12.8	T		T	6.7*	
18						11.0	19.2	5.7		8.4	0.1	
19					T			7.2			0.1	
20				T	2.1		6.1	17.0	2.5	T		0.5*
21					T	26.7		2.2				3.8*
22								1.8				
23	0.3*	0.1					36.7	T				
24	6.5*	0.1					0.3				0.2	
25								0.1				0.4
26			8.6*				0.2	24.2			0.1	
27				6.5				4.2				
28				15.9								
29					2.5					19.0		
30							20.0			0.2		
31							5.5			0.2		T*
降水量	12.3	14.4	34.3	27.7	4.6	45.3	323.4	304.4	2.9	31.8	65.3	17.0
降水日数	3	9	5	3	2	6	17	16	2	6	14	11
最大日量	6.5	7.1	20.1	15.9	2.5	26.7	79.7	111.5	2.5	19.0	30.1	5.0

年统计

	降水量　883.4		降水日数　95		
时　段　(d)	1	3	7	15	30
最大降水量	111.5	172.0	231.9	286.5	447.1
开始月—日	8—3	8—3	8—1	7—23	7—10

附　注

1953　滚　河　石漫滩站　逐日降水量表

降水量 mm

日\月	一月	二月	三月	四月	五月	六月	七月	八月	九月	十月	十一月	十二月
1			0.1				1.2	43.2				5.7*
2		0.1*					41.1	3.4				2.3*
3	2.9*	5.2*					2.5	67.9				
4			0.2	2.3			13.2	17.5		0.1		5.3*
5					2.6		2.1	56.4	0.5			0.3*
6						1.9	2.3	48.2			0.8	
7								0.6			4.0	
8			0.3								5.6	
9			2.7			4.3					21.1	
10			14.9	1.6			58.1	8.2	1.0		0.3	
11							49.8					
12		9.3*					8.9					
13						0.1						
14		2.0*									0.5	
15		4.4*										
16											34.0*	0.9*
17							7.3				9.7*	
18						28.8	2.6	2.6		11.2		
19								5.8		0.3		
20					4.9		3.4	20.0	2.5			1.5*
21					1.5	28.2		6.0				3.0*
22								1.2				
23		0.1					22.7				0.2	
24	13.4*	0.3					4.3				0.2	
25	3.3*											
26			5.5·*					6.1				0.2
27				1.8				1.2				
28				36.6A	0.2		5.1					
29							0.5			7.5		
30						1.2	8.8			0.1		
31							7.5			0.4		
降水量	19.6	21.4	23.7	42.3	9.2	64.5	241.4	288.3	4.0	19.6	76.4	19.2
降水日数	3	7	6	4	4	6	18	15	3	6	10	8
最大日量	13.4	9.3	14.9	36.6	4.9	28.8	58.1	67.9	2.5	11.2	34.0	5.7

年统计

	降水量　829.6		降水日数　90		
时　段　(d)	1	3	7	15	30
最大降水量	67.9	141.8	244.1	285.5	416.2
开始月—日	8—3	8—3	7—31	7—23	7—10

附　注

1954　滚　河　尚店站　逐日降水量表

降水量 mm

日＼月	一月	二月	三月	四月	五月	六月	七月	八月	九月	十月	十一月	十二月
1								13.1		2.6		
2	0.7*							0.9	1.8	0.1		2.5*
3	4.7*		11.4·*					5.4	8.7	16.5		
4	0.2		2.7*	1.3		10.6	41.2	1.1	3.4	11.0		1.3*
5					5.8	1.8	8.5			12.1		2.1*
6	0.1						98.1			22.3		7.2*
7	1.9·*							24.3		24.4		3.6*
8	0.3				33.7			17.2		1.4		1.0*
9				0.5				58.3		0.5		
10	0.4			6.8			27.5	0.1				0.1
11	4.9*			0.4			11.8	5.0	0.4			
12	1.2*				0.4	0.6						
13		9.0*		0.1	34.5	4.4		0.2				
14	0.6·*	4.5*						33.6				
15	15.4·*	3.6*		0.6				0.2				
16		3.5*		11.9			158.4					0.1
17		5.4*		8.3								
18								13.8				
19	5.2·*		0.5*				21.6	0.8				
20	8.5*		0.1				18.7					
21	5.4*				17.5		1.0					
22	10.4*	0.1						6.9				1.0
23	7.0*				26.2	6.0		4.3	0.3			2.1*
24					4.6	6.5		2.4	2.3		7.8	11.9*
25				0.3		0.1	5.9	2.3			24.3*	19.8*
26		28.4*	6.7	4.6			27.9	1.2			35.4*	3.1*
27			1.1				42.4				0.4	0.1*
28		0.1					1.4			0.3	25.0	1.0*
29							11.5			3.8	1.4	2.3*
30	0.1						0.2				4.7	0.6*
31								0.2				2.5*
降水量	67.0	54.6	22.5	34.8	122.7	30.0	476.1	191.3	16.9	95.0	99.0	62.3
降水日数	17	8	6	10	7	7	15	20	6	11	7	18
最大日量	15.4	28.4	11.4	11.9	34.5	10.6	158.4	58.3	8.7	24.4	35.4	19.8

年统计	降水量	1272.2			降水日数	132		
	时　段　(d)	1		3		7	15	30
	最 大 降 水 量	158.4		158.4		199.7	345.5	490.1
	开 始 月 一 日	7—16		7—16		7—16	7—4	7—4
附　注								

1954　滚　河　石漫滩站　逐日降水量表

降水量 mm

日＼月	一月	二月	三月	四月	五月	六月	七月	八月	九月	十月	十一月	十二月
1			0.6					14.8		2.3		3.5
2	0.7		0.2				0.5	1.1	1.6	16.2		
3	4.6*		5.2·*	1.2			9.2	5.8	12.4			
4	0.4		1.6			5.3	32.4	0.9	1.8	9.9		1.8*
5		0.1			4.8	0.9	3.2		1.5	18.2		1.1*
6					0.1		84.6			27.0		9.3*
7	0.9						2.5	30.9		28.5		4.7*
8	0.2				6.2			9.9		1.5		2.0*
9				0.6			0.3	48.6				
10	0.1*			6.1			16.6	0.2				
11	2.1*			1.0			4.7		0.2			
12	1.7*				0.2		3.9					
13	0.1	8.7*			41.8	2.6	2.3	0.1				
14	0.7	5.0*			4.6			17.9				
15	14.8*	3.6*		2.0				0.4				
16	0.1	4.0*		9.0			133.7					
17		4.2*		15.0								0.1
18	0.2							17.2				
19	8.7*						17.7	0.5				
20	9.6*						15.5					
21	0.3*				13.4		0.6					
22	7.6*				40.3	3.6		26.0				0.6
23	5.1*				6.8	1.1		6.5	1.2			3.6·*
24				0.4		0.1		0.4	1.2		4.9·*	16.4*
25		0.2						0.1			22.6*	24.5*
26		30.2·*	7.3	2.6			9.3	4.0			42.5*	3.8*
27			1.4				14.6				2.4	4.5*
28		0.5									32.0	1.3*
29						1.7	6.8	3.3		2.3	1.5	1.7*
30							0.1	0.1			5.4	0.7*
31	0.1						0.4	0.4				1.9*
降水量	58.0	56.5	16.3	37.9	118.2	15.3	358.5	189.3	19.9	105.9	111.3	81.5
降水日数	19	9	6	9	9	7	19	22	7	8	7	17
最大日量	14.8	30.2	7.3	15.0	41.8	5.3	133.7	48.6	12.4	28.5	42.5	24.5

年统计	降水量	1168.6			降水日数	139		
	时　段　(d)	1		3		7	15	30
	最 大 降 水 量	133.7		133.7		167.5	293.9	372.8
	开 始 月 一 日	7—16		7—16		7—16	7—2	7—3
附　注								

1955　滚　河　尚店站　逐日降水量表

降水量 mm

日＼月	一月	二月	三月	四月	五月	六月	七月	八月	九月	十月	十一月	十二月
1	7.1·*		0.2*		6.6		0.6	34.1			1.4	
2	0.5*				4.7		2.3	45.9				
3	0.4*		17.4		0.3		36.9	77.8				
4			25.6·*				16.2	31.4				
5							1.1	13.3		1.5		
6		5.6	0.2				6.3			0.5		
7		3.1	3.6·*				21.4			0.3		
8			6.7*			1.5	91.6					
9		2.2	2.7*				75.0		15.9			
10		5.9·*			0.4		1.0		5.1			
11		0.4*					57.3		0.9			4.7
12		4.1*	0.8				23.6	11.1	22.5			0.8
13						10.6		2.9	7.5			
14				5.8		4.8		47.5				
15				4.5	1.4		0.2	49.0		1.5		
16				4.0				7.0	14.4	2.0		
17				4.8					0.6	0.3		
18		1.8*		3.5	0.7							1.6*
19		3.8*	5.6*		0.1			30.1	24.7			0.6
20								10.2	6.5			
21			0.4			1.2		18.8	1.8			
22									0.3			
23	0.1U											
24												
25						0.2		1.9				
26				0.2	1.9	0.8		0.9				
27				0.1	0.2							
28		8.2·*		6.8				0.1	1.3			
29			18.5	2.3			6.7		0.1			
30			3.8			4.6	3.4					7.2*
31			3.2				39.5					15.3*
降水量	8.1	35.1	88.7	32.0	16.3	23.7	383.1	382.0	101.6	6.1	1.4	30.2
降水日数	4	9	13	9	9	7	16	16	13	6	1	6
最大日量	7.1	8.2	25.6	6.8	6.6	10.6	91.6	77.8	24.7	2.0	1.4	15.3

年统计	降水量　1108.3			降水日数　109	
	时　段　(d)	1	3	7	15	30
	最大降水量	91.6	188.0	276.2	338.1	522.2
	开始月—日	7—8	7—7	7—6	6—30	7—7

附　注

1955　滚　河　石漫滩站　逐日降水量表

降水量 mm

日＼月	一月	二月	三月	四月	五月	六月	七月	八月	九月	十月	十一月	十二月
1	13.0*				10.1			15.4			1.6	
2	0.3*		0.6		5.4		2.5	46.4				
3	0.5		24.9		0.6		36.1	16.0				
4			24.1*				12.3	33.8				
5							0.6			3.4		
6		8.6*					5.8		0.2	0.3		
7		2.4	4.7·*				10.4			1.0		
8			8.0*			0.8	64.6		14.5			
9		1.9	3.3*				32.8		1.2			
10		4.7·*			0.5							
11		1.1*	0.1				3.1		0.7			5.3
12		2.3	1.4				25.1	6.2	22.4			0.1
13						8.2		8.4	5.1			
14				6.9		2.4		38.1				
15				5.5	0.2			38.3		0.8		
16				5.1				15.9	12.3	2.9		
17				3.8						1.0		
18		2.2*		4.3	0.5							2.8
19		4.3*	5.9*		0.3			46.1	27.4			
20							15.5	11.9	9.9			
21			0.6					33.1	0.9			
22			1.2						0.2			
23							0.7					
24			0.2					0.3				
25								0.1				
26					2.4	0.5		0.2				
27		9.4·*			0.3							
28				6.9					0.9			
29			17.1	1.2			6.7	0.1	0.1			
30			1.9			0.2						10.0*
31			2.8				13.1					15.0*
降水量	13.8	36.9	96.8	33.7	20.3	12.1	229.3	310.3	95.8	9.4	1.6	33.2
降水日数	3	9	15	7	9	5	14	16	13	6	1	5
最大日量	13.0	9.4	24.9	6.9	10.1	8.2	64.6	46.4	27.4	3.4	1.6	15.0

年统计	降水量　893.2			降水日数　103	
	时　段　(d)	1	3	7	15	30
	最大降水量	64.6	107.8	162.6	203.1	330.1
	开始月—日	7—8	7—7	7—3	8—2	7—23

附　注

1956　滚　河　尚店站　逐日降水量表

降水量 mm

日\月	一月	二月	三月	四月	五月	六月	七月	八月	九月	十月	十一月	十二月
1	1.4*						0.1	28.4		0.3		
2		1.6				72.0		97.4				
3						0.1	0.2	88.5				
4	4.0*			3.4								
5	*			50.1		108.7						
6			16.9		3.1	23.0	6.9					
7			13.6			27.4	24.2					1.0*
8					10.7	21.8	28.3					
9			*		0.5	2.4		3.3		7.2		
10					0.2	4.9	5.3	1.3		0.1		0.3*
11					12.1	1.3		5.7			0.2*	
12					5.8			5.4				
13							2.2					2.5*
14			10.9				0.8		2.9			
15	0.1U		3.7			1.2		5.2	2.2			
16						0.1						
17			27.0				0.2					
18	0.1*			26.1		8.8		20.8				
19	13.8*							2.8				
20	13.6*				5.4	12.3						
21	1.0*		5.1		7.3			64.4				
22			7.8			13.4		9.7				
23			26.4			4.3						
24			4.0	23.9		63.5	18.0					
25		0.1				4.5		4.4				
26			4.0					0.4				
27			2.6					0.9				
28						1.8	11.5	0.4				
29			4.1			15.0	24.9					0.3*
30			7.1	1.8		41.9	1.0	0.5				
31			2.6			27.6	27.5					3.8*
降水量	34.0	1.7	105.3	140.6	45.1	456.0	151.1	339.5	5.1	7.6	0.2	7.9
降水日数	7	2	12	8	8	21	14	17	2	3	1	5
最大日量	13.8	1.6	27.0	50.1	12.1	108.7	28.3	97.4	2.9	7.2	0.2	3.8

年统计	降水量　1294.1			降水日数　100	
	时段（d）	1	3	7	15	30
	最大降水量	108.7	214.3	279.2	297.2	456.1
	开始月—日	6—5	8—1	7—28	7—24	6—2

附注	

1956　滚　河　尹集站　逐日降水量表

降水量 mm

日\月	一月	二月	三月	四月	五月	六月	七月	八月	九月	十月	十一月	十二月
1	1.5*						0.2	21.8		0.7		
2		1.8	*			73.3		104.4				
3							19.0	104.2				
4	2.9*		0.7*	3.0	0.2		0.1	3.3				
5				42.9		85.5		0.3				
6			16.5		2.7	19.1	4.0					
7			13.9			31.6	23.9					0.3*
8					6.6	22.8	28.4					
9					0.4	3.3		3.2		6.0		
10			0.3*			5.0	2.6	0.7			*	
11					8.2	0.9		4.7				0.6*
12					5.9			4.1				
13							1.0					3.2*
14			9.2						4.7			
15			7.4			0.4		4.8	0.9			
16						5.8						
17			24.3				3.7					
18	0.5*			21.6		10.8		15.9				
19	9.8*							2.5				
20	12.0*			3.9		4.0						
21	2.3*		16.5		9.2			82.6				
22	*		26.3			13.6		15.9				
23				4.9		4.6						
24			2.4	28.1		55.6		0.3				
25		0.4				5.2	7.9	3.5				
26			3.4					0.2				
27			2.6			4.9		0.9				
28			0.1			17.3	4.9	0.6	1.0	0.4		
29			3.6			41.1	18.3					0.2*
30			6.3			27.8						
31	*		3.5				22.7					3.3*
降水量	29.0	2.2	106.6	130.9	37.1	432.6	136.7	373.9	6.6	7.1	0	7.6
降水日数	6	2	14	7	8	20	13	19	3	3	0	5
最大日量	12.0	1.8	26.3	42.9	9.2	85.5	28.4	104.4	4.7	6.0		3.3

年统计	降水量　1270.3			降水日数　100	
	时段（d）	1	3	7	15	30
	最大降水量	104.4	230.4	276.3	288.5	432.8
	开始月—日	8—2	8—1	7—28	7—28	6—2

附注	

1956 滚 河 柏庄站 逐日降水量表

降水量 mm

日＼月	一月	二月	三月	四月	五月	六月	七月	八月	九月	十月	十一月	十二月
1							0.9	6.9		0.3		
2						96.7		101.7	0.7			
3						0.1		89.6				
4								6.7				
5						79.9						
6						14.7	3.2					
7						39.1	24.7					0.1*
8						20.3	9.8					
9						1.2		11.4		9.7		
10						3.1	6.0	0.8		0.4		0.2*
11						0.9	0.1	18.4			*	
12							0.8	9.0				
13							0.5	0.3				
14									3.1			1.8*
15						1.2		4.4	0.8			
16							1.8					
17												
18						7.6		14.5				
19								2.9				
20						15.8						
21						0.1	0.5	59.7				
22						18.6		12.9				
23						5.3						
24						68.6						
25						2.7		4.3				
26												
27						4.7		1.3				
28						12.9	5.2	0.3	0.6	0.5		
29						33.4	7.3	0.2				0.2*
30						24.2		0.1				
31							39.9					2.1*
降水量						451.1	100.7	345.4	5.2	10.9	0	4.4
降水日数						21	13	19	4	4	0	5
最大日量						96.7	39.9	101.7	3.1	9.7		2.1

年统计	降水量 (917.7)		降水日数 66		
	时段 (d)	1	3	7	15	30
	最大降水量	101.7	198.2	252.1	291.7	452.0
	开始月—日	8—2	8—1	7—29	7—29	6—2

附注	附注6月1日开始观测。

1956 滚 河 石漫滩站 逐日降水量表

降水量 mm

日＼月	一月	二月	三月	四月	五月	六月	七月	八月	九月	十月	十一月	十二月
1	0.3*							19.1		1.6		
2		1.9				73.9		89.1				
3			*			0.2		123.8	0.3			
4	3.8*		0.1*	5.1				0.2				
5				38.1		75.9						
6	*			18.6	2.1	22.6	8.1					
7				12.8		39.4	17.3					0.2*
8					7.3	24.7	17.8					
9					0.5	1.6		1.7				
10			0.2*			3.7	7.6	0.6		5.0		0.3*
11					5.5	1.8		31.7			*	
12					4.8			3.9				
13							0.9					
14			11.1						2.6			2.9*
15			7.0			0.6		5.2	1.4			
16						1.3						
17			39.9				1.9					
18	*			25.7		7.6		15.6				
19	9.7*							3.2				
20	10.3*				4.9	10.7						
21	1.4*		0.5		8.4	0.7		62.7				
22	0.2*		12.3			20.7		12.7				
23			26.1			3.5			0.8			
24			3.8	5.1		55.5	5.4	2.2				
25		0.1*		24.3		3.8		3.6				
26			5.9									
27			2.8			3.1		0.1	0.4			
28			0.1			12.9	2.2	0.9	2.1			
29			2.9			39.3	16.6	0.2				0.1*
30			6.1			23.3	0.2	0.1				
31			3.2				13.5					3.5*
降水量	25.7	2.0	122.0	129.7	33.5	426.8	91.5	376.6	7.6	6.6	0	7.0
降水日数	6	2	15	7	7	22	11	19	6	2	0	5
最大日量	10.3	1.9	39.9	38.1	8.4	75.9	17.8	123.8	2.6	5.0		3.5

年统计	降水量 1229.0		降水日数 102		
	时段 (d)	1	3	7	15	30
	最大降水量	123.8	232.0	264.5	300.4	426.8
	开始月—日	8—3	8—1	7—28	7—29	6—2

附注	

1956　滚　河　袁门站　逐日降水量表

降水量 mm

日＼月	一月	二月	三月	四月	五月	六月	七月	八月	九月	十月	十一月	十二月
1								17.1		1.0		
2						56.0		85.7				
3						0.4	6.2	104.9				
4								6.5				
5						89.0						
6						22.6	3.8					
7						27.0	23.9					1.0 *
8						23.5	28.3					
9						4.0		1.5		6.9		
10						4.0	2.5	1.0		0.1		0.5 *
11						1.1	9.7				0.2 *	
12							4.4					
13							1.2					2.7 *
14						1.5			3.5			
15							2.5	2.7	1.2			
16							3.8					
17						9.3	0.1					
18								5.6				
19						18.9		2.9				
20												
21						2.6		58.1				
22						50.5		14.0				
23						5.7						
24							3.1					
25								3.3				
26						6.5		0.5				
27						14.6		1.5	0.1			
28						43.4	17.9	0.5				
29						32.3	21.2			0.8		0.4 *
30							0.4					
31							30.6					3.5 *
降水量						412.9	145.5	319.9	4.8	8.8	0.2	8.1
降水日数						19	14	17	3	4	1	5
最大日量						89.0	30.6	104.9	3.5	6.9	0.2	3.5

年统计	降水量　（900.2）		降水日数　63		
	时　段　（d）	1	3	7	15	30
	最 大 降 水 量	104.9	207.7	277.8	296.5	412.9
	开 始 月 — 日	8—3	8—1	7—28	7—28	6—2

附　注	附注6月1日开始观测。

1957　滚　河　尚店站　逐日降水量表

降水量 mm

日＼月	一月	二月	三月	四月	五月	六月	七月	八月	九月	十月	十一月	十二月
1	7.4	4.5 *			0.5	4.0						
2	13.0 ·*				0.7						6.9	
3	0.4 *		5.5		27.4	89.2					0.1	
4	2.2 *	17.1 *			8.1	23.7						
5						4.1						
6			2.5			9.8	170.7		0.1			
7			0.2	17.7			1.2					
8		4.4 *		1.1		15.1			1.1			
9	0.9 *			56.9		13.0		3.0			2.9	
10	1.0 *				0.7		16.9	2.2			2.9	8.9
11	0.4 *				0.8							14.1
12	9.0 *		15.0 ·*			0.1						
13	19.5 *					22.3	6.5					
14			0.1			0.1	68.7					
15			1.0									
16						0.5	10.0	0.4		3.4		0.1
17				4.3			10.6			0.2		
18			0.6	2.4			60.3			7.2		
19			1.1				43.2					
20			4.5		3.2	13.2						
21				2.2	0.5	0.7	0.2U					
22				38.6								
23				11.6			12.0				3.4	
24				1.7			14.0			7.1	4.6	
25					0.4					1.3	7.7	
26								9.4		0.7	2.4	
27	8.5			1.2				14.9		13.5	4.2 ·*	
28	7.1 *			6.0				0.2		3.1		
29										0.2		
30				9.2		11.3	0.5	0.2				
31	0.7											
降水量	70.1	26.0	30.5	114.3	80.9	207.1	417.8	28.5	12.0	25.9	35.1	23.1
降水日数	12	3	9	11	10	14	14	7	5	6	9	3
最大日量	19.5	17.1	15.0	56.9	38.6	89.2	170.7	14.9	7.2	13.5	7.7	14.1

年统计	降水量　1071.3		降水日数　103		
	时　段　（d）	1	3	7	15	30
	最 大 降 水 量	170.7	171.9	199.3	391.1	428.6
	开 始 月 — 日	7—6	7—6	7—13	7—6	6—30

附　注	

1957　滚　河　柏庄站　逐日降水量表

降水量 mm

日＼月	一月	二月	三月	四月	五月	六月	七月	八月	九月	十月	十一月	十二月
1		4.6·*			1.6	0.6						
2	8.9	0.1			1.7							
3	13.6·*		6.2·*		31.0	53.9					6.9	
4	0.2*	13.3*		0.2	9.2	25.5		0.1			0.1	
5	1.3*				0.2	4.8						
6			2.3·*				179.3		0.3			
7			0.6·*			0.2	0.7					0.1U
8		2.6*		0.8		17.7			0.3			
9	0.5			1.1		5.9	4.2	2.2			2.4	
10	0.8·*			45.6·*			4.7				3.0	6.6
11	2.4*		0.4·*		0.1							15.2
12	9.3*		7.1*			0.1						
13	14.0*					21.8	8.5	9.7				
14			2.0			0.8	45.8					
15			1.1·*									
16				4.3	0.4	9.1	20.6	0.4	4.5			
17				1.7			8.7		0.3			
18			0.4				45.6		7.0			
19			3.2				53.4					
20					3.8	18.9	0.4			0.2		
21			4.5	2.1	0.3	1.1						
22					17.2							
23				17.8							0.9	
24				1.2					0.1	6.7	5.9	
25					0.5		7.8			2.1	4.6	
26				0.6				10.9		1.2	2.0	
27	11.1·*							0.9		29.5	12.1·*	
28	3.0*			9.5						4.8		
29				1.0					0.1			
30				10.0		12.5	0.8	0.7				
31	0.4*											
降水量	65.5	20.6	27.8	95.9	66.0	172.9	380.5	24.9	12.6	44.5	37.9	21.9
降水日数	12	4	10	13	11	14	13	7	7	6	9	3
最大日量	14.0	13.3	7.1	45.6	31.0	53.9	179.3	10.9	7.0	29.5	12.1	15.2

年统计					
降水量　971.0		降水日数　109			
时段 (d)	1	3	7	15	30
最大降水量	179.3	180.0	191.8	371.9	404.0
开始月一日	7—6	7—6	6—30	7—6	6—20

附注：

1957　滚　河　石漫滩站　逐日降水量表

降水量 mm

日＼月	一月	二月	三月	四月	五月	六月	七月	八月	九月	十月	十一月	十二月
1	0.1*	6.2*			2.0	0.6						
2	11.2	0.3			1.2							
3	8.9*		7.2·*		31.5	66.8	0.1				7.8	
4	0.8*	13.4*			9.2	24.9					0.2	
5	1.4*				0.1	0.9						
6			2.3·*			0.4	147.0					
7			0.8·*				0.8					0.1U
8		2.0*		5.2		18.9			0.2			
9	1.1·*			54.8		5.9	0.6	1.4			3.2	
10	1.2·*				0.3		8.1				2.9	9.0
11	2.5*		0.1*		2.7							16.1
12	10.7*		9.1*			0.2						
13	24.5*					23.6	6.8					
14			0.1			0.6	81.4	7.6				
15			1.3			0.1						
16					0.7	5.8	56.1	0.1	4.8			
17				4.0			16.6	19.5	0.3			
18			0.2	1.6			68.0		6.3			
19			1.8				51.2			0.1		
20				0.1	4.1	17.2	0.1					
21			4.7	1.6	0.2	1.5	0.2U					
22					61.7							
23				16.3						7.5	6.2	0.1U
24				2.0						0.3	5.9	
25							8.6				7.2	
26				0.8				16.3		1.0	1.9	
27	13.1									28.2	9.6·*	
28	4.3*			6.8				0.5		3.5		
29												
30				9.1		9.0	0.3	0.4				
31	0.4*											
降水量	80.2	21.9	27.6	102.3	113.7	176.4	445.9	45.8	11.6	40.6	44.9	25.3
降水日数	13	4	10	11	11	15	15	7	4	6	9	4
最大日量	24.5	13.4	9.1	54.8	61.7	66.8	147.0	19.5	6.3	28.2	9.6	16.1

年统计					
降水量　1136.2		降水日数　109			
时段 (d)	1	3	7	15	30
最大降水量	147.0	147.8	280.1	436.7	464.4
开始月一日	7—6	7—6	7—13	7—6	6—20

附注：

1957　滚　河　袁门站　逐日降水量表

降水量 mm

日＼月	一月	二月	三月	四月	五月	六月	七月	八月	九月	十月	十一月	十二月
1		5.5*			1.6	17.9						
2	8.1				1.1						6.9	
3	13.8·*		7.2·*		22.3	55.6					0.6	
4	0.4*	14.8*			10.2	24.9						
5	3.2*				0.3	2.9						
6			3.0*			2.0	143.0					
7			0.8*				1.8					
8		3.1*		4.5			13.8	1.7	1.0			
9	0.9			55.2			22.8	0.3			6.0	
10	0.9				1.0		7.8	0.6			2.7	7.0
11	4.0*		1.3·*		4.7							13.9
12	10.8*		8.1*									
13	22.3*					33.7	5.6					
14						0.4	54.9					
15			1.3									
16					0.8	4.4	19.8	1.1	3.9			
17							15.0	9.7	0.2			
18			0.6	4.8			65.5		7.7			
19			3.5	1.6			71.2					
20					4.4	16.5						
21			4.1	1.7	0.2	1.4	0.1U					
22					40.4							
23				11.8							6.2	
24				2.3		5.5				0.1	5.4	
25					0.4	11.6					6.3	
26				1.4				21.4		0.7	2.3	
27	11.6							6.1		17.8	12.9·*	
28	5.4*			5.0				0.2		3.5		
29												
30				8.3		10.8	0.2	1.1				
31	1.0*											
降水量	82.4	23.4	29.9	96.6	87.4	207.1	402.3	41.9	12.9	30.3	49.3	20.9
降水日数	12	3	9	10	12	13	14	8	5	5	9	2
最大日量	22.3	14.8	8.1	55.2	40.4	55.6	143.0	21.4	7.7	17.8	12.9	13.9

年统计：降水量 1084.4　　降水日数 102

时段（d）	1	3	7	15	30
最大降水量	143.0	151.7	232.0	384.9	413.6
开始月—日	7—6	7—17	7—13	7—6	6—20

附注：

1958　滚　河　尚店站　逐日降水量表

降水量 mm

日＼月	一月	二月	三月	四月	五月	六月	七月	八月	九月	十月	十一月	十二月
1				13.3		6.1	1.2	0.4				
2				0.1			0.4	149.2				
3				5.0			10.0	2.0				
4						1.6	65.0	4.5				
5		1.3	5.7			2.3	14.5				0.2	
6		1.7			0.7		13.4					
7											13.5	
8					0.1	0.3						
9					29.9	4.1				2.5		
10	6.1			0.5	50.1		31.9	2.1				
11	1.1*				8.4		8.9	19.2			21.9	
12	17.4·*		1.3		1.5		29.3	18.8		7.5	19.0	
13				6.5	4.5		6.0	28.6	41.6	29.8	19.9	
14			10.7				12.7					
15							7.7	0.1	10.5	0.2		
16			11.3				2.0	1.0	22.4	5.2		
17					1.3		6.4					1.8
18							33.1		4.5	1.1		
19				1.4				33.2	0.5			
20								3.7				
21						2.2		0.3		4.8		
22								0.4				
23				55.5				7.3				8.8
24							4.5					11.7*
25			15.7	7.5								
26			4.8	1.5								
27						65.8						
28				7.0			0.4	0.1=			0.4	
29				6.4		0.9			2.0			
30						12.8			17.8			
31	*				34.4							
降水量	24.6	3.0	49.5	104.7	130.9	96.1	247.4	270.9	99.3	51.1	74.9	22.3
降水日数	3	2	6	11	9	9	17	16	7	7	6	3
最大日量	17.4	1.7	15.7	55.5	50.1	65.8	65.0	149.2	41.6	29.8	21.9	11.7

年统计：降水量 1174.7　　降水日数 96

时段（d）	1	3	7	15	30
最大降水量	149.2	155.7	156.1	230.9	385.4
开始月—日	8—2	8—2	8—1	7—4	7—4

附注：

1958　滚　河　柏庄站　逐日降水量表

降水量 mm

日\月	一月	二月	三月	四月	五月	六月	七月	八月	九月	十月	十一月	十二月
1				10.4		5.9	0.3	1.1				
2				0.1			1.7	73.2				
3								2.6				
4				5.7		2.0	42.0					
5		0.1	10.7			1.8	30.0	3.5			0.9	
6					0.3		10.4				0.9	
7					0.3						14.9	
8				0.4	0.1	0.1					0.1	
9					37.2	5.4						
10	10.0			0.5	61.4		16.0	9.1		3.3		
11	1.5·*				10.7		5.0	18.3			22.9	
12	23.2*				1.1		17.1	14.0		11.1	21.9	
13				7.2	4.5		0.9	28.9	31.9	29.4	28.3	
14			8.0				10.4			0.3		
15							7.3	0.1	8.7	1.3		
16			10.0				3.4	0.1	15.6	4.9		
17					0.9		3.6	0.1				
18							18.8	0.2	4.4			2.2
19				1.7				32.5	0.4	1.0		
20								7.1				
21						1.1		0.6		6.1		
22				0.5			0.2	0.2				
23				69.8		0.1	0.6	2.3				12.0*
24							8.0					19.2*
25			16.4	4.2			0.2					
26			4.3									
27				0.7		15.2						
28				4.5			6.1				0.3	
29				6.3		1.8			3.4			
30			2.2			7.7			14.0			
31	*				21.6							
降水量	34.7	0.1	51.6	112.0	138.1	41.1	182.0	193.9	78.4	57.4	90.2	33.4
降水日数	3	1	6	13	10	10	19	17	7	8	8	3
最大日量	23.2	0.1	16.4	69.8	61.4	15.2	42.0	73.2	31.9	29.4	28.3	19.2

年统计　降水量 1012.9　降水日数 105

时段 (d)	1	3	7	15	30
最大降水量	73.2	109.3	115.3	164.9	254.3
开始月—日	8—2	5—9	5—7	7—4	7—4

附注：

1958　滚　河　石漫滩站　逐日降水量表

降水量 mm

日\月	一月	二月	三月	四月	五月	六月	七月	八月	九月	十月	十一月	十二月
1				11.3		5.0	1.1	10.4				
2				0.3			11.6	145.8				
3				0.1=			1.2	2.8				
4				4.3		2.1	31.5					
5		0.8*	6.4	0.3		1.6	14.2	1.1			0.2	
6		2.9*			0.3		7.1				0.6	
7					0.5						14.5	
8						0.1						
9					28.0	4.9						
10	7.0			1.0	40.1		27.7	2.8		3.0		
11	0.7*				8.5		8.7	11.6		0.1	24.5	
12	17.3*				2.0		43.5	19.4		7.4	17.4	
13			1.6	7.0	3.8			23.3	42.6	32.7	20.0	
14			8.4				27.2		5.8			
15							10.2	0.4				
16	0.1U		11.3				2.6	0.5	17.3	4.6		
17					1.1		1.3					
18			0.1	0.3			1.5	1.6	4.0			1.7
19				1.3				38.2	0.3	1.2		
20								9.2	0.1	0.1		
21						1.1		0.3		3.6		
22								0.2	0.1			
23				65.1		0.2		8.4				6.2
24			0.1=				79.0					16.2·*
25			14.6	4.0			4.0					
26				0.5								
27			3.1			46.8						
28				6.2			6.9	0.1				
29				5.4		0.6			2.3			
30						13.5			16.2			
31	*		0.4		12.5							
降水量	25.1	3.7	46.0	107.1	96.8	75.9	279.3	276.1	88.7	52.7	77.2	24.1
降水日数	4	2	9	14	9	10	17	17	8	8	6	3
最大日量	17.3	2.9	14.6	65.1	40.1	46.8	79.0	145.8	42.6	32.7	24.5	16.2

年统计　降水量 1152.7　降水日数 107

时段 (d)	1	3	7	15	30
最大降水量	145.8	159.0	165.9	250.0	421.6
开始月—日	8—2	8—1	7—28	7—24	7—4

附注：

1958 滚 河 袁门站 逐日降水量表

降水量 mm

日\月	一月	二月	三月	四月	五月	六月	七月	八月	九月	十月	十一月	十二月
1		2.7 *		13.1		8.8	4.1	0.4				
2		1.8 *					6.3	136.7				
3							6.4	6.3				
4				4.4		1.8	32.6					
5						3.0	20.3	0.7				
6					0.9		12.3				0.7	
7			6.3		1.1						16.8	
8					0.3	0.3						
9					23.3	5.1				1.7		
10	7.5			1.3	53.8		13.2	3.0				
11	0.3				10.0		7.7	13.9			26.8	
12	0.2				1.7		22.7	18.1		7.8	22.0	
13	9.9 *		0.5	5.8	3.6		14.8	35.3	48.8	37.6	24.4	
14			12.4					0.1				
15			2.9				9.0		13.1			
16			5.4				0.8	2.2	21.9	4.7	0.1U	
17							7.5					1.8
18				0.6			32.1	0.2	6.6			
19				1.1			3.6	40.1	0.6			
20								5.3				
21						2.2		0.5		5.9		
22							0.4	0.3				
23				63.5		0.2	0.8	3.3				11.8 ·*
24			9.9	7.3			12.2					24.9 *
25							0.2					
26			7.5									
27						80.0						
28				8.8							0.7	
29				7.0		0.8			3.2			
30						15.4			17.9			
31			0.6		19.0							
降水量	17.9	4.5	45.5	112.9	114.5	117.6	207.0	266.4	112.1	57.7	91.5	38.5
降水日数	4	2	8	10	10	10	19	16	7	5	7	3
最大日量	9.9	2.7	12.4	63.5	53.8	80.0	32.6	136.7	48.8	37.6	26.8	24.9

年统计

	降水量 1186.1		降水日数 101		
时段 (d)	1	3	7	15	30
最大降水量	136.7	143.4	144.1	216.3	327.3
开始月—日	8—2	8—1	8—1	8—2	7—4

附注

1959 滚 河 尚店站 逐日降水量表

降水量 mm

日\月	一月	二月	三月	四月	五月	六月	七月	八月	九月	十月	十一月	十二月
1								39.9				3.8
2				1.8	13.2	1.3						
3						25.5						
4			22.9			7.9						
5		9.2	13.1									
6					10.6							
7	0.2 *	7.4 ·*			9.3		0.1				16.1 ·*	
8					4.3	21.7	81.5				5.5 *	
9				44.7	20.8	3.5						
10				31.4	3.1		7.4			1.7		
11		0.4			1.2					7.6		
12		2.6					3.3					
13		2.1 ·*					10.7	5.0	18.1	4.8	U	12.7
14		2.7 *							3.1			0.7
15												
16						2.4						
17		0.8									1.2	0.6 *
18											2.8	2.5 *
19			2.0								1.7	2.7 *
20					29.9				33.3			
21									20.9			
22			24.5									
23							1.1				0.9	
24	0.5							0.4		10.9		
25	1.6				0.8		2.4	14.0	0.1			
26						5.8		3.4				
27	6.8		15.0									
28	4.7 *		7.4	1.9								
29						20.6						*
30						112.4				8.8	1.4	0.2 *
31	0.7 *									16.4		
降水量	14.5	25.2	84.9	79.8	93.2	201.1	106.5	62.7	75.5	50.2	29.6	23.2
降水日数	6	7	6	4	9	9	7	5	5	6	7	7
最大日量	6.8	9.2	24.5	44.7	29.9	112.4	81.5	39.9	33.3	16.4	16.1	12.7

年统计

	降水量 846.4		降水日数 78		
时段 (d)	1	3	7	15	30
最大降水量	112.4	133.0	138.8	236.0	245.3
开始月—日	6—30	6—29	6—26	6—29	6—26

附注

1959　滚　河　柏庄站　逐日降水量表

降水量 mm

日＼月	一月	二月	三月	四月	五月	六月	七月	八月	九月	十月	十一月	十二月
1				2.2				20.2				6.6
2				4.3	0.9	1.5		7.7				
3					11.5	46.6						
4			14.8			11.0					0.6	
5		12.8	12.2									
6		9.5 ·*	0.1		10.7							
7	1.0*				6.9		0.1				19.2 ·*	
8					3.0	18.4	55.2				15.8*	
9				48.3	23.3	9.1					0.5	
10				31.6	3.8		2.6			2.6		
11		0.7*		0.4	1.7					3.3		
12		4.0*					0.6					
13		5.6					6.7	4.7	21.9	3.1	U	13.2
14		2.9							3.8	0.5		1.1
15		2.1						0.2	0.2			*
16		1.3				1.7						0.7*
17											0.6	2.0*
18											3.3	6.0*
19			3.2								1.8	
20					33.4					28.0		
21					1.2			0.4	25.9			
22			21.8									
23							1.1			0.3	1.0	
24	0.7									14.9		
25	1.6				0.1		3.8	2.4				
26	0.1					4.4		3.2				
27	9.9*		15.6	1.6								
28	7.0*		10.3	10.4								
29						7.4						
30						59.8				6.4	1.8	1.5*
31	0.9*									21.1		
降水量	21.2	38.9	78.0	98.8	96.5	159.9	70.1	38.8	79.8	52.2	44.6	31.1
降水日数	7	8	7	7	11	9	7	7	5	8	9	7
最大日量	9.9	12.8	21.8	48.3	33.4	59.8	55.2	20.2	28.0	21.1	19.2	13.2

年统计	降水量 809.9		降水日数 92		
	时段 (d)	1	3	7	15	30
	最大降水量	59.8	80.3	85.1	132.4	159.9
	开始月一日	6—30	4—9	6—3	6—29	6—2

附注

1959　滚　河　石漫滩站　逐日降水量表

降水量 mm

日＼月	一月	二月	三月	四月	五月	六月	七月	八月	九月	十月	十一月	十二月
1				2.1				18.3				6.4
2				2.0	0.2	0.8						
3					16.4	29.1					0.1 =	
4			22.0			1.4						
5		13.4	12.2									
6		7.6		0.1	9.6							
7	0.4				7.8						12.6 ·*	
8					2.7	18.5	43.8				9.6*	
9				53.7	23.1	3.1					0.3*	
10				28.7	2.8					4.1		0.1 =
11		0.4		0.2	1.0					4.0		0.1 =
12		3.7					0.2					0.2
13		1.8*					5.1	3.7	16.7	2.6	U	13.6
14		1.1*							5.3	0.8		2.1
15		2.0*									0.1 =	*
16		0.4				0.6						1.1*
17											0.7	3.5*
18											5.6	3.5*
19			3.3		0.2						1.2	
20					31.7				32.0		0.2	
21					0.7				20.7			
22			20.3						0.3			
23		U					1.1				0.3	
24	0.7									13.0		
25	1.5				0.3		8.7	4.4				
26	0.2 =				0.1	8.5		15.4				
27	7.5		14.5	0.6								
28	5.9		9.3	4.5								
29						7.9						
30						91.9				8.5	2.1	0.6*
31	0.9*									20.9		
降水量	17.1	30.4	81.6	91.9	96.6	161.8	58.9	41.8	75.0	53.9	32.8	31.2
降水日数	7	8	6	8	13	9	5	4	5	7	11	10
最大日量	7.5	13.4	22.0	53.7	31.7	91.9	43.8	18.3	32.0	20.9	12.6	13.6

年统计	降水量 773.0		降水日数 93		
	时段 (d)	1	3	7	15	30
	最大降水量	91.9	99.8	108.3	152.1	167.2
	开始月一日	6—30	6—29	6—26	6—26	6—26

附注

1959　滚　河　袁门站　逐日降水量表

降水量 mm

日＼月	一月	二月	三月	四月	五月	六月	七月	八月	九月	十月	十一月	十二月
1				2.8				27.0				4.4
2				3.0	0.2	1.9						
3					15.5	36.2						
4			21.0			5.4						
5		16.6	12.9									
6		13.3 ·*			11.5						0.5	
7	0.2 ·*				9.6						21.5 ·*	
8					5.3	47.2	69.4				15.4 *	
9				41.2	23.3	7.1					0.4 *	
10				42.7	4.5		1.1			1.8		
11		0.5		0.3	1.3					6.1		
12		4.3					0.7				0.2U	
13		3.7 ·*					9.2	3.8	16.1	4.0		20.8
14		3.0 *							4.0	0.5		4.6
15		2.1 *						0.4				
16		1.5 ·*				1.7						2.2
17											1.1	3.9
18											4.2	4.0
19			3.5								1.3	
20					29.1					35.7		
21					0.7				24.9			
22			24.6						0.8			
23							1.2		15.9		2.3	
24	1.1									12.9		
25	1.2				1.4		47.7	0.8				
26	11.9				1.7	2.8	2.9	23.2			0.1U	
27	8.0*		24.4									
28			11.8	3.1								
29						31.7						*
30						100.5				9.8	1.2	0.3 *
31	0.7*									21.5		
降水量	23.1	45.0	98.2	93.1	104.1	234.5	132.2	55.2	97.4	56.6	48.8	40.2
降水日数	6	8	6	6	12	9	7	5	6	7	12	7
最大日量	11.9	16.6	24.6	42.7	29.1	100.5	69.4	27.0	35.7	21.5	21.5	20.8

年统计 降水量 1028.4　降水日数 91

时段 (d)	1	3	7	15	30
最大降水量	100.5	132.2	135.0	212.6	264.4
开始月—日	6—30	6—29	6—26	6—29	6—29

附注

1960　滚　河　尚店站　逐日降水量表

降水量 mm

日＼月	一月	二月	三月	四月	五月	六月	七月	八月	九月	十月	十一月	十二月
1											2.0	
2			3.5									
3									119.5			
4									48.6			
5			6.8				0.6		48.7			
6			1.9		9.9		15.5		25.1			
7			0.3		5.9		2.2					
8			8.1	7.4	10.6						4.1	
9							23.2	5.4				
10				7.9			17.3	1.1				
11				3.4		2.1	2.1					
12				0.2	7.9		24.8			3.0		
13										1.8		
14	6.4 *	11.8 *	13.7			0.2				1.7		
15	0.2 *						5.4			2.8		
16			1.3									6.0 *
17	*		4.4									0.1 *
18	1.7 *		17.5			55.8						
19			4.5			16.4						
20	2.4 *					9.4	4.5					
21	2.0 *											
22											6.3	
23			20.8 ·*							5.6	3.1 *	
24			23.7 ·*							9.9	0.1 *	
25				14.9		13.8	1.2		1.9	3.3	0.5 *	
26		7.2 *		42.4		11.7	1.4	16.4				
27						4.2	1.7		10.4			
28							0.4		17.2			
29	*					4.0	5.8					
30	0.4 *		6.0			0.8						
31												
降水量	13.1	19.0	112.3	76.2	34.3	118.4	106.1	22.9	271.4	28.1	16.1	6.1
降水日数	6	2	13	6	4	10	14	3	7	7	6	2
最大日量	6.4	11.8	23.7	42.4	10.6	55.8	24.8	16.4	119.5	9.9	6.3	6.0

年统计 降水量 824.0　降水日数 80

时段 (d)	1	3	7	15	30
最大降水量	119.5	216.8	241.9	258.3	271.4
开始月—日	9—3	9—3	9—3	8—26	9—3

附注

1960　滚　河　柏庄站　逐日降水量表

降水量 mm

日\月	一月	二月	三月	四月	五月	六月	七月	八月	九月	十月	十一月	十二月
1							1.1					
2									0.7	2.3	0.2	
3			3.4						101.6			
4									39.4	2.3		
5			8.4				0.7		42.3			
6			3.6		11.6		18.4		25.9			
7			1.1		3.5		3.5		0.9			
8			6.8	3.3	8.6						3.7	
9							32.4	25.2			0.1	
10				7.8			15.7	2.1			0.3	
11				6.8		2.3	2.3			2.1		
12			7.0 *	0.3	7.2		11.3			1.6		
13									2.0	3.0		
14	!	12.8						1.3		5.2		
15							6.2					
16			1.6									7.8 *
17			3.0									*
18	13.0 *		20.6		0.2	61.3						
19			5.4			15.4						
20	2.0 *					9.4	28.1					
21	3.0 *										0.2	
22											9.4	
23			21.9				42.4			3.6	3.6 *	
24			21.5 *						0.8	14.4	1.9 *	
25				21.1		0.4	0.9		4.9	3.9		
26		4.0 *		65.1		1.0	6.3	18.8		U		
27						3.4	11.9	0.7	10.8			
28							1.3		13.4			
29			0.6			1.5	1.2					
30	0.5 *		6.4			0.3			0.3			
31												
降水量	18.5	16.8	111.3	104.4	31.1	95.0	183.7	48.1	243.0	38.4	19.4	7.8
降水日数	6	2	14	6	5	9	16	5	12	9	8	1
最大日量	—	12.8	21.9	65.1	11.6	61.3	42.4	25.2	101.6	14.4	9.4	7.8

年统计	降水量　917.5			降水日数　93		
	时段　(d)	1	3	7	15	30
	最大降水量	101.6	183.3	210.8	230.3	258.9
	开始月—日	9—3	9—3	9—2	8—26	8—9

附注	

1960　滚　河　石漫滩站　逐日降水量表

降水量 mm

日\月	一月	二月	三月	四月	五月	六月	七月	八月	九月	十月	十一月	十二月
1												
2			2.8						0.4	1.9		
3									117.9			
4									37.8	2.3		
5			7.6				0.3		44.7			
6			2.9		8.0		19.3		23.8			
7			0.5		6.8		2.5		0.5			
8			7.7	7.3	10.5	0.2		7.0			5.0	
9						0.6	20.1					
10				6.9			16.7	0.4			0.3	
11				3.9		1.9	2.5					
12			*	0.3	6.9		15.1			2.5		
13	10.3 *	10.7	12.6 *						0.7	1.9		
14	1.8 *									3.4		
15		0.1					4.8			5.4		
16			1.2									7.8 ·*
17			4.7		0.6							
18	1.6 *		15.8			54.5						
19			4.9			15.1						
20	2.1 *					12.9	1.5					
21	2.8 *							0.1			1.2	
22											7.7	
23			15.0				17.7			3.0	3.4 ·*	
24			17.9 *	6.9		44.4	1.1		3.3	12.0	0.4 *	
25									10.4	2.4		
26		3.6 *		52.9		1.9	4.4	16.0	0.3			
27		U			11.0	3.7	6.6	1.6	11.9			
28							0.3		17.0			
29			0.2			2.1	2.3		0.3			
30	0.3 *		4.8			0.1						
31												
降水量	18.9	14.4	98.6	78.2	43.8	137.4	115.2	25.1	269.0	34.8	18.0	7.8
降水日数	6	3	14	6	6	11	15	5	13	9	6	1
最大日量	10.3	10.7	17.9	52.9	11.0	54.5	20.1	16.0	117.9	12.0	7.7	7.8

年统计	降水量　861.2			降水日数　95		
	时段　(d)	1	3	7	15	30
	最大降水量	117.9	200.4	225.1	242.7	270.5
	开始月—日	9—3	9—3	9—2	8—26	9—3

附注	

1960　滚　河　袁门站　逐日降水量表

降水量 mm

日＼月	一月	二月	三月	四月	五月	六月	七月	八月	九月	十月	十一月	十二月
1												
2									131.3	1.7		
3			4.4						46.6	3.2		
4									43.1			
5			9.0		0.2							
6			3.6		11.3		17.1		26.7			
7			0.5		8.4		1.3		0.7			
8			10.1	6.9	10.1							
9							21.6	10.2			5.2	
10				9.6			19.1				0.2	
11				5.0		1.0	2.0			3.9		
12					8.5		15.2					
13	0.3		13.8*						1.6	2.6		
14	13.5*	18.3*								3.8		
15	2.5						5.9			7.5		
16			2.5									1.1*
17			6.8		1.0							
18	2.5*		19.3			58.7						
19			4.4			22.1						
20	4.6*					16.6	0.9					
21	5.0*										0.5	
22							24.7				10.1	
23			24.1*				10.3				3.8*	
24			20.8*						1.2	14.9		
25				15.9			3.2		7.5	3.3		
26		7.7*		49.5		3.2	1.2	20.1	0.1			
27					1.9	6.2	9.6	1.1	13.1			
28							0.6		32.7			
29			0.3			3.3			0.1			
30			5.4			1.0	3.7					
31												
降水量	28.4	26.0	125.0	86.9	41.4	112.1	136.4	31.4	304.7	40.9	19.8	1.1
降水日数	6	2	14	5	7	8	15	3	12	8	5	1
最大日量	13.5	18.3	24.1	49.5	11.3	58.7	24.7	20.1	131.3	14.9	10.1	1.1

年统计	降水量　954.1		降水日数　86		
	时　段　（d）	1	3	15	30
	最大降水量	131.3	221.0	248.4	269.6	306.4
	开始月—日	9—3	9—3	9—3	8—26	9—3

（时段列含 7：最大降水量 248.4，开始月—日 9—3）

附　注：

1961　滚　河　尚店站　逐日降水量表

降水量 mm

日＼月	一月	二月	三月	四月	五月	六月	七月	八月	九月	十月	十一月	十二月
1			10.7						4.5		10.0	
2			14.1					4.9			2.2	
3		1.1		21.5				2.5				
4		1.6					3.7					
5							42.5					
6								30.0				
7												
8						15.4	5.3				1.1	
9					25.6							
10					1.6			1.5				
11					3.4						0.6	
12			1.8								1.1	
13											4.1	1.1*
14				11.7				2.8			3.2	2.3*
15					1.1	4.7		6.6			2.3	
16						7.8	4.9			5.0	1.1	
17					1.8	15.2	25.7				22.2	
18			19.5			0.6			3.9	18.6	14.4	
19			4.4			4.1			3.7	8.9	22.1	
20			2.4						1.3			
21					0.3					8.8		
22			0.9		7.7							
23						30.1				7.0		
24				41.3					8.5			
25												
26											1.4	
27					5.2							
28		3.8				0.8	13.0	5.9				
29								2.2				
30								1.7				
31							5.9	1.5		6.4		
降水量	—	6.5	53.8	74.5	46.7	78.7	101.0	59.6	21.9	54.7	(85.8)	(3.4)
降水日数	—	3	7	3	8	8	7	10	5	6	13	2
最大日量	—	3.8	19.5	41.3	25.6	30.1	42.5	30.0	8.5	18.6	22.2	2.3

年统计	降水量　(586.6)		降水日数　72		
	时　段　（d）	1	3	15	30
	最大降水量	42.5	58.7	82.1	124.9
	开始月—日	7—5	11—17	7—4	6—8

（时段列含 7：最大降水量 69.4，开始月—日 11—13）

附　注：附注1月缺测。

1961　滚　河　柏庄站　逐日降水量表

降水量 mm

日\月	一月	二月	三月	四月	五月	六月	七月	八月	九月	十月	十一月	十二月
1			13.8						0.6	0.4	10.6	
2			22.6			0.1		9.2	12.0		4.1	
3		1.1		8.9				2.7				
4		1.5 *					0.1					
5							33.7					
6								36.7				
7					0.7						1.5	
8							6.2	0.9				
9					23.4		0.1					
10		*		0.5	1.9		0.7					
11					1.5			3.3	1.7	0.5		
12			2.0						0.9		2.9	
13			0.2								1.2	0.5 *
14				5.7				7.6			6.4	0.4 *
15					3.9	9.5		6.3			1.9	2.7 *
16						15.9	5.5					0.2
17					2.3	14.8	25.6			1.9	4.1	
18			29.2			0.2		0.1		11.4	1.7	
19			5.8						3.9	21.2	32.0	
20			4.6		3.8	3.6			5.1	13.6	40.0	
21				5.3	2.3				0.6	4.8		
22	9.1		0.9		13.3					2.6	U	
23	2.7			0.4			9.0			6.6		
24				35.2		24.2			9.2	2.0		
25												
26									0.8		2.1	0.2
27	1.1								0.3			
28		3.9			5.4		2.2	1.8		1.0		
29										0.1	0.5	
30						0.6		0.4	0.5	0.4		
31							12.4	1.8		4.8		
降水量	12.9	6.5	79.1	56.0	58.5	68.9	95.5	70.8	35.6	71.3	109.0	4.0
降水日数	3	3	8	6	10	8	10	11	11	14	13	5
最大日量	9.1	3.9	29.2	35.2	23.4	24.2	33.7	36.7	12.0	21.2	40.0	2.7

年统计					
降水量　668.1			降水日数　102		
时　段　(d)	1	3	7	15	30
最大降水量	40.0	73.7	87.3	92.3	128.7
开始月—日	11—19	11—17	11—13	11—12	10—21

附　注	

1961　滚　河　石漫滩站　逐日降水量表

降水量 mm

日\月	一月	二月	三月	四月	五月	六月	七月	八月	九月	十月	十一月	十二月
1			12.6					4.3	0.5	0.4	12.2	
2			14.7			0.4		1.2			3.8	
3		0.8		7.1								
4												
5							19.9					
6		*				0.1		56.7				
7					0.4							
8						2.8	4.9				0.8	
9					27.1		0.1					
10				0.2	1.4						0.3 =	
11					1.7			0.5	1.7	0.5		
12			1.3						0.8		4.7	
13							0.3	4.0			3.0	1.0 *
14				6.7							7.6	0.3
15					1.4	6.9		6.4			4.1	1.8 *
16					2.8	3.7	11.8			1.2	1.7	0.1
17					1.9	13.5	23.4			8.8	0.2	
18			26.3			3.9		0.9		18.6	38.3	
19			4.3 ·*						5.6	8.5	41.2	
20			1.7		18.8	3.1			5.4		0.4	
21				0.2	1.1				1.0	6.3		
22	9.0		0.6		7.2					2.2	U	
23	0.6					50.2				6.7		
24				0.3						0.6		
25				32.3					7.3			
26						0.3			1.3		2.6	*
27	1.2				7.0				0.4			
28		3.2				0.5		6.8		0.6		
29	U						1.6	2.3		0.4	0.2	
30								2.0	0.2	0.4		
31								2.1		7.9		
降水量	10.8	4.0	61.5	46.8	70.8	85.4	62.0	87.2	24.2	63.1	121.1	3.2
降水日数	3	2	7	6	11	11	7	11	10	14	15	4
最大日量	9.0	3.2	26.3	32.3	27.1	50.2	23.4	56.7	7.3	18.6	41.2	1.8

年统计					
降水量　640.1			降水日数　101		
时　段　(d)	1	3	7	15	30
最大降水量	56.7	79.9	96.1	103.8	143.0
开始月—日	8—6	11—18	11—13	11—12	10—21

附　注	

1961　滚　河　袁门站　逐日降水量表

降水量 mm

日＼月	一月	二月	三月	四月	五月	六月	七月	八月	九月	十月	十一月	十二月
1		0.4	13.0					6.4	17.2		12.0	
2			24.0								4.3	
3				18.2			1.2					
4							0.5	1.1				
5							30.5					
6								37.6				
7						11.1	3.3				1.0	
8												
9					31.8							
10								3.4				
11					4.2				0.4			
12									3.0		1.9	
13		1.0					0.2				2.0	1.1 *
14				10.2				3.5			7.5	0.5 *
15					1.5	11.0		4.5			3.5	2.1 *
16					0.8	11.7	13.2			0.8	3.3	0.6 *
17					1.3	11.5	30.3	2.3		16.0	0.6	
18			26.0			3.6			6.1	23.3	33.3	
19			5.7			3.6			4.9	12.2	39.5	
20			1.5							0.4		
21				2.8	1.2				1.4	11.5		
22	4.9		0.8		5.3					3.8		
23	1.1					17.5				6.4		
24				43.5		0.3			11.5			
25												0.2
26											1.4	0.6
27	2.4				7.1			3.8	0.4	0.2		
28		1.6				1.0	0.9	6.0		0.5		
29												
30								1.6		0.6		
31							13.6	1.0		9.6		
降水量	8.4	2.0	72.0	74.7	53.2	71.5	93.7	71.2	44.9	84.9	110.7	5.1
降水日数	3	2	7	4	8	10	9	11	8	11	13	6
最大日量	4.9	1.6	26.0	43.5	31.8	17.5	30.5	37.6	17.2	23.3	39.5	2.1

年统计	降水量　692.3		降水日数　92		
	时　段　（d）	1	3	7	15	30
	最　大　降　水　量	43.5	73.4	89.7	93.4	141.5
	开　始　月　一　日	4—24	11—17	11—13	11—12	10—21

附　注	

1962　滚　河　尚店站　逐日降水量表

降水量 mm

日＼月	一月	二月	三月	四月	五月	六月	七月	八月	九月	十月	十一月	十二月
1				2.2	16.6	2.5					17.5	
2						3.8	1.5			0.2		
3					1.2		1.0					
4					0.5		0.4	106.1				
5								25.5				
6				10.2						3.8		
7		2.1		0.5		2.3	13.0	21.5		3.8		
8	1.3 *	0.1 =		0.4			48.6	4.1		10.8	0.5	
9		7.3		0.7			0.5	6.7		18.3		
10	0.7 *				1.7			4.0		3.3		0.9
11								0.1	1.3			2.6 ·*
12		3.6 *										
13	0.8 *				0.5	4.8						2.9
14	7.0 *							5.1	23.8			
15								39.2	23.1		0.6	
16				6.5		15.6		26.9			4.7	
17						1.1		49.2				
18						0.9			17.2	0.6	25.0	
19							2.1			5.0	19.0 ·*	
20											9.8 *	
21									9.9		8.9	
22				6.5		1.7	0.5	4.4				
23		0.4 *		4.6		0.5		8.5	17.3		2.0	
24		6.1 *				1.5	5.4		3.7		14.7 ·*	
25		0.3 *				11.5	0.6	10.7	0.9		7.8 *	
26				3.0					1.3			0.3
27							10.0		0.6			1.9
28				14.2	1.0		0.4		2.9			0.2
29									3.0			
30												
31			2.4			7.2	10.7			6.1		
降水量	9.8	19.9	2.4	48.8	27.0	47.9	94.7	312.0	105.0	51.9	110.5	8.8
降水日数	4	6	1	10	6	12	13	14	12	9	11	6
最大日量	7.0	7.3	2.4	14.2	16.6	15.6	48.6	106.1	23.8	18.3	25.0	2.9

年统计	降水量　838.7		降水日数　104		
	时　段　（d）	1	3	7	15	30
	最　大　降　水　量	106.1	153.1	167.9	288.4	333.1
	开　始　月　一　日	8—4	8—4	8—4	8—4	7—27

附　注	

1962　滚　河　柏庄站　逐日降水量表

降水量 mm

日 \ 月	一月	二月	三月	四月	五月	六月	七月	八月	九月	十月	十一月	十二月
1				1.5	17.0	1.4					47.5	
2						0.6					1.3	
3					2.2	4.0						
4							1.6	96.5				
5							0.9	19.9				
6				10.4			8.6	34.4		3.5		
7		0.1		0.1			38.4			9.9	1.7	
8				0.9			0.7	6.7		20.7		
9	1.1*	8.6		0.7						37.0		
10	0.6*					1.0		5.7		4.8		0.9
11								0.1	3.1			2.6
12		5.0*										0.8
13	3.1*				0.7	3.3						4.1
14	9.3*							26.4	23.1			
15								33.8	60.4		3.4	
16				6.3		14.1		27.0			5.9	
17						1.0		45.8				
18									14.8	4.3	36.6	
19							4.8			6.6	34.4·*	
20											17.0*	
21											6.0*	
22				10.0		2.2	0.4	8.5	7.2			
23		1.3*				13.0		2.6	10.6		1.0	
24		3.8*				3.6	16.9	0.1	3.2		28.1·*	
25		0.8*					0.7	3.3	1.3		15.3*	
26				2.9		11.3			1.1			0.2
27						0.6	17.6		0.5			1.5
28		15.2			1.2	0.6	0.2		2.7			0.6
29									2.0			
30												
31			3.2		23.7		10.1			13.4		
降水量	14.1	19.6	3.2	48.0	44.8	56.7	102.5	310.8	130.0	100.2	198.2	10.7
降水日数	4	6	1	9	5	13	13	14	12	8	12	7
最大日量	9.3	8.6	3.2	15.2	23.7	14.1	38.4	96.5	60.4	37.0	47.5	4.1

年统计	降水量　1038.8		降水日数　104		
	时　段　(d)	1	3	7	15	30
	最 大 降 水 量	96.5	150.8	163.2	296.3	350.3
	开 始 月 一 日	8—4	8—4	8—4	8—4	7—24

附　注	

1962　滚　河　石漫滩站　逐日降水量表

降水量 mm

日 \ 月	一月	二月	三月	四月	五月	六月	七月	八月	九月	十月	十一月	十二月
1				1.6	14.5	2.0					30.7	
2						1.1					2.0	
3					4.0	4.5						
4					0.8		1.3	80.5		0.4		
5							0.8	58.2				
6		1.0		7.7			8.2	21.9		3.6		
7		0.3					57.6			5.6	0.9	
8		6.8		0.3			0.1	9.4		20.1		
9	0.2*			0.7				0.1		32.6		
10	0.8*					0.2		3.3		3.2		1.9
11								0.1	1.0			5.6
12		2.6*										1.8
13	1.1*				0.6	0.2						3.0
14	5.1*							4.2	22.2			
15								46.8	49.9		4.0	
16				8.5		22.6		27.0			4.9	
17						0.2		35.6				
18									16.2	5.3	45.1	
19							5.0			7.6	34.0·*	
20										0.8	9.4*	
21											3.2*	
22				6.3		0.2	2.8	5.3	6.8			
23		1.0*		4.2		18.4			11.7		1.8	
24		2.9*				50.0?	8.6	0.4	2.1		17.5·*	
25					0.2	1.4	0.1	6.0	0.8		8.2*	
26				2.5					1.6			0.3
27									0.7			1.5
28				13.5		0.5	9.2		2.5			0.6
29									2.5			
30												
31			1.6		9.4		6.0			14.5		
降水量	7.2	14.6	1.6	45.3	29.5	(101.3)	99.7	298.8	118.0	93.7	161.7	14.7
降水日数	4	6	1	9	6	12	11	14	12	10	12	7
最大日量	5.1	6.8	1.6	13.5	14.5	50.0)	57.6	80.5	49.9	32.6	45.1	5.6

年统计	降水量　(986.1)		降水日数　104		
	时　段　(d)	1	3	7	15	30
	最 大 降 水 量	80.5	160.6	173.4	287.1	318.8
	开 始 月 一 日	8—4	8—4	8—4	8—4	7—19

附　注	

1962　滚　河　袁门站　逐日降水量表

降水量 mm

日＼月	一月	二月	三月	四月	五月	六月	七月	八月	九月	十月	十一月	十二月
1				1.4	16.3	3.5		0.5			41.5	
2												
3				3.6	4.2		1.4			2.1		
4				0.7			0.3	86.1				
5								45.3				
6				8.7			9.4	24.1		4.7		
7		0.7		0.2			55.6	2.8		8.1		
8				0.5			0.2	6.6		17.7	1.8	
9	0.3 *	8.6		0.8				4.6		34.7		
10	0.1 *					0.4		4.3		3.0		0.5
11									1.7			5.6
12		0.4 *										2.9
13	0.2 *				0.9							0.9
14	3.4 *		0.1					3.2	22.6			
15								45.8	55.0		5.3	
16				7.4		20.2		42.2			5.0	
17						0.9		49.9				
18									18.2	3.3	48.8	
19							2.3			4.7	35.2 ·*	
20											15.0 *	
21											8.3 *	
22				6.6		1.8	0.8	3.4	10.6			
23		0.2 *		5.2		2.3		20.3			3.0	
24		4.6 *				10.1	16.1	0.2	5.4		24.5 ·*	
25		0.3 *				10.0	0.4	16.9	1.7		21.9 *	
26				2.9					2.0			0.3
27						0.7			1.1			2.7
28				14.4	1.4		0.5		3.2			1.0
29									4.3			
30												
31			0.2		12.5		8.9			15.8		
降水量	4.0	14.8	0.3	48.1	35.4	54.1	95.9	335.9	146.1	94.1	210.3	13.9
降水日数	4	6	2	10	6	10	11	15	12	9	11	7
最大日量	3.4	8.6	0.2	14.4	16.3	20.2	55.6	86.1	55.0	34.7	48.8	5.6

年统计	降水量　1052.9		降水日数　103		
	时段（d）	1	3	7	15	30
	最大降水量	86.1	155.5	173.8	314.9	345.3
	开始月—日	8—4	8—4	8—4	8—4	7—28

附注	

1963　滚　河　尚店站　逐日降水量表

降水量 mm

日＼月	一月	二月	三月	四月	五月	六月	七月	八月	九月	十月	十一月	十二月
1					2.0	0.2		35.0				
2						5.4	6.7	186.8	1.1		4.5	
3				0.2		6.2	2.4	18.3			0.6	
4				1.7					6.6		3.1	
5				20.1 ·*				26.6				
6		7.4 *	7.4				0.5	2.1				
7			13.5		6.4	4.5	9.0	4.1				
8			11.6 *		44.0	2.8		19.1			1.0	2.9 *
9			1.7 *		2.3		9.7	21.0				3.5 *
10			23.4 *				7.5	63.5				
11							3.2	4.6				
12					28.7							
13				1.2	24.6				0.4			
14				0.8				1.1				
15				0.4	1.4			24.6	0.9			0.1
16				0.9			0.1	22.8				
17				5.3					14.5			
18				4.7	14.0				17.2			
19				6.4	24.6				5.3			
20				3.6	0.7			0.5	2.6			
21				2.0	10.5	2.4		21.3	14.6			
22			0.9		4.8			24.2	36.1			
23					0.9			8.9	5.7			
24					24.9			10.1				
25					37.7		1.1	0.2				
26			14.1	1.5	0.3							
27			11.5		1.6		24.2	0.5				
28					40.8		44.1	0.3	35.8			
29				15.4	2.5	3.0	7.7		12.4			
30				7.5				1.2				
31					0.7		0.1	78.1		1.0		
降水量	0	7.4	84.1	71.7	273.4	24.5	116.3	574.9	153.2	1.0	9.2	6.5
降水日数	0	1	8	15	20	7	13	23	13	1	4	3
最大日量		7.4	23.4	20.1	44.0	6.2	44.1	186.8	36.1	1.0	4.5	3.5

年统计	降水量　1322.2		降水日数　108		
	时段（d）	1	3	7	15	30
	最大降水量	186.8	240.1	297.9	452.6	570.9
	开始月—日	8—2	8—1	7—27	7—27	7—27

附注	

1963　滚　河　柏庄站　逐日降水量表

降水量 mm

日＼月	一月	二月	三月	四月	五月	六月	七月	八月	九月	十月	十一月	十二月
1						0.1		43.8				
2						5.1	6.4	160.0			4.8	
3				0.5		3.8	3.2	6.0	0.2	0.6	0.5	
4				3.3					4.1		2.7	
5				29.5·*				22.1				
6		7.1·*	5.3·*				0.1	1.7				
7			12.6·*	0.3	7.3	4.4		4.4				
8			12.5·*		68.4	3.2	6.0	5.0				4.0*
9			1.0*		1.3		13.2	47.3			1.2	3.0*
10			16.9*				9.1	17.2				
11							2.5					
12					30.1							
13				1.4	23.2				0.7			
14				2.4	0.1			0.7				
15				0.4	0.3		1.4	11.5				0.1
16				1.0			0.1	17.5				
17				2.9					21.5			
18				4.6	7.1				21.1			
19				5.7	24.7				5.3			
20				5.0	0.1			1.3	1.0			
21				1.5	11.8	2.8		21.2	15.4			
22			1.2		8.5			19.4	34.6			
23					4.8			7.1	5.7			
24					25.6			9.5				
25					42.7		14.2					
26			10.4	2.5	0.4			0.4				
27			11.0		1.0		9.8	0.5				
28					39.5		35.7		27.6			
29				19.7	0.1		6.4		7.0			
30				5.8		6.8		1.2				
31					2.1			76.9		1.0		
降水量	0	7.1	70.9	86.5	299.1	26.2	108.1	474.7	144.2	1.6	9.2	7.1
降水日数	0	1	8	16	20	7	13	21	12	2	4	3
最大日量		7.1	16.9	29.5	68.4	6.8	35.7	160.0	34.6	1.0	4.8	4.0

年统计	降水量	1234.7			降水日数	107		
	时　段　(d)	1	3	7	15	30		
	最　大　降　水　量	160.0	209.8	255.7	359.4	452.3		
	开　始　月—日	8—2	8—1	7—27	7—27	7—25		

附　注	

1963　滚　河　石漫滩站　逐日降水量表

降水量 mm

日＼月	一月	二月	三月	四月	五月	六月	七月	八月	九月	十月	十一月	十二月
1					0.3	0.2	0.3	27.8				
2						33.9A	6.0	172.9			4.8	
3				0.4		6.1	1.6	5.9	0.2	0.5	0.3	
4				2.8					3.1		2.4	
5				18.6·*				12.9			0.1	
6		7.0*	3.7				0.6	0.2				
7			9.2*	0.7	2.8	3.3		7.2				
8			9.7*		79.8	1.9	6.8	1.6				2.9*
9			0.3*		1.5		8.8	60.0			1.2	3.3*
10			15.9*				5.4	4.6				
11							5.3					
12					30.6			1.4				
13				1.1	32.0				2.4			
14				1.4				0.2				
15				0.5	0.8		1.8	9.9				
16				1.6			0.2	18.6				
17				2.9					15.6			
18				4.1	9.1				14.0			
19				3.9	25.3				4.7			
20				4.5	0.6			1.0	1.4			
21				0.5	12.9	1.9		17.4	14.1			
22			0.9		7.5			16.5	31.9			
23					3.5			8.2	4.5			
24					14.6			8.4				
25					54.6		5.3					
26			9.8	1.0	0.3							
27			10.0		1.7		6.3					
28					33.7		37.3		29.9			
29				15.8	0.2		9.1		9.8			
30				5.7		1.8		0.7				
31					1.8			87.5		0.9		
降水量	0	7.0	59.5	65.5	313.6	49.1	94.8	462.9	131.6	1.4	8.8	6.2
降水日数	0	1	8	16	20	7	14	20	12	2	5	2
最大日量		7.0	15.9	18.6	79.8	33.9	37.3	172.9	31.9	0.9	4.8	3.3

年统计	降水量	1200.4			降水日数	107		
	时　段　(d)	1	3	7	15	30		
	最　大　降　水　量	172.9	206.6	253.4	345.8	435.1		
	开　始　月—日	8—2	8—1	7—27	7—27	8—2		

附　注	

1963　滚　河　袁门站　逐日降水量表

降水量 mm

日＼月	一月	二月	三月	四月	五月	六月	七月	八月	九月	十月	十一月	十二月
1					0.3	0.4		28.0			4.1	
2					0.2	9.2A	11.4	221.6			1.3	
3				0.5		10.0	4.5	24.1	1.4	0.9	4.6	
4				3.2					8.3		0.2	
5				22.0·*				12.3				
6		6.6*	7.3				1.2	1.3				
7			10.8	1.4	14.4				0.2			
8			9.7·*		64.0	5.9	10.0	10.7				2.3*
9			1.8*			2.6	14.2	78.1			1.2	3.8*
10			17.3*		2.6		6.7	47.4				
11							5.3	15.0				
12					37.4							
13				0.9	23.6				3.0			
14				0.5	0.3			0.9				0.1
15				0.3			2.1	13.7	3.3			0.5
16				1.5				24.9				
17				3.1					26.0			
18				2.8	14.3			0.2	23.0			
19				7.3	24.2				9.0			
20				4.6	0.5			0.3	3.0			
21				2.5	8.5	2.2		23.6	14.6			
22					9.6			19.0	39.3			
23					4.0			8.3	6.7			
24					14.4	0.2		8.7				
25					61.6		16.3					
26			13.4	1.8	0.2							
27			10.2		2.2		15.2					
28				1.5	36.4		32.1	0.3	36.5			
29				15.0		13.6	4.3	0.9	14.5			
30				5.8				0.9				
31					2.7		2.4	91.8		0.5		
降水量	0	6.6	70.5	74.7	321.4	44.1	125.7	631.1	188.8	1.4	11.4	6.7
降水日数	0	1	7	17	20	8	13	21	14	2	5	4
最大日量		6.6	17.3	22.0	64.0	13.6	32.1	221.6	39.3	0.9	4.6	3.8

年统计　降水量 1482.4　降水日数 112

时段 (d)	1	3	7	15	30
最大降水量	221.6	273.7	312.5	477.5	603.1
开始月—日	8—2	8—1	7—28	7—27	8—2

附注

1964　滚　河　尚店站　逐日降水量表

降水量 mm

日＼月	一月	二月	三月	四月	五月	六月	七月	八月	九月	十月	十一月	十二月
1							6.6		8.6			12.2*
2				14.6			3.4	17.1		20.0		
3			1.3							44.7		
4		3.9*	0.4	2.7					2.6	42.3	1.1	
5			6.2	38.0					1.5	1.6		
6		22.9*							0.2			
7		8.0*							50.1			
8	0.2	0.6*		0.2	28.3	0.2			0.6			
9	6.6·*				14.7	11.1		21.3	1.9			
10	35.3·*							29.1	12.0			0.7
11	7.5*						2.0	73.4	0.6	0.9		
12			1.1	16.7					24.1	7.4		
13				14.2			30.5		18.6	1.4		
14		5.7*		1.5		10.4A	0.6		0.8	1.1		
15	0.4*			15.0	85.7	6.1			7.9	0.2		
16				27.3	10.7			1.2	2.9	16.8		
17				51.0	0.6		19.4	0.7	8.0	2.8		
18		0.1*	12.4	3.8	1.1	0.3	0.2		0.2		1.3	
19				16.0	0.5		1.3			1.1		
20				23.9	0.7				0.8			
21	0.2*		6.7*u	2.7					4.7	13.6		
22		1.2*	3.3				1.6		32.6	0.2		
23			8.2		25.0				11.5			
24					9.7		1.7		1.9	5.1		
25				10.5	0.2	6.2	0.1		1.7	9.2		
26	1.6*			0.8	0.5				3.8			
27	0.2*			2.6	1.1		14.0	0.2		8.8	9.7	0.2
28								3.0		10.8	8.9	
29				0.1		9.7		0.9		1.7	0.1	
30						42.8	0.5	17.2		9.3	5.9·*	
31					4.9		61.7	3.8		0.1		
降水量	52.0	42.4	39.6	241.6	183.7	86.8	143.6	167.9	197.7	199.1	27.0	13.1
降水日数	8	7	8	18	14	8	14	11	24	21	6	3
最大日量	35.3	22.9	12.4	51.0	85.7	42.8	61.7	73.4	50.1	44.7	9.7	12.2

年统计　降水量 1394.5　降水日数 142

时段 (d)	1	3	7	15	30
最大降水量	85.7	123.8	139.7	203.1	293.5
开始月—日	5—15	8—9	4—15	7—30	9—6

附注

1964　滚　河　柏庄站　逐日降水量表

降水量 mm

日＼月	一月	二月	三月	四月	五月	六月	七月	八月	九月	十月	十一月	十二月
1							10.2		4.0	18.9	0.2	17.0*
2							2.5	2.1				
3			1.5	22.3					2.6	43.9		
4			1.8	3.3					0.4	47.9	1.3	
5		4.8*	6.9	28.8					1.5			
6		18.4•*										
7		11.7*							23.1			
8	0.5	1.2*			42.3		5.7	25.7	0.5			
9	4.1				35.0				2.2			2.1
10	34.7•*					13.2	0.6	24.0	10.3			
11	5.5•*							20.4	0.2	2.5		
12			0.5	28.5					30.5	9.6		
13				11.4			19.8		41.3	1.3		
14		11.8*		3.2		0.5			2.3	1.2		
15	1.1*			18.3	73.5	2.3			4.3			
16				23.5	17.9				2.9	20.4		
17				38.1	2.0		13.1	0.3	6.9	3.0	1.7	
18		0.2*	16.8	3.4	1.6	0.9	0.8		1.5	0.6		
19				12.9	0.6					2.6		
20				20.9	0.9		0.1		1.7			
21			5.5*U	4.8					4.6	12.9		
22		1.8*	3.3				2.3		28.3	0.3		
23			9.8		24.8				10.3			
24				10.5	6.6		0.2		0.8	4.5	0.1	
25					0.1	3.8			1.0	9.8		
26	4.0*			1.0	0.2				2.6			
27	0.2*			1.7	0.6		23.9			8.1	9.6	
28								0.7		19.7	8.1	
29				0.1		13.3		3.7		1.3		
30				13.3		49.7	0.4	22.1		9.1	8.9•*	
31					5.6		61.5	4.2		0.2		
降水量	50.1	49.9	46.1	232.7	211.7	83.7	141.1	103.2	183.8	217.8	29.9	19.1
降水日数	7	7	8	17	14	7	13	9	23	20	7	2
最大日量	34.7	18.4	16.8	38.1	73.5	49.7	61.5	25.7	41.3	47.9	9.6	17.0

年统计					
降水量 1369.1			降水日数 134		
时　段（d）	1	3	7	15	30
最大降水量	73.5	110.7	126.4	176.5	287.5
开始月—日	5—15	10—2	4—12	4—12	9—5

附　注

1964　滚　河　石漫滩站　逐日降水量表

降水量 mm

日＼月	一月	二月	三月	四月	五月	六月	七月	八月	九月	十月	十一月	十二月
1							6.2		11.2	0.4		11.3*
2							0.1			19.4		
3			1.6						1.2	48.6		
4		5.3*	1.1	4.0					1.9	49.6	1.0	
5			6.1	39.5					1.9			
6		16.8*							0.6			
7		7.8*		0.4					44.6	0.1	0.2	
8	0.1	2.0*			35.4				1.0			
9	5.0•*				27.2	23.6		18.4	1.5			2.3
10	36.3•*							28.9	9.5			
11	6.9*							34.9	1.2	1.4		
12			0.6	21.4					38.3	10.5		
13				13.5			19.0		33.8	1.3		
14		6.6*		2.5			0.6		0.7	2.7		
15	1.4*			23.9	68.4	0.3			6.9			
16				24.8	11.4		17.9	1.2	6.2	16.6		
17				60.9	0.7	0.1	0.8	0.4	7.5	2.9	1.1	
18		0.2*	15.2	2.6	0.4	0.7			0.1			
19				15.3	0.5					1.6		
20				30.5	0.9				0.1			
21			5.2U	6.5					4.1	11.3		
22		1.9*	2.2				1.7		27.8	0.2		
23		0.1*	7.6		33.6				10.6			
24				11.6	8.2		0.2		2.3	3.6		
25					0.2	0.7			1.2	10.0		
26	2.5*			0.6	0.1				2.2			
27	0.3*			2.0	0.2		16.6	0.2		9.9	14.2	
28								1.7		15.4	8.4	
29		0.1=		0.1		3.4	1.4	1.2		2.0		
30						43.1		18.4		9.3	3.0•*	
31					6.6		77.9	4.4		0.2		
降水量	52.5	40.8	39.6	274.4	193.8	71.9	142.4	109.7	216.4	217.0	28.1	13.6
降水日数	7	9	8	18	14	7	11	10	24	21	7	2
最大日量	36.3	16.8	15.2	60.9	68.4	43.1	77.9	34.9	44.6	49.6	14.2	11.3

年统计					
降水量 1400.2			降水日数 138		
时　段（d）	1	3	7	15	30
最大降水量	77.9	117.6	164.5	214.1	320.1
开始月—日	7—31	10—2	4—15	4—12	9—5

附　注

1964　滚　河　袁门站　逐日降水量表

降水量 mm

日＼月	一月	二月	三月	四月	五月	六月	七月	八月	九月	十月	十一月	十二月
1							6.6		2.3	0.2		13.3*
2			0.1	14.0				0.9	0.1	23.0		
3			1.3						9.9	43.6		
4		3.3*	0.9	1.5					7.9	54.6	1.3	
5			6.1	45.0					3.6	0.1		
6		25.4*							0.8			
7		9.8*							53.4			
8	0.3	1.3*			38.4				0.6			
9	6.7·*				31.9	11.3		23.1	1.7			3.1
10	34.4·*							57.0	11.8			
11	8.0*							44.8	0.6	0.6		
12			0.2	19.7					27.7	9.5		
13				10.0			26.9		45.5	3.5		
14		9.1*		6.8		1.8A	0.7		0.2	2.3		
15	2.7*			25.9	90.0	0.5			8.6			
16		0.1*		28.8	17.1			1.5	3.2	16.8		
17				56.4	1.3		22.5	0.9	6.5	3.0		
18			17.1	3.4	1.8	0.5	0.1		0.3		1.2	
19				12.1			0.3			1.2		
20				24.9	1.1							
21			7.7·*	6.5			20.0		4.9	20.3		
22		2.1*	4.1				0.2		31.5	0.8		
23		0.1*	9.2		29.1				12.4			
24				10.3	9.9				2.1	5.0		
25				0.9	0.2	8.0	4.2		2.4	14.4		
26	3.1*			1.6	0.1				3.5			
27	0.6*				0.4		20.4			12.6	12.0	
28								3.0		17.8	9.4	
29						6.6		1.5		2.8		
30						59.1	0.6	30.1		12.9	9.3·*	
31					5.5		80.2	6.3				
降水量	55.8	51.2	46.7	267.8	226.8	87.8	182.7	169.1	241.5	245.0	33.8	16.4
降水日数	7	8	9	16	13	7	12	10	24	20	6	2
最大日量	34.4	25.4	17.1	56.4	90.0	59.1	80.2	57.0	53.4	54.6	12.0	13.3

年统计	降水量　　1624.6				降水日数　　134							
	时　段　(d)		1		3		7		15		30	
	最 大 降 水 量		90.0		124.9		158.3		208.1		342.7	
	开 始 月 — 日		5—15		8—9		4—14		4—5		9—5	
附　注												

1965　滚　河　尚店站　逐日降水量表

降水量 mm

日＼月	一月	二月	三月	四月	五月	六月	七月	八月	九月	十月	十一月	十二月
1				5.4	0.1		91.0	33.2		3.1		
2					4.0		22.6	0.6		6.4		1.4
3			2.6				8.7	49.2		7.5		
4				0.3				4.7	8.0	2.7		
5										9.2		
6							0.3			1.8	3.9	
7											7.2	
8				0.2			80.8	0.1	1.2		12.0	
9						1.9	31.7	0.2		16.5		
10						0.7	44.7					
11							15.4					
12					5.2		30.5					
13					3.1		0.4					
14		3.7						1.0				
15		0.1					22.9					0.2*
16		13.5					5.2	13.2			0.6	
17		1.6					0.1	42.0			1.1	
18		4.4										
19		4.1	26.9·*				9.5					
20		4.8·*	4.3	3.8			0.5					
21	5.9	2.1*	15.2	36.8			14.7					
22	0.6	10.8										
23												
24		0.2U			0.1	0.4						
25	0.2*		0.3									
26				3.9								
27	1.3			19.4								
28	6.6									0.7		
29								5.8				
30				0.3		119.0		2.1		4.3		
31								2.8		5.5		
降水量	14.6	34.5	57.5	67.0	14.1	126.1	379.0	154.9	14.2	52.7	24.8	1.6
降水日数	5	9	5	7	5	6	16	10	4	8	5	2
最大日量	6.6	13.5	26.9	36.8	5.4	119.0	91.0	49.2	8.0	16.5	12.0	1.4

年统计	降水量　　941.0				降水日数　　84							
	时　段　(d)		1		3		7		15		30	
	最 大 降 水 量		119.0		232.6		241.3		445.1		498.4	
	开 始 月 — 日		6—30		6—30		6—30		6—30		6—24	
附　注												

1965　滚　河　柏庄站　逐日降水量表

降水量 mm

日＼月	一月	二月	三月	四月	五月	六月	七月	八月	九月	十月	十一月	十二月
1					5.5		124.2	19.3		6.6		0.8
2						5.3	18.4	0.1		10.3		
3							4.3	41.2		6.6		
4			0.3		2.6			5.1	10.5	7.1		
5										7.5		
6										2.3	19.2	
7										0.1 =	13.1	
8						2.0	92.7	0.2	1.9			
9						1.0	30.8	0.6		17.7		
10							51.1					
11							24.8					
12					6.7		22.6					
13					3.9		0.2					
14		4.8						1.2				
15		0.3					21.9					0.9 *
16		12.2					22.4	13.8			0.5	
17		1.9						49.1			2.1	
18		4.6						0.1				
19		2.2	18.7 ·*				23.2					
20	0.8 *	5.1 ·*	4.6	4.7		1.8	0.9					
21	11.2 ·*	3.5 *	15.5	28.0			5.1					
22	3.7 *	*	9.8									
23	0.2											
24												
25							0.9					
26				4.4								
27	0.4			21.4								
28	10.1 ·*											
29								7.5				
30						57.6		0.8	6.3			
31								1.7		8.9		
降水量	26.4	34.6	48.6	58.8	18.7	67.7	443.5	140.7	18.7	67.1	34.9	1.7
降水日数	6	8	4	5	4	5	15	13	3	8	4	2
最大日量	11.2	12.2	18.7	28.0	6.7	57.6	124.2	49.1	10.5	17.7	19.2	0.9

年统计	降水量　961.4		降水日数　77		
	时　段　(d)	1	3	7	15	30
	最 大 降 水 量	124.2	200.2	222.2	426.7	501.1
	开 始 月 一 日	7—1	6—30	7—8	6—30	6—30

附　注

1965　滚　河　石漫滩站　逐日降水量表

降水量 mm

日＼月	一月	二月	三月	四月	五月	六月	七月	八月	九月	十月	十一月	十二月
1					5.7	0.1	93.7	38.9		4.8		1.3
2						3.3	18.4	0.3	0.1	6.6		
3				3.5			7.1	64.6		5.4		
4				0.4	3.6			4.9	14.4	5.2		
5										8.9		
6										2.9	20.7	0.1U
7										0.3 =	10.7	
8						2.2	55.2		0.5			
9						2.2	20.3	0.2		20.0		
10							42.9			0.1		
11							13.1					
12					6.1		37.6					
13					4.2		0.6					
14		4.0										
15		0.4					55.7					0.2 *
16		16.4					4.8	12.3				
17		1.0		0.6			0.1	44.3			1.3	
18		6.5		0.1	0.3			0.1				
19		3.8	21.3 *				36.3	0.2 =				
20	0.4	3.7 ·*	4.4 ·*	6.9			1.6					
21	12.3 ·*	1.4 *	15.9	32.3			10.2					
22	3.7 ·*	*	11.0									
23	0.5			0.1	0.1							
24												
25			0.2				1.4					
26				2.5				0.1	0.1			
27	1.0			21.7			0.1					
28	5.9 ·*											
29								6.1				
30						90.8		1.1	7.0			
31								2.3		14.5		
降水量	23.8	37.2	52.8	68.1	20.0	98.6	399.1	175.4	22.1	68.7	32.7	1.6
降水日数	6	8	5	9	6	5	17	13	5	10	3	3
最大日量	12.3	16.4	21.3	32.3	6.1	90.8	93.7	64.6	14.4	20.0	20.7	1.3

年统计	降水量　1000.1		降水日数　90		
	时　段　(d)	1	3	7	15	30
	最 大 降 水 量	93.7	202.9	210.0	379.7	489.9
	开 始 月 一 日	7—1	6—30	6—30	6—30	6—30

附　注

1965　滚　河　袁门站　逐日降水量表

日＼月	一月	二月	三月	四月	五月	六月	七月	八月	九月	十月	十一月	十二月
1					5.8		75.7	25.9		5.7		0.3
2			4.1			2.2	24.9	0.3		9.1		
3							14.1	59.1		11.5		
4					2.1			4.9	16.8	6.1		
5										8.8		
6										1.9	14.5	
7							6.5				15.1	
8						0.6	97.1	0.2	0.8			
9						0.3	32.1	0.3		22.6		
10							61.8			0.3		
11							10.6					
12				5.1			54.0					
13				3.1			3.6	1.7				
14		5.6		0.2				4.3				
15		0.4					76.5					0.2 *
16		14.4					3.0	9.6			0.2	
17		2.4		0.4				52.4				
18		6.4		0.2								
19		6.1	25.1 ·*				32.9					
20		1.5 ·*	5.3 ·*	4.8		0.1	1.6					
21	12.0 ·*	1.9 ·*	21.2	33.8			21.2					
22	2.7		13.2									
23	0.5											
24						0.1						
25					0.2		1.2					
26				3.1						0.2		
27	0.9			24.2								
28	9.1 ·*							0.4		0.8		
29								6.9				
30				0.1		101.5		3.9	7.6			
31								2.3		8.4		
降水量	25.2	38.7	64.8	70.9	16.4	104.7	516.8	172.2	26.2	74.4	29.8	0.5
降水日数	5	8	4	9	6	5	16	14	5	9	3	2
最大日量	12.0	14.4	25.1	33.8	5.8	101.5	97.1	59.1	16.8	22.6	15.1	0.3

年统计	降水量　1140.6		降水日数　86		
	时　段　(d)	1	3	7	15	30
	最 大 降 水 量	101.5	202.1	265.7	481.9	618.3
	开 始 月 一 日	6—30	6—30	7—7	6—30	6—30

附注	

1966　滚　河　尚店站　逐日降水量表

日＼月	一月	二月	三月	四月	五月	六月	七月	八月	九月	十月	十一月	十二月
1				1.6	0.9				0.5			
2									1.5			
3			0.2	4.2								
4			4.9				1.0			7.3		
5			31.0 ·*				13.4			17.5		
6			15.2 *				0.4			0.9		0.1
7			1.8 *							4.3		
8				1.0								
9		3.9		0.7	0.1			10.9		10.4		
10					3.8						0.3	
11	4.8 *				0.2			1.0		0.9		
12	0.8 ·*				1.3					11.0		
13					7.4		2.7			5.2		3.3 ·*
14			2.4		1.3				0.7			0.3 *
15		0.2				6.9						
16					1.8							
17			0.7		0.9							
18												0.6
19												6.2
20		1.6								0.3		1.5 ·*
21		12.8 *										0.6 *
22	1.1 *						33.4					
23	7.3 *			8.9			37.1	5.9		2.4		0.1 *
24	0.4 ·*			29.0		2.6	0.3			3.1		1.6 *
25				0.2			22.9					
26					9.6	28.6						
27					35.1	4.4						
28				9.9	0.1	1.2						
29												
30			5.9		0.3							
31								5.9				
降水量	14.4	18.5	62.1	55.5	63.1	43.7	111.2	23.7	3.0	45.9	17.4	14.3
降水日数	5	4	8	8	14	5	8	4	4	7	4	9
最大日量	7.3	12.8	31.0	29.0	35.1	28.6	37.1	10.9	1.5	17.5	11.0	6.2

年统计	降水量　472.8		降水日数　80		
	时　段　(d)	1	3	7	15	30
	最 大 降 水 量	37.1	70.8	93.7	96.4	145.4
	开 始 月 一 日	7—23	7—22	7—22	7—13	6—27

附注	

1966　滚　河　柏庄站　逐日降水量表

降水量 mm

日\月	一月	二月	三月	四月	五月	六月	七月	八月	九月	十月	十一月	十二月
1				0.6	1.1				0.4			
2	0.1*								1.0			
3												
4			2.2				1.8			6.8		
5			32.6·*				12.1			16.8		
6			19.3*				1.0					
7			1.3*							1.8		
8				0.9						2.6		
9		3.5		1.0	0.3			35.1		10.8		
10					4.5		0.2				1.9	
11	7.3·*				0.2			0.5			0.6	
12	0.4·*				0.5						11.5	
13					12.6						2.0	5.9*
14			1.3		1.1				5.4			0.2*
15		0.4				18.6						
16					1.8			1.4				
17		1.1			0.5							0.2
18												0.4
19										0.1		8.3
20		2.2·*								0.5		3.6·*
21		20.4*										0.9*
22	0.6*						24.0	0.3				
23	6.0*		4.3				30.4	4.0		4.9		0.5*
24	0.7*		32.1			3.9	3.7			3.7		2.4*
25					0.7		28.3					
26					9.9	20.0						
27					34.2	11.3						
28			6.8		0.1	1.3						
29												
30			5.9									
31								4.6				
降水量	15.1	26.5	63.7	47.5	67.5	55.1	101.5	45.9	7.4	47.4	16.0	22.4
降水日数	6	4	7	7	13	5	8	6	5	7	4	9
最大日量	7.3	20.4	32.6	32.1	34.2	20.0	30.4	35.1	5.4	16.8	11.5	8.3

年统计	降水量　516.0		降水日数　81		
	时　段　(d)	1	3	7	15	30
	最　大　降　水　量	35.1	62.4	86.4	86.4	134.1
	开　始　月－日	8—9	7—23	7—22	7—22	6—27

附　注	

1966　滚　河　石漫滩站　逐日降水量表

降水量 mm

日\月	一月	二月	三月	四月	五月	六月	七月	八月	九月	十月	十一月	十二月
1			0.2	0.9	0.9				0.3			
2	0.2·*		0.1									
3			0.4	2.4					1.1			
4			5.4				0.3			7.8		
5			32.5·*				16.2			15.9		
6			17.3*				1.2					
7			1.0*							2.3		
8				1.1						3.3		
9		3.7		0.8	0.4			46.0		10.4		
10					3.6		0.3					
11	6.6·*							0.3			0.5	
12	0.7				1.5						13.5	
13					9.9		0.4				5.0	5.6·*
14		0.3	1.7		1.5				0.4			0.3*
15						18.6						
16					1.5			1.3				
17			1.4		0.9							
18		0.2										0.7
19												9.8
20		1.5							0.3			3.3·*
21		8.8·*										0.9
22	1.6·*						39.7	0.3				
23	6.9*		6.8				15.5	6.3		2.0		0.8
24	0.3*		29.8			2.5	0.6	0.4		2.5		1.4
25					0.4		39.3			0.1		
26					9.8							
27					32.7	3.8						
28				6.6		6.2						
29						0.8						
30			5.0		0.2							
31								3.9				
降水量	16.3	14.5	64.9	48.5	63.3	31.9	113.5	58.5	2.1	44.3	19.0	22.8
降水日数	6	5	9	8	12	5	9	7	4	8	3	8
最大日量	6.9	8.8	32.5	29.8	32.7	18.6	39.7	46.0	1.1	15.9	13.5	9.8

年统计	降水量　499.6		降水日数　84		
	时　段　(d)	1	3	7	15	30
	最　大　降　水　量	46.0	55.8	95.1	95.5	142.7
	开　始　月－日	8—9	7—22	7—22	7—13	7—22

附　注	

1966　滚　河　袁门站　逐日降水量表

降水量 mm

日＼月	一月	二月	三月	四月	五月	六月	七月	八月	九月	十月	十一月	十二月
1				1.7	0.8				0.8			
2				3.0					0.9			
3			1.3									
4			10.8				1.1			9.2		
5			39.2 ·*				9.0			22.0		
6			24.0 *				1.2			8.2		
7			5.9 *							3.4		
8				1.1								
9		8.9		0.9	0.7			33.7		11.4		
10					6.0		0.1					
11	1.7 ·*				0.2			7.9				
12	0.9 ·*				3.1						1.2	
13					9.9		1.7				15.1	2.2 *
14			1.4		2.3				0.7		5.1	0.7 *
15		0.3				7.7						
16					1.6			1.4				
17			1.0		0.8							
18		0.2										0.2
19												9.3
20		0.9							0.3			3.5
21		11.1 ·*										0.5 *
22	1.0 *						59.8	1.1				
23	11.1 *			2.8			12.9	2.1		6.8		1.1 *
24	0.1 *			39.4		2.6	0.1			7.7		1.7 *
25					0.1		20.9					
26	0.4 *				11.3							
27					30.3	20.6						
28				8.4	0.5	9.1						
29						0.6						0.4 *
30			5.4		0.7							
31							3.4	3.3				
降水量	15.2	21.4	89.0	57.3	68.3	40.6	110.2	49.5	2.7	68.7	21.4	19.6
降水日数	6	5	8	7	14	5	10	6	4	7	3	9
最大日量	11.1	11.1	39.2	39.4	30.3	20.6	59.8	33.7	0.9	22.0	15.1	9.3

年统计	降水量　563.9			降水日数　84	
	时段 (d)	1	3	7	15	30
	最大降水量	59.8	74.0	93.7	97.1	140.4
	开始月—日	7—22	3—4	7—22	7—22	7—13

附注

1967　滚　河　尚店站　逐日降水量表

降水量 mm

日＼月	一月	二月	三月	四月	五月	六月	七月	八月	九月	十月	十一月	十二月
1				1.8	5.5		94.4	0.8	7.4		2.2	
2					0.4		8.6	3.3	4.3		0.6	
3			1.4 *									
4												
5												
6		5.2 ·*			0.7							
7		1.4 *										
8		6.3 *										
9		6.9 *		17.6			12.1		38.4		14.7 *	
10				4.0			11.6		10.8	4.6	8.0	
11							120.9			3.7		
12						35.1	12.1					
13			1.6	12.5								
14			1.9	24.7				1.6	4.3			
15			11.8	2.6				71.9				
16			20.5	3.8				0.8			2.8	
17				0.5	16.7			8.0				
18		3.8	9.3		18.9				0.5			
19		10.4			7.8				0.8		11.2	
20					2.9	2.8	0.5					
21		44.5		22.1		5.8					0.4	
22		2.1					2.0				10.9	
23		0.9				0.5	3.6				15.0 ·*	
24							18.6	3.5			47.0	
25			9.5	7.4							13.7	
26	11.8					19.5	0.8		2.5		27.0	
27			5.2		0.1				45.6		4.4	
28			19.0		0.4		2.0		36.7			
29			12.3		2.2	0.4		0.2				
30						59.6		0.3	3.4	13.5		
31					7.6					2.3		
降水量	11.8	81.5	92.5	97.0	63.2	123.7	287.2	90.4	154.7	24.1	157.9	0
降水日数	1	9	10	10	11	7	12	9	11	4	13	0
最大日量	11.8	44.5	20.5	24.7	18.9	59.6	120.9	71.9	45.6	13.5	47.0	

年统计	降水量　1184.0			降水日数　97	
	时段 (d)	1	3	7	15	30
	最大降水量	120.9	144.6	163.0	319.7	371.3
	开始月—日	7—11	7—9	6—29	6—29	6—12

附注

1967　滚　河　柏庄站　逐日降水量表

降水量 mm

日＼月	一月	二月	三月	四月	五月	六月	七月	八月	九月	十月	十一月	十二月
1				1.0					14.6		0.2	
2									4.7		2.8	
3					4.3		59.5					
4			1.8*		0.8		12.9					
5												
6		4.7·*			0.5							
7		1.0*		0.4	0.2							
8		10.9*						1.8				
9		8.2*		16.6			10.9		76.1		19.0·*	
10				4.8			12.8		10.6	4.4	6.6	
11							98.1			2.6		
12							16.4					
13						2.7						
14			1.8	14.4				19.1	3.7			
15			12.7	31.0				65.1				
16			24.1	6.0	19.7			3.2			3.4	
17			5.9	3.4	37.4			6.5				
18				0.2	7.1				1.1		0.5	
19		4.4	0.2		3.1						16.6	
20		11.0				2.6						
21		46.0		25.2		3.7					8.8	
22		1.9					1.2				9.9	
23		0.6*				0.3	6.0	1.1			46.6	
24							12.4	3.3				
25			11.4	6.3							14.4·*	
26	15.4					24.1	1.6				24.3*	
27			7.0			0.3			2.1		5.3	
28			19.4		0.2				44.2			
29			16.6		1.3	1.4			63.4			
30						60.5			8.9	12.9		
31					13.2					2.3		
降水量	15.4	88.7	100.9	109.3	87.8	95.6	231.8	100.1	229.4	22.2	158.4	0
降水日数	1	9	10	11	11	8	10	7	10	4	13	0
最大日量	15.4	46.0	24.1	31.0	37.4	60.5	98.1	65.1	76.1	12.9	46.6	

年统计						
降水量 1239.6				降水日数　94		
时段 (d)	1	3	7	15	30	
最大降水量	98.1	127.3	138.2	272.5	316.5	
开始月—日	7—11	7—10	7—9	6—29	6—26	

附注	

1967　滚　河　柴厂站　逐日降水量表

降水量 mm

日＼月	一月	二月	三月	四月	五月	六月	七月	八月	九月	十月	十一月	十二月
1									0.7			
2					1.1			1.9	20.6			
3							80.3		2.5		3.1	
4					0.7		15.8					
5					0.9							
6												
7												
8												
9							12.3				23.6·*	
10							12.4		28.0	4.9	13.0	
11							129.6		14.7	4.1		
12						5.1	20.8					
13												
14								3.3	7.2			
15							73.1					
16					27.8			8.1			2.1	
17					43.3		0.3	9.1				
18					6.7						0.9	
19											18.9	
20					10.5	3.5	2.2					
21						8.6					0.7	
22											10.1	
23						1.7	3.8				15.0	
24							15.4				70.1	
25						0.3					23.5·*	
26						34.8	0.6				32.2·*	
27						0.7			2.4		5.8	
28							5.4		59.6			
29					1.1	16.1			82.6	23.0		
30						50.9			11.3			
31					1.4			2.4		8.8		
降水量					93.5	121.7	298.9	97.9	229.6	40.8	219.0	0
降水日数					9	9	12	6	10	4	13	0
最大日量					43.3	50.9	129.6	73.1	82.6	23.0	70.1	

年统计						
降水量 (1101.4)				降水日数　63		
时段 (d)	1	3	7	15	30	
最大降水量	129.6	162.8	175.1	338.2	395.7	
开始月—日	7—11	7—10	7—9	6—29	6—25	

附注	附注5月1日开始观测。

1967　滚　河　石漫滩站　逐日降水量表

降水量 mm

日＼月	一月	二月	三月	四月	五月	六月	七月	八月	九月	十月	十一月	十二月
1								0.2	3.0		0.3	
2				2.8					14.0		2.9	
3				5.7			57.1					
4			1.8*	0.5			11.9		2.4			
5												
6		6.6			0.5							
7		1.1*		0.7								
8		7.8·*			0.2							
9		7.5*		19.6			12.9		48.6		15.0·*	
10					2.3		13.6		10.2	4.6	8.9	
11							108.3			3.4		
12						15.8	9.4			0.3		
13			0.3	12.9								
14			1.9	22.1				8.7	7.9			
15			13.7		3.9			61.6				
16			23.7	4.2				2.9			3.6	
17				0.2	20.8			6.9				
18			5.9		31.4			0.9	1.0		0.2	
19		6.2			8.0				0.2		15.2	
20		7.1	0.2		3.7	3.3	0.2					
21		44.2	0.4			3.1					7.7	
22		2.4		21.9			19.0				14.0	
23		0.5*				0.4	2.4				44.7	
24							64.7	2.8			12.1·*	
25			11.0	8.4							28.3·*	
26	12.3					22.2	6.9					
27	0.1		6.0						2.0		5.7	
28			19.0		0.2		1.9		44.9			
29			10.3		1.3	6.8			60.3			
30						51.7			7.7	17.7		
31					1.5			0.9		4.6		
降水量	12.4	83.4	94.2	99.0	73.8	103.3	308.3	84.9	202.2	30.6	158.6	0
降水日数	2	9	12	11	11	7	12	8	12	5	13	0
最大日量	12.3	44.2	23.7	22.1	31.4	51.7	108.3	61.6	60.3	17.7	44.7	

年统计　降水量 1250.7　　降水日数 102

时段(d)	1	3	7	15	30
最大降水量	108.3	134.8	144.2	271.7	380.2
开始月—日	7—11	7—9	7—9	6—29	6—26

附注

1967　滚　河　袁门站　逐日降水量表

降水量 mm

日＼月	一月	二月	三月	四月	五月	六月	七月	八月	九月	十月	十一月	十二月
1								6.3	0.4		0.1	
2				1.4			105.7		15.6		2.9	
3					5.5		15.1		2.1			
4			1.2*		1.1							
5					0.3			0.5				
6		8.2·*			0.7							
7		1.4*		3.3	0.2							
8		5.7*										
9		8.4*		18.8			16.0		34.7		20.2·*	
10				7.2			8.5		13.4	3.9	11.5	
11					0.3	22.2	160.1			3.7		
12							9.1					
13			0.3	13.7								
14			1.7	30.6				4.8	2.4			
15			16.3	4.5				74.0				
16			20.0	5.2				1.3			2.8	
17				0.4	21.4			5.3				
18			7.7		35.8		2.0		0.3			
19		6.0			8.8						17.9	
20		8.5			7.4	4.0	0.6					
21		46.0				7.7						
22		3.1		28.9			35.5				7.2	
23		0.4*				0.8	3.3				13.1	
24							17.4	3.8			60.9	
25				9.2							24.0·*	
26	15.7					29.0	1.4				38.2·*	
27			3.8			1.2			2.4		0.7	
28			16.6		0.7		14.4		50.8			
29			11.9		0.9	5.7			66.7			
30						56.2			9.3	18.0		
31					5.6			1.1		5.3		
降水量	15.7	87.7	90.0	123.2	88.7	126.8	389.1	97.1	198.1	30.9	199.5	0
降水日数	1	9	10	11	13	8	13	8	11	4	12	0
最大日量	15.7	46.0	20.0	30.6	35.8	56.2	160.1	74.0	66.7	18.0	60.9	

年统计　降水量 1446.8　　降水日数 100

时段(d)	1	3	7	15	30
最大降水量	160.1	184.6	193.7	376.4	465.4
开始月—日	7—11	7—9	7—9	6—29	6—26

附注

1968 滚河 尚店站 逐日降水量表

降水量 mm

日\月	一月	二月	三月	四月	五月	六月	七月	八月	九月	十月	十一月	十二月
1				0.3			0.4					
2											4.6	
3					34.6		26.2					
4							1.1					
5					2.0					1.0		1.9
6					29.0			7.9		32.2		0.8
7			3.9	1.3	9.9		7.4			19.0		8.7
8									35.1	9.2		
9				16.0						4.8		0.4
10								17.1	3.8	22.0		5.4
11							23.0	38.5	2.4	29.5		
12						0.6	64.5	0.9	9.8	14.5		5.0
13							1.9		7.5			
14							7.9					
15							15.6					
16				4.2				3.8				1.0*
17				0.5				0.9	2.1			
18	2.4*		10.2					46.6	111.6			
19	0.2*				1.1			1.3	4.3			
20			1.0				7.7					
21			2.6				31.9					
22	2.7*									0.4		
23			1.1		0.8			0.4				
24			0.5	13.1				17.9				
25								0.2			0.3	
26	2.6*					3.9					2.4	
27			2.3					1.2				0.5
28	1.5*		1.6					1.1				8.0
29	3.6*				0.8	63.2				0.2		7.8·*
30				9.6		11.9						
31	2.7*							0.1		0.6		
降水量	15.7	0	23.2	45.0	78.2	79.6	187.6	137.9	176.6	133.4	7.3	39.5
降水日数	7	0	8	7	7	4	11	14	8	11	3	10
最大日量	3.6		10.2	16.0	34.6	63.2	64.5	46.6	111.6	32.2	4.6	8.7

年统计						
降水量 924.0			降水日数 90			
时段 (d)	1	3	7	15	30	
最大降水量	111.6	118.0	131.2	199.6	266.6	
开始月—日	9—18	9—17	10—6	6—29	6—26	

附注

1968 滚河 柏庄站 逐日降水量表

降水量 mm

日\月	一月	二月	三月	四月	五月	六月	七月	八月	九月	十月	十一月	十二月
1				0.2			2.2					
2											5.2	
3					35.9		27.7					
4							0.5					
5					1.7					1.2		
6					26.1			7.2		15.2		
7			3.2	3.5	13.7					26.6		7.4
8					1.4		17.0		39.7	16.3		
9				16.8					2.3	8.3		
10								25.4	3.3	26.1		7.2
11							28.2	47.7	4.8	28.7		
12						1.1	102.5	0.4	13.5	15.4		4.2
13							7.9		8.1			
14							5.6					
15							16.9					
16				6.3					1.2			2.8*
17				0.8			0.5					
18	5.4*		5.4					32.4	164.3			
19					1.8		0.1	0.7	6.0			
20			0.9				7.8					
21			2.5				28.5					
22	3.8*											
23			1.6		0.4			4.4				
24			1.1	17.3				43.0				
25								3.7				
26	3.2*					2.0					3.5·*	
27			3.7					3.0				
28	1.1*		1.8					0.9				9.8
29	2.7*				1.3	46.5						6.0·*
30	0.2*			8.1		29.7				0.5		
31	1.1*							1.0				
降水量	17.5	0	20.2	53.0	82.3	79.3	245.4	169.8	243.2	138.3	8.7	37.4
降水日数	7	0	8	7	8	4	13	12	9	9	2	6
最大日量	5.4		5.4	17.3	35.9	46.5	102.5	47.7	164.3	28.7	5.2	9.8

年统计						
降水量 1095.1			降水日数 85			
时段 (d)	1	3	7	15	30	
最大降水量	164.3	171.5	187.1	262.2	323.6	
开始月—日	9—18	9—17	9—12	6—29	6—26	

附注

1968　滚　河　柴厂站　逐日降水量表

降水量 mm

日＼月	一月	二月	三月	四月	五月	六月	七月	八月	九月	十月	十一月	十二月
1				0.4			0.7					
2												
3					36.1		26.1				13.0	
4					0.8							
5					2.0		1.8					
6					36.2			8.9		35.4		1.2
7			4.4		12.6		7.3			32.4		12.9
8									35.6	17.3		
9			16.4							5.7		
10								25.8	6.4	28.7		6.7
11								65.1	4.9	32.0		
12							112.7	0.7	7.2	15.6		5.1
13							5.6		9.4			
14							21.3					
15							14.2					
16				5.2								1.8*
17							0.7		0.8			
18	7.6*		6.5					60.1	111.8			
19	0.8*						0.5	1.3	9.2			
20			2.4				26.1					
21			2.7				32.0					
22	5.5*									1.9		
23			1.5		0.9			0.7				
24			0.4.u	10.7	0.2			51.2				
25				0.3				6.0			2.4	
26	4.8*					6.0					3.3	
27			5.1		0.2			4.8			1.2	0.5
28	1.9*		3.1									11.6
29	4.3*					25.0						11.6*
30	0.4*			8.7		15.5						1.3*
31	3.0*											
降水量	28.3	0	26.1	41.7	89.0	46.5	249.0	224.6	185.3	169.0	19.9	52.7
降水日数	8	0	7	6	8	3	12	10	8	8	4	9
最大日量	7.6		6.5	16.4	36.2	25.0	112.7	65.1	111.8	35.4	13.0	12.9

年统计	降水量　1132.1			降水日数　83		
	时段（d）	1	3	7	15	30
	最大降水量	112.7	139.6	167.1	220.4	298.3
	开始月—日	7—12	7—12	10—6	7—7	9—13

附注

1968　滚　河　石漫滩站　逐日降水量表

降水量 mm

日＼月	一月	二月	三月	四月	五月	六月	七月	八月	九月	十月	十一月	十二月
1							0.8					
2							0.2					
3					43.9		27.1				5.5	
4					0.3		1.3					
5					1.5					0.5		0.2
6					26.1					32.3		2.0
7			3.3		10.3		12.9			23.6		7.9
8					0.7				29.5	18.3		
9				13.9					0.3	7.0		0.3
10								27.6	5.5	21.4		6.8
11								41.5	3.5	29.1		
12							79.0	0.8	11.7	16.3		5.3·*
13							8.4		7.5			
14							7.2					
15							15.5					
16				3.0					1.8		0.3	1.4*
17							0.5					
18	4.5*		5.6		0.6			34.2	165.4			
19	0.9*							1.4	3.2			
20			1.8				26.3					
21			3.4				43.6					
22	3.5*											
23			1.3		0.5			4.2				
24				10.4				49.0				
25								2.9			0.7	
26	3.7*					10.3					3.8	
27			5.2					1.4			0.3	
28	1.3*		1.5					0.8				5.2
29	2.6*					45.6						8.5·*
30	0.2*			10.0		12.0				0.5		0.3*
31	0.8*							0.7		1.5		
降水量	17.5	0	22.1	37.3	83.9	67.9	222.8	164.5	228.4	150.5	10.6	37.9
降水日数	8	0	7	4	8	3	12	11	9	10	5	10
最大日量	4.5		5.6	13.9	43.9	45.6	79.0	49.0	165.4	32.3	5.5	8.5

年统计	降水量　1043.4			降水日数　87		
	时段（d）	1	3	7	15	30
	最大降水量	165.4	170.4	186.4	228.4	326.4
	开始月—日	9—18	9—17	9—12	9—8	9—13

附注

1968　滚　河　袁门站　逐日降水量表

降水量 mm

日＼月	一月	二月	三月	四月	五月	六月	七月	八月	九月	十月	十一月	十二月
1				0.9			0.7					
2												
3					34.5		27.3				8.9	
4					0.4		2.3					
5					2.0							
6					35.4		8.1	8.4		14.1		
7			2.4		11.5					29.8		1.3
8									50.5	14.1		11.5
9				17.5					0.9	6.5		
10							2.3	23.4	4.5	28.2		
11							0.4	56.3	4.6	32.7		
12							104.2	1.2	7.5	16.9		13.8
13							7.3		7.9			
14							21.0					
15							16.9					
16				4.2								
17				1.5					0.3		0.7	0.8 *
18	3.6 *		7.2				0.7	51.5	101.8			
19	0.3 *				0.8			1.5	4.3			
20			2.2				46.5					0.6
21			2.0				19.7					
22	4.8 *											
23			1.4		0.7							
24			0.2	14.0				35.7				
25				0.2				3.9			1.4	
26	4.1 *					5.1					5.0	
27	0.4 *		6.1		0.1			1.3			0.2	
28	3.9 *		1.9									15.9
29					0.1	39.0						
30						11.6						10.1 *
31	3.5 *			8.7								
降水量	20.6	0	23.4	47.0	85.5	55.7	257.4	183.2	182.3	142.3	16.2	54.0
降水日数	7	0	8	7	9	3	13	9	9	7	5	7
最大日量	4.8		7.2	17.5	35.4	39.0	104.2	56.3	101.8	32.7	8.9	15.9

年统计					
降水量 1067.6			降水日数 84		
时　段　(d)	1	3	7	15	30
最大降水量	104.2	132.5	152.1	227.1	313.1
开始月—日	7—12	7—12	7—10	7—7	6—26

附　注	

1969　滚　河　尚店站　逐日降水量表

降水量 mm

日＼月	一月	二月	三月	四月	五月	六月	七月	八月	九月	十月	十一月	十二月
1									143.0			
2		3.4 *		5.7	6.9	1.8	11.6	0.5	39.0		3.9@	
3				0.4	1.1		10.7		12.4		0.9@	
4				9.1 ·*	0.6	6.7			7.9			
5									7.7			
6							10.5		1.1			
7									0.5			
8							1.3	1.7	0.8			
9			0.5			3.0		2.4				
10	4.3 *		7.3 ·*			0.2		165.5			U	
11		1.8	U		39.7		14.3	25.5				
12		4.6 ·*			1.0					3.4		
13		15.4 ·*										
14		2.1 *		5.7	1.2		4.3					
15		0.6	0.6	21.9		0.4					14.0 *	
16												
17				1.9								
18		3.3 *		6.1	7.9			0.5				
19		4.5 *		42.3	0.9			3.2				
20	4.1 *						22.0	16.4	15.3			
21					4.8			0.2	21.4			
22		0.2 *		46.1			4.1		5.6			
23	5.2 ·*	0.2 *		6.0			19.6		1.8	5.6		
24	1.6 *	2.9 *		4.1			9.5		0.5			
25		2.5 *							10.6			
26	1.0 *	0.3 *							10.1			
27	25.0 *								1.4			
28	7.9 *		19.4	4.2					20.6			
29								1.1	15.4			
30						0.3		7.8				
31							0.3					
降水量	49.1	41.2	27.8	153.5	64.1	12.4	108.2	224.8	315.1	9.0	18.8	0
降水日数	7	12	4	12	9	6	11	11	18	2	3	0
最大日量	25.0	15.4	19.4	46.1	39.7	6.7	22.0	165.5	143.0	5.6	14.0	

年统计					
降水量 1024.0			降水日数 95		
时　段　(d)	1	3	7	15	30
最大降水量	165.5	194.4	217.8	221.3	435.4
开始月—日	8—10	9—1	8—30	8—29	8—8

附　注	

1969 滚 河 柏庄站 逐日降水量表

降水量 mm

日\月	一月	二月	三月	四月	五月	六月	七月	八月	九月	十月	十一月	十二月
1				6.9		1.4	6.5	16.7	133.7		5.4	
2		1.7*			9.7		12.1		29.4			
3				10.8*	4.0				13.1		0.3	
4						7.6			5.8			
5									5.9		U	
6							27.5					
7									0.7			
8							1.2	0.6	1.3			
9						2.5		1.2				
10	1.1*		5.7*			0.3		130.7				
11		2.3*	U		45.9		0.6	35.3				
12		7.0*			1.2					2.7		
13		12.8*										
14		6.2*		3.5	0.7	0.5	7.2					
15		1.7*		24.2							25.8*	
16												
17			1.2	1.0				1.2				
18		4.0*		5.3	7.7							
19		7.1*		35.9	0.3		10.1	25.2	4.5			
20	6.1*							65.3				
21					5.0			1.2	36.9			
22	0.5			40.4			1.9		10.1	3.4		
23	10.1·*			16.6			1.2		8.8			
24	3.0*	5.9*		1.5			2.6		1.8			
25		2.9*							12.8			
26									17.3			
27	22.9*					0.3			3.0			
28	17.2*		15.9	5.8					55.2			
29	2.1*						1.4	1.3	15.9			
30						1.0		7.9		0.2		
31												
降水量	63.0	51.6	22.8	151.9	74.5	13.6	72.3	286.6	356.2	6.3	31.5	0
降水日数	8	10	3	11	8	7	11	11	17	3	3	0
最大日量	22.9	12.8	15.9	40.4	45.9	7.6	27.5	130.7	133.7	3.4	25.8	

年统计	降水量 1130.3		降水日数 92		
	时段（d）	1	3	7	15	30
	最大降水量	133.7	176.2	195.8	264.0	458.0
	开始月—日	9—1	9—1	8—30	8—19	8—10

附注

1969 滚 河 柴厂站 逐日降水量表

降水量 mm

日\月	一月	二月	三月	四月	五月	六月	七月	八月	九月	十月	十一月	十二月
1		6.1*		10.2				5.4	152.6		4.3	
2				0.5	16.1		12.7		28.3			
3				10.5·*	1.1		9.0		16.6		1.3	
4					0.4	12.3			10.2			
5									8.7		U	
6							8.6		1.2			
7									0.5			
8							0.2		1.3			
9			0.5			3.6		1.1				
10	4.4*		9.0·*					146.4				
11		5.6·*	U		28.9		3.5	46.2				
12		15.0*			1.6					2.2		
13		7.5*										
14		3.2*		9.1			21.8					
15				25.2		0.7					15.8*	
16			0.2					0.7				
17				2.1								
18		3.8*		9.1	8.2			3.5				
19	1.6	5.4*		43.9	0.4		56.9					
20	8.9*					0.7		2.2	5.1			
21					4.5			0.7	34.7			
22	0.2	0.3*		39.1			4.7		16.8	5.3		
23	13.3·*	0.3*		10.1			54.1		11.2	1.2		
24	4.2*	5.2*		1.8			2.1		3.2			
25		4.1*							24.4			
26	2.1								24.0			
27	29.5·*								4.6			
28	9.5*		24.0	2.9					71.7			
29	1.5*							1.4	21.7			
30	0.4*					4.3		9.4				
31												
降水量	75.6	56.5	33.7	164.5	62.1	21.6	173.6	217.0	436.8	8.7	21.4	0
降水日数	11	11	4	12	9	5	10	10	18	3	3	0
最大日量	29.5	15.0	24.0	43.9	28.9	12.3	56.9	146.4	152.6	5.3	15.8	

年统计	降水量 1271.5		降水日数 96		
	时段（d）	1	3	7	15	30
	最大降水量	152.6	197.5	225.8	230.2	436.8
	开始月—日	9—1	9—1	8—30	8—29	9—1

附注

1969 滚河 石漫滩站 逐日降水量表

降水量 mm

日\月	一月	二月	三月	四月	五月	六月	七月	八月	九月	十月	十一月	十二月
1		5.4 *		7.9				23.0	153.0		3.9	
2				0.9	5.2		6.6		44.1			
3				8.1 ·*	1.3		11.4		12.0		0.9	
4					0.5	9.5			6.1	0.1		
5									6.0			
6							17.3		1.0			
7									0.7			
8						2.6	1.2	0.9	1.4			
9								1.3			U	
10	4.5 *		9.7 ·*					127.9				
11		0.2	U		42.3		1.1	29.0				
12		4.8 ·*			3.7					3.6		
13		17.6 ·*										
14		5.9 ·*		0.5	0.8		17.7					
15		1.8 ·*		23.5		0.5					14.9 ·*	
16												
17			0.4	1.9				0.5				
18		2.3 ·*		7.0	7.2							
19		4.7 ·*		41.3			18.6	6.9				
20	7.5 ·*							23.7	12.6			
21					4.2				34.7			
22	0.2	0.1 *		42.2			0.9		12.8	5.7		
23	10.0 ·*	0.1 *		10.4			9.6		6.3	0.8		
24	1.8 *	4.5 *		1.6			0.8		2.4			
25		3.3 *							23.5			
26	1.4 *					0.3			20.7			
27	23.7 *								2.8			
28	13.8 *		19.6	5.0					55.3			
29	1.1 *							0.9	8.2			
30	0.2 *					3.4		7.2		0.3		
31												
降水量	64.2	50.7	30.6	156.2	65.2	16.3	85.2	221.3	403.6	10.5	19.7	0
降水日数	10	12	5	12	8	5	10	10	18	5	3	0
最大日量	23.7	17.6	19.6	42.2	42.3	9.5	18.6	127.9	153.0	5.7	14.9	

年统计

降水量 1123.5		降水日数 98		
时　段（d）	1	3	7	15	30
最大降水量	153.0	209.1	228.4	240.9	420.5
开始月—日	9—1	9—1	8—30	8—20	8—8

附注

1969 滚河 袁门站 逐日降水量表

降水量 mm

日\月	一月	二月	三月	四月	五月	六月	七月	八月	九月	十月	十一月	十二月
1		4.4 *		1.9	7.0	1.2	9.1	9.3	155.8		2.7	
2				0.1	1.3		10.8		35.4			
3				8.2 ·*		10.8			18.3		0.6	
4					0.4				9.0			
5									9.3			
6							7.6		0.8			
7									0.5			
8			1.0					1.4	1.0			
9						5.7		5.4				
10	4.0 ·*		7.0 ·*					222.5				
11		1.9			39.6		1.7	56.2				
12		3.7 *			2.9					1.7		
13												
14			0.3	2.3	0.6							
15		6.7 *		28.8		0.7	15.5				9.1 *	
16		3.5 *										
17				2.0								
18		1.9 *		10.8	7.0							
19	0.3	7.6 *		42.2	0.5		25.2	8.4				
20	8.1 *							11.7	8.2			
21					3.5				27.5			
22				28.9			1.0		10.1	4.6		
23	7.4 ·*			12.7		0.2	49.2		8.0	0.8		
24	7.0 *	3.9 *		1.3			5.9		1.4			0.8
25		3.5 *							21.1			0.1 *
26	0.6								20.5			
27	29.0 *		0.3						3.1			
28	12.8 *		24.0	3.4					50.4			
29	0.2 *							1.6	23.2			
30	0.5 *					0.9		9.6				
31												
降水量	69.9	37.1	32.6	142.6	62.8	19.5	126.0	326.1	403.6	7.1	12.4	0.9
降水日数	10	9	5	12	9	6	9	9	18	3	3	2
最大日量	29.0	7.6	24.0	42.2	39.6	10.8	49.2	222.5	155.8	4.6	9.1	0.8

年统计

降水量 1240.6		降水日数 95		
时　段（d）	1	3	7	15	30
最大降水量	222.5	284.1	285.5	305.6	545.4
开始月—日	8—10	8—9	8—8	8—8	8—8

附注

1970　滚　河　尚店站　逐日降水量表

降水量 mm

日\月	一月	二月	三月	四月	五月	六月	七月	八月	九月	十月	十一月	十二月
1			13.5·*			0.7	32.5					
2			6.4·*	0.4								
3	0.4*											
4	0.1*											
5				5.6		1.2		16.1				
6		0.9				0.8		1.8				
7			U			3.9						
8					4.9	0.6						
9			0.2	25.7	0.9					2.9		
10				5.7					13.4	3.6		
11			3.9*				11.0	1.1	8.0	19.4		0.2·*
12			6.6*			3.9						
13			0.1*									
14						4.1						
15			0.1*									
16	0.1*			4.3		3.7	2.7		57.1			
17						62.8		7.7				
18						0.2	3.4	2.3				2.0*
19		1.4					0.2					6.4*
20												
21		5.4		1.4			0.3		21.5		2.8*	6.6·*
22		17.0*		26.4			0.2		3.9		2.4*	
23		22.7·*		0.4	0.2					13.0	2.7*	
24		2.6*			3.2				14.7	31.2	2.8*	
25		2.6		1.7			33.3		6.0	4.2		
26									8.4	0.2		
27					7.0				9.1	U		
28	0.1				19.5		0.7		1.9			
29			2.3		13.9		2.0					
30				33.9	1.9			0.3				
31					1.4							
降水量	0.7	52.6	33.1	105.5	52.9	81.9	86.3	29.3	144.0	74.5	10.7	15.2
降水日数	4	7	8	10	9	10	10	6	10	7	4	4
最大日量	0.4	22.7	13.5	33.9	19.5	62.8	33.3	16.1	57.1	31.2	2.8	6.6

年统计					
降水量　686.7			降水日数　89		
时段 (d)	1	3	7	15	30
最大降水量	62.8	66.7	82.5	122.6	148.5
开始月—日	6—17	6—16	9—16	9—16	9—16

附注	

1970　滚　河　柏庄站　逐日降水量表

降水量 mm

日\月	一月	二月	三月	四月	五月	六月	七月	八月	九月	十月	十一月	十二月
1			17.6·*	1.8		0.4	16.0					
2			3.6									
3												
4												
5				4.5		1.2		17.3				
6		1.1				1.2						
7			U		1.0	6.1		6.1				
8					8.5	0.4						
9			0.6	29.5	1.5					3.5		
10				5.7					19.5	4.6		
11			4.0					0.8	5.2	20.1		
12			8.6*			20.3	2.5					
13												
14			1.1*			1.7						
15												
16				5.0		4.9	8.5		54.4			
17						59.1		23.3				
18						0.5	3.0	6.2				3.6*
19		2.9*										4.0
20												
21	2.1	8.4·*		5.0			2.5		21.1		5.5*	1.4*
22	1.1	18.0*		38.5			2.6		3.0		2.4*	
23		25.9·*								10.1	3.2*	
24		3.1*					20.8		16.1	33.3	0.5·*	
25		2.3*							8.2	4.6		
26				0.9					7.8			
27					5.3				7.7	U		
28					39.5		2.1		1.7			
29			3.6		22.4		18.2					
30				36.7	3.6			0.6				
31					1.4							
降水量	3.2	61.7	39.1	127.6	83.2	95.8	76.2	54.3	144.7	76.2	11.6	9.0
降水日数	2	7	7	9	8	10	9	6	10	6	4	3
最大日量	2.1	25.9	17.6	38.5	39.5	59.1	20.8	23.3	54.4	33.3	5.5	4.0

年统计					
降水量　782.6			降水日数　81		
时段 (d)	1	3	7	15	30
最大降水量	59.1	67.2	86.5	120.0	168.0
开始月—日	6—17	5—27	6—12	9—16	5—27

附注	

1970　滚　河　柴厂站　逐日降水量表

降水量 mm

日\月	一月	二月	三月	四月	五月	六月	七月	八月	九月	十月	十一月	十二月
1			18.7·*			0.8						
2			7.2·*				38.9					
3	0.9*											
4												
5				3.6		0.5		17.9				
6		0.7				4.5	0.8	3.2	1.6			
7			U			15.1						
8					16.4	0.9						
9			1.3	36.3	1.6	0.2						
10				8.8						21.2	1.8	
11			4.3·*					2.0	9.0	16.1		
12			6.8·*			14.4						
13												
14			0.6·*			0.8						
15												
16				5.3		4.3	2.8		56.4			
17						56.9						
18							2.3	20.8	0.5			3.7*
19		2.1					0.5	6.7				7.4*
20									1.1			
21		9.8·*		1.7			0.6		25.1		2.7*	1.6·*
22		29.5*		52.4			0.2		4.6		3.5*	
23		28.5·*		0.6	0.3					33.1	0.4*	
24		2.4*			0.2		1.2		16.8	37.5	6.5·*	
25		4.7·*					40.0		11.8	4.5		
26		0.2*							8.3			
27	1.5				5.7		8.8		10.2	U		
28	0.8				54.5		0.5		2.1			
29			3.8		22.9		11.8					
30				47.0	6.6			1.1				
31					0.9							
降水量	3.2	77.9	42.7	155.7	109.1	98.4	108.4	51.7	168.7	94.8	13.1	12.7
降水日数	3	8	7	8	9	10	12	6	13	6	4	3
最大日量	1.5	29.5	18.7	52.4	54.5	56.9	40.0	20.8	56.4	37.5	6.5	7.4

年统计	降水量　936.4		降水日数　89			
	时　段　(d)	1	3	7	15	30
	最大降水量	56.9	84.0	91.4	136.9	189.5
	开始月—日	6—17	5—28	5—27	9—16	5—23

附　注	

1970　滚　河　石漫滩站　逐日降水量表

降水量 mm

日\月	一月	二月	三月	四月	五月	六月	七月	八月	九月	十月	十一月	十二月
1			13.1·*			0.7						
2			2.6·*	0.9			36.4					
3	0.2*											
4												
5				6.1		0.6		17.0				
6		0.9				1.3	0.3	1.0	0.4			
7						7.2		0.1				
8					0.3	10.1						
9			0.4	27.2	1.9	0.5						
10				5.6					16.1	3.0		
11			2.5·*					0.3	6.3	18.5		0.3
12			4.4·*			25.9	12.4					
13												
14			0.2*			0.1					U	
15												
16				4.1		4.9	3.2		61.4			
17						63.2		9.4				
18						0.2	2.1	3.8	0.4			3.0*
19		1.5·*										6.6*
20									0.2			
21		6.3·*	U	7.5			0.8		20.3		3.2*	1.0·*
22		22.3*		41.0			0.4		3.4		2.2*	
23		24.8·*		0.3	0.1		0.1			12.5	2.5·*	
24		3.3*			6.3		1.6		14.3	36.1	3.2*	
25		2.5·*		1.1			24.1		5.0	4.2		
26									6.3			
27	0.4				7.3				6.6			
28	0.3				36.4	0.1	2.7		1.5			
29			3.4		19.4		21.2					
30				31.2	2.0		3.5	0.2				
31					0.8							
降水量	0.9	61.6	26.6	125.0	84.6	104.7	108.8	31.8	142.2	77.3	11.1	10.9
降水日数	3	7	7	10	10	11	13	7	13	6	4	4
最大日量	0.4	24.8	13.1	41.0	36.4	63.2	36.4	17.0	61.4	36.1	3.2	6.6

年统计	降水量　785.5		降水日数　95			
	时　段　(d)	1	3	7	15	30
	最大降水量	63.2	68.3	94.3	122.4	176.9
	开始月—日	6—17	6—16	6—12	9—10	5—23

附　注	

1970　滚　河　袁门站　逐日降水量表

降水量 mm

日\月	一月	二月	三月	四月	五月	六月	七月	八月	九月	十月	十一月	十二月
1			16.8*									
2	0.7*		8.0*				25.7					
3	0.2*											
4												
5				4.9		0.3		17.4				
6		1.4				2.3		5.7				
7				U		11.0						
8					6.3	0.7						
9			1.5	29.4	1.1	0.3				3.3		
10				8.1					24.1	2.3		
11			1.3*						7.4	17.3		0.2·*
12			7.9*			6.8	12.3					
13												
14			2.0*			0.9					U	
15												
16				4.9		1.5	2.3		64.5			
17	0.1·*					64.1		17.6				
18							3.5	5.3				2.0*
19		1.2*										6.4*
20												
21		9.2·*		2.2					22.5		1.2*	6.6·*
22		25.5·*		41.0					6.2		2.4*	
23		30.7·*		0.1						32.2	0.5*	
24		0.5*				0.2			12.0	32.8	4.4·*	
25		5.1*		0.7			28.6		10.0	2.9		
26									8.3			
27	1.1				6.5				8.7	0.5		
28	0.4				47.2				1.1			
29			2.3		22.1		4.4					
30				36.9	3.6			0.6				
31					0.7							
降水量	2.5	73.6	39.8	128.2	87.7	87.9	76.8	46.6	164.8	91.3	8.5	15.2
降水日数	5	7	7	9	8	9	6	5	10	7	4	4
最大日量	1.1	30.7	16.8	41.0	47.2	64.1	28.6	17.6	64.5	32.8	4.4	6.6

年统计	降水量　822.9		降水日数　81		
时段 (d)	1	3	7	15	30
最大降水量	64.5	75.8	96.0	136.7	168.2
开始月—日	9—16	5—27	9—10	9—10	5—24

附注

1971　滚　河　尚店站　逐日降水量表

降水量 mm

日\月	一月	二月	三月	四月	五月	六月	七月	八月	九月	十月	十一月	十二月
1			6.3*				2.0	55.5		17.0	10.7	
2				1.2	32.2	7.8		13.3		15.4		
3				1.1		10.4			8.8	7.8		
4											4.7	
5											4.3	
6				1.2			0.9		0.2		17.9	
7				0.9			14.8				28.0	
8						25.8					11.2	
9			2.4			45.8	64.3		1.5			
10		2.1*	1.6*			49.7	0.8	25.4				
11						24.2		4.8				
12		5.5*		16.7				9.9				
13		1.0·*		7.3								
14						2.6						
15					0.4						U	
16				18.0		1.7		19.1				
17	0.1*			1.7	0.4	3.3						
18	15.7·*	4.1·*				4.6		46.6		2.3		0.3*
19	4.7·*	9.5*								2.3		0.1*
20		1.6·*								12.3		
21		2.6	7.7					4.9		3.6		1.5*
22		2.0								2.7		0.4*
23					0.5	58.2		43.8	0.7			9.3*
24					1.0	37.1		48.6				
25												
26		2.0										
27		2.4										
28		11.4*		6.4		23.3	1.6		5.4		0.2*	
29			3.4	11.3		48.7			15.2			
30						30.1			13.9			
31												
降水量	20.5	44.2	21.4	66.2	35.3	373.3	84.4	271.9	45.7	63.4	77.0	11.6
降水日数	3	11	5	11	5	15	6	10	7	8	7	5
最大日量	15.7	11.4	7.7	18.0	32.2	58.2	64.3	55.5	15.2	17.0	28.0	9.3

年统计	降水量　1114.9		降水日数　93		
时段 (d)	1	3	7	15	30
最大降水量	64.3	121.3	197.4	221.2	375.3
开始月—日	7—9	6—8	6—24	6—25	6—2

附注

1971　滚　河　柏庄站　逐日降水量表

降水量 mm

日\月	一月	二月	三月	四月	五月	六月	七月	八月	九月	十月	十一月	十二月
1			8.4*				1.3	36.7		18.8		
2				4.1	31.6	9.7		14.4		14.5	5.2	
3					1.4	11.4			1.7	7.2		
4											3.9	
5				0.5							3.0	
6				0.9			1.0				20.2	
7							19.7				30.7	
8						24.8					16.1	
9			2.9·*			30.3	70.1	1.3	0.7			
10		2.9*	2.7·*			45.3	0.5	45.0				
11						22.4		8.9				
12		6.6·*	0.3	20.5		0.8		4.9				
13		1.4·*		8.2		0.6		1.1				
14			U			3.1			0.3		U	
15				0.4					0.3			
16				18.8		1.3		3.0				
17	20.2·*			2.0		1.9						
18	9.0·*	4.8·*				4.5				3.0		
19		12.1·*								3.5		1.0*
20		2.0·*						0.5		13.3		0.3*
21		3.7	6.7				2.7	21.2		3.6		3.4*
22										4.5		0.8*
23			0.3		1.4			30.0	3.4			8.3*
24						54.1		49.2				2.1*
25						52.9						
26		6.8										
27		1.7	3.4			42.1	1.8			8.3		
28		10.6*		8.1		8.3	2.3			17.5	*	
29			3.6	9.4		27.8				12.1		
30												
31												
降水量	29.2	52.6	28.0	73.2	34.4	341.3	99.4	216.2	44.3	68.4	79.1	15.9
降水日数	2	10	7	11	3	17	8	12	8	8	6	6
最大日量	20.2	12.1	8.4	20.5	31.6	54.1	70.1	49.2	17.5	18.8	30.7	8.3

年统计	降水量 1082.0			降水日数　98	
	时　段　(d)	1	3	7	15	30
	最大降水量	70.1	107.0	185.2	223.2	357.2
	开始月—日	7—9	6—24	6—24	6—25	6—10

附　注	

1971　滚　河　柴厂站　逐日降水量表

降水量 mm

日\月	一月	二月	三月	四月	五月	六月	七月	八月	九月	十月	十一月	十二月
1			9.6·*				7.3	67.3		17.5		
2				2.3	27.5	12.6		6.7	23.6	17.1	13.4	
3					1.0	11.0				6.3		
4											6.5	
5				0.2							6.3	
6				0.3			1.1		0.6		21.6	
7				2.3			13.3		0.8		48.0	
8						15.6			1.1		20.9	
9			4.4			23.1	45.4					
10		4.6	3.6*			61.1	0.7	22.7				
11						25.7		4.9				
12		9.5*		25.9		0.4		77.8				
13		3.1·*		10.7		0.3		1.3				
14			U			1.2					U	
15				0.2								
16	1.1			17.3	0.8	2.3		17.3				
17	22.5·*			2.0	0.7	2.4			1.6			
18	20.2·*	3.6·*				2.9				2.5		1.5·*
19		14.4·*								2.2		
20		2.7						23.6		16.1		0.5·*
21		5.1	7.6					20.0		3.5		3.0*
22		2.5								3.1		2.8·*
23				0.6	2.0			88.4	2.5			10.0*
24				2.1		47.8		63.8		0.2		1.6*
25						43.7						
26		4.3										
27		3.5										
28		12.0·*		8.6		22.9	21.1		9.7		*	
29				5.5		65.1			20.2			
30				0.6		26.4			16.9			
31												
降水量	43.8	65.3	31.3	87.6	32.0	364.5	88.9	393.8	77.0	68.5	116.7	19.4
降水日数	3	11	6	13	5	17	6	11	9	9	6	6
最大日量	22.5	14.4	9.6	25.9	27.5	65.1	45.4	88.4	23.6	17.5	48.0	10.0

年统计	降水量 1388.8			降水日数　102	
	时　段　(d)	1	3	7	15	30
	最大降水量	88.4	152.2	205.9	319.8	414.9
	开始月—日	8—23	8—23	6—24	8—10	7—28

附　注	

1971 滚 河 石漫滩站 逐日降水量表

降水量 mm

日\月	一月	二月	三月	四月	五月	六月	七月	八月	九月	十月	十一月	十二月
1			7.9*		1.3		3.3	38.9		16.9		
2				1.1	32.3	9.2		11.5		13.3	5.8	
3					0.9	10.9			1.6	6.7		
4											3.9	
5											3.0	
6				0.5			0.9		0.1		19.6	
7				2.9			19.7				33.8	
8						18.5					15.5	
9			2.5			28.7	42.5	0.3	0.7		U	
10		2.5*	3.1·*			49.0	0.3	11.7				
11						20.5		2.6				
12		5.7·*		18.0		0.4		11.9				
13		2.0·*		7.4		0.3		9.2				
14						1.3						
15				0.3	0.1				0.2			
16	0.8			19.6		0.9		9.2				
17	12.6·*			1.4		2.0			0.7			
18	12.5·*	1.0·*				4.8				2.2		
19		11.7·*								3.0		0.8*
20		1.7						10.0		11.8		0.2*
21		2.1	5.6					10.6		3.6		2.4*
22		1.5				4.4				2.9		0.9*
23				0.2		1.7		56.4	0.7			8.9*
24				0.5		47.6		54.9				1.6*
25						52.0						
26		4.4							0.2			
27		2.3							6.9			
28		11.5*	2.2	6.6		24.9	5.2				*	
29				10.7		43.7			15.8			
30			3.5			26.3			13.7			
31			0.3									
降水量	25.9	46.4	25.1	69.2	40.7	341.0	71.9	227.4	40.6	60.4	81.6	14.8
降水日数	3	11	7	12	6	17	6	13	10	8	6	6
最大日量	12.6	11.7	7.9	19.6	32.3	52.0	42.5	56.4	15.8	16.9	33.8	8.9

年统计					
降水量 1045.0			降水日数 105		
时段 (d)	1	3	7	15	30
最大降水量	56.4	111.3	194.5	218.4	344.8
开始月一日	8—23	8—23	6—24	6—24	6—8

附注

1971 滚 河 袁门站 逐日降水量表

降水量 mm

日\月	一月	二月	三月	四月	五月	六月	七月	八月	九月	十月	十一月	十二月
1			9.8·*				4.6	89.1		18.1		
2				2.5	36.4	13.7		10.0		16.9	12.6	
3					1.9	11.8			14.4	7.8		
4				0.2							5.9	
5											6.0	
6				0.5							19.3	
7				1.5			1.4				34.4	
8							13.5				19.2	
9			3.5			38.9	58.0		1.7			
10		3.2*	4.2·*			54.2	0.6	12.1				
11						25.7		3.2				
12		10.0·*		20.7				6.4				
13		2.7·*		10.8				38.5	0.4		U	
14						2.4						
15									0.3			
16	0.8·*			19.3		1.7		10.4				
17	24.5·*			2.3		2.9						
18	12.2*		0.2		0.6	3.4		11.2		2.3		0.3*
19		3.9*								2.6		0.4*
20		14.8*						0.7		14.7		
21		3.8	7.1					12.0		3.1		4.2*
22		2.9			0.4					2.3		2.2*
23				2.1	1.7			68.4	1.8			10.1*
24						55.3		55.6				2.1*
25				0.8		48.8						
26		2.8										
27		3.3·*	0.3						7.1			
28		9.8·*		24.8		38.9	17.9				*	
29			4.5			52.9			19.4			
30			0.4			30.5			20.0			
31												
降水量	37.5	60.6	30.0	85.5	41.0	398.2	96.0	317.6	65.1	67.8	97.4	19.3
降水日数	3	11	8	11	5	15	6	12	8	8	6	6
最大日量	24.5	14.8	9.8	24.8	36.4	55.3	58.0	89.1	20.0	18.1	34.4	10.1

年统计					
降水量 1316.0			降水日数 99		
时段 (d)	1	3	7	15	30
最大降水量	89.1	124.0	226.4	248.6	402.8
开始月一日	8—1	8—23	6—24	6—25	6—2

附注

1972 滚 河 尚店站 逐日降水量表

降水量 mm

日＼月	一月	二月	三月	四月	五月	六月	七月	八月	九月	十月	十一月	十二月
1		3.6*					180.8		17.7	14.2		
2		2.7*			1.1		7.1		5.2	9.8	0.3	
3		4.1*					4.1				0.1	
4		16.8*				11.5		0.9	3.4		13.0	
5									22.6		3.5	
6			0.5	1.2	0.7							
7			9.5	2.8	2.4							
8	7.1*									0.9	9.3	
9	1.2*						24.9			0.4	2.3	
10			11.0						12.2			
11					4.0				7.1			
12									3.5			
13												
14		0.2	19.4							2.6	3.1	
15		2.5·*	8.8		0.5					0.4	17.9	
16								0.2		3.9	2.0	
17			3.2							2.7		
18			8.1	19.3						18.2		
19			5.1			7.9				6.5		
20						41.6			1.2	8.3		
21			0.3			13.7				U		7.2*
22	6.2		22.0	6.2	4.8							5.9·*
23	14.1*			2.7			2.0					0.8*
24		1.5				2.4						5.5*
25						8.0						0.5
26					1.4	4.5						
27			1.1		2.1	43.4		0.7				
28			5.1		25.5		4.7					
29	7.2*		10.7		12.5		4.9	2.1				
30	5.2*						1.0	1.9				
31								8.1				
降水量	41.0	31.4	104.8	32.2	55.0	133.0	229.5	13.9	72.9	67.9	51.5	19.9
降水日数	6	7	13	5	10	8	8	6	8	11	9	5
最大日量	14.1	16.8	22.0	19.3	25.5	43.4	180.8	8.1	22.6	18.2	17.9	7.2

年统计	降水量 853.0		降水日数 96		
	时 段 (d)	1	3	7	15	30
	最 大 降 水 量	180.8	192.0	236.7	313.5	338.4
	开 始 月—日	7—1	7—1	6—25	6—19	6—19

附 注	

1972 滚 河 柏庄站 逐日降水量表

降水量 mm

日＼月	一月	二月	三月	四月	五月	六月	七月	八月	九月	十月	十一月	十二月
1		4.2*					101.8		28.8	29.0		
2		1.5*			0.7		10.7		4.6	10.0		
3		7.0*					2.9					
4		11.6*				0.7		1.0	3.5		12.4	
5							4.0		22.3		2.9	
6			0.4	3.0	1.4							
7			5.8	4.3	10.0		1.5					
8	8.9*			U	1.8					0.3	8.3	
9	1.3*						16.8			0.6	1.9	
10			12.5						9.2			
11					4.5				5.4			
12									6.2			
13		0.5*		1.2						2.6	4.8	
14		4.6*	15.3								21.3@	
15			8.6							0.8	1.8@	
16								0.3		4.3		
17			2.5							2.2		
18			8.7	8.3						22.2		
19			4.0			2.2				12.6		
20						34.2				10.7		0.4*
21			15.7	6.8	6.1	16.4				U		8.0*
22	4.3			6.9								6.7*
23	20.3·*						2.5					1.1*
24		2.9				2.9						5.9*
25						6.4						0.4*
26					1.7	6.3	2.6					0.3
27			7.1		1.9	51.3						
28			2.7		29.5		10.7	1.2				
29	3.5*		3.4		14.3		15.0	4.0				
30	6.5*					2.7	0.7	2.1				
31								10.8				
降水量	44.8	32.3	86.7	30.5	71.9	123.1	169.2	19.4	80.0	95.3	53.4	22.8
降水日数	6	7	12	6	10	9	11	7	7	11	7	7
最大日量	20.3	11.6	15.7	8.3	29.5	51.3	101.8	10.8	28.8	29.0	21.3	8.0

年统计	降水量 829.4		降水日数 99		
	时 段 (d)	1	3	7	15	30
	最 大 降 水 量	101.8	115.4	172.8	237.8	260.1
	开 始 月—日	7—1	7—1	6—26	6—19	6—19

附 注	

1972 滚 河 柴厂站 逐日降水量表

降水量 mm

日＼月	一月	二月	三月	四月	五月	六月	七月	八月	九月	十月	十一月	十二月
1		4.7*			1.8		157.2		18.8	22.0		
2		1.6*					24.8		7.5	10.1		
3		5.4*					5.9					
4		12.8*				0.8		22.1	3.5		14.5	
5					0.3		12.7		21.8			4.5
6			0.5	2.4	1.5							
7			5.9	4.0	9.8							
8	10.1*						0.7				10.3	
9	1.4*						26.7			1.7	4.3	
10			9.9						11.6			
11			U		4.6				6.8			
12					2.4				6.2			
13				0.9						0.6	3.6	
14			18.8		0.5						28.2	
15		3.7*	10.4							0.3	1.8	
16										4.3		
17			3.0							4.2		
18			8.7	4.0·A		0.3				21.0		
19			6.7			2.1				20.8		
20		0.2*				38.6	13.7			9.4		
21			0.8	0.2		22.3				U		13.4*
22	7.4		22.9	5.6								7.7*
23	15.3*			4.2	5.8							1.7*
24	0.5·*	3.7				5.2	2.2					5.3*
25		0.4				7.1						0.5*
26					1.4	2.7						1.1
27			1.5		3.7	53.1						
28			3.7		21.8		6.8	1.1				
29	2.5·*		11.4		14.8		21.8	2.5				
30	7.7·*						3.1	3.0				
31							11.0					
降水量	44.9	32.5	104.2	21.3	68.4	132.2	275.6	39.7	77.2	94.4	67.2	29.7
降水日数	7	8	13	7	12	9	11	5	8	10	7	6
最大日量	15.3	12.8	22.9	5.6	21.8	53.1	157.2	22.1	21.8	22.0	28.2	13.4

年统计						
降水量 987.3				降水日数 103		
时段 (d)	1	3	7	15	30	
最大降水量	157.2	187.9	241.0	319.0	359.4	
开始月—日	7—1	7—1	6—27	6—19	6—18	

附注

1972 滚 河 石漫滩站 逐日降水量表

降水量 mm

日＼月	一月	二月	三月	四月	五月	六月	七月	八月	九月	十月	十一月	十二月
1		3.1·*					87.8		21.7	24.7		
2		0.8*			0.5		9.5		5.1	10.2		
3		5.2*	U				2.7					
4		11.8*				1.0		0.6	3.1		13.3	
5		0.1·*							20.7		3.3	
6			0.7	2.6	2.0							
7			4.2	3.6	8.2							
8	9.4*				0.5					0.7	8.9	
9	2.1*							20.0		1.2	2.9	
10			10.2						14.2			
11					3.9				4.1			
12				0.1					5.7		0.2	
13				1.4							1.3	
14			16.6							2.2	25.3	
15		2.8·*	7.7							0.5	2.4	
16								0.6		4.6		
17			2.6							2.7		
18			8.7	52.5·A		6.5				18.4		
19			4.9			2.1		0.4		13.8		
20		0.1*				27.3		0.9	0.4	7.9		0.3*
21				0.2	0.4	12.0						10.2*
22	6.3		19.0	6.3	5.9					0.3		5.7·*
23	16.5·*			2.9				2.7				0.7·*
24	0.3	1.6				2.6						5.2·*
25		0.3				4.8						0.3
26					1.1	6.0						0.6
27			1.8		1.0	58.5		0.5				
28			4.8		27.0		6.2					
29	2.7·*		9.3		14.4		12.2	1.8				
30	8.6·*					1.5	0.9	1.5				
31							20.1	20.1		0.3		
降水量	45.9	25.8	90.5	69.6	64.9	122.3	143.3	25.1	75.3	87.2	58.0	23.0
降水日数	7	9	12	8	11	10	6	6	9	12	9	7
最大日量	16.5	11.8	19.0	52.5	27.0	58.5	87.8	20.1	21.7	24.7	25.3	10.2

年统计						
降水量 830.9				降水日数 110		
时段 (d)	1	3	7	15	30	
最大降水量	87.8	100.0	163.3	218.6	241.3	
开始月—日	7—1	7—1	6—26	6—18	6—18	

附注

1972　滚　河　袁门站　逐日降水量表

降水量 mm

日＼月	一月	二月	三月	四月	五月	六月	七月	八月	九月	十月	十一月	十二月
1							165.6		22.9	21.2		
2		5.7*			1.3		25.2		7.5	9.5		
3		5.3*					5.9					
4		11.2*				2.1		0.5	3.1		12.8	
5					0.3				22.0		3.7	
6			0.2	2.2	0.7							
7	10.0*		7.4	4.3	11.4							
8				U	2.0						9.8	
9	1.8*						31.0			1.2	3.2	
10			11.7						11.9			
11					4.7				5.5			
12					0.9				8.3			
13				0.8						1.5	2.9	
14		0.2*	19.0		0.8						26.7	
15		3.7*	9.8							0.3	2.2	
16										3.7		
17			3.3			1.8				3.2		
18			9.7	32.4·A						18.1		
19			7.1			6.2		5.2		12.4		
20						36.4				13.1		0.6*
21			0.3	0.1		18.7					11.5·*	
22	4.3*		23.2	6.5	5.1					U	8.4·	
23	16.8*		3.2					2.1			1.3·*	
24		3.3				1.9			0.7		5.7*	
25		0.6				7.6					0.4	
26					0.5	2.6						0.4
27			1.3		3.8	52.7						
28			3.7		26.7		6.4	0.6				
29	2.9*		12.2		15.1		19.8	2.2				
30	3.9*						2.9	1.7				
31							13.6					
降水量	39.7	30.0	108.9	49.5	73.3	130.0	264.1	18.6	81.9	84.2	61.3	28.3
降水日数	6	7	13	7	13	9	9	5	8	10	7	7
最大日量	16.8	11.2	23.2	32.4	26.7	52.7	165.6	13.6	22.9	21.2	26.7	11.5

年统计	降水量 969.8				降水日数 101							
	时段 (d)	1		3		7		15		30		
	最大降水量	165.6		196.7		249.4		322.8		355.6		
	开始月一日	7—1		7—1		6—27		6—19		6—17		

附注	

1973　滚　河　尚店站　逐日降水量表

降水量 mm

日＼月	一月	二月	三月	四月	五月	六月	七月	八月	九月	十月	十一月	十二月
1		3.5	0.5*				95.1	3.2				
2		12.0			72.8		0.8			4.8		
3					2.2					6.7		
4	0.1*		10.4·*		1.8		0.6			9.7	3.6	
5	8.3*								18.5	9.4		
6		0.3*	0.2		17.2		2.1					
7		1.5*							27.7		0.7	
8			3.1									
9		2.2·*		0.7		0.7						
10			12.1	47.1		42.1	16.1					
11												
12			2.1									
13	0.5*			4.6			67.7	40.7				
14	0.5*				2.6							
15	3.8*			11.4	1.1	6.0	0.3					
16					0.5	8.2						
17						9.1						
18		0.5										
19						1.6						
20												
21	2.3											
22	17.6*			13.0			1.6					
23					1.3							
24					16.0				0.6			
25							14.6			0.7		
26												
27		0.3					4.4		20.0			
28				2.7			83.6					
29			2.4	40.2	4.7			2.4				
30			36.6					62.4				
31							1.2	0.7				
降水量	33.1	20.3	30.8	156.3	120.2	67.7	288.1	109.4	66.8	31.3	4.3	0
降水日数	7	7	7	8	10	6	12	5	4	5	2	0
最大日量	17.6	12.0	12.1	47.1	72.8	42.1	95.1	62.4	27.7	9.7	3.6	

年统计	降水量 928.3				降水日数 73							
	时段 (d)	1		3		7		15		30		
	最大降水量	95.1		109.4		154.5		186.5		286.9		
	开始月一日	7—1		4—30		4—28		4—22		7—1		

附注	

1973　滚　河　柏庄站　逐日降水量表

降水量 mm

日\月	一月	二月	三月	四月	五月	六月	七月	八月	九月	十月	十一月	十二月
1		1.3	1.0*				80.5	3.6				
2		13.5			75.7		1.9			7.4		
3					4.3					8.0		
4										15.7	3.1	
5	5.6*		10.6·*		4.6				18.2	19.0		
6		0.4*	0.9		18.3		28.7		0.3			
7		2.0*					2.2		26.5			
8			1.4									
9		3.5·*	0.8	0.8		2.1	10.7		0.3			
10		0.7*	6.9	68.1		24.8	12.7					
11												
12			1.7									
13	0.4*						0.2					
14	1.8*			5.3			68.7	20.7				
15	3.7*			13.1	0.5	5.3						
16					1.8		0.6					
17						8.0						
18		1.0*				8.0	0.6					
19						0.8						
20												
21	2.8·*											
22	25.8·*			10.2			2.2					
23					1.9							
24					15.7					0.3		
25							13.4			0.2		
26										1.1		
27		0.3					2.5		18.6			
28				6.3			71.7		0.5			
29			3.6	28.1	7.2			1.4				
30				36.7				51.2	0.2			
31							2.7					
降水量	40.1	22.7	26.9	168.6	134.6	49.0	299.3	76.9	64.9	51.4	3.1	0
降水日数	6	8	8	8	10	6	15	4	8	6	1	0
最大日量	25.8	13.5	10.6	68.1	75.7	24.8	80.5	51.2	26.5	19.0	3.1	

年统计

降水量	937.5			降水日数	80	
时段（d）	1	3	7	15	30
最大降水量	80.5	112.4	151.1	205.6	296.6
开始月—日	7—1	4—30	4—28	7—1	7—1

附注

1973　滚　河　柴厂站　逐日降水量表

降水量 mm

日\月	一月	二月	三月	四月	五月	六月	七月	八月	九月	十月	十一月	十二月
1		1.6	1.2*		84.1		55.3			0.3		
2		18.2			3.0		2.4			8.3		
3										13.7		
4					0.9					19.6	5.2	
5	4.3*		13.3·*				2.1		26.6	21.3		
6			0.7		14.7		18.0					
7									30.2			
8			0.3				3.0					
9			0.9	1.3		1.1	12.8					
10			5.4	65.6		32.5	7.8					
11												
12			2.6									
13	1.6*						0.1					
14	3.1*			5.4	5.1		65.0	0.5				
15	3.7*			15.3		7.1	0.2	9.2				
16			0.2		1.2	8.8	1.0					
17						9.9						
18						0.1		23.9				
19						0.7						
20												
21	4.4											
22	28.3·*			16.5	0.4		2.2					
23					1.5							
24					21.8							
25						0.3	16.2			0.5		
26										0.3		
27		0.8			0.4		1.7		28.5			
28				4.4			57.2		0.6			
29			2.5	44.2	3.7							
30			0.7	50.3				72.4				
31								0.8				
降水量	45.4	20.6	27.6	203.2	136.8	60.5	245.0	106.8	85.9	64.0	5.2	0
降水日数	6	3	9	9	11	8	15	5	4	7	1	0
最大日量	28.3	18.2	13.3	65.6	84.1	32.5	65.0	72.4	30.2	21.3	5.2	

年统计

降水量	1001.0			降水日数	78	
时段（d）	1	3	7	15	30
最大降水量	84.1	134.4	186.0	218.1	305.9
开始月—日	5—2	4—30	4—28	4—22	4—9

附注

1973　滚　河　石漫滩站　逐日降水量表

降水量 mm

日\月	一月	二月	三月	四月	五月	六月	七月	八月	九月	十月	十一月	十二月
1		1.3	0.8*				58.2	2.4				
2		17.7·*			43.7		1.2			5.7		
3					2.7					8.7		
4									0.1	16.2	3.3	
5	4.9*		11.3·*		2.3		0.5		19.6	18.9		
6		0.2*			16.8		12.0		0.1			
7		1.8*					5.0		26.5		0.1	
8			0.7									
9		2.4·*	0.5			1.2	18.9					
10		0.5*	4.2	61.2		34.9	3.3					
11							0.2					
12			1.2				0.2					
13	0.7*			4.5								
14	2.3*				3.0		51.2	12.2				
15	2.6*			12.0	0.4	5.2						
16				0.2	1.6	6.0	0.9					
17						6.6						
18		0.7										
19	0.1					0.9						
20												
21	3.5											
22	24.6·*			7.3			1.1					
23	0.3				0.9							
24					16.5	0.1						
25							12.7		0.1	0.1		
26										0.9		
27		0.2				1.3	0.3		18.7			
28				1.4			69.9		0.6			
29			1.9	45.5	4.3			0.1				
30				40.7	0.1			63.7				
31			0.3				0.7	0.8				
降水量	39.0	24.8	20.9	173.6	92.3	56.2	236.3	79.2	65.7	50.5	3.4	0
降水日数	8	8	8	9	11	8	16	5	7	6	2	0
最大日量	24.6	17.7	11.3	61.2	43.7	34.9	69.9	63.7	26.5	18.9	3.3	

年统计					
降水量 841.9			降水日数 88		
时段(d)	1	3	7	15	30
最大降水量	69.9	87.6	134.9	160.4	239.1
开始月—日	7—28	4—28	4—29	4—22	4—9

附注

1973　滚　河　袁门站　逐日降水量表

降水量 mm

日\月	一月	二月	三月	四月	五月	六月	七月	八月	九月	十月	十一月	十二月
1		0.3	1.2*				76.3	2.9				
2		17.5			91.0		2.4			8.1		
3					3.7					10.1		
4	0.2*									16.4	2.0	
5	5.2*		11.7*		0.7		3.1		26.9	18.7	0.3	
6		0.3	1.6		20.0		14.6					
7		2.4							29.8			
8			0.3									
9		2.6*	0.9	0.3		1.1	1.5					
10		0.5*	5.3	53.1		61.4	27.9					
11							0.7					
12			2.3									
13	0.5*			4.7								
14	3.1*				4.4		76.6	13.2				
15	3.9*			13.0	0.7	7.2						
16					1.1	8.6	0.9					
17						9.8						
18												
19						0.9						
20												
21	3.3											
22	28.3·*			10.3			1.6					
23					1.4							
24					19.8							
25							18.6					
26												
27		0.2					0.4		24.0			
28				0.8			69.7		0.5			
29			2.0	43.0	4.6							
30			0.1	48.1				55.1	0.6			
31												
降水量	44.5	23.8	25.4	173.3	147.4	89.0	294.3	71.2	81.8	53.3	2.3	0
降水日数	7	7	9	8	10	6	13	3	5	4	2	0
最大日量	28.3	17.5	11.7	53.1	91.0	61.4	76.6	55.1	29.8	18.7	2.0	

年统计					
降水量 1006.3			降水日数 74		
时段(d)	1	3	7	15	30
最大降水量	91.0	139.1	186.6	217.6	294.3
开始月—日	5—2	4—30	4—28	4—22	7—1

附注

1974 滚 河 尚店站 逐日降水量表

降水量 mm

日＼月	一月	二月	三月	四月	五月	六月	七月	八月	九月	十月	十一月	十二月
1		2.2*						30.6		24.7		3.3
2								93.2		42.9		0.6*
3		6.5*						155.4		20.9	0.8	
4		7.0*	4.9		1.5					3.8		
5		2.8*	26.2·*					8.7	1.0	2.8		
6			2.1*	29.7						5.7		
7					8.4		1.6				6.7	
8							0.8				13.3	1.0*
9	5.9*					7.7		29.2	2.1			3.6*
10									11.2			
11				1.7	1.8		8.9		36.3			
12				2.5	67.6				9.1			
13	2.0*				0.7			1.4	15.4			
14								2.1	0.7	0.4	0.3	
15											6.6	
16	1.1*				1.7			2.0	0.6	2.1	0.2	0.2*
17				9.0	43.3		0.1			1.1		
18		5.0		2.3	16.0		5.1					
19	1.5*			3.9		2.3						
20					3.8							
21					9.4							
22	0.2*	3.2*						1.6				
23	0.8*	0.9*		0.7								
24	0.7*					9.5						
25			21.0			5.0				0.5		
26										1.3		
27	10.2·*						0.6			1.2		
28	7.3*						10.6		4.0			0.6·*
29					0.5				25.4		1.4	
30						0.9			1.4		7.5	18.2*
31							4.8					2.0*
降水量	29.7	27.6	54.2	49.8	154.7	25.4	32.5	324.2	107.2	107.4	36.8	29.5
降水日数	9	7	4	7	11	5	8	9	11	12	8	8
最大日量	10.2	7.0	26.2	29.7	67.6	9.5	10.6	155.4	36.3	42.9	13.3	18.2

年统计	降水量 979.0			降水日数 99	
时段 (d)	1	3	7	15	30
最大降水量	155.4	257.3	292.7	333.1	347.2
开始月一日	8—4	8—3	7—30	7—27	7—11

附注

1974 滚 河 柏庄站 逐日降水量表

降水量 mm

日＼月	一月	二月	三月	四月	五月	六月	七月	八月	九月	十月	十一月	十二月
1		1.4*						18.6		26.8		2.1
2		8.5*						50.1		51.4		8.4*
3		6.7·*								22.9		
4		5.2*	5.9					167.2		4.4	1.1	
5			30.9·*					16.6		2.6	0.4	
6			4.4	33.1						4.1		
7					7.6							
8											4.6	4.6*
9	8.3*					7.2			1.2		18.8	2.5*
10									10.1		1.1	
11				3.2	0.3		6.8		26.2			
12				4.0	74.5		1.8		16.5			
13	3.1*				2.2			3.3	3.1		0.6	
14								0.9	0.7	0.8	0.7	
15											7.5	
16	1.4*				2.9				0.8	1.2	0.6	0.5*
17		5.2		6.2	33.3					2.8		
18				3.9	32.2							
19	2.3*			5.3		3.9						
20					5.5							
21					11.1							
22	0.3*	3.7*						2.2				
23		0.8*										
24						10.1						
25			22.9			4.2				0.4		
26										1.0		
27	10.7*						2.0	0.6		2.7		4.5*
28	10.4*				0.3		11.5		3.3			
29						0.8	0.7		25.0		2.0	
30							23.0		1.5		12.0	23.0
31							0.5					10.2*
降水量	36.5	31.5	64.1	55.7	169.9	26.2	46.3	259.5	88.4	121.1	49.4	55.8
降水日数	7	7	4	6	10	5	7	8	10	12	11	8
最大日量	10.7	8.5	30.9	33.1	74.5	10.1	23.0	167.2	26.2	51.4	18.8	23.0

年统计	降水量 1004.4			降水日数 95	
时段 (d)	1	3	7	15	30
最大降水量	167.2	233.9	276.0	290.2	298.8
开始月一日	8—4	8—3	7—30	7—27	7—11

附注

1974　滚　河　柴厂站　逐日降水量表

降水量 mm

日\月	一月	二月	三月	四月	五月	六月	七月	八月	九月	十月	十一月	十二月
1		4.2*						1.2		36.5		5.7
2										56.2		12.8·*
3		6.6·*						27.3		26.6	0.7	
4		11.4·*	6.5		1.2			126.0		3.0		
5		6.4*	31.7·*					8.3		3.3	0.8	
6			6.3·*	41.0				12.1		6.4		
7					8.5						10.4	
8											35.4	
9	12.1*					10.9	18.1		1.0		2.4	5.6*
10									14.2			
11			3.1		1.8		8.5			37.1		
12			8.2		81.8				5.5	11.7		
13	3.1*				3.2				1.1	5.3		
14									1.0			
15		0.9								0.9	15.9	
16	1.9*				4.9		0.5	5.5	1.5	2.6	1.3	0.9*
17				15.4	14.9					2.9		
18		4.3		9.1	26.4		1.8					
19	3.7·*	0.3		5.3		3.8	1.1					
20					5.9		24.3					
21					19.0							
22	1.0*	3.6·*						1.6				
23	2.0*	2.0*										
24	1.0*		0.8									
25			19.9				2.7			0.5		
26										1.8		
27	16.0·*						14.5	1.2		1.4		4.6·*
28	12.1*						21.0		2.1			
29					1.0				52.3		2.8	
30							6.7		5.7		10.4	29.5·*
31							2.9					6.2*
降水量	52.9	39.7	65.2	82.1	168.6	17.4	99.4	189.8	131.9	142.1	81.6	65.3
降水日数	9	9	5	6	11	3	10	10	10	12	10	7
最大日量	16.0	11.4	31.7	41.0	81.8	10.9	24.3	126.0	52.3	56.2	35.4	29.5

年统计					
降水量 1136.0			降水日数 102		
时　段　(d)	1	3	7	15	30
最　大　降　水　量	126.0	161.6	183.6	220.0	274.3
开　始　月　一　日	8—4	8—3	9—29	7—27	7—9

附　注	

1974　滚　河　石漫滩站　逐日降水量表

降水量 mm

日\月	一月	二月	三月	四月	五月	六月	七月	八月	九月	十月	十一月	十二月
1		2.7*						6.9		26.3		5.0
2										47.8		6.5·*
3		5.2*						52.8		21.9	0.5	1.9*
4		7.2*	5.5		0.3			195.0		3.9		
5		4.6*	29.0*					11.6		2.6	0.2	
6		0.2*	5.2·*	47.8						3.4		
7					7.8						6.3	
8											27.4	
9	9.9*					4.6	31.3	12.1	1.5		0.9	0.5*
10									9.6			4.3*
11				4.8	1.2		9.9		27.6			
12				5.0	68.1			1.4	18.9			
13	2.7*				2.0			0.3	2.8			
14									0.9	0.9	0.3	
15									0.1	0.3	10.0	
16	1.4*				5.3			0.3	0.5	1.0		0.5*
17				8.8	27.0					1.7		
18	2.2·*	4.4		3.1	15.7		13.6					
19				3.7			1.0					
20				0.1	3.5	2.9	0.7					
21					11.0							
22	0.5*	3.6*						1.5				
23	1.3*	1.6*						0.1				
24	0.3*					0.1						
25			20.2			1.4				0.4		
26										0.9		
27	11.3·*						19.0	1.3		1.1		2.9·*
28	10.2*						12.0		2.7			
29	0.1*				1.0	0.6			31.3		0.9	
30							7.2		0.7		12.3	25.1*
31							0.7					5.5*
降水量	39.9	29.5	59.9	73.3	142.9	9.6	95.4	283.3	96.6	112.2	58.8	52.2
降水日数	10	8	4	7	11	5	9	11	11	13	9	9
最大日量	11.3	7.2	29.0	47.8	68.1	4.6	31.3	195.0	31.3	47.8	27.4	25.1

年统计					
降水量 1053.6			降水日数 107		
时　段　(d)	1	3	7	15	30
最　大　降　水　量	195.0	259.4	274.2	317.3	361.7
开　始　月　一　日	8—4	8—3	7—30	7—27	7—9

附　注	

1974　滚　河　袁门站　逐日降水量表

降水量 mm

日＼月	一月	二月	三月	四月	五月	六月	七月	八月	九月	十月	十一月	十二月
1		2.9*						9.3		30.2		4.5
2										51.7		8.6·*
3		7.6*						31.6		26.7		
4		8.5*	5.7					217.7		2.9		
5		6.1*	26.8·*		1.1			13.6		2.9	0.8	
6		0.2*	5.2*	41.5	0.2					6.4		
7					8.5						9.2	
8					0.9						28.8	
9	9.2*					9.8	26.2	6.5	0.9		2.8	4.7*
10									11.3			
11				1.6	2.1		19.9		36.9			
12				3.4	72.7	0.1		3.5	9.4			
13	3.8*				2.7			1.4	4.6			
14									0.9		1.3	
15											13.5	
16	1.5*				4.8				1.1	2.0	0.5	
17				10.8	32.3					2.0		
18		4.0*		4.8	22.9		17.4					0.4*
19	2.5*	1.1*		4.9		3.5						
20					4.1		7.5					
21					15.7							
22		2.7*						3.0				
23	0.2*	2.2*										
24	2.6*		0.9	2.0		2.4						
25			20.6			1.1				0.2		
26										0.3		
27	9.8*						38.6	0.6		1.3		5.0*
28	11.7*						31.5		5.8			
29						0.9	1.5		39.7			
30									4.6		3.1	25.0*
31											10.4	5.0*
降水量	41.3	35.3	59.2	69.0	168.0	17.8	142.6	287.2	115.2	126.6	70.4	53.2
降水日数	8	9	5	7	12	6	7	9	10	11	9	7
最大日量	11.7	8.5	26.8	41.5	72.7	9.8	38.6	217.7	39.7	51.7	28.8	25.0

年统计	降水量 1185.8			降水日数 100	
	时段（d）	1	3	15	30
	最大降水量	217.7	262.9	272.2	350.3 / 414.8
	开始月一日	8—4	8—3	8—1	7—27 / 7—9

附注	

1975　滚　河　尚店站　逐日降水量表

降水量 mm

日＼月	一月	二月	三月	四月	五月	六月	七月	八月	九月	十月	十一月	十二月
1		14.1·*					0.2		18.9	6.6		
2		13.9·*	1.5			12.2	12.5		0.8			0.3
3		2.1·*				7.7	3.7					1.0
4			9.1·*	3.5				36.6	0.3			0.2
5						3.2		559.3				21.9·*
6				0.3				158.6				14.9*
7				0.8			5.8	547.1				10.6*
8					5.3		69.9	4.5				1.0*
9							35.8	0.2			0.3	
10					0.4				15.9	28.2	1.4	
11					5.2				7.7	0.9		
12									4.9	3.6		
13		2.1						4.0	7.0			
14					0.6			2.0	3.4			
15				1.0								
16				1.7								
17				25.5	15.1							
18			1.1	24.3					0.9		0.3	
19				6.5					24.1			
20					1.1	26.9						
21						5.4			4.1			
22						35.4			0.7			
23				2.2		0.7				11.2		
24				54.4		2.5				4.8		
25					0.4	2.3				10.5		
26				6.9		2.4	1.7					
27				3.1					6.2	6.4		
28							20.2		8.7			
29						0.9	5.5		11.7			
30				0.9		1.1			3.0			
31	2.2											
降水量	2.2	32.2	11.7	131.1	28.1	100.7	155.3	1312.3	118.3	72.2	2.0	49.9
降水日数	1	4	3	13	7	12	9	8	16	8	3	7
最大日量	2.2	14.1	9.1	54.4	15.1	35.4	69.9	559.3	24.1	28.2	1.4	21.9

年统计	降水量 2016.0			降水日数 91	
	时段（d）	1	3	15	30
	最大降水量	559.3	1265.0	1306.3	1333.7 / 1364.8
	开始月一日	8—5	8—5	8—4	7—26 / 7—9

附注	

1975　石　河　林庄站　逐日降水量表

日＼月	一月	二月	三月	四月	五月	六月	七月	八月	九月	十月	十一月	十二月
1		6.3					0.8			5.0		
2		11.1·*			2.7	16.8	7.9			0.7		
3		0.2*	0.7			25.1	6.7			1.3	0.2	
4				4.1			2.5	23.3	2.0			
5			5.9·*			0.9		379.6				14.8·*
6		0.3*		0.1				220.3				7.0*
7				0.8			2.6	1005.4				10.5*
8				0.1			15.3	2.5				1.2*
9					2.3		24.0					
10					0.2		2.5		11.0	32.9	1.0	
11									2.6	1.6		
12		0.7			5.5				1.7	4.5		
13								13.9	6.8			
14					5.2			21.0	7.7			
15				6.9								
16				1.1								
17				19.1	16.4							
18			9.0	6.9					0.8			
19				4.9					48.1			
20					0.5	73.5						
21						12.9			8.3			
22						96.2	0.6					
23			2.1			6.3				11.1		
24			50.7			3.5				4.5		
25					0.1	1.3				10.5		
26			0.4	6.2		3.2	5.7			0.1		
27				10.8			2.2		2.8	6.5		
28							10.0		5.3	0.2		
29				0.4		2.1	43.9	3.1	5.7			
30	0.2			1.5		5.6			0.2			
31	3.2											
降水量	3.4	18.6	16.0	115.7	32.9	247.4	124.7	1669.1	103.2	78.9	1.2	33.5
降水日数	2	5	4	15	8	12	13	8	14	12	2	4
最大日量	3.2	11.1	9.0	50.7	16.4	96.2	43.9	1005.4	48.1	32.9	1.0	14.8

年统计

降水量	2444.6		降水日数	99	
时段 (d)	1	3	7	15	30
最大降水量	1005.4	1605.3	1631.1	1692.9	1728.4
开始月—日	8—7	8—5	8—4	7—26	7—22

附注

1975　滚　河　柏庄站　逐日降水量表

降水量 mm

日＼月	一月	二月	三月	四月	五月	六月	七月	八月	九月	十月	十一月	十二月
1		18.2·*					0.5		2.1	6.1		
2		27.0·*	2.0			7.3	12.7					
3		3.0*				4.5	3.0			3.8		1.0
4			11.9·*	3.2				13.6	2.0			1.2
5						0.5		179.8				42.5*
6					0.5			176.9				23.4*
7							2.7	627.6				16.0*
8					4.9		65.9					5.8*
9							31.4	2.0				
10							0.3		10.0	47.6	1.6	
11									11.9	2.8		
12		2.1			4.7				4.1	3.1		
13								2.0	13.3			
14					0.4			7.2	4.8			
15												
16				2.4								
17				45.0	14.0							
18			0.7	48.7					2.5			
19				14.9					12.3			
20					1.9	27.0						
21						1.6			5.7			
22						30.6						
23				2.2		0.9				19.8		
24				46.1		3.0				3.3		
25					0.3	1.2	10.0			11.3		
26			0.4	10.4		1.5	1.4					
27				5.0					8.0	4.9		
28							23.1		12.1	0.3		
29							17.0		9.8			
30				1.3		2.4			0.7			
31	2.2											
降水量	2.2	50.3	15.0	179.2	26.7	80.5	168.0	1009.1	99.3	103.0	1.6	89.9
降水日数	1	4	4	10	7	11	11	7	14	10	1	6
最大日量	2.2	27.0	11.9	48.7	14.0	30.6	65.9	627.6	13.3	47.6	1.6	42.5

年统计

降水量	1824.8		降水日数	86	
时段 (d)	1	3	7	15	30
最大降水量	627.6	984.3	999.9	1049.4	1081.1
开始月—日	8—7	8—5	8—4	7—25	7—9

附注

1975　滚　河　柴厂站　逐日降水量表

降水量 mm

日\月	一月	二月	三月	四月	五月	六月	七月	八月	九月	十月	十一月	十二月
1		20.2·*					1.6		31.1	6.9		
2		21.7*	1.2		0.6	12.0	8.9			0.5		0.4
3		4.1*				16.0	23.7	1.2		3.2		2.2
4							0.4	48.2				1.0
5			11.5·*	2.9				192.7	2.5			50.3*
6		0.6*		1.3	0.2			176.8				24.5*
7							6.2	459.1				20.0*
8					2.3		36.2	7.1				4.9*
9							32.6	0.4				
10					0.2		1.1		11.8	46.4	1.8	
11									0.9	3.0		
12					5.0				7.9	3.4		
13		1.5						4.5	14.2			
14					1.3				2.7			
15				2.5				12.6				
16				2.7								
17			0.9	50.7	17.5							
18				59.5				1.2				
19				11.3					32.1			
20					0.9	21.2					0.5	
21						8.1			11.2			
22						38.3			0.9			
23				2.8		1.4				22.9		
24				59.8		6.4				10.0		
25					1.0	1.3				20.2		
26				3.2		2.5	1.4			1.0		
27				6.1					8.8	5.3		
28							11.1		26.2			
29				0.2			14.2		28.6			
30				1.1					7.1			
31	2.2					1.6						
降水量	2.2	48.1	13.6	204.1	29.0	108.8	137.4	903.8	186.0	122.8	2.3	103.3
降水日数	1	5	3	13	9	10	11	10	14	11	2	7
最大日量	2.2	21.7	11.5	59.8	17.5	38.3	36.2	459.1	32.1	46.4	1.8	50.3

年统计	降水量　1861.4		降水日数　96		
	时段（d）	1	3	7	15	30
	最大降水量	459.1	828.6	885.5	912.2	938.4
	开始月—日	8—7	8—5	8—3	7—26	7—9

附注

1975　滚　河　石漫滩站　逐日降水量表

降水量 mm

日\月	一月	二月	三月	四月	五月	六月	七月	八月	九月	十月	十一月	十二月
1		13.9*					0.2			7.3		
2		17.4·*	1.4			7.7	5.2					0.7
3		3.0*				8.0	11.2	0.5		2.3		1.8
4			9.7·*				0.4	30.0				0.2
5				2.7		0.3		163.8				31.6*
6		0.3*		0.3				168.0				18.9*
7							5.7	486.4				12.3*
8					4.5		29.7					3.2*
9							31.1					
10					0.4		0.3			32.3	1.8	
11										1.6		
12					4.5					3.4		
13		1.3						10.1				
14					0.3							
15				0.3								
16				2.6								
17			0.2	39.1	12.7		1.2				0.1	
18				26.1								
19				8.2								
20					1.1	56.1						
21						2.2						
22						19.7						
23				2.8		0.9				23.2		
24				50.8		1.8				4.5		
25					8.0	0.6	0.2			17.7		
26			0.3	5.0		1.4	1.7			0.7		
27				6.1						5.5		
28							39.5			1.0		
29				0.3			1.9					
30				0.5								
31	2.1					1.3						
降水量	2.1	35.9	11.6	144.9	31.5	100.0	128.3	858.8)	—	99.5	1.9	68.7
降水日数	1	5	4	13	7	11	13	6	—	11	2	7
最大日量	2.1	17.4	9.7	50.8	12.7	56.1	39.5	486.4	—	32.3	1.8	31.6

年统计	降水量　（1483.2）		降水日数　80		
	时段（d）	1	3	7	15	30
	最大降水量	486.4	818.2	848.7	892.0	924.6
	开始月—日	8—7	8—5	8—3	7—25	7—9

附注　附注9月缺测。

1975　滚　河　袁门站　逐日降水量表

降水量 mm

日＼月	一月	二月	三月	四月	五月	六月	七月	八月	九月	十月	十一月	十二月
1		15.0·*							29.4	10.0		
2		11.0*	1.2			16.7			0.8			0.3
3		2.6*				11.8		0.2				1.3
4			11.8·*	3.1				41.6		2.6		0.3
5								264.2				41.0*
6		0.9*						173.1				19.0*
7				0.9				492.9				15.4*
8					3.8							4.8*
9												
10									14.8	40.9	1.9	
11									13.4	2.2		
12					3.4				8.9	3.7		
13		2.1						4.3	8.4			
14					1.1			5.9	4.6			
15												
16				1.6								
17			1.7	46.6	17.4							
18				53.4								
19				11.1					23.3			
20					1.4	10.9						
21						7.1			8.4			
22						40.4						
23				2.8		1.4				20.3		
24				52.2						7.4		
25						1.8				13.5		
26				5.8						0.7		
27				3.2					7.0	5.5		
28									12.9	0.4		
29									17.9			
30									2.8			
31	1.3			1.2		1.5						
降水量	1.3	31.6	14.7	181.9	27.1	91.6	0	982.2	152.6	107.2	1.9	82.1
降水日数	1	5	3	11	5	8	0	7	13	11	1	7
最大日量	1.3	15.0	11.7	53.4	17.4	40.4		492.9	29.4	40.9	1.9	41.0

年统计

降水量	1674.2		降水日数	72	
时段 (d)	1	3	7	15	30
最大降水量	492.9	930.2	972.0	982.2	1012.2
开始月—日	8—7	8—5	8—3	8—3	8—4

附　注：

1976　滚　河　刀子岭站　逐日降水量表

降水量 mm

日＼月	一月	二月	三月	四月	五月	六月	七月	八月	九月	十月	十一月	十二月
1					2.7			2.7	21.3			
2									13.8			
3									22.3		10.5	
4								0.3				0.5*
5							6.8					3.1*
6								0.1	13.0	1.0		
7							22.0					
8					2.8		14.7					
9					8.1						21.3	
10									0.3	3.4		
11							20.7	84.8		0.4	0.8·*	
12								52.6			10.0*	
13							7.0					
14							40.8					
15						0.9						
16						24.6					2.0*	
17					29.5		0.6					
18							81.7	15.7	0.2			
19					1.0		21.8					
20						2.6	47.2		0.4			
21						6.7				12.9		
22										13.3		
23								1.2				0.9*
24								16.3				
25					1.5		13.1	32.3				
26					2.4		0.3	3.0				
27							5.9	4.9				
28						57.8		20.1	1.0			
29						20.6						
30												
31					18.1			8.7		2.3		
降水量					66.1	113.2	275.8	249.2	72.6	33.3	44.6	4.5
降水日数					8	6	12	13	9	6	5	3
最大日量					29.5	57.8	81.7	84.8	22.3	13.3	21.3	3.1

年统计

降水量	(859.3)		降水日数	(62)	
时段 (d)	1	3	7	15	30
最大降水量	84.8	150.7	192.1	256.5	358.4
开始月—日	8—11	7—18	7—14	7—7	7—14

附　注：附注 5 月 1 日开始观测。

1976　滚　河　尚店站　逐日降水量表

降水量 mm

日＼月	一月	二月	三月	四月	五月	六月	七月	八月	九月	十月	十一月	十二月
1					1.0			15.3	23.6			
2									7.5			
3									4.3		6.6	
4												0.2 *
5								27.4				3.8 *
6		0.4 *										
7				5.8			17.6	7.2	5.1	0.7		
8							11.1					
9					6.0						8.1	
10		9.1	1.6							3.1		
11		11.9		14.5				66.7		0.7	1.8 ·*	
12				1.4				38.8			6.6 *	
13		1.1	0.1				10.6					
14		12.4 ·*					31.8					
15		4.2 *	0.2									
16		0.5 *				7.4		0.3			1.2 *	
17		4.7 *	1.1 ·*	2.2	38.0		0.3	42.1	2.2			
18			1.3 *	0.2			42.1	18.8				
19				4.1	1.6		18.8					
20		0.6 ·*				3.7	47.6					
21				1.0		1.9	0.7			12.0		
22				2.2						8.5		
23												
24								5.9				
25					1.4		0.7	14.2				
26		5.7		12.5	2.5			1.1		0.6		
27		1.2		29.7			2.3	3.5				
28				5.2		49.7		11.7	0.5			
29				0.7		10.4		1.2				
30												
31					13.4			5.7		3.0		
降水量	0	51.8	4.3	79.5	63.9	73.1	183.6	200.9	41.0	28.6	24.3	4.0
降水日数	0	11	5	12	7	5	11	13	5	7	5	2
最大日量		12.4	1.6	29.7	38.0	49.7	47.6	66.7	23.6	12.0	8.1	3.8

年统计	降水量　755.0			降水日数　83		
	时　段　(d)	1	3	7	15	30
	最大降水量	66.7	108.5	140.6	180.6	299.7
	开始月－日	8—11	7—18	7—14	7—7	7—14

附　注	

1976　滚　河　柏庄站　逐日降水量表

降水量 mm

日＼月	一月	二月	三月	四月	五月	六月	七月	八月	九月	十月	十一月	十二月
1					0.2				24.0			
2									11.1			
3									0.6		8.2	
4									1.3			0.3 *
5								31.3				2.4 *
6		1.0 *										
7				7.0			18.2	4.9	5.8	0.4		
8					0.6		10.7					
9					3.2						12.8	
10		3.6	1.9				3.8			3.5		
11		16.8		12.3				62.1		1.8	2.3 *	
12		0.2		1.6				35.8			5.1 *	
13		1.0					6.4					
14		16.1 ·*					32.4					
15		7.8 *	0.8									
16		2.9 *	0.4			5.6						
17		8.2 *	2.7 ·*	1.7	47.0						0.8 *	
18			3.7 *	0.3			45.4	0.1				
19				4.4	2.2		20.2					
20		2.1 *				3.5	62.5		0.6			
21				2.2		1.0	4.1			8.2		
22				4.6						15.0		
23												
24								6.9				
25					1.0		12.6	19.7				
26		6.0		5.5	2.2			1.1		0.2		
27		3.0		11.2			0.5	3.8				
28				10.8		49.2		14.3				
29				2.2		11.9		0.7				
30												
31					13.3			6.6		5.1		
降水量	0	68.7	9.5	63.8	69.7	71.2	216.8	187.3	43.4	34.2	29.2	2.7 *
降水日数	0	12	5	12	8	5	11	12	6	7	5	2
最大日量		16.8	3.7	12.3	47.0	49.2	62.5	62.1	24.0	15.0	12.8	2.4

年统计	降水量　796.5			降水日数　85		
	时　段　(d)	1	3	7	15	30
	最大降水量	62.5	128.1	160.5	203.7	311.8
	开始月－日	7—20	7—18	7—14	7—7	7—14

附　注	

1976　滚　河　柴厂站　逐日降水量表

降水量 mm

日＼月	一月	二月	三月	四月	五月	六月	七月	八月	九月	十月	十一月	十二月
1					0.6			1.9	24.6			
2									19.6			
3									6.4		9.1	
4												0.3*
5								20.6				4.2*
6												
7				6.5			23.1		7.5	0.9		
8					1.3		10.6					
9					6.3						14.9	
10		3.1	2.0							4.1		
11		22.2		11.4			5.1	71.2		0.8	3.2 ·*	
12		0.2		2.4				41.4			7.8*	
13		1.4					9.2					
14		20.4 ·*					42.1					
15		9.5*										
16		1.9 ·*				11.2					1.7*	
17		4.6*	0.9	2.2	27.5							
18			1.4*				59.0	58.8				
19			1.6*	3.0	0.5		18.7					
20		3.0 ·*				1.4	40.7		1.6			
21				3.3		3.5				9.2		
22				2.2						10.5		
23								1.0				0.3*
24								14.6				
25					1.5		7.7	31.9				
26		6.0		7.5	2.6		0.6	2.2				
27		3.1		25.1			1.5					
28				9.3		50.3		4.7				
29						18.2		13.4				
30												
31					15.9			7.1		3.9		
降水量	0	75.4	5.9	72.9	56.2	84.6	218.3	268.8	59.7	29.4	36.7	4.8
降水日数	0	11	4	10	8	5	11	12	5	6	5	3
最大日量		22.2	2.0	25.1	27.5	50.3	59.0	71.2	24.6	10.5	14.9	4.2

年统计	降水量　912.7			降水日数　80	
	时　段　(d)	1	3	7	15	30
	最大降水量	71.2	118.4	160.5	218.9	317.5
	开始月—日	8—11	7—18	7—14	8—11	8—5

附　注	

1976　滚　河　石漫滩站　逐日降水量表

降水量 mm

日＼月	一月	二月	三月	四月	五月	六月	七月	八月	九月	十月	十一月	十二月
1								0.2	27.1			
2								0.2	13.5			
3									2.2		7.4	
4									1.7			
5								57.4				2.7*
6												
7				6.5			17.4	7.1	4.8	1.0		
8					0.2		9.3					
9					4.3						12.4	
10		3.5	2.4							3.9		
11		18.3		13.3				46.3		0.5	1.2 ·*	
12		0.1		1.4				31.5		0.1	8.7*	
13		1.0	0.1				4.5					
14		17.3 ·*					39.6					
15		5.9*	0.4									
16		0.7*				8.0						
17		7.2*	0.8*	1.8	37.0	0.1		3.9			1.2*	
18			2.3*	0.5			32.6	5.6				
19				4.8	1.8		24.8					
20		2.2				0.9	48.3					
21				0.3		2.1	0.5			6.2		
22				4.5		0.3				9.0		
23												
24								7.1				
25					1.0		26.6	21.2				
26		4.6		1.2	2.6			2.0				
27		1.7		13.2			1.0	4.2				
28				7.1		51.8		10.4				
29						12.8		1.2				
30				0.1								
31					11.9			6.7		4.0		
降水量	0	62.5	6.2	54.7	58.8	76.0	204.6	205.0	49.3	24.7	30.9	2.7
降水日数	0	11	6	12	7	7	10	15	5	7	5	1
最大日量		18.3	2.4	13.3	37.0	51.8	48.3	57.4	27.1	9.0	12.4	2.7

年统计	降水量　775.4			降水日数　86	
	时　段　(d)	1	3	7	15	30
	最大降水量	57.4	105.7	145.3	177.9	316.1
	开始月—日	8—5	7—18	7—14	7—13	7—14

附　注	

1976　滚　河　袁门站　逐日降水量表

降水量 mm

日 \ 月	一月	二月	三月	四月	五月	六月	七月	八月	九月	十月	十一月	十二月
1					0.3			1.0	23.5			
2									10.4			
3									2.4		7.3	
4												0.2*
5								41.0				2.6*
6									5.4			
7				7.4			19.5	1.9				
8					1.9		7.7					
9					6.2						7.5	
10		1.4	2.3							4.2		
11		15.8		12.9				64.9		0.4	1.3*	
12				1.6				36.1			7.5*	
13		0.9	0.3				6.7					
14		19.2·*					33.8					
15		8.2*										
16						9.6					1.3*	
17		5.4*	0.2*	1.6	38.1							
18			2.8*				39.3	3.7				
19				5.0	1.6		17.9					
20		3.1*				3.1	40.0		0.3			
21				0.2		2.2	1.4			9.9		
22				3.7						6.7		
23												
24								9.2				
25					1.6		21.9	22.0				
26		5.3		4.5	2.2			2.1				
27		2.6		26.3			0.6	3.1				
28				9.0		51.6		9.0				
29						12.9						
30												
31					13.8			6.4		4.3		
降水量	0	61.9	5.6	72.2	65.7	79.4	188.8	200.4	42.0	25.5	24.9	2.8
降水日数	0	9	4	10	8	5	10	12	5	5	5	2
最大日量		19.2	2.8	26.3	38.1	51.6	40.0	64.9	23.5	9.9	7.5	2.6

年统计	降水量　769.2		降水日数　75		
	时　段　（d）	1	3	7	15	30
	最 大 降 水 量	64.9	101.0	131.0	166.3	299.8
	开 始 月 — 日	8—11	8—11	7—14	7—7	7—14

附　注：

1977　滚　河　刀子岭站　逐日降水量表

降水量 mm

日 \ 月	一月	二月	三月	四月	五月	六月	七月	八月	九月	十月	十一月	十二月
1					3.5		42.6					
2					2.3				1.2			
3					2.8	0.9	20.8					
4										1.4	6.4	
5				19.8						52.5	38.8	
6				9.4					4.2	8.9	11.7	
7				2.0			5.5	4.4			6.4	
8					12.4		7.7	17.0				
9							14.2	47.9				
10			0.3				101.4					
11							8.2	5.8				5.6
12			1.0		63.4			9.6	51.5			1.3
13				7.2	33.1	1.3			33.1			10.3
14						30.4		12.3	45.7			8.2
15			27.8						0.5			
16	4.2*			21.1			12.2					
17			6.2				55.9		3.1			
18						0.6	9.1					
19					0.8		0.3					
20												19.8·*
21	1.8*									1.2		2.9*
22				45.8								
23				17.6	9.3							
24	1.0*					71.0	3.7	27.3				
25	2.7*					22.0	23.4	1.5				
26	0.2*			18.0			16.1			15.5		2.6*
27	4.2*			3.3			31.7			18.8		1.0*
28			18.9				23.1	0.1		67.5		2.1*
29	1.3*											2.8*
30				6.9						4.7		
31					0.7		1.4					
降 水 量	15.4	0	54.2	151.1	128.3	126.2	377.3	125.9	139.3	170.5	63.3	56.6
降水日数	7	0	5	10	9	6	17	9	7	8	4	10
最大日量	4.2		27.8	45.8	63.4	71.0	101.4	47.9	51.5	67.5	38.8	19.8

年统计	降水量　1408.1		降水日数　92		
	时　段　（d）	1	3	7	15	30
	最 大 降 水 量	101.4	130.3	149.6	235.0	377.3
	开 始 月 — 日	7—10	9—12	7—4	7—4	7—2

附　注：

1977　滚　河　尚店站　逐日降水量表

降水量 mm

日＼月	一月	二月	三月	四月	五月	六月	七月	八月	九月	十月	十一月	十二月
1					4.7		18.2					
2					0.8							
3					2.4							
4							2.2			0.9	9.7	
5				13.5		1.0				34.6	35.4	
6				5.3						9.2	6.3	
7				1.0			4.5	3.6			3.3	
8					6.2		10.0	20.5				
9							16.2	39.4				
10							57.3					
11							1.5	3.0				
12			1.3		46.9			11.7	12.3			2.4
13					11.1	1.9			10.5			0.8
14			6.9			19.9						2.2
15			23.3					1.9	14.3			4.2
16			1.4	12.0			8.3					
17	0.3*		3.6				38.5					
18							7.8		0.6			
19					0.4		3.2					
20												9.4·*
21	0.4*									0.4		
22				27.8								0.5*
23				15.4	10.2		2.2	12.6				
24						13.9		5.1				
25	0.5					40.8	53.5					
26	0.2*			12.8			0.3			14.1		
27	3.3*			1.6			17.6			46.2 A		0.8*
28						1.2	12.8			26.4		0.4*
29			15.6					9.0				
30				3.7						1.7		0.9*
31					0.7							
降水量	4.7	0	45.2	100.0	83.4	79.1	254.1	106.8	37.7	133.5	54.7	21.6
降水日数	5	0	5	10	9	7	16	9	4	8	4	9
最大日量	3.3		23.3	27.8	46.9	40.8	57.3	39.4	14.3	46.2	35.4	9.4

年统计	降水量　920.8		降水日数　86			
	时段　（d）	1	3	7	15	30
	最大降水量	57.3	86.7	90.2	147.3	254.1
	开始月—日	7—10	10—26	7—4	7—7	7—2

附注	

1977　滚　河　柏庄站　逐日降水量表

降水量 mm

日＼月	一月	二月	三月	四月	五月	六月	七月	八月	九月	十月	十一月	十二月
1					2.4		8.4					
2					0.6							
3					2.8		19.0					
4										1.1	8.2	
5				13.1						40.4	30.5	
6				4.4					1.6	5.4	5.5	
7				1.0			13.5	16.2			4.5	
8					8.1		14.4	14.7				
9							10.5	22.2				
10							33.7	0.5				
11							1.6	3.1				
12			1.6		34.4			6.1	26.3			4.7
13					19.2	1.4			13.2			1.5
14			0.2			23.6			20.2			1.9
15			20.3					1.2				4.7
16				15.5			8.2					
17	1.5*		2.8				26.5		0.7			
18						0.5	5.8					
19							1.9					
20						0.4						18.9·*
21	0.4*							1.8		0.2		1.0*
22			1.9	33.7			1.6	4.2				
23				10.5	8.9							
24	1.0					21.4						
25	1.6*					22.0	40.7					
26	0.5*			21.0			1.1			14.6		
27	3.6*			1.9			16.6			36.8		2.3*
28			15.2			0.7	14.8	2.0		33.6		0.6*
29	0.2*						0.1					1.0*
30				3.5						3.3		0.8*
31												
降水量	8.8	0	42.0	110.9	76.8	69.6	218.4	72.0	62.0	135.4	48.7	37.4
降水日数	7	0	6	10	8	6	17	10	5	8	4	10
最大日量	3.6		20.3	33.7	34.4	23.6	40.7	22.2	26.3	40.4	30.5	18.9

年统计	降水量　882.0		降水日数　91			
	时段　（d）	1	3	7	15	30
	最大降水量	40.7	85.0	91.1	137.0	218.4
	开始月—日	7—25	10—26	7—4	10—26	7—2

附注	

1977　滚　河　柴厂站　逐日降水量表

降水量 mm

日\月	一月	二月	三月	四月	五月	六月	七月	八月	九月	十月	十一月	十二月
1												
2				3.4			56.1					
3				1.6								
4				2.4			14.3			0.6	6.5	
5				20.3						48.1	32.8	
6				8.5					0.6	7.2	9.0	
7				1.7			6.1	15.5			5.9	
8					7.6		5.1	27.2				
9							10.7	47.1				
10			0.3				86.0					
11							9.3	4.9				
12			0.7		74.5			7.4	49.0			5.6
13				8.6	20.2				27.6			1.2
14						1.5		3.5	45.4			9.8
15			26.2			27.7						3.3
16				17.8			15.0					
17	3.8*			6.1			71.8		0.9			
18							10.0					
19				0.9								
20												24.1·*
21	0.9*									0.7		2.0*
22			2.8	31.5								
23				17.4	5.6		0.4	15.8				
24	1.1					67.7						
25	1.9					24.9	64.0					
26				16.1			12.4			15.7		
27	4.1*			2.6			24.2			13.3		2.4*
28			19.0				11.5	16.1		73.9		2.3*
29	0.2*											1.8*
30				5.6						3.4		2.1*
31							1.3					
降水量	12.4	0	55.1	130.1	116.2	121.8	398.2	137.5	123.5	162.9	54.2	54.6
降水日数	7	0	6	10	8	4	16	6	5	8	4	10
最大日量	4.1		26.2	31.5	74.5	67.7	86.0	47.1	49.0	73.9	32.8	24.1

年统计	降水量　1366.5				降水日数　86				
	时　段　(d)		1		3		7	15	30
	最大降水量		86.0		122.0		122.9	228.3	398.2
	开始月—日		7—10		9—12		9—12	7—4	7—2

附　注	

1977　滚　河　石漫滩站　逐日降水量表

降水量 mm

日\月	一月	二月	三月	四月	五月	六月	七月	八月	九月	十月	十一月	十二月
1												
2				2.3			12.0					
3				0.8								
4				2.5			9.3			1.3	9.3	
5				16.8						39.1	27.9	
6				7.9						4.8	5.9	
7				1.7			9.9	6.6			4.0	
8					5.5		4.5	9.1				
9							13.1	28.6				
10							60.0	0.4				
11							1.7	2.5				
12			1.1	6.2	49.1			6.5	30.3			5.2
13				6.2	15.1				18.9			1.4
14				0.2		1.4		2.0	24.7			2.6
15			19.0			26.8						8.6
16				15.4			8.6	0.3				
17	1.0*			7.1			30.2	0.8				
18						0.5	4.2					
19				0.9			1.0					
20												8.2·*
21								0.1		0.5		1.9*
22			1.3	34.5								
23				17.9	6.3		0.7	4.3				
24	0.8					25.0		5.4				
25	0.4*					25.2	38.5					
26				14.4			2.3			13.2		
27	0.3*			2.2		0.4	20.0			25.7		1.0*
28	3.0*		16.6			1.3	9.1			36.4		1.1*
29										0.1		1.4*
30				2.6						2.8		0.9*
31										0.2		
降水量	5.5	0	45.1	119.8	82.5	80.6	225.1	65.5	75.0	124.1	47.1	32.3
降水日数	5	0	5	11	8	7	16	8	5	10	4	10
最大日量	3.0		19.0	34.5	49.1	26.8	60.0	28.6	30.3	39.1	27.9	8.6

年统计	降水量　902.6				降水日数　91				
	时　段　(d)		1		3		7	15	30
	最大降水量		60.0		77.6		96.8	141.5	225.1
	开始月—日		7—10		7—8		7—4	7—4	7—2

附　注	

1977　滚　河　袁门站　逐日降水量表

降水量 mm

日＼月	一月	二月	三月	四月	五月	六月	七月	八月	九月	十月	十一月	十二月
1					0.3							
2					3.4		20.6					
3					2.0							
4					2.7		5.4			1.5	9.9	
5				14.9						38.1	25.4	
6				6.8						5.1	6.3	
7				1.2			6.7	13.6			2.9	
8					5.1		7.1	18.1				
9							12.9	41.7				
10							49.2					
11							1.5	4.8				
12		0.4			51.9			6.7	21.9			4.9
13			5.9		9.5	2.7			16.8			1.6
14			0.4			27.2		2.7	24.8			4.0
15			23.2				0.9					5.2
16				8.1			7.6					
17	3.8 *		5.9				31.6					
18						0.6	10.7					
19					0.8		2.0					
20										0.2		8.0 ·*
21	0.8 *							0.4				1.9 *
22				30.4								
23	0.6			18.5		8.6	1.1	4.6				
24						50.7		0.7				
25	2.1					28.1	75.3					
26	0.7 *			16.2			2.7			25.1		
27	6.9 *			1.9		0.2	13.8			26.7		2.7 *
28			17.3				7.9	1.2		37.5		3.3 *
29	0.1						1.5					1.7 *
30				3.8			1.5			2.5		5.1 *
31						0.2	1.9			0.1		
降水量	15.0	0	46.8	108.1	84.5	109.5	260.4	94.7	63.5	136.6	44.5	38.4
降水日数	7	0	4	11	10	6	19	11	3	8	4	10
最大日量	6.9		23.2	30.4	51.9	50.7	75.3	41.7	24.8	38.1	25.4	8.0

年统计	降水量　1002.0		降水日数　93		
	时　段　(d)	1	3	7	15	30
	最大降水量	75.3	91.8	103.1	155.1	260.4
	开始月—日	7—25	7—25	7—25	7—15	7—2

附　注

1978　滚　河　刀子岭站　逐日降水量表

降水量 mm

日＼月	一月	二月	三月	四月	五月	六月	七月	八月	九月	十月	十一月	十二月
1							7.3		0.8			
2							10.2		0.1	11.4		
3							4.0					
4							6.0		1.5			
5							7.6					
6		15.4 ·*										
7		31.0 ·*			4.5			57.7	1.0		1.1	
8		29.1 *	8.2		1.0	3.4		27.7	40.3		33.3	
9		7.9 *						17.3			26.7	
10							0.6				12.5	
11							43.1	5.3				
12							5.9					
13						7.3						
14	1.1 *			0.8		1.1	21.1				0.5	
15							13.4				13.8	
16					2.1		1.2					
17												
18									1.5			1.6 ·*
19			1.6 ·*			4.5						6.0 *
20			2.1	8.1 ·*								6.4 *
21										2.5		
22												
23						0.8	1.4				3.1	
24						48.2					1.1	
25		3.4				22.2		10.6		10.9		1.1
26		6.2			5.0	12.0	0.8			28.1		
27	2.6 *				1.5		1.5					
28				5.9				10.9				
29			5.7		32.6		22.6	1.8				
30					27.6	1.2						
31								0.6				
降水量	3.7	93.0	17.6	14.8	74.3	100.7	146.7	131.9	45.2	52.9	92.1	15.1
降水日数	2	6	4	3	7	9	15	8	6	4	8	4
最大日量	2.6	31.0	8.2	8.1	32.6	48.2	43.1	57.7	40.3	28.1	33.3	6.4

年统计	降水量　788.0		降水日数　76		
	时　段　(d)	1	3	7	15	30
	最大降水量	57.7	102.7	108.0	130.6	209.3
	开始月—日	8—8	8—8	8—8	7—29	6—19

附　注

1978 滚 河 尚店站 逐日降水量表

降水量 mm

日＼月	一月	二月	三月	四月	五月	六月	七月	八月	九月	十月	十一月	十二月
1					9.7		9.6					
2							8.9					
3							0.2			8.7		
4							13.6					
5							1.0					
6		8.1·*									0.6	
7		19.0·*									28.0	
8		19.0·*	4.6			4.0		30.8	25.9		10.4	
9		3.6*						0.7				
10							4.4	12.6			4.7	
11							42.8	5.2				
12							11.1					
13						5.1						
14				0.8		1.0	31.5					
15							6.2				7.7	
16					2.5		1.3					
17									1.8			
18												0.2*
19			0.2·*			3.1						3.7*
20			0.9·*	4.4A								6.1*
21							35.4A					
22										2.0		
23											3.1	
24						29.8		38.3			0.9	0.2
25		5.1				8.9		15.2		8.8		0.7
26		2.8			5.5	10.6	4.4			18.6		
27	2.1*			4.6	0.9		5.7					
28			0.4				30.4					
29			4.0		16.5							
30					9.1	0.6						
31												
降水量	2.1	57.6	10.1	9.8	44.2	63.1	206.5	102.8	27.7	38.1	55.4	10.9
降水日数	1	6	5	3	6	8	15	6	2	4	7	5
最大日量	2.1	19.0	4.6	4.6	16.5	29.8	42.8	38.3	25.9	18.6	28.0	6.1

年统计	降水量 628.3		降水日数 68		
	时段（d）	1	3	7	15	30
	最大降水量	42.8	58.3	97.3	132.7	215.9
	开始月—日	7—11	7—10	7—10	7—10	6—24

附注	

1978 滚 河 柏庄站 逐日降水量表

降水量 mm

日＼月	一月	二月	三月	四月	五月	六月	七月	八月	九月	十月	十一月	十二月
1							10.7					
2							7.4					
3							0.2			8.4		
4							20.6					
5												
6		9.0·*				0.4						
7		21.1*			3.7						0.6	
8		15.0*	7.5			5.3		40.6	22.1		27.9	
9		6.5*						1.1			10.7	
10							0.5	9.9			5.7	
11							44.7	0.8				
12							1.7					
13						4.9						
14				0.4		0.7	7.0					
15							6.3				5.1	
16					1.2		1.0					
17									1.2			
18												0.9*
19			1.7*			3.0						3.5*
20			1.2·*	5.7A								4.9*
21							1.5					
22										1.2		
23						0.2					3.0	
24						31.8		9.7			0.8	
25		3.2				10.4		0.5		8.9		
26		3.6			3.8	6.5	11.9			11.9		
27	1.7*			5.7	5.1							
28												
29			4.3		14.3							
30					11.8	2.9						
31												
降水量	1.7	58.4	14.7	11.8	39.9	66.1	113.5	63.2	23.3	30.4	53.8	9.3
降水日数	1	6	4	3	6	10	12	7	2	4	7	3
最大日量	1.7	21.1	7.5	5.7	14.3	31.8	44.7	40.6	22.1	11.9	27.9	4.9

年统计	降水量 486.1		降水日数 65		
	时段（d）	1	3	7	15	30
	最大降水量	44.7	51.6	61.2	99.1	154.9
	开始月—日	7—11	8—8	7—10	7—1	6—19

附注	

1978　滚　河　柴厂站　逐日降水量表

降水量 mm

日＼月	一月	二月	三月	四月	五月	六月	七月	八月	九月	十月	十一月	十二月
1							7.4		0.8			
2							8.0					
3							6.6		1.1	10.8		
4							8.5		0.9			
5							3.1					
6		16.0·*										
7		24.9·*			12.8			1.5			0.3	
8		22.4*	7.2		1.0	2.5		51.5	1.4		36.7	
9		5.4*						52.9	37.7		24.4	
10								14.1			10.9	
11							27.1	3.1				
12												
13						6.7						
14	0.8*			0.8		1.8	10.1					
15							6.7				11.1	
16					0.9							
17								1.4				
18												2.0·*
19			1.1·*			2.7						6.3*
20			0.7·*	5.7								6.8*
21										1.8		
22												
23											3.5	
24		4.5				40.7		1.5		15.9		
25						18.0	1.0					1.1
26	3.0*	4.0			2.1	14.2				20.5		
27				5.0	2.5							
28								5.8				
29			5.5		24.0		2.9	0.7				
30					17.7							
31								1.1				
降水量	3.8	77.2	14.5	11.5	61.0	86.6	81.4	133.6	41.9	49.0	86.9	16.2
降水日数	2	6	4	3	7	7	10	10	5	4	6	4
最大日量	3.0	24.9	7.2	5.7	24.0	40.7	27.1	52.9	37.7	20.5	36.7	6.8

年统计	降水量 663.6		降水日数 68		
时段 (d)	1	3	7	15	30
最大降水量	52.9	118.5	123.1	126.0	153.7
开始月—日	8—9	8—8	8—7	7—29	7—11

附注：

1978　滚　河　石漫滩站　逐日降水量表

降水量 mm

日＼月	一月	二月	三月	四月	五月	六月	七月	八月	九月	十月	十一月	十二月
1							7.1		0.5			
2							4.4					
3							1.0			8.7		
4							21.9		1.0			
5							0.7		0.2			
6		10.0·*										
7		15.8·*			9.5						0.3	
8		16.0*	7.6			3.6		16.8	23.1		29.8	
9		4.0*						4.3			13.3	
10							0.8	7.5			8.2	
11							41.2	1.5				
12							0.2					
13				0.6		5.4	1.4					
14						1.3	20.1					
15							10.6				6.8	
16					1.0		0.7					
17									1.1			
18												1.8·*
19			1.6·*			2.6						5.6*
20			1.0·*	4.2·*								6.5*
21							11.3			1.1		
22												
23											2.5	
24		2.4				32.9	1.0	19.3			1.2	
25						8.6		0.3		16.2		0.2
26	1.6*	3.5			18.2	7.2	0.5			13.7		
27				4.0	3.4							
28			4.2									
29					12.8							
30					8.9	1.2						
31								0.1				
降水量	1.6	51.7	14.4	8.8	53.8	62.8	122.9	49.8	25.9	39.7	62.1	14.1
降水日数	1	6	4	3	6	8	15	7	5	4	7	4
最大日量	1.6	16.0	7.6	4.2	18.2	32.9	41.2	19.3	23.1	16.2	29.8	6.5

年统计	降水量 507.6		降水日数 70		
时段 (d)	1	3	7	15	30
最大降水量	41.2	51.3	75.0	109.4	171.3
开始月—日	7—11	11—8	7—10	7—1	6—24

附注：

1978　滚　河　袁门站　逐日降水量表

降水量 mm

日＼月	一月	二月	三月	四月	五月	六月	七月	八月	九月	十月	十一月	十二月
1							5.5		0.6			
2							6.2					
3							0.5		0.1	9.2		
4							18.7		0.7			
5						3.1	1.7		0.3			
6		11.5·*										
7		26.0*			9.5						0.7	
8		18.9*	7.9		0.2	4.5		39.3	0.3		33.0	
9		7.6*						6.2	28.1		13.2	
10		0.2*						10.0			7.9	
11							34.9	2.7				
12							0.5					
13						5.5						
14				0.3		1.4	34.6				0.3	
15						12.3					7.1	
16					0.9		1.2					
17									0.8			0.2
18												0.3*
19			1.9			3.7						7.7*
20			1.1	7.3A								5.1*
21							27.1			1.4		
22												
23											2.6	
24		3.9				30.8		35.4			1.3	0.2
25						10.7		5.7		12.1		0.4
26		4.2			1.0	9.9	1.0			18.4		
27	3.2*			4.4	0.7		1.1					
28								0.7				
29			2.9		22.1		34.4					
30			0.2		12.4	0.5						
31			0.4					0.4				
降水量	3.2	72.3	14.4	12.0	46.8	70.1	180.5	100.4	30.9	41.1	66.1	13.9
降水日数	1	7	6	3	7	9	15	8	7	4	8	6
最大日量	3.2	26.0	7.9	7.3	22.1	30.8	34.9	39.3	28.1	18.4	33.0	7.7

年统计

降水量	651.7		降水日数	81	
时段（d）	1	3	7	15	30
最大降水量	39.3	56.4	83.5	114.9	195.1
开始月—日	8—8	2—6	7—11	7—1	6—24

附注

1979　滚　河　刀子岭站　逐日降水量表

降水量 mm

日＼月	一月	二月	三月	四月	五月	六月	七月	八月	九月	十月	十一月	十二月
1				0.2		5.2		5.1				
2						11.5	138.8	1.6	0.7			
3						11.8	11.8	1.9	17.5		3.5	
4				7.6	22.9	1.7	38.6					
5							0.1	26.6	14.4			
6				17.0	0.9			12.2	1.9			
7												
8			6.0		1.0	0.9	97.7					
9			3.8				1.6					
10	5.7·*		6.2·*		4.3			4.9			0.2	
11	23.3*		0.8*	4.1	51.9		2.6		2.3			
12				18.8·*	19.2			0.7	55.4			
13								57.8	36.2			
14		0.7*			1.8		4.7	24.3	47.2			
15							70.5	10.8	67.9	0.2		
16								2.0	2.7		9.3·*	1.3
17							6.3	5.8			2.4·*	
18						60.8						6.6
19						15.2		0.9				
20		5.4							55.6			27.8·*
21		51.1·*				3.1			11.6			
22		17.9*	3.5·*	96.4		12.3			30.7			
23				5.6			8.7	1.6	30.1			
24								1.3				
25				7.4								
26	17.3·*			3.9				0.7				
27	3.7*			0.2								
28									0.2			
29	4.2*		40.9					5.1				
30			4.3	3.2			29.2	36.3				5.6*
31			4.9					16.1				24.8·*
降水量	54.2	75.1	70.4	164.4	102.0	110.7	410.6	215.7	372.5	2.1	15.4	66.5
降水日数	5	4	8	11	7	8	12	19	14	2	4	6
最大日量	23.3	51.1	40.9	96.4	51.9	60.8	138.8	57.8	67.9	1.9	9.3	27.8

年统计

降水量	1659.6		降水日数	100	
时段（d）	1	3	7	15	30
最大降水量	138.8	189.2	287.0	366.4	457.8
开始月—日	7—2	7—2	7—2	7—2	6—18

附注

1979　滚　河　尚店站　逐日降水量表

降水量 mm

日＼月	一月	二月	三月	四月	五月	六月	七月	八月	九月	十月	十一月	十二月
1						3.3		10.6				
2							89.6	4.3				
3						5.4	3.0					
4							18.2		10.2		1.8	
5				7.6	18.8		0.6	5.4	9.4			
6				12.4	0.3			1.7		0.9		
7			3.0		0.8		61.5					
8			1.2				0.4					
9												
10	2.4 *		2.6 ·*		4.9			0.8			1.6	
11	17.6 *		0.5 ·*	2.0	51.0				1.3			
12				9.0	9.5				48.2			
13								4.5	18.0			
14		0.4 *			3.0		7.6	1.2	22.8			
15							92.1		39.1			
16											4.0 *@	
17								2.0			2.6	1.4
18						45.4						6.5
19						17.0						1.4
20		4.0							13.1			21.7 ·*
21		48.6 ·*							9.7			
22		16.3 *	2.7 ·*	61.5		2.6			22.7			
23				3.0		10.4	6.2	0.9	13.6			
24												
25				1.8			58.8					
26				6.0								
27	10.8 *			0.3								
28	2.2 *					2.8						
29			27.3					3.2				
30	3.5 *		3.6	1.4			13.4	30.6				3.6 *
31			3.6					11.2				17.4 *
降水量	36.5	69.3	44.5	105.0	88.3	86.9	351.4	76.4	208.1	0.9	10.0	52.0
降水日数	5	4	8	10	7	7	11	12	11	1	4	6
最大日量	17.6	48.6	27.3	61.5	51.0	45.4	92.1	30.6	48.2	0.9	4.0	21.7

年统计						
降水量 1129.3				降水日数　86		
时段　(d)	1	3		7	15	30
最大降水量	92.1	110.8		172.9	273.0	351.4
开始月—日	7—15	7—2		7—2	7—2	7—2

附注

1979　滚　河　柏庄站　逐日降水量表

降水量 mm

日＼月	一月	二月	三月	四月	五月	六月	七月	八月	九月	十月	十一月	十二月
1						1.8		22.5				
2							58.9	0.2				
3						5.1	5.2					
4							22.2		12.6		2.5	
5				8.1	16.1		0.9		12.7			
6				13.0	0.3			5.5		1.1		
7												
8			3.0		0.8	0.6	45.9					0.2
9			0.8				0.4					
10	1.2 *		1.7		3.0						1.7	
11	17.1 *		0.3 *	1.9	45.4		0.8		2.5			
12				9.8	13.1				29.9			
13	0.2 *							62.9	29.1			
14					2.4		13.5	6.9	26.6			
15							82.5	2.5	48.8			
16									1.9		6.2	
17								2.4			1.1 ·*	2.1
18						53.0	0.1					6.4
19						6.9			0.3			1.5
20		2.5							14.2			25.9 ·*
21		59.7 ·*					2.4		6.5			
22		21.8 *	2.7 *	71.0		1.7			32.6			
23				2.9		10.9	7.2	2.9	24.3			
24								0.4				
25				1.1			0.2					
26				7.0				0.6				
27	14.1 *			0.2								
28	1.8 *					7.2						
29			25.7					3.1				
30	1.9 *		3.4	0.5			15.5	29.6				0.6 *
31			3.5					11.1				15.8 *
降水量	36.3	84.0	41.1	115.5	81.1	87.2	255.7	150.6	242.0	1.1	11.5	52.5
降水日数	6	3	8	10	7	8	14	13	13	1	4	7
最大日量	17.1	59.7	25.7	71.0	45.4	53.0	82.5	62.9	48.8	1.1	6.2	25.9

年统计						
降水量 1158.6				降水日数　94		
时段　(d)	1	3		7	15	30
最大降水量	82.5	104.5		138.8	230.3	310.0
开始月—日	7—15	9—13		9—11	7—2	6—18

附注

1979　滚　河　柴厂站　逐日降水量表

降水量 mm

日＼月	一月	二月	三月	四月	五月	六月	七月	八月	九月	十月	十一月	十二月
1						4.0		7.8				
2							87.5	0.4				
3						17.3	6.0		0.2			
4						0.6	27.1		13.5		3.1	
5				7.6	20.0	3.9	0.4	2.3	13.7			
6				15.6	1.2			8.6		2.8		
7												
8			5.8		0.6	0.9	91.9					
9			2.0				1.9					
10	4.0·*		2.4		3.1			6.4			1.3	
11	22.4*			1.2	54.2		0.5		1.5			
12	0.3*			12.2	16.9				45.1			
13								15.7	37.7			
14		1.2*			1.9			10.2	53.2			
15							70.4	24.7	50.0			
16								2.0	0.7		4.8	
17								1.3			0.2*	
18						53.7	5.5					1.8
19						11.5			0.5			5.3
20		1.4							43.6			23.4·*
21		47.6*							10.6			
22		16.5*	3.9*	103.1					30.6			
23				4.2		3.1	6.9	10.3	27.6			
24						11.5		1.4				
25				3.0			14.6					
26				5.3				0.2				
27	16.2*			0.2				0.2				
28	1.8*											
29			32.9					6.4				
30	4.8*		4.6		1.7		57.0	40.8				4.1*
31			3.2					11.6				23.1*
降水量	49.5	66.7	54.8	154.1	97.9	106.5	374.3	150.3	328.5	2.8	9.4	57.7
降水日数	6	4	7	10	7	9	13	17	14	1	4	5
最大日量	22.4	47.6	32.9	103.1	54.2	53.7	91.9	40.8	53.2	2.8	4.8	23.4

年统计

	降水量 1452.5		降水日数 97		
时段 (d)	1	3	7	15	30
最大降水量	103.1	140.9	212.9	301.1	387.7
开始月—日	4—22	9—13	7—2	9—11	8—26

附注

1979　滚　河　石漫滩站　逐日降水量表

降水量 mm

日＼月	一月	二月	三月	四月	五月	六月	七月	八月	九月	十月	十一月	十二月
1						3.0		1.9				
2							51.7	4.3				
3						34.3	4.3		0.1		2.0	0.2
4						0.2	17.5		14.1			
5				9.3	12.4		0.5		9.7		1.0	
6				13.9	0.2			44.2		1.0		
7												
8			3.8		0.7	0.1	74.6					
9			1.0				2.1					
10	3.0*		0.6		2.7			0.9				
11	15.9*		0.3*	3.0	53.4				1.6			
12	0.2*			9.2	11.0				32.5			
13								5.9	17.1			
14		1.1*				8.8		2.2	36.2			
15						85.0		0.9	39.7			
16									0.8		3.0	
17								0.7			0.4	2.3
18						47.1	0.2					6.1
19						2.1						0.5
20		1.6							15.1			24.7·*
21		66.6·*							9.2			
22		20.9*	2.2·*	86.3		2.0			28.2			
23				2.2		11.3	7.0	6.7	19.8			
24								0.3				
25				2.1								
26				5.5				0.3				
27	13.0*			0.1								
28	0.8*					1.8						
29			20.1					3.0				
30	3.4*		7.0				18.3	29.8				1.6*
31			2.9					9.7				15.8*
降水量	36.3	90.2	37.9	131.8	82.4	101.9	270.0	110.8	224.1	1.0	6.4	51.2
降水日数	6	4	8	10	7	9	11	14	13	1	4	7
最大日量	15.9	66.6	20.1	86.3	53.4	47.1	85.0	44.2	39.7	1.0	3.0	24.7

年统计

	降水量 1144.0		降水日数 94		
时段 (d)	1	3	7	15	30
最大降水量	86.3	93.8	148.6	244.5	308.8
开始月—日	4—22	7—14	7—2	7—2	6—18

附注

1979　滚　河　袁门站　逐日降水量表

降水量 mm

日＼月	一月	二月	三月	四月	五月	六月	七月	八月	九月	十月	十一月	十二月
1						2.8		20.2				
2							86.6					
3						25.3	4.8		5.5			
4							17.8		12.0		0.6	
5				8.4	17.7		0.5	10.3	12.8			
6				13.1	0.3			9.3		1.9		
7					0.9							
8			3.6				75.2					
9			1.7				0.5					
10	0.4*		2.5·*		2.2						1.6	
11	23.2*		0.4*	1.4	42.4			3.4	1.1			
12				11.4	8.5				34.1			
13	0.8*							1.5	16.1			
14		0.7*			2.5		7.9		33.5			
15							90.4	1.0	45.0			
16								0.9			5.2	1.8
17								3.4			1.8·*	6.3
18						44.3						0.4
19						14.1						
20		2.0							18.8			25.7·*
21		62.8·*							14.1			
22		21.7*	2.5·*	113.3		2.4			30.6			
23				3.6		9.7		3.6	20.6			
24												
25				2.3			20.1					
26				4.0								
27	4.5*			0.2								
28	2.9*					0.4						
29			20.6					2.6				
30	4.0*		5.1	1.0			21.7	33.4				4.7*
31			4.5					1.0				22.5*
降水量	35.8	87.2	40.9	158.7	74.5	99.0	331.5	90.6	244.2	1.9	9.2	61.4
降水日数	6	4	8	10	7	7	11	12	12	1	4	6
最大日量	23.2	62.8	20.6	113.3	42.4	44.3	90.4	33.4	45.0	1.9	5.2	25.7

年统计					
降水量 1234.9			降水日数 88		
时　段　(d)	1	3	7	15	30
最大降水量	113.3	116.9	184.9	283.7	354.6
开始月一日	4—22	4—22	7—2	7—2	6—18

附　注

1980　滚　河　刀子岭站　逐日降水量表

降水量 mm

日＼月	一月	二月	三月	四月	五月	六月	七月	八月	九月	十月	十一月	十二月
1	2.6*						37.4	0.4				
2							2.6	1.0				
3			14.9				15.2		11.6	0.4		
4			4.9	12.5					13.4	6.0		
5			18.8			5.4			9.6			
6						25.3						
7			18.9				6.0		19.2			
8			2.1				11.7	7.8	23.7	23.2		
9						9.9	2.0			80.0		
10				1.2	1.2		7.2	5.0				
11			5.2*	3.5	12.2	0.7	16.8	18.0		12.0		
12			5.6*	13.3			25.6			1.9		
13			3.3	45.9								
14								0.2			1.5	0.6*
15						16.4			0.2	6.5	0.4	0.5*
16						10.7		34.2				
17		1.0·*			0.7							
18					2.0	7.8		12.5				
19			0.9			6.3	0.4	1.6				
20			24.8*	0.2				2.1				
21			13.7*					1.2	0.2	3.1		
22						0.4		167.9				
23				1.8	71.2	90.2		49.6			2.5	
24				6.0	1.9	42.9				1.3		
25												
26							3.4				0.5	
27	52.0·*							34.6				
28	5.8*						5.5	2.1				
29			1.5				49.4			1.7		
30						0.3	9.0					
31			15.1		64.8		5.7			1.9		
降水量	60.4	1.0	107.6	60.6	199.9	216.3	195.9	340.2	77.9	138.0	4.9	1.1
降水日数	3	1	11	9	8	12	14	16	7	11	4	2
最大日量	52.0	1.0	24.8	18.8	71.2	90.2	49.4	167.9	23.7	80.0	2.5	0.6

年统计					
降水量 1403.8			降水日数 98		
时　段　(d)	1	3	7	15	30
最大降水量	167.9	217.5	254.2	306.0	406.5
开始月一日	8—23	8—23	8—23	8—14	8—10

附　注

1980　滚　河　尚店站　逐日降水量表

降水量 mm

日＼月	一月	二月	三月	四月	五月	六月	七月	八月	九月	十月	十一月	十二月
1	1.9*					0.7	24.0					
2							5.8					
3			10.2				11.8		3.5		0.5	
4			3.0	8.3					6.7	4.3		
5				9.2		0.7			4.8	0.1		
6						5.1						
7			9.4				3.4					
8							8.0	7.6	12.1	12.2	0.8	
9						6.6		21.2	18.1	59.4		
10					1.5		4.3					
11			4.3*	2.0	10.8	1.1	7.6			2.9		
12			7.0*	10.9			7.5			2.4		
13			1.1*	3.5	31.2							
14												0.5*
15						25.9				6.4		2.0*
16						4.9		57.4				
17						0.3		35.9				
18					0.8	8.4		8.0				
19			0.3			5.3		0.3				
20			23.8·*	0.6				1.5				
21			10.4·*	0.5				0.9		1.0		
22												
23				1.0	90.8	75.9		119.3			2.7	
24				3.4	1.1	17.6		49.9				
25						0.1					0.3	
26												
27	28.9·*							46.4				
28	10.9*							1.5				
29			1.2			0.1						
30			6.6				33.4			2.8		
31					35.6		2.5			1.8		
降水量	41.7	0	77.3	39.4	171.8	152.7	108.3	349.9	45.2	93.3	4.3	2.5
降水日数	3	0	11	9	7	14	10	12	5	10	4	2
最大日量	28.9		23.8	10.9	90.8	75.9	33.4	119.3	18.1	59.4	2.7	2.0

年统计	降水量 1086.4		降水日数 87		
	时　段　(d)	1	3	7	15	30
	最大降水量	119.3	169.2	217.1	321.1	384.3
	开始月—日	8—23	8—23	8—23	8—16	7—29

附　注

1980　滚　河　柏庄站　逐日降水量表

降水量 mm

日＼月	一月	二月	三月	四月	五月	六月	七月	八月	九月	十月	十一月	十二月
1	1.2*					0.3	3.7					
2							3.5					
3			15.1				12.2		11.1		0.9	
4			3.2	5.5					3.2	5.6		
5				9.3		0.2			4.0	0.4		
6						7.8						
7			10.7				3.2		17.8		0.2	
8							7.3		15.8	18.2		
9						5.2		2.3				
10			0.6*	0.3	1.2		2.8	0.1		40.1		
11			2.6*	1.5	9.2	0.4	5.6	0.7		7.4		
12			6.8*	10.5			8.8			1.9		
13			0.3*	3.3	20.8							
14								1.3		0.4		0.5*
15						67.7				4.2	2.1	1.1*
16						6.2		20.6				
17		0.3*			0.5			9.0				
18					0.5	6.3		5.8				
19			0.2			5.9		0.5				
20			28.3*	0.2				1.3				
21			11.6*	0.3				9.9		0.5		
22												
23				1.4	73.0	58.9		87.4			1.9	
24				3.3	9.7	22.2		45.2				
25						0.1	0.3				0.4	
26							0.2					
27	34.1·*		0.2					41.8				
28	4.4*		0.2				0.3	0.2				
29			0.2			3.1	28.8			6.7		
30			6.1			0.2	7.5			0.6		
31					94.1		0.1			1.6		
降水量	39.7	0.3	86.1	35.6	209.0	184.5	84.3	226.1	51.9	87.6	5.5	1.6
降水日数	3	1	14	10	8	14	14	14	5	12	5	2
最大日量	34.1	0.3	28.3	10.5	94.1	67.7	28.8	87.4	17.8	40.1	2.1	1.1

年统计	降水量 1012.2		降水日数 102		
	时　段　(d)	1	3	7	15	30
	最大降水量	94.1	132.6	184.3	223.0	278.4
	开始月—日	5—31	8—23	8—21	8—14	5—31

附　注

1980 滚河 柴厂站 逐日降水量表

降水量 mm

日＼月	一月	二月	三月	四月	五月	六月	七月	八月	九月	十月	十一月	十二月
1	4.0*						20.0					
2							4.5					
3			15.0				11.5	0.5	17.8	4.1	0.4	
4			3.8	9.4						9.1		
5				14.5		2.8				7.0		
6			14.7			20.9			23.4			
7			0.5				4.7		24.6			
8						0.1	11.3	9.2		20.1		
9						9.7		5.4		78.9		
10			0.1*	0.6	0.9		5.6					
11			4.7*	2.4	8.8	0.9	11.9	6.7		5.9		
12			6.7*	10.3			14.3			3.7		
13				1.4	55.7							
14								0.4			1.9	0.5*
15						17.3				5.3		1.4*
16						19.1		18.2				
17		1.0			0.5	0.2		24.1				
18					1.1	7.6	0.3	9.1				
19			0.6			6.3		0.8				
20			26.5·*	0.3				1.6				
21			13.7*						0.2	2.9		
22												
23				1.4	55.9	100.2		144.4			2.9	
24				4.2	2.8	36.0		61.1				
25						0.5					0.8	
26							0.2					
27	43.1·*							25.9				
28	6.4·*		1.2				3.4	1.9				
29						0.1	38.0			3.1		
30			6.0				6.0			0.9		
31					56.0					1.9		
降水量	53.5	1.0	93.5	44.5	181.7	221.7	131.7	309.5	82.1	127.2	6.0	1.9
降水日数	3	1	12	9	8	14	13	15	6	11	4	2
最大日量	43.1	1.0	26.5	14.5	56.0	100.2	38.0	144.4	24.6	78.9	2.9	1.4

年统计	降水量 1254.3				降水日数 98	
	时段 (d)	1	3	7	15	30
	最大降水量	144.4	205.5	233.3	287.7	376.3
	开始月—日	8—23	8—23	8—23	8—14	8—11

附注

1980 洪河 滚河李站 逐日降水量表

降水量 mm

日＼月	一月	二月	三月	四月	五月	六月	七月	八月	九月	十月	十一月	十二月
1	2.5*						5.2	0.5				
2							2.2					
3			10.7				8.8		21.1		0.7	
4			2.2	11.2					7.0	5.0		
5				12.1		1.6			3.2			
6						9.5						
7			10.6				2.8		12.9	27.3		
8							5.8	0.3	15.2	57.2		
9						5.8						
10					1.0		1.6					
11			3.1·*	2.0	9.4	0.7	3.3	4.3		16.5		
12			7.1·*	10.7			9.2			3.0		
13			0.3*	1.5	34.9							
14								16.7		0.1	2.1	0.2*
15						32.7				3.0	0.9	0.1*
16					0.4	10.2		1.5				
17		0.6*			0.7			1.3				
18						6.4		1.0				
19			0.2			5.3		0.3				
20			26.2·*	0.5				1.1				
21			12.9·*	0.3						1.3		
22												
23				1.2	64.2	65.1		117.2			1.0	
24				2.5	3.2	18.3		56.4				
25										0.1		
26							0.6					
27	35.7·*		0.2			0.4	2.1	28.4				
28	3.7*		1.5					0.2				
29						10.0	23.7			2.7		
30							1.9			1.0		
31			3.1		39.4					1.6		
降水量	41.9	0.6	78.1	42.0	153.2	166.0	67.2	229.2	59.4	118.8	4.7	0.3
降水日数	3	1	12	9	8	12	12	13	5	12	4	2
最大日量	35.7	0.6	26.2	12.1	64.2	65.1	23.7	117.2	21.1	57.2	2.1	0.2

年统计	降水量 961.4				降水日数 93	
	时段 (d)	1	3	7	15	30
	最大降水量	117.2	173.6	202.2	233.5	287.8
	开始月—日	8—23	8—23	8—23	8—23	8—23

附注

1980　滚　河　袁门站　逐日降水量表

降水量 mm

日\月	一月	二月	三月	四月	五月	六月	七月	八月	九月	十月	十一月	十二月
1	2.4*						15.6					
2							4.4					
3			14.0				6.4		10.6		1.7	
4			3.5	10.8					15.6	4.2		
5				9.6		5.1			2.2	0.9		
6						4.0						
7			10.5				3.9		9.3	29.9		
8			0.5				3.0		18.8	65.3		
9						7.9		20.5				
10			0.2				2.8					
11			5.4*	2.3	10.8	1.6	7.0	1.5		4.8		
12			7.3*	8.1			4.2			2.3		
13			0.2*	2.1	41.9							
14								1.5				0.4*
15						12.6				5.3		0.3*
16						19.0		55.4				
17		0.4			0.3@			29.4				
18					1.0@	8.4		5.5				
19						5.4		1.1				
20			27.6*	0.4				1.4				
21			13.2*									
22												
23				1.2@	74.5	61.8		108.6			2.6	
24				3.8@	0.6	18.2		50.1				
25											0.4	
26												
27	38.3*		0.3					36.6				
28	3.9*		1.6					1.8				
29							23.9			4.6		
30			7.5				3.7				0.3	
31					46.2		0.5					
降水量	44.6	0.4	91.6	38.5	177.6	144.0	75.4	313.4	56.5	117.3	5.0	0.7
降水日数	3	1	12	9	8	10	11	12	5	8	4	2
最大日量	38.3	0.4	27.6	10.8	74.5	61.8	23.9	108.6	18.8	65.3	2.6	0.4

年统计	降水量　1065.0		降水日数　85		
	时段（d）	1	3	7	15	30
	最大降水量	108.6	158.7	197.1	291.4	351.1
	开始月—日	8—23	8—23	8—23	8—14	8—9

附注

1981　滚　河　刀子岭站　逐日降水量表

降水量 mm

日\月	一月	二月	三月	四月	五月	六月	七月	八月	九月	十月	十一月	十二月
1				1.9			0.1				12.4	
2			0.2	1.9			2.0			23.4		
3							0.7			35.3	1.0	
4						1.2	0.4			2.7	25.1	
5										8.1	24.5	
6										18.7		
7				4.1		0.3				2.1	0.3	
8	0.5*					81.8	18.1	59.2	1.3			
9	0.1*					23.8	6.8		9.9			
10						3.1	7.9	3.7	6.9			
11												
12							0.3		3.0			
13					3.9				3.5			
14		1.5			0.5	5.8				0.3		
15		46.2*				13.0						
16				8.5				9.8		3.6		
17				42.4								
18		1.4						3.8		2.6		
19								0.5		0.4		
20	11.5*					41.0				8.3		
21	0.7*							19.7		0.7	4.1	
22	11.5*	0.2				0.5		22.3				
23	0.4*	0.6	25.1			5.8		44.0			5.4	
24				0.5		53.1	30.0	9.1			4.7	
25	0.4*						7.8				0.7	
26			0.2		0.1							
27			18.0						12.2	3.8		
28			4.4						11.6			
29			0.9				5.0		20.2			9.8*
30			0.8	0.5			10.8		19.0			
31			4.9		1.0		0.3			10.2		
降水量	25.1	49.9	54.5	60.7	5.5	209.4	109.0	173.3	87.6	120.2	78.2	9.8
降水日数	7	5	8	8	4	8	15	10	9	14	9	1
最大日量	11.5	46.2	25.1	42.4	3.9	81.8	30.0	59.2	20.2	35.3	25.1	9.8

年统计	降水量　983.2		降水日数　98		
	时段（d）	1	3	7	15	30
	最大降水量	81.8	108.7	121.7	163.0	212.6
	开始月—日	6—8	6—8	9—27	8—9	6—7

附注

1981　滚　河　尚店站　逐日降水量表

降水量 mm

日\月	一月	二月	三月	四月	五月	六月	七月	八月	九月	十月	十一月	十二月
1			0.4*	0.5							6.2	
2										21.3		
3							0.2			23.5	1.6	
4							1.1	0.5		0.6	15.6	
5										4.4	12.1	
6				0.2						20.4		
7				0.6		0.6				0.5		
8	0.7					71.7	12.6		1.3			
9						12.9	9.1	116.3	7.8			
10						3.3	7.1	3.4	6.2			
11									2.5			
12												
13					2.8		0.7		1.7			
14		1.5					3.9					
15		26.6*					1.4					
16				7.8				10.6				
17				29.0						1.0		
18		1.1								1.7		
19	9.0*							19.9		0.2		
20						30.4		1.8		8.2		
21	0.2*							38.8			1.7	
22	7.7*		0.1			0.8		12.1			2.3	
23			17.9	0.7		4.7		45.0				
24				1.2		30.6	3.9	9.1			2.6	
25							1.3					
26			0.9									
27			18.7						8.9	1.8		
28			1.7				3.4		7.7			
29			1.4		0.4				17.0			12.6*
30				0.8					12.6			
31			1.1							2.7		
降水量	17.6	29.2	42.2	40.8	3.2	155.0	44.7	257.5	65.7	86.3	42.1	12.6
降水日数	4	3	8	8	2	8	11	10	9	12	7	1
最大日量	9.0	26.6	18.7	29.0	2.8	71.7	12.6	116.3	17.0	23.5	15.6	12.6

年统计					
降水量　796.9		降水日数　83			
时　段　(d)	1	3	7	15	30
最大降水量	116.3	119.7	126.7	247.9	260.9
开始月—日	8—9	8—9	8—19	8—9	7—28

附　注

1981　滚　河　柏庄站　逐日降水量表

降水量 mm

日\月	一月	二月	三月	四月	五月	六月	七月	八月	九月	十月	十一月	十二月
1				0.6							5.5	
2			0.2	1.0						15.8		
3							1.3			21.6	1.7	
4							0.8			0.7	18.1	
5							1.1		1.0	2.3	15.7	
6										20.5	0.3	
7				1.0		0.7		0.9		1.1		
8	0.7					62.0	9.6	77.5	1.2			
9						6.2	17.1		6.8			
10						2.4	7.7	1.3	6.0			
11									2.2			
12												
13					3.1		0.7		0.7	0.2		
14		0.5					1.3					
15		26.6*					1.1	0.5		0.2		
16				9.0				6.1		1.2		
17				30.1			0.2			0.1		
18		0.6*						0.4		0.7		
19								16.0				
20	8.0*					24.9		0.6		4.8		
21	0.3*		0.4					31.8				
22	9.4*		0.5			0.9		1.4			2.5	
23	0.2*		16.2			3.7		42.8			1.7	
24				0.3		29.1	10.0	3.4			0.1	
25				0.9			3.2					
26			1.4									
27			20.9						3.0	1.9		
28			1.7				3.5		3.7			
29			1.0		0.3		24.8		13.3			10.0*
30				1.2					10.7			
31			1.4				0.3			4.5		
降水量	18.6	27.7	43.7	44.1	3.4	129.9	82.7	182.7	48.6	75.6	45.6	10.0
降水日数	5	3	9	8	2	8	15	12	10	14	8	1
最大日量	9.4	26.6	20.9	30.1	3.1	62.0	24.8	77.5	13.3	21.6	18.1	10.0

年统计					
降水量　712.6		降水日数　95			
时　段　(d)	1	3	7	15	30
最大降水量	77.5	78.8	96.4	178.4	211.3
开始月—日	8—9	8—9	8—18	8—9	7—2

附　注

1981　滚　河　柴厂站　逐日降水量表

降水量 mm

日＼月	一月	二月	三月	四月	五月	六月	七月	八月	九月	十月	十一月	十二月
1			1.1 *	1.1						24.7	15.1	
2				1.5			1.8			33.1	0.9	
3							0.4			1.4	32.5	
4								0.7			23.4	
5										6.2		
6										19.8		
7				3.5		0.5				1.2		
8	0.9					73.9	4.2		0.6			
9						17.4	3.9	136.6	8.0			
10						3.6	6.8	3.2	6.2			
11									2.8			
12							0.3					
13					2.6				0.2			
14		1.3					9.1					
15		28.5 *					13.1					
16				8.5				5.6		1.5		
17				49.8								
18		0.9								2.2		
19		0.2						6.9				
20	12.8 *		0.1			22.8		2.8		7.8		
21	1.2 *		0.2					20.0		1.5	3.5	
22	12.1 *	0.3						23.0			2.9	
23	0.6 *	0.7 *	25.4	0.7		4.6		46.8			1.0	
24				1.1		46.1	14.5	4.3			7.0 *	
25	0.1 *						3.6				0.9	
26			0.5									
27			18.5			0.6			8.3	1.5		
28			3.3						10.1			
29			0.7				34.2		16.8			11.3 *
30			0.5	0.2					14.6			
31			1.3			3.2	4.4			9.4		
降水量	27.7	31.9	51.6	66.4	5.8	170.0	96.3	249.9	67.6	110.3	87.2	11.3
降水日数	6	6	10	8	2	9	12	10	9	12	9	1
最大日量	12.8	28.5	25.4	49.8	3.2	73.9	34.2	136.6	16.8	33.1	32.5	11.3

年统计					
降水量 976.0		降水日数 94			
时　段（d）	1	3	7	15	30
最大降水量	136.6	139.8	140.5	244.9	288.5
开始月—日	8—9	8—9	8—4	8—9	7—29

附注

1981　洪　河　滚河李站　逐日降水量表

降水量 mm

日＼月	一月	二月	三月	四月	五月	六月	七月	八月	九月	十月	十一月	十二月
1			0.2	0.2							11.3	
2				0.9						16.9	1.1	
3							0.7	0.2		22.6	20.3	
4							1.0			0.3	12.0	
5									1.6	1.3		
6										18.7		
7				1.1		0.2				0.8		
8	0.1					60.0	48.8		0.9			
9						8.3	7.8	63.1	7.2			
10						2.6	7.1	1.8	4.7			
11									1.2			
12							0.3					
13		0.1			2.7		0.8		1.0			
14							2.0					
15		17.5 *					1.5	0.3		0.1		
16				10.2				5.7		0.5		
17		U		34.1						0.2		
18		0.2								0.8		
19		0.1						9.5				
20	7.2 *					24.1		2.6		5.8		
21	0.4 *		0.5					27.8		0.4	0.8	
22	8.7 *							2.1			2.7	
23			21.4			0.7		32.6		U		
24				1.6		4.8	6.6	7.2			2.9	
25	1.0 *			0.6		22.7	1.4			0.1	0.5	
26			1.2									
27			17.8						2.9	1.6	0.2	
28			1.3						6.8			
29			0.6		0.1		5.8		13.1		0.1	6.7 *
30				0.4					8.6		0.3	
31			1.1			6.1	1.1			4.9		
降水量	17.4	17.9	44.1	49.1	8.9	123.4	84.9	152.9	48.0	75.0	52.2	6.7
降水日数	5	4	8	8	3	8	13	11	10	15	11	1
最大日量	8.7	17.5	21.4	34.1	6.1	60.0	48.8	63.1	13.1	22.6	20.3	6.7

年统计					
降水量 680.5		降水日数 97			
时　段（d）	1	3	7	15	30
最大降水量	63.1	70.9	81.8	145.5	159.8
开始月—日	8—9	6—8	8—19	8—9	7—29

附注

1981　滚　河　袁门站　逐日降水量表

降水量 mm

日＼月	一月	二月	三月	四月	五月	六月	七月	八月	九月	十月	十一月	十二月
1				0.7							6.6	
2			0.4	1.4						18.6	10.6	
3			0.1				0.6			23.1	11.2	
4											16.3	
5										5.2	8.3	
6										17.2		
7				1.1		0.6				1.2@		
8	0.3					72.5	8.2		1.1@			
9	0.2					13.7	2.9	154.6	8.1@			
10						1.7	4.3		6.3@			
11									2.2			
12												
13					2.9			1.6	1.5@			
14		0.4					4.4					
15		23.2*					9.0					
16		0.3*		6.8				23.7			1.8@	
17				34.6								
18		0.6									1.8@	
19								9.9				
20	8.0*					34.1		3.1		5.9	0.6	
21	0.2*							13.3				
22	9.7*					1.0		10.5			1.2	
23	0.2*	0.3	22.4			2.8		40.3			0.3	
24				0.4		30.2	16.8	18.7	16.8		0.9	
25				0.9			1.3					
26			0.2									
27			20.2						5.9	2.3@		
28			3.2						6.3			
29			0.5						16.9			12.6*
30				0.6			5.6		12.5			1.2*
31			2.1							6.7@		
降水量	18.6	24.8	49.1	46.5	2.9	156.6	53.1	275.7	77.6	83.8	56.0	13.8
降水日数	6	5	8	8	1	8	9	9	10	10	9	2
最大日量	9.7	23.2	22.4	34.6	2.9	72.5	16.8	154.6	16.9	23.1	16.3	12.6

年统计	降水量　858.5			降水日数　85	
	时　段　(d)	1	3	7	15	30
	最大降水量	154.6	154.6	156.2	257.0	281.8
	开始月一日	8—9	8—9	8—9	8—9	7—30

附　注	

1982　滚　河　刀子岭站　逐日降水量表

降水量 mm

日＼月	一月	二月	三月	四月	五月	六月	七月	八月	九月	十月	十一月	十二月
1		0.6*		11.3		5.9		2.4	9.0	6.2		
2		15.6*		8.1				23.5	5.1	1.2		
3		2.9*						1.2	4.5	6.2		
4								2.6	1.3	1.5		
5			4.8						0.2		1.3	
6												
7						4.8			1.6		12.8	
8							21.9				8.5	
9								40.5			1.1	
10			1.9					6.0				
11					32.0	10.4		27.3				
12					4.7		17.1	97.5	2.0			
13						0.6	12.3	273.4		9.7		
14							2.7	7.6				
15								1.1			1.5	0.8*
16			21.3*	6.9			0.5		9.4			
17			1.7	0.5		16.3	2.4		30.3			
18			13.4					0.1	0.2			
19				3.5			0.3	7.6				
20	0.2*					2.7	23.2	7.0			1.4	
21		0.3				11.8	274.9	11.1			2.6	
22	0.2						51.4					
23	3.3		13.5*				6.9	15.8				
24	8.9*		4.6*				6.5	27.8				
25												
26			3.5*		10.6		2.7	2.5	1.1	0.3	8.4	
27					3.0		9.9	1.1	0.9	0.2	37.5*	
28				3.9	42.9		7.3	0.9	12.1		8.7*	
29				2.9	28.9		43.4	23.0	19.0			
30	0.7*				6.3		35.3	6.1	12.0			
31										9.2		
降水量	13.3	19.4	64.7	37.1	128.4	52.5	518.7	586.1	108.7	34.5	83.8	0.8
降水日数	5	4	8	7	7	7	17	22	15	8	10	1
最大日量	8.9	15.6	21.3	11.3	42.9	16.3	274.9	273.4	30.3	9.7	37.5	0.8

年统计	降水量　1648.0			降水日数　111	
	时　段　(d)	1	3	7	15	30
	最大降水量	274.9	398.2	453.4	553.1	947.3
	开始月一日	7—21	8—11	8—9	7—30	7—17

附　注	

1982　滚　河　尚店站　逐日降水量表

降水量 mm

日＼月	一月	二月	三月	四月	五月	六月	七月	八月	九月	十月	十一月	十二月
1		0.2*		20.2		3.9		18.9	1.2	3.2		
2		13.6*		3.3				7.8		1.8		
3		0.4*						2.5		3.4		
4									0.8			
5			3.2								0.3	
6											7.2	
7						7.5			1.2		1.0	
8						1.7	29.6				1.0	
9								10.6				
10							3.6					
11					29.8	9.4		15.1				
12					1.9		19.7	57.7				
13			2.5				6.2	225.3	1.4	6.8		
14							0.4	4.4	1.6			
15											1.6	0.7
16			14.5*	11.1					8.3			
17			0.4			11.6	0.3		22.8			
18			12.5									
19				4.2				6.8				
20	0.1*					0.3	23.2	3.9			0.7	
21		0.6				5.3	172.2	11.7			1.0	
22	0.2*						21.0					
23	1.7*		6.6				3.5	12.7				
24	7.1*		2.5				0.9	19.0				
25												
26			2.9*		1.0						7.9	
27					2.3			1.9	1.2		24.0*	
28	0.2*			6.7	16.8		31.8	2.4	9.0		1.2	
29				1.6	10.2		11.6	1.6	17.4			
30	0.6*				0.3		32.3	35.2	10.1	10.9		
31							15.8	0.1				
降水量	9.9	14.8	45.1	47.1	62.3	39.7	372.1	437.6	75.0	26.1	45.9	0.7
降水日数	6	4	8	6	7	7	15	18	11	5	10	1
最大日量	7.1	13.6	14.5	20.2	29.8	11.6	172.2	225.3	22.8	10.9	24.0	0.7

年统计	降水量	1176.3			降水日数	98		
	时段 (d)	1	3	7	15	30		
	最大降水量	225.3	298.1	313.1	386.0	654.9		
	开始月—日	8—13	8—11	8—9	7—30	7—17		

附注

1982　滚　河　柏庄站　逐日降水量表

降水量 mm

日＼月	一月	二月	三月	四月	五月	六月	七月	八月	九月	十月	十一月	十二月
1		0.3*		11.6		1.4		1.9	1.0	1.2		
2		11.6*		4.5				8.3		2.2		
3		1.4*					0.2			1.0		
4								6.1	0.7	0.9		
5			2.7									
6											2.8	
7						0.7			1.4		2.4	
8							26.2				0.7	
9							2.9	13.6				
10							0.1					
11					26.1	9.1	16.3	12.5				
12					1.7		4.9	49.3	0.2			
13			1.5					153.3	1.3	4.7		
14								17.0				
15											2.2	0.9
16			18.4*	9.3			0.2		8.3			
17			0.2			26.8	0.4		15.8			
18			10.3									
19				4.5			0.1	3.2				
20						0.7	12.1	3.1			2.0	
21		0.1				8.9	116.7	8.7			0.7	
22		0.1					15.3					
23	2.9		7.9			0.2	3.3	8.0				
24	8.1*		2.6*				15.3	17.4				
25												
26			3.6*		3.7		0.2	2.0	1.0		5.5*	
27					2.0			2.9	0.2		29.9*	
28			0.2	2.9	19.2		12.4	2.9	7.3		2.6*	
29				1.0	11.9		1.1	2.8	18.9			
30	0.6*				3.3		14.7	25.4	12.0	5.8		
31							15.6	0.1				
降水量	11.6	13.5	47.4	33.8	67.9	47.8	258.0	335.6	68.1	15.8	48.8	0.9
降水日数	3	5	9	6	7	7	19	18	12	6	9	1
最大日量	8.1	11.6	18.4	11.6	26.1	26.8	116.7	153.3	18.9	5.8	29.9	0.9

年统计	降水量	949.2			降水日数	102		
	时段 (d)	1	3	7	15	30		
	最大降水量	153.3	219.6	245.7	277.6	469.4		
	开始月—日	8—13	8—12	8—9	7—31	7—16		

附注

1982　滚　河　柴厂站　逐日降水量表

降水量 mm

日＼月	一月	二月	三月	四月	五月	六月	七月	八月	九月	十月	十一月	十二月
1		0.6*		10.5				21.0	7.0	5.5		
2		16.5*		5.8		2.8		30.7	1.8	1.7		
3		2.1*						0.2	2.0	4.3		
4								2.6	1.4	2.4		
5			4.0								1.0	
6											18.7	
7						7.9					9.1	
8							24.4		1.5		1.0	
9								42.6				
10							6.3	1.4				
11					34.4	13.0	20.2	32.9				
12					7.8		11.7	86.6	3.0			
13							0.3	208.8		8.9		
14								4.3				
15											1.9	0.7
16			21.2*	6.1			0.2		7.9			
17			0.9*	0.3			1.0		27.4			
18			12.4				0.4		0.3			
19						10.6	4.6	11.0				
20	0.3*			4.0		2.7	21.4	5.4			1.6	
21		0.4					268.6	10.1				
22	0.1*					8.7	33.9	0.3			2.6	
23	3.3		15.0				7.7	10.6				
24	11.1*		3.0				19.9	20.9				
25					0.6							
26			2.7*		7.2				0.6		8.7	
27					3.3		2.7	2.3	1.2		45.8*	
28				3.0	27.4		11.7	2.7	9.3		4.9*	
29				2.0	25.5		3.1	2.0	17.1			
30	1.3*				2.8		32.8	15.4	12.4	10.0		
31							49.0	3.9				
降水量	16.1	19.6	59.2	31.7	109.0	45.7	519.9	515.7	92.9	32.8	95.3	0.7
降水日数	5	4	7	7	8	6	19	21	14	6	10	1
最大日量	11.1	16.5	21.2	10.5	34.4	13.0	268.6	208.8	27.4	10.0	45.8	0.7

年统计	降水量	1538.6		降水日数		108	
	时　段　　(d)	1		3	7	15	30
	最 大 降 水 量	268.6		328.3	376.6	508.6	888.1
	开 始 月 一 日	7—21		8—11	8—9	7—30	7—16

附　注	

1982　洪　河　滚河李站　逐日降水量表

降水量 mm

日＼月	一月	二月	三月	四月	五月	六月	七月	八月	九月	十月	十一月	十二月
1		0.3*		9.7		7.4		26.5	2.7	2.9		
2		10.5*		3.9				53.6	0.1	1.7	0.3	
3		0.9*					0.1	0.6	0.3	0.2		
4								6.5	0.3	0.2		
5			2.7						0.1	2.8	0.1	
6											10.4	
7				0.1							9.7	
8				5.9			29.0		1.3		0.9	
9								16.0				
10								12.1				
11					46.2	11.5	19.0	12.2				
12					9.3		124.4		0.7			
13			1.8			0.1	2.9	86.9	1.1	3.9		
14							3.9	8.8				
15								0.1			1.9	0.4
16			16.8*	6.4				4.5	8.4			
17			0.9*			9.4	0.5		9.9			
18			7.0					0.4				
19				5.5			9.4	2.9				
20	0.1*					1.4	16.7	2.5			1.7	
21						8.5	117.8	9.1			2.3	
22							14.5					
23	2.3*		6.9			0.5	5.4	10.3				
24	6.4*		0.8				9.2	16.9				
25												
26			4.0*		0.1		2.0	0.6	0.9		2.5	
27					2.6	0.3	3.0	5.9	0.4	0.1	30.4*	
28				2.6	9.8		0.9		5.7		4.3	
29				0.7	23.2		1.6		21.5			
30	0.6*				1.0		20.1	46.1	15.8	5.3		
31							34.0	0.6				
降水量	9.4	11.7	40.9	28.8	92.2	45.1	288.4	449.1	69.1	16.9	64.5	0.4
降水日数	4	3	8	6	7	10	17	23	15	7	11	1
最大日量	6.4	10.5	16.8	9.7	46.2	11.5	117.8	124.4	21.5	5.3	30.4	0.4

年统计	降水量	1116.5		降水日数		112	
	时　段　　(d)	1		3	7	15	30
	最 大 降 水 量	124.4		223.5	260.5	392.9	585.2
	开 始 月 一 日	8—12		8—11	8—9	7—30	7—19

附　注	

1982　滚　河　袁门站　逐日降水量表

降水量 mm

日＼月	一月	二月	三月	四月	五月	六月	七月	八月	九月	十月	十一月	十二月
1		0.7*		9.9		8.9		4.1	4.9	3.2		
2		10.8*		3.4				25.5	1.1	1.1		
3		0.8*						0.2	2.0	3.5		
4								2.6	0.3	1.3		
5			3.9								0.5	
6											13.0	
7						7.7					10.5	
8						1.9	23.1		1.2			
9								14.7				
10							4.0	3.6				
11					27.3	9.9		24.8				
12					2.7		25.6	99.1	2.3			
13			1.5				12.0	233.7	0.7	7.6		
14								4.9				
15											2.0	0.7*
16			18.2*	12.1			0.2		7.2			
17			1.1			15.1	0.5		26.7			
18			15.3									
19				3.5				8.1				
20						0.3	26.9	5.9			1.3	
21						5.9	273.8	8.4			1.6	
22	0.2*						24.2					
23	1.3*		15.0				4.0	10.4				
24	3.9*		3.4*				27.2	17.2				
25												
26			2.9		7.2				0.7		9.4	
27	0.4*				2.2		3.1	1.9	1.3		19.9*	
28				3.8	26.3		7.4	1.6	8.0		10.1*	
29				2.4	12.3		6.3	0.8	8.2			
30	0.7*						31.0	20.0	10.3	9.2		
31							16.6	2.3				
降水量	6.5	12.3	61.3	35.1	78.0	49.7	485.9	489.8	74.9	25.9	68.3	0.7
降水日数	5	3	8	6	6	7	16	20	14	6	9	1
最大日量	3.9	10.8	18.2	12.1	27.3	15.1	273.8	233.7	26.7	9.2	19.9	0.7

年统计					
降水量　1388.4			降水日数　101		
时　段　(d)	1	3	7	15	30
最大降水量	273.8	357.6	380.8	455.9	834.4
开始月一日	7—21	8—11	8—9	7—30	7—16

附　注

1983　滚　河　刀子岭站　逐日降水量表

降水量 mm

日＼月	一月	二月	三月	四月	五月	六月	七月	八月	九月	十月	十一月	十二月
1			6.8·*			7.5	1.2				3.8	
2	2.3				1.0		11.6					
3			0.3		24.7		0.2			50.9		
4					6.1				9.2	85.6		
5										16.1		
6								0.3		9.6		
7								5.7	46.2	0.1	1.1	
8								12.6	63.0		7.0	
9								5.4	66.3			
10				20.8		12.6	2.8		2.6	0.1		
11						65.0		11.7		1.1		
12				1.9				4.1		11.8		
13					0.5			34.6		12.1		
14				11.2	35.9					1.4		
15							0.3		1.7			
16	3.6*								1.6	6.2		
17	1.0*						1.3		8.9	61.7		
18							4.8			81.5		
19						1.4	80.3	0.2		10.4		
20				1.7			49.8				3.5	
21			4.3		0.6	7.8	16.5	12.7	1.9			
22			40.0		20.4	34.4		31.4	20.7			
23			6.7		16.3	51.1	0.8		0.5			
24				14.8	6.6		0.9			1.0		
25						1.1				7.7		
26					0.2							
27									0.3			
28		15.7·*		1.5A								
29					0.7							
30	0.6*				9.5	22.0	3.1					
31	1.1*						4.8	8.0				
降水量	8.6	15.7	58.1	51.9	122.5	202.9	178.6	126.7	222.9	357.3	15.4	0
降水日数	5	1	5	6	12	9	15	11	12	16	4	0
最大日量	3.6	15.7	40.0	20.8	35.9	65.0	80.3	34.6	66.3	85.6	7.0	

年统计					
降水量　1360.6			降水日数　96		
时　段　(d)	1	3	7	15	30
最大降水量	85.6	175.5	187.3	287.3	375.9
开始月一日	10—4	9—7	9—4	10—4	9—7

附　注

1983　滚　河　尚店站　逐日降水量表

降水量 mm

日＼月	一月	二月	三月	四月	五月	六月	七月	八月	九月	十月	十一月	十二月
1			3.4			2.8	5.3					
2					0.5							
3	2.5				11.0					39.6	1.6	
4					4.6					80.8		
5									9.5	14.4		
6								0.5				
7								0.7	56.8	5.7		
8								7.7	38.5		1.0	
9								4.5	54.0		7.1	
10				12.7		7.4	0.7	3.4	2.1			
11						40.0		9.1				
12				2.3				0.2		9.2		
13								22.3		13.0		
14				7.9	23.6	1.1				1.9		
15							0.3		0.7			
16	2.2·*									2.7		
17	1.1*						0.3		1.0	42.9		
18							0.6			65.2		
19							140.5			4.5		
20				1.0			65.2				3.4	
21			3.7			0.1	10.5	8.7	3.4			
22			30.4		17.4	3.1		22.5	18.2			
23			3.4		13.6	16.6						
24					2.3	24.4		0.6				
25				15.9		0.9				5.5		
26												
27												
28		10.5·*		1.3A					0.4			
29					11.5							
30						11.2	0.4					
31	1.1*						33.2	5.2				
降水量	6.9	10.5	40.9	41.1	84.5	107.6	257.0	85.4	184.6	285.4	13.1	0
降水日数	4	1	4	6	8	10	10	12	10	12	4	0
最大日量	2.5	10.5	30.4	15.9	23.6	40.0	140.5	22.5	56.8	80.8	7.1	

年统计	降水量 1117.0		降水日数 81		
时段 (d)	1	3	7	15	30
最大降水量	140.5	216.2	217.4	250.7	315.6
开始月—日	7—19	7—19	7—15	7—17	9—7

附　注

1983　滚　河　柏庄站　逐日降水量表

降水量 mm

日＼月	一月	二月	三月	四月	五月	六月	七月	八月	九月	十月	十一月	十二月
1			4.6·*			2.9	12.8					
2					0.7					0.2		
3	1.9				9.3	0.1				36.7	1.7	
4					4.9	0.1				69.6		
5									9.4	9.0		
6								0.4		5.6	0.5	
7								0.8	44.3		0.5	
8								4.1	21.0		4.9	
9								2.5	30.3			
10				15.6		5.7	2.1	0.8	2.2			
11						23.1	0.2	20.0		0.3		
12				1.7				0.2		9.9		
13				0.2			0.2	38.7		10.6		
14				7.1	33.9				0.2	2.1		
15									0.7			
16	2.1*								1.1	0.9		
17	1.1·*						0.1			28.4		
18							1.3			50.1		
19							104.1	0.4		4.3		
20				1.1			83.4				1.5	
21			4.6			3.0	8.6	4.4	2.8			
22			30.3		11.8	14.2	0.2	18.9	17.8			
23			5.0		24.2	9.3	0.4		0.3			
24					3.4					0.2		
25				17.9		1.9				4.9		
26				0.2	0.2							
27									0.2			
28		12.1·*		2.2A								
29					60.6							
30						8.1	1.0					
31	1.4*						37.0	5.7				
降水量	6.5	12.1	44.5	46.0	149.0	68.7	251.6	97.6	130.3	232.8	9.1	0
降水日数	4	1	4	8	9	10	15	13	12	15	5	0
最大日量	2.1	12.1	30.3	17.9	60.6	23.1	104.1	38.7	44.3	69.6	4.9	

年统计	降水量 1048.2		降水日数 96		
时段 (d)	1	3	7	15	30
最大降水量	104.1	196.1	198.1	236.1	303.6
开始月—日	7—19	7—19	7—17	7—17	7—17

附　注

1983　滚　河　柴厂站　逐日降水量表

降水量 mm

日＼月	一月	二月	三月	四月	五月	六月	七月	八月	九月	十月	十一月	十二月
1			6.1·*			3.5	12.0					
2					0.8							
3	2.6		0.8		16.8		0.5			42.6	3.5	
4					6.0		0.2		8.5	84.7		
5										12.9		
6								0.3	6.1	9.1	0.4	
7								1.2	47.9		1.3	
8								9.5	55.4		6.7	
9								4.1	60.1			
10			21.2			10.6	1.1	2.6	2.5			
11					50.8			26.4		0.8		
12				1.1				1.5		8.6		
13							0.3	23.1		13.4		
14				9.2		60.0				1.8		
15									1.1			
16	3.1·*								1.9	7.8		
17	0.5*						0.8		9.3	50.4		
18							5.1			80.3		
19							163.7			11.2		
20				1.4		1.4	37.3	0.5			2.1	
21			6.3				11.5	10.4		2.4	0.3	
22			44.4		16.7	7.8	0.3	28.4		19.7		
23			5.6		14.8	35.3	1.0			0.7		
24					8.0	35.8		0.3		1.0		
25				17.3		1.3				6.6		
26												
27							0.3					
28		12.2·*		1.5A								
29					8.4							
30						17.8	6.6					
31	2.1*						2.4	5.8				
降水量	8.3	12.2	63.2	51.7	131.5	165.3	243.1	114.1	215.6	331.2	14.3	0
降水日数	4	1	5	6	8	10	15	13	12	14	6	0
最大日量	3.1	12.2	44.4	21.2	60.0	50.8	163.7	28.4	60.1	84.7	6.7	

年统计	降水量 1350.5		降水日数 94		
	时段　　（d）	1	3	7	15	30
	最大降水量	163.7	212.5	219.7	269.8	350.3
	开始月—日	7—19	7—19	7—17	10—4	9—7

附注	

1983　洪　河　滚河李站　逐日降水量表

降水量 mm

日＼月	一月	二月	三月	四月	五月	六月	七月	八月	九月	十月	十一月	十二月
1			4.2·*			28.5	27.1					
2					0.4		0.1			0.1	1.4	
3	1.8				11.5					39.0		
4					5.4				6.2	75.4		
5										10.7		
6								0.2	4.2	5.5	0.6	
7								0.6	31.6		1.1	
8									16.6		6.1	
9								1.9	40.0			
10			17.8			6.4	2.1	1.4	2.2	0.1		
11					27.1		0.1	35.2		0.8		
12				1.7				1.3		9.3	U	
13				0.1			0.2	35.5		10.6		
14				9.7		50.3				2.3		
15									0.6			
16	1.2*								0.4	5.1		
17	0.7*						0.5		0.2	62.3		
18							1.7			56.0		
19							102.3			8.6		
20				1.4		0.4	83.0				1.9	
21			2.6			3.8	6.5	4.7		2.6	0.2	
22			30.1		23.5	14.0	0.1	19.8		26.4		
23			1.9		16.0	14.0	0.4					
24					4.2	14.5		1.0				
25			U	21.6		1.0				0.3		
26					0.3					5.0		
27									0.3			
28		8.9·*		2.5A	0.1							
29					50.8							
30	0.1*					9.1	1.7					
31	1.0*						17.4	4.3				
降水量	4.8	8.9	38.8	54.8	162.5	104.9	243.2	106.2	131.3	291.1	11.3	0
降水日数	5	1	4	7	10	10	14	12	12	16	6	0
最大日量	1.8	8.9	30.1	21.6	50.8	28.5	102.3	35.5	40.0	75.4	6.1	

年统计	降水量 1157.8		降水日数 97		
	时段　　（d）	1	3	7	15	30
	最大降水量	102.3	191.8	194.5	238.1	315.1
	开始月—日	7—19	7—19	7—17	10—4	9—21

附注	

1983　滚　河　袁门站　逐日降水量表

降水量 mm

日＼月	一月	二月	三月	四月	五月	六月	七月	八月	九月	十月	十一月	十二月
1			3.2*			3.9	8.9					
2					0.4					0.3	3.6	
3	2.4				13.1					38.9		
4					5.5				8.9	92.5		
5										14.0		
6								0.4		6.8	0.4	
7								1.9	39.6		1.2	
8								12.3	46.8		6.9	
9								5.7	60.3			
10				20.8		9.3	1.0	3.1	2.7			
11						38.0		5.6		0.5		
12				0.9				0.4		7.8		
13								33.9		13.7		
14				7.8	42.1	0.5				1.5		
15							0.2		0.9			
16	1.9*						0.3		0.3	4.3		
17	1.1*								3.0	49.9		
18						0.5	2.7			77.4		
19						1.7	143.5	0.2		8.1		
20				2.5			41.4				3.4	
21			0.5			6.0	11.7	10.6	2.5			
22			41.0		18.6	22.9	0.4	26.7	18.0			
23			6.2		15.9	5.5	0.9		0.4			
24						34.3		1.3		0.7		
25				18.7		2.6				5.9		
26					0.2							
27												
28		11.2·*		0.9A					0.3			
29												
30	0.3*				16.1	15.0	3.4					
31	1.5*						7.7	6.6				
降水量	7.2	11.2	50.9	51.6	117.4	134.7	222.1	108.7	183.7	322.3	15.5	0
降水日数	5	1	4	6	9	11	12	13	12	15	5	0
最大日量	2.4	11.2	41.0	20.8	42.1	38.0	143.5	33.9	60.3	92.5	6.9	

年统计	降水量 1225.3		降水日数 93		
	时段 (d)	1	3	7	15	30
	最大降水量	143.5	196.6	200.6	268.4	336.9
	开始月—日	7—19	7—19	7—18	10—4	9—21

附注

1984　滚　河　刀子岭站　逐日降水量表

降水量 mm

日＼月	一月	二月	三月	四月	五月	六月	七月	八月	九月	十月	十一月	十二月
1							0.7			11.6		
2				1.5	15.9		89.0			6.8		
3				8.8	5.1							
4				12.2								
5						3.6	0.8		10.7			
6						4.2	32.2	15.7	234.9			
7				1.7			55.4	38.6	43.1		10.1	1.4*
8		1.7*					6.3	60.0	39.8		14.2	14.7*
9								56.0	43.0	0.9	2.5	
10									0.4			
11			0.2	5.6	44.3		1.5			12.3	1.9	0.2*
12			14.8·*			177.4	0.3				36.2	4.1*
13			1.9			30.0			2.1		27.9	10.2*
14					1.4	33.3					5.7	36.8*
15					1.7							22.7*
16	15.3*			22.7					0.7			
17	8.2*			2.5			65.5					
18			10.7				28.9	20.1			4.1	
19				8.6			2.4	19.8				
20						3.3	1.1		0.1			
21		6.8·*				7.4						
22		0.6·*				3.8		1.8				
23					6.7	2.2	16.5		40.9			
24					12.4		34.8	35.3	17.3			
25							117.8		26.9			
26				0.3			46.1		57.4		1.2	
27					11.8	15.0			31.7			
28	1.7*											
29	0.5*				4.4				5.7			
30							0.9	9.7	12.6			
31								7.1				
降水量	25.7	9.1	27.6	63.9	103.7	280.2	500.2	264.1	567.3	31.6	103.8	90.1
降水日数	4	3	4	9	9	10	17	10	16	4	9	7
最大日量	15.3	6.8	14.8	22.7	44.3	177.4	117.8	60.0	234.9	12.3	36.2	36.8

年统计	降水量 2067.3		降水日数 102		
	时段 (d)	1	3	7	15	30
	最大降水量	234.9	317.8	371.9	390.8	585.7
	开始月—日	9—6	9—6	9—5	8—30	9—5

附注

1984　滚　河　尚店站　逐日降水量表

降水量 mm

日＼月	一月	二月	三月	四月	五月	六月	七月	八月	九月	十月	十一月	十二月
1										7.0		
2				4.3	12.6		108.7			4.8@		
3				5.1	2.6							
4												
5						3.1			6.3			
6						3.9	30.8		222.5			
7				1.3			105.6	12.9	25.5			
8							17.7	49.8	29.8		7.1	1.8
9		1.8*						35.3	41.2	1.3	6.2	12.7 ·*
10		0.1*						0.5			2.2@	
11				1.6	39.5					5.3	6.6	
12						54.8	6.1				20.0	1.6
13			6.7 ·*			8.4					21.6	8.4@
14			1.9		1.8	19.2					3.6@	24.5 ·*
15					1.5							17.7*
16				24.2								
17	8.5*						32.2				4.6	
18	2.1*		5.9				10.4	15.3	1.7			
19							0.9	0.6				
20				5.2		1.9						
21		4.4				3.8						
22						1.6						
23					7.6	0.5	37.1		36.9			
24					3.9		47.4	19.2	6.7			
25							182.5		12.6			
26							66.4		40.7		0.8	
27					1.9	20.8			20.9			
28	0.5*											
29	0.1*				1.7				2.7			
30								9.5	13.2			
31								4.2				
降水量	11.2	6.3	14.5	41.7	73.1	118.0	645.8	146.8	461.2	18.4	72.7	66.7
降水日数	4	3	3	6	9	10	12	8	14	4	9	6
最大日量	8.5	4.4	6.7	24.2	39.5	54.8	182.5	49.8	222.5	7.0	21.6	24.5

年统计					
降水量 1676.4			降水日数 88		
时段 (d)	1	3	7	15 ·	30
最大降水量	222.5	296.3	333.4	383.0	666.6
开始月一日	9—6	7—24	7—23	7—12	6—27

附注

1984　滚　河　柏庄站　逐日降水量表

降水量 mm

日＼月	一月	二月	三月	四月	五月	六月	七月	八月	九月	十月	十一月	十二月
1							2.0			4.4		
2				7.3	12.8		58.5			3.3		
3				9.5	2.1							
4												
5						1.1	1.2		6.5			
6						3.4	29.2		141.0			
7				0.7		0.4	51.6	15.7	9.4			
8						0.1	10.9	38.9	38.2		5.2	1.5
9		1.4*						36.8	40.5		4.9	16.7*
10								0.6	0.6		2.4	
11				8.5	40.4			26.6		8.4	0.8	
12						64.1	3.1	1.1			14.4	0.9
13			6.1 ·*			20.3			0.2		24.3	11.6*
14			1.0		2.0	17.7					3.6	13.0*
15					1.4							10.5*
16				35.6					1.4			
17	7.4*			0.9			31.9				1.4	
18	3.7*		5.1				20.8	36.9				
19				4.7			1.9	0.3				
20						3.5	0.6					
21		4.7*				2.8						
22		0.2*				1.7			0.2			
23						0.5	31.4		39.8			
24				0.2	5.2		34.8	5.9	14.7			
25					11.4		85.4		16.1			
26							46.0		40.9		1.8	
27					6.7	19.9			18.2			
28	0.2*											
29					1.4				2.0			
30								13.9	18.9	0.3		
31								5.3				
降水量	11.3	6.3	12.2	67.4	83.4	135.5	409.3	181.4	388.6	16.4	58.8	54.2
降水日数	3	3	3	8	9	12	15	10	16	4	9	6
最大日量	7.4	4.7	6.1	35.6	40.4	64.1	85.4	38.9	141.0	8.4	24.3	16.7

年统计					
降水量 1424.8			降水日数 98		
时段 (d)	1	3	7	15	30
最大降水量	141.0	188.6	236.2	255.9	429.2
开始月一日	9—6	9—6	9—5	7—12	6—27

附注

1984 滚 河 柴厂站 逐日降水量表

降水量 mm

日\月	一月	二月	三月	四月	五月	六月	七月	八月	九月	十月	十一月	十二月
1										8.9		
2				0.6	16.2		81.9			2.6		
3				8.6	4.4							
4				11.3								
5						6.7	0.6		12.9			
6				1.6		4.3	30.2	2.1	251.9			1.7
7							61.9	20.9	36.9			
8							7.1	46.3	41.3		8.6	15.0 ·*
9		2.5 *						61.8	41.4	3.0	14.0	
10									0.9		1.8	
11			0.3	5.9	44.3					8.8	3.4	0.2
12			10.0 ·*			118.9		1.7			46.3	3.6 *
13			1.9			24.5			4.8		36.4	12.2 ·*
14					1.5	25.4					3.6	30.0 *
15					1.6							20.5 *
16		0.4		22.2								
17	13.0 *			1.8			58.2				4.6	
18	6.6 *		7.7				32.5	10.1	0.4			
19				7.8			3.3	2.2				
20						2.7						
21		6.1 ·*				6.9						
22		1.1 ·*				4.8						
23					6.5	2.3	17.9	0.3	41.6			
24					7.2		44.6	40.8	15.1			
25							115.7		26.9			
26				2.8			45.5		77.4		1.2	
27				0.2					26.8			
28	1.7 *				3.3	13.8						
29	0.4 *				1.7		0.3		4.0			
30								5.1	13.1			
31								3.5				
降水量	21.7	10.1	19.9	62.8	86.7	210.3	499.7	194.8	595.4	23.3	119.9	83.2
降水日数	4	4	4	10	9	10	13	11	15	4	9	7
最大日量	13.0	6.1	10.0	22.2	44.3	118.9	115.7	61.8	251.9	8.9	46.3	30.0

年统计	降水量 1927.8		降水日数 100			
	时段 (d)	1	3	7	15	30
	最大降水量	251.9	330.1	385.3	398.7	606.9
	开始月—日	9—6	9—6	9—5	8—30	9—5
附注						

1984 洪 河 滚河李站 逐日降水量表

降水量 mm

日\月	一月	二月	三月	四月	五月	六月	七月	八月	九月	十月	十一月	十二月
1					15.0		2.6			3.6		
2				4.7	2.2		34.4			2.3		
3				8.3								
4												
5						3.9	0.9		8.1			
6						2.9	23.4	0.6	105.9			
7				0.6		0.1	48.0	1.5	17.2			1.5 ·*
8						0.4	13.7	32.8	28.2		5.0	14.9
9		1.7 *					0.1	32.6	38.3		7.2	
10		0.1 *									2.0	
11				10.8	38.7			0.2		7.5	1.0	
12						56.7	0.8	5.2			15.2	1.0 ·*
13			7.5 ·*			6.2		0.4	0.3		16.5	6.5
14			0.8		1.8	16.8					3.0	9.6 ·*
15					0.8							15.4 *
16				24.2					1.4			
17	7.9 *			1.1			71.4				2.6	
18	3.5 *		6.7				16.8	5.0				
19				5.5			2.7	0.3				
20			U			3.4	0.2				U	
21		3.5				3.5						
22						1.3						
23					10.3	0.2	33.7		44.7			
24					2.6		45.3	35.6	12.5			
25							79.1		14.0			
26				1.7			39.0		39.7		1.5	
27				0.1	3.9	22.0			20.4			
28	0.1 *						5.6					
29	0.1 *				4.1		1.6		1.7			
30							0.5	6.1	20.0	0.6		
31							4.6					
降水量	11.6	5.3	15.0	57.0	79.4	117.4	419.8	124.9	352.4	14.0	54.0	48.9
降水日数	4	3	3	9	9	12	19	12	14	4	9	6
最大日量	7.9	3.5	7.5	24.2	38.7	56.7	79.1	35.6	105.9	7.5	16.5	15.4

年统计	降水量 1299.7		降水日数 104			
	时段 (d)	1	3	7	15	30
	最大降水量	105.9	163.4	204.3	295.9	434.1
	开始月—日	9—6	7—24	7—23	7—17	6—27
附注						

1984　滚　河　袁门站　逐日降水量表

降水量 mm

日＼月	一月	二月	三月	四月	五月	六月	七月	八月	九月	十月	十一月	十二月
1							0.2			10.3		
2					15.3		58.1			6.3		
3					4.1			0.6				
4				9.8								
5							0.3		10.6			
6						3.6	29.2		234.5			1.6@
7				2.0			84.0	22.0@	42.6			
8						0.1	11.3	48.8@	39.8	0.9	9.9	14.8·*@
9		2.1*						47.5@	43.1		14.3	
10									0.5		2.4	
11				4.9	43.6					11.1	1.7	
12						113.8					41.0	2.6*
13			10.5·*@		1.8	19.7	0.1		2.1		28.5	9.7*
14			1.9@			16.9					5.7	18.3*
15					1.7							4.4
16				20.1					0.7			
17	11.0*			1.1			38.9					
18	5.6*		7.0*				18.4	20.6@			3.9	
19				6.1			2.5	5.3				
20				0.1		2.4	0.8		0.1			
21		6.4				5.3						
22				0.9		3.3						
23				0.8		1.1	11.8		39.9			
24					4.3		49.2	25.3@	17.4			
25					8.1		152.6		27.4			
26				0.2			32.7		57.2		1.3@	
27				0.1	9.0	14.9			31.9			
28	5.3*											
29	2.6*				4.9							
30							10.4	6.0	5.7			
31					0.1			2.0	12.5			
降水量	24.5	8.5	19.4	46.1	92.9	181.1	500.5	178.1	566.0	28.6	108.7	51.4
降水日数	4	2	3	11	10	10	16	9	16	4	9	6
最大日量	11.0	6.4	10.5	20.1	43.6	113.8	152.6	48.8	234.5	11.1	41.0	18.3

年统计					
降水量　1805.8			降水日数　100		
时段 (d)	1	3	7	15	30
最大降水量	234.5	316.9	371.1	373.9	582.6
开始月—日	9—6	9—6	9—5	9—5	9—5

附注

1985　滚　河　刀子岭站　逐日降水量表

降水量 mm

日＼月	一月	二月	三月	四月	五月	六月	七月	八月	九月	十月	十一月	十二月
1								36.0				
2	1.4*	0.5*			5.0	5.6						
3					69.2	0.4						
4				10.4	12.5	3.1					2.7	
5				1.9	26.3		4.2		2.7			
6			8.8*			2.4						1.9
7		4.5*	20.4*				2.0				3.7	
8		0.7*	5.2*				30.0					
9				0.8				11.1		8.9		
10			0.7*									
11				0.2	26.6		17.5		18.2	25.1		
12					7.7		0.9	0.3	14.6	15.2		
13					0.4		4.4		24.6	40.7		
14					25.6		2.0		29.5	15.5		
15					2.5		38.2		18.6	3.0		
16		11.1*	1.1				15.7		10.1	13.2		
17		19.9*			10.9			2.2		13.8		
18		0.6*								6.3		
19							4.8	0.3		20.0		
20				1.0		13.4	13.0	0.8	3.1		3.2	0.9*
21	6.1*					1.5	9.8	3.1	18.9		1.6	
22	12.4						0.3	7.2	18.8		9.1	
23	0.6						0.2	8.3				
24		0.3*		91.4			57.1	10.6		3.7		
25		20.3*	0.3	7.5	16.0			10.0		1.4		
26		0.9*	8.9		24.4					7.4		
27								1.7		21.2		
28			14.9									2.1*
29								0.9				26.7·*
30						1.3		21.6				
31							0.8					
降水量	20.5	58.8	60.3	113.2	227.1	27.7	200.9	114.1	159.1	195.4	20.3	31.6
降水日数	4	9	8	7	12	7	16	14	10	14	5	4
最大日量	12.4	20.3	20.4	91.4	69.2	13.4	57.1	36.0	29.5	40.7	9.1	26.7

年统计					
降水量　1229.0			降水日数　110		
时段 (d)	1	3	7	15	30
最大降水量	91.4	108.0	126.5	211.9	286.6
开始月—日	4—24	5—3	10—11	4—24	4—20

附注

1985　滚　河　尚店站　逐日降水量表

降水量 mm

日\月	一月	二月	三月	四月	五月	六月	七月	八月	九月	十月	十一月	十二月
1					0.7							
2	1.4*				8.0							
3		1.1			63.6	4.8		15.5				
4				6.9	13.6	0.4					2.2	
5				1.0	10.1	2.8	2.5		3.2			
6			8.1*				2.9					0.2*
7		1.8	11.6·*				13.0				0.7	
8		0.7	3.7*					79.9				
9				0.8						26.6		
10			0.4*			2.4						
11					8.2	1.6	6.7		15.6	31.5		
12				1.2			3.9	0.7	18.8	18.1		
13									6.0	57.4		
14					11.4		5.7		12.9	13.1		
15					0.2	0.7	11.8		3.4			
16		1.8*	0.6						2.2	16.6		
17		5.9*			4.4			3.7		15.0		
18		1.0*								10.8		
19							5.9			7.3		
20				1.2		6.0	11.4		2.0		5.1	0.5*
21	5.7·*					4.5	1.9	0.1	23.1		1.7	
22	2.7·*							1.5	17.0		5.1	
23	9.2*						9.0	1.7				
24				68.5			35.5	5.5				
25		0.4*	0.7	7.1	8.7			2.4		2.2		
26		7.1*	13.2		12.8					4.3		
27										22.7		
28			1.1									2.0
29								0.9				9.3·*
30						0.9		38.3				
31												
降水量	19.0	19.8	39.4	86.7	141.7	24.1	110.2	150.2	104.2	225.6	14.8	12.0
降水日数	4	8	8	7	11	9	12	11	10	12	5	4
最大日量	9.2	7.1	13.2	68.5	63.6	6.0	35.5	79.9	23.1	57.4	5.1	9.3

年统计					
降水量 947.7			降水日数 101		
时段 (d)	1	3	7	15	30
最大降水量	79.9	107.0	151.7	196.4	238.5
开始月—日	8—9	10—11	10—11	10—9	9—20

附　注

1985　滚　河　柏庄站　逐日降水量表

降水量 mm

日\月	一月	二月	三月	四月	五月	六月	七月	八月	九月	十月	十一月	十二月
1			1.3*		2.7							
2	0.7*				8.3							
3		0.8			30.7	6.2		15.8				
4				3.7	19.5	0.9					2.5	
5				0.9	17.5	2.3	2.5		3.4			
6			6.4*				2.6					
7		2.5	14.1*				51.1				1.5	
8		0.5	0.2*					9.0				
9				0.3						13.8		
10			0.4*			3.3						
11					13.2	5.2	7.8		6.3	31.1		
12				0.5	5.5		5.0	0.6	9.6	10.7		
13					8.8		4.1		16.8	41.5		
14							4.1		22.6	10.2		
15					1.2	1.3	20.8		11.2	1.7		
16		4.7*							10.2	9.8		
17		5.8*			4.7			2.7		11.2		
18		0.2*	0.3					0.1		5.5		
19								0.1		9.8		
20				0.3		7.1	10.1		2.3		5.2	0.4*
21	5.5·*					2.2	4.2	0.5	16.2		0.1	
22	0.4·*							1.4	9.9		12.3	
23	7.2*		0.3					5.6				
24				47.8			36.8	8.0				
25		0.6*	3.4	6.4	11.6			1.7		2.5		
26		6.7*	8.1		14.4					3.9		
27								0.5		24.4		
28			0.8									2.2
29						0.2	0.2	2.3				22.2·*
30						2.2	0.1	27.0				
31												
降水量	13.8	21.8	35.3	59.9	138.1	30.9	149.4	75.3	108.5	176.1	21.6	24.8
降水日数	4	8	10	7	12	10	13	14	10	13	5	3
最大日量	7.2	6.7	14.1	47.8	30.7	7.1	51.1	27.0	22.6	41.5	12.3	22.2

年统计					
降水量 855.5			降水日数 109		
时段 (d)	1	3	7	15	30
最大降水量	51.1	83.3	116.2	145.3	180.1
开始月—日	7—8	10—11	10—11	10—9	10—9

附　注

1985　洪　河　滚河李站　逐日降水量表

降水量 mm

日＼月	一月	二月	三月	四月	五月	六月	七月	八月	九月	十月	十一月	十二月
1			0.3						0.6			
2	0.4*	0.1			8.0							
3					24.9	5.7		16.2				
4				2.7	13.1	0.3					2.0	
5				1.8	12.8	1.6	2.1		3.4			
6			6.1*				3.0				3.3	0.1*
7		2.1	12.6·*									
8		0.4	0.8				14.9					
9				0.3				18.5		14.8	U	
10			0.8*			3.0						
11					15.8	4.9	9.4		8.4	35.3		
12				0.3	4.1		1.9	0.7	10.0	9.4		
13					0.4				6.8	49.4		
14					10.5		22.6		20.7	5.5		
15					0.5		24.9		8.2	1.6		
16		2.2*							1.8	8.0		
17		5.7*	U		2.7			1.3		10.2		
18		0.4*								5.4		
19				0.1			2.0			10.4		
20						7.6	4.2		2.0		5.0	0.2*
21	6.3·*					1.8	16.0	0.1	16.0		0.2	
22	1.2*							0.5	9.7		9.7	
23	7.2*							2.8				
24			3.3	39.8	11.8		52.4	5.7		1.9		
25				5.7				0.3				
26		5.9*	9.6		13.2					10.0		
27										18.2		
28			1.5									0.2*
29								6.7				18.3·*
30						3.8		11.3				
31							1.4					
降水量	15.1	16.8	35.1	50.6	117.8	28.7	154.8	64.1	87.6	180.1	20.2	18.8
降水日数	4	7	9	6	12	8	12	11	11	13	5	4
最大日量	7.2	5.9	12.6	39.8	24.9	7.6	52.4	18.5	20.7	49.4	9.7	18.3

年统计					
降水量 789.7		降水日数　102			
时　段　(d)	1	3	7	15	30
最 大 降 水 量	52.4	94.1	119.4	150.0	185.4
开 始 月 — 日	7—24	10—11	10—11	10—9	10—9

附　注

1985　滚　河　袁门站　逐日降水量表

降水量 mm

日＼月	一月	二月	三月	四月	五月	六月	七月	八月	九月	十月	十一月	十二月
1					0.8							
2	1.2*				4.1							
3		0.9*			34.3	5.3		30.4				
4				8.4	8.7	0.4					2.9	
5				1.5	12.2	2.5	7.3		3.6			
6			8.6*				2.9					
7		4.1*	21.1*								4.5	
8		0.6*	4.8*				16.0					
9				0.8				40.9	0.2			
10			0.5*			0.4				17.0		
11				0.6	3.4	2.1	5.5		26.7	22.7		
12					4.0		4.6	0.5	9.0	13.2		
13					0.3				13.9	50.5		
14					17.0		2.1		23.7	12.6		
15					1.4	0.7	4.3		8.8	1.5		
16		10.7*	0.7						9.6	12.8		
17		19.0*			6.9			2.6		12.8		
18		0.4*								6.4		
19							3.7	0.1		11.7		
20				1.5		8.0	5.8	0.8	2.1		2.0	1.0*
21	6.0*					1.7	10.0	1.5	16.8		0.3	
22	11.9							4.1	15.1		9.3	
23	0.4							3.7				
24		0.1*		73.0			50.0	5.7		2.7		
25		19.7*	0.2	7.3	13.1			5.2		0.4		
26		0.8*	8.8		19.0					6.9		
27			13.7					1.7		22.3		
28												2.1*
29								0.9				21.2·*
30						2.2		22.9				
31							0.1	0.2				
降水量	19.5	56.3	58.4	93.1	125.2	23.3	112.3	121.2	129.5	193.5	19.0	24.3
降水日数	4	9	8	7	13	9	12	15	11	14	5	3
最大日量	11.9	19.7	21.1	73.0	34.3	8.0	50.0	40.9	26.7	50.5	9.3	21.2

年统计					
降水量 975.6		降水日数　110			
时　段　(d)	1	3	7	15	30
最 大 降 水 量	73.0	86.4	126.1	161.2	200.9
开 始 月 — 日	4—24	10—11	10—11	10—9	10—9

附　注

1986　滚　河　刀子岭站　逐日降水量表

日＼月	一月	二月	三月	四月	五月	六月	七月	八月	九月	十月	十一月	十二月
1			0.2				2.2					
2			0.1				3.4					
3						0.6	30.3					
4							1.1					
5								41.7			12.8	
6									12.0			
7									13.1			
8			1.4						110.7			
9									52.7			
10				3.4		1.6	3.1		11.4			
11				0.5		10.8						
12			0.9			0.1						
13	1.3*	1.3	4.2				14.3		1.9			0.4
14			2.3				13.5	0.2				
15		2.6*	3.5			27.6	2.6					20.5*
16	9.6		12.7*							11.7		5.9*
17	10.6		4.6*		26.9					45.7		1.0*
18					3.1			7.0		2.0		
19					1.9		7.6	2.7		12.3		
20	0.1			0.8			2.8			10.0		
21				0.7							0.3	
22										0.6	0.1	
23										0.2		
24							13.4	1.3				
25				0.3	5.0							
26				19.4	0.5			0.3				2.1*
27				0.3		2.1						
28									5.4			
29				10.2								0.3
30				0.7			48.9					
31							16.4	7.2				14.1*
降水量	21.6	3.9	29.6	36.6	37.4	56.3	146.3	75.6	207.2	82.5	13.2	44.3
降水日数	4	2	7	11	5	7	13	7	7	7	3	7
最大日量	10.6	2.6	12.7	19.4	26.9	27.6	48.9	41.7	110.7	45.7	12.8	20.5

年统计	降水量　754.5			降水日数　80	
	时段 (d)	1	3	7	15	30
	最大降水量	110.7	176.5	199.9	209.0	233.8
	开始月一日	9—8	9—7	9—6	8—31	8—14

附注	

1986　滚　河　尚店站　逐日降水量表

日＼月	一月	二月	三月	四月	五月	六月	七月	八月	九月	十月	十一月	十二月
1							1.9					
2				0.5			3.2					
3						6.7	24.7					
4						0.1	0.2					
5								23.9			12.0	
6									11.0			
7									16.4			
8			1.0						111.1		0.1	
9									33.7			
10							3.3		12.4			
11				1.0		11.7						
12		1.0	1.1		1.4							
13	2.6*		5.4					10.7	4.2			0.4
14			1.6			17.3	0.1					
15		1.1*	2.7			25.1	0.2					22.8*
16	0.7	0.1*	18.7 · *		1.0					10.0		8.3*
17	1.2		5.7 · *		28.2			9.4		22.5		1.1*
18										2.2		
19					3.0		13.3			8.1		
20				0.4			3.6			10.1		
21				2.0								
22												
23												
24							15.9	1.3				
25				0.2	6.8		0.9					
26				13.8	0.3			0.4				1.5*
27			0.4		0.2	0.2						
28									13.1			
29				6.3								
30				1.6			37.8					
31							4.2	0.1				10.3*
降水量	4.5	2.2	36.6	25.8	40.9	61.1	109.3	45.8	201.9	52.9	12.1	44.4
降水日数	3	3	8	8	7	6	13	6	7	5	2	6
最大日量	2.6	1.1	18.7	13.8	28.2	25.1	37.8	23.9	111.1	22.5	12.0	22.8

年统计	降水量　637.5			降水日数　74	
	时段 (d)	1	3	7	15	30
	最大降水量	111.1	161.2	184.6	188.9	206.5
	开始月一日	9—8	9—7	9—6	8—31	8—14

附注	

1986　滚　河　柏庄站　逐日降水量表

降水量 mm

日＼月	一月	二月	三月	四月	五月	六月	七月	八月	九月	十月	十一月	十二月
1							0.5					
2				0.4			2.3					
3						1.2	30.4					
4							0.6					
5								17.4			9.5	
6									15.9			
7									17.8			
8			2.8						72.0			
9							2.7		35.3			
10							1.8		14.5			
11				0.3		13.8						
12		0.8	0.7		1.0							
13	1.9*		2.4				9.3			0.8		
14			1.8			15.9	0.3					
15		1.3*	5.1			22.0		13.5				21.2*
16	7.7		9.8*							10.5		7.0*
17	8.6		2.8*		34.2					28.3		0.1*
18								30.7		2.8		
19					1.2		4.9	0.3		10.6		
20			1.1				2.1			6.9		
21				1.2								
22												
23										0.4		
24							10.7	0.8				
25				0.1	7.7		0.3					
26			14.2					0.2				0.4*
27		0.1				0.5			1.0			
28									12.8			
29			5.0									
30			0.9				10.9					
31							4.0	0.5				7.3*
降水量	18.2	2.1	25.5	23.2	44.1	53.4	80.8	63.4	170.1	59.5	9.5	36.0
降水日数	3	2	8	8	4	5	14	7	8	6	1	5
最大日量	8.6	1.3	9.8	14.2	34.2	22.0	30.4	30.7	72.0	28.3	9.5	21.2

年统计	降水量 585.8		降水日数 71		
	时　段　(d)	1	3	7	15	30
	最　大　降　水　量	72.0	125.1	155.5	156.8	201.5
	开　始　月　一　日	9—8	9—7	9—6	8—31	8—14

附注

1986　洪　河　滚河李站　逐日降水量表

降水量 mm

日＼月	一月	二月	三月	四月	五月	六月	七月	八月	九月	十月	十一月	十二月
1							1.7					
2				0.3			2.7					
3						0.9	32.7					
4						0.5	0.5					
5						0.5		12.2			10.5	
6									15.8			
7									20.3			
8			2.6						67.6			
9							1.2		30.4			
10							0.8		12.3			
11				0.2		12.8						
12		0.8	0.6		9.1							
13	1.6*		3.7				1.1			0.9		0.3*
14			0.1			8.0	0.5					
15		1.6*	2.3			24.0		16.9				17.4*
16	6.8	0.1*	9.4·*							12.4		7.1*
17	5.6		1.2*		25.0					28.5		
18			U		0.7			15.1		2.8		
19					0.8		2.1	0.4		9.3	1.5	
20			0.1				1.8			7.2		
21				1.6								
22										0.2		
23										0.2		
24							5.6	0.9				
25				0.2	6.3		0.1					
26				14.3	0.2	0.3						1.5*
27						0.2			4.6			
28									12.5			
29				4.2					0.7			
30				0.9			7.8			U		
31							3.1	2.3				7.4*
降水量	14.0	2.5	19.9	21.8	42.1	46.7	61.7	47.8	165.1	60.6	12.0	33.7
降水日数	3	3	7	8	6	7	14	6	9	7	2	5
最大日量	6.8	1.6	9.4	14.3	25.0	24.0	32.7	16.9	67.6	28.5	10.5	17.4

年统计	降水量 527.9		降水日数 77		
	时　段　(d)	1	3	7	15	30
	最　大　降　水　量	67.6	118.3	146.4	149.6	182.0
	开　始　月　一　日	9—8	9—7	9—6	8—31	8—14

附注

1986　滚　河　袁门站　逐日降水量表

降水量 mm

日\月	一月	二月	三月	四月	五月	六月	七月	八月	九月	十月	十一月	十二月
1							1.3					
2							3.0					
3						0.4	28.1					
4							0.6					
5								18.7			15.0	
6									15.2			
7									16.2			
8									88.4			
9							0.3		39.9			
10				0.8			4.1		11.2			
11				0.7		11.3						
12		1.0	1.0		5.4							
13	2.0		5.0				3.5					
14			2.3			16.9		6.6	4.0			
15		1.2	2.6			26.6	3.5					19.0*
16	6.6		10.0							9.9		5.3*
17	8.8		5.3		32.3					26.5		
18					1.0			6.5		1.6		
19					1.9		5.2	1.8		8.2		
20				0.3			3.9			10.0		
21				1.5								
22										0.4		
23										0.9		
24							9.4	1.3				
25				2.1	6.8							
26				14.8	0.5			0.5				2.5*
27						1.0						
28										11.2		
29				10.0								
30				0.9			44.4					
31							9.8	0.8				14.0*
降水量	17.4	2.2	26.2	31.1	47.9	56.2	117.1	36.2	186.1	57.5	15.0	40.8
降水日数	3	2	6	8	6	5	13	7	7	7	1	4
最大日量	8.8	1.2	10.0	14.8	32.3	26.6	44.4	18.7	88.4	26.5	15.0	19.0

年统计	降水量 633.7		降水日数 69			
	时　段　(d)	1	3	7	15	30
	最　大　降　水　量	88.4	144.5	170.9	175.7	188.4
	开　始　月 — 日	9—8	9—7	9—6	8—31	8—14

附　注	

1987　滚　河　刀子岭站　逐日降水量表

降水量 mm

日\月	一月	二月	三月	四月	五月	六月	七月	八月	九月	十月	十一月	十二月
1	16.3*				26.1	22.0			1.6		5.4	
2									7.9			
3									14.3			
4				4.6			3.1	27.1	0.6			
5						46.8	9.4	17.9				
6			4.8·*			10.2		12.4				
7			0.6·*									
8			11.7·*				6.1					
9	0.8	0.7	13.1·*					4.8				
10	0.2	5.0			0.3		0.6			0.6		
11		6.9	3.4		26.3	23.7	15.2			0.6		
12					30.8	13.1				117.1		
13		1.2	1.7			5.3	0.2	9.5		24.5		
14		6.0				2.8		15.5		71.2		
15									3.1	1.7		
16		9.6					20.1			0.3		
17		12.8·*					52.0	0.8				
18		8.2*	26.0				77.9					
19		0.2		11.6			0.6					
20		0.1	5.6	4.9	0.5	0.2				3.6		
21			4.1		2.7	6.5	0.1					
22			0.2			6.5		0.7				
23								4.4				
24				16.1							0.4	
25				1.2	27.5						5.2	
26					27.8			5.7			14.5A	
27											6.0A*	
28							0.4					
29							1.2			10.0		
30										1.5		
31			7.2*		60.7			1.4		23.9		
降水量	17.3	50.7	78.4	38.4	202.7	137.1	186.9	100.2	27.5	255.0	31.5	0
降水日数	3	10	11	5	9	10	13	11	5	11	5	0
最大日量	16.3	12.8	26.0	16.1	60.7	46.8	77.9	27.1	14.3	117.1	14.5	

年统计	降水量 1125.7		降水日数 93			
	时　段　(d)	1	3	7	15	30
	最　大　降　水　量	117.1	212.8	215.7	219.6	260.4
	开　始　月 — 日	10—12	10—12	10—9	10—9	10—9

附　注	

1987　滚　河　尚店站　逐日降水量表

降水量 mm

日＼月	一月	二月	三月	四月	五月	六月	七月	八月	九月	十月	十一月	十二月
1	16.5*				16.7	3.7			2.4		3.0	
2								7.0	4.2			
3									6.3			
4			2.4				3.8	29.8				
5						29.2	8.5	5.4				
6			9.1A			7.9						
7			0.4									
8			10.2·*									
9		0.5	7.6·*				5.0	5.6				
10		1.5					3.9					
11		7.0	2.9		26.2	20.9	6.1					
12					18.3	10.5				80.5		
13		0.5	0.6			3.2	0.2	9.5		6.5		
14		6.4				2.1		13.1		23.8		
15									4.9			
16		5.2										
17		7.1*					33.4					
18		7.3*	20.2				46.5					
19		0.8*		8.4			66.0					
20		0.5*	4.1	2.6		0.7				2.0		
21			3.2		0.7	10.4						
22			0.8			5.5						
23				10.6				5.6			0.4	
24			1.2	15.6	0.5						1.0	
25				3.6	34.7						3.5	
26					21.4			8.5			6.8	
27											5.2*	
28												
29										5.8		
30										0.5		
31			8.6*		35.8			0.7		10.9		
降水量	16.5	36.8	69.4	43.2	154.3	94.1	173.4	85.2	17.8	130.0	19.9	0
降水日数	1	10	13	6	8	10	9	9	4	7	6	0
最大日量	16.5	7.3	20.2	15.6	35.8	29.2	66.0	29.8	6.3	80.5	6.8	

年统计	降水量　840.6			降水日数　83		
	时　段　(d)	1	3	7	15	30
	最大降水量	80.5	145.9	146.1	169.6	216.3
	开始月一日	10—12	7—17	7—13	7—5	7—17

附　注	

1987　滚　河　柏庄站　逐日降水量表

降水量 mm

日＼月	一月	二月	三月	四月	五月	六月	七月	八月	九月	十月	十一月	十二月
1	12.0*				23.6	8.4			2.3		2.2	
2					0.1			7.4	12.0			
3									2.2			
4			2.8				4.0	13.4	0.3			
5						23.8	4.2	12.8				
6			8.1*			9.9		9.8				
7												
8			9.7·*									
9		0.1	6.6·*				2.0	15.2		0.7		
10						0.1	0.9					
11		5.7	2.5		26.4	13.2	8.8			0.3		
12					19.1	11.9				78.1		
13		1.1	1.3			4.4		10.4		13.1		
14		6.4·*				2.1		8.7		40.4		
15									6.3	1.0		
16		3.7·*										
17		6.1·*					26.2			0.3		
18		5.9·*	16.7				46.5					
19				13.4		0.1	49.8	0.6				
20		4.7		1.6		0.6	1.4			1.3		
21			1.3			11.0	0.6			0.3		
22						5.3		0.2				
23				16.4				4.6				
24			0.8	21.6	5.0							
25				1.3	30.0						1.5	
26					16.4			7.8			7.6	
27											2.2*	
28												
29							0.2			4.4		
30										0.8		
31			3.9		48.6					16.4		
降水量	12.0	29.0	55.6	57.1	169.3	90.7	144.6	90.9	23.1	157.1	13.5	0
降水日数	1	7	10	6	9	11	11	11	5	12	4	0
最大日量	12.0	6.4	16.7	21.6	48.6	23.8	49.8	15.2	12.0	78.1	7.6	

年统计	降水量　842.9			降水日数　87		
	时　段　(d)	1	3	7	15	30
	最大降水量	78.1	131.6	133.6	142.1	202.4
	开始月一日	10—12	10—12	10—9	5—24	7—17

附　注	

1987　洪　河　滚河李站　逐日降水量表

降水量 mm

日＼月	一月	二月	三月	四月	五月	六月	七月	八月	九月	十月	十一月	十二月
1	10.4*				6.0				4.6		3.1	
2								0.7	10.0			
3									3.0			
4			1.9				3.6	25.0	0.1			
5			0.2			30.7	3.8	4.3				
6			8.7*			7.7		6.1				
7			0.6*									
8			9.2*				4.8					
9	0.1		4.9·*		0.1			12.7				
10	0.2	0.2	0.2				0.6					
11		5.6	0.9		25.1	10.7	16.8					
12					30.2	12.7				55.0		
13		1.6	2.5			5.2		8.1		12.0		
14		3.8				2.1		5.1		14.0		
15		0.2							4.6			
16		3.7										
17		2.4·*					40.7					
18		3.6*	18.1				26.9					
19				3.5			62.2	3.2				
20		0.2*	0.5	2.3		1.5						
21			4.3		0.9	6.0	0.4					
22			0.6			5.0						
23								0.1			0.4	
24			0.6	3.7				6.0			1.1	
25				1.3	35.8						3.7	
26					8.3			14.7			7.2*	
27											1.6*	
28												
29							0.4			4.0		
30										0.4		
31	0.1		5.2*		17.2					13.0		
降水量	10.8	21.3	56.3	12.9	123.6	81.6	160.2	86.0	22.3	98.4	17.1	0
降水日数	4	9	13	6	8	9	10	11	5	6	6	0
最大日量	10.4	5.6	18.1	3.7	35.8	30.7	62.2	25.0	10.0	55.0	7.2	

年统计	降水量　690.5		降水日数　87		
	时段　　(d)	1	3	7	15	30
	最大降水量	62.2	129.8	130.2	155.8	196.2
	开始月一日	7—19	7—17	7—17	7—5	7—11

附　注

1987　滚　河　袁门站　逐日降水量表

降水量 mm

日＼月	一月	二月	三月	四月	五月	六月	七月	八月	九月	十月	十一月	十二月
1	16.0*				21.6	9.5			2.3		2.8	
2								0.1	4.7			
3									9.7			
4				3.3			3.4	79.4	0.5			
5						44.4	10.3	11.6				
6			7.0*			7.9		6.6				
7			1.3*									
8			9.8*				5.8					
9		2.7	9.6·*				0.5	4.2				
10		1.0			0.1		2.0					
11		7.0	3.3		28.1	18.7	16.4			0.3	0.8	
12					24.4	9.5				86.7		
13		3.0	0.7			4.0		7.2		12.4		
14		4.2·*				2.1		10.4		40.6		
15									5.4	1.0		
16		7.7·*					22.8					
17		8.3·*					55.4					
18		6.5·*	23.0			0.2	99.1					
19				7.8			0.3	2.8				
20			4.8	2.2			0.3			2.7		
21			3.8		30.2	6.1	0.7					
22			0.4			4.7		0.5				
23				1.2				3.7				
24				23.8							1.2	
25				1.5	29.1						4.3	
26					17.6			9.0			7.5	
27											4.4	
28												
29							0.8			6.8		
30										0.9		
31			7.9		42.1			0.9		12.9		
降水量	16.0	40.4	72.6	39.8	193.2	107.4	217.5	136.4	22.6	164.4	21.0	0
降水日数	1	8	12	6	8	11	12	12	5	10	6	0
最大日量	16.0	8.3	23.0	23.8	42.1	44.4	99.1	79.4	9.7	86.7	7.5	

年统计	降水量　1031.3		降水日数　91		
	时段　　(d)	1	3	7	15	30
	最大降水量	99.1	177.3	178.3	212.3	301.5
	开始月一日	7—19	7—17	7—17	7—5	7—8

附　注

1988　滚　河　刀子岭站　逐日降水量表

降水量 mm

日＼月	一月	二月	三月	四月	五月	六月	七月	八月	九月	十月	十一月	十二月
1							7.0	39.6	24.8			
2					0.2		0.1	0.3	0.3			
3					2.7		3.5					
4										4.3		
5				8.8·*						0.3		
6				4.2	59.2							
7					4.0				1.1			
8					8.7		0.4	23.6	26.9			
9						2.4		35.9	13.7			
10					18.0							
11										U		
12			1.3				2.6		15.6			
13	0.7		34.8						28.2	0.7		
14	0.8		19.0·*				2.9	1.6		10.3		
15			15.2*					21.9		24.7		
16		3.4*					45.6			5.7		
17												0.5*
18					8.3			0.6				
19			3.4		0.2			12.4				1.3
20			10.4*		13.5		22.3	3.4				
21			1.1		16.7					1.6		
22												2.2
23				1.2			61.8					1.1
24		2.6*					39.3					2.3·*
25		7.6*		0.8				1.6				
26		0.3*										
27		13.0*										
28		3.0*		1.0			3.7					1.7*
29					2.3							
30				0.5	21.2		40.5					0.2
31							0.7	8.0				
降水量	1.5	29.9	86.2	15.5	137.0	2.4	230.4	166.9	110.6	47.6	0	9.3
降水日数	2	6	8	5	11	1	13	12	7	7	0	7
最大日量	0.8	13.0	34.8	8.8	59.2	2.4	61.8	39.6	28.2	24.7		2.3

年统计	降水量　837.3		降水日数　79		
	时段　（d）	1	3	7	15	30
	最大降水量	61.8	101.1	123.4	213.2	336.8
	开始月—日	7—23	7—23	7—20	7—16	7—12

附注

1988　滚　河　尚店站　逐日降水量表

降水量 mm

日＼月	一月	二月	三月	四月	五月	六月	七月	八月	九月	十月	十一月	十二月
1							5.7	34.7	14.3			
2					9.0		2.3	6.4				
3							23.5					
4										1.9		
5				8.1*								
6				0.6*	19.8							
7					4.2				14.0			
8					7.2		2.9	2.9	11.9			
9						2.4		37.9	4.5			
10							0.6	5.3				
11												
12			0.7·*				3.7		13.4			
13	0.8		21.0·*						25.9	1.3		
14	0.7		6.8*							9.5		
15		1.3*	17.3*					8.7		28.4		
16		1.5*					31.4			4.8		
17					9.1							0.3*
18												
19			4.1					8.7				
20			8.1		9.6		27.6	3.1				
21			1.2		15.4							
22												0.8
23				1.4			83.6					0.6
24		2.0*					30.6					0.4
25		4.9*		0.8								
26		0.8*		2.0								
27		9.7*										
28		1.1*		0.9			4.0					1.5·*
29												
30					11.4		19.6					
31								9.9				
降水量	1.5	21.3	60.1	12.9	85.7	2.4	235.5	117.6	84.0	45.9	0	3.6
降水日数	2	7	8	5	8	1	12	9	6	5	0	5
最大日量	0.8	9.7	21.0	8.1	19.8	2.4	83.6	37.9	25.9	28.4		1.5

年统计	降水量　670.5		降水日数　68		
	时段　（d）	1	3	7	15	30
	最大降水量	83.6	114.2	141.8	206.5	287.7
	开始月—日	7—23	7—23	7—20	7—20	7—12

附注

1988　滚　河　柏庄站　逐日降水量表

降水量 mm

日\月	一月	二月	三月	四月	五月	六月	七月	八月	九月	十月	十一月	十二月
1							11.4	18.1	12.7			
2							2.1	5.8				
3					16.0		11.7					
4								0.9		5.1		
5				8.1 ·*@						0.9		
6				2.1 ·*@	11.9							
7					2.3							
8					7.8			1.8	14.3			
9						12.6		26.3	9.2			
10								2.7				
11												
12							3.4	19.2	15.3			
13	0.9		18.8						24.0	0.6		
14			10.5 *							10.1		
15		0.7	19.0 *					5.6		24.1		
16		2.0 *					23.2			4.9		
17												
18					9.0			2.2				0.1 *
19			4.6 *					10.7				
20			10.0		12.2	0.6	1.7	2.8				
21			1.7		12.2			0.2	0.7	1.2		
22												2.7 *
23				0.5			95.1					0.9 *
24		1.8 *					25.6					0.1 *
25		4.2 *		0.5				1.6				
26		0.2 *		0.7								
27		7.5 *										
28		1.4 *		0.6								0.5 *
29					0.4		11.9					
30					7.3		11.7					
31							0.5	15.6				
降水量	0.9	17.8	65.2	11.9	79.1	13.2	198.3	113.5	76.2	46.9	0	4.3
降水日数	1	7	7	5	9	2	11	14	6	7	0	5
最大日量	0.9	7.5	19.0	2.7	16.0	12.6	95.1	26.3	24.0	24.1		2.7

年统计	降水量　627.3		降水日数　74		
	时　段　(d)	1	3	7	15	30
	最大降水量	95.1	120.7	132.6	170.4	244.5
	开　始　月　一　日	7—23	7—23	7—23	7—20	7—16

附　注	

1988　洪　河　滚河李站　逐日降水量表

降水量 mm

日\月	一月	二月	三月	四月	五月	六月	七月	八月	九月	十月	十一月	十二月
1							4.6	35.3	10.2			
2							0.6					
3					13.1		8.0					
4										6.6		
5				7.5 *						0.2		
6				2.2 *	9.7							
7					2.2							
8					7.0		1.3		8.1			
9						21.4		2.3	3.9			
10								2.2				
11												
12	2.0		1.2				8.0	0.9	14.7			
13			17.2						24.1	0.2		
14			1.0 *				6.4			8.0		
15			9.8 ·*					4.8		24.8		
16		1.8 *	1.4				17.3			4.7		
17												
18					16.2			4.5				0.7 *
19			2.8					9.6				
20			7.2 *		10.1	0.6	0.4	2.4				
21			1.6		10.0				0.6	1.3		
22												3.1
23							115.6					0.2
24		1.7 *					20.6					0.3 ·*
25		3.6 *										0.4 *
26												
27		5.7 *										
28		1.2 *		0.7								0.4 *
29				0.8	0.2		1.3					
30					12.1		39.3					0.1 *
31							1.7	6.9				
降水量	2.0	14.0	42.9	10.5	80.6	22.0	225.1	68.9	61.6	45.8	0	5.2
降水日数	1	5	9	3	9	2	13	9	6	7	0	7
最大日量	2.0	5.7	17.2	7.5	16.2	21.4	115.6	35.3	24.1	24.8		3.1

年统计	降水量　578.6		降水日数　71		
	时　段　(d)	1	3	7	15	30
	最大降水量	115.6	136.2	137.5	214.2	255.2
	开　始　月　一　日	7—23	7—23	7—23	7—20	7—3

附　注	

1988 滚 河 袁门站 逐日降水量表

降水量 mm

日＼月	一月	二月	三月	四月	五月	六月	七月	八月	九月	十月	十一月	十二月
1							6.8	46.3	9.9			
2							0.9	0.2				
3					4.1		3.9			3.9		
4										0.4		
5				13.0·*								
6				2.8·*	32.1							
7					2.7				1.2			
8					7.4			4.7	9.9			
9						1.6		22.9	6.9			
10					0.5			4.3				
11												
12							12.7		12.6			
13	0.1		25.5						19.6	0.6		
14	0.2		11.5				5.6			10.0		
15		0.5	14.0					11.2		18.3		
16		2.5*					22.8			5.8		
17												
18					5.8			0.4				
19			3.5					7.1				
20			9.1		9.6	0.2	7.1	3.8		0.1		
21			1.2		16.2					1.6		
22												0.5*
23				2.8			62.5					1.5
24		1.7*					22.5					0.5
25		5.5·*		0.5				1.4				
26				0.5								
27		11.0*										
28		1.7*	1.0				9.4					1.5·*
29					0.2		0.5					
30					9.2		42.7					
31							0.6	18.5				
降水量	0.3	22.9	65.8	19.6	87.8	1.8	198.0	120.8	60.1	40.7	0	4.0
降水日数	2	6	7	5	10	2	13	11	6	8	0	4
最大日量	0.2	11.0	25.5	13.0	32.1	1.6	62.5	46.3	19.6	18.3		1.5

年统计	降水量 621.8		降水日数 74		
时段（d）	1	3	7	15	30
最大降水量	62.5	89.6	99.7	191.8	264.8
开始月一日	7—23	7—30	7—28	7—20	7—12

附 注	

1989 滚 河 刀子岭站 逐日降水量表

降水量 mm

日＼月	一月	二月	三月	四月	五月	六月	七月	八月	九月	十月	十一月	十二月
1			13.3·*								9.6	
2	0.2		19.0·*	0.5							6.7	
3	4.6·*		1.2			20.2		9.2	2.4		9.5	
4	15.6					1.8	21.6	15.9	0.4	4.7		
5	15.9·*						35.1	43.6			6.2	
6	17.9	3.5*				71.7	3.2	100.2			23.9	
7	5.6	0.1				67.5	6.1	79.7			2.6	
8	4.1								1.1			
9	24.0·*				57.6	2.6	12.3		1.5			
10	30.5*				40.2		102.8					
11				1.1	1.5		11.1	3.5			6.6	1.5
12				3.4	4.8	109.0		9.1				14.7·*
13						13.1	9.0					
14						1.0	44.3	4.3		5.9		
15		5.7		8.1			4.1	0.5		1.5		
16	7.5	48.9				0.6		28.2				1.9
17	1.3*	1.8*						8.3				2.9
18								17.3				0.5
19					1.4	4.3		2.2				2.7·*
20		18.3·*		0.9								
21		6.5		3.8	1.5							11.5*
22		20.7	11.7*				74.9					0.9
23		3.0*	1.3*		5.3		7.2					
24							4.3		16.6			
25						2.8			20.9			
26				2.8		3.6	1.1		0.3			
27					3.8			13.4	1.2			
28		0.6		0.1								
29				11.3								
30							4.7	2.2				
31			0.1				1.9	1.3				
降水量	127.2	109.1	46.6	32.0	116.1	298.2	343.7	338.9	44.4	12.1	65.1	36.6
降水日数	11	10	6	9	8	12	16	16	8	3	7	8
最大日量	30.5	48.9	19.0	11.3	57.6	109.0	102.8	100.2	20.9	5.9	23.9	14.7

年统计	降水量 1570.0		降水日数 114		
时段（d）	1	3	7	15	30
最大降水量	109.0	223.5	250.8	310.6	526.3
开始月一日	6—12	8—5	6—6	8—4	7—9

附 注	

1989　滚　河　尚店站　逐日降水量表

降水量 mm

日＼月	一月	二月	三月	四月	五月	六月	七月	八月	九月	十月	十一月	十二月
1			19.6								3.5	
2			12.0*								10.2	
3	5.7		0.7			23.1					7.4	
4	14.8						57.3	6.9	1.9	3.3		
5	11.6						13.0	11.5			0.9	
6	9.0*					46.0		47.9			14.2	
7	2.8	0.3*				90.8	2.7	47.2			0.4	
8	0.6*	0.4										
9	7.4*				27.3	2.7	19.9					
10	22.0*				17.1		67.2					
11							7.9				5.1	
12				2.4	4.9	120.2						8.9·*
13						44.3	2.4	12.9				
14							39.6	17.2		3.2		
15		4.9*		4.4			8.4					
16								16.5				
17	5.6*	21.2	0.4					7.2				
18	1.7*	6.7						7.6				1.1
19												
20		9.9*				3.8						1.3*
21		8.3		1.5								9.2*
22		17.7	11.9				21.5					2.4*
23		5.8*										
24							24.6		5.6			
25							3.6		13.0			
26						6.0						
27				1.1	3.7							
28				6.1				16.6				
29												
30												
31			0.6									
降水量	81.2	75.2	45.2	15.5	53.0	336.9	268.1	191.5	20.5	6.5	41.7	22.9
降水日数	10	9	6	5	4	8	12	10	3	2	7	5
最大日量	22.0	21.2	19.6	6.1	27.3	120.2	67.2	47.9	13.0	3.3	14.2	9.2

年统计						
降水量	1158.2		降水日数	81		
时段 (d)	1	3	7	15	30	
最大降水量	120.2	164.5	259.7	327.1	384.1	
开始月一日	6—12	6—12	6—6	6—3	6—6	

附注

1989　滚　河　柏庄站　逐日降水量表

降水量 mm

日＼月	一月	二月	三月	四月	五月	六月	七月	八月	九月	十月	十一月	十二月
1			8.9·*						0.6		8.4	
2			18.2·*								5.4	
3	4.3*		1.5	0.4		20.3		0.2	1.4		9.6	
4	8.9*					1.5	51.8	13.7	0.5	3.9		
5	10.2*						7.3	18.8			2.3	
6	7.8·*	2.9*			0.5	28.2	3.3	92.5			17.0	
7	1.4	0.1				57.9	5.7	46.3			4.6	
8	2.0*								0.8			
9	17.5·*				52.2	2.9	30.7		1.7		0.3	
10	10.4*				34.4		69.6					
11				0.1	3.1		7.1	1.8			5.3	
12				1.3	1.9	70.4						1.1·*
13						16.6	0.6	15.6				12.0*
14						0.2	16.7	39.9		3.0		
15		5.7	10.1				11.9	1.0		1.2		
16								17.0				
17	7.2	29.6*						7.1				1.0
18	0.7*	0.9						6.4				1.0
19								2.2				
20		7.4*		0.1	11.2	3.6						4.7
21		4.7		1.7	0.4						11.5*	
22		20.1*	10.2	2.3			3.3					2.3
23		1.6*	0.6		0.1		18.9					
24							29.5		5.8			
25						2.3	6.6		13.8			
26			1.5		0.3	3.0	0.7	0.4				
27				2.2	2.9			19.0	0.6			
28												
29				5.9								
30							2.8	1.6				
31							0.6	0.3				
降水量	70.4	73.0	40.9	24.1	107.0	206.9	267.1	283.8	25.2	8.1	52.9	33.6
降水日数	10	9	6	9	10	11	17	17	8	3	8	7
最大日量	17.5	29.6	18.2	10.1	52.2	70.4	69.6	92.5	13.8	3.9	17.0	12.0

年统计						
降水量	1193.0		降水日数	115		
时段 (d)	1	3	7	15	30	
最大降水量	92.5	157.6	171.5	260.1	370.5	
开始月一日	8—6	8—5	8—2	8—4	7—9	

附注

1989　洪　河　滚河李站　逐日降水量表

降水量 mm

日＼月	一月	二月	三月	四月	五月	六月	七月	八月	九月	十月	十一月	十二月
1			13.7								3.0	
2			12.8·*			15.8					10.0	
3	5.6·*		0.4					0.2	0.9		5.8	
4	9.9·*						46.7	2.3	0.4	3.7		
5	13.8·*						34.9	11.5			0.6	
6	10.8·*	1.4				47.3	1.3	93.2			1.0	
7	2.2	0.5				92.9	13.4	123.4	1.1		11.9	
8	1.9						0.3		1.5			
9	19.3·*				52.7	2.3	20.9					
10	0.5				36.5		68.0					
11							7.9	6.0			4.0	11.7*
12						45.9						4.0*
13						15.9	0.2	14.0				
14						0.1	13.7	45.6		4.2		
15		4.9		3.7		0.2	10.8	1.9		0.9		
16								11.6				
17	0.8	22.2	0.5					8.8				3.6
18	0.7	1.6						4.9				
19				0.1	7.0			2.6				2.6
20		10.4·*				2.9						3.0*
21		4.0*		2.2								13.3
22		28.2	11.8				0.2					26.5*
23		2.4*					12.0					
24							5.2			1.9		
25						2.4	5.2			15.0		
26					0.1	2.0	0.7	0.9	0.4			
27				2.3	3.6			12.8	0.6			
28				0.3				0.8				
29				2.5								
30							6.9	0.2				
31			0.4				0.7	0.4				
降水量	65.5	75.6	39.6	11.1	99.9	228.0	248.7	341.1	21.8	8.8	36.3	64.7
降水日数	10	9	6	6	5	12	17	18	8	3	7	7
最大日量	19.3	28.2	13.7	3.7	52.7	92.9	68.0	123.4	15.0	4.2	11.9	26.5

年统计	降水量 1241.1		降水日数 108		
	时段 (d)	1	3	7	15	30
	最 大 降 水 量	123.4	228.1	234.1	323.5	383.0
	开 始 月 — 日	8—7	8—5	8—5	8—5	7—9

附注

1989　滚　河　袁门站　逐日降水量表

降水量 mm

日＼月	一月	二月	三月	四月	五月	六月	七月	八月	九月	十月	十一月	十二月
1			8.2								8.8	
2			19.4								5.7	
3	4.6*		1.5	0.4		18.9		1.5	2.0		8.2	
4	14.9*					1.9	37.5	6.5		4.7		
5	13.5*					33.0		22.3			1.7	
6	11.3	2.4*			0.3	55.5	2.2	68.0			17.7	
7	5.2					87.6	4.2	78.0	1.0		6.6	
8	4.9*											
9	21.1				50.0	3.1	17.5					
10	17.3				29.9	0.1	81.1					
11				0.1	2.2		8.0	10.6			6.0	0.4
12				0.8	2.5	113.0						16.7
13						17.4	2.6	10.9				
14					0.3	0.7	88.5	6.2		4.7		
15		6.0*			2.6	0.6	5.5	1.6		1.4		
16		40.0*						16.5				
17	6.2	2.0*						13.0				1.4
18	1.0							8.2				2.2
19				2.7				1.1				0.4
20		10.0*		0.7		3.9						4.3
21		4.7		2.6	0.6							12.0
22		17.1*	10.9				5.0					3.4
23		3.0*	1.8		1.9		9.9					
24							14.1			3.3		
25						1.5	5.0			14.4		
26					0.1	3.6		0.4	0.3			
27		0.3*		2.2	3.3			10.6				
28												
29				7.1								
30				0.5			2.5	2.3				
31			0.5				1.3	1.3				
降水量	100.0	85.5	42.3	17.0	93.8	307.8	317.9	259.0	21.0	10.8	54.7	40.8
降水日数	10	9	6	9	11	13	16	17	5	3	7	8
最大日量	21.1	40.0	19.4	7.1	50.0	113.0	88.5	78.0	14.4	4.7	17.7	16.7

年统计	降水量 1350.6		降水日数 114		
	时段 (d)	1	3	7	15	30
	最 大 降 水 量	113.0	168.3	259.3	298.8	417.3
	开 始 月 — 日	6—12	8—5	6—6	6—3	7—9

附注

1990　滚　河　刀子岭站　逐日降水量表

降水量 mm

日\月	一月	二月	三月	四月	五月	六月	七月	八月	九月	十月	十一月	十二月
1												
2			8.5									
3								3.2				
4									25.9			
5								34.2				
6	0.4		0.4			0.8	0.6		1.1		4.7	
7	9.2*					47.3			0.3		21.0	
8		0.5						4.3	1.9		27.7	
9									5.9	0.4		
10				8.3			0.6			0.7		
11				15.0			24.7					5.1·*
12		0.3					18.9	0.4	0.4			
13		0.2	7.4					29.6	1.9			
14	6.8*					6.6		31.6				
15					73.1			47.6				
16		26.1·*			15.8		20.1	4.4		16.9		
17		21.5*				6.5	3.9			5.1	28.4	
18						38.8				2.1	16.1	
19		9.6		1.0		69.4	1.5					
20		22.1		1.6	0.4	4.7	46.4					
21		1.7	4.7	1.8	0.6		0.1			12.1		
22		1.2	4.4		0.5							
23		2.0*	14.1			1.3			54.1		1.1	
24			13.9			12.1						
25			29.4				24.8					
26			23.8				5.0					
27	13.6*		8.3				1.7					
28				1.1	34.8		14.6					
29	20.5*			16.7	0.9	7.6	11.4					
30				45.3	0.3	4.6						6.7
31	1.6*											
降水量	52.1	85.2	106.4	99.3	126.4	199.7	174.3	155.3	91.5	37.3	99.0	11.8
降水日数	6	10	9	9	8	11	14	8	8	6	6	2
最大日量	20.5	26.1	29.4	45.3	73.1	69.4	46.4	47.6	54.1	16.9	28.4	6.7

年统计	降水量 1238.3			降水日数 97		
	时段　　(d)	1	3	7	15	30
	最大降水量	73.1	114.7	126.3	174.1	260.8
	开始月—日	5—15	6—17	6—18	6—6	7—19

附注

1990　滚　河　尚店站　逐日降水量表

降水量 mm

日\月	一月	二月	三月	四月	五月	六月	七月	八月	九月	十月	十一月	十二月
1												
2												
3												
4												
5								12.3				
6						3.1	2.6				17.8	
7						17.2					18.3	
8	8.6*										10.3	
9		2.7										
10							8.3A					
11				14.8			50.8					9.5·*
12								6.3				
13			7.3				11.2	5.2				
14	4.8·*					0.8		23.8				
15					52.2			27.9				
16		18.5			2.5		46.5			9.7		
17		9.2				10.5				3.6		
18						35.6					23.1	
19		13.2				57.0					13.8	
20		20.4		0.9	0.6	3.9	71.1					
21		1.1	1.8	1.5						1.5		
22		2.8							21.5			
23		1.4·*	7.1								1.3	
24		11.2										
25		19.0				4.5	14.2					
26			15.5				19.4					
27	12.4*											
28				1.0	20.2							
29	20.6*			8.2	3.6							
30	1.5*			41.6		6.2						1.7
31												
降水量	47.9	66.5	64.7	68.0	79.1	138.8	221.5	78.1	21.5	14.8	84.6	11.2
降水日数	5	7	7	6	5	9	7	6	1	3	6	2
最大日量	20.6	20.4	19.0	41.6	52.2	57.0	71.1	27.9	21.5	9.7	23.1	9.5

年统计	降水量 896.7			降水日数 64		
	时段　　(d)	1	3	7	15	30
	最大降水量	71.1	103.1	117.6	193.8	236.4
	开始月—日	7—20	6—17	7—16	7—11	7—10

附注

1990　滚　河　柏庄站　逐日降水量表

降水量 mm

日＼月	一月	二月	三月	四月	五月	六月	七月	八月	九月	十月	十一月	十二月
1							1.1					
2				4.9	0.3							
3												
4												
5								9.7	0.1			
6						6.7	0.4	5.8				
7			1.4			29.5					15.7	
8	10.2*	3.1·*						4.7		0.2	16.6	
9							0.5		0.2	0.3		
10				5.3			9.2		0.6	1.1		
11				14.1			41.1					7.8·*
12			0.2				8.3		0.2			
13			1.3					10.5	0.9			
14	4.0*					4.2		29.4				
15					61.0			22.7				
16		20.7			7.3		58.4	1.4		10.0		
17		21.1·*				29.3			2.5		21.3	
18				2.0		32.9				2.5	13.5	
19		3.6				64.8	0.3					
20		21.0		3.3		1.7	69.9					
21		1.2	1.2	1.8	0.2		2.2			2.1		
22		1.6	1.5		0.1				40.9			
23		1.1·*	12.6			0.2						
24			9.7			0.6						
25			21.5			1.6	10.1	1.8				
26			13.1				4.8					
27	12.0·*		7.6									
28				1.3	29.2		3.3					
29	12.7*			9.2	1.1		4.1					
30	1.1*			38.3		3.8						1.9
31												
降水量	40.0	73.4	70.1	80.2	99.2	175.3	213.7	86.0	45.4	16.2	67.1	9.7
降水日数	5	8	10	9	7	11	14	8	7	6	4	2
最大日量	12.7	21.1	21.5	38.3	61.0	64.8	69.9	29.4	40.9	10.0	21.3	7.8

年统计

降水量 976.3			降水日数　91		
时段 (d)	1	3	7	15	30
最大降水量	69.9	127.0	132.9	190.3	253.9
开始月—日	7—20	6—17	6—14	7—11	6—17

附注

1990　洪　河　滚河李站　逐日降水量表

降水量 mm

日＼月	一月	二月	三月	四月	五月	六月	七月	八月	九月	十月	十一月	十二月
1							0.6					
2												
3				3.3								
4												
5								2.7				
6						25.7	0.6	7.1	0.4		4.1	
7	0.3					35.4			0.2		20.3	
8	8.5*	3.3·*						1.2	0.9		15.4	
9									0.7	0.5		
10				5.3						0.4		
11				6.9			7.1					6.4*
12								5.2	0.1			
13			8.1					11.6	0.3			
14						27.2		26.5				
15	2.2*				58.7			24.8			0.3	
16		11.2			1.8		40.8	1.0		4.9	0.3	
17		15.9·*				20.5				2.7	21.4	
18				1.6		26.7					19.9	
19		7.9				73.6						
20		18.3		2.9		2.6	54.0					
21		0.8	1.6	0.9			1.6			1.4		
22		0.8*	8.0						36.2			
23		0.6·*	8.5									
24			6.6			0.5	9.6					
25			23.3			1.4		18.7				
26			16.2				2.5					
27	11.2*		6.7									
28				1.2	4.8		30.8					
29	9.2*			18.0	1.0		4.7					
30				38.6		5.0						2.0
31	3.9*											
降水量	35.3	58.8	79.0	78.7	66.3	218.6	152.3	98.8	38.8	9.9	81.7	8.4
降水日数	6	8	8	9	4	10	10	9	7	5	7	2
最大日量	11.2	18.3	23.3	38.6	58.7	73.6	54.0	26.5	36.2	4.9	21.4	6.4

年统计

降水量 926.6			降水日数　85		
时段 (d)	1	3	7	15	30
最大降水量	73.6	120.8	150.6	211.7	219.4
开始月—日	6—19	6—17	6—14	6—6	5—28

附注

1990　滚　河　袁门站　逐日降水量表

降水量 mm

日＼月	一月	二月	三月	四月	五月	六月	七月	八月	九月	十月	十一月	十二月
1							3.8					
2			6.3									
3												
4									4.7			
5								9.0	0.2			
6						2.9	0.3		0.3		4.5	
7			0.9			38.6					19.4	
8	9.3*							1.0			22.0	
9		4.8							2.9	0.4		
10				9.1			2.0		0.3	0.8		
11				13.0			33.4					9.0*
12								0.3				
13			6.9				1.6	21.7	1.2			
14	5.8*	0.5				2.5		22.6				
15					56.0			36.4				
16		25.0			9.6		37.6	1.2		7.3	0.4	
17		26.4·*				3.4	0.4			2.9	20.4	
18				1.7		33.0				0.5	21.2	
19		11.6				57.8	1.0					
20		22.7		2.6	0.1	4.8	56.0					
21		1.6	3.5	1.6	0.1		1.0			2.0		
22		1.5	3.6						36.0		0.6	
23		1.8*	12.4			1.6					2.0	
24			12.9			0.5						
25			23.0			3.6	24.9	0.2				
26			20.8				2.9					
27	12.8*		8.6				7.5					
28				1.7	20.1		12.6					
29	17.3*			12.8	1.3		15.0					
30	2.0*			39.6		4.6						
31												3.3
降水量	47.2	95.9	92.6	88.4	87.2	153.3	200.0	92.4	46.6	13.9	90.5	12.3
降水日数	5	9	9	9	6	11	15	8	8	6	8	2
最大日量	17.3	26.4	23.0	39.6	56.0	57.8	56.0	36.4	36.0	7.3	22.0	9.0

年统计	降水量 1020.3			降水日数 96		
	时段（d）	1	3	7	15	30
	最大降水量	57.8	95.6	101.5	158.9	213.5
	开始月—日	6—19	6—18	6—14	7—16	7—16

附注

1991　滚　河　刀子岭站　逐日降水量表

降水量 mm

日＼月	一月	二月	三月	四月	五月	六月	七月	八月	九月	十月	十一月	十二月
1						8.9		10.1	139.4	2.4		
2						4.4		29.8	3.3			
3					11.1			42.9	34.6			
4					7.2		85.1	31.4	1.0			
5												
6			44.3·*		6.2		0.9	52.5			22.6	1.1
7			9.4*					9.8				0.6
8		8.9		2.0								
9			11.5						10.5			0.4
10			4.3	16.3		30.1			10.6	0.5		
11		0.3		23.6				2.6		0.6		
12		15.2		4.9		19.2						
13		8.7		1.3		43.8						
14			8.4			17.7	4.2			0.4		
15												
16				25.0				0.7				
17				6.3								
18					3.0	0.5						
19					4.3							
20	14.1											
21	2.9		5.3		5.2				5.9			2.4
22			6.4		24.3	6.7						13.1*
23	3.6*		5.5		119.7	0.5		13.3				17.2*
24			17.5		6.7							4.2*
25												
26		0.2	1.9									9.3*
27							1.3					
28		8.9*		1.6	9.5	0.6						
29	0.4*				27.4	9.4		0.3				
30	0.9*			0.1	8.4	1.1						
31					6.8		18.8					
降水量	21.9	42.2	114.5	81.1	239.8	142.9	110.3	193.4	205.3	3.9	22.6	48.3
降水日数	5	6	10	9	13	12	5	10	7	4	1	8
最大日量	14.1	15.2	44.3	25.0	119.7	43.8	85.1	52.5	139.4	2.4	22.6	17.2

年统计	降水量 1226.2			降水日数 90		
	时段（d）	1	3	7	15	30
	最大降水量	139.4	177.3	187.6	225.6	339.4
	开始月—日	9—1	9—1	5—23	5—19	5—18

附注

1991　滚　河　尚店站　逐日降水量表

降水量 mm

日＼月	一月	二月	三月	四月	五月	六月	七月	八月	九月	十月	十一月	十二月
1						4.4		6.2	64.1			
2						5.6		16.9	1.2	1.3@		
3								24.6	27.4			
4					8.7					0.2@		
5					3.9		56.8	16.6				
6			30.0 ·*		3.7		0.2	44.0			8.6	
7			7.4 *					10.1				
8		5.6		2.4								
9			10.0						9.4			
10			4.1	9.0		4.5			4.2	0.3@		
11		2.0		9.6				2.9		0.3@		
12		10.3		3.3		17.3						
13		2.2				39.6						
14			5.6 ·*			7.5	2.0			0.4@		
15												
16				10.4				2.1				
17				2.1				1.3				
18					5.8							
19												
20	6.4		1.5									
21	0.5 ·*											
22									4.4			2.4
23	2.0 ·*		7.0		2.8	5.4						4.6 *
24			2.2		100.7			21.5				10.5 *
25			21.0		2.7			0.9				8.5 *
26			1.0									5.8 *
27												
28		4.1 *			9.7	0.4	1.4					
29					30.1	1.5						
30	0.3 *				9.4	0.6						
31					2.2			20.2				
降水量	9.2	24.2	89.8	36.8	179.7	86.8	80.6	147.1	110.7	2.5	8.6	31.8
降水日数	4	5	10	6	11	10	5	11	6	5	1	5
最大日量	6.4	10.3	30.0	10.4	100.7	39.6	56.8	44.0	64.1	1.3	8.6	10.5

年统计					
降水量 807.8		降水日数 79			
时　段　(d)	1	3	7	15	30
最　大　降　水　量	100.7	106.2	152.6	167.8	242.3
开　始　月　一　日	5—24	5—23	5—24	5—18	5—18

附　注

1991　滚　河　柏庄站　逐日降水量表

降水量 mm

日＼月	一月	二月	三月	四月	五月	六月	七月	八月	九月	十月	十一月	十二月
1						6.3		7.5	40.1			
2						6.0		13.3	1.0	1.0		
3					0.6	0.4		14.2	35.0			
4					8.8			0.3	0.3	0.2		
5					6.2		39.6	14.1				
6			35.5 ·*		3.6		0.3	42.5			18.4	
7			5.6 *					9.1				1.6
8		6.4		6.5								
9			9.1						16.9			
10			5.1	13.3		1.9			3.8	0.1		
11		0.7		14.0				1.5		0.1		
12		13.0 ·*		2.7		12.0						
13		7.7		0.6		38.1						
14			3.8			11.5	1.5			0.5		
15												
16				13.0			0.4					
17				4.0				1.9				
18					8.7	0.5						
19					2.0							
20	12.2		0.8									
21	2.3		1.5 ·*									0.3
22					0.4				3.9			4.2 ·*
23	0.2 *		3.3		1.4	6.1						5.1 *
24	2.4 *		2.0		121.6	0.5		24.3				11.4 *
25			17.2		3.7			1.7				4.6 *
26			2.0									7.7 *
27												
28		5.8 *		0.6	17.1	3.1	1.6					
29					34.0	2.3						
30	0.6 *				4.6	1.3		0.8				
31					3.5		19.5					
降水量	17.7	33.6	85.9	54.7	216.2	90.0	62.9	131.2	101.0	1.9	18.4	34.9
降水日数	5	5	11	8	14	13	6	12	7	5	1	7
最大日量	12.2	13.0	35.5	14.0	121.6	38.1	39.6	42.5	40.1	1.0	18.4	11.4

年统计					
降水量 848.4		降水日数 94			
时　段　(d)	1	3	7	15	30
最　大　降　水　量	121.6	126.7	181.0	203.3	273.2
开　始　月　一　日	5—24	5—23	5—24	5—18	5—18

附　注

1991　洪　河　滚河李站　逐日降水量表

降水量 mm

日\月	一月	二月	三月	四月	五月	六月	七月	八月	九月	十月	十一月	十二月
1						6.3		7.0	28.9			
2						5.0		11.1	1.8	1.0		
3					7.0	0.3		14.8	42.3	0.1		
4					5.9				0.1	0.1		
5							38.6	15.0				
6			34.1		3.3		0.9	51.3			13.4	
7			5.6*					4.3				
8		6.7		6.8								
9			8.0						13.3			
10			7.8	10.8		1.4			3.8			
11				12.4				3.5		0.1		
12		6.5		2.2		6.5						
13		6.2		0.5		42.6						
14			6.2			11.3	1.9			0.2		
15												
16				15.9								
17				2.9		0.5		12.9				
18					6.7							
19					0.8							
20	9.2		1.8									
21	5.1		2.1									
22					6.2				2.9			6.2·*
23	1.5		3.3		5.7	13.5						4.1*
24			1.9		144.1			25.2				10.1*
25			15.4		4.0			1.1				3.3*
26		0.2	1.7									3.6*
27							1.0	0.6				
28	0.2	3.6		1.0	21.4							
29	0.7				36.7	1.7		0.7				
30	0.4*			0.3	9.0	0.2						
31					4.5		19.2					
降水量	17.1	23.2	87.9	52.8	255.3	89.3	61.6	147.5	93.1	1.4	13.4	27.3
降水日数	6	5	11	9	13	11	5	12	7	4	1	5
最大日量	9.2	6.7	34.1	15.9	144.1	42.6	38.6	51.3	42.3	1.0	13.4	10.1

年统计	降水量　869.9		降水日数　89		
	时段 (d)	1	3	7	15	30
	最大降水量	144.1	156.0	215.2	245.4	312.5
	开始月—日	5—24	5—22	5—24	5—18	5—18

附注	

1991　滚　河　袁门站　逐日降水量表

降水量 mm

日\月	一月	二月	三月	四月	五月	六月	七月	八月	九月	十月	十一月	十二月
1						8.0		6.0	75.1			
2						3.6		22.4	3.4			
3						0.1		37.0		0.6		
4					8.2				34.4			
5					5.5		65.8	26.6		0.5		
6			39.5·*		5.3		0.3	50.4			14.3	
7			7.3*					6.4				1.5
8		7.5		2.4								
9			9.7						12.1			
10			6.5	10.0		1.9			6.1	0.3		0.3
11		0.6		17.1				3.2		0.2		
12		13.3		2.6		13.8						
13		6.4		0.3		45.1						
14			5.4			14.0	0.1			0.4		
15									0.1			
16				20.4								
17				4.1		0.1		0.7				
18	0.4				5.4							
19					1.7							
20	11.9		1.0									
21	2.2		2.2		0.2							
22					1.5				4.2			3.0*
23	2.2		4.8		13.3	2.8		0.1				7.4*
24			4.1		94.2			18.9				6.3*
25			19.7		6.9			0.3				4.5*
26		0.6	2.3									4.0*
27		0.1					1.6					
28		2.4*		0.6	10.0	0.5						
29	0.4				28.1	1.8		0.3				
30	0.6*				12.6	0.1						
31					4.8		15.0					
降水量	17.7	30.9	102.5	57.5	197.7	91.8	82.8	172.3	135.4	2.0	14.3	27.0
降水日数	6	7	11	8	14	12	5	12	7	5	1	7
最大日量	11.9	13.3	39.5	20.4	94.2	45.1	65.8	50.4	75.1	0.6	14.3	7.4

年统计	降水量　931.9		降水日数　95		
	时段 (d)	1	3	7	15	30
	最大降水量	94.2	114.4	157.4	186.7	265.2
	开始月—日	5—24	5—23	7—31	5—18	5—18

附注	

1992　滚　河　刀子岭站　逐日降水量表

降水量 mm

日＼月	一月	二月	三月	四月	五月	六月	七月	八月	九月	十月	十一月	十二月
1		0.5	17.7*		2.1					25.3		
2		0.2	14.4*			11.5				16.7		
3			24.3*		0.4					10.2		
4	0.3		0.6*		4.4			5.1				
5					12.2	0.2		2.0				2.7
6					14.8			11.1			19.6	
7				0.9							10.2	
8				29.4								
9				6.0								
10							18.5					
11					9.1		0.3	10.7	47.2			
12						7.4	9.8	8.5				
13			6.8			26.5	47.3	3.7				
14			8.5	0.3			1.3	12.0				
15			35.9 ·*				74.0		1.9			
16			2.8·*		4.0		7.0		1.0			
17			0.3·*									
18							0.7	6.0	1.0			
19			9.2			0.1	12.5		12.2			
20			3.9	8.0		13.2	1.2	0.7	18.8			
21			2.4					1.5	0.8			
22			1.3					1.9				
23												
24												
25			14.7		0.5	0.6						0.5
26					1.8				1.1			14.4*
27									19.9			
28		4.0		1.9		1.4						
29	7.4	2.9				5.8		2.2				
30							1.4	9.4				
31					1.0			87.7				
降水量	7.7	7.6	142.8	46.2	50.6	66.7	174.0	162.5	103.9	52.2	29.8	17.6
降水日数	2	4	14	5	11	9	11	14	9	3	2	3
最大日量	7.4	4.0	35.9	29.4	14.8	26.5	74.0	87.7	47.2	25.3	19.6	14.4

年统计	降水量　861.6			降水日数　87		
	时　段　(d)	1	3	7	15	30
	最大降水量	87.7	122.6	158.2	172.6	203.2
	开始月一日	8—31	7—13	7—10	7—10	8—29

附　注	

1992　滚　河　尚店站　逐日降水量表

降水量 mm

日＼月	一月	二月	三月	四月	五月	六月	七月	八月	九月	十月	十一月	十二月
1			8.7*		1.5				0.7			
2			8.5*			9.0				7.2		
3			8.8*							5.8		
4					5.7			4.6@		4.2		
5					8.1			12.9		0.7		3.4
6					5.5			14.7			13.5	
7											4.1	
8				16.4								
9				0.5								
10							14.7@					
11					6.7		6.4	10.7	30.4			
12						9.3	47.4	3.7@				
13			4.1			20.9	1.4	0.4				
14			3.4*					12.7				
15			16.9*				28.5		0.3			
16			2.9*		0.9		2.4		1.0@			
17			0.4*									
18								11.8	1.1@			0.5
19			3.1·*				3.2		3.8			
20			3.0·*	3.5		6.2			4.3			
21			5.7·*					1.0@				
22			1.7*					0.4				
23			0.9									
24			0.5									
25			6.4									0.7
26					1.2				1.5			13.3
27									16.0			
28				0.6								
29	6.5	5.9				4.2						
30							0.4	2.9				
31								47.5				
降水量	6.5	5.9	75.0	21.0	29.6	49.6	104.4	123.3	59.1	17.9	17.6	17.9
降水日数	1	1	15	4	7	5	8	12	9	4	2	4
最大日量	6.5	5.9	16.9	16.4	8.1	20.9	47.4	47.5	30.4	7.2	13.5	13.3

年统计	降水量　527.8			降水日数　72		
	时　段　(d)	1	3	7	15	30
	最大降水量	47.5	77.3	100.8	104.0	136.6
	开始月一日	8—31	7—13	7—10	7—10	7—10

附　注	

1992　滚　河　柏庄站　逐日降水量表

降水量 mm

日\月	一月	二月	三月	四月	五月	六月	七月	八月	九月	十月	十一月	十二月
1		0.7*	13.5 •*		3.1			0.2	1.7	0.4		
2			12.3 *			11.6				8.0		
3			13.6 *		0.2					5.8		
4	0.9*		0.4 *		5.0			3.3		4.2		0.6
5					7.9	0.2		13.4		1.0		3.7
6					11.4			1.1			12.5	0.4
7				0.3							5.5	
8				17.1					0.5			
9				1.8								
10							5.1	1.6				
11					8.1			15.2	29.0			
12						3.4	7.0	1.9	0.5			
13			2.7			18.6	45.5	1.0				
14			7.3	0.2			0.4	11.6				
15			24.3 •*			0.7	20.0		1.3			
16			3.4 •*		0.6		2.7		0.8			
17			0.3 *						0.3			
18								9.1	1.2			1.5
19			2.9			0.3	4.6		3.7			
20			2.8 *	4.4		6.8		0.4	9.9			
21			8.7 •*					1.5	0.5			
22			2.0 *					1.6				
23												
24			0.3									
25			9.2			0.4	0.2					
26					2.0				0.9			12.6 •*
27									14.6			
28	0.4			1.9		0.9						
29	6.7					4.7						
30		0.5					2.0	0.8				
31							11.8	82.6				
降水量	8.0	1.2	103.7	25.7	38.7	47.4	99.1	145.3	64.9	19.4	18.0	18.8
降水日数	3	2	15	6	9	10	9	15	13	5	2	5
最大日量	6.7	0.7	24.3	17.1	11.4	18.6	45.5	82.6	29.0	8.0	12.5	12.6

年统计						
降水量　590.2			降水日数　94			
时段 (d)	1	3	7	15	30	
最大降水量	82.6	85.1	85.1	115.1	148.3	
开始月一日	8—31	8—30	8—30	8—30	8—30	

附　注

1992　洪　河　滚河李站　逐日降水量表

降水量 mm

日\月	一月	二月	三月	四月	五月	六月	七月	八月	九月	十月	十一月	十二月
1		0.4*	19.8 *		2.5					7.1		
2			12.4 *		0.5	4.7				3.7		
3			13.6 *		3.2			9.5		3.3		0.5
4	1.6*				21.9	0.2		14.5		0.5		3.7
5												
6					4.4						12.4	
7											5.3	
8				18.1					0.2			
9				1.0								
10							19.0	0.5				
11					7.6			8.8	25.2			
12						5.4	3.6	0.8				
13			5.1			15.5	46.0	0.7				
14			4.2				4.2	12.3				
15			12.4			0.3	22.5		0.2			
16			9.4 *		0.5		2.6		0.5			
17			3.1 *						0.3			
18								6.8	1.4			
19			3.5 •*@			0.2	3.6		7.4			
20			2.1 •*@	4.0		4.0	0.1	0.1	11.3			
21			6.2 •*					0.6	0.8			
22			2.2 •*					0.7				
23												
24			0.3									
25			6.4									
26					0.2				0.4			12.2 •*
27									13.0			
28				0.1		0.7						
29	2.8	0.8				3.2	0.1					
30							1.2					
31							3.9	56.4				
降水量	4.4	1.2	100.7	23.2	40.8	34.2	106.8	111.7	60.7	14.6	17.7	16.4
降水日数	2	2	14	4	8	9	11	12	11	4	2	3
最大日量	2.8	0.8	19.8	18.1	21.9	15.5	46.0	56.4	25.2	7.1	12.4	12.2

年统计						
降水量　532.4			降水日数　82			
时段 (d)	1	3	7	15	30	
最大降水量	56.4	72.7	97.9	101.6	130.8	
开始月一日	8—31	7—13	7—10	7—10	7—10	

附　注

1992　滚　河　袁门站　逐日降水量表

降水量 mm

日＼月	一月	二月	三月	四月	五月	六月	七月	八月	九月	十月	十一月	十二月
1		1.0	17.5*		2.7							
2			2.1*			7.6				22.5		
3			13.4*							9.6		
4			0.2*		3.5			0.4		5.6		
5					10.6	0.3		1.6		0.7		3.8
6					11.1			5.1			10.5	0.5
7				0.9					0.1		9.0	
8				23.8								
9				2.9								
10							16.3					
11					8.4			10.1	24.8			
12						7.3	6.3	3.5	0.5			
13			6.3			28.9	44.8	1.7				
14			5.0		0.4		3.5	7.3				
15			13.0·*			0.4	34.4			0.3		
16			2.0·*		2.3		3.6			1.6		
17		0.5								0.7		
18								56.6		0.7		
19			5.0			0.1	5.7			10.6		
20			1.0	4.8		7.7	0.5	0.5		12.9		
21			6.5					0.4		0.5		
22		5.4					0.1	0.3				
23												
24												
25			7.7			0.4						0.9
26					1.4	0.1				1.0		11.7·*
27										17.0		
28	0.5	0.9		1.8		1.0						
29	9.6	0.6				3.8						
30							6.1	1.1				
31							0.1	56.6				
降水量	10.1	2.5	85.6	34.2	40.4	57.6	121.4	146.9	70.7	38.4	19.5	16.9
降水日数	2	3	14	5	8	11	11	14	12	4	2	4
最大日量	9.6	1.0	17.5	23.8	11.1	28.9	44.8	56.6	24.8	22.5	10.5	11.7

年统计					
降水量 644.2		降水日数 90			
时段 (d)	1	3	7	15	30
最大降水量	56.6	82.7	108.9	117.2	151.1
开始月—日	8—18	7—13	7—10	8—18	8—13

附注	

1993　滚　河　刀子岭站　逐日降水量表

降水量 mm

日＼月	一月	二月	三月	四月	五月	六月	七月	八月	九月	十月	十一月	十二月
1					9.1							
2	0.6·*			6.9		21.6		7.8				1.4
3	6.3*							5.5				
4						1.1						
5								3.7				
6							1.4	8.2			20.2	
7	4.5*	3.9*									5.3	
8	6.1*				9.5						32.2	
9	6.5*								7.6		4.4	
10								49.0	19.0		28.7	
11	0.3*				0.4	27.9		9.7			1.3	
12	13.6*		16.8		19.1			53.2		4.9		
13	12.7*		29.9		3.3			4.4		4.2		
14	0.3*		3.5		0.3			8.5	1.5			
15		6.2	4.0		1.7		7.3	7.0				
16		0.3				59.8	7.2			0.4	3.2	
17		2.1							0.3		2.4*	
18		10.7			5.2						19.0*	
19		25.3*			22.2		2.5		0.2		4.5*	
20		2.4			7.5	1.4	6.5					
21						13.9	11.3					
22			2.0			45.6						
23								101.6				
24						2.9		14.8				
25			6.5		0.6			3.6				
26			0.5									
27			2.3		4.1	2.1				5.8		
28						13.7		2.5		2.0		
29							5.3				3.6	
30			44.7				5.2					
31					3.3		5.2					
降水量	50.9	69.1	63.2	53.9	86.3	144.4	92.3	279.5	28.6	17.3	125.7	1.4
降水日数	9	8	7	3	13	9	9	14	5	5	12	1
最大日量	13.6	25.3	29.9	44.7	22.2	59.8	45.6	101.6	19.0	5.8	32.2	1.4

年统计					
降水量 1012.6		降水日数 95			
时段 (d)	1	3	7	15	30
最大降水量	101.6	120.0	131.8	248.2	287.5
开始月—日	8—23	8—23	8—10	8—10	7—29

附注	

1993　滚　河　尚店站　逐日降水量表

降水量 mm

日\月	一月	二月	三月	四月	五月	六月	七月	八月	九月	十月	十一月	十二月
1					6.9			7.5				
2												
3	1.2·*			3.5		30.1						
4						2.3						
5												
6	3.3·*										6.2	
7	2.8*	7.6*									2.9	
8	2.6*				5.7						21.9	
9									4.6		1.1	
10								31.8	17.6		16.7	
11			12.4			43.1		8.5			2.4	
12	6.5*		16.5		7.3			47.9		1.2		
13	4.7*		1.0		1.1			2.7		1.5		
14		13.1						5.0				
15		3.1	1.5				18.0	4.9				
16						35.0	4.4					
17		1.2									5.7·*	
18		5.9			2.7						2.6*	
19		17.0·*			14.4						13.6*	
20		0.8·*			5.7	0.6	1.7				3.4*	
21			4.5			9.0	17.2					
22							43.8					
23			5.5			0.4		66.4				
24						2.5		12.0				
25			2.6					3.1				
26												
27			0.7		1.5	2.5						
28						5.6						
29								1.2				
30				30.2							1.6	
31					2.4		2.2					
降水量	21.1	48.7	44.7	33.7	47.7	131.1	87.3	191.0	22.2	2.7	78.1	0
降水日数	6	7	8	2	9	10	6	11	2	2	11	0
最大日量	6.5	17.0	16.5	30.2	14.4	43.1	43.8	66.4	17.6	1.5	21.9	

年统计	降水量　708.3			降水日数　/4		
	时　段　(d)	1	3	7	15	30
	最大降水量	66.4	88.2	100.8	179.2	193.2
	开始月一日	8—23	8—10	8—10	8—10	7—31

附　注	

1993　滚　河　柏庄站　逐日降水量表

降水量 mm

日\月	一月	二月	三月	四月	五月	六月	七月	八月	九月	十月	十一月	十二月
1					5.7							
2								0.8				
3	1.4·*			5.0		18.6		0.9				
4						1.2		1.2				
5						0.8		0.8				
6							0.7	0.7			12.7	
7	5.3*	0.8*								·	3.3	
8	1.3*				5.5						17.0	
9	5.4*								4.1		1.6	
10								12.2	16.2		20.7	
11	0.2*					47.9		4.2			2.3	
12	10.9*		16.2		9.5			52.7		4.3		
13	6.5*		17.0		2.0			1.4		3.8		
14		13.6	1.2		0.3			9.0	1.0			
15		4.5	1.4		0.7		18.8	8.0				
16		0.4				11.8	10.2				1.0	
17		1.2						0.6	0.5		2.3*	
18		7.8			2.6						15.5*	
19		16.4*			27.9		0.6	0.2	0.9		4.8*	
20		0.8*			4.2	1.0	8.5					
21						10.8	16.5					
22		0.3					29.1					
23			3.4			0.1		52.0				
24						0.6		12.5				
25			4.2		2.9			4.6				
26												
27			1.6	1.2	2.2	2.0				2.1		
28						8.3		1.9		0.6		
29							2.5				1.8	
30			63.8									
31					2.0		2.8					
降水量	31.0	45.8	45.0	70.0	65.5	102.3	89.7	163.7	22.7	10.8	83.0	0
降水日数	7	9	7	3	12	10	9	17	5	4	11	0
最大日量	10.9	16.4	17.0	63.8	27.9	47.9	29.1	52.7	16.2	4.3	20.7	

年统计	降水量　729.5			降水日数　94		
	时　段　(d)	1	3	7	15	30
	最大降水量	63.8	69.5	87.5	152.8	167.1
	开始月一日	4—30	4—30	8—10	8—10	7—29

附　注	

1993 洪 河 滚河李站 逐日降水量表

降水量mm

日＼月	一月	二月	三月	四月	五月	六月	七月	八月	九月	十月	十一月	十二月
1					4.5			17.2				
2												
3	1.0			4.9		18.4		0.9				
4						0.6						
5					0.2			3.3				
6	2.3 *						3.8				10.1	
7	5.0 *	7.8 *									20.5	
8	3.9 *				3.4							
9									5.6		2.3	
10								10.9	13.5		19.5	
11						38.7		2.9				
12	8.9 *		14.9		7.2			47.5		1.8	2.4	
13	6.1 *		16.1		1.7		0.1	2.1		1.8		
14		12.1	0.6		0.5			10.7	0.3			
15		2.9	0.7		0.7		1.8	6.4				
16						10.8					0.9	
17		0.6					8.8	0.2	0.3		2.3 *	
18		4.3			2.2						17.1 *	
19		12.3			20.8		0.9	0.1	0.4		6.1 *	
20		0.5			6.0	1.4	5.5				0.7 *	
21		0.4				5.3	8.9					
22			2.1				17.0					
23			2.4					22.8				
24						0.3		12.5				
25			3.0		1.9			4.2				
26												
27			2.1	10.6	1.1	0.3				0.7		
28						3.6		1.0		0.5		
29											2.0	
30				40.3								
31					1.7		1.8					
降水量	27.2	40.9	41.9	55.8	51.9	79.4	48.6	142.7	20.1	4.8	83.9	0
降水日数	6	8	8	3	13	9	9	15	5	4	11	0
最大日量	8.9	12.3	16.1	40.3	20.8	38.7	17.0	47.5	13.5	1.8	20.5	

年统计						
降水量 597.2			降水日数 91			
时 段 (d)	1	3	7	15	30	
最 大 降 水 量	47.5	61.3	80.5	116.1	144.5	
开 始 月 一 日	8—12	8—10	8—10	8—10	7—31	
附 注						

1993 滚 河 袁门站 逐日降水量表

降水量mm

日＼月	一月	二月	三月	四月	五月	六月	七月	八月	九月	十月	十一月	十二月
1					7.6							
2				4.1		20.3		2.6				
3						0.5						
4												
5								0.6				
6							0.6	2.7			12.3	
7		7.4 *						0.2			2.1	
8					7.5						24.2	
9									4.9		2.8	
10								46.8	16.3		21.0	
11			13.7		12.2	67.9		7.0	0.1		1.6	
12			23.0		2.3			62.7		2.7		
13								5.4		2.4		
14		16.0	2.7		0.1			7.1	1.2			
15		4.9	1.6		0.3		20.3	5.1			0.5	
16		2.5				82.8	4.3			0.2	1.8 ·*	
17								0.1	0.3		2.3 ·*	
18		7.0			4.2		0.4	0.2			14.9 *	
19		24.1 *			16.0		26.2		0.1		3.8 ·*	
20		1.3			6.9	0.8						
21						12.4	11.1					
22							39.5					
23								86.9				
24					0.9	2.3		16.0				
25								4.7				
26			0.8									
27				2.3	2.9	1.6		2.2		1.8		
28						10.9				2.0		
29							0.5				1.0	
30				35.3								
31					3.3		2.1					
降水量	0	63.2	51.6	41.7	64.2	199.5	105.0	250.3	22.9	9.1	88.3	0
降水日数	0	7	8	3	12	9	9	16	6	5	12	0
最大日量		24.1	23.0	35.3	16.0	82.8	39.5	86.9	16.3	2.7	24.2	

年统计						
降水量 895.8			降水日数 87			
时 段 (d)	1	3	7	15	30	
最 大 降 水 量	86.9	116.5	150.7	237.3	252.4	
开 始 月 一 日	8—23	8—10	6—11	8—10	7—31	
附 注						

1994 滚河 刀子岭站 逐日降水量表

降水量 mm

日＼月	一月	二月	三月	四月	五月	六月	七月	八月	九月	十月	十一月	十二月
1									7.8			
2							25.0					
3									9.8			
4												
5			1.2	0.5		2.6	15.2	11.8				
6			4.8			25.2		164.4				7.7
7				4.0		49.3		28.5				4.4
8			24.7*	8.8				20.3		16.8	0.5	10.0
9			0.4*	11.0						14.8		
10		4.9*		3.7			56.9		0.9			5.6
11	3.7*		5.7	11.3			260.0					4.5
12		0.6*	8.8*			7.3	98.9				5.0	
13		2.8*			0.2					3.0	15.3	
14									8.7		21.0	
15						2.9	49.8		19.3	60.1	19.4	
16	0.2*			2.2			14.6		1.1	22.3	6.0	1.2*
17	11.9*			9.1						6.4		
18				25.0				2.3		3.6		0.8*
19				34.5	0.3			1.3				0.4*
20			0.7	0.5							0.4	
21											0.2	
22							0.7	67.3			0.2	
23		22.0*						46.8				
24		1.5*		4.1		49.3					1.0	
25						8.1		5.5			0.3	3.5*
26								19.7				
27								0.4			14.7	
28								6.5				0.3
29								16.1			1.3	
30				3.5		1.0						11.2·*
31												4.0*
降水量	15.8	31.8	46.3	118.2	0.5	145.7	521.1	390.9	47.6	127.0	85.3	53.6
降水日数	3	5	7	13	2	8	8	13	6	7	13	12
最大日量	11.9	22.0	24.7	34.5	0.3	49.3	260.0	164.4	19.3	60.1	21.0	11.2

年统计	降水量 1583.8			降水日数 97		
	时段 (d)	1	3	7	15	30
	最大降水量	260.0	415.8	480.2	520.4	705.9
	开始月—日	7—11	7—10	7—10	7—3	7—10

附注

1994 滚河 尚店站 逐日降水量表

降水量 mm

日＼月	一月	二月	三月	四月	五月	六月	七月	八月	九月	十月	十一月	十二月
1					9.3		0.3					
2							1.6		3.2			
3							0.2					
4									1.3			
5			0.6			3.1	32.6	39.4				
6			5.3			18.3		17.2				9.3
7				1.2		37.4	0.3	38.6				4.6
8			12.3·*	7.6				5.4		8.3		8.2
9			0.4*	2.8	1.8					3.5		
10		2.4*		2.9			9.8		0.6			5.1
11	3.0*		3.6	9.3			121.6					3.8
12		0.2*	2.8·*		0.2	2.7	38.4				3.6	
13		1.6*			0.4					3.3	5.9	
14									7.1		15.4	
15						2.3	1.1		17.9	27.0	11.4	
16	7.2*			1.1			4.5		0.9	10.3	7.7	1.1*
17				2.8						5.4		
18				18.8						4.7		0.5*
19				16.2							0.3	0.4*
20			0.3					0.2				
21												
22								26.2			0.5	
23		10.1*						33.4				
24		1.5*		3.1		76.4			0.3		0.3	
25						6.1		21.2				2.2*
26								13.5				
27								0.9			12.8	
28								7.7			0.3	0.2
29								31.2			1.5	7.1
30						1.5		0.5				2.1·*
31								0.5				
降水量	10.2	15.8	25.3	65.8	11.7	147.8	210.4	235.4	31.3	62.5	59.7	44.6
降水日数	2	5	7	10	4	8	10	13	7	7	11	12
最大日量	7.2	10.1	12.3	18.8	9.3	76.4	121.6	39.4	17.9	27.0	15.4	9.3

年统计	降水量 920.5			降水日数 96		
	时段 (d)	1	3	7	15	30
	最大降水量	121.6	169.8	175.4	210.1	294.4
	开始月—日	7—11	7—10	7—10	7—2	6—24

附注

1994　滚　河　尹集站　逐日降水量表

降水量 mm

日＼月	一月	二月	三月	四月	五月	六月	七月	八月	九月	十月	十一月	十二月
1							0.2					
2							0.7		19.2			
3							0.3					
4												
5			1.2*			8.0	25.2	12.2				
6			5.7*			17.5		106.3				
7				0.4		38.8		36.7				9.6
8			16.5·*	8.6				10.6		9.0		
9			0.8·*	2.4	1.8					5.1		12.8
10		4.6·*		3.7			9.0		1.2			5.7
11	3.1		3.5	10.0			176.9					5.2
12		0.2*	2.7		0.6	9.5	49.7				4.8	
13		0.3*			0.3						12.9	
14									8.9	4.3	16.5	
15						2.2	1.8		12.8	36.9	17.5	
16	0.8*			1.0					1.1	14.5	2.4	1.1*
17	6.7*			1.7						4.0		
18				18.1						4.4		0.5*
19				15.6								
20												
21												
22							0.1	42.2			1.2	
23		17.1*						41.2				
24		2.4*		2.6		89.3						
25					10.7	6.0		9.3			0.6	3.1*
26								17.7				
27			0.3					0.6			14.5	0.2
28								4.5				
29								35.0			1.5	8.8·*
30				0.3		0.6						2.3
31												
降水量	10.6	24.6	30.7	64.4	13.4	171.9	263.9	316.3	43.2	78.2	71.9	49.3
降水日数	3	5	7	11	4	8	9	11	5	7	9	10
最大日量	6.7	17.1	16.5	18.1	10.7	89.3	176.9	106.3	19.2	36.9	17.5	12.8

年统计					
降水量　1138.4		降水日数　89			
时段（d）	1	3	7	15	30
最大降水量	176.9	235.6	237.4	263.8	403.3
开始月—日	7—11	7—10	7—10	7—1	7—10

附注

1994　滚　河　柏庄站　逐日降水量表

降水量 mm

日＼月	一月	二月	三月	四月	五月	六月	七月	八月	九月	十月	十一月	十二月
1					6.3		0.7					
2							0.7		10.1			
3							0.1					
4												
5			0.6			8.4	47.2	10.4				
6			5.2			17.9		142.7				
7				0.4		36.7		57.3				10.9
8			15.0·*	8.0				17.6		8.3		4.8
9			0.7*	1.6						7.4		5.2
10		3.2*		2.2	1.4		5.7		1.0			4.1
11	1.3*		4.6	8.9			184.1					1.0
12		0.2*	3.5*		0.5	5.4	55.8				3.5	
13		1.8*			0.2						9.0	
14							0.7		9.3	2.9	15.2	
15						2.1	0.5		12.0	38.0	14.5	
16	0.1*			1.3			4.8		0.7	14.6	3.6	1.5*
17	8.4*			1.2			0.2			3.1		
18				8.7						2.8		
19				18.7								0.4
20												
21												
22								37.0			0.3	
23		15.3*						64.7				
24		2.0*		2.5		103.3						
25						5.5		0.8			0.1	3.3*
26								11.5				
27								1.6			12.7	
28								4.1				0.3
29								37.7			1.3	2.6
30					1.3	1.6		3.5				6.0
31								11.8				
降水量	9.8	22.5	29.6	53.5	9.7	180.9	300.5	400.7	33.1	77.1	60.2	40.1
降水日数	3	5	6	10	5	8	11	13	5	7	9	11
最大日量	8.4	15.3	15.0	18.7	6.3	103.3	184.1	142.7	12.0	38.0	15.2	10.9

年统计					
降水量　1217.7		降水日数　93			
时段（d）	1	3	7	15	30
最大降水量	184.1	245.6	251.6	299.6	479.8
开始月—日	7—11	7—10	7—10	7—2	7—10

附注

1994　滚　河　石漫滩站　逐日降水量表

降水量 mm

日\月	一月	二月	三月	四月	五月	六月	七月	八月	九月	十月	十一月	十二月
1							0.2					
2							0.7					
3							0.3		19.2			
4			1.2*			8.0	25.2	12.2				
5												
6			5.7*			17.5		106.3				
7			16.5·*	0.4		38.8		36.7				
8			0.8·*	8.6				10.6		9.0		9.6
9				2.4	1.8					5.1		12.8
10		4.6·*		3.7			9.0		1.2			5.7
11	3.1		3.5	10.0			176.9					5.2
12		0.2*	2.7		0.6	9.5	49.7				4.8	
13		0.3*			0.3						12.9	
14									8.9	4.3	16.5	
15						2.2	1.8		12.8	36.9	17.5	
16	0.8*			1.0					1.1	14.5	2.4	1.1*
17	6.7*			1.7						4.0		
18				18.1						4.4		0.5*
19				15.6								
20												
21												
22							0.1	42.2			1.2	
23		17.1*						41.2				
24		2.4*		2.6		89.3						
25					10.7	6.0		9.3			0.6	3.1*
26								17.7				
27			0.3					0.6			14.5	
28								4.5				0.2
29								35.0			1.5	8.8·*
30				0.3		0.6						2.3
31												
降水量	10.6	24.6	30.7	64.4	13.4	171.9	263.9	316.3	43.2	78.2	71.9	49.3
降水日数	3	5	7	11	4	8	9	11	5	7	9	10
最大日量	6.7	17.1	16.5	18.1	10.7	89.3	176.9	106.3	19.2	36.9	17.5	12.8

年统计

	降水量 1138.4		降水日数 89		
时　段（d）	1	3	7	15	30
最大降水量	176.9	235.6	237.4	263.8	403.3
开始月—日	7—11	7—10	7—10	7—1	7—10

附　注

1994　滚　河　袁门站　逐日降水量表

降水量 mm

日\月	一月	二月	三月	四月	五月	六月	七月	八月	九月	十月	十一月	十二月
1					5.0							
2									15.7			
3							3.3					
4									4.0			
5			0.5			3.3	3.7	15.9				
6			5.0			20.5		52.5				
7			13.7·*	1.2		46.3		31.9		7.7		8.5
8			0.6	7.2				6.7		5.7		4.7
9				4.0	2.3							8.3
10		3.1*		2.8			12.8		0.8			5.5
11	3.1*		4.3	10.5			170.6					4.9
12		0.2*	2.9·*		0.3	3.7	39.3				4.6	
13		1.7*			0.3						10.8	
14									6.6	3.5	17.9	
15						2.6			15.5	35.5	16.9	
16	0.5*			2.4			2.2		0.7	13.0	7.8	0.9*
17	7.4*			2.9						5.4		
18				13.4						4.6		0.6*
19				18.7								0.5
20			0.5					0.3				
21												
22								43.9			0.5	
23		16.0*						31.2				
24		2.2*		4.0		63.0			0.2		0.5	
25						6.6		5.7			0.2	2.9*
26								26.2				
27								0.5			14.5	
28								3.2			0.2	0.3
29								21.4			1.6	8.6·*
30						3.0						3.2
31												
降水量	11.0	23.2	27.5	67.1	7.9	149.0	231.9	239.4	43.5	75.4	75.5	48.9
降水日数	3	5	7	10	4	8	8	12	7	7	11	12
最大日量	7.4	16.0	13.7	18.7	5.0	63.0	170.6	52.5	15.7	35.5	17.9	8.6

年统计

	降水量 1000.3		降水日数 92		
时　段（d）	1	3	7	15	30
最大降水量	170.6	222.7	224.9	232.7	331.9
开始月—日	7—11	7—10	7—10	6—30	7—10

附　注

1995　滚　河　刀子岭站　逐日降水量表

降水量 mm

日＼月	一月	二月	三月	四月	五月	六月	七月	八月	九月	十月	十一月	十二月
1						8.5				2.0		
2						0.2		38.0		43.4		
3								14.9	0.6			
4								36.4	1.3			
5								6.1				
6							1.4	87.1	0.3			
7			4.5				33.4	23.2	0.7			
8							11.8	1.4				
9	0.2				0.3	39.9		21.3	4.9			
10	1.3					23.5	35.8		0.9			
11		5.2				0.5		26.7	4.2			
12				0.6	0.2		22.4	8.3	3.7			
13				17.1				0.5		0.3		
14				0.4				20.8		64.7		
15							8.5	8.7				6.6*
16			2.8					16.0				0.3*
17								8.5		19.9		
18				11.0			15.7			2.0		
19				13.2		4.1	30.3			20.2		
20				0.5	1.8	51.7		1.9		3.3		
21				33.5				48.2				
22				13.1		2.8	31.4			39.2		
23			2.8				44.3			9.0		
24			14.8*				116.7					
25							21.7					
26					0.5							
27					7.3							
28			0.6									
29								56.0				
30							2.4	0.6				
31							27.6					
降水量	1.5	5.2	25.5	65.2	34.3	131.2	403.4	424.6	16.6	204.0	0	6.9
降水日数	2	1	5	6	7	8	14	19	8	10	0	2
最大日量	1.3	5.2	14.8	33.5	13.2	51.7	116.7	87.1	4.9	64.7		6.6

年统计	降水量　1318.4			降水日数　82	
时段 (d)	1	3	7	15	30
最大降水量	116.7	192.4	244.4	395.2	599.5
开始月—日	7—24	7—22	7—19	7—23	7—18

附注

1995　滚　河　尚店站　逐日降水量表

降水量 mm

日＼月	一月	二月	三月	四月	五月	六月	七月	八月	九月	十月	十一月	十二月
1						0.3				5.4		
2								4.2		24.6		
3								13.4				
4								3.2	1.3			
5												
6							1.5	34.1				
7							28.5	5.5				
8			4.2			0.5	5.5	1.4				
9					0.1	26.6	0.1	4.4	3.6			
10	0.8*					6.3	54.4		0.7			
11		4.9				0.1		26.1	2.9			
12				1.1			3.7	10.0	2.7			
13				12.6				0.2		0.5		
14				1.0		1.5		23.5		24.2		
15							16.0	2.6				4.7 ·*
16			2.7				1.1	0.1				0.2 ·*
17							10.0			13.7		
18					6.5							
19					3.3	11.6	21.1			14.6		
20				0.4	0.5	21.2		2.8		1.3		
21				13.1		1.9		48.9				
22				6.8			0.1			19.7		
23			2.2			0.2	12.7			3.6		
24			11.9				94.9					
25							12.2					
26					4.0							
27												
28			1.0									
29					0.2	10.6		38.2				
30					0.3			0.7				
31							4.4					
降水量	0.8	4.9	22.0	35.0	14.9	80.8	266.2	219.3	11.2	107.6	0	4.9
降水日数	1	1	5	6	7	11	15	17	5	9	0	2
最大日量	0.8	4.9	11.9	13.1	6.5	26.6	94.9	48.9	3.6	24.6		4.7

年统计	降水量　767.6			降水日数　79	
时段 (d)	1	3	7	15	30
最大降水量	94.9	119.8	141.0	214.0	304.6
开始月—日	7—24	7—23	7—19	7—10	7—23

附注

1995 滚 河 柏庄站 逐日降水量表

降水量 mm

日＼月	一月	二月	三月	四月	五月	六月	七月	八月	九月	十月	十一月	十二月
1										5.5		
2						0.5				32.2		
3							0.1					
4							9.6		1.2			
5							3.8					
6							1.5	40.9				
7							33.1	8.5				
8			5.1			5.0	3.3	4.2				
9						33.1		30.6	2.1			
10						5.6	73.0		0.5			
11		4.2				0.1		33.2	2.9			
12				0.5			14.1	12.2	4.1			
13								0.3		0.3		
14				12.0				18.5		35.4		
15							7.2	5.2				5.6
16			2.8				6.3					
17												
18					3.7			1.8		6.9		
19					10.3	3.5	11.6			17.9		
20				0.3	0.7	30.0	21.9			2.3		
21				19.2			0.5	55.4				
22				10.4				0.1				
23			2.9					66.2		17.5		
24			14.0					90.0		3.9		
25								5.5				
26												
27					6.9							
28			0.6				0.1					
29					0.2	3.5		59.8				
30					0.4			0.6				
31					0.2							
降水量	0	4.2	25.4	42.4	22.4	81.8	333.8	330.8	10.8	121.9	0	5.6
降水日数	0	1	5	5	7	9	13	18	5	9	0	1
最大日量		4.2	14.0	19.2	10.3	33.1	90.0	59.8	4.1	35.4		5.6

年统计	降水量	979.1		降水日数	73	
	时段 (d)	1	3	7	15	30
	最大降水量	90.0	161.7	189.7	290.3	432.1
	开始月—日	7—24	7—23	7—18	7—10	7—23

附注

1995 滚 河 石漫滩站 逐日降水量表

降水量 mm

日＼月	一月	二月	三月	四月	五月	六月	七月	八月	九月	十月	十一月	十二月
1						2.8				2.8		
2							24.8			35.8		
3							0.2		0.4			
4							28.8		2.8			
5							3.9					
6							1.5	101.5	0.4			
7							25.5	10.0				
8			4.9				7.3					
9					0.1	47.2		0.5	3.0			
10						33.9	63.5		0.6			
11		4.1						29.7	2.4			
12				0.6			9.1	11.9	4.2			
13				12.9				0.8		0.4		
14				0.3				26.6		26.1		
15							7.4	6.3				6.3
16			3.5				4.8	0.6				
17										13.1		
18					4.2		10.4					
19					8.1	2.5	23.9			20.5		
20				0.5	0.2	33.7	0.5	39.1		3.0		
21				17.5		0.8		39.3				
22				9.6						19.1		
23			3.1				43.7			4.4		
24			14.6				93.0					
25							8.9					
26												
27					7.1							
28			0.6									
29					0.1			58.5				
30						4.2		1.3				
31					0.4							
降水量	0	4.1	26.7	41.4	20.2	125.1	299.5	383.8	13.8	125.2	0	6.3
降水日数	0	1	5	6	7	7	13	17	7	9	0	1
最大日量		4.1	14.6	17.5	8.1	47.2	93.0	101.5	4.2	35.8		6.3

年统计	降水量	1046.1		降水日数	73	
	时段 (d)	1	3	7	15	30
	最大降水量	101.5	145.6	171.5	304.8	469.6
	开始月—日	8—6	7—23	7—18	7—23	7—23

附注

1995　滚　河　袁门站　逐日降水量表

日＼月	一月	二月	三月	四月	五月	六月	七月	八月	九月	十月	十一月	十二月
1										2.2		
2						0.1		3.1	0.3	48.7		
3								1.2	0.7			
4								41.5				
5												
6							1.6	40.6				
7							27.8	13.9				
8			5.0				8.0	1.2				
9						22.3		0.3	4.0			
10	1.4*					28.7	44.1		0.7			
11		4.9						21.9	3.5			
12				1.0			16.3	9.0	2.2	0.2		
13				20.9						35.7		
14				0.3				26.9				
15							19.1	5.0				7.0
16			2.4				23.8	6.3		16.0		
17						0.2	0.6	0.4				
18					5.9		14.3					
19					8.2	1.2	19.4			16.9		
20				0.6	0.8	31.9	0.2	2.0		1.7		
21				16.8		2.0		39.1				
22				6.9			1.0					
23			2.2			0.3	30.2			20.3		
24			14.3				109.2			4.5		
25							19.3					
26												
27					4.0							
28			1.0									
29					0.3	6.4		26.1				
30					0.4		1.9	1.1				
31												
降水量	1.4	4.9	24.9	46.5	19.6	93.1	336.8	239.6	11.4	146.2	0	7.0
降水日数	1	1	5	6	6	9	16	17	6	9	0	1
最大日量	1.4	4.9	14.3	20.9	8.2	31.9	109.2	41.5	4.0	48.7		7.0

年统计

降水量 931.4			降水日数 77		
时段（d）	1	3	7	15	30
最大降水量	109.2	158.7	179.3	278.2	400.9
开始月一日	7—24	7—23	7—19	7—10	7—10

附注

1996　滚　河　刀子岭站　逐日降水量表

日＼月	一月	二月	三月	四月	五月	六月	七月	八月	九月	十月	十一月	十二月
1					32.5	1.6	25.8	21.0			21.1	1.1
2					3.4	13.0	111.9	166.5			2.4	
3						26.1		51.1		1.3		
4								1.0		29.0		
5								21.1	7.9		2.5	
6					2.7	16.7	25.3	0.5		0.6	47.1	
7				3.0		0.3	4.0		22.3	0.5	16.4	
8				0.1		0.4			30.2			
9							42.1			0.1		
10									0.8		0.7	
11				2.1			1.2		8.8		17.3	
12	4.2*						8.5				0.1	
13	1.8*		1.4				0.5					
14	4.2*		6.9		1.2		1.3	1.4			11.4*	
15		9.1*							6.5		6.8*	
16		16.2*	0.7			27.1			0.5	0.4	2.9*	
17	2.2*	0.5*				18.0			51.5			
18							0.1		19.4			
19												
20			2.5									
21								0.4				
22			1.6		4.9			0.6				
23						9.2		9.7		0.4		
24					0.2		48.0			0.4		
25											0.9	
26			3.6	4.4	1.4		2.7	0.5				
27			1.6	13.9	1.1		3.4	0.4				
28			13.5	4.9		84.3	27.5				2.4	
29			1.3									
30					1.0		0.8		0.6	68.3		
31			4.2							42.2		
降水量	12.4	25.8	37.5	28.4	48.4	196.7	303.1	274.2	148.5	143.2	132.0	1.1
降水日数	4	3	11	6	9	10	15	12	10	10	13	1
最大日量	4.2	16.2	13.5	13.9	32.5	84.3	111.9	166.5	51.5	68.3	47.1	1.1

年统计

降水量 1351.3			降水日数 104		
时段（d）	1	3	7	15	30
最大降水量	166.5	238.6	270.3	343.6	426.1
开始月一日	8—2	8—1	7—28	7—25	7—7

附注

1996　滚　河　尚店站　逐日降水量表

降水量 mm

日＼月	一月	二月	三月	四月	五月	六月	七月	八月	九月	十月	十一月	十二月
1							15.9	7.6				
2					15.0	3.6		117.9			19.4	
3					1.8	7.6	94.3	26.0			1.0	
4						15.4				2.7		
5							19.8		12.5	32.1		0.7
6					2.5	7.3				1.4	38.3	
7							6.3		19.8	0.3	10.9	
8				2.9			4.0		25.0			
9				0.1			23.1		1.5			
10							0.6		3.5		0.2	
11							1.3		5.9		4.8	
12	1.4*			1.6			11.3					
13	2.2*		1.5				0.5				0.1*	
14	3.5*		4.6		0.9		2.6				9.4*•*	
15		2.7*							16.6		5.9*	
16		15.3*	0.1			29.8			1.3		2.7	
17	1.3*	0.9*							54.8	1.0		
18						16.2			14.8			
19												
20							3.7					
21												
22			0.9		4.8							
23			0.2*•*			7.8				0.3		
24			0.3*•*		0.8			0.8		0.4		
25							28.4				0.7	
26			4.1	2.3	0.3		0.4					
27			0.7	17.7								
28			11.1	3.2		52.7	2.7				2.6*•*	
29			1.2				24.9					
30					0.5				0.6	64.6		
31			3.0							49.4		
降水量	8.4	18.9	27.7	27.8	26.6	140.4	220.0	172.1	156.3	152.2	96.0	0.7
降水日数	4	3	11	6	8	8	15	5	11	9	12	1
最大日量	3.5	15.3	11.1	17.7	15.0	52.7	94.3	117.9	54.8	64.6	38.3	0.7

年统计	降水量 1047.1			降水日数 93	
	时段　　(d)	1	3	7	15	30
	最大降水量	117.9	151.5	179.1	227.7	281.1
	开始月一日	8—2	8—1	7—28	7—25	7—7

附注：

1996　滚　河　柏庄站　逐日降水量表

降水量 mm

日＼月	一月	二月	三月	四月	五月	六月	七月	八月	九月	十月	十一月	十二月
1								12.7				
2				1.2	14.8	5.7	17.6	131.4			15.7	
3					5.8	7.2	104.1	29.6			1.3	
4						15.4				5.6		
5								41.0	3.3	29.0	0.1	0.9
6					3.0	9.4				0.4	31.1	
7							10.9		19.3		6.1	
8				3.4			2.0		28.4			
9							25.5		2.0			
10							1.6		3.3			
11							0.9		3.1		10.4	
12	1.3*			1.4			9.0					
13	1.9*		0.6				0.9				0.4*	
14	4.8*		5.6			0.6	1.4				8.1*	
15		4.6*							12.9		6.0*	
16		17.2*	1.0			43.5			0.9	4.0	2.4	
17	1.6*	0.4*							68.7			
18						20.3			14.6			
19												
20			0.2				21.2					
21										0.1		
22			1.8		9.3			6.1				
23			0.1*			7.0		2.0				
24			0.4*							0.3		
25							39.1				0.1	
26			3.6	3.3	1.7		0.4					
27			1.0	16.9				0.2				
28			7.7	2.5		43.2					4.1	
29			0.5				1.9					
30					0.1					51.8		
31			3.6							44.2		
降水量	9.6	22.2	26.1	28.7	35.3	151.7	236.5	223.0	156.5	135.4	85.8	0.9
降水日数	4	3	12	6	7	8	14	7	10	8	12	1
最大日量	4.8	17.2	7.7	16.9	14.8	43.5	104.1	131.4	68.7	51.8	31.1	0.9

年统计	降水量 1111.7			降水日数 92	
	时段　　(d)	1	3	7	15	30
	最大降水量	131.4	173.7	214.7	256.1	329.5
	开始月一日	8—2	8—1	8—1	7—25	7—7

附注：

1996　滚　河　石漫滩站　逐日降水量表

降水量 mm

日 \ 月	一月	二月	三月	四月	五月	六月	七月	八月	九月	十月	十一月	十二月
1					16.8	5.6	19.7	6.3			19.2	1.0
2								128.5			1.6	
3					4.7	9.5	117.4	37.4		4.1		
4						20.2				35.5	0.2	
5								16.9	10.1			
6					3.0	9.0	38.9	40.0	23.8	0.6	38.7	
7							1.6		34.3	0.1	11.0	
8				4.1			30.1		1.8			
9				0.2								
10							2.3		3.7		0.2	
11							0.4		4.3		11.3	
12		1.0*		2.1			6.6					
13		2.0*	1.6				10.2	15.5			0.4	
14		5.2*	4.6		0.6		1.8				10.4 ·*	
15										6.8	6.0 ·*	
16		13.0*	0.7			34.3			1.5	1.7	2.7	
17	1.7*								88.3			
18						18.7		3.3	16.9			
19												
20			0.2				12.6					
21												
22			2.0		2.6							
23						6.7		3.3				
24			0.7				28.0			0.2		
25											0.5	
26			4.9	2.8	6.6		0.3					
27			1.0	14.2							3.2	
28			13.7	3.5		43.4						
29							2.4					
30						0.1			0.5	66.5		
31			3.7				0.4			53.5		
降水量	9.9	17.1	33.1	26.9	34.4	147.4	272.7	251.2	192.0	162.2	105.4	1.0
降水日数	4	2	10	6	7	8	15	8	11	8	13	1
最大日量	5.2	13.0	13.7	14.2	16.8	43.4	117.4	128.5	88.3	66.5	38.7	1.0

年统计	降水量　1253.3			降水日数　93		
	时段 (d)	1	3	7	15	30
	最大降水量	128.5	172.2	229.1	260.4	332.1
	开始月—日	8—2	8—1	8—1	6—28	6—16

附注	

1996　滚　河　袁门站　逐日降水量表

降水量 mm

日 \ 月	一月	二月	三月	四月	五月	六月	七月	八月	九月	十月	十一月	十二月
1					19.1	3.8	18.9	10.5			19.0	1.0
2								113.5			1.0	
3					3.7	7.7	88.5	33.4		2.0		
4						53.4		0.2		35.8	0.1	
5								11.4	12.4			
6					2.9	9.4	13.1	5.8	2.4	1.0	39.0	
7							2.1	1.8	15.6	0.5	13.3	
8				2.8		0.3			27.5			
9							28.6		0.6			
10									2.6			
11	3.4*						1.2		6.3		9.0	
12	2.2*			1.7			10.6					
13	3.4*		1.2				1.2	0.3				
14			5.5		0.5		3.5				3.8*	
15		2.1								6.8	11.6*	
16	2.0*	12.2	0.8			36.6			0.5	0.5	2.9*	
17		1.4				17.0			64.7			
18									18.2			
19												
20			0.4				4.6					
21												
22			1.3		4.0					0.2		
23			0.5			8.3		3.4		0.3		
24					1.8		68.5					
25												
26			4.2	3.1	1.2		0.2					
27			1.4	18.9			10.7	0.1				
28			14.5	3.9		59.0	9.6				4.5	
29			1.4									
30					0.5				0.9	59.8		
31			2.7				0.7			51.2		
降水量	11.0	15.7	33.9	30.4	33.7	195.5	262.0	180.4	158.5	151.3	104.2	1.0
降水日数	4	3	11	5	8	9	15	10	12	9	10	1
最大日量	3.4	12.2	14.5	18.9	19.1	59.0	88.5	113.5	64.7	59.8	39.0	1.0

年统计	降水量　1177.6			降水日数　97		
	时段 (d)	1	3	7	15	30
	最大降水量	113.5	157.4	178.4	266.3	323.6
	开始月—日	8—2	8—1	7—28	7—25	7—7

附注	

1997　滚　河　刀子岭站　逐日降水量表

降水量 mm

日＼月	一月	二月	三月	四月	五月	六月	七月	八月	九月	十月	十一月	十二月
1		2.7*		16.3			5.8	8.8	18.8			
2				10.0			5.6	0.6		1.3		
3				2.8			18.0	9.2		2.2		
4							5.1					1.3
5												2.5
6				0.1	15.8	28.0		11.7				
7				0.2		18.8		24.2				
8			0.5	2.3		0.8						
9			4.5		0.7							
10			1.5		0.3						17.6	
11			25.0		21.6				0.8		33.4	
12			3.5		0.9				16.3		4.0	
13			7.7				2.2		48.8		1.9	
14			5.7*						33.6			
15									6.9			
16	0.4			0.1			22.1					
17				0.4					0.1			
18												
19			0.4				41.2					
20												
21												
22	8.4*			0.5			2.4					
23												
24		2.9						13.0		13.3	5.9	
25										1.8		
26		0.1										
27		10.0			2.6						10.1	
28											3.9	4.2*
29	3.5				6.4	20.4						
30	0.2					20.6					1.0	
31	7.4*							2.1				
降水量	19.9	15.7	48.8	32.7	48.3	88.6	102.4	69.6	125.3	18.6	77.8	8.0
降水日数	5	4	8	9	7	5	8	7	7	4	8	3
最大日量	8.4	10.0	25.0	16.3	21.6	28.0	41.2	24.2	48.8	13.3	33.4	4.2

年统计	降水量　655.7		降水日数　75		
	时　段　（d）	1	3	7	15	30
	最　大　降　水　量	48.8	98.7	106.5	125.2	143.4
	开　始　月　一　日	9—13	9—12	9—11	9—1	6—29

附　注	

1997　滚　河　尚店站　逐日降水量表

降水量 mm

日＼月	一月	二月	三月	四月	五月	六月	七月	八月	九月	十月	十一月	十二月
1		1.6*		10.8			0.8	0.9				
2				4.9			0.9			0.9		
3				0.6			23.6	1.7		1.1		
4							1.4					0.8
5						0.1	0.1					1.4
6				1.2	13.4	13.7		4.9				
7				0.2		2.7		27.4				
8			0.4	1.0		0.9						
9			1.6		0.4							
10			1.2		0.6						15.5	
11			23.7		5.0				0.1		26.1	
12			2.2		1.9				3.7		1.5	
13			5.0				3.5		35.0		2.5	
14			9.0·*						26.8			
15							5.6		4.9			0.3·*
16	0.4			0.7			17.4					0.4
17												
18												
19							43.1					
20												
21												
22	8.2*			0.4			22.6					
23	0.1*											
24		1.9						2.6		13.3	2.6	
25										2.1		
26												
27		9.5	0.3		1.8						4.7	
28								0.2			2.7	4.0
29	3.5				5.8	17.8						0.2
30	0.4			0.1		19.7					0.5	
31	5.5*						0.6	0.1				
降水量	18.1	13.0	43.4	19.9	28.9	54.9	119.6	37.8	70.5	17.4	56.1	7.1
降水日数	6	3	8	9	7	6	11	7	5	4	8	6
最大日量	8.2	9.5	23.7	10.8	13.4	19.7	43.1	27.4	35.0	13.3	26.1	4.0

年统计	降水量　486.7		降水日数　80		
	时　段　（d）	1	3	7	15	30
	最　大　降　水　量	43.1	66.7	83.1	92.2	156.5
	开　始　月　一　日	7—19	9—13	7—16	7—13	6—29

附　注	

1997　滚　河　柏庄站　逐日降水量表

降水量 mm

日＼月	一月	二月	三月	四月	五月	六月	七月	八月	九月	十月	十一月	十二月
1		1.7*		7.7			4.4	4.1				
2				7.8			0.9			0.8		
3				1.1			19.1			1.4		
4							6.5	1.9				1.1
5							0.6					1.0
6				1.1	13.6	21.5		1.6				
7				0.6		18.3		5.6				
8			5.0	2.5		1.1						
9			2.9		0.4							
10			0.3		6.4						17.3	
11			21.7		13.1			0.5	0.8		30.6	
12			4.1		3.8				10.9		1.1	
13			4.2				3.4		58.1		2.9	
14			8.1·*						28.7			
15							0.5		5.3			
16	0.1			0.7			21.1					
17												
18												
19							62.7					
20		1.6										
21												
22	9.0*			0.8			93.7					
23									0.2			
24								2.3		22.3	1.4	
25										1.5		
26		0.3										
27		8.5			1.9						7.6·*	
28								4.0			2.4·*	2.5
29	3.1				1.5	18.6						
30	0.5					25.1					1.1	
31	6.7*						5.7					
降水量	19.4	12.1	46.3	22.3	40.7	84.6	218.6	20.0	104.0	26.0	64.4	4.6
降水日数	5	4	7	8	7	5	11	7	6	4	8	3
最大日量	9.0	8.5	21.7	7.8	13.6	25.1	93.7	5.6	58.1	22.3	30.6	2.5

年统计	降水量	663.0			降水日数	75				
	时　段　(d)	1		3		7		15		30
	最 大 降 水 量	93.7		97.7		177.5		181.4		256.6
	开 始 月 一 日	7—22		9—12		7—16		7—13		6—29

附　注	

1997　滚　河　石漫滩站　逐日降水量表

降水量 mm

日＼月	一月	二月	三月	四月	五月	六月	七月	八月	九月	十月	十一月	十二月
1		1.3·*		14.5			1.1	2.6	1.0			
2				8.6			0.3	2.9		0.6		
3				0.7			78.8	1.1		1.4		
4							1.8					1.1
5							0.5					2.2
6				1.2	15.8	33.8						
7						12.7		0.2				
8			1.4	2.2		0.9						
9			2.6		0.4							
10			1.3		1.9						20.7	
11			27.0		15.7				1.6		34.4	
12			3.8		2.2				13.6		2.6	
13			6.7				0.6		64.3		1.0	
14			9.6*						36.1			
15									5.8			
16	1.0						21.4					
17				0.1			0.1		0.3			
18												
19				0.1			46.0					
20				0.1								
21												
22	9.2*			0.5			6.4					
23									0.2			
24		1.7						1.8		16.1	3.0	
25										1.3		
26		0.3										
27		12.5	0.2		1.6						8.0·*	
28								0.3				5.0
29	3.3				0.9	17.7					3.6	
30	0.3					25.8						0.1
31	6.7·*							0.2			0.2	
降水量	20.5	15.8	52.6	28.0	38.5	90.9	157.0	9.1	122.9	19.4	73.5	8.4
降水日数	5	4	8	9	7	5	10	7	8	4	8	4
最大日量	9.2	12.5	27.0	14.5	15.8	33.8	78.8	2.9	64.3	16.1	34.4	5.0

年统计	降水量	636.6			降水日数	79				
	时　段　(d)	1		3		7		15		30
	最 大 降 水 量	78.8		114.0		126.0		126.6		200.5
	开 始 月 一 日	7—3		9—12		6—29		6—29		6—29

附　注	

1997　滚　河　袁门站　逐日降水量表

降水量 mm

日\月	一月	二月	三月	四月	五月	六月	七月	八月	九月	十月	十一月	十二月
1		1.4*		18.4			16.3	17.2				
2				23.6				1.0		0.6		
3				5.5			56.6	0.6		1.5		
4							4.6					0.7
5												1.5
6				1.4	19.8	21.2		0.5				
7				0.3		8.8		14.4				
8			0.2	1.1		0.8						
9			3.6		0.1							
10			2.8		0.1						18.4	
11			21.8		6.0				0.5		32.7	
12			3.9		4.4				7.9		2.8	
13			7.2				1.2		49.0		2.9	
14			9.9*						32.9			
15							3.4		4.6			0.4·*
16	0.3			0.1			19.4					0.3
17								0.5				
18												
19							52.7					
20												
21												
22	8.1*			0.1			5.5					
23	0.2											
24		2.1						1.1		14.3	4.3	
25										2.1		
26												
27		13.8			1.9						5.7	
28							0.2				3.0	3.8
29	3.7				4.9	15.4						0.5
30	0.5					18.1	0.9				0.3	
31	5.7·*							0.6				
降水量	18.5	17.3	49.4	50.5	37.2	64.3	160.8	35.9	94.9	18.5	70.1	7.2
降水日数	6	3	7	8	7	5	10	8	5	4	8	6
最大日量	8.1	13.8	21.8	23.6	19.8	21.2	56.6	17.2	49.0	14.3	32.7	3.8

年统计

	降水量　624.6		降水日数　77		
时段 (d)	1	3	7	15	30
最大降水量	56.6	89.8	111.0	112.2	193.4
开始月—日	7—3	9—12	6—29	6—29	6—29

附注

1998　滚　河　刀子岭站　逐日降水量表

降水量 mm

日\月	一月	二月	三月	四月	五月	六月	七月	八月	九月	十月	十一月	十二月
1		2.1*			0.7	1.1	76.3					13.2*
2		0.3						0.7				2.8*
3				17.5			0.3	14.1				
4												
5				0.7								
6			0.7	16.3				15.6				
7	2.8		0.3	0.5	41.7	2.0	0.7	3.2				
8			38.9·*		22.7							
9	2.8		45.0*		24.1			44.2		0.2		
10	34.2*		0.7	12.1	11.5				0.2			
11				23.9								
12	6.9·*	6.1				5.2		9.1		0.2		
13	18.7·*					0.6		63.8		10.0		
14	11.6*							114.5	11.9			
15							49.5	29.8	4.2			
16	7.0*						23.5	0.7				
17		13.5				0.5	0.2					
18		6.5	6.0·*									
19		1.1	10.5*									
20					43.9			3.4				
21					36.8			1.2				
22			0.5		5.6				0.6			
23			0.7	13.2	13.1							
24			3.4									
25			1.3									
26								9.4				
27				0.4								
28						2.7	29.3					
29			0.3	4.7		68.6						8.8*
30			4.3	40.7		0.4	22.6	32.4			3.2*	0.3
31			19.3		140.0							
降水量	84.0	29.6	131.9	130.0	340.1	81.1	202.4	342.1	16.9	10.4	3.2	25.1
降水日数	7	6	14	10	10	8	8	14	4	3	1	4
最大日量	34.2	13.5	45.0	40.7	140.0	68.6	76.3	114.5	11.9	10.0	3.2	13.2

年统计

	降水量　1396.8		降水日数　89		
时段 (d)	1	3	7	15	30
最大降水量	140.0	208.1	261.4	295.7	361.6
开始月—日	5—31	8—13	8—9	8—3	7—28

附注

1998　滚河　尚店站　逐日降水量表

降水量 mm

日 \ 月	一月	二月	三月	四月	五月	六月	七月	八月	九月	十月	十一月	十二月
1		2.3				0.5	56.7					8.9 ·*
2		0.1										0.7 *
3								1.0				
4				10.2			0.8	21.0				
5				2.0								
6				16.6				14.5				
7	0.9 *			0.4	24.3	0.6		0.5				
8			21.0 ·*		17.3			0.2				
9	0.7		15.4 ·*		18.8		12.0	21.6				
10	16.4 ·*			12.8	10.7		0.2			1.8		
11				20.0		5.0						
12	6.4	1.0				0.7		5.1				
13	11.2 ·*							10.4		4.0		
14	6.7 *							88.9				
15					0.1		35.7	20.7		1.0		
16							63.7					
17	3.8 ·*	8.2 ·*						0.5				
18		4.1 ·*	10.0			0.2						
19		0.6 ·*	7.3 *									
20					125.8			1.7				
21					51.7			36.9				
22			0.5		2.6					0.4		
23			1.1	5.2	8.8							
24			2.0									
25			0.6									
26								10.2				
27												
28				0.2		3.3	43.9					
29			0.2	1.2		25.4	3.4					7.0 *
30			2.1	57.6		0.8	14.8	6.5		0.4	0.9	
31			14.8		103.9							
降水量	46.1	16.3	75.0	126.2	364.0	36.5	231.2	239.7	3.2	4.4	0.9	16.6
降水日数	7	6	11	10	10	8	9	15	3	2	1	3
最大日量	16.4	8.2	21.0	57.6	125.8	25.4	63.7	88.9	1.8	4.0	0.9	8.9

年统计	降水量	1160.1				降水日数	85					
	时段（d）	1		3		7		15		30		
	最大降水量	125.8		180.1		188.9		293.3		364.5		
	开始月—日	5—20		5—20		5—20		5—20		5—7		

附 注	

1998　滚河　柏庄站　逐日降水量表

降水量 mm

日 \ 月	一月	二月	三月	四月	五月	六月	七月	八月	九月	十月	十一月	十二月
1		1.8			0.6	0.8	80.8					7.0 *
2								0.8				0.7 *
3								12.3				
4				10.2								
5				1.5								
6				20.3				21.0				
7	0.2			0.6	26.0	0.8		0.3				
8			25.3 ·*		24.5			0.4				
9	0.2		20.4 *	16.6	24.2		5.4	9.2				
10	26.3 ·*				12.1		8.8					
11				19.1		4.5	5.0					
12	5.9 *	2.2				0.9	4.7	3.5				
13	13.4 *						6.0	1.2		4.4		
14	6.6 *						67.7					
15	0.1 *						22.2	24.4	0.6			
16	3.5 *						0.3	0.4				
17		13.0				1.0	0.6					
18		4.5 ·*	2.8									
19		0.3	5.7 *									
20					120.8							
21					129.6			36.6				
22			0.2		3.6			0.4	0.2			
23			1.2	18.2	14.0							
24			1.5									
25												
26								4.9				
27												
28				0.7		9.7	47.1					
29				4.3		52.6	0.7					4.7 *
30			2.3	78.2		0.9	12.0	21.1		0.4	0.7 *	
31			16.6		104.3							
降水量	56.2	21.8	76.0	169.7	459.7	71.2	193.6	204.2	0.8	4.8	0.7	12.4
降水日数	8	5	9	10	10	8	12	15	2	2	1	3
最大日量	26.3	13.0	25.3	78.2	129.6	52.6	80.8	67.7	0.6	4.4	0.7	7.0

年统计	降水量	1271.1				降水日数	85					
	时段（d）	1		3		7		15		30		
	最大降水量	129.6		254.0		268.0		373.1		459.9		
	开始月—日	5—21		5—20		5—20		5—20		5—7		

附 注	

1998 滚河 石漫滩站 逐日降水量表

降水量 mm

日\月	一月	二月	三月	四月	五月	六月	七月	八月	九月	十月	十一月	十二月
1		2.7			0.3	0.7	105.3					12.5·*
2		0.2										0.5*
3								0.5				
4			15.0				2.5	14.0				
5			3.5									
6			22.3					34.4				
7	0.5·*			0.5	22.9	1.0		0.5				
8			32.7·*		25.7			0.7				
9	0.9		20.0·*		21.4		1.8	43.2				
10	23.2·*			13.1	14.2		0.2					
11				22.0		5.3	0.7					
12	7.9	0.9				1.0		4.7				
13	12.1·*							4.9		4.2		
14	9.7·*				0.1			85.6				
15							31.1	19.6	0.4			
16	3.7·*						10.2	0.4				
17		11.0										
18		6.2·*	9.2*			0.3						
19		0.4	5.6*									
20					48.9							
21					42.0			17.7				
22			0.7		2.6				0.4			
23			1.1	11.6	9.6							
24			1.8									
25			0.6									
26								6.3				
27												
28				1.4		5.0	55.6					
29				6.4		42.5	1.2					5.6*
30			4.0	70.8		1.6	18.6	15.5		0.2	1.6	
31			17.6		107.6							1.0*
降水量	58.0	21.4	93.3	166.6	295.3	57.4	227.2	248.0	0.8	4.4	1.6	19.6
降水日数	7	6	10	10	11	8	10	14	2	2	1	4
最大日量	23.2	11.0	32.7	70.8	107.6	42.5	105.3	85.6	0.4	4.2	1.6	12.5

年统计	降水量 1193.6			降水日数 85	
	时 段 (d)	1	3	7	15	30
	最 大 降 水 量	107.6	149.4	158.0	211.4	307.9
	开 始 月 一 日	5—31	6—29	8—9	5—20	7—28

附 注	

1998 滚河 袁门站 逐日降水量表

降水量 mm

日\月	一月	二月	三月	四月	五月	六月	七月	八月	九月	十月	十一月	十二月
1		2.5*			0.3	0.7	74.3					11.2·*
2								0.7				0.9*
3							0.6					
4				10.2			1.6	34.7				
5				1.7								
6				18.3				22.4				
7	2.4·*				38.2	0.9		1.9				
8			31.5·*		16.2			0.1				
9	6.2		20.8·*		16.8		1.1	34.4				
10	26.3·*			22.4	11.9		2.7		4.0			
11				18.3		5.7						
12	8.0	2.2				0.7		6.5				
13	18.0·*							18.0	0.2	6.7		
14	7.1*							103.1				
15							28.3	19.6	1.3			
16	5.3*						34.0	0.6				
17		12.9										
18		5.0·*	5.7			0.4						
19		1.6	6.4·*					0.1				
20					50.3			0.5				
21					24.2			11.8				
22					3.3				0.7			
23			1.6	0.8	8.5							
24			2.7									
25			0.9									
26								21.1				
27							55.2					
28				1.1		1.9	2.2					
29				4.2		36.6	0.2					
30			2.8	46.9		0.5	12.5	8.4		0.7	1.9	7.3·*
31			16.6		115.9							
降水量	73.3	24.2	89.0	123.9	285.6	47.4	212.7	283.9	6.2	7.4	1.9	19.4
降水日数	7	5	9	9	10	8	11	16	4	2	1	3
最大日量	26.3	12.9	31.5	46.9	115.9	36.6	74.3	103.1	4.0	6.7	1.9	11.2

年统计	降水量 1174.9			降水日数 85	
	时 段 (d)	1	3	7	15	30
	最 大 降 水 量	115.9	140.7	181.6	242.0	325.9
	开 始 月 一 日	5—31	8—13	8—9	8—3	7—16

附 注	

1999 滚 河 刀子岭站 逐日降水量表

降水量 mm

日＼月	一月	二月	三月	四月	五月	六月	七月	八月	九月	十月	十一月	十二月
1								2.9		19.2		
2				11.4						3.5		
3				17.5		1.0	5.7		52.3	5.6		
4						2.6	12.0			6.7		
5			20.2				105.6			15.6		
6			4.5	13.8	1.6		54.3					
7				30.9			1.1		3.2			
8			3.1							2.7		
9				24.1	0.6					9.2		
10				18.3						0.9	15.1	
11												
12										1.5		
13									8.9	11.1	2.6	
14			11.5		18.6				16.8	9.7	1.4	
15			0.6	1.8	24.6	6.7				2.2		
16			0.8		2.8				0.2		2.1	
17			11.0		28.2							
18			32.5*		0.4				3.2			
19			3.7*									
20										0.5		
21					0.7					0.3		
22		2.5				59.7						
23				14.8	35.0							
24				6.1				8.0				
25		2.1	0.2		1.1			5.5		0.3	3.4	
26				15.8							1.6	
27			1.2	1.6								
28			0.1									
29									1.1	5.1		
30									0.3	20.7		
31					0.7		0.2					0.6
降水量	2.5	2.1	89.4	127.2	143.2	70.0	178.9	16.4	86.0	114.8	26.2	0.6
降水日数	1	1	12	9	13	4	6	3	8	17	6	1
最大日量	2.5	2.1	32.5	30.9	35.0	59.7	105.6	8.0	52.3	20.7	15.1	0.6

年统计					
降水量 857.3			降水日数 81		
时段 (d)	1	3	7	15	30
最大降水量	105.6	171.9	178.7	237.3	245.1
开始月—日	7—5	7—4	7—3	6—22	6—15

附注

1999 滚 河 尚店站 逐日降水量表

降水量 mm

日＼月	一月	二月	三月	四月	五月	六月	七月	八月	九月	十月	十一月	十二月
1				0.5				3.0		6.9		
2					7.1					2.7		
3					11.3	2.1	4.5		23.9	4.3		
4						5.4	10.7			4.2		
5			2.1				47.5			10.9		
6			21.6		0.8		42.5					
7				9.9			0.7					
8			4.0·*	28.5						1.6		
9					0.4			2.2		6.9		
10				16.5						0.9	9.5	
11				14.8								
12							1.0					
13									5.4	10.2	4.1	
14			4.7		41.7				7.7	5.0	1.0	
15					22.6	0.4				1.5		
16			0.5	0.5	0.8						2.2·*	
17			2.7		19.2							
18			19.4·*						2.8			
19			6.0·*									
20								0.2		0.6		
21					0.4							
22		0.8				29.1						
23				17.0	7.7							
24				2.1				3.4				
25		0.8			0.5			2.4		0.3	2.0	
26				7.6							0.4·*	
27			0.1	1.7			9.5					
28												
29									0.2	3.8		
30									0.2	13.9		
31					0.9							0.3
降水量	0.8	0.8	61.1	99.1	113.4	37.0	116.4	11.2	40.2	75.1	19.2	0.3
降水日数	1	1	9	10	12	4	7	5	6	16	6	1
最大日量	0.8	0.8	21.6	28.5	41.7	29.1	47.5	3.4	23.9	13.9	9.5	0.3

年统计					
降水量 574.6			降水日数 78		
时段 (d)	1	3	7	15	30
最大降水量	47.5	100.7	105.9	134.3	136.4
开始月—日	7—5	7—4	7—3	6—22	6—15

附注

1999　滚　河　柏庄站　逐日降水量表

降水量 mm

日＼月	一月	二月	三月	四月	五月	六月	七月	八月	九月	十月	十一月	十二月
1				0.6				5.6		20.5		
2					7.2					3.2		
3					14.6	2.0	4.3		16.2	4.5		
4						9.1	17.5			4.5		
5			2.4			0.8	29.1			8.2		
6			31.8		4.0		37.9					
7				9.3	0.8		0.3					
8		4.3		26.9						1.8		
9					0.5					10.4		
10				9.8						0.8	8.4	
11				14.5					1.3			
12							1.1			1.5		
13									11.8	9.9	2.8	
14			4.5		36.2				5.8	5.9	0.9	
15					23.6	2.7				1.2		
16			0.3		0.5						1.4	
17			2.9		14.7							
18			19.6·*						2.2			
19			8.7·*					0.1				
20												
21										0.2		
22	0.4					33.8						
23				20.1	5.4							
24				1.7				1.9				
25		0.7			0.9			2.4		1.0	2.3	
26				7.8							0.1	
27			0.1	5.3			1.9	0.1				
28						0.2						
29									0.2	5.8		
30									0.2	0.2		
31					0.8					19.5		0.1
降水量	0.4	0.7	74.6	96.0	109.2	48.6	92.1	10.1	37.7	98.9	15.9	0.1
降水日数	1	1	9	9	12	6	7	5	7	16	6	1
最大日量	0.4	0.7	31.8	26.9	36.2	33.8	37.9	5.6	16.2	20.5	8.4	0.1

年统计	降水量　584.3			降水日数　80	
	时段 (d)	1	3	7	15	30
	最大降水量	37.9	84.5	89.1	122.8	137.0
	开始月—日	7—6	7—4	7—3	6—22	4—23

附注

1999　滚　河　石漫滩站　逐日降水量表

降水量 mm

日＼月	一月	二月	三月	四月	五月	六月	七月	八月	九月	十月	十一月	十二月
1				0.4				5.1		9.6		
2					7.1					3.2		
3					14.4	1.2	4.1		49.0	4.4		
4						9.8	12.0			4.7		
5			5.0			0.3	47.8			9.9		
6			22.5		1.2		43.5					
7				9.7			0.5					
8		4.8		32.1				0.4		1.5		
9					0.1			1.8		8.1		
10				16.8						0.7	8.9	
11				16.5					0.4			
12										1.2		
13								0.2	10.7	12.2	4.8	
14			5.3		58.6				8.1	6.2	0.7	
15					23.1	2.5				1.6		
16			0.7		0.5	0.1					1.4	
17			4.6		20.2							
18			25.7·*		0.4				2.9			
19			8.0*									
20								0.3		0.1		
21					0.3							
22	1.1					41.0						
23				23.3	8.5							
24				3.3				4.0				
25		2.2			0.6			4.2		0.5	2.1	
26				10.4								
27				2.0								
28												
29									0.2	6.8		
30									0.6	19.7		
31					0.6							0.8
降水量	1.1	2.2	76.6	114.5	135.6	54.9	107.9	16.0	71.9	90.4	17.9	0.8
降水日数	1	1	8	9	13	6	5	7	7	16	5	1
最大日量	1.1	2.2	25.7	32.1	58.6	41.0	47.8	5.1	49.0	19.7	8.9	0.8

年统计	降水量　689.8			降水日数　79	
	时段 (d)	1	3	7	15	30
	最大降水量	58.6	103.3	107.9	148.4	164.9
	开始月—日	5—14	7—4	7—3	6—22	4—23

附注

1999　滚　河　袁门站　逐日降水量表

降水量 mm

日＼月	一月	二月	三月	四月	五月	六月	七月	八月	九月	十月	十一月	十二月
1				0.4				2.3		8.5		
2					9.7					4.6		
3					13.3	1.0	5.3		51.2	3.9		
4						4.5	11.5			13.4		
5			1.6			0.2	100.6			10.9		
6			18.4		0.8		45.5					
7				10.5			0.6					
8			3.6	25.5						1.2		
9					0.5			1.1		10.1		
10				16.0						0.7	10.3	
11				16.1								
12							3.9			1.4		
13									8.1	13.5	4.8	
14			6.0		26.7				13.3	6.5	0.8	
15					26.8	2.3				1.7		
16				0.4	1.6	0.2			0.2		1.8	
17			4.1		21.5							
18			22.5·*						2.8			
19			6.1·*									
20								0.3				
21					0.4					0.6		
22	0.9				0.1	40.1						
23				23.6	6.5							
24				2.7	0.2							
25		1.5			1.1			3.5			3.0	
26				10.0				5.4			0.3	
27				1.2								
28												
29									0.5	3.7		
30									0.2	16.4		
31					1.0							0.4
降水量	0.9	1.5	62.3	106.4	110.2	48.3	167.4	12.6	76.3	97.1	21.0	0.4
降水日数	1	1	7	10	14	6	6	5	7	15	6	1
最大日量	0.9	1.5	22.5	25.5	26.8	40.1	100.6	5.4	51.2	16.4	10.3	0.4

年统计

降水量	704.4		降水日数	79	
时段 (d)	1	3	7	15	30
最大降水量	100.6	157.6	163.5	203.0	210.0
开始月—日	7—5	7—4	7—3	6—22	6—15

附注

2000　滚　河　刀子岭站　逐日降水量表

降水量 mm

日＼月	一月	二月	三月	四月	五月	六月	七月	八月	九月	十月	十一月	十二月
1						13.6	3.2			26.1		4.6
2	0.3					90.9	17.5	6.3	30.8			
3	1.9					33.4	44.9	31.1				
4				0.8			19.5	36.4	13.7			
5	0.1				1.8		2.3	13.4	4.2			
6							7.2		2.3			
7						1.1	0.3				0.7	
8	0.4*				30.0						0.8	
9	0.2						31.7		0.4	1.3		
10	27.3·*							3.6	0.8	8.0	3.4*	
11	9.7*				6.9					29.5		
12							102.9			0.4		
13							7.3					
14	8.9*						209.1				5.6	
15	1.4*				3.1		1.2	7.8			35.1·*	
16										1.2		
17		3.1		1.0								
18		14.6·*						51.5			1.9	
19		1.1·*									1.5	
20						16.6	2.9		4.3			8.4*
21	2.4*					30.1			3.2	26.7		
22										2.3		
23	5.3*								19.3	10.8		
24	3.2*				1.6	15.3	6.2	25.4	9.6	6.5		
25					11.2	217.2	7.1		14.2			
26						130.2	13.5		21.0	1.1		
27					0.1	0.4	12.3		1.9	33.5		
28					2.9	1.3	0.8		2.6	1.4		
29					4.1		0.5				2.9·*	1.5
30								1.4	9.3			
31												
降水量	61.1	18.8	0	1.8	61.7	550.1	490.4	176.9	137.6	148.8	51.9	14.5
降水日数	12	3	0	2	9	11	19	9	15	13	8	3
最大日量	27.3	14.6		1.0	30.0	217.2	209.1	51.5	30.8	33.5	35.1	8.4

年统计

降水量	1713.6		降水日数	104	
时段 (d)	1	3	7	15	30
最大降水量	217.2	362.7	409.4	496.2	858.2
开始月—日	6—25	6—24	6—20	6—20	6—20

附注

2000 滚 河 尚店站 逐日降水量表

降水量 mm

日＼月	一月	二月	三月	四月	五月	六月	七月	八月	九月	十月	十一月	十二月
1						9.4	4.5	3.2	22.4	20.0		4.2
2						94.0	22.1	23.7				
3						10.5	57.4	23.7				
4	1.6						63.2	43.1	2.3			
5					0.8		3.4	12.6	0.6			
6									1.8			
7						0.8					0.5	
8	0.2 *				23.2						0.2	
9	0.2							1.8	0.1	0.9		
10	14.8 ·*						0.6		0.9	11.0	2.1 *	
11	5.4 *				9.4				0.4	21.9		
12							138.0			0.2		
13	0.2 *											
14	6.8 *						257.2				6.3	
15	0.9 *				3.2			7.6		0.1	15.0 ·*	
16										1.5		
17		1.8		1.9								
18		10.1 ·*					1.0	13.5			0.2	
19		0.1 ·*									2.1	
20						5.6	5.7		4.1			6.9 *
21	1.8 *					41.2			3.0	24.4		
22										1.5		
23	4.1 *								21.0	8.7		
24	1.3 *	0.4			0.6	8.8		2.9	2.7	2.6		
25					4.4	286.4	3.1		4.5			
26						72.9			6.7	1.4		
27					0.6	2.4	0.7		0.7	26.0		
28					4.1	1.2			0.2			
29					3.2		1.1	15.2			2.0	1.5
30								1.9	7.3			
31												
降水量	37.3	12.4	0	1.9	49.5	533.2	558.0	125.5	78.7	120.2	28.4	12.6
降水日数	11	4	0	1	9	11	13	10	16	13	8	3
最大日量	14.8	10.1		1.9	23.2	286.4	257.2	43.1	22.4	26.0	15.0	6.9

年统计	降水量 1557.7		降水日数 99		
	时 段 (d)	1	3	7	15	30
	最 大 降 水 量	286.4	395.2	414.9	565.7	966.0
	开 始 月 一 日	6—25	7—12	6—20	6—20	6—21

附 注	

2000 滚 河 柏庄站 逐日降水量表

降水量 mm

日＼月	一月	二月	三月	四月	五月	六月	七月	八月	九月	十月	十一月	十二月
1						10.1	3.5	1.8	21.3	22.4		3.6
2						77.1	19.9	27.9				
3						24.8	82.8					
4	2.1						51.0	96.3	3.4			
5					0.9		13.6	14.2	1.9			
6							0.1	0.2	2.1			
7						0.8	0.5				0.5	
8				0.1	22.3			20.5				
9	0.2						10.3		0.3	0.4	0.5 ·*	
10	18.3 ·*								0.3	15.8	0.7 *	
11	5.8 *				4.5		0.3		0.3	20.6		
12							165.2					
13		0.2										
14	8.4 ·*						282.1				7.2	
15	1.1 *				2.1			0.4		0.2	24.1 ·*	
16										0.7		
17		2.2		1.6								
18		11.2 ·*						13.9			0.9	
19		0.2									1.6	
20	1.2 *								2.3			2.6 *
21	0.5 *					28.3			2.2	24.8		
22								0.5	0.3	0.9		
23	2.0 *								11.7	9.6		
24	1.8 *				0.9	13.4		1.5	7.8	6.0		
25					7.3	263.8	25.2		11.6			
26						33.3			17.8	0.3		
27					0.9	5.0			0.9	21.0		
28					3.5	0.8			0.2			
29					2.9		0.8	1.5			2.6	1.8
30								2.7	5.6			
31												
降水量	41.4	13.8	0	1.7	45.3	457.4	655.3	181.4	90.0	122.7	38.1	8.0
降水日数	10	4	0	2	9	10	13	12	17	12	8	3
最大日量	18.3	11.2		1.6	22.3	263.8	282.1	96.3	21.3	24.8	24.1	3.6

年统计	降水量 1655.1		降水日数 100		
	时 段 (d)	1	3	7	15	30
	最 大 降 水 量	282.1	447.3	457.9	629.3	973.9
	开 始 月 一 日	7—14	7—12	7—9	7—1	6—21

附 注	

2000 滚河 石漫滩站 逐日降水量表

降水量 mm

日\月	一月	二月	三月	四月	五月	六月	七月	八月	九月	十月	十一月	十二月
1						10.8	3.2		13.3	20.2		4.1
2						112.2	21.0	2.4	0.4			
3						20.8	59.1	26.2	4.8			
4	2.1						34.4	54.2				
5					0.9		1.0	11.0	1.3			
6							0.9		1.5			
7						1.1	0.5				0.7	
8				0.3				0.8			1.1	
9	0.2				22.3		3.6				0.6	
10	21.7*								0.2	13.3	1.7·*	
11	7.1*				17.1				0.3	20.8		
12							179.2					
13		0.3					1.0					
14	8.4*				0.2		241.6				7.8	
15	1.6*				2.6		0.5	0.4		0.1	23.3·*	
16										0.5		
17		2.7		1.4								
18		12.3·*						14.1			0.4	
19		0.2									1.4	
20	1.5*					0.2	33.3		2.6			6.8*
21	0.7*					27.5			2.3	26.8		
22										1.3		
23	2.3*							0.4	25.4	11.3		
24	2.2*				1.2	14.9		7.7	14.6	5.5		
25					9.6	290.9	0.4		16.9			
26						50.5	2.9		18.5	1.0		
27					0.7	4.7	0.3		2.4	24.4		
28					2.5	0.6			0.7			
29					3.0		0.3	5.6			3.0	
30								1.3	4.1			1.8
31												
降水量	47.8	15.5	0	1.7	60.1	534.2	583.2	124.1	109.4	126.8	40.0	12.7
降水日数	10	4	0	2	10	11	17	11	17	12	9	3
最大日量	21.7	12.3		1.4	22.3	290.9	241.6	54.2	25.4	26.8	23.3	6.8

年统计					
降水量 1655.5		降水日数 106			
时段 (d)	1	3	7	15	30
最大降水量	290.9	421.8	425.9	546.0	968.4
开始月一日	6—25	7—12	7—9	7—1	6—21

附注

2000 滚河 袁门站 逐日降水量表

降水量 mm

日\月	一月	二月	三月	四月	五月	六月	七月	八月	九月	十月	十一月	十二月
1				0.2		11.6	3.8			18.3		4.4
2	0.2					93.2	18.4	2.6	23.5			
3	1.6			0.8		21.6	48.1	26.0				
4							42.4	56.0	35.6			
5	0.1				1.3		1.9	12.4	1.6			
6							0.5		1.9			
7						1.0					0.4	
8	0.2*				24.4						0.5	
9	0.2*						3.1		0.5	0.8		
10	21.1·*								0.8	11.0	2.2·*	
11	7.6*				8.0				0.4	23.4		
12							146.3					
13							3.9					
14	7.8*						202.4				5.9	
15	1.2				2.8			4.4		0.2	23.2·*	
16										0.9		
17		2.5		0.8								
18		12.3*						16.0				
19		0.6*									2.2·*	
20						0.8	7.1		3.5			7.2·*
21	2.0*					49.0			2.6	25.8		
22										1.8		
23	4.6*						2.0		17.7	10.9		
24	3.0*				0.7	11.2		7.8	10.3	4.8		
25					7.7	267.2	6.8		10.0			
26						83.3			16.2	1.9		
27					0.6	3.2			1.2	29.3		
28					4.1		0.1		0.9	0.2		
29					3.6		0.8	11.6				
30								1.0			1.8	1.6
31									6.6			
降水量	49.6	15.4	0	1.8	53.2	542.7	487.6	137.8	133.3	129.3	36.2	13.2
降水日数	12	3	0	3	9	11	15	9	16	13	7	3
最大日量	21.1	12.3		0.8	24.4	267.2	202.4	56.0	35.6	29.3	23.2	7.2

年统计					
降水量 1600.1		降水日数 101			
时段 (d)	1	3	7	15	30
最大降水量	267.2	361.7	413.9	529.1	892.4
开始月一日	6—25	6—24	6—21	6—21	6—21

附注

2001　滚　河　刀子岭站　逐日降水量表

降水量 mm

日＼月	一月	二月	三月	四月	五月	六月	七月	八月	九月	十月	十一月	十二月
1											2.9	
2							19.9			1.1	2.4	26.3·*
3											0.4	7.3·*
4	0.2	0.6			2.3							14.2·*
5	9.6*	3.2·*										4.3*
6	4.7*	0.5*								4.2		
7	5.6·*							43.9		4.2		
8	16.5*					0.3						0.3*
9				13.5·*		12.9		0.5				7.4·*
10				0.5								32.0·*
11		15.7·*										8.0·*
12		9.8*				3.1						7.7·*
13												
14										1.6		
15			12.6			18.0		0.6				
16					0.5	6.9						
17						24.8				1.9		0.3*
18												2.9·*
19	0.4·*	6.4								4.2		4.0·*
20		0.2					12.4	2.2				
21	3.0*						55.0		16.9			
22	7.4*	5.6					70.5					
23	20.5·*	12.5*		8.2			57.8					
24	2.5*						21.4			0.1		
25	8.3*					6.6	21.9			34.7		
26		0.8·*	2.7				30.8			31.2		
27				0.8			26.2			0.1		
28				2.7		26.7	1.0	2.0				
29						1.7	129.0					
30							16.4	6.1				
31							6.1	6.1				
降水量	78.7	55.3	15.3	25.7	9.4	94.4	462.3	61.4	18.9	81.3	5.7	114.7
降水日数	11	10	2	5	3	8	12	7	3	8	3	12
最大日量	20.5	15.7	12.6	13.5	6.6	26.7	129.0	43.9	16.9	34.7	2.9	32.0

年统计	降水量　1023.1			降水日数　84		
	时段 (d)	1	3	7	15	30
	最大降水量	129.0	183.3	288.1	442.4	487.4
	开始月—日	7—29	7—21	7—23	7—20	7—20

附注	

2001　滚　河　尚店站　逐日降水量表

降水量 mm

日＼月	一月	二月	三月	四月	五月	六月	七月	八月	九月	十月	十一月	十二月
1											2.5	
2							43.9			1.1	1.4	14.4·*
3							1.2					4.7·*
4	6.0*	0.2			1.9						0.2	9.8·*
5		1.4·*										2.2·*
6	4.2*	0.2*						2.2		1.8		
7	5.1*									0.5		
8	9.2*					0.3						4.0*
9				6.8		7.1		0.7				18.0·*
10				0.5			16.9					4.4·*
11		7.8*										3.4·*
12		5.1·*										
13												
14										2.5		
15			7.2			49.1		10.2				
16					0.4	14.5						
17						18.2			2.3			0.1*
18												1.6·*
19	0.2·*	4.0								3.3		1.4·*
20		0.1					5.5	2.1				
21	3.1*						28.8		5.7			
22	4.3*	1.2					22.5					
23	11.9*	8.0·*		5.1			29.4					
24	1.1*						19.5			0.5		
25	5.6*				5.2					12.6		
26		1.0·*	1.7				45.8			16.1		
27				1.5			77.4					
28				3.5		28.9	0.5	1.1				
29						6.2	127.4	4.0				
30							31.4	3.8				
31												
降水量	50.7	29.0	8.9	17.4	7.5	124.3	450.2	24.1	8.0	38.4	4.1	64.0
降水日数	10	10	2	5	3	7	13	7	2	8	3	11
最大日量	11.9	8.0	7.2	6.8	5.2	49.1	127.4	10.2	5.7	16.1	2.5	18.0

年统计	降水量　826.6			降水日数　81		
	时段 (d)	1	3	7	15	30
	最大降水量	127.4	205.3	302.0	388.2	450.2
	开始月—日	7—29	7—27	7—24	7—20	7—2

附注	

2001　滚　河　柏庄站　逐日降水量表

降水量 mm

日\月	一月	二月	三月	四月	五月	六月	七月	八月	九月	十月	十一月	十二月
1											2.4	
2							54.1			0.2	1.5	20.7·*
3							6.2					5.0*
4					2.1						0.3	11.0·*
5	8.4*	1.7*										2.9*
6	4.8*	0.2*								2.1		
7	6.1*							3.2		1.3		
8	15.0*					0.1						7.0*
9				6.2		9.0		0.8				29.5·*
10							3.4					5.3*
11		12.5*					0.5					5.1
12		7.8*				0.2						
13												
14										1.2		
15			6.0			72.3		36.4				
16						26.0						
17						29.5						
18									1.5			1.5*
19	0.3·*	0.7								2.7		2.0*
20					0.2	10.2	3.7	1.2				
21	2.7*						46.4	0.1		3.2		
22	5.5*	1.6					41.0					
23	16.5*	9.7·*		7.5			34.1					
24	2.7*						40.6			0.3		
25	9.3*				6.3		1.6			22.9		
26		0.7·*	1.1				20.2			17.9		
27				1.4		0.1	85.3					
28				3.4		12.3	0.7	3.9				
29						5.5	136.5					
30							30.6	3.8				
31								1.1				
降水量	71.3	34.9	7.1	18.7	8.4	165.2	504.9	50.5	4.7	48.6	4.2	90.0
降水日数	10	8	2	5	2	10	15	8	2	8	3	10
最大日量	16.5	12.5	6.0	7.5	6.3	72.3	136.5	36.4	3.2	22.9	2.4	29.5

年统计	降水量　1008.5		降水日数　83		
	时　段　(d)	1	3	7	15	30
	最大降水量	136.5	222.5	319.0	440.7	504.9
	开始月—日	7—29	7—27	7—23	7—20	7—2

附　注

2001　滚　河　石漫滩站　逐日降水量表

降水量 mm

日\月	一月	二月	三月	四月	五月	六月	七月	八月	九月	十月	十一月	十二月
1											2.6	
2							33.2			0.7	1.6	18.6*
3							0.3					6.9*
4		0.6			1.5							11.7·*
5	7.8*	2.9·*										6.0*
6	3.4*	1.2*								1.9		
7	6.2*							42.5		1.5		
8	11.5*					0.3						
9				11.3		5.5		0.8				33.0*
10				0.2			6.4					11.6·*
11		10.7*				0.1	0.4					9.6
12		9.3*										
13												
14										1.8		
15			6.6			70.1		8.2				
16					0.2	16.2						
17						29.8						
18									1.8			3.7·*
19	0.7·*	4.0								3.0		2.3·*
20	0.1					0.1	9.1	2.3				
21	4.1*						38.6		3.6			
22	8.3*	2.3					69.9					
23	18.4*	9.0·*		6.3			40.1					
24	2.5*						27.1			0.6		
25	5.8*				5.2		8.7			23.2		
26		0.8	1.6				34.9			19.0		
27				1.5		0.2	55.1					
28				4.9		24.2	1.0	6.0				
29						4.8	134.5					
30							36.8	3.9				
31								3.6				
降水量	68.8	40.8	8.2	24.2	6.9	151.3	496.1	67.3	5.4	51.7	4.2	109.5
降水日数	11	9	2	5	3	10	15	7	2	8	2	10
最大日量	18.4	10.7	6.6	11.3	5.2	70.1	134.5	42.5	3.6	23.2	2.6	33.0

年统计	降水量　1034.4		降水日数　84		
	时　段　(d)	1	3	7	15	30
	最大降水量	134.5	190.6	301.4	455.8	507.3
	开始月—日	7—29	7—27	7—23	7—20	7—20

附　注

2001　滚　河　袁门站　逐日降水量表

降水量 mm

日＼月	一月	二月	三月	四月	五月	六月	七月	八月	九月	十月	十一月	十二月
1											2.6	
2							33.7			1.1	1.9	19.3·*
3												6.2*
4					1.7							9.9·*
5	6.4*	0.3*									0.3	2.1*
6	4.1*									2.5		
7	5.2*							8.0		1.5		
8	9.2*					0.2						
9				4.9		8.8						9.0·*
10							6.4					20.7*
11		8.4·*				0.1						7.7·*
12		8.0·*				2.1						7.2
13												
14												
15			12.7			42.0		34.3				
16					0.3	9.9						
17						12.1						
18									1.3			
19	0.3·*	4.1										2.3·*
20							3.9	1.7		3.5		1.8·*
21	3.1*						18.4		7.3			
22	4.1*	2.0					48.0					
23	12.6·*	5.8*		4.6			50.9					
24	1.1*						12.4			0.7		
25	6.6*				5.6					21.4		
26		0.8	1.8				25.5			24.3		
27				1.1			67.7					
28				3.6		15.9	0.6	2.5				
29						8.2	155.1					
30							19.8	3.8				
31								10.8				
降水量	52.7	29.4	14.5	14.2	7.6	99.3	442.4	61.1	8.6	57.2	4.8	86.2
降水日数	10	7	2	4	3	9	12	6	2	8	3	10
最大日量	12.6	8.4	12.7	4.9	5.6	42.0	155.1	34.3	7.3	24.3	2.6	20.7

年统计					
降水量　878.0		降水日数　76			
时　段　(d)	1	3	7	15	30
最大降水量	155.1	223.4	312.2	402.3	444.6
开始月—日	7—29	7—27	7—23	7—20	7—20

附　注	

2002　滚　河　刀子岭站　逐日降水量表

降水量 mm

日＼月	一月	二月	三月	四月	五月	六月	七月	八月	九月	十月	十一月	十二月
1			7.4		63.1			0.5				0.5
2			6.8·*					7.7				10.1
3			18.1*		0.6							
4			2.4*	17.2	7.3		0.4					4.2
5				3.2	57.7			44.8				15.0
6				8.7	1.3			5.8				19.8·*
7						2.4						3.4*
8						1.2		2.4				
9						24.9			29.4		0.8	
10												
11	5.6							0.3				
12			0.3		3.2				5.6			
13	0.7		13.0		22.0				10.9			
14	4.0				11.2				10.9			
15	0.9			8.5				3.4				
16												0.3
17							1.0			2.8		
18							32.6			4.5		1.3
19					0.1		8.2	1.4		31.7	15.6·*	9.1*
20			2.9		15.0				43.1			16.1*
21						108.9	7.7		1.6			10.0·*
22						102.0	7.5					11.5*
23						4.2		6.2				
24		0.1	0.1					0.7				
25				0.9	0.3			12.9				1.5*
26				0.5		65.1	10.2					
27		17.2	0.2	5.7		30.6	19.2					
28		0.6		22.1			1.7					
29			0.3									
30				0.4						0.1		
31												
降水量	11.2	17.9	51.5	67.2	181.8	339.3	91.3	86.1	101.5	39.1	16.4	102.8
降水日数	4	3	10	9	11	8	10	11	6	4	2	13
最大日量	5.6	17.2	18.1	22.1	63.1	108.9	32.6	44.8	43.1	31.7	15.6	19.8

年统计					
降水量　1106.1		降水日数　91			
时　段　(d)	1	3	7	15	30
最大降水量	108.9	215.1	310.8	311.2	353.0
开始月—日	6—21	6—21	6—21	6—21	6—21

附　注	

2002　滚　河　尚店站　逐日降水量表

降水量 mm

日＼月	一月	二月	三月	四月	五月	六月	七月	八月	九月	十月	十一月	十二月
1			2.9		40.2							0.6
2			1.1*									6.3
3			11.4·*				0.9					
4			0.3*	18.6	6.3		1.5					0.7
5				1.5	52.5		0.8	47.9				5.0
6					0.5							10.5·*
7				7.6								1.7*
8						2.9		1.3				
9						7.0			22.6			
10											1.0	
11	6.0							0.6	2.2			
12					2.7				0.8			
13	0.3		7.5		14.7				3.4			
14	2.2				6.4				9.6			
15	2.5·*			8.7				0.2				
16												0.4*
17										1.0		
18							14.3			1.2		0.7
19					0.5		9.1	0.6		25.6		4.8·*
20			1.1		16.2			1.0	32.5		14.9·*	10.1·*
21						133.9	6.3		1.7			6.1*
22		0.1				78.1	7.7					9.4*
23						3.3		3.2				
24				1.1				3.0				1.5*
25					3.9		11.8	0.6				
26		13.1		1.2		53.9	3.2					
27				5.5		20.1	2.4					
28				16.7			2.9					
29		0.3										
30				0.1								
31												
降水量	11.0	13.2	24.6	61.0	143.9	299.2	60.9	58.4	72.8	27.8	15.9	57.8
降水日数	4	2	7	9	10	7	11	9	7	3	2	13
最大日量	6.0	13.1	11.4	18.6	52.5	133.9	14.3	47.9	32.5	25.6	14.9	10.5

年统计	降水量　846.5		降水日数　84		
	时段　（d）	1	3	7	15	30
	最大降水量	133.9	215.3	289.3	292.5	315.9
	开始月—日	6—21	6—21	6—21	6—21	6—21
附注						

2002　滚　河　柏庄站　逐日降水量表

降水量 mm

日＼月	一月	二月	三月	四月	五月	六月	七月	八月	九月	十月	十一月	十二月
1			5.0		34.0			0.2				0.8
2			1.8·*									5.9
3			17.6*				0.8					1.0
4			3.0*	14.3	5.0							
5				0.9	59.2			48.3				8.8
6					0.3			0.2				14.0·*
7				6.5								2.9·*
8						2.1		0.9				
9						4.2			16.4			
10											0.7	
11	7.3							0.2	0.2			
12			0.1		2.1				2.5			
13	0.4		8.2		25.2				10.0			
14	1.9				10.8				11.3			
15	1.0			7.5								
16												0.3
17										4.7		
18							24.1			4.3		0.4
19					0.5		3.8	0.4		26.9	12.3·*	4.4·*
20			3.5		11.5			0.7	32.1			11.8*
21			0.6		0.2	107.4	7.5	0.1	1.4			7.1*
22						60.2	5.8					9.9*
23						2.2		17.6				
24								20.1				1.3*
25				2.0			35.3	2.5				
26		12.6		1.7		42.8	4.0					
27				4.9		20.5	9.0					
28				13.6			2.3					
29												
30												
31												
降水量	10.6	12.6	39.8	51.4	148.8	239.4	92.6	91.2	73.9	35.9	13.0	68.6
降水日数	4	1	8	8	10	7	9	11	7	3	2	13
最大日量	7.3	12.6	17.6	14.3	59.2	107.4	35.3	48.3	32.1	26.9	12.3	14.0

年统计	降水量　877.8		降水日数　83		
	时段　（d）	1	3	7	15	30
	最大降水量	107.4	169.8	233.1	233.9	261.8
	开始月—日	6—21	6—21	6—21	6—21	6—21
附注						

2002　滚　河　石漫滩站　逐日降水量表

降水量 mm

日＼月	一月	二月	三月	四月	五月	六月	七月	八月	九月	十月	十一月	十二月
1			4.5		44.1							1.0
2			2.0·*					0.1				7.5
3			15.6*		0.2		0.8					
4			1.5*	15.4	8.7		0.5					0.5
5				1.9	64.9			27.2				9.9
6					0.2			0.8				16.8·*
7				6.5		0.2						2.6·*
8						0.8		1.2				
9						13.1			16.7			
10											0.5	
11	6.6							0.4				
12			0.3		2.5			0.1	4.6			
13	0.6		12.0		23.6				8.7			
14	4.5				10.5				13.3			
15	2.6			9.0				0.1	0.1			
16										0.2		0.2
17							0.2			2.3		
18							37.8			3.6		1.2
19					0.4		0.9	0.6		29.0	12.2·*	6.5·*
20			2.8		12.6			0.6	46.5			18.4·*
21			1.4		0.2	139.5	12.2		1.6			9.2*
22						53.9	6.2					11.7*
23						2.1	0.3	9.8				
24								9.6				
25			0.1	2.1			9.7	3.1				1.8*
26		12.8		1.3		46.3	4.2					
27				7.4		25.1	13.7					
28				14.1			1.9					
29												
30												
31												
降水量	14.3	12.8	40.2	57.7	167.9	281.0	88.4	53.6	91.5	35.1	12.7	87.3
降水日数	4	1	9	8	11	8	12	12	7	4	2	13
最大日量	6.6	12.8	15.6	15.4	64.9	139.5	37.8	27.2	46.5	29.0	12.2	18.4

年统计	降水量　942.5			降水日数　91		
	时　段　　（d）	1	3	7	15	30
	最 大 降 水 量	139.5	195.5	266.9	268.2	307.1
	开 始 月 — 日	6—21	6—21	6—21	6—21	6—21

附　注	

2002　滚　河　袁门站　逐日降水量表

降水量 mm

日＼月	一月	二月	三月	四月	五月	六月	七月	八月	九月	十月	十一月	十二月
1			5.8		52.2							0.3
2			3.4·*					1.1				8.6
3			14.2·*				1.1					
4			0.3*	16.4	7.6			40.2				1.8
5				3.2	52.2		0.6					8.1
6					0.8							12.6·*
7				7.6		9.0						1.1*
8						1.0		1.2				
9						17.0			30.0			
10											0.5	
11	6.2							0.3				
12					2.2				3.7			
13	0.5		11.5		18.3				8.5			
14	3.4				8.5				9.6			
15	2.2·*			8.5								
16												0.3
17										2.8		
18							29.2			2.0		0.9
19							2.9	0.3		27.4	12.6·*	6.7·*
20			1.5		14.1				43.8			15.1·*
21						98.4	5.8		1.9			8.3*
22		0.2				84.3	6.6					10.3*
23						2.3		10.8				
24							3.4	1.7				1.4*
25				0.8	3.0		5.8	5.8				
26		15.5		0.9		72.9	5.2					
27			0.2	5.8		22.4	8.8					
28				13.8			2.3					
29			0.1									
30												
31												
降水量	12.3	15.7	37.0	57.0	158.9	307.3	70.6	61.4	97.5	32.2	13.1	75.5
降水日数	4	2	8	8	9	8	10	8	6	3	2	13
最大日量	6.2	15.5	14.2	16.4	52.2	98.4	29.2	40.2	43.8	27.4	12.6	15.1

年统计	降水量　938.5			降水日数　81		
	时　段　　（d）	1	3	7	15	30
	最 大 降 水 量	98.4	185.0	280.3	280.9	313.0
	开 始 月 — 日	6—21	6—21	6—21	6—21	6—21

附　注	

2003　滚　河　刀子岭站　逐日降水量表

降水量 mm

日＼月	一月	二月	三月	四月	五月	六月	七月	八月	九月	十月	十一月	十二月
1				5.4		0.4	57.3	22.1	30.9	24.7		
2							1.7		8.2	18.0		
3			0.2*		0.4		44.4		7.9	18.0		14.4*
4			19.6*		4.2		4.0	0.2	29.7			7.1*
5			11.9*		42.0			13.0		7.2		
6				2.0	39.0						13.4	
7								7.5	51.0		23.7	
8		3.2					5.2		13.0		5.2*	
9		18.3·*		4.2		1.5	0.7		3.5		9.1·*	0.4
10		8.6··*		8.5		3.9		28.1		82.1		0.2
11							17.8	13.3		14.4		
12		0.1					7.0	17.2				
13		15.7				0.6	0.9	17.4				
14		6.1·*	10.1				1.2	61.8				
15		4.0					1.5	20.9				
16			0.5		1.8		17.5	1.1				
17		0.2		14.6				14.8				
18				10.2	0.6			3.2	20.6		5.4	
19				0.3			0.4		26.9		15.7	
20		6.2				7.3	6.6	2.0				
21	4.3	9.6		23.1		15.4	21.3	2.7				
22		6.5				7.8		7.6				
23												
24								1.8				
25	3.0*					10.6		41.0				
26						29.8		3.6				
27		7.4·*						1.1				
28				0.5				116.4	4.4			
29				0.4		38.9		43.6	1.3			5.9
30	3.4*		17.5			39.4		2.7	17.0			
31	2.1*		1.1					18.8				0.2*
降水量	12.8	59.4	80.9	75.7	88.6	155.0	187.5	448.9	197.7	194.1	74.4	28.2
降水日数	4	7	11	11	7	10	15	23	12	7	7	6
最大日量	4.3	18.3	19.6	23.1	42.0	39.4	57.3	116.4	51.0	82.1	23.7	14.4

年统计	降水量　1603.2			降水日数　120	
	时　段　(d)	1	3	7	15	30
	最大降水量	116.4	162.7	228.5	354.7	546.6
	开始月—日	8—28	8—28	8—28	8—25	8—10
附　注					

2003　滚　河　尚店站　逐日降水量表

降水量 mm

日＼月	一月	二月	三月	四月	五月	六月	七月	八月	九月	十月	十一月	十二月
1			3.4				44.8	9.6	31.9	15.6		
2			0.3			0.4	2.4		10.8	13.6		
3						0.4	18.5	0.5	2.9	24.7		14.8·*
4			14.4·*		1.5		1.3		0.4	19.8	2.3	8.1·*
5			6.2·*		23.8	1.5			10.8	7.2		
6				0.7	17.3				45.8		21.1	
7									10.6		18.3	
8		11.1					18.6		5.7		3.8·*	
9		12.8*		1.8		15.6	0.9				3.9*	0.5
10		14.3*		5.2		2.5		5.8		51.2		
11							10.6	12.8		4.5		
12							2.1	12.1				
13			9.4				0.3	14.2				
14		4.7·*	8.1				0.6	60.6				
15			4.0·*				1.4	16.9				
16			2.2		0.8		3.9					
17				10.6	0.8			7.7				
18				11.3				0.6	15.3		3.0	
19				0.1			0.3		13.2		9.2	
20		3.6					5.9	0.7				
21	4.0	4.8		24.0		16.0	10.6	2.2				
22		4.8				12.0		0.7				
23						10.8						
24								0.9				
25	2.3·*							38.2				
26						4.6		22.1				
27		9.2·*						0.8				
28				0.1			8.9	61.6	2.7			4.7·*
29				2.3		39.3		28.5	0.7			
30	3.4·*		3.4			25.0		0.5	3.9			
31	0.8·*		0.2					17.5				0.4*
降水量	10.5	60.5	47.9	64.6	44.2	128.1	131.1	314.5	154.7	136.6	61.6	28.5
降水日数	4	7	8	12	5	11	16	21	13	7	7	5
最大日量	4.0	14.3	14.4	24.0	23.8	39.3	44.8	61.6	45.8	51.2	21.1	14.8

年统计	降水量　1182.8			降水日数　116	
	时　段　(d)	1	3	7	15	30
	最大降水量	61.6	109.1	169.2	288.1	423.3
	开始月—日	8—28	6—29	8—25	8—25	8—10
附　注					

2003　滚　河　柏庄站　逐日降水量表

降水量 mm

日＼月	一月	二月	三月	四月	五月	六月	七月	八月	九月	十月	十一月	十二月
1				5.4			56.9	6.0	35.4	19.1		
2						1.5	1.4		10.5	17.7		
3			13.9*			0.3	20.7	26.7	2.5	23.0		15.2·*
4			12.6*		1.5		0.8		0.2	21.4	1.9	6.6*
5					22.8				11.1	6.3		
6				1.0	15.9				37.2		22.0	
7								0.4	7.0		21.5	
8		8.1					22.0		3.5		5.4·*	
9		16.2·*		1.3		43.7	0.9	8.6			6.3*	
10		16.3·*		4.4		1.9		6.0		45.8		
11							17.1	12.2		7.3		
12			8.3				0.9	14.1		1.3		
13							2.4	13.3				
14		4.4*	11.2				2.5	55.0				
15			6.5				1.2	19.3				
16			3.7		0.2		6.5	0.4				
17				11.7				4.6				
18				12.4	12.6			0.3	24.8		2.8	
19						0.5			23.3		9.7	
20		5.2					7.3					
21	3.8	6.5		22.1		17.2	11.1	1.9				
22				3.2		27.6						
23								0.3				
24								1.2				
25	3.0*	0.2				5.5		35.4				
26				0.4		18.2		12.4				
27		6.1·*										
28				0.9			7.3	68.8	1.3			
29						35.5		39.7	0.5			4.0·*
30	3.2*		3.8			25.3		1.3	7.7			
31	1.8*		0.7					13.4				0.7
降水量	11.8	63.0	61.1	62.4	53.0	177.2	159.0	341.3	165.0	141.9	69.6	26.5
降水日数	4	8	9	9	5	11	15	22	13	8	7	4
最大日量	3.8	16.3	13.9	22.1	22.8	43.7	56.9	68.8	37.2	45.8	22.0	15.2

年统计	降水量 1331.8			降水日数 115	
	时段 (d)	1	3	7	15	30
	最大降水量	68.8	117.7	171.6	278.4	412.1
	开始月一日	8—28	6—29	8—28	8—25	8—9

附注	

2003　滚　河　石漫滩站　逐日降水量表

降水量 mm

日＼月	一月	二月	三月	四月	五月	六月	七月	八月	九月	十月	十一月	十二月
1				4.9			52.8	2.0	33.4	18.2		
2						1.0	1.5		10.9	15.8		
3			16.6·*		0.6	0.7	18.3	7.7	3.5	24.5		17.5·*
4			9.3·*		0.9		0.8	0.2	0.1	24.2	1.4	8.7*
5					30.6				13.6	6.3		
6				0.7	22.7				47.5		22.9	
7									9.7		21.7	
8		13.3					30.0		3.5		4.4·*	0.6
9		18.1·*		1.0		41.6	1.3	0.6			4.5·*	
10		13.0*		4.4		3.0		14.0		49.1		
11							14.7	12.2		8.0		
12							2.1	17.9				
13			11.5			0.2	0.7	14.9				
14		6.5·*	7.9				1.3	61.5				0.1
15			6.4				1.6	20.2				
16			3.0		0.4		6.2	0.4				
17				27.5				6.5				
18				10.2	0.8			0.8	21.0		4.5	
19						0.4		0.1	18.8		9.0	
20		4.2					6.5	1.3				
21	4.7	6.7		23.0		28.7	13.2	0.3				
22				3.5		21.6		3.7				
23								0.5				
24								1.0				
25	3.2*					6.0		31.5				
26			0.2			16.2		17.5				
27		6.7·*						0.3				
28				0.8		28.2	6.8	89.0	2.4			
29				0.8		32.3		40.6	1.6			3.9·*
30	4.4·*		2.3					1.4	9.3			0.3
31	2.0*		2.8					17.4				
降水量	14.3	68.5	60.0	76.8	56.2	179.7	158.0	363.5	175.3	146.1	68.4	31.1
降水日数	4	7	9	10	7	11	16	26	13	7	7	6
最大日量	4.7	18.1	16.6	27.5	30.6	41.6	52.8	89.0	47.5	49.1	22.9	17.5

年统计	降水量 1397.9			降水日数 123	
	时段 (d)	1	3	7	15	30
	最大降水量	89.0	131.0	199.6	319.9	475.2
	开始月一日	8—28	8—28	8—26	8—25	8—10

附注	

2003　滚　河　袁门站　逐日降水量表

降水量 mm

日＼月	一月	二月	三月	四月	五月	六月	七月	八月	九月	十月	十一月	十二月
1				5.9			48.2	7.4	30.0	18.7		
2				0.4		0.5	2.2		9.8	17.0		
3			19.9*				24.8	0.2	5.7	24.1		13.9*
4					1.9		3.1		0.5	25.0		8.3*
5			9.6*		29.9				7.0	5.1		
6				0.9	24.9				57.2		21.3	
7									11.1		24.3*·	
8		15.5					11.8		5.0		6.0*·	
9		16.6*		1.9		8.6	0.6				2.8*·	
10		12.2*		6.2		3.0		10.4		58.6		
11							13.3	12.8		6.6		
12							2.2	14.9		0.5		
13			13.7				0.3	13.5				
14		5.0*·	9.4				0.8	59.7				
15			3.4*·				2.4	18.4				
16			1.7		0.4		7.5	0.8				
17			0.3					9.2				
18				12.7	3.0			1.0	21.0		5.3	
19				11.5					15.8		11.9	
20		5.1				0.3	5.9	1.4				
21	3.8	7.1		26.1		23.5	13.9	1.1				
22		0.1		3.6		15.8		4.0				
23												
24								2.6				
25	2.8*					10.7		26.0				
26						15.3		15.4				
27		8.2*·						2.3				
28				0.5				102.0		3.4		
29						27.8		20.7		2.2		5.1*·
30	2.7*		1.2			37.1		1.4		10.3		0.3*
31	2.1*							13.6				
降水量	11.4	69.8	59.2	69.7	60.1	142.6	137.0	338.8	179.0	155.6	73.4	27.6
降水日数	4	8	8	10	5	10	14	22	13	8	7	4
最大日量	3.8	16.6	19.9	26.1	29.9	37.1	48.2	102.0	57.2	58.6	24.3	13.9

年统计	降水量　1324.2		降水日数　113		
	时段　　　（d）	1	3	7	15	30
	最大降水量	102.0	125.0	185.4	307.7	457.5
	开始月—日	8—28	8—27	8—26	8—25	8—10
附注					

2004　滚　河　刀子岭站　逐日降水量表

降水量 mm

日＼月	一月	二月	三月	四月	五月	六月	七月	八月	九月	十月	十一月	十二月
1					30.5			6.7	1.6			0.1
2					5.7	4.3		2.9	21.6			0.9
3						16.4		18.4	10.0			0.7
4						9.7		73.2	4.0			
5								2.1				
6												
7	1.9*											
8											16.5	
9	1.7*·						9.9	0.6			0.2	
10	10.8*				6.9		69.1	69.0				
11			7.7		15.0			1.6			22.4	
12							0.5				0.4	
13				4.9		14.1		9.3				
14	0.7*·				0.8	9.9	0.3	69.8	26.9			
15	13.8*					8.6	1.1	25.2				
16							191.7	24.9		6.5		1.6
17							14.5			2.4		
18					0.9		73.5					
19			11.5				9.7		44.3			
20		22.1	18.3				20.3	27.4				7.7*·
21								0.7				26.7*
22												5.4*·
23												1.4*
24						0.9	3.2		14.6		13.0*·	
25				7.3							10.3*·	0.6*
26					4.4			4.9				3.4*
27		1.7			10.8			1.5				
28												
29		0.2		0.7	2.1	1.6					0.1	4.4*
30						23.0	5.8		10.3			
31												
降水量	28.9	24.0	37.5	12.9	78.0	80.1	407.1	338.2	133.3	8.9	62.9	52.9
降水日数	5	3	3	3	10	8	12	16	8	2	7	11
最大日量	13.8	22.1	18.3	7.3	30.5	23.0	191.7	73.2	44.3	6.5	22.4	26.7

年统计	降水量　1264.7		降水日数　88		
	时段　　　（d）	1	3	7	15	30
	最大降水量	191.7	279.7	318.6	398.1	572.3
	开始月—日	7—16	7—16	7—14	7—9	7—16
附注					

2004　滚　河　尚店站　逐日降水量表

降水量 mm

日＼月	一月	二月	三月	四月	五月	六月	七月	八月	九月	十月	十一月	十二月
1								4.7				
2					10.7			0.9	5.6			0.8
3					4.5	4.5		39.2	10.6			1.6
4						4.6		55.9	6.9			
5						1.3			1.3			
6												
7	0.4 *											
8											14.5	
9	0.6						18.1				0.5	
10	6.9 ·*				21.4		56.3	46.3				
11			9.2		6.4			6.9				
12							3.2					
13	0.6 *		2.8			14.6		7.2			13.8	
14					0.9	5.6	0.4	58.0	27.7		0.2	
15	6.6 *						13.2	13.0				
16	0.1 *						278.1	13.5		6.4		0.6
17	0.3 *						7.9			1.6		
18						2.7			5.7			
19			11.5				4.7		33.1			
20		17.2	11.8				16.3	22.0				5.5 *
21												13.2 *
22												1.2 *
23												0.6 *
24			1.1		1.6		2.5		11.4		5.0 *	
25				5.5							5.7 *	0.3 *
26					5.7			1.7				1.4 *
27		2.2			10.9							
28												
29		0.2		0.1	1.5	0.4		0.9				3.7 *
30						13.3	1.0		6.8			
31												
降水量	15.5	19.6	33.6	8.4	66.3	44.3	401.7	270.2	109.1	8.0	39.7	28.9
降水日数	7	3	4	3	10	7	11	13	9	2	6	10
最大日量	6.9	17.2	11.8	5.5	21.4	14.6	278.1	58.0	33.1	6.4	14.5	13.2

年统计

降水量 1045.3			降水日数 85		
时段 (d)	1	3	7	15	30
最大降水量	278.1	299.2	351.2	398.2	529.6
开始月—日	7—16	7—15	7—10	7—9	7—16

附注

2004　滚　河　柏庄站　逐日降水量表

降水量 mm

日＼月	一月	二月	三月	四月	五月	六月	七月	八月	九月	十月	十一月	十二月
1								9.3				
2					12.8			1.1	4.2			0.5
3					3.9	2.5		81.8	9.8			3.9
4						9.0		57.9	3.8			
5						2.0		0.3	2.1			
6												
7	0.7 *											
8											21.2	
9	0.5						39.4	0.2			0.4	
10	9.0 ·*				14.7		72.9	31.3				
11			11.5		9.7							
12								0.1				
13	1.0		6.2			10.7		12.7			11.3	
14						9.1		68.4	22.5			
15	10.0 *					1.0	4.7	9.9				
16	0.3 *						326.7	13.4		6.3		0.3
17	0.3 *						4.5					
18						2.4	1.7		1.7			
19			10.1				7.3		32.0			
20		19.3	20.5				18.3	29.6				5.7 *
21									0.1			25.8 *
22												4.3 *
23												1.4 *
24		0.2			0.8		4.4		10.6		10.6 ·*	
25				5.6							7.8 *	0.4 *
26					15.4			0.6				2.0 *
27		3.5			11.2							
28												
29		0.6			2.4	8.0		0.3			0.3	2.6 *
30						8.9	4.7		5.1			
31												
降水量	21.8	23.6	42.1	11.8	74.3	51.2	484.6	316.9	91.9	6.3	51.6	46.9
降水日数	7	4	3	2	10	8	10	15	10	1	6	10
最大日量	10.0	19.3	20.5	6.2	15.4	10.7	326.7	81.8	32.0	6.3	21.2	25.8

年统计

降水量 1223.0			降水日数 86		
时段 (d)	1	3	7	15	30
最大降水量	326.7	335.9	404.3	475.5	635.0
开始月—日	7—16	7—15	7—10	7—9	7—9

附注

2004　滚　河　石漫滩站　逐日降水量表

日\月	一月	二月	三月	四月	五月	六月	七月	八月	九月	十月	十一月	十二月
1								0.8				
2			0.4		14.3			0.7	6.2			1.0
3					5.9	4.5		63.7	11.4			1.5
4						9.8		39.1	4.8			
5						3.1			2.9			
6												
7	0.3*											
8												
9	0.6						21.8	3.3			12.7	
10	10.1·*				10.6		67.4	37.7			0.7	
11	0.2		9.4		10.1							
12								0.4			13.7	
13				6.0		12.2	6.1					
14	0.8·*				0.7	7.4	1.5	59.4	22.8			
15	10.8·*					0.8	21.0	10.3				
16							283.7	13.0		5.7		
17	0.4*							6.3		1.5		
18					2.4		22.0		0.8			
19			10.6				7.5		42.2			
20		17.4	11.6				17.8	63.1				5.5*
21												22.3*
22												3.6*
23												0.9*
24			0.5		1.2		3.9		11.9		9.8·*	0.5*
25				6.1							7.9*	0.5*
26					2.4			4.0				2.1*
27		1.5			16.6			0.2				
28		2.4										
29					4.0	2.9	0.6					3.7*
30						17.3	3.4		7.9		0.2	
31												
降水量	23.2	21.3	32.5	12.1	68.2	58.0	456.7	302.0	110.9	7.2	45.0	41.9
降水日数	7	3	5	2	10	8	12	14	9	2	6	10
最大日量	10.8	17.4	11.6	6.1	16.6	17.3	283.7	63.7	42.2	5.7	13.7	22.3

年统计

降水量 1179.0				降水日数 88	
时段(d)	1	3	7	15	30
最大降水量	283.7	312.0	374.0	449.4	561.0
开始月—日	7—16	7—16	7—10	7—9	7—9

附注

2004　滚　河　袁门站　逐日降水量表

降水量 mm

日\月	一月	二月	三月	四月	五月	六月	七月	八月	九月	十月	十一月	十二月
1								1.5				
2					15.2			1.2	6.9			0.7
3					5.5	5.7		44.7	13.9			1.4
4						8.3		116.4	7.8			
5						3.9		0.6	2.5			
6												
7	1.5*											
8												
9	1.2·*						6.4				13.3	
10	12.4·*				7.2		63.7	67.2				
11			9.2		8.1			3.7				
12							0.4	0.8			14.8	
13				4.1		10.8		6.5				
14					0.7	6.7	3.8	57.3	22.3			
15	12.9*					0.5	11.7	14.8				
16	0.2*						202.4	14.1		6.9		0.8
17	0.5·*						13.3			1.0		
18					1.0		31.5		1.0			
19			11.9				3.9		37.8			
20		21.8	15.4				15.4	31.1	0.1			7.4*
21								0.6				21.6*
22												3.4*
23												1.1*
24			1.2		0.9		2.7		10.5		9.3·*	
25				5.2							6.9*	
26					2.1			3.3	0.1			2.5*
27		1.7			13.1			0.2				
28												
29		0.2			2.0			1.2				3.5*
30					0.4	12.6	1.7		8.4			
31												
降水量	28.7	23.7	37.7	9.3	56.2	48.5	356.9	365.2	111.3	7.9	44.3	42.4
降水日数	6	3	4	2	11	7	12	17	11	2	4	9
最大日量	12.9	21.8	15.4	5.2	15.2	12.6	202.4	116.4	37.8	6.9	14.8	21.6

年统计

降水量 1132.1				降水日数 88	
时段(d)	1	3	7	15	30
最大降水量	202.4	247.2	282.0	352.5	570.8
开始月—日	7—16	7—16	7—10	7—9	7—16

附注

2005　滚　河　刀子岭站　逐日降水量表

降水量 mm

日＼月	一月	二月	三月	四月	五月	六月	七月	八月	九月	十月	十一月	十二月
1					8.8			0.3	0.4	23.2		
2					0.5		0.6	26.8	28.1	21.0		
3					6.9			15.4	8.7	2.2		
4					21.0		16.0		13.4	0.3	0.7	
5		4.4·*		0.2	6.4	0.5	9.0	2.0	0.5		1.3	
6		4.3·*				2.6	65.0	14.7		2.6		
7							36.8					
8		1.8·*		62.1		2.6	33.4					
9		0.9*				37.4	58.1					
10			0.3				6.1				0.7	
11		3.7*	11.2*									
12					54.0						4.7	
13		4.0·*			9.4			0.1	1.2		24.4	
14		9.8·*			2.4				10.4			
15		2.9·*			7.8		24.9	3.4				
16		0.4·*			12.2	10.4	6.1	6.9	10.9			
17		4.8·*						11.0				
18				7.4				10.7				
19							0.4	7.6	0.2	3.8		
20			17.3		0.1			3.9	15.2	8.9		
21			11.9			17.6	40.5	35.9	10.4			
22							11.8	28.1	0.3			
23	2.9·*	0.6*					6.8	15.1	2.7			
24	4.4*						6.7		44.1			
25			1.0			68.3			6.1			
26	1.0*								45.1			
27							3.5		1.5	0.4		
28								53.2	2.5			
29							27.4	38.8	12.0	0.4		
30						1.0			0.6			
31												4.9·*
降水量	8.3	37.6	41.7	69.7	129.5	140.4	353.1	273.9	214.3	63.4	31.8	4.9
降水日数	3	11	5	3	11	8	17	17	20	11	5	1
最大日量	4.4	9.8	17.3	62.1	54.0	68.3	65.0	53.2	45.1	23.2	24.4	4.9

年统计					
降水量　1368.6		降水日数　112			
时段（d）	1	3	7	15	30
最大降水量	68.3	135.2	224.4	288.2	391.5
开始月—日	6—25	7—6	7—4	6—25	6—25

附　注

2005　滚　河　尚店站　逐日降水量表

降水量 mm

日＼月	一月	二月	三月	四月	五月	六月	七月	八月	九月	十月	十一月	十二月
1								1.4		11.9		
2					2.1			21.3	17.3	18.7		
3					14.6			18.9	5.0	1.2		
4					0.7	0.4	22.4		5.2	0.6	1.5	
5		0.8·*					0.5		0.3		1.1	
6						2.1	79.8	7.8		4.3		
7		1.9*					24.1					
8				28.6		2.3	34.8					
9		0.5·*				29.3	24.1					
10		0.4*					1.9					
11		3.1*	8.6*							0.5		
12					64.1					0.3		
13		3.5*			9.3			6.6	0.5		3.5	
14		4.8·*			1.2				11.5		21.6	
15		1.8*			7.5		12.2	2.6				
16					10.0	17.1	5.2	24.2	1.8			
17		1.8*					2.3	19.8				
18				7.7				9.2				
19								8.8		4.9		
20			12.3		0.2			3.0	9.8	7.2		
21			10.6			6.8	19.6	37.0	9.9			
22							42.1	27.8	0.8			
23	2.1	1.0*					16.8	10.0	1.6			
24	1.7·*			0.9					40.7			
25			0.4			46.5			6.3			
26	0.5*								41.0	0.2		
27							3.1	0.2	0.9	0.3		
28								36.3	2.4			
29							32.9	33.3	5.0	1.8		
30						10.3			0.1			3.9·*
降水量	4.3	19.6	31.9	37.2	109.7	114.8	321.8	268.2	160.1	51.9	27.7	3.9
降水日数	3	10	4	3	9	8	15	17	18	12	4	1
最大日量	2.1	4.8	12.3	28.6	64.1	46.5	79.8	37.0	41.0	18.7	21.6	3.9

年统计					
降水量　1151.1		降水日数　104			
时段（d）	1	3	7	15	30
最大降水量	79.8	138.7	187.6	242.5	344.5
开始月—日	7—6	7—6	7—4	6—25	7—4

附　注

2005　滚　河　柏庄站　逐日降水量表

降水量 mm

日＼月	一月	二月	三月	四月	五月	六月	七月	八月	九月	十月	十一月	十二月
1								5.8		14.1		
2								39.5	17.2	21.4		
3					1.5			4.8	5.5	1.6		
4					5.8		12.4		5.9		3.8	
5		2.3*			0.9	0.8	1.9		0.3	5.2	1.3	
6		3.6*				1.3	115.0	3.7		0.4		
7							39.7					
8		0.4*		26.9		5.5	48.3					
9		0.9*				36.0	16.6					
10							1.8					
11		2.5*	10.9*		37.1						3.7	
12					5.6						19.8	
13		3.9*			1.4			18.6	0.1			
14		6.9*			6.9				9.0			
15		2.1*					9.5					
16					8.2	1.5	3.1	8.6	2.6			
17		5.0*						16.5				
18				9.0				8.5				
19								9.1		4.5		
20			12.0		0.2			1.7	6.5	8.2		
21			12.5			13.9	22.4	33.2	9.7			
22							10.7	24.9	0.5			
23	2.3	2.6*					0.3	12.6	1.3			
24	2.7*			0.3					53.4			
25						57.8			7.6			
26	0.5*								39.1			
27							1.3	0.6	0.9	0.6		
28								47.2	2.3			
29							17.2	22.9	8.2	0.7		
30						83.9			1.0			
31												4.5·*
降水量	5.5	30.2	35.4	36.2	67.6	200.7	300.2	258.2	171.1	56.7	28.6	4.5
降水日数	3	10	3	3	9	8	14	16	18	9	4	1
最大日量	2.7	6.9	12.5	26.9	37.1	83.9	115.0	47.2	53.4	21.4	19.8	4.5

年统计	降水量 1194.9			降水日数 98		
	时段（d）	1	3	7	15	30
	最大降水量	115.0	203.0	235.7	375.6	423.4
	开始月—日	7—6	7—6	7—4	6—25	6—25

附注	

2005　滚　河　石漫滩站　逐日降水量表

降水量 mm

日＼月	一月	二月	三月	四月	五月	六月	七月	八月	九月	十月	十一月	十二月
1								13.0		16.2		
2				0.2				29.3	24.7	24.1		
3				4.4				14.3	8.5	1.7		
4				18.2			19.3		6.9		3.5	
5		2.1·*		0.7		1.3	2.6		0.5	0.4	1.0	
6		3.2*				2.7	103.6	1.9		4.9		
7		0.4*					39.5	1.7				
8		0.6*		36.3		5.1	52.4					
9		0.5*				29.7	25.9	0.1				
10			0.1				4.2					
11		3.1*	10.5*	0.2						0.6		
12					78.1					0.2	5.8	
13		2.7*			7.1			18.8	0.5		21.1	
14		6.6·*			2.1				8.6			
15		2.3·*			11.1		6.4	4.2				
16					9.3	22.5	4.4	1.9	3.2			
17		3.0*						16.2				
18				7.1				11.7				
19								6.1	0.5	4.6		
20			12.4		0.4			1.4	16.7	7.0		
21			12.2			19.0	20.3	34.8	9.6			
22							9.8	27.6	0.8			
23	2.3	0.8*					1.4	12.8	1.4			
24	2.2·*								51.6			
25			0.3			44.5			9.5			
26	0.2*		0.2						51.2	0.2		
27								1.3	1.9			
28							1.8	55.0	2.7			
29								30.5	7.9			
30						39.4			0.6	1.1		
31												4.6·*
降水量	4.7	25.3	35.7	43.6	131.6	164.2	331.7	282.6	207.3	61.0	31.4	4.6
降水日数	3	11	6	3	10	8	14	19	19	11	4	1
最大日量	2.3	6.6	12.4	36.3	78.1	44.5	103.6	55.0	51.6	24.1	21.1	4.6

年统计	降水量 1323.7			降水日数 109		
	时段（d）	1	3	7	15	30
	最大降水量	103.6	195.5	247.5	327.2	379.3
	开始月—日	7—6	7—6	7—4	6—25	6—16

附注	

2005　滚　河　袁门站　逐日降水量表

降水量 mm

日＼月	一月	二月	三月	四月	五月	六月	七月	八月	九月	十月	十一月	十二月
1								19.0	17.0	20.5		
2					0.1			32.8	8.8	25.1		
3					4.6			30.1		1.1		
4					20.7		11.9		8.1	0.7	1.3	
5		3.2*			1.5	0.3	0.1		0.5		1.2	
6		3.9*				2.4	90.4	6.7		2.6		
7							36.5	0.2				
8		0.8*		40.6		2.1	37.0					
9		4.3*				30.1	41.1					
10						3.6					0.2	
11		3.3*	9.5*							0.2		
12					87.8						4.2	
13		3.1*			10.0			4.8	1.1		19.2	
14		8.0*·			1.5			0.2	8.4			
15		1.9*·			8.4		5.1	4.7				
16					8.3	10.9	6.7	6.9	4.0			
17		3.5*						11.6				
18				8.4				8.3				
19							2.0	8.5		5.4		
20			12.4					2.9	13.0	6.5		
21			13.5			25.3	26.9	33.6	9.9			
22							28.8	27.6	0.4			
23	2.4	0.6*					4.7	10.5	2.0			
24	2.1*								49.0			
25						43.1			7.1			
26	0.8*								44.5	0.3		
27							3.8		1.0			
28								34.2	1.5			
29							17.7	37.5	13.9	0.8		
30						9.7			0.4			4.4*·
31												
降水量	5.3	32.6	35.4	49.0	142.9	123.9	316.3	280.1	190.6	63.2	26.1	4.4
降水日数	3	10	3	2	9	8	15	18	18	10	5	1
最大日量	2.4	8.0	13.5	40.6	87.8	43.1	90.4	37.5	49.0	25.1	19.2	4.4

年统计					
降水量　1269.8		降水日数　102			
时段（d）	1	3	7	15	30
最大降水量	90.4	163.9	220.6	269.8	386.3
开始月一日	7—6	7—6	7—4	6—25	7—5

附注

2006　滚　河　刀子岭站　逐日降水量表

降水量 mm

日＼月	一月	二月	三月	四月	五月	六月	七月	八月	九月	十月	十一月	十二月
1		1.4					0.9		1.3			
2		0.3						0.2				
3	2.6*·						111.6	8.5	3.5			
4	9.7*	7.3*		25.1	19.1		28.1		41.6			
5		3.5*			20.4			29.7				
6												6.6
7								33.9	20.2			2.7*
8		0.4*	10.0		7.4							1.2*
9					10.8							
10												
11				13.2	19.1							
12				3.0	0.9							
13						30.3						
14		1.4						0.3				
15		4.1					27.6				0.5	
16	1.1*						8.9			0.9		
17	5.0*										7.9	
18	27.4*									1.0	20.5	
19	15.1*											
20				2.6		52.4	3.4					
21				7.1	0.5	28.6	22.3				0.9·	
22						5.5	9.3				42.3*·	
23							1.4			2.0	4.1*·	
24					21.9				4.2		10.2	
25				8.3	1.0			0.9			7.1	
26		0.8			1.1				2.0		29.7	
27		12.0*·					42.7	0.4	15.1			
28						48.8	87.4		8.2			
29	0.7					27.3	14.9	1.4	5.1			2.4*
30	5.3*					8.4		1.2				
31							21.4	0.3				2.6*
降水量	66.9	31.2	10.0	59.3	102.2	201.3	379.9	76.8	101.2	3.9	123.2	15.5
降水日数	8	9	1	6	10	7	13	10	9	3	9	5
最大日量	27.4	12.0	10.0	25.1	21.9	52.4	111.6	33.9	41.6	2.0	42.3	6.6

年统计					
降水量　1171.4		降水日数　90			
时段（d）	1	3	7	15	30
最大降水量	111.6	145.0	225.1	311.6	379.3
开始月一日	7—3	7—27	6—28	6—20	6—29

附注

2006 滚 河 尚店站 逐日降水量表

降水量 mm

日\月	一月	二月	三月	四月	五月	六月	七月	八月	九月	十月	十一月	十二月
1		0.5·*										
2		0.1·*										
3	1.5·*	7.5*			11.5		116.8	4.3	4.2			
4	7.0*			11.5	24.9		27.5	0.4	27.0			
5		3.8*			11.6			40.5				
6												5.4
7								11.6	17.3			2.3·*
8			6.7		10.7			2.8				0.6*
9					3.8							
10												
11				4.8	17.2							
12				1.5	0.3							
13						11.2	0.2					
14		0.4						1.4				
15		2.5					12.3				0.4	
16	0.8*						3.9					
17	4.0·*										5.7	
18	32.8*									2.0	11.2	
19	9.1*					15.5						
20				6.8			17.5					
21				6.7	0.3	17.4	85.1					
22						2.2	4.1				26.0·*	
23							1.6				2.6·*	
24				22.5						1.3	5.8	
25				8.4				0.4	6.1		5.2	
26		0.7*			0.4				2.4		10.0	
27		6.3*					48.8	4.4	10.6			
28						55.9	64.7	3.4	11.0			
29	0.3					114.1	6.0	0.4	3.1			
30	3.1·*					5.1		0.3				3.1*
31							22.6					6.0*
降水量	58.6	21.8	6.7	39.7	91.7	221.4	411.1	69.9	81.7	3.3	66.9	17.4
降水日数	8	8	1	6	9	7	13	11	8	2	8	5
最大日量	32.8	7.5	6.7	11.5	24.9	114.1	116.8	40.5	27.0	2.0	26.0	6.0

年统计

	降水量 1090.2		降水日数 86		
时段 (d)	1	3	7	15	30
最大降水量	116.8	175.1	319.4	354.5	501.7
开始月—日	7—3	6—28	6—28	6—20	6—29

附注

2006 滚 河 柏庄站 逐日降水量表

降水量 mm

日\月	一月	二月	三月	四月	五月	六月	七月	八月	九月	十月	十一月	十二月
1		0.3										
2		0.6										
3	1.2·*						82.4	1.6	0.1			
4	8.7*	11.7*		22.2	15.6		35.5	0.5	4.5			
5		3.5*			20.6			24.6	41.1			
6							0.3					5.0
7								5.1	13.9			1.2*
8			5.6		14.8							1.4*
9					7.9							
10												
11				4.8	23.9			1.5				
12				1.4	0.2			0.2				
13						15.1						
14		1.5						4.2				
15		2.3					7.2	9.9			0.3	
16	0.7*						8.8			0.3		
17	3.7*										6.6	
18	39.3*										9.4	
19	18.5*									2.6		
20				2.6		4.2	6.0					
21				6.7	0.3	9.7	55.3					
22						3.5	2.2				25.1·*	
23							2.9				4.5·*	
24				22.4						2.5	4.5	
25				6.7	1.4				3.7		8.4	
26									3.3		19.4	
27		1.5*					27.3		17.8			
28		0.4*				38.6	70.0		10.4			
29	0.9					36.2	5.7	0.2				
30	3.4*					5.5		1.1	2.3			2.0*
31							18.3	0.2				5.0*
降水量	76.4	21.8	5.6	44.4	107.1	112.8	321.9	49.1	97.1	5.4	78.2	14.6
降水日数	8	8	1	6	9	7	13	11	9	3	8	5
最大日量	39.3	11.7	5.6	22.2	23.9	38.6	82.4	24.6	41.1	2.6	25.1	5.0

年统计

	降水量 934.4		降水日数 88		
时段 (d)	1	3	7	15	30
最大降水量	82.4	117.9	198.2	215.6	339.6
开始月—日	7—3	7—3	6—28	6—20	6—29

附注

2006 滚　河　石漫滩站　逐日降水量表

降水量 mm

日＼月	一月	二月	三月	四月	五月	六月	七月	八月	九月	十月	十一月	十二月
1		0.2					1.5					
2							0.2	1.6	0.2			
3	0.9·*						79.7	1.3	7.5			
4	4.7*	6.2*		21.3	17.7		49.5		40.4			
5		3.2*			14.4			23.4				
6							0.4	0.3				5.4
7								30.7				1.9·*
8			8.4		6.2				15.0			1.0·*
9					8.1							
10												
11				5.8	19.8							
12				1.0	0.1			3.0				
13						23.2						
14		0.8							0.3			
15		3.1					13.8	2.4			0.6	
16	0.4						6.4			0.5		
17	4.2·*						0.4				5.4	
18	28.8·*									2.3	15.6	
19	9.5*											
20				5.0		5.0	0.9					
21				6.4	0.3	18.0	72.1				32.5·*	
22						4.4	2.3				2.1·*	
23							2.2			0.8	7.4	
24					22.6						5.3	
25				6.9	0.9				3.9			
26		1.3				0.7			1.8		22.1	
27		7.2*					35.0		19.2			
28						36.3	57.8		11.5			
29	0.8					22.3	5.1	1.4	4.1			
30	3.7·*					5.5		1.7				2.5·*
31							25.8	0.6				5.6*
降水量	53.0	22.0	8.4	46.4	90.8	114.7	353.1	66.7	103.6	3.6	91.0	16.4
降水日数	8	7	1	6	10	7	16	11	9	3	8	5
最大日量	28.8	7.2	8.4	21.3	22.6	36.3	79.7	30.7	40.4	2.3	32.5	5.6

年统计					
降水量　969.7			降水日数　91		
时　段　(d)	1	3	7	15	30
最大降水量	79.7	129.4	195.0	222.4	351.6
开始月—日	7—3	7—2	6—28	6—20	7—2

附　注

2006 滚　河　袁门站　逐日降水量表

降水量 mm

日＼月	一月	二月	三月	四月	五月	六月	七月	八月	九月	十月	十一月	十二月
1		1.1·*							0.2			
2		0.2·*						2.2				
3	2.7·*						137.6		5.1			
4	7.5*	7.2·*		19.7	19.8		27.4		40.4			
5		3.4·*			15.3			22.5				
6												5.3
7							37.4	18.9				3.1·*
8		0.2*	7.8		12.3							0.5*
9					3.9							
10												
11				7.6	14.7							
12				1.9	0.5							
13						13.3						
14		0.9						6.4				
15		3.3					17.1					
16	0.5·*						26.4					
17	4.9·*										4.5	
18	33.1*									1.5	17.1	
19	13.2·*											
20				6.2		12.3	3.7					
21				5.4	0.4	22.2	37.6				0.2	
22						2.1	7.0				33.7·*	
23							1.3			1.3	2.6·*	
24					20.4						8.4	
25				7.8	0.6				5.4		3.0	
26		1.2*			0.6				1.6		17.0	
27		9.8*					51.8	8.3	12.7			
28						44.3	67.3		10.3			
29	0.9·*					64.2	4.3	0.3	4.6			
30	4.8·*					5.1		0.5				3.0*
31							35.7					6.4*
降水量	67.6	27.3	7.8	48.6	88.5	163.5	417.2	77.6	99.2	2.8	86.5	18.3
降水日数	8	9	1	6	10	7	12	7	9	2	8	5
最大日量	33.1	9.8	7.8	19.7	20.4	64.2	137.6	37.4	40.4	1.5	33.7	6.4

年统计					
降水量　1104.9			降水日数　84		
时　段　(d)	1	3	7	15	30
最大降水量	137.6	165.0	278.6	315.2	446.5
开始月—日	7—3	7—3	6—28	6—20	6—29

附　注

2007 滚 河 刀子岭站 逐日降水量表

降水量 mm

日＼月	一 月	二 月	三 月	四 月	五 月	六 月	七 月	八 月	九 月	十 月	十一月	十二月
1			1.7	0.5						0.1		
2			30.7				10.5	1.1				
3			36.1				7.0		5.7			
4							148.9					
5							92.0	1.3		0.1		
6		5.5						40.4				
7		6.2										
8							0.5					0.5
9							18.2					
10								0.7				
11					0.2							
12		5.9					2.1		2.3	19.6	1.5	9.3·*
13							58.0		5.8	2.5		
14			6.0	0.6			116.5					
15		4.5	33.7					24.3			17.8	
16		4.5	8.9	1.1							0.5	
17		0.2				0.8		0.7	1.1			
18						60.3	35.2					
19						52.5	93.6					
20						0.8	23.7	0.2				
21				6.0		3.1	0.9	2.9				0.3
22			0.3		36.9	16.2		19.8				0.4
23		1.6	0.7		12.1		0.2	5.4				3.9 *
24							6.2	0.3				2.2 *
25								0.4				
26						8.2		0.3		5.1		4.8
27		11.5					3.0		12.9	3.3		2.9
28		9.4							6.4			
29				0.5	0.1	46.9		6.4	5.2			
30			9.1	1.2	90.8			6.4	1.1			
31			4.7					18.9				
降水量	0	49.3	131.9	9.9	140.1	188.8	616.5	129.5	40.5	33.0	19.8	24.3
降水日数	0	9	10	6	5	8	16	16	8	7	3	8
最大日量		11.5	36.1	6.0	90.8	60.3	148.9	40.4	12.9	19.6	17.8	9.3

年统计	降水量 1383.6			降水日数 96		
	时 段 (d)	1	3	7	15	30
	最 大 降 水 量	148.9	247.9	305.3	471.4	680.6
	开 始 月 — 日	7—4	7—3	6—29	7—4	6—21
附 注						

2007 滚 河 尚店站 逐日降水量表

降水量 mm

日＼月	一 月	二 月	三 月	四 月	五 月	六 月	七 月	八 月	九 月	十 月	十一月	十二月
1			0.7	4.7						0.2		
2			27.3				6.1	1.4				
3			29.2				3.8		4.5			
4							156.0					
5							70.4	1.7		0.2		
6		4.7					0.1	3.2				
7		4.3					0.8					
8							12.8					0.6
9												
10				0.3				0.5				
11					0.4							
12		2.3					2.4		2.9	2.6	0.8	5.9·*
13							52.5		5.5	12.1		
14			3.7	0.3			70.9			0.4		
15		4.9	27.7					0.5			15.7	
16		4.1	5.3	1.2								
17						1.1	0.4	0.1	0.5			
18						51.9	18.5					
19						17.6	54.9					
20						0.1	19.6					
21				6.9	9.6		1.5	5.4				
22			0.8		24.8	8.1		4.4				0.3
23		1.5	1.2		11.6		0.2	0.9				3.6 *
24							4.1	0.3				2.0 *
25							0.4					
26						14.5			27.0	6.1		3.5
27		6.2					1.5		4.0	0.8		0.7
28		3.7							4.0			
29				0.3		6.0		2.9	0.9			
30				0.8	65.4			8.9				
31			0.6					5.5				
降水量	0	31.7	96.5	14.5	102.2	108.9	476.9	35.7	49.3	22.4	16.5	16.6
降水日数	0	8	9	7	4	8	19	13	8	7	2	7
最大日量		6.2	29.2	6.9	65.4	51.9	156.0	8.9	27.0	12.1	15.7	5.9

年统计	降水量 971.2			降水日数 92		
	时 段 (d)	1	3	7	15	30
	最 大 降 水 量	156.0	230.2	250.0	384.8	507.4
	开 始 月 — 日	7—4	7—3	7—2	7—4	6—21
附 注						

2007　滚　河　柏庄站　逐日降水量表

降水量 mm

日＼月	一月	二月	三月	四月	五月	六月	七月	八月	九月	十月	十一月	十二月
1			0.6	1.5								
2			23.8				2.0	2.0				
3			29.1				1.0		3.3			
4							164.2					
5							68.4	3.3				
6		3.7						12.6				
7		3.7										
8							2.3	2.1				
9												
10								0.3				
11										2.7		8.2·*
12		2.3					5.4		3.3	12.5		
13							59.9		4.9	0.9		
14			3.0				122.8					
15		4.7	26.8								12.4	
16		7.4	7.7									
17						0.5	3.7	0.1	0.5			
18						45.1	24.4					
19						28.2	76.2					
20						0.5	20.3					
21				14.1		10.8	1.6	8.1				
22					15.9	7.1		4.6				
23		7.1	1.7		8.0		0.2	21.7				4.2*
24							5.5	2.7				1.1*
25												2.7
26						3.7				7.4		
27		2.4				0.6	2.0		24.1	2.7		0.8
28		2.5							3.3			
29						14.9		5.6	6.1			
30				1.5	55.2			6.9	0.4			
31			6.6					9.0				
降水量	0	33.8	99.3	17.1	79.1	111.4	559.9	79.0	45.9	26.2	12.4	17.0
降水日数	0	8	8	3	3	9	16	13	8	5	1	5
最大日量		7.4	29.1	14.1	55.2	45.1	164.2	21.7	24.1	12.5	12.4	8.2

年统计	降水量　1081.1		降水日数　79		
	时段　(d)	1	3	7	15	30
	最大降水量	164.2	233.6	287.0	451.1	587.7
	开始月—日	7—4	7—3	7—13	7—4	6—21

附注	

2007　滚　河　石漫滩站　逐日降水量表

降水量 mm

日＼月	一月	二月	三月	四月	五月	六月	七月	八月	九月	十月	十一月	十二月
1			0.6	2.4								
2			27.7				4.8	0.5				
3			32.7				1.7		3.4			
4							197.6					
5							68.2	2.2		0.5		
6		4.5						10.7				
7		4.8										
8							0.2	9.4				
9							13.0					0.7
10							0.5					
11					0.2					2.3		7.1·*
12		2.4					2.7		2.5	14.6		
13							55.7		5.3	1.0		
14			3.3				96.1					
15		4.5	20.6					17.0			16.5	
16		4.7	4.2	1.0								
17		0.2				0.8		0.4	0.3			
18						44.8	24.7					
19						24.9	79.5					
20						0.6	21.1					
21				10.3		13.2	1.2	2.4				0.2
22					20.4	8.9		5.6				
23		1.6	0.7		8.6		0.2	18.1				4.5·*
24							6.5	0.2				1.8*
25							0.4					
26						13.9				6.1		4.4
27		7.5					1.4		28.8	2.0		1.3
28		7.0							6.3			
29				0.2		15.8		5.1	8.0			
30				0.1	67.3			9.9	1.1			
31			2.9				1.1	6.4				
降水量	0	37.2	92.7	14.0	96.5	122.9	576.1	88.4	55.7	26.5	16.5	20.0
降水日数	0	9	8	5	4	8	18	14	8	6	1	7
最大日量		7.5	32.7	10.3	67.3	44.8	197.6	18.1	28.8	14.6	16.5	7.1

年统计	降水量　1146.5		降水日数　88		
	时段　(d)	1	3	7	15	30
	最大降水量	197.6	267.5	288.1	458.2	617.1
	开始月—日	7—4	7—3	6—29	7—4	6—21

附注	

2007　滚　河　袁门站　逐日降水量表

降水量 mm

日＼月	一月	二月	三月	四月	五月	六月	七月	八月	九月	十月	十一月	十二月
1			1.6	0.3								
2			32.0				1.4	0.5				
3			34.0				3.5		5.2			
4							185.5					
5							83.3	0.4				
6		4.1					0.6	6.3				
7		3.8					0.7					
8							8.8					0.6
9												
10								0.7				
11										2.7		7.7·*
12		2.3					1.8		1.8	16.2	1.2	
13							62.0		5.0	0.6		
14			4.7	0.5			87.5					
15		4.4	27.0					6.9			17.8	
16		5.3	6.1	1.2								
17		0.1				0.5		0.3	0.6		0.2	
18						54.7	46.9					
19						26.7	76.2					
20						0.3	23.8					
21				6.1		5.1	0.7	6.1				0.1
22			0.3		26.1	8.6		9.5				0.3
23		1.2	0.5		12.5			3.2				3.7*
24							4.3					1.7*
25							0.1					
26						3.2				4.6		3.9
27		6.3				0.2	0.1		15.6	0.9		0.9
28		6.7							4.8			
29				0.2		26.1		3.8	5.6			
30			4.7		108.7			6.3	0.9			
31			2.1					9.9				
降水量	0	34.2	113.0	8.3	147.3	125.4	587.2	53.9	39.5	25.0	19.2	18.9
降水日数	0	9	10	5	3	9	17	12	8	5	3	8
最大日量		6.7	34.0	6.1	108.7	54.7	185.5	9.9	15.6	16.2	17.8	7.7

年统计						
降水量 1171.9				降水日数 89		
时段　(d)	1	3	7	15	30	
最大降水量	185.5	272.3	299.8	477.1	625.2	
开始月—日	7—4	7—3	6—29	7—4	6—21	
附注						

2008　滚　河　刀子岭站　逐日降水量表

降水量 mm

日＼月	一月	二月	三月	四月	五月	六月	七月	八月	九月	十月	十一月	十二月
1					22.7	4.2	5.4	2.3				
2					53.0							
3							1.5					
4							24.2					
5			7.7				13.9	3.2				
6			2.5									
7				42.9							7.0	
8				9.2	21.7		1.6		3.3			
9					0.4		6.4		3.6			
10	8.9						17.4		0.3			
11	11.4*											
12	10.1*		25.5									
13	0.9*					1.2	6.6	14.7				
14	2.2*						8.0	1.9			0.5	
15	1.3*						1.4	3.0				
16	0.4*							55.4			0.5	
17	0.4*				0.4		21.0		0.3			
18	7.4*			34.8					16.3			
19	26.8*			27.6		6.3		39.3		3.2		
20	12.8*		2.8			7.0		0.2		32.9		
21						4.2	42.5			5.8		
22	0.2*						112.6	1.8		12.8		
23							10.1		1.9			
24		7.9*					48.5		0.5			
25							0.1		0.2			
26	0.4*				2.6				0.3			
27	10.2*								6.2	0.1		
28			5.8						1.4	1.8		0.8
29			4.8				2.3	5.5				
30							13.2	21.5				
31							16.0	14.9				
降水量	93.4	7.9	49.1	114.5	100.8	22.9	352.7	163.7	34.3	56.6	8.0	0.8
降水日数	14	1	6	4	6	5	19	11	11	6	3	1
最大日量	26.8	7.9	25.5	42.9	53.0	7.0	112.6	55.4	16.3	32.9	7.0	0.8

年统计						
降水量 1004.7				降水日数 88		
时段　(d)	1	3	7	15	30	
最大降水量	112.6	171.2	213.8	266.3	365.1	
开始月—日	7—22	7—22	7—21	7—17	7—21	
附注						

2008　滚　河　尚店站　逐日降水量表

降水量 mm

日\月	一月	二月	三月	四月	五月	六月	七月	八月	九月	十月	十一月	十二月
1					45.0		4.3	0.9				
2					52.5	3.2	0.7					
3							19.8					
4			7.1				5.0					
5								73.7				
6			3.1								6.5	
7				40.0			0.9			0.7		
8				3.0	12.8		14.1			1.5		
9					0.4		14.8			0.4		
10	4.5·*									0.4		
11	6.0·*											
12	5.0*		22.8			0.4						
13	0.5*						0.6	6.6				
14	1.9*						1.2	0.6			1.8	
15	1.3*			0.2			1.0	2.0				
16	0.3*							23.8			1.0	
17					0.3		10.4		0.8			
18	6.6*			31.5					12.3			
19	18.3*			16.1		69.9		38.9		9.2		
20	6.6*		1.9	0.2		25.3		17.7		34.2		
21				0.2			29.7	0.4		0.4		
22						2.6	87.1			11.8		
23							0.8					
24		6.1*					39.7		0.4			
25							0.1			0.4		
26	0.1*								0.3			
27	7.7*				1.8				2.7	0.2		
28				1.5				2.8	0.5	1.8		0.4
29				3.6			4.8	11.0				
30							7.5	7.0				
31							6.5					
降水量	58.8	6.1	40.0	91.2	112.8	101.4	249.0	185.4	20.4	57.6	9.3	0.4
降水日数	12	1	6	7	6	5	19	12	11	6	3	1
最大日量	18.3	6.1	22.8	40.0	52.5	69.9	87.1	73.7	12.3	34.2	6.5	0.4

年统计	降水量　932.4						降水日数　89					
	时　段　(d)	1		3		7		15		30		
	最　大　降　水　量	87.1		127.6		157.4		221.1		322.7		
	开　始　月—日	7—22		7—22		7—21		7—22		7—21		

附　注	

2008　滚　河　柏庄站　逐日降水量表

降水量 mm

日\月	一月	二月	三月	四月	五月	六月	七月	八月	九月	十月	十一月	十二月
1					27.3		6.1	3.6				
2					37.7	3.9	0.9					
3							39.2					
4			8.8				2.4					
5								30.0				
6			1.9								6.5	
7				46.5	0.6		0.9		0.2			
8				3.2	18.9		7.7		0.7			
9					0.3		7.7		0.9			
10	1.9·*								1.8			
11	10.5*											
12	8.4*		19.3			8.1						
13	0.1*						10.3	29.0				
14	1.7*						4.2	1.2			0.4	
15	0.9*						4.6	0.4				
16	0.1*							26.7			1.0	
17					3.1		23.3		0.3			
18	5.7*			34.9					19.7			
19	19.2*			17.6		52.3		51.5	0.1	4.1		
20	9.5*		1.7			56.3		3.3		24.1		
21						1.0	32.4	0.8		1.0		
22						0.5	83.0			12.0		
23							1.5					
24		6.6*					30.7		0.5			
25							0.5		1.0			
26					0.9				0.1			
27	5.2*				11.8				2.7	0.8		
28			3.4					0.6	0.6	1.1		0.2
29			5.0				0.9	16.6				
30							18.5	11.2				
31							12.6					
降水量	63.2	6.6	40.1	102.2	100.6	122.1	287.4	174.9	28.6	43.1	7.9	0.2
降水日数	11	1	6	4	8	6	19	12	12	6	3	1
最大日量	19.2	6.6	19.3	46.5	37.7	56.3	83.0	51.5	19.7	24.1	6.5	0.2

年统计	降水量　976.9						降水日数　89					
	时　段　(d)	1		3		7		15		30		
	最　大　降　水　量	83.0		116.9		148.1		203.4		322.5		
	开　始　月—日	7—22		7—21		7—21		7—17		7—21		

附　注	

2008　滚　河　石漫滩站　逐日降水量表

降水量 mm

日＼月	一月	二月	三月	四月	五月	六月	七月	八月	九月	十月	十一月	十二月
1							15.4	7.4				
2				35.7		4.5						
3				41.0			1.5					
4							34.9					
5			6.9				4.8	64.2				
6			2.3								6.0	
7				29.2			1.3		2.5			
8				5.4	19.1		2.6		2.1			
9					0.6		12.2					
10	6.6								1.5			
11	9.6·*											
12	3.9*		23.1			0.2						
13	0.2*							10.0				
14	1.6*						6.4	1.0				
15	0.9*						0.9	1.0				
16	0.1*							45.4			0.9	
17					3.4		26.8		1.0			
18	5.9*			35.1					19.1			
19	16.4*			20.7		74.3		35.9		2.8		
20	8.1*		1.8	0.2		44.3		7.2		37.5		
21						1.4	33.5	0.4		1.1		
22						0.4	112.7			12.2		
23							1.2		1.0			
24		5.8*					32.4			0.9		
25							0.7		0.9			
26					0.3				0.4			
27	6.4*				2.4				2.0	0.3		0.1
28			2.5					0.5	1.0	0.4		
29			4.6				2.9	23.1				
30							14.3	13.9				
31							10.0					
降水量	59.7	5.8	41.2	90.6	102.5	125.1	314.5	210.0	31.5	54.3	7.5	0.1
降水日数	11	1	6	5	7	6	18	12	10	6	3	1
最大日量	16.4	5.8	23.1	35.1	41.0	74.3	112.7	64.2	19.1	37.5	6.0	0.1

年统计	降水量　1042.8		降水日数　86		
	时段　（d）	1	3	7	15	30
	最大降水量	112.7	147.4	180.5	245.8	372.6
	开始月一日	7—22	7—21	7—21	7—22	7—21

附注

2008　滚　河　袁门站　逐日降水量表

降水量 mm

日＼月	一月	二月	三月	四月	五月	六月	七月	八月	九月	十月	十一月	十二月
1							4.4	1.8				
2					55.5	4.2						
3					52.0		0.4					
4							24.5					
5			6.5				5.7	33.0				
6			2.7								7.3	
7				30.6			0.8		1.0			
8				6.1	16.7		7.5		3.6			
9							8.6		0.2			
10	6.8								0.3			
11	8.6·*											
12	5.9*		23.5			4.3						
13	0.3*						0.5	9.6				
14	1.5*						7.8					
15	1.4*			0.5			0.1	2.0				
16	0.2*							43.5			1.2	
17	0.1*				1.7		13.7		1.2			
18	6.1*			33.8					16.0			
19	23.8*			19.2		29.5		35.7		2.5		
20	7.5*		2.7			15.0		6.1		28.1		
21						2.9	40.5	3.6		1.9		
22						1.6	136.7			10.3		
23							1.5		0.3			
24		6.5*					43.5		0.3			
25							0.1		0.3			
26	0.2*								3.4	0.2		
27	7.2*							1.8	0.7	2.1		0.3
28			3.4				2.7					
29			3.5				12.7	15.9				
30								9.2				
31							9.4					
降水量	69.6	6.5	42.3	90.2	125.9	57.5	321.1	162.5	27.3	45.1	10.2	0.3
降水日数	13	1	6	5	4	6	19	12	11	6	3	1
最大日量	23.8	6.5	23.5	33.8	55.5	29.5	136.7	43.5	16.0	28.1	7.3	0.3

年统计	降水量　958.5		降水日数　87		
	时段　（d）	1	3	7	15	30
	最大降水量	136.7	181.7	222.3	260.8	373.0
	开始月一日	7—22	7—22	7—21	7—17	7—21

附注

2009　滚　河　刀子岭站　逐日降水量表

降水量 mm

日\月	一月	二月	三月	四月	五月	六月	七月	八月	九月	十月	十一月	十二月
1			1.1		0.6							
2			10.2*	1.6								
3				0.4				6.1				
4			0.6					4.2	29.7			
5	2.5*						30.1	8.2				
6							12.6	0.2	0.2		1.2	
7		0.5				6.6	14.6	1.1	1.8			
8		7.1				15.6	1.4	5.5		0.5		0.6
9							1.1	6.9		0.5	11.2	
10					6.8		12.8	0.5		2.0	9.8·*	
11			13.6		4.3		26.1		0.3	1.8	33.5*	
12			5.0			5.2					3.1*	0.3*
13					4.5							
14					27.4				1.0			22.5*
15		0.4			23.9						4.3*	1.1*
16								25.1	3.5		2.7*	
17		2.1				11.5		36.0	1.0			
18		2.7		40.7		1.1		3.2	8.7			
19				35.8		17.3	1.3		12.1			
20								5.5	0.6			
21							39.3	8.8				
22		0.6	6.0	1.0	2.3		19.3	0.6				
23			1.0									
24		5.1*			20.7		0.2		1.5			
25		10.6*			19.7				1.5			
26		2.6*	6.2				1.5			2.0	3.8	
27					11.0	78.2					24.5*	
28					9.3	0.9		53.5			4.8*	
29					0.2			28.1				
30							0.2			3.0		
31			0.5				0.4			9.8		
降水量	2.5	31.7	44.2	79.5	130.7	136.4	160.9	193.5	63.9	17.6	98.9	24.5
降水日数	1	9	9	5	12	8	14	16	13	6	10	4
最大日量	2.5	10.6	13.6	40.7	27.4	78.2	39.3	53.5	29.7	9.8	33.5	22.5

年统计	降水量　984.3			降水日数　107	
	时　段　(d)	1	3	7	15	30
	最大降水量	78.2	81.6	98.7	177.8	239.4
	开始月—日	6—27	8—28	7—5	6—27	6—27

| 附　注 | |

2009　滚　河　尚店站　逐日降水量表

降水量 mm

日\月	一月	二月	三月	四月	五月	六月	七月	八月	九月	十月	十一月	十二月
1			1.3		0.8							
2			8.8·*	1.3								
3				0.4				6.3				
4			0.8					2.7	2.6			
5	2.6*						26.1	16.3				
6							39.5	1.4	0.3		1.6	
7		0.8				10.6	13.4	0.8	0.1			
8		7.3				4.5	2.3	3.8		0.8		0.2
9							4.2			1.2	6.6	
10					9.8		14.8			0.3	6.3·*	
11			11.2		5.2		26.5		0.2	0.1	23.1*	
12			4.0			5.9	0.4		0.2		4.2*	0.2*
13					1.9		0.1		0.7			
14					27.2				0.5			12.0*
15		0.3			20.7						3.9*	1.1*
16								27.9	2.2		1.9*	
17		1.7				11.3		11.7	0.5			
18		1.9		36.8		7.9			4.5			
19				22.6		4.3	0.2		6.5			
20						0.2		1.6	0.2			
21							13.4	2.0				
22		0.3	5.7	1.0	2.1		22.3					
23			0.9				0.1					
24		3.6*			36.3				1.0			
25		7.4*			2.7							
26		2.6*	5.6				1.4			1.2	1.1	
27					9.9	11.7					19.6*	
28					4.9	0.7		39.2			1.9*	
29								12.7				
30			0.2				0.2			17.9		
31							0.4			2.1		
降水量	2.6	25.9	38.5	62.1	121.5	57.1	165.3	126.4	20.7	22.4	70.2	13.5
降水日数	1	9	9	5	11	9	16	12	13	7	10	4
最大日量	2.6	7.4	11.2	36.8	36.3	11.7	39.5	39.2	6.5	17.9	23.1	12.0

年统计	降水量　726.2			降水日数　106	
	时　段　(d)	1	3	7	15	30
	最大降水量	39.5	79.0	126.8	139.2	177.1
	开始月—日	7—6	7—5	7—5	6—27	6—27

| 附　注 | |

2009 滚 河 柏庄站 逐日降水量表

降水量 mm

日＼月	一月	二月	三月	四月	五月	六月	七月	八月	九月	十月	十一月	十二月
1			1.3		0.7							
2			8.0·*	1.1								
3				0.8				4.1				
4			1.0					2.7	10.8			
5	1.7*						20.1	11.2				
6						10.2	108.9	1.2	5.0		1.2	0.3
7		0.1				7.0	6.0		1.1			0.7
8		7.2					4.5	5.6		0.3	4.8	
9							7.3			0.6		
10					11.6		19.8			1.2	9.3·*	
11			12.5		7.5		30.6			0.3	22.2*	
12			6.0			16.4	0.5			0.3	3.4*	
13					1.4					1.4		
14					39.1					0.4		17.1*
15		0.9			24.6					0.2	4.4*	1.8
16								20.9	1.0		3.0*	
17		1.8				10.6		7.9	1.1			
18		2.9		36.0		4.7			7.3			
19				28.9		2.3			9.1			
20						0.2			0.1			
21							3.1	2.7				
22		0.5	3.0		1.9		23.3					
23		0.7					0.1					
24		5.6*			34.9				0.9			
25		9.5*			3.5				1.4			
26		2.7*	5.1				0.7		3.1		1.0	
27					12.0	7.6					24.0*	
28					3.9	0.8		42.9			2.1*	
29								24.4				
30			0.2							14.6		
31			0.3				0.8			6.1		
降水量	1.7	31.2	37.6	69.8	141.1	59.8	225.7	124.2	43.5	22.8	75.4	19.9
降水日数	1	9	10	5	11	9	13	11	16	5	10	4
最大日量	1.7	9.5	12.5	36.0	39.1	16.4	108.9	42.9	10.8	14.6	24.0	17.1

年统计	降水量 852.7		降水日数 104		
	时段 (d)	1	3	7	15	30
	最大降水量	108.9	135.0	197.2	205.6	239.8
	开始月—日	7—6	7—5	7—5	6—27	6—12

附注

2009 滚 河 石漫滩站 逐日降水量表

降水量 mm

日＼月	一月	二月	三月	四月	五月	六月	七月	八月	九月	十月	十一月	十二月
1			1.6		0.4							
2			11.6·*	0.5								
3				0.9				4.2				
4			1.4			0.4		2.8	6.3			
5	2.2*						23.4	16.4				
6					0.2		79.7	0.9	0.1		1.0	0.1
7		0.7				9.3	4.7	0.5	1.3			0.4
8		7.9				7.4	5.2	2.3		0.1		
9							5.5			0.2	6.8	
10				0.2	9.8		15.4			1.3	6.8·*	
11		0.2	11.5		5.4		32.4			0.4	21.4*	
12			4.4			8.4	0.4			0.3	13.2*	
13					1.8		0.1			1.3		
14					33.7					0.2		15.5*
15		0.7			25.6					0.2	3.8*	2.5
16								23.9	1.7		2.5*	
17		1.8				15.2		28.7	0.5			
18		3.3		36.2		1.1			9.1			
19				30.5		3.6			8.6			
20							2.2	3.8	0.1			
21							35.0	0.7				
22		0.2	3.8		1.8		20.0	0.2				
23		0.4						0.1		0.3		
24		8.2·*			40.2					1.1		
25		8.8*			4.5					1.4		
26		3.7*	5.4				1.4			1.4	0.7	
27					11.4	39.3					24.1·*	
28					3.6	0.7		51.4			3.6*	
29								22.0				
30							0.3			12.6		
31			0.2				0.7			9.5		
降水量	2.2	35.5	40.3	70.2	138.2	85.6	226.6	157.9	34.3	24.0	83.9	18.5
降水日数	1	10	9	6	11	10	16	14	17	7	10	4
最大日量	2.2	8.8	11.6	36.2	40.2	39.3	79.7	51.4	9.1	12.6	24.1	15.5

年统计	降水量 917.2		降水日数 115		
	时段 (d)	1	3	7	15	30
	最大降水量	79.7	107.8	166.3	206.3	265.6
	开始月—日	7—6	7—5	7—5	6—27	6—27

附注

2009　滚　河　袁门站　逐日降水量表

降水量 mm

日 \ 月	一月	二月	三月	四月	五月	六月	七月	八月	九月	十月	十一月	十二月
1			1.9		0.5							
2			12.4 *	1.4				6.0				
3				0.3				3.3				
4			0.3					8.8	11.7			
5	2.4 *						19.4					
6		0.9					47.7	1.0	0.1		1.3	
7		6.9				8.7	15.9	1.3	0.7			
8						4.7	1.8	3.6		0.2		0.3
9							3.5			1.3	10.6	
10					5.4		17.0			0.1	7.0 ·*	
11			11.5		5.3		25.2				29.0 *	
12		0.1	4.2			6.3	0.2				2.9 *	
13					3.6				0.3			
14					29.5				0.6			17.7 *
15		0.7			19.6						3.9	1.7 *
16								20.7	1.4		2.3 *	
17		2.2				22.1		7.9	0.8			
18		2.0		35.8		3.6			6.6			
19				29.2		11.4	8.1		2.0			
20			0.1					12.6				
21							30.5	1.5				
22		0.5	7.6	1.1	1.8		20.5	0.2				
23			0.9				0.1					
24		4.2 *			35.0				0.7			
25		12.1 *			5.2				0.3			
26		2.5 *	5.9				1.6		0.8		0.9	
27					12.0	25.0					21.6 *	
28					4.1	0.7		51.7			5.1 *	
29								18.3				
30										9.8		
31							0.2			8.1		
降水量	2.4	32.1	44.8	67.8	122.0	82.5	191.7	136.9	26.0	19.5	84.6	19.7
降水日数	1	10	9	5	11	8	14	13	12	5	10	3
最大日量	2.4	12.1	12.4	35.8	35.0	25.0	47.7	51.7	11.7	9.8	29.0	17.7

年统计	降水量　830.0			降水日数　101	
	时　段　(d)	1	3	7	15	30
	最　大　降　水　量	51.7	83.0	130.5	156.2	217.2
	开　始　月—日	8—28	7—5	7—5	6—27	6—27

附　注

2010　滚　河　刀子岭站　逐日降水量表

降水量 mm

日 \ 月	一月	二月	三月	四月	五月	六月	七月	八月	九月	十月	十一月	十二月
1							8.3	37.0		0.9		
2			4.3 ·*				8.7	4.7				
3			12.6 *		2.3		6.0					
4					75.6			1.2				
5			10.1 ·*						44.0			
6		1.7 ·*	1.1 *						45.5			
7		0.6	0.3 *			16.8			5.5			
8		4.3			2.9	49.8	11.3		7.2			
9	0.1 *	10.1 ·*				4.9	11.5	10.8	18.7			
10	0.2 *	19.0 *					5.5	2.4	2.9	0.2		
11				0.3			0.3			0.3		
12				0.2	9.8					2.5		
13		2.0 *		3.0 ·*				10.4				0.4 *
14			11.0	1.9 *				0.6			4.6	
15		1.0 *					114.2					
16					30.7		24.7					
17							28.5					
18				0.2			34.2					
19				3.6			2.3					
20				56.6				6.6	0.1			
21				13.1	15.1		4.8	4.5	0.8			
22			12.3	1.3	0.2		1.0	9.8				
23							22.9	2.9				0.8 *
24							19.9	23.8	17.6	0.8		
25								38.9	9.6	2.1		
26					2.4			1.4				
27					16.0							
28		4.0							1.9			
29			2.0									
30												
31	0.7		13.8									
降水量	1.0	42.7	67.5	80.2	155.0	71.5	304.1	155.0	153.8	6.8	4.6	1.2
降水日数	3	8	9	9	9	3	16	14	11	6	1	2
最大日量	0.7	19.0	13.8	56.6	75.6	49.8	114.2	38.9	45.5	2.5	4.6	0.8

年统计	降水量　1043.4			降水日数　91	
	时　段　(d)	1	3	7	15	30
	最　大　降　水　量	114.2	167.4	208.7	258.3	324.1
	开　始　月—日	7—15	7—15	7—15	7—10	7—3

附　注

2010　滚　河　尚店站　逐日降水量表

降水量 mm

日＼月	一月	二月	三月	四月	五月	六月	七月	八月	九月	十月	十一月	十二月
1							1.4	11.5		0.7		
2			3.3·*				10.0	4.0				
3			11.3·*		1.6		5.4					
4					49.2		1.6	4.4				
5			5.5·*						25.9			
6		0.9·*	1.9*			19.5			52.3			
7		0.3			1.9	29.0	3.5		0.5			
8		2.0					6.0		22.4			
9		5.5·*				1.3		4.8	0.6			
10		10.4*					2.0		2.7	0.2		
11				0.1				1.0				
12					7.7					1.0		
13		2.6*	0.4	1.8·*				2.6	0.2			0.1·*
14			16.2	1.4				8.5			2.0	
15		0.4*					65.3	0.3				
16					22.2		33.6					
17							26.0					
18							5.8	1.2				
19				2.2			2.4					
20				40.9				36.0				
21				6.3	7.8			15.9				
22			11.1	0.5			0.3	22.0				
23							11.7	1.5				0.3*
24							2.9	23.1	9.6	0.7		
25				0.5			0.2	28.1	6.9	1.1		
26					2.6							
27					20.2							
28		2.7							2.3			
29												
30			1.8						0.4			
31	0.3		6.1				9.8					
降水量	0.3	24.8	57.6	53.7	113.2	49.8	187.9	164.9	123.8	3.7	2.0	0.4
降水日数	1	8	9	8	8	3	17	15	11	5	1	2
最大日量	0.3	10.4	16.2	40.9	49.2	29.0	65.3	36.0	52.3	1.1	2.0	0.3

年统计	降水量　782.1		降水日数　88		
	时　段　(d)	1	3	7	15	30
	最大降水量	65.3	124.9	133.1	153.1	243.6
	开始月一日	7—15	7—15	7—15	7—9	8—13
附　注						

2010　滚　河　柏庄站　逐日降水量表

降水量 mm

日＼月	一月	二月	三月	四月	五月	六月	七月	八月	九月	十月	十一月	十二月
1								14.1		1.0		
2			4.1		1.2		0.9	0.5				
3			12.0·*				11.7					
4					57.5			19.0				
5			6.9*						24.6			
6		0.9	1.1*			17.4			49.6			
7		1.5				40.4			1.0			
8		1.9			2.2		2.0		3.0			
9		9.8·*				5.0	2.8	8.0	23.0			
10	0.3*	12.5·*		0.9			3.2	0.2	1.9	0.3		
11												
12					9.9					0.6		
13		3.1*	0.3	2.2·*				0.2				0.4*
14			9.9	2.1				10.7			2.8	
15							50.3					
16					22.3		33.7		1.1			
17							18.7		0.1			
18				0.1			8.3	4.8				
19				2.7			5.0	2.4				
20				50.2				41.5				
21				10.8	7.0			9.6				
22			23.9	0.8	0.1		6.4	18.7				
23							24.5	3.1				0.4*
24							2.0	32.5	9.7	1.1		
25				0.4				30.4	7.2	1.6		
26					2.2							
27					20.4							
28		2.7							1.4			
29			2.4									
30												
31			11.6				3.0					
降水量	0.3	32.4	72.2	70.2	122.8	62.8	172.5	195.7	122.6	4.6	2.8	0.8
降水日数	1	7	9	9	9	3	14	15	11	5	1	2
最大日量	0.3	12.5	23.9	50.2	57.5	40.4	50.3	41.5	49.6	1.6	2.8	0.4

年统计	降水量　859.7		降水日数　86		
	时　段　(d)	1	3	7	15	30
	最大降水量	57.5	102.7	138.2	153.9	257.0
	开始月一日	5—4	7—15	8—19	8—13	8—13
附　注						

2010　滚　河　石漫滩站　逐日降水量表

降水量 mm

日\\月	一月	二月	三月	四月	五月	六月	七月	八月	九月	十月	十一月	十二月
1								44.2		0.5		
2							0.1	1.8	0.2			
3			2.9				13.0					
4			14.8 *		1.1		8.9	30.1				
5			4.6 ·*		58.3				32.4			
6		1.5	0.8 *						40.5			
7		0.1				18.2			0.8			
8		3.8			1.7	37.7	2.2		1.8			
9		10.3 ·*				3.2	2.0	0.5	23.3			
10		10.5 ·*		0.7			4.2		2.8			
11								0.7				
12				0.3							1.1	
13		2.4 *		1.7 ·*				0.2				0.2 *
14			17.7	1.8 ·*				6.4			1.8	
15							34.4	0.3				
16					25.8		28.2		0.3			
17							23.5					
18				0.2			20.3					
19				5.7			8.3	16.5				
20				54.3				13.0				
21				9.3	7.4		0.1	7.3	1.2			
22			12.8	0.7	0.3		12.0	20.0				
23							25.0	2.6				
24							16.0	27.7	13.0	0.3		
25							0.3	30.9	8.5	1.1		
26					3.0			0.5				
27					21.9			0.1				
28		4.5							1.5			
29				1.6								
30									0.2			
31			9.4				2.5					
降水量	0	33.1	64.6	74.7	129.3	59.1	201.0	202.8	126.5	3.0	1.8	0.2
降水日数	0	7	8	9	9	3	17	17	13	4	1	1
最大日量		10.5	17.7	54.3	58.3	37.7	34.4	44.2	40.5	1.1	1.8	0.2

年统计	降水量　896.1			降水日数　89		
	时　段　(d)	1	3	7	15	30
	最　大　降　水　量	58.3	86.1	118.0	172.0	255.1
	开　始　月　—　日	5—4	7—15	8—19	7—10	7—8

附　注	

2010　滚　河　袁门站　逐日降水量表

降水量 mm

日\\月	一月	二月	三月	四月	五月	六月	七月	八月	九月	十月	十一月	十二月
1							3.5	9.5		0.1		
2			3.7 *				23.7	14.1				
3			15.2 *				3.1					
4					1.4		19.6	5.8				
5			7.5 ·*		53.5				34.0			
6		1.6 ·*	0.9 *						39.9			
7		0.3				18.0			1.7			
8		3.0			1.7	35.7	6.1		2.8			
9	0.1 *	10.7 *				2.3	8.3	12.0	27.0			
10	0.3 *	12.8 *					2.8	0.8	2.3			
11												
12					8.5					2.0		
13		1.7 *		2.4 ·*				5.1				
14		0.3	13.9	2.7				8.3			2.9	
15		0.9 *					67.0	0.4	2.4			
16					24.6		26.5					
17							26.5					
18							12.5					
19				4.7			5.0					
20				56.9				1.8				
21				9.0	8.3		9.5	9.8	0.5			
22			11.5	0.3	0.1		1.5	19.3				
23							15.5	3.0				0.3 *
24							12.6	24.0	14.0	0.3		
25				0.1			0.1	30.0	8.8	1.5		
26					2.1			1.0				
27					16.8			3.2				
28		3.5							2.5			
29			2.5									
30												
31	0.3		10.6									
降水量	0.7	34.8	65.8	76.1	117.0	56.0	243.8	148.1	135.9	3.9	2.9	0.3
降水日数	3	9	8	7	9	3	17	16	11	4	1	1
最大日量	0.3	12.8	15.2	56.9	53.5	35.7	67.0	30.0	39.9	2.0	2.9	0.3

年统计	降水量　885.3			降水日数　89		
	时　段　(d)	1	3	7	15	30
	最　大　降　水　量	67.0	120.0	147.0	179.4	243.8
	开　始　月　—　日	7—15	7—15	7—15	7—10	7—1

附　注	

2011　滚　河　刀子岭站　逐日降水量表

降水量 mm

日＼月	一月	二月	三月	四月	五月	六月	七月	八月	九月	十月	十一月	十二月
1				2.3				57.4	0.7		0.2	
2		9.8			8.3			16.2		0.7	0.9	
3							0.6				12.3	2.1*
4							8.0	0.8	0.4		2.9	6.6*
5				0.5				9.6	9.7			
6							16.0	4.9	13.0		28.0	6.6
7									8.9		22.6	
8									1.0			
9		8.8·*			89.9	0.5						
10					16.7				6.4			
11									2.5	31.5		
12									0.4	1.3		
13							0.9	0.2	4.2			
14									7.0		1.7	
15									41.7		3.8	
16								1.0	6.1		1.0	
17						0.6		27.5	38.0		2.1	
18								1.4	23.9			
19	0.8*		10.4					0.8	0.3			
20			15.2	0.5	25.6	0.4		0.8				
21			1.2	2.5	0.5	7.0		19.4			3.0	
22					5.4	94.0	24.0	13.1		33.0		
23						3.0	2.4			11.5		
24							23.7					
25		16.9										
26		6.7·*					14.1		0.3	1.5		
27		4.4							27.6		1.0	
28		9.5*							8.9		28.0	
29							8.4				22.3·*	
30							1.0					
31							6.5					
降水量	0.8	46.3	26.8	15.6	146.4	105.5	105.6	153.1	201.0	79.5	129.8	15.3
降水日数	1	5	3	5	6	6	11	13	19	6	14	3
最大日量	0.8	16.9	15.2	9.8	89.9	94.0	24.0	57.4	41.7	33.0	28.0	6.6

年统计					
降水量 1025.7		降水日数 92			
时段（d）	1	3	7	15	30
最大降水量	94.0	106.6	121.3	164.1	206.8
开始月—日	6—22	5—9	9—12	7—22	7—24

附注

2011　滚　河　尚店站　逐日降水量表

降水量 mm

日＼月	一月	二月	三月	四月	五月	六月	七月	八月	九月	十月	十一月	十二月
1				1.3				55.2				
2	0.1*			8.3				16.2				
3					7.4		7.7		0.8		1.8	
4						0.8	4.0		0.5		3.2	2.3
5				0.3				8.5	9.2		0.8	5.6
6							9.9	0.5	8.8		20.3	4.8
7									7.3		12.1	
8									1.4			
9		8.0*			60.5							
10					21.5				6.9			
11							14.1		2.2	20.5		
12							0.3		0.5	0.3		
13							0.8		1.6			
14									12.5		2.3	
15									32.4		3.4	
16									2.7		1.2	
17								20.1	10.8		1.8	
18									14.8			
19	0.5*		8.7									
20			12.6	0.1	1.8	0.6						
21			1.0	3.6	0.6	7.9		16.9			3.4	
22					4.1	207.5	31.9	10.0		23.3		
23						13.2	10.5			11.5		
24							3.4					
25		15.0										
26		2.6					12.0		0.7	1.2		
27		4.2							22.2			
28		6.0*							4.4		20.9	
29							8.1				24.1*	
30												
31							6.6					
降水量	0.6	35.8	22.3	13.6	95.9	229.2	109.3	128.2	139.7	56.8	95.3	12.7
降水日数	2	5	3	5	6	4	12	8	18	5	12	3
最大日量	0.5	15.0	12.6	8.3	60.5	207.5	31.9	55.2	32.4	23.3	24.1	5.6

年统计					
降水量 939.4		降水日数 83			
时段（d）	1	3	7	15	30
最大降水量	207.5	228.6	229.2	242.3	266.0
开始月—日	6—22	6—21	6—20	6—22	6—20

附注

2011　滚　河　柏庄站　逐日降水量表

降水量 mm

日＼月	一月	二月	三月	四月	五月	六月	七月	八月	九月	十月	十一月	十二月
1				2.1				69.3				
2	0.1*			9.5	6.6			12.8			0.6	
3							18.9				0.4	
4							1.0	1.1			5.0	1.3
5				0.3			0.2	12.2	9.5		2.8	7.1
6				0.7			13.9	0.4	5.9		23.8	6.1
7								1.6	8.2		20.1	
8									1.6			
9		9.9*			51.8							
10					24.9		0.1		8.7			
11							23.2		1.5	18.6		
12							0.5		0.8	1.4		
13							0.7	1.6	5.2			
14									7.1		0.8	
15									29.8		2.9	
16								0.1	8.4		1.5	
17								30.0	20.0		1.8	
18								0.3	21.9			
19	0.4*		11.0					0.2	0.1			
20			16.5	0.5		1.0		0.2	0.1			
21			1.2	6.2	0.2	3.0		19.2			3.9	
22					3.3	132.8	15.4	8.2		24.8		
23						10.7				11.5		
24							2.2					
25		15.4										
26		4.9					21.1		0.6	1.5		
27		8.4*							46.7			
28		6.7·*							3.7		26.2	
29							4.0				25.0·*	
30												
31							3.0					
降水量	0.5	45.3	28.7	19.3	86.8	147.5	104.2	157.2	179.8	57.8	114.8	14.5
降水日数	2	5	3	6	5	4	13	14	18	5	13	3
最大日量	0.4	15.4	16.5	9.5	51.8	132.8	23.2	69.3	46.7	24.8	26.2	7.1

年统计	降水量　956.4			降水日数　91		
	时　段　(d)	1	3	7	15	30
	最大降水量	132.8	146.5	147.5	177.5	206.0
	开始月一日	6—22	6—21	6—20	6—22	6—20

附　注	

2011　滚　河　石漫滩站　逐日降水量表

降水量 mm

日＼月	一月	二月	三月	四月	五月	六月	七月	八月	九月	十月	十一月	十二月
1				1.8				52.1				
2				8.7	6.7			11.6			0.1	
3							22.3		1.7		0.3	
4							3.0	0.9	0.3		6.7	2.7
5				0.8				10.8	10.9		1.3	6.4
6							13.6	0.6	10.6		20.4	5.6
7								0.6	6.9		16.8	
8									1.5			
9		6.7*			76.7							
10					26.7				7.7			
11							4.6		3.2	23.5		
12							0.4		0.6	0.7		
13							0.6		2.8			
14									15.0		0.8	
15									31.6		2.5	
16								2.5	6.8		0.7	
17								17.6	15.7		2.4	
18								0.6	18.5			
19	0.3*		9.3					0.3				
20			14.4		4.2	0.7						
21			0.9		0.7	5.8		25.9			3.0	
22				4.5	3.5	194.2	7.3	8.6		26.0		
23						13.5	5.4			13.2		
24						0.3	2.4					
25		13.3										
26		3.0					18.9		0.2	1.0		
27		8.2*							49.7			
28		6.7·*							4.7		26.7	
29							1.3				24.3·*	
30							0.2					
31							3.0					
降水量	0.3	37.9	24.6	15.8	118.5	214.5	83.0	132.1	188.4	64.4	106.0	14.7
降水日数	1	5	3	4	6	5	13	12	18	5	13	3
最大日量	0.3	13.3	14.4	8.7	76.7	194.2	22.3	52.1	49.7	26.0	26.7	6.4

年统计	降水量　1000.2			降水日数　88		
	时　段　(d)	1	3	7	15	30
	最大降水量	194.2	213.5	214.5	246.9	259.0
	开始月一日	6—22	6—21	6—20	6—22	6—20

附　注	

2011 滚河 袁门站 逐日降水量表

降水量 mm

日	一月	二月	三月	四月	五月	六月	七月	八月	九月	十月	十一月	十二月
1				2.5				58.4	0.1			
2	0.3*			8.1	7.8			24.0				
3							0.7		0.8		0.7	
4							4.2	0.8	0.5		8.9	1.9
5								8.0	9.8		1.4	6.7
6				0.3			8.5	0.6	11.0		22.0	8.1
7								0.3	5.9		15.2	
8			0.5						1.4			
9		8.7*			83.2							
10		0.1*			20.2				7.6			
11									2.5	24.7		
12							0.2		0.5	0.3		
13							0.8		3.2			
14									12.6		1.7	
15									61.8		4.0	
16								0.2	4.7		0.5	
17								37.5	15.2		3.6	
18								1.1	17.7			
19	0.7*		19.4					0.4	0.1			
20	0.1*		14.7		19.6	0.6						
21			0.9	4.1	0.4	13.3		22.7			2.7	
22					5.1	152.9	5.5	10.3		18.8		
23						7.5	21.0			18.6		
24							4.3					
25		16.6										
26		4.3		0.3			13.7		0.3	1.3		
27		12.4							27.5			
28		0.5							5.0		30.0	
29					0.2		9.4				31.8 ·*	
30											0.3*	
31							4.5					
降水量	1.1	42.6	35.5	15.3	136.5	174.3	72.8	164.3	188.2	63.7	122.8	16.7
降水日数	3	6	4	5	7	4	11	12	20	5	13	3
最大日量	0.7	16.6	19.4	8.1	83.2	152.9	21.0	58.4	61.8	24.7	31.8	8.1

年统计					
降水量 1033.8			降水日数 93		
时段 (d)	1	3	7	15	30
最大降水量	152.9	173.7	174.3	179.2	206.9
开始月—日	6—22	6—21	6—20	6—20	7—23

附注

2012 滚河 刀子岭站 逐日降水量表

降水量 mm

日	一月	二月	三月	四月	五月	六月	七月	八月	九月	十月	十一月	十二月
1			3.3	0.8			18.6		9.9			1.4 ·*
2			2.5				4.2				3.9	
3			1.5*								8.7	
4							40.9	17.0				
5							47.1	1.1				
6							0.5					
7					1.6		9.6		34.7			
8							6.5		8.0			
9							7.9				12.5	
10									1.1		0.9	
11			1.6	11.8					27.9			
12			1.7	6.0								1.1
13				0.7			64.5	8.7				11.6 ·*
14	0.8*							6.0				
15		1.4*	4.3							8.7	0.8	0.5
16												0.2
17	3.8*											
18	5.2 ·*		3.4					11.5				
19	2.0		0.3					73.0				
20	1.3*								1.4		1.7	4.4*
21	2.1 ·*		63.9				10.1	5.7				
22			1.4			0.2	2.8					
23				45.5						0.2		
24				19.2			15.5				3.8	
25								0.8		0.4	3.3	1.1*
26						17.9		4.4	0.8	2.3		2.9*
27						12.6		0.5				0.1*
28	0.6*		0.2		0.3	24.2						0.8*
29	0.9*	0.2			15.7	13.5				1.6		
30			10.0				0.6					
31								4.3				
降水量	16.7	2.4	80.8	78.0	36.9	68.4	228.8	133.0	84.2	17.5	35.6	24.1
降水日数	8	3	9	5	7	5	13	11	8	5	8	10
最大日量	5.2	1.4	63.9	45.5	15.7	24.2	64.5	73.0	34.7	8.7	12.5	11.6

年统计					
降水量 806.4			降水日数 92		
时段 (d)	1	3	7	15	30
最大降水量	73.0	90.2	148.5	237.5	296.4
开始月—日	8—20	8—19	6—29	6—29	6—27

附注

2012　滚　河　尚店站　逐日降水量表

降水量 mm

日\月	一月	二月	三月	四月	五月	六月	七月	八月	九月	十月	十一月	十二月
1			5.8		0.3		17.2		39.0			0.7*
2			1.1				10.8				6.2	
3			0.1								7.8	
4			1.5				56.2	28.2				
5							40.4	1.5				
6							0.5					
7					4.9		7.1		34.2			
8							19.2		7.1			
9							5.4				4.8	
10							0.6		0.8			
11				2.0	7.4				23.3			
12				1.1	3.5							1.7*
13					0.5		10.8	0.6				11.3*
14	0.5*							9.7				
15		0.4*	1.9							3.5	0.2	
16												
17	3.1*											
18	3.2*		3.0									
19	1.0		1.5					14.2				
20	1.8							36.2	2.0		0.2	3.3*
21	1.0*		36.2				6.4	3.0				
22			0.5				7.1					
23				45.9		7.4				0.6		
24				3.8	0.1		2.9				3.0	
25							19.4		0.2	0.4	1.8	0.8*
26						8.6		2.7	0.1	3.0		5.3*
27								3.5				0.1*
28	0.1*				0.6	5.4						
29	0.4*				16.3	14.2				1.1		
30				6.0		15.6						
31							4.0	6.0				
降水量	11.1	0.4	51.6	58.8	33.6	51.2	208.0	105.6	106.7	8.6	24.0	23.2
降水日数	8	1	9	5	8	5	15	10	8	5	7	7
最大日量	3.2	0.4	36.2	45.9	16.3	15.6	56.2	36.2	39.0	3.5	7.8	11.3

年统计					
降水量　682.8			降水日数　88		
时　段　(d)	1	3	7	15	30
最 大 降 水 量	56.2	97.1	154.4	201.2	247.8
开 始 月 一 日	7—4	7—4	6—29	6—27	6—27

附　注

2012　滚　河　柏庄站　逐日降水量表

降水量 mm

日\月	一月	二月	三月	四月	五月	六月	七月	八月	九月	十月	十一月	十二月
1			5.0		0.2		10.7	1.0	35.8			1.3*
2			1.5				17.6				6.1	
3			0.7				0.3				5.7	
4			1.0				45.3	31.1				
5							40.2	1.3				
6							2.0					
7					3.9		13.8		35.9			
8							11.7		6.1			
9							0.2				7.3	
10						0.5	1.0		0.7		0.4	
11				0.5	6.4		0.1		24.7			
12				2.0	5.1							1.5*
13					0.2		3.7	1.5				10.0*
14	0.7							0.4				
15		0.6	2.5							6.5	0.7	0.3*
16												
17	3.4*											
18	4.5·*		2.5	0.4								
19	1.3·*		1.5					12.9				
20	2.5*							38.1	3.7			3.8*
21	2.1*		32.7				8.8	4.5				
22			0.5				5.7					
23				59.1		0.6						
24				1.8	0.1		1.3				3.4	
25							26.2	0.1		1.6	2.5	1.2*
26						0.3		6.5		1.1		1.8*
27						7.2						0.7*
28			0.4		0.3	4.8						
29	0.2*	0.5			10.9	18.9				1.0		
30				6.2		22.2						
31							26.2	3.2				
降水量	14.7	1.1	48.3	70.0	27.1	54.5	214.8	100.6	106.9	10.2	26.1	20.6
降水日数	7	2	10	6	8	7	17	11	6	4	7	8
最大日量	4.5	0.6	32.7	59.1	10.9	22.2	45.3	38.1	35.9	6.5	7.3	10.0

年统计					
降水量　694.9			降水日数　93		
时　段　(d)	1	3	7	15	30
最 大 降 水 量	59.1	87.5	155.2	196.2	242.0
开 始 月 一 日	4—23	7—4	6—29	6—26	6—26

附　注

2012　滚　河　石漫滩站　逐日降水量表

降水量 mm

日＼月	一月	二月	三月	四月	五月	六月	七月	八月	九月	十月	十一月	十二月
1			4.7		0.2		13.4		21.1			1.3
2			0.9				21.0				6.1	
3			0.4				0.1				5.0	
4			0.7*				41.5	30.9				
5							37.3	0.4				
6							3.3					
7					3.0		4.9		35.9			
8							21.8		6.1			
9							39.9				7.7	
10						1.7	0.8		0.6		0.5	
11				1.5	4.5				28.7			
12				1.6	3.3							1.2
13					0.2		15.2	2.3				
14	0.6*		0.2					4.7				9.9·*
15		0.4	1.9							5.0	0.3	0.3
16	0.3*											
17	3.4*											
18	3.9·*		2.6									
19	1.8·*		1.7					16.2				
20	1.4*							44.7	1.3		0.5	4.1*
21	2.0*		31.4				4.1	3.4				
22			0.6				10.4					
23				43.8						0.6		
24				7.9	0.3		1.9				2.7	
25						0.1	9.8	0.1	0.2	1.2	1.7	1.0*
26								2.9		2.1		2.6*
27						11.5		8.0				
28		0.4	0.3		0.3	7.8						0.3*
29	0.7*				13.3	17.8				1.1		
30				6.1		18.5						
31							12.2	3.1				
降水量	14.1	0.8	45.4	60.9	25.1	57.4	237.6	116.7	93.9	10.0	24.5	20.7
降水日数	8	2	11	5	8	6	16	11	7	5	8	8
最大日量	3.9	0.4	31.4	43.8	13.3	18.5	41.5	44.7	35.9	5.0	7.7	9.9

年统计					
降水量　707.1		降水日数　95			
时　段　(d)	1	3	7	15	30
最大降水量	44.7	82.1	149.6	239.6	281.0
开始月—日	8—20	7—4	6—29	6—27	6—27

附　注	

2012　滚　河　袁门站　逐日降水量表

降水量 mm

日＼月	一月	二月	三月	四月	五月	六月	七月	八月	九月	十月	十一月	十二月
1			3.8		0.3		17.6		21.2			2.0*
2			1.5				8.6				4.1	
3			1.4								6.1	
4			0.3				46.8	48.6				
5						0.2	49.9	0.3				
6							6.4					
7					3.5		3.6		37.5			
8							17.0		6.2			
9							22.9				7.7	
10							0.5		0.5		0.5	
11				1.1	6.6				24.1			
12				1.5	3.9							0.9
13					0.5		17.2	2.9				
14	0.5	0.5	0.3					4.8				9.1·*
15		1.5	2.5							5.6	0.1	0.5
16												
17	3.3*											
18	3.7*		2.9									
19	1.5*		1.7					16.5				
20	2.2*						1.8	50.3	0.7		0.5	3.6*
21	3.2*		47.2				1.2	4.9				
22			0.5				7.9					
23				40.0		0.3						
24				7.5	0.1		3.9				2.9	
25							10.3		0.2	0.1	1.9	1.3*
26								2.5	0.1	2.1		4.8·*
27								7.6				
28			0.5			13.4						0.3*
29	0.7*				0.2	7.4				0.7		
30				6.8	15.7	18.0						
31						13.0	15.4	12.5				
降水量	15.1	2.0	62.6	56.9	30.8	52.3	231.0	150.9	90.5	8.5	23.8	22.5
降水日数	7	2	11	5	8	6	16	10	8	4	8	8
最大日量	3.7	1.5	47.2	40.0	15.7	18.0	49.9	50.3	37.5	5.6	7.7	9.1

年统计					
降水量　746.9		降水日数　93			
时　段　(d)	1	3	7	15	30
最大降水量	50.3	103.1	153.9	225.1	267.4
开始月—日	8—20	7—4	6—29	6—27	6—27

附　注	

2013　滚　河　刀子岭站　逐日降水量表

降水量 mm

日＼月	一月	二月	三月	四月	五月	六月	七月	八月	九月	十月	十一月	十二月
1								12.0				
2		1.6									1.8	
3		1.9										
4		15.6 ·*		3.0			19.9		2.1			
5				11.3	5.5						5.0	
6		0.3 *			1.5	2.1						
7		1.9 *			15.9							
8					3.0				5.0		1.1	
9						9.3			25.1		5.4	
10						2.3			10.4		0.6	
11							1.2					
12							1.6				0.3	
13							3.3	1.1				
14							5.4					
15			1.7				44.9					
16			5.4									
17			1.3		11.5		25.5					
18		3.6 *			0.2		33.8					
19	3.1 *			30.2			6.2					
20	4.2 *						36.6					
21				0.5					0.3			
22				6.1			11.3	0.5	0.7		0.2	
23						2.0		124.4	32.6		13.4	
24						21.3		94.2	3.3			
25			5.1		59.9			13.4				
26					21.6							
27									0.4			
28				3.5	6.3			2.5				
29				2.1	1.7		35.8			8.1		
30	1.5				1.8					11.5		
31	1.4					4.7				7.7		
降水量	10.2	24.9	13.5	56.7	128.9	41.7	225.5	248.1	79.9	27.3	27.8	0
降水日数	4	6	4	7	11	6	12	7	9	3	8	0
最大日量	4.2	15.6	5.4	30.2	59.9	21.3	44.9	124.4	32.6	11.5	13.4	

年统计	降水量　881.5			降水日数　77	
	时　段　(d)	1	3	7	15	30
	最 大 降 水 量	124.4	232.0	235.0	237.1	281.4
	开 始 月 一 日	8—23	8—23	8—22	8—22	7—29

附　注	

2013　滚　河　尚店站　逐日降水量表

降水量 mm

日＼月	一月	二月	三月	四月	五月	六月	七月	八月	九月	十月	十一月	十二月
1								23.6				
2		1.4									1.2	
3		1.4		1.4								
4		16.1 ·*		1.5			35.9		2.5			
5				4.4	3.7						4.8	
6					1.0							
7		2.4 ·*			5.5		0.3	3.1	4.0		0.6	
8					0.3				23.9		7.0	
9						7.5			9.5		0.6	
10						1.8						
11							24.0		0.1			
12							27.6	6.8				
13												
14							4.3					
15			2.3				37.5					
16			5.0									
17			1.4		9.7		12.5					
18		2.2 *					82.0					
19	2.2 ·*						2.9					
20	2.3 *			20.5			46.2					
21				1.1								
22				5.1			5.0				0.9	
23						2.5		68.5	9.3		8.9	
24						20.2		85.3	2.1			
25			5.0		57.8			2.8				
26					19.5							
27								0.2	0.6			
28				0.7	1.9			1.1				
29				1.7	3.4		30.2			5.0		
30	0.4				1.9	7.2				7.4		
31	1.4									3.1		
降水量	6.3	23.5	13.7	36.4	104.7	39.2	308.4	191.4	52.5	15.5	24.0	0
降水日数	4	5	4	8	10	5	12	8	9	3	7	0
最大日量	2.3	16.1	5.0	20.5	57.8	20.2	82.0	85.3	23.9	7.4	8.9	

年统计	降水量　815.6			降水日数　75	
	时　段　(d)	1	3	7	15	30
	最 大 降 水 量	85.3	156.6	185.4	242.3	332.0
	开 始 月 一 日	8—24	8—23	7—14	7—8	7—4

附　注	

2013　滚　河　柏庄站　逐日降水量表

降水量 mm

日\月	一月	二月	三月	四月	五月	六月	七月	八月	九月	十月	十一月	十二月
1								19.5			1.7	
2								0.4				
3		1.3		2.0								
4		10.8·*		2.8			30.2		2.0			
5		0.5		4.6	4.6						3.8	
6					1.0							
7		2.3*			8.2							
8					0.5		0.2	27.9	4.3		0.5	
9						6.2			21.2		7.3	
10						2.3			8.8		0.3	
11						0.4	10.1					
12							17.1	0.5				
13								2.0				
14							3.6					
15			2.5				29.8					
16			8.6									
17			1.9		11.0		1.2					
18		3.2*					65.1					
19	0.9·*			21.4			2.8					
20	3.8·*						46.8					
21				1.1								
22				5.5		0.9	4.6	0.1	0.3		3.0	
23						1.8		120.5	14.5		9.3	
24						20.4		60.9	2.2			
25			7.6		67.8			2.4				
26					18.1							
27								0.3	0.8			
28				3.6	0.7		0.2	0.7				
29				1.5	3.1		31.2	0.4		3.7		
30	1.1				1.9	6.2				8.1		
31	0.6									4.7		
降水量	6.4	19.7	20.6	42.5	116.9	38.2	242.9	235.6	54.1	16.5	25.9	0
降水日数	4	6	4	8	10	7	13	12	8	3	7	0
最大日量	3.8	10.8	8.6	21.4	67.8	20.4	65.1	120.5	21.2	8.1	9.3	

年统计	降水量　819.3			降水日数　82	
	时　段　(d)	1	3	7	15	30
	最　大　降　水　量	120.5	183.8	185.2	187.3	265.7
	开　始　月 — 日	8—23	8—23	8—23	8—22	7—29

附　注

2013　滚　河　石漫滩站　逐日降水量表

降水量 mm

日\月	一月	二月	三月	四月	五月	六月	七月	八月	九月	十月	十一月	十二月
1								43.8			1.4	
2		1.5		0.1								
3		2.6		1.4								
4		15.5·*		1.5			47.1		1.6			
5		0.3		7.5	4.2		0.2				4.4	
6					1.6							
7		1.5*			9.3	0.1						
8					0.5			16.8	4.2		0.7	
9						10.2			21.9		7.2	
10						2.2			8.6		0.4	
11						1.8	10.2		0.1			
12			0.5				1.8	0.2	0.2			
13							0.2					
14							6.6					
15			2.0				37.5					
16			6.9									
17			2.2		10.9		1.9					
18		1.5*					91.2					
19	1.8·*		U	24.0			3.2					
20	3.5·*						34.2					
21				1.0		0.3						
22				7.4		1.4			1.2		2.3	
23						1.8	29.3	105.8	24.7		11.2	
24						21.4		85.8	2.2			
25			6.7		60.4			4.1				
26					27.9							
27									0.5		U	
28				3.9	1.5		51.2	0.5	0.1			
29				1.0	3.4			0.2		5.3		
30	1.2				2.2	2.9				9.7		
31	1.8									8.6		
降水量	8.3	22.9	18.3	47.8	121.9	42.1	314.6	257.2	65.3	23.6	27.6	0
降水日数	4	6	5	9	10	9	13	8	11	3	7	0
最大日量	3.5	15.5	6.9	24.0	60.4	21.4	91.2	105.8	24.7	9.7	11.2	

年统计	降水量　949.6			降水日数　85	
	时　段　(d)	1	3	7	15	30
	最　大　降　水　量	105.8	195.7	196.4	252.9	358.4
	开　始　月 — 日	8—23	8—23	8—23	7—18	7—4

附　注

2013　滚　河　袁门站　逐日降水量表

降水量 mm

日＼月	一月	二月	三月	四月	五月	六月	七月	八月	九月	十月	十一月	十二月
1								21.4			0.9	
2		1.1		0.5								
3		4.8		2.9								
4		13.1 ·*		6.5	4.4		27.8		2.3			
5											4.3	
6		2.1 *			1.4	0.5						
7					10.9				3.5			
8					1.2			7.8	23.5		1.3	
9						9.7					4.5	
10						1.6			10.4		0.3	
11							0.8					
12							21.6	3.2			0.1	
13							0.5	13.1				
14							2.2					
15			1.5				53.2					
16			6.4		8.8							
17		2.3 *	1.3				9.3					
18							63.9					
19	2.1 ·*			27.0			6.1					
20	2.8 ·*						51.7					
21				0.1		0.4						
22				3.1			14.3		0.6		0.5	
23						1.9		102.7	12.0		8.4	
24						22.4		107.4	0.9			
25			6.2		67.2			7.7				
26					19.8							
27									0.5			
28				5.1	1.9			4.1				
29				1.5	2.6		38.9			4.6		
30	1.1				2.0					7.4		
31	1.3					4.5				6.2		
降水量	7.3	23.4	15.4	46.7	120.2	41.0	290.3	267.4	53.7	18.2	20.3	0
降水日数	4	5	4	8	10	7	12	8	8	3	8	0
最大日量	2.8	13.1	6.4	27.0	67.2	22.4	63.9	107.4	23.5	7.4	8.4	

年统计	降水量　　903.9			降水日数　77	
	时　段　（d）	1	3	7	15	30
	最 大 降 水 量	107.4	217.8	221.9	237.4	311.7
	开 始 月 — 日	8—24	8—23	8—23	7—15	7—4

附　注	

降 水 量 摘 录 表

1952　滚　河　尚店站

月	日	时或时分 起	时或时分 止	降水量 (mm)	月	日	时或时分 起	时或时分 止	降水量 (mm)	月	日	时或时分 起	时或时分 止	降水量 (mm)	月	日	时或时分 起	时或时分 止	降水量 (mm)
6	18	7:35	8:40	0.1	7	25	3:06	3:20	2.2	9	6	4:20	9	31.5	10	26	9	10	0.5
		9:50	17:30	5.0			12:37	12:47	1.0			9	16:10	20.1		27	5	9	0.5
	28	3:45	5:40	39.0			13	13:25	9.0			22:50	8:20	20.0			9	10	1.5
		16:10	17:45	2.5			13:26	13:40	0.7		7	9	17	20.0	11	6	8:15	10:30	0.1
		18	18:15	0.2			13:46	13:55	1.2			21:15	9	48.7		7	9:10	12:15	0.2
		19:30	2:50	114.4			13:56	14:05	1.0		8	9	10:20	1.1		9	10	13:10	0.3
	29	14:15	14:20	0.1			14:10	14:40	0.8		9	8:25	9	3.5		10	6:10	9	0.1
		15:30	15:55	4.3			14:41	14:53	6.4		12	11:10	13:20	1.0			9	11:50	1.4
		17:20	18:30	0.7			14:54	15:35	2.0		18	9	9:25	3.5		11	2	9	21.0
	30	2:20	6:10	20.0		26	16:22	16:36	0.5			11:50	14	1.5			9	12:10	20.0
7	3	7:55	9	2.5	8	3	17:35	17:50	0.1		24	1:15	4	1.5	12	1	1	9	18.0
		9	18:50	24.7		4	1:45	3	27.0			4	8:20	7.5			9	10:20	0.5
	6	12:35	13:26	0.2			3:01	8:40	6.2			8:20	9	0.5		13	5:50	9	19.0
		16:12	16:52	2.4			9	11:10	14.1			9	13:45	1.6			9	12	2.1
		17:48	18:38	0.1			11:11	12	1.1			13:45	16:20	2.5		18	14:20	15:30	0.1
		18:50	20:05	0.4			12:15	16:35	5.0		25	13	13:10	0.1		20	6:50	9	1.2
	10	23:50	0:50	0.1		7	3:20	3:35	0.2	10	9	12:15	14	1.0			9	13:20	1.4
	11	5:45	6:05	0.6		9	15:45	21	42.3			14:50	16:45	2.0		21	6:50	9	8.6
		18:40	19:25	1.5		10	6:05	7:15	8.1			18:10	23:05	1.5			9	14:10	5.8
	23	4:30	4:50	0.4			20:43	2:20	42.0		10	5:30	8	2.5		23	5:10	9	2.2
		6:22	6:30	1.5		11	16:01	18:40	5.1		19	11:20	14:50	2.5			9	0	10.7
		14:15	17	2.3			22	23	4.0			20:40	0	2.5		24	1	9	2.5
		19	20:40	0.4		21	22:20	9	8.4		20	2:10	7:50	4.5			9	17:45	4.5
		21:45	23	2.2		22	9	9	32.2			9:10	11:45	0.3		26	12:20	0:50	3.9
	24	2:35	7:10	4.3		23	9	11:40	4.5			11:45	13:55	8.0		27	1:10	9	7.4
		8:08	9	7.2		24	0:50	5:40	1.6			13:55	17:25	2.1			9	14:20	3.5
		9	11:10	17.0		27	14:15	9	3.5			17:25	22	0.5			15:30	16:20	5.5
		11:10	12	0.7		28	9	8:50	31.5		21	4:15	9	16.0		30	6:50	9	10.5
		13	13:15	0.2		29	12:50	14:25	2.1			9	12:25	5.5			9	0	18.5
		13:37	14:35	14.5			15:05	8:40	9.9		26	4:10	9	3.0					

1952　滚　河　石漫滩站

月	日	时或时分 起	时或时分 止	降水量 (mm)	月	日	时或时分 起	时或时分 止	降水量 (mm)	月	日	时或时分 起	时或时分 止	降水量 (mm)	月	日	时或时分 起	时或时分 止	降水量 (mm)
5	1	15:50	16:15	0.2	5	3	21	21:40	0.6	5	10	4:05	5	0.1	5	16	22:22	23:50	0.6
		16:15	16:30	1.2			21:40	22:40	2.2			10:30	12:40	0.2			23:50	0:50	1.4
		16:55	17:23	0.2			22:40	23:20	0.8			12:40	13:08	0.1		17	0:50	1:02	1.0
		17:23	17:47	1.2			23:20	2:25	1.2			13:08	13:40	2.7			1:02	1:30	0.6
	2	10:05	10:55	0.2		4	6:26	8	0.2			13:40	14:25	0.7			1:30	3:30	5.4
		12:20	16:10	0.3			8	8:40	0.2			14:25	14:50	0.9			3:30	4:30	1.4
	3	3:20	4	0.9		5	1	2:25	1.4			14:50	15:40	1.1			4:30	5:32	0.2
		4	4:50	5.7			7:43	8:40	0.6			15:40	16:50	0.9			5:32	6:20	1.2
		4:50	5:12	5.0			8:40	8:50	0.4		15	23:30	23:50	1.0			6:20	9	1.2
		5:12	9	13.4			9:10	9:50	0.5			23:50	0:08	0.1			9	9:50	0.2
		9	9:40	2.9			11:20	11:50	0.9		16	0:08	1	0.9			9:50	15:25	4.7
		9:40	13:15	6.1			15:55	16:10	0.1			10:40	12:30	0.4			15:25	19:50	0.7
		13:15	15:02	2.0			16:10	16:18	0.5			14:30	14:50	0.3			23:20	0:20	0.4
		15:02	15:40	0.2			16:18	16:55	0.8			14:50	15:42	4.8		19	13:30	14:20	0.3
		15:40	17:10	1.8			16:55	17:50	0.2			15:42	16:45	1.0			17:40	19:28	0.5
		17:10	17:30	0.1		8	23:35	1	0.6			16:45	18:06	3.6			19:28	20:35	0.8
		17:30	18	0.5		9	17:30	18:50	1.6			18:24	19:10	3.5		30	21	0:30	0.4
		18	19:40	1.4			18:50	20	0.4			19:10	20:30	0.5	6	18	12:50	13:48	0.6
		19:40	21	0.2		10	3:45	4:05	0.7			20:30	22:22	2.7			13:48	14	0.5

降 水 量 摘 录 表

月	日	时或时分 起	时或时分 止	降水量(mm)	月	日	时或时分 起	时或时分 止	降水量(mm)	月	日	时或时分 起	时或时分 止	降水量(mm)	月	日	时或时分 起	时或时分 止	降水量(mm)
6	18	14	15:20	0.4	7	6	22:20	0	0.3	8	9	20:55	22:30	3.7	9	6	9	9:30	4.3
		15:20	17	1.1		11	18:08	18:13	0.4		10	7:40	8:35	1.8			9:30	9:55	0.3
	28	2:40	3:30	2.7		12	14:55	15:25	0.6			14:18	14:21	0.1			9:55	10:20	4.0
		3:30	3:45	2.6			19:40	21	0.5			15:15	15:20	0.1			10:20	10:30	0.2
		3:45	4:18	1.4			23:40	0	0.1			22	22:40	31.7			10:30	12:28	3.4
		4:18	4:25	0.9		13	2:30	3:10	0.2			22:40	0:20	4.1			12:28	12:40	2.8
		4:25	4:55	0.7			5:40	8:10	1.3		11	21:30	22	0.3			13	13:32	1.6
		4:55	5:30	9.5			10:20	11	0.1			22:40	23	3.7			13:32	13:50	0.1
		16:50	17:30	6.0			11	12	0.5			23	23:30	0.1			13:50	13:55	0.4
		17:30	17:55	0.3			17:30	17:50	0.1		22	0:30	2	2.5			13:55	14:20	0.1
		20:25	21:48	21.1		23	4:50	5:12	1.0			2	2:53	0.3			14:20	14:50	4.4
		21:48	22	0.2			5:12	6:10	0.2			4	5:20	1.0			14:50	16:40	0.6
		22	22:02	0.4			10	10:10	0.1			5:38	5:50	0.6			23	1	1.9
		22:10	23	6.6			11:30	11:50	0.1			5:50	8:13	0.6		7	1	1:55	0.1
		23	23:40	1.4		24	4:18	5	0.4			8:13	9	0.6			1:55	4:50	2.4
	29	23:40	1:40	76.3			5	5:40	1.3			9	9:40	0.4			4:50	6:35	0.4
		1:40	2:15	14.4			8:54	9	0.9			9:40	11:20	7.2			6:35	7:25	9.4
		4:20	4:30	0.4			9	9:58	2.1			11:20	11:30	0.1			7:25	9	2.5
		15:46	16	4.6			9:58	10:22	3.2			11:30	13:35	11.0			9:10	9:40	0.2
		16:10	16:12	0.3			10:22	12	3.0			13:35	15:20	6.4			9:40	10:05	0.4
		16:12	16:17	0.1			12	12:30	0.1			15:20	17:20	9.0			10:40	11	7.4
		16:17	16:20	1.1			23:50	0	0.2			17:20	21:42	8.6			11	13:45	12.0
		18	19	0.1		25	12:30	12:53	16.4			21:42	0:35	3.0			14:35	14:37	0.4
		23:56	0:12	1.1			12:53	13	0.1		23	0:35	2:20	12.4			14:37	15:27	0.1
	30	0:12	0:22	2.3			13	13:10	5.6			2:20	4:10	11.2			15:27	15:50	1.0
		0:22	0:28	0.1			13:10	14	0.2			4:10	5:03	1.8			15:50	17:40	1.2
		0:28	0:34	3.1			15:04	15:15	0.4			5:03	6	1.3			21:10	23:25	1.7
		0:34	1:20	1.5			15:15	15:40	8.3			7	9	2.7			23:25	1:20	1.4
		1:20	3	0.1			15:40	18	0.3			9	9:10	0.4		8	1:20	1:40	0.8
		3	5:10	1.6		26	16	16:20	8.8			9:30	11:37	2.6			1:40	2:35	0.8
		5:10	6:07	0.1			16:20	16:30	0.1			11:37	12:13	0.6			2:35	3:40	12.5
		6:07	7:04	11.6		27	4:50	7	0.4			12:13	12:30	0.8			3:40	4:50	2.6
		7:04	8:05	1.5	8	1	23:30	23:35	0.4			12:30	15:30	0.4			5	5:10	0.7
7	1	0:15	0:20	0.4			23:40	0:04	0.5		24	2:14	2:20	0.1			5:10	5:55	0.5
		0:20	2:58	0.2		2	0:04	0:20	0.7			2:43	3:50	0.7			5:55	7:50	14.2
		2:58	3:12	8.8			0:58	1:12	0.4			6:12	6:50	0.9			7:50	9	27.6
		3:18	3:21	2.5			2:30	3:15	0.1			7:50	8:20	0.2			9	9:20	2.6
		3:21	4	0.3			3:15	4:50	0.9		28	4	9	2.4			9:20	14	0.7
		4	4:02	0.8		3	10:35	10:39	0.4			10:40	11:45	1.0		9	9:30	10:10	0.2
		4:02	4:40	0.4			18	18:23	0.2			12:50	13:10	0.2			10:10	10:30	0.4
	3	8:20	8:35	1.3		4	1:47	1:55	1.4			13:10	20:50	9.2		12	12	12:20	0.1
		8:35	9	0.5			2:25	2:35	0.6			20:50	1:20	3.9			12:20	13:35	0.8
		9	11:30	27.3			2:40	2:48	0.4		29	1:20	2:10	3.9		17	20:30	21	0.6
		11:30	12	0.7			2:57	3:05	0.3			2:10	4:20	3.0			21	21:45	0.3
		12:10	12:30	0.5			3:05	3:30	0.1			4:20	5:50	0.6		18	12:40	13:35	0.6
		12:30	13:20	0.2			3:30	4	2.0			5:50	9	2.8		24	3:10	5	0.2
		13:20	14:10	2.2			4	4:45	0.1			9	12	1.0			5:50	7:20	2.3
		14:10	15:45	3.4			4:45	5:20	0.4			13:10	16	0.1			7:20	7:30	0.9
		15:45	16:50	0.2			6:05	7	3.1			16	17:10	1.4			7:30	7:50	0.1
		16:50	17	0.6			7	7:30	0.2			17:10	19:50	0.9			7:50	9	2.8
		17	18:30	0.2			9:58	10:25	5.6			19:50	20:50	0.7			9	9:50	2.3
	5	14:05	14:50	0.3			10:25	11:40	6.5		30	3:50	5:30	4.4			9:50	10:55	3.1
	6	3:25	5:10	0.2			11:40	14	0.5			5:30	6	0.4			10:55	12	7.6
		15	15:35	0.4			14:10	15	1.5			6:58	9	11.1			12	14:50	5.2
		15:35	15:40	0.6			15	15:50	0.2			9	10:20	2.3			14:50	16:50	2.0
		15:40	16	1.0			15:50	17	1.0	9	6	5:10	7:40	5.6			20:50	21:30	0.4
		18:05	18:40	2.2		9	17:35	19:10	29.6			7:40	7:50	3.0			21:30	22	0.7
		18:40	19:10	0.2			19:10	19:35	27.2			7:50	8:01	0.8			22	22:20	0.3
		20:10	20:30	0.2			19:35	20:55	23.7			8:01	9	18.0		25	13:20	13:30	5.4

降 水 量 摘 录 表

1953 滚 河 尚店站

月	日	起	止	降水量(mm)	月	日	起	止	降水量(mm)	月	日	起	止	降水量(mm)	月	日	起	止	降水量(mm)
1	3	10:20	7:05	5.5	7	2	22:10	23:50	9.8	8	4	0:05	0:10	8.5	10	15	23:48	23:58	0.3
	24	6:10	9	0.3			23:50	1:20	18.5			0:10	0:20	11.2		16	1:35	2:27	3.3
		9	9	6.5		3	1:20	3:30	48.8			0:25	0:40	6.3			2:27	3:40	0.2
2	3	7	9	0.4			6:15	6:20	1.1			0:45	2:05	5.6		18	9:30	10:30	0.2
		9	12:30	0.7			10:10	11	2.5			2:15	4	10.3			10:42	11:30	0.2
	12	2:30	9	2.0			14:30	14:40	0.1			4:06	4:50	8.8			12:05	15:55	6.7
		9	12:10	1.5		5	3	3:15	2.8			5	6:45	12.0			15:55	18:50	1.3
	14	7:10	9	1.7			6:10	6:20	5.2			7:20	9	32.5		29	15:30	18:20	13.5
		9	9:50	0.8			9:50	10:15	1.2			9	9:10	0.2			18:20	23:55	5.5
	15	12	15:40	7.1			17:40	18:15	4.8			14:30	14:35	0.5		31	6:30	8:45	0.2
	24	3:50	9	0.1		6	15:20	15:30	4.3			16:50	17	2.5			14:45	16:30	0.2
		9	18:10	0.1		10	18:10	18:25	8.5			17:45	18:40	2.9	11	6	20:30	22	0.5
3	1	10:20	13:30	2.1			18:25	18:30	1.6		6	4:30	5	10.2		7	14:40	15:45	0.5
	9	7:50	9	1.0			21:30	21:40	18.0			5	5:20	2.3			16:42	17:20	0.6
		9	12:30	1.4			21:40	23:10	45.5			5:25	6:05	4.6			19:15	23:20	2.0
		20:50	22:20	1.1		11	16:05	16:10	1.8			6:05	7:40	35.5		8	6:45	9	0.2
	10	10:10	18	20.1			19:50	20:10	19.8			7:45	9	1.8			9	15	0.7
	26	17	22:20	8.6			20:10	23:05	10.2			9	9:45	0.2			19:10	9	5.9
4	4	9	13:45	3.2		12	14:10	14:15	0.5			9:45	10:55	1.1		9	9	23:46	16.2
		14:20	15:20	2.1			21:20	22	8.5			11:40	14:10	34.8		10	7:25	9	0.2
	28	7:30	7:55	6.5		17	12	12:50	3.6		7	20:20	21:30	7.8			9	11:20	0.8
		12:10	14	7.5			19:30	21:10	9.2		8	4:05	4:15	0.3		13	8	9	0.1
		17:20	18:20	6.3		18	13:10	15	19.2		10	18:35	19:20	10.1		14	20:22	22:37	0.1
		19:20	20	2.1		20	17:30	17:50	6.1		18	18:50	20:10	3.5		16	8:10	9	0.2
5	20	15:40	17:20	2.1		23	23:45	23:55	18.8		19	4:05	7:35	2.2			9	12:10	1.0
	29	20:10	1:20	2.5			23:55	0	7.8			10:40	10:50	0.4			12:17		28.9
6	6	11:20	13:10	0.3		24	0	1	10.1			13:10	14:33	1.5		17	9	21:30	6.7
		19:40	20:20	1.0			10:10	10:35	0.1			15:40	16:05	0.7		19	8	9	0.1
	9	6:20	9	0.1			14:50	15	0.1			20:55	21:35	2.1		20	8	9	0.1
		9	10	0.2			15:10	15:15	0.1		20	1:10	3	2.5		26	8	9	0.2
		10	13:10	5.1		27	15:50	15:55	0.2			9:40	10:35	2.6		27	8	9	0.1
	13	18:20	18:35	0.8		30	14:10	14:30	9.5			11:05	12:35	14.4	12	1	23:20	9	5.0
		18:40	18:50	0.1			15	16:15	5.5		22	6:15	8:05	2.2		2	9	15:20	2.6
	18	17:45	18	6.8		31	0	0:10	5.0			9:08	10:25	0.1		4	20:15	9	4.0
		18:40	18:50	0.2			19:20	19:25	5.5		23	7:10	8:30	1.7		6	8	9	0.1
	19	4:10	4:15	3.8	8	1	18:05	18:10	0.2		25	23:10	0:45	0.1		7	8	9	0.1
		4:20	4:25	0.2			20:45	20:50	0.1		26	21:30	22:25	4.1		9	8	9	0.1
	21	17:15	17:30	8.7		2	3:10	4:20	5.0			23:20	0:50	8.5		11	8	9	0.1
		17:30	17:50	5.4			4:20	7:05	2.1		27	1:05	6:20	9.5		16	11:58	19:20	0.3
		17:50	18:20	9.5			7:10	9	2.3			8:30	9	2.1		21	3:40	8:45	0.5
7	2	18:20	19:20	3.1		3	9	9:15	1.5			10:10	12:25	4.2			9:10	16:07	3.5
		5:35	5:40	3.1			1:25	1:40	4.5	9	5	11:30	11:55	0.4		22	8	9	0.3
		6:45	7:40	4.5			20:15	20:20	6.2		20	21:25	6	2.5		26	8	9	0.4
		17:45	18	1.5			20:25	20:30	10.1	10	4	9	10:45	0.2					

1953 滚 河 石漫滩站

月	日	起	止	降水量(mm)	月	日	起	止	降水量(mm)	月	日	起	止	降水量(mm)	月	日	起	止	降水量(mm)
6	6	10:43	13:10	0.4	6	18	15:18	15:45	0.5	6	18	18:20	19	1.8	6	21	18	18:58	16.9
		20:20	21	1.5			15:50	16	5.2			19	19:18	6.0			18:58	20:22	5.8
	9	9	12:55	4.0			16	16:20	0.4			20:02	20:15	2.5			20:22	21	0.3
		12:55	13:08	0.3			17:15	17:20	0.5		19	4:21	4:30	2.5			21:58	22:10	2.0
	13	18:12	19:42	0.1			18:04	18:20	8.8			4:51	5:15	0.6			22:10	0:45	3.2

降 水 量 摘 录 表

月	日	起	止	降水量(mm)
7	1	1:30	2:40	0.7
		2:40	5:25	0.4
		5:40	6:40	0.1
	2	7:30	8:45	1.2
		22:42	0:58	15.2
	3	1:08	1:19	4.0
		1:19	2:20	14.3
		2:20	2:55	1.7
		2:55	3:53	2.4
		3:53	5	1.0
		7:11	7:37	2.0
		7:38	8:15	0.5
		11:35	12:15	2.2
		15:11	15:40	0.3
	5	4:17	4:50	11.0
		4:50	5:32	0.7
		7:10	7:30	0.8
		7:30	8:30	0.7
		10:16	10:42	0.1
		10:42	11:30	2.0
	6	16:30	16:45	2.3
	10	19:07	20:10	1.5
		20:52	21	0.6
		21:36	22:12	0.5
		22:12	22:35	4.5
		22:35	22:44	4.0
		22:44	23:05	7.0
		23:25	23:41	10.4
	11	0:11	0:55	26.0
		0:55	2:08	2.6
		2:08	2:40	1.0
		16:15	16:33	0.2
		17:07	17:20	12.0
		17:20	17:33	0.3
		17:33	17:55	0.1
		20:20	20:35	4.0
7	11	20:35	21	15.4
		21	21:35	6.6
		21:35	1:20	10.2
	12	1:20	1:55	1.0
		14:53	15:06	2.2
		21	22:25	1.8
		22:25	23:16	0.8
		23:16	0:20	2.7
	13	0:20	1:15	1.4
	17	15:09	15:33	3.4
		16:33	17	0.1
		19:45	21	2.3
		21	23:10	1.0
	18	3:35	4	0.3
		6:35	6:44	0.2
		13:15	13:45	1.9
		15:30	16:25	0.7
	20	18:04	18:19	2.8
		18:19	18:54	0.6
	24	0:30	0:42	3.8
		0:42	1:20	3.5
		1:20	3:20	8.5
		3:20	4:40	6.1
		6:20	7:10	0.8
		15:17	17:45	3.0
		20:50	21	0.2
		23:29	23:45	1.1
	28	19:52	20:06	5.1
	30	8:35	9	0.5
		14:56	16	6.2
		16	16:20	0.2
		16:20	18:38	2.4
	31	19:45	20:36	6.6
		20:36	21	0.6
		21	22:40	0.3
8	1	18:46	19:15	33.4
8	1	19:15	21	1.1
		21	23:45	1.2
	2	3	6:15	3.9
		6:15	9	3.6
		9	11:05	0.6
		19:50	21	0.2
	3	0:50	1	2.1
		1	1:34	0.3
		5:52	6:50	0.2
		21:17	21:57	4.9
		21:57	22:33	4.4
		22:33	23:33	2.1
	4	0:48	1:15	8.7
		1:15	1:43	1.5
		1:43	2:23	8.8
		2:23	5:07	16.7
		5:07	7:05	13.8
		7:05	9	7.0
		9:20	10:20	13.7
		10:20	11:05	1.7
		12:15	13:05	0.2
		14:40	15:05	0.5
		15:25	15:55	1.1
		17:56	18:10	0.3
		23:48	1:48	0.8
	6	3:40	4:35	1.0
		4:35	6:01	10.5
		6:01	9	44.1
		9	9:22	5.2
		9:22	10:50	1.6
		10:50	11:50	3.1
		11:50	13:47	16.5
		13:47	15:50	18.1
		15:50	16:20	3.6
	7	7:45	8:10	0.1
		20:49	21	0.3
8	7	21:40	22	0.2
	8	5:25	6:20	0.1
	10	19:12	19:49	7.3
		19:49	20:06	0.9
	18	18:22	20:30	1.3
	19	3:25	4:25	0.7
		4:42	4:50	0.1
		6:24	9	0.5
		12	16:02	2.4
		16:02	17:33	0.1
		18:21	18:37	0.1
		18:46	19:05	0.1
		21:39	0:07	1.8
	20	0:25	3:45	1.3
		10:28	10:40	3.2
		10:40	11:50	7.7
		11:50	13:58	1.9
		13:58	16:53	7.2
	22	1:13	1:27	1.0
		1:27	9	5.0
		9	21	0.8
		21	9	0.4
	27	1:46	2:06	1.2
		2:50	3:12	1.3
		3:12	4:40	0.9
		4:56	5:13	1.0
		6:03	6:21	0.2
		6:45	6:55	0.1
		8	9	1.4
		10:10	11:45	1.2
9	5	15:06	16:22	0.3
		21	23:15	0.2
	10	13:15	14	1.0
	20	22:30	7:45	2.5

1954 滚 河 尚店站

月	日	起	止	降水量(mm)
1	2	17:05	19	0.7
		19	8:20	4.7
	4	18	19	0.2
	6	18	19	0.1
		19	8:50	0.9
	7	9:35	13:40	0.7
		14:50	16:20	0.3
	8	2:40	7	0.3
	10	18	19	0.4
		19	1	2.6
	11	13:20	17	2.0
		17	19	0.3
		19	1:35	1.2
	14	18:35	19	0.6
		19	5:10	13.9
	15	6:17	7:20	0.5
		9:45	14	1.0
	19	13:20	17	4.5
		17	19	0.7
		19	17	8.1
1	20	17	19	0.4
		19	17	4.6
	21	17	19	0.8
		19	17	9.4
	22	17	19	1.0
		19	8:50	7.0
	30	18	19	0.1
2	12	19:40	5:15	9.0
	14	13:45	19	4.5
		19	1	2.9
	15	8:20	12:30	0.7
	16	3:40	14	3.5
		19:20	2:45	5.4
	22	18	19	0.1
	25	20:42	21:20	0.2
	26	3:10	13:50	28.2
	28	18	19	0.1
3	2	19:05	4:15	0.6
	3	9:35	19	10.8
		19	23:40	2.7
3	19	13:25	14:50	0.5
	20	18	19	0.1
	26	15	17:45	6.7
	27	8:30	14	1.1
4	3	3	6:46	1.3
	9	7:15	12:25	0.5
	10	12:25	19	6.8
		19	20:30	0.4
	13	4:50	5:17	0.1
	15	11:20	19	0.6
		19	12:10	4.5
	16	14:10	19	7.4
		19	23:30	8.0
	17	7:15	19	0.3
	25	15:20	17:40	0.3
		19	8:50	4.6
5	4	19	23:20	5.5
	5	10	11:30	0.3
	7	19:40	7:20	27.8
	8	9:20	16:49	5.9
5	11	19	21:30	0.2
	12	18:35	19	0.2
	13	0:10	1:30	16.8
		1:30	8:20	11.5
		14:15	18:50	6.2
	20	19:05	4:30	17.5
	23	9	10	0.1
		11:05	19	26.1
		19	5:15	4.6
6	4	10:25	19	10.6
		19	21:33	1.7
		23:20	2:15	0.1
	12	16:38	19	0.6
		19	1:25	3.8
	13	3:26	7:10	0.6
	23	13:45	16:40	6.0
		19	20:10	5.3
		20:10	20:40	0.2
		22:25	23:30	0.2
	24	8:25	8:40	0.1

降 水 量 摘 录 表

月	日	起	止	降水量(mm)	月	日	起	止	降水量(mm)	月	日	起	止	降水量(mm)	月	日	起	止	降水量(mm)
6	24	15:03	15:40	0.2	7	26	16	19	10.7	8	19	15	15:35	0.4	10	28	18:20	19	0.3
	25	7:30	9:30	0.1			19	20	0.5		22	11:25	11:44	0.3			19	5:15	3.8
7	4	0:20	7	17.8		27	23:30	0:40	2.1			11:57	12:40	1.0	11	24	1:50	7:35	4.6
		9	13:30	23.4			0:40	1:55	9.4			13:07	16:30	5.4			13:40	16:30	1.8
		20	21:10	0.2			1:55	3:15	18.0			16:45	17:25	0.2			17	19	1.4
		21:30	23	0.5			3:15	6:47	12.4			19:50	21:25	4.3			19	8:40	16.0
	5	14:15	19	7.8		28	12:07	12:43	1.4			19:55	20:54	2.4		25	8:40	14:20	1.2
		19	0:30	7.1		29	2:40	4	1.8		23	15:30	16:05	0.4			14:20	19	7.1
	6	7	10:07	20.0			4	4:05	0.4		25	16:25	17:50	1.9			19	7:30	31.0
		10:07	15:30	52.5			4:05	5:10	0.2		26	7:15	8:35	1.0		26	7:30	16:30	4.2
		15:30	19	18.5			7:53	8:10	0.2			8:44	9:20	0.2			16:30	19	0.2
	9	19:05	20	0.1			9:10	9:35	6.8		30	23:50	2:20	0.1			19	23	0.3
		20	20:28	11.0			15:30	15:50	1.7		31	18	19	0.1		27	18:15	19	0.1
		20:28	20:40	0.1			17:25	19	0.4	9	1	21:30	6:35	1.6			19	9	20.3
	10	0:10	0:30	0.3			19	20:10	0.2		2	14:07	19	0.2		28	9:30	11:30	3.2
		1:15	5	13.3	8	1	1:10	15:35	13.1			19	3	0.3			11:30	19	1.5
		11:10	11:55	0.9			20:50	22:15	0.9		3	3	3:14	7.5			19	7:29	3.2
		12:03	12:10	0.3		3	2:15	7:30	5.3			3:14	5:40	0.8		30	4:20	8	3.2
		12:15	13	0.8			7:30	8:15	0.1			16:30	19	0.1			11:40	16:20	1.5
		14:30	18	0.7		4	8	8:20	0.4			19	3:10	0.3			21:30	5:50	2.5
	11	1	4:40	1.2			8:23	8:35	0.7		4	5:55	6:25	0.1	12	4	8:30	19	1.3
		4:40	5:35	3.1		6	23:50	3:55	23.5			10:25	11:30	1.1			19	21:45	0.2
		5:35	14	7.4		7	14:35	14:43	0.3			11:40	12:09	1.9		5	13:23	17:10	1.8
		14:17	14:30	0.1			15:40	15:50	0.5		11	5:20	8:40	0.4			17:10	19	0.1
	15	19:40	3:15	14.6			19:10	19:30	5.6		23	3	6:20	0.3			19	15:30	7.2
	16	3:15	3:40	21.7		8	2:45	3:30	4.9		24	7:43	12:07	2.1		6	20:50	8:20	2.0
		3:40	5	28.5			3:30	9:30	0.7			12:35	14:07	0.2		7	8:20	12	0.2
		5	5:50	6.0			15	17	5.0		30	20:30	22:30	0.1			13:30	19	1.4
		5:50	6:30	2.1			17	18:50	1.0	10	1	4:15	5:30	0.2			19	1:40	1.0
		6:30	7:30	50.4			23:20	3:30	3.3			11:35	16:05	2.3		10	18	19	0.1
		7:30	8:35	4.7		9	6	6:33	0.7		2	18	19	0.1		16	18	19	0.1
		8:45	18:10	30.4			8:27	9:10	0.8		3	6	19	16.5		22	5:20	19	1.0
	18	20:10	6:30	12.5			10:05	10:25	0.3			19	19:55	1.2			19	19	2.1
	19	6:30	10:50	2.0			10:45	10:50	0.1		4	1:10	8:30	8.7		23	19	7	3.5
		10:50	11	2.4			11:25	11:43	0.2			9:35	10:10	0.3		24	7	19	8.4
		11	19	4.7			11:57	12:30	47.0			16:45	19	0.8			19	9	16.8
		19	21:55	0.6			12:40	13:50	5.2			19	14:30	11.0		25	9	19	3.0
	20	3:55	4:10	2.7			13:57	14:43	0.7		5	14:30	19	1.1			19	20:20	0.1
		4:10	4:40	0.4		10	18	19	0.1			19	8:30	2.4		26	7:25	19	3.0
		4:40	4:55	1.3		11	12:03	12:18	5.0		6	8:30	14:15	5.4			19	20:20	0.1
		4:55	6	8.4		13	11:55	12:20	0.2			14:15	19	14.5		28	6:25	16:20	1.0
		6	10:55	5.3		14	7:50	7:55	0.1			19	20	2.0			19:10	12:30	1.9
	21	12	13:20	1.0			8:25	9:18	29.5			20	20:50	11.7		29	14	19	0.4
	25	17:30	17:45	0.2			9:18	11:25	4.0			20:50	10:40	9.7			19	23:40	0.2
		17:45	18	5.5		15	0:15	0:50	0.2		7	10:50	13:45	0.4		30	6	18:50	0.4
		18	18:30	0.2		18	0:05	11:50	13.8			14:05	18:15	0.6		31	10	19	2.5
	26	13:45	14:10	16.5			20:41	0:10	0.1		8	10:05	12:15	1.4			19	10:20	7.0
		14:10	14:20	0.7		19	10:15	11:25	0.3		9	4:10	5	0.5					

1954 滚 河 石漫滩站

月	日	起	止	降水量(mm)	月	日	起	止	降水量(mm)	月	日	起	止	降水量(mm)	月	日	起	止	降水量(mm)
6	4	11	19	5.3	6	25	7:20	7:50	0.1	7	3	20	23:35	8.9	7	6	7:04	8	4.1
		19	21:50	0.9		29	2:35	2:52	0.1			23:35	2	4.6			8	9:30	4.2
	12	19	1:52	2.0			3	3:20	1.6		4	2	3:40	0.9			9:30	10:23	1.0
	13	2:40	3:38	0.2	7	1	22:20	23:25	0.3			4:27	4:55	0.2			10:23	11:01	8.6
		4:37	5:51	0.4		2	4:35	5:58	0.2			10:42	12:04	0.3			11:01	12:05	1.8
	23	15:05	17:40	3.6		3	11:55	14:42	1.0			13:48	19	6.4			12:05	13:36	30.0
		19:30	21:32	0.9			15:07	19	8.2			20:19	23:30	3.0			13:36	14	4.6
	24	14:41	15:25	0.2			19	20	11.1			23:30	0:19	0.2			14	17:02	14.0

降 水 量 摘 录 表

月	日	起	止	降水量(mm)	月	日	起	止	降水量(mm)	月	日	起	止	降水量(mm)	月	日	起	止	降水量(mm)
7	6	17:02	19	16.3	7	16	18:41	19	0.2	8	4	10:55	11:14	0.4	8	22	13:03	13:13	13.6
		19	20	2.3		19	0:33	2	0.5		6	23:50	1:50	2.2			13:13	13:27	6.2
		20	20:50	0.2			2	5:08	3.5		7	14:32	14:34	2.6			13:27	14	2.3
	9	14:43	15:10	0.3			5:08	6:10	5.8			14:34	14:40	1.7			14	15:14	1.8
		19	20:48	1.8			6:10	8	2.6			14:40	14:50	3.2			16:16	17	0.2
	10	1:19	2	2.9			8	13:05	2.3			14:50	15:05	4.4			20:45	20:51	6.3
		2	4	6.7			13:05	14	0.4			18:12	19	16.8			21	21:38	0.1
		4	4:28	0.3			14	19	2.6			19	19:38	0.5		23	9:59	10:20	0.1
		5:21	6:29	1.2			19	20	0.5			19:45	20	0.1			20:10	20:35	0.4
		7:10	7:55	0.5			20	1:25	0.5		8	3	3:40	0.2		25	18:02	18:37	0.1
		11:25	11:36	0.2		20	2	4	0.3			4:22	6	1.0		26	6:49	7:21	0.1
		11:36	12:15	0.6			4:12	6:04	4.3			6:20	6:32	0.2			8	10:27	2.8
		13:15	13:56	2.0			6:04	6:46	2.4			12:40	12:50	2.0			12:07	14:12	1.0
		14:30	16:35	0.2			6:46	8	5.6			12:50	13:21	2.9			14:31	15:44	0.1
		16:45	18	0.2			8	10:26	1.9			14:38	18:46	3.0		28	21:29	21:44	2.3
		20:38	21:07	0.2		21	11:45	13	0.6			22:55	2:38	1.2			21:55	22:11	0.1
		21:26	21:34	0.1		26	13:35	15:25	1.2		9	0	7:46	0.1			23:41	0:08	0.1
	11	4:55	8	2.7			16:15	16:35	4.2			7:46	8	0.2		29	1:13	1:32	0.2
		8	12:20	0.9			16:35	19	3.9			8	10:47	3.0			17:40	17:50	0.3
		12:36	12:48	0.2			19	19:53	0.6			10:47	11:23	4.1			17:50	18:02	0.2
		13:02	14:35	0.1			20:10	22:22	0.5			11:23	11:35	8.5			18:02	18:17	0.1
		15:04	16:02	0.3			23:50	2:30	5.7			11:35	11:45	4.2		30	4:40	8	0.1
		18:20	19	0.2		27	2:30	6:56	7.8			11:45	11:56	4.3			22:38	3:30	0.2
		19	21	0.4		28	23:10	1:27	2.0			11:56	12:03	5.9		31	3:30	8	0.2
	12	4:28	8	1.3		29	2	4:30	0.3			12:03	13:05	11.5	9	1	23:26	6	1.0
		8	9:18	0.4			5:40	6:45	0.9			13:05	13:34	5.0		2	6:10	6:56	0.1
		9:27	10:04	0.2			7:43	8	0.3			13:34	14	0.3			8:39	10:26	0.3
		11:56	12:36	0.2			8:35	8:46	2.3			14	15:09	0.3			18:04	19	0.2
		14:23	15:30	0.2			8:46	8:56	0.2		10	0	8	0.2			19	20:49	0.4
		15:44	19	1.2			9:43	10	0.2		13	11:22	12:22	0.1		3	0:25	1:20	0.6
		19	21:29	0.7			13:21	13:30	0.6		14	8:05	9:25	10.0			2:45	3:36	1.2
		22:02	22:27	0.4		30	0	8	0.1			9:25	10:13	5.2			3:36	4:05	8.6
		23:51	3:10	1.2	8	1	2:30	4:15	2.3			10:13	11:25	1.6			4:05	4:45	0.8
	15	19:45	0	6.7			4:15	5:15	2.0			11:25	12:06	0.6			6:35	7:15	0.1
	16	0	2	10.4			5:15	6:23	1.5			12:06	12:22	0.5			11:59	19	0.7
		2	4:20	21.6			6:23	8	0.7		15	8:22	8:51	0.3		4	19	22:15	0.5
		4:20	5:50	15.0			8	15:30	7.4			8:57	9:28	0.1			2:40	4:25	0.2
		5:50	7:42	40.3			15:30	16:06	0.9		18	0:05	8	14.3			6:35	7:45	1.0
		7:42	8	4.3			20:15	22:40	1.1			8	14:07	2.9			7:49	8	0.1
		8	9:30	7.0		3	0:18	1	0.9			19:36	20	0.2		5	0:54	5:18	1.5
		9:30	13:35	15.0			1:05	2	1.7			20:42	21:38	0.1		11	8	9:37	0.2
		13:35	14	2.0			2	8	2.9		19	10:39	10:57	0.2		23	3:25	6:45	1.2
		14	17:16	10.1			8	8:45	0.3			21:17	21:45	0.2		24	8	13:40	1.2
		17:16	18	1.1		4	8:24	8:35	0.5		22	11:31	12:06	1.9					

1955 滚 河 尚店站

月	日	起	止	降水量(mm)	月	日	起	止	降水量(mm)	月	日	起	止	降水量(mm)	月	日	起	止	降水量(mm)
6	8	13:09	17:20	1.5	7	1	19	19:14	0.2	7	6	1:46	7:10	6.1	7	13	22:14	1:20	0.1
	13	13:39	19	10.6		2	15:10	16:24	1.5			8	8:30	0.2		29	16:09	17:44	5.5
		19	21:30	4.1			18	19	0.6			20:46	4:32	2.3			17:50	18:49	1.2
		21:50	22:09	0.1			19	7:10	23.6		7	9:40	19	19.1			20	20:34	3.0
		23:08	0:14	0.6		3	9:04	10:24	0.3			19	11:38	91.6			20:34	20:46	0.1
	21	16:54	17:07	1.2			15:54	19	13.0		8	22:14	5:15	75.0			20:59	21:37	0.2
	24	19:46	20:04	0.1			19	22:34	14.7		10	8:46	9:46	1.0			22:19	23:19	0.1
		22:32	22:54	0.1		4	3:36	6:33	1.0		11	17:45	19	57.3		30	20:34	21:04	10.3
	25	21:54	22:56	0.2			11:55	14:15	0.5			19	20:35	22.1			21:40	22:10	0.2
	26	9:34	12:34	0.6			20:44	23:04	0.8		12	7:09	7:24	0.8		31	6	6:32	0.1
	30	12:14	13:34	4.6		5	14:14	15:09	0.2			9:14	11:20	0.7			7:44	8:06	6.8
7	1	16:59	19	0.6			16:02	18:04	0.1		13	19:10	19:30	0.1			8:06	8:14	1.5

降 水 量 摘 录 表

月	日	时或时分 起	止	降水量(mm)	月	日	时或时分 起	止	降水量(mm)	月	日	时或时分 起	止	降水量(mm)	月	日	时或时分 起	止	降水量(mm)
7	31	8:14	8:54	0.5	8	12	16:24	17:34	2.0	8	19	3:14	4:07	5.2	9	11	23:19	1:20	6.3
		9:14	10:04	1.3			17:34	18:49	1.1			4:40	5:21	2.3		12	1:20	3:34	2.6
		13:44	14:11	18.6		13	9:14	9:24	0.1			6:58	7:05	1.8			3:34	6:30	11.7
		14:11	14:20	0.2			13	13:11	0.5			7:47	7:59	1.0			6:30	8:34	0.7
8	1	1:49	2:34	1.8			13:29	13:34	0.1			11:29	12:06	2.1			8:54	9:52	0.4
		2:34	3:09	6.8			13:50	14:10	1.0			12:29	17:04	17.7			10:41	13:30	0.7
		3:25	3:33	0.2			14:55	15:49	0.6		20	8:43	9:39	1.7			14:09	14:32	0.1
		4:11	5:19	14.7			16:39	17:34	0.4			10:38	11:21	2.4		13	6:04	11:32	7.4
		5:19	6:34	2.0			18:14	19	0.2			11:39	12:54	2.0			12:30	12:39	0.1
		8:03	12:40	8.6			19	19:49	1.3			14:09	19	4.1		16	13:42	14:30	2.4
	2	1:46	3	0.6			22:46	22:50	0.1			19	20:30	0.4			14:30	14:49	6.4
		3	9:57	31.8			22:58	23:32	2.1			22:04	23:04	1.0			14:49	15:31	4.1
		9:57	10:14	0.1			23:32	23:41	3.2			23:04	23:09	1.2			17:11	17:44	1.5
		10:14	14:24	12.7			23:41	0:28	2.0			23:09	23:34	0.4			20:44	20:51	0.2
		14:56	16:41	0.7		14	1:46	7:13	9.2			23:40	0:20	0.1		17	7:44	9:34	0.4
	3	1:09	9:39	15.7			7:35	8:33	0.6		21	0:37	1	0.1		19	1:49	1:58	0.1
		11:23	14:04	1.8			11	11:11	0.2			6:08	6:47	13.6			7:35	8:32	0.2
		15	15:34	0.5			14:31	15:44	1.5			6:47	7:34	1.6			8:54	19	24.4
		15:54	16:14	0.1			15:44	16:19	19.7			11:17	11:22	0.4			19	21:38	3.6
		16:14	16:31	7.9			16:19	19	7.6		25	16:14	16:34	1.9		20	1:30	1:55	1.0
		16:31	16:51	19.5			19	20:26	3.1			20:19	20:29	0.8			7:39	9:34	1.2
		16:51	17:34	20.0			20:36	21:36	18.6			21:19	21:34	0.1			10:14	11:09	0.1
		17:50	18:25	0.3			21:36	2:10	4.0		28	7:39	8:44	0.1			11:59	12:24	0.3
		18:36	19	12.0		15	7:08	8:14	1.6	9	8	0:44	6:19	0.6			16:54	19	0.3
		19	19:34	14.0			8:14	8:29	11.2			6:19	6:56	7.5			19	23:30	1.0
		19:34	23:12	9.5			8:29	8:39	0.1			6:56	7:34	0.3		21	9:04	10:14	0.3
		23:12	23:34	7.5			10:34	11:19	1.6			7:34	8:34	5.7			13:54	18:36	0.5
		23:34	0:03	0.4			13:14	15:10	8.8			8:34	10:32	1.8			20:10	6:30	0.3
	5	11:21	11:34	0.6		16	3:34	7:30	1.6	9	9	5	5:24	0.8		28	1:44	5:54	1.3
		11:34	12:04	12.4			11:10	11:20	0.2			10:49	11:59	4.3		29	18	19	0.1
		12:04	12:14	0.3			12:40	14:32	3.9		11	0:20	7:34	0.2					
	12	15:54	16:24	8.0			17:42	18:14	1.3			18:24	18:37	0.7					

1955　滚　河　石漫滩站

月	日	时或时分 起	止	降水量(mm)	月	日	时或时分 起	止	降水量(mm)	月	日	时或时分 起	止	降水量(mm)	月	日	时或时分 起	止	降水量(mm)
6	8	13:18	17:05	0.8	7	4	20:42	21:44	0.2	7	8	22:54	0:03	2.0	7	31	14:06	14:41	1.9
	13	13:47	19	8.2		5	9:14	9:50	0.3		9	0:12	3:34	14.3	8	1	3:15	3:43	0.1
		19	23:15	2.0			15:03	18:16	0.1			3:34	6:58	16.4			4:45	7:48	5.8
	14	0:05	0:50	0.4		6	1:32	5:15	3.2			7:30	8:14	0.1			7:58	13:34	9.5
	26	9:53	14:21	0.5			5:24	9:52	2.6		11	18:40	19	3.1		2	2:46	4:34	8.6
	30	13:19	13:47	0.2			23:22	2:33	1.7			19	19:23	12.4			4:34	5:17	0.7
7	2	13:44	15:29	1.1		7	3:25	5:10	0.6			19:23	19:34	5.0			5:23	12:08	24.7
		16:14	19	1.4			9:48	12:34	1.7			19:34	20	3.3			12:08	13:43	5.3
		19	1	6.6			12:34	16:34	3.0			20	20:09	0.4			13:43	17:24	7.1
	3	1	1:34	0.8			16:34	19	3.4			20:09	20:50	3.3		3	2:23	4:34	3.5
		1:34	2:34	3.7			19	23:34	9.6			20:50	21:58	0.4			4:34	5:26	4.0
		2:34	3:34	4.3			23:34	0:34	1.5		12	10:18	11:54	0.3			5:26	5:33	1.1
		3:34	3:47	2.1		8	0:34	1:09	3.5		20	9:48	10:06	10.7			5:33	9:54	3.6
		3:47	8:35	4.2			1:09	1:34	0.7			10:06	10:27	0.7			13:31	19	3.8
		12:58	14:21	0.2			1:34	2:24	7.1			10:27	11:34	2.5			19:08	19:25	4.6
		15:06	15:38	0.3			2:24	4	3.6			14:12	14:44	0.1			19:25	22:34	5.7
		16:06	17:27	5.9			4	5:11	6.6			15:05	15:39	1.4			22:34	23:34	0.4
		17:27	17:34	1.7			5:11	5:34	0.2		22	21:34	22:39	0.7			23:34	23:51	16.2
		17:34	19	6.3			5:34	7:34	9.6		29	16:21	16:39	2.0			23:51	0:14	0.9
		19	20:34	1.0			7:34	7:52	4.7			16:39	17:04	4.4		4	0:14	0:20	0.1
		20:34	21:34	9.1			7:52	8:05	3.9			18:04	18:45	0.3			13:14	13:34	1.3
		21:34	22:37	1.1			8:05	8:34	7.8		31	7:46	8:13	5.1			13:34	13:45	4.5
		23:09	23:49	1.0			8:34	10:34	5.6			8:13	8:26	5.2			13:45	13:54	0.1
	4	11:26	13	0.1			10:34	12:30	0.2			8:26	10:15	0.9		12	16:02	16:09	1.8

降 水 量 摘 录 表

月	日	起	止	降水量(mm)	月	日	起	止	降水量(mm)	月	日	起	止	降水量(mm)	月	日	起	止	降水量(mm)
8	12	16:09	16:11	0.2	8	16	0	8	0.1	8	20	23:09	23:12	0.5	9	12	3:29	8:13	5.5
		16:12	16:24	1.5			9:30	10:46	6.8			23:12	23:16	0.4			8:34	9:50	0.3
		16:24	19	2.7			10:46	11:37	3.4			23:16	23:24	3.0			10:48	12:34	0.2
	13	12:49	13:52	0.7			12:58	13:27	0.2		21	5:54	6:34	14.0		13	5:43	10:18	5.0
		13:52	13:57	4.3			13:47	14:26	1.3			6:34	7:29	1.3			10:33	12:57	0.1
		13:57	13:58	0.5			16:34	17:04	1.0			10:44	11:02	0.1		16	8:45	8:51	2.9
		13:58	14:27	0.3			17:04	18:14	3.1			12:34	12:50	1.0			8:51	9:15	0.1
		14:27	14:29	1.0		19	3:14	3:37	1.0		24	17:45	18:25	0.3			12:59	15:48	9.3
		14:29	14:47	0.2			3:44	4:34	6.7		25	15:38	16:09	0.1		19	2:01	2:34	0.1
		16:47	19	1.4			4:34	4:51	0.1			21:22	21:30	0.2			7:56	8:42	0.1
		19	19:50	0.8			6:44	7:03	0.5		29	0	1	0.1			8:58	10:34	0.6
		23:27	0	2.3			7:24	7:37	3.6	9	6	18:48	19	0.2			10:34	12:34	7.2
	14	0	0:27	1.5			11:09	11:34	1.1		8	3	4:34	0.7			12:34	19	19.2
		0:27	0:47	0.2			11:37	13:39	2.2			5:46	7:15	3.0			19	19:38	1.5
		1:49	7:34	6.5			13:39	14:16	15.8			7:15	7:20	4.5			19:38	23:10	3.7
		10:04	10:43	0.1			14:16	15:28	0.8			7:20	8:26	1.4			23:58	4:29	0.8
		10:53	11:12	1.0			15:28	16:09	11.6			8:26	9:34	4.8		20	7:54	9:57	2.3
		13:34	14:10	14.0			16:09	16:38	2.2			9:34	10:48	0.1			10:46	11:27	0.1
		14:10	14:32	1.1			16:38	17:14	0.5		9	11:56	12:19	1.2			12:19	13:22	0.3
		14:32	16:09	4.8		20	8:01	8:14	1.2		10	20:47	7:39	0.2			16:56	19	1.2
		16:38	19	5.8			8:14	8:27	0.4		11	7:39	12:51	0.2			19	20:19	0.1
		19	1:54	11.2			10:51	11:44	5.4			18:29	19	0.3			22:54	4:38	0.1
	15	7:34	8:14	5.5			11:44	13:26	0.3			21:24	22:03	0.2		21	8:32	10:42	0.1
		8:21	8:55	4.7			16:09	19	4.6			22:03	22:11	1.8			15:11	19	0.6
		8:55	9:14	0.3			19	22:36	1.8			22:11	0:30	2.0			19	22:04	0.2
		11:44	12:09	9.8			22:36	22:47	7.5		12	0:34	0:44	2.8		28	1:50	5:51	0.9
		12:09	13	6.7			22:47	22:59	1.9			0:44	2:34	1.3					
		14:16	14:55	0.1			22:59	23:09	1.6			2:34	3:29	8.3					

1956 滚 河 尚店站

月	日	起	止	降水量(mm)	月	日	起	止	降水量(mm)	月	日	起	止	降水量(mm)	月	日	起	止	降水量(mm)
3	17	8	14	3.4	6	6	5	7	2.0	6	18	20	21	1.0	6	29	9	19	5.1
		14	20	23.6			7	8	4.7		19	2	3	4.1			20	23	2.1
	22	2	8	5.1			8	10	3.7		20	14	15	12.3			23	0	5.1
		8	20	7.8			10	11	9.5		22	15	17	0.4		30	0	1	4.3
	23	8	20	12.8			11	12	2.8		23	2	3	3.9			1	2	3.6
		20	8	13.6			12	20	4.8			3	4	6.2			2	3	8.4
	24	8	20	4.0			20	3	2.2			4	6	2.9			3	4	3.7
4	4	20	8	3.4		7	12	20	1.5		24	0	8	4.3			4	5	4.0
	5	8	20	12.1			20	1	4.8			8	9	4.0			5	7	3.1
		20	2	11.4		8	1	2	2.9			9	10	8.4			7	8	2.5
	6	2	8	26.6			2	3	8.7			10	11	3.3			8	9	2.8
		8	20	11.1			3	4	7.9			20	21	3.9			9	10	4.4
		20	8	5.8			4	8	1.6		25	23	1	0.5			10	11	2.2
	7	8	20	12.8			8	14	4.0		26	1	2	9.6			11	12	2.7
		20	2	0.8			14	19	4.5			2	5	3.2			12	13	2.1
6	2	16	18	1.5			19	20	5.1			5	6	6.3			13	14	2.9
		22	23	4.8			20	21	0.1			6	7	8.4			14	15	3.0
		23	0	18.2			22	8	8.1			7	8	15.9			15	16	4.2
	3	0	1	19.6		9	8	14	1.1			8	9	4.1			16	20	3.3
		1	2	14.4			16	20	1.3			9	12	0.4	7	2	7	8	0.1
		2	3	10.9		10	8	15	4.2		27	20	8	1.8		3	19	20	0.2
		3	8	2.7			17	20	0.4		28	8	17	3.0		7	4	5	0.4
	5	23	0	0.1			20	22	0.1			17	18	3.4			5	6	6.4
	6	0	1	3.8		11	8	13	0.2			18	20	2.1			6	8	0.1
		1	2	22.9			8	13	1.3			20	0	1.4			8	11	0.3
		2	3	26.1		15	17	19	1.2		29	1	5	0.6			12	14	1.4
		3	4	26.4		17	2	3	0.1			5	6	3.3	8	5	5	6	3.5
		4	5	22.7		18	19	20	3.7			6	7	1.2			6	7	11.1

降 水 量 摘 录 表

月	日	时或时分 起	时或时分 止	降水量(mm)	月	日	时或时分 起	时或时分 止	降水量(mm)	月	日	时或时分 起	时或时分 止	降水量(mm)	月	日	时或时分 起	时或时分 止	降水量(mm)
7	8	7	8	7.9	8	1	22	23	0.1	8	3	23	0	3.5	8	21	19	20	0.1
		8	9	16.7		2	13	14	2.1		4	0	1	6.7			20	23	3.7
		9	10	11.5			14	15	3.0			1	2	4.3			23	0	9.3
		10	14	0.1			15	16	3.3			2	3	4.0		22	0	12	6.3
	10	20	21	4.3			16	17	2.0			3	7	5.4			1	2	12.4
		21	23	1.0			17	18	8.7		9	19	20	3.3			2	3	8.1
	12	15	18	2.2			18	19	8.7		10	18	19	1.3			3	4	8.0
	13	17	20	0.8			19	20	7.5		11	11	12	2.6			4	5	3.0
	17	23	0	0.2			20	2	7.3			12	13	0.5			5	6	4.1
	24	18	19	18.0		3	2	3	7.6			16	19	2.2			6	7	2.4
	28	17	19	1.0			3	4	7.6			22	1	0.4			7	8	7.0
		23	0	5.4			4	5	11.2		12	11	16	1.6			8	13	6.4
	29	0	1	0.2			5	6	12.3			20	23	0.8			13	14	3.0
		6	8	4.9			6	7	8.1		13	3	7	3.0			14	15	0.3
		11	12	3.2			7	8	7.0		15	10	11	2.5			15	16	1.8
	30	12	19	6.9			8	9	3.2			11	15	2.7			16	17	2.6
		5	6	12.9			9	14	4.2		18	17	19	0.3		27	5	8	0.4
		6	7	1.9			14	15	3.8		19	3	4	5.0			14	15	0.9
		19	20	0.5			15	17	4.6			4	5	5.0		28	22	23	0.1
	31	4	7	0.5			17	18	8.5			5	6	6.9		29	0	2	0.3
		17	18	20.7			18	19	16.6			6	7	2.5		30	20	21	0.5
		18	19	6.8			19	20	5.5			7	8	1.1	9	14	14	20	2.8
8	1	15	16	6.8			20	21	3.0			8	11	2.0			20	0	0.1
		17	18	5.3			21	22	12.4			17	20	0.6		15	8	12	0.5
		21	22	16.2			22	23	2.8			21	0	0.2			15	18	1.7

1956 滚 河 尹 集 站

月	日	时或时分 起	时或时分 止	降水量(mm)	月	日	时或时分 起	时或时分 止	降水量(mm)	月	日	时或时分 起	时或时分 止	降水量(mm)	月	日	时或时分 起	时或时分 止	降水量(mm)
3	22	8	14	15.1	6	6	20	5	2.9	6	23	3	4	5.2	6	30	5	8	5.3
		14	20	1.4		7	12	20	1.1			4	5	5.4			8	9	5.0
	23	14	20	11.3			20	1	4.7			5	8	2.0			9	10	4.3
		20	8	15.0		8	1	2	5.6			8	10	0.6			10	11	2.5
	24	8	20	2.4			2	3	8.4		24	3	8	4.0			11	12	1.9
4	4	20	8	3.0			3	4	6.2			8	16	5.9			12	13	2.5
	5	8	20	13.0			4	6	2.0			17	20	0.1			13	15	3.8
		20	2	13.6			6	7	2.7			20	0	1.9			15	16	4.5
	6	2	8	16.3			7	8	0.9		25	0	1	6.5			16	20	3.1
		8	20	9.4			8	19	6.7			1	2	6.1			20	1	0.2
	7	20	8	7.1			19	20	4.2			2	3	7.1	7	1	13	14	0.1
		8	20	13.6			20	0	0.6			3	5	2.9			16	17	0.1
		20	2	0.3		9	0	1	4.7			5	7	4.8		3	19	20	19.0
6	2	23	0	2.8			1	8	6.6			6	7	5.4		5	2	4	0.1
	3	0	1	38.8			8	14	1.9			7	8	14.9		7	5	6	3.8
		1	2	13.8			15	20	1.2			8	9	4.2			6	8	0.2
		2	3	6.0		10	1	8	0.2			9	13	1.0			8	10	0.2
		3	4	4.5			8	20	3.9		27	21	8	4.9			12	17	1.6
		4	5	6.2			20	2	0.5		28	8	17	5.3		8	5	6	1.3
		5	8	1.2		11	6	8	0.6			17	18	2.7			6	7	15.1
	6	0	1	0.4			8	11	0.9			18	19	2.7			7	8	5.7
		1	2	13.9		15	17	20	0.4			19	20	1.0			8	9	15.7
		2	3	22.4		17	17	20	5.8			20	23	5.6			9	10	10.0
		3	4	15.4		18	19	20	6.0		29	8	20	5.6			10	16	2.7
		4	5	25.4			20	22	0.4			20	23	1.9		10	20	23	1.6
		5	7	1.6		19	1	2	3.5			23	0	4.2		13	17	20	1.0
		7	8	6.4			2	4	0.9		30	0	1	3.5		17	23	4	3.7
		8	10	4.1		20	14	15	3.6			1	2	3.0		25	18	19	7.9
		10	11	6.2		21	0	4	0.4			2	3	7.0		28	17	18	3.8
		11	12	2.6		22	17	19	0.2			3	4	7.6			22	1	1.1
		12	20	3.3		23	2	3	0.8			4	5	3.0		29	10	14	2.8

— 290 —

降　水　量　摘　录　表

月	日	时或时分 起	止	降水量(mm)	月	日	起	止	降水量(mm)	月	日	起	止	降水量(mm)	月	日	起	止	降水量(mm)
7	29	17	18	3.0	8	3	3	4	13.1	8	10	18	19	0.7	8	22	3	4	8.0
		18	20	0.8			4	5	13.1		11	8	13	3.7			4	5	9.2
		23	1	2.3			5	6	10.5			17	20	0.5			5	6	4.3
	30	3	4	0.1			6	7	15.4		12	4	5	0.5			6	7	2.9
		4	5	9.0			7	8	6.2			11	15	1.0			7	8	7.4
		5	6	0.3			8	15	9.5			19	20	0.3			8	9	4.0
	31	16	17	1.0			15	16	5.0			20	1	0.9			9	11	3.1
		17	18	21.1			16	17	5.8		13	2	8	1.9			11	12	3.0
		18	20	0.6			17	18	24.6		15	10	16	4.8			12	13	2.4
8	1	9	10	0.8			18	19	17.4		18	16	20	0.1			13	14	3.0
		21	22	20.8			19	20	2.8		19	23	4	2.8			14	15	0.4
		22	23	0.2			20	21	1.1			4	5	3.7			15	16	0.3
	2	13	14	4.2			21	22	11.8			5	6	4.5			16	17	0.6
		14	15	1.7			22	23	5.6			6	7	3.2			17	18	2.9
		15	16	5.8			23	0	3.9			7	8	1.6		27	4	8	0.2
		16	17	3.5		4	0	1	5.7			8	12	2.3			12	16	0.9
		17	18	5.5			1	2	6.7			20	4	0.2		28	20	4	0.6
		18	20	5.6			2	8	4.3		21	20	23	2.4	9	14	8	20	4.6
		19	20	2.6			20	21	3.1			23	0	11.4			20	22	0.1
		20	1	5.8			21	22	0.2		22	0	1	14.0		15	8	20	0.5
	3	1	2	2.8		5	17	18	0.3			1	2	7.4			21	23	0.4
		2	3	8.6		9	19	20	3.2			2	3	15.6		28	10	11	1.0

1956　滚　河　柏庄站

月	日	时或时分 起	止	降水量(mm)	月	日	起	止	降水量(mm)	月	日	起	止	降水量(mm)	月	日	起	止	降水量(mm)
6	2	16	17	3.5	6	8	12	15	2.4	6	24	22	1	0.8	7	7	16	18	1.3
		22	23	1.5			15	16	3.2		25	1	2	6.3		8	6	7	9.0
		23	0	11.8			16	20	2.5			2	4	3.2			7	8	13.5
	3	0	1	48.0			20	5	6.6			4	5	2.8			8	9	6.5
		1	2	12.0		9	6	8	0.3			5	6	4.1			9	14	3.3
		2	3	8.3			8	14	0.9			6	7	11.4		10	19	20	3.5
		3	4	5.5			15	17	0.2			7	8	9.6			20	23	2.5
		4	5	4.2		10	6	8	0.1			8	12	2.7		11	20	21	0.1
		5	11	1.9			8	13	2.8		27	22	8	4.7		12	15	16	0.6
		11	14	0.1			17	19	0.3		28	8	13	1.4			19	20	0.2
	5	23	0	15.0		11	8	11	0.9			13	14	2.5		13	17	20	0.5
	6	0	1	22.0			15	20	1.2			14	20	5.4		18	1	3	1.8
		1	2	21.0		18	18	19	1.6			20	6	3.4		21	17	18	0.5
		2	3	10.0			19	20	3.6		29	7	8	0.2		28	23	0	4.3
		3	5	2.0			20	21	1.0			8	20	3.8		29	0	1	0.3
		5	6	3.2		19	0	2	0.4			20	23	2.5			5	7	0.6
		6	7	3.3			4	7	1.0			23	0	3.0			9	16	1.8
		7	8	3.4		20	14	15	14.8		30	0	2	4.4			16	17	2.8
		8	9	3.4		21	1	4	0.8			2	3	4.5			17	20	2.1
		9	10	3.3			6	8	0.2			3	4	6.2			20	22	0.3
		10	11	3.3		22	8	9	0.1			4	5	3.2		30	4	7	0.3
		11	14	1.3			14	19	0.1			5	6	3.4		31	17	18	29.8
		15	20	1.8		23	3	4	3.0			6	8	2.4			18	19	9.4
		20	23	1.6			4	5	13.0			8	9	3.8			19	20	0.6
	7	14	20	1.6			5	8	2.5			9	10	3.6			20	21	0.1
		20	1	6.6		24	9	12	0.1			10	13	4.4	8	1	21	22	6.8
	8	1	2	10.0			1	8	5.2			13	14	3.0			22	23	0.1
		2	3	5.0			8	9	3.6			14	15	2.6		2	13	15	2.4
		3	4	6.0			9	10	8.6			15	16	4.9			15	16	3.2
		4	5	4.5			10	11	5.7			16	19	1.9			16	17	1.0
		5	6	4.0			11	14	0.2	7	1	12	13	0.9			17	18	7.4
		6	8	1.4			17	20	0.1		7	4	7	3.2			18	19	7.2
		8	9	3.4			20	21	9.6			8	10	0.4			19	20	4.0
		9	11	1.9			21	22	2.6			12	14	0.5			20	23	3.0

降 水 量 摘 录 表

月	日	起	止	降水量(mm)	月	日	起	止	降水量(mm)	月	日	起	止	降水量(mm)	月	日	起	止	降水量(mm)
8	23	23	0	3.1	8	4	0	1	8.0	8	13	5	6	3.2	8	22	7	8	8.4
	3	0	1	5.0			1	2	5.3			6	7	0.3			8	9	2.6
		1	2	5.3			2	3	2.0			8	12	0.3			9	13	5.9
		2	3	4.8			3	4	2.6		15	9	14	4.4			13	14	4.0
		3	4	5.4			4	8	2.7		18	20	4	2.3			14	16	0.4
		4	5	16.1			20	21	6.5		19	4	5	4.3		25	14	17	4.0
		5	6	15.0			21	22	0.2			5	6	3.9			19	20	0.1
		6	7	7.1		9	19	20	6.2			6	7	3.0		26	5	7	0.2
		7	8	11.7			20	21	5.2			7	8	1.0		27	12	17	1.3
		8	9	4.0		10	22	0	0.4			8	11	2.5		28	8	10	0.1
		9	14	7.1		11	5	8	0.4			20	0	0.4			20	1	0.2
		14	15	4.2			8	9	2.1		21	17	20	0.4		29	22	23	0.2
		15	16	2.0			9	10	8.7			20	23	3.4		30	20	21	0.1
		16	17	3.6			10	11	0.2			23	0	3.0	9	2	22	23	0.7
		17	18	12.0			11	12	2.7		22	0	1	3.6		14	8	20	2.8
		18	19	4.3			12	20	3.8			1	2	9.4			20	22	0.3
		19	20	2.4			23	8	0.9			2	3	7.5		15	8	14	0.8
		20	21	8.0		12	9	16	2.9			3	4	5.5		28	8	10	0.6
		21	22	6.5			19	20	0.1			4	5	5.5					
		22	23	5.6			20	1	1.1			5	6	6.4					
		23	0	9.3		13	2	5	1.4			6	7	6.6					

1956 滚 河 石漫滩站

月	日	起	止	降水量(mm)	月	日	起	止	降水量(mm)	月	日	起	止	降水量(mm)	月	日	起	止	降水量(mm)
3	22	2	8	0.5	6	7	16	20	1.2	6	24	9	10	8.0	6	30	16	20	3.8
		8	20	12.3			20	1	5.2			10	11	3.4	7	7	5	6	6.7
	23	8	20	10.7		8	1	2	5.9			11	15	0.1			6	8	1.4
		20	8	15.4			2	3	7.5			16	20	0.3			8	10	2.2
	24	8	20	3.8			3	4	11.0			20	21	2.8			11	13	0.7
4	4	20	8	5.1			4	5	1.7		25	21	22	1.3		8	16	17	0.6
	5	8	20	9.5			5	6	3.6			0	1	0.2			6	7	2.4
		20	8	28.6			6	8	3.3			1	2	4.8			7	8	11.4
	6	8	20	11.9			8	19	9.7			2	5	4.7			8	9	9.4
		20	8	6.7			19	20	3.8			5	6	6.2			9	10	8.1
	7	8	20	12.7			20	0	0.8			6	7	7.5		10	11	13	0.3
		20	22	0.1		9	0	1	4.2			7	8	15.6			20	21	6.3
	18	8	14	5.9			1	8	6.2			8	9	3.2			21	23	1.3
		14	20	17.9			8	15	1.0			10	12	0.6		13	17	20	0.9
		20	8	7.0			17	20	0.3		27	21	8	3.1		17	23	4	1.9
6	24	8	14	21.1		10	7	8	0.3		28	8	20	9.1		24	18	19	5.2
	25	22	0	1.8			8	20	3.4			20	0	1.5			19	20	0.2
		0	1	39.3			20	23	0.3		29	2	8	2.3		28	22	1	1.1
		1	2	6.8		11	8	12	1.8			8	12	0.3		29	2	3	1.1
		2	3	3.9		15	17	20	0.6			14	20	4.0			10	14	4.0
		3	4	9.5		17	2	3	1.3			20	23	1.7		30	15	20	4.6
		4	5	11.0		18	19	20	5.0			23	0	4.0			23	1	0.3
		5	8	1.6			20	21	0.3		30	0	1	3.6			0	1	0.1
		8	9	0.2		19	1	8	2.3			1	2	3.2			4	5	7.6
	6	1	2	4.9		20	14	15	10.2			2	3	7.8			19	20	0.2
		2	3	25.0		21	0	3	0.5			3	4	6.2		31	16	17	2.9
		3	4	24.9			17	18	0.7			4	5	3.0			17	18	5.5
		4	5	14.1		22	17	19	1.0			5	6	3.1			18	20	0.9
		5	7	2.3		23	2	3	3.4			6	8	2.4			20	21	0.1
		7	8	4.7			3	4	3.8			8	9	3.6	8	1	7	8	4.1
		8	9	3.5			4	5	10.3			9	10	3.3			9	11	0.4
		9	10	2.8			5	8	2.2			10	13	5.2			16	17	0.3
		10	11	7.6			8	10	0.1			13	14	2.6			21	22	18.3
		11	20	7.2		24	1	8	3.4			14	15	2.1			22	23	0.1
		20	2	1.5			8	9	0.6			15	16	2.7		2	13	14	2.5

降 水 量 摘 录 表

月	日	起	止	降水量(mm)	月	日	起	止	降水量(mm)	月	日	起	止	降水量(mm)	月	日	起	止	降水量(mm)
8	2	14	15	1.2	8	3	19	20	1.7	8	15	10	15	5.2	8	22	9	13	5.1
		15	16	4.1			20	21	2.7		18	20	4	2.4			13	14	4.1
		16	17	2.7			21	22	18.5		19	4	5	2.9			14	15	0.2
		17	18	4.5			22	23	9.4			5	6	5.6			16	17	2.2
		18	19	8.2			23	0	8.7			6	7	3.4		25	15	16	0.3
	3	19	20	2.6		4	0	1	13.9			7	8	1.3			16	17	3.2
		20	2	7.5			1	2	6.9			8	12	2.5			18	19	0.1
		2	3	6.0			2	8	7.0			16	20	0.3		27	5	8	0.1
		3	4	8.2			20	21	0.2			20	0	0.4			14	16	0.9
		4	5	12.0		9	19	20	1.7		21	20	23	1.9		28	20	2	0.2
		5	6	7.4		10	22	1	0.5			23	0	4.5		29	14	15	0.1
		6	7	12.5		11	5	8	0.1		22	0	1	8.8	9	3	22	0	0.3
		7	8	9.7			8	9	7.4			1	2	7.1		14	8	20	2.6
		8	9	3.1			9	10	21.9			2	3	11.2		15	8	12	0.4
		9	14	4.6			10	14	1.8			3	4	7.1			14	17	0.9
		14	15	3.0		12	18	20	0.1			4	5	6.2			18	19	0.1
		15	16	5.2			3	8	0.5			5	6	6.7		23	13	15	0.8
		16	17	4.5			10	17	1.1			6	7	2.6		28	7	8	0.4
		17	18	19.5			21	0	1.4			7	8	6.6			9	11	2.1
		18	19	15.1		13	2	8	1.4			8	9	3.3					

1956　滚　河　袁门站

月	日	起	止	降水量(mm)	月	日	起	止	降水量(mm)	月	日	起	止	降水量(mm)	月	日	起	止	降水量(mm)
6	1	23	0	8.0	6	17	19	20	6.0	6	29	5	6	2.5	7	29	12	20	5.4
	2	0	1	14.0		18	1	2	3.3			6	7	0.7		30	5	6	11.0
		1	2	13.0		19	14	15	7.8			7	8	2.8			6	8	0.3
		2	3	7.5		20	0	3	0.2			8	9	5.9			8	11	0.2
		3	4	5.5			3	4	7.0			9	10	4.6			19	20	0.2
		4	5	6.0			4	8	3.9			10	11	2.8		31	16	17	6.0
		5	8	2.0		22	8	11	0.3			11	12	2.5			17	18	23.2
		8	9	0.4			13	14	0.1			12	13	1.4			18	19	1.4
	6	1	2	16.0		23	1	7	2.2			13	14	3.1	8	1	8	9	0.3
		2	3	12.5			7	9	1.1			14	15	2.9			21	22	16.2
		3	4	18.5			9	10	2.8			15	16	4.4			22	23	0.4
		4	5	33.5			10	20	1.6			16	17	3.0		2	2	3	0.2
		5	7	1.5			20	22	1.0			17	20	1.7			9	10	0.4
		7	8	7.0			23	0	0.1	7	3	19	20	5.8			13	14	3.6
		8	9	2.5		24	0	1	3.2		4	3	4	8.4			14	15	2.2
		9	10	3.5			1	2	6.7		7	5	6	3.8			15	16	5.2
		10	11	5.5			2	3	7.8			11	12	1.0			16	17	3.7
		11	12	3.8			3	5	3.4			16	17	0.6			17	18	5.5
		12	20	3.8			5	6	5.0		8	5	6	9.0			18	19	9.7
		20	8	3.5			6	7	6.8			6	7	7.8			19	20	3.1
	7	8	20	2.0			7	8	11.0			7	8	5.5			20	21	2.8
		20	1	4.6			8	9	4.9			8	9	16.5			21	22	0.4
	8	1	2	5.0			9	12	0.8			9	10	11.1			22	23	4.0
		2	3	5.4		26	21	8	6.5			10	14	0.7			23	2	4.5
		3	4	6.0		27	8	17	2.3		10	20	22	2.5		3	2	3	3.0
		4	8	4.0			17	18	3.2		13	18	20	1.2			3	4	5.2
		8	19	5.0			18	20	2.8		15	18	19	2.5			4	5	9.2
		19	20	3.8			20	8	6.3		17	23	3	3.8			5	6	7.0
		20	0	0.5		28	8	20	6.8		24	8	9	0.1			6	7	7.2
	9	0	1	8.7			20	23	2.8			18	19	3.1			7	8	8.9
		1	8	5.5			23	0	5.0		28	17	18	9.3			8	13	4.8
		11	14	3.0		29	0	1	2.9			18	19	0.3			13	14	3.5
		15	17	1.0			1	2	3.0			23	0	6.2			14	15	7.9
	10	8	13	4.0			2	3	8.4		29	0	1	0.2			15	16	4.6
	11	8	10	1.1			3	4	5.5			5	7	2.0			16	17	4.0
	15	2	3	1.5			4	5	3.0			11	12	4.5			17	18	7.9

降 水 量 摘 录 表

月	日	起	止	降水量(mm)	月	日	起	止	降水量(mm)	月	日	起	止	降水量(mm)	月	日	起	止	降水量(mm)
8	3	18	19	16.9	8	10	18	19	1.0	8	21	23	0	9.1	8	22	13	14	2.5
		19	20	9.2		11	9	13	5.1		22	0	1	7.3			14	15	1.0
		20	21	8.5			15	20	3.6			1	2	3.8		25	15	17	3.3
		21	22	9.8		12	5	6	1.0			2	3	8.2		27	6	7	0.5
		22	23	5.0			11	16	2.1			3	4	7.0			14	16	1.5
	4	23	0	5.2		13	19	20	0.5			4	5	9.3		28	22	2	0.5
		0	1	4.2			5	8	1.8			5	6	1.5	9	14	14	20	3.3
		1	2	5.7		15	10	16	2.7			6	7	2.5			20	21	0.2
		2	3	3.0		19	3	8	5.6			7	8	6.5		15	9	18	1.2
		3	8	4.7			8	12	2.7			8	9	3.6		28	6	8	0.1
	9	20	21	6.5		21	19	20	0.2			9	10	1.0					
		19	20	0.9			19	20	0.2			10	11	3.0					
		20	21	0.6			20	23	2.7			11	13	2.9					

1957　滚　河　尚店站

月	日	起	止	降水量(mm)	月	日	起	止	降水量(mm)	月	日	起	止	降水量(mm)	月	日	起	止	降水量(mm)
4	7	14	20	17.7	6	14	3	4	0.3	7	10	5	8	0.5	7	20	4	5	0.5
	9	2	8	1.1			4	5	6.7			10	12	1.1			8	9	0.0
		8	14	4.7			5	6	12.5			16	17	0.3		22	0	8	0.2
		14	20	40.3			6	8	2.7			19	20	1.7		24	20	21	11.5
		20	2	11.9			8	9	0.1		11	1	2	8.9		25	2	4	0.5
	30	14	20	0.3		16	13	15	0.5			4	5	4.9			9	10	4.0
		20	8	8.9		20	10	11	0.2		13	11	12	0.5			10	12	0.3
5	1	8	14	0.5			14	16	1.3			12	13	2.7			14	19	2.7
	2	14	20	0.5			19	20	0.0			13	18	3.3			21	22	0.1
		20	8	0.2			23	1	1.3		14	10	11	0.5		26	4	5	6.9
	3	8	14	19.8		21	1	2	3.4			17	19	4.3		30	8	9	0.5
		14	20	6.7			2	5	1.8			19	20	3.3	8	4	13	14	0.0
		20	2	0.9			5	6	2.6			20	21	9.4		10	5	8	1.2
	4	8	20	4.4			6	8	2.6			21	22	40.7			8	9	2.2
		20	8	3.7			8	11	0.7			22	23	0.6		16	13	14	0.2
	20	14	20	0.0			19	20	0.0		15	1	2	5.3			16	17	0.1
		20	8	3.2			20	21	0.0			2	7	4.6		17	6	8	0.1
	22	2	8	0.5		30	17	18	0.7		16	13	14	5.5		26	13	14	0.0
		8	14	27.8			18	19	3.0			18	19	4.5			14	15	9.0
		14	20	7.0			19	20	0.6		17	23	0	6.6			15	16	0.3
		20	2	3.8			20	1	3.7		18	0	1	0.1		27	0	8	0.1
6	1	16	19	0.3	7	1	1	2	3.1			5	6	3.5			13	14	9.7
		19	20	3.7			2	3	0.2			6	8	0.4			14	15	5.2
	4	2	4	1.3		2	22	23	0.0			9	18	4.2		29	1	6	0.2
		4	5	21.4		6	18	19	0.0			18	19	3.8		30	11	13	0.2
		5	6	9.8			19	20	7.1			19	20	2.4	9	5	8	9	0.0
		6	7	22.0			20	21	25.2			20	2	4.0			18	19	0.0
		7	8	34.7			21	22	13.4		19	2	3	4.7		7	4	5	0.1
		8	9	14.6			22	23	29.0			3	4	3.0		9	3	6	1.1
		9	10	2.8			23	0	9.5			4	5	6.7		16	6	7	0.0
		10	18	6.3	7	7	0	1	44.5			5	6	8.1			18	19	0.1
	5	15	16	4.1			1	2	11.5			6	7	10.0			22	0	0.4
	7	0	1	9.7			2	3	6.1			7	8	13.4		17	2	4	2.9
		1	2	0.1			3	4	10.7			8	9	14.6		18	5	6	0.2
	9	0	1	13.6			4	5	2.1			9	11	0.4			16	20	2.4
		1	3	1.5			5	6	4.2			19	20	0.1			20	4	4.8
		17	18	12.9			6	7	5.3			20	1	2.2		29	23	0	0.0
	10	0	8	0.1			7	8	2.1		20	1	2	9.6					
	13	4	5	0.1			8	11	1.2			2	3	8.1					
	14	0	2	0.1		10	4	5	2.5			3	4	7.7					

降 水 量 摘 录 表

1957　滚　河　柏庄站

月	日	起	止	降水量(mm)	月	日	起	止	降水量(mm)	月	日	起	止	降水量(mm)	月	日	起	止	降水量(mm)
4	7	14	20	0.8	6	14	6	7	3.7	7	10	16	20	1.0	7	21	0	2	0.3
	8	14	20	0.0			7	8	0.6			20	21	1.8		25	2	3	0.0
	9	2	8	1.1			8	10	0.8		11	2	3	0.0			8	12	0.6
		8	14	4.4			14	15	9.0		13	11	12	0.0			14	17	1.8
		14	20	33.6			15	16	0.1			12	13	4.4		26	3	4	5.3
		20	2	7.6		20	3	4	0.0			13	14	3.4			4	5	0.1
	29	2	8	9.5			11	12	0.0			14	19	0.7		30	8	10	0.8
		8	14	1.0			15	20	2.6		14	10	11	0.0	8	4	13	14	0.1
	30	14	20	0.7			20	1	2.5			18	20	3.9		10	4	8	2.2
		20	8	9.3		21	1	2	3.6			20	21	9.0			8	9	0.0
5	1	8	14	1.6			2	3	2.5			21	22	7.4		14	11	12	0.0
	2	14	20	0.6			3	4	2.3			22	2	3.1			15	16	9.0
	3	2	8	1.1			4	5	2.8		15	2	3	17.0		15	5	8	0.7
		8	14	25.8			5	8	2.6			3	5	2.0			10	11	0.0
		14	20	3.6			8	13	0.8			5	6	3.3		16	12	13	0.0
		20	8	1.6			19	20	0.1			6	8	0.1			14	19	0.2
	4	8	20	6.2			20	1	0.2			23	0	0.0		17	6	8	0.2
		20	8	3.0		30	13	14	0.0		16	12	13	4.0		26	14	15	7.2
	5	8	14	0.2			17	18	1.8			13	14	4.1			15	16	3.5
6	1	15	19	0.6			18	19	2.9			18	19	9.2			17	18	0.2
	4	2	4	0.4			19	20	0.5			19	20	3.3		27	14	15	0.9
		4	5	14.4			20	21	0.8		17	22	0	0.9		30	7	8	0.0
		5	6	12.8			22	23	6.5		18	0	1	7.7			8	13	0.7
		6	7	17.8	7	2	22	23	0.0			5	8	0.1	9	5	12	14	0.0
		7	8	8.5		6	17	18	0.0			8	18	3.0		7	2	6	0.3
		8	9	6.6			18	19	13.5			18	19	2.9		9	0	4	0.3
		9	11	3.3			19	20	23.3			19	20	2.3		16	7	8	0.0
		11	12	2.9			20	21	24.6			20	3	5.7			17	20	0.0
		12	13	2.3			21	22	7.2		19	3	4	3.0		17	1	6	4.5
		13	14	4.4			22	23	22.3			4	5	4.5			7	8	0.0
		14	15	4.4			23	0	33.4			5	6	7.5		18	4	7	0.3
		15	18	1.6		7	0	1	17.7			6	7	6.3			14	20	1.9
	5	15	16	4.8			1	2	10.0			7	8	10.4			20	3	5.1
		16	17	0.0			2	3	6.7			8	9	10.2		24	20	22	0.1
	7	0	2	0.2			3	4	4.4			9	10	9.4		29	22	23	0.0
	9	0	1	15.8			4	5	2.8			10	14	0.9	10	23	23	0	0.1
		1	2	1.0			5	6	8.9			19	20	0.1		24	14	20	0.0
		3	5	0.9			6	7	3.8			20	21	3.9			20	8	6.2
		17	18	5.7			7	8	0.7			21	22	3.1		25	8	20	2.1
		21	22	0.2			8	9	0.6			22	2	4.0		27	2	8	1.2
	12	20	21	0.0			10	11	0.0		20	2	3	11.1			8	20	9.7
	13	5	8	0.1			15	16	0.1			3	4	9.2			20	8	19.8
	14	2	3	2.7		10	4	5	0.0			4	5	1.1		28	8	20	4.7
		3	4	2.3			5	6	3.6			6	8	0.4			20	2	0.1
		4	5	4.7			6	8	0.6			8	10	0.1					
		5	6	7.8			8	13	1.9			13	14	0.0					

1957　滚　河　石漫滩站

月	日	起	止	降水量(mm)	月	日	起	止	降水量(mm)	月	日	起	止	降水量(mm)	月	日	起	止	降水量(mm)
1	7	14	20	0.0	1	9	8	14	1.1	1	11	2	8	1.0	1	11	14	20	0.4
	8	8	14	0.0		10	8	14	0.2			8	14	1.7			20	2	0.0

降 水 量 摘 录 表

月	日	时或时分		降水量	月	日	时或时分		降水量	月	日	时或时分		降水量	月	日	时或时分		降水量
		起	止	(mm)			起	止	(mm)			起	止	(mm)			起	止	(mm)
1	12	2	8	0.4	6	9	1	6	1.7	7	10	20	21	0.0	7	21	2	3	0.0
		8	20	3.8			17	18	5.9		11	1	2	0.3		22	0	8	0.2
		20	2	0.0			21	22	0.0			2	3	5.6		24	18	19	0.0
	13	2	8	6.9		10	21	22	0.0			3	4	0.0		25	10	12	0.0
		8	20	12.0		12	21	22	0.0		12	20	21	0.0			14	17	2.1
4	7	20	8	12.5		13	5	6	0.2		13	11	13	1.9			18	19	0.0
		14	20	0.0			7	8	0.0			13	14	4.0			21	23	0.6
	8	14	20	0.0		14	1	3	0.9			14	18	0.9		26	1	2	0.0
	9	2	8	5.2			3	4	3.7		14	10	11	0.2			2	3	3.7
		8	14	4.0			4	5	0.7			18	19	8.3			3	6	2.2
		14	20	42.0			5	6	13.5			19	20	1.2		30	7	8	0.0
		20	2	8.8			6	7	4.5			20	21	0.8			8	10	0.3
	27	2	8	0.8			7	8	0.3			21	22	55.7	8	4	14	15	0.0
		8	14	0.0			8	10	0.6			22	23	2.4			4	8	1.4
	28	20	8	6.8		16	2	4	0.1		15	1	2	1.1			8	9	0.0
	29	8	14	0.0			13	14	5.1			2	3	10.3		14	15	16	7.6
	30	14	20	0.3			14	16	0.7			3	6	1.4		16	10	11	0.0
		20	8	8.8		20	11	12	0.0			19	20	0.0			15	16	0.1
5	1	8	14	2.0			15	20	1.4			22	23	0.0			17	20	0.0
	2	14	20	0.7			20	21	0.3		16	13	14	24.3		17	20	21	0.0
		20	8	0.5			22	1	2.7			14	15	21.4			21	22	19.5
	3	8	14	20.2		21	1	2	2.8			18	19	6.0		26	11	12	12.0
		14	20	9.7			2	8	10.0			19	20	4.4			14	15	2.7
		20	8	1.6			8	10	1.5		17	9	10	0.0			15	16	1.6
	4	8	20	5.6			12	13	0.0			21	22	0.0			19	20	0.0
	5	20	8	3.6			20	22	0.0			22	23	2.6		28	21	22	0.0
		8	14	0.1		30	17	18	0.1		18	0	1	12.9		29	1	8	0.5
	20	14	20	0.0			18	19	4.3			1	2	0.1		30	8	13	0.4
		20	2	0.7			19	20	0.3			5	8	1.0	9	5	8	9	0.0
	21	2	8	3.4			20	6	4.3			8	18	3.8		7	2	7	0.0
	22	2	8	0.2	7	3	1	2	0.0			18	19	2.8		9	1	7	0.2
		8	14	39.5			16	17	0.1			19	20	2.5		16	6	8	0.0
		14	20	11.7		6	17	18	0.0			20	1	4.3			19	20	0.0
		20	8	10.5			18	19	12.9		19	1	2	6.1			20	6	4.8
	23	8	14	0.0			19	20	11.1			2	3	7.9		17	7	8	0.0
6	1	15	18	0.6			20	21	19.2			3	4	9.6			9	10	0.2
	4	4	5	9.6			21	22	11.9			4	5	9.2		18	5	6	0.1
		5	6	9.5			22	23	15.8			5	6	6.2			15	20	1.4
		6	7	24.3			23	0	13.2			6	7	7.1			20	2	4.9
		7	8	23.4		7	0	1	18.3			7	8	8.5		24	6	8	0.0
		8	9	7.9			1	2	18.2			8	9	11.4	10	23	8	20	0.0
		9	10	4.5			2	3	3.9			9	10	9.9		24	14	20	1.5
		10	13	3.9			3	4	9.2			10	12	1.0			20	8	6.0
		13	14	2.6			4	5	1.5			16	17	0.0		25	8	20	0.3
		14	15	4.4			5	6	5.2			19	20	0.0			20	8	0.0
	5	15	20	1.6			6	7	4.9			20	1	3.3		26	8	20	0.5
		15	16	0.1			7	8	1.7		20	1	2	2.8			20	8	0.5
		17	18	0.8			8	11	0.8			2	3	12.2		27	8	20	9.2
		23	0	0.0			12	13	0.0			3	4	8.8			20	8	19.0
	7	0	2	0.4		10	5	8	0.6			4	7	1.8		28	8	20	3.5
	8	23	0	0.0			8	12	1.2			9	10	0.1					
	9	0	1	17.2			17	20	1.0			23	0	0.0					

1957 滚 河 袁门站

月	日	时或时分		降水量	月	日	时或时分		降水量	月	日	时或时分		降水量	月	日	时或时分		降水量
		起	止	(mm)			起	止	(mm)			起	止	(mm)			起	止	(mm)
4	9	2	8	4.5	4	30	14	20	0.0	5	2	20	8	0.3	5	4	20	8	4.5
		8	14	3.3			20	8	8.3		3	8	20	20.6		5	8	14	0.3
		14	20	44.0	5	1	8	14	1.6			20	8	1.7		21	2	8	4.4
		20	2	7.9		2	14	20	0.8		4	8	20	5.7		22	2	8	0.2

降 水 量 摘 录 表

月	日	起	止	降水量(mm)	月	日	起	止	降水量(mm)	月	日	起	止	降水量(mm)	月	日	起	止	降水量(mm)
5	22	8	14	19.7	6	20	16	18	1.3	7	13	12	13	4.0	7	20	2	3	17.4
		14	20	14.8			19	20	0.0			13	20	1.6			3	4	14.8
		20	8	5.9			20	21	0.4		14	10	11	0.0			4	5	6.6
6	1	15	17	0.1			22	1	2.9			17	19	4.2			5	6	3.0
		17	18	2.8		21	1	2	3.1			19	20	9.8		22	0	8	0.1
		18	19	14.2			2	8	8.6			20	21	0.9		24	20	21	5.3
		19	20	0.8			8	12	1.2			21	22	27.9		25	1	2	0.2
	4	3	4	2.5			20	0	0.2			22	2	1.4			9	11	4.4
		4	5	12.6		30	18	20	2.4		15	2	3	9.2			15	17	1.3
		5	6	9.0			20	1	4.0			3	6	1.5			18	19	0.0
		6	7	16.3	7	1	1	2	3.2			21	22	0.0		26	1	4	1.1
		7	8	15.2			2	5	1.2		16	13	14	18.3			4	5	3.6
		8	9	10.6		6	18	19	0.0			18	19	1.2			5	6	1.2
		9	10	4.2			19	20	10.9		17	4	6	0.3		30	9	11	0.2
		10	14	6.0			20	21	26.9			23	0	6.1	8	10	5	8	1.7
		14	15	2.8			21	22	14.4		18	0	1	8.0			8	9	0.6
		15	20	1.3			22	23	19.8			5	8	0.9		16	14	15	0.5
	5	15	19	2.9			23	0	9.7			8	18	4.3			16	17	0.2
	7	0	1	2.0		7	0	1	18.1			18	19	2.9		17	7	8	0.4
	9	0	1	12.6			1	2	13.9			19	20	2.2			21	22	9.7
		1	6	1.2			2	3	5.3			20	1	5.8		26	14	15	21.3
		17	18	22.5			3	4	4.0		19	1	2	8.5			15	16	0.1
		21	22	0.3			4	5	4.8			2	3	5.7		27	13	14	5.7
	13	4	5	0.0			5	6	5.5			3	4	7.2			14	15	0.4
	14	1	3	0.0			6	7	6.2			4	5	10.0		28	18	19	0.2
		3	4	3.4			7	8	3.5			5	6	5.5			21	22	0.0
		4	5	9.6			8	11	1.8			6	7	6.7		30	7	8	0.0
		5	6	18.4			12	13	0.0			7	8	6.7			8	12	1.1
		6	8	2.3		10	5	7	0.3			8	9	14.1	9	9	3	5	1.0
		8	10	0.4			9	12	1.1			9	10	6.6		17	2	5	3.9
	16	2	3	0.0			17	20	0.2			10	12	0.4		18	4	6	0.2
		13	14	4.2			20	21	0.3			19	20	0.0			16	20	1.8
		14	15	0.2		11	1	2	5.4			20	1	4.7			20	4	5.9
	20	11	12	0.2			2	5	0.8		20	1	2	3.6		24	21	0	0.1

1958 滚 河 尚店站

月	日	起	止	降水量(mm)	月	日	起	止	降水量(mm)	月	日	起	止	降水量(mm)	月	日	起	止	降水量(mm)
4	23	14	20	3.9	6	9	3	4	0.3	7	3	7	8	0.0	7	12	20	22	2.4
		20	2	32.5			15	20	3.3			13	14	6.6		13	0	1	16.2
	24	2	8	19.1			20	22	0.8			15	16	3.4			1	2	2.8
5	9	2	8	0.1		20	19	20	0.0		4	21	22	4.0			2	5	3.4
		14	20	1.8		21	10	13	2.2		5	7	8	61.0			7	8	0.1
		20	2	16.7			20	21	0.0			8	9	4.2			12	13	1.0
	10	2	8	11.4		23	11	12	0.0			18	19	0.5			13	14	4.9
		8	14	22.9		27	13	14	21.8			19	20	5.3		14	7	8	0.1
		14	20	16.3			14	15	11.9			20	22	2.2			10	11	0.2
		20	8	10.9			15	16	17.8			23	2	2.3		15	3	4	10.0
	11	8	14	8.4			16	17	14.3		6	14	15	10.3			4	5	2.5
	13	2	8	1.5		29	23	2	0.9			15	19	2.5			18	19	7.5
		8	20	2.3		30	19	20	2.3			19	20	0.0		16	8	10	0.2
		20	8	2.2			20	21	8.8			23	5	3.1			18	20	1.7
	31	14	20	5.4			21	22	1.5		11	6	7	29.3			20	21	0.1
6	1	2	8	29.0	7	1	0	1	0.1			7	8	0.1		17	6	8	0.2
		8	9	4.6			1	2	0.0			8	9	1.0		18	5	6	3.9
		11	12	0.8			7	8	0.1			9	10	7.1			6	8	2.5
		14	20	0.7			8	9	0.0			10	14	0.4			8	10	2.4
	2	6	7	0.0			21	22	1.5		12	7	8	0.4			15	16	3.7
	5	2	8	1.6		2	17	18	0.2			10	16	4.2			16	17	14.5
		13	19	2.3			22	23	0.2			17	20	0.2			17	18	11.8

降 水 量 摘 录 表

月	日	起	止	降水量(mm)	月	日	起	止	降水量(mm)	月	日	起	止	降水量(mm)	月	日	起	止	降水量(mm)
7	18	18	20	0.7	8	6	3	4	4.5	8	20	1	2	4.7	9	16	3	7	5.3
	19	2	5	0.0		10	10	11	2.0			2	4	3.1			7	9	5.2
		9	13	0.0			13	14	0.0			4	5	2.7			8	9	3.5
	25	0	3	4.5			21	22	0.1			5	6	1.8			9	10	0.3
		7	8	0.0		11	21	1	2.3			6	7	7.3			10	11	3.2
		10	13	0.0		12	4	5	16.2			7	8	3.8			11	12	3.6
		14	16	0.0			5	6	0.7			8	11	1.1			12	13	0.8
	28	14	15	0.4			10	11	0.0			21	23	0.6			13	14	5.0
8	2	6	8	0.4			17	19	2.4		21	1	8	2.0			14	19	6.0
		22	23	17.5			21	7	12.8			8	10	0.3		18	12	19	4.5
	3	23	0	40.5		13	7	8	3.6		23	4	8	0.4		20	6	8	0.5
		0	1	8.4			8	11	4.2			13	14	0.6		30	3	8	2.0
		1	2	10.8			11	12	5.8			15	16	6.6			8	10	3.0
		2	3	22.2			12	13	9.5			16	17	0.1			10	11	6.1
		3	4	18.3			13	20	9.1		29	8	10	0.1			11	17	8.7
		4	5	18.5		15	20	22	0.1	9	13	21	22	4.5	11	11	14	20	6.2
		5	6	12.0		16	23	1	1.0			22	4	5.7			20	8	15.7
		6	8	1.0		19	8	9	0.0		14	4	5	4.7		12	8	20	15.8
		8	10	0.5			10	15	2.6			5	6	16.2			20	8	3.2
		22	0	0.5			22	0	2.9			6	7	10.0		13	8	20	13.6
	4	4	6	1.0		20	0	1	4.3			7	8	0.5			20	2	6.3

1958　滚　河　柏 庄 站

月	日	起	止	降水量(mm)	月	日	起	止	降水量(mm)	月	日	起	止	降水量(mm)	月	日	起	止	降水量(mm)
4	22	20	2	0.5	6	21	20	22	0.0	7	10	20	21	0.2	7	25	0	1	1.2
	23	8	20	4.0		23	8	10	0.1		11	5	6	9.6			1	2	2.6
		20	2	42.8		26	12	13	0.0			6	7	3.7			2	3	3.2
	24	2	8	23.0		27	9	10	0.0			7	8	0.1			3	6	0.1
5	6	14	20	0.0			13	15	2.4			8	14	4.5			6	8	0.9
		20	8	0.3			15	16	9.8		12	6	8	0.5			8	14	0.2
	7	20	8	0.3			16	17	2.9			9	10	0.2		28	14	15	6.1
	9	2	8	0.1			17	18	0.1			10	11	2.6		30	0	1	0.0
		8	20	1.0		29	20	3	1.8			11	20	4.9			16	17	0.0
		20	2	25.6		30	19	20	1.1			20	2	4.2	8	2	5	8	1.1
	10	2	8	10.6			20	21	4.9		13	2	3	2.7			21	22	0.3
		8	14	26.7			21	22	0.6			3	8	2.5			22	23	8.1
		14	20	18.8	7	1	0	8	1.1			8	10	0.1			23	0	12.6
		20	8	15.9			8	14	0.3			13	14	0.8		3	0	1	14.2
	11	8	20	10.7		2	8	9	0.0		14	5	8	0.0			1	2	2.0
	12	20	8	1.1			21	0	1.6			8	11	0.2			2	3	19.1
	13	8	20	1.4		3	7	8	0.1			12	15	0.0			3	4	9.2
		20	8	3.1			9	10	0.0		15	3	4	8.8			4	5	5.8
6	1	8	9	3.5			13	20	2.5			4	5	1.4			5	8	1.9
		9	20	2.1		4	21	23	2.5			17	18	0.0			8	11	0.5
		20	21	0.0		5	4	7	2.1			18	19	7.3			12	14	0.7
		22	1	0.3			7	8	37.4		16	18	19	3.3		4	0	1	0.4
	4	1	2	0.0			8	9	8.3			19	20	0.1			2	3	0.4
		5	6	0.0			9	10	0.1			21	22	0.0			4	6	0.6
	5	1	8	2.0			16	17	0.0		17	14	16	0.2		6	2	5	3.5
		8	19	1.7			18	19	0.1		18	2	8	3.4			14	15	0.0
	6	5	6	0.1			19	20	13.5			8	10	1.4		10	10	11	6.1
	9	3	5	0.1			20	22	2.7			12	18	3.6			11	12	2.2
		14	20	4.9			23	3	5.3			18	19	13.3			13	16	0.8
		20	1	0.5		6	13	14	0.0			19	20	0.2		11	22	3	5.5
	17	3	4	0.0			14	15	6.7		19	23	0	0.1		12	3	4	3.1
	21	8	9	0.0			15	19	3.0			3	4	0.1			4	5	9.4
		10	14	1.1			21	1	0.7			7	8	0.1			5	8	0.3
		15	16	0.0		10	16	18	2.3		23	5	8	0.2			8	13	0.3
		18	20	0.0			19	20	0.1			8	10	0.6			20	8	13.7

降 水 量 摘 录 表

月	日	起	止	降水量(mm)	月	日	起	止	降水量(mm)	月	日	起	止	降水量(mm)	月	日	起	止	降水量(mm)
8	13	8	9	4.7	8	19	20	22	1.0	9	14	7	8	1.8	10	11	8	14	0.0
		9	10	3.7			22	23	10.5		15	15	16	0.0		12	8	20	2.6
		10	11	3.5			23	1	2.5		16	4	6	2.3			20	8	8.5
		11	12	5.4		20	1	2	5.5			6	7	4.1		13	8	14	15.2
		12	13	3.5			2	7	5.9			7	8	2.3			14	20	7.0
		13	16	4.9			7	8	6.1			8	10	0.9			20	8	7.2
		16	17	2.8			8	9	0.6			10	11	3.7		14	8	14	0.3
		23	4	0.4			15	20	2.3			11	14	6.4		16	2	8	1.3
	15	11	12	0.1			20	22	0.3			14	15	2.6			8	20	3.8
		19	20	0.0		21	2	8	3.9			15	18	1.9			20	2	1.1
	16	1	2	0.0			8	11	0.6			22	0	0.1	11	11	8	20	7.5
		23	0	0.1		23	4	8	0.2		18	13	20	4.3			20	8	15.4
	17	21	23	0.1			14	17	2.3		19	0	1	0.1		12	8	20	17.9
	18	20	22	0.2	9	14	3	5	2.1		20	3	8	0.4			20	8	4.0
	19	8	13	0.4			5	6	24.6		30	4	8	3.4		13	8	20	21.7
		19	20	0.6			6	7	3.4			8	18	14.0			20	2	6.6

1958　滚　河　石漫滩站

月	日	起	止	降水量(mm)	月	日	起	止	降水量(mm)	月	日	起	止	降水量(mm)	月	日	起	止	降水量(mm)
4	23	14	20	3.4	6	29	23	2	0.6	7	12	18	19	4.6	8	3	0	1	16.6
		20	2	44.2		30	20	21	11.0			20	21	0.7			1	2	4.5
	24	2	8	17.5			21	22	1.1			23	0	0.5			2	3	26.0
5	9	8	20	0.2	7	1	0	3	1.1		13	0	1	11.9			3	4	13.8
		20	2	20.1			5	8	0.3			1	4	1.7			4	5	10.2
	10	2	8	7.7			8	11	0.3			6	7	0.2			5	6	25.1
		8	14	18.7			13	14	0.0		14	7	8	0.0			6	8	1.6
		14	20	9.1			19	20	0.7			8	12	1.7			8	9	1.6
		20	8	12.3			21	22	0.1		15	3	4	2.8		4	1	4	1.2
	11	8	14	8.5		2	17	18	0.9			4	5	22.5		5	22	0	0.0
		14	20	0.0			18	19	6.3			5	8	0.2		6	2	4	1.1
	13	2	8	2.0			22	23	4.4			18	19	7.4		10	11	12	2.2
		8	20	2.5		3	7	8	0.0			19	20	2.2			14	15	0.6
		20	8	1.3			13	15	1.1			21	22	0.6		11	22	4	2.4
	14	8	14	0.0			18	19	0.1		16	17	19	2.6		12	4	5	7.0
6	1	8	9	3.3		4	21	22	0.7		17	7	8	0.0			5	7	2.2
		9	20	1.6		5	7	8	30.8		18	7	8	1.3			8	10	0.2
	2	2	3	0.1			8	9	7.7			8	9	0.6			18	20	1.7
	5	2	3	0.8			9	10	0.4			13	14	0.3			22	23	1.4
		5	8	1.3			16	17	0.0			15	18	0.6			23	0	2.9
		11	12	0.0			19	20	3.2		23	7	8	0.0		13	0	7	8.6
		13	20	1.5			20	22	2.3		24	22	23	0.0			7	8	4.6
	6	3	4	0.1		6	0	2	0.6			23	0	14.4			8	9	2.2
	9	4	5	0.1			13	14	0.4		25	0	1	10.4			9	10	3.5
		14	20	4.0			14	15	4.9			1	2	16.4			10	12	3.8
	10	20	3	0.9			15	19	1.3			2	3	4.8			12	13	6.1
		14	15	0.0			23	0	0.5			3	4	4.7			13	14	1.5
	21	8	15	0.8		10	17	20	0.2			4	5	4.7			14	15	2.8
		21	23	0.3		11	5	6	1.0			5	6	4.8			15	18	3.2
	23	7	8	0.0			6	7	25.9			6	7	4.8		14	2	3	0.2
		8	10	0.2			7	8	0.6			7	8	14.0		15	11	12	0.1
	26	8	9	0.0			8	9	1.6			8	9	3.7			19	20	0.1
	27	6	8	0.0			9	10	3.5			9	12	0.3			20	22	0.2
		8	9	0.0			10	14	2.7		28	14	15	6.9		16	23	1	0.5
		13	14	15.1		12	7	8	0.9		29	23	0	0.0		17	14	15	0.0
		14	15	15.3			8	10	0.0	8	2	5	6	1.0		18	22	23	1.6
		15	16	12.2			10	11	18.0			6	7	8.9		19	11	14	1.1
		16	17	4.2			11	12	5.8			7	8	0.5			19	20	0.0
	29	7	8	0.0			12	14	0.2			22	23	20.0			22	23	10.0
		19	20	0.0			17	18	0.1			23	0	28.0			23	0	6.3

降 水 量 摘 录 表

月	日	起	止	降水量(mm)
8	20	0	1	2.4
		1	2	4.0
		2	4	2.0
		4	5	5.0
		5	6	0.8
		6	7	3.0
		7	8	3.6
		8	9	6.0
		20	22	0.3
	21	2	8	2.9
	23	8	11	0.3
		6	7	0.2
		14	15	5.6
8	23	15	16	2.8
		20	21	0.1
9	4	9	11	0.0
	13	22	4	1.2
	14	4	5	4.8
		5	6	29.2
		6	7	6.5
		7	8	0.9
	16	5	6	0.3
		6	7	2.7
		7	8	2.8
		8	11	3.4
		11	12	3.4
9	16	12	13	4.6
		13	20	5.9
	18	13	20	3.8
		22	23	0.2
	20	6	7	0.3
		12	13	0.1
	23	8	10	0.1
	30	5	8	2.3
		8	10	2.8
		10	11	3.0
		11	17	10.3
		21	22	0.1
10	12	2	8	0.1
10	12	8	20	2.5
		20	8	4.9
	13	8	14	18.9
		14	20	5.4
		20	8	8.4
	14	8	14	0.1
		14	20	6.0
		20	8	18.5
11	11	8	20	15.5
		20	8	1.9
	12	8	20	15.0
		20	2	5.0

1958 滚 河 袁门站

月	日	起	止	降水量(mm)
4	23	14	20	3.9
		20	2	45.8
	24	2	8	13.8
5	7	2	8	0.9
	8	2	8	1.1
	9	2	8	0.3
		14	20	1.1
		20	2	16.2
	10	2	8	6.0
		8	14	22.7
		14	20	19.7
		20	8	11.4
	11	8	14	10.0
	13	2	8	1.7
		8	14	2.3
		20	8	1.3
6	1	8	9	6.0
		9	20	1.4
		23	0	0.3
	5	3	4	1.0
		6	7	0.8
		13	16	3.0
	9	4	5	0.3
		15	20	4.5
		20	23	0.6
	21	10	14	2.2
	23	9	10	0.2
	27	13	14	26.2
		14	15	23.5
		15	16	17.0
		16	17	13.3
		17	18	0.0
	29	23	3	0.8
	30	20	21	11.5
		21	22	2.7
7	1	2	8	1.2
		8	14	0.7
		19	20	2.7
	2	0	2	0.7
		17	18	4.5
		18	19	0.9
		22	23	0.9
	3	5	6	0.0
7	3	7	8	0.0
		14	15	6.0
	4	1	3	0.4
	5	6	7	0.0
		7	8	32.6
		8	9	14.1
		9	10	0.3
		18	20	2.3
		20	22	2.0
	6	1	4	1.6
		13	14	2.4
		14	15	6.3
		15	20	2.6
		20	21	0.0
		22	1	1.0
	10	18	19	3.1
	11	4	6	0.6
		6	7	9.2
		7	8	0.3
		8	9	0.0
		9	10	5.6
		10	13	1.3
	12	5	6	0.6
		7	8	0.2
		10	11	3.0
		11	12	7.4
		16	17	0.2
		19	20	0.3
		20	1	4.4
	13	1	2	4.9
		2	8	2.5
	14	8	12	1.5
	15	3	4	12.5
		4	8	0.8
		8	10	0.3
		17	18	2.0
		18	19	5.9
		19	20	0.3
	16	19	20	0.3
		21	22	0.5
	17	15	16	1.0
	18	2	7	3.7
		7	8	2.8
7	18	8	11	1.2
		15	16	3.4
		16	17	5.4
		17	18	21.3
		18	19	0.8
	19	15	16	3.6
	23	7	8	0.4
		8	11	0.8
	24	17	18	0.1
		23	0	1.2
	25	0	1	3.4
		1	2	5.9
		2	5	1.4
		5	8	0.2
		8	12	0.2
8	2	6	7	0.4
		22	23	11.5
		23	0	25.5
	3	0	1	18.5
		1	2	5.0
		2	3	18.4
		3	4	17.4
		4	5	18.0
		5	6	13.0
		6	7	4.4
		7	8	5.0
		8	10	3.3
	4	0	6	3.0
	6	2	3	0.7
	10	11	12	3.0
	11	23	4	3.4
	12	4	5	8.5
		5	8	2.0
		8	14	1.1
		18	20	0.8
		20	23	2.2
		23	0	3.0
	13	0	7	7.7
		7	8	3.3
		8	11	5.2
		11	12	4.1
		12	13	12.6
		13	14	3.9
8	13	14	16	3.4
		16	17	3.0
		17	20	3.0
		20	21	0.0
	14	5	6	0.1
	15	10	11	0.1
	17	0	1	2.2
	18	23	0	0.2
	19	12	14	1.2
		18	20	0.1
		21	22	1.5
		22	23	5.5
		23	0	5.3
	20	0	1	0.2
		1	2	6.1
		2	5	1.2
		6	7	10.5
		7	8	8.5
		8	11	1.9
		19	20	0.1
	21	2	8	3.3
		8	12	0.5
	23	5	6	0.3
		15	16	3.3
9	14	2	5	3.3
		5	6	38.8
		6	7	6.4
		7	8	0.3
	16	5	6	2.6
		6	7	4.8
		7	8	5.7
		8	11	4.8
		11	12	3.9
		12	13	4.3
		13	14	2.7
		14	19	6.2
	18	13	20	5.5
		21	23	0.8
	19	3	5	0.3
		17	18	0.1
		20	21	0.1
	20	6	8	0.4
	30	4	8	3.2

降 水 量 摘 录 表

月	日	起	止	降水量(mm)	月	日	起	止	降水量(mm)	月	日	起	止	降水量(mm)	月	日	起	止	降水量(mm)
9	30	8	10	3.4	10	12	20	8	4.2	11	11	14	20	6.8	11	13	8	20	17.4
		10	11	2.7		13	8	14	20.4			20	8	20.0			20	2	7.0
		11	20	11.8			14	20	7.7		12	8	20	16.7					
10	12	8	20	3.6			20	8	9.5			20	8	5.3					

1959　滚　河　尚店站

月	日	起	止	降水量(mm)	月	日	起	止	降水量(mm)	月	日	起	止	降水量(mm)	月	日	起	止	降水量(mm)
4	1	8	20	0.0	6	6	20	8	13.3	6	30	14	15	12.2	8	13	14	18	2.3
	2	2	8	0.0		7	8	19	7.9			15	16	43.4		16	6	8	0.0
		8	20	1.8		8	19	20	0.0			16	17	7.1		25	7	8	0.4
	10	2	8	44.7			20	21	0.2			17	18	8.0			14	15	13.3
		8	20	15.1			21	22	10.1			18	20	1.4			16	17	0.7
		20	2	16.3			22	0	0.1			20	21	0.0		26	8	9	0.0
	28	14	20	1.8		9	1	3	0.2	7	7	18	20	0.1			18	19	3.4
		20	2	0.1			4	6	0.2		8	17	18	49.6	9	14	1	2	3.2
5	2	14	20	0.0			6	7	3.3			18	19	29.6			2	3	2.8
	3	2	8	0.0			7	8	7.6			19	20	2.3			3	4	8.7
		8	20	12.3			8	9	3.5	10		19	20	7.4			4	8	3.4
		20	2	0.9		12	7	8	0.0	12		21	22	3.3			8	11	3.1
	6	14	20	3.6		16	18	20	1.9	13		11	12	1.0		20	18	20	0.0
		20	8	7.0		17	1	3	0.5			12	13	8.5			20	2	4.6
	7	8	20	9.3		26	15	16	4.2			13	15	1.2		21	2	3	6.3
	8	8	20	4.3			16	17	0.0	23		16	20	1.1			3	4	2.7
		20	8	0.0			21	3	1.6			20	22	0.0			4	5	3.3
	9	8	14	0.0		28	17	18	0.0	25		17	18	2.2			5	6	6.4
		14	20	16.2		29	16	17	4.5			22	23	0.2			6	7	3.8
		20	8	4.6			17	18	0.2	8	1	18	19	8.1			7	8	6.2
	10	8	20	3.1		30	1	7	3.1			19	20	6.2			8	9	3.7
	11	2	8	0.0			7	8	12.8			20	21	13.0			9	10	2.6
		8	20	1.2			8	9	4.7			21	22	7.6			10	20	13.9
6	2	21	2	1.3			9	10	13.6			22	23	4.3			20	21	0.7
	6	5	7	0.0			10	11	9.1			23	0	0.7		22	9	10	0.0
		8	13	3.3			11	12	7.2	7	9	11	0.0			11	12	0.0
		13	14	2.6			12	13	2.8	13		11	13	0.1			18	19	0.0
		14	20	6.3			13	14	2.9			13	14	2.6		25	20	21	0.1

1959　滚　河　柏庄站

月	日	起	止	降水量(mm)	月	日	起	止	降水量(mm)	月	日	起	止	降水量(mm)	月	日	起	止	降水量(mm)
4	1	8	20	1.0	5	2	14	20	0.8	6	3	8	13	2.4	6	8	19	20	0.3
	2	2	8	1.2		3	2	8	0.1			13	14	2.9			20	21	0.3
		8	20	3.3			14	20	9.8			14	20	9.0			21	22	4.7
		20	2	1.0			20	2	1.7			20	21	2.8			22	3	1.7
	6	14	20	0.0		6	14	20	4.1			21	0	1.7		9	5	6	0.3
	9	14	20	0.0			20	8	6.6		4	0	1	3.0			6	7	3.0
	10	2	8	48.3		7	8	20	6.9			1	2	6.0			7	8	8.1
		8	20	13.3		8	8	20	3.0			2	3	4.9			8	9	9.1
		20	2	17.8		9	8	14	0.0			3	4	6.3			9	10	9.1
	11	2	8	0.5			14	20	18.3			4	5	3.9		11	23	0	0.0
		14	20	0.2			20	8	5.0			5	8	3.7		12	5	6	0.0
	12	2	8	0.2		10	8	20	3.7			8	10	2.6			7	8	0.0
	27	20	2	0.5		11	2	8	0.1			10	11	2.5		16	17	20	0.9
	28	2	8	1.1			8	20	1.7			11	12	2.9			20	21	0.1
		8	20	10.3	6	2	20	1	1.2			12	19	2.9			22	2	0.7
		20	2	0.1		3	5	8	0.3		5	0	1	0.1		26	3	4	0.0

降 水 量 摘 录 表

月	日	起	止	降水量(mm)	月	日	起	止	降水量(mm)	月	日	起	止	降水量(mm)	月	日	起	止	降水量(mm)
6	26	13	15	0.0	6	30	18	20	1.8	8	1	22	23	4.2	9	20	20	2	5.2
		15	16	2.9	7	7	18	19	0.1			23	1	0.5		21	2	3	2.9
		21	5	1.5		8	16	17	6.0		2	22	23	7.7			3	4	3.3
	28	16	17	0.0			17	18	16.8		13	10	18	4.7			4	5	2.6
	29	12	13	0.0			18	19	32.4		16	6	8	0.2			5	6	6.1
		17	18	1.2			19	20	0.0		22	4	5	0.4			6	7	4.5
		23	7	2.0		10	18	20	2.6		26	2	4	2.4			7	8	3.4
	30	7	8	4.2			21	0	0.6			5	6	0.0			8	9	4.3
		8	9	3.6		13	9	10	0.0			8	9	0.8			9	11	4.2
		9	10	6.2			10	11	4.2			18	19	2.4			11	12	2.6
		10	11	5.0			11	14	2.5	9	14	1	2	4.4			12	13	3.0
		11	12	4.9		23	16	20	1.1			2	3	3.1			13	14	2.7
		12	13	3.5		25	17	19	3.1			3	4	5.8			14	16	2.6
		13	14	1.4			22	0	0.7			4	5	6.7			16	17	3.1
		14	15	8.9	8	1	18	19	5.6			5	8	1.9			17	20	2.5
		15	16	14.5			19	20	2.5			8	11	3.8			20	0	0.9
		16	17	4.8			20	21	4.2		16	5	6	0.2		22	8	9	0.0
		17	18	5.2			21	22	3.2		20	19	20	0.0			14	15	0.0

1959 滚 河 石漫滩站

月	日	起	止	降水量(mm)	月	日	起	止	降水量(mm)	月	日	起	止	降水量(mm)	月	日	起	止	降水量(mm)
4	1	8	20	0.5	6	2	21	2	0.7	6	30	11	12	6.4	8	26	3	4	0.2
	2	8	2	1.6		3	5	6	0.1			12	13	2.1			6	7	0.1
		8	20	1.7			8	12	0.6			13	14	6.8			18	19	15.3
		20	8	0.3			12	13	3.4			14	15	9.1			19	20	0.1
	3	8	20	0.0			13	19	5.7			15	16	24.3	9	5	4	5	0.0
	6	14	20	0.1			19	20	3.1			16	17	6.3			7	8	0.0
		20	2	0.0			20	21	3.0			17	18	5.5		14	1	2	2.5
	9	14	20	0.0			21	1	2.8			18	20	1.7			2	3	3.1
	10	2	8	53.7		4	1	2	3.2			20	21	0.1			3	4	4.4
		8	20	15.7			2	8	7.3	7	8	16	17	0.0			4	5	3.6
		20	8	13.0			8	20	1.4			17	18	5.4			5	8	3.1
	11	8	20	0.0			20	21	0.0			18	19	36.6			8	9	4.5
	28	2	8	0.6		8	19	20	0.0			19	20	1.8			9	10	0.8
		14	20	2.9			20	21	0.3		10	19	20	0.0		20	19	20	0.0
		20	2	1.6			21	22	13.0			20	21	0.0			20	1	2.0
5	2	14	20	0.2			22	23	3.5		12	21	0	0.2		21	1	2	3.3
	3	2	8	0.0			23	0	0.2		13	10	11	0.2			2	3	4.4
		8	14	0.0		9	1	2	0.2			11	12	4.6			3	4	4.2
		14	20	15.4			5	6	1.3			12	14	0.3			4	5	3.8
		20	2	1.0			8	9	3.1		23	17	20	1.1			5	6	4.6
	6	14	20	3.9		12	7	8	0.0		25	17	18	0.2			6	7	4.5
		20	8	5.7		16	17	20	0.6			22	23	0.0			7	8	5.2
	7	8	20	7.6		26	13	14	6.9			23	0	8.5			8	9	4.1
		20	8	0.2			14	16	0.3		26	0	1	0.0			9	12	5.8
	8	8	20	2.6		27	1	4	1.3	8	1	18	19	5.0			12	13	2.9
	9	2	8	0.1		29	16	17	0.2			19	20	0.4			13	20	7.4
		8	14	0.0			17	18	2.6			20	21	5.6			20	0	0.6
		14	20	17.1		30	0	7	2.5			21	22	3.9		22	8	12	0.3
		20	8	6.0			7	8	2.6			22	0	3.4			18	20	0.0
	10	8	20	2.7			8	9	8.5		13	10	19	3.7			20	22	0.0
	11	2	8	0.1			9	10	10.4		16	6	8	0.0		23	17	20	0.0
		8	20	1.0			10	11	10.7		25	14	15	4.1					

降 水 量 摘 录 表

1959　滚　河　袁门站

月	日	起	止	降水量(mm)
4	1	8	14	0.7
	2	2	8	2.1
		8	20	2.3
		20	2	0.7
	9	14	20	0.6
	10	2	8	40.6
		8	14	25.7
		14	20	1.6
		20	8	15.4
	11	14	20	0.3
	28	14	20	2.2
		20	2	0.9
5	2	14	20	0.2
	3	8	20	14.7
		20	2	0.8
	6	14	20	4.7
		20	8	6.8
	7	8	20	9.6
	8	8	20	5.3
	9	14	20	17.5
		20	8	5.8
	10	8	20	4.5
	11	14	20	1.3
6	2	20	1	1.4
	3	5	6	0.5
		7	8	0.0
		8	10	0.1
		11	12	1.5
		12	13	3.2
		13	20	10.5
6	3	20	23	4.2
		23	0	2.7
	4	0	1	3.4
		1	2	2.6
		2	3	2.8
		3	8	5.2
		8	17	5.4
	8	20	21	0.8
		21	22	27.8
		22	23	1.4
	9	1	2	0.3
		5	6	0.5
		6	7	7.5
		7	8	8.9
		8	9	7.1
	16	18	20	1.3
	17	0	2	0.4
	26	14	16	0.8
		22	3	2.0
	29	16	17	18.9
	30	0	7	4.4
		7	8	8.4
		8	9	5.8
		9	10	9.8
		10	11	9.5
		11	12	7.1
		12	13	2.2
		13	14	8.8
		14	15	7.1
		15	16	25.7
6	30	16	17	10.7
		17	18	11.1
		18	20	2.6
		20	21	0.1
7	8	17	18	26.7
		18	19	39.7
		19	20	3.0
	10	19	20	1.1
	12	22	0	0.7
	13	11	12	2.9
		12	13	5.7
		13	14	0.6
	23	17	20	1.2
	25	17	18	4.1
		18	19	0.0
		22	23	29.8
		23	0	13.8
	26	15	16	2.6
		16	17	0.3
		16	17	1.6
8	1	18	20	3.0
		20	21	11.5
		21	22	4.9
		22	23	4.8
		23	1	1.2
	13	13	18	3.8
	16	6	8	0.4
	25	14	15	0.4
	26	4	6	0.4
		18	19	23.2
8	26	19	20	0.0
9	14	1	2	3.8
		2	3	3.3
		3	4	4.0
		4	8	5.0
		8	9	3.5
		9	10	0.5
	20	22	1	2.1
	21	1	2	2.5
		2	3	3.4
		3	4	3.9
		4	5	4.2
		5	6	6.1
		6	7	5.6
		7	8	7.9
		8	9	4.3
		9	10	1.7
		10	11	2.6
		11	13	4.2
		13	14	3.2
		14	16	2.3
		16	17	2.8
		17	19	2.0
		20	0	0.8
	22	20	21	0.7
		22	23	0.1
	23	20	21	15.9

1960　滚　河　尚店站

月	日	起	止	降水量(mm)
3	14	8	20	13.7
	16	2	8	0.0
	17	2	8	1.3
		8	20	0.9
		20	8	3.5
	18	8	20	12.3
		20	8	5.2
	19	8	14	0.3
		20	8	4.2
	23	14	20	3.5
	24	20	8	17.1
		8	14	16.2
		14	20	7.5
		20	2	0.0
4	26	2	8	14.9
		8	14	16.9
		14	20	25.0
		20	2	0.5
6	6	16	17	0.0
6	11	8	11	2.1
	14	12	13	0.2
	18	10	11	0.0
		14	15	0.0
		16	20	1.1
		20	0	3.2
	19	1	2	3.1
		2	3	1.2
		3	4	2.8
		4	5	3.1
		5	6	22.7
		6	7	12.5
		7	8	6.1
		8	9	5.7
		9	10	4.4
		10	14	2.2
		16	17	0.4
		20	0	0.6
	20	7	8	3.1
6	20	8	9	0.2
		9	10	4.0
		10	13	0.3
		13	14	4.5
		14	15	0.4
	25	22	23	8.4
		23	0	5.4
	26	15	16	6.8
		17	20	1.7
		20	21	0.2
		21	22	2.6
		22	23	0.4
	27	12	13	0.1
		15	16	1.4
		16	17	2.7
	29	15	16	0.0
		17	18	0.5
		21	23	0.1
	30	1	4	3.4
6	30	7	8	0.0
		12	13	0.8
7	6	2	4	0.6
		16	17	2.4
		20	21	0.0
		23	0	9.1
	7	2	3	2.7
		3	4	1.1
		6	8	0.2
		8	17	2.2
9	9	20	2	0.6
	10	2	3	5.0
		3	4	5.4
		4	5	4.9
		5	7	4.0
		7	8	3.3
		8	9	0.3
		9	10	3.0
		10	11	3.7

降 水 量 摘 录 表

| 月 | 日 | 时或时分 | | 降水量(mm) | 月 | 日 | 时或时分 | | 降水量(mm) | 月 | 日 | 时或时分 | | 降水量(mm) | 月 | 日 | 时或时分 | | 降水量(mm) |
		起	止				起	止				起	止				起	止	
7	10	11	12	2.6	8	10	8	11	1.1	9	4	4	5	8.6	9	6	8	9	0.4
		12	13	3.1			16	18	0.0			5	6	6.8			9	10	2.8
		13	19	4.6		26	22	23	0.2			6	7	8.2			10	16	8.8
	12	1	3	1.9		27	3	4	5.3			7	8	5.0			16	17	2.9
		7	8	0.2			4	5	3.8			8	9	4.3			17	20	2.5
		8	11	1.8	9	3	5	7	2.2			9	10	5.7			20	8	7.7
		11	12	3.6			7	8	4.9			10	11	2.8		7	8	9	0.0
		12	13	8.0			8	9	2.1			11	20	15.2		13	8	9	0.0
		13	14	6.0			9	10	4.0			20	22	4.5			12	14	0.0
		14	18	1.9			10	11	2.2			22	23	2.8		24	13	14	0.0
		18	19	3.2			11	12	2.7			23	0	2.6		25	7	8	0.0
		19	20	0.0			12	13	9.2		5	0	6	5.1			8	14	0.6
		20	23	0.3			13	14	7.9			6	7	3.8			16	20	0.4
	14	19	20	0.0			14	15	4.2			7	8	1.8			20	1	0.8
	15	20	21	4.3			15	16	6.7			8	9	5.0		26	6	8	0.1
		21	23	1.1			16	17	6.4			9	10	5.4		27	12	14	0.3
	20	19	20	3.7			17	18	2.3			10	20	4.7			17	20	1.0
		20	22	0.8			18	19	6.4			20	1	6.4			20	8	9.1
	26	7	8	1.2			19	20	3.7		6	1	2	5.1		28	8	10	2.2
		8	11	1.4			20	21	5.8			2	3	1.8			10	11	5.7
	28	1	5	1.7			21	22	3.9			3	4	4.0			11	12	2.6
		17	18	0.4			22	1	7.0			4	5	3.0			12	20	6.7
	29	18	19	3.5		4	1	2	2.7			5	6	3.6			20	21	0.0
		19	20	2.3			2	3	4.8			6	7	5.9		29	6	8	0.0
8	10	2	8	5.4			3	4	8.9			7	8	3.8					

1960 滚 河 柏庄站

| 月 | 日 | 时或时分 | | 降水量(mm) | 月 | 日 | 时或时分 | | 降水量(mm) | 月 | 日 | 时或时分 | | 降水量(mm) | 月 | 日 | 时或时分 | | 降水量(mm) |
		起	止				起	止				起	止				起	止	
3	16	8	14	0.0	6	19	8	9	6.4	7	10	10	11	3.6	8	9	20	2	3.4
	17	2	8	1.6			9	10	4.4			11	19	10.2		10	2	3	5.2
		8	20	1.5			10	20	3.5		11	23	2	2.3			3	4	6.6
		20	8	1.5			21	22	0.1		12	2	6	0.0			4	5	7.0
	18	8	20	11.7		20	7	8	1.0			8	11	2.1			5	8	3.0
		20	8	8.9			8	14	6.2			11	12	4.0			8	11	2.1
	19	8	20	1.9			14	15	3.2			12	13	3.5		15	6	7	1.3
		20	8	3.5		25	22	0	0.2			13	14	0.7		16	16	17	0.0
	23	8	20	5.6		26	1	3	0.2			16	19	0.8		21	18	19	0.0
		20	8	16.3			18	20	0.0			21	22	0.2		26	23	6	7.6
	24	8	14	16.9			20	0	1.0		15	20	21	4.9		27	6	7	8.3
		14	20	4.0		27	12	17	3.4			21	23	1.3			7	8	2.9
		20	2	0.6		29	15	16	0.5		20	17	18	5.7			8	10	0.7
4	25	2	8	21.1			23	2	0.9			18	19	19.0	9	2	18	20	0.0
	26	8	14	24.8		30	2	8	0.1			19	20	2.5			20	21	0.7
		14	20	39.0			11	12	0.3			20	21	0.9		3	8	9	0.6
		20	2	1.3	7	1	21	23	1.1		23	14	15	8.2			9	10	3.2
6	6	15	16	0.0		6	2	3	0.7			15	16	32.6			10	11	3.5
		20	21	0.0			22	0	0.2			16	17	1.6			11	12	4.0
	9	5	6	0.0		7	0	1	14.5		25	12	15	0.0			12	13	5.5
	11	20	0	2.3			1	8	3.7		26	7	8	0.9			13	14	6.6
	14	8	10	0.0			8	17	3.5			23	8	6.3			14	15	2.4
	18	10	11	0.0		9	13	14	4.3		27	9	10	1.7			15	16	3.1
		16	20	0.5			14	15	4.6			10	11	3.0			16	17	1.4
		20	2	6.0			15	16	0.1			11	16	4.7			17	18	4.7
	19	2	3	3.1			21	2	0.9			20	22	1.1			18	19	6.7
		3	4	3.8		10	2	3	5.1		28	6	16	1.4			19	20	4.8
		4	5	3.9			3	4	4.7			16	8	1.3			20	21	4.8
		5	6	20.7			4	5	6.2		29	14	15	0.7			21	22	2.9
		6	7	13.4			5	8	6.5			19	20	0.2			22	23	4.0
		7	8	9.9			8	10	1.9			20	21	0.3			23	0	2.6

降 水 量 摘 录 表

月	日	起	止	降水量(mm)	月	日	起	止	降水量(mm)	月	日	起	止	降水量(mm)	月	日	起	止	降水量(mm)
9	4	0	2	4.4	9	4	20	21	0.8	9	6	7	8	2.8	9	25	20	8	2.3
		2	3	6.6			21	22	3.8			8	12	2.4		26	19	20	0.0
		3	4	7.0			22	8	12.9			12	13	3.9			20	21	0.0
		4	5	5.0		5	8	9	3.7			13	14	2.6		27	6	8	0.0
		5	6	8.2			9	10	4.8			14	20	8.5			8	20	2.5
		6	7	8.0			10	20	6.4			20	23	0.8			20	8	8.3
		7	8	1.6			20	0	4.3			23	0	4.0		28	8	10	1.5
		8	9	5.4		6	0	1	2.6		7	0	8	3.7			10	11	3.0
		9	10	2.6			1	4	3.9			8	10	0.9			11	12	2.8
		10	14	5.7			4	5	2.6		13	9	15	2.0			12	20	4.5
		14	15	2.9			5	6	4.6		25	1	8	0.8			20	8	1.6
		15	20	5.3			6	7	6.6			8	20	2.6		29	8	10	0.2

1960 滚 河 石漫滩站

月	日	起	止	降水量(mm)	月	日	起	止	降水量(mm)	月	日	起	止	降水量(mm)	月	日	起	止	降水量(mm)
4	26	2	8	6.9	6	29	12	14	0.0	7	27	8	20	5.1	9	3	21	22	3.9
		8	14	20.0			16	20	0.2			20	7	1.5			22	23	3.2
		14	20	32.4			22	1	1.7		28	10	20	0.2			23	0	2.7
		20	2	0.5		30	7	8	0.2		29	0	1	0.0		4	0	1	2.0
5	27	19	20	8.2			9	10	0.1			2	5	0.1			1	2	3.6
		20	21	2.8			11	12	0.0			18	20	0.9			2	3	5.5
6	6	16	19	0.0	7	1	22	23	0.0			20	21	1.4			3	4	9.1
		21	23	0.0		5	11	12	0.3	8	9	12	13	0.0			4	5	11.2
	9	2	3	0.2		6	23	0	0.0			19	20	0.2			5	6	13.7
		14	15	0.6		7	0	1	17.6			20	22	0.0			6	7	6.9
	11	20	1	1.9			1	5	1.4			23	1	1.6			7	8	3.7
	14	7	8	0.0			6	8	0.3		10	1	2	3.0			8	9	3.3
		10	12	0.0			8	12	0.8			2	4	0.8			9	10	3.1
	18	11	12	0.0			13	18	1.7			5	8	1.4			10	13	3.9
		15	20	0.0		9	20	3	4.2			8	12	0.4			13	14	2.7
	19	20	3	7.4		10	3	4	4.7		13	13	14	0.0			14	15	3.0
		3	4	7.4			4	5	6.3		15	7	8	0.0			15	17	2.1
		4	5	3.2			5	8	4.9		16	7	8	0.0			17	18	2.9
		5	6	15.7			8	9	3.3			14	15	0.0			18	20	0.9
		6	7	14.6			9	12	4.5		21	17	18	0.0			20	6	10.8
		7	8	6.2			12	13	5.7			19	20	0.0		5	6	7	3.7
		8	9	6.8			13	20	3.2			20	21	0.1			7	8	1.4
		9	10	3.4			21	22	0.0			23	2	0.0			8	9	6.4
		10	15	3.0		11	14	15	0.0		25	6	7	0.0			9	10	4.2
		16	18	0.4			22	3	2.5		26	23	2	1.1			10	20	5.7
	20	7	8	1.5		12	5	6	0.0		27	3	6	4.7			20	0	4.1
		8	9	0.0			8	12	1.4			6	7	6.6		6	0	1	3.6
		9	10	2.9			12	13	8.5			7	8	3.6			1	4	5.6
		10	14	3.9			13	14	4.2			8	12	1.6			4	5	2.8
		14	15	3.7			14	15	0.8	9	2	18	20	0.0			5	6	3.5
		15	16	2.4			18	20	0.1			20	23	0.4			6	7	5.7
		17	18	0.0			20	23	0.1		3	8	9	0.2			7	8	3.1
	25	22	0	0.0		15	19	20	0.2			9	10	3.8			8	12	2.1
	26	4	5	6.0			20	21	2.5			10	11	4.5			12	13	3.9
		5	6	38.4			21	2	2.1			11	12	3.5			13	14	3.9
		6	7	0.0		20	19	20	0.2			12	13	5.4			14	20	7.2
		8	10	0.4			20	23	1.3			13	14	6.3			20	8	6.7
		18	20	1.4		23	13	16	2.4			14	15	6.3		7	8	12	0.5
		20	22	0.1			16	17	15.3			15	16	3.0		13	8	9	0.0
	27	10	11	0.0		25	7	8	0.0			16	17	2.6			10	15	0.7
		13	14	0.1		26	13	16	0.2			17	18	3.6		24	12	15	0.0
		15	18	3.6			6	8	0.9			18	19	6.0		25	1	3	2.1
		19	20	0.0			8	9	0.6			19	20	4.1			4	5	0.3
		20	22	0.0			22	8	3.8			20	21	3.1			6	8	0.9

降 水 量 摘 录 表

月	日	起	止	降水量(mm)	月	日	起	止	降水量(mm)	月	日	起	止	降水量(mm)	月	日	起	止	降水量(mm)
9	25	8	20	7.1	9	27	3	4	0.2	9	28	5	6	2.7	9	28	12	20	7.3
		20	8	3.3			8	10	0.0			6	8	3.6			20	8	2.3
	26	8	11	0.1			12	20	0.0			8	11	3.4		29	8	12	0.3
		21	23	0.0			20	5	4.6			11	12	4.0			20	21	0.0

1960　滚　河　袁门站

月	日	起	止	降水量(mm)	月	日	起	止	降水量(mm)	月	日	起	止	降水量(mm)	月	日	起	止	降水量(mm)
3	13	8	20	13.8	7	6	16	17	2.2	8	10	1	8	8.9	9	5	0	1	2.7
	17	2	8	2.5			23	0	2.1		27	3	4	2.3			1	6	4.9
		8	20	1.9		7	0	1	10.9			4	5	5.6			6	7	3.8
		20	8	4.9			1	8	1.9			5	6	3.1			7	8	1.5
	18	8	20	12.3			8	18	1.3			6	7	2.7			8	9	4.8
		20	8	7.0		10	0	1	0.2			7	8	6.4			9	10	3.6
	19	8	2	8.1			1	2	2.8			8	10	1.1			10	14	5.1
	23	14	20	7.2			2	3	3.4	9	3	8	9	0.6			15	16	0.2
		20	8	16.9			3	4	6.2			9	10	5.1			18	19	0.9
	24	8	20	19.7			4	5	3.5			10	11	2.8			20	0	4.2
		20	2	1.1			5	6	3.0			11	12	4.4		6	0	1	2.8
4	26	2	8	15.9			6	8	2.5			12	13	6.9			1	2	1.1
		8	14	20.5			8	12	7.3			13	14	11.5			3	4	5.0
		14	20	28.2			12	13	4.9			14	15	7.1			4	5	4.0
		20	2	0.8			13	20	6.2			15	16	5.6			5	6	2.5
6	11	21	22	1.0			20	1	0.7			16	17	4.2			6	7	5.0
	18	23	2	4.4		12	0	3	2.0			17	18	5.2			7	8	3.9
	19	2	3	3.1			9	12	0.7			18	19	8.5			8	12	5.4
		3	4	3.3			12	13	7.1			19	20	7.3			12	13	3.2
		4	5	2.8			13	14	4.2			20	21	4.0			13	20	10.4
		5	6	19.3			14	19	2.6			21	22	4.5			20	22	1.1
		6	7	17.9			22	0	0.6			22	23	3.7			23	2	4.6
		7	8	7.9		15	20	1	5.9			23	0	3.6		7	4	7	2.0
		8	9	9.3		20	20	21	0.9	4		0	1	3.7			8	9	0.7
		9	10	4.8		22	14	15	24.7			1	2	3.9			8	9	0.8
		10	11	4.9		23	14	15	0.4			2	3	6.4		13	12	14	0.8
		11	14	2.0			15	16	2.8			3	4	5.8		25	4	8	1.2
		22	23	1.1			16	17	3.2			4	5	5.6			8	20	4.3
	20	9	10	6.4			17	18	3.9			5	6	6.8			20	8	3.2
		12	13	2.9		25	13	15	0.6			6	7	7.3		26	8	10	0.1
		13	14	3.1		26	5	8	2.6			7	8	6.8		27	8	20	1.5
		14	15	2.6			8	9	0.7			8	9	4.3			20	5	3.8
		15	17	2.8		27	0	1	0.3			9	10	5.0		28	5	6	3.0
		19	20	1.0			3	4	0.1			10	13	6.2			6	7	3.2
		20	23	1.0			7	8	0.1			13	14	3.1			7	8	1.6
	27	10	11	1.6			9	12	5.2			14	16	0.7			8	10	3.6
		15	16	0.9			13	15	0.7			16	17	2.6			10	11	13.7
		16	17	2.9		28	0	7	3.7			17	18	2.6			11	12	3.4
		17	18	0.8			17	18	0.1			18	20	0.7			12	20	9.4
	29	16	18	0.5		29	2	4	0.5			20	21	1.5			20	8	2.6
		23	2	2.8		30	14	15	0.7			21	22	2.9		29	8	9	0.1
	30	10	13	1.0			18	20	3.0			22	23	2.6					
7	5	23	0	0.0	8	9	21	23	1.3			23	0	1.5					

1961　滚　河　尚店站

月	日	起	止	降水量(mm)	月	日	起	止	降水量(mm)	月	日	起	止	降水量(mm)	月	日	起	止	降水量(mm)
4	14	20	8	11.7	4	24	20	2	17.3	5	9	6	12	22.8	6	8	17	18	15.4
	24	8	20	16.1		25	2	8	7.9			12	18	2.8		15	6	10	4.7

降 水 量 摘 录 表

月	日	时或时分		降水量 (mm)	月	日	时或时分		降水量 (mm)	月	日	时或时分		降水量 (mm)	月	日	时或时分		降水量 (mm)
		起	止				起	止				起	止				起	止	
6	16	7	8	0.7	7	4	17	18	1.1	8	3	4	5	0.0	9	21	5	6	1.3
		21	22	2.3		5	15	16	23.4			5	6	3.0		24	15	16	2.5
		22	23	2.5			16	17	9.0			6	8	2.5			16	18	2.0
		23	0	2.3			17	18	2.4		6	12	13	0.0			18	20	4.0
	17	12	13	0.1			18	19	1.0			13	14	12.2	11	2	8	14	2.2
		14	15	0.3			19	20	2.5			16	17	0.0		7	8	20	1.1
		21	22	0.8			20	21	2.6			17	18	9.1		11	20	8	0.6
		22	23	9.8			21	0	1.6			18	19	5.6		12	14	20	0.1
		23	1	4.2		8	10	12	0.2			19	22	3.1			20	2	1.0
	18	9	10	0.3			14	18	2.6		10	12	13	1.5		13	8	20	1.8
		19	20	0.0		9	3	4	0.0		14	15	17	2.5			20	8	2.3
	19	5	6	0.3			4	5	2.5			23	0	0.0		14	8	14	0.5
	20	1	2	3.5		16	13	14	0.4		15	2	3	0.3			20	8	2.7
		2	3	0.6			21	23	1.6		28	17	18	1.1		15	8	20	0.6
	23	8	10	0.0		17	1	5	2.9			18	19	3.2			20	8	1.7
		10	11	9.6			9	10	5.3			19	21	1.6		16	8	20	1.0
		11	12	10.3			10	11	13.4		29	14	15	2.2			20	8	0.1
		12	13	4.2			11	12	2.5		30	7	8	1.1		17	8	20	0.4
		13	14	3.3			12	13	4.5		31	5	6	0.6			20	2	6.2
		14	16	1.9		28	12	13	12.0			11	12	1.5		18	2	8	15.6
		22	23	0.0			17	18	1.0	9	2	5	6	4.5			8	20	0.2
	24	0	1	0.8		31	17	18	0.0		18	23	6	3.9			20	8	14.2
	28	17	18	0.0			18	19	0.8		19	9	10	0.4		19	8	20	22.1
		18	19	0.8			19	20	5.1			11	14	2.2		20	8	14	0.0
7	4	16	17	2.6	8	2	22	23	1.9			15	18	1.1					

1961　滚　河　柏庄站

月	日	时或时分		降水量 (mm)	月	日	时或时分		降水量 (mm)	月	日	时或时分		降水量 (mm)	月	日	时或时分		降水量 (mm)
		起	止				起	止				起	止				起	止	
3	13	2	8	2.0	6	17	23	0	5.0	7	5	16	18	2.5	8	3	6	9	2.7
		8	20	0.2		18	0	1	2.5			18	19	2.6		6	12	13	3.9
	18	8	14	3.7			1	4	0.0			19	20	2.2			13	14	1.8
		14	20	16.5			5	6	0.3			20	21	4.1			16	17	0.0
		20	8	9.0			7	11	0.2			21	0	0.9			17	18	24.8
	19	8	20	4.5			16	17	0.0		8	11	18	1.9			18	19	4.6
		20	8	1.3			18	19	0.0		9	3	4	0.2			19	23	1.6
	20	8	20	4.6		19	5	6	0.0			4	5	3.2		8	14	16	0.9
	22	2	8	0.0		20	1	2	3.3			5	6	0.9		10	14	16	0.0
		8	14	0.9			2	3	0.3			9	12	0.0		11	19	20	3.3
6	2	15	16	0.0		21	8	9	0.0			17	18	0.0		14	9	18	4.5
		20	22	0.0		22	8	9	0.0			18	20	0.0			22	6	3.1
	3	3	5	0.1		23	8	9	4.1			21	22	0.1		15	6	7	2.1
	7	5	6	0.0			9	12	5.0		10	13	14	0.7			7	8	4.2
	15	5	6	0.0			12	13	5.5		11	11	12	0.0			8	9	0.0
		6	7	3.1			13	14	8.8		16	13	18	0.3		17	10	13	0.1
		7	9	1.1			14	15	0.7			21	6	5.2		28	14	16	0.0
		9	10	4.4			17	18	0.1		17	9	10	1.5			17	18	0.5
		10	13	0.7			18	19	0.0			10	11	7.0			18	21	1.3
		20	21	0.2			20	2	0.0			11	12	14.5			23	0	0.0
	16	6	11	3.7		26	13	14	0.0			12	13	2.6		29	5	6	0.0
		17	18	0.0			17	18	0.0		23	14	15	9.0			14	15	0.0
		18	19	2.9			18	19	0.0			15		0.0		30	6	9	0.3
		19	20	2.8		27	5	6	0.0		28	12	13	0.0			18	23	0.0
		20	23	1.0		28	17	18	0.6			14	15	0.0		31	4	6	0.1
	17	23	0	3.2	7	4	12	13	0.0			17	18	1.6			6	7	1.1
		0	5	2.3			15	17	0.0			18	19	0.6			11	13	0.5
		7	11	0.1			21	23	0.1		31	18	19	11.3			23	0	0.2
		12	18	1.6		5	12	14	0.0			19	22	1.1	9	2	5	6	0.6
		18	22	1.4			14	15	14.1	8	2	20	5	5.9			12	13	12.0
		22	23	3.9			15	16	7.3		3	5	6	3.3		3	6	8	0.0

降水量摘录表

月	日	起	止	降水量(mm)	月	日	起	止	降水量(mm)	月	日	起	止	降水量(mm)	月	日	起	止	降水量(mm)
9	11	12	18	0.8	9	22	6	7	0.0	10	16	20	8	1.9	11	14	20	8	6.4
		18	21	0.1		24	14	18	3.8		17	8	20	3.4		15	8	20	0.6
	12	3	6	0.8			18	23	5.4			20	8	8.0			20	8	1.3
		6	12	0.9		26	21	1	0.8		18	8	20	14.1		16	8	20	3.0
	18	17	18	0.0		27	6	8	0.1			20	8	7.1			20	8	1.1
		18	6	3.9			9	10	0.2		19	8	20	13.5		17	8	20	0.7
	19	6	12	1.7		30	14	17	0.0			20	2	0.1			20	8	1.0
		14	18	2.4			20	5	0.5	11	2	8	20	4.1		18	8	20	7.0
		18	0	1.0	10	11	14	20	0.0		7	8	20	1.5			20	8	25.0
	21	5	6	0.0			20	2	0.5		12	8	20	0.4		19	8	14	13.3
		6	8	0.6		16	2	8	0.0			20	8	2.5			14	20	15.5
		18	19	0.0			14	20	0.0		13	8	20	1.2			20	8	11.2

1961 滚河 石漫滩站

月	日	起	止	降水量(mm)	月	日	起	止	降水量(mm)	月	日	起	止	降水量(mm)	月	日	起	止	降水量(mm)
5	7	18	0	0.4	6	25	5	6	0.0	7	25	1	3	0.0	8	31	11	15	0.6
	9	6	12	2.9		26	11	12	0.0		28	17	18	0.2			18	19	0.0
		12	18	24.2			14	18	0.0			18	20	1.4			23	2	0.2
	11	0	6	1.4			18	20	0.0		31	17	18	0.0	9	2	5	6	0.5
		6	12	1.7			21	22	0.0			19	20	0.0		3	5	6	0.0
6	2	20	22	0.4		27	0	2	0.0	8	2	21	5	1.3			6	7	0.0
	3	3	5	0.0			4	5	0.3		3	5	6	3.0	11	11	11	17	0.6
	7	3	5	0.1		28	17	18	0.4			6	10	1.2			18	19	0.0
	8	15	18	2.8			21	22	0.0			12	13	0.0			20	21	0.1
	15	6	9	2.4		29	4	5	0.1		6	13	14	0.0		12	0	6	1.0
		9	10	4.5	7	4	20	21	0.0			16	17	32.7			6	11	0.8
		10	11	0.0			23	0	0.0			17	18	17.0			12	14	0.0
		12	14	0.0		5	13	15	0.3			18	19	4.0		18	18	20	0.0
	16	7	12	1.2			15	16	3.9			19	22	3.0			21	6	5.6
		15	16	0.0			16	17	4.2	8	8	16	17	0.0		19	6	18	4.7
		18	20	0.1			17	18	3.6	10	10	11	12	0.0			18	23	0.7
		21	4	2.3			18	19	3.6	11	11	2	3	0.0		21	6	9	1.0
	17	5	6	0.1			19	23	4.3			4	5	0.0		22	4	6	0.0
		7	18	2.2		8	10	18	1.5			7	8	0.0			7	8	0.0
		18	22	0.9			18	19	0.3			19	20	0.5		24	14	18	3.3
		22	23	6.6		9	3	4	0.1	14	14	10	11	0.0			18	23	4.0
		23	6	3.8			4	5	2.7			13	18	3.4		26	20	0	1.3
	18	6	13	0.1			5	6	0.0			18	19	0.4		27	5	6	0.0
		17	18	0.0			7	8	0.0			22	0	0.0			6	9	0.2
		18	20	0.0			11	12	0.1	15	15	1	5	0.2			10	11	0.2
	19	4	5	3.1			19	20	0.0			6	7	0.4		28	4	5	0.0
		5	6	0.7			21	22	0.0			7	8	5.8		30	15	17	0.0
		6	8	0.2			23	0	0.0			8	11	0.2			20	21	0.0
	20	0	2	0.3		13	11	13	0.0	17	17	8	9	0.4	10	1	5	6	0.2
		2	3	2.6		14	3	5	0.3			11	12	0.1	11	2	8	20	3.7
	21	9	10	0.0		15	22	23	0.0	18	18	4	6	0.4		7	8	20	0.8
	23	8	9	3.9		16	13	15	2.9			6	7	0.0		12	8	20	0.8
		9	10	3.6			17	18	0.0	26	26	13	14	0.0			20	8	3.9
		10	11	12.0			18	19	0.1	28	28	13	18	2.6		13	8	14	3.0
		11	12	21.2			21	0	4.1			18	19	3.1		14	20	8	7.6
		12	13	0.6		17	1	2	0.6			19	0	1.1		15	8	20	0.6
		13	14	5.1			2	3	3.0	29	29	5	6	0.0			20	8	3.5
		14	15	3.7			3	6	1.1			11	13	0.0		16	8	20	1.0
		15	16	0.1			6	7	0.0			14	16	2.3			20	8	0.7
		17	18	0.0			9	10	1.9	30	30	6	10	1.5		17	8	20	0.2
		18	0	0.0			10	11	3.0			15	18	0.7		18	8	20	0.7
	24	1	5	0.0			11	12	3.5			22	23	0.0			20	2	14.2
		11	12	0.0			12	13	15.0	31	31	3	6	0.5		19	2	8	23.4
	25	1	2	0.0		23	15	16	1.3			6	8	1.3			8	14	13.7

降 水 量 摘 录 表

月	日	起	止	降水量(mm)	月	日	起	止	降水量(mm)	月	日	起	止	降水量(mm)	月	日	起	止	降水量(mm)
11	19	14	20	16.7	11	19	20	8	10.8	11	20	8	20	0.4					

1961　滚　河　袁门站

月	日	起	止	降水量(mm)	月	日	起	止	降水量(mm)	月	日	起	止	降水量(mm)	月	日	起	止	降水量(mm)
4	14	20	8	10.2	6	23	18	22	0.3	8	6	16	17	8.5	9	28	6	8	0.0
	21	14	20	2.8		24	11	12	0.3			17	18	7.3	10	12	20	2	0.0
	24	8	14	3.9		28	17	18	0.6			18	19	4.0		16	20	8	0.8
		14	20	18.4			18	19	0.4			19	22	2.8		17	8	20	4.0
		20	2	15.6	7	4	0	1	1.2		10	11	12	3.4			20	8	12.0
	25	2	8	5.6			17	18	0.3		14	15	18	3.0		18	8	20	16.0
5	9	8	14	30.4			20	21	0.2		15	2	4	0.5			20	8	7.3
		14	20	1.4		5	14	15	0.0			6	10	4.5		19	8	20	12.0
6	8	16	17	5.5			15	16	3.4		17	10	11	0.3			20	2	0.2
		17	18	5.6			16	17	11.8		18	4	6	2.0	11	2	8	20	4.2
	15	4	5	0.2			17	18	6.4		28	17	18	0.6			20	2	0.1
		6	9	4.2			18	20	3.4		29	14	15	5.7		7	8	20	1.0
		9	10	6.8			20	21	3.6			15	16	0.3		12	14	20	0.3
	16	8	9	2.9			21	23	1.9		30	7	9	1.2			20	8	1.6
		9	10	0.1		8	11	18	2.2		31	5	6	0.4		13	8	20	2.0
	17	21	4	8.7		9	4	5	1.1			6	7	1.0			20	2	0.0
		8	10	0.2		14	4	5	0.2	9	2	4	5	7.6		14	14	20	0.7
		12	18	1.1		16	12	15	0.8			5	6	9.6			20	8	6.8
		18	22	0.5			21	22	6.2		11	13	14	0.2		15	8	20	0.6
		22	23	5.1			22	0	1.1		12	2	5	0.2			20	8	2.9
		23	0	0.2		17	5	6	5.1			7	14	3.0		16	8	20	1.2
	18	0	1	2.5			6	7	0.2		19	3	4	3.9			20	8	2.1
		1	6	1.9			9	11	2.8			4	6	2.2		17	8	20	0.5
		21	23	0.2			11	12	8.1			6	7	0.3			20	8	0.1
	19	5	6	3.4			12	13	19.2			9	18	3.7		18	8	20	0.4
		6	7	0.3		28	17	18	0.9			18	23	0.9			20	2	15.4
	20	2	3	3.3		31	19	20	11.2		21	7	8	1.4		19	2	8	17.5
	23	8	10	0.3			20	21	2.4		24	15	16	1.8			8	20	23.5
		10	11	4.0	8	2	22	6	6.4			16	17	2.5			20	8	16.0
		11	12	4.1		3	6	8	1.1			17	18	2.1		20	8	14	0.4
		12	13	1.4		6	11	12	0.5			18	22	5.1					
		13	14	5.8			12	13	5.0		28	4	6	0.4					
		14	17	1.6			13	14	9.5										

1962　滚　河　尚店站

月	日	起	止	降水量(mm)	月	日	起	止	降水量(mm)	月	日	起	止	降水量(mm)	月	日	起	止	降水量(mm)
6	1	13	15	2.5	6	19	3	5	0.9	7	7	7	9	2.7	7	25	2	3	1.4
	3	7	11	3.7		22	20	1	1.7			9	10	7.8			3	4	3.0
		13	14	0.1		23	8	9	0.1			10	12	2.8			4	6	1.0
	6	16	17	2.3			11	13	0.4			12	13	3.3			6	7	0.6
	10	6	7	1.2		24	20	22	1.5			13	17	6.5		27	12	13	0.4
	13	18	20	0.5		26	0	1	10.1			17	18	5.2			18	20	2.7
		16	17	4.7			1	2	1.4			18	19	4.4		28	0	1	6.9
		18	19	0.1	7	4	1	3	1.5			19	0	1.2			21	1	0.4
	16	21	2	4.2			6	8	1.0		8	11	14	0.4		31	11	12	9.7
	17	2	3	3.1		5	12	13	0.4			19	20	0.1			12	13	1.0
		3	4	3.4		7	2	4	1.9		19	7	9	1.2	8	4	20	22	0.8
		4	5	1.6			4	5	4.7			11	13	0.3			22	23	3.0
		5	6	3.3			5	6	6.4			15	16	0.6			23	0	36.9
		6	8	1.1			6	7	14.7		22	14	16	0.5		5	0	1	26.2

降 水 量 摘 录 表

月	日	时或时分 起	止	降水量 (mm)	月	日	时或时分 起	止	降水量 (mm)	月	日	时或时分 起	止	降水量 (mm)	月	日	时或时分 起	止	降水量 (mm)
8	5	1	2	6.2	8	16	11	12	6.1	9	15	4	5	4.8	9	28	17	18	0.1
		2	3	7.9			12	13	5.3			5	6	7.0			18	22	0.9
		3	4	15.1			13	14	6.5			6	7	5.4		29	1	6	1.8
		4	5	5.5			14	15	3.9			7	8	2.2			7	8	0.1
		5	6	4.5			15	18	0.6			8	9	5.2			19	5	2.9
	6	6	8	2.3			18	1	1.5			9	10	3.1	10	3	14	20	0.2
		2	3	7.1		17	6	7	7.4			10	18	7.1		7	2	8	3.8
		3	4	9.4			7	8	20.2			18	20	0.1			8	20	3.5
		4	5	3.7			8	10	3.2		18	13	18	3.6		8	2	8	0.3
		5	6	3.0			10	11	3.7			18	23	8.3			8	20	3.5
		6	7	18.0			11	18	6.6			23	0	3.8			20	8	7.3
		7	10	3.3			18	21	2.3		19	0	1	1.5		9	20	8	10.3
	7	2	3	0.2			21	22	4.1		22	22	23	0.1			20	8	8.0
	8	1	2	0.1			22	3	1.7		23	23	0	8.0		10	8	20	1.9
		2	3	4.0		22	12	16	4.3			0	6	1.8			20	2	1.4
		18	2	6.7			17	18	0.1			6	13	0.4	11	15	20	8	0.6
	10	15	18	3.5		23	20	21	7.9			16	17	1.2		16	14	20	0.6
		18	19	0.5			21	22	0.6			18	4	5.7			20	2	4.1
	11	7	8	0.1		25	23	1	2.5		24	4	5	8.4		18	14	20	4.9
	14	22	0	0.7		26	1	2	3.3			5	6	1.6			20	8	20.1
	15	5	6	4.4			2	4	0.9			6	12	3.3		19	8	20	18.8
		23	0	7.8			4	5	4.0			18	19	0.4			20	2	0.2
	16	0	1	18.3	9	11	13	18	1.3		25	11	15	0.9		20	20	8	9.8
		1	2	9.9		14	18	1	3.9		26	22	6	1.3		21	8	20	7.2
		2	6	3.2		15	1	2	5.1		27	6	11	0.6			20	2	1.7
		6	11	3.0			2	4	3.0		28	12	14	0.1					

1962　滚　河　柏　庄　站

月	日	时或时分 起	止	降水量 (mm)	月	日	时或时分 起	止	降水量 (mm)	月	日	时或时分 起	止	降水量 (mm)	月	日	时或时分 起	止	降水量 (mm)
6	1	1	2	4.9	7	7	9	10	2.6	8	5	3	4	7.8	8	16	10	11	2.7
		2	3	7.6			10	12	2.4			4	5	18.0			11	12	7.2
		3	4	9.8			12	13	3.1			5	6	4.0			12	13	6.9
		4	5	1.4			13	16	3.2			6	7	2.5			13	18	5.2
		12	13	1.4			16	17	2.5		6	2	3	4.2			18	22	1.1
	2	19	0	0.6			17	18	5.3			3	4	6.4		17	3	6	3.3
	3	9	9	1.3			18	19	3.5			4	5	5.4			6	7	7.7
		9	10	2.7			19	6	3.6			5	6	1.4			7	8	11.7
	10	15	18	1.0		8	6	8	0.1			6	7	24.2			8	9	4.3
	13	15	16	3.3			9	14	0.6			7	8	2.8			9	10	1.0
	16	23	2	4.5		19	6	12	2.8			8	10	2.2			10	11	2.9
	17	2	3	2.8			13	16	2.0			23	6	5.2			11	12	2.6
		3	6	6.8		22	13	15	0.4		8	18	19	1.5			12	14	4.1
		6	8	1.0		25	0	2	1.5			19	20	2.7			14	15	3.5
	22	18	0	2.2			2	3	7.1			20	2	2.5			15	18	1.5
	23	11	13	1.1		27	3	4	5.1		10	16	18	4.1			18	21	2.0
		15	16	11.0			4	6	3.2			18	19	1.6			21	22	2.9
		16	18	0.9			6	7	0.7		11	7	9	0.1			22	4	1.6
	24	20	21	3.6			13	15	0.3		14	15	16	2.7		22	13	14	2.5
	26	12	13	11.0			18	19	2.8			16	17	3.3			14	15	4.1
		13	14	0.3			19	20	14.5			17	18	12.1			15	17	1.9
	27	17	18	0.6		29	1	2	0.2			22	23	5.7		23	20	21	2.6
	28	7	8	0.6		31	12	13	7.6			23	0	1.1		24	21	22	0.1
7	4	0	1	1.6	8	1	1	3	2.5		15	5	6	1.5		25	22	2	2.3
		6	7	1.6		4	20	22	0.8			23	0	4.9		26	4	5	1.0
	5	12	13	0.9		5	22	23	3.5		16	0	1	17.4	9	11	13	17	2.9
	7	3	5	2.4			23	0	16.0			1	2	8.1			21	22	0.2
		5	6	6.2			0	1	25.0			2	3	2.7		14	18	1	3.9
		6	7	9.5			1	2	8.5			3	6	0.7		15	1	2	3.7
		7	9	2.7			2	3	12.9			8	10	0.6			2	5	5.5

降 水 量 摘 录 表

时或时分（起／止）、降水量（mm）

月	日	起	止	降水量(mm)	月	日	起	止	降水量(mm)	月	日	起	止	降水量(mm)	月	日	起	止	降水量(mm)
9	15	5	6	10.0	9	22	22	6	7.2	10	8	8	20	7.6	11	16	20	8	0.3
		6	7	6.3		23	6	9	0.5			20	8	13.1		18	8	20	6.1
		7	8	3.1			11	18	1.7		9	8	14	3.6			20	2	16.0
		8	9	10.1			18	6	8.4			14	20	19.7		19	2	8	14.5
		9	10	7.0		24	6	12	2.9			20	8	13.7			8	14	25.5
		10	11	7.1			14	18	0.2		10	8	20	2.8			14	20	8.3
		11	12	6.1		25	1	6	0.1			20	2	2.0			20	2	0.6
		12	13	5.9			10	14	1.3		31	14	20	1.0		20	20	8	17.0
		13	14	5.6		26	18	6	1.1			20	8	12.4		21	8	20	4.9
		14	15	6.1		27	6	12	0.5	11	1	8	20	20.2			20	8	1.1
		15	18	3.1		28	12	18	0.1			20	2	21.5		24	2	8	1.0
	18	13	18	2.2			18	21	0.4		2	2	8	5.8			8	20	12.5
		18	19	1.3			23	1	0.6			20	8	1.3			20	8	15.6
		19	20	2.9		29	2	6	1.6		7	8	20	1.2		25	8	20	15.1
		20	21	2.7			20	5	2.0			20	2	0.5			20	2	0.2
		21	23	2.0	10	6	20	8	3.5		15	14	20	0.9					
		23	0	2.5		7	8	20	7.3			20	8	2.5					
	19	0	2	1.2			20	8	2.6		16	8	20	5.6					

1962　滚　河　石漫滩站

月	日	起	止	降水量(mm)	月	日	起	止	降水量(mm)	月	日	起	止	降水量(mm)	月	日	起	止	降水量(mm)
6	1	13	16	2.0	7	25	4	6	1.6	8	16	0	1	22.0	9	15	13	14	5.6
	3	0	2	0.1			6	7	0.1			1	2	20.3			14	15	6.6
		4	5	1.0		27	16	18	2.7			2	3	3.2			15	16	2.8
		7	11	4.5			19	20	6.4			3	6	0.6			16	18	0.4
	10	18	20	0.2			23	2	0.1			6	11	1.9		18	12	18	2.5
	13	16	18	0.2		31	11	12	6.0			11	12	6.3			18	19	1.2
	17	0	2	2.3	8	4	19	22	0.2			12	13	6.5			19	20	2.9
		2	3	6.8			22	23	10.7			13	14	6.4			20	23	4.2
		3	4	6.2			23	0	1.8			14	15	3.7			23	0	3.8
		4	5	5.4		5	0	1	22.4			15	18	0.7		19	0	6	1.6
		5	6	1.9			1	2	14.6			18	22	0.4		22	23	0	3.9
		6	8	0.2			2	3	4.0		17	0	2	0.5		23	0	6	2.9
	22	19	3	0.2			3	4	7.4			4	6	0.6			6	9	0.2
	23	11	12	18.0			4	5	13.6			6	7	5.1			14	18	1.6
		16	17	0.4			5	6	5.8			7	8	12.2			18	4	4.8
	24	20	21	50.0			6	7	3.6			8	9	3.2		24	4	5	4.4
	26	0	2	1.2			7	9	0.3			9	18	11.3			5	6	0.7
		4	5	0.2			11	12	0.1			19	4	3.8			6	11	2.0
	27	18	20	0.5			23	0	5.4		22	13	17	3.8			14	18	0.1
7	4	2	4	1.3		6	2	3	4.5			22	23	1.5		25	10	15	0.8
	7	6	8	0.8			3	4	28.3		24	20	22	0.4		26	22	2	1.1
		5	8	8.2			4	5	4.1		25	22	3	2.0		27	3	6	0.5
		6	7	9.1			5	6	11.9		26	4	5	2.8			6	12	0.7
		7	8	10.6			6	7	15.9			5	6	1.2		28	17	18	0.1
		8	12	6.6			7	10	2.9	9	11	13	18	0.5			18	20	0.2
		12	13	3.6			21	0	0.9			20	23	0.5			22	1	0.6
		13	14	2.7		7	1	2	1.1		14	18	1	3.1		29	2	6	1.6
		14	17	4.3			3	4	1.1		15	1	2	4.2			7	9	0.2
		17	18	12.1		8	18	19	6.6			2	4	3.8			20	2	2.3
		18	19	4.5			19	3	2.8			4	5	2.7	10	3	14	20	0.4
		19	6	4.1		9	10	11	0.1			5	6	8.4		7	2	8	3.6
	8	8	11	1.4		10	15	18	2.9			6	7	9.4			8	20	4.9
	19	11	12	2.6			18	19	0.4			7	8	1.8			20	8	0.7
		14	18	1.0		11	7	9	0.1			8	9	9.3		8	8	20	6.0
	22	14	16	2.8		14	16	18	2.1			9	10	5.2			20	8	14.1
	25	2	3	3.1			23	1	0.3			10	11	5.0		9	8	14	2.7
		3	4	3.9		15	5	6	1.8			11	12	2.6			14	20	19.3
							23	0	0.7			12	13	1.2			20	8	10.6

降 水 量 摘 录 表

月	日	时或时分		降水量	月	日	时或时分		降水量	月	日	时或时分		降水量	月	日	时或时分		降水量
		起	止	(mm)			起	止	(mm)			起	止	(mm)			起	止	(mm)
10	10	8	20	1.5	11	2	20	2	2.0	11	16	20	2	0.2	11	19	20	2	0.3
		20	2	1.7		7	14	20	0.7		18	8	20	11.1		20	20	2	9.4
	31	14	20	1.1			20	2	0.2			20	2	20.0		21	8	20	2.7
		20	8	13.4		15	14	20	0.7		19	2	8	14.0			20	2	0.5
11	1	8	20	13.6			20	8	3.3			8	14	27.4					
		20	8	17.1		16	8	20	4.7			14	20	6.3					

1962 滚 河 袁门站

月	日	时或时分		降水量	月	日	时或时分		降水量	月	日	时或时分		降水量	月	日	时或时分		降水量
		起	止	(mm)			起	止	(mm)			起	止	(mm)			起	止	(mm)
6	1	13	14	0.4	8	2	4	5	0.5	8	17	8	9	2.4	9	25	10	15	1.7
		14	15	3.1		4	21	22	1.2			9	10	2.6		26	20	6	2.0
	3	7	11	4.2			22	23	8.6			10	13	5.7		27	6	10	1.1
	10	18	19	0.4			23	0	6.4			13	14	3.0		28	10	14	0.5
	16	21	1	3.1		5	0	1	22.8			14	18	5.2			20	2	2.7
	17	1	2	4.3			1	2	14.1			18	23	2.3		29	7	8	0.2
		2	3	3.1			2	3	6.9		18	0	4	4.2			20	5	4.1
		3	4	3.9			3	4	12.4		22	13	16	3.4	10	3	14	20	2.1
		4	5	4.1			4	5	7.9		24	21	22	0.2		7	2	8	4.7
		5	6	1.7			5	6	5.8		25	23	1	2.8			8	20	4.5
		6	7	0.8			6	7	3.4		26	1	2	4.7			20	8	3.6
		10	12	0.1			7	8	0.5			2	4	1.1		8	8	20	8.2
	22	19	23	1.8		6	2	3	8.9			4	5	7.1			20	8	9.5
	23	9	13	2.3			3	4	20.3			5	6	1.2		9	8	14	2.0
	24	19	20	9.5			4	5	4.8	9	11	13	17	1.1			14	20	18.6
		20	21	0.6			5	6	7.4			19	22	0.6			20	8	14.1
	26	0	1	9.4			6	7	9.2		14	18	1	4.4		10	8	20	1.9
		1	2	0.6			7	9	2.7		15	1	2	4.0			20	2	1.1
	27	18	20	0.7			16	17	3.6			2	4	2.8		31	14	20	1.6
7	4	4	6	1.4			20	21	6.8			4	5	2.6			20	8	14.2
		6	7	0.3			21	22	0.7			5	6	8.8	11	1	8	20	12.9
	7	3	5	4.5		7	1	3	1.1			6	7	10.1			20	2	16.1
		5	6	4.9		8	2	3	2.8			7	8	4.1		2	2	8	12.5
		6	7	15.9			18	19	3.3			8	9	8.0		15	14	20	0.4
		7	8	7.1			19	2	3.3			9	10	5.9			20	8	4.9
		8	9	0.8		9	11	12	4.6			10	11	6.2		16	8	20	4.8
		9	10	3.5		10	15	17	0.4			11	12	4.2			20	2	0.2
		10	11	3.0			17	18	2.6			12	13	7.0		18	8	20	12.6
		11	16	8.9			18	19	1.3			13	14	4.7			20	2	14.5
		16	17	4.2		15	5	6	3.2			14	15	3.2		19	2	8	21.7
		17	18	7.3		16	0	1	25.7			15	18	1.6			8	14	27.7
		18	6	4.9			1	2	16.9		18	13	18	4.5			14	20	6.9
	8	10	12	0.2			2	3	2.5			18	23	9.0			20	2	0.6
	19	7	12	1.7			5	6	0.7			23	0	2.6		20	14	20	0.9
		13	16	0.6			6	8	0.8		19	0	6	2.1			20	8	14.1
	22	14	16	0.8			10	11	1.3		22	23	0	7.1		21	8	20	6.0
	25	0	2	3.3			11	12	5.3		23	0	6	3.5			20	8	2.3
		2	3	3.1			12	13	5.1			6	18	3.6		23	20	8	3.0
		3	4	5.2			13	14	12.3			18	4	9.2		24	8	20	8.4
		4	5	4.2			14	15	11.3		24	4	5	6.5			20	8	16.1
		5	6	0.3			15	17	2.1			5	6	1.0		25	8	20	17.4
		6	7	0.4			18	22	1.1			6	11	3.2			20	8	4.5
	29	1	3	0.5		17	0	6	2.9			13	14	0.3					
	31	11	12	8.6			6	7	11.5			15	18	0.8					
		12	13	0.3			7	8	13.0			18	21	1.1					

降 水 量 摘 录 表

1963　滚　河　尚店站

月	日	起	止	降水量(mm)	月	日	起	止	降水量(mm)	月	日	起	止	降水量(mm)	月	日	起	止	降水量(mm)
3	6	8	20	3.7	5	22	20	8	3.0	7	11	2	3	0.4	8	8	12	13	3.7
		20	8	3.7		23	8	20	0.8			4	8	4.3			13	14	7.7
	7	8	20	7.3		24	5	7	0.1			8	14	3.2			14	15	6.5
		20	8	6.2			21	22	0.3		16	8	10	0.1			17	19	0.8
	8	8	20	5.3		25	2	5	1.7		25	21	1	1.1		9	5	6	0.4
		20	8	6.3			5	6	4.4		27	21	22	1.7			21	23	1.2
	9	8	20	1.7			6	7	10.6			22	23	17.8			23	0	2.6
	10	8	14	15.5			7	8	7.9			23	0	0.6		10	0	1	1.8
		14	20	6.7			8	9	3.8		28	0	1	3.0			1	2	4.8
		20	2	1.2			9	12	2.3			1	2	1.1			2	3	4.9
4	26	8	14	1.5			12	13	10.0			15	16	0.1			3	4	5.3
	29	8	20	8.2			13	14	5.2		29	4	5	2.4			4	5	0.4
		20	2	7.2			14	18	1.9			5	6	22.8			16	17	5.0
	30	14	20	3.3			19	20	1.3			6	7	9.4			17	18	5.7
		20	2	4.2			20	3	3.4			7	8	9.4			18	19	0.3
5	1	22	4	2.0		26	3	4	2.6			8	9	0.2			20	21	0.2
	7	11	12	0.1			4	5	1.8			9	10	3.0			21	22	22.7
	8	6	7	1.5			5	6	2.6			10	12	0.6			22	23	26.5
		7	8	4.8			6	8	2.8			12	13	3.9			23	0	2.9
		8	9	3.9			8	10	0.3	8	1	7	8	0.1		11	0	1	0.2
		9	10	8.3		28	3	5	1.6			9	11	0.9			16	17	4.6
		10	11	7.0			11	12	6.7			11	12	5.6		15	4	8	1.1
		11	12	4.5			12	16	3.8			12	17	0.4			8	14	1.2
		12	13	3.8			16	17	8.0		2	0	1	5.4		16	2	3	2.5
		13	14	5.1			17	19	2.4			1	2	2.6			3	4	8.1
		14	15	3.5			21	5	2.2			2	3	1.3			4	5	9.8
		15	16	2.4		29	5	6	14.2			3	4	11.0			5	8	3.0
		16	17	3.3			6	7	2.7			4	5	5.6			21	1	2.1
		17	20	2.2			7	8	0.8			5	8	2.2		17	1	2	6.3
	9	14	20	2.3			8	9	2.5			8	11	3.7			2	3	3.2
	12	22	23	1.9	6	1	8	11	0.2			11	12	5.5			3	4	5.7
		23	0	6.7		2	20	21	5.2			12	13	18.8			4	5	3.3
	13	0	1	6.6			21	22	0.2			13	14	15.1			5	7	2.2
		1	4	3.2		3	18	20	3.0			14	15	3.3		21	5	8	0.5
		5	6	3.0			20	21	1.2			15	17	0.9			8	16	2.6
		6	7	4.0		4	0	1	2.0			19	20	0.4			16	17	2.9
		7	8	3.3		8	1	8	4.5			20	21	0.6			17	18	2.6
		8	9	10.0			8	14	2.8			21	22	42.4			18	19	1.6
		9	10	8.1		21	14	20	2.4			22	23	29.7			19	20	6.5
		10	14	5.9		30	1	5	3.0			23	0	2.4			20	22	2.6
		16	17	0.2	7	3	0	3	1.5		3	0	1	3.8			23	6	2.5
	14	6	8	0.4			6	7	2.2			1	2	0.8		22	11	13	0.3
	16	4	5	1.4			7	8	3.0			4	5	22.5		23	1	2	6.4
	19	1	2	9.1			8	12	2.4			5	6	32.1			2	3	11.2
		2	3	4.8		6	20	21	0.1			6	7	4.1			3	7	3.6
		3	4	0.1			22	23	0.4			7	8	0.7			7	8	2.7
		20	21	6.9		8	8	11	1.1			8	9	2.9			8	12	1.9
		21	22	1.4			17	19	0.3			9	10	15.1			13	14	0.1
		22	23	5.4			23	1	2.0			20	22	0.3			23	2	1.9
		23	4	7.5		9	1	2	3.6		5	14	15	3.3		24	2	3	3.0
	20	4	5	3.1			2	8	2.0			15	16	20.9			3	8	2.0
		5	7	0.3			8	20	8.2			16	19	2.4			8	10	3.6
		8	9	0.7			20	22	0.3		6	11	12	0.3			10	11	3.1
	22	3	4	3.1		10	3	8	1.2			20	1	1.8			11	12	2.8
		4	5	7.4			8	10	0.4		7	10	13	2.9			12	14	0.6
		17	20	1.8			11	19	2.4			14	16	1.2		26	6	7	0.2

降 水 量 摘 录 表

月	日	起	止	降水量(mm)	月	日	起	止	降水量(mm)	月	日	起	止	降水量(mm)	月	日	起	止	降水量(mm)
8	27	14	15	0.5	9	18	4	5	3.3	9	22	15	16	4.1	9	28	10	12	1.1
	28	15	16	0.3			5	8	4.4			16	17	3.6			13	14	0.3
	30	17	20	1.2			8	20	5.0			17	18	2.9			15	17	2.3
	31	21	22	0.3			20	8	12.2			18	20	2.4			17	18	4.5
		22	23	27.4		19	8	20	5.3			20	23	4.1			18	19	2.8
		23	0	44.7		21	5	8	2.6		23	23	0	2.6			19	20	1.5
9	1	0	2	4.1			8	12	1.3			0	1	3.3			20	21	5.6
		5	8	1.6			12	13	3.6			1	2	2.1			21	22	7.4
	3	15	19	1.1			13	14	1.1			2	3	2.9			22	23	2.6
	4	10	11	4.4			15	17	1.4			3	8	6.0			23	8	7.7
		11	14	2.2			20	4	6.7			8	10	0.8		29	8	19	12.1
	13	12	15	0.4		22	6	8	0.5			13	17	2.7			21	23	0.3
	15	12	15	0.9			8	9	0.1			18	20	1.5					
	17	20	4	6.8			13	15	2.0			20	21	0.7					

1963　滚　河　柏庄站

月	日	起	止	降水量(mm)	月	日	起	止	降水量(mm)	月	日	起	止	降水量(mm)	月	日	起	止	降水量(mm)
3	6	8	20	3.2	5	14	8	9	0.1	5	29	15	16	0.1	7	29	8	11	1.9
		20	8	2.1		16	5	7	0.3	6	1	8	11	0.1			11	12	4.3
	7	8	20	5.1		19	1	2	6.2		2	20	21	5.1			12	14	0.2
		20	8	7.5			2	3	0.9		3	18	20	1.0	8	1	8	11	0.8
	8	8	20	6.1			20	21	4.2			23	1	2.1			11	12	2.9
		20	8	6.4			21	22	3.6		4	2	4	0.7			12	14	1.7
	9	8	14	1.0			22	23	5.8			13	15	0.1			15	17	0.1
	10	8	20	15.8			23	0	1.3		8	2	8	4.3		2	0	1	5.8
		20	2	1.1		20	0	1	3.0			8	14	3.2			1	2	2.7
4	29	8	20	15.0			1	4	3.3		21	16	20	2.4			2	3	2.6
		20	8	4.7			4	5	3.0			20	22	0.4			3	4	13.1
	30	14	20	2.7			5	7	0.5		30	1	2	2.8			4	5	11.3
		20	2	3.1			8	9	0.1			2	3	3.6			5	8	2.8
5	7	21	23	0.5		22	3	4	1.4			3	5	0.4			8	10	2.5
	8	3	5	1.6			4	5	10.4	7	3	0	4	1.9			10	11	8.1
		6	7	1.9			17	20	2.0			5	8	4.5			11	12	6.5
		7	8	3.3			20	8	6.5			8	9	2.7			12	13	21.9
		8	9	3.2		23	8	20	2.5			9	12	0.5			13	14	22.7
		9	10	21.9			20	8	2.3		6	21	1	0.1			14	15	3.5
		10	11	9.5		25	4	5	4.0		8	8	12	1.0			15	19	2.3
		11	12	5.6			5	6	6.4			23	8	5.0			20	21	0.6
		12	13	5.9			6	7	7.1		9	8	20	8.9			21	22	23.4
		13	14	6.9			7	8	8.1			20	23	0.3			22	23	30.0
		14	15	4.6			8	12	4.0		10	3	8	4.0			23	0	0.8
		15	16	3.8			12	13	9.7			8	19	4.2		3	1	4	1.5
		16	17	2.7			13	14	3.5		11	1	8	4.9			4	5	9.9
		17	18	2.6			14	20	5.5			8	15	2.5			5	6	18.1
		18	20	1.6			20	3	9.1		16	5	6	1.4			6	7	7.1
		20	21	0.1		26	3	4	2.9			9	11	0.1			7	8	1.1
	9	15	20	1.1			4	5	2.7		25	21	23	2.1			8	10	0.4
		20	21	0.1			5	6	3.4			23	0	11.0		5	14	15	0.5
	12	23	0	6.7			6	8	1.9		26	0	1	1.1			15	16	19.9
	13	0	1	3.9			8	11	0.4		27	20	21	0.3			16	19	1.7
		1	5	4.8		28	3	5	1.0			22	23	4.9		6	20	1	1.7
		5	6	4.4			11	12	9.8			23	0	1.1		7	9	12	2.2
		6	7	5.3			12	16	4.6		28	0	2	2.7			13	15	0.3
		7	8	5.0			16	17	4.1			1	3	0.7		8	0	1	1.9
		8	9	11.7			17	18	5.1			4	5	0.1			11	15	4.2
		9	10	3.6			18	19	0.2		29	4	5	7.1			17	19	0.3
		10	11	3.1			20	5	3.5			5	6	23.6		9	5	6	0.5
		11	15	2.7		29	5	6	11.4			6	7	4.1			21	22	2.7
	14	5	8	2.1			6	8	0.8			7	8	0.9					

降 水 量 摘 录 表

月	日	起	止	降水量(mm)	月	日	起	止	降水量(mm)	月	日	起	止	降水量(mm)	月	日	起	止	降水量(mm)
8	9	22	23	24.2	8	21	16	17	2.6	8	31	21	22	1.9	9	21	13	17	1.4
		23	1	3.5			17	19	3.0			22	23	47.3			20	6	7.4
	10	1	2	3.8			19	20	5.3			23	0	23.4		22	13	15	3.5
		2	3	6.5			20	21	3.0	9	1	0	3	1.8			15	16	3.7
		3	4	5.2			21	7	4.9			5	8	2.5			16	17	3.2
		4	6	1.4		23	1	2	2.4		3	16	19	0.2			17	18	3.1
		19	20	4.0			2	3	8.1		4	8	16	4.1			18	20	2.7
		20	21	9.0			3	4	3.4		13	11	15	0.7			20	23	4.6
		21	4	4.2			4	6	2.5		17	17	20	0.4			23	0	2.8
	15	4	7	0.7			6	7	2.6			20	3	9.0		23	0	1	3.7
	16	8	11	2.5			7	8	0.4		18	3	4	2.7			1	8	7.3
		2	5	0.7			8	9	0.3			4	5	4.0			8	10	0.2
		5	6	7.0			10	14	0.9			5	6	1.7			13	20	4.6
		6	7	1.3			22	2	0.8			6	7	3.2			20	22	0.9
		20	1	2.1		24	2	3	2.6			7	8	0.5		28	10	20	7.5
	17	1	2	2.6			3	8	2.5			8	20	8.1			20	21	3.4
		2	3	3.3			8	10	3.9			20	8	13.0			21	22	5.3
		3	4	4.3			10	11	3.1		19	8	20	5.3			22	23	4.0
		4	5	3.4			11	15	2.5		21	5	8	1.0			23	8	7.4
		5	8	1.8		26	15	18	0.4			8	10	1.2		29	8	20	6.9
	21	5	8	1.3		27	17	18	0.5			11	12	0.4			21	23	0.1
		8	16	2.4		30	14	20	1.1			12	13	5.0					

1963 滚 河 石漫滩站

月	日	起	止	降水量(mm)	月	日	起	止	降水量(mm)	月	日	起	止	降水量(mm)	月	日	起	止	降水量(mm)
4	29	8	20	9.8	5	19	23	0	2.6	5	29	6	7	5.7	7	16	9	11	0.2
		20	2	6.0		20	0	1	3.9			7	8	0.9		25	21	1	5.3
	30	14	20	2.2			1	7	6.3			8	9	0.2		27	17	18	0.1
		20	2	3.5			8	10	0.6	6	1	2	8	1.8			20	0	2.5
5	2	7	8	0.3		22	2	3	0.5			8	11	0.2		28	0	1	2.6
	8	5	8	2.8			4	5	12.4		2	20	21	33.8			1	3	1.1
		8	9	11.8			14	15	0.1			21	22	0.1		29	3	4	0.7
		9	10	26.2			16	20	2.1		3	18	20	1.4			4	5	4.1
		10	11	9.3			20	8	5.3			23	0	0.2			5	6	18.8
		11	12	6.0		23	8	20	1.5		4	0	1	4.4			6	7	2.1
		12	13	3.6			20	7	2.0			2	3	0.1			7	8	11.6
		13	14	6.1		25	5	6	4.4			20	0	0.3			8	9	2.9
		14	15	6.4			6	7	7.4		30	1	6	1.8			9	10	4.0
		15	16	6.2			7	8	2.8	7	1	13	14	0.3			10	13	2.2
		16	20	4.2			8	9	7.7		3	0	8	6.0	8	1	8	11	1.6
	9	15	20	1.5			9	10	6.6			8	11	1.6			11	12	6.3
	12	22	23	1.6			10	11	6.0		6	22	1	0.6			12	13	3.1
		23	0	4.4			11	12	1.0		8	8	11	0.1			14	18	0.8
	13	0	1	4.9			12	13	6.9			16	18	0.1		2	0	2	3.1
		1	2	5.5			13	14	7.4			19	20	0.1			2	3	3.1
		2	6	3.5			14	20	1.7			22	8	6.0			3	4	3.6
		6	7	5.0			20	6	11.2		9	8	20	7.7			4	5	5.0
		7	8	5.7		26	6	7	4.2			20	22	0.1			5	8	1.2
		8	9	14.0			7	8	1.9		10	3	8	1.0			8	10	1.0
		9	10	11.7			8	12	0.3			8	19	2.8			10	11	2.7
	14	10	18	5.5		28	2	6	1.7			23		2.6			11	12	5.2
		1	2	0.4			10	11	0.2		11	8	10	0.9			12	13	13.3
	16	6	8	0.4			11	12	4.3			10	11	2.9			13	14	19.7
		4	7	0.8			12	16	4.2			11	15	1.5			14	15	3.8
	19	1	2	1.8			16	17	2.6		16	4	7	1.8			15	17	0.8
		2	3	7.3			17	18	4.8								19	20	8.7
		20	21	3.9			18	20	0.3								21	22	50.4
		21	22	4.0			20	5	1.7								22	23	15.6
		22	23	4.6		29	5	6	9.0								23	5	10.0

降 水 量 摘 录 表

月	日	起	止	降水量(mm)	月	日	起	止	降水量(mm)	月	日	起	止	降水量(mm)	月	日	起	止	降水量(mm)
8	3	5	6	35.2	8	11	12	14	1.4	8	24	8	10	3.3	9	21	12	13	3.2
		6	7	6.3		15	3	7	0.2			10	11	2.6			13	19	3.2
		7	8	0.2			8	13	1.5			11	14	2.4			20	7	6.3
		8	9	1.4		16	3	4	2.9		25	5	6	0.1		22	8	10	0.1
		9	10	4.5			4	5	2.8		30	17	20	0.6			14	15	3.4
	5	14	15	4.4			5	8	2.7		31	21	22	0.6			15	16	1.8
		15	16	6.9			20	1	2.0			22	23	10.7			16	17	3.9
		16	20	1.6		17	1	2	3.1			23	0	70.3			17	20	5.2
	6	20	2	0.2			2	3	2.9	9	1	0	2	4.6			20	0	5.7
	7	9	12	0.7			3	4	5.0			4	8	1.3		23	0	1	3.6
		13	14	5.3			4	5	3.5		3	15	19	0.2			1	8	8.2
		15	16	0.1			5	7	2.1		4	10	14	3.0			8	20	3.8
		23	0	1.1		21	4	8	1.0			15	16	0.1			20	22	0.7
	8	12	16	0.7			8	16	1.7		13	11	16	2.4		28	10	18	4.8
		17	20	0.9			16	17	3.3		17	20	6	11.3			18	19	3.0
	9	11	13	0.1			17	20	5.0		18	6	7	2.8			19	20	1.9
		22	23	33.4			20	21	4.0			7	8	1.5			20	21	2.6
		23	0	11.5			21	7	3.4			8	17	2.0			21	22	7.4
	10	0	1	4.5		22	11	12	0.1			18	20	2.1			22	23	3.9
		1	2	1.8		23	1	2	1.9			20	21	0.2			23	8	6.3
		2	3	5.0			2	3	8.0			23	8	9.4		29	8	20	9.4
		3	4	3.5			3	4	2.9		19	8	20	4.7			20	0	0.4
		4	5	0.2			4	8	3.6		21	4	8	1.4					
		19	20	2.2			8	15	2.8			8	10	1.3					
		20	0	2.4			22	8	5.4			11	12	0.1					

1963　滚　河　袁门站

月	日	起	止	降水量(mm)	月	日	起	止	降水量(mm)	月	日	起	止	降水量(mm)	月	日	起	止	降水量(mm)
3	6	8	20	2.2	5	10	0	2	0.3	5	25	8	9	7.1	6	3	20	21	0.2
		20	8	5.1		12	22	23	0.6			9	10	5.5		4	0	1	1.4
	7	8	20	5.9			23	0	4.9			10	11	5.3			1	2	7.1
		20	8	4.9		13	0	1	11.5			11	12	0.4		8	1	2	5.9
	8	8	20	4.0			1	6	6.3			12	13	12.4			9	14	2.6
		20	8	5.7			6	7	3.7			13	14	4.8		21	17	20	2.2
	9	8	14	1.8			7	8	10.4			14	20	3.4		24	11	15	0.2
	10	8	20	16.4			8	9	12.1		26	20	3	6.8		30	1	2	11.4
		20	8	0.9			9	10	4.4			3	4	4.0			2	4	2.2
4	28	14	20	1.5			10	19	5.7			4	6	3.2	7	3	2	3	5.5
	29	14	20	8.8		14	5	8	1.4			6	7	7.3			3	4	0.1
		20	8	6.2		15	5	6	0.3			7	8	1.4			5	7	1.8
	30	14	20	2.8		19	0	1	1.1			8	10	0.2			7	8	4.0
		20	8	3.0			1	2	3.8		27	21	23	1.1			8	9	3.1
5	2	0	3	0.3			2	3	9.4		28	3	5	1.1			9	12	1.4
	3	5	6	0.2			20	21	4.5			10	11	0.1		6	20	21	0.1
	7	22	0	0.5			21	22	2.9			11	12	4.6			22	1	1.1
	8	6	7	4.7			22	23	3.0			12	16	3.2		8	8	11	0.9
		7	8	9.2			23	4	9.8			16	17	4.3			14	20	0.8
		8	9	5.4		20	4	5	2.9			17	18	3.7			23	0	0.5
		9	10	18.7			5	8	1.1			18	19	0.1		9	0	1	3.2
		10	11	8.9			8	10	0.5			20	21	0.1			1	8	4.6
		11	12	4.4		22	4	5	8.5		29	1	2	0.2			8	20	9.8
		12	13	5.1			16	20	3.2			4	5	2.6			20	8	4.4
		13	14	7.8			20	8	6.4			5	6	3.5		10	8	18	3.0
		14	15	4.6		23	8	20	2.2			6	7	10.3		11	2	4	0.2
		15	16	4.1			20	8	1.8			7	8	3.7			6	8	3.5
		16	17	2.9		25	4	5	0.6	6	1	8	11	0.4			8	14	5.3
		17	20	2.0			5	6	6.8		2	20	21	7.5		16	3	4	2.0
		20	21	0.1			6	7	3.9			21	22	1.7			7	8	0.1
	9	15	20	2.3			7	8	3.1		3	18	20	1.3		25	21	22	3.0

降 水 量 摘 录 表

月	日	起	止	降水量(mm)	月	日	起	止	降水量(mm)	月	日	起	止	降水量(mm)	月	日	起	止	降水量(mm)
7	25	22	23	1.2	8	3	6	7	14.0	8	21	8	16	3.6	9	18	5	6	1.8
		23	0	10.9			7	8	1.6			16	17	2.6			6	7	6.5
	26	0	1	1.2			8	9	9.1			17	19	3.7			7	8	1.4
	27	19	20	0.3			9	10	14.1			19	20	5.6			8	20	8.8
		20	22	1.0			22	23	0.9			20	21	3.4			20	8	14.2
		22	23	9.5		5	14	15	1.8		22	3	4	2.9		19	8	20	9.0
		23	2	4.4			15	16	9.2			4	7	1.8		21	5	8	3.0
	28	15	16	6.1			16	18	1.3			12	13	0.1			8	9	0.6
	29	5	6	21.0		6	20	0	1.3			15	19	0.3			10	18	8.1
		6	7	3.1		8	14	15	7.3		23	1	2	4.5			20	5	5.5
		7	8	1.9			15	19	3.4			2	3	7.3		22	6	8	0.4
		8	10	2.1		9	9	12	0.5			3	7	3.3			14	15	0.9
		12	13	2.2			22	23	22.2			7	8	3.5			15	16	4.1
8	1	6	8	2.4			23	0	28.8			8	9	3.5			16	17	3.6
		9	11	1.9		10	0	1	14.5			9	11	0.3			17	20	4.7
		11	12	10.3			1	2	3.6		24	0	8	4.5			20	21	0.3
		15	17	0.4			2	3	6.3			8	10	2.4			21	22	3.1
	2	1	2	3.3			3	5	2.2			10	11	2.9			22	0	3.1
		2	3	0.9			9	10	0.3			11	14	3.4		23	0	1	3.8
		3	4	6.9			20	21	15.6		28	15	16	0.3			1	2	2.3
		4	5	2.9			21	22	22.3		30	16	20	0.9			2	3	2.8
		5	8	1.4			22	23	9.1		31	22	23	11.3			3	4	2.9
		8	10	1.4			23	0	0.1			23	0	61.1			4	5	1.1
		10	11	4.1		11	8	9	9.8	9	1	0	1	9.1			5	6	2.8
		11	12	6.4			9	10	5.2			1	2	5.8			6	8	3.8
		12	13	17.2		15	4	8	0.9			5	8	4.5			8	20	5.8
		13	14	13.4			8	11	1.0		3	17	19	1.4			20	22	0.9
		14	15	3.7			12	14	1.6		4	10	11	4.3		28	9	17	5.4
		15	17	0.9		16	3	4	5.7			11	12	2.7			17	18	3.1
		19	20	6.1			4	5	2.9			12	13	1.1			18	19	2.6
		20	21	6.2			5	7	2.5			14	15	0.2			19	20	2.2
		21	22	65.3			22	1	2.9		7	12	13	0.2			20	21	4.3
		22	23	29.9		17	1	2	5.3		13	11	15	3.0			21	22	7.4
		23	0	4.1			2	3	3.8		15	12	13	3.2			22	23	2.8
	3	0	1	5.3			3	4	4.1			13	14	0.1			23	8	8.7
		1	2	0.2			4	5	5.3		17	19	20	0.2		29	8	13	3.2
		2	3	4.4			5	6	2.9			20	0	3.9			13	14	3.0
		3	4	7.9			6	7	0.6		18	0	1	3.2			14	19	8.3
		4	5	11.3		19	3	6	0.2			1	4	4.6					
		5	6	18.2		21	5	8	0.3			4	5	4.4					

1964 滚 河 尚店站

月	日	起	止	降水量(mm)	月	日	起	止	降水量(mm)	月	日	起	止	降水量(mm)	月	日	起	止	降水量(mm)
1	8	8	20	0.2	4	14	20	8	0.4	4	21	2	8	17.0	5	8	21	0	5.1
	9	20	8	6.6		15	8	20	7.5			8	19	2.7		9	0	1	2.8
	10	8	20	13.3			20	8	7.5		24	14	18	0.6			1	8	5.2
		20	8	22.0		16	8	14	22.5			19	20	0.1			8	20	14.0
	11	8	20	7.5			14	20	0.5			20	0	5.6			20	0	0.7
4	2	8	20	1.3			20	8	4.3		25	0	1	2.6		15	9	11	0.7
		20	2	13.3		17	8	14	1.1			1	6	1.6			13	14	3.6
	4	14	20	2.4			14	20	16.5		27	3	8	0.8			14	15	2.0
		20	8	0.3			20	2	4.8			8	10	0.4			15	16	3.0
	5	8	14	8.4		18	2	8	28.6			13	18	2.2			16	17	3.6
		14	20	29.6			8	20	1.5		29	10	11	0.1			17	18	1.3
	8	2	8	0.2			20	8	2.3	5	8	16	17	0.4			18	19	4.9
	12	20	8	16.7		19	8	20	0.6			17	18	2.7			19	20	3.4
	13	8	14	3.5			20	8	15.4			18	19	0.8			20	21	5.6
		20	8	10.7		20	8	20	0.9			19	20	4.9			21	22	7.0
	14	8	20	1.1			20	2	6.0			20	21	6.4			22	23	5.4

降 水 量 摘 录 表

月	日	起	止	降水量(mm)	月	日	起	止	降水量(mm)	月	日	起	止	降水量(mm)	月	日	起	止	降水量(mm)
5	15	23	0	4.8	6	30	11	12	4.4	8	11	8	9	21.2	9	12	17	18	0.3
	16	0	1	6.6			12	13	4.1			9	10	7.9			20	22	0.8
		1	2	7.3			13	20	5.7			10	11	0.8			22	23	3.7
		2	3	3.1			20	21	3.1			14	16	2.9			23	0	7.1
		3	4	5.9			21	4	4.4			19	20	12.5		13	0	1	5.1
		4	5	7.4	7	1	6	7	0.1			20	21	8.0			1	8	7.1
		5	6	3.1			7	8	3.3			21	22	19.0			8	9	2.1
		6	7	4.8			8	20	3.0			22	3	1.1			9	10	3.2
		7	8	2.2			22	1	0.5		17	1	5	1.2			10	20	7.7
		8	9	2.8		2	2	8	3.1			16	18	0.6			20	8	5.6
		9	10	2.9		3	2	3	3.4		18	3	4	0.1		15	5	8	0.8
		10	12	0.9		11	20	22	2.0		28	7	8	0.2			8	14	4.6
		13	20	2.6		13	19	20	0.2			8	15	2.3			17	18	0.1
		20	21	0.1		14	4	5	14.5			16	20	0.5			20	1	0.9
		23	4	1.4			5	6	13.3		29	7	8	0.2		16	4	8	2.3
	18	3	8	0.6			6	8	2.5			8	15	0.9			16	20	0.7
		8	10	0.1			9	11	0.6		30	9	13	2.7			20	8	0.4
		17	18	0.1		17	20	21	6.1			13	14	3.6		17	3	6	0.8
	19	3	7	0.9			21	4	5.6			17	18	0.1			7	8	0.2
	20	1	4	0.5		18	4	5	3.9			19	20	0.4			8	9	0.1
		8	10	0.3			5	6	2.6			20	3	4.5			11	14	1.0
		17	20	0.2			6	8	1.2		31	3	4	2.8			14	15	3.4
		20	0	0.2			8	10	0.2			4	7	3.1			15	20	1.7
	23	20	22	0.2		19	8	9	1.3			6	7	3.8			22	4	1.8
	24	3	4	2.6		22	19	20	1.4			8	20	1.5		18	13	15	0.2
		4	5	4.5			20	21	0.2	9	1	20	23	0.3		20	13	16	0.8
		5	6	5.2		25	4	7	1.7		2	0	1	0.1		21	16	20	0.2
		6	7	8.5			14	15	0.1			4	5	0.6		22	1	8	4.5
		7	8	4.0		27	11	12	3.2			5	6	4.9			8	17	17.6
		8	9	4.0			12	13	8.2			6	8	1.2			17	18	3.1
		9	20	5.7			13	20	2.6		3	15	16	0.1			18	20	3.6
	26	7	8	0.2		31	6	8	0.5		4	8	13	2.6			20	8	8.3
		20	22	0.5			8	9	2.9		5	19	20	0.3		23	8	20	6.8
6	9	5	7	0.2			9	10	3.2			20	6	1.2			20	8	4.7
		15	20	4.1			10	11	8.5		6	8	9	0.1		24	8	11	1.7
		20	22	0.4			11	12	16.3		7	7	8	0.1		25	21	0	0.2
		22	23	2.6			12	13	19.5			20	1	1.4			22	8	1.7
		23	5	4.0			13	14	5.5		8	1	2	7.6		26	12	14	1.0
	14	12	13	10.1			14	19	5.5			2	3	13.8			17	19	0.3
		13	14	0.3			23	1	0.3			3	4	3.6		27	0	5	2.5
	15	16	17	2.9	8	2	15	16	17.1			4	5	6.2	10	2	8	20	19.8
		17	20	2.6		9	16	17	12.0			5	6	7.6			20	8	0.2
		20	22	0.6			17	18	5.8			6	7	5.7		3	8	20	10.6
	18	15	18	0.3			18	20	3.1			7	8	4.2			20	2	13.2
	25	8	10	0.2			20	21	0.2			8	11	0.6		4	2	8	20.9
		18	20	1.6			22	23	0.1		10	0	5	1.9			8	14	30.6
		20	22	0.3		10	7	8	0.1			8	10	0.4			14	20	8.3
		23	4	4.1			14	15	1.9			12	17	2.1			20	4	3.4
	30	3	7	2.7			19	20	3.7			17	18	3.7		5	10	12	1.6
		7	8	7.0			20	22	0.2			18	20	2.7					
		8	9	3.1		11	5	6	11.7			20	2	3.1					
		9	10	8.3			6	7	0.4		11	17	18	0.1					
		10	11	6.3			7	8	14.6		12	4	7	0.5					

1964　滚　河　柏庄站

月	日	起	止	降水量(mm)	月	日	起	止	降水量(mm)	月	日	起	止	降水量(mm)	月	日	起	止	降水量(mm)
1	8	8	14	0.5	1	10	20	2	3.5	4	2	14	20	0.9	4	4	20	8	0.2
	9	20	8	4.1		11	2	8	16.5			20	2	21.4		5	8	14	5.3
	10	8	20	14.7			8	20	5.5		4	14	20	3.1			14	20	23.5

降 水 量 摘 录 表

月	日	起	止	降水量(mm)	月	日	起	止	降水量(mm)	月	日	起	止	降水量(mm)	月	日	起	止	降水量(mm)
4	12	20	2	6.7	5	16	7	8	4.0	7	17	23	4	3.5	9	5	18	20	0.4
	13	2	8	21.8			8	20	13.8		18	4	5	4.5			20	8	1.1
		8	20	10.4			20	21	0.2			5	8	2.0		8	0	1	0.9
		20	8	1.0			23	3	3.9			8	9	0.8			1	2	3.8
	14	8	20	0.2		18	5	8	2.0		20	12	13	0.1			2	3	9.7
		20	8	3.0			8	10	0.9		22	19	20	2.0			3	5	3.0
	15	8	20	11.6			18	19	0.3			20	21	0.3			5	6	3.0
		20	8	6.7		19	3	6	0.4		24	17	18	0.2			6	8	2.7
	16	8	14	19.5		20	2	3	0.3		27	11	12	4.7			8	9	0.5
		14	20	0.5			6	8	0.3			12	13	16.3		10	3	5	2.2
		20	8	3.5			8	10	0.8			13	14	0.8			8	10	1.3
	17	8	20	9.8			23	0	0.1			15	20	1.9			13	20	7.0
		20	2	11.5		23	21	22	0.8			20	21	0.2			20	22	1.7
	18	2	8	16.8		24	1	2	0.1		31	6	8	0.4		11	1	2	0.1
		8	20	1.4			2	3	3.9			8	9	2.1			5	6	0.1
		20	8	2.0			3	4	2.9			9	10	4.6		12	3	4	0.2
	19	8	20	0.3			4	5	2.1			10	11	6.5			19	20	0.2
		20	8	12.6			5	6	6.0			11	12	12.8			21	22	3.9
	20	14	20	1.1			6	7	5.1			12	13	24.8			22	0	1.5
		20	8	19.8			7	8	3.9			13	14	5.5		13	0	1	9.9
	21	8	20	4.8			8	9	3.4			14	18	4.6			1	6	8.0
	24	14	20	1.0			10	20	3.1			20	22	0.6			6	7	3.7
		20	8	9.5			20	21	0.1	8	2	15	17	2.1			7	8	3.3
	26	12	13	0.3		26	7	8	0.1	9		16	17	3.2			8	9	3.5
	27	3	4	0.3			21	22	0.2			17	18	17.5			9	10	4.5
		7	8	0.4	6	9	14	20	3.3			18	19	1.2			10	11	3.2
		13	16	1.7			20	0	4.6			19	20	2.7			11	12	3.8
	29	12	13	0.1		10	0	1	3.3			20	21	1.1			12	17	9.2
5	8	16	19	3.1			1	3	2.0		10	14	15	6.9			17	18	3.9
		19	20	7.3		14	12	13	0.5			20	22	1.3			18	19	4.2
		20	21	5.9		15	17	20	1.5			22	23	2.6			19	20	2.6
		21	22	2.4			20	22	0.8		11	4	7	0.9			20	21	3.5
		22	23	3.0		18	15	19	0.9			7	8	12.3			21	6	2.9
		23	0	3.0		25	8	9	0.1			8	9	9.5		15	1	8	2.3
	9	0	5	9.1			19	20	1.8			9	11	0.6			8	14	2.3
		5	6	2.9			20	22	0.2			14	17	2.9			20	21	0.7
		6	7	3.1		26	1	3	1.7			19	20	1.0			23	0	0.1
		7	8	2.5		30	5	6	0.2			20	21	0.2		16	3	5	1.2
		8	9	2.9			6	7	3.1			21	22	3.5			15	20	1.2
		9	10	4.1			7	8	10.0			22	23	1.1			20	0	1.6
		10	11	4.2			8	9	5.3		12	0	3	1.6		17	4	5	0.1
		11	12	3.4			9	10	7.4		18	3	5	0.3			12	19	4.2
		12	13	3.9			10	11	5.6		28	16	18	0.7			22	5	2.7
		13	14	3.4			11	12	4.8		29	8	13	1.4		18	8	14	0.8
		14	16	3.5			12	13	3.1		30	2	5	2.2			20	22	0.7
		16	17	4.2			13	18	2.7			7	8	0.1		20	13	14	0.9
		17	20	4.9			18	19	3.9			8	12	3.1			15	16	0.8
		20	22	0.5			19	20	5.0			12	13	4.4		21	17	19	0.3
	15	8	10	0.7			20	21	4.7			13	14	2.3		22	2	8	4.3
		11	17	7.4			21	22	3.0			15	17	0.2			8	11	4.5
		17	18	2.9			22	3	3.7			19	20	0.2			11	12	3.8
		18	19	4.7	7	1	7	8	0.5			20	22	2.3			12	20	11.7
		19	20	3.9			8	10	0.7		31	0	2	3.1			20	8	8.3
		20	21	3.3			11	18	2.7			2	3	4.4		23	8	13	4.6
		21	22	5.6			23	8	6.8			3	7	2.1			14	20	1.6
		22	23	5.0		3	3	4	2.5	9	1	2	4	0.3			20	8	4.1
		23	0	4.1		8	18	19	4.6			6	7	3.4		24	8	11	0.8
	16	0	1	4.3			19	20	1.1			7	8	0.5		26	3	8	1.0
		1	2	5.1		10	14	17	0.6			10	14	0.9			12	15	0.8
		2	3	2.8		13	19	20	0.9			17	20	1.0		27	2	5	1.8
		3	4	6.0		14	4	5	11.4		2	3	8	2.1	10	2	8	20	18.7
		4	5	3.4			5	6	6.0		4	1	5	2.2			20	2	0.2
		5	6	6.2			6	8	1.5			7	8	0.4		3	8	20	9.3
		6	7	4.1		17	20	22	3.1			8	10	0.4			20	2	11.6

降 水 量 摘 录 表

月	日	时或时分 起	时或时分 止	降水量(mm)	月	日	时或时分 起	时或时分 止	降水量(mm)	月	日	时或时分 起	时或时分 止	降水量(mm)	月	日	时或时分 起	时或时分 止	降水量(mm)
10	4	2	8	23.0	10	4	8	14	36.0	10	4	14	20	9.1	10	4	20	3	2.8

1964　滚　河　石漫滩站

月	日	起	止	降水量(mm)	月	日	起	止	降水量(mm)	月	日	起	止	降水量(mm)	月	日	起	止	降水量(mm)
1	8	8	20	0.1	5	15	22	23	4.6	6	30	18	19	3.2	8	28	8	9	1.1
	10	2	8	5.0			23	0	4.0			19	20	2.4			11	17	0.4
		8	20	13.8		16	0	1	3.2			20	21	4.0		29	7	8	0.2
		20	2	4.6			1	2	5.4			21	4	5.3			10	12	0.2
	11	2	8	17.9			2	3	2.9	7	1	7	8	2.8			13	14	0.1
4	2	8	20	6.9			3	4	5.4			8	20	2.7			19	20	0.6
	2	20	2	14.3			4	5	5.9			23	7	3.5		30	7	8	0.3
	4	14	20	4.0			5	6	3.2		3	3	4	0.1			8	13	2.2
	5	8	14	5.0			6	7	3.7		13	18	20	0.3			13	14	3.0
		14	20	34.5			7	8	2.2		14	4	5	3.4			14	20	0.2
	8	2	8	0.4			8	20	8.6			5	6	13.0			20	1	2.2
	13	2	8	21.4			20	22	0.1			6	8	2.3		31	1	2	3.0
		8	20	13.1		17	0	5	2.7			8	11	0.6			2	3	5.0
		20	8	0.4			18	20	0.7		17	20	21	8.2			3	8	2.8
	14	8	20	0.6		19	7	8	0.4			21	4	2.8	9	1	6	7	3.6
		20	8	1.9		20	3	4	0.4		18	4	5	5.0			7	8	0.8
	15	8	20	7.4			7	8	0.1			5	8	1.9			8	16	0.6
		20	8	16.5			8	10	0.4			8	9	0.7			17	20	0.6
	16	8	14	18.7			17	18	0.1		19	6	8	0.1		2	2	3	0.1
		14	20	0.6			19	20	0.1		22	19	20	0.6			5	6	9.3
		20	8	5.5			20	21	0.3			20	22	1.1			6	8	0.6
	17	8	14	0.8		23	21	0	0.5		26	5	7	0.2		4	2	4	1.2
		14	20	18.9		24	1	2	0.3		27	11	12	7.9			8	13	1.9
		20	2	11.7			2	3	5.8			12	13	6.2		5	20	8	1.9
	18	2	8	29.5			3	4	5.7			13	20	2.2		6	8	10	0.2
		8	20	0.9			4	5	4.6			20	22	0.1			22	2	0.1
		20	8	1.7			5	6	4.3		28	2	4	0.2		7	5	8	0.3
	19	8	20	0.7			6	7	8.7		31	6	8	1.4			20	1	0.8
		20	8	14.6			7	8	3.7			8	9	2.1		8	1	2	3.6
	20	14	20	6.0			8	9	3.7			9	10	14.2			2	3	8.4
		20	8	24.5			9	13	1.4			10	11	8.6			3	5	2.9
5	8	8	17	6.5			14	20	3.0			11	12	17.8			5	6	7.2
		17	18	3.0		25	7	8	0.1			12	13	24.5			6	7	13.6
		18	19	0.1			21	22	0.1			13	14	4.2			7	8	8.1
		19	20	4.8		26	7	8	0.1			14	20	6.3			8	11	1.0
		20	21	5.6			21	22	0.1			20	22	0.2		10	2	6	1.5
		21	22	3.2		27	21	22	0.2	8	9	16	17	5.2			8	12	1.6
		22	23	3.0	6	9	15	20	2.1			17	18	12.2			13	20	6.2
		23	0	3.1			20	1	5.1			18	20	0.6			20	8	1.7
	9	0	8	12.6		10	1	2	15.7			20	22	0.4		11	8	13	0.2
		8	9	0.4			2	3	0.7		10	20	1	0.8			16	20	0.3
		9	10	3.9		15	20	0	0.3		11	5	6	12.5			20	5	0.7
		10	12	3.7		18	2	3	0.1			6	7	1.1		12	21	22	1.5
		12	13	3.5			15	20	0.7			7	8	14.5			22	23	3.2
		13	14	3.2		25	8	10	0.1			8	9	9.4			23	0	6.2
		14	16	2.9			18	20	0.1			9	10	6.2		13	0	1	11.7
		16	17	3.5			20	21	0.1			10	11	1.4			1	2	5.3
		17	20	5.0		26	1	2	0.4			12	17	2.5			2	6	6.1
		20	0	1.1		30	5	8	3.4			19	20	3.7			6	7	2.6
	15	9	17	7.2			8	9	3.3			20	21	8.8			7	8	1.7
		17	18	2.6			9	10	5.9			21	3	2.9			8	9	1.6
		18	19	4.3			10	11	6.4		17	3	6	1.2			9	10	3.3
		19	20	4.3			11	12	3.5			9	10	0.2			10	11	5.0
		20	21	3.0			12	13	4.1		18	2	4	0.2			11	12	3.6
		21	22	6.5			13	18	2.2		28	6	8	0.2			12	15	4.9

降 水 量 摘 录 表

月	日	起	止	降水量(mm)	月	日	起	止	降水量(mm)	月	日	起	止	降水量(mm)	月	日	起	止	降水量(mm)
9	13	15	16	3.2	9	22	8	11	4.0	10	5	1	2	0.1	10	21	20	7	8.1
		16	17	0.4			11	12	2.8		12	2	4	1.3		22	17	18	0.2
		17	18	2.6			12	20	11.5			7	8	0.1		24	9	10	0.2
		18	20	2.8			20	8	9.5			17	20	0.3			20	2	0.7
		20	8	6.4		23	8	20	5.3			20	21	0.1		25	3	8	2.7
	14	22	8	0.7			20	8	5.3		13	3	4	6.1			8	19	9.4
	15	8	16	3.4		24	8	16	2.2			4	8	4.0			20	23	0.6
		20	8	3.5		25	20	8	0.1			8	13	0.3		27	22	8	9.9
	16	8	20	3.3		26	4	8	1.2			17	20	0.1		28	8	20	13.2
		20	1	2.8			12	17	0.4			23	4	0.9			20	1	2.2
	17	7	8	0.1		27	2	6	1.8		14	13	20	2.3		29	14	20	1.7
		8	9	0.3	10	2	2	2	0.4			20	23	0.4			20	2	0.2
		12	14	0.4			8	20	19.2		16	8	15	5.0		30	4	6	0.1
		15	16	4.0			20	8	0.2			17	19	0.1			16	19	1.9
		16	19	1.0		3	8	20	10.8			21	8	11.5			19	20	2.8
		23	7	1.8			20	2	14.7		17	8	11	1.1			20	0	4.6
	18	9	10	0.1		4	2	8	23.1			12	16	1.8		31	9	11	0.2
	20	15	16	0.1			8	14	36.8		19	15	20	0.7					
	21	16	20	0.4			14	20	10.3			23	2	0.9					
		21	8	3.7			20	0	2.4		21	12	20	3.2					

1964　滚　河　袁门站

月	日	起	止	降水量(mm)	月	日	起	止	降水量(mm)	月	日	起	止	降水量(mm)	月	日	起	止	降水量(mm)
1	8	8	20	0.3	4	26	3	5	0.5	5	16	2	3	5.2	6	15	20	22	0.5
	9	20	8	6.7			6	8	0.4			3	4	5.0		18	18	19	0.5
	10	8	20	13.8			8	10	0.2			4	5	3.6		25	9	10	0.5
		20	8	20.6			13	18	1.4			5	6	8.2			19	20	0.6
	11	8	20	8.0	5	8	16	19	3.0			6	7	4.4		26	1	2	6.6
4	2	8	20	0.8			19	20	6.1			7	8	1.5			2	3	0.3
		20	8	13.2			20	21	5.9			8	9	3.9		30	7	8	6.6
	4	8	20	1.5			21	22	1.3			9	10	3.5			8	9	5.2
	5	8	14	17.1			22	23	3.9			10	20	8.6			9	10	10.4
		14	20	27.4			23	3	7.1			20	21	0.3			10	11	6.7
		20	2	0.5		9	3	4	2.7			23	0	0.1			11	12	4.0
	12	20	2	2.1			4	7	5.8		17	1	4	0.7			12	13	6.2
	13	2	8	17.6			7	8	2.6		18	6	8	1.3			13	18	3.5
		8	20	8.5			8	9	2.7			8	9	0.2			18	19	2.6
		20	8	1.5			9	10	2.0			18	19	0.3			19	20	2.0
	14	8	20	2.9			10	11	2.8		19	20	22	0.4			20	21	3.8
		20	8	3.9			11	12	3.4		20	2	7	0.9			21	22	2.8
	15	8	20	9.1			12	13	2.5			8	11	0.8			22	4	6.7
		20	8	16.8			13	14	3.0			17	18	0.3	7	1	6	7	0.4
	16	8	14	22.3			14	16	3.9		24	1	3	2.7			7	8	4.8
		14	20	1.7			16	17	4.3			3	4	4.0			8	9	0.6
		20	8	4.8			17	20	6.0			4	5	3.2			10	19	3.1
	17	8	14	0.8			20	0	1.3			5	6	8.9			21	23	0.1
		14	20	22.1		15	8	11	0.7			6	7	5.2		2	3	5	2.6
		20	2	9.8			13	14	0.7			7	8	5.1			5	7	0.2
	18	2	8	23.7			14	15	4.3			8	9	4.7		14	4	5	8.4
		8	20	1.1			15	16	5.0			9	20	5.2			5	6	16.0
		20	8	2.3			16	18	3.4		26	7	8	0.2			6	8	2.5
	19	8	20	0.6			18	19	6.6			21	22	0.1			9	11	0.7
		20	8	11.5			19	20	3.8	6	9	15	17	0.1		17	20	21	7.5
	20	14	20	2.6			20	21	5.6			17	18	4.6			21	22	1.0
		20	2	3.1			21	22	8.6			19	20	0.3			22	23	3.8
	21	2	8	19.2			22	23	6.6			20	23	1.1			23	4	2.0
		8	20	6.5			23	0	7.3			23	0	3.2		18	4	5	4.4
	24	14	20	0.3		16	0	1	6.9		10	0	3	2.0			5	6	3.4
		20	8	10.0			1	2	2.6		14	12	14	1.8			6	8	0.4

降 水 量 摘 录 表

月	日	时或时分 起	时或时分 止	降水量 (mm)	月	日	起	止	(mm)	月	日	起	止	(mm)	月	日	起	止	(mm)
7	18	8	9	0.1	8	30	20	21	0.1	9	13	8	9	4.2	10	4	14	20	11.3
	19	8	9	0.3		31	0	1	0.7			9	10	3.7			20	23	2.6
	22	19	20	19.4			1	2	5.2			10	11	4.3		5	1	3	0.3
		20	21	0.6			2	3	0.6			11	12	3.0			11	13	0.1
	24	5	6	0.2			3	4	2.9			12	14	2.9		12	3	6	0.6
	26	6	7	4.2			4	8	4.3			14	15	2.8			16	20	0.8
	27	11	12	7.3	9	1	6	7	5.8			15	18	5.3			20	22	0.2
		12	13	10.4			7	8	0.5			18	19	4.3			23	3	5.1
		13	14	0.2			10	13	0.5			19	20	1.4		13	3	4	2.7
		17	20	2.2			18	20	0.6			20	21	4.2			4	5	0.3
		20	21	0.1			20	21	0.1			21	8	9.4			6	8	0.4
	28	1	3	0.2		2	2	5	0.8		15	4	5	0.1			8	15	1.2
	31	6	8	0.6			6	8	0.3			6	8	0.1			17	20	0.3
		8	9	0.8			11	12	0.1			8	9	2.3			20	5	2.0
		9	10	10.9		3	15	16	4.8			9	10	2.9		14	14	20	1.8
		10	11	16.2		4	2	3	5.0			10	12	0.5			20	23	0.4
		11	12	24.8			6	8	0.1			16	17	0.2		15	4	6	0.1
		12	13	17.2			8	9	1.6			20	23	0.7		16	9	13	3.5
		13	14	4.6			9	10	4.6		16	1	8	2.0			22	23	0.6
		14	20	5.7			10	11	0.2			8	10	0.9			23	0	4.5
8	2	15	16	0.9			12	13	1.2			13	15	0.1		17	0	1	0.3
	9	15	16	3.2			14	15	0.3			17	20	1.1			2	7	4.9
		16	17	12.0		5	18	20	1.0			20	0	1.0			7	8	3.0
		17	18	6.3			20	8	2.6		17	3	4	0.1			9	11	0.7
		18	20	1.6		6	8	9	0.1			12	14	0.6			13	16	2.3
	10	14	15	0.3			23	2	0.3			14	15	3.0		19	13	15	0.1
		19	20	0.4		7	4	8	0.4			15	20	1.3			17	19	0.3
		20	21	0.2			12	14	0.1			22	5	1.5			21	23	0.5
	11	4	5	2.6			17	20	0.1		18	7	8	0.1		20	1	3	0.3
		5	6	28.6		8	0	1	0.7			8	10	0.1		21	12	13	0.9
		6	7	10.1			1	2	4.9			13	15	0.2			13	14	2.7
		7	8	14.8			2	3	9.8		21	17	19	0.7			14	20	4.7
		8	9	9.1			3	4	1.5		22	2	8	4.2			20	6	12.0
		9	10	11.3			4	5	6.0			8	12	8.0		22	13	15	0.4
		10	11	0.9			5	6	7.5			12	13	2.6			17	20	0.2
		14	17	3.1			6	7	15.4			13	16	5.3	23		2	4	0.2
		19	20	5.9			7	8	7.4			16	17	2.9	24	20		22	0.7
		20	21	4.9			8	9	0.6			17	18	2.7			23	1	0.3
		21	22	8.9		10	2	5	1.7			18	20	2.9	25		3	8	4.0
		22	23	0.2			9	11	0.3			20	8	7.1			8	20	13.7
	12	0	3	0.5			12	17	3.6		23	8	14	3.6			20	22	0.7
	17	2	5	1.5			17	18	4.0			15	20	3.0	27	22		4	5.0
		17	19	0.3			18	20	2.4			20	8	5.8	28	4		5	2.6
	18	2	4	0.6			20	8	1.5		24	8	12	1.9			5	8	5.0
	28	8	9	1.4		11	9	10	0.1			16	17	0.1			8	9	1.5
		12	13	0.1			17	18	0.1		25	2	3	0.1			9	10	2.8
		15	18	0.7			19	20	0.1		26	2	8	2.4			10	20	9.9
	29	3	5	0.4			20	22	0.2			14	15	0.8			20	2	3.6
		7	8	0.4		12	2	3	0.1			17	18	0.2	29	12		20	2.7
		8	10	0.1			20	22	1.0		27	5	7	2.5			20	21	0.1
		11	14	0.7			23	0	6.7	10	2	2	8	0.2	30	17		19	1.8
		19	20	0.4		13	0	1	5.1			8	20	22.6			19	20	2.7
	30	7	8	0.3			1	2	0.9			20	8	0.4			20	21	2.9
		8	12	2.1			2	3	3.2		3	8	20	10.5			21	22	2.6
		12	13	3.4			3	6	5.6			20	2	14.1			22	2	2.9
		13	14	9.5			6	7	2.9		4	2	8	19.0					
		19	20	1.3			7	8	2.3			8	14	40.4					

降水量摘录表

1965　滚　河　尚店站

月	日	起	止	降水量(mm)	月	日	起	止	降水量(mm)	月	日	起	止	降水量(mm)	月	日	起	止	降水量(mm)
3	19	14	20	6.0	7	2	6	7	2.2	7	12	6	8	0.3	8	3	22	23	4.2
		20	2	15.5			7	8	4.0			8	9	5.2			23	0	7.2
	20	2	8	5.4			8	11	1.2			9	10	10.5		4	0	1	7.2
		8	20	1.4		3	2	3	3.2			10	11	5.7			1	2	4.4
		20	8	2.9			3	4	4.1			11	12	0.2			2	3	3.7
	21	8	20	12.2			4	5	12.5			14	15	0.2			3	5	1.3
		20	2	3.0			5	8	1.6		13	2	3	2.0			6	8	1.0
	22	8	20	9.0			8	9	4.5			3	4	3.2			8	13	4.7
		20	2	1.8			9	10	3.6			4	5	3.5		9	7	8	0.1
4	20	8	20	2.3			10	11	0.6			8	10	0.4			8	9	0.1
		20	2	1.5		7	23	0	0.3		15	13	16	4.8			11	12	0.1
	21	14	20	8.1		8	8	10	2.2			23	0	0.1		14	16	17	1.0
		20	2	24.1			10	11	4.9		16	3	4	2.0		16	13	14	0.5
	22	2	8	4.6			11	12	4.3			4	5	3.1		17	3	4	0.9
	26	8	14	0.9			12	13	8.7			5	6	11.2			5	6	4.7
	27	2	8	3.0			13	14	5.7			6	8	1.7			6	7	1.3
		8	20	13.3			14	20	5.5			14	15	1.6			7	8	5.8
		20	8	6.1			20	22	1.1			16	17	0.2			8	9	10.8
5	24	19	20	0.1			22	23	3.4			20	1	3.2			9	10	0.5
6	2	3	4	0.1			23	0	0.6		17	4	6	0.2			10	11	2.7
	9	22	8	4.0		9	0	1	2.7		19	17	18	5.6			11	13	1.4
		5	8	1.9			1	2	1.8			18	20	1.1			16	18	0.5
		8	9	0.5			2	3	3.5			20	21	0.3			20	2	9.6
		11	12	0.2			3	4	10.4		20	5	7	2.5		18	2	3	4.1
	24	18	20	0.3			4	5	9.6			8	9	0.1			3	4	3.7
		20	21	0.1			5	6	7.4			14	15	0.1			4	5	2.6
	30	11	12	11.6			6	7	4.8		21	2	3	0.3			5	6	2.4
		12	13	22.8			7	8	4.2			11	12	0.3			6	7	3.3
		13	14	35.7			8	9	3.0			12	13	4.3			7	8	0.4
		14	15	4.9			9	10	0.6			13	14	1.8		29	8	16	5.5
		15	16	1.8			20	21	0.2			14	15	6.1			17	20	0.3
		16	17	10.6			23	0	2.1			15	20	1.9		30	21	5	2.1
		17	18	7.4		10	0	1	4.1			20	21	0.2		31	12	14	2.2
		18	19	3.9			1	5	4.7		22	7	8	0.1			16	18	0.6
		19	20	1.5			5	6	6.4	8	1	15	17	3.2	9	4	14	15	0.1
		23	0	3.9			6	7	5.4			17	18	22.3			16	20	1.4
7	1	0	2	1.4			7	8	5.2			18	19	2.9			20	21	0.1
		2	3	4.1			8	9	6.0			19	20	4.3			23	0	4.5
		3	4	4.0			9	10	7.6			20	21	0.5		5	0	2	1.9
		4	8	5.4			10	11	5.3		3	7	8	0.6			8	14	1.2
		8	11	2.8			11	12	6.4			9	11	1.2		28	15	19	0.7
		23	0	3.7			12	13	5.4			11	12	4.2		30	17	19	0.3
	2	0	1	4.0			13	17	2.3			12	13	5.9			23	3	1.9
		1	3	1.7			23	8	11.7			13	14	4.0	10	1	5	8	2.1
		3	4	53.5		11	8	10	0.3			15	20	3.1					
		4	5	14.2		12	3	5	4.0			20	22	1.8					
		5	6	4.9			5	6	10.8										

1965　滚　河　柏庄站

月	日	起	止	降水量(mm)	月	日	起	止	降水量(mm)	月	日	起	止	降水量(mm)	月	日	起	止	降水量(mm)
3	19	14	20	5.3	3	20	8	20	0.4	3	21	8	20	10.8	3	22	8	20	7.4
		20	8	13.4			20	8	4.2			20	2	4.7			20	2	2.4

降 水 量 摘 录 表

月	日	起	止	降水量(mm)	月	日	起	止	降水量(mm)	月	日	起	止	降水量(mm)	月	日	起	止	降水量(mm)
4	20	8	20	3.7	7	3	6	8	2.3	7	12	14	15	0.2	8	3	16	20	2.1
		20	2	1.0			9	10	3.7			22	23	0.1			20	23	3.1
	21	14	20	7.8			10	11	0.6		13	1	5	3.5			23	0	5.5
		20	2	15.4		8	9	10	2.8			8	10	0.2		4	0	1	5.0
	22	2	8	4.8			10	11	2.7		15	14	16	0.7			1	2	3.7
	26	8	14	0.9			11	12	2.0			23	0	0.1			2	3	2.9
	27	2	8	3.5			12	13	6.9		16	3	4	3.3			3	8	5.4
		8	20	18.5			13	14	2.6			4	5	0.2			8	13	5.1
		20	2	2.9			14	19	5.0			5	6	14.0		9	7	8	0.2
6	3	3	8	5.3			21	1	7.4			6	8	3.6			8	10	0.6
	9	6	8	2.0		9	1	2	15.4			12	13	0.8		14	9	10	0.5
		8	10	1.0			2	3	12.2			13	14	4.9		15	0	1	0.7
	20	19	20	1.8			3	4	11.9			14	15	4.7		16	13	14	0.1
	30	12	13	13.9			4	5	5.8			15	16	4.5		17	3	7	5.0
		13	14	7.5			5	6	7.4			16	17	5.1			7	8	8.7
		14	15	3.1			6	7	2.6			19	20	0.2			8	9	12.1
		15	17	3.1			7	8	8.0			20	0	2.2			9	13	5.2
		17	18	4.3			8	11	2.5		19	20	21	10.2			17	18	0.6
		18	19	2.7			12	15	1.4			21	22	7.3			20	21	1.7
		19	20	0.8			20	0	1.1			22	23	0.3			21	22	3.3
		20	22	1.7		10	0	1	11.1		20	4	7	5.4			22	23	3.9
		22	23	3.2			1	6	5.1			8	10	0.5			23	0	4.3
		23	2	2.6			6	7	3.5			12	13	0.2		18	0	1	3.0
7	1	2	3	3.6			7	8	6.1			23	0	0.2			1	2	3.3
		3	4	3.5			8	9	5.0		21	13	16	1.8			2	3	3.1
		4	5	3.7			9	10	15.8			17	20	2.3			3	4	3.0
		5	8	3.9			10	11	4.8			20	21	0.8			4	8	5.6
		8	9	2.4			11	12	5.2			22	23	0.2			8	9	0.1
		9	10	2.8			12	13	3.5		25	12	13	0.9		29	9	16	7.5
		10	11	0.2			13	16	1.4	8	1	12	13	1.4		30	23	1	0.8
	2	0	1	11.8			23	1	0.5			15	16	5.2		31	12	14	1.2
		1	2	8.1		11	1	2	2.9			16	17	2.5			16	18	0.5
		2	3	0.6			2	3	9.4			17	18	2.8	9	4	14	20	3.1
		3	4	7.8			3	7	2.6			18	19	2.8			22	23	1.1
		4	5	35.4			9	11	0.5			19	20	4.0			23	0	4.3
		5	6	18.1		12	3	4	6.3			20	21	0.6		5	1	2	2.0
		6	7	19.0			4	5	1.8		3	7	8	0.1		8	11	12	0.1
		7	8	18.0			5	6	11.8			9	11	0.6			13	19	1.8
		8	12	2.3			6	8	4.4			11	12	3.3		30	18 6	20	1.6
	3	2	4	2.3			8	9	10.8			12	13	5.4	10	1	6	8	4.7
		4	5	6.2			9	10	7.2			13	14	3.4					
		5	6	5.3			10	12	0.8			14	15	0.8					

1965　滚　河　石漫滩站

月	日	起	止	降水量(mm)	月	日	起	止	降水量(mm)	月	日	起	止	降水量(mm)	月	日	起	止	降水量(mm)
3	19	14	20	4.6	4	22	2	8	4.7	6	30	13	14	9.0	7	1	6	8	1.3
		20	8	16.7		25	2	8	0.1			14	15	5.2			8	9	3.5
	20	8	20	0.6		26	8	14	0.7			15	16	1.7			9	13	2.8
		20	8	3.8		27	2	8	1.8			16	17	5.9		2	0	1	3.4
	21	8	20	11.4			8	20	17.7			17	18	8.2			1	2	2.7
		20	8	4.5		28	20	8	4.0			18	19	3.7			2	3	0.7
	22	8	20	7.3	5	19	2	3	0.3			19	20	1.2			3	4	11.5
		20	2	3.7		24	19	20	0.1			20	23	2.1			4	5	28.8
4	18	2	8	0.6	6	2	4	5	0.1		23	0	2.9			5	6	8.7
		14	20	0.1		3	0	8	3.3	7	1	0	1	3.5			6	7	19.5
	20	8	20	5.6		9	5	8	2.2			1	3	2.8			7	8	12.1
		20	2	1.3			8	12	2.2			3	4	3.2			9	11	3.4
	21	14	20	5.0		30	11	12	0.8			4	5	6.3			11	12	4.3
		20	2	22.6			12	13	29.2			5	6	3.8			12	13	0.2

降 水 量 摘 录 表

月	日	起	止	降水量(mm)	月	日	起	止	降水量(mm)	月	日	起	止	降水量(mm)	月	日	起	止	降水量(mm)
7	3	1	2	0.2	7	10	12	13	4.2	7	20	22	23	0.2	8	17	3	5	0.5
		3	4	0.3			13	17	1.4		21	11	12	2.7			6	7	4.4
		4	5	6.0		11	0	1	7.3			12	14	0.7			7	8	7.4
		5	6	3.5			1	8	8.3			14	15	4.2			8	9	6.4
		6	8	0.5			8	12	0.7			15	20	2.1			9	11	3.9
	8	8	9	5.3		12	3	5	1.5			20	22	0.4			11	12	3.1
		9	11	1.8			5	6	10.1		22	2	3	0.1			12	13	0.1
		8	9	3.0			6	8	0.8		25	15	16	1.4			17	18	0.8
		9	10	4.0			8	9	9.1		27	11	12	0.1			20	23	5.0
		10	11	3.0			9	10	13.6	8	1	14	15	2.9			23	0	4.6
		11	12	2.0			10	11	5.4			15	16	12.1		18	0	1	6.1
		12	13	7.2			11	12	0.7			16	17	4.8			1	2	2.5
		13	14	5.6		13	1	4	3.0			17	18	7.0			2	3	2.9
		14	20	6.3			4	5	5.7			18	19	5.9			3	4	4.7
		20	1	3.5			5	6	0.1			19	20	5.3			4	8	4.2
	9	1	2	2.6			8	11	0.6			20	21	0.9		20	8	9	0.1
		2	3	2.8		15	13	14	11.0		3	7	8	0.3			0	8	0.2
		3	4	1.3			14	15	11.5			8	11	1.5		27	5	6	0.1
		4	5	4.6			15	16	0.1			11	12	2.8		29	8	16	6.1
		5	6	5.3		16	0	1	1.0			12	13	6.1		30	13	14	0.1
		6	7	2.8			3	5	1.8			13	14	4.6			23	4	1.0
		7	8	1.2			5	6	28.7			14	17	1.3		31	12	19	2.3
		8	12	2.0			6	8	1.6			17	18	4.0	9	3	4	5	0.1
		20	21	0.2			13	15	1.1			18	20	1.0		4	14	20	2.4
		22	23	0.1			16	17	1.1			20	23	2.5			20	23	0.7
	10	0	1	2.5			19	20	0.1			23	0	9.6			23	0	8.5
		1	2	3.5			20	0	2.4		4	0	1	9.5		5	0	2	2.8
		2	6	3.8		17	6	7	0.1			1	2	6.3		8	15	19	0.5
		6	7	3.2			17	18	0.1			2	3	3.5		26	16	17	0.1
		7	8	5.0		19	18	19	29.8			3	4	4.1		30	17	20	1.4
		8	9	6.2			19	20	2.5			4	7	5.2			20	21	0.1
		9	10	5.1		20	1	2	0.1			7	8	2.6			23	8	5.5
		10	11	6.4			3	7	3.9			8	13	4.9					
		11	12	4.0			8	11	1.4		9	8	9	0.2					

1965 滚 河 袁门站

月	日	起	止	降水量(mm)	月	日	起	止	降水量(mm)	月	日	起	止	降水量(mm)	月	日	起	止	降水量(mm)
3	19	14	20	3.1	6	3	7	8	0.4	7	2	1	2	3.1	7	8	18	19	0.2
		20	8	22.0		9	5	8	0.6			2	3	1.5			20	23	5.7
	20	8	20	2.6			8	10	0.3			3	4	26.2		9	0	4	5.2
		20	8	2.7		20	19	20	0.1			4	5	26.7			4	5	7.6
	21	8	20	14.3		30	11	12	16.7			5	6	2.7			5	6	1.7
		20	8	6.9			12	13	7.9			6	8	3.9			6	7	9.7
	22	8	20	8.8			13	14	18.3			8	12	1.8			7	8	1.1
		20	2	4.4			14	15	6.9		3	3	4	4.0			8	10	0.3
4	18	2	8	0.4			15	16	2.5			4	5	15.2			14	15	2.6
		8	14	0.2			16	17	10.4			5	8	3.9			22	23	0.2
	20	8	20	4.2			17	18	13.4			8	9	6.7		10	0	1	6.7
		20	2	0.6			18	19	4.1			9	10	4.9			1	2	3.2
	21	14	20	5.7			19	20	3.4			10	11	2.5			2	3	0.8
		20	2	24.6			20	0	2.2		8	7	8	6.5			3	4	2.9
	22	2	8	3.5	7	1	0	1	3.4			8	9	7.1			4	5	1.7
	25	8	14	0.2			1	4	2.9			9	10	19.3			5	6	4.9
	26	8	14	1.6			4	5	5.1			10	11	9.9			6	7	3.3
	27	2	8	1.5			5	8	4.3			11	12	5.0			7	8	5.5
		8	20	19.0			8	13	5.2			12	13	9.1			8	9	8.3
		20	8	5.2			14	16	0.2			13	14	4.6			9	10	4.4
5	24	19	20	0.1			23	0	3.9			14	17	3.6			10	11	9.1
6	3	0	6	1.8		2	0	1	2.3			17	18	7.3			11	12	6.7

降 水 量 摘 录 表

月	日	起	止	降水量(mm)	月	日	起	止	降水量(mm)	月	日	起	止	降水量(mm)	月	日	起	止	降水量(mm)
7	10	12	13	5.5	7	16	20	1	2.9	8	3	23	0	5.9	8	18	3	4	3.3
		13	17	3.2			18	19	26.7		4	0	1	9.1			4	5	2.7
	11	0	1	1.4			19	20	0.9			1	2	5.8			5	8	2.8
		1	2	3.3			20	21	3.3			2	3	5.1		28	15	17	0.4
		2	3	14.0		20	5	7	2.0			3	4	0.9		29	8	11	0.5
		3	4	4.6			8	9	0.3			4	5	2.9			11	12	2.6
		4	8	1.3		21	4	7	1.3			5	8	3.6			12	16	3.8
		8	12	0.8			10	13	2.2			8	13	4.9		30	18	20	0.2
	12	3	5	2.2			13	14	10.6		9	7	8	0.2		31	2	6	1.0
		5	6	7.6			14	15	4.5			9	10	0.3			6	7	2.7
		8	9	4.2			15	17	2.4		13	16	17	1.7			11	14	1.6
		9	10	8.2			20	1	1.3		14	14	18	4.3			16	18	0.7
		10	11	19.0		22	2	3	0.2		17	3	4	1.4	9	4	16	20	1.2
		11	14	1.2		25	15	17	1.2			6	7	1.1			20	21	0.1
	13	0	1	1.5	8	1	12	13	0.5			7	8	7.1			22	23	0.9
		1	2	15.4			15	17	1.3			8	9	13.1			23	0	11.0
		2	4	1.6			17	18	15.0			9	10	1.2		5	0	1	3.6
		4	5	2.9			18	19	3.0			10	11	2.7		8	12	15	0.4
		8	10	0.2			19	20	5.7			11	12	2.4			16	19	0.4
		11	13	0.2			20	21	0.4			15	16	0.3		26	16	18	0.2
		22	23	3.2		3	6	7	0.3			17	19	1.0		28	17	19	0.8
	15	13	14	25.0			9	11	0.8			20	21	0.7		30	16	17	0.1
		14	15	26.0			11	12	4.0			21	22	3.0			18	20	0.3
	16	2	3	1.0			12	13	9.1			22	23	2.3			20	21	0.3
		4	5	6.7			13	17	4.3			23	0	6.1			22	8	6.9
		5	6	17.0			17	18	4.7		18	0	1	3.2					
		6	8	0.8			18	19	0.9			1	2	2.9					
		15	16	0.1			20	23	2.0			2	3	4.7					

1966　滚　河　尚店站

月	日	起	止	降水量(mm)	月	日	起	止	降水量(mm)	月	日	起	止	降水量(mm)	月	日	起	止	降水量(mm)
3	3	20	2	0.2	7	23	1	2	6.0	7	23	21	22	9.5	7	25	19	20	5.5
	5	2	8	4.9			2	3	4.4			22	23	16.8			20	21	11.1
		8	8	31.0			3	4	5.2			23	0	2.8		26	3	7	1.3
	6	8	8	15.2			4	5	5.6		24	0	2	0.9	8	10	0	1	0.2
	7	8	14	1.8			5	6	3.6			6	7	0.2			1	2	10.6
7	22	16	17	0.2			6	8	1.6		25	6	7	0.3			2	3	0.1
		22	23	5.6			8	9	4.2			13	15	0.6					
		23	1	1.2			9	15	2.7			18	19	4.4					

1966　滚　河　柏庄站

月	日	起	止	降水量(mm)	月	日	起	止	降水量(mm)	月	日	起	止	降水量(mm)	月	日	起	止	降水量(mm)
3	5	2	8	2.2	7	23	0	2	1.8	7	23	21	22	1.5	7	25	19	20	4.0
		8	8	32.6			2	3	5.6			22	23	17.1			20	21	16.7
	6	8	8	19.3			3	4	4.2			23	0	8.7		26	0	1	0.7
	7	8	14	1.3			4	5	0.8		25	5	6	0.6			6	7	0.7
7	22	15	16	0.5			5	6	3.0			6	7	3.1	8	10	0	1	20.0
		22	23	0.6			6	8	2.5			14	15	3.3			1	2	14.4
		23	0	5.0			8	14	3.1			18	19	2.9			2	3	0.7

降 水 量 摘 录 表

表头：每组列为「月 | 日 | 时或时分（起 | 止）| 降水量（mm）」，共四组并列。

1966　滚　河　石漫滩站

月	日	起	止	降水量(mm)	月	日	起	止	降水量(mm)	月	日	起	止	降水量(mm)	月	日	起	止	降水量(mm)
3	3	14	20	0.2	7	23	0	1	1.3	7	23	10	15	1.2	7	25	20	22	1.3
	4	2	8	0.2			1	2	3.9			21	22	0.6		26	0	1	0.5
	5	2	8	5.4			2	3	7.6			22	23	5.4			1	6	0.3
		8	8	32.5			3	4	4.6			23	0	0.5	8	10	0	1	3.6
	6	8	8	17.3			4	5	4.9		24	1	2	0.1			1	2	41.1
	7	8	14	1.0			5	6	2.7		25	6	8	0.6			2	3	1.3
7	22	19	20	0.1			6	8	2.5			14	15	0.5					
		22	23	4.0			8	9	0.8			18	19	2.4					
		23	0	8.1			9	10	6.9			19	20	34.3					

1966　滚　河　袁门站

月	日	起	止	降水量(mm)	月	日	起	止	降水量(mm)	月	日	起	止	降水量(mm)	月	日	起	止	降水量(mm)
3	3	14	8	1.3	7	23	1	2	2.9	7	23	13	15	0.7	7	25	18	19	9.8
	4	20	8	10.8			2	3	7.7			21	22	3.3			19	22	4.9
	5	8	8	39.2			3	4	2.1			22	23	3.1		26	4	5	1.1
	6	8	8	24.0			4	5	15.6			23	2	0.9			6	7	0.1
	7	8	20	5.9			5	6	6.7		24	7	8	0.1	8	10	1	2	33.5
7	22	16	18	2.0			6	8	2.8		25	6	7	0.1			2	3	0.2
		22	23	17.4			8	9	4.1			14	15	4.7					
		23	1	2.6			9	10	0.7			16	17	0.3					

1967　滚　河　尚店站

月	日	起	止	降水量(mm)	月	日	起	止	降水量(mm)	月	日	起	止	降水量(mm)	月	日	起	止	降水量(mm)
3	14	2	8	1.6	5	20	3	8	1.5	7	1	2	3	7.8	7	12	0	1	6.8
	15	2	8	1.9			8	19	2.9			3	4	5.0			1	2	18.5
		8	8	11.8		28	4	5	0.1			4	5	0.6			2	3	29.7
	16	14	20	16.6			9	13	0.4		3	15	17	2.4			3	4	6.7
		20	8	3.9		29	20	21	2.2			17	18	52.0			4	5	4.8
	18	8	2	9.3		31	20	22	7.6			18	19	12.5			6	7	27.1
	25	20	8	9.5	6	12	19	20	31.7			19	20	6.4			7	8	1.0
	27	14	8	5.2			20	21	3.4			20	21	12.5			8	9	1.1
	28	8	8	19.0		20	23	1	2.8			21	2	8.6			9	10	10.4
	29	8	20	12.3		21	8	18	5.8		4	8	10	1.0			14	15	0.6
4	9	14	8	17.6		23	20	23	0.5		9	20	2	3.5		20	16	17	0.5
	10	14	2	4.0		26	11	12	3.1		10	2	3	2.6		23	3	8	2.0
	13	8	8	12.5			12	13	3.1			3	7	6.0			11	0	3.6
	14	8	8	24.7			13	14	0.5			8	11	2.6		24	12	13	0.6
	15	8	2	2.6			14	15	9.4			11	12	3.3			15	16	17.5
	16	14	8	3.8			15	16	3.6			18	19	5.7			16	17	0.5
	17	14	8	0.5		29	15	16	0.4		11	8	17	2.5		26	14	15	0.8
5	17	22	6	9.8		30	10	15	0.9			17	18	6.7		28	15	16	2.0
	18	6	7	3.7			19	20	2.7			18	19	1.6	8	2	18	19	0.8
		7	8	3.2			21	22	2.1			22	23	8.9		3	12	13	3.3
		8	9	4.8			22	23	2.8			23	0	6.6		15	0	2	1.6
		9	5	14.1			23	0	6.7								8	16	1.4
	19	20	2	2.6	7	1	0	1	13.3								16	17	2.6
	20	2	3	3.7			1	2	17.7								17	18	4.1

降 水 量 摘 录 表

月	日	起	止	降水量(mm)	月	日	起	止	降水量(mm)	月	日	起	止	降水量(mm)	月	日	起	止	降水量(mm)
8	15	18	19	2.9	9	3	13	15	4.3	9	28	23	0	3.1	9	29	19	20	4.6
		19	2	2.5		9	13	14	7.4		29	0	1	4.6			20	21	3.3
	16	2	3	4.2			14	15	5.7			1	2	1.1			21	8	9.0
		3	4	5.1			15	16	9.0			2	3	5.1		30	8	22	3.4
		4	5	10.0			16	17	1.9			3	4	3.9	11	19	8	8	11.2
		5	6	18.4			17	18	4.5			4	5	4.2		21	20	8	0.4
		6	7	17.1			18	8	9.9			5	6	4.6		22	8	8	10.9
		7	8	3.6		10	8	16	10.8			6	7	3.2		23	8	8	15.0
		8	10	0.8		14	23	0	4.3			7	8	4.7		24	8	14	6.8
	17	19	21	2.3		19	7	8	0.5			8	9	0.8			14	20	18.7
	18	3	8	5.7			8	9	0.8			9	10	2.7			20	2	17.5
	24	9	10	3.5		27	20	23	2.5			10	12	3.1		25	2	8	4.0
	28	18	19	0.2		28	13	14	0.8			12	13	4.4			8	8	13.7
9	1	5	7	0.3			14	15	2.6			13	18	5.7		26	8	8	27.0
	2	9	8	7.4			15	23	7.7			18	19	3.1		27	8	14	4.4

1967　滚　河　柏庄站

月	日	起	止	降水量(mm)	月	日	起	止	降水量(mm)	月	日	起	止	降水量(mm)	月	日	起	止	降水量(mm)
3	15	2	8	1.8	6	27	8	9	0.3	7	23	12	16	1.8	9	27	20	23	2.1
		8	2	12.7		29	15	19	1.4		24	3	4	4.2		28	14	16	3.4
	16	8	14	0.8		30	10	22	7.3			12	13	4.2			17	18	4.1
		14	20	16.9			22	23	4.6			15	16	7.2			18	1	8.8
		20	8	6.4			23	0	1.2			16	17	1.0		29	1	2	4.2
	18	8	2	5.9	7	1	0	1	9.7		26	16	22	1.6			2	3	3.9
	20	8	14	0.2			1	2	25.1	8	8	15	16	1.8			3	4	3.0
	26	2	8	11.4			2	3	10.6		14	23	0	5.2			4	5	7.2
	27	14	8	7.0			5	6	2.0		15	0	1	7.1			5	6	4.0
	28	8	8	19.4		3	16	17	1.7			1	2	5.3			6	7	4.3
	29	8	2	16.6			17	18	18.2			3	4	1.5			7	8	1.3
4	7	14	2	0.4			18	19	14.5			12	2	6.6			8	11	2.8
	9	14	8	16.6			19	20	7.9		16	2	3	3.9			11	12	2.9
	10	14	2	4.8			20	5	10.3			3	4	3.4			12	13	2.7
	13	14	8	14.4		4	5	6	3.4			4	5	12.3			13	14	3.3
	14	8	8	31.0			6	7	3.2			5	6	12.0			14	15	3.3
	15	8	2	6.0			7	8	0.3			6	7	21.4			15	16	2.9
	16	14	8	3.4			8	11	6.1			7	8	5.5			16	17	3.1
	18	14	8	0.2			11	12	3.9			8	12	3.2			17	18	3.6
5	17	21	4	6.4			12	13	2.9		17	20	8	6.5			18	19	5.0
	18	4	5	3.4		9	20	7	10.9		24	7	8	1.1			19	20	5.3
		5	6	3.1		10	8	11	2.7			8	9	3.3			20	21	4.4
		6	7	4.4			11	12	3.8	9	2	9	11	2.4			21	22	4.0
		7	8	2.4			12	8	6.3			11	12	4.3			22	23	1.2
		8	9	4.1		11	8	18	4.1			12	6	7.9			23	0	2.6
		9	10	3.1			18	19	12.3		3	13	14	1.2		30	0	3	6.7
		10	13	5.4			19	22	2.4			14	15	3.4			3	4	2.8
		13	14	2.8			22	23	6.4			15	16	0.1			4	8	6.8
		14	5	22.0			23	0	9.1		9	13	14	26.2			8	21	8.9
	19	20	8	7.1		12	0	1	1.2			14	15	7.1	11	19	2	8	0.5
	20	8	16	3.1			1	2	3.0			15	16	19.3			8	2	16.6
6	12	19	21	2.7			2	3	11.7			16	17	6.8		22	8	8	8.8
	20	22	1	2.6			3	4	5.0			17	18	3.9		23	8	8	9.9
	21	8	18	3.7			4	6	1.9			18	20	3.6		24	8	8	46.6
	23	21	22	0.3			6	7	40.5			20	21	3.4		25	8	8	14.4
	26	9	12	2.1			7	8	0.5			21	8	5.8		26	8	8	24.3
		12	13	2.8			8	9	0.6	10	8	8	16	10.6		27	8	14	5.3
		13	14	0.2			9	10	15.0		14	22	23	3.2					
		14	15	9.2			14	7	0.8			23	0	0.5					
		15	5	9.8		23	2	3	1.2		19	6	7	1.1					

降水量摘录表

1967　滚河　柴厂站

月	日	起	止	降水量(mm)	月	日	起	止	降水量(mm)	月	日	起	止	降水量(mm)	月	日	起	止	降水量(mm)
5	17	22	4	6.3	6	30	10	0	12.3	7	12	8	10	16.2	9	10	14	16	4.5
	18	4	6	8.1	7	1	0	2	21.9			10	16	4.6			16	18	5.9
		6	8	13.4			2	4	15.4		18	6	8	0.3			18	8	10.9
		8	10	7.7			4	8	1.3		20	16	18	2.2		11	8	16	14.7
		10	12	5.9		3	14	16	0.7		23	12	18	3.8		14	22	0	7.2
		12	14	6.2			16	18	14.8		24	14	16	15.4		27	20	22	2.4
		14	8	23.5			18	20	39.9		26	18	20	0.6		28	10	0	12.1
	19	20	6	6.7			20	22	10.6		28	14	18	5.4		29	0	2	10.1
	20	8	14	3.7			22	8	14.3	8	2	10	12	1.9			2	4	16.1
		14	16	5.3		4	8	10	6.3		15	0	8	3.3			4	6	13.4
		16	18	1.5			10	12	4.3			8	14	5.2			6	8	7.9
	29	20	0	1.1			12	14	5.2			14	16	7.5			8	10	8.1
	31	20	22	1.4		9	20	2	6.2			16		8.0			10	12	8.8
6	12	18	22	5.1		10	2	4	5.2		16	0	2	9.0			12	14	10.4
	20	22	0	3.5			4	8	0.9			2	4	12.0			14	16	5.9
	21	8	18	8.6			8	10	2.1			4	6	14.0			16	18	6.7
	23	20	0	1.7			10	12	6.7			6	8	17.4			18	20	11.4
	26	6	8	0.3			14	8	3.6			8	16	1.4			20	22	6.8
		8	12	3.3		11	8	12	1.4		17	4	6	6.7			22	0	5.1
		12	14	5.9			18	20	8.6			18	8	9.1		30	0	2	5.3
		14	16	16.2			22	0	10.4	9	1	4	8	2.4			2	4	5.8
		16	6	9.4		12	0	2	43.0			8	12	0.7			4	8	8.3
	27	8	10	0.7			2	4	50.2		2	8		20.6			8	0	11.3
	29	14	16	16.0			4	6	6.1		3	8	16	2.5					
		20	22	0.1			6	8	9.9		10	12	14	6.7					

1967　滚河　石漫滩站

月	日	起	止	降水量(mm)	月	日	起	止	降水量(mm)	月	日	起	止	降水量(mm)	月	日	起	止	降水量(mm)
3	14	2	8	0.3	5	18	7	8	4.8	6	29	14	15	1.0	7	4	13	14	0.3
		14	8	1.9			8	9	5.0			15	16	4.6		9	20	2	3.7
	15	8	8	13.7			9	10	3.4			16	1	1.2		10	2	3	3.0
	16	8	14	0.1			10	12	4.6		30	12	19	3.6			3	7	6.2
		14	20	17.5			12	13	3.7			19	20	4.0			9	11	1.9
		20	8	6.1			13	14	2.6			20	0	3.8			11	12	6.7
	18	14	8	5.9			14	7	12.1	7	1	0	1	6.3			12	8	5.0
	25	20	8	11.0		19	20	8	8.0			1	2	14.8		11	8	18	2.4
	27	14	8	6.0		20	8	17	3.7			2	3	9.1			18	19	10.0
	28	8	8	19.0		28	13	7	0.2			3	4	6.9			19	23	3.4
	29	8	20	10.3		29	19	0	1.3			4	5	2.6			23	0	10.3
4	7	8	2	0.7		31	20	22	1.5			5	6	0.6		12	0	1	4.3
	9	14	8	19.6	6	12	19	20	7.0		3	16	17	1.6			1	2	9.5
	10	14	2	2.3			20	21	8.7			17	18	6.5			2	3	26.2
	13	14	8	12.9			21	22	0.1			18	19	15.9			3	4	9.8
	14	8	8	22.1		20	21	8	3.3			19	20	4.6			4	6	1.4
	15	8	2	3.9		21	8	15	3.1			20	21	13.9			6	7	28.2
	16	14	8	4.2		23	21	0	0.4			21	6	10.7			7	8	2.8
	18	2	8	0.2		26	9	11	0.9		4	6	7	3.1			8	9	1.0
5	17	22	3	3.9			11	12	2.9			7	8	0.8			9	10	5.5
	18	3	4	2.6			12	13	4.6			8	9	2.2			10	12	2.9
		4	5	2.5			13	14	0.5			9	10	3.3		20	17	18	0.2
		5	6	2.8			14	15	7.4			10	12	2.0		23	2	3	11.1
		6	7	4.2			15	7	5.9			12	13	4.1			3	4	7.8

降 水 量 摘 录 表

月	日	起	止	降水量(mm)	月	日	起	止	降水量(mm)	月	日	起	止	降水量(mm)	月	日	起	止	降水量(mm)
7	23	7	8	0.1	8	16	7	8	3.4	9	19	6	7	1.0	9	29	19	20	5.2
		12	0	2.4			8	12	2.9			8	9	0.2			20	21	4.3
	24	13	14	14.2		17	19	8	6.9		27	20	23	2.0			21	23	5.0
		15	16	49.7		18	8	10	0.9		28	14	1	13.2			23	0	2.8
		16	6	0.8		24	10	11	2.8		29	1	2	4.3		30	0	3	6.7
	26	15	16	5.8	9	1	5	8	0.9			2	3	4.8			3	4	2.7
		16	21	1.1			15	16	3.0			3	4	2.5			4	8	5.8
	28	15	16	1.9		2	9	8	14.0			4	5	6.4			8	2	7.7
8	2	21	22	0.2		4	8	15	2.4			5	6	6.0	11	19	2	8	0.2
	15	0	1	3.0		9	13	14	17.2			6	7	5.0			8	8	15.2
		1	2	4.9			14	15	7.4			7	8	2.7		22	8	8	7.7
		4	8	0.8			15	16	6.9			8	11	4.8		23	8	8	14.0
		8	2	12.8			16	17	4.2			11	12	4.9		24	8	14	10.7
	16	2	3	3.2			17	7	9.7			12	15	6.1			14	20	18.2
		3	4	2.7		10	7	8	3.2			15	16	2.9			20	8	15.8
		4	5	11.0			8	16	10.2			16	17	2.2		25	8	8	12.1
		5	6	12.7		14	22	23	5.9			17	18	3.1		26	8	8	28.3
		6	7	15.8			23	0	2.0			18	19	3.8		27	8	20	5.7

1967　滚　河　袁门站

月	日	起	止	降水量(mm)	月	日	起	止	降水量(mm)	月	日	起	止	降水量(mm)	月	日	起	止	降水量(mm)
3	14	2	8	0.3	6	26	14	15	8.0	7	11	23	0	11.7	9	1	4	8	1.1
		14	8	1.7			15	16	5.6		12	0	1	2.1			8	14	0.4
	15	8	8	16.3			16	8	5.4			1	2	31.7		2	9	10	4.3
	16	8	8	20.0		27	8	16	1.2			2	3	36.1			10	8	11.3
	18	8	2	7.7		29	15	16	5.7			3	4	12.5		3	8	15	2.1
	25	20	8	10.5		30	12	13	4.1			4	6	2.1		9	13	14	6.3
	27	14	8	3.8			15	19	1.9			6	7	16.1			14	15	1.5
	28	8	8	16.6			19	20	3.7			7	8	0.6			15	16	11.1
	29	8	2	11.9			20	0	4.0			8	10	4.0			16	18	4.7
4	7	8	8	3.3	7	1	0	1	5.7			10	11	3.2			18	19	2.9
	9	8	8	18.8			1	2	22.6			14	6	1.9			19	7	5.1
	10	8	8	7.2			2	3	7.3		18	20	21	2.0		10	7	8	3.1
	13	14	8	13.7			3	4	4.5		20	17	19	0.6			8	16	13.4
	14	8	8	30.6			4	6	2.4		23	2	3	35.5		14	22	0	2.4
	15	8	2	4.5		3	14	17	3.6			12	5	3.3		19	7	8	0.3
	16	14	8	5.2			17	18	26.1		24	15	16	17.4		27	21	0	2.4
	17	8	8	0.4			18	19	48.9		26	15	22	1.4		28	10	0	11.6
5	18	0	5	8.6			19	20	6.1		28	15	16	14.1		29	0	1	2.6
		5	6	3.3			20	21	10.0			16	17	0.3			1	2	3.8
		6	7	5.1			21	8	11.0	8	2	17	18	2.7			2	3	7.4
		7	8	4.4		4	8	9	1.4			18	19	3.6			3	4	6.1
		8	9	5.6			9	10	3.7		5	14	15	0.5			4	5	5.4
		9	12	7.2			10	11	1.8		15	0	2	2.7			5	6	6.0
		12	13	3.7			11	12	3.2			1	2	2.1			6	7	6.2
		13	14	2.0			12	13	2.1			8	14	3.1			7	8	1.7
		14	15	2.6			13	14	2.9			14	15	7.3			8	9	1.9
		15	8	14.7		9	19	1	2.9			15	16	3.0			9	10	2.9
	19	8	7	8.8		10	1	2	3.6			16	2	9.6			10	11	3.5
	20	8	14	3.2			2	3	2.9		16	2	3	2.7			11	12	4.1
		14	15	2.7			3	4	3.8			3	4	4.9			12	13	4.5
		15	19	1.5			4	7	2.8			4	5	14.7			13	14	2.9
6	12	19	20	16.3			8	11	2.7			5	6	9.8			14	15	3.0
		20	21	5.9			11	12	2.9			6	7	15.3			15	16	2.7
	21	0	1	3.2			12	8	2.9			7	8	3.6			16	17	3.1
		1	3	0.8		11	8	17	1.9			8	10	1.3			17	18	2.8
		10	20	7.7			17	18	6.1		17	18	7	5.3			18	19	4.4
	23	19	22	0.8			18	19	37.1		24	9	10	3.5			19	20	4.6
	26	13	14	10.0			22	23	2.1			10	11	0.3			20	21	3.9

降 水 量 摘 录 表

月	日	起	止	降水量(mm)	月	日	起	止	降水量(mm)	月	日	起	止	降水量(mm)	月	日	起	止	降水量(mm)
9	29	21	22	3.5	9	30	8	0	9.3	11	24	14	20	16.1	11	26	14	8	22.3
		22	5	12.1	9	11	19	8	17.9			20	2	16.7		27	8	20	0.7
	30	5	6	3.0			22	8	7.2		25	2	8	16.9					
		6	7	2.6			23	8	13.1			8	8	24.0					
		7	8	1.2			24	14	11.2		26	8	14	15.9					

1968　滚　河　尚店站

月	日	起	止	降水量(mm)	月	日	起	止	降水量(mm)	月	日	起	止	降水量(mm)	月	日	起	止	降水量(mm)
4	30	20	8	9.6	7	1	4	6	0.3	7	21	9	10	22.4	9	8	19	2	6.7
5	3	12	13	3.9			9	10	0.2			10	11	4.4		9	2	3	3.1
		13	14	3.2			15	17	0.2			14	15	0.5			3	4	0.6
		14	15	3.3		3	12	18	0.8	8	6	15	18	2.6			4	5	4.2
		15	20	5.3			18	19	6.0			22	2	1.1			5	7	0.9
		20	21	3.0			20	4	7.1		7	2	3	3.4		11	3	8	3.8
		21	22	2.9		4	4	5	3.0			3	4	0.8		12	5	8	2.4
		22	2	4.6			5	6	3.9		10	10	12	1.5			9	14	2.1
	4	2	3	4.0			6	7	3.5		11	0	2	2.3			14	15	3.5
		3	8	4.4			7	8	1.9			2	3	5.1		13	4	5	4.2
	5	11	15	0.8		8	8	13	1.1			3	4	1.7			8	19	7.5
		23	5	0.9			16	1	7.4			4	5	3.2		18	7	8	2.1
	6	6	8	0.3		11	13	14	7.6			5	8	3.3			8	10	3.4
		8	9	2.6			14	15	15.4			8	11	6.1			10	11	3.8
		9	10	3.1		12	11	14	3.2			11	12	9.9			11	12	5.6
		10	11	2.5			14	15	6.1		12	8	9	22.5			12	13	2.9
		11	12	2.7			15	16	6.0		16	20	23	0.9			14	15	4.6
		12	13	2.6			16	17	0.8		19	16	17	3.8			15	16	4.5
		13	14	2.5			17	18	16.4			18	19	0.9			16	17	10.0
		14	15	2.7			18	19	3.5			19	20	18.7			17	18	13.8
		15	16	2.4			19	20	4.2			20	22	2.1			18	19	21.2
		16	17	3.2			20	22	2.0			1	2	6.6			19	20	11.0
		17	1	4.7			22	23	16.2			2	3	7.1			20	21	2.2
	7	8	11	2.3			23	8	6.1			3	4	3.6			21	22	15.7
		11	12	3.0		13	8	12	0.7			4	5	2.0			22	23	8.4
		12	19	4.6		14	3	7	1.2			5	6	3.3			23	8	4.5
6	12	16	17	0.6			15	18	1.9			6	8	3.2		19	8	13	4.3
	26	12	17	0.7		15	3	4	5.9			8	11	1.3	10	6	2	8	1.0
		17	18	3.2			7	8	0.1		24	5	7	0.4			14	8	32.2
	29	9	10	16.3			18	20	2.0			9	14	4.7		7	8	8	19.0
		10	11	13.4			20	21	3.5			14	15	3.3		8	8	8	9.2
		11	15	7.2			21	23	2.7			15	5	9.9			8	14	1.2
		15	16	4.0			23	0	2.7		25	8	9	0.2		9	8	2	3.6
		16	17	1.8		16	0	4	4.7		28	5	8	1.2		10	2	8	6.7
		17	18	20.0		20	9	10	3.6			8	10	1.1		11	2	8	15.3
		18	19	0.5			10	12	1.0		31	23	0	0.1			8	2	29.5
	30	10	18	7.2			19	20	0.2	9	8	11	12	0.1		12	8	2	14.5
7	1	1	3	1.8		21	7	8	2.9			12	13	13.5					
		3	4	2.6			8	9	4.6			13	14	6.0					

1968　滚　河　柏庄站

月	日	起	止	降水量(mm)	月	日	起	止	降水量(mm)	月	日	起	止	降水量(mm)	月	日	起	止	降水量(mm)
4	30	20	8	8.1	5	3	15	22	7.9	5	6	6	8	1.2	5	6	17	1	4.8
5	3	11	12	0.3			22	23	5.6			8	9	4.8		7	8	10	0.8
		12	13	2.8			23	0	4.5			9	10	3.1			10	11	3.8
		13	14	5.0		4	0	13	6.7			10	16	10.4			11	12	2.8
		14	15	3.1		5	13	16	0.5			16	17	3.0			12	18	6.3

降 水 量 摘 录 表

月	日	起	止	降水量(mm)	月	日	起	止	降水量(mm)	月	日	起	止	降水量(mm)	月	日	起	止	降水量(mm)
5	9	0	1	1.4	7	12	15	16	8.2	8	11	14	15	3.6	9	11	8	17	1.7
6	12	15	17	1.1			17	18	8.3			16	18	2.4		12	4	6	3.1
	26	17	18	2.0			18	19	17.2			18	19	3.0			8	9	8.1
	29	9	10	1.7			19	20	9.7			19	21	4.1			9	11	1.4
		10	11	9.5			20	21	3.7			21	22	3.9		13	3	8	4.0
		11	12	2.5			21	22	2.5			22	3	11.0			8	19	8.1
		12	13	1.5			22	23	15.2		12	3	4	3.2		18	5	6	1.2
		13	14	4.6			23	0	6.9			4	5	8.3			9	10	3.9
		14	15	2.7		13	7	8	0.6			8	9	0.4			10	12	3.6
		15	16	5.6			8	13	2.9		18	15	16	0.4			12	13	9.0
		16	17	2.0		14	2	8	5.0			19	20	3.2			14	15	2.5
		17	18	13.3			16	19	1.8			20	2	3.7			15	16	3.4
		18	19	3.1		15	3	5	3.8		19	2	3	9.8			16	17	1.7
	30	14	16	3.0			20	21	3.5			3	4	4.2			17	18	4.9
		16	17	13.1			21	22	3.0			4	5	4.6			18	19	23.6
		17	18	9.9			22	23	2.5			5	6	4.8			19	20	17.6
		19	20	0.2			23	0	3.1			6	8	1.7			20	21	51.3
7	1	2	8	3.5		16	0	1	3.0			8	10	0.7			21	22	22.2
		9	10	0.7			1	4	1.8		24	5	6	4.4			22	23	4.2
		15	17	1.5		17	15	16	0.5			11	12	0.5			23	0	3.3
	3	16	17	0.8		20	0	1	0.1			13	14	3.9		19	0	2	3.3
		17	18	3.3			9	10	3.7			14	15	14.1			2	3	3.0
		20	21	2.7		21	1	2	1.3			15	16	4.2			3	4	3.2
		21	2	3.7			7	8	2.8			17	18	3.2			5	8	3.6
	4	2	3	3.4			8		4.5			18	19	4.7			8	9	1.0
		3	4	4.0			9	10	20.0			19	20	0.6			9	10	2.6
		4	5	3.1			10	11	4.0			21	22	3.2			10	13	2.4
		5	6	1.0	8	6	14	18	3.5			22	8	8.6	10	6	2	8	1.2
		6	7	3.5		7	0	3	3.7		25	8	14	3.7			14	8	15.2
		7	8	2.2		11	0	1	3.1		28	5	8	3.0		7	8	8	26.6
		8	9	0.5			1	2	4.5			8	9	0.9		8	8	8	16.3
	8	15	16	8.6			2	3	4.3		31	21	22	1.0		9	8	14	2.8
		16	22	4.4			3	4	3.7	9	8	12	13	17.8		10	2	8	5.5
		23	0	4.0			4	5	3.5			13	14	7.7			8	8	26.1
	11	13	14	5.6			5	6	4.5			19	4	8.7		11	8	8	28.7
		14	15	22.6			6	8	1.8		9	4	5	2.8		12	8	2	15.4
	12	12	13	3.2			8	11	3.6			5	7	2.7					
		13	14	3.0			11	12	3.6			7	8	2.3					
		14	15	24.0			12	13	1.0		11	3	8	3.3					

1968 滚 河 柴 厂 站

月	日	起	止	降水量(mm)	月	日	起	止	降水量(mm)	月	日	起	止	降水量(mm)	月	日	起	止	降水量(mm)
4	30	20	8	8.7	5	7	8	10	0.7	7	12	12	14	20.9	7	17	16	18	0.7
5	3	12	14	2.0			10	12	5.1			14	16	6.6		20	2	4	0.5
		14	16	10.5			12	20	6.5			16	18	31.1			8	10	17.1
		16	18	0.7		8	2	4	0.3			18	20	12.9			10	14	4.4
		18	20	5.7	6	26	12	18	6.0			20	22	14.2			22	0	1.7
		20	22	3.4		29	8	10	0.7			22	0	17.3		21	6	8	2.9
		22	0	7.0			10	12	9.3		13	0	2	3.9			8	10	6.4
	4	0	8	6.8			12	20	15.0			2	4	5.6			10	12	25.6
		8	14	0.8		30	8	18	6.5			6	8	0.2	8	6	14	4	8.9
	5	14	16	1.1	7	1	0	8	9.0			8	8	5.6			20	22	0.4
	6	2	8	0.9			10	16	0.7		14	14	16	1.0		11	2	4	17.5
		8	10	6.4		3	14	2	8.9			16	8	8.9			4	8	7.9
		10	12	5.5		4	2	4	5.1		15	0	2	3.7			8	10	12.1
		12	14	8.3			4	6	4.3			2	4	7.7			10	16	13.0
		14	16	7.4			6	8	7.8			16	20	1.3			16	18	7.2
		16	18	5.1		5	8	14	1.8			20	22	7.1			18	22	8.1
		18	2	3.5		7	16	2	7.3			22	4	5.8			22	0	5.3

降 水 量 摘 录 表

月	日	起	止	降水量(mm)	月	日	起	止	降水量(mm)	月	日	起	止	降水量(mm)	月	日	起	止	降水量(mm)
8	12	0	2	3.9	8	24	10	12	3.9	9	9	6	8	1.2	9	18	22	0	18.6
		2	4	5.6			12	14	5.5		11	2	8	6.4		19	0	2	7.3
		4	6	5.7			14	16	3.6			8	20	2.3			2	8	7.9
		6	8	4.2			16	18	7.9		12	6	8	2.6			8	16	9.2
		8	10	0.7			18	0	10.7			8	12	2.4	10	6	8	8	35.4
	18	16	18	26.4		25	0	2	12.5		13	4	8	4.8		7	8	8	32.4
		20	22	11.3			2	8	7.1			8	18	9.4		8	8	8	17.3
		22	0	1.7			8	18	6.0		18	4	6	0.8		9	8	8	5.7
	19	2	4	8.3		28	2	8	4.8			8	14	7.4		10	8	8	28.7
		4	6	6.7	9	8	12	14	12.7			14	16	9.6		11	8	8	32.0
		6	8	5.7			14	2	7.8			16	18	13.1		12	8	8	15.6
		8	12	1.3		9	2	4	8.6			18	20	29.6					
	24	4	6	0.7			4	6	5.3			20	22	18.3					

1968　滚　河　石漫滩站

月	日	起	止	降水量(mm)	月	日	起	止	降水量(mm)	月	日	起	止	降水量(mm)	月	日	起	止	降水量(mm)
4	30	20	8	10.0	7	3	16	17	0.6	7	21	11	12	0.4	9	8	14	15	0.2
5	3	12	13	1.4			17	18	2.6			14	15	14.0			22	3	3.8
		13	14	5.2			18	2	5.4			15	16	1.8		9	3	4	2.8
		14	15	6.5		4	2	3	3.7	8	10	21	2	2.2			4	5	3.0
		15	16	6.0			3	4	3.6		11	2	3	5.9			5	8	2.2
		16	22	8.3			4	5	3.1			3	4	5.2			9	11	0.3
		22	23	5.4			5	6	2.2			4	5	7.9		11	3	6	2.4
		23	0	5.0			6	7	4.2			5	6	1.0			6	7	2.8
	4	0	1	2.7			7	8	1.7			6	7	3.2			7	8	0.3
		1	8	3.4			8	15	1.3			7	8	2.2			8	12	1.5
	5	8	10	0.3		7	15	16	5.0			8	9	2.6		12	5	7	2.0
	6	13	16	0.6			16	17	2.9			9	10	4.6			8	9	6.4
		2	8	0.9			17	1	5.0			10	11	0.5			9	12	1.5
		8	9	3.4		12	12	13	1.2			11	12	2.5		13	3	8	3.8
		9	11	3.6			14	15	17.3			12	21	10.9			8	16	7.5
		11	12	2.7			15	17	3.9			21	22	2.8		18	5	7	1.8
		12	16	7.1			17	18	9.7			22	5	11.2			8	12	5.3
		16	17	3.3			18	19	17.3		12	5	6	3.1			12	13	4.2
		17	22	5.3			19	20	6.9			6	8	3.3			14	15	7.7
	7	0	2	0.7			20	21	3.0			8	10	0.8			15	16	5.8
		8	11	2.5			21	22	2.7		18	15	20	2.4			16	17	2.4
		11	12	3.1			22	23	8.1			20	21	9.0			17	18	4.4
		12	19	4.7			23	0	4.5			21	2	2.5			18	19	25.0
	9	0	2	0.7		13	1	8	4.4		19	2	6	17.0			19	20	46.9
6	26	15	16	9.3			13	14	2.9			6	8	3.3			20	21	18.8
	29	17	19	1.0			19	0	2.2		24	8	10	1.4			21	22	15.6
		9	10	1.6		14	0	1	2.5			4	6	4.2			22	23	15.1
		10	11	21.0			1	7	0.8			12	13	4.0			23	0	6.7
		11	13	2.5			9	19	5.2			13	14	6.1		19	0	8	7.5
		13	14	3.7		15	0	4	2.0			14	15	14.4			8	14	3.2
		14	15	5.9			17	20	1.1			15	17	2.8	10	6	2	8	0.5
		15	16	2.8			20	21	3.0			17	18	5.1			14	20	5.5
		16	17	2.3			21	22	4.6			18	0	5.8			20	2	24.0
		17	18	3.6			22	4	6.8		25	0	1	2.5		7	2	8	2.8
		18	20	2.2		17	14	18	0.5			1	2	3.4			8	8	23.6
	30	12	16	1.6		20	9	10	8.1			2	8	4.9		8	8	8	18.3
		16	17	2.7			10	11	14.3			8	18	2.9		9	8	14	3.0
		17	18	4.7			12	14	0.8		28	1	8	1.4		10	2	8	4.0
		23	5	3.0			14	15	2.5			8	10	0.8			8	8	21.4
7	1	9	10	0.6			15	1	0.6		31	22	1	0.7		11	8	8	29.1
	3	16	17	0.2		21	8	9	5.6	9	8	12	13	6.0		12	8	8	16.3
		0	1	0.2			10	11	21.8			13	14	11.5					

降 水 量 摘 录 表

1968　滚　河　袁门站

月	日	起	止	降水量(mm)	月	日	起	止	降水量(mm)	月	日	起	止	降水量(mm)	月	日	起	止	降水量(mm)
4	30	20	8	8.7	7	4	12	15	1.2	8	11	0	1	3.4	8	25	1	2	3.8
5	3	11	13	3.5		7	16	0	8.1			1	4	3.4			2	8	3.3
		13	14	3.7		10	15	16	2.3			4	5	4.3			8	13	2.6
		14	15	4.9		11	13	14	0.4			5	6	7.1			17	18	1.3
		15	17	2.2		12	12	13	5.4			6	7	2.6		28	5	8	1.3
		18	19	3.4			13	14	0.3			7	8	1.1	9	8	12	13	11.3
		19	8	16.8			14	15	7.1			8	9	8.5			13	14	15.8
	4	8	11	0.4			15	16	3.9			9	10	3.7			16	2	8.3
	5	12	13	1.0			16	17	15.8			10	11	5.8		9	2	3	4.3
		17	18	0.1			17	18	9.4			11	16	6.3			3	4	5.1
	6	5	8	0.9			18	19	28.1			16	17	3.9			4	5	2.6
		8	11	5.1			19	20	5.3			17	21	3.7			5	8	3.1
		11	12	5.6			20	22	2.0			21	22	3.4			8	10	0.9
		12	13	6.8			22	23	20.0			22	2	5.5		11	3	8	4.5
		13	15	4.5			23	3	6.8	12	2	3		2.7			8	8	4.6
		15	16	3.4		13	7	8	0.1			3	4	4.2	12	8	8		7.5
		16	17	4.8			8	18	3.2			4	5	3.3	13	8	19		7.9
		17	3	5.2			23	7	4.1			5	6	3.9	18	5	8		0.3
	7	9	10	2.7		14	16	17	7.9			6	8	1.4			9	13	6.8
		10	11	4.1		15	2	3	8.5			8	10	1.2			14	15	7.4
		11	17	4.7			3	4	4.6	18	16	17		9.4			15	16	3.9
6	26	16	17	2.4			15	20	1.8			19	20	8.5			16	17	5.3
		17	18	2.7			20	21	5.2			20	21	5.7			17	18	8.9
	29	8	9	4.1			21	22	4.3	19	1	2		6.3			18	19	17.2
		9	10	14.7			22	23	2.7			2	3	9.4			19	20	10.6
		10	13	6.6			23	3	2.9			4	5	1.3			20	21	5.6
		14	15	5.0		17	14	16	0.7			5	6	6.1			21	22	9.7
		15	17	1.8		20	8	9	21.3			6	7	1.6			22	23	15.1
		17	18	4.7			9	10	19.1			7	8	3.2			23	0	3.3
		18	20	2.1			10	11	4.5			8	10	1.5	19	0	8		8.0
	30	13	18	5.9			11	12	0.6	24	10	12		0.8			8	13	4.3
		22	7	5.7			20	23	1.0			12	13	3.4	10	6	14	8	14.1
7	1	10	17	0.7		21	8	9	1.2			13	14	1.2		7	8	8	29.8
	3	13	18	1.4			9	10	11.1			14	15	3.6		8	8	14	2.0
		18	19	5.6			10	11	3.3			15	17	3.5					
		19	4	5.4			14	15	4.1			17	18	3.7	10	2	8		4.5
	4	4	5	2.7	8	6	14	16	1.9			18	19	3.0			8	2	13.1
		5	6	5.8			20	3	1.7			19	22	2.9		11	2	8	15.1
		6	7	4.1		7	3	4	3.6			22	23	2.7			8	2	32.7
		7	8	2.3			4	5	1.2			23	0	0.4	12	8	2		16.9
		8	9	1.1		10	20	0	1.5	25	0	1		3.4					

1969　滚　河　尚店站

月	日	起	止	降水量(mm)	月	日	起	止	降水量(mm)	月	日	起	止	降水量(mm)	月	日	起	止	降水量(mm)
4	15	2	8	5.7	4	22	20	2	39.4	5	4	20	21	0.6	5	11	17	20	2.6
		8	8	21.9		23	2	8	6.7		11	10	11	10.6		12	8	10	1.0
	17	8	2	1.9			8	2	6.0			11	12	9.5		15	8	4	1.2
	18	8	8	6.1		24	8	14	4.1			12	13	5.1		19	2	5	3.2
	19	8	20	9.1	5	2	13	14	4.9			13	14	4.8			5	8	4.7
	20	20	2	19.7			14	19	2.0			14	16	4.0			8	11	0.9
		2	8	13.5		3	18	22	1.1			16	17	3.1		21	14	21	4.8

降 水 量 摘 录 表

月	日	起	止	降水量(mm)	月	日	起	止	降水量(mm)	月	日	起	止	降水量(mm)	月	日	起	止	降水量(mm)
6	1	17	21	1.8	7	24	18	19	3.4	8	29	16	18	0.9	9	21	4	5	4.2
	4	11	12	1.0		31	16	17	0.3		30	6	8	0.2			5	6	0.6
		12	13	4.5	8	2	10	11	0.5			8	10	2.1			15	16	0.8
		13	14	1.2		8	19	21	1.7			15	16	3.7			19	20	0.4
	9	13	16	1.8		9	22	1	2.4			16	17	2.0			23	0	1.9
		19	22	1.2		10	9	11	0.4	9	1	18	21	3.9		22	0	1	7.8
	10	8	9	0.2			20	21	19.0			21	22	2.7			1	5	3.1
	15	16	17	0.4			21	22	8.0			22	3	6.4			5	6	5.1
	30	14	15	0.3			22	23	39.4		2	3	4	9.4			6	8	2.3
7	2	22	1	3.3			23	0	7.0			4	5	4.4			9	21	4.9
	3	1	2	3.4		11	0	1	17.5			5	6	11.8		23	2	4	0.7
		2	8	4.9			1	2	30.3			6	7	83.1			9	12	1.0
		8	18	10.7			2	3	1.4			7	8	21.3			20	23	0.8
	6	17	18	3.2			3	4	5.1			8	9	16.3		24	19	23	0.5
		18	2	7.3			4	6	1.8			9	10	6.1		25	15	20	1.6
	8	21	2	1.3			6	7	9.9			10	11	11.2		26	3	4	2.2
	11	16	17	13.1			7	8	25.7			11	12	4.0			4	5	5.9
		17	19	0.9			8	9	5.5			12	17	1.4			5	6	0.9
	12	5	6	0.3			9	10	2.1		3	16	20	2.1			8	3	10.1
	14	21	22	4.3			10	11	5.0		4	3	5	1.3		28	3	4	1.4
	19	13	17	1.9			11	12	7.0			5	6	5.9			13	6	14.6
		22	23	0.7			12	13	3.3			6	8	3.1		29	6	7	3.1
		23	0	14.9			13	16	2.6			8	18	7.0			7	8	2.9
	20	0	1	2.9		18	3	4	0.5		5	5	8	0.9			8	9	2.0
		1	2	1.6		20	3	4	3.2			9	8	7.7			9	10	2.7
	22	23	0	4.1			13	14	1.4		6	9	11	1.1			10	11	1.6
	23	18	19	4.6			14	15	10.3		8	7	8	0.5			11	12	3.2
		19	20	13.8			15	16	4.2			9	12	0.8			12	18	5.9
		22	0	1.2			20	22	0.5		21	2	3	0.9					
	24	17	18	6.1		21	15	16	0.2			3	4	9.6					

1969　滚　河　柏庄站

月	日	起	止	降水量(mm)	月	日	起	止	降水量(mm)	月	日	起	止	降水量(mm)	月	日	起	止	降水量(mm)
4	15	2	8	3.5	5	19	6	7	2.7	7	20	0	1	3.0	8	11	12	13	4.6
		8	2	24.2			7	8	1.2		22	17	18	0.6			13	17	3.8
	17	20	2	1.0			10	11	0.3			22	23	1.3		18	0	5	1.2
	18	14	2	5.3		21	14	20	5.0		23	20	0	1.2		20	3	4	20.5
	19	8	2	19.9	6	1	16	21	1.4		24	18	19	2.6			4	5	4.7
	20	2	8	16.0		4	10	12	3.3		29	12	13	1.4			13	14	7.7
	22	20	2	39.2			12	13	3.1	8	2	10	11	16.7			14	15	44.9
	23	2	8	1.2			13	14	1.2		8	19	20	0.6			15	16	12.7
		14	8	16.6		9	13	22	2.5		9	23	2	1.2		21	17	18	1.2
	24	8	14	1.5		10	8	9	0.3		10	15	16	0.4		29	15	18	0.9
5	2	13	14	3.5		15	4	5	0.5			19	21	3.3		30	7	8	0.4
		14	15	1.1		28	3	4	0.3			21	22	18.7			8	9	2.4
		20	0	5.1		30	15	16	1.0			22	23	29.0			9	10	2.6
	3	18	23	4.0	7	2	23	3	5.9			23	0	5.7			14	15	2.9
	11	10	11	8.9		3	6	8	0.6		11	0	1	28.9	9	1	18	19	2.6
		11	12	11.9			8	16	12.1			1	2	4.0			19	21	1.5
		12	13	5.4		6	17	18	3.7			2	3	4.8			21	22	2.9
		13	14	5.4			18	19	17.5			3	4	2.8			22	0	3.2
		14	15	4.2			19	1	6.3			4	5	7.0		2	1	2	2.7
		15	21	5.9		8	20	1	1.2			5	6	1.3			2	3	0.9
		21	22	2.6		11	20	21	0.2			6	7	6.9			3	4	11.6
		22	23	0.8		12	5	6	0.4			7	8	17.9			4	5	7.1
	12	7	8	0.8		14	20	21	4.7			8	9	11.6			5	6	7.6
		9	10	1.2			21	22	2.5			9	10	3.6			6	7	70.1
	15	0	2	0.7		19	22	23	2.1			10	11	5.9			7	8	23.5
	19	4	6	3.8			23	0	5.0			11	12	5.8			8	9	8.6

降 水 量 摘 录 表

月	日	起	止	降水量(mm)	月	日	起	止	降水量(mm)	月	日	起	止	降水量(mm)	月	日	起	止	降水量(mm)
9	2	9	10	13.9	9	8	8	11	1.3	9	23	8	2	8.8	9	29	1	2	6.2
		10	11	3.9		21	4	5	4.5		24	9	10	0.5			2	3	4.1
		11	17	3.0			15	1	11.1		25	5	8	1.3			3	4	3.2
	3	18	19	2.8		22	1	2	3.0			12	14	1.1			4	5	3.1
		19	1	3.3			2	4	3.3			18	8	11.7			5	6	3.4
	4	5	6	3.2			4	5	3.6		26	8	4	17.3			6	7	5.7
		6	8	3.8			5	6	7.4		28	3	5	3.0			7	8	5.0
		9	8	5.8			6	7	1.7			16	22	11.6			8	9	5.6
	5	10	0	5.2			7	8	6.8			22	23	4.0			9	18	10.3
	6	5	8	0.7			9	1	9.1			23	0	3.7					
	8	6	8	0.7		23	6	8	1.0		29	0	1	5.2					

1969　滚　河　柴厂站

月	日	起	止	降水量(mm)	月	日	起	止	降水量(mm)	月	日	起	止	降水量(mm)	月	日	起	止	降水量(mm)
4	14	20	8	9.1	6	9	20	22	1.2	8	11	0	4	6.3	9	21	2	8	5.1
	15	8	8	25.2		15	16	18	0.7			4	6	11.4			14	20	6.1
	17	20	8	2.1		23	18	0	0.7			6	8	51.5			20	22	5.5
	18	8	8	9.1		30	14	18	4.3			8	10	30.2			22	0	4.7
	19	8	20	4.5	7	3	0	2	6.7			10	12	12.4		22	0	2	7.1
		20	8	39.4			2	8	6.0			12	20	3.6			2	4	3.0
	22	20	8	39.1			8	18	9.0		17	0	2	0.7			4	6	5.7
	23	8	8	10.1		6	16	2	8.6		20	2	4	3.5			6	8	2.6
	24	8	20	1.8			22	0	0.2			14	16	2.2			8	8	16.8
5	2	12	16	7.2		11	12	20	3.5		21	14	16	0.7		23	8	8	11.2
		22	0	2.2		14	20	22	21.8		29	16	18	0.9		24	18	8	3.2
	3	0	2	6.7		19	12	14	19.7		30	6	8	0.5		25	8	4	11.0
		18	22	1.1			14	16	13.3			8	18	9.4		26	4	6	10.5
	4	20	22	0.4			16	18	0.3	9	1	16	18	6.0			6	8	2.9
	11	8	12	4.7			22	0	18.5			18	4	14.5			8	4	24.0
		12	14	10.8		20	0	2	5.1		2	4	6	6.7		27	20	4	4.6
		14	16	6.6		22	16	18	4.0			6	8	125.4		28	12	18	6.1
		16	22	4.8		23	0	2	0.7			8	10	20.7			18	20	5.5
	12	6	8	2.0			16	18	53.4			10	12	6.7			20	22	8.2
		8	10	1.6			22	0	0.7			12	16	0.9			22	0	12.1
	15	2	4	0.9		24	16	20	2.1		3	16	8	16.6		29	0	2	12.2
	19	4	8	8.2	8	2	10	12	5.4		4	8	18	8.9			2	4	7.8
		8	10	0.4			9	22	1.1		5	4	8	1.3			4	6	8.2
	21	14	22	4.5		10	8	16	1.8			8	0	8.4			6	8	11.6
6	4	10	12	3.7			16	18	5.7		6	8	8	0.3			8	10	10.9
		12	14	8.0			18	20	0.4			8	12	1.2			10	18	10.8
		14	16	0.6			20	22	24.2		8	6	8	0.5					
	9	12	16	2.4			22	0	45.1			8	12	1.3					

1969　滚　河　石漫滩站

月	日	起	止	降水量(mm)	月	日	起	止	降水量(mm)	月	日	起	止	降水量(mm)	月	日	起	止	降水量(mm)
4	15	2	8	6.4	4	23	14	8	10.4	5	11	12	13	5.0	5	19	4	6	3.4
		8	8	23.5		24	8	14	1.6			13	14	3.6			6	7	2.6
	17	20	8	1.9	5	2	13	15	3.2			14	15	4.1			7	8	1.2
	18	8	8	7.0			20	1	2.0			15	16	3.3		21	14	22	4.2
	19	8	20	5.4		3	18	1	1.3			16	20	4.1	6	4	10	11	1.2
		20	2	19.4		4	20	21	0.5			20	22	1.3			11	12	3.2
	20	2	8	16.5		11	9	10	0.5		12	6	8	1.0			12	13	2.8
	22	20	8	39.5			10	11	7.3			8	10	3.7			13	15	1.9
	23	2	8	2.7			11	12	12.1		15	5	6	0.8			23	0	0.4

降 水 量 摘 录 表

月	日	起	止	降水量(mm)	月	日	起	止	降水量(mm)	月	日	起	止	降水量(mm)	月	日	起	止	降水量(mm)
6	9	13	2	2.6	8	8	19	22	0.9	9	1	18	19	16.6	9	22	1	4	4.4
	15	16	18	0.5		9	22	3	1.3			19	3	9.4			4	5	8.2
	28	3	4	0.3		10	11	12	0.4		2	3	4	3.0			5	6	6.8
	30	15	16	2.9			15	18	3.6			4	5	3.7			6	7	1.4
		16	17	0.5			20	21	11.1			5	6	4.3			7	8	2.7
7	3	0	8	6.6			21	22	14.5			6	7	57.5			8	8	12.8
		8	9	1.4			22	23	35.3			7	8	57.5		23	8	0	6.3
		9	10	3.0			23	0	1.2			8	9	20.7		24	19	8	2.4
		10	18	7.0		11	0	1	17.1			9	10	8.4		25	8	3	6.1
	6	16	17	3.2			1	2	3.7			10	11	8.1		26	3	4	5.0
		17	18	6.4			2	6	4.1			11	12	5.0			4	5	9.3
		18	19	3.1			6	7	10.6			12	18	1.9			5	8	3.1
		19	2	4.6			7	8	26.3		3	17	6	8.0			8	4	20.7
	8	22	4	1.2			8	9	8.6		4	6	7	3.0		28	0	4	2.8
	11	12	13	0.2			9	10	3.9			7	8	1.0			13	19	4.4
		17	18	0.4			10	11	10.6			9	18	5.3			19	20	2.8
	12	5	7	0.5			11	16	5.9		5	3	8	0.8			20	21	1.8
	14	20	21	9.2		18	3	4	0.5			9	0	5.4			21	22	2.8
		21	22	8.5		20	3	4	6.5		6	4	9	0.6			22	23	6.0
	19	13	16	5.1			4	7	0.4			9	11	1.0			23	0	5.6
		22	23	0.3			13	14	2.6		8	6	8	0.7		29	0	1	3.1
		23	0	10.6			14	15	3.3			8	13	1.4			1	2	4.6
	20	0	2	2.6			15	16	17.5		21	2	3	3.9			2	3	4.7
	22	23	0	0.9			20	3	0.3			3	4	4.1			3	4	3.8
	23	18	19	1.5		29	15	18	0.9			4	5	2.9			4	5	4.0
		19	20	7.2		30	8	9	1.1			5	8	1.7			5	6	4.6
		21	0	0.9			9	10	2.7			15	23	4.5			6	7	3.8
	24	18	19	0.8			14	17	3.4			23	0	3.4			7	8	3.3
8	2	10	11	23.0			17	18	1.0		22	0	1	3.3			8	17	8.2
					9	1	17	18	1.0										

1969 滚 河 袁门站

月	日	起	止	降水量(mm)	月	日	起	止	降水量(mm)	月	日	起	止	降水量(mm)	月	日	起	止	降水量(mm)
4	15	2	8	2.3	5	12	7	8	3.0	7	19	14	15	3.7	8	11	6	7	37.8
		8	8	28.8			8	11	2.9			23	0	10.6			7	8	26.5
	17	20	8	2.0		15	1	2	0.4		20	0	1	3.5			8	9	15.6
	18	8	8	10.8			5	6	0.2			1	2	0.3			9	10	20.3
	19	8	20	13.7		19	3	5	1.0		22	23	0	1.0			10	11	8.4
		20	2	19.1			5	6	3.2		23	18	19	47.3			11	12	6.7
	20	2	8	9.4			6	8	2.8			19	23	1.9			12	13	3.0
	22	20	2	20.3			8	11	0.5		24	17	18	1.8			13	16	2.2
	23	2	8	8.6		21	14	0	3.5			18	19	4.1		20	3	4	4.1
		8	8	12.7			17	22	1.2	8	2	10	11	9.3			6	7	4.3
	24	8	20	1.3	6	2	10	12	2.3		8	18	21	1.4			14	15	1.1
5	2	12	16	3.1		4	12	13	6.3		9	22	23	1.4			15	16	10.6
		20	21	0.4			13	15	2.2			23	0	2.9		29	17	19	0.8
		21	22	3.2		9	12	19	1.7		10	2	3	1.1		30	6	8	0.8
		22	23	0.3			19	20	2.9			15	16	7.1			8	10	1.3
	3	20	23	1.3			20	22	1.1			17	18	3.1			14	15	1.3
	4	19	21	0.4		15	14	17	0.7			18	19	1.3			15	16	2.7
	11	9	10	7.3		23	16	17	0.2			20	21	41.9			16	17	4.3
		10	11	5.4		30	14	17	0.9			21	22	6.6	9	1	17	18	5.7
		11	12	2.1	7	2	21	8	9.1			22	23	46.7			18	19	3.2
		12	13	4.2		3	8	18	10.8			23	0	14.5			19	21	3.0
		13	14	5.1		6	15	2	7.6		11	0	1	10.3			21	22	2.6
		14	15	2.7		11	11	19	1.4			1	2	12.1			22	0	3.2
		15	16	3.1		12	4	6	0.3			2	3	2.1		2	3	4	4.4
		16	17	2.9		15	20	21	0.6			3	4	3.0			4	5	6.3
		17	23	2.8			21	22	14.9			4	5	3.2			5	6	3.6
	12	6	7	1.0		19	13	14	7.1			5	6	6.3			6	7	65.8

降 水 量 摘 录 表

月	日	起	止	降水量(mm)	月	日	起	止	降水量(mm)	月	日	起	止	降水量(mm)	月	日	起	止	降水量(mm)
9	2	7	8	58.0	9	6	6	8	3.5	9	23	12	1	3.5	9	28	22	23	5.1
		8	9	17.6			9	11	0.8		24	6	7	0.2			23	0	4.3
		9	10	7.6		8	7	8	0.5			19	22	0.6		29	0	1	4.1
		10	11	5.6			8	11	1.0		25	5	8	0.8			1	2	3.8
		11	13	1.0		21	3	4	1.1			8	3	8.7			2	3	3.9
	3	13	14	3.2			4	5	4.7		26	3	4	5.3			3	4	3.7
		16	17	0.4			5	6	2.4			4	5	3.6			4	5	4.8
		17	22	1.8			15	23	8.8			5	6	2.7			5	6	3.3
		22	23	3.1			23	0	3.1			6	8	0.8			6	7	2.8
		23	5	3.9		22	0	1	5.2			8	10	2.1			7	8	4.4
	4	5	6	3.9			1	5	3.5			10	11	2.9			8	9	4.9
		6	7	4.3			5	6	5.7			11	4	15.5			9	10	4.2
		7	8	1.3			6	8	1.2		28	1	3	3.1			10	11	3.8
		9	18	7.9			8	8	10.1			14	20	5.3			11	12	2.7
	5	5	8	1.1		23	8	11	0.9			20	21	2.7			12	13	3.1
		10	22	5.8			11	12	3.4			21	22	2.2			13	18	4.5

1970 滚 河 尚店站

月	日	起	止	降水量(mm)	月	日	起	止	降水量(mm)	月	日	起	止	降水量(mm)	月	日	起	止	降水量(mm)
2	19	14	8	1.4	6	8	8	18	0.6	7	11	13	14	0.1	9	10	12	8	13.4
	21	14	8	5.4		12	22	23	3.9		16	14	20	2.7		11	9	17	8.0
	22	8	8	17.0		14	15	16	4.1		18	22	3	3.4		16	9	15	5.3
	23	8	8	22.7		17	6	8	3.7		19	8	9	0.2			15	16	5.1
	24	8	14	2.6			8	9	3.9		22	3	6	0.3			16	17	14.6
	25	8	20	2.6			9	10	7.1		23	4	5	0.2			17	18	9.7
4	25	8	14	1.7			10	11	5.6		25	11	14	2.4			18	19	4.5
	30	8	14	3.6			11	12	0.9			14	15	16.6			19	20	10.3
		14	20	25.3			12	13	9.7			15	16	3.6			20	1	7.6
		20	2	5.0			13	14	3.8			16	18	1.2		21	9	8	21.5
5	24	6	7	0.2			14	15	5.0		26	3	4	9.4		22	8	20	3.9
		9	10	3.0			15	16	3.3			4	5	0.1		24	10	16	8.2
		16	17	0.2			16	17	2.6		29	5	6	0.7			16	17	2.8
	27	18	8	7.0			17	18	7.8			18	6	2.0			17	8	3.7
	28	11	12	2.9			18	20	2.3	8	5	17	3	6.0		25	8	0	6.0
		12	6	16.6			20	21	3.4		6	3	4	6.1		26	9	8	8.4
	29	8	6	13.9			21	4	7.4			4	5	3.1		27	8	23	9.1
	30	10	12	1.9			17	18	0.2			5	8	0.9		28	10	14	1.9
	31	9	22	1.4	7	2	18	8	0.7			8	9	1.8	10	23	8	2	13.0
6	1	20	22	0.7			10	11	19.5		11	20	22	1.1		24	8	8	31.2
	5	20	6	1.2			11	12	8.7		17	20	8	7.7		25	20	8	4.2
	6	21	6	0.8			12	14	3.6		18	8	12	2.3		26	8	14	0.2
	7	8	7	3.9		11	12	13	10.9		31	6	8	0.3					

1970 滚 河 柏庄站

月	日	起	止	降水量(mm)	月	日	起	止	降水量(mm)	月	日	起	止	降水量(mm)	月	日	起	止	降水量(mm)
2	19	14	8	2.9	4	26	8	14	0.9	5	28	16	17	2.6	5	29	8	9	2.7
	21	14	8	8.4		30	8	14	2.0			17	19	4.3			9	10	2.7
	22	8	8	18.0			14	20	28.3			19	20	3.0			10	8	17.0
	23	8	8	25.9			20	2	6.4			20	21	2.6		30	8	12	3.6
	24	8	14	3.1	5	27	17	22	1.1			21	22	2.9		31	21	22	1.4
	25	8	14	2.3		28	5	6	2.8			22	23	3.5	6	1	9	10	0.4
4	16	14	8	5.0			6	8	1.4			23	1	4.3		5	21	7	1.2
	22	8	8	5.0			11	14	4.7		29	1	2	3.6		6	19	22	1.2
		8	8	38.5			15	16	3.0			2	8	5.0		7	9	10	2.7

降 水 量 摘 录 表

月	日	起	止	降水量(mm)	月	日	起	止	降水量(mm)	月	日	起	止	降水量(mm)	月	日	起	止	降水量(mm)
6	7	17	3	3.4	7	2	9	10	2.8	8	6	3	4	6.2	9	16	19	20	13.0
	8	16	17	0.4			10	11	5.8			4	5	2.4			20	21	8.7
	12	22	23	20.3			11	12	1.5			5	6	2.8			21	22	4.8
	14	15	16	1.7			12	13	3.0			6	8	2.1			22	23	3.6
	16	22	7	1.5			13	16	1.8		7	15	16	5.4			23	0	2.4
	17	7	8	3.4		12	8	9	2.5			16	17	0.7		21	9	16	5.2
		8	9	2.6		16	13	14	2.3		11	22	23	0.8			16	17	3.0
		9	10	3.7			15	16	4.5		17	9	5	14.4			17	8	12.9
		10	11	4.5			16	17	1.7		18	5	6	2.6		22	8	14	3.0
		11	12	1.0		18	22	1	3.0			6	7	3.3		24	10	11	1.5
		12	13	9.0		22	3	4	2.5			7	8	3.0			11	12	2.6
		13	14	4.2			18	19	2.6			8	9	3.2			12	8	12.0
		14	15	6.4		25	11	13	1.3			9	12	3.0		25	8	3	8.2
		15	16	5.5			13	14	5.9		31	4	5	0.6		26	11	8	7.8
		16	17	4.7			14	15	6.7	9	10	12	8	19.5		27	8	21	7.7
		17	18	5.1			15	16	4.1		11	9	16	5.2		28	9	14	1.7
		18	20	3.2			16	4	2.8		16	11	12	5.0	10	23	8	8	10.1
		20	21	2.6		29	3	7	2.1			12	16	2.2		24	8	8	33.3
		21	3	6.6			18	19	12.0			16	17	3.5		25	8	8	4.6
	18	21	22	0.5			21	3	6.2			17	18	6.0					
7	2	8	9	1.1	8	5	17	22	3.8			18	19	5.2					

1970 滚 河 柴厂站

月	日	起	止	降水量(mm)	月	日	起	止	降水量(mm)	月	日	起	止	降水量(mm)	月	日	起	止	降水量(mm)
5	24	6	8	0.3	6	7	18	8	5.2	7	22	16	18	0.2	9	10	12	8	21.2
		16	18	0.2		8	8	18	0.9		24	14	18	1.2		11	8	16	9.0
	27	18	8	5.7		9	10	12	0.2		25	12	14	0.4		16	10	16	5.9
	28	10	12	5.6		12	22	0	14.4			14	16	11.4			16	18	15.3
		12	18	11.1		14	14	16	0.8			16	18	1.7			18	20	12.4
		18	20	6.4		17	6	8	4.3		26	2	4	20.5			20	22	13.5
		20	22	6.4			8	10	9.6			4	6	6.0			22	0	8.1
		22	0	6.9			10	12	6.3		27	14	16	8.8		17	0	2	1.2
	29	0	2	6.8			12	14	15.3		29	4	6	0.5		18	22	0	0.5
		2	4	4.7			14	16	6.7			12	14	0.5		21	2	6	1.1
		4	6	5.2			16	20	7.4			18	20	8.8			8	4	14.7
		6	8	1.4			20	22	5.8			22	6	2.5		22	4	6	6.5
		8	8	22.9			22	6	5.8	8	5	16	0	7.8			6	8	3.9
	30	8	10	0.8	7	2	10	12	31.6		6	2	4	5.7			8	22	4.6
		10	12	5.8			12	14	7.1			4	8	4.4		24	10	8	16.8
	31	20	0	0.9			16	18	0.2			8	10	3.2		25	8	6	11.8
6	1	22	0	0.8		6	20	22	0.8		11	12	22	2.0		26	10	8	8.3
	5	20	22	0.5		16	18	0	2.8		17	8	8	20.8		27	8	2	10.2
	6	12	6	4.5		18	22	0	2.3		18	8	14	6.7		28	8	16	2.1
	7	8	16	2.4		19	8	10	0.5		31	4	8	1.1					
		16	18	7.5		22	6	8	0.6	9	6	18	20	1.6					

1970 滚 河 石漫滩站

月	日	起	止	降水量(mm)	月	日	起	止	降水量(mm)	月	日	起	止	降水量(mm)	月	日	起	止	降水量(mm)
2	19	14	2	1.5	2	25	8	20	2.5	4	25	8	14	1.1	5	24	9	10	6.3
	21	14	8	6.3	4	16	14	8	4.1		30	8	14	1.2		27	18	8	7.3
	22	8	8	22.3		22	2	8	7.5			14	20	23.9		28	8	18	9.1
	23	8	8	24.8		23	8	8	41.0			20	2	6.1			18	19	3.9
	24	8	14	3.3			8	14	0.3	5	24	6	7	0.1			19	21	4.8

降 水 量 摘 录 表

月	日	起	止	降水量(mm)	月	日	起	止	降水量(mm)	月	日	起	止	降水量(mm)	月	日	起	止	降水量(mm)
5	28	21	22	3.0	6	17	12	13	11.3	7	24	15	17	1.6	9	11	9	17	6.3
		22	23	2.9			13	14	5.5		25	12	13	0.1		16	11	16	5.3
		23	0	3.1			14	15	5.7			13	14	7.8			16	17	5.1
	29	0	1	2.2			15	16	3.2			14	15	4.0			17	18	20.1
		1	2	2.8			16	17	3.4			15	16	4.6			18	19	4.8
		2	8	4.6			17	18	3.1			16	18	0.9			19	20	9.4
		8	9	0.9			18	19	4.9		26	3	4	5.2			20	21	5.6
		9	10	2.6			19	7	10.9			4	5	1.5			21	22	5.4
		10	8	15.9		18	21	23	0.2		29	3	8	2.7			22	23	3.5
	30	8	13	2.0		28	14	15	0.1			18	19	4.1			23	1	2.2
	31	21	1	0.8	7	2	8	9	3.7			19	20	12.7		18	23	0	0.4
6	1	22	1	0.7			9	10	0.8			21	7	4.4		21	3	7	0.2
	5	21	7	0.6			10	11	10.1		30	13	17	3.5			8	8	20.3
	6	20	5	1.3			11	12	14.2	8	5	16	2	6.1		22	8	18	3.4
	7	9	7	7.2			12	13	4.0		6	3	4	5.7		24	11	12	2.8
	8	8	19	0.5			13	18	3.6			4	5	3.6			12	8	11.5
	12	21	22	5.5		7	6	7	0.3			5	8	1.6		25	8	5	5.0
		22	23	20.4		12	14	15	10.2			8	9	1.0		26	11	8	6.3
	14	15	16	0.1			15	16	2.2		7	16	17	0.1		27	8	20	6.6
	17	6	7	0.4		16	16	17	2.9		11	21	23	0.3		28	9	15	1.5
		7	8	4.5			17	7	0.3			17	8	9.4	10	23	8	8	12.5
		8	9	5.4		18	22	7	2.1		18	8	11	3.8		24	8	20	13.2
		9	10	3.5		22	3	4	0.8		31	5	7	0.2			20	2	16.5
		10	11	5.2			18	19	0.4	9	8	1	2	0.4		25	2	8	6.4
		11	12	1.1		23	13	14	0.1		10	12	8	16.1			8	8	4.2

1970　滚　河　袁门站

月	日	起	止	降水量(mm)	月	日	起	止	降水量(mm)	月	日	起	止	降水量(mm)	月	日	起	止	降水量(mm)
2	19	14	2	1.2	5	30	8	13	3.6	7	2	17	18	0.7	9	16	11	15	3.7
	21	8	8	9.2		31	10	22	0.7		12	15	16	12.3			15	16	7.9
	22	8	8	25.5	6	5	20	22	0.3		16	16	22	2.3			16	17	16.3
	23	8	8	30.7		6	12	6	2.3		18	21	22	2.6			17	18	5.6
	24	8	14	0.5		7	9	6	11.0			22	23	0.9			18	19	3.8
	25	8	2	5.1		8	8	7	0.7		25	12	13	1.6			19	20	9.3
4	16	14	8	4.9		9	16	18	0.3			13	14	4.1			20	21	4.2
	21	20	8	2.2		12	21	22	6.6			14	15	9.8			21	22	3.7
	22	8	8	41.0			22	23	0.2			15	16	3.5			22	23	3.4
	23	8	14	0.1		14	15	16	0.9			16	18	1.3			23	0	1.9
	25	8	14	0.5		17	6	8	1.5		26	3	4	5.9		17	0	1	3.9
	30	8	14	3.7			8	9	4.9			4	5	2.4			1	2	0.8
		14	20	20.6			9	10	5.5		29	18	19	3.7		21	8	8	22.5
		20	8	12.6			10	11	3.8			22	5	0.7		22	8	0	6.2
5	24	16	17	0.2			11	12	4.1	8	5	16	18	0.4		24	11	8	12.0
	27	18	7	6.5			12	13	11.4			19	20	2.9		25	8	5	10.0
	28	10	11	2.2			13	14	2.7			20	1	3.7		26	11	8	8.3
		11	12	3.4			14	15	3.3		6	2	3	3.4		27	8	1	8.7
		12	13	2.6			15	16	5.2			3	6	1.8		28	9	13	1.1
		13	17	6.1			16	17	2.6			6	7	5.2	10	23	8	20	11.3
		17	18	2.8			17	18	3.2			8	9	5.7			20	2	15.4
		18	19	2.7			18	19	3.9		17	11	8	17.6		24	2	8	5.5
		19	23	9.1			19	21	4.1		18	8	15	5.3			8	8	32.8
		23	0	3.2			21	22	3.8		30	3	6	0.6		26	2	8	2.9
	29	0	1	3.3			22	8	5.6	9	10	11	12	2.1			8	14	0.5
		1	2	2.7	7	2	10	11	6.9			12	13	2.6					
		2	8	9.1			11	12	13.4			18	8	19.4					
		8	8	22.1			12	13	4.7		11	8	15	7.4					

降 水 量 摘 录 表

1971 滚 河 尚店站

月	日	起	止	降水量(mm)	月	日	起	止	降水量(mm)	月	日	起	止	降水量(mm)	月	日	起	止	降水量(mm)
5	2	10	11	0.7	6	11	7	8	3.7	7	1	7	8	3.4	8	18	19	20	4.1
		11	12	3.8			8	9	4.0			8	11	2.0			20	21	42.5
		12	13	0.6			9	10	4.1		7	6	7	0.9		21	14	1	4.3
		13	14	2.9			10	11	3.8			8	9	4.1		22	2	5	0.6
		14	15	2.3			11	12	2.6			9	10	7.2		23	16	23	5.1
		15	16	3.2			12	17	8.1			10	12	2.4		24	3	4	1.5
		16	17	2.8			18	20	1.6			13	15	1.1			4	5	17.2
		17	21	2.2		14	9	14	2.1		9	18	19	1.2			5	6	3.3
		21	22	3.9		15	7	8	0.5			19	20	9.1			6	7	8.6
		22	7	9.8		16	15	17	1.7			20	21	12.3			7	8	8.1
	3	10	14	1.1		17	10	13	1.7			21	22	5.9			8	9	10.8
	15	14	15	0.4		18	2	5	1.6			22	23	11.6			9	10	9.8
	18	0	1	0.4			8	9	0.9			23	0	9.9			10	11	8.5
	23	8	12	1.2			20	21	0.2		10	0	1	3.1			11	12	10.8
6	3	4	7	4.2		19	1	2	2.6			1	4	5.8			12	17	5.9
		7	8	3.6		25	0	1	14.1			4	5	3.0			19	2	2.8
		8	9	3.7			1	2	11.5			5	8	2.4	9	3	10	13	4.4
		9	10	2.9			2	4	3.1			10	13	0.8			16	17	0.6
		10	11	0.9			4	5	8.2		28	18	19	1.6			22	23	3.8
		13	19	2.9			5	6	6.8	8	1	17	18	15.2		6	18	19	0.2
	9	6	7	25.6			6	7	6.7			18	19	4.8		9	21	0	1.5
		7	8	0.2			7	8	7.8			19	20	1.0		23	18	20	0.7
		8	9	1.9			8	9	8.2		2	5	6	26.4		28	11	14	2.9
		9	10	23.7			9	10	11.1			6	7	2.2			17	19	1.5
		10	12	1.6			10	11	14.0			7	8	5.9		29	0	3	1.0
		12	13	10.1			11	12	0.8			8	9	3.6			8	18	10.3
		13	16	3.0		26	1	2	3.0			9	11	4.6			22	0	1.4
		18	20	0.5		29	4	6	1.1			11	12	4.2		30	1	8	3.5
	10	2	3	4.6			7	8	22.2			12	13	0.9			10	15	3.0
		7	8	0.4			8	9	29.9		10	11	12	0.4			22	8	10.9
		9	10	0.2			9	10	12.3			12	13	4.8	10	1	8	0	13.6
		11	14	1.1			10	11	1.3			13	14	3.2		2	4	8	3.4
		15	18	5.8		30	3	4	1.6			14	15	1.2			8	20	10.6
		18	19	4.3			4	5	2.9			15	16	13.8			21	1	2.9
		19	23	9.2			5	6	0.7			18	19	2.0		3	4	8	1.9
		23	0	3.2			11	12	5.4		11	13	14	4.1			8	13	7.8
	11	0	1	1.8			12	13	4.1			15	16	0.7	11	2	20	8	10.7
		1	2	3.2			13	18	2.2		12	12	13	1.8		4	20	8	4.7
		2	3	2.9	7	1	2	4	2.0			15	16	3.7		5	20	8	4.3
		3	4	3.7			4	5	2.8			19	20	0.3		6	8	8	17.9
		4	5	3.0			5	6	3.7		13	0	8	4.1		7	8	8	28.0
		5	6	4.1			6	7	6.5		16	21	22	11.2		8	8	2	11.2
		6	7	3.5								22	23	7.9					

1971 滚 河 柏庄站

月	日	起	止	降水量(mm)	月	日	起	止	降水量(mm)	月	日	起	止	降水量(mm)	月	日	起	止	降水量(mm)
5	2	9	15	6.5	5	2	23	4	5.1	6	3	7	8	4.4	6	3	14	17	3.0
		15	16	3.0		3	12	15	1.4			8	9	1.4			18	20	1.1
		16	21	4.9		23	8	12	1.4			9	10	4.2		9	5	6	0.4
		21	22	4.9	6	3	5	6	3.9			10	11	1.2			6	7	24.2
		22	23	7.2			6	7	1.4			12	13	0.5			7	8	0.2

降水量摘录表

月	日	时或时分		降水量	月	日	时或时分		降水量	月	日	时或时分		降水量	月	日	时或时分		降水量
		起	止	（mm）			起	止	（mm）			起	止	（mm）			起	止	（mm）
6	9	8	9	1.7	6	25	4	5	3.0	8	1	17	18	15.1	8	24	4	5	4.5
		9	10	11.2			5	6	7.8			18	19	3.9			5	6	4.8
		11	12	3.1			6	7	5.0			19	22	3.4			6	7	3.7
		12	13	8.4			7	8	12.2		2	4	5	0.9			7	8	4.9
		13	16	3.3			8	9	9.3			5	6	6.9			8	9	6.3
	10	19	20	0.4			9	10	14.6			6	7	3.3			9	10	7.7
		3	5	1.5			10	11	19.2			7	8	3.2			10	11	8.4
		6	8	0.7			11	12	5.7			8	9	4.7			11	12	14.0
		11	15	2.0			12	13	0.8			9	10	3.0			12	13	4.3
		16	17	3.1		26	1	2	3.3			10	11	3.1			13	16	4.1
		17	19	4.4		29	5	6	10.6			11	12	2.8			17	23	4.4
		19	20	4.6			7	8	31.5			12	14	0.8	9	3	8	9	0.2
		20	21	3.2			8	9	6.5		9	23	0	1.0			10	12	0.9
		21	1	6.4		30	5	6	1.8		10	7	8	0.3			17	18	0.6
	11	1	2	3.2			11	12	1.7			8	9	1.7		9	17	18	0.7
		2	3	3.1			12	13	4.7			9	10	3.2		15	4	5	0.3
		3	4	3.4			13	14	2.0			11	12	1.5		16	3	4	0.3
		4	5	3.5			15	17	1.6			12	13	15.2		23	17	18	2.9
		5	6	3.3	7	1	3	4	2.8			13	14	12.6			19	20	0.5
		6	7	2.7			4	5	2.7			14	16	2.3		28	12	18	6.2
		7	8	2.4			5	6	5.0			16	17	4.2		29	3	5	2.1
		8	9	3.9			6	7	3.8			18	19	4.3			9	15	7.2
		9	11	3.3			7	8	3.5		11	13	14	7.8			19	20	0.8
		11	12	3.5			9	11	1.3			14	16	0.9			22	8	9.5
		12	14	4.2		7	7	8	1.0		12	5	6	0.2		30	10	16	4.6
		14	15	4.5			8	9	11.4			17	18	0.2	10	1	1	8	7.5
		15	17	2.5			9	10	5.0		13	1	2	3.7			8	22	14.8
		18	19	0.5			10	11	2.1			2	4	0.8		2	3	8	4.0
	13	5	6	0.8			14	15	1.2			6	7	0.2			8	9	0.7
		14	15	0.4		9	17	18	7.5			9	10	0.2			11	17	7.7
	14	4	5	0.2			18	19	9.4			20	21	0.9			20	23	1.6
		9	10	0.4			19	20	7.8		16	21	22	3.0		3	1	5	3.2
		11	14	2.7			20	21	4.0		20	21	22	0.5			6	8	1.3
	16	16	18	1.3			21	22	2.0		21	14	16	1.3			8	11	4.5
	17	11	12	0.6			22	23	6.1			19	20	0.8			11	12	2.6
	18	1	2	1.3			23	0	7.3			20	21	12.4			12	13	0.1
		8	9	0.3		10	0	1	5.6			21	22	3.6	11	2	20	2	5.2
		11	12	0.2			1	2	2.8			22	23	2.5			4	20	3.9
		20	21	0.3			2	3	12.8		22	3	4	0.6			5	20	3.0
		23	1	3.7			3	7	4.8		23	15	20	1.5			6	14	20.2
	25	0	1	5.1			10	12	0.5			21	23	1.3		7	8	8	30.7
		1	2	15.2		22	6	16	2.7			23	0	3.3		8	8	2	16.1
		2	3	2.5		27	18	19	1.8		24	0	3	2.4					
		3	4	3.3		28	14	15	2.3			3	4	3.6					

1971　滚河　柴厂站

月	日	时或时分		降水量	月	日	时或时分		降水量	月	日	时或时分		降水量	月	日	时或时分		降水量
		起	止	（mm）			起	止	（mm）			起	止	（mm）			起	止	（mm）
5	2	8	14	2.4	6	3	10	16	2.9	6	10	20	22	6.1	6	16	16	18	2.3
		14	16	5.3			18	20	1.0			22	0	5.0		17	8	12	1.2
		16	22	9.7		9	4	6	1.1		11	0	2	5.4		18	0	4	1.2
		22	0	7.0			6	8	14.5			2	4	11.0			22	4	2.9
	3	0	8	3.1			8	10	9.7			4	6	7.6		25	2	4	2.7
		10	14	1.0			10	12	0.7			6	8	7.1			4	6	20.8
	16	14	16	0.8			12	14	6.2			8	10	5.7			6	8	24.3
	18	8	4	0.7			14	20	3.1			10	12	12.0			8	10	31.1
	23	8	12	2.0		10	2	4	2.8			12	20	12.0			10	12	10.2
6	3	4	6	4.7			6	8	0.6		12	12	14	0.4			12	14	0.2
		6	8	7.9			8	18	5.9		13	12	14	0.3		26	2	4	2.2
		8	10	7.1			18	20	13.0		14	8	12	1.2		29	6	8	22.9

降 水 量 摘 录 表

月	日	起	止	降水量(mm)	月	日	起	止	降水量(mm)	月	日	起	止	降水量(mm)	月	日	起	止	降水量(mm)
6	29	8	10	47.6	7	9	22	0	11.3	8	13	8	12	1.3	9	3	12	14	2.2
		10	14	5.8		10	0	8	9.1		16	20	22	4.5			14	16	15.5
	30	0	2	5.0			10	12	0.7			22	0	12.8			16	18	0.4
		2	4	5.1		28	16	18	19.8		20	20	22	23.6		6	18	20	0.6
		4	6	1.6			18	20	1.3		21	14	20	2.4		8	22	0	0.8
7	1	10	18	9.9	8	1	16	18	11.0			20	22	11.6		9	16	20	1.1
		2	4	2.6			18	22	2.3			22	0	1.3		18	0	2	1.6
		4	6	6.6		2	4	6	49.1		22	2	8	4.7		23	12	18	2.5
		6	8	7.3			6	8	4.9		23	16	2	8.3		28	12	22	5.7
		8	10	0.9			8	14	6.7		24	2	4	21.4		29	2	6	4.0
	7	10	12	6.4		10	16	18	22.7			4	6	34.8			8	16	10.1
		6	8	1.1		11	12	14	4.5			6	8	23.9			18	8	10.1
		8	10	9.9			16	18	0.4			8	10	18.8		30	10	16	6.0
		10	12	3.4		12	12	14	0.4			10	12	31.9			22	8	10.9
	9	16	18	1.7			14	16	65.6			12	14	5.9					
		18	20	5.9			16	18	9.5			14	0	7.2					
		20	22	17.4		13	0	4	2.3	9	3	10	12	5.5					

1971　滚　河　石漫滩站

月	日	起	止	降水量(mm)	月	日	起	止	降水量(mm)	月	日	起	止	降水量(mm)	月	日	起	止	降水量(mm)
5	1	20	22	1.3	6	11	1	2	4.0	6	29	7	8	21.5	8	1	18	22	2.6
	2	9	14	3.7			2	3	5.1			8	9	21.0		2	5	6	14.5
		14	15	5.3			3	4	3.5			9	10	15.3			6	7	3.4
		15	16	3.6			4	5	3.7			10	11	1.3			7	8	4.8
		16	17	2.6			5	6	3.1		30	1	2	0.2			8	9	4.0
		17	22	4.4			6	7	2.2			2	3	4.9			9	14	7.5
		22	23	7.8			7	8	3.2			3	6	1.0		9	11	12	0.3
		23	8	4.9			8	10	4.1			11	12	1.8		10	9	11	2.3
	3	11	18	0.9			10	11	3.1			12	13	2.8			12	13	3.5
	15	15	16	0.1			11	14	6.4			13	14	1.2			13	14	0.1
	23	3	4	4.2			14	15	3.0	7	1	15	18	2.4			14	15	4.1
		4	8	0.2			15	17	2.8		2	2	5	3.8			15	16	0.5
		8	17	1.7			17	20	1.1			5	6	5.7			17	18	1.2
6	3	4	5	0.9		13	4	7	0.4			6	7	3.9		11	12	14	2.5
		5	6	2.9			16	17	0.3			7	8	4.7			16	17	0.1
		6	7	1.7		14	9	10	0.1			8	12	2.9		12	15	16	5.7
		7	8	3.7			11	13	1.0		7	1	2	0.3			16	18	0.7
		8	9	2.9			16	17	0.2			3	4	0.1		13	1	2	3.9
		9	10	3.4		16	15	17	0.9			6	8	0.9			2	5	1.4
		10	12	1.2		17	10	13	0.8			8	9	2.5			6	8	0.2
	9	13	20	3.4			14	15	0.1			9	10	13.1		16	20	21	6.8
		4	6	0.4		18	1	3	1.1			10	11	2.6			21	23	2.4
		6	7	17.4			8	10	0.9			11	12	0.3		20	20	21	9.3
		7	8	0.7			21	22	0.2			14	16	1.2			21	22	0.7
		8	9	0.8			23	3	3.7		9	18	19	0.5		21	14	17	1.4
		9	10	12.5		25	0	1	2.7			19	20	5.3			18	20	0.5
		10	12	2.3			1	2	15.5			20	21	5.8			20	21	4.0
		12	13	6.6			2	5	3.0			21	22	2.0			21	1	3.2
		13	15	3.4			5	6	7.6			22	23	7.9		22	5	6	1.4
		20	21	0.2			6	7	7.3			23	0	7.7			7	8	0.1
	10	22	0	0.5			7	8	11.5		10	0	1	3.3		23	15	3	8.6
		1	4	2.3			8	9	9.6			1	3	3.5		24	3	4	12.3
		5	6	0.1			9	10	12.6			3	4	2.6			4	5	11.2
		11	12	0.3			10	11	20.0			4	8	3.9			5	6	10.8
		13	18	4.8			11	12	5.0			8	14	0.3			6	7	6.5
		18	19	6.5			12	13	0.5		28	16	17	1.4					
		19	20	2.2		26	1	2	4.3			17	18	3.6					
		20	21	2.9		29	5	6	0.5			18	20	0.2					
		21	1	7.5			6	7	2.9										
					8	1	17	18	13.6										

降 水 量 摘 录 表

月	日	起	止	降水量(mm)	月	日	起	止	降水量(mm)	月	日	起	止	降水量(mm)	月	日	起	止	降水量(mm)
8	24	7	8	7.0	9	6	19	20	0.1	9	30	0	8	5.6	10	2	20	8	5.4
		8	9	12.5		9	17	18	0.5			8	16	3.6		3	8	11	3.7
		9	10	6.3			19	20	0.1			18	19	0.1			11	12	2.9
		10	11	11.4		10	0	1	0.1			20	23	0.3			12	13	0.1
		11	12	14.6		16	4	6	0.2	10	1	1	5	4.3	11	2	20	2	5.8
		12	16	8.1		18	0	2	0.7			5	6	3.1		4	20	8	3.9
		18	23	2.0		23	16	18	0.7			6	8	2.3		5	20	8	3.0
	27	8	14	0.2		28	3	4	0.2			8	1	13.5		6	14	8	19.6
9	3	8	9	0.1			11	19	5.3		2	3	8	3.4		7	8	8	33.8
		10	13	1.1			22	6	1.6			8	15	4.6		8	8	2	15.5
		17	18	0.2		29	9	16	9.1			15	16	2.6					
		22	23	0.1			17	18	0.1			16	17	0.6					
	4	2	3	0.1			19	23	1.0			18	19	0.1					

1971　滚　河　袁门站

月	日	起	止	降水量(mm)	月	日	起	止	降水量(mm)	月	日	起	止	降水量(mm)	月	日	起	止	降水量(mm)
5	2	9	14	7.2	6	11	6	7	3.6	7	1	4	5	1.5	8	16	22	23	1.4
		14	15	2.8			7	8	2.4			5	6	8.5		18	20	21	11.2
		15	16	3.1			8	9	3.2			6	7	3.7		20	20	21	0.7
		16	23	11.4			9	10	2.6			7	8	4.8		21	15	16	0.8
		23	0	2.6			10	11	4.0			8	9	0.3			17	20	1.8
	3	0	8	9.3			11	12	3.8			9	10	2.8			20	21	4.4
		11	16	1.9			12	14	3.8			10	11	1.5			21	1	2.0
	17	23	3	0.6			14	15	3.3		7	6	8	1.4		22	5	7	3.0
	23	2	8	0.4			15	20	5.0			8	9	9.3		23	17	19	0.7
		8	10	1.7		14	9	14	2.3			9	12	3.3			20	22	2.4
6	3	3	5	0.9		15	7	8	0.1			14	15	0.9			22	23	3.1
		5	6	4.3		16	16	18	1.7		9	19	20	3.8			23	3	4.2
		6	7	3.4		17	10	14	2.0			20	21	9.6		24	3	4	12.1
		7	8	5.1		18	0	2	0.3			21	22	15.1			4	5	15.8
		8	9	2.5			4	6	0.5			22	23	9.2			5	6	9.2
		9	10	5.1			7	8	0.1			23	0	8.1			6	7	9.0
		10	11	0.6			20	21	0.1		10	0	3	4.3			7	8	11.9
		13	16	2.5			23	0	0.3			3	8	3.4			8	9	17.1
		17	20	1.1		19	4	8	3.0			4	8	4.5			9	10	6.3
	9	3	6	2.9		25	0	1	3.7			11	12	0.6			10	11	12.1
		6	7	13.5			1	2	19.9		28	16	17	11.0			11	12	9.2
		7	8	0.7			2	4	4.2			17	18	6.3			12	16	6.8
		8	9	2.0			4	5	3.8			18	19	0.6			16	23	4.1
		9	10	8.2			5	6	4.9	8	1	16	17	2.1	9	3	10	13	2.3
		10	12	3.4			6	7	7.4			17	18	25.3			14	15	7.9
		12	13	9.7			7	8	11.4			19	22	2.3			15	16	3.4
		13	14	3.3			8	9	11.5		2	5	6	53.6			16	18	0.8
		14	15	2.7			9	10	15.5			6	7	2.7		9	17	19	1.4
		15	17	0.7			10	11	17.4			7	8	3.1			20	21	0.3
		19	22	1.7			11	13	1.7			8	9	3.8		13	21	23	0.4
	10	1	2	0.1		26	1	2	2.7			9	13	6.2		16	4	5	0.3
		2	3	6.4		29	6	7	7.8		10	12	13	5.4		23	16	18	1.8
		7	8	0.7			7	8	31.1			14	15	3.7		28	11	19	3.9
		8	18	8.2			8	9	23.1			15	16	3.0			22	7	3.2
		18	19	5.5			9	10	17.0		11	13	14	3.2		29	9	16	9.5
		19	20	4.7			10	11	2.8		12	12	13	0.2			17	18	0.4
		20	21	3.1			12	13	0.3			15	17	2.6			19	8	9.5
		21	1	7.0		30	2	3	7.1		13	1	2	2.7		30	8	18	7.4
	11	1	2	3.5			3	4	2.3			5	6	0.9			20	22	0.3
		2	3	4.2			5	6	0.3			8	9	7.1	10	1	1	5	6.2
		3	4	5.6			11	12	4.3			9	10	29.1			5	6	2.8
		4	5	3.4			12	18	7.5			10	12	2.3			6	8	3.3
		5	6	3.0	7	1	1	2	0.2		16	21	22	9.0			8	0	14.4

降 水 量 摘 录 表

月	日	起	止	降水量(mm)	月	日	起	止	降水量(mm)	月	日	起	止	降水量(mm)	月	日	起	止	降水量(mm)
10	2	4	8	3.7	10	2	17	2	4.1	11	4	20	8	5.9	11	8	8	2	19.2
		8	14	4.5		3	3	8	2.3		5	20	8	6.0					
		14	15	2.7			8	13	7.8		6	14	8	19.3					
		15	16	3.3	11	2	14	2	12.6		7	8	8	34.4					

1972　滚　河　尚店站

月	日	起	止	降水量(mm)	月	日	起	止	降水量(mm)	月	日	起	止	降水量(mm)	月	日	起	止	降水量(mm)
5	22	14	18	4.8	6	20	22	8	4.9	7	2	1	2	21.6	8	27	12	4	0.7
	26	22	2	1.4		21	8	22	13.7			2	3	13.1		30	2	4	2.1
	27	10	3	2.1		24	16	5	2.4			3	4	16.9			22	8	1.9
	28	11	2	9.3		25	9	20	8.0			4	5	15.7		31	17	8	8.1
	29	2	3	3.7		26	21	8	4.5			5	6	10.2	9	1	8	1	3.6
		3	4	2.9		27	8	9	13.6			6	7	7.2		2	1	2	2.7
		4	6	4.4			9	10	9.2			7	8	22.5			2	7	8.5
		6	7	2.7			10	11	7.8			8	9	5.9			7	8	2.9
		7	8	2.5			11	12	0.6			9	19	1.2			8	20	5.2
		8	14	7.5			12	13	7.4		4	4	5	2.9		5	3	8	3.4
		14	15	2.6			13	14	4.3			5	6	1.2			9	16	10.6
		15	16	2.4			22	23	0.5		9	18	19	2.4			16	17	3.3
6	4	15	16	7.4	7	1	8	10	2.8			19	20	13.9			17	18	1.4
		16	17	4.1			10	11	3.0			20	21	4.8			18	19	3.0
	19	21	22	3.1			11	12	4.6			21	22	3.8			19	22	4.3
		22	23	4.8			12	20	2.4		23	20	22	2.0		10	18	7	7.5
	20	17	18	1.5			20	21	5.6		28	20	8	4.7		11	7	8	4.7
		18	19	19.9			21	22	3.6		29	8	2	4.9			8	12	7.1
		19	20	4.4			22	23	21.9		30	9	22	1.0		12	12	14	3.5
		20	21	6.9			23	0	12.5	8	4	22	0	0.9		21	2	4	1.2
		21	22	4.0		2	0	1	17.2		17	6	7	0.2					

1972　滚　河　柏庄站

月	日	起	止	降水量(mm)	月	日	起	止	降水量(mm)	月	日	起	止	降水量(mm)	月	日	起	止	降水量(mm)
5	27	2	3	1.7	6	25	15	16	0.4	7	2	5	6	3.6	8	17	2	3	0.3
		11	20	1.9		26	21	8	6.3			6	7	3.0		27	12	1	1.2
	28	11	5	19.9		27	8	9	14.2			7	8	10.1		30	3	6	4.0
	29	5	6	2.7			9	10	14.5			8	9	6.1			16	8	2.1
		6	7	4.0			10	11	12.3			18	19	2.9		31	23	8	10.8
		7	8	2.9			11	12	3.7		3	3	4	1.7	9	1	12	23	4.2
		8	14	9.5			12	13	3.5		4	4	6	2.9			23	0	3.5
		14	15	2.8			13	14	2.6		5	11	17	1.1		2	0	1	3.6
		15	16	2.0			22	23	0.5			22	23	2.9			1	2	3.2
6	4	19	20	0.7	7	1	7	8	2.7		7	20	21	1.5			2	3	1.4
	20	1	2	2.2			8	11	7.0		9	11	12	0.6			3	4	2.7
		18	19	12.2			11	12	3.7			18	19	3.1			4	6	3.7
		19	20	4.0			12	13	2.6			19	20	12.3			6	7	4.3
		20	21	4.1			13	18	1.3			20	21	0.8			7	8	2.2
		21	22	5.3			20	21	6.4		23	20	22	2.5			8	20	4.6
		22	23	3.1			21	22	7.2		26	16	21	2.6		4	22	6	3.5
	21	4	7	2.8			22	23	25.5		28	19	21	0.9		5	9	17	13.6
		7	8	2.7			23	0	5.1			21	22	2.8			17	18	2.6
		8	9	3.7		2	0	1	7.9		29	1	8	7.0			18	2	6.1
		9	23	12.7			1	2	4.2			8	9	2.7		10	16	19	1.2
	24	22	7	2.9			2	3	4.5			9	4	12.3		11	5	6	2.7
	25	10	13	3.1			3	4	6.3		30	10	5	0.7			6	7	3.8
		13	14	2.9			4	5	3.4	8	4	10	12	1.0			7	8	1.5

降 水 量 摘 录 表

月	日	起	止	降水量(mm)	月	日	起	止	降水量(mm)	月	日	起	止	降水量(mm)	月	日	起	止	降水量(mm)
9	11	8	11	5.4	9	12	13	17	6.2										

1972　滚　河　柴厂站

月	日	起	止	降水量(mm)	月	日	起	止	降水量(mm)	月	日	起	止	降水量(mm)	月	日	起	止	降水量(mm)
5	22	14	6	5.8	6	21	8	16	8.9	7	2	10	6	7.8	9	1	2	4	7.4
	26	22	8	1.4			16	18	5.4		4	2	6	5.9			4	8	2.4
	27	10	0	3.7			18	20	5.1		5	16	18	9.7			12	2	6.5
	28	10	4	9.5			20	0	2.9			22	0	3.0		2	2	4	6.5
	29	4	6	7.2		24	18	6	5.2		9	2	8	0.7			4	8	5.8
		6	8	5.1		25	10	18	7.1			8	14	0.9			8	20	7.5
		8	14	9.1		26	22	8	2.7			18	20	13.0		5	2	6	3.5
		14	16	5.2		27	8	10	20.5			20	22	12.8			10	16	9.9
		16	18	0.5			10	12	23.8		20	20	22	13.7			16	18	6.0
6	4	18	20	0.8			12	14	7.2		23	20	22	2.2			18	0	5.9
	18	16	18	0.3			16	0	1.6		28	20	8	6.8		10	8	4	4.8
	19	22	2	2.1	7	1	16	22	13.9		29	8	2	21.8		11	6	8	6.8
	20	16	18	0.7			22	0	18.8		30	8	2	3.1			8	12	6.8
		18	20	18.5		2	0	2	25.2	8	5	0	2	22.1		12	12	22	6.2
		20	22	5.6			2	4	40.9		27	12	4	1.1		21	0	2	1.0
		22	4	4.0			4	6	18.4		30	0	6	2.5					
	21	4	6	6.2			6	8	40.0			14	8	3.0					
		6	8	3.6			8	10	17.0		31	16	0	1.2					

1972　滚　河　石漫滩站

月	日	起	止	降水量(mm)	月	日	起	止	降水量(mm)	月	日	起	止	降水量(mm)	月	日	起	止	降水量(mm)
4	12	16	17	0.1	6	20	19	20	5.4	7	2	1	2	4.4	8	31	17	0	1.0
	13	18	21	1.4			20	21	5.3			2	3	3.3	9	1	0	1	3.9
	18	15	16	1.1			21	22	2.6			3	4	8.2			1	2	3.0
		16	17	3.3			22	23	4.1			4	5	8.0			2	3	6.9
		17	18	47.1		21	1	8	2.7			5	6	0.6			3	8	5.3
		18	20	1.0			8	1	12.0			6	7	2.8			8	23	2.5
5	21	23	3	0.4		24	19	7	2.6			7	8	13.9			23	0	2.7
	22	14	7	5.9		25	8	17	4.8			8	9	9.1		2	0	2	3.7
	27	0	6	1.1		26	19	8	6.0			9	20	0.4			2	3	2.9
		11	1	1.0		27	8	9	19.0		4	3	7	2.7			3	7	7.2
	28	11	4	14.4			9	10	14.3		9	10	19	0.8			7	8	2.7
	29	4	5	3.4			10	11	10.9			19	20	13.3			8	19	5.1
		5	6	3.7			11	12	4.6			20	21	5.9		4	23	8	3.1
		6	7	3.7			12	13	6.3		19	12	13	0.4		5	8	15	7.3
		7	8	1.8			13	14	2.6		20	23	0	0.9			15	16	3.0
		8	14	8.2			14	0	0.8		23	20	23	2.7			16	2	10.4
		14	15	2.8	7	1	7	8	1.5		28	19	8	6.2		10	10	6	1.6
		15	16	2.8			8	11	5.3		29	8	8	12.2		11	6	7	6.3
		16	17	0.6			11	12	3.7		30	10	0	0.9			7	8	6.3
6	4	17	19	1.0			12	13	2.7	8	5	0	4	0.6			8	12	4.1
	18	15	16	6.5			13	22	4.7		17	2	8	0.6		12	12	7	5.7
	19	22	3	2.1			22	23	18.6		27	12	3	0.5		21	0	2	0.4
	20	17	18	0.6			23	0	4.1		30	1	7	1.8		22	14	17	0.3
		18	19	6.6		2	0	1	7.5			19	8	1.5					

降 水 量 摘 录 表

1972　滚 河　袁门站

月	日	起	止	降水量(mm)	月	日	起	止	降水量(mm)	月	日	起	止	降水量(mm)	月	日	起	止	降水量(mm)
5	27	4	8	0.5	6	21	9	15	2.6	7	2	3	4	15.1	8	31	17	1	1.8
		8	3	3.8			15	16	2.9			4	5	2.8	9	1	1	2	2.7
	28	9	3	11.1			16	22	10.0			5	6	2.0			2	3	3.1
	29	3	4	2.7		24	21	8	1.9			6	7	12.0			3	4	2.8
		4	5	3.6		25	9	22	7.6			7	8	20.9			4	8	3.2
		5	6	3.6		26	21	8	2.6			8	9	15.4			8	23	1.7
		6	7	3.4		27	8	9	11.6			9	5	5.6			23	0	4.7
		7	8	2.3			9	10	5.8		3	5	6	4.2		2	0	1	3.9
		8	15	12.4			10	11	14.9		4	2	6	5.9			1	8	12.6
		15	16	2.6			11	12	7.5		9	9	14	1.7			8	19	7.5
6	4	16	17	0.1			12	13	9.6			19	20	17.1		5	2	5	3.1
		16	20	2.1			13	14	3.0			20	21	11.5			10	14	6.2
	17	14	16	1.8			16	17	0.3			21	22	0.7			14	15	3.1
	19	22	23	3.1	7	1	8	11	3.4		19	12	13	5.2			15	16	2.9
		23	2	3.1			11	12	4.0		23	20	23	2.1			16	2	9.8
	20	17	18	2.1			12	13	2.7		28	21	8	6.4		10	16	7	8.1
		18	19	11.6			13	22	4.0		29	8	8	19.8		11	7	8	3.8
		19	20	3.3			22	23	14.5		30	9	7	2.9			8	13	5.5
		20	21	6.2			23	0	14.9	8	5	2	4	0.5		12	13	0	8.3
		21	22	5.9		2	0	1	12.8		27	12	2	0.6		23	23	0	0.7
		22	8	7.3			1	2	23.7		30	3	7	2.2					
	21	8	9	3.2			2	3	32.8			22	8	1.7					

1973　滚 河　尚店站

月	日	起	止	降水量(mm)	月	日	起	止	降水量(mm)	月	日	起	止	降水量(mm)	月	日	起	止	降水量(mm)
4	10	6	8	0.7	4	30	5	6	4.3	5	17	6	7	0.5	7	2	1	2	4.8
		8	9	1.0			6	7	2.8		23	8	12	1.3			2	3	10.6
		9	10	6.1			7	8	5.8		24	15	17	2.4			3	4	5.7
		10	11	5.0			8	9	8.4			17	18	3.3			4	5	2.1
		11	12	3.2			9	10	9.2			18	19	3.1			5	6	6.1
		12	14	2.9			10	11	5.9			19	3	7.2			6	7	3.5
		14	15	3.9			11	12	3.9		30	0	1	2.1			7	8	1.3
		15	17	3.9			12	13	2.0			1	2	2.6			8	10	0.8
		17	18	4.1			13	14	3.8	6	10	6	7	0.7		5	16	21	0.6
		18	21	4.7			15	18	3.4			9	10	28.6		6	14	15	2.1
		21	22	4.6	5	2	19	21	1.0			10	11	7.2		10	12	13	15.3
		22	23	5.1			21	22	2.8			11	12	3.7			13	15	0.8
		23	0	2.6			22	23	13.7			12	15	2.6		14	11	12	8.6
	13	12	16	4.6			23	0	18.3		15	20	5	6.0			12	13	2.0
	15	14	0	11.4		3	0	1	15.0		16	10	8	8.2			18	19	4.1
	22	14	15	1.6			1	2	12.1		17	10	14	2.4			19	20	4.6
		15	16	3.9			2	3	8.2			14	15	3.1			20	21	14.2
		16	17	2.6			3	4	1.7			15	23	3.6			21	22	9.0
		17	18	2.7			8	11	2.2		19	9	15	1.6			22	0	1.9
		18	21	2.2		6	4	7	1.8	7	1	14	15	15.8		15	0	1	3.3
	28	20	23	2.7			8	16	6.2			16	17	1.6			1	2	0.9
	29	12	1	11.1			16	17	5.6			17	18	2.9			2	3	2.9
	30	1	2	3.7			17	18	3.2			18	19	1.3			3	4	5.6
		2	3	4.1			18	19	2.2			22	23	12.4			4	5	7.2
		3	4	3.2		14	12	22	2.6			23	0	16.6			5	6	3.2
		4	5	5.2		15	9	11	1.1		2	0	1	10.4			7	8	0.2

降 水 量 摘 录 表

月	日	时或时分		降水量(mm)	月	日	时或时分		降水量(mm)	月	日	时或时分		降水量(mm)	月	日	时或时分		降水量(mm)
		起	止				起	止				起	止				起	止	
7	15	8	9	0.3	7	29	0	1	29.8	8	30	18	19	3.9	9	7	9	13	4.6
	22	20	22	1.6			1	2	2.7			19	20	5.8			13	14	3.4
	25	13	14	1.3			2	6	4.3			20	23	5.0			14	16	4.3
		14	15	3.3		31	9	10	1.2			23	0	4.1			16	17	3.3
		15	16	7.5	8	1	17	22	3.2		31	0	1	3.7			17	18	3.1
		16	18	2.5		14	12	13	20.8			1	2	3.5			18	19	4.3
	27	17	18	0.7			13	14	15.8			2	3	2.9			19	23	4.7
	28	2	3	3.5		15	2	3	4.1			3	4	3.3		25	0	2	0.6
		5	6	0.2		30	7	8	2.4			4	8	1.7		27	16	2	9.7
		13	14	4.3			14	15	8.6			8	9	0.7		28	2	3	5.9
		15	16	3.7			15	16	13.0	9	5	9	22	5.3			3	4	3.1
		19	20	1.1			16	17	5.1			22	23	3.0			4	5	1.3
		23	0	37.7			17	18	1.8			23	8	10.2					

1973 滚 河 柏庄站

月	日	时或时分		降水量(mm)	月	日	时或时分		降水量(mm)	月	日	时或时分		降水量(mm)	月	日	时或时分		降水量(mm)
		起	止				起	止				起	止				起	止	
4	10	7	8	0.8	5	3	0	1	16.2	7	2	5	6	4.1	7	29	3	4	9.5
		8	9	0.9			1	2	21.2			6	7	3.1			4	5	32.4
		9	10	5.5			2	3	20.1			7	8	0.8			5	6	8.7
		10	11	8.0			3	4	4.9			8	10	1.9		31	8	10	2.7
		11	12	8.7			7	8	1.0		6	14	15	28.7	8	1	15	21	3.6
		12	13	2.6			8	11	4.3		7	17	18	2.2		14	12	13	2.8
		13	14	2.6		6	6	7	4.6		9	12	13	4.7			13	14	12.8
		14	15	5.2			9	15	4.0			13	14	6.0			19	20	0.3
		15	16	5.5			15	16	7.6		10	11	12	1.3		15	3	4	4.8
		16	17	6.0			16	17	3.5			13	14	9.8		30	7	8	1.4
		17	18	8.1			17	18	2.8			14	8	1.6			14	15	4.4
		18	19	2.0			18	19	0.4		13	0	1	0.2			15	16	8.8
		19	20	4.0		14	16	9	4.6		14	11	16	2.7			16	18	2.4
		20	21	3.8		15	9	11	0.5			16	17	3.7			18	19	4.0
		21	2	5.2		17	2	7	1.8			17	18	0.2			19	20	7.9
	13	13	14	3.2		23	8	11	1.9			19	20	11.9			20	21	3.1
		14	16	2.1		24	14	16	1.5			20	21	18.1			22	23	2.5
	15	13	4	13.1			16	17	3.1			21	1	5.2			23	0	3.5
	22	15	16	1.4			17	5	11.1		15	1	2	2.6		31	0	2	3.6
		16	17	2.9		30	1	5	7.2			2	3	3.3			1	2	3.2
		17	18	4.1	6	10	6	7	2.1			3	4	6.7			2	8	7.8
		18	21	1.8			8	9	2.8			4	5	7.0	9	5	8	22	8.6
	28	20	3	3.7			9	10	8.2			5	6	6.5			22	23	3.0
	29	3	4	2.6			10	11	8.7			6	8	0.8			23	8	6.6
		13	0	6.9			11	14	5.1		16	15	18	0.6		7	3	4	0.3
	30	0	1	3.3		15	17	5	5.3		18	22	23	0.6			9	14	6.6
		1	2	3.8		16	17	8	8.0		22	18	21	2.2			14	15	4.1
		2	7	7.8		17	10	21	8.0		25	13	14	1.4			15	16	4.8
		7	8	6.3		19	11	13	0.8			14	15	3.9			16	23	11.0
		8	9	7.1	7	1	14	15	18.9			15	16	6.1		9	23	0	0.3
		9	10	4.9			17	18	3.3			16	6	2.0		25	1	2	0.3
		10	11	6.4			18	19	2.7		27	18	8	2.5		27	17	22	7.1
		11	12	5.6		2	0	1	32.2		28	14	22	2.5			22	23	3.5
		12	13	4.4			1	2	3.1			23	0	4.1			23	0	2.8
		13	21	8.3			2	3	3.4		29	0	1	11.0		28	0	8	5.2
5	2	19	23	5.8			3	4	4.3			1	2	2.7			8	9	0.5
		23	0	6.5			4	5	4.6			2	3	0.8	10	1	5	6	0.2

降 水 量 摘 录 表

1973　滚　河　柴厂站

月	日	起	止	降水量(mm)	月	日	起	止	降水量(mm)	月	日	起	止	降水量(mm)	月	日	起	止	降水量(mm)
4	10	6	8	1.3	5	3	2	4	5.3	7	2	6	8	10.2	8	13	18	20	0.5
		8	10	7.9			4	8	2.4			8	10	2.4		14	18	4	9.2
		10	12	9.3			8	10	3.0		5	18	4	2.1		18	12	14	22.9
		12	14	12.1		5	12	8	0.9		6	12	14	4.2			14	16	1.0
		14	16	13.2		6	8	18	14.7			14	16	6.4		30	14	16	15.3
		16	18	8.8		14	10	8	5.1		7	4	6	7.4			16	18	12.7
		18	20	4.9		17	0	8	1.2		8	12	14	3.0			18	20	4.0
		20	22	6.3		23	6	8	0.4		9	12	14	12.8			20	22	6.1
		22	0	3.1			8	12	1.5		10	12	8	7.8			22	0	13.2
	13	12	6	5.4		24	14	20	9.9		13	2	4	0.1		31	0	2	11.7
	15	12	6	15.3			20	22	5.6		14	14	20	8.2			2	4	8.7
	16	14	16	0.2			22	6	6.3			20	22	16.5			4	8	0.7
	22	14	16	1.2		27	14	16	0.4			22	0	3.1			8	10	3.1
		16	18	12.3		30	4	6	3.7		15	0	2	5.3	9	5	8	0	15.5
		18	22	3.0	6	10	6	8	1.1			2	4	19.2		6	0	2	5.7
	28	20	4	4.4			8	10	12.2			4	6	11.9			2	8	5.4
	29	10	0	12.3			10	12	14.6			6	8	0.8		7	8	12	2.6
	30	0	2	7.3			12	16	5.7			8	10	0.2			12	14	6.0
		2	4	9.8		15	16	8	7.1		16	14	18	1.0			14	16	7.3
		4	6	3.3		16	8	8	8.8		22	18	0	2.2			16	18	5.9
		6	8	11.5		17	8	22	9.9		25	12	14	0.6			18	20	5.1
		8	10	13.0		18	12	14	0.1			14	16	9.4			20	0	3.3
		10	12	15.6		19	12	14	0.7			16	4	6.2		27	16	20	3.2
		12	14	11.8		25	18	20	0.3		27	18	8	1.7			20	22	5.4
		14	0	9.9	7	1	14	20	6.7		28	16	18	12.5			22	0	8.7
5	2	18	22	2.2		2	0	2	9.9		29	20	0	4.7		28	0	2	5.4
		22	0	17.4			2	4	10.5			0	2	33.4			2	8	5.8
	3	0	2	56.8			4	6	18.0			2	6	6.6			8	10	0.6

1973　滚　河　石漫滩站

月	日	起	止	降水量(mm)	月	日	起	止	降水量(mm)	月	日	起	止	降水量(mm)	月	日	起	止	降水量(mm)
4	10	7	8	0.8	4	16	15	16	0.2	4	30	11	12	4.4	5	24	14	20	8.7
		8	9	0.4		22	15	17	1.9			12	13	5.5			20	21	2.7
		9	10	3.6			17	18	3.1			13	14	3.6			21	6	5.1
		10	11	11.2			18	5	2.3			14	21	6.9		30	2	8	4.3
		11	12	7.4		28	20	3	1.4	5	2	19	23	3.5			8	9	0.1
		12	13	4.4		29	11	12	0.5			23	0	3.9	6	10	5	7	1.2
		13	14	2.1			12	13	6.6		3	0	1	20.3			8	9	0.7
		14	15	5.9			13	23	4.4			1	2	6.6			9	10	7.1
		15	16	4.3			23	0	2.8			2	3	6.1			10	11	18.4
		16	17	4.5		30	0	1	7.6			3	8	3.3			11	12	2.9
		17	18	3.7			1	2	3.8			8	10	2.7			12	16	5.8
		18	19	2.6			2	3	2.7		6	5	8	2.3		15	15	6	5.2
		19	20	2.7			3	4	1.4			9	15	3.5		16	17	8	6.0
		20	21	3.8			4	5	2.7			15	16	5.8		17	8	22	6.6
		21	22	2.9			5	6	2.7			16	17	5.2		19	8	14	0.9
		22	1	1.7			6	7	4.0			17	19	2.3		25	0	1	0.1
	13	12	7	4.5			7	8	6.3		14	11	8	3.0		28	2	3	1.3
	15	13	17	2.7			8	9	5.9		15	9	11	0.4	7	1	14	15	0.6
		17	18	2.6			9	10	7.3		17	1	8	1.6			15	16	2.7
		18	5	6.7			10	11	7.1		23	8	12	0.9			17	18	1.8

降 水 量 摘 录 表

月	日	起	止	降水量(mm)	月	日	起	止	降水量(mm)	月	日	起	止	降水量(mm)	月	日	起	止	降水量(mm)
7	1	18	19	3.7	7	13	1	2	0.2	7	29	2	7	7.3	9	5	6	7	0.1
		22	0	2.2		14	11	15	2.8		31	9	19	0.7			8	23	8.7
	2	0	1	16.1			19	20	10.7	8	1	16	22	2.4			23	0	3.7
		1	2	2.4			20	21	14.0		14	11	21	1.7		6	0	8	7.2
		2	3	5.2			21	3	9.7		15	2	3	3.7		7	4	5	0.1
		3	4	2.7		15	3	4	4.0			3	4	6.8			8	12	0.9
		4	5	4.4			4	5	8.7		30	2	8	0.1			12	13	4.3
		5	6	9.7			5	8	1.3			13	14	0.8			13	14	1.9
		6	7	4.3		16	14	19	0.9			14	15	8.6			14	15	2.6
		7	8	2.4		22	18	21	1.1			15	16	6.6			15	16	4.9
		8	11	1.2		25	13	14	1.0			16	17	3.5			16	17	2.0
	5	16	19	0.5			14	15	3.5			17	18	10.2			17	18	2.9
	6	13	14	2.0			15	16	5.3			18	19	0.6			18	7	7.0
		14	15	6.8			16	20	2.9			19	20	13.4		25	5	6	0.1
		18	19	3.2		27	19	8	0.3			20	23	2.4		27	17	2	13.2
	7	17	18	5.0		28	15	16	12.7			23	0	4.5		28	2	3	2.6
	9	11	12	1.2			16	17	5.1		31	0	1	2.5			3	7	2.9
		12	13	17.4			19	23	0.8			1	2	4.3			8	10	0.6
		13	15	0.3			23	0	5.5			2	3	3.7					
	10	12	7	3.3		29	0	1	32.0			3	8	2.6					
	12	5	6	0.2			1	2	6.5			8	10	0.8					

1973 滚 河 袁门站

月	日	起	止	降水量(mm)	月	日	起	止	降水量(mm)	月	日	起	止	降水量(mm)	月	日	起	止	降水量(mm)
4	10	7	8	0.3	4	30	14	15	5.1	6	10	12	14	3.0	7	15	3	4	8.9
		8	9	1.9			15	23	4.8			14	15	4.1			4	5	9.1
		9	10	4.3	5	2	19	22	3.5		15	16	8	7.2			5	8	2.0
		10	11	3.5			22	23	12.6		16	8	8	8.6		16	14	17	0.9
		11	12	1.7			23	0	19.7		17	8	21	9.8		22	18	20	1.6
		12	13	4.1		3	0	1	21.4		19	12	14	0.9		25	13	14	1.1
		13	14	2.1			1	2	19.8	7	1	14	15	7.4			14	15	6.9
		14	15	5.6			2	3	10.7			16	17	0.6			15	16	6.5
		15	16	5.2			3	8	3.3			17	18	2.9			16	23	4.1
		16	17	5.4			8	9	3.1			18	19	2.7		28	6	8	0.4
		17	18	4.1			9	10	0.6			22	23	1.1			15	16	9.1
		18	19	2.9		6	4	7	0.7			23	0	2.8			16	17	7.9
		19	20	3.5			9	11	0.4		2	0	1	15.1			21	23	0.5
		20	21	3.7			11	12	4.9			1	2	3.2			23	0	3.4
		21	1	5.1			12	15	1.5			2	3	2.3		29	0	1	34.5
	13	13	6	4.7			15	16	8.9			3	4	9.4			1	2	6.9
	15	13	4	13.0			16	17	2.9			4	5	7.8			2	6	7.4
	22	15	16	2.6			17	20	1.4			5	6	12.5	8	1	16	22	2.9
		16	17	1.7		14	12	8	4.4			6	7	3.9			12	13	2.2
		17	18	3.7		15	8	11	0.7			7	8	4.6			13	14	4.3
		18	22	2.3		17	3	8	1.1			8	11	2.4			19	20	0.6
	28	20	22	0.8		23	8	11	1.4		5	16	22	3.1		15	3	4	5.6
	29	11	21	11.0		24	14	18	6.5		6	13	14	2.5			4	5	0.5
		21	22	2.6			18	19	3.1			14	15	12.1		30	13	14	0.3
		22	23	3.2			19	21	3.4		9	22	23	1.5			14	15	9.8
		23	0	3.5			21	22	2.9		10	11	12	25.1			15	16	7.1
	30	0	1	3.0			22	5	3.9			12	8	2.8			16	19	4.7
		1	7	12.7		30	3	4	0.6		11	8	5	0.7			19	20	4.7
		7	8	7.0			4	5	3.1		14	11	16	2.8			20	21	1.7
		8	9	5.2			5	6	0.9			19	20	20.6			22	23	2.6
		9	10	10.1	6	10	5	7	1.1			20	21	17.6			23	0	6.3
		10	11	7.0			8	9	0.9			21	22	3.1		31	0	1	4.4
		11	12	4.8			9	10	39.0			22	1	6.0			1	2	5.2
		12	13	8.3			10	11	11.2		15	1	2	2.9			2	3	3.6
		13	14	2.8			11	12	3.2			2	3	3.6			3	4	3.2

降 水 量 摘 录 表

月	日	起	止	降水量(mm)	月	日	起	止	降水量(mm)	月	日	起	止	降水量(mm)	月	日	起	止	降水量(mm)
8	31	4	8	1.5	9	7	12	13	2.9	9	7	18	0	7.7	9	28	1	2	3.5
9	5	8	21	8.4			13	14	3.8		27	18	21	3.2			2	8	4.6
		21	22	5.4			14	15	2.9			21	22	2.7			8	9	0.5
		22	23	3.7			15	16	3.2			22	23	3.5	10	1	6	7	0.6
		23	8	9.4			16	17	3.9			23	0	3.2					
	7	9	12	2.5			17	18	2.9		28	0	1	3.3					

1974 滚 河 尚店站

月	日	起	止	降水量(mm)	月	日	起	止	降水量(mm)	月	日	起	止	降水量(mm)	月	日	起	止	降水量(mm)
4	6	12	13	2.5	5	30	1	3	0.5	8	5	2	3	4.4	9	29	10	14	2.9
		13	14	3.2	6	9	12	13	4.7			3	4	9.0			14	15	2.6
		14	15	4.6			13	20	3.0			4	5	14.5			15	19	9.0
		15	17	2.6		19	14	21	2.3			5	6	9.9			19	20	3.1
		17	18	3.2		24	14	15	3.1			6	7	15.0			20	7	7.8
		18	19	5.1			15	16	6.4			7	8	12.7		30	11	22	1.4
		19	20	4.6		25	20	21	2.8			8	9	4.6	10	1	9	11	2.9
		20	22	3.9			21	23	2.2			11	12	0.3			11	12	3.7
	12	3	4	1.7		29	9	13	0.9			20	21	3.1			12	0	2.3
		13	17	2.5	7	7	16	4	1.6			21	23	0.7		2	0	1	3.1
	17	22	23	1.2			8	9	0.8		9	15	16	24.0			1	3	3.5
		23	0	4.6		11	12	13	7.6			16	17	5.2			3	4	2.8
	18	0	1	3.0			13	18	1.3		13	4	8	1.4			4	5	3.0
		1	2	0.2		18	7	8	0.1			8	9	2.1			5	8	3.4
		10	18	2.3			17	18	3.5		17	7	8	2.0			8	13	3.9
	19	22	4	3.9			18	19	1.6		22	13	8	1.6			13	14	2.9
	23	16	17	0.7		28	2	3	0.6	9	6	4	5	1.0			14	15	2.1
5	5	6	8	1.5			8	0	10.6		10	2	8	2.1			15	16	3.3
	7	15	2	8.4		30	13	14	0.3			9	14	2.5			16	17	3.2
	12	6	8	1.8			14	15	2.7			14	15	4.0			17	18	1.9
		8	9	0.4			16	17	1.8			17	4	4.7			18	19	2.8
		9	10	4.0	8	1	11	12	20.4	11	9	11	2.5			19	20	3.4
		10	11	4.0			12	13	10.2			11	12	2.6			20	22	3.4
		11	12	5.0		3	13	14	4.8			12	13	7.2			23	0	3.3
		12	13	5.0			14	15	38.9			13	14	5.4		3	2	3	1.6
		13	14	4.8			15	16	8.0			14	15	3.2			3	4	2.9
		14	15	5.5			16	0	10.3			15	16	1.1			4	5	3.0
		15	16	7.2		4	0	1	3.4			16	17	2.9			5	6	2.7
		16	17	6.1			1	2	4.6			17	7	8.5			6	8	2.5
		17	18	6.3			2	3	6.9	12	7	8	2.9			8	10	3.5
		18	19	3.1			3	4	14.1			8	9	2.0			10	11	2.8
		19	20	7.4			4	5	2.2			9	10	3.5			11	15	6.6
		20	21	5.8			13	14	6.4			11	7	3.6			15	16	3.0
		21	8	3.0			15	16	7.5	13	10	11	0.1			16	17	2.7
	13	8	10	0.7			16	17	3.5	14	0	1	3.9			17	6	2.3
	16	17	19	1.7			18	19	10.1			1	2	2.2		4	10	4	3.8
	17	9	10	9.2			19	20	9.4			2	3	4.6		5	14	5	2.8
		10	11	24.4			20	21	3.6			3	4	3.1		6	9	10	0.6
		11	12	9.7			21	23	3.8			4	5	1.5			18	19	2.7
	18	14	3	16.0			23	0	3.0			14	15	0.7			19	21	2.4
	20	9	8	3.8	5	0	1	2	22.0	16	11	13	0.6					
	21	8	18	9.4			1	2	20.6	28	20	6	4.0					

降 水 量 摘 录 表

1974　滚　河　柏庄站

月	日	起	止	降水量(mm)	月	日	起	止	降水量(mm)	月	日	起	止	降水量(mm)	月	日	起	止	降水量(mm)
4	6	13	14	6.9	5	18	17	18	2.8	8	3	15	16	24.3	9	11	15	16	4.4
		14	15	5.1			18	22	4.9			18	21	2.5			16	6	8.4
		16	17	2.1			22	23	3.8		4	0	1	3.9		12	7	8	4.2
		17	18	4.5			23	0	5.0			1	2	4.7			8	9	6.8
		18	19	6.1		19	0	1	7.1			2	3	3.7			9	10	3.6
		19	20	3.3			1	2	4.3			3	4	3.4			10	11	1.4
		20	0	5.1			2	4	1.8			4	6	1.1			11	12	2.9
	12	4	5	3.2		20	17	8	5.5			13	14	0.4			12	7	1.8
		12	13	1.0		21	8	14	2.5			15	16	20.0		13	11	6	3.1
		14	15	3.0			14	15	3.8			16	17	3.2		14	14	15	0.7
	18	4	5	4.7			15	16	3.4			17	18	6.2		16	8	12	0.8
		5	8	1.5			16	20	1.4			18	19	0.5		28	20	7	3.3
		9	14	3.9		30	1	2	0.3			19	20	3.0		29	13	16	5.5
	19	21	6	5.3	6	9	12	13	3.5			20	21	5.3			16	17	4.6
5	7	16	0	4.6			13	20	3.7			21	23	3.9			17	19	2.6
	8	0	1	3.0		19	14	20	3.9			23	0	11.5			19	20	2.6
	12	5	6	0.3		24	13	14	3.5		5	0	1	7.5			20	8	9.7
		8	9	1.5			14	15	5.6			1	2	18.8		30	9	13	1.5
		9	10	4.0			15	16	1.0			2	3	6.4			9	10	2.7
		10	11	2.8		25	20	21	3.7			3	4	11.9			10	4	18.3
		11	12	4.3			21	22	0.5			4	5	10.1	10	2	4	5	2.9
		12	13	5.0		29	9	11	0.8			5	6	26.0			6	8	2.9
		13	14	4.8	7	11	12	13	4.2			6	7	18.9			8	15	11.1
		14	15	7.6			13	15	2.6			7	8	13.6			15	16	4.0
		15	16	6.0		12	18	19	1.8			8	9	10.4			16	17	5.0
		16	17	6.5		28	5	8	2.0		12	0		6.2			17	18	3.7
		17	18	4.7			8	22	5.5		13	6	8	3.3			18	19	5.9
		18	19	5.2			22	23	3.4			8	9	0.9			19	20	4.8
		19	20	7.7			23	0	2.6		22	13	8	2.2			20	3	5.6
		20	21	7.8		30	2	3	0.7		27	8	9	0.6		3	3	4	4.5
		21	8	6.6			13	14	15.7	9	10	7	8	1.2			4	5	3.8
	13	8	11	2.2			14	15	5.8			8	21	5.7			5	8	3.0
	16	23	0	2.9			17	18	1.5		11	3	4	3.7			8	12	8.4
	17	8	9	0.9	8	1	7	8	0.5			4	5	0.7			12	13	4.7
		9	10	23.8			11	12	13.2			11	12	1.5			13	8	9.8
		10	11	8.1			12	13	5.4			12	13	4.0		4	8	7	4.4
		11	12	0.5		3	12	13	3.5			13	14	2.8		5	18	6	2.6
	18	14	17	2.5			13	15	3.0			14	15	0.9		6	8	7	4.1

1974　滚　河　柴厂站

月	日	起	止	降水量(mm)	月	日	起	止	降水量(mm)	月	日	起	止	降水量(mm)	月	日	起	止	降水量(mm)
4	6	12	14	9.6	4	18	2	8	5.0	5	12	16	18	10.6	5	18	16	18	8.3
		14	16	8.3			8	20	9.1			18	20	13.3			18	0	6.7
		16	18	5.3		19	22	8	5.3			20	22	14.3		19	0	2	8.8
		18	20	10.6	5	5	9	6	1.2			22	8	8.9			2	6	2.1
		20	2	7.2		7	16	6	8.5		13	8	14	3.2		20	18	8	5.9
	12	2	6	3.1		12	6	8	1.8		16	22	2	4.9		21	8	14	7.1
		14	16	8.0			8	10	4.2		17	2	10	5.1			14	16	9.2
		18	20	0.2			10	12	9.8			10	12	9.3			16	18	2.7
	17	22	0	0.8			12	14	9.3			18	20	0.5		30	2	4	1.0
	18	0	2	9.6			14	16	11.4		18	14	16	0.5	6	9	10	12	5.6

降 水 量 摘 录 表

月	日	起	止	降水量(mm)	月	日	起	止	降水量(mm)	月	日	起	止	降水量(mm)	月	日	起	止	降水量(mm)
6	9	12	20	5.3	8	3	14	16	11.8	9	10	6	8	1.0	9	30	8	4	5.7
	19	14	20	3.8			16	2	8.3			8	14	3.9	10	1	8	10	1.6
	25	20	22	2.7		4	2	4	6.2			14	16	7.3			10	12	6.2
7	9	20	22	10.9			4	6	1.0			18	4	3.0			16	22	3.6
		22	0	7.2			14	16	31.7		11	8	12	3.0			22	0	7.6
	11	12	14	7.9			16	18	11.7			12	14	13.2		2	0	2	9.5
		14	16	0.6			18	20	9.6			14	16	6.7			2	8	8.0
	18	6	8	0.5			20	22	4.9			16	6	8.1			8	16	14.6
		16	18	1.8			22	0	6.1		12	6	8	6.1			16	18	11.5
	19	8	10	1.1		5	0	2	18.3			8	10	8.7			18	20	7.0
	20	14	16	21.7			2	4	7.3			10	8	3.0			20	8	23.1
		16	18	2.6			4	6	26.6		13	8	8	5.3		3	8	10	3.0
	28	4	6	13.9			6	8	9.8		14	14	16	1.0			10	12	5.4
		6	8	0.6			8	22	8.3			16	14	1.5			12	14	5.3
		8	0	4.8		6	16	18	12.1		28	20	6	2.1			14	16	4.7
	29	0	2	16.2		13	0	8	5.5		29	10	14	3.3			16	18	6.0
	30	14	16	0.8			8	10	1.1			14	16	10.9			18	8	2.2
		16	18	5.9		17	6	8	5.5			16	18	9.2		4	8	22	3.0
	31	20	6	2.9			23	4	1.6			18	20	9.7		6	0	6	3.3
8	1	12	14	1.2		27	16	18	1.2			20	8	19.2			12	2	6.4

1974　滚　河　石漫滩站

月	日	起	止	降水量(mm)	月	日	起	止	降水量(mm)	月	日	起	止	降水量(mm)	月	日	起	止	降水量(mm)
4	6	11	12	1.0	5	17	0	1	3.4	7	30	14	18	7.2	8	13	6	8	1.4
		12	13	4.6			1	2	0.4		31	22	5	0.7			8	10	0.3
		13	14	20.5			9	10	4.4	8	1	11	12	3.7		17	6	7	0.3
		14	17	4.4			10	11	16.6			12	13	3.2		22	13	8	1.5
		17	18	2.7			11	12	6.0		3	9	10	0.4		23	9	10	0.1
		18	19	5.6		18	15	17	1.5			14	15	13.1		27	16	8	1.3
		19	1	9.0			17	18	2.9			15	16	21.5	9	10	7	8	1.5
	12	2	3	1.1			18	23	3.1			18	1	6.2			9	3	5.2
		3	4	2.8			23	0	3.6		4	1	2	2.9		11	3	4	3.9
		4	7	0.9		19	0	1	2.8			2	3	4.5			4	8	0.5
		12	17	5.0			1	3	1.8			3	4	3.1			10	11	0.2
	17	23	0	0.2		20	9	8	3.5			4	7	1.1			11	12	3.4
	18	0	1	3.5		21	8	14	2.0			14	15	1.3			12	13	1.8
		1	8	5.1			14	15	2.7			15	16	15.9			13	14	4.4
		11	20	3.1			15	16	4.4			16	17	6.0			14	15	0.5
	19	23	8	3.7			16	18	1.9			17	18	8.5			15	16	4.9
	20	8	9	0.1		30	1	4	1.0			18	19	2.0			16	7	8.6
5	5	8	7	0.3	6	9	11	20	4.6			19	20	8.3		12	7	8	3.8
	7	17	7	7.8		19	14	20	2.9			20	21	4.1			8	9	7.3
	12	5	8	1.2		24	15	16	0.1			21	23	2.5			9	10	3.3
		8	9	0.2		25	20	0	1.4			23	0	5.3			10	11	2.0
		9	10	3.2		29	10	12	0.6		5	0	1	8.6			11	12	3.4
		10	11	3.8	7	9	21	22	31.2			1	2	22.3			12	8	2.9
		11	12	4.2			22	23	0.1			2	3	2.5		13	10	7	2.8
		12	13	4.3		11	12	13	7.4			3	4	18.2		14	14	16	0.9
		13	14	3.7			13	15	2.5			4	5	26.4		16	7	8	0.1
		14	15	6.8		18	16	17	6.5			5	6	13.2			10	14	0.5
		15	16	7.6			17	18	6.8			6	7	28.6		28	21	7	2.7
		16	17	5.5			18	20	0.3			7	8	21.3		29	12	15	3.0
		17	18	5.3		19	9	11	1.0			8	9	6.4			15	16	3.9
		18	19	5.4		20	16	17	0.7			9	11	0.3			16	17	3.1
		19	20	4.4		28	5	6	8.0			20	21	2.7			17	18	2.7
		20	21	8.7			6	7	11.0			21	5	2.2			18	19	2.2
		21	8	5.0			9	23	3.6	9	15	15	16	7.4			19	20	3.6
	13	8	13	2.0			23	0	5.0			16	17	4.6			20	8	12.8
	16	21	0	1.5		29	0	1	3.4			18	19	0.1		30	11	20	0.7

降 水 量 摘 录 表

月	日	时或时分 起	止	降水量(mm)	月	日	时或时分 起	止	降水量(mm)	月	日	时或时分 起	止	降水量(mm)	月	日	时或时分 起	止	降水量(mm)
10	1	9	22	6.1	10	2	5	8	1.5	10	2	19	20	3.9	10	3	13	14	3.7
		22	23	3.2			8	14	7.8			20	3	5.7			14	6	7.3
		23	1	4.0			14	15	2.6		3	3	4	3.6		4	8	6	3.9
	2	1	2	2.7			15	16	3.4			4	5	2.6		5	21	7	2.6
		2	3	3.3			16	17	4.8			5	8	4.6		6	12	7	3.4
		3	4	1.0			17	18	3.5			8	12	7.3					
		4	5	4.5			18	19	5.3			12	13	3.6					

1974　滚　河　袁门站

月	日	时或时分 起	止	降水量(mm)	月	日	时或时分 起	止	降水量(mm)	月	日	时或时分 起	止	降水量(mm)	月	日	时或时分 起	止	降水量(mm)
4	6	10	13	3.1	5	18	17	18	10.9	8	4	19	20	4.1	9	29	14	15	3.7
		13	14	10.7			18	4	10.7			20	21	3.8			15	16	4.8
		14	15	2.6		20	8	8	4.1			21	23	4.2			16	17	3.4
		15	17	1.3		21	8	14	5.0			23	0	2.9			17	18	3.6
		17	18	8.9			14	15	3.7		5	0	1	19.8			18	19	2.4
		18	19	5.0			15	16	4.4			1	2	18.3			19	20	6.3
		19	20	3.1			16	18	2.6			2	3	4.9			20	8	13.5
		20	21	2.9	6	9	10	11	0.7			3	4	11.6		30	8	21	4.6
		21	0	3.9			12	13	6.4			4	5	12.8	10	1	9	10	2.9
	12	1	3	1.6			13	20	2.7			5	6	17.8			10	11	2.7
		12	15	3.4		12	18	19	0.1			6	7	24.1			11	22	3.2
	17	22	8	10.8		19	12	21	3.5			7	8	25.6			22	23	4.6
	18	11	20	4.8		24	14	15	2.4			8	9	6.6			23	2	4.1
	20	2	8	4.9		25	20	23	1.1			18	20	2.3		2	2	3	5.0
	23	16	18	2.0		29	9	12	0.9			20	21	3.2			3	4	2.6
5	6	6	8	1.1	7	9	22	23	26.2			21	23	1.5			4	5	3.7
		8	9	0.2		11	11	12	8.5		9	15	16	5.9			5	8	1.4
	7	16	4	8.5			12	13	9.7			16	17	0.6			8	15	8.9
	8	9	11	0.9			13	15	1.7		13	6	8	3.5			15	16	3.7
	12	6	8	2.1		18	16	17	17.4			8	10	1.4			16	17	5.6
		8	9	0.7		20	15	16	4.6		22	14	7	3.0			17	18	4.2
		9	10	5.3			16	17	2.9		27	17	8	0.6			18	19	4.7
		10	11	4.1		28	5	6	38.6	9	10	7	8	0.9			19	20	3.9
		11	12	3.7			9	10	2.7			8	12	1.3			20	4	10.6
		12	13	5.2			10	12	1.0			14	15	7.2		3	4	5	3.3
		13	14	3.5			20	21	10.2			19	5	2.8			5	6	2.0
		14	15	4.8			21	22	2.6		11	8	11	2.7			6	7	2.7
		15	16	5.2			22	23	1.9			11	12	4.2			7	8	2.1
		16	17	7.1			23	0	8.2			12	13	3.6			8	11	5.8
		17	18	2.6		29	0	1	4.9			13	14	2.7			11	12	3.2
		18	19	7.8		30	16	18	1.5			14	15	3.3			12	13	2.7
		19	20	7.8	8	1	11	12	7.9			15	16	5.9			13	15	4.7
		20	21	6.9			12	13	1.4			16	8	6.6			15	16	2.8
		21	8	8.0		3	14	15	8.1		12	7	8	7.9			16	17	3.1
	13	8	13	2.7			15	16	7.4			8	9	5.8			17	8	4.4
	16	23	2	4.8			17	2	8.4			10	5	3.6		4	8	19	2.9
	17	9	10	0.7		4	2	3	3.9		13	9	8	4.6		5	20	7	2.9
		10	11	22.4			3	6	3.8		14	14	16	0.9		6	10	3	6.4
		11	12	9.1			15	16	26.7		16	8	13	1.1					
		12	13	0.1			16	17	38.2		28	21	8	5.8					
	18	15	17	1.3			18	19	2.9		29	8	14	2.0					

降 水 量 摘 录 表

1975　滚　河　尚店站

月	日	起	止	降水量(mm)	月	日	起	止	降水量(mm)	月	日	起	止	降水量(mm)	月	日	起	止	降水量(mm)
4	4	14	20	3.5	6	21	14	15	0.5	8	5	8	15	4.2	8	7	19	20	6.2
	6	22	23	2.8			20	21	2.8			15	16	11.1			20	21	7.9
	7	8	10	0.8			21	6	2.1			16	17	20.3			21	22	34.0
	16	4	6	1.0		22	8	9	0.7			17	18	13.4			22	23	38.0
	17	5	7	1.7			21	22	3.1			18	19	16.1			23	0	136.5
		8	11	1.9			22	23	4.8			19	20	179.1		8	0	1	72.4
		11	12	4.1			23	0	13.5			20	21	71.5			1	2	77.0
		12	2	11.8		23	0	1	8.6			21	22	78.0			2	3	16.2
	18	2	3	4.0			1	2	2.7			22	23	66.9			3	4	21.0
		3	8	3.7			4	5	2.0			23	0	26.1			4	5	4.0
		8	8	24.3		24	5	8	0.7		6	0	1	20.1			5	7	0.7
	19	8	16	6.5			11	16	2.5			1	2	46.1			8	14	1.1
	24	5	8	2.2		25	20	5	2.3			2	3	3.8			14	15	3.1
		14	17	4.5		26	8	7	2.4			3	8	2.6		9	6	8	0.3
		17	18	6.4		30	7	8	0.9			8	10	0.8			14	15	0.2
		18	19	4.2	7	1	13	3	1.1			10	11	4.0		13	20	21	3.0
		19	20	4.2			20	21	0.2			11	13	1.3		14	6	7	1.0
		20	21	2.6		2	19	20	0.6			13	14	3.7			8	12	2.0
		21	22	5.4			20	21	7.3			14	15	4.4	9	1	17	18	3.5
		22	23	11.4			21	8	4.6			15	16	11.1			18	23	1.2
		23	0	6.9		3	8	7	3.7			16	17	8.0		2	0	1	14.1
	25	0	1	8.6		7	12	13	2.4			17	18	10.2			1	2	0.1
		1	3	0.2		8	4	5	2.9			18	19	4.1			8	9	0.8
	27	4	8	6.9			5	6	0.5			19	20	4.4		4	12	13	0.3
		10	14	3.1			8	9	0.1			20	21	2.8		11	2	3	7.1
	30	11	12	0.9		9	13	14	6.1			21	23	3.3			3	4	2.8
5	9	2	3	1.4			2	4	2.3			23	0	3.1			4	5	6.0
		3	4	2.7			4	5	51.8		7	0	1	5.3		12	2	3	6.2
		4	5	1.2			5	7	3.7			1	2	14.2			3	5	1.5
	10	8	10	0.4			7	8	5.9			2	3	12.0		13	3	6	4.9
	12	14	21	5.2			8	9	9.7			3	4	31.0			10	7	7.0
	15	5	7	0.6			11	20	2.5			4	5	2.4		14	9	16	3.4
	17	12	22	15.1			20	21	8.1			5	6	4.2		19	4	6	0.9
	20	13	15	1.1		10	3	4	9.2			6	7	14.2			16	17	9.1
	25	16	17	0.4			4	5	6.3			7	8	14.1			17	18	4.2
6	3	1	7	4.5		27	4	5	1.7			8	9	6.4			18	19	5.0
		7	8	7.7		28	15	16	17.1			9	10	21.3			19	20	4.2
		8	12	4.2			16	17	3.1			10	11	8.1			20	21	1.6
		12	13	2.8		29	14	15	0.4			11	12	9.4		21	17	22	4.1
		13	15	0.7			15	16	5.1			12	13	3.8		23	4	5	0.7
	5	13	14	3.2	8	4	13	18	3.9			13	15	2.5		27	8	8	6.2
	20	12	13	3.4			18	19	10.2			15	16	10.5		28	9	8	8.7
		13	14	10.8			19	20	11.4			16	17	32.3		29	8	6	11.7
		14	15	10.7			20	21	6.3			17	18	27.5					
		15	16	2.0			21	8	4.8			18	19	11.4					

1975　石　河　林庄站

月	日	起	止	降水量(mm)	月	日	起	止	降水量(mm)	月	日	起	止	降水量(mm)	月	日	起	止	降水量(mm)
4	4	14	19	4.1	4	16	3	4	1.7	4	17	8	10	1.9	4	18	8	8	6.9
	6	23	24	0.1			4	5	2.7			10	11	5.8		19	8	17	4.9
	7	9	11	0.8			5	8	2.5			11	12	3.7		24	0	8	2.1
	9	1	2	0.1			8	8	1.1			12	8	7.7			13	19	3.7

降 水 量 摘 录 表

月	日	时或时分		降水量	月	日	时或时分		降水量	月	日	时或时分		降水量	月	日	时或时分		降水量
		起	止	(mm)			起	止	(mm)			起	止	(mm)			起	止	(mm)
4	24	19	20	5.9	6	22	17	18	9.4	8	6	2	8	54.8	8	14	17	18	1.9
		20	21	10.0			20	22	0.8			8	13	6.5			18	19	3.0
		21	22	9.4			23	24	11.7			13	14	5.5			19	20	15.5
		22	23	6.7		23	0	1	30.4			14	15	55.2			20	21	0.6
		23	24	6.1			1	2	25.5			15	16	10.0		29	17	18	3.1
	25	0	1	4.8			2	3	1.4			16	19	5.1	9	4	14	22	2.0
		1	6	4.1			3	4	3.9			19	20	5.5		11	1	3	0.3
	27	6	7	1.0			4	5	12.9			20	21	7.1			3	4	4.4
		7	8	5.2			5	7	0.2			21	22	6.9			5	6	6.3
		8	13	2.3			8	8	6.3			22	23	8.0			16	5	2.6
		13	14	4.1		24	8	17	3.5			23	24	14.0		12	12	7	1.7
		14	17	4.4		25	19	8	1.3		7	0	1	36.7		13	10	8	6.8
	30	4	6	0.4		26	8	7	3.2			1	2	30.8		14	8	18	7.7
		14	20	1.5		30	0	8	2.1			2	3	4.6		18	22	24	0.8
5	2	11	16	2.7			8	7	5.6			3	4	6.1		19	18	20	38.0
	10	4	8	2.3	7	1	8	20	0.8			4	5	4.4			20	22	1.5
		10	19	0.2		2	19	7	4.2			5	6	3.6			22	24	8.6
	12	12	16	5.5		3	7	8	3.7			6	7	6.4		21	18	2	8.3
	15	0	8	5.2			8	9	4.4			7	8	3.9		25	20	22	0.2
	17	12	8	16.4			12	6	2.3			8	9	3.4		28	0	8	2.8
	20	12	21	0.5		4	9	4	2.5			9	10	6.9			8	8	5.3
	26	2	3	0.1		7	12	8	2.6			10	11	22.9		29	8	8	5.7
6	2	23	5	1.8		8	8	4	4.4			11	12	2.8		30	10	12	0.2
	3	5	6	5.3		9	4	5	3.6			12	13	6.2	10	1	22	6	5.0
		6	7	3.3			7	8	7.3			13	14	5.0		3	4	8	0.7
		7	8	6.4			8	9	12.6			14	15	4.6			15	19	1.3
		8	9	4.8			16	19	0.4			15	16	10.0		10	11	12	1.3
		9	10	6.8			19	20	3.4			16	17	7.8			12	13	6.5
		10	11	4.4			20	4	7.6			17	18	64.1			13	14	6.3
		11	12	4.2		10	9	16	2.5			18	19	88.7			14	15	4.7
		12	13	3.0		22	14	22	0.6			19	20	99.7			15	16	4.5
		13	18	1.9		26	20	7	5.7			20	21	147.1			16	5	9.6
	5	12	14	0.9		28	4	6	2.2			21	22	169.6		11	8	8	1.6
	20	15	16	0.1			18	19	10.0			22	23	173.0		12	8	14	4.5
		16	17	20.9		29	17	18	42.4			23	24	152.0		23	23	24	0.9
		17	18	32.2			18	19	1.5		8	0	1	27.1		24	0	1	3.6
		18	19	19.4	8	4	12	15	1.8			1	2	10.7			1	8	6.6
		21	7	0.9			18	19	2.8			2	3	3.3			8	6	4.5
	21	11	12	0.2			19	20	15.3			3	5	0.5		25	9	5	10.5
		12	13	3.4			20	8	3.4			9	8	2.5		26	19	20	0.1
		13	19	2.5		5	8	19	7.4		13	17	19	1.2		28	0	8	6.5
		19	20	3.6			19	20	21.7			19	20	12.5					
		20	7	3.2			20	2	295.7			20	21	0.2					

1975　滚　河　柏庄站

月	日	时或时分		降水量	月	日	时或时分		降水量	月	日	时或时分		降水量	月	日	时或时分		降水量
		起	止	(mm)			起	止	(mm)			起	止	(mm)			起	止	(mm)
4	4	13	18	3.2	4	18	8	15	12.9	4	24	12	19	7.0	4	27	8	1	5.0
	17	6	8	2.4			15	16	3.2			19	20	3.4		30	17	18	1.3
		8	10	2.1			16	17	3.7			20	21	6.1	5	7	2	3	0.5
		10	11	3.5			17	18	3.8			21	22	5.3		9	3	4	4.2
		11	12	4.1			18	3	12.5			22	23	5.0			4	5	0.7
		12	21	8.8		19	3	4	2.7			23	0	4.7		12	15	21	4.7
		21	22	4.4			4	6	4.4		25	0	1	4.1		15	5	6	0.4
		22	0	3.5			6	7	2.6			1	2	4.3		17	11	22	14.0
	18	0	1	2.7			7	8	2.9			2	3	3.8		20	11	13	1.9
		1	2	3.1			8	9	3.1			3	4	2.4		25	15	16	0.3
		2	3	4.0			9	10	2.7		27	5	6	1.3	6	2	22	6	3.1
		3	4	2.6			10	18	9.1			6	7	4.2		3	7	8	4.2
		4	8	6.2		24	5	6	2.2			7	8	4.9			10	15	4.5

降 水 量 摘 录 表

月	日	起	止	降水量(mm)	月	日	起	止	降水量(mm)	月	日	起	止	降水量(mm)	月	日	起	止	降水量(mm)
6	5	13	14	0.5	7	9	22	23	3.1	8	6	16	17	2.6	8	8	2	3	18.0
	20	13	14	11.2			23	8	1.9			17	18	4.0		9	2	8	2.0
		14	15	2.4		10	9	10	0.3			18	19	2.9		13	20	21	2.0
		15	16	13.0		25	11	12	0.4			19	20	3.7		14	8	12	2.9
	21	5	6	0.4			20	21	8.1			20	21	2.5			20	21	4.3
		14	8	1.6		26	6	7	1.5			21	22	3.5	9	1	18	8	2.1
	22	21	22	3.4		27	5	6	1.4			22	23	5.9		4	14	15	2.0
		22	23	7.5		28	15	16	22.0			23	0	6.2		11	0	1	7.3
		23	0	2.7		29	16	17	1.1		7	0	1	7.1			1	2	2.7
	23	1	2	11.7			15	16	12.7			1	2	20.7			14	15	0.6
		2	3	5.3			16	17	1.6			2	3	9.1		12	0	1	3.7
		20	7	0.9			17	18	2.7			3	4	18.6			1	2	5.6
	24	12	14	3.0	8	4	12	13	0.5			4	5	8.2			2	3	2.0
	25	19	7	1.2			14	15	2.6			5	6	6.3		13	3	5	4.1
	26	10	7	1.5			18	19	1.1			6	7	27.7			11	16	4.0
	30	8	5	2.4			19	20	3.3			7	8	27.0			16	17	3.9
7	1	8	9	0.5			20	21	3.6			8	9	9.2		14	0	1	1.0
	2	18	19	0.2			21	8	2.5			9	10	22.1			1	2	3.2
		19	20	2.6		5	9	16	2.1			10	11	33.8			2	3	1.2
		20	21	6.2			17	18	5.2			11	12	58.8			10	16	4.8
		21	8	3.7			18	19	2.4			12	13	8.9		18	21	7	2.5
	3	8	21	3.0			19	20	9.4			13	14	4.5		19	17	18	0.9
	8	4	6	2.7			20	21	33.5			14	15	46.0			18	19	5.8
		12	13	0.2			21	22	30.6			15	16	34.6			19	20	4.9
		13	14	4.0			22	23	11.4			16	17	27.6			20	21	0.7
		14	15	0.5			23	0	17.3			17	18	14.2		21	17	20	3.0
	9	4	5	43.9		6	0	1	12.9			18	19	10.2			20	21	2.7
		5	6	10.8			1	2	46.7			19	20	6.0		27	8	4	3.0
		7	8	6.5			2	3	8.3			20	21	5.8		28	4	5	2.7
		8	9	9.7			9	10	1.3			21	22	33.2			5	6	2.3
		9	10	4.2			10	11	5.5			22	23	42.4		29	13	8	12.1
		10	19	4.2			11	14	4.2			23	0	103.7			8	23	9.8
		20	21	5.4			14	15	5.2	8		0	1	128.9					
		21	22	2.9			15	16	4.7			1	2	19.7					

1975　滚　河　柴厂站

月	日	起	止	降水量(mm)	月	日	起	止	降水量(mm)	月	日	起	止	降水量(mm)	月	日	起	止	降水量(mm)
4	4	14	20	2.9	4	24	14	18	3.6	6	3	8	10	7.5	7	7	10	6	6.2
	6	8	12	1.3			18	20	11.2			10	16	8.5		8	12	4	2.7
	16	2	8	2.5			20	22	21.9		20	10	14	5.1		9	4	6	20.4
	17	4	8	2.7			22	0	10.9			14	16	13.2			6	8	13.1
		8	10	1.5		25	0	2	5.4			16	8	2.9			8	10	10.2
		10	12	7.9			2	4	5.9		21	12	8	8.1			12	20	5.4
		12	22	12.4			4	6	0.9		22	8	18	1.6			20	22	10.5
		22	0	5.2		27	6	8	3.2			22	0	17.3			22	8	6.5
	18	0	2	8.9			8	16	6.1		23	0	2	15.8		10	8	12	1.1
		2	4	5.5		30	4	6	0.2			2	6	3.6		27	4	6	1.4
		4	6	3.0			16	20	1.1		24	4	8	1.4		28	16	18	11.1
		6	8	6.3	5	2	10	14	0.6			8	16	6.4		29	14	16	5.7
		8	10	5.1		7	0	2	0.2		25	18	20	1.3			16	18	7.6
		10	14	7.8		9	2	6	2.3		26	8	8	2.5			18	20	0.9
		14	16	5.2		10	8	10	0.2		30	8	16	1.6	8	3	14	16	1.2
		16	18	9.4		12	12	20	5.0	7	1	8	1	1.6		4	12	14	5.7
		18	2	13.9		15	2	4	1.3		2	8	8	8.9			14	16	1.2
	19	2	4	6.3		17	12	0	17.5		3	8	10	10.8			18	20	33.5
		4	6	5.7		20	10	14	0.9			10	20	2.4			20	8	7.8
		6	8	6.1		25	14	16	1.0			20	22	9.3	5		8	20	10.4
		8	18	11.3	6	3	2	6	4.4			22	8	1.2			20	22	47.1
	24	4	8	2.8			6	8	7.6		4	8	10	0.4			22	0	101.8

降 水 量 摘 录 表

月	日	起	止	降水量(mm)	月	日	起	止	降水量(mm)	月	日	起	止	降水量(mm)	月	日	起	止	降水量(mm)
8	6	0	2	25.0	8	7	8	10	26.5	8	18	22	0	1.2	9	14	6	8	1.9
		2	4	5.5			10	12	18.5	9	1	16	18	4.4			8	14	2.7
		4	8	2.9			12	14	6.5			20	22	9.1		19	16	18	10.4
		8	10	2.0			14	16	9.1			22	0	6.5			18	20	19.6
		10	12	10.8			16	18	59.3		2	0	2	3.4			20	0	2.1
		12	14	7.1			18	20	56.5			2	4	6.6		21	16	2	11.2
		14	16	18.1			20	22	63.4			4	6	1.1		23	2	4	0.9
		16	18	7.0			22	0	141.1		4	14	16	2.5		28	0	8	8.8
		18	20	8.8		8	0	2	51.2		11	0	2	8.5			8	4	16.8
		20	22	9.8			2	4	25.0			2	4	3.3		29	4	6	6.0
		22	0	14.0			4	6	2.0			10	12	0.9			6	8	3.4
	7	0	2	15.7			8	16	7.1		13	4	8	7.3			8	8	28.6
		2	4	37.9		9	12	14	0.4			6	8	0.6					
		4	6	12.0		13	18	8	4.5			10	4	5.1					
		6	8	33.6		14	18	20	12.6		14	4	6	7.2					

1975 滚 河 石漫滩站

月	日	起	止	降水量(mm)	月	日	起	止	降水量(mm)	月	日	起	止	降水量(mm)	月	日	起	止	降水量(mm)
4	4	14	20	2.7	5	10	8	10	0.4	7	9	8	9	9.4	8	6	16	17	3.0
	7	2	8	0.3		12	14	5	4.5			9	10	2.4			17	18	1.9
	16	4	7	0.3		15	2	8	0.3			15	16	3.1			18	19	2.7
	17	5	8	2.6		17	11	22	12.7			16	20	1.8			19	20	5.1
		8	11	3.6		20	11	14	1.1			20	21	8.5			20	22	2.9
		11	12	4.5		25	15	16	3.3			21	22	0.3			22	23	7.1
		12	21	6.7			16	17	4.7			22	23	3.6			23	0	4.8
		21	22	3.2	6	2	23	7	3.4			23	8	2.0		7	0	1	5.5
		22	1	4.9		3	7	8	4.3		10	9	13	0.3			1	2	16.0
	18	1	2	4.4			8	12	3.8		17	17	20	1.2			2	3	10.5
		2	6	6.0			12	13	3.0		26	7	8	0.2			3	4	24.3
		6	7	4.0			13	16	1.2		27	0	5	1.7			4	5	9.6
		7	8	1.8		5	13	17	0.3		28	15	16	0.3			5	6	6.5
		8	9	3.0		20	11	12	1.4			16	17	38.7			6	7	22.0
		9	6	18.7			13	14	15.6			17	18	0.1			7	8	21.0
	19	6	7	2.9			14	15	24.6		29	19	20	1.9			8	9	8.3
		7	8	1.5			15	16	14.1	8	3	15	17	0.5			9	10	↓
		8	17	8.2		21	4	7	0.4		4	11	14	2.6			10	11	38.7
	24	2	8	2.8			15	8	2.2			14	15	4.5			11	12	31.1
		14	17	2.5		22	8	22	0.5			17	18	2.6			12	13	↓
		17	18	2.9			22	23	7.2			18	19	1.8			13	14	12.8
		18	19	2.3			23	0	3.4			19	20	12.9			14	15	22.9
		19	20	2.7		23	0	1	3.3			20	21	3.6			15	16	28.6
		20	21	9.4			1	6	5.3			22	0	2.0			16	17	27.8
		21	22	6.0		24	5	8	0.9		5	18	20	2.3			17	18	18.0
		22	23	4.0			12	17	1.8			20	21	6.5			18	19	7.2
		23	0	3.9		25	19	6	0.6			21	22	11.9			19	20	6.4
	25	0	1	2.8		26	8	7	1.4			22	23	17.6			20	21	↓
		1	2	5.3		30	8	5	1.3			23	0	68.4			21	22	37.3
		2	3	4.9	7	1	10	11	0.2		6	0	1	20.7			22	23	↓
		3	4	3.5		2	19	8	5.2			1	2	15.0			23	0	130.0
		4	6	0.6		3	8	9	5.2			2	3	8.3		8	0	1	98.7
	27	6	7	1.1			9	2	6.0			3	4	0.4			1	2	5.5
		7	8	3.9			9	2	0.4			4	5	11.4			2	3	5.5
		8	9	2.6		7	12	8	5.7			5	8	1.3			3	4	4.2
		9	3	3.5		8	12	19	0.9			8	10	2.3			4	5	1.4
	30	5	6	0.3		9	4	5	20.1			10	11	9.4			7	8	2.0
		17	19	0.5			5	6	3.5			11	14	3.2					
5	9	3	4	3.2			6	7	0.1			14	15	5.0					
		4	6	1.3			7	8	5.1			15	16	5.2					

降 水 量 摘 录 表

1975　滚　河　袁门站

月	日	时或时分 起	时或时分 止	降水量(mm)	月	日	时或时分 起	时或时分 止	降水量(mm)	月	日	时或时分 起	时或时分 止	降水量(mm)	月	日	时或时分 起	时或时分 止	降水量(mm)
4	4	14	18	3.1	4	27	8	14	3.2	8	5	9	15	2.6	8	7	16	17	38.0
	7	9	11	0.9		30	17	19	1.2			15	16	5.9			17	18	35.3
	17	5	8	1.6	5	9	4	6	3.8			16	17	4.1			18	19	25.4
		8	10	2.1			12	14	3.4			17	18	4.4			19	20	9.2
		10	11	3.4		15	3	5	1.1			18	19	1.3			20	21	15.9
		11	12	5.6		17	12	18	11.1			19	20	5.1			21	22	31.6
		12	22	9.0			18	19	2.6			20	21	43.1			22	23	44.8
		22	23	4.2			19	22	3.7			21	22	44.9			23	0	132.3
		23	0	2.3		20	11	15	1.4			22	23	31.5		8	0	1	39.5
	18	0	1	3.9	6	3	4	6	2.8			23	0	37.9			1	2	25.9
		1	2	2.6			6	7	2.8	6	0	1	1	34.7			2	3	8.9
		2	4	3.0			7	8	11.1			1	2	44.3			3	4	16.8
		4	5	4.9			8	9	3.5			2	3	3.1			4	5	1.5
		5	8	5.6			10	11	0.9			3	4	1.3		13	20	21	3.9
		8	9	2.9			11	12	2.7			8	10	3.5			21	22	0.4
		9	15	9.3			12	16	4.7			10	11	3.9		14	9	4	5.9
		15	16	3.8		20	10	11	3.4			11	13	3.2	9	1	16	17	2.9
		16	17	3.5			13	14	1.1			13	14	3.3			22	0	2.5
		17	18	3.7			14	15	3.1			14	15	7.3		2	0	1	21.9
		18	20	4.1			15	16	2.9			15	16	13.7			1	2	2.1
		20	21	2.7		21	4	6	0.4			16	17	10.6		11	8	10	0.8
		21	8	23.4			14	16	0.7			17	18	3.5			2	3	7.4
	19	8	9	3.8			20	21	5.1			18	19	7.3			3	4	1.3
		9	15	7.3			21	1	1.3			19	20	3.1			4	5	6.1
	24	5	8	2.8		22	22	23	12.9			20	21	4.2			16	22	5.1
		8	18	3.1		23	23	0	7.2			21	22	5.1		12	0	1	5.7
		18	19	3.9			0	1	10.4			22	23	9.6			1	2	2.6
		19	20	5.4			1	2	0.6			23	0	7.2			12	5	4.6
		20	21	4.1			3	4	5.2	7	0	0	1	6.3		13	5	6	2.9
		21	22	3.4			4	5	3.6			1	2	13.5			6	7	1.4
		22	23	2.9			6	7	0.5			2	3	14.3			7	8	8.4
		23	0	6.1		24	5	7	1.4			3	4	17.6		14	9	16	4.6
	25	0	1	4.7		25	19	3	1.8			4	5	6.9		19	16	17	2.9
		1	2	4.2		30	9	3	1.5			5	6	6.8			18	19	7.0
		2	3	5.2	8	3	15	16	0.2			6	7	16.6			19	20	11.2
		3	4	3.9		4	12	13	2.9			7	8	5.6			20	23	2.2
		4	5	3.5			13	14	1.4			8	9	13.2		21	18	0	8.4
		5	6	1.8			19	20	25.5			9	10	24.4		28	0	8	7.0
	27	5	6	1.1			20	21	3.5			10	11	12.3			9	8	12.9
		6	7	2.9			21	7	5.7			11	15	6.0		29	8	6	17.9
		7	8	1.8	5	7	8	2.6			15	16	11.9					

1976　滚　河　刀子岭站

月	日	时或时分 起	时或时分 止	降水量(mm)	月	日	时或时分 起	时或时分 止	降水量(mm)	月	日	时或时分 起	时或时分 止	降水量(mm)	月	日	时或时分 起	时或时分 止	降水量(mm)
6	15	8	12	0.9	6	28	9	17	2.9	6	29	5	6	5.2	7	7	22	3	4.0
	16	8	15	3.2			19	20	4.0			6	7	12.3		8	3	4	4.9
		15	16	13.3			20	21	3.3			7	8	8.3			4	5	3.5
		16	17	2.6			21	2	7.4			8	9	6.5			5	6	4.1
		17	0	5.5		29	2	3	4.8			9	10	4.1			6	7	3.4
	21	6	8	2.6			3	4	3.9			10	11	6.2			7	8	2.1
		8	18	6.7			4	5	5.7			11	12	3.8			8	9	5.1

降 水 量 摘 录 表

月	日	起	止	降水量(mm)
7	8	9	16	9.6
	12	3	4	20.7
	13	22	7	2.9
	14	7	8	4.1
		8	9	2.3
		9	10	7.8
		10	11	6.2
		11	12	6.2
		12	13	4.3
		13	14	4.2
		14	16	3.2
		16	17	4.4
		17	0	6.2
	17	11	12	0.6
	18	16	17	5.8
		17	18	6.2
		18	19	26.0
		19	20	25.2
		20	21	3.2
		21	0	2.5
	19	0	1	3.1
		1	2	2.7
		2	7	3.4
		7	8	3.6
		8	9	4.9
		9	10	5.2
		10	21	6.5
		22	23	4.8
		23	0	0.4
7	20	20	21	24.1
		21	22	0.9
	21	1	2	10.3
		2	3	11.9
	25	21	22	10.5
		22	0	2.6
	27	5	8	0.3
		16	17	5.1
		17	22	0.8
8	2	2	3	2.7
	5	14	15	0.6
		18	19	5.1
		19	20	1.1
	7	19	20	0.1
	11	16	17	5.2
		17	20	1.3
		20	21	6.5
		21	22	7.6
		22	23	8.0
		23	0	7.1
	12	0	1	3.9
		1	3	3.5
		3	4	3.7
		4	5	19.7
		5	6	9.9
		6	7	6.5
		7	8	1.9
		8	9	4.8
		9	12	3.2
8	12	12	13	4.9
		13	14	2.1
		14	15	3.2
		15	16	4.7
		16	17	3.9
		17	18	4.7
		18	19	4.6
		19	6	16.5
	18	17	18	0.3
		18	19	11.1
		19	0	4.3
	24	6	8	1.2
		8	6	8.6
	25	6	7	3.8
		7	8	3.9
		8	9	2.6
		9	10	3.1
		10	11	2.4
		11	12	2.6
		12	8	21.6
	26	8	2	3.0
	28	4	8	4.9
		8	9	1.4
		9	10	3.0
		10	21	1.0
		21	22	2.7
		22	3	3.9
	29	3	4	4.1
		4	5	3.7
8	29	5	6	0.3
9	1	3	7	4.2
		7	8	4.5
		8	9	4.3
		9	10	3.1
		10	11	4.4
		11	12	4.8
		12	13	3.4
		13	16	1.3
	3	2	3	0.7
		3	4	7.9
		4	5	3.4
		5	6	1.8
		16	17	0.3
		22	23	2.8
	4	23	0	4.0
		0	1	3.7
		1	5	11.5
	5	5	6	0.3
	6	20	21	0.1
		21	22	4.6
		22	23	2.2
		23	0	3.2
	7	1	4	2.9
	11	2	3	0.3
	18	17	18	0.2
	21	3	4	0.4
	29	7	8	1.0

1976　滚　河　尚店站

月	日	起	止	降水量(mm)
4	7	11	17	5.8
	11	15	3	8.5
	12	3	4	2.9
		4	8	3.1
		8	10	1.4
	17	20	5	2.2
	18	8	9	0.2
	19	13	19	4.1
	22	7	8	1.0
		8	10	2.2
	27	6	7	1.1
		7	8	11.4
		8	9	18.3
		9	23	4.1
	28	2	3	3.9
		3	4	2.8
		5	7	0.6
		9	7	5.2
	29	14	15	0.7
6	16	16	17	2.7
		17	23	4.7
	21	6	7	0.6
		7	8	3.1
		13	14	1.9
	28	9	0	10.4
	29	0	1	3.9
		1	2	7.1
6	29	2	3	6.8
		3	4	2.9
		4	5	3.0
		5	6	2.0
		6	7	7.4
		7	8	6.2
		8	9	4.1
		9	10	2.7
		10	11	3.6
7	7	23	1	0.8
	8	1	2	3.4
		2	3	2.9
		3	4	3.1
		4	8	7.4
		8	9	2.9
		9	10	3.1
		10	11	2.6
		11	14	2.5
	13	21	6	1.0
	14	6	7	6.2
		7	8	3.4
		8	9	2.9
		9	10	8.6
		10	11	4.7
		11	12	5.1
		12	13	2.2
		13	14	2.9
7	14	14	22	5.4
	17	17	18	0.3
	18	18	19	5.8
		19	20	14.8
		20	23	1.5
	19	1	2	12.0
		2	7	4.1
		7	8	3.9
		8	9	6.3
		9	21	12.5
	20	20	21	9.1
	21	0	1	14.1
		1	2	18.7
		2	3	5.7
	22	4	6	0.7
	25	21	22	0.7
	27	16	23	2.3
8	1	13	14	15.3
	5	17	18	17.9
		19	20	4.7
		20	21	4.8
	7	19	20	6.4
		20	22	0.8
	11	17	18	2.9
		18	22	5.5
		22	23	2.7
		23	0	4.1
8	12	0	1	8.2
		1	2	10.7
		2	3	9.2
		3	4	11.4
		4	5	5.1
		5	6	3.9
		6	8	3.0
		8	13	2.4
		13	14	5.1
		15	16	4.2
		16	17	5.4
		17	18	1.7
		18	19	4.8
		19	21	2.7
		21	22	2.9
		22	23	4.7
		23	2	4.9
	18	21	22	2.2
	24	14	7	3.2
	25	7	8	2.7
		8	5	14.2
	26	9	11	1.1
	28	3	8	3.5
		8	3	5.9
	29	3	4	4.2
		4	5	1.6
		9	10	1.2

降 水 量 摘 录 表

月	日	起	止	降水量(mm)	月	日	起	止	降水量(mm)	月	日	起	止	降水量(mm)	月	日	起	止	降水量(mm)
9	1	3	8	5.7	9	1	11	12	5.4	9	3	0	1	7.1	9	6	21	22	1.9
		8	9	4.0			12	13	2.0			1	2	0.4			22	23	3.2
		9	10	3.6			13	14	3.2			21	22	3.6		29	7	8	0.5
		10	11	5.1			14	15	0.3		4	6	7	0.7					

1976　滚 河　柏庄站

月	日	起	止	降水量(mm)	月	日	起	止	降水量(mm)	月	日	起	止	降水量(mm)	月	日	起	止	降水量(mm)
4	7	12	15	2.7	6	29	9	10	4.2	7	20	23	0	1.8	8	12	17	18	3.4
		15	16	2.6			10	11	3.8		21	0	1	16.7			18	19	4.0
		16	20	1.7			11	12	0.6			1	2	10.8			19	0	4.0
	11	15	23	3.6	7	8	0	3	2.3			2	3	13.9		13	0	1	3.5
		23	0	3.0			3	4	4.0			21	22	2.9			1	2	2.7
	12	0	8	5.7			4	5	3.8			22	23	1.2			2	4	1.8
		8	12	1.6			5	6	4.0		25	20	21	6.6		18	23	0	0.1
	18	5	8	1.7			6	8	4.1			21	22	6.0		24	11	8	6.9
		8	10	0.3			8	15	10.7		27	16	17	0.5		25	8	8	19.7
	19	13	19	4.4		10	15	16	3.6	8	5	17	19	2.0		26	8	0	1.1
	22	7	8	2.2			16	17	0.2			19	20	16.4		28	5	7	0.4
		8	9	4.0		13	22	7	2.7			20	21	12.9			7	8	3.4
		9	13	0.6		14	7	8	3.7		7	19	20	1.8			8	2	3.1
	27	7	8	5.5			8	9	3.4			20	21	3.0		29	2	3	3.0
		8	9	2.7			9	10	6.7			21	22	0.1			3	4	3.8
		9	8	8.5			10	11	4.5		11	17	18	3.0			4	8	4.4
	28	8	5	10.8			11	12	3.9			18	19	4.0			9	11	0.7
	29	14	16	2.2			12	13	2.4			19	20	3.9	9	1	1	8	6.6
6	16	16	18	2.8			13	14	2.8			20	22	1.5			8	9	2.1
		18	19	2.8			14	15	3.8			22	23	10.6			9	10	2.8
	21	5	8	3.5			15	23	4.9			23	0	11.1			10	11	2.4
		8	15	1.0		18	18	19	14.1		12	0	1	3.7			11	12	8.9
	28	16	21	4.8			19	20	8.4			1	2	2.6			12	13	7.3
		21	22	2.6			20	1	4.8			2	4	3.9			13	16	0.5
		22	2	2.6		19	1	2	14.1			4	5	8.1		2	21	22	0.5
	29	2	3	3.5			2	8	4.0			5	6	4.8		3	3	4	10.0
		3	4	8.2			8	9	6.8			6	7	3.4			4	5	0.6
		4	5	6.4			9	10	6.0			7	8	1.5			21	6	0.6
		5	6	8.6			10	11	3.3			8	10	1.9		4	14	19	1.3
		6	7	8.3			11	22	4.1			10	11	3.6		6	20	3	5.8
		7	8	4.2		20	20	21	8.4			11	16	7.5		21	6	7	0.6
		8	9	3.3			21	22	10.9			16	17	3.4					

1976　滚 河　柴厂站

月	日	起	止	降水量(mm)	月	日	起	止	降水量(mm)	月	日	起	止	降水量(mm)	月	日	起	止	降水量(mm)
4	7	12	18	6.5	6	16	14	16	6.2	7	8	6	8	4.3	7	18	20	8	14.9
	11	14	8	11.4			16	22	4.0			8	10	5.3		19	8	10	8.3
	12	8	14	2.4		21	6	8	1.4			10	16	5.3			10	0	10.4
	17	16	8	2.2			8	16	3.5		12	2	4	5.1		20	20	22	13.3
	19	12	18	3.0		28	12	2	11.6		13	22	6	1.3		21	0	2	11.9
	22	6	8	3.3		29	2	4	8.9		14	6	8	7.9			2	4	15.5
		8	12	2.2			4	6	11.1			8	10	11.5		25	20	22	5.9
	27	6	8	7.5			6	8	18.7			10	12	14.7			22	0	1.8
		8	10	12.3			8	10	11.0			12	14	8.1		26	18	8	0.6
		10	8	12.8			10	12	7.2			14	22	7.8		27	16	0	1.5
	28	8	4	9.3	7	7	22	4	7.8		18	16	18	7.6	8	2	2	4	1.9
6	16	12	14	1.0		8	4	6	11.0			18	20	36.5		5	14	16	3.1

降 水 量 摘 录 表

月	日	起	止	降水量(mm)	月	日	起	止	降水量(mm)	月	日	起	止	降水量(mm)	月	日	起	止	降水量(mm)
8	5	16	18	13.0	8	12	8	14	7.7	8	24	8	6	6.8	9	1	10	12	8.9
		20	22	4.5			14	16	11.0		25	6	8	7.8			12	14	5.1
	11	16	18	8.5			16	18	5.5			8	10	5.6			14	16	0.5
		18	20	0.5			18	20	5.5			10	8	26.3		3	2	4	13.1
		20	22	15.4			20	6	11.7		26	8	12	2.2			4	6	6.5
		22	0	15.5		18	16	18	31.1		29	4	8	4.7		4	2	6	6.4
	12	0	4	5.7			18	20	26.5	9	1	4	8	13.4		6	22	4	7.5
		4	6	23.0			22	0	1.2			8	8	7.1		21	4	6	1.6
		6	8	2.6		24	6	8	1.0			8	10	10.1					

1976　滚　河　石漫滩站

月	日	起	止	降水量(mm)	月	日	起	止	降水量(mm)	月	日	起	止	降水量(mm)	月	日	起	止	降水量(mm)
4	7	11	22	6.5	6	29	11	12	0.9	7	20	23	0	0.3	8	12	15	16	4.1
	11	16	23	3.0	7	8	0	2	1.1		21	0	1	2.7			16	17	3.4
		23	0	2.9			2	3	3.3			1	2	22.6			17	18	3.2
	12	0	8	7.4			3	4	2.6			2	3	18.2			18	4	15.6
		8	11	1.4			4	5	4.0			3	4	0.1		17	13	14	3.5
	17	11	8	1.8			5	6	3.1			22	23	0.5			14	15	0.4
	18	8	9	0.5			6	8	3.3		25	20	21	18.5		18	18	19	5.5
	19	12	19	4.8			8	9	3.6			21	22	6.7			19	20	0.1
	22	7	8	0.3			9	15	5.7			22	0	1.4		24	13	7	3.6
		8	9	3.7		13	21	7	1.2		27	16	8	1.0		25	7	8	3.5
		9	16	0.8		14	7	8	3.3	8	2	3	4	0.2			8	8	21.2
	27	7	8	1.2			8	9	6.6			17	23	0.2		26	8	13	2.0
		8	9	2.7			9	10	6.2		5	16	17	14.0		28	5	8	4.2
		9	7	10.5			10	11	5.8			17	18	11.7			8	3	6.0
	28	8	5	7.1			11	12	2.2			18	19	0.1		29	3	4	3.0
	30	20	21	0.1			12	13	7.2			19	20	14.2			4	8	1.4
6	16	13	21	8.0			13	14	5.0			20	21	14.9			9	11	1.2
	18	6	7	0.1			14	15	2.7			21	22	2.5	9	1	4	6	2.5
	21	5	7	0.9			15	21	3.9		7	20	21	7.1			6	7	2.7
		8	21	2.1		18	18	19	4.5		11	16	17	0.6			7	8	1.5
	23	2	6	0.3			19	20	14.8			17	18	2.8			8	9	6.1
	28	17	2	9.4			20	0	4.9			18	21	1.7			9	10	1.8
	29	2	3	6.1		19	0	1	2.9			21	22	3.5			10	11	5.7
		3	4	5.8			1	8	5.5			22	23	7.4			11	12	4.9
		4	5	6.9			8	9	4.9			23	0	6.9			12	13	7.5
		5	6	6.6			9	10	5.1		12	0	4	6.0			13	16	1.1
		6	7	10.6			10	11	3.3			4	5	6.5		3	2	3	1.0
		7	8	6.4			11	22	4.0			5	6	8.2			3	4	12.5
		8	9	3.9			22	23	7.3			6	8	2.7			20	5	2.2
		9	10	3.6			23	2	0.2			8	14	2.6		4	14	16	1.7
		10	11	4.4		20	20	21	4.4			14	15	2.6		6	21	3	4.8

1976　滚　河　袁门站

月	日	起	止	降水量(mm)	月	日	起	止	降水量(mm)	月	日	起	止	降水量(mm)	月	日	起	止	降水量(mm)
4	7	11	21	7.4	4	22	7	8	0.2	6	16	17	18	4.2	6	29	4	5	7.9
	11	16	23	2.1			8	12	3.7			18	20	3.9			5	6	7.7
		23	0	2.7		27	8	9	4.5		21	5	8	3.1			6	7	8.0
	12	0	1	2.6			8	9	11.2			8	14	2.2			7	8	5.9
		1	8	5.5			9	10	6.3		28	15	1	9.3			8	9	3.8
		8	11	1.6			15	8	8.8		29	1	2	2.7			9	10	3.6
	17	11	8	1.6		28	8	4	9.0			2	3	4.8			10	11	5.2
	19	12	18	5.0	6	16	16	17	1.5			3	4	5.3			11	12	0.3

降 水 量 摘 录 表

月	日	起	止	降水量(mm)	月	日	起	止	降水量(mm)	月	日	起	止	降水量(mm)	月	日	起	止	降水量(mm)
7	7	21	3	5.1	7	19	7	8	4.7	8	11	22	23	8.8	8	26	8	13	2.1
	8	3	4	2.8			8	9	5.8			23	0	6.5		28	4	8	3.1
		4	5	2.6			9	10	3.9		12	0	1	9.0			8	11	2.9
		5	6	3.0			10	0	8.2			1	4	3.0		29	2	3	3.2
		6	7	2.9		20	20	22	0.6			4	5	10.8			3	4	2.6
		7	8	3.1		21	0	1	19.9			5	6	7.1	9	1	4	5	0.3
	14	8	14	7.7			1	2	15.1			6	8	2.0			5	8	6.4
		5	6	1.1			2	3	4.4			8	14	4.5			8	9	2.3
		6	7	2.9			21	3	1.4			14	15	2.9			9	10	2.6
		7	8	2.7		25	19	20	14.1			15	16	3.1			10	11	6.6
		8	9	3.9			20	21	5.7			16	17	3.5			11	12	7.9
		9	10	6.9			21	23	2.1			17	18	4.9			12	13	3.5
		10	11	6.3		27	15	17	0.6			18	19	2.9			13	14	0.6
		11	12	1.9	8	2	1	4	1.0			19	23	7.3		3	3	4	5.1
		12	13	4.6		5	16	17	12.6			23	0	3.6			4	5	4.9
		13	14	5.0			17	18	4.1		13	0	5	3.4			5	6	0.4
		14	22	5.2			19	20	3.2		18	17	18	1.1		4	1	6	2.4
	18	18	19	6.3			20	21	21.1			21	22	2.6		6	21	3	5.4
		19	20	13.1		7	19	21	1.9		24	12	6	2.7		21	2	3	0.3
		20	1	6.9			16	20	3.2		25	6	7	3.0					
	19	1	2	5.4			20	21	3.0			7	8	3.5					
		2	7	2.9			21	22	11.5			8	8	22.0					

1977 滚 河 刀子岭站

月	日	起	止	降水量(mm)	月	日	起	止	降水量(mm)	月	日	起	止	降水量(mm)	月	日	起	止	降水量(mm)
4	5	11	13	3.1	5	3	4	7	3.5	6	18	11	13	0.6	7	10	21	22	4.6
		13	14	3.1			8	16	2.3		24	12	13	34.6			22	23	5.6
		14	15	4.6		4	8	14	2.8			13	14	11.4			23	0	6.9
		15	16	4.5		8	16	17	1.7			14	18	1.0		11	0	1	7.2
		16	19	4.5			17	18	4.1			19	20	17.5			1	2	7.6
	6	21	8	9.4			18	19	3.8			20	21	6.5			2	3	5.1
	7	8	12	2.0			19	20	2.2		26	0	1	3.5			3	4	3.1
	13	19	20	0.2		9	1	2	0.6			1	2	9.6			4	7	0.7
		20	8	7.0		13	5	6	6.5			2	3	7.4			7	8	4.3
	16	14	15	1.3			6	7	17.7			3	4	1.5			8	16	8.0
		15	16	5.3			7	8	39.2	7	2	15	16	8.4		12	3	4	0.2
		16	17	6.2			8	9	6.8			16	17	14.0		17	4	5	6.3
		17	18	3.0			9	10	6.2			17	18	10.0			5	6	1.8
		18	19	3.4			10	11	2.9			18	19	6.0			6	7	3.6
		19	20	1.7			11	12	1.4			19	20	3.5			7	8	0.5
		20	21	0.2			12	13	7.3			20	21	0.7			8	12	1.5
	22	22	2	3.3			13	14	4.1		4	9	10	2.6			13	14	3.1
	23	4	5	17.2			14	15	2.9			10	11	5.1			14	15	4.3
		5	6	24.9			15	16	1.5			11	12	3.3			15	20	7.0
		6	7	0.4		19	19	20	0.5			17	18	1.3			20	0	4.7
		10	11	6.4			20	8	0.3			18	19	7.7		18	0	1	6.1
		11	12	3.0		23	12	20	7.1			19	20	0.8			1	2	5.5
		12	18	4.4			21	5	2.2		8	1	7	5.5			2	3	4.5
		18	19	2.7		31	10	18	0.7			18	19	4.0			3	4	5.0
		19	20	0.7	6	5	0	1	0.9			19	20	1.9			4	5	5.6
	26	20	21	0.4		14	6	8	1.3			20	21	1.8			5	6	4.3
		10	15	4.3			8	10	2.3		9	21	3	5.1			6	7	3.2
		15	16	2.8			10	11	3.8		10	3	4	8.3			7	8	1.1
		16	17	1.2			11	12	0.8			4	7	0.8			8	9	2.8
		21	7	6.3			12	13	10.6			16	17	0.4			9	15	5.9
	27	7	8	3.4			13	15	2.5			17	18	17.1			20	22	0.4
		8	11	3.3			15	16	2.6			18	19	12.6		19	15	16	0.3
	30	14	20	2.4			17	18	0.6			19	20	22.0		23	19	20	0.7
		20	7	4.5			20	0	3.0			20	21	4.2		24	2	3	3.0

降 水 量 摘 录 表

月	日	起	止	降水量(mm)	月	日	起	止	降水量(mm)	月	日	起	止	降水量(mm)	月	日	起	止	降水量(mm)
7	25	17	18	2.2	8	9	2	3	4.8	9	12	13	14	4.6	10	5	12	13	2.5
		18	19	4.0			3	4	1.7			14	15	3.8			13	14	2.6
		19	20	10.6			6	7	5.0			15	16	3.5			14	15	3.5
		20	21	4.1			7	8	4.1			16	17	2.7			15	16	4.7
		21	7	2.5			8	13	5.3			17	18	3.3			16	17	4.5
	26	8	17	2.4			21	1	6.7			18	19	3.3			17	18	1.6
		22	23	3.1		10	1	2	7.0			19	20	3.2			18	19	4.2
		23	0	1.4			2	3	1.7			20	5	16.5			19	20	5.1
	27	0	1	3.3			3	4	4.0		13	5	6	2.8			20	21	5.4
		1	5	2.7			4	5	4.2			6	8	3.0			21	22	3.5
		5	6	3.0			5	6	1.2			8	20	13.4			22	8	11.2
		6	7	0.2			6	7	15.2			20	5	7.8		6	8	15	8.9
		8	10	1.5			7	8	2.6		14	5	6	3.8		22	6	8	1.2
		10	11	3.6		12	2	7	3.0			6	7	5.2		26	10	20	8.7
		13	18	3.3			7	8	2.8			7	8	2.9			20	3	6.8
		18	19	3.6			8	11	4.5			8	20	11.5		27	9	13	2.9
		19	20	3.8			11	12	3.5			20	22	3.1			13	14	2.7
		20	0	2.0			12	15	1.6			22	23	2.6			14	15	5.9
	28	0	1	4.2		14	15	16	5.4			23	0	3.2			15	16	2.0
		1	6	3.8			16	17	1.8		15	0	1	4.3		28	4	7	1.8
		6	7	4.4			17	18	5.1			1	2	9.0			7	8	3.5
		7	8	1.5		23	15	16	0.6			2	3	5.9			8	9	6.0
		8	14	3.8			17	18	11.3			3	8	6.1			13	15	0.7
		16	17	18.6			20	21	12.0			8	10	0.5			15	16	6.8
		20	21	0.7			21	22	3.4		17	13	17	2.5			16	17	31.7
8	31	15	16	1.4		24	16	17	1.5			22	23	0.6			17	18	10.1
	7	20	21	2.8		28	20	21	0.1	10	4	17	20	1.0			18	19	6.1
	8	0	1	1.6	9	2	12	14	1.2			20	21	0.4			19	20	3.4
		12	13	0.1		7	0	1	4.2		5	9	11	0.9			20	1	2.7
	9	1	2	1.3		12	8	13	4.8			11	12	2.8		31	1	6	4.7

1977　滚　河　尚店站

月	日	起	止	降水量(mm)	月	日	起	止	降水量(mm)	月	日	起	止	降水量(mm)	月	日	起	止	降水量(mm)
4	5	11	14	5.4	5	3	8	17	0.8	6	25	23	0	0.9	7	12	4	6	0.6
		14	15	2.9		4	9	15	2.4		26	0	1	20.4		16	8	9	2.5
		15	16	2.7		8	16	20	6.2			1	2	16.1		17	4	8	5.8
		16	19	2.5		13	4	5	1.0			2	4	3.4			12	13	4.2
	6	22	8	5.3			5	6	13.1		27	9	12	1.2			13	14	0.5
	7	8	11	1.0			6	7	26.0	7	2	17	18	7.1			14	15	5.1
	13	20	8	6.9			7	8	6.8			18	19	7.6			15	20	2.7
	16	14	16	3.3			8	9	5.5			19	20	3.5			22	0	4.1
		16	17	3.5			11	16	5.6		4	17	20	2.2		18	0	1	10.3
		17	20	5.2		19	18	19	0.4		7	22	6	4.5			1	2	5.0
	23	1	2	1.1		23	12	19	10.2		8	17	19	2.0			2	3	2.9
		4	5	26.7		31	14	18	0.7			19	20	2.6			3	7	3.7
		9	10	1.7	6	6	0	1	1.0			20	21	5.4			8	12	1.7
		10	11	3.7		14	6	8	1.9			22	23	0.3			12	13	5.2
		11	12	3.5			8	10	3.6	9	10	2	3	2.9			13	14	0.9
		15	17	2.3			10	11	3.9			3	4	3.2		19	12	13	3.2
		17	18	3.9			11	12	3.5			4	5	9.8		23	18	20	2.2
		18	19	0.3			12	13	6.1			17	18	21.4		25	17	18	20.1
	26	13	14	0.2			13	20	2.4			18	19	3.2			18	19	23.6
		14	15	3.4			20	21	0.4			19	20	4.1			19	20	2.9
		15	19	3.2		18	9	12	0.4			20	1	2.2			20	21	5.2
	27	1	8	6.0		24	11	12	0.8		11	1	2	8.4			21	22	1.7
		8	10	1.6			17	18	6.2			2	3	14.1		27	3	4	0.3
	30	15	20	1.6			19	20	2.1			3	4	1.2			10	11	2.7
5	1	2	8	2.1			20	21	3.6			7	8	2.7			12	13	3.5
	3	3	7	4.7			21	22	1.2			9	10	0.9			13	20	2.3

降 水 量 摘 录 表

月	日	起	止	降水量(mm)	月	日	起	止	降水量(mm)	月	日	起	止	降水量(mm)	月	日	起	止	降水量(mm)
7	28	3	7	3.2	8	10	5	8	6.4	9	14	8	17	1.6	10	22	6	7	0.4
		7	9	5.9		12	5	8	3.0		15	1	4	4.6		26	11	18	8.2
		8	9	4.1			8	12	6.9			4	5	3.7			20	4	5.9
		10	11	6.1			12	13	3.8			5	6	3.1		27	9	13	2.9
		14	15	2.6			13	14	1.0			6	8	1.3			14	15	2.9
8	7	21	7	3.6		14	15	19	1.9		17	23	1	0.6			15	16	4.1
	9	0	1	3.3		23	22	23	5.1	10	4	16	19	0.7			16	17	1.5
		1	2	4.1			23	0	2.7			20	21	0.2			20	7	5.4
		2	3	2.9		24	0	1	4.8		5	9	17	10.0		28	7	8	29.4
		3	4	3.4			15	16	5.1			17	18	4.2			8	14	2.4
		4	8	6.8		28	20	21	7.6			18	19	2.9			15	16	3.0
		8	12	4.1			21	22	1.4			19	20	3.9			16	17	9.8
		12	13	4.4	9	12	13	20	5.7			20	3	6.2			17	18	6.1
		13	14	0.8			20	8	6.6		6	3	4	3.1			18	20	3.1
	10	1	2	7.1		13	8	20	2.4			4	8	4.3			20	22	2.0
		2	3	6.2		14	20	6	5.1			8	10	4.5		31	4	5	1.7
		3	4	2.0			6	7	2.6			10	11	2.6					
		4	5	8.4			7	8	0.4			11	12	2.1					

1977　滚　河　柏庄站

月	日	起	止	降水量(mm)	月	日	起	止	降水量(mm)	月	日	起	止	降水量(mm)	月	日	起	止	降水量(mm)
4	5	11	14	6.0	5	13	12	13	4.2	7	8	6	7	0.7	7	27	8	12	2.2
		14	15	3.3			13	14	5.4			8	9	9.9			12	13	2.8
		15	19	3.8			14	16	2.4			17	20	3.5			15	17	2.3
	6	20	8	4.4		19	19	20	0.4			20	7	1.0			19	20	2.9
	7	8	11	1.0		23	13	15	2.6		9	19	20	0.1			22	8	6.4
	13	20	8	6.3			15	16	2.8		10	21	3	3.2		28	8	9	6.2
	16	14	15	1.4			16	18	2.9			3	4	7.1			9	11	1.2
		15	16	3.3			23	0	0.6			4	5	0.1			11	12	3.4
		16	17	4.3	6	14	7	8	1.4			16	17	2.7			13	20	4.0
		17	18	3.6			8	10	2.0			17	18	2.3		29	15	16	0.1
		18	20	2.9			10	11	5.2			18	19	7.8	8	7	20	21	0.3
	22	21	23	1.0			11	12	6.5			19	20	3.8			23	0	7.7
	23	3	4	8.9			12	13	7.4			20	0	6.6		8	0	1	7.7
		4	5	16.5			14	15	0.8		11	0	1	3.3			1	2	0.5
		5	6	7.3			20	22	1.7			1	2	3.1			18	19	0.1
		10	11	1.4		18	11	12	0.5			2	8	4.1		9	0	1	2.5
		11	12	3.3		24	16	18	2.5			8	20	1.2			1	2	7.0
		12	20	5.8			18	19	6.2		12	5	7	0.4			2	6	5.1
	26	13	14	0.7			19	20	10.3		16	8	13	0.2			9	12	2.7
		14	15	4.4			20	23	2.4		17	4	5	0.6			22	0	2.2
		15	16	3.2		25	23	0	0.8			5	6	2.7		10	0	1	3.1
		16	20	3.3		26	0	1	8.2			6	7	3.8			1	6	3.4
		20	8	9.4			1	2	5.4			7	8	0.9			6	7	9.5
	27	8	9	1.9			2	3	5.2			14	15	4.0			7	8	1.3
	30	15	19	1.5			3	4	2.4			15	20	1.5			8	9	0.5
5	3	20	8	2.0	7	2	10	12	0.7		18	20	1	4.1		12	6	8	3.1
		3	7	2.4			16	19	3.4			1	2	10.7			8	20	6.1
		8	12	0.6			19	20	3.5			2	8	6.2		14	14	16	1.2
	4	10	14	2.8			20	21	1.5			9	10	4.5		22	3	8	1.8
	8	16	17	1.2		4	10	11	8.0			10	14	1.3		23	14	18	1.7
		17	18	2.6			11	12	8.4		19	13	19	1.9			23	0	2.5
		19	20	4.2			12	20	2.6		23	18	20	1.6		28	20	23	2.0
		20	21	0.1		7	15	16	3.5		25	18	19	25.4	9	7	0	2	1.6
	13	5	6	15.8			19	22	0.1			19	20	4.5		12	13	20	10.9
		6	7	14.8			22	2	1.6			20	21	8.6			20	8	15.4
		7	8	3.8		8	2	3	3.6		26	21	22	2.2		13	8	20	6.5
		8	9	5.4			3	5	1.2			11	19	0.2			20	7	4.0
		11	12	1.8			5	6	2.8			22	23	0.9		14	7	8	2.7

降 水 量 摘 录 表

月	日	起	止	降水量(mm)	月	日	起	止	降水量(mm)	月	日	起	止	降水量(mm)	月	日	起	止	降水量(mm)
9	14	8	9	2.8	10	5	15	16	3.7	10	26	21	2	4.3	10	28	7	8	12.9
		9	20	3.6			16	17	3.0		27	2	3	3.3			8	9	4.8
		20	2	5.4			17	18	1.2			3	8	0.3			9	16	5.2
	15	2	3	3.8			18	19	3.5			9	10	3.4			16	17	13.1
		3	8	4.6			19	20	4.3			10	14	1.2			17	18	6.2
	17	19	20	0.1			20	21	5.3			14	15	6.6			18	19	2.6
		21	8	0.6			21	8	12.3			15	16	6.5			19	20	0.7
10	4	16	18	0.7		6	8	15	5.4			16	17	3.6			20	7	1.0
		21	8	0.4		22	8	6	0.2			17	18	0.5		31	2	7	3.3
	5	9	15	7.1		26	11	18	6.7			21	6	2.1					

1977   滚 河   柴厂站

月	日	起	止	降水量(mm)	月	日	起	止	降水量(mm)	月	日	起	止	降水量(mm)	月	日	起	止	降水量(mm)
4	5	10	14	5.8	6	14	20	0	2.1	7	18	8	10	8.4	9	12	12	14	5.4
		14	16	8.8		24	10	12	6.9			10	14	1.6			14	18	9.6
		16	18	5.1			12	14	13.0		24	2	4	0.4			18	20	5.3
		18	20	0.6			18	20	35.0		25	16	18	21.5			20	8	25.3
	6	20	8	8.5			20	22	12.8			18	20	26.9		13	8	20	10.6
	7	8	12	1.7		25	22	0	0.4			20	22	15.1			20	6	8.7
	13	20	8	8.6		26	0	2	17.9			22	8	0.5		14	6	8	8.3
	16	14	16	5.6			2	4	6.6		26	8	10	0.4			8	20	13.6
		16	18	7.7	7	2	14	16	7.1			22	0	2.7			20	22	1.9
		18	20	4.5			16	18	42.5		27	0	2	7.5			22	0	5.4
	22	20	0	1.8			18	20	5.8			4	6	1.8		15	0	2	9.9
	23	4	6	28.5			20	22	0.7			8	18	4.4			2	4	8.5
		6	8	1.2		4	10	12	10.9			18	20	5.9			4	8	6.1
		10	12	9.9			16	20	3.4			22	6	8.1		17	14	16	0.9
		12	20	7.5		8	2	6	6.1		28	6	8	5.8	10	4	18	20	0.6
	26	12	14	1.6			18	20	3.5			10	18	8.4		5	10	14	8.4
		14	16	5.5			20	22	1.6		29	2	6	3.1			14	16	7.5
		16	20	1.1		9	22	2	2.1		31	12	14	1.3			16	18	4.6
		20	8	7.9		10	2	4	7.7	8	7	20	22	4.1			18	20	8.9
	27	8	10	2.6			4	6	0.9			22	0	11.1			20	22	7.4
	30	14	20	2.5			16	18	21.1		8	0	2	0.3			22	8	11.3
5	1	2	8	3.1			18	20	20.5		9	2	4	7.1		6	8	14	7.2
	3	2	8	3.4			20	22	3.7			4	6	0.7		22	6	8	0.7
		8	18	1.6			22	0	12.1			6	8	19.4		26	10	20	8.3
	4	8	14	2.4		11	0	2	21.8			8	20	6.6			22	0	0.3
	8	16	20	7.6			2	4	6.6			20	0	4.0		27	2	4	6.9
	13	4	6	17.6			4	6	0.2		10	0	2	8.0			6	8	0.2
		6	8	56.9			8	14	9.3			2	6	5.7			8	14	2.9
		8	10	5.7		16	14	16	2.1			6	8	22.8			14	16	6.7
		10	12	7.8		17	4	6	4.0		12	4	8	4.9		28	2	8	3.7
		12	16	6.7			6	8	8.9			8	16	7.4			8	10	9.7
	19	18	20	0.9			10	12	0.3		14	16	18	3.5			10	14	1.2
	23	12	20	5.6			14	16	8.6		23	14	18	5.8			14	16	5.7
6	14	6	8	1.5			16	20	6.0			20	22	10.0			16	18	43.7
		8	10	1.6			20	0	4.0		28	18	20	13.7			18	20	11.3
		10	12	6.9		18	0	2	21.2			20	22	2.4		31	20	4	2.3
		12	14	15.5			2	4	22.4	9	7	0	2	0.6			2	8	3.4
		14	18	1.6			4	8	9.3		12	8	12	3.4					

1977   滚 河   石漫滩站

月	日	起	止	降水量(mm)	月	日	起	止	降水量(mm)	月	日	起	止	降水量(mm)	月	日	起	止	降水量(mm)
4	5	12	13	3.7	4	5	13	14	2.6	4	5	14	15	3.6	4	5	15	16	3.8

降 水 量 摘 录 表

月	日	起	止	降水量(mm)	月	日	起	止	降水量(mm)	月	日	起	止	降水量(mm)	月	日	起	止	降水量(mm)	月	日	起	止	降水量(mm)
4	5	16	19	3.1	6	14	9	10	3.3	7	17	6	7	2.6	8	23	21	22	0.3					
	6	21	0	4.3			10	11	6.8			7	8	1.1		24	15	16	5.4					
	7	0	8	3.6			11	12	4.6			14	19	4.8	9	12	12	13	1.2					
		8	12	1.7			12	13	9.3			20	0	4.2			13	14	3.2					
	13	19	20	0.1			13	19	1.2		18	0	1	6.3			14	20	8.9					
		20	8	6.1			20	22	1.1			1	2	3.0			20	8	17.0					
	14	8	9	0.2		18	10	13	0.5			2	3	6.6		13	8	20	6.3					
	16	14	15	0.3		24	11	19	4.9			3	4	2.6			20	6	4.3					
		15	16	4.6			19	20	16.3			4	9	2.7		14	6	7	4.5					
		16	17	4.4			20	21	3.2			9	10	3.8			7	8	3.8					
		17	18	2.6			21	23	0.6			10	14	0.3			8	9	3.2					
		18	19	2.7		25	23	0	0.5			20	21	0.1			9	20	5.8					
		19	20	0.8		26	0	1	3.2		19	12	16	1.0			20	8	15.7					
	23	3	4	0.2			1	2	15.6		23	18	20	0.7		17	0	1	0.3					
		4	5	8.2			2	3	3.2		25	17	18	5.0			14	16	0.3					
		5	6	25.2			3	4	2.6			18	19	15.3			21	1	0.5					
		6	7	0.9			4	5	0.1			19	20	5.7	10	4	16	19	0.7					
		10	11	9.0		27	12	14	0.4			20	21	9.5			21	8	0.6					
		11	12	3.7		28	19	20	1.3			21	22	2.8		5	10	15	8.2					
		12	17	1.8	7	2	16	17	1.5			22	1	0.2			15	16	3.0					
	26	18	19	3.4			17	18	5.3		26	9	10	0.1			16	17	2.8					
		9	14	0.5			18	19	1.6			21	6	2.2			17	18	1.3					
		14	15	3.2			19	20	3.3		27	8	19	1.1			18	19	3.2					
		15	19	3.1			20	21	0.3			20	21	0.1			19	20	4.7					
		20	7	4.2		4	10	11	5.4			21	22	3.3			20	21	4.8					
	27	7	8	3.4			11	20	3.8			22	6	1.4			21	8	11.1					
		8	10	2.2			20	21	0.1		28	6	7	4.8		6	8	15	4.8					
	30	15	17	1.0		8	1	2	0.4			7	8	9.3		22	6	8	0.5					
		20	8	1.6			2	3	4.1			8	9	4.9		26	11	18	7.0					
5	3	5	7	2.3			3	4	4.1			9	14	4.2			20	8	6.2					
		8	18	0.8			4	7	1.3	8	7	23	0	1.1		27	8	14	1.7					
	4	9	15	2.5			9	20	3.1		8	0	1	3.4			14	15	3.2					
	8	16	17	0.2			20	21	1.4			2	4	2.1			15	16	10.6					
		17	18	2.9		9	16	18	0.8			21	22	0.1			16	17	3.2					
		18	20	2.1			20	3	3.4		9	1	2	3.3			23	6	0.9					
		20	21	0.3		10	3	4	8.6			2	8	5.7		28	7	8	6.1					
	13	5	6	18.4			4	7	0.3			9	10	3.3			8	15	0.8					
		6	7	23.7			17	18	22.9			10	20	3.0			15	16	7.9					
		7	8	7.0			18	19	3.1			20	0	3.3			16	17	14.6					
		8	9	3.7			19	20	4.9		10	0	1	3.5			17	18	6.5					
		9	10	4.9			20	23	2.6			1	6	5.2			18	19	3.6					
		11	12	0.4			23	0	5.7			6	7	6.3			19	20	1.9					
		12	13	3.0		11	0	1	6.1			7	8	4.0			20	3	1.1					
		13	16	3.1			1	2	9.5			8	10	0.4		29	14	15	0.1					
	19	18	20	0.9			2	3	3.1		12	5	8	2.5		31	1	6	2.8					
	23	13	20	6.0			3	8	2.1			8	16	6.5			8	19	0.2					
	24	0	4	0.3			8	13	1.4		14	15	17	2.0										
6	14	6	9	1.4		12	3	7	0.3		22	5	6	0.1										
		8	9	0.5		16	23	6	4.9		23	20	21	4.0										

1977 滚 河 袁门站

月	日	起	止	降水量(mm)	月	日	起	止	降水量(mm)	月	日	起	止	降水量(mm)	月	日	起	止	降水量(mm)	月	日	起	止	降水量(mm)
4	5	11	14	6.0	4	16	14	20	7.9	4	23	11	13	3.7	4	26	22	8	7.1					
		14	15	3.4			20	21	0.2			16	18	1.3		27	8	10	1.9					
		15	19	5.5		23	3	4	9.7			18	19	3.9		30	15	20	1.2					
	7	2	8	6.8			4	5	12.8			19	20	0.4			20	8	2.6					
		8	11	1.2			5	6	7.3		26	13	14	0.8	6	14	5	8	2.7					
	13	20	9	5.9			6	7	0.6			14	15	2.6			8	9	0.5					
	14	8	9	0.4			10	11	9.2			15	20	5.7			9	10	3.3					

降 水 量 摘 录 表

月	日	起	止	降水量(mm)	月	日	起	止	降水量(mm)	月	日	起	止	降水量(mm)	月	日	起	止	降水量(mm)
6	14	10	11	4.9	7	10	19	20	5.5	7	28	16	17	3.4	9	14	7	8	3.7
		11	12	7.8			20	22	2.0		29	15	16	1.5			8	20	5.0
		12	13	8.1			22	23	8.3		31	13	14	1.9			20	1	3.5
		13	20	1.7			23	0	6.8	8	7	21	22	3.4		15	1	2	6.7
		20	0	0.9		11	0	1	5.6			22	23	0.9			2	3	4.9
	18	10	13	0.6			1	8	7.5			23	0	8.3			3	8	4.7
	24	10	11	0.3			8	13	1.5		8	0	2	1.0	10	4	15	18	0.9
		11	12	29.7		16	7	8	0.9			15	16	0.2		5	5	8	0.6
		12	13	8.3			23	5	1.8		9	1	2	7.9			9	17	12.2
		17	18	2.8		17	5	6	3.9			2	3	4.1			17	18	2.8
		18	19	0.3			6	8	1.9			3	6	2.0			18	19	4.3
		19	20	4.0			8	20	7.7			6	7	3.0			19	20	5.9
		20	21	4.1			22	23	1.3			7	8	0.9			20	21	2.6
		21	23	1.2			23	0	2.9			8	13	5.2			21	8	10.3
	25	23	0	1.7		18	0	1	3.1			13	14	6.4		6	8	15	5.1
	26	0	1	5.1			1	2	7.3			22	2	5.6		26	10	18	10.1
		1	2	18.9			2	3	3.3		10	2	3	4.7			20	6	6.7
		2	3	2.4			3	8	6.0			3	6	1.6		27	6	7	8.2
	27	11	12	0.2			8	9	8.5			6	7	15.4			7	8	0.1
7	2	17	18	14.4			9	15	2.0			7	8	2.8			8	15	6.0
		18	19	3.3			20	21	0.2		12	3	8	4.8			15	16	6.9
		19	20	2.9		19	12	15	2.0			8	14	6.7			16	17	6.2
	4	9	20	5.1		23	17	20	1.1		14	15	19	2.7			19	20	0.3
		20	21	0.3		25	17	18	36.5		20	13	14	0.2		28	0	3	1.0
	8	1	8	6.7			18	19	7.9		22	3	5	0.4			7	8	6.3
		10	20	5.3			19	20	25.7		23	14	16	1.3			8	11	1.3
		20	22	1.8			20	21	3.4			20	21	2.9			15	16	9.3
	9	21	23	0.8			21	6	1.8			21	22	0.4			16	17	10.9
		23	0	2.7		26	8	10	0.5		24	15	16	0.7			17	18	8.5
	10	0	1	0.8		27	4	6	2.2		28	20	22	1.2			18	19	4.4
		2	3	3.4			8	19	1.7	9	12	11	20	10.3			19	20	2.9
		3	4	2.9			19	7	4.8			20	8	11.6			20	21	0.2
		4	7	2.3		28	7	8	7.3		13	8	20	4.9		31	2	7	2.5
		17	18	10.3			8	10	1.0			20	6	4.8			8	9	0.1
		18	19	3.2			10	11	3.5		14	6	7	3.4					

1978　滚　河　刀子岭站

月	日	起	止	降水量(mm)	月	日	起	止	降水量(mm)	月	日	起	止	降水量(mm)	月	日	起	止	降水量(mm)
6	8	15	18	2.9	6	25	6	8	2.7	7	11	6	7	0.3	7	15	16	17	0.2
		22	23	0.5			8	9	0.8			8	9	4.6		16	2	3	1.3
	13	13	14	0.6			9	10	3.9			9	10	5.8			8	9	0.3
		16	18	1.3			10	19	12.7			10	11	5.6			14	16	0.5
		19	20	1.4			20	1	4.8			11	14	2.7		17	7	8	0.4
		20	0	3.5		26	10	11	0.5			14	15	17.1		23	17	18	1.4
	14	4	5	0.5			11	12	8.8			15	16	3.5		26	14	17	0.8
		11	12	1.1			12	13	2.7			16	17	3.6		27	10	12	0.3
	19	12	13	1.5	7	1	3	4	1.2			17	18	0.2			19	20	0.5
		16	18	3.0			17	18	0.2		12	12	13	5.9			20	21	0.7
	24	3	4	0.6			18	19	7.1		14	17	20	4.2		29	13	14	4.0
		6	7	0.2		2	15	16	0.5		15	0	1	0.8			14	15	13.0
		9	19	15.4			19	20	5.2			2	3	0.6			15	16	5.0
		19	20	3.7			20	21	3.3			3	4	5.0			16	17	0.2
		20	21	1.6			21	23	0.3			4	5	5.9		30	5	7	0.4
		21	22	2.6		3	2	3	0.9			5	6	2.7	8	8	17	18	9.2
		22	23	5.4			19	20	4.0			6	7	1.9			18	19	14.6
		23	0	2.6		5	2	3	5.4			11	12	0.7			19	20	28.0
	25	0	4	7.2			3	4	0.6			13	14	5.7			20	4	5.9
		4	5	3.7			8	14	7.6			14	15	1.8		9	18	19	0.7
		5	6	3.3		11	3	5	0.3			15	16	3.7			19	20	24.2

降 水 量 摘 录 表

月	日	起	止	降水量(mm)	月	日	起	止	降水量(mm)	月	日	起	止	降水量(mm)	月	日	起	止	降水量(mm)
8	9	20	23	1.6	8	25	14	15	3.4	9	2	1	5	0.5	9	8	16	17	3.8
	10	4	6	0.8			15	20	7.0		4	1	5	0.1			17	18	4.2
		7	8	0.4			20	21	0.2			20	5	1.3			18	19	3.7
		8	11	4.2		28	17	18	8.2		5	7	8	0.2			19	20	0.4
		22	23	0.6			18	19	0.7		8	7	8	1.0			20	0	1.6
	11	0	1	3.4		29	2	8	2.0			8	9	7.4		9	1	4	0.6
		1	2	4.0			8	12	1.4			9	10	6.1		17	17	20	1.2
		2	8	5.1			13	14	0.2			10	11	3.9			20	22	0.3
		8	9	0.8			16	17	0.2			11	12	0.8					
		11	14	4.2	9	1	5	8	0.6			12	13	3.3					
		16	17	0.3			9	10	0.3			13	16	4.5					

1978　滚　河　尚店站

月	日	起	止	降水量(mm)	月	日	起	止	降水量(mm)	月	日	起	止	降水量(mm)	月	日	起	止	降水量(mm)
6	8	15	18	4.0	7	3	1	4	1.2	7	14	21	22	4.1	8	10	23	0	7.6
	13	13	19	2.7			20	21	0.2		15	2	6	4.8		11	0	1	2.0
	14	2	6	2.4		4	21	22	0.2			6	7	16.6			5	7	2.1
		10	13	1.0			22	23	2.6			7	8	6.0			9	13	3.3
	19	16	19	3.1			23	1	2.1			8	9	1.8			16	17	1.9
	24	9	15	9.4		5	1	2	4.1			10	11	0.2		24	13	14	1.1
		15	16	2.8			2	6	4.4			12	16	3.6			14	15	30.6
		16	20	6.6			7	8	0.2			20	21	0.6			15	16	6.6
		20	8	11.0			8	10	1.0		16	14	15	0.6		25	15	16	10.2
	25	8	9	0.1		11	6	7	0.2		17	6	8	0.7			16	19	5.0
		9	10	2.7			7	8	4.2		21	14	15	35.1	9	8	8	9	4.1
		10	19	6.1			8	9	8.9			16	17	0.3			9	10	4.7
	26	10	11	3.6			9	10	7.8		26	17	19	4.4			10	11	3.4
		11	12	5.1			10	11	1.4		27	13	14	5.7			11	20	12.2
		12	13	1.9			12	14	2.7		28	15	16	30.4			20	23	1.5
7	1	3	4	0.6			14	15	19.4	8	8	19	20	24.6		17	14	15	0.2
		18	19	9.5			15	17	2.6			20	2	6.2			17	20	1.2
		19	20	0.1		12	8	9	0.1		9	21	23	0.5			20	22	0.4
	2	15	20	4.5			11	12	1.2		10	6	7	0.2					
		20	22	3.2			12	13	9.8			8	10	0.9					

1978　滚　河　柏庄站

月	日	起	止	降水量(mm)	月	日	起	止	降水量(mm)	月	日	起	止	降水量(mm)	月	日	起	止	降水量(mm)
6	6	16	17	0.4	6	24	19	20	7.1	7	1	20	21	0.2	7	11	17	18	0.1
	8	15	16	3.1			20	21	3.1		2	15	20	4.2		12	12	13	1.7
		16	18	2.0			21	2	3.2			20	21	2.4		15	5	6	0.6
		22	23	0.2		25	3	8	4.8			23	0	0.1			6	7	4.3
	13	13	14	0.4			8	18	8.8		3	3	4	0.7			7	8	2.1
		15	20	1.8			19	20	0.1			20	21	0.2			8	9	3.0
		20	23	1.3			20	23	0.6		4	23	0	6.0			12	17	2.5
	14	3	6	1.4		26	1	3	0.8		5	0	1	4.0			18	19	0.1
		11	13	0.7			6	7	0.1			1	4	3.9			20	22	0.4
	19	12	13	0.7			8	9	0.4			4	5	6.3		16	1	3	0.2
	24	16	18	2.3			11	12	4.1	11	5	5	6	0.4			4	5	0.1
		7	8	0.2			12	13	1.9			6	7	0.5			9	10	0.1
		9	12	3.3			16	17	0.1			8	9	2.9			14	17	0.6
		12	13	3.0	7	1	2	4	2.9			9	10	3.5		17	6	8	1.5
		13	14	1.0			16	17	0.3			10	14	3.3		21	13	17	1.5
		14	15	3.8			17	18	7.7			14	15	20.2		26	17	18	11.5
		15	19	2.5			18	20	2.5			15	16	14.7			18	20	0.4

降 水 量 摘 录 表

月	日	起	止	降水量(mm)	月	日	起	止	降水量(mm)	月	日	起	止	降水量(mm)	月	日	起	止	降水量(mm)
8	7	19	20	0.6	8	10	20	22	0.2	8	24	15	16	3.1	9	8	14	20	6.7
	8	19	20	33.8		11	0	1	4.2			16	17	0.1			20	23	1.4
		20	2	6.7			1	2	3.8		25	10	11	0.1		9	2	3	0.3
	9	3	4	0.1			3	6	0.7			18	19	0.3			4	5	0.2
		17	18	0.1			6	7	0.1			22	23	0.1		17	17	20	0.9
		23	0	0.5			12	13	0.7	9	8	8	10	2.9			20	23	0.3
	10	5	8	0.5			14	15	0.1			10	11	5.6					
		8	10	0.8		24	13	14	1.1			11	13	1.9					
		18	19	0.1			14	15	5.4			13	14	3.1					

1978 滚 河 柴厂站

月	日	起	止	降水量(mm)	月	日	起	止	降水量(mm)	月	日	起	止	降水量(mm)	月	日	起	止	降水量(mm)
6	8	14	18	2.5	6	26	10	12	14.2	7	15	6	8	1.4	8	11	8	14	3.1
	13	18	20	4.5	7	1	18	20	7.4			10	16	6.0		17	16	18	1.4
		20	0	0.8		2	18	20	1.7			22	0	0.4		24	18	20	1.5
	14	2	6	1.4			20	22	5.4		16	4	6	0.3		28	16	18	5.3
		8	12	1.8		3	2	4	0.9		25	12	14	1.0		29	4	6	0.5
	19	10	12	0.6			20	22	6.6		29	14	16	2.9			8	10	0.7
		16	18	2.1		4	20	22	0.3	8	7	18	20	1.5	9	1	4	8	1.1
	24	10	14	5.5		5	0	2	0.1		8	16	18	16.4		2	0	4	0.8
		14	16	7.1			2	4	7.7			18	20	29.5		4	0	2	1.1
		18	20	4.5			4	6	0.4			20	22	4.2			20	0	0.9
		20	22	4.0			8	12	3.1		9	0	2	1.4		8	6	8	1.4
	25	22	0	7.5		11	8	10	7.3			16	18	16.3			8	10	15.2
		0	2	0.9			10	14	3.3			18	20	34.4			10	12	5.1
		2	4	5.5			14	16	13.5			20	22	1.0			12	16	6.5
		4	8	5.7			16	18	3.0	10	4	8	1.2			16	18	6.6
		8	20	14.9		14	18	20	2.0		8	12	3.3			18	20	3.1
		20	0	3.1		15	4	6	6.7		22	8	10.8			20	0	1.2

1978 滚 河 石漫滩站

月	日	起	止	降水量(mm)	月	日	起	止	降水量(mm)	月	日	起	止	降水量(mm)	月	日	起	止	降水量(mm)
6	8	15	16	0.4	6	26	3	4	0.1	7	11	14	15	6.6	7	24	18	19	1.0
		16	17	2.7			11	12	5.5			15	16	21.7		26	12	13	0.1
		17	20	0.5			12	13	1.7			16	17	1.3			15	16	0.1
	13	13	14	0.2	7	1	3	4	1.2		12	12	13	0.2			18	20	0.2
		15	18	2.4			18	19	7.0		14	6	8	1.4			20	21	0.1
	14	20	23	1.0			19	20	0.1		15	20	23	1.0	8	8	19	20	7.6
		3	7	1.8		2	19	20	2.4			3	4	0.5			20	21	5.5
		10	14	1.3			20	22	1.2			4	5	5.2			21	24	3.7
	19	16	18	2.6		3	2	3	0.8			5	6	3.6		9	18	20	3.5
	24	9	12	3.6			19	20	0.5			6	7	6.1			20	21	0.3
		12	13	2.8		4	23	0	0.1			7	8	3.7			22	0	0.2
		13	14	0.4		5	0	1	6.3			8	9	7.8		10	4	7	0.3
		14	15	4.5			1	2	0.1			13	15	2.1			8	11	1.3
		15	19	5.3			2	3	5.0			16	17	0.2		11	0	1	0.3
		19	20	2.7			3	4	5.8			20	21	0.2			1	2	4.0
		20	21	3.0			4	5	1.5		16	2	5	0.3			2	3	0.8
		21	3	5.0			5	6	3.0			14	16	0.5			4	8	1.1
	25	3	4	2.7			7	8	0.1		17	7	8	0.2			10	11	0.1
		4	8	2.9			8	11	0.7		21	11	13	2.9			12	13	1.4
		9	19	8.3		11	5	7	0.8			14	16	0.5		24	14	15	10.5
		22	23	0.1			8	9	4.2			17	18	7.8			15	16	8.6
	26	1	2	0.1			9	14	7.4			18	19	0.1			16	17	0.2

降 水 量 摘 录 表

月	日	起	止	降水量(mm)	月	日	起	止	降水量(mm)	月	日	起	止	降水量(mm)	月	日	起	止	降水量(mm)
8	25	18	20	0.2	9	6	4	5	0.1	9	8	19	20	0.5	11	8	20	8	22.3
		20	21	0.1			6	7	0.1			21	0	1.0		9	8	20	4.2
9	1	7	8	0.1		8	8	9	3.2		9	1	2	0.1			20	8	9.1
	2	1	4	0.3			9	10	4.3		17	17	19	0.9		10	8	20	8.0
		5	7	0.2			10	11	3.4			20	22	0.2			20	2	0.2
	4	21	2	0.9			11	18	7.9	11	7	20	8	0.3					
	5	6	7	0.1			18	19	2.7		8	8	20	7.5					

1978　滚　河　袁门站

月	日	起	止	降水量(mm)	月	日	起	止	降水量(mm)	月	日	起	止	降水量(mm)	月	日	起	止	降水量(mm)
6	5	16	17	3.1	7	1	18	19	5.5	7	15	13	14	8.6	8	11	2	5	2.5
	8	15	16	0.5		2	17	18	0.6			14	16	1.6			8	9	0.3
		16	17	2.8			19	20	3.5			20	21	0.3			11	13	2.4
		17	19	1.2			20	22	1.3		16	3	4	0.6		24	13	14	0.2
	13	14	17	2.2		3	3	4	0.8			14	16	0.7			14	15	33.1
		19	20	0.5			20	21	0.5		17	7	8	0.5			15	16	2.1
		20	1	2.0		4	23	1	2.9		21	11	12	5.7		25	15	16	3.2
	14	3	5	0.8		5	1	2	8.4			14	15	2.9			17	20	2.5
		10	13	1.4			2	3	2.9			15	16	18.3		29	4	7	0.7
	19	11	13	1.1			3	8	4.5			16	17	0.2	9	1	4	7	0.4
		16	18	2.6			8	11	1.7		24	18	19	0.8		2	3	6	0.6
	24	9	11	1.5		11	8	9	4.6		26	18	19	0.7		4	7	8	0.1
		11	12	2.9			9	10	5.9			20	21	0.3			8	9	0.2
		12	14	2.3			10	14	4.8		27	13	14	1.1		5	4	7	0.5
		14	15	4.2			14	15	14.3		29	14	15	33.8		6	5	7	0.3
		15	19	3.3			15	16	4.5			15	16	0.6		8	7	8	0.3
		19	20	3.2			16	17	0.8	8	8	19	20	33.4			8	9	5.8
		20	8	13.4	12	12	12	13	0.5			20	23	3.0			9	10	3.1
	25	8	9	0.1		14	20	21	0.1			23	0	2.7			10	11	5.3
		9	10	3.0			21	22	2.7		9	0	1	0.2			11	17	6.7
		10	19	6.7			22	23	0.4			18	20	3.0			17	18	2.9
		20	23	0.6		15	2	4	2.4			20	21	1.0			18	20	2.7
	26	0	1	0.2			4	5	3.2			22	23	1.4			20	0	1.2
		3	11	0.1			5	6	9.3		10	3	4	0.5		9	2	3	0.4
		11	12	8.3			6	7	10.3			5	6	0.3		17	17	20	0.6
		12	14	1.6			7	8	6.2			8	11	1.6			20	21	0.2
7	1	3	4	0.5			8	9	1.2		11	1	2	5.9					

1979　滚　河　刀子岭站

月	日	起	止	降水量(mm)	月	日	起	止	降水量(mm)	月	日	起	止	降水量(mm)	月	日	起	止	降水量(mm)
3	29	8	20	35.5	4	12	6	8	2.2	4	25	13	14	3.1	6	4	22	23	1.7
		20	8	5.4			8	10	2.0			14	16	3.0		8	19	20	0.4
	30	8	20	2.5			10	11	3.2			18	19	1.3			20	21	0.5
		20	8	1.8			11	13	4.2		27	3	7	3.9		18	12	15	2.1
	31	8	20	2.1			13	14	3.2			12	13	0.2			15	16	2.7
4	1	20	8	2.8			14	19	6.2		30	13	15	3.2			16	17	1.0
		8	9	0.2		22	22	0	1.7	6	1	17	18	1.2			17	18	4.0
	5	16	17	0.6		23	0	1	16.2			18	19	2.6			18	19	2.1
		21	8	7.0			1	2	32.1			19	20	0.5			19	20	2.8
	6	8	16	4.5			2	3	25.5			20	23	0.9			20	21	0.2
		16	17	5.4			3	4	15.2		3	20	21	0.3			21	22	5.9
		17	20	2.8			4	5	5.0			22	23	2.0			22	23	25.1
		20	3	4.3			5	6	0.7			23	0	6.9			23	0	10.5
	12	3	5	1.9		11	18		5.6		4	0	4	2.3		19	0	1	3.3

降 水 量 摘 录 表

月	日	起	止	降水量(mm)	月	日	起	止	降水量(mm)	月	日	起	止	降水量(mm)	月	日	起	止	降水量(mm)
6	19	1	3	1.1	7	15	20	21	0.2	8	30	18	20	2.2	9	15	0	1	3.1
		20	22	3.5		18	16	17	0.4			20	2	7.8			1	2	2.3
		23	1	2.8			17	18	4.8		31	2	3	6.7			2	3	3.2
	20	4	5	5.0			23	0	1.1			3	4	5.0			3	6	6.3
		5	6	3.9		24	2	8	8.7			4	5	8.6			6	7	3.5
	23	5	8	3.1		30	21	22	22.1			5	6	2.7			7	8	0.7
7	2	8	18	12.3			22	23	3.8			6	8	2.2			8	9	2.9
		9	11	1.5			23	0	1.7			8	13	7.6			9	10	6.3
		15	16	0.3		31	1	2	0.5			13	14	3.2			10	11	5.6
		16	17	18.0			5	8	1.1			14	15	2.7			11	12	2.9
		17	18	55.2	8	2	0	1	5.0			15	19	2.6			12	15	2.7
		19	20	25.0			7	8	0.1	9	3	15	17	0.7			15	16	3.5
		20	21	15.1			8	11	1.0		4	13	18	2.0			16	18	2.2
		21	1	3.3			23	1	0.6			19	20	0.4			18	19	3.3
	3	1	2	3.0		3	14	15	1.9			20	22	0.7			19	20	1.7
		2	3	14.1		5	17	18	4.7			23	3	2.3			20	21	1.8
		3	4	3.0			18	19	21.9		5	3	4	2.8			21	22	2.7
		4	5	0.3		6	12	13	4.2			4	6	4.9			22	23	3.0
		10	12	0.4			16	17	5.1			6	7	2.8			23	0	2.3
		14	16	2.0			17	18	2.6			7	8	1.6		16	0	1	3.0
		19	20	0.2			18	19	0.3			8	9	3.8			1	2	6.2
		20	3	3.3		10	12	13	0.3			9	10	3.2			2	3	8.0
	4	3	4	2.7			14	15	1.6			10	11	3.6			3	8	9.8
		4	8	3.2			15	16	3.0			11	12	2.7			8	9	0.2
		8	14	6.2		12	16	18	0.7			12	14	1.1			22	2	2.5
		14	15	3.8		13	15	16	17.9		12	3	5	2.3		20	19	20	1.5
		15	16	4.1			19	20	0.1			9	10	0.3			20	21	0.9
		16	19	3.7			20	22	2.6			11	12	3.7			21	22	14.9
		20	23	3.3		14	2	3	24.7			12	18	10.3			22	23	15.0
		23	0	2.7			3	4	10.8			18	19	2.7			23	0	12.0
	5	0	1	3.7			4	6	1.3			19	20	4.1		21	0	1	7.4
		1	2	6.2			7	8	0.4			20	21	0.8			1	6	3.9
		2	3	3.8			9	10	2.6			21	22	2.6			18	20	1.2
		3	4	1.1			10	11	16.1			22	23	3.8			23	2	3.4
		10	11	0.1			11	12	0.3			23	0	2.9		22	2	3	4.1
	8	12	14	3.0			22	0	0.9		13	0	1	4.5			3	7	2.9
		17	19	1.6		15	1	5	1.9			1	2	5.5			14	16	0.4
		19	20	3.6			7	8	2.5			2	3	3.0			19	20	0.3
		20	22	2.0			8	10	0.6			3	4	2.4			20	21	2.6
		22	23	5.1			13	14	1.0			4	5	3.8			21	1	4.7
		23	0	19.3			15	16	0.3			5	8	5.0		23	1	2	3.2
	9	0	1	15.1			16	17	3.9			8	10	2.1			2	3	4.3
		1	2	20.5			17	18	0.1			10	11	2.9			3	4	2.9
		2	3	14.5		16	3	8	4.9			11	12	0.5			4	5	3.1
		3	4	3.2			8	10	2.0			12	13	3.5			5	6	3.0
		4	5	3.3		17	21	22	1.3			13	14	7.6			6	7	3.2
		5	6	3.3			22	23	4.5			14	20	6.9			7	8	3.0
		6	8	3.2		19	23	1	0.9			20	21	3.3			8	9	8.0
		8	11	1.6		23	22	23	0.5			21	22	3.3			9	10	2.0
	11	20	21	2.6		24	4	5	0.7			22	23	2.9			10	11	3.1
	15	3	8	4.7			7	8	0.4			23	2	2.8			11	13	4.8
		8	9	1.5			8	11	1.1		14	5	6	0.4			13	14	3.1
		9	10	22.5			12	13	0.2			9	14	3.8			14	15	1.9
		10	11	1.5		27	6	8	0.7			15	20	5.6			15	16	4.0
		11	12	4.5		29	8	15	4.3			20	21	1.8			16	20	3.2
		12	13	22.3		30	2	3	0.4			21	22	5.6		28	14	15	0.2
		13	14	13.1			5	8	0.4			22	23	8.1					
		15	20	4.9			9	13	1.1			23	0	3.2					

降 水 量 摘 录 表

1979　滚　河　尚　店　站

月	日	起	止	降水量(mm)	月	日	起	止	降水量(mm)	月	日	起	止	降水量(mm)	月	日	起	止	降水量(mm)
4	5	22	3	4.9	7	2	16	17	21.2	7	30	23	3	3.4	9	13	5	8	4.4
	6	4	8	2.7			17	18	1.4	8	1	22	23	7.4			8	14	5.5
		8	11	0.9			18	19	8.6			23	0	3.2			14	15	3.5
		12	16	2.6		3	0	1	0.9		2	17	18	0.2			15	19	1.7
		16	17	2.8			1	2	14.2			21	22	0.5			19	20	3.6
		17	18	3.0			2	3	8.4		3	2	3	3.6			20	1	3.7
		18	20	2.3			3	4	10.0		5	19	20	5.4		14	10	13	0.7
		20	21	0.8			4	5	14.2		6	13	14	1.1			16	20	3.8
	12	3	7	2.0			5	6	0.1			17	18	0.1			20	23	4.1
		10	19	9.0			9	10	0.1			19	20	0.5			23	0	3.1
	22	16	19	1.9			16	17	0.4		10	14	15	0.8		15	0	1	5.6
		22	23	1.3		4	0	5	2.5		13	19	20	1.5			1	2	3.3
	23	0	1	2.1			8	12	1.8			20	22	1.1			2	4	1.9
		1	2	9.2			13	18	4.5		14	4	6	1.9			7	8	0.3
		2	3	2.1			21	0	2.1			13	14	1.0			8	9	2.4
		3	4	19.2		5	0	1	4.1		15	2	3	0.2			9	10	3.6
		4	5	5.1			1	2	3.3		17	21	23	2.0			10	11	2.7
		5	7	1.6			2	6	2.4		24	2	4	0.9			11	13	3.9
		13	17	3.0		6	3	4	0.6		29	9	14	3.2			14	15	0.8
	25	14	16	1.1		8	13	17	3.2		30	19	20	0.6			15	16	3.8
		18	19	0.7			17	18	2.9			20	0	4.2			16	20	3.5
	27	2	3	3.1			18	20	2.6		31	0	1	3.7			20	22	1.3
		3	5	2.9			20	21	2.6			1	2	4.9			22	23	4.9
		12	14	0.3			21	22	0.6			2	3	5.1			23	0	5.5
	30	13	15	1.4			22	23	6.1			3	4	6.0		16	0	8	6.7
6	1	17	20	3.1			23	0	4.2			4	5	2.9		20	8	9	0.5
		20	21	0.2		9	0	1	0.8			5	8	3.2			21	22	0.4
	4	0	3	4.6			1	2	9.0			8	11	2.7			22	23	2.7
		5	6	0.8			2	3	11.2			12	13	3.5			23	0	4.1
	18	14	16	1.4			3	4	16.8			13	16	5.0		21	0	1	2.9
		16	17	4.9			4	8	1.5	9	4	15	16	0.6			1	4	2.5
		17	18	5.7			10	12	0.4			18	20	0.7			18	19	0.4
		18	19	4.1		15	4	6	0.6			20	22	1.0			23	0	3.6
		19	20	6.7			6	7	3.2		5	1	2	2.7		22	0	1	2.9
		20	21	14.2			7	8	3.8			2	8	5.2			1	4	2.5
		21	22	3.2			8	9	1.4			8	9	3.1			6	7	0.3
		22	23	3.6			9	10	15.3			9	13	6.3			14	15	0.3
		23	1	1.6			10	11	8.3		12	3	4	1.3			19	20	1.0
	19	20	22	4.4			11	12	18.8			12	19	6.9			20	0	2.7
	20	3	4	1.9			12	13	19.2			19	20	2.6		23	0	1	4.1
		4	5	10.2			13	14	24.3			20	21	1.0			1	2	2.8
		5	6	0.5			14	15	2.7			21	22	3.3			2	6	4.8
	23	5	8	2.6			15	19	2.1			22	23	3.1			6	7	4.4
		8	10	3.1		24	2	8	6.2			23	0	4.4			7	8	2.6
		11	18	7.3		25	9	10	7.4		13	0	1	3.9			8	9	2.9
	28	15	16	0.2			19	20	32.6			1	2	5.0			9	19	10.7
		18	20	2.6			20	21	18.8			2	3	6.1					
7	2	9	11	1.6		30	21	22	4.9			3	4	4.2					
		15	16	9.0			22	23	5.1			4	5	3.3					

降 水 量 摘 录 表

1979　滚　河　柏庄站

月	日	起	止	降水量(mm)	月	日	起	止	降水量(mm)	月	日	起	止	降水量(mm)	月	日	起	止	降水量(mm)
4	22	18	19	5.1	7	3	2	3	5.9	8	6	20	21	0.1	9	13	18	19	4.9
		19	20	2.5			3	4	5.0		13	17	18	2.0			19	20	2.3
		20	22	1.4			4	5	4.2			18	19	57.0			20	21	4.2
		22	23	4.0			5	6	0.2			19	20	0.7			21	22	3.3
		23	0	7.1			7	8	0.1		14	3	4	3.1			22	1	2.1
	23	0	1	11.5			22	23	0.2			6	7	0.1		14	5	8	0.8
		1	2	29.4		4	0	8	5.0			8	10	0.3			10	12	0.4
		2	3	5.2			8	12	2.2			11	12	0.2			13	20	2.9
		3	4	3.4			13	14	0.7			13	14	0.1			20	21	4.1
		4	5	1.2			14	15	2.6			15	17	0.3			21	22	5.7
		6	7	0.2			15	16	2.9			18	19	0.1			22	8	13.5
		12	15	2.4			16	18	2.5		15	3	4	5.7		15	8	9	1.5
		16	17	0.5			20	21	4.2			6	7	0.2			9	10	3.4
	25	15	17	1.1		5	1	2	2.9			8	9	0.1			10	11	4.1
	27	3	5	1.7			2	3	3.8			14	16	1.7			11	12	3.8
		5	6	4.8			3	5	0.4		16	2	4	0.6			12	15	3.5
		6	7	0.5		6	3	6	0.9			6	7	0.1			15	16	5.3
		11	12	0.2		8	12	15	1.6		17	21	23	2.4			16	20	7.1
	30	13	15	0.5			17	20	2.5		24	0	3	2.9			20	0	4.8
6	1	17	19	1.8			20	23	2.4			8	10	0.4		16	0	1	3.0
	3	23	0	1.1			23	0	10.0		27	4	5	0.5			1	2	3.9
	4	0	1	3.5		9	0	1	13.6			7	8	0.1			2	3	3.7
		1	4	0.4			1	2	7.0		29	9	14	3.1			3	8	4.7
		7	8	0.1			2	3	2.8		30	15	16	0.4			8	10	0.7
	8	19	20	0.6			3	8	6.0			18	20	1.1			20	21	0.1
	18	13	15	0.7			10	12	0.4			20	0	2.6			22	23	0.1
		15	16	2.6		12	5	6	0.8		31	0	1	3.4		17	0	3	1.0
		16	17	0.3		15	3	4	0.4			1	2	5.5		20	4	5	0.1
		17	18	2.9			5	6	1.2			2	3	7.2			7	8	0.2
		18	19	3.5			6	7	3.4			3	4	2.9			23	0	0.3
		19	20	1.6			7	8	8.5			4	5	4.1		21	0	1	10.2
		20	21	6.4			8	9	7.8			5	8	2.4			1	8	3.7
		21	22	18.9			9	10	5.0			8	13	5.2			19	20	0.2
		22	23	13.8			10	11	3.8			13	14	3.4			23	1	1.0
		23	2	2.2			11	12	21.4			14	18	2.4		22	1	2	2.7
	19	4	5	0.1			12	13	13.8			19	20	0.1			2	4	2.4
		20	21	3.5			13	14	20.8	9	4	15	20	1.1			5	6	0.1
		21	22	2.1			14	15	8.0		5	20	23	0.9			7	8	0.1
		23	0	0.1			15	19	1.9			0	6	5.0			14	16	0.5
	20	1	2	0.1		18	17	18	0.1			6	7	3.0			18	20	0.7
		3	4	0.7		21	14	16	2.4			7	8	2.6			20	2	4.2
		5	6	0.4		24	2	5	2.2			8	9	3.7		23	2	3	2.8
	23	6	8	1.7			5	6	2.8			9	10	2.6			3	4	6.0
		8	9	3.2			6	8	2.2			10	11	3.5			4	5	6.7
		9	16	6.5		25	10	11	0.1			11	16	2.8			5	6	2.4
	28	17	18	1.2			12	13	0.1			17	18	0.1			6	7	5.8
		19	20	2.5		30	22	23	12.6		12	2	6	2.5			7	8	3.5
		20	21	4.6			23	0	2.8			12	20	7.8			8	9	4.6
		21	22	0.1		31	0	2	0.1			20	0	6.1			9	11	3.2
7	2	10	11	1.7	8	2	0	1	1.0		13	0	1	3.3			11	12	3.2
		15	16	24.8			1	2	14.1			1	2	2.7			12	13	1.7
		16	17	7.7			2	3	7.4			2	8	10.0			13	14	2.7
		17	18	0.2			23	0	0.2			10	13	3.2			14	15	3.1
		18	19	4.4		6	16	17	1.0			13	14	4.6			15	16	3.3
		19	20	1.2			18	19	1.0			14	16	1.0			16	20	2.3
		23	2	3.5			19	20	3.4			17	18	2.7			22	23	0.1

降 水 量 摘 录 表

月	日	起	止	降水量(mm)
9	24	2	3	0.1

1979　滚　河　柴厂站

月	日	起	止	降水量(mm)	月	日	起	止	降水量(mm)	月	日	起	止	降水量(mm)	月	日	起	止	降水量(mm)
3	29	8	20	27.2	7	2	16	18	44.3	8	3	2	4	0.4	9	13	0	2	5.2
		20	8	5.7			18	20	17.2		5	18	20	2.3			2	4	8.4
	30	8	20	2.8		3	0	2	3.4		6	10	12	4.1			4	6	5.1
		20	8	1.8			2	4	16.3			14	20	4.5			6	8	4.0
	31	8	20	2.1			4	8	3.8		10	14	16	6.4			8	12	2.5
4	5	20	8	1.1			8	10	0.5		13	20	22	2.1			12	14	12.2
		16	18	0.4			14	16	0.5		14	0	2	0.6			14	20	9.7
		22	8	7.2		4	2	8	5.0			2	4	12.3			20	22	10.0
	6	8	16	2.5			8	14	4.2			4	8	0.7			22	2	3.3
		16	18	7.6			14	16	6.1			10	12	6.6		14	8	20	10.9
		18	20	3.1			16	20	1.0			12	14	0.9			20	22	11.9
		20	4	2.4			20	0	3.6			22	0	0.5			22	0	12.5
	12	4	8	1.2		5	0	2	8.4		15	4	6	2.2		15	0	2	5.0
		8	20	12.2			2	6	3.8			10	12	9.6			2	4	6.1
	22	22	0	1.4		6	4	6	0.4			14	16	7.1			4	8	6.8
	23	0	2	64.2		8	12	14	2.6		16	4	6	2.1			8	10	9.5
		2	4	34.0			16	20	5.3			6	8	5.9			10	12	7.3
		4	6	3.5			20	22	2.1			8	10	2.0			12	20	10.2
		12	18	4.2			22	0	22.8		17	20	0	1.3			20	0	4.2
	25	14	16	2.5		9	0	2	45.5		23	22	0	0.4		16	0	2	7.5
	27	18	20	0.5			2	4	7.3		24	2	4	8.1			2	4	6.5
		4	8	5.3			4	8	6.3			4	8	1.8			4	8	4.8
		10	12	0.2			8	12	1.9			8	12	1.4			8	10	0.4
	30	14	16	1.7		11	20	22	0.5		27	6	8	0.2			20	22	0.3
6	1	16	20	3.5		15	2	8	4.6			8	10	0.2		19	8	10	0.5
		20	22	0.5			8	10	4.3		29	8	14	5.7		20	8	10	0.3
	3	22	0	11.0			10	12	32.5		30	6	8	0.7			18	20	4.1
	4	0	6	6.3			12	14	11.4			8	20	3.8			20	22	4.8
		16	18	0.6			14	16	19.2			20	0	7.0			22	0	23.8
	5	22	0	3.9			16	20	3.0		31	0	2	6.6		21	0	2	7.1
	8	18	20	0.7		18	16	18	4.9			2	4	16.4			2	6	3.5
		20	22	0.2			22	0	0.6			4	8	7.0			18	20	0.8
	18	14	16	10.8		24	2	8	6.9			8	20	11.6			22	8	9.8
		18	20	9.3		25	8	10	5.6	9	3	16	18	0.2		22	14	16	0.2
		20	22	5.3			12	14	0.6		4	14	20	1.6			18	20	0.2
		22	0	26.5			22	0	7.5		5	20	6	6.7			20	2	9.3
	19	0	4	1.8		26	0	2	0.9			6	8	5.2		23	2	4	5.8
		20	2	3.5		30	20	22	20.8			8	10	7.6			4	6	6.7
	20	4	6	8.0			22	0	24.8			10	12	5.1			6	8	8.4
	23	4	8	3.1		31	0	2	10.5			12	14	1.0			8	10	9.8
7	2	8	20	11.5	8	2	6	8	0.9		12	4	6	1.5			10	12	5.2
		10	12	2.2			6	8	7.6			10	20	13.7			12	20	12.6
		14	16	0.3			6	8	0.2			20	0	8.7					

1979　滚　河　石漫滩站

月	日	起	止	降水量(mm)	月	日	起	止	降水量(mm)	月	日	起	止	降水量(mm)	月	日	起	止	降水量(mm)
4	22	18	20	1.1	4	23	1	2	32.9	4	23	7	8	0.1	4	25	18	19	0.2
		21	23	1.2			2	3	8.5			12	17	2.1		27	3	5	0.4
		23	0	8.2			3	4	4.4			18	19	0.1			5	6	4.3
	23	0	1	28.3			4	6	1.6		25	15	16	1.9			6	7	0.8

降 水 量 摘 录 表

月	日	起	止	降水量(mm)	月	日	起	止	降水量(mm)	月	日	起	止	降水量(mm)	月	日	起	止	降水量(mm)
4	27	12	13	0.1	7	8	17	19	3.2	8	17	21	23	0.7	9	14	10	20	5.8
6	1	17	20	3.0			19	20	3.0		24	2	4	2.0			20	21	1.6
	3	23	0	22.5			20	22	2.7			4	5	4.7			21	22	6.8
	4	0	1	9.7			22	23	4.0			8	10	0.2			22	23	6.5
		1	4	2.1			23	0	14.0			16	17	0.1			23	0	3.3
		16	17	0.1		9	0	1	18.7		27	4	5	0.3		15	0	1	2.3
		18	19	0.1			1	2	17.5		29	9	14	2.8			1	2	3.7
	8	19	20	0.1			2	3	5.3		30	4	6	0.2			2	4	3.7
	18	14	18	5.5			3	8	4.4			15	20	1.7			5	8	2.5
		18	19	3.5			10	12	2.0			20	0	4.5			8	10	4.3
		19	20	8.4			17	18	0.1		31	0	1	2.6			10	11	3.6
		20	21	0.1		15	6	7	2.0			1	2	8.5			11	13	2.1
		21	22	14.0			7	8	6.8			2	3	7.2			15	16	3.0
		22	23	11.5			8	9	5.5			3	4	2.5			16	20	6.2
		23	0	3.2			9	10	0.4			4	5	2.7			20	21	0.8
	19	0	2	0.8			10	11	30.5			7	8	0.1		16	0	1	2.4
		6	7	0.1			11	12	5.8			8	12	1.9			1	2	4.8
		16	17	0.1			12	13	8.8			12	13	2.9			2	3	5.7
		21	22	1.1			13	14	14.4			13	14	2.8			3	4	1.2
		23	1	0.7			14	15	17.3			14	17	2.0			4	5	2.9
	20	5	6	0.2			15	19	2.3			20	21	0.1			5	8	2.7
	23	6	8	2.0		19	0	1	0.2	9	3	17	18	0.1			8	9	0.4
		8	12	3.8		24	2	8	7.0		4	15	20	1.0			10	11	0.1
		12	13	3.2		30	21	22	5.5			20	6	7.2			23	1	0.3
		13	19	4.3			22	23	11.9		5	6	7	3.4		20	21	22	0.4
	28	19	20	0.1			23	0	0.5			7	8	2.5			22	23	6.1
		22	0	1.6		31	1	3	0.4			8	9	3.8			23	0	0.1
	29	3	4	0.1	8	2	0	2	1.9			9	10	3.3		21	0	1	3.7
7	2	10	11	4.5			23	0	4.0			10	11	2.6			1	6	4.7
		12	13	0.1		3	0	1	0.1		12	3	6	1.6			7	8	0.1
		15	16	9.4			2	3	0.1			12	15	2.6			18	20	0.4
		16	17	8.3			7	8	0.1			15	20	4.9			23	1	0.6
		17	20	3.7		6	12	13	1.8			20	21	0.3		22	1	2	5.3
		23	0	0.1			15	16	1.8			21	22	2.6			2	8	2.9
	3	0	1	6.0			16	17	28.7			22	23	1.0			14	18	0.4
		1	2	0.2			17	18	10.0			23	0	3.4			20	1	3.4
		2	3	8.1			19	20	1.8		13	0	1	3.1		23	1	2	2.8
		3	4	4.5			21	22	0.1			1	2	5.2			2	3	3.1
		4	5	6.8		10	15	16	0.9			2	4	4.1			3	4	1.5
		16	17	0.4		13	18	20	2.2			4	5	3.2			4	5	3.7
	4	1	8	3.9			20	22	1.0			5	8	2.1			5	6	2.1
		8	11	1.0		14	3	4	2.0			10	12	0.8			6	7	6.0
		13	18	4.9			7	8	0.7			12	13	2.7			7	8	5.2
		20	1	3.1			9	11	1.9			13	14	3.3			8	9	3.5
	5	1	2	3.2			13	14	0.1			14	15:30	1.4			9	12	6.1
		2	3	4.6			22	23	0.1			16:20	20	3.5			13	14	0.2
		3	4	0.6		15	5	6	0.1			20	21	3.0			14	15	3.0
		4	7	0.1			11	12	0.2			21	22	1.7			15	16	7.7
	6	4	5	0.5		16	2	3	0.2			23:20	1	0.4			16	18	2.3
	8	12	16	1.8			6	8	0.5		14	5	6	0.3					

1979 滚 河 袁门站

月	日	起	止	(mm)	月	日	起	止	(mm)	月	日	起	止	(mm)	月	日	起	止	(mm)
4	5	23	0	0.3	4	6	20	0	1.0	4	22	23	0	24.3	4	25	14	16	2.3
	6	0	1	2.6		12	4	7	1.4		23	0	1	29.6		27	4	5	2.6
		1	8	5.5			9	19	11.4			1	2	30.1			5	7	1.4
		8	16	3.6		22	17	18	1.7			2	3	6.9			11	12	0.2
		16	17	3.9			21	22	5.1			3	4	2.8		30	13	16	1.0
		17	20	4.6			22	23	12.8			12	19	3.6	6	1	17	20	2.6

降 水 量 摘 录 表

月	日	起	止	降水量(mm)	月	日	起	止	降水量(mm)	月	日	起	止	降水量(mm)	月	日	起	止	降水量(mm)
6	1	20	21	0.2	7	4	1	8	4.8	8	6	19	20	0.8	9	14	15	20	3.4
	3	23	0	3.9			8	12	1.5		11	18	19	0.2			20	23	5.7
	4	0	1	20.1			13	20	4.7			19	20	3.2			23	0	3.2
		1	2	1.0			20	7	11.6		13	20	21	0.6		15	0	1	2.9
		3	4	0.3		6	3	5	0.5		14	3	4	0.9			1	2	3.4
	18	14	15	0.2		8	11	15	2.6		16	5	8	1.0			2	3	3.2
		15	16	3.4			17	18	2.0			8	9	0.9			3	4	2.9
		16	17	1.6			18	19	3.7		17	9	10	2.8			4	5	2.7
		17	18	4.3			19	20	2.7			10	11	0.6			5	8	4.2
		18	19	1.9			20	21	2.4		23	22	5	3.6			8	15	9.8
		19	20	2.6			21	22	3.9		29	9	13	2.3			15	16	3.4
		20	21	3.7			22	23	5.2		30	7	8	0.3			16	20	5.8
		21	22	9.4			23	0	12.1			14	15	0.1			20	21	2.4
		22	23	6.7		9	0	1	14.7			17	20	1.1			21	22	2.4
		23	0	7.3			1	2	13.2			20	22	1.9			23	0	3.7
	19	0	1	2.9			2	3	4.6			22	23	3.2		16	0	1	3.9
		1	2	0.3			3	4	3.7			23	0	3.9			1	2	3.3
		20	21	2.1			4	7	4.3		31	0	1	3.1			2	3	4.1
		21	22	3.4			10	11	0.5			1	2	8.4			3	8	6.0
		22	23	2.6		15	5	6	3.4			2	3	6.6		20	21	22	1.9
		23	0	0.9			6	7	4.5			3	8	5.1			22	23	3.2
	20	4	5	0.4			8	9	1.2			8	10	1.0			23	0	4.9
		5	6	4.7			9	10	12.2	9	3	14	17	5.5		21	0	1	5.6
	23	5	8	2.4			10	11	17.1		4	15	18	1.5			1	3	3.2
		8	18	9.7			11	12	5.3			20	8	10.5			22	23	1.0
	28	19	20	0.4			12	13	19.7		5	8	9	3.2			23	0	4.6
7	2	9	10	0.2			13	14	28.6			9	10	4.1		22	0	1	5.1
		10	11	2.8			14	15	6.3			10	11	2.9			1	4	3.4
		14	15	1.5		24	2	8	6.0			11	13	2.6			19	20	0.5
		15	16	9.8		25	9	10	10.9		12	3	6	1.1			20	1	4.9
		16	17	13.9			10	11	0.3			12	20	10.7		23	1	2	3.1
		17	18	9.3			19	20	5.5			20	22	2.1			2	3	2.4
		18	19	7.4			20	21	3.4			22	23	3.2			3	4	2.8
		19	20	0.6		30	22	23	16.9			23	0	4.1			4	5	3.7
		23	0	2.4			23	0	4.8		13	0	8	14.0			5	6	3.9
	3	0	1	9.6	8	1	23	0	3.2			9	13	2.7			6	7	5.2
		1	2	12.4		2	0	1	17.0			13	14	2.6			7	8	4.1
		2	3	6.0		5	19	20	10.3			14	15	1.4			8	9	3.8
		3	4	9.7		6	11	12	1.4			16	20	4.1			9	10	2.9
		4	5	0.8			12	13	3.9			20	2	5.3			10	19	13.9
		6	7	0.2			15	18	3.2		14	10	13	1.9					

1980　滚　河　刀子岭站

月	日	起	止	降水量(mm)	月	日	起	止	降水量(mm)	月	日	起	止	降水量(mm)	月	日	起	止	降水量(mm)
5	11	5	8	1.2	5	23	23	0	5.5	5	31	20	21	7.8	6	9	13	20	3.6
		8	9	3.0		24	0	1	24.9			21	22	8.1			20	1	6.3
		9	10	5.2			1	2	1.3			22	23	6.5		11	13	15	0.3
		10	11	3.3			5	6	0.7			23	0	6.6			16	17	0.4
		12	13	0.7			6	7	8.0	6	1	0	1	5.3		16	0	2	1.2
	13	23	0	21.2			7	8	1.6			1	2	4.1			2	3	3.2
	14	0	1	24.7			8	11	1.4			2	3	3.0			3	5	5.0
	18	2	4	0.7			12	13	0.2			3	4	0.4			5	7	4.3
		12	13	0.9			20	21	0.3		5	18	19	4.8			7	8	2.7
		16	19	0.9		31	13	14	0.1		6	7	8	0.6			8	9	4.3
		20	22	0.2			14	15	3.2		8	8	11	4.1			9	13	2.6
	23	19	20	7.0			15	17	2.5			11	12	8.8			14	19	3.8
		20	21	9.8			17	18	6.7			12	14	3.1		18	14	19	6.2
		21	22	9.4			18	19	4.4			14	15	5.9			20	4	1.5
		22	23	3.0			19	20	6.1			15	17	3.4		19	7	8	0.1

降 水 量 摘 录 表

月	日	起	止	降水量(mm)	月	日	起	止	降水量(mm)	月	日	起	止	降水量(mm)	月	日	起	止	降水量(mm)
6	19	8	9	0.3	7	10	17	20	0.9	8	19	9	12	1.6	9	8	4	5	6.6
		9	10	3.4			20	5	5.5		20	18	20	1.3			5	6	3.4
		10	11	2.6		11	17	19	1.7			20	1	0.8			6	8	2.6
	23	7	8	0.4			20	23	2.0		21	10	11	1.0			8	10	2.4
		8	11	1.2		12	0	1	1.5			16	17	0.2			10	11	3.4
		11	12	3.1			1	2	2.9		23	11	13	1.8			11	15	5.3
		12	13	2.8			2	3	3.1			13	14	4.1			15	16	3.3
		13	14	2.8			3	4	1.3			14	15	11.2			16	17	4.2
		14	15	4.9			4	5	3.1			15	16	8.1			17	20	2.5
		15	16	3.3			5	7	1.2			16	17	15.1			20	1	2.6
		16	17	3.2			8	9	0.1			17	18	6.0		16	5	6	0.2
		17	18	6.5			11	14	2.0			18	19	10.8		21	22	0	0.2
		18	19	16.9			14	15	7.4			19	20	8.7	10	4	3	5	0.4
		19	20	16.1			15	16	5.0			20	21	0.4			13	20	4.7
		20	21	12.1			16	17	6.4			22	23	19.6			20	22	0.5
	24	21	5	9.2			17	18	2.9			23	0	15.3		5	0	2	0.3
		5	6	2.7			18	19	0.8		24	0	1	18.5			5	8	0.5
		6	7	1.8			22	1	1.0			1	2	7.6		8	9	17	4.5
		7	8	3.6		19	7	8	0.4			2	3	3.0		9	0	1	3.4
		8	9	5.1		26	18	19	3.4			3	4	3.5			1	2	3.1
		9	11	4.1		28	17	20	1.4			4	5	4.6			2	3	2.9
		11	12	4.8			20	8	4.1			5	6	6.4			3	8	9.3
		12	13	7.3		29	8	11	0.7			6	7	18.6			8	9	6.9
		13	14	4.0			21	0	1.7			7	8	4.6			9	10	7.5
		14	15	6.8		30	0	1	18.2			8	9	2.1			10	11	4.2
		15	16	1.2			1	2	13.3			9	10	3.7			11	13	4.6
		16	17	8.3			2	4	3.7			10	11	7.1			13	14	4.1
		17	19	1.3			4	5	2.7			11	12	7.8			14	15	4.4
7	1	1	2	0.2			5	6	1.9			12	13	4.3			15	16	5.1
		6	7	0.1			6	7	6.4			13	14	14.5			16	17	6.2
		12	13	1.7			7	8	0.8			14	15	4.9			17	18	8.5
		13	14	11.9			8	15	7.4			15	20	4.4			18	19	6.3
		14	15	2.9		31	6	8	1.6			20	22	0.8			19	20	5.8
		15	17	1.8			8	9	1.8		27	18	20	4.0			20	21	4.8
		18	19	6.4			9	10	2.9			20	1	8.8			21	22	5.2
		19	20	8.7			10	12	1.0		28	1	2	2.6			22	23	4.2
	2	1	2	0.4	8	1	10	11	0.4			2	3	2.4			23	0	2.2
		4	8	3.6		2	11	13	0.3			3	4	2.7		11	12	17	1.3
		8	9	0.2			20	22	0.7			4	6	3.4			20	8	10.7
		12	13	0.4		8	16	17	7.8			6	7	3.5		12	8	11	1.7
		19	20	0.1		9	17	18	2.0			7	8	7.2			12	14	0.2
		20	23	1.9		10	18	19	4.7			8	10	2.0		15	8	10	1.1
	3	9	11	2.1			19	20	0.3			12	13	0.1			14	15	0.8
		11	12	2.9		11	11	12	15.7	9	3	16	17	10.8			15	16	2.8
		12	16	5.8			12	13	1.4		4	7	8	0.8			16	17	0.9
		21	5	4.4			19	20	0.9			8	9	1.3		21	13	20	0.9
	7	20	1	4.4		14	16	17	0.2			9	10	7.6			20	23	0.9
	8	2	8	1.6		16	18	19	10.9			13	16	1.7		24	18	20	1.3
		8	11	0.4			19	20	22.3		5	0	8	2.8		29	23	3	1.0
		13	15	3.4			20	22	1.0			8	16	5.8		30	5	6	0.4
		15	16	4.0		18	9	14	1.4			17	20	2.8			7	8	0.3
		16	18	2.9			15	16	0.4			20	21	0.1		31	16	19	1.9
	9	1	4	1.0			17	20	2.5		6	0	3	0.9					
	10	14	16	0.8			20	6	8.2		8	3	4	6.6					

1980 滚 河 尚店站

月	日	起	止	降水量(mm)	月	日	起	止	降水量(mm)	月	日	起	止	降水量(mm)	月	日	起	止	降水量(mm)
5	11	6	8	1.5	5	11	9	10	5.1	5	13	22	23	5.3	5	14	0	1	10.8
		8	9	3.1			10	12	2.6			23	0	15.1		18	17	20	0.6

降 水 量 摘 录 表

月	日	起	止	降水量(mm)	月	日	起	止	降水量(mm)	月	日	起	止	降水量(mm)	月	日	起	止	降水量(mm)
5	18	20	21	0.2	6	23	13	14	0.9	8	8	15	16	7.1	8	28	0	1	2.6
	23	19	20	2.6			14	15	4.0			16	17	0.5			1	2	6.7
		20	21	2.6			15	16	2.9		9	16	17	17.1			2	3	4.0
		21	22	17.1			16	17	8.6			17	18	4.1			3	4	3.8
		22	23	10.1			17	18	7.4		16	19	20	39.6			4	5	2.7
	24	23	0	12.4			18	19	13.2			20	21	17.4			5	6	5.5
		0	1	9.6			19	20	10.8			21	22	0.4			6	7	6.8
		1	2	11.4			20	21	13.8		17	17	18	35.5			7	8	2.2
		2	3	8.6			21	22	1.1			18	19	0.4			8	10	1.5
		3	4	5.0		24	3	7	3.3		18	19	20	3.2	9	3	14	15	1.9
		4	5	6.2			7	8	3.1			20	21	0.4			16	17	1.3
		5	6	0.6			8	13	8.7		19	2	7	4.4		4	7	8	0.3
		6	7	4.1			13	14	3.1			10	11	0.3			8	13	4.5
		7	8	0.5			14	18	5.8		20	19	20	0.8			14	15	0.6
		8	10	0.9		26	5	6	0.1			20	21	0.4		5	5	8	1.6
	31	20	21	0.2		30	6	7	0.1			22	23	0.3			8	10	2.2
		14	15	7.6	7	1	13	16	1.7		21	15	16	0.9			14	20	2.2
		15	16	1.2			18	19	10.2		23	11	13	2.4			20	21	0.4
		16	17	3.5			19	20	8.4			13	14	3.7		8	1	2	0.7
		17	18	4.6		2	3	8	3.7			14	15	6.0			2	3	3.6
		18	20	2.7			8	9	0.2			15	16	8.9			3	8	7.8
		20	21	2.2			19	20	1.1			16	17	7.9			8	19	18.1
		21	22	4.7			20	1	4.5			17	18	4.6	10	4	14	19	3.5
		22	23	5.1		3	10	11	1.4			18	19	7.7		5	4	7	0.8
		23	3	4.0			11	12	3.5			19	20	19.1			13	14	0.1
6	1	9	12	0.7			12	17	2.9			20	21	0.4		8	23	8	12.2
	5	18	19	0.3			21	4	4.0			21	22	2.6		9	8	9	4.9
	6	7	8	0.4		7	21	0	2.7			22	23	14.6			9	10	3.1
		8	16	5.1		8	4	5	0.2			23	0	0.7			10	11	1.9
	9	14	16	0.8			6	8	0.5		24	0	1	18.1			11	12	3.2
		17	20	2.1			8	9	0.5			1	3	3.4			12	13	6.6
		20	1	3.7			12	13	0.4			3	4	2.6			13	15	3.6
	11	13	17	0.9			14	15	4.8			4	5	4.0			15	16	3.6
		18	19	0.2			15	16	2.3			5	6	3.6			16	17	2.9
	16	1	2	5.8		10	15	16	1.0			6	7	1.7			17	18	7.1
		2	3	3.3			22	0	2.9			7	8	7.3			18	19	3.7
		5	6	5.1		11	0	1	0.4			8	9	6.0			19	20	5.4
		6	7	7.0			19	20	0.6			9	10	2.8			20	21	2.8
		7	8	4.7			21	22	0.5			10	11	7.6			21	22	7.1
		8	10	1.1			23	8	6.5			11	12	9.4			22	1	3.5
		13	17	3.8		12	8	9	0.4			12	13	8.7	11	21	21	7	2.9
	17	22	23	0.3			14	18	6.0			13	14	6.5		12	9	12	2.4
	18	15	16	2.9			20	21	1.1			14	15	3.5		15	14	20	6.4
		16	20	3.4		29	22	0	1.6			15	16	1.2		21	14	15	0.2
		20	22	0.9		30	0	1	11.2			16	17	2.6			19	20	0.4
	19	6	8	1.2			1	2	9.7			17	18	1.6			20	22	0.4
		8	11	5.3			2	3	6.4		27	18	20	2.9	30		0	8	2.8
	23	8	12	3.7			3	8	4.5			20	21	4.8	31		17	20	1.8
		12	13	3.1			8	12	2.5			21	0	4.4					

1980 滚 河 柏庄站

月	日	起	止	降水量(mm)	月	日	起	止	降水量(mm)	月	日	起	止	降水量(mm)	月	日	起	止	降水量(mm)
5	11	6	8	1.2	5	18	16	20	0.5	5	24	1	4	0.5	5	31	13:55	14	0.1
		8	9	2.8		23	18:20	20	1.6			5	6	0.1			14	15	10.7
		9	10	4.2			20	21	2.0			6:23	7	4.0			15	16	37.8
		10	12	2.2			21	22	10.1			7	8	3.2			16	17	3.3
	13	23:41	0	14.3			22	23	30.7			8	9	9.1			17	18	7.1
	14	0	0:21	6.5		24	23	0	11.0			9	10	0.4			18	19	3.1
	18	1	3	0.5			0	1	9.8			23	0	0.2			19	20	2.5

降 水 量 摘 录 表

月	日	时或时分 起	止	降水量(mm)	月	日	时或时分 起	止	降水量(mm)	月	日	时或时分 起	止	降水量(mm)	月	日	时或时分 起	止	降水量(mm)
5	31	20	22	3.1	6	30	6	7	0.2	8	18	17	18	3.5	9	5	11	12	0.1
		22	23	4.7	7	1	7	8	0.2			18	20	0.4			13	20	1.8
		23	0	7.0			8	9	0.3		19	3	7	0.4			20	21	0.1
6	1	0	1	7.1			19	20	1.0			10	11	0.1			23	0	0.1
		1	2	4.6		2	2	8	2.4			14	15	0.1		6	1	3	0.4
		2	3	2.9			9	10	0.1		20	4	5	0.3			5	6	0.1
		3	4	0.1			14	16	0.2			18	20	1.1		8	3	4	0.6
		9	10	0.2			17	20	0.5			20	21	0.1			4	5	10.2
		18	19	0.1			20	22	0.3		21	0	1	0.1			5	6	4.8
	5	18	19	0.1			23	1	2.3			11	12	0.1			6	8	2.2
		23	0	0.1		3	3	4	0.1			17	18	9.6			8	20	15.0
	6	8	11	2.4			9	18	7.7			18	19	0.1			20	22	0.2
		11	12	3.2			20	5	4.4			21	22	0.1		9	1	4	0.5
		13	16	2.2		4	6	7	0.1		23	12	14	4.6			6	7	0.1
	9	11	12	0.1		7	20	3	2.6			14	15	3.1	10	4	11	12	0.2
		13	20	2.6		8	4	5	0.1			15	16	5.6			13	20	5.0
		20	1	2.4			6	8	0.5			16	17	9.5			20	21	0.1
	10	6	7	0.1			8	11	1.1			17	18	4.0		5	1	2	0.2
	11	15	16	0.2			12	14	2.2			18	19	5.7			6	7	0.1
		17	19	0.2			14	15	2.8			19	20	10.7			20	22	0.3
	16	0:10	1	3.0			15	18	1.0			20	22	3.6		6	2	3	0.1
		1	2	7.1		9	4	5	0.2			22	23	14.3		8	9	10	0.1
		2	3	10.1		10	15	17	0.6			23	0	7.1			11	14	0.6
		3	4	10.3			18	19	0.1		24	0	1	3.1			16	18	0.2
		4	5	12.9			20	0	2.0			1	3	0.6			23	1	2.1
		5	6	16.5		11	1	2	0.1			3	4	3.2		9	1	2	2.7
		6	7	2.0			15	16	0.8			4	5	0.5			2	3	5.0
		7	8	5.8			17	19	0.2			5	6	3.2			3	7	4.8
		8	9	2.2			20	4	2.5			6	7	2.3			7	8	2.7
		13	14	0.1		12	5	8	2.1			7	8	6.3			8	9	3.1
		14	15	3.2			8	9	0.2			8	9	6.0			9	12	4.5
		15	18	0.7			12	20	8.3			9	10	2.3			12	13	3.6
	18	14	16	2.3			21	22	0.1			10	11	9.6			13	18	8.5
		16	18	2.4			23	0	0.1			11	12	9.5			18	19	3.4
		22	23	0.2		13	6	7	0.1			12	13	4.7			19	20	3.8
	19	0	3	0.7		25	9	10	0.2			13	14	7.0			20	21	6.0
		5	8	0.7			19	20	0.1			14	15	2.6			21	22	5.7
		9	10	3.5		26	18	20	0.2			15	19	3.4			22	1	1.4
		10	13	2.4		28	8	9	0.1			20	21	0.1		10	6	7	0.1
	23	8	14	4.8			18	19	0.1		27	18	20	0.3		11	21	0	2.1
		14	15	3.3		29	6	7	0.1			20	0	5.0		12	0	1	3.2
		15	16	3.6			9	10	0.1		28	0	1	2.7			1	8	2.1
		16	17	5.5			22	0	1.4			1	2	2.9			8	13	1.8
		17	18	6.7		30	0	1	21.1			2	4	2.4			16	17	0.1
		18	19	7.4			1	2	1.7			4	5	3.6		15	6	8	0.4
		19	20	7.7			3	8	4.5			5	6	18.0			13	20	4.1
		20	21	8.8			8	16	7.5			6	7	5.2		16	6	7	0.1
		21	1	2.4		31	11	12	0.1			7	8	1.7		21	15	16	0.2
	24	3	7	5.3	8	9	16	18	2.3			8	10	0.2			17	19	0.2
		7	8	3.4		10	14	15	0.1	9	3	14	15	0.2			20	21	0.1
		8	9	2.7		11	15	20	0.7			17	18	10.5		29	19	20	0.1
		9	11	2.8		14	15	18	1.2			18	19	0.4			20	21	0.1
		11	12	3.4			19	20	0.1		4	8	9	0.2			23	1	0.7
		12	13	3.7		16	19:42	20	12.4			10	13	0.5		30	1	2	3.1
		13	14	3.4			20	20:50	8.2			14	16	0.6			2	3	1.1
		14	15	2.8		17	17	18	6.0			17	18	0.1			5	8	1.6
		15	18	3.4			18	19	2.8		5	0	3	0.8			13	15	0.6
	26	6	7	0.1			19	20	0.2			5	8	1.0		31	15	18	1.6
	30	2	4	2.9		18	10	15	1.5			8	10	1.4					

降 水 量 摘 录 表

1980 滚 河 柴厂站

月	日	起	止	降水量(mm)	月	日	起	止	降水量(mm)	月	日	起	止	降水量(mm)	月	日	起	止	降水量(mm)
5	11	6	8	0.9	6	23	16	18	14.2	7	30	0	2	24.9	9	3	16	18	17.8
		8	10	5.3			18	20	31.8			2	8	10.5		4	8	10	7.2
		10	14	3.5			20	22	20.3			8	14	6.0			10	12	0.3
	13	22	0	8.5			22	6	8.8	8	2	10	14	0.5		5	0	4	0.9
	14	0	2	47.2		24	6	8	5.5		8	14	16	9.2			6	8	0.7
	18	2	4	0.5			8	10	6.1		9	16	18	5.4			8	20	6.5
		12	20	0.8			10	12	4.2		11	12	14	1.9			20	22	0.1
		20	0	0.3			12	14	9.8			18	20	4.8		6	2	4	0.4
	23	18	20	4.4			14	16	13.1		14	16	18	0.4		8	2	4	7.8
		20	22	7.3			16	18	2.8		16	16	18	17.4			4	6	12.7
	24	22	0	8.9		26	6	8	0.5			20	22	0.8			6	8	2.9
		0	2	26.7		30	6	8	0.1		17	16	18	22.3			8	10	2.6
		2	4	1.8	7	1	14	16	4.8			18	20	1.8			10	12	5.4
		6	8	6.8			18	20	11.9		18	8	12	1.0			12	16	7.1
		8	12	1.7			20	22	0.2			20	22	0.6			16	20	7.1
		14	16	0.2		2	4	8	3.1		19	0	2	6.6			20	2	2.4
		18	20	0.6			8	10	0.2			4	6	0.9		21	20	22	0.2
		20	0	0.3			12	14	0.1			10	12	0.8	10	4	14	20	3.3
	31	12	16	2.7			16	18	0.2		20	14	16	0.3			20	0	0.8
		16	18	23.1			20	22	3.4			18	20	0.7		5	14	16	0.3
		18	20	8.7		3	0	4	0.6			20	22	0.2			22	0	0.1
		20	22	5.1			10	16	7.2		21	2	4	0.4		8	12	20	4.3
		22	0	6.9			20	6	4.3			8	10	0.2		9	2	4	5.1
6	1	0	2	7.3		7	20	4	4.2		23	10	14	4.3			4	6	5.2
		2	4	2.2		8	6	8	0.5			14	16	13.7			6	8	5.5
	5	18	20	2.6			8	14	1.7			16	18	15.6			8	10	6.1
		20	22	0.2			14	16	6.7			18	20	17.0			10	12	13.8
	6	8	10	2.4			16	20	2.3			20	22	1.6			12	14	6.1
		10	12	10.9		9	4	6	0.6			22	0	40.6			14	16	7.3
		12	18	7.6		10	12	20	1.7		24	0	2	12.8			16	18	4.9
	9	4	6	0.1			22	4	3.9			2	4	8.3			18	20	16.3
		14	20	3.9		11	16	20	2.0			4	6	5.2			20	22	10.1
		20	0	5.8			20	8	9.9			6	8	25.3			22	0	12.5
	11	14	20	0.9		12	8	10	0.2			8	10	8.1	10	0	2	1.8	
	16	0	6	10.5			12	14	0.2			10	12	24.1		11	14	20	1.3
		6	8	6.8			14	16	6.1			12	14	18.9			22	2	4.6
		8	10	14.7			16	18	5.8			14	16	6.3	12	8	16	3.7	
		10	18	4.4			18	20	1.0			16	20	3.3	15	8	12	1.3	
	18	0	2	0.2			20	0	1.0			20	22	0.4			16	20	4.0
		14	20	5.2		19	6	8	0.3		27	16	20	2.6	21	16	20	1.0	
		20	8	2.4		26	18	20	0.2			20	0	3.1			20	2	1.9
	19	8	12	6.3		28	18	20	0.5		28	0	2	7.3	30	2	8	3.1	
	23	8	12	2.6			20	8	2.9			2	6	6.1			8	10	0.6
		12	14	7.3		29	8	10	0.4			6	8	6.8			14	16	0.3
		14	16	9.7			22	0	2.2			8	12	1.9	31	16	20	1.9	

1980 洪 河 滚河李站

月	日	起	止	降水量(mm)	月	日	起	止	降水量(mm)	月	日	起	止	降水量(mm)	月	日	起	止	降水量(mm)
5	10	15	16	0.1	5	11	10	11	4.1	5	13	23;35	0	12.4	5	18	13	14	0.1
	11	6	8	0.9			11	12	0.3		14	0	1	22.4			17	20	0.6
		8	9	2.2			13	14	0.2		18	1	5	0.3		23	19;37	20	1.3
		9	10	2.6		13	13	14	0.1			5	6	0.1			20	21	2.3

降 水 量 摘 录 表

第一组

月	日	起	止	降水量（mm）
5	23	21:28	22	3.5
		22	23	30.1
		23	23:20	1.0
		23:30	0	2.5
	24	0	0:50	15.7
		1	1:05	0.1
		1:44	1:48	0.3
		3:22	3:23	0.1
		4:20	6	1.4
		6:39	6:52	4.1
		6:56	7	0.7
		7	7:10	0.7
		7:50	8	0.4
		8	10	2.6
		20	21	0.1
	31	23	1	0.5
		14	16	3.6
		16	17	2.8
		17	18	8.0
		18	20	4.5
		20	23	3.5
		23	0	5.1
6	1	0	1	5.1
		1	2	3.8
		2	3	3.0
	5	19	20	1.5
		21	22	0.1
	6	8	11	2.2
		11	12	5.1
		13	16	2.1
		18	19	0.1
	9	14	20	2.3
		20	1	3.5
	11	15	18	0.6
		19	20	0.1
	16	0	1	1.7
		1	2	2.9
		2	3	9.8
		3	6	4.0
		6	7	6.2
		7	8	8.1
		8	9	7.3
		9	10	0.1
		13	18	2.8
	18	14	19	4.6
		20	21	0.1
		22	0	0.2
	19	2	3	0.6
		6	8	0.9
		9	10	3.1
		10	12	2.0
		13	14	0.2
	23	9	15	5.4
		15	16	3.8
		16	17	3.5
		17	18	4.7
		18	19	12.6
		19	20	11.4

第二组

月	日	起	止	降水量（mm）
6	23	20	21	11.2
		21	22	3.2
		22	1	1.1
	24	2	7	4.7
		7	8	3.5
		8	12	6.4
		12	13	2.6
		13	15	5.0
		15	16	2.7
		16	18	1.5
	25	0	1	0.1
	28	6	8	0.4
	30	1	8	10.0
7	2	1	6	5.1
		7	8	0.1
		19	20	0.2
		21	22	0.1
		23	1	1.3
	3	2	4	0.6
		9	17	4.3
		19	20	0.1
		20	6	4.4
	7	18	20	0.5
		20	1	2.0
	8	4	6	0.3
		8	11	1.3
		12	18	4.3
	9	4	5	0.2
	10	22	0	1.5
	11	1	2	0.1
		15	16	0.1
		19	20	0.1
		20	22	1.9
	12	7	8	1.2
		8	9	0.1
		13	17	4.3
		17	18	3.2
		18	19	1.4
		21	22	0.1
	13	0	1	0.1
	26	19	20	0.4
		20	21	0.2
	27	19	20	2.1
	29	8	10	0.2
		23	0	0.2
	30	0	1	17.9
		1	2	4.3
		2	6	1.0
		7	9	0.1
		9	13	1.8
		14	15	0.1
8	1	11	12	0.5
	8	14	15	0.3
	11	14	15	1.5
		16	17	0.2
		18	20	2.6
	14	16:50	17	0.1
		17	17:50	16.5

第三组

月	日	起	止	降水量（mm）
8	14	19	20	0.1
	16	17	18	1.5
	17	18	19	1.2
	18	3	4	0.1
		12	15	0.4
	19	2	4	0.6
		8	10	0.2
		11	12	0.1
	20	18	20	1.0
		20	21	0.1
	23	12:24	13	0.7
		13	14	3.1
		14	15	3.5
		15	16	4.2
		16	17	9.2
		17	18	5.1
		18	19	10.7
		19	20	8.8
		20	21	5.4
		21	22	2.7
		22	23	23.0
		23	0	24.1
	24	0	1	2.1
		1	1:30	2.0
		2	3	0.1
		3	4	2.9
		4	4:50	1.6
		5:10	6	1.5
		6	7	2.6
		7	8	3.9
		8	9	8.4
		9	10	9.0
		10	11	6.1
		11	12	10.1
		12	13	6.7
		13	14	8.4
		14	15	2.6
		15	16	4.0
		16	18:25	1.1
	27	17	20	2.0
		20	5	15.5
	28	5	6	5.0
		6	7	3.9
		7	8	2.0
		8	10	0.2
9	3	17:13	18	20.0
		18	18:30	1.0
	4	4	5	0.1
		8	9	4.5
		9	10	0.2
		15	17	0.4
	5	0	4	0.9
		5	8	1.0
		8	10	1.2
		14	16	0.3
		18	20	1.1
		20	21	0.1
		22	23	0.1

第四组

月	日	起	止	降水量（mm）
9	6	1	2	0.4
	8	3	4	0.2
		4	5	8.4
		5	8	4.3
		8	20	14.4
		20	21	0.2
		22	23	0.2
	9	2	4	0.3
		6	7	0.1
10	4	12	20	4.5
		20	21	0.1
	5	1	3	0.4
	8	10	12	0.5
		16	17	0.1
		23	0	0.3
	9	0	2	7.6
		2	3	3.9
		3	4	3.4
		4	5	2.6
		5	6	4.5
		6	7	0.9
		7	8	3.5
		8	9	4.0
		9	10	5.8
		10	11	3.0
		11	12	1.7
		12	13	7.6
		13	14	3.2
		14	15	3.0
		15	16	3.3
		16	17	1.8
		17	18	2.6
		18	19	5.7
		19	20	3.6
		20	21	6.2
		21	22	4.5
		22	1	1.2
	11	14	16	0.2
		20	0	3.5
	12	0	1	3.5
		1	8	9.3
		8	15	3.0
	15	6	7	0.1
		9	10	0.1
		14	19	2.8
		20	21	0.1
	21	14	17	0.8
		19	20	0.1
		20	0	0.4
	25	15	16	0.1
	29	20	21	0.1
	30	1	3	2.0
		4	7	0.6
		9	10	0.1
		13	16	0.9
	31	16	18	1.6

降 水 量 摘 录 表

1980 滚 河 袁门站

月	日	起	止	降水量(mm)	月	日	起	止	降水量(mm)	月	日	起	止	降水量(mm)	月	日	起	止	降水量(mm)
5	11	4	8	2.3	6	23	14	15	3.1	8	17	17	18	10.1	9	5	8	10	0.8
		8	9	3.4			15	16	1.0			18	20	1.1			13	16	1.4
		9	10	4.0			16	17	2.7		18	9	11	0.8		8	1	3	1.0
		10	12	3.4			17	18	4.2			19	20	0.2			3	4	2.7
	13	23	0	41.9			18	19	12.8			20	23	1.9			4	8	5.6
	18	0	8	0.3			19	20	12.8		19	1	4	2.6			8	10	2.1
		8	8	1.0			20	21	10.5		20	2	5	1.1			10	11	2.7
	23	19	20	2.9			21	23	1.1			18	20	1.1			11	12	2.9
		20	21	1.7		24	3	8	6.5			20	21	0.3			12	14	2.6
		21	22	12.1			8	9	2.6		23	12	13	1.5			14	15	2.6
		22	23	21.5			9	11	1.7			13	14	2.9			15	20	5.7
		23	0	13.1			11	12	2.9			14	15	4.2			20	21	5.2
	24	0	1	6.2			12	13	2.3			15	16	5.4	10	4	14	20	2.9
		1	2	3.1			13	14	2.7			16	17	4.9			20	22	0.3
		2	3	2.8			14	17	6.0			17	18	5.9		5	4	7	1.0
		3	4	1.8	7	1	14	15	3.4			18	19	6.8			13	15	0.4
		4	5	3.3			15	16	0.2			19	20	18.5			17	18	0.2
		5	6	1.6			18	19	3.5			20	21	4.7			19	20	0.2
		6	7	4.1			19	20	1.2			21	22	15.1			20	21	0.1
		7	8	0.3			20	22	0.4			22	23	6.3		8	11	15	1.2
		8	9	0.6		2	1	2	1.3			23	0	5.1			19	20	0.2
	31	14	15	2.6			2	3	2.7		24	0	2	4.8			20	21	0.7
		15	16	15.1			3	8	2.9			2	3	5.2			21	22	2.9
		16	17	4.6			8	9	1.0			3	5	3.1			22	23	1.8
		17	18	5.4			20	22	2.9			5	6	2.9			23	0	3.3
		18	20	3.0		3	3	5	0.5			6	7	3.2	9		0	1	3.1
		20	21	0.7			10	12	2.7			7	8	8.1			1	2	3.5
		21	22	4.9			12	13	2.6			8	9	2.6			2	3	3.7
		22	23	7.2			13	16	1.1			9	10	4.1			3	4	2.8
		23	0	2.7	7		20	22	1.7			10	11	14.1			4	7	3.6
6	5	18	19	3.7		8	1	8	2.2			11	12	7.3			7	8	3.1
		19	20	1.2			14	17	3.0			12	13	7.7			8	9	4.8
	6	7	8	0.2		10	15	17	1.7			13	14	5.4			9	10	3.3
		8	12	4.0		11	0	2	0.7			14	15	4.1			10	11	2.6
	9	13	20	5.9			5	7	0.4			15	19	4.8			11	12	2.1
		20	22	2.0			16	19	1.0		27	18	20	1.4			12	13	7.2
	11	14	17	1.6			21	8	6.0			20	21	2.1			13	15	4.1
	16	1	2	6.9		12	13	18	4.2			21	22	3.0			15	16	7.6
		2	3	1.2		29	21	22	0.6			22	23	3.7			16	17	4.2
		5	8	4.5			22	23	6.9			23	0	4.1			17	18	4.7
		8	9	14.5			23	0	10.1		28	0	1	3.0			18	19	4.5
		9	12	1.9		30	0	8	6.3			1	2	3.9			19	20	4.1
		14	19	2.6			8	13	1.8			2	5	4.9			20	21	6.2
	18	14	20	6.3		31	2	7	1.9			5	6	2.6			21	22	5.1
	19	1	2	1.0			9	11	0.5			6	7	5.6			22	23	3.4
		6	8	1.1	8	9	16	17	13.6			7	8	2.3			23	0	1.4
		8	9	0.3			17	18	6.9			8	10	1.8	11	23	8		4.8
		9	10	2.9		11	15	17	1.5	9	3	16	17	7.6	12	8	12		2.3
		10	11	2.2		14	15	17	1.5			17	18	2.0	13	14	19		5.3
	23	8	11	1.1		16	19	20	50.4		4	7	8	1.0	29	19	20		0.2
		11	12	2.6			20	21	4.7			8	9	6.3			20	3	4.4
		12	13	2.7			21	22	0.3			9	10	5.8					
		13	14	0.7		17	16	17	18.2		5	3	8	3.5					

降 水 量 摘 录 表

1981　滚　河　刀子岭站

月	日	时或时分		降水量	月	日	时或时分		降水量	月	日	时或时分		降水量	月	日	时或时分		降水量
		起	止	(mm)			起	止	(mm)			起	止	(mm)			起	止	(mm)
4	1	9	13	1.9	6	9	14	15	3.7	7	15	17	20	1.2	8	22	4	5	4.8
	2	20	1	1.7			15	18	4.6			20	21	7.1			5	6	6.5
	3	4	6	0.2		11	4	7	3.1			21	22	2.6			6	7	3.6
	7	17	20	2.0		20	19	20	1.8			22	0	1.8			7	8	2.2
		20	22	1.1			20	21	2.6		16	3	4	0.3			8	9	10.0
	8	6	8	1.0		21	1	2	10.1		25	2	4	2.4			9	10	2.3
	17	0	7	8.5			2	3	8.1			4	5	10.8			13	14	1.9
		9	10	0.7			3	4	9.7			5	6	11.4		23	6	7	6.3
		10	11	4.5			4	5	5.5			6	7	1.6			7	8	1.8
		11	12	8.9			5	8	3.2			7	8	3.8			8	9	1.0
		12	14	3.9		23	4	5	0.5			10	12	1.2			9	10	4.2
		15	18	2.2			11	17	4.3			14	15	0.3			10	11	11.4
		18	19	3.1			20	1	1.5			17	18	0.9			11	12	0.3
		19	20	9.0		24	9	15	6.1		26	2	3	0.8			15	20	4.7
		20	21	4.5			20	22	3.3			3	4	3.9			20	23	0.8
		21	5	5.6			22	23	5.6			4	5	0.7			23	0	6.4
	24	4	6	0.4			23	0	6.9		29	10	12	1.8		24	0	1	2.9
		7	8	0.1		25	0	1	8.1			14	15	2.6			1	6	6.2
		8	9	0.9			1	2	3.2			15	16	0.6			6	7	5.2
	30	19	20	0.1			2	3	6.2		30	15	16	10.6			7	8	0.9
6	8	20	22	0.4			3	4	9.1			16	17	0.2			8	9	1.2
		6	8	0.3			4	6	4.3		31	14	15	0.3			11	13	2.2
		12	14	0.4			7	8	0.3	8	5	2	8	1.2			13	14	5.7
		15	16	3.9	7	1	12	13	0.1		9	17	18	2.5	9	8	17	19	0.3
		16	17	2.5		2	13	14	2.0			18	19	24.9		9	0	2	1.0
		17	18	3.7		4	7	8	0.7			19	20	7.0			14	15	1.3
		18	20	2.7			8	9	0.4			20	21	2.1			15	16	3.9
		20	21	2.4		8	21	22	0.1		10	1	4	1.7			16	20	3.7
		21	22	8.5		9	0	1	0.8			4	5	2.9			20	22	1.0
		22	23	18.2			1	2	3.5			5	6	6.9		11	1	8	6.9
	9	23	0	13.1			2	3	3.2			6	7	9.2			15	18	3.0
		0	1	3.4			3	4	3.7			7	8	2.0		13	18	20	3.3
		1	2	4.3			4	5	4.3			8	11	3.3			20	21	0.2
		2	3	4.1			5	8	2.5			15	16	0.1		27	16	20	5.5
		3	4	6.7			8	9	0.6		11	0	2	0.3			20	21	2.4
		4	7	2.7		10	1	6	1.9		16	16	17	1.9		28	5	8	4.3
		7	8	5.2			6	7	3.1			17	18	4.0			8	20	10.3
		8	10	2.2			7	8	1.2		17	1	4	3.9			20	23	1.3
		10	11	4.1		12	13	14	0.3		20	1	6	3.8		29	16	20	4.2
		11	12	3.9		14	21	22	5.3		21	5	6	0.5			20	8	16.0
		12	13	1.7			23	0	0.5		22	11	12	1.1		30	8	20	13.0
		13	14	3.6								2	4	1.5			20	3	6.0

1981　滚　河　尚店站

月	日	时或时分		降水量	月	日	时或时分		降水量	月	日	时或时分		降水量	月	日	时或时分		降水量
		起	止	(mm)			起	止	(mm)			起	止	(mm)			起	止	(mm)
4	1	10	12	0.5	4	17	6	7	3.6	4	17	20	21	4.4	6	8	6	8	0.6
	7	5	6	0.2			8	11	3.4			21	1	4.2			12	13	0.2
		20	21	0.4			11	12	3.9		23	23	1	0.4			14	17	3.5
	8	7	8	0.2			13	18	5.7		24	5	6	0.3			17	18	8.4
	17	2	4	1.4			18	19	4.3			8	10	1.2			18	19	2.6
		4	5	2.8			19	20	3.1		30	20	22	0.8			19	20	1.1

降水量摘录表

月	日	起	止	降水量(mm)	月	日	起	止	降水量(mm)	月	日	起	止	降水量(mm)	月	日	起	止	降水量(mm)
6	8	20	21	6.9	7	4	8	9	0.5	8	10	12	13	0.4	8	24	6	7	0.9
		21	22	15.5			12	13	0.6		16	17	19	2.4			10	11	4.8
		22	23	16.9		9	3	7	3.9			21	22	1.0			11	12	1.7
		23	0	3.0			7	8	8.7		17	2	3	3.3			12	13	2.6
	9	0	2	4.1			8	9	5.5			3	4	1.9			18	19	0.3
		2	3	2.6		10	2	8	3.6		20	6	8	2.0	9	8	3	5	0.8
		3	4	2.9			8	19	7.1			5	6	3.9			7	8	0.2
		4	8	4.0		13	18	19	0.7			6	7	9.9			13	16	4.4
		8	18	12.9		14	21	22	2.9			7	8	6.1			17	20	2.7
	11	5	8	3.3			22	23	0.8			8	9	1.1			20	22	0.7
	20	20	21	2.5		15	4	5	0.2		21	5	8	0.7		10	23	0	0.6
	21	1	2	10.2			19	20	0.5			13	14	1.1		11	3	4	2.9
		2	3	8.9		16	3	4	0.9		22	5	6	18.1			4	7	2.7
		3	4	5.0		25	0	7	3.9			6	7	18.3			14	18	2.5
		4	6	3.3			11	13	0.7			7	8	1.3		13	13	14	0.4
	23	7	8	0.5		26	3	5	0.6			8	9	7.9			19	20	0.9
		4	6	0.8			14	15	3.4			9	10	1.2			20	21	0.4
		12	15	2.0	8	5	4	7	0.5		23	6	7	0.4		27	18	19	1.2
		19	20	1.3		9	16	17	0.4			7	8	2.6			19	20	3.1
		20	23	1.1			17	18	36.5			8	9	4.8			20	21	1.2
	24	3	4	0.3			18	19	11.2			9	10	3.7		28	4	8	3.4
		9	14	4.3			19	20	27.8			10	11	16.1			8	10	2.4
		20	21	1.7		10	2	3	5.1			11	12	8.3			14	20	4.7
		21	22	6.3			3	4	4.0			14	15	0.4			20	22	0.6
		22	0	2.5			4	5	0.6			17	18	0.6		29	16	20	3.5
	25	0	1	7.4			5	6	12.1			19	20	1.5			20	8	13.5
		1	2	5.1			6	7	17.3			20	2	3.5		30	8	10	1.6
		2	5	3.3			7	8	1.3		24	4	5	1.1			11	20	7.8
7	4	7	8	0.2			8	10	3.0			5	6	4.1			20	0	3.2

1981　滚　河　柏庄站

月	日	起	止	降水量(mm)	月	日	起	止	降水量(mm)	月	日	起	止	降水量(mm)	月	日	起	止	降水量(mm)
4	1	10	13	0.4	6	8	20	21	3.1	7	4	10	11	0.2	7	28	13	14	0.1
		20	22	0.2			21	22	18.7			12	13	0.3			14	15	3.4
	2	21	0	0.9			22	23	17.1		8	18	19	0.1		29	11	12	24.7
	3	3	4	0.1			23	8	10.7			19	20	6.6			13	14	0.1
	7	17	20	0.4		9	8	18	6.2		9	2	8	2.9		31	13	15	0.3
		20	21	0.4		11	1	2	0.1			8	9	14.2	8	7	12	14	0.9
	8	6	8	0.2			4	8	2.3			9	11	0.4		9	13	14	0.1
	17	0	8	9.0		21	1:30	2	12.8		10	2	8	2.5			17:30	18	0.1
		8	9	0.1			2	3	3.2			8	20	7.7			18:35	19	13.1
		9	10	4.1			3	4	3.8		13	18	19	0.7			19	20	21.6
		10	11	4.1			4	6:15	3.3		14	21	0	1.1		10	0	4	0.7
		11	18	6.4			7:10	8	1.8		15	5	6	0.2			4:50	5	7.3
		18	19	5.0		23	5	6	0.9			10	11	0.1			5	6	17.9
		19	20	4.3			10	17	2.8			19	20	0.5			6	7	15.2
		20	21	2.6			21	0	0.8			20	21	0.4			7	8	1.5
		21	0	3.4		24	6	7	0.1		16	5	6	0.1			8	9	0.4
	18	5	6	0.1			9	14	3.2		17	19	20	0.1			10:05	10:20	0.6
	24	4	8	0.3			16	20	0.9			20	21	0.1			12	13	0.1
		8	11	0.8			20	21	2.2		24	16	17	0.1			19	20	0.1
		14	15	0.1			21	22	6.0			23	5	5.8		11	0	1	0.1
	30	19	20	0.3			22	3	4.6		25	5	6	3.0		16	0	3	0.5
		20	22	0.9		25	3	4	6.0			6	8	1.1			14	15	0.1
6	8	5:55	6:10	0.2			4	5	5.9			10	11	0.4			16	17	0.1
		7:20	8	0.5			5	8	0.3			12	13	0.1			18	20	0.2
		12:50	17	2.6			14	15	1.3			19	20	0.2			22	23	0.7
		17	18	5.9	7	2	4	6	0.8		26	2	5	2.4		17	0	1	0.1
		18	20	3.9			8	9	0.6			6	7	0.1			2	4	3.5

降 水 量 摘 录 表

月	日	起	止	降水量(mm)	月	日	起	止	降水量(mm)	月	日	起	止	降水量(mm)	月	日	起	止	降水量(mm)
8	17	5	8	1.4	8	23	9	10	9.3	9	11	1	7	5.9	10	2	20	4	6.2
	18	22	0	0.4			10	11	11.6			14	18	2.2		3	4	5	2.9
	20	5	6	1.6			11	12	14.1		13	11	13	0.7			5	8	6.3
		6	7	7.8			12	13	0.6		27	13	14	0.1			8	13	2.3
		7	8	6.6			14	20	3.0			18	20	1.2			15	20	4.4
	21	19	20	0.1			20	21	0.1			20	21	0.4			20	0	5.8
		5	7	0.5			22	1	0.6		28	3	4	0.1		4	0	1	4.8
		11	13	0.2		24	4	7	0.5			5	8	1.2			1	2	2.6
		13	14	11.4			8	13	3.4			8	11	1.0			2	8	1.7
		19	20	0.1	9	5	15	16	1.0			13	20	2.6			8	10	0.2
	22	3	4	0.3		8	13	14	0.1		29	20	21	0.1			23	6	0.5
		4	5	5.2			16	19	0.3			14	20	2.2		5	18	19	0.1
		5	6	8.5		9	1	4	0.6			20	8	11.1			21	8	2.2
		6	7	5.2			5	8	0.2		30	8	11	2.1		6	8	20	6.9
		7	8	0.9			13	20	5.8			12	20	6.2			20	21	3.3
	23	9	12	0.9			20	22	0.9	10	1	20	0	2.3			21	8	10.3
		6	8	0.5	10	5	5	6	0.1			2	3	0.1		7	9	10	0.7
		8	9	3.0			23	0	0.1		2	17	20	0.4			16	19	0.4

1981 滚 河 柴厂站

月	日	起	止	降水量(mm)	月	日	起	止	降水量(mm)	月	日	起	止	降水量(mm)	月	日	起	止	降水量(mm)
4	1	8	12	0.9	6	21	0	2	3.3	7	25	2	4	2.3	8	22	12	14	0.3
		20	22	0.2			2	4	10.9			4	6	11.5		23	6	8	8.0
	2	20	2	1.5			4	8	5.8			6	8	0.5			8	10	5.1
	7	16	20	2.0		23	4	6	0.5			10	12	0.2			10	12	10.1
		20	22	0.9			10	16	2.6			18	20	0.1			12	18	2.4
	8	4	8	0.6			18	20	0.3		26	2	6	3.3			18	20	5.3
	16	22	8	8.5			20	4	1.7		29	14	16	34.2			20	4	10.4
	17	8	10	1.6		24	8	14	2.6		31	12	16	4.4		24	6	8	13.5
		10	12	18.0			18	20	0.2	8	5	4	8	0.7			8	12	4.1
		12	18	7.8			20	22	5.9		9	14	16	0.3		25	2	4	0.2
		18	20	13.1		25	22	0	14.9			16	18	27.7	9	8	16	18	0.1
		20	22	6.1			0	2	8.4			18	20	75.9		9	0	4	0.5
		22	4	3.2			2	4	7.9			20	22	0.9			12	20	7.3
	24	4	6	0.7			4	6	5.5		10	2	4	1.2			20	22	0.7
		8	10	1.1			6	8	0.7			4	6	16.4		10	22	8	6.2
	30	18	20	0.2		27	14	16	0.6			6	8	14.2		11	14	18	2.8
6	8	6	8	0.5	7	2	12	16	1.8			8	10	2.5		13	20	22	0.2
		12	16	4.5		4	6	8	0.4			14	16	0.3		27	16	20	5.6
		16	18	5.7		8	16	18	0.6		11	0	2	0.4			20	22	0.7
		18	20	3.6		9	0	4	3.6		16	16	20	2.7		28	6	8	2.0
		20	22	12.5		10	2	8	3.9			20	2	2.7			8	10	2.9
		22	0	32.6			8	20	6.8		17	2	8	0.2			12	20	5.9
	9	0	2	4.3		13	0	2	0.3		20	6	8	6.9			20	22	1.3
		2	4	6.0		14	20	22	8.7			8	10	2.4		29	14	20	2.6
		4	8	4.7			22	0	0.4		21	6	8	0.4			20	8	14.2
		8	18	17.4		15	18	20	0.8		22	10	14	2.0		30	8	20	9.8
	11	2	8	3.6			20	22	11.2			4	6	8.9			20	2	4.8
	20	18	20	0.6			22	2	1.1			6	8	9.1					
		20	22	2.2		24	22	0	0.2			8	10	14.7					

1981 洪 河 滚河李站

月	日	起	止	降水量(mm)	月	日	起	止	降水量(mm)	月	日	起	止	降水量(mm)	月	日	起	止	降水量(mm)
4	1	10	12	0.2	4	7	17	20	0.9	4	17	1	8	10.2	4	17	11	12	3.7
	2	21	0	0.9			20	21	0.2			9	11	3.8			12	18	8.1

降 水 量 摘 录 表

月	日	起	止	降水量(mm)	月	日	起	止	降水量(mm)	月	日	起	止	降水量(mm)	月	日	起	止	降水量(mm)
4	17	18	19	4.1	6	25	1	4	1.1	8	10	5	6	28.3	9	9	13	20	6.1
		19	20	6.2			4	5	5.2			6	7	8.0			20	22	1.1
		20	21	3.2			5	6	0.2			7	8	2.0		11	1	7	4.7
		21	22	3.0	7	4	7	8	0.7			8	9:20	0.6			15	18	1.1
		22	1	2.0			8	9	0.8			10:20	11	0.9			20	21	0.1
	24	1	3	1.4		8	10	12	0.2			17	17:20	0.1		13	11	13	0.9
		5	8	0.2			17:15	17:40	0.9		11	0	0:20	0.1			17	18	0.1
		8	9	0.5			17:45	18	2.2			6	7	0.1		27	17	18	0.9
		10	11	0.1			18	18:50	34.2		16	1	2	0.1			19	20	0.1
	30	19	20	0.1			19:45	20	9.9			3	4	0.1			20	21	0.1
6	8	21	22	0.3			20	20:30	0.9			6	7	0.1		28	4	5	0.1
		6	7	0.2		9	3	4:40	0.6		17	2	3	1.9			6	8	1.7
		14	16	0.2			5:10	5:30	0.1			3	4	3.0			8	11	2.6
		16:30	17	1.3			8:30	9	1.6			4	5	0.2			14	20	4.0
		17	18	4.3			9	9:40	1.7			7	8	0.6			20	21	0.1
		18	20	4.1		10	10	12	2.9		20	4	7	2.0		29	6	7	0.1
		20	21	1.9			2:50	3:20	0.3			7	8	7.5			15	20	1.6
		21	22	11.3			3:50	7	1.2			8	9	2.3			20	0	1.8
		22	23	25.3			7:40	8	0.1			6	7	0.3		30	0	1	3.0
		23	0	3.4			9	12:15	4.3		21	13	14	6.1			1	8	6.7
	9	0	1	1.2			12:55	13	0.2			14	15	0.3			8	11	1.7
		1	2	2.8			13	13:40	1.0		22	1	2	1.5			12	20	5.0
		2:20	4:30	2.2			15	16	0.3			4	5	3.1			20	0	1.8
		4:50	6:20	1.3			17	18:40	1.3			5	6	2.0	10	1	1	2	0.1
		7:20	8	0.7		12	13	14	0.3			6	7	12.5		2	17	20	0.8
		8	8:30	0.3		13	16	17	0.6			7	8	2.3			20	5	9.3
		9	10	0.7			18	19	0.2			9	12	1.1		3	5	6	2.8
		10	11	3.2		14	22	2	2.0			19	20	0.1			6	8	4.0
		11	15:30	4.1		15	19	20	0.2		23	6	8	0.9			8	20	7.5
	11	4:30	7	2.6			20	0	1.3			8	9	2.0			20	0	5.7
	20	17	19	0.1		25	1	2	3.4			9	10	3.7		4	0	1	4.8
	21	1:50	2	9.8			2	8	3.2			10	11	5.5			1	2	2.9
		2	3	6.1			11	12	0.1			11	12	15.4			2	8	1.7
		3	4	3.4			19	20	0.1			12	20	3.3			23	1	0.2
		4	5	3.0		26	1	4	1.1			20	21	0.3		5	5	6	0.1
		5	7:40	1.7			5	6	0.1			22	1	0.5			21	2	0.8
	23	5	8	0.7		29	15	16	3.4		24	2	3	0.1		6	4	8	0.5
		8	9	0.1			17	18	0.1			4	8	1.8			8	9	0.4
		11	16	2.9		30	5	7	2.3			8	10	1.4			11	20	5.2
		20	1	1.5		31	13	14	1.1			10	11	2.7			20	21	3.3
	24	4	5	0.2	8	5	5	7	0.2			11	12	2.9		7	21	2	7.6
		6	7	0.1		9	18:45	19	2.9			12	13	0.1			3	8	2.2
		8	14	4.5			19	20	9.8		25	7	8	0.1			9	10	0.5
		18	20	0.7			20	20:25	6.5	9	5	14	16	1.5			17	20	0.3
		20	21	2.3		10	1:55	2	0.1			17	18	0.1					
		21	22	6.9			3:10	3:30	0.2		9	1	4	0.7					
		22	0	1.8			4:45	5	5.3			5	7	0.2					

1981　滚　河　袁门站

月	日	起	止	降水量(mm)	月	日	起	止	降水量(mm)	月	日	起	止	降水量(mm)	月	日	起	止	降水量(mm)
4	17	0	7	6.8	4	17	19	20	5.2	6	8	19	20	1.4	6	9	8	9	0.8
		9	11	2.1			20	21	2.6			20	21	3.9			9	10	2.6
		11	12	5.9			21	22	3.7			21	22	20.7			10	18	10.3
		12	13	1.2			22	1	1.3			22	23	16.2		11	3	7	1.7
		13	14	2.7	6	8	5	8	0.6			23	1	2.4		20	19	20	4.7
		14	16	0.4			10	12	0.3		9	1	2	3.1		21	1	2	16.8
		16	17	3.6			14	17	2.6			2	4	2.6			2	3	6.7
		17	18	0.2			17	18	7.8			4	5	6.1			3	4	5.9
		18	19	5.7			18	19	2.6			5	8	2.8		23	4	6	1.0

降 水 量 摘 录 表

月	日	起	止	降水量(mm)
6	23	11	15	2.1
		21	23	0.6
	24	6	7	0.1
		10	14	3.3
		19	20	0.9
		20	21	2.1
		21	22	4.5
		22	0	4.2
	25	0	1	3.1
		1	3	4.3
		3	4	6.4
		4	6	1.4
7	3	8	9	0.6
	8	8	9	4.3
		9	10	0.1
	10	10	11	3.8
		2	8	2.9
		8	13	2.6
		14	19	1.7
	14	20	21	4.2
	15	22	23	0.2
		20	21	5.8
		21	22	2.8
		22	23	0.4
	25	3	4	5.1
		4	5	4.7
7	25	5	6	4.2
		6	8	2.8
	26	2	4	1.3
	30	14	15	5.5
		15	16	0.1
8	9	15	16	4.7
		16	17	12.9
		17	18	36.4
		18	19	21.0
		19	20	26.0
		20	21	4.4
	10	2	4	1.3
		5	6	16.7
		6	7	29.5
		7	8	1.7
	13	8	9	1.6
	16	16	17	3.7
		17	20	2.6
		21	22	9.6
		22	23	2.4
	17	1	4	3.0
		1	6	2.4
	20	1	3	0.6
		6	7	2.0
		7	8	7.3
		8	9	2.5
8	21	5	7	0.6
		12	13	0.9
		16	17	0.2
	22	4	5	1.7
		5	6	3.2
		6	7	2.8
		7	8	4.5
		8	9	2.0
		9	10	5.4
	23	7	8	3.1
		8	10	2.5
		10	11	4.5
		11	12	6.5
		15	16	0.3
		17	19	2.9
		19	20	5.3
		20	21	0.4
		23	0	0.2
	24	0	1	3.9
		6	7	6.0
		7	8	7.8
		8	9	4.3
		9	11	0.6
		11	12	4.5
		12	13	2.5
		13	14	6.1
8	25	4	5	0.7
9	8	5	8	1.1
	9	8	8	8.1
	10	8	8	6.3
	11	14	19	2.2
	13	8	8	1.5
	25	0	1	3.2
		1	2	5.3
		2	3	2.7
		3	4	1.9
		4	5	3.0
		5	6	0.7
	27	19	20	0.2
		20	8	5.7
	28	8	10	1.3
		13	20	4.2
		20	22	0.8
	29	16	20	2.6
		20	2	6.0
	30	2	3	2.6
		3	8	5.7
		8	20	10.9
		20	0	1.6

1982　滚　河　刀子岭站

月	日	起	止	降水量(mm)
5	12	2	3	3.1
		3	4	5.9
		4	5	6.5
		5	6	10.5
		6	7	6.0
		8	10	0.6
		12	20	2.7
		20	0	1.4
	26	15	16	10.6
	27	9	10	0.5
		12	18	1.8
		19	20	0.1
		20	23	0.5
	28	4	5	0.1
		10	16	7.6
		16	17	2.7
		17	18	2.7
		18	19	2.5
		19	20	2.9
		20	3	7.9
	29	3	4	2.8
		4	5	3.9
		5	6	4.1
		6	7	3.7
		7	8	2.1
		8	9	2.6
		9	20	15.7
		20	8	10.6
	30	8	18	5.1
	31	3	6	1.2
6	1	10	11	2.8
		11	12	0.6
		23	2	2.5
	8	0	1	2.7
		1	2	2.1
	11	18	20	0.4
		20	2	10.0
	14	5	8	0.6
	17	18	19	15.7
		19	20	0.6
	21	4	7	2.7
		12	14	0.6
		14	15	5.4
		15	16	2.7
		16	19	3.1
7	8	15	16	0.2
		16	17	8.3
		17	20	4.2
		20	21	0.4
	9	1	2	1.9
		2	3	3.2
		3	5	3.7
	12	10	11	2.8
		11	14	1.1
		15	20	2.6
		20	21	1.4
		21	22	4.3
		22	23	4.9
	13	18	21	1.1
		20	21	0.4
7	13	22	23	5.9
		23	3	4.9
	15	6	7	2.7
	16	10	11	0.5
	17	16	18	2.0
		21	22	0.4
	19	20	22	0.3
	20	12	13	0.1
	21	4	5	0.3
		5	6	11.7
		6	7	2.9
		7	8	8.2
		8	9	13.5
		9	10	11.0
		10	11	14.6
		11	12	36.0
		12	13	7.8
		13	18	3.4
		18	19	2.7
		19	20	20.4
		20	21	23.1
		21	22	28.3
		22	23	39.5
		23	0	29.8
	22	0	1	17.9
		1	2	9.4
		2	4	1.9
		4	5	4.1
		5	6	2.7
		6	7	4.1
7	22	7	8	4.7
		8	9	2.3
		9	10	4.8
		10	11	7.1
		11	13	1.6
		13	14	2.6
		14	20	2.1
		20	1	2.7
	23	1	2	3.5
		2	3	4.6
		3	4	7.4
		4	5	2.4
		5	6	10.3
	24	0	7	6.9
		19	20	6.5
	28	7	8	2.7
		17	18	5.2
		18	19	4.6
	29	7	8	0.1
		8	9	0.1
		13	14	1.4
		14	15	4.6
		15	16	0.1
	30	1	4	1.1
		11	12	0.1
		17	18	0.1
		18	19	3.6
		20	21	0.1
		23	3	1.4
	31	3	4	6.1

降 水 量 摘 录 表

月	日	起	止	降水量(mm)	月	日	起	止	降水量(mm)	月	日	起	止	降水量(mm)	月	日	起	止	降水量(mm)
7	31	5	6	9.5	8	12	14	15	7.5	8	21	6	8	2.4	9	7	20	2	1.6
		6	7	17.2			15	16	6.5			8	20	10.5		13	4	5	0.7
		7	8	5.3			16	17	6.9			20	22	0.3			6	8	1.3
		8	9	9.8			17	20	3.4		22	3	5	0.3		16	18	20	0.6
		9	10	5.3			20	22	0.9		23	15	16	0.3			20	8	8.8
		10	11	4.9			22	23	6.9			21	23	0.5		17	8	11	4.9
		11	12	2.7			23	0	3.6			23	0	2.8			11	12	2.9
		12	13	0.8		13	0	1	3.1		24	0	5	7.0			12	13	0.8
		13	14	4.5			1	2	5.2			5	6	2.9			13	14	2.7
		14	18	2.2			2	3	9.3			6	8	2.3			14	15	2.9
		20	21	2.2			3	4	10.0			8	12	5.3			15	20	4.8
		22	2	2.7			4	7	4.6			12	13	4.0			20	6	6.6
8	1	6	8	0.2			7	8	3.3			13	14	3.0		18	6	7	3.8
		10	11	0.2			8	9	5.9			14	15	2.7			7	8	0.9
		17	20	2.0			9	10	10.4			15	20	7.9			8	10	0.2
		20	22	0.2			10	11	14.4			20	6	4.9		26	8	9	0.1
	2	18	19	22.8			11	12	2.6		28	4	8	2.5			15	20	0.9
		20	23	0.7			12	13	4.7			19	20	0.1			21	22	0.1
	3	16	18	1.2			13	14	0.8			20	1	1.0		27	13	15	0.8
	4	15	18	2.6		14	1	2	0.4		29	8	11	0.9		28	7	8	0.1
	9	11	12	0.2			2	3	5.2		30	9	10	0.1			8	20	7.1
		12	13	16.2			3	4	84.9			14	15	2.3			20	21	0.3
		13	14	18.6			4	5	25.1			15	16	11.2		29	4	8	4.7
		14	15	4.1			5	6	4.7			16	17	2.1			8	17	10.0
		15	16	0.7			6	7	76.7			20	8	7.3			18	19	0.2
		21	22	0.7			7	8	37.6		31	8	11	0.7			22	8	8.8
	10	18	19	6.0			8	9	1.6			19	20	1.6		30	8	20	8.6
	11	18	19	3.2			9	10	3.2			20	8	3.8			20	2	2.3
		19	20	2.0			12	15	2.8	9	1	8	20	3.6	10	1	3	6	1.1
		20	21	2.9		15	17	18	1.1			20	8	5.4			8	20	5.6
	12	21	0	5.9		19	4	5	0.1		2	8	17	3.7			20	21	0.1
		0	1	2.6			19	20	0.1			19	20	0.1		2	1	3	0.5
		1	6	5.2		20	5	6	0.4			20	1	0.8			9	13	0.6
		6	7	4.3			6	7	2.8		3	4	6	0.5			14	16	0.6
		7	8	1.2			7	8	4.3			17	20	1.2		3	19	20	0.2
		8	12	4.4			8	9	2.9			20	2	3.3			20	21	0.1
		12	13	12.6			9	11	0.9		5	6	9	1.3		4	0	8	5.9
		13	14	9.3			13	18	0.8			8	9	0.2			8	14	1.5

1982 滚 河 尚店站

月	日	起	止	降水量(mm)	月	日	起	止	降水量(mm)	月	日	起	止	降水量(mm)	月	日	起	止	降水量(mm)
5	12	1	2	2.6	6	21	5	6	0.3	7	12	23	0	6.2	7	21	21	22	17.1
		2	3	12.6			15	17	2.2		13	0	3	3.5			22	23	17.7
		3	4	5.2			17	18	2.7			16	19	0.4			23	0	18.5
		4	5	4.2			18	19	0.4			22	23	4.2		22	0	1	20.7
		5	6	3.6	7	8	16	17	12.7			23	1	1.6			1	2	14.1
		6	7	1.6			17	18	4.7		15	4	5	0.4			2	4	3.0
		18	20	0.9			18	19	4.1		17	21	22	0.3			4	5	8.2
		20	22	1.0			19	20	1.3		21	4	5	2.4			5	6	3.9
6	1	10	11	3.6			20	21	0.8			5	6	12.8			6	8	3.1
		11	12	0.3		9	2	3	1.7			6	7	4.6			8	10	3.9
	7	23	0	5.1			3	4	3.7			7	8	3.4			10	11	4.5
	8	0	1	2.4			4	5	0.6			8	9	10.7			11	12	0.6
	9	0	2	1.7		10	8	9	2.8			9	10	5.7			14	15	0.8
	11	18	19	0.4			9	10	0.8			10	11	4.2			17	20	1.4
		20	3	9.0		12	9	10	2.8			11	12	10.4			20	22	1.1
	17	17	18	4.1			10	11	0.5			12	19	8.4		23	1	4	4.1
		18	19	6.5			11	12	5.0			19	20	8.1			4	5	4.2
		19	20	1.0			22	23	1.7			20	21	18.4			5	6	0.4

降 水 量 摘 录 表

月	日	起	止	降水量(mm)	月	日	起	止	降水量(mm)	月	日	起	止	降水量(mm)	月	日	起	止	降水量(mm)
7	24	2	4	0.5	8	11	19	20	2.8	8	20	8	10	1.6	9	1	21	22	0.2
		4	5	2.6			20	21	3.1		21	5	8	2.3		2	2	5	1.0
		5	6	0.4			21	7	8.1			8	11	2.7		5	7	8	0.8
		19	20	0.9		12	8	12	5.9			12	20	8.3		7	19	20	0.4
	28	17	18	1.4			12	13	2.7			20	21	0.7			20	21	0.2
		18	19	29.1			13	14	3.0		23	17	18	0.3			23	0	0.1
		19	20	1.3			14	15	8.1			23	2	2.6		8	2	4	0.5
	29	9	10	0.4			15	16	5.6		24	2	3	2.8		13	5	8	1.4
		11	14	1.7			16	17	2.0			3	8	7.0			8	11	1.6
		14	15	5.5			23	0	0.7			8	12	2.5		16	17	20	0.9
		19	20	0.5		13	0	1	2.8			12	13	3.6			23	0	1.1
		20	21	1.7			1	2	1.3			13	20	9.5		17	1	4	3.4
	30	0	2	1.8			2	3	11.4			20	22	1.9			5	8	2.9
		13	14	2.7			3	4	7.5		25	0	2	1.1			8	18	14.5
		18	19	0.2			4	5	5.1			4	5	0.4		18	1	8	8.3
	31	2	3	2.1			5	6	0.9		28	4	6	1.6		27	13	14	1.2
		3	4	7.9			7	8	0.7			7	8	0.3		28	8	9	0.1
		5	6	11.2			8	9	4.2			8	9	0.3			11	20	5.7
		6	7	6.6			9	10	2.8			10	12	0.8			20	22	1.0
		7	8	1.6			10	11	4.0			21	22	0.2		29	6	8	2.2
		8	9	3.1			11	12	0.8		29	2	3	0.1			8	20	11.0
		9	10	5.4			23	0	2.7			4	8	1.0			20	8	6.4
		10	15	4.2		14	0	1	28.2			8	12	1.6		30	8	9	0.4
		20	22	2.1			1	2	47.9		30	8	9	1.0			12	13	0.5
8	1	2	4	1.0			2	3	12.1			12	13	2.2			14	20	4.7
	2	17	18	9.4			3	4	6.4			13	14	4.9			20	0	2.0
		18	19	8.6			4	5	5.3			14	15	4.1	10	1	2	5	2.5
		20	21	0.9			5	6	62.4			15	16	7.6			10	12	1.4
	3	15	16	7.8			6	7	40.6			16	17	8.1			16	19	1.8
	4	11	13	1.7			7	8	7.9			17	18	4.6		2	11	13	1.8
		16	17	0.8			8	10	3.3			18	20	0.4		4	2	5	3.4
	9	13	14	5.9			10	13	1.1		31	0	2	1.6					
		14	15	4.7		20	6	7	3.3			4	6	0.7					
	11	18	19	1.1			7	8	3.5	9	1	7	8	0.1					

1982   滚   河   柏庄站

月	日	起	止	降水量(mm)	月	日	起	止	降水量(mm)	月	日	起	止	降水量(mm)	月	日	起	止	降水量(mm)
5	12	3	4	5.6	7	3	17	18	0.1	7	14	7	8	0.1	7	22	2	3	2.0
		4	5	13.2		4	1	2	0.1		16	19	20	0.1			3:35	5	0.6
		5	6	3.5		8	15	16	0.3			21	22	0.1			5	6	3.7
		6	7	3.8			16	17	14.4		17	22	23	0.3			6	8	2.4
		18	20	0.6			17	18	1.4		18	4	5	0.1			8	10	3.9
		20	21	0.3			18	19	2.6		19	21	22	0.1			10	11	2.7
		22	0	0.6			19	20	0.8		21	5:20	6	3.3			11	13	0.5
	13	1	2	0.1			20	22	0.6			6	7	5.9			14	17	0.9
		3	4	0.1		9	1	6	6.1			7	8	2.9			18	20	0.3
6	1	9	11	1.3		10	6	8	2.9			8	9	5.5			21	22	0.1
		12	13	0.1			18	19	0.1			9	10	4.7		23	0	3	2.2
	8	0	2	0.7		12	9	10	3.9			10	11	2.1			3	4	3.8
	11	18	20	0.2			10	12	2.6			11	12	10.0			4	5	0.8
		20	3	8.9			14	15	0.2			12	13	6.2			7	8	0.1
	17	17	18	15.7			18	19	0.1			13	13:35	0.7		24	0	7	3.3
		18	19	2.9			20	23	2.9			14	20	3.5			16:40	18	0.9
		19	20	8.2			23	0	6.1			20	21	20.6			19:10	19:40	14.3
	21	5	6	0.7		13	0	2	0.5			21	22	21.7		25	6	7	0.1
		12	14	1.6			11	13	0.5			22	23	10.1		27	6	7	0.1
		14	15	3.7			17	18	0.5			23	0	11.1		28	18	19	12.2
		15	19	3.6			19	20	0.4		22	0	1	2.3			19	20	0.1
	23	21	22	0.2			21	3	3.4			1	2	9.5					

降 水 量 摘 录 表

月	日	时或时分 起	止	降水量 (mm)	月	日	时或时分 起	止	降水量 (mm)	月	日	时或时分 起	止	降水量 (mm)	月	日	时或时分 起	止	降水量 (mm)
7	28	20	21	0.1	8	12	0	3	1.4	8	21	5	8	1.6	9	8	2	3	0.1
	29	14	15	1.0			5	8	1.2			8	20	8.3		13	4	6	0.2
		19	20	0.1			8	10	1.7			20	21	0.4			8	11	1.2
	30	12	13	0.1			10	11	2.7		23	21	4	5.3			12	13	0.1
		16	17	0.1			11	12	4.6		24	5	8	2.7		16	19	20	0.3
		18	20	0.5			12	13	2.2			8	15	9.1			20	8	8.0
		20	21	0.1			14	16	4.0			15	16	3.1		17	8	19	12.2
	31	2	3	1.4			16	17	5.6			16	17	2.8			22	2	1.0
		3	4	8.1			18	19	0.1			17	19	0.8		18	3	5	0.9
		4	8	4.4			20	2	7.5			20	22	1.3			6	8	1.7
		8	9	3.2		13	2	3	5.6		25	0	3	0.3		26	15	19	0.9
		9	14	2.6			3	4	6.4		28	5	8	2.0		27	6	7	0.1
		15	16	0.1			4	5	4.2			8	10	0.2			13	14	0.2
		19	20	0.4			5	7	1.6			12	13	0.2		28	10	20	4.3
		22	0	2.6			7	8	3.1			20	21	0.5		29	5	8	3.0
8	1	0	1	6.6			8	9	3.0		22	0	0.7			8	20	11.6
		1	2	0.1			9	13	1.9		29	4	5	0.1			21	0	1.0
		19	20	0.9			17	18	0.1			6	8	1.2		30	1	8	6.3
		20	23	1.0		14	0:50	1	2.2			8	10	1.9			8	10	0.8
	2	17	18	2.5			1	2	21.3			12	13	0.1			11	20	5.8
		18	19	5.5			2	3	67.3			15	17	0.7			20	3	5.3
		20	22	0.3			3	3:50	17.7		30	6	7	0.1	10	1	7	8	0.1
	4	10	11	0.1			4	5	6.9			9	10	3.2			11	12	0.2
		13	14	0.1			5	6	11.4			14	16	3.3			13	18	0.5
		16	17	5.7			6	7	14.3			16	17	11.5			19	20	0.3
	9	17	19	0.2			7	8	7.2			17	18	6.5		2	1	2	0.1
		11	12	0.1			8	8:40	2.7			18	19	0.2			9	11	0.6
		13	14	2.9			9	10	8.6			23	0	0.3			12	13	0.3
		14	15	8.1			10	11	2.8		31	3	4	0.1			14	16	1.1
		15	16	0.4			11	14	2.9			5	8	0.3					
		17	18	0.1		19	18	19	0.4	9	1	6	7	0.1		3	4	6	0.2
		21	3	2.0		20	5	8	2.8			19	20	0.2			23	6	1.0
	11	18	19	2.0			8	10	1.1			21	23	0.3		4	9	10	0.2
		19	20	4.2			11	12	0.2		2	2	7	0.5			13	15	0.6
		20	21	3.0			16	17	0.1		5	6	8	0.7		5	5	6	0.1
		21	22	0.7			19	20	0.1		7	20	1	1.3					

1982 滚 河 柴厂站

月	日	时或时分 起	止	降水量 (mm)	月	日	时或时分 起	止	降水量 (mm)	月	日	时或时分 起	止	降水量 (mm)	月	日	时或时分 起	止	降水量 (mm)
5	12	2	4	14.4	7	9	2	4	6.0	7	21	12	14	29.5	7	24	20	22	1.4
		4	6	13.6			4	8	0.9			14	18	2.5		28	6	8	2.7
		6	8	6.4		10	8	10	6.3			18	20	16.3			16	18	0.6
		8	20	6.9		12	10	20	5.9			20	22	76.3			18	20	10.7
		20	2	0.9			20	22	8.6			22	0	49.0		29	6	8	0.4
6	1	10	12	2.8		13	22	0	5.1		22	0	2	34.8			8	18	3.1
	7	22	2	7.9			0	2	0.6			2	4	3.7		30	18	20	1.7
	11	18	20	0.8			16	20	0.7			4	6	5.2		31	2	4	8.5
		20	22	3.3			20	22	0.6			6	8	7.4			4	6	13.3
		22	0	5.7			22	0	8.5			8	10	6.5			6	8	9.3
	12	0	2	3.2		14	0	4	1.9			10	12	7.8			8	10	5.6
	17	16	18	1.4		15	4	6	0.3			12	20	8.2			10	20	11.2
		18	20	9.2		16	10	12	0.2			22	2	2.5			20	0	15.5
	21	4	8	2.7		17	16	20	1.0		23	2	4	6.2	8	1	0	2	8.5
		12	14	0.4		19	2	4	0.4			4	6	2.7			2	4	7.3
		14	16	5.4		21	20	22	4.6		24	16	18	2.6			6	8	0.9
		16	20	2.9			4	6	9.5			2	6	5.1			12	14	0.2
7	8	16	18	13.3			6	8	11.9			8	10	0.8			16	18	12.3
		18	20	3.0			8	10	21.9			16	18	5.3			18	20	8.1
		20	0	1.2			10	12	22.0			18	20	12.4			20	22	0.4

降 水 量 摘 录 表

月	日	起	止	降水量(mm)	月	日	起	止	降水量(mm)	月	日	起	止	降水量(mm)	月	日	起	止	降水量(mm)
8	2	18	20	30.1	8	13	0	2	16.9	8	23	22	8	10.6	9	13	2	8	3.0
		20	22	0.6			2	4	14.2		24	8	20	16.2		16	18	20	0.4
	3	16	18	0.2			4	6	4.1			20	6	4.7			20	8	7.5
	4	12	18	2.6			6	8	7.6		28	4	8	2.3		17	8	18	17.6
	9	10	12	10.5			8	10	41.6			8	12	1.0			20	4	5.3
		12	14	22.5			10	12	15.7		29	2	8	1.7		18	6	8	4.5
		14	16	3.8			12	16	1.7			8	12	0.7			10	12	0.3
		20	2	5.8		14	0	2	0.2			14	16	1.3		26	14	20	0.6
	10	18	20	1.4			2	4	22.6		30	14	16	5.1		27	12	14	1.2
	11	18	20	12.6			4	6	3.9			16	18	3.7		28	8	20	6.3
		20	22	6.2			6	8	93.1			20	8	6.6			20	22	0.1
		22	2	4.6			8	10	4.3		31	18	20	0.4		29	6	8	2.9
	12	4	6	3.7		19	18	20	0.3			20	8	3.5			8	20	9.8
		6	8	5.8		20	6	8	10.7	9	1	8	20	2.4		30	0	8	7.3
		8	10	7.3			8	10	2.9			22	8	4.6			8	20	7.8
		10	12	3.6			16	18	0.8		2	8	16	1.8			20	2	3.8
		12	14	19.2		21	6	8	2.0		3	16	20	1.4	10	1	4	8	0.8
		14	16	5.1			8	20	9.4			20	22	0.6					
		16	20	0.8			20	22	0.7		5	6	8	1.4					
		22	0	7.8		22	16	18	0.3		7	20	0	1.5					

1982　洪　河　滚河李站

月	日	起	止	降水量(mm)	月	日	起	止	降水量(mm)	月	日	起	止	降水量(mm)	月	日	起	止	降水量(mm)
5	12	1	2	0.3	7	8	17	20	4.3	7	21	13	20	6.8	7	31	2	3	0.6
		2	3	10.2			21	22	0.2			20	21	11.0			3	4	4.2
		3	4	10.2		9	1	2	1.1			21	22	13.0			4	5	2.2
		4	5	11.3			2	3	3.6			22	23	14.0			5	6	3.0
		5	6	6.5			3	5	2.1			23	0	12.0			6	7	0.9
		6	7	6.4			7	8	0.1		22	0	1	7.5			7	8	3.8
		7	8	1.3		12	10	11	2.1			1	2	10.0			8	14	4.8
		9	11	1.4			11	12	4.5			2	3	6.3			22	1	3.4
		12	18	6.8			13	14	0.5			3	4	0.7	8	1	1	2	9.6
		19	20	0.1			16	17	0.1			4	5	3.1			2	3	11.4
		21	0	0.9			18	20	1.1			5	6	2.9			3	4	4.2
	13	1	2	0.1			20	23	3.4			6	7	4.0			4	7	0.6
6	1	9	10	0.8			23	0	5.0			7	8	3.5			8	9	0.1
		10	11	6.5		13	0	2	2.2			8	9	3.5			16	17	0.4
		11	12	0.1			3	4	0.1			9	11	3.7			17	18	2.7
	7	23	0	0.1			11	13	0.6			12	17	1.6			18	19	19.3
	8	23	0	5.2			17	20	0.1			19	20	0.2			19	20	1.7
	9	0	1	0.6			20	21	0.1			20	21	0.1			20	23	2.3
		5	6	0.1			23	4	1.4		23	0	3	1.9		2	17:50	18	6.0
	11	10	11	0.1		15	3	4	3.1			3	4	3.1			18	19	46.7
		20	23	4.1			4	5	0.8			4	6	0.4			20	22	0.8
		23	0	3.0		17	21	23	0.5			16	17	2.7		3	3	4	0.1
	12	0	1	2.7		19	11	12	1.4		24	1	6	2.6			16	18	0.6
		1	3	1.5			13	14	0.7			7	16	0.1		4	16	17	6.2
		5	6	0.1			19	20	4.2			16	17	6.5			17	18	0.2
	13	17	18	0.1			20	21	2.7			17	18	0.8		5	3	4	0.1
	17	17	18	9.2			21	23	0.3			19	20	1.9		9	11	13	2.0
		18	20	0.2		20	1	2	0.1		28	8	10	2.0			13	14	7.0
	21	5	8	1.4		21	5	6	4.2			8	10	0.3			14	15	4.5
		12	14	2.1			6	7	8.0			18	19	2.6			15	16	0.6
		14	15	3.3			7	8	4.5			19	20	0.1			21	1	1.8
		15	19	3.1			8	9	3.6		29	14	15	0.3		10	2	3	0.1
	23	21	22	0.5			9	10	6.2		30	3	4	0.6			15	16	11.9
	28	4	7	0.3			10	11	1.0			18	19	2.7			18	19	0.1
7	3	17	18	0.1			11	12	4.8			19	20	0.2		11	5	6	
	8	16	17	17.6			12	13	7.4		31	0	1	2.5			18	20	2.2

降 水 量 摘 录 表

月	日	起	止	降水量(mm)	月	日	起	止	降水量(mm)	月	日	起	止	降水量(mm)	月	日	起	止	降水量(mm)
8	11	20	21	3.2	8	14	8	9	7.5	8	28	20	21	0.5	9	16	19	20	0.5
		21	22	2.5			9	10	1.3			22	1	0.9			20	8	7.9
		23	3	2.4		15	13	14	0.1		29	3	8	3.6		17	8	17	9.9
	12	6	8	1.9		16	23	0	1.5			8	11	1.4		26	8	9	0.1
		8	11	2.1		17	0	1	3.0			15	17	0.2			15	17	0.6
		11	12	7.8		19	4	7	0.4		30	10	11	0.1			18	20	0.2
		12	12:20	0.2			17	18	0.2			14	16	0.6		27	12	13	0.4
		13:10	15	0.8			19	20	0.1			16	17	5.3		28	11	13	1.0
		15	16	7.0		20	6	8	2.6			17	18	28.7			14	19	3.1
		16	17	0.1			8	11	1.2			18	19	6.9			20	21	0.1
		22:15	22:20	0.4			16	17	0.1		31	22	8	4.5		29	6	8	1.5
		23:45	0	1.4		21	6	8	1.2			22	2	0.5			8	20	13.5
	13	0	1	10.3			8	20	8.2	9	1	5	6	0.1			20	8	8.0
		1	2	2.6			20	22	0.9			9	10	0.1		30	8	10	0.9
		2	3	7.6		23	17	18	0.2			12	13	0.1			12	20	7.4
		3	4	10.0		24	21	2	3.9			19	20	0.3			20	5	7.4
		4	5	10.1			2	3	2.7			20	0	0.9	10	1	7	8	0.1
		5	6	20.7			3	4	0.6		2	2	7	1.3			8	13	2.9
		6	7	27.3			5	8	2.9			10	11	0.1		2	8	11	0.4
		7	8	16.0			8	12	3.5		3	8	9	0.1			12	13	0.1
		8	9	38.2			12	13	3.5		5	22	23	0.2			14	16	0.8
		9	10	21.4			13	19	8.0			7	8	0.2		3	3	7	0.4
		10	11	5.8			20	23	1.5		6	6	7	0.1		4	2	3	0.1
		11	13	1.2		25	1	3	0.2		7	20	1	1.2			5	6	0.1
	14	0	5	6.5			5	6	0.1		8	6	7	0.1			8	11	1.8
		5	6	3.7		28	7	8	0.1		13	3	8	0.7			13	16	1.0
		6	7	3.7			5	8	0.6			8	11	1.0					
		7	8	6.4			8	11	0.9			21	22	0.1					

1982　滚　河　袁门站

月	日	起	止	降水量(mm)	月	日	起	止	降水量(mm)	月	日	起	止	降水量(mm)	月	日	起	止	降水量(mm)
5	12	2	3	4.1	7	8	20	22	0.7	7	21	8	9	12.1	7	23	0	3	3.4
		3	4	9.6		9	1	2	0.7			9	10	9.6			3	4	3.6
		4	5	7.2			2	3	3.5			10	11	5.7			4	7	2.0
		5	6	2.7			3	5	3.0			11	12	20.7		24	0	7	4.0
		6	8	3.7			6	7	0.1			12	13	10.2			19	20	26.1
		9	11	0.3		10	8	10	4.0			13	14	10.2			20	21	1.1
		13	14	0.3		12	9	10	0.6			14	18	2.3		28	7	8	3.1
		16	20	1.2			10	11	5.7			18	19	5.2			18	19	5.9
		20	22	0.9			11	14	2.5			19	20	28.9			19	20	1.3
6	1	10	11	8.7			15	20	1.3			20	21	29.6			20	21	0.1
		11	12	0.2			20	21	1.7			21	22	18.5		29	7	8	0.1
	7	23	0	5.1			21	22	6.0			22	23	34.8			12	14	1.5
	8	0	1	2.6			22	23	3.8			23	0	25.7			14	15	4.4
	9	0	2	1.9			23	0	3.0		22	0	1	20.5			19	20	0.1
	11	18	20	1.6		13	0	1	0.9			1	2	24.7		30	2	4	0.2
		21	3	8.3			2	3	0.1			2	4	2.4			6	7	0.1
	17	17	18	4.1			18	20	0.2			4	5	3.0			12	13	0.8
		18	19	10.0			20	21	0.6			5	6	2.0			15	16	0.1
		19	20	1.0			22	23	7.2			6	7	4.8			18	19	1.1
	21	5	6	0.3			23	0	3.0			7:10	8	2.9			23	0	0.3
		15	17	2.4		14	0	2	0.8			8	9	1.2		31	3	4	5.7
		17	18	2.9			5	7	0.2			9	10	4.0			5	6	10.1
		18	19	0.6		16	10	11	0.2			10	11	4.9			6	7	10.1
7	8	14	15	3.2		17	17	18	0.2			11	14	1.1			7	8	2.8
		15	16	0.3			21	23	0.3			14	15	2.7			8	9	5.0
		16	17	6.0		21	5	6	14.1			15	16	0.4			9	12	3.2
		17	18	2.6			6	7	3.9			18	20	0.6			13	14	3.2
		18	20	3.0			7	8	8.9			21	23	0.3			14	18	0.4

降 水 量 摘 录 表

月	日	起	止	降水量(mm)	月	日	起	止	降水量(mm)	月	日	起	止	降水量(mm)	月	日	起	止	降水量(mm)
7	31	20	0	4.2	8	12	15	16	17.3	8	23	17	18	0.2	9	8	4	5	0.1
8	1	6	8	0.6			16	20	3.2			20	8	10.2		13	4	8	2.3
		18	19	1.0			21	23	1.8		24	8	12	3.8			8	11	0.7
		19	20	2.9			23	0	4.4			12	13	3.0		16	18	20	0.5
	2	2	3	0.1		13	0	1	3.9			13	20	6.9			20	8	6.7
		7	8	0.1			1	2	4.3			20	23	2.6		17	8	11	4.2
		17	18	3.5			2	3	13.2		25	0	5	0.9			11	12	2.8
		18	19	20.7			3	4	8.3		28	4	8	1.9			12	19	10.9
		20	22	1.2			4	8	9.7			8	10	0.8			20	5	5.0
	3	7	8	0.1			8	9	5.6			11	12	0.1		18	6	7	0.7
		16	18	0.2			9	10	8.9			20	21	0.2			7	8	3.1
	4	11	13	0.5			10	11	7.4			22	0	0.5		26	16	17	0.4
		14	15	0.2			11	12	1.8		29	8	10	0.5			18	19	0.2
		16	18	1.9			13	14	0.1			13	14	0.1			20	21	0.1
	9	12	13	2.9		14	1:10	2	5.2			15	16	0.2		27	12	15	1.3
		13	14	4.8			2	3	27.3		30	9	10	0.2		28	8	14	2.2
		14	15	4.7			3	4	41.8			12	13	0.1			16	20	2.6
		15	16	1.4			4	5	32.7			14	15	2.7		29	6	8	3.2
		21	22	0.2			5	5:10	1.5			15	16	7.0			8	17	8.2
		23	1	0.7			5:30	6	9.2			16	19	4.8		30	8	10	1.0
	10	16	17	3.6			6	7	71.4			22	8	5.2			11	20	5.5
	11	14	15	0.6			7	8	20.8		31	8	9	0.1			20	2	3.0
		18	20	1.0			8	9	4.4			19	20	0.1	10	1	3	5	0.6
		20	21	3.0			13	14	0.5			20	1	1.4			6	8	0.2
		21	22	2.6		19	18	20	0.4	9	1	2	3	0.1			9	20	3.0
	12	22	3	5.6		20	5	7	1.0			5	8	0.6		2	1	2	0.2
		4	5	3.6			7	8	6.7			9	14	0.6			9	13	0.9
		5	6	6.6			8	9	3.0			16	20	0.8			14	15	0.2
		6	8	1.8			9	11	0.8			20	8	3.5		4	0	6	3.5
		8	11	4.0			12	13	0.1		2	8	16	1.1			8	10	0.7
		11	12	3.5			15	17	0.2		3	17	20	1.0			11	17	0.6
		12	13	0.2		21	5	8	1.8			20	0	1.0					
		13	14	14.0			8	20	8.0		4	8	9	0.3					
		14	15	11.3			20	21	0.4		7	20	1	1.1					

1983　滚　河　刀子岭站

月	日	起	止	降水量(mm)	月	日	起	止	降水量(mm)	月	日	起	止	降水量(mm)	月	日	起	止	降水量(mm)
5	30	0	3	0.7	6	22	18	20	2.4	6	25	8	10	0.3	7	18	13	16	3.5
		14	15	0.1			20	3	5.1			16	18	0.8			22	1	1.3
		15	16	3.5		23	6	8	0.3		30	16	20	3.1		19	19	20	0.2
		16	20	4.8			8	9	1.3			20	21	0.1			20	21	0.3
		20	22	1.1			9	10	3.9	7	1	2	3	1.5			21	22	17.3
6	1	20	23	2.5			10	11	4.1			3	4	2.9			22	23	11.7
		23	0	2.6			11	12	0.7			4	5	3.1			23	0	24.9
	2	0	2	1.9			14	15	2.9			5	6	6.0		20	0	1	21.3
		3	5	0.5			15	16	7.9			6	7	1.6			1	2	3.6
	11	0	1	0.5			16	17	0.5			7	8	3.7			2	3	1.0
		1	2	7.5		24	1	4	1.6			8	9	1.2			21	22	1.0
		2	3	4.2			4	5	2.6		2	18	19	9.4			22	23	7.2
		3	4	0.3			5	7	3.0			19	20	2.1			23	0	7.1
		7	8	0.1			7	8	5.9			20	21	0.1		21	0	3	3.9
		8	11	1.7			8	9	6.1		4	2	4	0.2			3	4	13.1
		11	12	3.9			9	10	10.4		10	7	8	0.2			4	5	4.7
		12	13	19.4			10	11	24.5			8	16	2.5			5	6	6.3
		13	14	25.0			11	12	0.7		11	3	4	0.3			7	8	6.5
		14	15	4.4			12	13	4.6		15	16	18	0.3			8	9	5.6
		15	16	8.0			13	19	3.8		18	0	1	0.2			9	10	1.7
		16	19	2.6		25	21	1	0.4			2	4	0.6			13	20	9.2
	19	13	15	1.4			5	8	0.6			6	8	0.5		23	15	18	0.6

降 水 量 摘 录 表

月	日	起	止	降水量(mm)	月	日	起	止	降水量(mm)	月	日	起	止	降水量(mm)	月	日	起	止	降水量(mm)
7	23	21	22	0.1	9	5	2	3	4.2	9	17	12	13	3.0	10	6	19	20	0.7
	24	6	7	0.1			3	4	2.7			13	18	3.8			20	22	0.6
		9	10	0.2			4	5	1.0		21	21	22	0.2			23	8	8.3
		11	16	0.7		7	17	18	0.9		22	5	8	1.7		7	8	9	0.1
	30	21	0	3.1		8	4	5	9.8			8	13	5.9		11	7	8	0.1
8	31	20	2	4.8			5	6	21.7			16	17	0.6			8	11	0.8
	6	21	22	0.3			6	7	7.4			19	20	3.1		12	3	5	0.3
	7	13	14	4.6			7	8	6.4			20	21	3.7			18	20	1.7
		22	23	1.1			8	9	3.0			21	22	2.5			20	21	2.6
	8	18	19	1.5			9	10	9.7			23	4	4.9			21	6	7.2
	9	6	7	8.0			10	11	0.4		23	12	13	0.3		13	7	8	0.3
		7	8	3.1			11	12	6.6			14	15	0.2			8	20	7.7
		8	9	4.3			12	13	1.2		28	6	7	0.3			20	8	4.4
		9	10	1.1			13	14	5.7	10	3	16	17	0.4		14	8	13	1.4
	11	17	18	7.4			14	15	0.6			17	18	7.6		16	16	20	2.3
		18	20	1.4			18	20	1.9			18	19	4.8			20	7	3.9
		23	2	2.9			21	0	2.6			19	20	0.2		17	8	20	8.8
	12	14	15	2.2		9	0	1	2.8			20	2	9.3			20	2	9.0
		18	19	0.4			1	3	4.1		4	2	3	6.3		18	2	3	3.8
	13	4	8	1.5			3	4	10.2			3	4	8.6			3	4	8.2
		8	9	0.5			4	5	7.3			4	5	6.9			4	5	7.3
		9	10	8.7			5	6	3.9			5	7	1.9			5	6	7.4
		10	11	4.2			6	8	3.0			7	8	4.9			6	7	7.4
		11	13	1.2			8	9	5.5			8	9	2.2			7	8	9.8
	14	3	4	11.1			9	15	4.9			9	10	3.7			8	9	9.6
		4	5	2.1			16	18	0.5			10	14	4.0			9	10	9.4
		5	6	6.3			19	20	0.6			14	15	5.2			10	11	5.9
		6	8	0.5			20	21	2.1			15	16	4.4			11	12	5.5
	19	15	16	0.2			21	22	2.7			16	17	3.9			12	13	7.4
	22	3	6	5.0			22	0	2.6			17	18	9.2			13	14	7.4
		6	7	2.8		10	0	1	7.5			18	20	3.9			14	15	3.8
		7	8	4.9			1	2	4.9			20	21	3.3			15	16	4.2
		8	9	2.8			2	3	8.4			21	22	2.9			16	20	5.9
		9	10	2.7			3	4	7.7			22	23	4.0			20	4	7.8
		10	11	7.1			4	5	6.0			23	0	11.7		19	4	5	3.9
		11	12	4.9			5	6	4.1		5	0	1	8.6			5	6	4.1
		12	13	3.6			6	7	5.9			1	2	5.9			6	7	4.5
		13	14	2.6			7	8	2.9			2	3	4.8			7	8	2.1
		14	18	6.1			8	12	2.6			3	5	1.0			8	20	7.1
		19	20	0.2		15	19	20	0.7			5	6	4.0			20	6	3.3
		20	22	1.4			20	22	0.6		6	8	2.9	24	18	19	0.1
	31	22	23	1.4			23	0	0.4			8	11	2.8		25	4	8	0.9
		23	0	2.6		16	10	12	0.4			11	12	2.8			8	16	7.7
9	1	0	2	2.2			14	15	0.5			12	13	3.2					
		6	8	1.8			17	18	0.7			13	20	6.3					
	5	1	2	1.3		17	10	12	2.1			20	0	1.0					

1983　滚　河　尚店站

月	日	起	止	降水量(mm)	月	日	起	止	降水量(mm)	月	日	起	止	降水量(mm)	月	日	起	止	降水量(mm)
5	29	14	15	3.1	6	11	11	12	4.2	6	23	8	13	4.2	6	26	4	5	0.7
		15	16	5.1			12	13	11.1			14	17	1.9		30	14	15	0.8
		17	20	1.6			13	14	10.9		24	4	7	3.8			16	17	0.4
		20	22	1.7			14	15	4.7			7	8	6.7			19	20	1.4
6	1	8	9	1.2			15	16	4.3			8	9	5.8			20	22	1.2
	2	20	0	1.4			16	18	1.5			9	10	5.9	7	1	4	5	3.1
		1	3	0.2		14	13	16	1.1			10	11	9.1			5	8	4.3
	11	0	1	4.2		22	1	2	0.1			11	17	2.9			16	17	1.1
		1	2	3.2			19	20	0.8		25	7	8	0.7			17	18	4.2
		9	11	3.3		23	2	4	2.3			9	10	0.2		10	15	16	0.7

降 水 量 摘 录 表

月	日	起	止	降水量(mm)	月	日	起	止	降水量(mm)	月	日	起	止	降水量(mm)	月	日	起	止	降水量(mm)
7	15	14	15	0.1	8	11	18	19	0.2	9	10	4	5	14.1	10	5	19	20	0.6
		16	17	0.2		12	0	1	2.1			5	6	11.3			20	22	1.3
	18	4	5	0.3		13	6	7	0.2			6	8	4.2		7	2	3	2.6
		13	14	0.1			9	10	4.9			8	11	2.1			3	4	2.9
		15	16	0.3			10	11	12.1		15	20	23	0.7			4	5	0.2
	19	3	4	0.2			11	13	1.8		17	12	14	1.0		12	21	6	9.2
		20	21	7.0		14	3	7	3.5		21	23	0	0.1		13	11	16	5.7
		21	22	14.0		22	3	6	2.7		22	3	8	3.3			17	18	0.9
		22	23	15.3			6	7	2.7			8	14	6.2			21	6	6.4
		23	0	48.8			7	8	3.3			18	19	0.6		14	9	10	0.4
	20	0	1	47.8			8	9	1.7			20	21	1.7			11	13	1.5
		1	2	5.7			9	10	2.8			21	22	3.2		16	20	0	1.2
		2	3	1.9			10	11	4.1			22	23	4.0		17	3	5	1.0
		22	23	5.1			11	12	2.7			23	1	2.1			6	8	0.5
		23	0	4.7			12	13	3.7		23	3	4	0.4			11	20	3.0
	21	0	1	14.2			13	18	6.3		28	3	4	0.4			20	0	4.1
		1	2	24.3			20	22	1.2	10	3	17	19	3.7		18	0	1	3.0
		2	3	4.1		25	4	5	0.6		4	2	3	18.6			1	2	3.9
		3	4	3.0		31	22	2	5.2			3	4	11.7			2	3	1.8
		4	5	6.1	9	5	1	2	6.4			4	6	0.9			3	4	2.9
		5	6	1.4			2	3	3.1			6	7	3.6			4	5	4.1
		7	8	2.3		7	16	17	1.3			7	8	1.1			5	6	2.9
		8	9	3.4		8	4	5	19.2			8	9	7.6			6	7	7.4
		9	10	1.6			5	6	26.7			9	10	4.8			7	8	9.8
		14	16	1.9			6	7	7.3			12	14	1.1			8	9	4.9
		17	20	3.2			7	8	2.3			14	15	4.0			9	10	7.2
		20	21	0.4			8	10	4.1			15	16	6.7			10	11	5.9
	30	20	21	0.4			10	11	3.4			16	17	1.1			11	12	5.3
	31	10	11	1.5			11	12	0.6			17	18	9.8			12	13	4.0
		20	21	0.6			15	17	3.1			18	19	4.8			13	14	3.2
		22	23	2.1			19	20	0.5			19	20	1.2			14	15	3.6
		23	0	5.1		9	3	4	1.6			20	21	2.4			15	16	6.7
8	1	0	1	6.7			4	5	14.1			21	22	10.8			16	17	4.6
		2	3	10.1			5	6	8.8			22	23	6.7			17	20	3.6
		3	4	7.1			6	8	2.3			23	0	0.4			20	5	10.1
	6	21	22	0.5			8	9	3.8		5	0	1	5.6		19	5	6	3.6
	7	19	20	0.7			9	12	3.4			1	2	4.1			6	8	2.5
	9	7	8	7.7			20	21	0.2			2	3	2.2			10	12	0.6
		8	9	3.6			22	23	2.6			3	4	5.0			13	14	0.1
		9	10	0.9			23	0	1.1			4	6	2.5			15	18	2.7
	10	16	17	3.4		10	0	1	4.1			11	12	1.2			22	0	0.6
	11	13	14	1.1			1	2	2.1			12	13	4.8		20	3	5	0.5
		15	16	5.0			2	3	2.6			13	14	3.6					
		16	17	0.7			3	4	4.5			14	17	2.9					

1983 滚 河 柏庄站

月	日	起	止	降水量(mm)	月	日	起	止	降水量(mm)	月	日	起	止	降水量(mm)	月	日	起	止	降水量(mm)
5	29	13:40	14	1.9	6	11	2	3	1.4	6	22	18	20	0.8	6	24	23	0	0.2
		14	15	28.3			6	7	0.1			20	21	0.4		25	5	8	1.1
		15	16	25.7			9	11	1.8			23	2	1.8			8	9	0.3
		16	17	0.8			11	12	5.2		23	8	14	4.5			10	11	0.2
		18	20	2.8			12	13	2.6			15	18	2.5			14	18	1.4
		20	21	0.9			13	14	6.3		24	4	6	0.2		30	15	20	3.9
	30	3	4	0.1			14	15	3.8			6	7	3.2			20	22	0.6
		7	8	0.1			15	16	2.6			7	8	3.8			23	1	0.5
6	1	22	1	1.7			16	18	0.7			8	9	3.1	7	1	3	8	3.1
	2	2	4	1.1			19	20	0.1			9	11	3.7			8	9	0.1
		5	6	0.1		14	13	16	0.4			12	17	1.1			15	16	0.1
	11	1	2	4.2		19	14	15	0.1			20	21	0.1			17	18	7.8

降 水 量 摘 录 表

月	日	起	止	降水量(mm)	月	日	起	止	降水量(mm)	月	日	起	止	降水量(mm)	月	日	起	止	降水量(mm)
7	1	18	19	4.3	8	1	2	3	10.1	9	9	8	15	4.7	10	4	21	22	3.6
		19	20	0.1		6	21	22	0.3			18	20	0.3			22	23	5.4
		20	1	0.3			23	0	0.1			20	0	0.8			23	0	4.7
	2	1	2	0.1		7	19	20	0.3		10	0	1	2.9		5	0	1	5.7
	4	2	3	0.1		8	3	6	0.5			1	2	6.1			1	2	3.7
		15	16	0.1			17	20	0.3			2	3	5.7			2	8	2.6
	10	13	18	2.1		9	7	8	3.8			3	4	2.5			9	10	0.4
	11	12	13	0.1			8	11	2.5			4	5	4.5			11	17	7.3
		19	20	0.1		10	16	18	0.8			5	6	2.8			20	21	1.2
	13	17	18	0.1		11	16	17	9.7			8	11	1.6		6	6	7	0.1
	18	23	0	0.1			17	20	4.7			14	16	0.5			12	14	0.7
		2	3	0.1		12	0	1	5.5		11	1	2	0.1			16	17	0.1
		8	9	0.1			6	7	0.1		13	8	9	0.1		7	0	7	4.8
		15	17	0.3		13	7	8	0.2			12	13	0.1		12	4	6	0.2
		18	19	0.1			8	9	0.1		15	17	20	0.6			7	8	0.1
	19	22	23	0.6			9	10	14.6		16	6	7	0.1			18	20	2.1
		1	2	0.1			10	11	5.2			11	13	0.7			20	8	7.8
		6	7	0.1			11	13	1.2			15	16	0.1		13	9	19	5.8
		15	16	0.1			21	22	0.1			18	19	0.1			20	8	4.8
		16:30	17	0.4		14	5	6	5.9			21	22	0.2		14	8	14	2.1
		17:35	18	0.2			6	7	11.5		21	21	22	0.1		16	18	19	0.1
		19	20	0.1			7	8	0.1		22	4	8	2.7			20	0	0.4
		20:55	21	1.2		19	14	16	0.3			8	11	3.2		17	1	4	0.3
		21	22	10.6			19	20	0.1			11	12	3.0			6	7	0.1
		22	23	24.8		22	0	8	4.4			12	13	0.7			8	14	1.1
	20	23	0	16.7			8	9	1.8			15	18	0.6			15	20	2.9
		0	1	43.0			9	10	3.7			19	20	1.1			20	2	6.4
		1	2	6.1			10	11	3.0			20	21	2.9		18	2	3	2.6
		2	2:20	0.8			11	19	9.5			21	4	6.2			3	4	3.0
		3	4	0.1			21	23	0.9		23	6	7	0.1			4	5	3.4
		21	22	0.1		25	4	5	0.7			14	15	0.2			5	6	1.5
		22	23	9.4		31	22	23	1.7			16	17	0.1			6	7	2.8
		23	0	25.7			23	0	3.1		28	6	8	0.2			7	8	4.7
	21	0	1	13.3	9	1	0	1	0.5	10	3	4	5	0.1			8	9	4.8
		1	2	16.9			6	8	0.4			6	7	0.1			9	10	5.4
		2	3	5.5		5	1	2	1.1			17	20	2.0			10	11	4.3
		3	4	1.9			2	3	5.6			20	22	2.4			11	12	4.9
		4	5	7.4			3	4	2.6			22	23	3.3			12	13	4.5
		5	8	3.2			6	7	0.1			23	0	3.3			13	14	3.9
		8	9	2.7		7	17	18	1.4		4	0	2	0.3			14	15	3.9
		9	10	1.0		8	3	4	7.8			2	3	10.7			15	20	6.1
		14	20	4.3			4	5	19.5			3	4	5.4			20	22	1.2
	22	0	2	0.6			5	6	7.9			4	5	5.1		19	2	4	0.4
		11	12	0.1			6	7	6.4			5	8	4.2			4	5	3.2
		13	14	0.1			7	8	1.2			8	9	5.7			5	6	4.3
	23	8	10	0.3			8	11	2.8			9	10	7.4			6	8	3.2
		19	20	0.1			12	14	0.2			10	14	3.9			8	11	1.5
	30	23	0	0.9			18	20	1.2			14	15	6.9			12	19	1.8
	31	2	3	0.1			20	21	0.1			15	16	4.2			22	0	0.4
		10	12	0.3			23	1	3.0			16	17	3.6		20	1	6	0.6
		21	23	0.2		9	1	2	3.5			17	18	3.1		25	5	7	0.2
		23	0	13.5			2	3	4.1			18	19	1.7			9	16	4.8
8	1	0	1	8.8			3	4	2.6			19	20	4.9			17	18	0.1
		1	2	4.1			4	8	3.5			20	21	2.5					

1983 滚 河 柴 厂 站

月	日	起	止	降水量(mm)	月	日	起	止	降水量(mm)	月	日	起	止	降水量(mm)	月	日	起	止	降水量(mm)
5	29	14	20	7.4	6	1	20	0	3.0	6	11	0	2	8.7	6	11	8	10	0.8
		20	22	1.0		2	2	6	0.5			2	4	1.9			10	12	5.4

降 水 量 摘 录 表

月	日	起	止	降水量(mm)	月	日	起	止	降水量(mm)	月	日	起	止	降水量(mm)	月	日	起	止	降水量(mm)
6	11	12	14	30.6	7	21	6	8	3.6	9	8	6	8	12.1	10	4	14	16	10.8
		14	16	11.2			8	10	5.2			8	10	12.9			16	18	10.2
		16	20	2.8			12	20	6.1			10	12	8.5			18	20	7.0
	14	14	16	1.0			20	22	0.2			12	14	3.2			20	22	8.4
	19	12	16	1.4		22	16	18	0.3			18	20	2.3			22	0	11.9
	22	18	20	2.1		23	10	12	0.3			22	0	1.7		5	0	2	18.6
		20	2	5.1			16	18	0.7		9	0	2	7.1			2	8	6.7
	23	6	8	0.6		27	14	16	0.3			2	4	12.7			8	18	11.5
		8	14	6.2		30	18	20	1.7			4	6	5.3			20	22	1.4
		14	16	5.7			20	0	4.9			6	8	1.7		6	12	14	0.5
		16	18	8.1		31	20	2	2.4			8	10	5.1			18	20	0.6
	24	2	4	6.2	8	6	18	20	0.3			10	12	2.6		7	0	8	8.0
		6	8	9.1		7	8	10	0.1			14	16	0.4		11	8	10	0.6
		8	10	14.3			12	14	0.2			18	20	0.5		12	2	4	0.2
		10	12	15.3			20	22	0.2			20	0	4.6			18	20	1.2
		12	20	5.8		8	6	8	0.7		10	0	2	13.2			20	8	7.4
	25	6	8	0.4			16	20	2.0			2	4	13.8		13	8	20	8.2
		8	10	0.7		9	6	8	7.5			4	6	12.2			20	8	5.2
		12	18	0.6			8	10	4.1			6	8	7.7		14	8	14	1.8
	30	16	20	2.9		10	14	18	2.6			8	12	2.5		16	16	20	3.5
7	1	20	0	1.1		11	12	18	4.3		15	18	20	0.4			20	6	4.3
		4	6	9.3		12	0	2	22.1			20	22	0.7		17	8	20	6.4
		6	8	4.5			14	16	0.4		16	20	2	1.9			20	4	13.5
		16	18	2.3		13	6	8	1.1		17	10	12	1.2		18	4	6	15.0
		18	20	9.7			8	10	13.2			12	14	6.4			6	8	15.5
	4	4	6	0.5			10	14	5.3			14	18	1.7			8	10	15.7
		8	10	0.2			14	6	4.6		21	20	22	0.2			10	12	15.3
	10	12	16	0.8		19	14	16	0.5		22	6	8	2.2			12	14	9.5
	11	2	4	0.3		22	2	6	4.3			8	14	6.9			14	16	10.1
	13	4	6	0.3			6	8	6.1			16	20	1.1			16	18	6.9
	18	2	8	0.8			8	10	4.1			20	22	5.9			18	20	2.3
		12	20	3.6			10	12	10.7			22	2	5.8			20	4	5.3
		20	6	1.5			12	14	5.6		23	12	14	0.7		19	4	6	7.0
	19	20	22	10.5			14	20	6.8	10	3	16	20	6.8			6	8	8.2
		22	0	50.5			20	22	1.2			20	0	3.8			8	20	8.0
	20	0	2	100.3		25	4	6	0.3		4	0	2				20	6	3.2
		2	6	2.4		31	22	2	4.3			2	4	18.6		25	4	8	1.0
		22	0	13.2	9	1	4	2	1.5			4	6	8.8			8	16	6.6
	21	0	2	2.1		5	2	4	8.5			6	8	4.6					
		2	4	6.6		6	18	20	6.1			8	10	8.6					
		4	6	11.8		8	4	6	35.8			12	14	2.5					

1983　洪　河　滚河李站

月	日	起	止	降水量(mm)	月	日	起	止	降水量(mm)	月	日	起	止	降水量(mm)	月	日	起	止	降水量(mm)
5	29	14:50	15	4.0	6	11	11	12	6.3	6	24	7	8	6.1	7	1	12	14	1.4
		15	16	40.9			12	13	3.1			8	9	2.3			16	17	8.2
		16	17	3.4			13	14	5.9			9	10	5.1			17	18	15.5
		17	20	1.5			14	15	5.1			10	11	5.1			18	20	1.4
		20	21	0.9			15	16	2.6			11	12	0.1			20	21	0.1
	30	3	4	0.1			16	17	0.6			13	16	1.3		4	6	7	0.1
6	1	8	9	19.4			18	19	0.1			23	0	0.1		10	14	16	1.6
		9	10	7.1		14	15	16	0.1		25	6	8	0.5			17	19	0.5
		11	12	0.1		19	13	15	0.4			8	10	0.4		11	13	14	0.1
		22	1	1.4		22	18	20	1.1			16	18	0.6		13	17	18	0.2
	2	3	6	0.5			20	22	0.8		30	16	20	3.1		18	2	3	0.3
	11	1	2	3.9			23	2	1.9			20	22	0.9			5	6	0.2
		2	3	2.4		23	9	13	2.1	7	1	0	1	4.6			12	14	0.6
		6	7	0.1			15	19	2.5			8	9	0.5			16	18	0.7
		8	11	3.4		24	4	7	3.3							19	1	2	0.3

降 水 量 摘 录 表

月	日	起	止	降水量(mm)	月	日	起	止	降水量(mm)	月	日	起	止	降水量(mm)	月	日	起	止	降水量(mm)
7	19	4	5	0.1	8	13	8	9	17.3	9	16	15	17	0.2	10	6	12	14	0.7
		17	18	0.2			9	10	13.3			19	20	0.1		7	0	8	4.8
		21:30	22	8.8			10	12	2.0			20	21	0.1		11	7	8	0.1
		22	23	4.9		14	5	8	2.9		17	12	13	0.2			8	9	0.3
		23	0	25.6		19	15	16	0.3		21	20	23	0.6		12	4	5	0.1
	20	0	1	14.8		22	1	8	4.7		22	4	8	2.0			6	8	0.4
		1	2	35.1			8	9	2.1			8	13	7.9			18	20	2.0
		2	3	12.7			9	10	3.0			16	19	2.0			20	6	7.3
		3	3:20	0.1			10	11	2.7			19	20	2.9		13	8	17	5.2
		4	5	0.1			11	12	3.2			20	21	3.6			18	19	0.2
		14	15	0.2			12	20	7.8			21	22	3.2			20	8	5.2
		22	23	4.6			20	22	1.0			22	6	6.7		14	8	14	2.0
		23	0	8.2		25	2	6	1.0		23	7	8	0.1			18	19	0.2
	21	0	1	21.5		31	22	23	0.7		28	4	6	0.2		15	4	5	0.1
		1	2	19.3			23	0	3.1			7	8	0.1		16	15	20	1.9
		2	3	10.4	9	1	0	1	0.2	10	3	5	6	0.1			20	8	3.2
		3	4	1.8			5	7	0.3			17	20	3.9		17	9	15	1.6
		4	5	13.9		5	1	2	0.6			20	22	3.2			17	20	3.0
		5	8	3.1			2	3	4.7			22	23	3.1			20	23	5.2
		8	10	2.4			3	4	0.8			23	0	3.1			23	0	5.1
		14	17	1.3			5	6	0.1		4	0	2	0.6		18	0	1	5.1
		18	20	2.1		6	19	20	3.9			2	3	10.8			1	2	5.2
		20	21	0.1			20	21	0.3			3	4	5.8			2	3	5.1
	22	0	2	0.6		8	3	4	0.2			4	5	3.6			3	4	5.1
	23	5	6	0.1			4	5	14.8			5	6	2.6			4	5	5.1
		8	10	0.3			5	6	4.9			6	8	2.3			5	6	3.9
		12	13	0.1			6	7	8.0			8	9	5.0			6	7	8.7
	30	19	20	1.4			7	8	3.7			9	10	6.2			7	8	9.2
		20	23	0.3			8	14	4.6			10	11	4.3			8	9	6.3
	31	8	9	0.1			19	20	0.2			11	12	3.0			9	10	6.7
		10	12	1.1		9	22	1	1.7			12	14	1.5			10	11	5.7
		23	0	3.8			1	2	2.8			14	15	4.4			11	12	6.3
8	1	0	1	3.9			2	3	2.8			15	16	6.7			12	13	6.1
		1	2	2.4			3	8	4.5			16	17	4.8			13	14	4.5
		2	3	6.0			8	13	3.2			17	18	6.9			14	15	3.5
		6	7	0.1			14	15	0.2			18	19	1.3			15	16	1.3
	6	21	22	0.2			19	20	0.2			19	20	4.1			16	17	3.2
	7	19	20	0.5			20	0	0.8			20	21	3.9			17	19	3.1
	8	4	5	0.1		10	0	1	3.3			21	22	3.5			20	22	0.5
	9	8	12	1.9			1	2	7.3			22	23	3.2		19	4	5	1.6
	10	16	18	1.4			2	3	6.9			23	0	5.0			5	6	2.9
	11	8	9	0.1			3	4	6.0		5	0	1	5.1			6	7	3.1
		15	16	6.4			4	5	5.7			1	2	3.4			7	8	1.2
		16	17	12.6			5	6	3.3			2	8	3.1			8	19	6.4
		17	18	8.2			6	8	3.1			9	12	0.7			20	7	2.2
		18	20	0.2			8	11	1.9			12	13	3.2		25	4	6	0.2
	12	0	1	7.6			14	16	0.3			13	17	5.9			7	8	0.1
		1	2	0.1		15	19	20	0.2			19	20	0.4					
	13	6	8	1.3			20	21	0.4			20	21	0.5					

1983 滚 河 袁 门 站

月	日	起	止	降水量(mm)	月	日	起	止	降水量(mm)	月	日	起	止	降水量(mm)	月	日	起	止	降水量(mm)
5	29	15	16	3.9	6	1	22	23	2.9	6	11	12	13	6.8	6	19	14	16	1.7
		16	17	1.4			23	0	0.2			13	14	15.1		22	17	20	2.2
		17	18	8.2		2	0	5	0.2			14	15	3.2			20	2	3.4
		18	20	1.2		11	1	2	1.9			15	16	5.9		23	4	5	0.1
		20	22	1.3			2	3	7.4			16	19	1.4			7	8	0.3
	30	6	7	0.1			9	11	1.1		14	13	15	0.5			8	15	5.0
6	1	21	22	0.6			11	12	4.5		19	2	4	0.5			15	16	2.8

降 水 量 摘 录 表

各栏表头为：月 | 日 | 时或时分 起 | 止 | 降水量（mm）。

第一栏

月	日	起	止	降水量(mm)
6	23	16	17	0.3
		19	20	0.1
	24	4	5	1.3
		5	6	3.1
		6	7	0.7
		7	8	9.6
		8	9	7.4
		9	10	7.4
		10	11	9.2
		11	12	3.5
		12	20	6.7
		23	0	0.1
	25	8	10	0.7
		15	18	1.9
	30	15	18	1.6
		19	20	1.7
		20	21	0.5
7	1	1	2	0.1
		3	4	2.0
		4	5	3.6
		5	6	2.7
		6	8	2.8
		8	9	0.7
		14	15	0.1
		17	18	2.2
		18	19	5.0
		19	20	0.8
	2	6	7	0.1
	10	13	16	0.9
		18	19	0.1
	15	18	19	0.2
	17	5	6	0.1
		7	8	0.2
	18	13	17	1.6
		23	1	1.0
	19	5	6	0.1
		20	21	2.6
		21	22	17.5
		22	23	13.3
		23	0	35.4
	20	0	1	49.2
		1	2	23.4
		2	2:35	2.0
		4	5	0.1
		22	23	4.0
		23	0	10.4
	21	0	1	4.2
		1	2	2.0
		2	3	5.1
		3	4	6.5
		4	5	2.4
		5	6	4.4
		6	8	2.4
		8	9	3.6
		9	11	0.7
		13	18	1.7
		18	19	3.8
		19	20	1.7
		21	22	0.1
	22	5	6	0.1
	23	16	17	0.2
		7	8	0.2
		8	10	0.4
		12	14	0.4

第二栏

月	日	起	止	降水量(mm)
7	23	15	16	0.1
	30	21	22	2.8
		22	0	0.5
	31	5	6	0.1
		22	3	7.7
8	6	21	22	0.4
	7	9	10	0.4
		19	20	0.6
		21	22	0.1
	8	4	7	0.8
	9	7	8	12.3
		8	9	4.4
		9	11	1.3
	10	15	18	3.1
	11	14	16	0.9
		17	18	3.0
		22	1	1.6
	12	6	7	0.1
	13	8	9	0.2
		9	10	6.8
		10	11	11.5
		11	13	1.8
	14	1	2	0.1
		3	4	5.8
		4	5	6.2
		5	8	1.5
	19	15	16	0.1
	20	6	7	0.1
	22	1	7	5.9
		7	8	4.7
		8	10	4.1
		10	11	4.6
		11	12	4.6
		12	13	4.1
		13	20	8.3
		20	22	1.0
	25	3	6	1.3
	31	22	23	1.6
		23	0	3.4
9	1	0	3	0.9
		5	8	0.7
	5	1	2	1.0
		2	3	5.5
		3	4	2.4
	7	8	9	0.1
		16	17	0.1
	8	3	4	3.3
		4	5	23.3
		5	6	5.3
		6	7	5.3
		7	8	2.2
		8	9	1.5
		9	10	4.2
		10	11	0.7
		11	12	6.9
		12	16	1.8
		17	20	2.3
		23	1	3.5
	9	1	2	3.7
		2	3	3.8
		3	4	6.8
		4	5	7.3
		5	8	4.3

第三栏

月	日	起	止	降水量(mm)
9	9	8	9	4.4
		9	10	3.0
		10	12	4.3
		13	15	0.2
		18	20	0.4
		20	21	2.8
		21	0	1.7
	10	0	1	5.1
		1	2	5.2
		2	3	8.6
		3	4	5.8
		4	5	5.6
		5	6	7.3
		6	7	3.6
		7	8	2.3
		8	11	2.5
		15	16	0.1
		17	18	0.1
	15	19	20	0.5
		20	22	0.3
	16	1	2	0.1
		18	19	0.1
		21	22	0.1
	17	0	1	0.1
		10	13	2.8
		14	15	0.1
		19	20	0.1
	22	20	21	2.1
		21	22	3.2
		22	23	3.1
		23	3	2.2
	23	6	7	0.1
		9	10	0.1
		14	16	0.2
	24	6	7	0.1
	27	8	9	0.1
	28	4	5	0.1
		6	7	0.1
10	2	14	15	0.2
		16	17	0.1
	3	17	18	2.2
		18	19	3.5
		19	20	0.3
		20	23	1.7
	4	23	0	4.0
		0	2	0.4
		2	3	6.5
		3	4	8.8
		4	5	6.1
		5	6	2.6
		6	7	0.2
		7	8	2.6
		8	9	2.5
		9	10	8.0
		10	11	1.6
		13	14	0.6
		14	15	3.7
		15	16	8.5

第四栏

月	日	起	止	降水量(mm)
10	4	16	17	2.1
		17	18	9.9
		18	19	4.8
		19	20	2.4
		20	21	2.3
		21	22	7.6
		22	23	5.4
		23	0	9.4
	5	0	1	9.1
		1	2	6.6
		2	6	4.1
		6	7	3.7
		7	8	0.2
		8	12	2.8
		12	13	2.9
		13	18	6.1
		19	20	0.3
		20	21	1.5
		22	23	0.3
	6	1	2	0.1
		11	12	0.1
		14	15	0.1
		19	20	0.5
	7	0	7	6.1
	11	8	10	0.3
	12	4	5	0.1
		7	8	0.1
		19	20	1.0
	13	8	20	6.8
	14	8	20	7.8
		20	8	5.9
	16	8	12	1.5
		16	20	1.9
		20	5	2.3
	17	6	7	0.1
		9	13	1.4
		14	20	3.4
		20	3	10.4
	18	3	4	3.3
		4	5	8.0
		5	6	8.5
		6	7	6.8
		7	8	8.1
		8	9	6.0
		9	10	9.1
		10	11	6.5
		11	12	7.9
		12	13	4.4
		13	14	6.0
		14	15	5.0
		15	16	5.2
		16	17	4.9
		17	20	4.0
	19	20	5	5.4
		5	6	4.5
		6	7	5.6
		7	8	2.9
		8	19	6.2
		21	6	1.8
	20	7	8	0.1
	25	3	7	0.7
		8	15	5.9

降 水 量 摘 录 表

1984　滚　河　刀子岭站

月	日	起	止	降水量(mm)	月	日	起	止	降水量(mm)	月	日	起	止	降水量(mm)	月	日	起	止	降水量(mm)
5	11	19	20	1.6		6	24	0	7	0.8		7	24	8	9	3.1		8	9	12	13	5.5
		20	23	4.3			27	17	19	2.4				9	10	4.5				13	14	7.3
		23	0	7.4				19	20	3.4				10	11	4.2				14	15	6.7
	12	0	1	12.7				20	21	1.8				11	12	6.7				15	16	1.3
		1	2	7.0				21	22	6.7				12	13	4.4				21	0	1.7
		2	4	2.6				22	0	0.7				13	14	5.4			18	12	14	1.8
		4	5	6.7		7	2	7	8	0.7				14	15	3.8				14	15	12.6
		5	7	2.0				8	9	27.5				15	16	0.3				15	16	3.4
6	5	23	2	1.9				9	10	30.4				22	0	0.3				16	17	2.3
	6	5	8	1.7				10	11	16.1			25	1	2	1.1			19	8	9	2.8
		8	10	1.4				11	12	8.2				3	7	1.0				9	10	0.4
		11	12	0.1				12	13	6.6				10	11	12.4				10	11	3.9
		14	20	1.3				13	14	0.2				11	12	17.5				11	12	5.8
		20	0	1.4			6	3	4	0.2				12	13	4.6				12	13	0.3
	12	13	14	5.1				5	8	0.6				13	15	2.4				13	14	6.6
		14	16	3.2				8	10	1.2				17	20	1.6			22	16	17	1.8
		16	17	10.6				10	11	2.9				20	0	2.2			25	0	1	20.8
		17	18	3.5				11	12	0.1			26	0	1	9.2				1	2	10.1
		18	19	4.3				13	20	4.5				1	2	5.7				2	3	3.4
		19	20	18.7				20	22	0.2				2	3	3.5				3	5	1.0
		20	21	48.7				23	1	1.9				3	4	10.6			30	15	16	0.7
		21	22	17.2		7	1	2	9.0				4	5	20.0			31	0	1	5.0
		22	23	15.6				2	3	6.2				5	6	21.0				1	2	0.3
		23	0	14.1				3	4	2.8				6	7	4.6				6	8	3.7
	13	0	1	5.1				4	8	3.4				7	8	2.5				8	9	0.4
		1	2	4.4				8	13	2.0				8	9	1.4				9	10	6.5
		2	3	2.5			8	3	4	1.1				9	10	3.9				10	11	0.2
		3	5	5.0				4	5	17.2				10	11	20.8		9	6	4	5	3.6
		4	5	4.8				5	6	19.5				11	12	10.0				5	6	3.6
		5	6	6.0				6	7	11.5				12	13	4.9				6	7	2.4
		6	7	5.1				7	8	4.1				13	14	1.4				7	8	4.4
		7	8	3.5				8	9	3.1				14	15	3.1				8	9	8.3
		8	9	2.9				9	13	2.8				15	17	0.6				9	10	2.5
		9	12	6.0			9	4	6	0.4			30	14	15	0.9				10	11	4.6
		12	13	2.9			12	6	7	1.5		8	6	18	19	12.4				11	12	2.4
		13	20	5.9			13	4	5	0.3				19	20	3.3				15	16	0.3
		20	8	12.3			17	17	18	32.5			7	15	16	7.6				18	19	14.1
	14	8	16	8.1				18	19	10.6				16	17	19.8				19	20	7.6
		16	17	3.0				19	20	3.5				17	18	10.0				20	21	2.4
		17	18	3.8				20	21	4.4				20	22	0.3				21	22	6.8
		18	19	2.0				21	22	7.9			8	2	8	0.9				22	23	1.2
		19	20	3.8				22	1	2.8				17	18	0.6				23	0	14.2
		20	21	6.1			18	4	8	3.8				22	23	1.7			7	0	1	23.3
		21	22	3.7				8	20	16.2				23	0	7.6				1	2	33.3
		22	1	2.8				20	6	12.6			9	0	1	7.4				2	3	54.5
	21	4	6	3.3			19	7	8	0.1				1	2	3.8				3	4	55.8
		15	16	2.5				8	9	0.2				2	3	3.9				4	5	3.5
		16	17	2.9				17	20	0.7				3	4	5.1				5	6	0.1
	22	0	8	2.0				20	1	1.3				4	5	5.9				18	19	0.6
		8	14	1.0			20	2	3	0.1				5	6	3.0				19	20	8.7
		19	20	0.2				4	5	0.1				6	7	2.4				20	22	2.9
		20	6	2.6				13	15	1.1				7	8	18.6				22	23	9.8
	23	10	13	0.6			24	2	5	1.0				8	9	8.6				23	0	19.7
		14	15	0.1				5	6	3.4				9	10	12.2			8	0	2	1.4
		16	17	0.2				6	7	9.4				10	11	6.1				11	20	3.4
		20	23	0.5				7	8	2.7				11	12	6.6				20	22	0.2

降 水 量 摘 录 表

月	日	起	止	降水量(mm)	月	日	起	止	降水量(mm)	月	日	起	止	降水量(mm)	月	日	起	止	降水量(mm)
9	8	23	1	1.0	9	10	18	20	0.2	9	25	5	8	3.3	9	27	20	21	4.2
	9	1	2	2.9			20	22	0.2			8	13	1.4			21	22	3.5
		2	3	10.5		14	2	4	2.1			15	20	8.8			22	6	8.2
		3	4	5.0		16	23	0	0.7			20	8	16.7		28	7	8	0.2
		4	5	7.1		20	11	12	0.1		26	8	20	14.1		29	17	18	0.5
		5	6	2.7		23	20	22	2.4			20	21	4.1		30	1	8	5.2
		6	7	2.1			22	23	8.2			21	22	4.5			8	11	0.7
		7	8	4.9			23	0	2.6			22	23	5.0			11	12	5.2
		8	9	5.9		24	0	1	3.8			23	0	3.2			12	20	6.2
		9	10	2.8			1	2	7.0		27	0	1	4.1			20	21	0.1
		10	15	5.8			2	3	5.0			1	2	3.5			23	0	0.2
		15	16	5.3			3	4	1.4			2	3	3.3	10	1	2	3	0.1
		16	20	6.9			4	5	3.1			3	4	4.1			4	5	0.1
		20	21	1.2			5	6	4.8			4	5	2.6			11	20	3.0
		21	22	2.6			6	8	2.6			5	6	1.9			20	1	3.7
		22	23	1.8			8	14	6.6			6	7	2.8		2	1	2	2.9
		23	0	2.8			17	20	1.7			7	8	4.2			2	4	2.0
	10	0	1	3.8			20	21	0.4			8	18	6.4			13	18	5.2
		1	2	3.0			21	22	3.4			18	19	5.0			21	0	1.6
		2	5	1.1			22	4	1.9			19	20	4.2					

1984 滚 河 尚店站

月	日	起	止	降水量(mm)	月	日	起	止	降水量(mm)	月	日	起	止	降水量(mm)	月	日	起	止	降水量(mm)
5	11	20	21	1.1	6	21	15	17	2.8	7	17	18	19	1.2	7	26	7	8	12.3
		22	0	4.3		22	3	8	1.0			19	20	2.6			8	9	1.7
	12	0	1	7.9			9	12	0.4			20	21	6.0			9	10	17.4
		1	2	6.1			20	22	0.5			21	22	8.1			10	11	30.2
		2	3	10.6			23	0	0.3			22	23	0.4			11	12	7.6
		3	4	6.7		23	2	4	0.4		18	4	8	3.0			12	13	6.6
		4	6	2.8			10	13	0.5			8	20	5.6			13	15	2.9
6	5	23	2	2.7		27	19	20	6.9			22	8	4.8	8	7	16	17	7.8
	6	7	8	0.4			20	21	7.3		19	18	20	0.9			17	18	3.7
		8	9	0.1			21	22	5.4		24	4	5	7.8			18	20	0.9
		12	13	0.4			22	23	1.2			5	6	27.4		8	5	6	0.5
		16	20	2.1	7	2	8	9	17.1			6	8	1.9			18	19	2.0
		20	23	1.3			9	10	47.5			8	9	1.6		9	2	3	4.2
	12	13	14	7.9			10	11	19.1			9	10	6.4			3	4	5.0
		14	15	2.1			11	12	10.9			10	11	2.2			4	5	11.2
		15	16	4.8			12	13	9.4			11	12	7.2			5	6	19.7
		16	20	3.1			13	14	4.5			12	13	6.1			7	8	7.7
		20	21	3.9			14	15	0.2			13	14	8.6			8	9	10.9
		21	22	5.6		6	8	9	0.4			14	16	2.3			9	10	17.0
		22	23	4.0			10	12	1.4		25	3	5	1.3			10	11	6.8
		23	0	6.8			15	18	3.6			5	6	4.2			13	14	0.6
	13	0	1	3.3			23	0	3.6			6	7	6.7		18	13	14	1.2
		1	5	7.3		7	2	3	12.6			7	8	0.8			14	15	4.7
		5	6	2.6			3	4	5.1			11	12	20.7			15	16	6.6
		6	8	3.4			4	5	2.1			12	13	46.5			16	17	2.8
		8	16	6.7			6	8	2.0			13	14	10.6		19	9	10	0.2
		21	22	0.4			8	11	2.2			14	15	27.8			11	12	0.4
		23	0	0.5		8	4	5	19.1			15	16	3.6		25	0	1	1.1
	14	1	6	0.8			5	6	35.6			19	20	2.3			1	2	8.2
		13	14	1.1			6	7	24.4		26	0	1	21.9			2	3	9.9
		14	15	2.7			7	8	24.3			1	2	12.1		31	6	7	7.6
		15	16	3.6			8	9	16.6			2	3	1.1			7	8	1.9
		16	20	5.6			9	10	1.1			3	4	11.0			8	9	3.1
		20	21	2.7		12	18	19	5.8			4	5	4.6			9	10	1.1
		21	0	3.5		13	3	4	0.3			5	6	5.1	9	6	5	6	1.2
	21	3	5	1.9		17	17	18	10.9			6	7	2.9			6	7	3.4

降 水 量 摘 录 表

月	日	起	止	降水量(mm)	月	日	起	止	降水量(mm)	月	日	起	止	降水量(mm)	月	日	起	止	降水量(mm)
9	6	7	8	1.7	9	9	2	3	0.6	9	23	23	0	6.4	9	27	2	3	4.2
		8	9	6.0			3	4	4.2		24	0	1	2.9			3	4	3.9
		9	10	4.4			4	5	8.0			1	2	0.2			4	5	5.1
		10	11	10.2			5	6	7.1			2	3	5.1			5	6	6.4
		11	12	2.4			6	7	3.7			3	4	6.4			6	8	2.0
		17	18	4.2			7	8	6.2			4	5	4.6			8	11	3.8
		18	19	45.4			8	14	8.3			5	6	8.6			16	18	1.4
		19	20	17.2			14	15	4.6			6	7	1.4			18	19	5.2
		20	21	0.4			15	16	2.8			10	12	1.6			19	20	2.1
	7	1	2	7.1			16	17	1.9			19	20	0.2			20	5	8.4
		2	3	12.0			18	19	4.2			20	22	0.2		29	23	4	2.7
		3	4	20.2			19	20	2.4		25	0	8	4.7		30	9	12	5.7
		4	5	61.7			20	21	2.6			15	20	2.5			16	17	3.0
		5	6	31.2			21	22	4.1			21	8	10.1			17	18	2.9
		7	8	0.1			22	2	2.6		26	13	20	9.6			18	19	1.6
		19	20	16.2		10	2	3	5.7			21	22	1.2	10	1	12	14	0.6
		22	23	3.9			3	4	2.0			22	23	2.9			16	19	1.2
		23	1	1.6			22	23	0.5			23	0	1.8			22	4	5.2
	8	2	3	2.6		18	16	17	1.7		27	0	1	2.7		2	8	8	4.8
		3	4	1.2		23	21	23	1.3			1	2	0.9					

1984　滚　河　柏庄站

月	日	起	止	降水量(mm)	月	日	起	止	降水量(mm)	月	日	起	止	降水量(mm)	月	日	起	止	降水量(mm)
5	11	20	23	2.3	6	13	12	13	2.9	7	2	11	12	6.6	7	17	19	20	1.8
		23	0	4.8			13	18	4.2			12	13	3.2			20	21	3.6
	12	0	1	12.0			23	0	0.3			13	14	2.1			21	22	3.7
		1	2	8.3		14	1	6	4.9			17	18	0.1			22	0	0.2
		2	3	5.2			8	10	0.9			20	21	0.1		18	4	8	1.7
		3	4	2.9			11	16	3.3		5	11	13	0.8			8	20	11.4
		4	5	3.5			16	17	4.2			19	20	0.1			20	6	9.4
		5	7	1.4			17	18	4.1		6	5	8	0.3		19	17	20	0.6
6	5	23	1	1.1			18	20	3.4			8	10	0.5			20	0	1.3
	6	14	17	1.8			20	0	1.7			11	12	0.2		20	13	16	0.5
		18	20	0.4		15	1	2	0.1			13	14	0.1			19	20	0.1
		20	23	1.1		21	2	7	3.5			14	15	3.3		24	2:20	6	1.3
	7	6	7	0.1			16	17	1.4			15	20	2.4			6	7	29.2
	8	6	7	0.4			18	19	0.1			20	0	1.6			7	8	0.9
		15	16	0.1			22	23	0.2		7	0	1	3.6			8	9	2.0
	12	13	14	9.0		22	0	2	0.4			1	2	2.3			9	10	8.9
		14	15	1.5			3	8	0.7			2	3	3.8			10	11	1.6
		15	16	3.1			8	10	0.2			3	4	6.8			11	12	3.1
		16	17	1.4			11	12	0.1			4	8	4.6			12	13	3.7
		17	18	3.9			13	14	0.1			8	14	2.0			13	14	4.3
		18	20	3.3			21	23	0.3		8	1:40	3:15	0.8			14	16	1.5
		20	21	5.3		23	0	6	1.0			3:40	4	1.2		25	1	4	3.5
		21	22	6.1			18	19	0.1			4	5	9.2			4	5	6.0
		22	23	5.3			22	23	0.1			5	6	11.1			5	6	0.1
		23	0	2.2		24	5	6	0.2			6	7	16.3			7	8	0.1
	13	0	1	3.1			7	8	0.1			7	8	11.0			11:15	12	4.2
		1	3	2.3		27	16	17	0.2			8	9	9.8			12	13	13.4
		3	4	3.1			17	18	2.8			9	9:20	0.5			13	14	8.0
		4	5	3.5			18	19	2.0			11	14	0.6			14	15	11.7
		5	6	3.7			19	20	2.7		12	18	19	0.2			15	19	1.3
		6	7	4.4			20	21	11.3		13	2	3	1.2			19	19:40	1.7
		7	8	2.9			21	0	0.9			4	6	1.6			19:50	20	0.2
		8	9	2.8	7	2	7:15	8	2.0			7	8	0.1			20	21	2.8
		9	10	1.6			8	9	6.7		17	16	17	2.9			21	23	0.1
		10	11	2.6			9	10	25.3			17	18	13.1			23	0	1.4
		11	12	1.0			10	11	14.4			18	19	4.9	26		0:25	1	10.4

降水量摘录表

月	日	起	止	降水量(mm)	月	日	起	止	降水量(mm)	月	日	起	止	降水量(mm)	月	日	起	止	降水量(mm)
7	26	1	4	5.5	8	18	14	15	20.0	9	7	21	22	0.2	9	25	1	3	0.5
		4;25	5	2.9			15	16	5.1			23	0	6.7			5	8	0.7
		5	6	3.5			16	18	2.7		8	0	2	1.3			16	18	3.3
		6	7	13.5			19	20	0.1			15	20	2.6			18	19	4.6
		7	8	4.8		19	11	14	0.3			20	22	0.2			19	20	0.9
		8	9	2.7		25	0	1	1.7			23	2	1.8			20	21	0.4
		9	10	5.0			1	2	2.8		9	2	3	5.9		26	0	8	6.9
		10	11	28.1			2	4	1.3			3	4	9.2			8	11	2.6
		11	12	4.5			5	6	0.1			4	5	5.8			12	15	3.6
		12	13	2.9		30	14	15	0.1			5	6	2.6			16	17	0.1
		13	16	2.7			19	20	0.1			6	7	7.3			18	19	0.3
		18	19	0.1		31	5	6	6.3			7	8	2.8			19	20	2.9
8	7	13	14	0.1			6	7	6.8			8	9	3.7			20	21	4.1
		16	17	3.4			7	8	0.6			9	12	5.6			21	23	3.3
		17	18	8.8			8	9	2.2			12	13	3.8			23	0	2.7
		18	19	2.8			9	10	2.9			13	14	1.6		27	0	2	3.4
		19	20	0.6			11	12	0.1			14	15	4.2			2	3	6.4
	8	9	11	0.4	9	1	6	7	0.1			15	16	5.0			3	4	3.2
		14	15	0.1		6	6	7	2.4			16	20	5.0			4	6	3.7
		18	19	6.9			7	8	4.1			20	0	6.9			6	7	2.9
		19	20	0.3			8	9	6.7	10	0	0	1	3.0			7	8	1.7
	9	0	1	3.3			9	10	7.4			1	3	1.6			8	18	4.2
		1	2	4.5			10	11	16.9			6	7	0.1			18	19	4.5
		2	3	10.3			11	12	15.0			17	20	0.5			19	20	3.0
		3	4	6.8			12	13	9.1			23	0	0.1			20	5	6.4
		4	5	4.0			17;05	18	12.2		13	18	19	0.2		28	7	8	0.1
		5	8	2.3			18	19	17.0		16	22	23	0.1		30	1	8	2.0
		8	9	1.8			19	20	9.0		17	3	6	1.2			8	10	0.7
		9	10	22.6			20	21	10.1			7	8	0.1			10	11	2.8
		10	11	6.1			21	22	1.0		23	5	6	0.2			11	13	4.7
		11	12	3.4			22;40	22;50	0.4			21	22	1.3			13	14	3.8
		12	15	2.2			23;30	0	3.6			22	23	7.9			14	20	6.7
		16	17	0.1		7	0	1	10.5			23	0	2.2			20	21	0.1
		21	23	0.5			1	1;30	2.0		24	0	1	3.5	10	1	1	2	0.1
	10	6	7	0.1			2;15	3	11.7			1	2	10.7			12	20	1.5
	11	15;20	16	25.2			3	4	6.7			2	3	3.0			20	3	2.6
		16	17	1.3			4	4;10	0.1			3	4	5.5		2	5	6	0.2
		18	19	0.1			4;40	5	1.0			4	5	5.7			7	8	0.1
	12	15	16	1.0			5;30	5;40	0.1			9	14	2.9			12	15	0.6
		22	23	0.1			6;30	6;40	0.1			15	16	0.1			17	19	0.6
	18	11	12	0.5			7;40	8	0.4			18	19	2.0			20	23	2.1
		12	13	7.5			8	8;10	0.1			19	20	5.0					
		13	14	1.0			18	20	1.1			20	0	3.5					

1984　滚　河　柴厂站

月	日	起	止	降水量(mm)	月	日	起	止	降水量(mm)	月	日	起	止	降水量(mm)	月	日	起	止	降水量(mm)
5	11	18	20	0.4	6	12	12	14	6.3	6	14	8	16	5.0	6	27	16	20	6.2
		20	22	1.1			14	18	8.8			16	18	5.9			20	22	6.9
		22	0	9.9			18	20	14.3			18	20	6.2			22	0	0.7
	12	0	2	19.4			20	22	35.7			20	22	7.1	7	2	8	10	39.1
		2	4	2.6			22	0	17.6			22	2	1.2			10	12	36.6
		4	6	9.8		13	0	2	8.9		21	2	6	2.7			12	14	6.2
		6	8	1.1			2	4	11.7			12	18	3.5		6	6	8	0.6
6	5	22	2	3.6			4	6	8.6			20	8	3.4			8	20	6.9
	6	6	8	3.1			6	8	7.0		22	20	14	1.5			22	2	1.7
		10	12	0.2			8	10	6.9			20	8	3.3		7	2	4	18.2
		14	20	1.9			10	12	7.2		23	8	10	0.3			4	8	3.4
		20	0	2.0			12	18	4.1			18	20	0.6			8	12	2.1
	7	2	4	0.2			20	8	6.3			20	8	1.4		8	2	4	5.2

降 水 量 摘 录 表

月	日	时或时分 起	止	降水量(mm)	月	日	时或时分 起	止	降水量(mm)	月	日	时或时分 起	止	降水量(mm)	月	日	时或时分 起	止	降水量(mm)
7	8	4	6	34.5	7	26	6	8	14.7	9	6	10	12	11.1	9	24	4	6	6.0
		6	8	20.1			8	10	8.3			12	18	0.9			6	8	2.9
		8	10	7.1			10	12	25.6			18	20	33.4			8	12	3.3
	17	16	18	31.1			12	14	7.7			20	22	11.5			16	20	3.6
		18	20	12.3			14	16	3.9			22	0	4.6			20	0	4.8
		20	22	9.0		29	18	20	0.3		7	0	2	37.0		25	4	8	3.4
		22	8	5.8	8	6	18	20	2.1			2	4	108.9			8	12	0.9
	18	8	10	1.2		7	14	16	2.1			4	6	33.4			16	20	8.6
		10	12	5.6			16	18	17.0			6	8	0.4			20	22	2.7
		12	20	10.7			18	20	1.5			18	20	0.9		26	0	2	2.9
		20	22	4.1			20	22	0.3			20	22	12.9			2	4	5.2
		22	0	5.5		9	0	2	15.4			22	0	22.1			4	8	6.6
	19	0	6	5.4			2	4	8.9		8	0	2	0.6			8	20	17.2
		8	10	0.6			4	6	1.5			4	8	0.4			20	22	6.2
		18	20	0.2			6	8	20.5			10	20	3.4			22	0	8.9
		20	0	2.0			8	10	30.8		9	22	2	4.6		27	0	2	8.1
	20	6	8	0.5			10	12	20.3			2	4	12.5			2	4	12.7
	24	4	6	0.6			12	16	5.5			4	6	12.7			4	6	15.7
		6	8	17.3			20	0	5.2			6	8	8.1			6	8	8.6
		8	10	14.1		12	20	22	1.7			8	10	8.6			8	18	8.8
		10	12	8.2		18	12	14	1.9			10	14	3.2			18	20	6.9
		12	14	11.6			14	16	5.6			14	16	8.3			20	22	4.9
		14	18	3.3			16	18	2.6			16	20	7.0			22	0	5.7
	25	0	4	5.0		19	8	14	2.2			20	0	7.5		28	0	2	0.2
		6	8	2.4		22	16	18	0.3		10	0	2	6.8			6	8	0.3
		10	12	30.1		25	0	2	36.7			16	20	0.6		29	16	18	0.3
		12	14	15.6			2	6	4.1			20	22	0.3		30	0	2	0.5
		14	16	1.5		30	14	18	1.1		14	2	4	4.8			4	8	3.2
		18	20	2.3		31	0	6	4.0		18	14	16	0.4			10	18	12.6
		20	0	1.7			8	10	3.5		23	20	22	1.6			22	0	0.5
	26	0	2	9.1	9	6	4	6	2.1		24	22	0	7.0	10	1	12	20	2.5
		2	4	6.2			6	8	10.8			0	2	14.6			20	6	6.4
		4	6	34.5			8	10	10.7			2	4	9.5		2	12	18	2.6

1984　洪　河　滚河李站

月	日	时或时分 起	止	降水量(mm)	月	日	时或时分 起	止	降水量(mm)	月	日	时或时分 起	止	降水量(mm)	月	日	时或时分 起	止	降水量(mm)
5	11	20	23	3.1	6	12	20	21	4.1	6	23	2	3	0.1	7	7	3	4	8.9
		23	0	5.0			21	22	9.7			6	7	0.1			4	8	3.2
	12	0	1	10.1			22	23	3.5		24	5	6	0.2			8	11	2.1
		1	2	5.7			23	0	1.4		27	17	20	4.7			12	14	0.3
		2	3	4.0		13	0	1	4.3			20	21	15.5		8	2	4	1.4
		3	4	4.0			1	8	11.2			21	23	1.7			4	5	12.6
		4	5	4.7			8	15	6.0		28	0	1	0.1			5	6	8.7
		5	7	2.1			16	17	0.1	7	2	6	7	2.6			6	7	14.6
6	5	23	0	0.8		14	4	5	0.1			9	10	15.6			7	8	8.3
	6	0	1	3.1			8	9	0.2			10	11	7.4			8	9	12.0
		8	9	0.4			14	16	0.8			11	12	4.7			9	12	1.6
		14	17	1.2			16	17	3.5			12	13	4.7			13	14	0.1
		19	20	0.3			17	18	3.2			13	14	1.7	10	13	5	6	0.5
		20	22	0.8			18	19	3.8			20	22	0.3			1	2	0.3
	7	3	4	0.1			19	20	2.2		5	11	12	0.4			4	5	0.3
		5	6	0.1			20	23	3.1		6	6	8	0.5		17	12:35	14	0.4
	8	6	7	0.1		21	3	7	3.4			8	12	1.9			17:05	18	49.5
		15	17	0.4			16	19	1.4			14	18	2.0			18:10	19	1.3
	12	13	14	5.4			22	23	0.1			19	20	0.2			19	19:10	0.6
		14	15	5.6		22	1	8	2.0			20	21	0.2			19:20	20	1.1
		15	16	1.1			8	10	0.7		7	0	1	3.1			20	21	5.5
		16	17	6.1			20	22	0.3			1	2	0.2			21	22	5.8
		17	20	4.3			23	0	0.1			2	3	3.7			22	23	0.4

降 水 量 摘 录 表

月	日	起	止	降水量(mm)	月	日	起	止	降水量(mm)	月	日	起	止	降水量(mm)	月	日	起	止	降水量(mm)
7	18	1	6	2.1	7	30	12	14	0.5	9	6	13	14	0.1	9	24	5	8	4.7
		6	7	3.7	8		19	20	0.6			15	16	0.1			8	9	0.2
		7	8	1.0		7	17	20	1.5			17:30	18	8.7			10	13	2.2
		8	14	3.7		8	8	9	0.1			18	19	13.9			15	16	0.1
		14	15	2.8			18	19	5.5			19	20	6.3			18	19	1.4
		15	20	4.3		9	0	1	1.3			20	21	11.0			19	20	4.6
	19	20	2	5.4			1	2	5.0			21	23:10	2.2			20	0	1.8
		3	6	0.6			2	3	9.5			23:45	0	0.6		25	2	8	2.2
		20	1	2.7			3	4	2.9		7	0	1	10.2			9	10	0.1
	20	19	20	0.1			4	7	3.5			1	2	0.3			16	17	1.8
	21	6	7	0.1			7	8	5.0			2:40	3	2.6			17	18	4.0
	24	2	4	0.9			8	9	10.0			3	4	6.1			18	20	2.5
		4:15	6	0.8			9	10	11.1			4	6	1.1			20	22	0.3
		6:10	7	29.4			10	11	9.9			6:15	6:20	0.6		26	0	8	5.3
		7	8	2.6			11	15	1.3			20	21	11.6			8	12	2.3
		8	10	10.2			21	23	0.3			22	0	1.5			13	16	3.2
		10	12	4.4		11	16	17	0.2		8	0	1	4.0			17	20	1.6
		12	13	4.9		12	15	16	5.0			1	2	0.1			20	21	4.4
		13	14	2.8			21	22	0.2			12	19	2.1			21	22	2.9
		14	15	1.3		14	0	1	0.4		9	0	3	2.1			22	2	6.5
		23	0	0.1		18	13	14	0.3			3	4	8.4		27	2	3	6.2
	25	2	3	0.5			15	16	3.5			4	5	2.9			3	4	4.2
		4	5	19.9			16	17	1.2			5	6	4.8			4	7	5.2
		5	6	0.1		19	11	12	0.1			6	7	4.2			7	8	3.2
		7	8	1.1			17	18	0.1			7	8	3.7			8	18	4.4
		8	9	0.1			19	20	0.1			8	9	3.4			18	19	4.6
		11	12	1.4		24	8	9	0.1			9	12	4.8			19	20	2.1
		12	13	7.5		25	0:30	1	10.1			12	13	4.2			20	21	3.7
		13	14	15.4			1	2	21.3			13	14	2.8			21	7	5.6
		14	15	4.5			2	3	3.7			14	15	4.6		30	2	8	1.7
		15	20	5.3			3	3:20	0.3			15	16	3.3			8	9	0.5
		20	0	1.5			4	5	0.1			16	20	5.0			10	11	1.8
	26	0	1	14.0		30	8	9	0.1			20	0	5.4			11	12	3.5
		1	5	7.6			15	16	0.3		10	0	1	2.6			12	13	1.8
		5	6	11.2		31	6	7	2.8			1	3	2.2			13	14	5.4
		6	7	7.3			7	8	2.9		14	2	4	0.3			14	15	2.7
		7	8	3.3			8	9	3.4		17	2	3	0.3			15	20	4.0
		8	9	3.6			9	10	1.2			4	5	0.1			20	21	0.3
		9	10	1.0	9	6	4:05	5	0.4			6	7	1.0	10	1	12	14	0.6
		10	11	13.7			5:30	6	0.6		23	21	22	0.3			15	20	1.0
		11	12	10.6			6	6:50	5.4			22	23	6.2			21	22	0.1
		12	13	6.4			7	8	1.7			23	0	2.6			23	3	1.7
		13	17	3.7			8	9	5.3		24	0	1	4.0		2	4	6	0.2
	29	6	7	4.7			9	10	3.5			1	2	10.4			13	14	0.3
		7	8	0.9			10:10	11	11.2			2	3	3.4			17	19	0.3
		8	9	1.5			11	12	6.6			3	4	7.6			20	23	1.7
		11	12	0.1			12	13	15.5			4	5	5.5					

1984　滚 河　袁门站

月	日	起	止	降水量(mm)	月	日	起	止	降水量(mm)	月	日	起	止	降水量(mm)	月	日	起	止	降水量(mm)
5	11	19	20	2.3	6	6	20	0	1.6	6	12	19	20	5.5	6	13	4	5	4.6
		20	23	2.2		7	5	6	0.1			20	21	18.9			5	6	4.0
		23	0	7.5		8	16	17	0.1			21	22	12.6			6	7	3.8
	12	0	1	13.1		12	13	14	6.1			22	23	8.5			7	8	4.0
		1	2	4.8			14	15	2.2			23	0	7.3			8	9	2.5
		2	4	3.5			15	16	6.7		13	0	1	5.6			9	10	3.0
		4	5	8.1			16	17	2.8			1	2	6.6			10	11	4.0
		5	7	2.1			17	18	0.2			2	3	1.6			11	18	4.9
6	6	14	20	1.9			18	19	9.3			3	4	3.5			20	1	3.2

降 水 量 摘 录 表

月	日	起	止	降水量(mm)	月	日	起	止	降水量(mm)	月	日	起	止	降水量(mm)	月	日	起	止	降水量(mm)
6	14	2	5	2.1	7	17	20	21	3.4	9	6	5	6	3.4	9	23	22	23	7.9
		8	11	0.8			21	22	5.7			6	7	2.6			23	0	2.8
		12	17	5.9			22	23	0.4			7	8	4.3		24	0	1	3.9
		17	18	2.7		18	4	8	3.2			8	9	8.1			1	2	7.1
		18	19	1.5			8	20	10.9			9	10	2.4			2	3	5.0
		19	20	2.9			20	4	7.5			10	11	4.9			3	5	3.5
		20	23	3.1		19	18	20	0.3			11	12	2.6			5	6	4.8
	21	3	6	2.4			20	23	1.5			15	16	0.5			6	8	2.5
		15	17	3.3		20	5	7	0.7			18	19	13.9			8	14	6.8
		22	8	2.0			14	15	0.7			19	20	7.3			17	20	1.6
	22	8	12	0.6		21	1	2	0.1			20	21	2.7			20	21	0.3
		13	14	0.1		24	2	4	0.5			21	22	6.9			21	22	3.5
		20	7	2.6			6	7	10.1			22	23	1.1			22	4	1.8
	23	9	11	0.2			7	8	1.2			23	0	14.0		25	5	8	3.4
		13	14	0.2			8	9	8.4		7	0	1	23.1			8	13	1.6
		16	17	0.1			9	10	3.2			1	2	33.4			15	16	0.1
		21	22	0.1			10	11	2.5			2	3	54.0			16	17	2.6
	24	1	2	0.1			11	12	4.1			3	4	56.3			17	18	2.7
		4	7	0.4			12	13	7.4			4	5	3.1			18	20	3.7
	27	17	19	0.9			13	14	4.2			5	6	0.2			20	8	16.7
		19	20	4.1			14	15	3.2			18	19	0.5		26	8	20	13.5
		20	21	3.2			15	16	0.1			19	20	8.6			20	21	4.1
		21	22	6.0			17	18	0.1			20	22	3.0			21	22	4.5
		22	23	0.5		25	1	2	5.0			22	23	9.9			22	23	5.0
	28	2	3	0.1			2	3	0.5			23	0	18.6			23	0	3.2
7	2	5	6	0.1			3	4	6.6		8	0	2	2.0		27	0	1	4.3
		7	8	0.2			4	5	0.4			11	20	3.4			1	2	3.2
		8	9	3.2			6	8	3.5			20	22	0.2			2	3	3.1
		9	10	15.1			8	20	90.9			23	1	1.0			3	4	4.9
		10	11	21.7		26	0	6	56.0		9	1	2	2.6			4	5	2.6
		11	12	6.4			6	7	5.1			2	3	11.1			5	6	1.9
		12	13	9.6			7	8	0.6			3	4	4.9			6	7	2.6
		13	15	2.1			8	9	5.0			4	5	6.8			7	8	4.3
	5	11	12	0.2			9	10	4.7			5	6	2.7			8	18	6.5
	6	7	8	0.1			10	11	9.7			6	7	2.2			18	19	4.9
		8	10	1.5			11	12	10.3			7	8	4.9			19	20	4.5
		10	11	3.0			14	15	2.6			8	9	5.6			20	21	3.9
		11	13	0.5			15	16	0.4			9	10	3.2			21	22	3.8
		14	18	1.9		30	13	14	8.1			10	15	5.7			22	8	8.1
		19	20	0.3			14	15	2.3			15	16	5.3		28	7	8	0.2
		20	21	0.2	8	3	8	9	0.1			16	20	6.9		29	17	18	0.5
		23	2	3.2			16	19	0.5			20	21	1.2		30	1	8	5.2
	7	2	3	11.3		7	8	8	22.0			21	22	2.6			8	11	0.6
		3	4	4.6		8	8	8	48.8			22	23	2.8			11	12	5.3
		5	8	2.7		9	8	8	47.5			23	0	1.9			12	20	6.2
	8	8	13	3.6		18	8	8	20.6		10	0	1	3.8			20	21	0.1
		1	4	3.7		19	8	15	5.3			1	2	2.9			23	0	0.3
		4	5	15.5		24	8	8	25.3			2	5	1.2	10	1	11	20	3.3
		5	8	61.2		30	13	14	1.1			18	20	0.2			20	1	2.4
		8	9	9.7			16	17	0.1			20	22	0.3		2	1	2	2.8
		9	11	1.4		31	3	5	2.2		14	2	4	2.1			2	4	1.8
		12	13	0.2			5	6	2.6		16	23	0	0.7			13	18	5.0
	13	2	3	0.1			8	11	2.0		20	11	12	0.1			21	23	1.3
	17	8	20	26.2	9	6	4	5	0.3		23	20	22	2.4					

1985 滚 河 刀子岭站

月	日	起	止	降水量(mm)	月	日	起	止	降水量(mm)	月	日	起	止	降水量(mm)	月	日	起	止	降水量(mm)
4	24	17	20	3.6	4	24	22	23	3.8	4	25	0	1	20.3	4	25	2	3	19.1
		20	22	3.0			23	0	4.5			1	2	26.2			3	4	6.5

降 水 量 摘 录 表

月	日	起	止	降水量(mm)	月	日	起	止	降水量(mm)	月	日	起	止	降水量(mm)	月	日	起	止	降水量(mm)
4	25	4	5	3.8	5	26	16	18	2.7	7	21	2	4	0.4	9	12	8	9	6.6
		5	6	0.2			18	19	2.9			5	6	2.2			9	11	3.8
		7	8	0.4			19	20	1.2			6	7	8.6			12	16	2.0
		8	20	7.5			20	22	0.5			13	14	4.1		13	4	8	2.2
5	2	15	17	1.5	6	3	8	13	3.4			15	16	0.2			8	20	11.2
		18	20	0.7			14	17	1.8			17	18	3.9			20	8	13.4
		20	21	0.5			18	20	0.3			18	20	1.6		14	8	20	10.4
		22	23	0.4			20	21	0.1		22	18	19	0.3			20	8	19.1
	3	0	4	1.9		5	5	6	0.4		23	20	21	0.2		15	8	20	6.2
		10	14	3.8			14	17	1.9		24	13	14	10.6			20	8	12.4
		14	15	33.2			19	20	0.2			14	15	44.1		16	8	20	8.2
		15	16	20.8			20	0	0.8			15	17	0.6			20	23	1.9
		16	17	2.8		6	6	8	0.2		25	5	6	1.7		21	0	5	3.1
		17	20	4.6			10	11	0.8			7	8	0.1			8	10	2.3
		20	8	4.0			15	17	1.3		31	14	15	0.8			10	11	2.6
	4	8	11	0.8			19	20	0.2	8	3	0	1	11.0			11	20	12.4
		17	20	0.6			20	21	0.1			5	6	24.6			20	23	1.6
		20	22	0.5		20	17	20	1.6			6	7	0.4		22	8	20	13.3
	5	2	4	2.9			20	0	2.9		9	12	13	5.5			20	1	5.5
		4	5	3.6		21	2	3	0.9			14	15	3.2	10	9	18	19	6.0
		5	8	4.1			3	4	2.6			15	16	0.2			19	20	1.2
		8	12	7.1			4	5	2.8			17	19	2.2			20	22	1.7
		12	13	2.6			5	8	2.6		12	22	0	0.3		11	12	14	3.3
		13	14	3.4			8	11	0.8		18	2	5	2.2		12	2	3	6.5
		14	18	5.9			14	17	0.7		20	5	6	0.3			3	4	9.2
		18	19	3.4	7	1	2	6	0.8			15	17	0.8			4	7	6.1
		19	20	3.1			7	8	0.5		21	20	23	0.8			8	16	4.0
		20	0	0.8		5	16	20	4.1		22	1	8	2.3		13	3	6	3.9
	11	20	21	0.3		6	7	8	0.1			8	20	3.0			6	7	3.9
	12	6	7	7.6			8	13	1.7			20	0	1.7			7	8	3.4
		7	8	18.7			23	0	0.3		23	1	8	2.5			8	9	2.6
	13	0	7	7.7		8	15	16	1.0			8	9	0.3			9	10	0.5
	14	2	3	0.4			16	17	13.0			20	23	2.0			11	14	2.0
		10	12	2.7			17	18	11.5			23	0	2.7			14	15	3.2
		12	13	3.3			18	19	0.3		24	0	5	2.9			15	16	2.6
		13	14	6.1		9	4	7	4.2			6	8	0.4			16	20	6.0
		14	15	3.2		12	5	7	2.2			8	13	4.4			20	22	3.1
		15	16	0.8			7	8	15.3			14	16	3.4			22	23	3.6
		18	19	3.3			8	9	0.4			21	23	0.6			23	0	6.5
		19	20	0.3			11	12	0.5		25	0	4	2.1		14	0	8	10.6
		20	3	2.4		13	12	13	3.1			7	8	0.1			8	20	8.9
	15	5	8	3.5			14	15	1.3			8	12	1.0			20	8	6.6
		8	11	2.2		14	9	12	1.4			13	14	0.2		15	8	16	3.0
	16	6	7	0.3			20	21	0.6			18	20	0.4		16	10	11	0.9
	17	9	10	0.7		15	20	21	8.3			20	8	8.4			12	14	0.6
		11	12	0.7			21	22	0.5		28	2	7	1.7			16	20	1.3
		13	20	4.8		16	5	6	18.1		30	6	8	0.9			20	8	10.4
		20	3	4.7			6	7	9.4			8	9	0.1		17	8	20	10.3
	25	23	4	5.0			7	8	1.9			9	10	12.0			20	8	3.5
	26	5	6	0.6			8	9	8.3			10	16	9.5		18	8	19	3.0
		6	7	7.3			9	10	6.7	9	5	9	13	2.7		19	5	8	3.3
		7	8	3.1			12	13	0.7		12	3	4	0.2			8	20	18.6
		8	10	2.9		19	19	20	0.1			4	5	8.9			20	21	1.1
		10	11	8.8			23	8	4.7			5	6	0.1			22	23	0.2
		11	12	4.6		20	8	9	0.2			6	7	4.3		20	0	1	0.1
		12	13	0.8			16	17	1.6			7	8	4.7					

降 水 量 摘 录 表

1985　滚 河　尚店站

月	日	起	止	降水量(mm)	月	日	起	止	降水量(mm)	月	日	起	止	降水量(mm)	月	日	起	止	降水量(mm)
4	24	17	18	9.1	6	5	12	16	2.2	8	23	5	6	0.4	9	21	18	19	2.6
		18	19	6.0		6	6	8	0.6			7	8	0.3			19	20	1.4
		19	20	0.9		11	6	7	2.4			21	22	0.4			20	2	4.5
		20	22	3.5			10	11	0.9			23	0	0.8		22	8	9	0.8
		22	23	7.1			14	16	0.7		24	1	2	0.4			10	11	0.5
	25	23	0	6.6		15	18	20	0.7			4	5	0.1			12	20	10.7
		0	1	14.2		20	17	18	0.2			10	13	2.4			20	2	5.0
		1	2	11.1			19	20	0.2			21	1	3.1	10	9	18	19	4.1
		2	3	8.6			22	23	0.1		25	10	11	0.2			19	20	6.9
		3	4	1.4		21	0	8	5.5			13	14	1.0			20	21	8.2
5	1	10	15	5.4			8	12	3.5			21	22	0.2			21	22	5.0
		16	18	1.7			16	19	1.0		26	1	4	1.0			22	23	2.4
	2	16	17	0.7		30	23	0	0.3		30	2	4	0.6		11	12	17	5.1
	3	21	22	0.4	7	1	3	6	0.2			6	8	0.3			20	21	4.1
		2	3	7.6			2	4	0.3			8	9	2.8			21	22	5.2
		9	10	0.7			7	8	0.1			9	10	22.5			22	23	5.6
		13	14	18.1		5	17	20	2.2			12	13	2.7			23	0	4.7
		14	15	40.8		6	6	7	0.3			13	14	1.7		12	0	2	1.1
		16	17	0.4			9	13	2.9			14	15	7.1			2	3	3.3
		18	20	2.4		8	16	17	2.4			15	16	1.5			3	6	2.4
		20	21	0.4		9	4	5	6.1	9	5	8	12	3.2			11	15	2.9
		23	0	0.5			5	7	4.5		12	4	5	10.5			23	5	9.3
	4	3	4	0.3		12	6	7	6.1			6	7	1.0	13		5	6	3.0
	5	2	4	1.9			7	8	0.6			7	8	4.1			6	8	2.9
		4	5	11.3			10	11	1.1			8	9	9.2			8	10	3.1
		5	7	0.4			12	16	2.8			9	10	4.8			10	11	3.6
		8	13	6.1		14	11	12	3.0			10	11	0.4			11	12	4.1
		15	20	4.0			12	14	2.7			11	12	4.4			12	13	5.0
	11	21	22	0.1		15	18	19	4.1		13	8	12	2.4			13	14	6.1
	12	5	6	0.6			19	20	6.6			14	15	0.4			14	15	4.0
		7	8	7.5		16	6	7	1.1			17	18	0.6			15	19	2.6
	14	11	12	1.1		19	19	20	0.4			20	21	0.8			19	20	2.7
		12	13	2.6			23	0	0.6			23	0	1.0			20	21	2.6
		13	14	3.8		20	2	5	4.4		14	2	3	0.4			21	22	5.1
		15	16	1.4			7	8	0.5			3	5	0.2			22	23	4.2
	15	19	20	0.2			17	18	5.2			7	8	0.2			23	0	2.3
		3	4	0.6		21	6	7	6.2			8	12	0.9		14	0	1	3.3
		5	8	1.7			9	11	1.9			15	16	0.9			1	2	2.0
		8	9	0.2		23	12	13	1.2			17	18	0.3			2	3	2.6
	17	9	10	0.6			13	14	7.8			19	20	0.7			3	7	4.1
		13	16	1.5		24	10	11	0.3			23	2	0.9			10	15	6.0
		17	20	2.3			12	13	9.7		15	2	3	2.6			18	20	2.4
	26	0	2	2.8			13	14	0.6			3	4	3.1			22	23	1.9
		2	3	2.6			14	15	24.9			4	8	3.5		15	2	3	1.2
		5	8	3.3	8	4	4	5	9.9			8	10	2.2			4	6	1.1
		8	9	2.7			5	6	5.6		16	2	3	0.2			7	8	0.5
		9	10	4.0		9	13	14	1.1			5	6	0.6		16	10	11	0.9
		10	11	3.9			14	15	69.9			7	8	0.4			13	18	2.5
		11	14	1.2			15	16	6.8			10	11	0.5		17	0	3	6.3
		15	17	0.9			16	17	2.1			14	15	0.6			3	4	3.1
6	3	19	20	0.1		12	23	0	0.5			19	20	0.7			4	8	3.8
		8	9	0.4		13	2	3	0.2			23	1	0.4			10	11	3.0
		10	12	1.2		18	2	4	3.7		21	2	3	1.2			13	14	2.9
		13	14	1.4		22	6	7	0.1			4	5	0.8			14	19	5.0
		16	20	1.8			10	11	0.6			8	9	1.6			22	23	1.4
	5	7	8	0.4		23	2	3	0.2			11	18	13.0		18	2	3	1.0

降 水 量 摘 录 表

月	日	时或时分		降水量(mm)	月	日	时或时分		降水量(mm)	月	日	时或时分		降水量(mm)	月	日	时或时分		降水量(mm)
		起	止				起	止				起	止				起	止	
10	18	4	5	0.9	10	18	14	15	2.1	10	19	0	8	2.3	10	19	10	13	3.6
		6	7	0.8			17	18	1.9			0	9	0.8					
		10	12	2.1			20	21	2.4			9	10	2.9					

1985　滚　河　柏庄站

月	日	起	止	降水量(mm)	月	日	起	止	降水量(mm)	月	日	起	止	降水量(mm)	月	日	起	止	降水量(mm)
4	24	17	18	9.8	5	26	7	8	4.6	7	12	12	13	1.5	8	25	8	10	0.3
		18	20	2.7			8	10	3.6			14	15	0.7			11	12	0.1
		20	23	2.9			10	11	4.8		14	11	12	1.6			13	14	0.3
		23	0	4.0			11	13	2.0			22	0	2.5			17	19	0.6
	25	0	1	9.1			14	15	0.2		15	18	19	2.4			21	22	0.4
		1	2	8.1			17	18	0.4			19	20	16.2		28	3	5	0.2
		2	3	9.1			18	19	2.9			20	22	2.0			6	8	0.3
		3	8	2.9			19	20	0.1		16	1	2	0.1		30	4	5	0.1
		10	19	6.4			20	21	0.3			5	6	0.1			7	8	2.2
5	1	17	19	2.7			23	0	0.1		19	20	2	3.8			8	9	0.8
	2	20	23	1.5	6	3	9	12	2.5		20	3	4	0.1			9	10	6.6
	3	0	2	1.9			13	20	3.4			5	6	0.1			10	11	2.9
		2	3	4.5			22	23	0.1			7	8	0.1			11	12	0.6
		3	4	0.4		4	2	3	0.2			17	18	6.2			13	14	8.7
		10	14	2.9		5	5	7	0.9			18	19	0.3			14	15	7.3
		14	15	22.8			15	18	1.8			20	21	0.1			17	18	0.1
		15	16	1.8			22	23	0.1		21	6	7	2.7	9	5	8	12	3.2
		17	20	2.4		6	6	8	0.4			7	8	0.8		6	1	2	0.1
		20	21	0.2		11	1	2	0.2			15	16	3.0			4	5	0.1
	4	4	7	0.6			6	7	2.9			16	17	1.1		12	5	6	3.8
		10	11	0.1			7	8	0.2			19	20	0.1			6	8	2.5
	5	3	4	1.1			9	16	4.5		24	12	13	3.3			8	9	5.5
		4	5	8.7			23	1	0.7			13	14	11.8			9	10	2.7
		5	6	6.1		15	17	20	1.3			14	15	21.5			10	11	0.3
		6	7	2.6		20	17	20	1.5			15	16	0.1			13	15	1.0
		7	8	0.9		21	20	1	3.5			17	18	0.1			17	18	0.1
		8	11	3.9			4	8	2.1			6	7	0.2		13	20	8	8.3
		11	12	3.3			8	16	2.1			15	16	0.1			20	8	8.5
		12	20	9.8			17	18	0.1	8	4	4	5	5.3		14	8	20	8.5
		21	23	0.3		30	5	6	0.1			5	7	0.5			20	4	7.4
	6	0	1	0.1			7	8	0.1		9	17	18	6.0		15	4	5	2.6
		5	6	0.1			16	17	0.2			18	19	2.4			5	8	4.1
	11	20	23	0.4			18	19	0.1			22	2	0.6			8	10	1.2
	12	5	6	2.2			23	0	0.1		13	0	1	0.6			11	14	0.3
		6	7	8.6	7	1	1	8	1.8		18	1	5	2.7			20	22	2.7
		7	8	2.0		5	17	20	2.2			17	18	0.1			23	8	7.0
		8	9	0.4			20	21	0.1		20	5	6	0.1		16	8	20	9.0
		16	18	0.5			23	0	0.1		21	21	22	0.1			20	22	1.1
	13	0	4	4.2		6	7	8	0.1		22	6	8	0.4		17	0	1	0.1
		5	7	0.4			8	13	2.3			18	19	0.1		21	2	5	2.0
	14	9	17	4.8			14	16	0.2		23	3	8	1.3			7	8	0.3
		18	20	2.0			19	20	0.1			9	10	0.1			10	11	1.9
		20	21	0.8		8	15	16	0.2			20	21	0.1			11	12	3.0
	15	0	6	0.2			16	17	10.6			22	23	0.6			12	20	10.8
		6	8	1.0		9	4	5	25.5		24	0	1	2.7			20	21	0.4
		8	11	1.1			5	6	4.8			1	3	1.8			22	23	0.1
		18	19	0.1			6	7	9.9			6	7	0.3		22	9	20	8.8
	17	9	11	0.3			7	8	0.1			9	10	0.2			20	22	1.8
		13	14	0.1		11	22	23	0.1			11	12	1.9		23	6	7	0.1
		15	20	2.5		12	5	6	0.1			16	17	5.4	10	9	16	18	1.0
		20	4	1.8			6	7	6.0			17	18	0.3			18	19	6.1
	25	23	4	5.5			7	8	1.6			21	22	0.1			19	20	4.8
	26	5	7	1.5			11	12	2.8		25	6	7	0.1			20	21	1.8

降水量摘录表

月	日	起	止	降水量(mm)	月	日	起	止	降水量(mm)	月	日	起	止	降水量(mm)	月	日	起	止	降水量(mm)
10	10	6	7	0.1	10	13	6	8	3.5	10	14	8	11	1.6	10	17	20	23	0.6
	11	12	16	1.9			8	13	3.4			12	20	3.5		18	1	6	1.1
	12	1	2	4.2			13	14	2.9			20	5	5.0			7	8	0.3
		2	3	4.6			14	15	3.1		15	7	8	0.1			10	16	2.3
		3	4	8.6			15	16	2.5			8	15	1.6			18	19	0.1
		4	5	6.4			16	17	3.1		16	21	22	0.1		19	4	8	3.1
		5	6	4.4			17	20	4.9			10	15	1.7			8	9	0.6
		6	8	1.0			20	22	3.2			17	18	0.1			9	10	2.6
		10	16	2.0			22	23	5.0			19	20	0.1			10	20	6.6
	13	1	5	1.5			23	0	5.1			21	8	7.9					
		5	6	3.7		14	0	8	8.3		17	8	20	9.2					

1985　洪　河　滚河李站

月	日	起	止	降水量(mm)	月	日	起	止	降水量(mm)	月	日	起	止	降水量(mm)	月	日	起	止	降水量(mm)
4	24	17	20	5.7	5	17	15	16	0.1	7	6	8	16	3.0	8	23	4	5	0.2
		20	0	4.3			17	20	1.1		8	15	17	0.6			7	8	0.2
	25	0	1	7.6			20	2	1.1		9	4	5	4.3			20	2	2.6
		1	2	7.1		26	0	2	2.4			5	6	5.5		24	7	8	0.2
		2	3	8.9			2	3	2.9			6	7	4.4			9	10	0.3
		3	4	5.8			3	4	2.8			7	8	0.1			11	12	1.3
		4	5	0.3			6	7	0.5		12	6	7	7.0			16	17	4.1
		6	7	0.1			7	8	3.2			7	8	2.4		25	9	10	0.1
		9	20	5.7			8	9	1.2			11	13	1.4			14	15	0.1
5	2	21	22	0.1			9	10	2.9			14	16	0.5		26	3	4	0.1
	3	0	2	2.6			10	11	4.1		14	11	13	2.1		30	4	6	0.3
		2	3	3.2			11	12	3.5			19	20	20.3			7	8	6.4
		3	4	2.1			12	13	0.2			23	0	0.2			8	9	0.2
		10	13	3.6			14	15	0.2		15	18	19	14.0			9	10	3.9
		13	14	2.9			18	20	1.1			19	20	3.0			10	11	5.6
		14	15	6.0	6	3	8	20	5.2			20	21	5.8			11	12	0.3
		15	16	9.8			20	21	0.3			21	22	0.9			13	16	1.3
		19	20	2.3			22	23	0.1			23	0	0.1	9	1	12	13	0.6
		20	21	0.1		4	6	7	0.1		16	7	8	1.1		5	8	12	3.1
	4	7	8	0.2			8	9	0.1		19	20	22	0.4		6	1	3	0.2
	5	9	10	0.1		5	6	7	0.2		20	0	2	1.5			5	6	0.1
		3	4	0.3			11	12	0.1			7	8	0.1		12	5	6	6.8
		4	5	7.0			15	16	0.2			8	10	0.2			6	8	1.6
		5	6	3.4			17	18	0.7			12	13	0.1			8	9	3.8
		6	8	2.3			20	21	0.2		21	7	8	3.9			9	11	1.6
		8	20	12.6			23	0	0.1			14	15	0.1			12	16	0.7
	6	1	2	0.2		6	6	8	0.3			15	16	15.9		13	7	8	3.9
	11	19	20	0.2		11	0	2	2.1		24	10	11	0.1			9	10	0.4
		20	22	0.7			5	7	0.9			12	13	11.6			15	20	1.8
		23	1	0.4			9	10	2.6			13	14	10.4			20	21	0.1
	12	5	6	0.4			10	15	1.4			14	15	27.1			22	0	0.8
		6	7	13.8			19	20	0.1			15	16	2.8		14	1	8	3.7
		7	8	1.1			22	2	0.8			16	19	0.4			8	11	1.5
		8	9	2.2		20	10	11	0.1		31	14	15	1.4			12	13	0.1
		17	18	0.2			15	16	0.2	8	3	23	1	0.2			14	20	3.3
	13	2	5	1.7			18	20	1.1		4	4	5	15.6		15	20	4	6.0
	14	3	4	0.4			20	0	4.0			5	6	0.3			4	5	2.6
		12	16	6.2		21	4	8	2.2			7	8	0.1			5	6	4.2
		17	20	2.4			9	12	1.5		9	17	18	18.2			6	8	3.0
		20	22	0.8			13	14	0.1			18	19	0.2			8	11	2.4
	15	0	2	0.4			15	16	0.1		10	3	4	0.1		16	20	23	3.0
		5	8	0.7			17	18	0.1		12	23	2	0.7			2	8	2.8
		8	10	0.5	7	1	0	7	3.8		18	3	6	1.3			8	10	0.2
	17	9	11	0.3			17	20	2.0		22	6	9	0.1			11	12	0.5
		13	14	0.1		5	6	8				9	10	0.1			15	19	0.7

降 水 量 摘 录 表

月	日	起	止	降水量(mm)	月	日	起	止	降水量(mm)	月	日	起	止	降水量(mm)	月	日	起	止	降水量(mm)
9	16	20	22	0.3	10	10	4	5	0.1	10	13	16	17	3.0	10	14	23	5	1.1
	17	4	5	0.1		11	13	14	3.7			17	20	5.4		15	8	15	1.6
	21	3	5	1.9			14	16	1.2			20	21	1.9		16	9	10	0.1
		7	8	0.1			20	21	0.1			21	22	3.4			11	15	1.3
		8	11	2.2		12	0	1	0.5			22	23	5.2			21	8	6.6
		11	12	2.7			1	2	4.7			23	0	5.8		17	8	20	8.6
		12	20	10.5			2	3	8.2		14	0	3	4.2			20	23	0.5
		20	22	0.6			3	4	4.9			3	4	2.9		18	3	6	0.6
	22	8	20	8.1			4	5	4.1			4	6	4.2			7	8	0.5
		20	23	1.4			5	6	5.6			6	7	2.6			8	9	0.1
	23	4	5	0.1			6	7	2.3			7	8	1.4			10	17	2.3
		7	8	0.1			11	15	1.7			8	11	1.8		19	4	8	3.0
10	9	17	18	0.3		13	3	6	2.6			12	13	0.1			8	9	0.6
		18	19	8.8			6	7	3.3			14	18	0.8			9	10	2.7
		19	20	3.7			7	8	1.8			19	20	0.3			10	20	7.1
		20	21	1.9			8	16	9.4			20	22	1.4					

1985　滚　河　袁门站

月	日	起	止	降水量(mm)	月	日	起	止	降水量(mm)	月	日	起	止	降水量(mm)	月	日	起	止	降水量(mm)
4	24	17	20	4.7	5	14	9	12	1.0	6	11	15	17	0.3	7	21	16	17	2.6
		20	23	5.4			12	13	2.7		12	0	1	0.1			18	19	4.4
		23	0	5.5			13	14	3.0			2	3	0.1			19	20	0.2
	25	0	1	15.7			14	15	2.6		15	17	19	0.7		24	12	13	1.1
		1	2	16.3			15	17	1.1		20	17	20	1.6			13	14	9.3
		2	3	15.0			18	19	2.8			20	0	3.2			14	15	39.3
		3	4	10.0			19	20	0.6		21	4	8	3.2			15	17	0.3
		4	5	0.4			20	22	0.3			8	10	0.8		31	15	16	0.1
		8	12	1.7		15	0	2	1.1			11	12	0.1	8	3	23	0	0.5
		13	19	5.4			5	8	1.8			14	16	0.7		4	4	5	27.2
		20	21	0.2			8	11	1.0			21	22	0.1		5	5	7	2.7
5	1	18	19	0.8			17	18	0.1		30	12	13	0.1		9	9	10	7.2
	2	19	20	0.1		16	6	8	0.3			17	19	0.2			10	11	0.7
		20	22	0.3		17	9	11	0.8	7	1	0	8	1.9			13	14	2.2
	3	0	5	3.7			12	20	3.8		5	16	20	7.3			14	15	23.0
		10	14	2.9			20	0	1.6		6	8	16	2.9			15	16	0.2
		14	15	14.9		18	1	3	0.5			15	16	1.0			17	18	3.3
		15	16	10.7			4	5	0.1			16	17	4.5			18	19	4.0
		16	19	0.6			7	8	0.1			17	19	2.5		10	0	1	0.2
		19	20	2.9		26	0	7	8.3		9	4	8	8.0			5	6	0.1
		20	21	0.4			7	8	4.8		12	6	7	0.8		13	0	1	0.5
	4	0	1	0.4			8	10	3.5			7	8	4.7		18	1	5	2.6
		2	8	1.5			10	11	6.6			8	9	0.5		20	5	6	0.1
		9	10	0.1			11	12	4.0			12	13	3.0			9	10	0.1
		14	15	0.1			12	15	2.2			13	15	1.1			16	18	0.7
		18	19	0.1			17	20	2.4		14	11	13	2.0		21	21	22	0.1
	5	3	4	1.2			20	22	0.3			16	17	0.1		22	4	8	1.4
		4	5	3.6	6	3	8	12	2.9		15	18	20	0.2			10	11	0.2
		5	8	3.6			13	20	2.0			20	21	0.1			14	18	1.1
		8	13	5.7			21	23	0.3			21	22	3.3			20	22	0.7
		14	20	6.0		4	2	3	0.1		16	5	8	0.7		23	3	5	0.9
		20	21	0.1			9	10	0.1		19	20	21	0.5			6	8	1.0
		23	0	0.1		5	6	7	0.3			22	23	0.1			8	9	0.2
	6	1	3	0.3			8	9	0.1		20	0	5	3.0			11	12	0.1
	11	20	21	0.2			15	17	1.6			7	8	0.1			20	1	1.6
	12	6	8	3.2			18	19	0.1			9	10	0.1		24	3	4	1.3
		8	9	0.1			21	23	0.4			17	19	1.6			5	8	0.5
	13	8	13	3.9		6	6	8	0.3		21	6	7	4.1			9	17	5.6
	14	7	8	0.1		11	6	8	0.4			14	15	2.7			22	23	0.1
		7	8	0.1			9	14	1.6			15	16	0.1					

降 水 量 摘 录 表

月	日	起	止	降水量(mm)	月	日	起	止	降水量(mm)	月	日	起	止	降水量(mm)	月	日	起	止	降水量(mm)
8	25	8	10	0.6	9	12	12	17	2.6	10	9	20	22	2.2	10	13	23	0	6.3
		13	15	1.0		13	6	8	0.5		11	12	13	0.3		14	0	1	3.7
		18	20	1.2			8	20	6.2			13	14	6.7			1	2	0.7
		20	22	2.4			20	8	7.7			14	16	0.8			2	3	2.7
	28	3	8	1.7		14	8	20	8.9		12	1	2	0.2			3	4	3.1
	30	5	6	0.1			20	8	14.8			2	3	2.9			4	8	4.8
		7	8	0.8		15	8	12	1.8			3	4	2.9			8	20	6.9
		8	9	0.2			13	16	0.5			4	5	2.9			20	8	5.7
		9	10	12.1			17	18	0.1			5	6	2.9		15	8	15	1.5
		10	11	3.1			23	8	6.4			6	7	3.0		16	9	11	0.6
		11	14	1.4		16	8	20	9.6			7	8	0.1			12	15	1.2
		14	15	2.7		21	1	8	2.1		13	10	16	3.1			18	20	0.6
		15	16	3.1			8	12	3.0			2	6	4.9			21	8	10.4
		16	17	0.3			12	13	2.7			6	7	2.6		17	8	9	1.4
9	1	0	1	0.2			13	16	2.0			7	8	2.6			9	10	2.6
	5	8	13	3.5			16	17	2.6			8	9	3.5			10	20	6.5
	6	5	6	0.1			17	18	3.2			9	12	1.4			20	23	0.4
	9	4	6	0.2			18	20	2.1			13	14	2.4		18	1	8	1.9
	12	3	4	0.1			20	1	1.2			14	15	3.7			10	18	2.5
		4	5	10.3		22	8	20	12.9			15	16	3.8		19	4	8	3.9
		5	6	5.4			20	23	1.8			16	17	3.1			8	20	11.6
		6	7	5.4		23	3	6	0.4			17	18	3.1			22	23	0.1
		7	8	5.5	10	9	17	18	0.8			18	20	1.0					
		8	9	3.9			18	19	10.4			20	22	3.4					
		9	11	2.0			19	20	3.6			22	23	3.8					

1986 滚 河 刀子岭站

月	日	起	止	降水量(mm)	月	日	起	止	降水量(mm)	月	日	起	止	降水量(mm)	月	日	起	止	降水量(mm)
5	17	20	23	1.4	6	15	18	20	3.2	7	31	6	7	2.7	9	7	7	8	1.2
		23	0	7.4		27	8	9	0.1			7	8	10.9			8	9	0.1
	18	0	1	6.7			10	13	2.0			8	9	6.8			12	19	3.7
		1	2	3.7	7	1	22	23	2.2			9	10	3.7			21	5	8.9
		2	3	3.3		3	3	8	3.4			10	11	3.6		8	7	8	0.4
		3	4	1.1			8	14	5.5			11	12	2.3			8	9	2.7
		4	5	2.9			14	15	2.7	8	5	20	21	17.2			9	10	0.3
		5	6	0.4			15	20	8.0			21	22	3.8			19	20	0.5
		17	20	2.0			20	8	14.1			22	23	4.7			20	21	25.1
		21	1	1.1		4	8	11	1.1			23	0	4.9			21	22	7.5
	19	11	12	0.2		10	8	13	3.1		6	0	2	0.9			22	23	25.4
		18	20	0.9		13	18	19	0.7			4	5	1.5			23	0	16.2
		20	23	0.8			19	20	13.6			5	6	6.5		9	0	1	8.2
6	3	22	23	0.6		15	2	3	0.2			6	7	2.2			1	2	7.2
	11	6	8	1.6			20	22	2.2		14	14	15	0.2			2	3	6.8
		14	18	3.3		16	5	8	0.4		15	4	5	11.2			3	4	3.0
		18	19	2.7		19	14	16	1.0			5	6	3.8			4	5	4.9
		19	20	1.6			16	17	3.2			7	8	0.2			5	8	2.9
		20	22	1.5			17	19	0.9		18	20	22	2.5			8	14	8.7
	12	0	1	0.1			20	21	0.1			23	2	4.5			14	15	2.7
		5	8	1.6		20	2	4	2.4		19	9	11	2.7			15	16	1.1
		9	10	0.1			21	22	0.1		25	2	3	0.1			16	17	4.5
	14	21	6	10.2		21	3	6	2.7			7	8	1.2			17	18	2.6
	15	6	7	2.9		24	12	13	2.5		26	20	22	0.3			18	19	3.0
		7	8	0.4			13	14	10.1		31	22	23	5.0			19	20	4.2
		8	9	2.6			14	15	0.6			23	0	2.2			20	21	5.9
		9	13	5.4			16	17	0.2	9	6	16	20	1.3			21	22	4.4
		14	15	3.8		30	19	20	25.7			20	23	3.8			22	23	4.2
		15	16	5.5			20	22	2.1		7	0	2	0.5			23	0	3.3
		16	17	2.7			22	23	5.9			3	6	1.5		10	0	8	8.1
		17	18	4.4			23	1	1.6			6	7	3.7			8	20	10.4

降 水 量 摘 录 表

月	日	起	止	降水量(mm)	月	日	起	止	降水量(mm)	月	日	起	止	降水量(mm)	月	日	起	止	降水量(mm)
9	10	20	23	1.0	9	13	19	20	0.6	9	13	20	23	1.3	9	28	11	18	5.4

1986 滚 河 尚店站

月	日	起	止	降水量(mm)	月	日	起	止	降水量(mm)	月	日	起	止	降水量(mm)	月	日	起	止	降水量(mm)
5	18	0	1	4.2	7	3	6	8	1.5	8	5	21	22	11.4	9	8	21	22	24.2
		1	2	4.1			9	14	4.1			23	1	3.2			22	23	41.3
		2	3	9.0			14	15	2.9		6	3	4	0.9			23	0	4.0
		3	4	7.2			15	16	2.7			4	5	4.0		9	0	1	14.1
		4	5	0.9			16	20	4.2			5	6	2.7			1	2	5.8
		7	8	2.8			20	22	2.7			6	7	1.7			2	3	9.2
	19	18	20	1.9			22	23	3.1		14	13	14	0.4			3	4	3.1
		20	23	1.1			23	8	5.0		15	2	3	0.6			4	5	4.0
6	3	19	20	5.6		4	8	9	0.2			3	4	4.7			5	8	2.3
		20	21	1.1		10	8	10	3.3			4	5	3.0			8	9	0.2
	5	5	6	0.1		15	3	4	0.1			5	7	2.0		10	16		4.6
	11	15	16	2.5		16	6	7	0.2		18	22	0	2.2			16	17	2.6
		16	17	2.6		19	14	15	9.7		19	0	1	4.2			17	18	1.9
		17	19	2.9			15	16	1.6			1	2	3.0			18	19	4.2
		19	20	2.9			17	18	0.4		25	4	8	1.3			19	20	1.2
		20	21	0.8		20	2	3	1.6		26	16	17	0.2			21	2	5.0
	14	22	5	8.5		21	2	5	3.6			20	21	0.2		10	2	3	5.1
	15	5	6	5.4		24	12	13	4.6		31	22	23	0.1			3	4	4.9
		6	8	3.4			13	14	11.3	9	6	19	20	0.2			4	5	3.4
		8	9	0.7		25	15	16	0.9			21	23	1.0			5	8	0.6
		9	10	2.8		30	14	15	0.3		7	3	5	4.1			8	12	3.0
		10	11	3.1			18	19	3.0			5	6	3.6			13	20	8.0
		11	15	2.9			19	20	3.1			6	8	2.1			20	22	0.5
		15	16	5.1			20	21	1.5			8	9	0.4			23	0	0.9
		16	17	3.4			22	23	4.6			10	11	1.2		13	21	22	2.8
		17	18	3.6			23	0	7.1			15	19	3.3			23	0	1.4
		18	20	2.9		31	0	1	1.1			21	0	2.4		28	10	11	5.1
		20	21	0.6			3	6	3.8		8	3	4	3.4			12	13	2.5
	27	10	11	0.2			6	7	7.7			4	7	5.7			13	14	3.5
7	1	22	0	1.9			7	8	5.6			8	11	2.2			14	15	2.0
	3	3	5	1.7			9	12	4.2			20	21	0.9					

1986 滚 河 柏庄站

月	日	起	止	降水量(mm)	月	日	起	止	降水量(mm)	月	日	起	止	降水量(mm)	月	日	起	止	降水量(mm)
5	17	15	17	1.0	5	20	6	7	0.1	6	15	10	11	3.2	7	10	8	9	0.9
		17	18	2.7	6	3	19	20	1.0			11	12	2.7			13	15	0.8
		19	20	0.1			22	23	0.1			12	15	4.4			17	18	0.1
		20	22	0.8		4	1	2	0.1			15	16	3.6		13	19	20	9.3
		23	0	0.2		11	15	18	4.7			16	20	6.3		14	17	18	0.1
	18	0	1	11.6			18	19	5.5			20	21	0.1			21	22	0.1
		1	2	4.9			19	20	2.7		27	11	13	0.5		15	2	3	0.1
		2	3	1.3			20	21	0.2	7	2	4	5	0.5		19	14	15	1.0
		3	4	3.2		12	6	7	0.7		3	2	8	2.3			15	16	2.6
		4	5	3.1		14	21	3	3.3			8	20	13.3			17	18	0.2
		6	7	2.8		15	3	4	2.9			20	8	17.1			23	0	0.2
		7	8	2.5			4	5	2.6		4	8	10	0.3		20	1	3	0.8
	19	12	14	0.2			5	6	4.5			11	12	0.2			8		0.1
		18	20	0.6			6	8	2.6			15	16	0.1		21	0	2	0.2
		20	22	0.3			8	10	1.7		10	6	8	2.7			1	6	1.9

— 414 —

降水量摘录表

月	日	起	止	降水量(mm)	月	日	起	止	降水量(mm)	月	日	起	止	降水量(mm)	月	日	起	止	降水量(mm)
7	24	12	13	2.9	8	15	3	4	4.1	9	7	8	9	0.6	9	9	9	11	0.5
		13	14	7.4			4	5	6.2			11	18	3.6			12	16	2.7
		14	15	0.3			5	7	1.2			21	22	0.4			16	17	5.4
		17	18	0.1		18	21	22	2.4			22	23	2.8			17	18	4.3
	25	13	14	0.2			22	23	4.0			23	1	4.1			18	19	2.2
		16	17	0.1			23	0	0.5		8	1	2	3.3			19	20	4.2
	30	14	15	1.1		19	0	1	13.9			2	4	2.8			20	21	3.8
		17	18	0.1			1	2	9.9			5	6	0.1			21	22	4.5
		18	19	4.6			8	9	0.1			7	8	0.1			22	23	0.8
		19	20	0.1			12	13	0.1			8	12	2.1			23	8	5.5
		20	23	0.5			14	15	0.1			19	20	0.1		10	8	18	10.8
		23	0	2.8		25	4	7	0.8			20	21	0.3			18	19	2.6
	31	0	2	0.4		26	20	21	0.1			21	22	8.7			19	20	0.6
		5	8	1.3			22	23	0.1			22	23	19.9			20	21	0.5
		8	13	4.0		31	21	23	0.5			23	0	9.2		13	20	23	0.8
8	5	20	21	1.3	9	6	12	16	0.6		9	0	1	8.3		27	21	1	1.0
		23	0	6.0			18	20	0.5			1	2	7.3		28	10	11	0.2
	6	0	1	0.1			20	23	0.4			2	3	6.6			11	12	2.7
		4	5	2.4		7	0	4	3.7			3	4	1.5			12	13	7.4
		5	6	5.1			4	5	2.8			4	5	3.9			13	14	1.0
		6	8	2.5			5	6	1.5			5	7	3.3			15	18	1.5
	14	15	16	1.6			6	7	4.6			7	8	0.8					
	15	2	3	0.4			7	8	1.8			8	9	1.4					

1986　洪　河　滚河李站

月	日	起	止	降水量(mm)	月	日	起	止	降水量(mm)	月	日	起	止	降水量(mm)	月	日	起	止	降水量(mm)
5	17	21	0	1.3	6	26	10	11	0.1	7	25	13	14	0.1	9	6	20	21	0.2
	18	0	1	7.6		27	0	1	0.1		30	10	11	0.7			22	0	0.9
		1	2	3.2			7	8	0.1			18	20	0.5		7	2	4	2.5
		2	3	1.1			10	11	0.1			21	23	0.4			4	5	2.6
		3	4	2.9			12	13	0.1			23	0	3.9			5	6	2.1
		4	5	3.2	7	1	22	0	1.7		31	0	2	0.7			6	7	2.9
		5	7	1.8		2	17	18	0.2			6	8	1.6			7	8	3.8
		7	8	3.9			20	21	0.1			8	12	1.8			8	9	0.6
		9	11	0.2			22	23	0.4			13	14	0.1			13	16	1.7
		15	17	0.3		3	2	8	2.0			16	17	1.2			16	17	2.8
		19	20	0.1			8	14	3.5	8	5	21	22	0.5			17	18	0.9
		20	21	0.1			14	15	3.8		6	4	5	0.4			21	1	6.0
	19	12	14	0.2			15	20	7.2			5	6	7.0		8	1	2	3.8
		20	23	0.6			20	1	9.3			6	8	4.3			2	4	3.5
6	3	21	22	0.8		4	5	6	7.8		14	22	23	0.2			6	7	1.0
		23	0	0.1			6	8	1.1		15	3	4	11.9			8	11	3.2
	5	16	17	0.5			8	10	0.4			4	5	3.2			19	20	0.1
	11	9	10	0.1		5	7	8	0.1			5	7	1.6			20	21	0.5
		16	19	4.5		10	6	8	1.2		18	21	22	1.2			21	22	11.2
		19	20	4.3			8	10	0.4			22	23	4.9			22	23	12.8
		20	21	2.6		13	17	18	0.1			23	0	1.3			23	0	5.2
		21	8	1.3			19	20	0.4		19	0	1	3.5		9	0	1	10.2
	14	16	17	0.1			20	21	0.6			1	2	4.2			1	2	7.1
		21	22	0.1		14	19	20	0.1			9	11	0.2			2	3	6.8
		23	8	7.8		15	2	4	0.4			13	14	0.2			3	5	4.3
	15	8	9	3.8		19	14	16	0.5		25	1	2	0.1			5	6	3.0
		9	12	1.9		20	2	4	1.4			5	8	0.8			6	7	1.1
		12	13	2.8			5	6	0.2		31	15	17	0.8			7	8	2.1
		13	17	7.2			23	1	0.2			22	1	1.4			8	10	1.2
		17	18	3.2		21	2	6	1.6	9	1	3	4	0.1			10	11	0.1
		18	20	2.9		24	13	14	4.1		6	13	15	0.6			13	14	0.2
		20	23	2.1			14	15	1.5			16	17	0.1			14	16	1.4
	16	4	5	0.1								19	20	0.1			16	17	2.5

降 水 量 摘 录 表

月	日	起	止	降水量(mm)	月	日	起	止	降水量(mm)	月	日	起	止	降水量(mm)	月	日	起	止	降水量(mm)
9	9	17	18	3.2	9	10	0	1	1.2	9	11	0	1	0.1	9	28	12	13	5.8
		18	19	2.0			1	2	2.8		13	20	22	0.7			13	14	2.1
		19	20	3.0			2	4	1.4			23	1	0.2			15	17	1.2
		20	21	2.7			4	5	0.5		27	22	1	0.5		29	12	13	0.4
		21	22	5.5			6	7	0.3		28	0	1	3.9			14	15	0.2
		22	23	2.3			8	20	11.3			1	2	0.2					
		23	0	0.1			20	21	0.9			9	12	3.4			18	19	0.1

1986 滚 河 袁门站

月	日	起	止	降水量(mm)	月	日	起	止	降水量(mm)	月	日	起	止	降水量(mm)	月	日	起	止	降水量(mm)
5	17	21	0	1.3	7	1	22	0	1.2	7	31	6	7	3.6	9	7	13	18	4.1
	18	0	1	11.5		2	7	8	0.1			7	8	12.7			21	4	10.6
		1	2	7.6			10	11	0.1			8	10	2.3		8	5	8	0.5
		2	3	4.1		3	2	8	2.9			10	11	4.7			8	10	1.9
		3	4	3.2			8	14	3.7			11	12	2.8			13	15	2.2
		4	8	4.6			14	15	2.7	8	5	20	23	5.0			15	16	14.2
		18	20	0.8			15	16	2.7			23	0	3.0			16	17	4.0
		23	0	0.1			16	20	4.8		6	0	1	0.1			17	18	23.3
	19	2	3	0.1			20	8	14.2			4	5	1.6			18	19	10.3
		13	14	0.1		4	8	11	0.6			5	6	6.3			19	20	7.4
		18	20	1.2		10	7	8	0.3			6	7	2.6			20	21	7.5
		20	23	0.6			8	9	3.2			7	8	0.1			21	22	6.3
6	3	19	20	0.1			9	10	0.1		14	9	10	0.1			22	23	1.3
		22	0	0.3			12	14	0.8		15	15	16	0.1			23	0	6.3
	11	14	18	3.4		13	17	18	2.6			4	5	5.1		9	0	1	2.8
		18	19	3.6			18	20	0.9			5	7	1.3			1	3	0.9
		19	20	1.9		15	18	20	1.5		18	21	22	0.5			8	11	2.4
		20	21	1.2			20	21	1.6			22	23	4.4			12	14	1.1
	12	5	7	1.2		16	6	8	0.4			23	1	1.5			14	16	2.6
	14	18	19	0.2		19	8	9	0.1		19	6	7	0.1			16	17	3.6
	15	22	3	2.9			14	18	2.9			9	11	1.6			17	18	4.1
		3	4	2.6			23	0	0.1			13	14	0.1			18	19	2.4
		4	5	4.0		20	2	5	2.0			15	16	0.1			19	20	2.8
		5	6	2.7			7	8	0.1		25	3	8	1.3			20	21	5.1
		6	7	3.9			23	0	0.3		26	18	20	0.3			21	22	5.0
		7	8	0.6		21	3	6	3.6			20	21	0.2			22	5	10.8
		8	10	2.5		24	12	13	1.7		31	11	12	0.1		10	8	16	5.0
		10	11	3.9			13	14	7.2			21	23	0.7			16	17	2.9
		11	14	2.7			14	15	0.4	9	6	8	9	0.1			17	19	3.2
		14	15	4.3			16	17	0.1			16	17	0.2		11	5	6	0.1
		15	16	4.2		30	15	16	2.2			18	20	1.5		13	19	20	2.4
		16	17	2.7			19	20	11.3			20	21	0.2			20	23	1.6
		17	18	3.7			20	22	1.2			22	23	3.6		28	8	9	0.1
		18	20	2.3			22	23	3.2		7	0	6	3.5			10	15	6.5
		20	21	0.2			23	0	9.5			6	7	4.5			15	16	4.1
	16	2	3	0.1		31	0	1	0.4			7	8	1.6			16	18	0.5
	27	9	10	0.1			2	4	0.2			8	9	0.9					
		11	13	0.9			5	6	0.1			11	12	0.1					

1987 滚 河 刀子岭站

月	日	起	止	降水量(mm)	月	日	起	止	降水量(mm)	月	日	起	止	降水量(mm)	月	日	起	止	降水量(mm)
5	11	15	18	2.5	5	11	20	2	5.2	5	12	4	8	2.5	5	12	10	11	4.3
		18	19	4.4		12	2	3	5.6			8	9	0.3			11	12	2.6
		19	20	2.0			3	4	4.1			9	10	3.7			12	13	2.9

降 水 量 摘 录 表

月	日	起	止	降水量(mm)	月	日	起	止	降水量(mm)	月	日	起	止	降水量(mm)	月	日	起	止	降水量(mm)
5	12	13	14	2.7	6	6	14	20	6.4	7	18	8	9	6.6	9	1	8	11	1.6
		14	15	2.8			21	23	0.3			9	10	1.1		2	20	23	2.7
		15	16	1.2		11	20	22	3.5			18	20	1.6			23	0	3.1
		16	17	2.9			22	23	3.9			20	21	0.1		3	0	6	2.1
		17	19	4.2			23	0	2.8		19	0	2	1.1			12	13	2.0
		19	20	2.7		12	0	4	5.9			2	3	10.5			13	14	6.3
		20	22	0.5			4	5	2.6			4	5	0.2			20	21	1.5
	20	18	20	0.5			5	8	5.0			5	6	8.9			21	22	4.1
	21	14	17	2.7			8	18	11.0			6	7	8.4			22	1	0.4
	25	18	19	7.2			22	5	2.0			7	8	13.5		4	14	15	0.6
		19	20	3.4		13	6	7	0.1			8	9	12.2		15	10	14	3.1
		20	21	1.9			8	18	4.9			9	10	21.8	10	9	18	20	0.6
		21	22	3.2			22	23	0.3			10	11	20.5		12	6	7	0.6
		22	8	11.8		14	2	3	0.1			11	12	14.2			8	9	0.1
	26	8	10	3.6			13	14	0.6			12	13	8.2			11	14	2.6
		10	11	2.7			15	19	2.2			13	16	1.0			14	15	5.7
		11	18	8.5		21	1	2	0.2		20	20	21	0.6			15	16	12.2
		18	19	5.5			18	19	0.1		21	22	23	0.1			16	17	10.7
		19	20	2.1		22	3	4	1.3		28	17	18	0.4			17	18	6.7
		20	21	4.2			4	5	3.9		29	8	13	1.2			18	19	11.6
		21	23	0.7			5	8	1.2	8	4	10	11	0.1			19	20	9.5
	27	0	4	0.5			8	12	2.5			23	3	3.1			20	21	8.9
	31	21	22	0.8			16	20	3.6		5	5	6	0.8			21	22	12.6
		22	23	10.3			20	23	0.4			6	7	21.3			22	23	12.5
		23	0	13.2	7	5	0	2	0.5			7	8	1.8			23	0	2.7
6	1	0	1	8.1			4	6	2.3			8	9	9.3		13	0	1	0.7
		1	2	5.1			7	8	0.3			9	10	7.1			1	2	3.1
		2	5	3.4			8	9	3.0			10	12	1.5			2	3	4.9
		5	6	6.2			9	10	2.7		6	13	14	8.2			3	4	4.6
		6	7	7.1			10	16	3.7			14	15	3.6			4	7	5.1
		7	8	6.5		8	13	14	6.1			15	18	0.6			7	8	2.9
		8	14	2.8		10	17	19	0.6		10	3	4	2.9			8	20	15.8
		14	15	3.1		11	12	13	0.1			4	5	1.9			20	8	8.7
		15	16	3.7			14	16	0.6		14	2	7	2.8		14	8	16	12.6
		16	17	7.4			22	2	1.7			7	8	6.7			16	17	3.5
		17	18	4.2		12	2	3	6.1			8	9	5.0			17	18	6.0
		18	20	0.8			3	4	1.2			9	10	3.0			18	19	7.4
	5	23	0	3.5			4	5	2.8			10	11	3.8			19	20	7.9
	6	0	1	9.2			5	8	2.7			11	12	2.9			20	21	5.7
		1	2	5.6		13	11	12	0.2			12	14	0.5			21	22	4.6
		2	3	4.7		17	19	20	0.1			17	18	0.3			22	23	5.0
		3	4	2.8			20	1	3.3		18	15	16	0.8			23	0	3.9
		4	5	4.2		18	1	2	2.6		23	3	4	0.7		15	0	1	3.4
		5	6	3.5			2	3	3.4			9	11	4.4			1	2	2.9
		6	7	7.9			3	4	4.1		26	21	22	2.7			2	3	2.7
		7	8	5.4			4	7	1.5			22	0	3.0			3	8	5.6
		8	10	3.5			7	8	5.1	9	1	6	8	1.4			8	11	1.7

1987　滚　河　尚店站

月	日	起	止	降水量(mm)	月	日	起	止	降水量(mm)	月	日	起	止	降水量(mm)	月	日	起	止	降水量(mm)
5	11	14	20	7.3	5	12	14	20	6.6	5	25	22	8	8.5	6	1	2	3	8.6
		20	1	6.3		21	14	15	0.7		26	9	15	3.9			3	4	6.4
	12	1	2	3.1		24	20	21	0.2			15	16	6.4			4	5	3.7
		2	3	3.5		25	3	4	0.3			16	17	3.8			5	6	3.1
		3	7	6.0			16	17	5.7			17	20	3.5			6	7	2.7
		9	11	3.3			17	18	10.3			20	21	3.4			7	8	2.0
		11	12	2.7			18	20	3.5			21	22	0.4			9	10	0.3
		12	13	2.3			20	21	3.0		31	21	2	6.5			15	18	3.4
		13	14	3.4			21	22	3.7	6	1	1	2	2.8		5	19	20	0.3

降 水 量 摘 录 表

月	日	时或时分 起	止	降水量(mm)	月	日	起	止	(mm)	月	日	起	止	(mm)	月	日	起	止	(mm)
6	5	21	2	7.9	7	4	23	2	2.1	7	19	9	10	21.1	9	3	4	6	3.4
	6	2	3	3.6		5	2	5	1.7			10	11	24.9			13	15	1.3
		3	4	4.7			9	17	8.5			11	12	7.2			20	21	2.1
		4	5	5.4		9	16	17	2.9			12	13	4.3			21	22	2.9
		5	6	3.7			18	20	2.1			13	14	0.2		15	9	14	4.9
		6	7	2.9		10	15	18	3.2	8	2	19	20	7.0	10	12	8	9	0.2
		7	8	0.7		11	5	6	0.7		4	19	20	0.6			11	12	0.3
		11	20	7.9			15	16	1.7		5	2	3	3.4			13	14	0.7
	11	18	20	0.7		12	2	4	2.1			6	7	10.2			14	15	4.3
		20	22	1.8			5	8	2.3			7	8	15.6			15	16	7.1
		22	23	2.7		13	11	12	0.2			8	9	4.8			16	17	6.6
		23	4	8.4		17	22	3	5.5			9	10	0.6			17	18	5.0
	12	4	5	2.6		18	3	4	4.7		10	3	4	1.9			18	19	6.3
		5	8	4.7			4	5	9.0			4	5	3.7			19	20	7.4
		8	15	7.6			5	6	5.8		14	3	8	9.5			20	21	7.3
		20	22	0.5			6	7	3.4			8	9	3.7			21	22	7.0
		23	5	2.2			7	8	5.0			9	10	3.2			22	23	4.3
	13	7	8	0.2			8	9	5.3			10	11	3.5			23	0	4.1
		10	14	2.1			9	12	1.6			11	12	2.7		13	0	1	3.9
		22	1	1.1			22	1	2.9		23	9	10	2.2			1	2	3.8
	14	11	12	0.3		19	1	2	3.1			10	11	3.4			2	3	2.7
		13	18	1.8			2	5	4.2		26	9	10	7.0			3	8	9.5
	21	2	4	0.7			5	6	2.8			10	11	1.5			8	20	4.5
		22	8	10.4			6	7	16.0	9	1	6	7	0.7		14	1	8	2.0
	22	9	13	3.3			7	8	10.6			9	11	2.4			8	20	11.5
		16	20	2.2			8	9	8.3		2	20	22	0.8			20	8	12.3

1987 滚 河 柏庄站

月	日	时或时分 起	止	降水量(mm)	月	日	起	止	(mm)	月	日	起	止	(mm)	月	日	起	止	(mm)
5	10	11	12	0.1	5	26	20	21	0.5	6	6	15	20	1.8	7	5	0	1	0.3
	11	15	18	2.3			23	2	0.4			20	21	0.1			3	5	3.7
		18	19	2.7		31	20	22	3.0		11	19	20	0.6			8	16	3.8
		19	20	1.8			22	23	9.6			20	22	2.8			17	19	0.3
		20	21	1.8			23	0	9.4			22	23	3.2			21	22	0.1
		21	22	3.1	6	1	0	1	6.5			23	8	6.6		9	18	20	1.9
		22	23	0.1			1	2	4.0		12	8	17	8.1			20	21	0.1
	12	0	1	0.7			2	4	1.3			18	20	0.6		10	16	19	0.8
		1	2	2.6			4	5	3.0			22	4	2.7		11	6	7	0.1
		2	3	5.0			5	6	4.2		13	6	8	0.5			13	15	1.8
		3	4	4.6			6	7	4.2			8	10	2.1			21	0	0.3
		4	8	1.7			7	8	3.4			12	15	2.1		12	3	4	5.3
		10	11	4.0			8	11	0.5			17	18	0.1			4	6	1.1
		11	16	7.7			13	15	1.2			20	21	0.1			7	8	0.3
		16	17	3.0			15	16	3.4		14	9	10	0.1		17	9	10	0.1
		17	20	4.3			16	20	3.2			12	16	1.9			19	20	0.1
		20	21	0.1			20	21	0.1			21	22	0.1			20	1	5.9
	24	20	21	2.6		5	19	20	0.1		20	5	6	0.1		18	1	2	2.8
		21	22	1.2			22	23	0.5		21	0	3	0.5			2	3	6.5
	25	5	6	1.2			23	0	3.6			5	6	0.1			3	4	6.4
		16	17	1.2		6	0	1	5.5			8	10	0.5			4	8	4.4
		17	18	4.8			1	2	2.9			11	12	0.1			8	11	1.4
		18	19	4.4			2	3	2.8			22	0	2.0			12	13	0.1
		19	20	1.8			3	5	2.1		22	3	4	0.4			15	16	0.1
		20	22	4.2			5	6	3.0			4	5	3.3			18	20	0.9
		22	23	6.6			6	7	2.7			5	7	1.2			20	22	0.3
		23	5	6.6			7	8	0.6			7	8	3.5		19	0	1	0.1
	26	6	8	0.4			12	13	0.8			9	13	3.1			2	3	2.3
		8	12	4.7			13	14	3.8			16	20	1.8			5	6	2.5
		13	20	10.8			14	15	3.4			21	0	0.4			6	7	24.7

降水量摘录表

月	日	起	止	降水量(mm)	月	日	起	止	降水量(mm)	月	日	起	止	降水量(mm)	月	日	起	止	降水量(mm)
7	19	7	8	14.1	8	5	13	14	0.1	8	26	22	23	3.5	10	12	20	21	5.5
		8	9	8.0		6	12	13	7.5			23	1	0.8			21	22	6.5
		9	10	9.4			13	14	2.2	9	1	8	12	2.3			22	23	6.0
		10	11	24.3			16	17	0.1		2	17	18	0.1			23	0	3.5
		11	12	5.8		10	3	4	14.6			19	20	0.2		13	0	4	7.3
		12	13	1.8			4	5	0.5			20	4	7.3			4	5	3.3
		15	17	0.5			7	8	0.1		3	4	5	4.1			5	8	5.0
	20	20	22	1.2		14	0	1	0.2			5	6	0.3			8	20	10.0
	21	4	5	0.1			3	4	1.3			11	14	1.6			20	0	0.5
		7	8	0.1			4	5	3.2			18	19	0.1		14	4	8	2.6
		21	22	0.6			5	6	1.5			20	22	0.5			8	16	7.5
	29	10	11	0.2			6	7	3.2		4	14	15	0.3			16	17	2.8
8	2	9	10	0.1			7	8	1.0		15	10	11	1.1			17	18	5.8
		19	20	0.2			8	9	2.9			11	12	4.5			18	20	1.9
		20	21	7.0			9	10	2.2			12	14	0.7			20	22	0.7
		21	22	0.1			10	11	2.7	10	12	7	8	0.3			22	23	3.2
	4	8	9	0.1			11	12	0.4			9	10	0.1			23	1	4.3
		10	13	0.4			15	17	0.5			11	13	1.2		15	1	2	4.5
		16	17	0.1		20	0	2	0.6			13	14	2.7			2	3	3.2
		19	20	0.3		23	3	4	0.1			14	15	4.8			3	8	6.5
		23	3	4.1			5	6	0.1			15	16	8.0			8	10	0.8
	5	5	7	0.3			8	9	1.7			16	17	8.6			11	12	0.1
		7	8	8.1			9	10	2.9			17	18	4.2			17	18	0.1
		8	9	12.0		26	20	21	0.1			18	19	4.9					
		9	10	0.7			21	22	3.4			19	20	6.5					

1987　洪　河　滚河李站

月	日	起	止	降水量(mm)	月	日	起	止	降水量(mm)	月	日	起	止	降水量(mm)	月	日	起	止	降水量(mm)
5	11	15	20	5.7	6	1	8	8	0.1	6	21	19	20	0.1	7	18	20	21	0.6
		20	21	1.1		5	22	23	0.1			20	21	0.2			22	23	0.1
		21	22	2.7			23	0	5.4			22	0	1.2		19	1	2	0.1
		22	23	0.5		6	0	1	10.7		22	3	6	2.8			2	3	4.3
	12	1	2	2.0			1	5	4.9			7	8	1.6			3	5	0.5
		2	3	5.8			5	6	3.3			8	12	1.8			6	7	9.6
		3	4	3.5			6	7	4.2			15	20	2.1			7	8	8.1
		4	8	3.8			7	8	2.1			20	0	1.1			8	9	6.8
		8	10	0.5			12	13	1.2	7	5	0	2	0.6			9	10	13.4
		10	11	4.1			13	14	3.6			3	6	3.0			10	11	23.1
		11	13	4.0			14	18	2.8			8	13	2.6			11	12	15.2
		13	14	3.5			19	20	0.1			14	16	0.9			12	13	3.1
		14	15	2.3		11	13	14	0.1			17	19	0.3			13	14	0.2
		15	16	4.9			19	20	0.1		8	15	16	4.7			15	17	0.3
		16	17	5.9			20	2	6.3			16	17	0.1		20	1	2	0.1
		17	20	5.0		12	3	4	1.0		10	15	16	0.2		21	21	22	0.4
	21	18	19	0.9			5	8	3.2			17	19	0.4		29	9	11	0.3
	25	17	18	3.8			8	20	9.0		11	8	9	0.1			17	18	0.1
		18	19	12.2			23	4	3.0			14	16	1.5	8	2	20	22	0.7
		19	20	5.5		13	5	8	0.7		12	2	3	0.5		4	9	12	1.1
		20	21	3.0			8	10	2.1			3	4	13.8			16	18	0.2
		21	22	4.2			13	15	2.8			4	8	0.9			21	22	1.2
		22	5	6.8			20	21	0.1		17	19	20	0.1			23	0	0.1
	26	7	8	0.3		14	5	7	0.2			20	2	7.0		5	0	1	18.1
		8	12	3.2			9	10	0.1		18	2	3	12.6			1	2	0.9
		14	20	4.1			12	16	2.0			3	4	9.8			7	8	3.4
		20	21	0.5			17	18	0.1			4	5	8.1			8	9	2.6
	27	1	3	0.5		21	0	3	1.1			5	8	3.1			9	11	1.6
	31	21	23	2.6			5	6	0.2			8	12	2.8			13	14	0.1
		23	0	11.2			7	8	0.1			14	17	0.3		6	8	9	0.1
6	1	0	8	3.4			11	12	0.1			18	20	0.5			13	14	5.3

降 水 量 摘 录 表

月	日	起	止	降水量(mm)
8	6	14	15	0.7
	10	3	4	1.6
		4	5	9.9
		5	6	1.2
	13	18	19	0.2
	14	0	1	0.3
		4	7	4.9
		7	8	2.7
		8	12	4.9
		15	16	0.1
		17	18	0.1
	19	23	0	0.3
	20	0	1	2.8
		1	2	0.1
	23	6	7	0.1
		8	9	2.0
		9	10	3.9
		10	11	0.1
	26	17	18	2.4
		21	22	5.9
		22	23	4.5
		23	0	1.8
	27	4	5	0.1
9	1	8	13	4.6
	2	19	20	0.1
		20	4	6.1
	3	4	5	3.8
		13	14	2.3
		19	20	0.1
		21	22	0.6
	4	14	15	0.1
	15	10	11	2.6
		11	13	2.0

1987　滚　河　袁门站

月	日	起	止	降水量(mm)
5	10	10	11	0.1
	12	0	8	28.1
		9	10	1.5
		10	11	6.8
		11	20	16.1
	21	14	15	30.1
		19	20	0.1
	25	11	12	0.1
		17	18	2.6
		18	19	7.8
		19	20	3.9
		20	21	3.6
		21	8	11.1
	26	8	15	3.4
		15	16	5.9
		16	20	4.5
		20	21	3.2
		21	22	0.2
		23	0	0.1
	27	1	3	0.2
	31	6	7	0.1
		21	22	0.3
		22	23	9.0
		23	0	10.0
6	1	0	1	9.9
		1	7	5.9
		7	8	7.0
		8	10	0.5
		14	21	9.0
	5	19	20	0.6
		22	23	1.0
		23	0	4.0
	6	0	1	11.1
		1	2	3.1
		2	3	2.0
		3	4	4.1
		4	5	7.1
		5	8	11.4
		12	21	7.9
	11	17	18	0.1
		19	20	0.1
		20	22	2.4
		22	23	3.4
		23	0	2.8
	12	0	8	9.9
		8	18	7.8
		20	4	1.6
	13	6	7	0.1
		8	10	0.9
		11	12	0.1
		13	17	2.8
		20	22	0.2
	14	12	16	2.1
	18	23	0	0.1
	19	4	5	0.1
	21	19	20	0.1
	22	3	4	0.2
		4	5	3.2
		5	8	2.6
		8	13	2.7
		16	20	1.8
		20	22	0.2
7	5	0	1	0.2
		3	4	0.1
		4	5	3.0
		5	6	0.1
		6	12	4.0
		12	13	4.6
		13	16	1.6
		19	20	0.1
	8	15	18	5.8
	9	9	10	0.1
		13	14	0.2
		15	16	0.2
	10	15	18	2.0
	11	14	15	0.8
		22	4	3.8
	12	4	5	9.6
		5	8	2.2
	17	19	20	0.1
		20	23	1.2
		23	0	3.4
	18	0	8	18.1
		8	9	8.7
		9	12	1.1
		17	20	0.6
	19	20	21	0.2
		0	2	0.2
		2	3	3.2
		3	7	30.4
		7	8	11.0
		8	9	6.8
		9	10	19.8
		10	11	29.1
		11	12	20.6
		12	17	22.7
	20	2	3	0.1
		12	13	0.1
		20	22	0.2
	21	20	21	0.7
	29	8	11	0.7
		14	15	0.1
8	3	10	11	0.1
	4	19	20	0.4
		20	21	0.1
		23	0	32.9
	5	0	1	4.6
		1	2	0.2
		5	6	0.6
		6	7	27.8
		7	8	12.8
		8	9	5.7
		9	10	4.6
		10	11	1.1
		13	14	0.2
	6	13	14	5.6
		14	15	0.4
		16	18	0.6
	10	3	4	3.5
		4	5	0.7
	14	0	1	0.1
		3	8	7.1
		8	9	3.3
		9	10	2.6
		10	13	4.4
		16	17	0.1
	19	8	9	0.1
	20	0	1	2.6
	23	7	8	0.1
		2	3	0.5
		8	10	3.6
		19	20	0.1
	26	21	22	6.3
		22	0	2.6
	27	6	7	0.1
	31	2	3	0.4
9	1	2	6	0.4
		6	7	0.4
		8	12	2.3
	2	13	14	0.7
		20	21	0.1
		22	1	2.0
	3	4	5	1.8
		7	8	0.1
		11	15	1.9
		20	21	4.0
		21	22	3.6
		23	1	0.2
	4	14	15	0.5
	15	9	10	0.5
		10	11	4.1
		11	13	0.7
	16	5	6	0.1
10	9	19	20	0.1
	12	7	8	0.3
		11	14	1.3
		14	15	3.8
		15	16	6.3
		16	17	9.5
		17	18	5.1
		18	19	6.3
		19	20	8.8
		20	21	6.4
		21	22	10.7
		22	23	10.2
		23	0	4.4
	13	0	1	0.6
		1	2	2.7
		2	8	10.6
		8	20	8.2
		20	1	1.6
	14	5	8	11.1
		8	17	3.0
		17	18	3.0
		18	19	3.2
		19	20	0.4
		20	21	1.5
		21	22	2.6
		22	23	2.6
		23	0	2.6
	15	0	1	3.2
		1	2	3.3
		2	8	7.1
		8	12	1.0

降 水 量 摘 录 表

1988　滚　河　刀子岭站

月	日	起	止	降水量(mm)	月	日	起	止	降水量(mm)	月	日	起	止	降水量(mm)	月	日	起	止	降水量(mm)
5	6	10	11	3.4	7	24	8	9	6.8	8	9	18	19	10.5	9	1	20	8	11.4
		11	12	24.0			9	10	20.5			19	20	2.7		2	8	9	0.3
		12	13	23.9			10	11	4.0			20	21	6.2		7	16	18	1.1
		13	14	4.1			12	13	0.4		10	17	18	18.0		8	10	11	1.4
		14	18	3.8			20	21	6.8		14	21	22	0.8			11	12	7.7
6	9	16	17	2.4			21	22	0.8		15	6	8	0.8			12	13	0.6
7	1	22	23	5.1		29	3	4	0.1			8	10	0.8			18	20	2.0
		23	1	1.0			6	7	3.3			11	20	4.2			20	21	0.2
	2	2	5	0.9			7	8	0.3			20	23	2.0		9	2	4	2.3
	3	3	4	0.1		30	14	15	1.1			23	0	7.3			4	5	2.6
		21	23	1.0			15	16	22.5		16	0	1	5.7			5	6	2.7
	4	2	5	2.5			16	17	16.2			1	8	1.9			6	7	4.1
	8	19	20	0.1			17	18	0.3		18	11	12	0.4			7	8	3.3
		20	21	0.3		31	3	4	0.4		19	1	2	0.2			8	9	2.7
	12	11	14	2.6	8	1	1	3	0.7			12	13	0.9			9	20	11.0
	14	16	19	2.9			12	13	29.3			15	16	1.1		12	19	20	0.9
	16	15	16	1.8			13	14	3.5			16	17	3.2			20	8	14.7
		16	17	7.4			15	16	2.4			20	0	0.9		13	8	11	3.4
		19	20	18.2			16	17	3.5		20	0	1	2.9			11	12	3.9
		20	21	17.9			21	23	0.9			1	8	3.4			12	13	3.7
		21	22	0.3		2	14	15	0.3			8	12	3.4			13	14	3.4
	20	16	17	18.1		8	18	19	4.7		25	15	20	1.6			14	15	3.6
		22	0	4.2			19	20	0.5		31	23	0	6.7			15	16	2.8
	23	22	23	40.6			20	21	2.8	9	1	0	1	1.3			16	17	3.5
		23	0	0.9		9	3	4	9.7			16	17	0.5			17	18	3.6
	24	2	3	4.0			4	7	3.0			17	18	2.8			18	20	0.3
		3	4	13.3			7	8	2.9			18	19	6.7					
		4	8	3.0			15	16	16.5			19	20	3.4					

1988　滚　河　尚店站

月	日	起	止	降水量(mm)	月	日	起	止	降水量(mm)	月	日	起	止	降水量(mm)	月	日	起	止	降水量(mm)
6	9	14	16	2.4	7	24	2	3	6.0	8	2	19	20	6.4	9	1	2	3	2.8
7	1	20	1	5.7			3	4	7.1		9	3	5	2.1			3	4	4.5
	3	4	5	2.3			4	6	3.0			6	7	0.8			4	5	2.6
	4	3	4	7.8			6	7	7.3			8	10	1.9			14	20	9.3
		4	5	9.3			7	8	13.4			11	14	3.2			20	4	5.0
		5	6	6.4			8	9	11.0			14	15	9.7		7	16	17	9.3
	8	20	21	2.9			9	10	10.1			15	16	13.0			17	18	4.7
	10	14	15	0.6			10	11	4.6			16	17	1.2		8	9	10	0.3
	12	9	11	1.5			11	14	3.0			18	19	2.3			11	12	1.1
		12	14	2.2			21	22	1.9			19	20	3.7			12	13	2.7
	16	16	17	1.5		29	13	14	1.4			20	22	2.9			13	14	1.2
		18	19	4.6		30	3	5	2.6		10	18	19	5.3			16	18	0.9
		19	20	22.4			15	16	12.9		15	14	18	3.9			19	20	0.2
		20	22	2.9			16	17	6.7			23	4	4.8		9	3	8	5.5
	20	16	17	21.5	8	1	12	13	19.0		19	15	17	1.2			8	9	0.8
		22	23	6.1			13	14	3.4		20	2	3	2.1			11	19	3.7
	23	17	18	1.0			15	16	2.0			3	4	2.7		12	18	20	1.1
		21	22	1.3			16	17	4.2			4	6	2.4			22	3	5.6
		22	23	11.8			17	18	2.9			7	8	0.3		13	4	8	6.7
		23	0	32.7			20	22	3.2			8	12	3.1			8	12	7.3

降 水 量 摘 录 表

月	日	时或时分 起	止	降水量(mm)	月	日	时或时分 起	止	降水量(mm)	月	日	时或时分 起	止	降水量(mm)	月	日	时或时分 起	止	降水量(mm)
9	13	12	13	2.6	9	13	14	15	3.2	9	13	16	17	2.8					
		13	14	3.0			15	16	2.8			17	19	4.2					

1988　滚　河　柏庄站

月	日	起	止	降水量(mm)	月	日	起	止	降水量(mm)	月	日	起	止	降水量(mm)	月	日	起	止	降水量(mm)
6	9	12	13	1.8	7	24	1	2	6.8	8	2	7	8	0.1	8	25	15	18	1.2
		14	15	0.3			2	3	6.5			20	21	5.7			20	21	0.4
		15	16	4.0			3	4	6.6		3	6	7	0.1	9	1	0	1	1.3
		16	17	6.4			4	5	6.6		4	16	19	0.9			1	2	10.2
		17	18	0.1			5	6	6.7		9	3	4	1.6			2	3	4.0
	21	5	7	0.6			6	7	14.0			6	7	0.2			3	4	0.1
7	1	18	19	0.1			7	8	20.2			8	9	0.2			13	16	0.4
		19	20	3.5			8	9	9.5			11	13	1.5			17	18	3.6
		20	21	3.0			9	10	8.5			15	16	11.0			18	20	2.6
		21	22	0.1			10	11	4.3			16	17	5.2			20	8	6.1
		22	23	2.6			11	14	2.5			19	20	7.5		8	10	14	1.5
		23	1	2.0			15	16	0.1			20	21	0.8			16	20	1.5
	2	5	6	0.1			18	19	0.1			23	0	0.1			20	22	0.6
	3	2	5	2.1			20	22	0.6	10	15	17		0.2		9	2	6	5.7
		11	12	1.1		29	12	13	1.9			18	19	2.5			6	7	3.4
	4	0	3	1.6			13	14	6.6	12	10	11		4.4			7	8	1.6
		3	4	6.3		30	1	2	0.1			11	12	14.2			8	20	9.2
		4	6	2.7			4	5	3.2			15	18	0.6		12	18	20	1.2
	12	10	15	3.4			5	6	0.1	15	8	10		0.2			20	7	10.9
	16	16	17	0.2			9	10	0.1			13		4.0		13	7	8	3.2
		18	19	2.5			15	16	2.9			21	0	1.1			8	11	3.0
		19	20	16.3			16	17	8.2	16	2	5		0.3			11	12	2.9
		20	23	4.2			17	18	0.1	18	8	13		2.1			12	13	3.3
	20	16	17	0.5		31	6	8	0.4			16	17	0.1			13	14	3.7
		21	22	1.0			10	11	0.1	19	12	13		0.1			14	15	2.7
	21	4	6	0.2	8	1	1	3	0.4			15	20	3.2			15	16	2.6
	23	17	20	4.5			11	12	0.4			23	1	3.3			16	17	4.2
		20	22	0.6			12	13	12.1	20	1	2		3.1			17	19	1.6
		22	23	6.0			13	14	1.2			2	8	1.0		22	3	7	0.7
		23	0	9.9			15	18	2.8			8	12	2.8					
	24	0	1	6.7			20	22	1.5	21	19	20		0.2					

1988　洪　河　滚河李站

月	日	起	止	降水量(mm)	月	日	起	止	降水量(mm)	月	日	起	止	降水量(mm)	月	日	起	止	降水量(mm)
6	9	11	12	0.2	7	4	4	6	0.8	7	23	22	23	7.8	7	29	9	10	0.1
		12	13	2.9		8	20	22	1.3			23	0	16.7			12	17	1.2
		13	14	0.1		12	10	11	5.8		24	0	1	9.9		30	14	15	10.9
		14	15	3.9			12	15	2.1			1	2	3.1			15	16	16.8
		15	16	10.4			16	17	0.1			2	3	0.1			16	17	11.0
		16	17	3.8		14	18	19	4.0			3	4	4.8			17	19	0.4
		20	21	0.1			19		2.4			4	5	14.0		31	5	6	0.2
	21	6	8	0.6		16	19	20	0.2			5	6	18.6			13	14	0.5
7	1	19	20	2.7			20	21	15.9			6	7	6.5	8	1	1	3	1.2
		20	22	0.5			21	23	1.2			7	8	29.8			12	13	3.0
		23	2	1.4		21	6	7	0.4			8	9	5.0			13	14	29.1
	3	4	7	0.6		23	10	11	0.1			9	10	8.5			14	15	1.8
		23	1	0.9			18	19	3.6			10	11	4.6			17	18	0.3
	4	2	3	0.6			19	20	0.3			11	14	2.0			20	22	1.1
		3	4	5.7			20	22	0.3			15	17	0.5		9	13	15	2.3

降 水 量 摘 录 表

月	日	起	止	降水量(mm)	月	日	起	止	降水量(mm)	月	日	起	止	降水量(mm)	月	日	起	止	降水量(mm)
8	10	18	20	0.8	8	19	19	20	0.2	9	1	18	19	3.8	9	13	8	11	2.9
		20	22	1.3			23	1	1.7			19	20	1.1			11	12	2.8
	11	6	7	0.1		20	1	2	3.8			20	4	3.7			12	13	2.8
	12	15	16	0.9			2	5	1.0		8	12	14	1.0			13	14	3.7
	15	9	10	0.1			6	8	0.4			16	20	1.7			14	15	2.9
		14	20	3.4			8	10	2.0			20	21	0.4			15	16	2.8
		21	0	1.2			11	12	0.4		9	3	8	5.0			16	20	6.2
	16	3	4	0.1	9	1	1	2	0.4			8	13	2.3		21	8	9	0.1
	18	8	9	0.1			2	3	4.7			14	19	1.6		22	4	6	0.5
		10	13	2.6			3	6	1.8		12	18	20	0.6					
		14	16	1.8			8	9	0.1			20	7	10.6					
	19	15	18	2.5			14	18	1.5		13	7	8	3.5					

1988　滚　河　袁门站

月	日	起	止	降水量(mm)	月	日	起	止	降水量(mm)	月	日	起	止	降水量(mm)	月	日	起	止	降水量(mm)
6	9	16	17	1.4	7	24	4	7	3.1	8	2	20	21	0.1	8	20	1	2	3.0
		19	20	0.1			7	8	4.5		8	19	20	0.2			2	5	1.1
	10	7	8	0.1			8	9	4.4			20	21	0.2			6	7	0.1
	21	5	6	0.2			9	10	11.7	9	2	2	4	3.2			9	12	3.7
7	1	20	3	6.6			10	11	3.3			5	8	1.1			14	15	0.1
	2	5	7	0.2			11	14	0.6			8	9	0.3		25	15	19	1.4
	3	2	3	0.3			15	16	0.3			10	11	0.1		31	23	0	2.8
		4	5	0.6			20	22	2.1			15	16	11.4	9	1	0	1	14.4
	4	2	6	3.8		25	7	8	0.1			16	17	0.1			1	2	1.2
		7	8	0.1		29	3	4	0.2			18	19	8.1			6	7	0.1
	12	9	10	9.3			5	7	0.2			19	20	0.2			16	17	0.2
		10	11	0.1			7	8	9.0			20	21	2.6			17	18	4.0
		12	15	3.3			14	16	0.2		10	5	6	0.1			18	19	3.8
	14	16	17	1.4		30	4	5	0.3			17	18	3.5			19	20	1.8
		18	19	4.1			15	16	18.0			18	19	0.7		2	7	8	0.1
		19	20	0.1			16	17	23.8		11	7	8	0.1		7	17	19	1.2
	16	16	17	0.7			17	19	0.6		15	8	10	0.4		8	9	16	2.9
		19	20	14.1		31	4	6	0.3			11	12	0.1		9	2	8	7.0
		20	21	7.5			11	12	0.1			13	20	3.3			8	20	6.9
		21	22	0.4	8	1	1	3	0.4			21	22	1.0		12	18	20	0.7
	17	0	1	0.1			6	7	0.1			22	23	2.9			20	8	11.9
	20	16	17	3.1			12	13	28.3			23	0	2.9		13	8	13	7.2
		22	0	4.0			13	14	5.9		16	0	1	0.2			13	14	4.2
	23	21	22	3.1			15	17	4.0			2	4	0.3			14	15	4.1
		22	23	13.0			17	18	7.0			7	8	0.1			15	19	4.1
		23	0	19.6			18	19	0.1		18	10	12	0.4					
	24	0	3	1.3			20	22	1.0		19	14	20	1.1					
		3	4	17.9		2	19	20	0.1			23	1	1.8					

1989　滚　河　刀子岭站

月	日	起	止	降水量(mm)	月	日	起	止	降水量(mm)	月	日	起	止	降水量(mm)	月	日	起	止	降水量(mm)
5	9	19	20	1.1	5	10	9	10	6.2	6	3	21	22	3.1	6	6	22	23	7.0
		20	3	12.6			10	14	8.8			22	23	2.7			23	0	8.2
	10	3	4	2.6			14	15	3.7			23	8	5.5		7	0	1	2.7
		4	5	8.1			15	16	3.9		4	8	10	1.8			1	2	4.5
		5	6	18.2			16	17	6.0		6	11	13	1.8			2	3	4.9
		6	7	8.3			17	18	3.9			19	20	1.9			3	4	2.8
		7	8	6.7			18	20	1.2			20	21	8.1			4	8	5.4
		8	9	6.5	6	3	11	17	8.9			21	22	24.4			8	11	2.4

降 水 量 摘 录 表

月	日	起	止	降水量(mm)	月	日	起	止	降水量(mm)	月	日	起	止	降水量(mm)	月	日	起	止	降水量(mm)
6	7	11	12	3.3	7	6	14	20	1.8	8	4	22	0	2.3	8	15	5	8	3.0
		12	13	10.7			20	21	0.1		5	0	1	2.9			8	9	0.5
		13	14	18.3			23	4	0.8			1	2	3.7		16	15	16	0.5
		14	15	3.6		7	13	19	6.1			2	4	2.2			18	19	4.2
		15	16	3.5		10	3	4	0.1			8	10	1.4			19	20	7.2
		16	17	9.8			4	5	2.6			15	16	3.9			20	21	2.3
		17	18	7.3			5	7	2.2			16	17	0.4			21	22	2.7
		18	19	5.2			7	8	7.4			19	20	3.5			22	23	3.5
		19	20	3.0			8	9	3.9			20	21	3.1			23	8	7.8
		20	22	0.4			9	10	7.6			21	3	5.9		17	8	15	7.4
	9	22	5	2.6			10	11	2.1		6	3	4	3.2			17	18	0.9
	12	20	21	6.4			11	12	10.5			4	5	3.4		18	17	18	2.1
		21	23	2.2			12	13	1.0			5	6	7.5			19	20	0.7
		23	0	3.6			15	19	1.5			6	7	6.9			20	21	5.5
	13	0	1	1.2			22	23	0.2			7	8	4.4			21	0	3.5
		1	2	13.5		11	0	1	0.5			8	9	4.9		19	4	7	2.3
		2	3	40.4			1	2	19.7			9	10	2.7			7	8	3.2
		3	4	28.9			2	3	19.3			10	11	14.1			8	13	1.2
		4	5	10.8			3	4	12.3			11	12	11.5			15	18	1.0
		5	7	2.0			4	5	7.5			12	13	10.0		28	1	2	0.3
		10	11	0.2			5	6	8.0			13	14	3.7			2	3	5.9
		12	13	0.3			6	7	5.5			14	15	3.4			3	4	3.5
		18	20	1.1			7	8	3.2			15	16	3.5			4	5	2.8
		20	21	0.7			8	9	5.1			16	17	6.0			5	7	0.9
		21	22	4.5			9	20	6.0			17	18	12.3		30	12	13	0.6
		22	23	2.9		14	3	4	8.3			18	19	2.9			14	20	1.3
		23	5	3.4			4	5	0.2			19	20	0.5		31	6	7	0.3
	15	3	4	0.4			6	8	0.5			20	21	1.9			15	18	1.1
		5	8	0.6			8	9	2.0			21	22	4.7			19	20	0.2
	16	20	21	0.6			9	10	20.5			22	23	3.8	9	4	4	8	2.4
	19	23	2	2.4		15	0	1	0.3			23	0	9.2			8	10	0.4
	20	3	5	1.9			1	2	2.7		7	0	7	5.1		7	20	21	0.2
	25	20	21	0.2			2	3	3.5			9	12	1.6		8	2	5	0.1
		23	7	2.6			3	5	0.8			12	13	20.9			7	8	0.1
	26	9	10	0.9			5	6	3.7			13	14	3.4			10	11	0.1
		14	16	1.1			6	7	10.8			18	19	14.1			13	14	0.3
		19	20	0.4			18	19	2.0			19	20	0.3			21	4	1.1
		20	22	1.2			20	21	2.1			20	21	15.7			13	14	0.4
7	5	3	4	3.3		23	15	16	70.9			21	22	12.0		24	16	17	11.1
		4	5	0.4			16	17	3.8			22	23	5.3			17	18	0.3
		5	6	10.2		24	7	8	0.2			23	0	5.2			23	0	0.4
		6	7	2.9			15	16	7.2	8		0	3	1.2		25	3	8	4.4
		7	8	4.8		25	22	6	4.3		12	2	5	3.5			8	9	2.3
		8	9	8.2		26	12	16	1.1		13	10	12	0.7			9	10	3.1
		9	10	13.4		30	21	7	4.7			21	22	0.1			11	12	3.0
		10	11	3.3	8	1	0	5	1.9		14	0	1	0.1			12	20	9.9
		11	12	0.4		2	20	21	5.3			2	4	1.1			20	8	2.6
		12	13	3.5			21	22	0.2			4	5	2.7		26	8	10	0.3
		13	16	3.3			22	23	2.6			5	7	1.6		27	13	17	1.2
		21	6	2.9			23	1	1.1			7	8	2.8					
	6	7	8	0.1		4	15	16	2.7			8	9	0.8					
		8	10	0.5			16	17	2.1			10	11	0.5					

1989 滚 河 尚店站

月	日	起	止	降水量(mm)	月	日	起	止	降水量(mm)	月	日	起	止	降水量(mm)	月	日	起	止	降水量(mm)
5	9	20	23	5.5	5	10	2	3	3.1	6	3	11	12	2.5	6	3	15	16	2.7
		23	0	2.9			3	4	3.0			12	13	2.9			16	17	1.4
	10	0	1	3.2			4	8	7.0			13	14	3.0			18	20	2.8
		1	2	2.2			8	19	17.1			14	15	2.1			21	2	5.7

降 水 量 摘 录 表

月	日	起	止	降水量(mm)	月	日	起	止	降水量(mm)	月	日	起	止	降水量(mm)	月	日	起	止	降水量(mm)
6	6	11	12	0.9	6	14	2	3	3.7	7	11	6	7	4.5	8	7	20	21	5.5
		20	21	8.3			3	4	8.5			7	8	2.2			21	22	19.4
		21	22	8.5			4	5	7.1			8	11	3.7			22	23	6.5
		22	23	6.8			5	6	6.4			15	20	4.2			23	0	2.6
		23	0	6.1			6	7	3.5		14	7	8	2.4		8	0	5	4.4
	7	0	1	4.3		21	2	6	3.8			8	9	2.5		13	10	11	1.1
		1	6	6.7		26	10	12	1.7			9	10	13.9		14	2	3	1.7
		6	7	3.3			15	18	1.6		15	2	5	4.4			3	4	2.9
		7	8	1.1			20	23	2.7			5	6	15.2			4	5	3.1
		8	10	0.9	7	5	3	4	2.3			6	7	3.6			5	8	4.1
		11	12	4.3			4	5	3.5			18	19	7.1			8	10	2.2
		12	13	6.6			5	6	4.6			22	23	1.3		15	2	4	2.0
		13	14	14.9			6	7	27.8		23	4	5	4.5			4	5	8.5
		14	15	35.0			7	8	19.1			5	6	14.3			5	8	4.5
		15	16	10.2			8	9	3.1			6	7	2.7		16	22	1	4.2
		16	17	12.9			9	10	3.5		24	15	16	20.9		17	1	2	2.8
		17	20	6.0			10	14	4.5			16	17	3.7			2	4	4.2
	10	2	6	2.7		6	3	4	1.9		26	3	5	3.4			4	5	3.0
	12	20	21	1.7		7	15	19	2.7			7	8	0.2			5	8	2.3
		21	22	7.5		10	2	3	3.5	8	4	16	17	2.1			8	9	2.6
		22	23	6.3			3	4	4.3		5	2	4	4.8			9	14	4.6
		23	0	5.4			4	5	6.5			23	6	6.2		18	9	13	3.7
	13	0	1	3.2			5	7	2.8		6	6	7	3.0		19	2	8	3.9
		1	2	1.1			7	8	2.8			7	8	2.3		28	2	3	2.8
		2	3	33.1			8	10	4.2			8	9	1.3			3	4	7.7
		3	4	26.4			10	11	7.0			9	10	3.5			4	5	4.8
		4	5	23.2			11	12	1.5			10	11	5.3			5	6	1.3
		5	6	10.3			12	13	2.7			11	12	10.1			6	8	1.9
		6	8	2.0		11	0	1	4.4			12	13	7.1	9	24	21	0	1.8
		8	9	0.7			1	2	5.0			13	19	11.4		25	2	3	0.5
		10	11	0.4			2	3	8.8			22	6	9.2			5	8	3.3
		18	19	2.7			3	4	13.9		7	9	11	1.9			8	16	11.1
		19	20	2.4			4	5	5.3			12	14	1.4			17	20	1.9
		20	2	8.9			5	6	7.7			19	20	5.5					

1989　滚　河　柏庄站

月	日	起	止	降水量(mm)	月	日	起	止	降水量(mm)	月	日	起	止	降水量(mm)	月	日	起	止	降水量(mm)
5	9	19	20	1.5	6	3	22	23	1.3	6	12	21	23	2.7	6	25	23	6	2.0
		20	2	5.8		4	1	4	2.0			23	0	5.9		26	7	8	0.3
	10	2	3	4.7			6	8	0.4		13	0	1	3.0			8	11	1.1
		3	4	4.6			8	9	1.3			1	2	4.8			15	16	0.4
		4	5	13.3			10	11	0.2			2	3	17.3			18	20	1.4
		5	6	7.9		6	11	14	1.1			3	4	18.8			21	22	0.1
		6	7	6.5			20	21	0.6			4	5	9.6	7	4	20	22	0.2
		7	8	7.9			21	22	8.7			5	6	3.0		5	3	5	3.3
		8	9	6.7			22	23	5.5			6	7	1.9			5	6	6.5
		9	10	3.7			23	0	3.7			7	8	3.4			6	7	29.4
		10	13	6.7		7	0	8	8.6			8	9	1.3			7	8	12.4
		13	14	3.6			8	11	0.3			11	12	0.1			8	9	1.3
		14	15	3.9			11	12	3.5			16	20	5.2			11	16	4.8
		15	16	3.6			12	13	2.9			20	22	2.2		6	2	3	0.9
		16	17	4.1			13	14	5.2			22	23	3.4			4	5	0.3
		17	19	2.1			14	15	19.3			23	1	4.1			13	15	1.0
6	3	11	14	3.2			15	16	15.7		14	2	3	0.3			16	20	1.8
		14	15	3.3			16	17	7.5			3	4	0.1			21	22	0.1
		15	16	3.8			17	18	3.0		15	6	7	0.1			23	0	0.1
		16	19	2.7			19	20	0.5		20	23	0	0.4		7	4	7	0.3
		20	21	0.3		9	20	21	0.1		21	1	6	3.1			13	18	5.7
		21	22	3.3			22	5	2.8			7	8	0.1		10	3	4	0.1

降 水 量 摘 录 表

月	日	起	止	降水量(mm)	月	日	起	止	降水量(mm)	月	日	起	止	降水量(mm)	月	日	起	止	降水量(mm)
7	10	4	5	7.7	7	25	21	0	1.1	8	7	3	4	7.8	8	17	6	8	1.6
		5	6	11.8		26	1	3	0.2			4	5	14.6			8	16	7.0
		6	7	7.1			3	4	3.1			5	6	7.1		18	3	4	0.1
		7	8	4.0			4	6	2.0			6	8	1.2			19	20	1.4
		8	9	1.4			7	8	0.2			8	12	1.5			20	23	1.2
		9	10	8.6			14	16	0.7			12	13	2.7		19	2	3	0.1
		10	14	1.7		30	21	22	0.6			14	15	3.4			4	8	3.7
		15	18	0.6			23	1	0.6			15	16	0.1			10	12	0.6
		20	21	0.1		31	2	8	1.6			18	19	0.1			13	18	1.4
		22	23	0.2	8	1	1	4	0.5			19	20	6.6			19	20	0.1
		23	0	6.8			6	7	0.1			20	21	2.4		20	0	1	0.1
	11	0	1	10.2		2	20	21	0.1			21	22	7.1		26	11	13	0.4
		1	2	15.3			23	0	0.1			22	23	4.2		27	20	21	0.1
		2	3	5.1		4	16	18	0.5			23	0	0.7		28	0	3	2.6
		3	4	4.0			22	0	0.9		8	1	2	0.2			3	4	10.8
		4	5	3.6		5	0	1	5.6			3	4	17.1			4	5	5.3
		5	6	4.4			1	2	4.4			4	5	0.2			5	6	0.2
		6	7	5.6			2	4	2.3		12	2	6	1.8		30	12	14	0.3
		7	8	2.0			9	10	0.3		13	8	11	0.8			17	20	0.4
		8	14	4.1			16	18	0.3			12	14	0.5			22	0	0.9
		15	20	2.9			19	20	0.7			17	20	1.7		31	16	18	0.2
		21	22	0.1			20	21	0.7		14	1	3	1.6			20	21	0.1
	14	7	8	0.6			21	22	2.6			3	4	5.5	9	2	5	6	0.6
		8	9	0.8			22	23	0.6			4	5	3.9		4	3	8	1.4
		9	10	3.8		6	0	5	3.8			5	8	1.6			8	11	0.5
		12	13	0.2			5	6	3.3			8	10	1.4		7	20	3	0.8
		13	14	7.3			6	7	5.8			13	14	0.1		8	21	8	1.7
		14	15	2.3			7	8	0.7		15	4	5	8.3		24	17	18	0.1
		16	17	0.2			8	10	2.4			5	6	22.4			20	23	0.9
	15	1	3	1.6			10	11	13.8			6	7	5.3		25	3	8	4.8
		6	8	0.5			11	12	13.3			7	8	2.4			8	12	4.7
		17	18	1.5			12	13	12.0			8	9	0.8			12	13	2.7
		18	19	10.4			13	14	4.0			11	12	0.2			13	14	2.8
	23	6	7	3.3			14	15	3.9		16	21	23	3.4			14	20	2.1
		15	16	18.6			15	18	3.9			23	0	3.0			20	8	1.5
		18	19	0.1			18	19	3.7		17	0	2	1.3		27	12	16	0.6
	24	6	8	0.2			19	20	2.8			3	4	0.1					
		15	16	28.7			20	0	1.2			4	5	3.7					
		16	17	0.8	7	7	2	3	0.8			5	6	3.9					

1989 洪 河 滚河李站

月	日	起	止	降水量(mm)	月	日	起	止	降水量(mm)	月	日	起	止	降水量(mm)	月	日	起	止	降水量(mm)
5	9	20	2	26.3	6	7	6	7	3.9	6	13	1	2	3.6	6	20	23	0	0.7
	10	2	8	26.4			7	8	3.9			2	3	8.7		21	1	8	2.2
		8	14	18.2			8	12	2.4			3	4	8.7		25	20	21	0.3
		14	20	18.3			12	13	3.9			4	5	5.7			23	8	2.1
6	3	12	20	6.2			13	14	2.5			5	6	5.7		26	9	12	0.5
		20	8	9.6			14	15	31.2			6	7	2.7			15	16	0.2
	6	11	13	1.1			15	16	34.4			7	8	2.7			19	20	1.1
		20	21	0.3			16	17	12.8			8	9	1.3			20	21	0.2
		21	22	6.9			17	18	3.5		10	12		0.2	7	4	10	11	0.1
		22	23	3.9			18	19	2.1			17	19	1.0			18	19	0.2
		23	0	3.9			20	21	0.1			19	20	3.0			23	0	0.1
	7	0	1	3.9		8	23	2	0.2			20	22	2.5		5	4	6	2.2
		1	2	3.9		9	6	7	0.1			22	23	3.9			6	7	23.3
		2	3	3.9			20	21	0.1			23	0	2.9			7	8	20.8
		3	4	3.9			23	4	2.2		14	0	1	1.1			8	9	22.9
		4	5	3.9		12	20	0	4.5		15	7	8	0.1			9	10	5.3
		5	6	3.9		13	0	1	3.6			8	9	0.2			10	19	5.0

降 水 量 摘 录 表

月	日	起	止	降水量(mm)	月	日	起	止	降水量(mm)	月	日	起	止	降水量(mm)	月	日	起	止	降水量(mm)
7	5	20	21	0.1	7	15	18	19	10.5	8	7	3	4	9.8	8	17	12	13	4.6
	6	0	6	1.6			20	21	0.3			4	5	3.6			13	15	0.4
		9	10	0.1		23	6	7	0.2			5	6	25.1			17	18	0.1
		13	14	0.1			15	16	6.2			6	7	3.1		18	19	20	0.4
		15	17	0.6			16	17	5.1			7	8	7.9			20	21	1.2
		19	20	0.2			17	18	0.4			8	9	23.3		19	1	8	3.3
		20	21	0.3		24	6	8	0.3			9	10	9.9			8	10	0.7
	7	11	12	0.1			8	10	0.9			10	11	10.5			11	20	1.9
		13	14	0.2			14	15	0.6			12	13	1.6		26	11	13	0.8
		14	15	5.9			15	16	3.7			14	15	11.7			17	18	0.1
		15	17	0.9		25	20	0	2.4			18	19	45.1		27	21	22	0.1
		17	18	6.3		26	1	2	0.1			19	20	4.0			23	0	0.1
	10	4	5	2.5			3	8	2.7			20	21	5.2		28	3	4	9.4
		5	6	8.9			9	10	0.1			21	22	4.4			4	5	2.8
		6	7	3.0			14	16	0.6			22	23	3.4			5	7	0.4
		7	8	6.5		30	22	3	2.6			23	0	2.9			12	13	0.7
		8	9	4.1		31	3	4	2.8		8	0	1	1.1			15	16	0.1
		9	10	4.3			4	5	1.5			3	4	0.3		30	19	20	0.2
		10	16	3.3	8	1	1	3	0.6		12	2	3	5.7		31	9	10	0.2
		17	18	0.1			4	5	0.1			4	6	0.3			12	14	0.2
		23	0	2.2		2	22	23	0.2		13	10	11	0.2	9	4	3	7	0.9
	11	0	1	7.1		4	16	17	0.4			13	14	0.3			8	10	0.4
		1	2	15.4			23	2	1.9			18	20	0.8		7	20	21	0.3
		2	3	7.6		5	11	12	0.1		14	1	2	0.7			23	3	0.7
		3	4	6.9			15	16	1.8			2	3	3.2		8	4	5	0.1
		4	5	3.7			17	20	0.3			3	4	4.4			19	20	0.1
		5	6	4.2			20	21	0.3			4	5	3.2			21	22	0.1
		6	7	6.1		6	2	5	3.5			5	8	1.2			23	4	1.2
		7	8	3.0			5	6	2.8			8	10	1.0		9	7	8	0.1
		8	14	4.9			6	8	2.7			15	16	0.1		24	21	22	0.3
		15	20	3.0			8	9	0.5		15	5	6	1.3		25	6	8	1.6
	14	7	8	0.2			9	10	6.7			6	7	27.9			8	9	3.7
		8	9	1.0			10	11	17.1			7	8	15.3			9	13	2.9
		9	10	3.0			11	12	5.3			8	9	1.8			13	14	6.0
		10	11	1.0			12	13	6.1			13	14	0.1			14	16	0.6
		12	14	2.1			13	14	2.8		17	0	2	0.3			18	20	0.8
		14	15	5.2			14	20	3.9			3	4	0.1			20	22	0.3
		15	16	0.2			20	21	0.2			4	5	5.8			23	5	0.7
		19	20	0.1			22	23	0.2			5	6	3.3		26	9	11	0.3
	15	1	3	1.0		7	0	1	0.1			7	8	2.1			17	18	0.1
		5	6	0.1			2	3	0.8			8	12	3.7		27	12	16	0.6

1989 滚 河 袁门站

月	日	起	止	降水量(mm)	月	日	起	止	降水量(mm)	月	日	起	止	降水量(mm)	月	日	起	止	降水量(mm)
5	9	20	23	3.2	6	3	20	0	5.5	6	7	12	13	2.7	6	13	0	1	3.2
		23	0	3.1		4	2	8	2.4			13	14	22.9			1	2	13.0
	10	0	1	0.7			8	10	1.9			14	15	25.7			2	3	42.0
		1	2	2.6		6	11	13	0.9			15	16	5.3			3	4	29.0
		2	3	2.5			20	21	5.3			16	17	21.4			4	5	15.5
		3	4	7.2			21	22	19.4			17	20	4.7			5	7	0.8
		4	5	13.3			22	23	4.7			20	21	0.2			17	20	3.2
		5	6	5.4			23	0	4.8		9	23	2	2.5			20	21	1.8
		6	7	5.5		7	0	1	4.8		10	3	4	0.5			21	22	3.5
		7	8	5.1			1	2	4.8			5	6	0.1			22	23	3.4
		8	9	7.7			2	3	4.8		11	5	6	0.1			23	0	2.7
6	3	11	14	4.4			3	4	2.7		12	20	21	3.4		14	0	2	2.6
		14	15	2.6			4	8	3.3			21	22	3.1			3	4	0.2
		15	16	2.9			8	11	0.8			22	23	0.1		15	2	7	0.6
		16	18	1.1			11	12	3.9			23	0	2.9			7	8	0.1

降 水 量 摘 录 表

月	日	起	止	降水量(mm)	月	日	起	止	降水量(mm)	月	日	起	止	降水量(mm)	月	日	起	止	降水量(mm)
6	15	8	9	0.3	7	9	20	8	17.5	7	15	20	8	4.0	8	17	0	2	0.3
		21	22	0.2		10	8	20	11.0		22	20	8	5.0			3	8	6.3
	16	1	2	0.1			20	21	5.8		23	8	20	9.6			8	10	2.7
		20	0	0.1			21	22	5.8			20	8	0.3			10	11	4.0
	21	2	6	3.8			22	23	5.9		24	8	20	14.1			11	15	5.4
	25	23	7	1.5			23	0	5.8		25	20	8	5.0			17	18	0.3
	26	8	11	1.2		11	0	1	5.9		30	20	8	2.5		18	2	3	0.6
		15	17	0.7			1	2	5.8		31	20	8	1.3			19	20	2.0
		19	20	0.9			2	3	5.8	8	2	20	8	1.5			20	21	3.3
		20	21	0.7			3	4	5.9		4	8	20	3.5			21	23	0.7
7	5	22	23	0.1			4	5	5.8			20	8	3.0		19	3	8	2.2
		3	4	7.5			5	6	5.9		5	8	20	5.5			11	19	1.1
		4	5	7.5			6	7	5.8			20	8	16.8		26	11	12	0.4
		5	6	7.5			7	8	5.9		6	8	20	57.0		28	0	1	0.1
		6	7	7.5			8	20	7.5			20	8	11.0			2	3	0.6
		7	8	7.5			20	8	0.5		7	8	20	34.5			3	4	3.7
		8	9	9.8		13	20	8	2.6			20	8	43.5			4	5	6.1
		9	10	11.2		14	8	9	6.2		12	2	3	9.8			5	6	0.1
		10	11	3.6			9	10	6.3			3	6	0.8		30	11	12	1.0
		11	12	0.3			10	11	6.2		13	10	11	0.2			18	20	0.3
		12	13	2.6			11	12	6.3			12	13	0.4			20	21	0.1
		13	17	3.0			12	13	6.2			18	20	0.9			23	1	0.3
		23	5	2.5			13	14	6.3		14	0	4	2.2		31	6	7	0.6
	6	9	11	0.3			14	15	6.2			4	5	3.4			15	18	1.2
		12	14	0.6			15	16	6.3			5	8	3.8			19	20	0.1
		16	17	0.5			16	17	6.2			8	10	1.8	9	3	20	2	2.0
		18	20	0.2			17	18	6.3		15	5	8	4.4		8	2	8	1.0
	7	2	3	0.2			18	19	6.2			8	10	1.6		25	2	8	3.3
		4	6	0.3			19	20	6.3		16	20	22	2.7			8	20	12.2
		7	8	0.1			20	8	13.5			22	23	3.8			20	8	2.2
		14	19	4.2		15	8	20	1.5			23	0	3.4		26	8	14	0.3

1990 滚 河 刀子岭站

月	日	起	止	降水量(mm)	月	日	起	止	降水量(mm)	月	日	起	止	降水量(mm)	月	日	起	止	降水量(mm)
4	28	20	22	0.9	5	16	6	7	3.7	6	17	22	23	6.5	6	20	6	7	4.5
	29	2	3	0.2			7	8	4.9		18	12	14	1.6			7	8	5.8
		14	20	4.8			8	9	3.3			14	15	2.9			8	14	4.7
		20	8	11.9			9	10	2.9			15	16	3.6		24	6	7	1.3
	30	8	16	5.9			10	19	9.6			16	17	1.4			8	11	2.7
		16	17	5.3		28	21	1	1.5			17	18	2.9			11	12	3.2
		17	18	4.7		29	1	2	4.8			18	19	3.2			12	18	4.6
		18	19	8.2			2	3	10.1			19	20	2.8			23	3	1.6
		19	20	7.1			3	4	13.2			20	21	5.7		29	21	8	7.6
		20	21	4.5			4	8	5.2			21	22	3.5		30	12	15	0.7
		21	22	2.7	6	7	4	5	0.8			22	23	3.7			21	22	3.9
		22	23	3.2			8	9	1.4			23	7	7.5	7	4	5	6	0.6
		23	2	3.7			9	10	4.9		19	9	15	5.8			18	19	0.6
5	15	12	19	9.7			10	11	5.1			15	16	3.1		10	14	15	0.1
		19	20	3.1			11	12	5.1			16	18	2.8		11	17	18	18.3
		20	21	3.6			12	13	9.6			18	19	3.7			18	19	5.5
		21	22	3.5			13	14	8.3			19	20	4.0			19	20	0.8
		22	23	5.7			14	15	4.6			20	22	2.2		12	13	14	6.4
		23	0	6.3			15	16	2.6			22	23	6.4			14	15	11.7
	16	0	1	5.9			16	17	3.1			23	0	2.4			15	16	0.8
		1	2	7.4			17	20	2.5		20	0	1	7.1		16	23	0	2.2
		2	3	6.2			20	21	0.1			1	2	9.3		17	0	1	10.5
		3	4	5.1		14	15	16	1.9			2	3	5.0			1	2	5.6
		4	5	4.8			17	19	2.0			3	5	3.1			2	3	1.5
		5	6	3.2			19	20	2.8			5	6	4.2			7	8	0.3

降 水 量 摘 录 表

月	日	起	止	降水量(mm)	月	日	起	止	降水量(mm)	月	日	起	止	降水量(mm)	月	日	起	止	降水量(mm)
7	17	8	9	3.9	7	28	23	1	0.6	8	14	13	16	0.6	9	7	20	21	0.3
	20	6	8	1.5		29	15	16	6.6			21	23	0.4		9	4	8	1.9
		8	9	5.1			16	18	2.5		15	3	6	2.4			8	12	1.3
		9	10	8.9			22	0	2.3			6	7	24.9		10	1	8	4.6
		10	11	13.8	8	1	23	0	2.8			7	8	3.3		12	22	1	0.4
		11	12	11.4		2	0	1	0.4			8	9	3.4		13	15	20	1.3
		12	17	2.4		6	0	1	23.7			9	10	0.9			20	22	0.6
	21	1	2	0.4			1	2	7.5			18	20	1.8		22	17	18	3.5
		2	3	3.1			3	4	1.8			20	22	1.2			18	19	1.3
		3	4	1.3			7	8	1.2			22	23	23.7			19	20	4.7
	25	13	14	0.1		8	14	15	4.0			23	0	1.3			20	21	9.4
		16	17	11.9			23	0	0.3		16	0	1	12.3			21	22	7.1
		17	18	12.9		12	23	0	0.4			1	8	3.0			22	23	6.9
	26	18	19	1.2		13	17	18	18.0			8	12	4.0			23	0	5.8
		23	2	3.8			18	19	8.5		17	4	5	0.4		23	0	1	7.3
	27	12	14	1.7			22	23	2.1	9	4	17	18	25.9			1	2	5.3
	28	22	23	14.0		14	6	8	1.0		7	2	4	1.1			2	6	2.8

1990　滚　河　尚店站

月	日	起	止	降水量(mm)	月	日	起	止	降水量(mm)	月	日	起	止	降水量(mm)	月	日	起	止	降水量(mm)
4	28	20	23	1.0	5	29	3	4	2.8	6	20	4	5	7.4	7	21	0	1	2.8
	29	9	11	0.6			4	8	5.5			5	6	5.2			1	2	12.0
		14	17	3.1	6	7	5	7	3.1			6	7	2.8			2	4	3.0
		18	20	1.4			9	11	3.7			7	8	1.7		25	16	17	9.4
		20	1	3.1			11	12	3.5			8	11	3.0			17	18	4.8
	30	10	16	7.4			12	13	4.3			12	14	0.9		26	18	19	9.2
		16	17	2.7			13	14	2.6		25	9	13	4.5		27	1	2	7.7
		17	18	2.4			14	17	2.8		30	23	5	5.2			2	3	2.5
		18	19	13.0			19	20	0.3	7	1	6	8	1.0	8	6	1	2	8.0
		19	20	5.4		14	17	18	0.8		10	17	18	8.3			2	3	2.6
		20	21	3.1		17	17	18	3.1		11	17	18	49.1			3	4	1.7
		21	4	7.6			22	23	3.4			18	19	1.7			11	12	0.9
5	15	14	15	0.8			23	0	2.8		14	1	2	3.8			15	17	1.7
		15	16	2.7		18	0	1	1.2			2	3	5.6		12	12	13	6.3
		16	17	3.4			12	17	6.1			3	4	1.8		13	18	19	5.2
		17	18	3.7			17	18	3.4		16	21	22	1.4		14	23	4	7.4
		18	19	3.2			18	19	3.6			22	23	2.7		15	4	5	3.2
		19	20	2.9			19	20	1.0			23	0	4.1			5	6	5.0
		20	21	4.2			20	21	11.6		17	0	1	14.1			6	7	5.8
		21	22	3.1			21	22	3.2			1	2	19.3			7	8	2.4
		22	23	2.8			23	4	4.5			2	4	1.5			8	11	4.6
		23	0	3.4		19	5	8	2.2			6	7	0.3			20	21	7.1
	16	0	1	3.5			11	14	2.0			7	8	3.1			21	22	2.5
		1	2	2.2			14	15	2.7		20	8	9	3.1			22	23	8.2
		2	3	2.7			15	17	3.1			9	10	10.3			23	0	4.4
		3	4	3.6			17	18	2.9			10	11	16.3		16	0	1	1.1
		4	5	2.4			18	20	4.7			11	12	13.7	9	22	18	19	5.7
		5	6	2.8			20	21	3.8			12	13	3.3			19	20	6.3
		6	8	4.8			21	2	5.6			13	14	0.5			20	2	9.5
		8	14	2.5		20	2	3	4.9			21	23	1.8					
	28	20	3	11.9			3	4	10.2			23	0	4.3					

降 水 量 摘 录 表

1990　滚　河　柏庄站

月	日	起	止	降水量(mm)	月	日	起	止	降水量(mm)	月	日	起	止	降水量(mm)	月	日	起	止	降水量(mm)	月	日	起	止	降水量(mm)
4	29	13	20	5.0	6	7	13	14	4.2	6	30	18	20	0.3	8	8	10	11	1.5	9	10	1	2	0.2
		20	8	4.2			14	15	5.6			22	8	3.4			14	16	0.6			5	8	1.9
	30	8	12	0.4		8	7	8	0.1	7	1	12	17	1.1			21	23	2.1			8	9	0.6
		13	14	0.3		14	17	18	3.6		7	0	2	0.4		9	1	4	0.4		12	21	22	0.1
		14	15	2.7			18	19	0.6		10	3	5	0.5			7	8	0.1			23	0	0.1
		15	16	1.0		17	18	19	2.6			17	18	3.4		13	16	17	6.0		13	15	20	0.8
		16	17	7.8			19	20	0.6			18	19	5.8			17	18	3.7			20	21	0.1
		17	18	8.3			23	0	19.5		11	16	17	0.4			18	19	0.4		22	18	19	0.8
		18	19	4.9		18	0	1	3.0			17	18	40.1			20	21	0.1			19	20	14.7
		19	20	4.7			1	2	0.1			18	19	0.6		14	6	8	0.3			20	21	8.0
		20	22	4.1			3	4	3.4		12	14	15	6.6			16	17	0.1			21	22	4.9
		22	23	3.1			4	5	0.1			15	16	1.6			22	5	9.7			22	23	3.2
		23	0	0.9			8	9	1.2			18	19	0.1		15	5	6	7.6			23	0	3.8
5	1	2	3	0.1			12	17	7.0		16	21	0	1.6			6	7	8.1		23	0	1	3.7
	15	12	14	1.2			17	18	3.7		17	0	1	41.7			7	8	3.9			1	3	1.8
		14	15	2.6			18	19	4.1			1	2	11.5			8	9	3.5					
		15	18	4.8			19	20	2.1			2	4	1.7			9	10	3.4					
		18	19	3.4			20	21	7.8			7	8	1.9			10	11	0.5					
		19	20	4.1			21	0	2.1		20	7	8	0.3			19	20	0.1					
		20	21	4.7		19	1	7	4.9			8	9	2.2			20	21	8.8					
		21	22	2.9			13	16	4.9			9	10	4.4			21	22	0.1					
		22	23	3.9			16	17	3.3			10	11	10.6			22	23	2.6					
		23	0	4.3			17	18	4.5			11	12	10.8			23	5	3.5					
	16	0	1	4.3			18	19	4.1			12	13	16.3		16	7	8	0.2					
		1	2	5.9			19	20	2.3			13	15	1.0			8	12	1.4					
		2	3	4.0			20	21	13.3			16	18	0.2		25	17	19	1.7					
		3	4	3.6			21	22	0.6			22	0	0.4		26	6	7	0.1					
		4	5	2.6			22	23	4.9		21	1	2	21.0			8	9	0.1					
		5	6	2.9			23	0	4.0			2	4	2.5			9	11	0.4					
		6	7	4.0		20	0	1	4.2			5	6	0.4										
		7	8	1.8			1	2	5.2			7	10	0.1										
		8	17	7.0			2	3	3.6			10	15	2.2										
		18	19	0.2			3	6	3.6		25	16	17	4.5										
	17	7	8	0.1			6	7	4.1			17	18	5.5										
	28	17	18	0.1			7	8	2.2			18	19	0.1										
		21	22	0.2			8	12	1.3		26	19	20	1.3										
		23	1	0.4			16	17	0.4			23	3	3.4										
	29	1	2	3.9		23	19	20	0.1		27	5	6	0.1										
		2	3	8.2			22	23	0.1		28	16	17	0.1										
		3	4	12.8		25	6	8	0.6			21	1	3.2										
6	7	4	6	3.6			9	10	0.1		29	4	0	4.0										
		5	6	1.2			11	13	1.0			16	17	0.1										
		6	7	5.5			15	18	0.4	8	6	0	1	4.7										
		9	10	0.8			23	0	0.1			2	3	3.2										
		10	11	4.8		30	15	16	0.1			3	4	1.8										
		11	12	6.6								14	15	5.6										
		12	13	3.3								15	16	0.2										

1990　洪　河　滚河李站

月	日	起	止	降水量(mm)	月	日	起	止	降水量(mm)	月	日	起	止	降水量(mm)	月	日	起	止	降水量(mm)
4	29	13	20	5.8	4	30	8	9	2.2	4	30	10	11	8.0	4	30	12	13	9.7
		20	8	11.5			9	10	3.4			11	12	6.2			13	15	4.6

降 水 量 摘 录 表

月	日	起	止	降水量(mm)	月	日	起	止	降水量(mm)	月	日	起	止	降水量(mm)	月	日	起	止	降水量(mm)
4	30	15	16	3.2			18	19	2.0	7	11	17	19	3.3	8	13	18	19	2.4
		16	18	1.2			19	20	3.0	7	16	21	23	0.3	8	14	7	8	0.1
5	15	13	18	8.0			20	21	5.1			23	0	4.5			23	2	2.9
		18	19	2.9			21	22	7.3	7	17	0	1	22.2	8	15	2	3	3.0
		19	20	4.1			22	0	0.6			1	2	11.0			3	6	3.0
		20	21	6.1	6	19	1	8	4.1			2	3	1.7			6	7	12.6
		21	22	3.3			12	14	2.6			4	5	0.1			7	8	5.0
		22	23	4.4			14	15	2.6			6	8	1.0			8	9	1.3
		23	0	4.1			15	17	2.8			8	9	1.5			9	10	2.6
5	16	0	1	4.4			17	18	2.9	7	20	9	10	5.7			10	12	0.8
		1	2	5.9			18	19	4.2			10	11	8.6			14	15	0.2
		2	3	3.8			19	20	2.4			11	12	10.7			19	20	0.1
		3	4	3.3			20	21	14.6			12	13	14.1			20	21	5.6
		4	6	4.0			21	22	5.1			13	15	0.9			21	22	4.5
		6	7	2.9			22	23	4.0			18	19	0.2			22	23	1.5
		7	8	1.5			23	0	7.9			22	0	0.5			23	0	4.4
6	6	18	19	4.5	6	20	0	1	5.7	7	21	1	2	9.5	8	16	0	8	3.8
6	7	6	7	19.8			1	2	5.2			2	5	2.3			9	11	0.8
		7	8	1.4			2	3	5.6			11	15	1.6			14	15	0.1
		8	9	0.3			3	6	3.4	7	25	16	17	4.6	8	17	7	8	0.1
		9	10	2.6			6	7	3.0			17	18	4.8	8	25	17	18	15.7
		10	11	3.3			7	8	1.6			19	20	0.2	8	26	0	1	2.9
		11	12	10.6			8	9	1.5	7	26	19	20	1.5			6	7	0.1
		12	13	4.2			11	12	0.9	7	27	1	2	1.0	9	7	0	1	0.3
		13	14	6.9			16	17	0.2	7	28	21	22	29.2			6	7	0.1
		14	15	4.2	6	25	6	8	0.5			22	23	1.3	9	8	6	7	0.2
		15	20	3.2			11	14	1.0	7	29	0	3	0.3			22	23	0.9
		20	21	0.1			16	18	0.2			15	16	4.0	9	9	9	11	0.3
6	14	14	16	0.6	6	26	2	3	0.2			16	18	0.7			17	18	0.1
		17	18	21.0	6	30	17	18	0.2	8	6	2	3	2.6			21	22	0.1
		18	19	5.5			19	20	0.1			3	4	0.1	9	10	7	8	0.2
		19	20	0.1			21	23	0.2			10	11	0.1			22	23	0.1
6	17	16	17	0.5	7	1	0	5	4.2			14	15	3.0	9	13	16	18	0.2
		17	18	13.1			6	8	0.3			16	17	3.7			19	20	0.1
		18	20	0.7			13	16	0.4			17	19	0.3	9	22	18	19	0.2
		20	21	0.1			18	19	0.1	8	8	12	13	0.5			19	20	6.9
		23	0	2.9			20	21	0.1	8	9	2	5	0.6			20	21	13.3
6	18	0	1	3.1		6	23	0	0.2			6	7	0.1			21	22	3.1
		1	2	0.1		7	1	2	0.3	8	12	10	11	0.1			22	23	3.1
		10	11	0.1			3	4	0.1			11	12	2.9			23	0	3.1
		12	17	1.9		11	14	15	3.5			12	13	2.2	9	23	0	1	3.2
		17	18	2.6			15	16	0.3	8	13	17	18	9.1			1	4	3.3

1990　滚　河　袁门站

月	日	起	止	降水量(mm)	月	日	起	止	降水量(mm)	月	日	起	止	降水量(mm)	月	日	起	止	降水量(mm)
4	29	2	8	1.7	6	14	14	20	2.5	6	19	13	14	1.1	6	20	6	7	5.2
		8	20	3.8	6	17	18	19	0.1			14	15	3.0			7	8	2.2
		20	8	9.0			22	23	3.1			15	16	3.5			8	9	3.3
4	30	8	14	2.0			23	0	0.1			16	18	2.8			10	12	1.4
		14	20	26.0	6	18	7	8	0.1			18	19	3.4			18	19	0.1
		20	2	11.6			12	13	1.1			19	20	0.6	6	23	19	20	1.6
5	15	14	20	12.5			14	17	3.4			20	22	3.1	6	25	7	8	0.5
		20	2	25.0			17	18	3.4			22	23	4.2			8	9	0.6
5	16	2	8	18.5			18	19	3.2			23	0	2.8			11	14	2.5
		8	20	9.6			19	20	2.3	6	20	0	1	4.0			18	19	0.1
	28	20	8	20.1			20	21	5.7			1	2	8.8			23	0	0.1
6	7	2	8	2.9			21	22	7.2			2	3	5.6	6	26	4	5	0.2
		8	14	30.5			22	23	6.7			3	5	3.6			7	8	0.1
		14	20	8.1	6	19	9	11	0.8			5	6	3.1	6	30	19	20	0.1

降 水 量 摘 录 表

月	日	起	止	降水量(mm)	月	日	起	止	降水量(mm)	月	日	起	止	降水量(mm)	月	日	起	止	降水量(mm)
6	30	20	22	1.0	7	20	16	17	0.2	8	8	18	19	0.1	9	5	14	15	0.2
		23	5	2.8			22	0	1.1			22	0	0.5			14	15	0.1
7	1	6	8	0.7		21	1	2	7.3		13	0	1	0.3		6	2	3	0.2
		13	16	0.8			2	4	2.0			16	17	0.3		7	17	18	0.1
		18	20	0.7			5	6	0.1			17	18	15.0		8	5	8	0.9
		21	22	2.3			11	14	0.7			18	19	2.1		9	8	11	1.0
7	7	1	2	0.2			17	19	0.3			20	21	0.1			14	15	0.1
		4	5	0.1		25	15	16	0.1			22	23	0.1			18	19	0.1
7	10	18	19	2.0			16	17	20.6			23	0	4.0		10	1	2	0.2
7	11	17	18	30.7			17	18	4.2		14	0	1	0.1			3	4	0.1
		18	19	2.7		26	18	19	1.0		15	0	4	2.5			5	8	1.4
7	14	1	3	1.6		27	0	2	1.8			4	5	3.1			8	9	0.2
7	16	23	0	11.1			7	8	0.1			5	6	0.5			12	13	0.1
7	17	0	1	11.1			12	13	6.9			6	7	12.1		13	15	17	0.6
		1	2	11.2			13	14	0.6			7	8	4.4			18	20	0.4
		2	3	1.1		28	21	22	4.9			8	11	3.5			20	22	0.2
		4	6	0.3			22	23	6.8			14	15	0.3		22	10	11	0.1
		7	8	2.8			23	1	0.8			19	20	3.9			17	19	0.6
		8	9	0.3		29	7	8	0.1			20	22	1.7			19	20	3.9
		14	15	0.1			15	16	12.9			22	23	25.0			20	21	12.1
7	19	8	9	0.1			16	18	1.1			23	0	0.2			21	22	2.6
7	20	6	8	0.9			23	0	0.9		16	2	8	1.8			22	23	4.7
		8	9	2.8		30	4	5	0.1			8	12	1.1			23	0	5.5
		9	10	6.6	8	5	23	0	0.9			20	21	0.1		23	0	1	3.6
		10	11	18.0		6	0	1	7.9		25	11	12	0.1			1	4	2.8
		11	12	9.6			1	2	0.1			17	18	0.1			5	6	0.1
		12	13	7.8			3	4	0.1	9	4	11	12	0.1					
		13	15	0.5		8	14	16	0.4			14	15	4.6					

1991　滚　河　刀子岭站

月	日	起	止	降水量(mm)	月	日	起	止	降水量(mm)	月	日	起	止	降水量(mm)	月	日	起	止	降水量(mm)
5	4	9	20	9.1	5	24	21	22	22.8	6	1	20	2	4.0	6	14	6	8	4.2
		20	0	0.6			22	1	4.6		2	11	17	4.4			8	10	3.9
5	5	6	8	1.4		25	1	2	3.2		10	13	14	0.3			10	11	2.8
		8	13	7.2			2	3	11.4			14	15	4.6			11	12	3.2
5	6	17	19	1.0			3	4	10.2			15	16	6.4			12	13	3.1
		21	2	5.2			4	5	4.1			17	18	12.2			13	18	3.2
5	18	11	13	1.8			5	7	3.4			18	19	6.1		15	0	3	0.6
		15	17	1.2			7	8	7.2			19	20	0.5			4	7	0.9
5	19	10	11	0.2			8	10	2.0		12	10	12	1.0		18	12	13	0.5
		15	20	3.8			10	11	2.9			14	15	1.1		24	1	8	6.7
		20	21	0.3			11	13	1.8			15	16	4.0			8	9	0.5
5	22	13	15	0.4		29	1	8	9.5			16	20	4.6		29	5	6	0.6
		18	19	3.1			8	9	3.3			20	21	1.7		30	1	2	0.4
5	23	3	8	1.7			9	10	4.3			21	22	3.1			2	3	2.8
		14	15	0.1			10	13	0.9			22	2	3.7			3	4	4.7
		16	19	0.7			14	20	1.0		13	8	10	0.6			4	7	1.5
5	24	4	5	1.3			20	1	7.1			13	14	1.8			8	9	0.4
		5	6	9.8		30	1	2	2.8			14	15	3.2			17	19	0.7
		6	7	12.3			2	3	2.9			15	20	6.0	7	5	21	23	2.2
		7	8	0.1			3	8	5.1			20	22	2.9			23	0	9.9
		9	10	0.6			8	10	2.6			22	23	4.4		6	0	1	15.2
		10	11	8.7		31	5	6	1.4			23	0	3.8			1	2	14.9
		11	12	3.2			6	7	2.9		14	0	1	2.2			2	3	3.9
		12	13	3.9			7	8	1.5			1	2	3.5			3	4	9.8
		13	14	17.1			16	20	0.7			2	3	2.7			4	5	10.7
		14	15	3.4			20	8	6.1			3	4	4.6			5	6	5.3
		15	20	5.2	6	1	11	12	0.2			4	5	1.1			6	7	11.5
		20	21	10.7			15	20	4.7			5	6	2.8			7	8	1.7

降 水 量 摘 录 表

月	日	起	止	降水量(mm)	月	日	起	止	降水量(mm)	月	日	起	止	降水量(mm)	月	日	起	止	降水量(mm)
7	6	8	9	0.9	8	3	12	13	6.1	8	7	6	7	2.6	9	2	8	10	3.1
	14	12	17	3.8			13	14	1.9			7	8	2.6			11	12	0.2
		21	1	0.4			14	15	6.4			8	9	2.5		3	13	17	2.6
	27	15	17	1.3			15	17	1.7			9	10	4.1			17	18	3.4
	31	21	4	4.6		4	0	8	1.2			10	13	3.2			18	19	3.9
8	1	4	5	2.7		5	12	13	2.8		11	18	20	2.4			19	20	7.6
		5	6	2.6			13	14	3.6			20	21	0.2			20	2	5.9
		6	7	5.8			14	22	2.9		16	12	13	0.5		4	2	3	3.8
		7	8	3.1			22	2	4.0			19	20	0.2			3	4	2.9
		8	15	10.1		6	2	3	3.1		25	0	1	1.8			4	8	4.5
	2	19	20	0.4			3	4	4.5			1	2	2.6			8	11	1.0
		20	22	0.8			4	7	1.9			2	3	3.5		9	22	23	0.8
	3	1	3	1.2			7	8	8.6			3	8	5.4			23	0	3.1
		3	4	4.7			8	9	9.5		29	18	19	0.3		10	0	8	6.6
		4	5	4.9			9	10	12.3	9	1	14	15	58.0			8	9	3.1
		5	6	1.6			10	11	2.7			15	16	23.4			9	14	7.0
		6	7	6.5			11	12	5.5			16	17	40.2		11	5	7	0.5
		7	8	9.7			12	13	3.4			17	18	0.9		22	19	20	0.3
		8	9	2.9			13	14	0.7			19	20	1.0			20	21	1.4
		9	10	6.2			14	15	2.8			20	0	5.5			21	22	2.7
		10	11	10.0			15	18	4.2		2	0	1	2.9			22	1	1.5
		11	12	6.5			23	6	6.2			1	8	7.5					

1991 滚 河 尚 店 站

月	日	起	止	降水量(mm)	月	日	起	止	降水量(mm)	月	日	起	止	降水量(mm)	月	日	起	止	降水量(mm)
5	4	8	11	2.6	5	30	0	4	1.9	7	6	0	1	9.6	8	5	11	12	0.5
		13	20	4.5			5	6	0.5			1	2	2.5			12	13	2.7
	5	6	8	1.6			9	10	0.5			2	3	4.7			13	14	2.1
		8	12	3.9		31	5	6	3.4			3	4	5.4			23	8	11.3
	6	19	20	1.2			6	7	5.1			4	5	8.9		6	8	9	6.3
		20	21	0.9			7	8	0.4			5	6	4.1			9	10	8.2
		23	0	1.6	6	1	2	5	2.2			6	7	9.3			10	11	3.0
	18	11	13	3.0			17	18	1.0			7	8	3.9			11	12	1.6
		14	16	2.1			19	20	0.2			8	9	0.2			12	13	5.1
		17	18	0.7			20	23	3.2		14	10	11	0.2			13	14	0.8
	24	6	8	2.8		2	12	17	5.6			13	14	1.0			14	15	7.0
		8	11	2.0		10	17	18	2.9			18	20	0.4			15	17	3.1
		11	12	9.4			18	20	1.6			20	22	0.4		7	3	7	4.7
		12	13	7.2		12	16	17	6.8		27	16	17	1.4			7	8	4.2
		13	14	12.4			19	20	1.1		31	23	3	2.1			8	9	4.2
		14	15	13.4			20	21	2.5	8	1	3	4	3.3			9	10	3.5
		15	16	2.7			21	22	6.9			4	5	3.6			10	12	2.4
		16	18	2.6		13	9	14	5.5			5	6	3.7		11	18	20	2.9
		18	19	7.3			14	15	3.8			6	7	3.5		16	13	14	2.1
		19	20	10.0			15	18	4.0			7	8	4.0		17	18	19	1.3
		20	21	14.2			21	0	4.3			8	9	2.7		25	1	2	2.5
		21	22	8.6		14	2	3	2.0			9	12	3.5			2	3	4.7
		22	0	2.3			3	4	6.7		2	22	4	2.0			3	4	4.7
	25	4	5	0.3			4	5	6.8		3	4	5	2.6			4	5	5.1
		5	6	6.2			5	6	2.7			5	6	3.6			5	6	3.5
		6	8	2.1			6	8	3.8			6	7	5.3			6	8	1.0
		9	13	2.7			8	13	6.2			7	8	3.4			8	12	0.9
	29	2	7	4.0			17	18	1.3			8	9	3.3	9	1	14	15	16.6
		7	8	5.7		24	3	8	5.4			9	10	3.6			15	16	8.2
		8	9	6.5		28	17	18	0.4			10	11	2.2			16	17	17.3
		9	13	4.0		30	4	7	1.5			11	12	3.3			17	19	3.4
		21	22	6.6			8	9	0.6			12	13	4.9			19	20	3.2
		22	23	0.9	7	5	21	23	1.6			13	15	3.4			20	22	0.8
		23	0	9.7			23	0	6.8			15	16	3.9			22	23	7.5

降 水 量 摘 录 表

月	日	时或时分 起	止	降水量 (mm)	月	日	时或时分 起	止	降水量 (mm)	月	日	时或时分 起	止	降水量 (mm)	月	日	时或时分 起	止	降水量 (mm)
9	1	23	3	1.4	9	3	16	17	4.6	9	3	20	4	3.1	9	10	8	12	4.2
	2	3	4	2.7			17	18	3.9		4	4	5	3.2		22	20	23	4.4
		4	8	3.0			18	19	3.2			5	8	3.3					
		8	10	1.2			19	20	6.1		9	22	8	9.4					

1991 滚 河 柏 庄 站

月	日	起	止	(mm)	月	日	起	止	(mm)	月	日	起	止	(mm)	月	日	起	止	(mm)
5	3	14	17	0.6	5	29	23	0	6.3	7	6	2	3	2.5	8	7	8	9	5.7
	4	9	18	6.5		30	0	1	0.4			3	4	5.3			9	13	3.4
		20	21	0.2			3	5	1.6			4	7	17.8		11	17	20	1.5
	5	7	8	2.1			6	7	0.1			7	8	2.4		17	18	20	1.8
		8	14	6.2			9	10	0.1			8	9	0.2			20	21	0.1
	6	17	19	0.4		31	5	8	4.5			10	11	0.1		24	23	2	3.4
		20	0	3.1			15	18	0.7		14	10	12	0.2		25	2	3	4.1
	7	1	2	0.1			20	21	0.1			13	15	0.2			3	4	4.9
	18	9	12	1.1			23	0	0.2			16	18	0.4			4	5	5.9
		12	13	4.8	6	1	1	3	1.8			21	22	0.1			5	6	2.6
		14	18	2.7			5	8	0.7		15	1	5	0.5			6	8	3.4
		19	20	0.1			17	20	2.1			6	7	0.1			8	13	1.6
	19	10	11	0.1			20	4	4.0		16	21	22	0.3			19	20	0.1
		16	18	1.0		2	6	8	0.2			23	0	0.1		29	17	19	0.8
		19	20	0.5			8	17	6.0		27	13	14	0.1	9	1	14	15	10.5
		20	21	0.3		4	3	5	0.4			15	18	1.5			15	16	10.3
		22	23	0.1		10	12	14	0.2		31	23	4	4.1			16	17	10.2
	23	3	5	0.2			17	20	1.3	8	1	4	5	3.9			17	20	3.4
		6	8	0.2			21	22	0.4			5	6	5.0			20	22	0.9
	24	5	8	1.4		12	11	12	0.2			6	7	3.4			23	2	1.8
		10	11	0.9			15	16	2.3			7	8	3.1		2	2	3	2.6
		11	12	6.5			16	17	3.7			8	9	2.7			3	4	0.1
		12	13	0.2			17	18	0.2			9	14	4.8			5	6	0.3
		13	14	16.9			19	20	1.1		2	16	17	0.1			8	10	0.5
		14	15	39.6			20	8	4.5			20	22	0.5			12	16	0.5
		15	16	3.4		13	10	20	11.8		3	2	4	1.5		3	13	15	0.4
		16	19	3.2			20	22	1.1			4	5	3.0			15	17	3.6
		19	20	16.0			22	23	3.2			5	6	3.2			17	18	4.5
		20	21	20.9			23	1	3.4			6	7	3.3			18	19	3.8
		21	4	8.2		14	1	7	16.8			7	8	1.7			19	20	7.8
	25	4	5	3.0			7	8	1.8			8	15	10.3			20	21	1.3
		5	6	1.0			8	13	8.4			15	16	2.6			22	2	1.6
		7	8	1.8			15	17	2.2			16	17	0.5		4	2	3	3.0
		9	12	3.7		15	0	4	0.8		4	4	8	0.8			3	4	0.5
	28	19	20	0.1			5	6	0.1			8	10	0.3			4	7	8.3
	29	0	1	0.1		18	8	9	0.2		5	12	16	3.5			7	8	0.2
		2	3	2.7			15	16	0.3			18	19	0.1			8	9	0.3
		3	4	2.8		24	1	4	3.9			22	3	4.8		9	22	0	0.7
		4	5	2.7			5	8	2.2		6	3	6	2.9		10	0	1	3.3
		5	7	2.7			9	10	0.4			6	8	2.8			1	7	10.2
		7	8	6.0			13	14	0.1			8	10	11.0			7	8	2.7
		8	9	10.0		28	17	18	3.0			10	11	3.6			8	9	2.9
		9	10	5.7			18	19	0.1			11	12	0.7			9	12	0.6
		10	11	3.8		30	1	8	2.3			12	14	7.5			17	18	0.1
		11	14	1.6			8	9	0.9			14	19	4.4		11	4	6	0.2
		17	18	0.1			14	16	0.3			20	21	0.1		22	19	20	0.3
		19	20	0.2			17	18	0.1			22	6	6.0			20	0	3.5
		21	22	3.0	7	5	21	0	2.8		7	6	7	3.6		23	2	3	0.1
		22	23	1.2		6	0	2	8.8			7	8	5.6					

降 水 量 摘 录 表

1991　洪　河　滚河李站

月	日	起	止	降水量(mm)	月	日	起	止	降水量(mm)	月	日	起	止	降水量(mm)	月	日	起	止	降水量(mm)
5	4	8	17	6.4	5	29	23	0	5.7	7	5	21	0	0.8	8	12	0	1	0.1
		20	21	0.1		30	0	2	1.2		6	0	1	3.3			7	8	0.1
	5	7	8	0.5			3	5	1.4			1	3	2.5		17	18	19	10.5
		8	13	5.8		31	6	7	1.5			3	4	5.1			19	20	2.1
		14	15	0.1			7	8	7.5			4	5	9.0			20	21	0.1
	6	18	20	0.2			10	11	0.1			5	6	10.4		18	3	4	0.1
		21	2	3.1			14	18	0.7			6	7	6.5			7	8	0.1
	18	10	15	3.1			19	20	0.2			7	8	1.0		24	15	16	1.5
		15	16	2.6			21	3	2.4			8	9	0.8			22	0	1.9
		16	18	0.3	6	1	3	8	1.1			11	12	0.1		25	0	4	17.0
		19	20	0.6			10	11	0.1		14	10	11	0.2			4	5	1.7
		23	0	0.1			17	20	2.4			15	18	1.6			5	7	1.9
	19	9	11	0.2			20	4	3.8			20	21	0.1			7	8	1.2
		15	17	0.4		2	8	18	5.0		27	15	18	1.0			8	10	1.0
		18	20	0.2		4	2	3	0.1		31	11	12	0.1			11	12	0.1
	22	11	14	2.9			5	7	0.2	8	1	1	4	3.0		27	8	10	0.6
	23	3	8	3.3		10	9	10	0.1			4	5	3.4		29	18	19	0.7
		8	10	0.2			12	14	0.4			5	6	3.8	9	1	14	15	5.8
		12	16	0.4			17	20	0.8			6	7	3.8			15	16	3.0
		17	18	0.1			21	22	0.1			7	8	5.1			16	17	13.1
	24	5	8	5.0		12	15	20	2.2			8	13	7.0			17	20	3.2
		8	9	0.1			20	21	2.6		2	17	18	0.1			20	22	1.4
		10	11	2.5			21	23	1.7			21	22	0.3			23	1	0.2
		11	12	3.6		13	9	11	1.8		3	3	5	2.3		2	2	3	2.0
		12	13	4.3			12	15	2.7			5	6	3.4			6	7	0.2
		13	14	2.2			15	16	3.4			6	7	1.8			8	10	1.5
		14	15	31.4			16	20	4.0			7	8	3.2			14	16	0.3
		15	16	26.7			20	22	0.4			8	10	4.1		3	14	15	0.4
		16	17	3.5			22	23	6.2			10	14	6.7			16	17	7.5
		17	18	2.4			23	0	2.0			15	17	3.2			17	19	11.3
		18	19	4.7		14	0	1	5.9		4	4	8	0.8			19	20	6.0
		19	20	0.6			1	2	2.4		5	13	16	2.0			20	21	3.1
		20	21	28.4			2	3	2.9			22	23	5.8			22	23	0.6
		21	22	16.7			3	6	4.1			23	8	7.2		4	0	3	1.7
		22	4	5.2			6	7	3.8		6	8	9	6.3			3	5	7.7
	25	4	5	7.8			7	8	3.0			9	10	4.6			5	8	4.0
		5	8	4.0			8	9	3.1			10	13	3.7			8	9	0.1
		8	9	1.4			9	13	5.0			13	14	8.0		9	22	0	0.7
		10	12	2.5			15	18	2.1			14	15	5.1		10	0	1	2.7
		14	15	0.1		15	1	5	1.1			15	17	0.7			1	2	1.7
	29	0	6	7.0		18	9	10	0.1			22	0	2.7			2	3	3.3
		6	7	4.0			11	12	0.3		7	0	1	2.6			3	8	4.9
		7	8	10.4			14	15	0.1			1	4	4.5			8	9	2.6
		8	9	10.7		24	1	2	6.1			4	5	2.8			9	13	1.1
		9	10	5.7			2	3	5.0			5	6	4.1		11	7	8	0.1
		10	11	5.8			3	4	1.7			6	7	3.8		22	10	11	0.1
		11	12	2.6			5	8	0.7			7	8	2.4			19	20	0.1
		12	14	0.9		30	2	7	1.7			8	11	4.2			20	0	2.6
		19	20	0.5			11	12	0.1			18	19	0.1		23	1	2	0.1
		20	23	2.2			17	18	0.1		11	17	20	3.3					

降 水 量 摘 录 表

1991　滚　河　袁门站

月	日	时或时分		降水量(mm)	月	日	时或时分		降水量(mm)	月	日	时或时分		降水量(mm)	月	日	时或时分		降水量(mm)	月	日	时或时分		降水量(mm)
		起	止				起	止				起	止				起	止				起	止	
5	4	8	16	6.9	5	29	20	21	0.2	6	28	10	11	0.1	8	6	22	6	4.6					
		17	20	0.3			21	4	17.0			17	18	0.4		7	6	7	2.6					
	5	2	3	0.1		30	4	8	1.1		30	2	7	1.8			7	8	3.0					
		7	8	0.9			9	11	1.2			9	10	0.1			8	13	6.3					
		8	13	5.5		31	5	6	7.2	7	5	22	23	0.4			16	17	0.1					
	6	14	15	0.1			6	7	3.8			23	0	10.8		11	18	20	3.1					
		17	19	0.8			7	8	0.4		6	0	1	15.4			20	21	0.1					
		21	2	4.4			16	17	0.1			1	2	2.5		17	18	20	0.7					
	18	11	13	1.3			19	20	0.1			2	3	3.1		23	18	19	0.1					
		14	15	0.3			22	5	3.9			3	4	6.5		24	15	16	0.4					
		15	16	3.4	6	1	6	8	0.7			4	5	8.6			23	1	2.5					
		16	17	0.4			8	9	0.1			5	6	7.9		25	1	2	3.5					
	19	9	11	0.2			15	20	2.9			6	7	9.5			2	3	3.5					
		16	19	1.1			20	1	5.0			7	8	1.1			3	4	4.7					
		20	21	0.3		2	8	12	0.8			8	9	0.3			4	8	4.3					
	20	5	6	0.1			12	17	2.8		14	11	12	0.1			8	9	0.2					
	21	17	18	0.1		4	5	6	0.1		27	15	18	1.6			10	11	0.1					
	22	7	8	0.1		10	14	15	0.3		31	22	4	2.5		29	17	19	0.3					
		11	13	0.2			17	20	1.6	8	1	4	5	2.8	9	1	14	15	24.1					
	23	4	8	1.3		12	14	18	4.2			5	6	3.0			15	16	3.8					
		13	14	0.1			19	20	2.1			6	7	3.2			16	17	25.5					
		15	16	0.1			20	21	0.9			7	8	3.5			17	20	4.4					
		17	18	0.1			21	22	4.9			8	14	6.0			21	2	7.4					
		19	20	0.1			22	23	1.5		3	1	4	1.9		2	2	3	3.1					
	24	5	6	3.7		13	3	4	0.1			4	5	3.4			3	5	0.5					
		6	7	9.2			7	8	0.1			5	6	6.4			5	8	6.3					
		10	11	2.0			9	14	2.9			6	7	5.6			8	9	3.2					
		11	12	7.0			14	15	2.9			7	8	5.1			11	12	0.1					
		12	13	2.4			15	18	4.6			8	9	3.5			14	15	0.1					
		13	14	12.5			18	20	3.1			9	10	4.4		3	13	15	1.0					
		14	15	8.0			20	22	1.9			10	11	5.9			15	16	4.5					
		15	20	8.5			22	23	6.4			11	12	10.5			16	17	6.7					
		20	21	17.0			23	1	6.2			12	13	5.6			17	18	4.5					
		21	22	14.2		14	1	3	3.6			13	17	6.2			18	19	3.0					
		22	2	3.0			3	5	5.7		4	2	3	0.1			19	20	6.1					
	25	2	3	4.6			5	6	3.0			4	8	0.8			20	21	0.1					
		3	4	8.6			6	7	2.2		5	12	13	1.3			22	5	5.0					
		4	5	2.6			7	8	2.6			13	14	3.3		4	5	7	2.5					
		5	8	3.8			8	9	0.9			14	16	1.5			7	8	1.0					
		8	11	3.7			9	10	3.5			21	22	3.9		9	22	0	2.3					
		11	12	3.1			10	11	3.3			22	7	9.4		10	0	1	4.0					
		12	13	0.1			11	13	2.5	6	6	7	8	7.2			1	3	2.8					
	28	13	14	0.1			15	18	2.5			8	9	7.4			4	8	3.0					
	29	0	1	0.6			19	20	0.1			9	10	7.8			8	9	2.9					
		2	7	5.2		15	0	3	1.0			10	12	9.6			9	12	2.9					
		7	8	4.1			4	5	0.1			12	13	6.3		11	4	6	0.3					
		8	9	4.5			7	8	0.1			13	14	0.9		15	13	14	0.1					
		9	10	3.8		18	14	15	0.1			14	15	5.6		22	19	20	0.1					
		10	13	1.4		24	2	4	1.1			15	17	2.4			20	0	4.0					
		18	19	0.1			5	8	1.7			18	20	0.2		23	1	2	0.1					

降 水 量 摘 录 表

月	日	时或时分起	时或时分止	降水量(mm)	月	日	时或时分起	时或时分止	降水量(mm)	月	日	时或时分起	时或时分止	降水量(mm)	月	日	时或时分起	时或时分止	降水量(mm)

1992　滚　河　刀子岭站

月	日	起	止	降水量(mm)	月	日	起	止	降水量(mm)	月	日	起	止	降水量(mm)	月	日	起	止	降水量(mm)
6	2	16	17	5.8	7	13	11	12	3.4	8	14	21	23	2.9	9	16	9	10	0.5
		17	20	3.9			12	13	12.5		18	15	16	0.9			14	16	0.5
		20	23	1.8			13	14	9.6			16	17	5.1		19	0	4	1.0
	6	1	2	0.2			14	15	2.1		21	4	5	0.7			16	20	3.4
	13	2	3	1.2			15	16	3.2		22	3	5	1.0			20	22	0.7
		3	4	5.8			16	18	2.0			6	7	0.5			22	23	3.7
		6	7	0.4		14	0	7	3.7			8	11	1.9			23	8	4.4
		9	10	0.5		15	0	7	1.3		29	17	18	0.4		20	8	20	8.1
		13	18	2.6			19	20	1.1			21	22	0.5			20	8	10.7
		18	19	2.6			20	21	6.5		30	6	8	1.3		21	8	9	0.4
		19	20	4.2			21	22	6.0			8	13	4.9			19	20	0.4
		20	21	2.9			22	23	21.5			15	20	4.5		26	14	16	1.1
		21	2	6.2			23	0	28.0		31	16	18	2.5		27	8	11	3.2
	14	2	3	3.0		16	0	1	6.7			18	19	2.6			11	12	3.1
		3	8	4.5			1	2	2.9			19	20	14.3			12	15	1.4
	20	4	5	0.1			2	4	1.3			20	21	11.6			15	16	3.8
		18	20	2.4			9	17	7.0			21	22	5.2			16	17	2.7
		20	23	2.9		18	23	1	0.6			22	23	8.4			17	18	3.2
		23	0	3.5		19	7	8	0.1			23	0	15.1			18	20	0.7
	21	0	5	4.4			13	14	0.1	9	1	0	1	9.2			20	2	1.8
	25	12	14	0.6			19	20	12.4			1	2	7.8	10	2	13	14	0.4
	28	17	20	0.7		20	15	17	1.2			2	3	3.8			17	20	4.1
		20	21	0.4		30	16	18	1.4			3	4	1.1			20	2	3.8
	29	7	8	0.3	8	4	16	17	5.1			4	5	4.4		3	2	3	4.9
		12	18	5.8		5	22	1	2.0			5		1.7			3	4	4.5
7	10	14	15	16.9		6	20	21	10.1		11	19	20	0.4			4	6	3.0
	11	0	5	1.6			21	23	1.0			20	1	2.8			6	7	4.4
		8	9	0.3		11	18	19	0.2		12	1	2	2.8			7	8	0.2
	12	15	16	0.9			21	22	9.1			2	3	1.9			8	10	2.1
	13	5	6	0.7			22	1	1.4			3	4	2.6			10	11	2.7
		6	7	4.3		12	14	20	2.7			4	5	13.2			11	13	0.5
		7	8	3.9			20	21	0.1			5	6	21.5			15	20	2.3
		8	9	3.8			23	8	5.7			6	7	2.0			20	8	9.1
		9	10	0.4		13	8	14	3.7		15	11	12	0.1		4	8	18	9.7
		10	11	6.6		14	20	21	9.1			21	2	1.8		5	3	5	0.5

1992　滚　河　尚店站

月	日	起	止	降水量(mm)	月	日	起	止	降水量(mm)	月	日	起	止	降水量(mm)	月	日	起	止	降水量(mm)
6	2	16	19	4.1	6	29	13	16	4.2	7	15	21	22	7.6	8	6	20	21	14.7
		19	20	2.8	7	10	8	8	14.7			22	23	5.3		11	17	18	1.7
		20	22	2.1		13	6	7	1.9			23	0	3.5			21	22	6.7
	12	23	1	3.6			7	8	4.5		16	0	1	5.0			22	0	2.3
	13	1	2	3.0			8	9	6.0			1	2	4.3		12	8	8	3.7
		2	3	1.5			9	10	0.3			2	4	2.8		13	9	10	0.4
		6	9	1.2			10	11	7.9			10	13	1.9		14	20	21	10.8
		8	9	0.2			11	12	8.6			16	17	0.5			21	22	1.9
		13	14	0.3			12	13	8.5		19	13	14	0.5		18	13	15	4.4
		15	20	7.6			13	14	7.1			19		2.7			15	16	7.4
		20	21	2.6			14	15	1.2		30	15	16	0.4		21	8	8	1.0
		21	4	10.2			15	16	5.9	8	4	8	8	4.6		22	8		0.4
	20	18	20	2.4		14	0	3	1.9		5	22	23	12.4		30	13	14	2.5
		20	3	3.8			11	12	1.4			23	0	0.5			15	16	0.4

降水量摘录表

月	日	时或时分 起	止	降水量(mm)	月	日	时或时分 起	止	降水量(mm)	月	日	时或时分 起	止	降水量(mm)	月	日	时或时分 起	止	降水量(mm)
8	31	15	17	3.0	9	1	2	3	3.6	9	18	8	8	1.1	9	27	11	12	2.7
		17	18	2.6			3	7	5.0		19	21	23	1.5			14	16	3.3
		18	19	1.1			15	16	0.7		20	5	8	2.3			16	17	2.9
		19	20	6.3		11	20	3	8.4			13	16	0.9			17	18	2.8
		20	21	4.3		12	3	4	10.0			19	20	0.5			18	19	0.9
		21	22	4.7			4	5	10.4		21	21	0	1.2					
		22	23	8.9			5	6	1.6			2	8	1.7			22	23	1.0
		23	0	4.4		16	6	7	0.3		26	15	17	1.5					
9	1	0	2	3.6			8		1.0		27	9	11	2.4					

1992 滚河 柏庄站

月	日	时或时分 起	止	降水量(mm)	月	日	时或时分 起	止	降水量(mm)	月	日	时或时分 起	止	降水量(mm)	月	日	时或时分 起	止	降水量(mm)
6	2	9	10	0.1	7	13	15	16	6.3	8	13	9	14	1.0	9	11	20	2	5.4
		16	18	0.5			18	19	0.1		14	20	21	10.3		12	2	3	7.1
		18	19	4.5		14	0	8	2.0			21	23	1.3			3	4	11.2
		19	20	3.2			23	0	0.1		18	13	14	0.2			4	5	3.7
		20	0	3.3		15	5	6	0.3			14	15	3.1			5	6	0.7
	6	1	2	0.2			21	22	0.6			15	16	5.2			17	18	0.5
	13	2	3	2.9			22	23	3.2			16	17	0.5		15	10	11	0.4
		3	4	0.2			23	0	4.1		19	7	8	0.1			17	18	0.1
		6	8	0.3		16	0	1	5.9		21	3	5	0.4			21	22	0.2
		9	11	0.6			1	2	2.8		22	1	7	1.5		16	0	2	0.3
		13	20	6.8			2	7	3.4			8	10	1.5			3	4	0.1
		20	4	11.2			10	18	2.7			11	12	0.1			7	8	0.2
	15	20	21	0.1		19	19	20	4.6		30	8	10	0.7			8	10	0.2
		22	23	0.1		30	15	16	2.0			16	17	0.1			13	14	0.1
	16	1	3	0.5		31	9	10	0.1		31	15	17	1.8			16	19	0.5
	20	2	5	0.3			11	12	11.6			17	18	2.7		17	16	17	0.1
		18	20	0.6			15	16	0.1			18	19	5.9		18	5	6	0.1
		20	3	6.2	8	1	22	23	0.2			19	20	4.7			7	8	0.1
	25	12	14	0.2		4	15	17	2.2			20	21	4.2			18	20	0.9
	28	17	20	0.7			18	20	1.1			21	22	16.7		19	0	2	0.3
		20	21	0.1		5	22	23	8.0			22	23	13.2			18	20	0.5
	29	6	7	0.1			23	0	4.6			23	0	11.5			20	1	1.6
		12	17	4.7		6	0	1	0.7	9	1	0	1	4.1		20	3	8	1.6
7	10	20	21	4.4			6	7	0.1			1	2	3.9			8	20	5.9
		21	22	0.6			21	23	1.1			2	3	5.9			20	2	4.0
	11	4	5	0.1		10	13	14	0.1			3	5	1.5		21	10	11	0.4
	13	6	7	1.3			15	17	1.5			5	6	3.7			12	13	0.1
		7	8	5.7		11	18	19	9.4			6	8	2.8		26	13	17	0.9
		8	9	3.2			19	20	0.8			15	16	1.6		27	8	11	2.2
		9	10	0.6			21	22	2.9			17	18	0.1			11	12	2.6
		10	11	4.4			22	2	2.1		8	8	10	0.2			12	13	0.2
		11	12	8.8		12	14	19	0.7			11	12	0.3			14	17	4.3
		12	13	9.8			22	23	0.1		11	10	13	0.6			17	18	3.2
		13	14	6.7		13	0	4	0.9			14	15	0.1			18	19	0.8
		14	15	3.6			5	7	0.2			19	20	0.2			21	1	1.3

1992 洪河 滚河李站

月	日	时或时分 起	止	降水量(mm)	月	日	时或时分 起	止	降水量(mm)	月	日	时或时分 起	止	降水量(mm)	月	日	时或时分 起	止	降水量(mm)
5	5	8	9	0.2	5	6	5	6	0.1	6	6	2	3	0.2	6	13	12	13	0.1
		21	22	0.7			8	13	3.9		13	2	3	1.4			14	20	6.1
		22	23	13.3			20	22	0.5			3	4	3.8			20	4	9.0
		23	0	6.8	6	2	17	20	2.6			7	9	0.2		14	6	8	0.1
	6	0	3	0.8			20	23	2.1			9	11	0.2		15	8	9	0.1

降 水 量 摘 录 表

月	日	起	止	降水量(mm)	月	日	起	止	降水量(mm)	月	日	起	止	降水量(mm)	月	日	起	止	降水量(mm)
6	16	1	3	0.2	7	15	11	12	0.1	8	13	12	14	0.6	9	12	4	8	2.7
	20	3	5	0.2			21	23	0.9			16	17	0.1		15	10	11	0.2
		18	20	0.4			23	0	3.4		14	20	21	11.2		16	13	14	0.1
		20	1	3.3		16	0	1	8.6			21	22	1.1			16	19	0.4
	21	3	4	0.2			1	2	5.0		18	15	16	3.0		18	4	6	0.3
	28	5	6	0.1			2	8	4.5			16	17	3.6			12	13	0.1
		9	10	0.1			10	16	2.5			17	18	0.1			18	20	1.0
		17	20	0.4			17	18	0.1			21	22	0.1		19	0	2	0.2
		20	21	0.2		19	18	20	2.3		20	14	15	0.1			4	5	0.1
	29	11	18	3.2			20	21	1.3		22	4	7	0.6			19	20	1.1
7	10	15	16	18.2		20	17	18	0.1			8	11	0.7			20	1	2.0
		16	17	0.1		29	14	15	0.1		31	14	17	2.1		20	3	8	4.3
		23	0	0.5		30	15	17	1.2			17	18	8.4			8	20	6.2
	11	4	5	0.2		31	11	12	2.7			18	19	1.3			20	3	4.9
	13	6	7	0.4			12	13	1.2			19	20	5.2		21	5	6	0.1
		7	8	3.2	8	4	16	17	9.0			20	21	7.9			7	8	0.1
		8	9	2.9			17	18	0.5			21	22	7.0			10	13	0.7
		9	10	0.5		5	23	0	11.7			22	23	7.0			21	22	0.1
		10	11	4.8		6	0	3	2.8			23	0	5.5		26	9	10	0.1
		11	12	9.3		10	13	15	0.3	9	1	0	1	6.4			15	16	0.2
		12	13	10.3			16	17	0.2			1	2	3.7			17	18	0.1
		13	14	6.4		11	19	20	0.2			2	3	0.2		27	9	17	8.0
		14	15	3.1			21	22	6.0			4	7	1.7			17	18	2.6
		15	16	5.2			22	2	2.6		8	8	10	0.2			18	20	1.3
		16	20	0.9		12	15	16	0.2		11	16	18	0.2			22	2	1.0
		21	22	0.1			19	20	0.1			19	20	0.1		28	3	4	0.1
	14	0	8	2.5			20	21	0.1			20	2	4.4					
	15	5	6	4.1			22	23	0.1		12	2	3	10.9					
		6	7	0.1		13	2	4	0.3			3	4	6.9					

1992 滚 河 袁门站

月	日	起	止	降水量(mm)	月	日	起	止	降水量(mm)	月	日	起	止	降水量(mm)	月	日	起	止	降水量(mm)
6	2	16	20	5.0	7	13	6	7	2.6	7	22	8	9	0.1	8	22	8	10	0.3
		20	1	2.6			7	8	3.7		30	16	17	5.8		29	17	18	1.5
	6	2	3	0.3			8	9	4.4			17	18	0.3		30	7	8	0.2
	13	2	3	6.4			9	10	0.4		31	11	12	0.1			8	9	0.2
		3	4	0.2			10	11	6.1	8	4	16	17	0.4			10	11	0.1
		6	8	0.7			11	12	6.4		5	22	23	1.1			14	16	0.7
		9	10	5.3			12	13	9.4		6	0	1	0.5			17	18	0.1
		13	18	3.1			13	14	6.6			19	20	2.3		31	16	19	2.4
		18	19	2.7			14	15	3.9			20	22	2.7			19	20	10.1
		19	20	3.3			15	16	4.2		7	4	5	0.1			20	21	6.5
		20	1	9.5			16	17	0.2		11	17	18	0.1			21	22	5.6
	14	1	2	2.7		14	0	4	3.0			19	20	0.2			22	23	6.9
		2	7	2.3			5	6	0.1			21	22	8.5			23	0	7.5
	16	2	3	0.4			7	8	0.1			22	0	1.2	9	1	0	1	9.0
	19	8	9	0.1			23	0	3.4		12	4	5	0.1			1	2	2.7
	20	18	20	2.8		15	5	6	0.1			17	19	0.2			2	4	1.4
		20	2	4.6			21	22	6.5			23	7	3.3			4	5	3.0
	21	3	4	0.2			22	23	4.1		13	8	11	0.8			5	8	1.5
		5	6	0.1			23	0	14.4			12	14	0.9		8	7	8	0.1
	25	12	15	0.4		16	0	1	4.7		14	20	21	5.6		11	10	11	0.1
	26	11	12	0.1			1	2	4.2			21	23	1.7			12	13	0.1
	28	8	9	0.2			2	3	0.4		18	13	14	0.2			19	20	0.5
		16	20	0.6			5	6	0.1			14	15	17.4			20	2	1.0
		20	22	0.2			8	16	3.5			15	16	32.7		12	2	4	7.7
	29	13	17	3.8			17	18	0.1			16	17	6.3			4	6	14.9
7	10	14	15	16.2		19	19	20	5.7		21	3	6	0.5			6	8	0.5
	11	4	5	0.1		20	16	18	0.5		22	2	6	0.4			20	22	0.5

降 水 量 摘 录 表

月	日	起	止	降水量(mm)	月	日	起	止	降水量(mm)	月	日	起	止	降水量(mm)	月	日	起	止	降水量(mm)
9	15	16	18	0.3	9	21	17	19	0.2	9	27	17	18	3.5	10	3	9	10	0.7
	16	22	8	1.6			20	21	0.2			18	20	0.8			10	11	2.7
	17	14	16	0.7		26	8	9	0.1			21	2	0.8			11	12	0.1
	18	14	16	0.3			13	17	0.9	10	2	9	10	0.1			15	20	1.9
	19	2	4	0.4		27	8	11	1.7			17	20	2.7			20	23	0.6
		16	20	2.6			11	12	2.8			20	21	0.3		4	0	3	2.0
		20	8	8.0			12	13	0.4		3	0	2	2.3			4	8	1.6
	20	8	20	6.4			14	15	1.0			2	3	5.1					
		20	8	6.5			15	16	3.0			3	4	8.3					
	21	10	11	0.1			16	17	3.0			4	7	3.7					

1993 滚 河 刀子岭站

月	日	起	止	降水量(mm)	月	日	起	止	降水量(mm)	月	日	起	止	降水量(mm)	月	日	起	止	降水量(mm)
4	30	12	13	5.9	6	21	20	0	0.7	7	23	4	7	3.5	8	13	1	2	2.9
		13	14	6.6		24	17	18	2.9		29	16	17	5.3			2	8	5.6
		14	15	8.7		27	23	1	1.9		31	12	13	1.9			8	17	4.4
		15	16	9.1		28	2	3	0.2			14	20	3.3		15	0	8	8.5
		16	17	5.1			10	11	3.9	8	2	16	17	4.5			8	10	2.1
		17	20	2.2			11	12	7.3		3	3	4	0.2			11	15	4.0
		20	4	6.6			15	16	2.1			4	5	3.1		16	0	3	0.9
5	1	7	8	0.5			23	2	0.4			13	14	5.4		23	20	21	6.3
6	3	13	14	1.1	7	6	18	20	0.8			19	20	0.1			21	22	12.0
		14	15	2.6			20	21	0.6		5	21	4	3.5			22	23	28.0
		15	16	4.9		15	22	23	1.1		6	7	8	0.2			23	0	38.5
		16	18	3.2		16	3	5	2.3			8	11	3.2		24	0	1	9.1
		18	19	2.6			5	6	2.8			15	18	3.4			1	2	7.2
		19	20	2.2			6	8	1.1		7	0	2	1.6			2	3	0.5
		20	0	1.4			8	10	1.7		10	14	15	15.4			13	14	0.2
	4	3	8	3.6			10	11	4.6			15	16	5.8			22	5	10.6
		8	10	1.1			11	12	0.7			16	17	15.4		25	5	6	3.5
	11	10	12	0.8			17	18	0.2			17	18	0.9			6	7	0.5
		13	14	0.2		20	6	8	2.5			20	23	1.1			9	14	3.6
		14	15	3.5			8	14	2.8		11	0	6	7.4		28	8	10	0.2
		15	16	3.3			22	0	3.7			6	7	2.7			13	14	0.1
		16	17	12.9		21	9	11	0.7			7	8	0.3			15	20	1.2
		17	18	7.2			14	17	0.8			8	9	0.3			20	22	1.0
	16	15	16	8.9		22	22	23	0.6	12	4	5	0.2	9	9	22	6	6.9
		16	17	35.4			3	7	5.3		6	7	4.5		10	7	8	0.7
		17	18	3.5			7	8	3.9			7	8	4.7			8	9	3.0
		18	19	3.6			8	9	4.5			8	9	0.4			9	10	3.4
		19	20	6.5			9	10	3.2			9	10	2.7			10	11	2.9
		20	22	1.9			10	11	2.3			10	11	9.2			11	19	8.6
	21	0	6	1.4			11	12	4.7			11	12	11.5		11	2	5	1.1
		8	14	5.9			12	20	6.6			12	20	9.9		14	20	23	1.5
		14	15	2.9			20	2	4.3			20	23	6.1		17	17	20	0.3
		15	16	3.2		23	2	3	8.0			23	0	2.6		20	5	7	0.2
		16	20	1.2			3	4	8.5	13	0	1	2.3					

1993 滚 河 尚店站

月	日	起	止	降水量(mm)	月	日	起	止	降水量(mm)	月	日	起	止	降水量(mm)	月	日	起	止	降水量(mm)
6	3	13	15	2.5	6	4	11	12	1.1	6	11	17	18	4.8	6	21	2	3	0.6
		15	16	4.3		11	13	14	4.8		16	16	17	23.2			9	11	4.9
		16	20	6.8			14	15	19.7			17	19	3.3			12	13	1.0
		20	8	16.5			15	16	6.8			19	20	5.8			14	16	3.1
	4	8	10	1.2			16	17	7.0			20	23	2.7		24	5	6	0.4

降 水 量 摘 录 表

月	日	起	止	降水量(mm)	月	日	起	止	降水量(mm)	月	日	起	止	降水量(mm)	月	日	起	止	降水量(mm)
6	24	17	18	2.5	7	22	9	10	3.6	8	12	6	7	4.5	8	15	11	14	2.7
	27	23	0	2.5			10	11	3.5			7	8	4.0		23	20	21	27.0
	28	10	12	1.1			11	12	4.5			8	9	0.6			21	22	9.4
		14	15	1.7			12	15	4.8			9	10	4.1			22	23	13.4
		15	16	2.8			15	16	12.0			10	11	4.6			23	0	10.0
7	15	22	23	4.5			16	20	2.8			11	12	12.3		24	0	1	3.6
	16	3	4	9.5		23	2	3	2.5			12	13	3.0			1	2	1.0
		4	5	4.0			3	4	4.5			13	20	6.8			3	4	2.0
		8	9	1.7			4	6	1.4			20	21	1.1			23	1	4.0
		10	12	2.7		31	15	18	2.2			23	0	3.2		25	1	2	3.5
	20	9	12	1.7	8	3	5	6	6.4		13	0	1	4.6			2	4	4.5
	21	22	23	0.7			6	7	1.1			1	2	3.1			8	12	2.1
	22	0	1	0.7		10	15	16	15.2			2	4	3.9			13	14	1.0
		2	3	0.8			16	17	3.3			7	8	0.6		28	19	20	1.2
		4	5	3.0			17	18	0.7			8	9	0.2	9	9	8	10	3.5
		5	6	2.5		11	4	5	3.5			10	12	1.8		10	7	8	1.1
		6	7	6.0			5	6	4.0			13	14	0.7			8	9	2.4
		7	8	3.5			6	7	4.8		14	15	19	5.0			9	10	3.2
		8	9	4.2			7	8	0.3		15	8	10	2.2			10	19	12.0

1993　滚　河　柏庄站

月	日	起	止	降水量(mm)	月	日	起	止	降水量(mm)	月	日	起	止	降水量(mm)	月	日	起	止	降水量(mm)
4	30	12	13	3.8	6	27	23	1	1.8	8	3	6	7	0.2	8	15	6	8	3.4
		13	14	25.3		28	2	3	0.2			15	16	0.4			8	10	0.5
		14	15	3.5			14	15	0.1			20	21	0.5			11	12	0.1
		15	16	14.5			15	16	4.3		5	2	4	1.2			12	13	3.2
		16	17	8.0			16	17	3.7			20	21	0.2			13	15	3.5
		17	18	0.7			23	0	0.1			22	1	0.4		16	1	4	0.6
		20	2	6.5		29	2	3	0.1		6	5	6	0.2			6	7	0.1
5	1	3	4	0.6	7	6	20	22	0.7			13	14	0.3		18	1	2	0.6
		6	7	0.9		16	2	3	3.9			15	17	0.4		20	5	7	0.2
6	3	12	13	0.3			3	4	11.9		10	15	19	2.3		23	18	19	1.9
		13	14	6.5			4	5	3.0			20	0	0.9			19	20	4.6
		14	20	7.9			8	9	4.3		11	1	3	0.8			20	21	17.6
		20	8	3.9			9	10	0.2			4	5	0.7			21	22	5.5
	4	8	12	1.2			10	11	2.8			5	6	3.0			22	23	2.1
	11	10	11	3.6			11	13	2.9			6	7	4.3			23	0	17.5
		11	14	2.4		20	6	7	0.6			7	8	0.2		24	0	2	2.8
		14	15	3.2			8	10	3.0		12	6	7	2.7			23	0	1.6
		15	16	16.6			22	23	1.0			7	8	1.5		25	0	1	2.9
		16	17	9.1			23	0	4.5			8	10	2.3			1	2	5.4
		17	18	11.9		21	10	11	0.1			10	11	3.4			2	3	1.8
		18	19	1.0			15	18	1.1			11	12	5.6			4	6	0.8
		20	21	0.1			21	7	12.6			12	13	4.4			9	14	4.2
	16	16	17	5.2		22	7	8	2.7			13	14	5.2			19	20	0.3
		17	19	1.5			8	9	4.1			14	15	2.9			20	21	0.1
		19	20	3.6			9	10	4.7			15	20	5.9		28	16	20	1.8
		20	23	1.5			10	11	1.6			20	22	0.7			20	21	0.1
	21	1	4	1.0			11	12	4.7			22	23	2.9	9	9	22	6	3.6
		8	10	0.8			12	19	7.2			23	0	4.4		10	7	8	0.5
		10	11	3.1			20	3	3.1		13	0	1	5.1			8	9	1.8
		11	15	2.5		23	3	4	2.9			1	2	5.0			9	10	2.9
		15	16	2.7			4	5	0.7			2	3	3.3			10	11	2.8
		17	18	0.7			6	7	0.1			3	8	1.6			11	18	8.7
		19	20	0.2		29	16	18	2.5			14	16	1.1		14	20	0	1.0
		20	22	0.8		31	15	19	2.8			21	22	0.3		17	16	18	0.5
	24	6	7	0.1	8	2	18	19	0.1		15	1	5	1.9		19	16	17	0.9
		17	18	0.6		3	3	5	0.5			5	6	3.7					

降 水 量 摘 录 表

1993　洪　河　滚河李站

月	日	起	止	降水量(mm)	月	日	起	止	降水量(mm)	月	日	起	止	降水量(mm)	月	日	起	止	降水量(mm)
4	30	12	13	10.5	6	28	14	15	0.7	8	3	15	17	0.3	8	16	5	6	0.1
		13	14	7.0			15	16	2.8			20	22	0.4		18	1	3	0.2
		14	15	7.5			16	17	0.1		5	0	4	3.3		20	6	7	0.1
		15	16	5.2	7	6	17	18	3.3		10	15	16	3.6		23	18	20	3.1
		16	17	5.8			20	22	0.5			16	17	0.2			20	21	6.1
		17	18	2.7		14	2	3	0.1			21	0	0.7			21	22	3.5
		18	19	0.1		16	0	1	0.1		11	1	8	6.4			22	23	0.3
		21	23	1.1			3	5	1.3		12	6	8	2.9			23	0	4.6
5	1	1	4	0.3			7	8	0.4			8	11	2.7		24	0	1	4.0
		7	8	0.1			8	9	3.5			11	12	4.2			1	2	1.0
6	3	13	14	0.6		20	9	14	5.3			12	13	4.4			3	4	0.1
		14	15	3.6			5	6	0.8			13	14	3.1			7	8	0.1
		15	16	2.8			7	8	0.1			14	15	3.6			23	1	3.2
		16	20	4.3			8	10	1.7			15	20	6.3		25	1	2	2.8
		20	0	3.3			13	14	0.1			20	23	3.9			2	6	6.4
	4	1	2	0.2			22	23	3.2			23	0	5.1			7	8	0.1
		3	8	3.6			23	1	0.4		13	0	1	3.9			8	15	3.9
		8	10	0.6		21	6	7	0.1			1	2	5.2			19	20	0.1
	11	10	14	1.5			15	19	0.8			2	3	3.0			20	21	0.2
		14	15	10.2			23	2	0.9			3	7	2.1		28	18	20	0.4
		15	16	11.9		22	4	8	7.2			8	10	0.3			20	23	0.6
		16	17	11.7			8	9	2.1			14	16	1.5	9	9	22	6	5.5
		17	18	3.2			9	10	3.5			19	20	0.1		10	7	8	0.1
		18	19	0.2			10	13	3.1			21	22	0.1			8	10	2.6
	16	16	17	4.0			14	20	3.8		14	3	4	0.1			10	11	3.1
		17	19	1.6			21	0	0.5			19	20	0.1			11	16	6.4
		19	20	3.6		23	1	6	3.9			23	6	5.0			17	18	0.7
		20	23	1.6			7	8	0.1		15	6	7	3.8		11	6	8	0.7
	21	1	4	1.4		31	15	18	1.8			7	9	1.8		14	20	21	0.1
		10	16	4.9	8	3	5	6	0.5			8	9	0.4			22	0	0.2
		17	18	0.2			6	7	14.4			10	11	0.1		17	17	19	0.2
		20	21	0.2			7	8	2.3			12	13	2.8			21	22	0.1
	24	17	18	0.3			9	10	0.1			13	16	2.7		20	5	8	0.4
	28	0	1	0.3			12	13	0.1		16	2	4	0.3					

1993　滚　河　袁门站

月	日	起	止	降水量(mm)	月	日	起	止	降水量(mm)	月	日	起	止	降水量(mm)	月	日	起	止	降水量(mm)
4	30	12	14	3.7	6	11	13	14	1.8	6	24	16	18	2.3	7	20	10	11	0.6
		14	15	6.3			14	15	40.6		27	22	0	1.6			12	14	24.6
		15	16	12.5			15	16	6.8		28	8	12	4.0			22	0	1.0
		16	17	9.7			16	17	5.6			15	16	6.1		21	8	10	0.3
		17	18	0.9			17	18	11.6			16	18	0.3			14	18	0.6
		20	0	2.0		16	17	18	60.6		29	3	4	0.5		22	2	6	4.9
5	1	3	4	0.1			18	19	14.0	7	6	19	20	0.1			6	8	5.3
		7	8	0.1			19	20	1.0			20	22	0.5			8	9	3.1
6	3	13	15	2.8			20	21	4.2		16	3	4	5.5			9	10	4.2
		15	16	3.7			21	22	2.9			4	5	12.0			10	11	1.4
		16	17	3.3			22	23	0.1			5	6	2.2			11	12	5.4
		17	20	5.0		21	2	5	0.8			7	8	0.6			12	20	8.7
		20	8	5.5			9	16	10.9			8	12	4.0			20	2	2.2
	4	8	10	0.5			19	20	0.6			22	0	0.3		23	2	3	9.2
	11	10	12	1.5			20	0	0.9		20	5	8	0.4			3	4	3.7

降 水 量 摘 录 表

月	日	时或时分		降水量	月	日	时或时分		降水量	月	日	时或时分		降水量	月	日	时或时分		降水量
		起	止	(mm)			起	止	(mm)			起	止	(mm)			起	止	(mm)
7	23	4	7	1.6	8	11	8	10	0.4	8	15	12	15	3.0	8	25	6	7	0.1
	29	17	18	0.5		12	6	7	2.0		16	1	2	0.2			8	14	4.5
	31	15	19	2.1			7	8	4.6			3	4	0.5			19	20	0.1
8	2	16	17	0.8			8	10	2.5		18	2	3	0.1			20	21	0.1
	3	5	7	1.8			10	11	10.0		20	5	7	0.2		28	9	11	0.2
	5	21	22	0.3			11	12	19.9		23	20	21	8.9			16	20	0.9
	6	1	4	0.3			12	13	3.7			21	22	13.0			20	23	1.1
		8	11	0.9			13	20	9.3			22	23	32.8	9	9	22	6	4.9
	7	0	1	1.8			20	23	1.3			23	0	22.5		10	8	9	2.7
		9	11	0.2			23	0	5.9		24	0	1	3.6			9	10	3.0
	10	14	15	10.5		13	0	1	2.9			1	2	5.5			10	19	10.5
		15	16	19.2			1	2	3.2			2	4	0.6		11	5	6	0.1
		16	18	3.2			2	8	4.0			22	23	0.1			8	9	0.1
		20	23	0.9			8	15	5.4			23	0	2.7		14	20	23	1.2
	11	1	5	2.9		15	0	6	3.4		25	0	1	0.5		17	17	18	0.2
		5	6	6.5			6	7	2.7			1	2	7.1		19	8	9	0.1
		6	7	3.2			7	8	1.0			2	5	2.8					
		7	8	0.4			8	10	1.4			5	6	2.7					

1994　滚　河　刀子岭站

月	日	时或时分		降水量	月	日	时或时分		降水量	月	日	时或时分		降水量	月	日	时或时分		降水量
		起	止	(mm)			起	止	(mm)			起	止	(mm)			起	止	(mm)
4	18	14	17	3.8	6	24	23	0	11.3	7	12	14	20	2.8	8	8	13	14	12.3
		18	20	0.4		25	0	1	5.1			20	21	0.1			14	17	3.7
		20	6	5.7			1	2	2.9		15	12	13	11.5		19	20	21	0.1
	19	6	7	13.2			2	4	0.9			13	14	6.0		20	7	8	2.2
		7	8	1.9			4	5	3.4			17	18	26.1			8	10	1.3
		8	9	0.7			5	6	2.1			18	19	6.0		23	3	4	2.0
		9	10	11.3			6	7	14.9		16	7	8	0.2			4	5	11.1
		10	11	15.7			7	8	8.6			16	17	9.9			5	6	16.8
		11	20	6.5			8	9	3.9			17	18	4.7			6	7	17.6
		20	21	0.1			9	10	3.6		22	13	14	0.1			7	8	19.8
		22	23	0.1			10	11	0.5	8	5	16	18	0.6			8	9	7.7
	20	3	4	0.1			15	16	0.1			16	17	5.2			9	10	7.6
6	5	18	20	0.4		30	12	15	0.5			17	19	2.4			10	11	7.6
	6	0	8	2.2			16	19	0.5			19	20	3.1			11	12	10.6
		15	17	0.6	7	3	13	14	24.7		6	7	8	1.1			12	13	6.1
		22	23	0.2			21	23	0.2			17	18	40.9			13	14	4.3
		23	0	3.2		4	0	1	0.1			18	19	65.5			14	20	2.7
	7	0	1	2.5		5	16	17	11.8			19	20	21.3		24	4	5	0.1
		1	2	3.7			17	18	0.1			20	21	6.3			7	8	0.1
		2	5	3.0			21	22	3.2			21	22	0.3		25	16	17	5.0
		5	6	7.0			22	23	0.1			23	1	2.4		26	3	5	0.5
		6	7	2.9		10	18	19	31.8		7	1	2	16.5			8	11	4.1
		7	8	2.1			19	20	10.9			2	3	6.8			11	12	5.0
		8	9	6.9			20	21	11.7			3	4	3.4			12	13	1.4
		9	10	3.7			21	22	2.5			4	5	0.7			15	16	3.2
		10	13	3.2		12	0	2	0.4			6	7	0.3			16	20	3.7
		13	14	5.3			2	3	10.3			8	10	1.8			20	22	0.3
		14	15	6.8			3	4	43.7			10	11	3.5		27	0	8	2.0
		15	16	8.8			4	5	59.4			11	12	1.6		28	4	5	0.1
		16	17	3.2			5	6	68.8			12	13	5.1			7	8	0.3
		17	18	3.5			6	7	41.8			13	14	6.2			8	9	0.1
		18	20	1.3			7	8	35.6			14	15	1.1			11	12	0.1
		20	22	1.4			8	9	29.1			20	21	0.1			17	19	1.0
		23	8	5.2			9	10	9.4			23	0	0.1		29	0	6	0.2
	12	22	23	6.6			10	11	11.7		8	1	2	0.1			6	7	0.1
		23	0	0.7			11	12	17.1			5	7	0.3			7	8	5.0
	15	22	2	2.9			12	13	20.8			7	8	8.6			8	12	3.9
	24	22	23	0.1			13	14	7.9			8	13	4.3			12	13	5.7

降 水 量 摘 录 表

月	日	起	止	降水量(mm)	月	日	起	止	降水量(mm)	月	日	起	止	降水量(mm)	月	日	起	止	降水量(mm)
8	29	13	14	2.5	9	3	4	7	0.4	9	14	16	18	0.2	9	16	0	5	5.7
		14	15	3.1		4	14	15	9.3			19	20	0.2			5	6	4.0
		15	16	0.8			16	17	0.2			20	8	8.3			6	7	3.9
	30	6	7	0.1			21	22	0.3		15	8	12	1.0			7	8	0.3
9	3	0	1	7.3		10	14	15	0.6			13	20	4.1			8	11	1.1
		1	2	0.1			17	19	0.3			20	21	0.3					

1994　滚　河　尚店站

月	日	起	止	降水量(mm)	月	日	起	止	降水量(mm)	月	日	起	止	降水量(mm)	月	日	起	止	降水量(mm)
6	5	19	20	0.1	7	2	22	23	1.6	8	7	0	1	5.8	8	26	18	20	2.0
	6	0	6	3.0		4	0	2	0.2			1	2	1.8			20	21	0.4
		14	16	0.4		5	13	14	13.0			2	3	5.7		27	1	3	0.2
		17	18	0.1			14	15	1.8			3	6	1.1		28	6	8	0.9
		22	23	0.3			18	19	0.1			8	9	3.2			11	12	0.2
		23	0	2.6			20	21	3.6			9	10	13.8			16	17	0.2
	7	0	1	1.9			21	22	11.1			10	11	3.5			18	19	0.2
		1	2	3.1			22	23	3.0			11	12	2.7			22	2	0.9
		2	5	1.9		7	12	13	0.3			12	13	2.8		29	4	6	0.2
		5	6	3.7		10	19	20	9.8			13	14	1.1			7	8	6.0
		6	8	4.3		11	20	22	0.3		8	6	7	0.6			8	9	12.6
		8	9	4.2		12	0	3	0.6			7	8	10.9			9	10	4.6
		9	13	4.8			3	4	12.0			8	15	5.4			10	12	3.0
		13	14	4.1			4	5	39.0		20	9	10	0.2			12	13	8.4
		14	15	6.0			5	6	39.8		23	3	5	0.3			13	15	2.6
		15	16	9.3			6	7	19.0			5	6	5.5		31	15	16	0.5
		16	20	5.3			7	8	10.9			6	7	17.6	9	3	0	1	2.6
		20	22	0.7			8	9	13.6			7	8	2.8			1	2	0.6
		23	7	3.0			9	10	8.3			8	9	11.4		4	13	14	1.3
	12	21	23	2.7			10	12	3.4			9	10	2.7		10	14	15	0.4
	15	22	2	2.3			12	13	9.2			10	11	3.5			17	18	0.2
	24	22	23	1.2			13	15	2.2			11	12	9.2		14	16	17	0.2
		23	0	11.0			16	19	1.6			12	13	2.2			19	20	0.2
	25	0	1	24.1		13	2	7	0.1			13	14	3.6			20	8	6.7
		1	3	0.4		15	11	13	0.9			14	16	0.2		15	8	11	0.6
		3	4	6.0			16	17	0.2			17	20	0.6			13	17	1.1
		4	5	8.2			16	17	4.5		25	15	16	1.2			18	19	0.9
		5	6	13.7	8	5	17	18	9.2			16	17	19.2			19	20	5.6
		6	7	7.1			19	20	2.4		26	2	6	0.7			20	21	1.0
		7	8	4.7			20	21	9.3			7	8	0.1		16	0	8	8.7
		8	9	3.8		6	5	6	18.3			9	10	6.4		25	4	6	0.3
		9	11	2.3			6	8	0.2			10	11	1.0					
	30	18	19	1.5			8	10	2.2			11	12	3.4					
7	1	11	12	0.3			20	21	0.6			16	17	0.1					

1994　滚　河　尹集站

月	日	起	止	降水量(mm)	月	日	起	止	降水量(mm)	月	日	起	止	降水量(mm)	月	日	起	止	降水量(mm)
6	5	17	20	1.5	6	7	6	7	4.0	6	7	15	16	6.8	6	15	23	2	2.2
		20	21	0.4			7	8	1.1			16	17	4.1		24	9	10	0.6
	6	1	3	1.2			8	9	3.7			17	20	3.9			22	23	0.6
		3	4	3.4			9	10	2.8			20	6	4.0			23	0	18.5
		4	7	1.5			10	11	2.9	8	7	7	8	0.1		25	0	1	24.3
		23	0	3.1			11	13	2.1		12	21	22	6.7			1	3	2.1
	7	0	1	2.7			13	14	4.2			22	23	2.7			3	4	5.0
		1	6	6.6			14	15	4.2			23	0	0.1			4	5	10.8

降 水 量 摘 录 表

月	日	起	止	(mm)	月	日	起	止	(mm)	月	日	起	止	(mm)	月	日	起	止	(mm)
6	25	5	6	15.1	7	12	11	12	4.6	8	8	7	8	4.6	8	28	16	17	0.6
		6	7	7.0			12	13	6.9			8	9	6.3			22	2	1.0
		7	8	5.3			13	14	2.2			9	12	3.0		29	4	6	0.4
		8	9	3.2			14	15	2.8			13	15	1.3			7	8	2.5
		9	12	2.8			15	16	0.2		23	5	6	12.2			8	9	14.1
7	30	18	19	0.6			17	20	1.6			6	7	21.0			9	10	4.9
	1	10	12	0.2		15	16	18	1.7			7	8	9.0			10	11	4.2
	2	22	23	0.7		16	7	8	0.1			8	9	18.4			11	12	0.9
	3	13	14	0.3		22	16	17	0.1			9	10	3.7			12	13	8.6
	5	16	17	18.0	8	5	17	18	1.1			10	11	2.7			13	16	2.3
		17	18	4.7			19	20	4.7			11	12	7.2	9	2	17	18	0.1
		21	0	2.5			20	21	6.4			12	13	2.3		3	0	1	4.3
	10	19	20	4.9		6	8	9	36.7			13	14	6.3			1	2	14.3
		20	21	4.0			9	11	2.7			14	15	0.1			2	3	0.5
		21	22	0.1			21	22	0.1			16	18	0.5		10	14	15	1.0
	11	20	22	0.2		7	1	2	24.4		25	16	17	8.6			16	17	0.1
	12	0	2	0.2			2	3	39.0		26	3	6	0.7		11	1	2	0.1
		3	4	27.6			3	4	2.6			9	10	2.4		14	20	8	8.9
		4	5	47.0			4	5	0.8			10	11	7.3		15	8	11	1.0
		5	6	48.7			8	9	6.4			11	12	5.2			12	20	2.1
		6	7	36.5			9	10	14.4			12	13	0.3		16	0	8	9.7
		7	8	16.7			10	11	3.9			16	20	1.3			8	10	1.1
		8	9	20.9			11	12	3.9			20	22	0.7					
		9	10	5.4			12	14	2.8		27	2	4	0.5					
		10	11	5.1		8	6	7	0.7		28	7	8	0.6					

1994 滚 河 柏庄站

月	日	起	止	(mm)	月	日	起	止	(mm)	月	日	起	止	(mm)	月	日	起	止	(mm)
6	5	17	20	0.9	6	25	2	3	0.5	7	12	13	14	5.1	8	8	14	15	0.9
		20	21	0.3			3	4	6.8			14	15	0.1		23	5	6	4.0
	6	0	3	2.7			4	5	28.3			17	20	1.9			6	7	22.0
		3	4	2.7			5	6	7.7		14	19	20	0.7			7	8	11.0
		4	7	1.8			6	7	4.8		15	17	18	0.4			8	9	17.8
		15	16	0.1			7	8	4.2			19	20	0.1			9	10	10.0
		17	19	0.2			8	9	3.5		16	12	13	0.5			10	11	8.6
		22	0	2.8			9	11	2.0			13	14	4.3			11	12	11.7
	7	0	1	2.6		30	16	19	0.9		17	11	12	0.1			12	13	3.1
		1	2	4.3			23	0	0.7			21	22	0.1			13	14	7.7
		2	6	3.9	7	1	9	12	0.7	8	5	17	18	0.5			14	18	5.8
		6	7	2.9		2	21	23	0.7			20	21	5.1		26	3	7	0.8
		7	8	1.1		4	1	2	0.1		6	5	6	2.8			9	10	0.6
		8	9	2.6		5	13	14	24.5			6	8	2.0			10	11	8.1
		9	10	1.7			14	15	5.0			8	9	1.6			11	12	0.8
		10	11	2.6			21	22	12.7			9	10	33.3			18	19	0.9
		11	13	1.6			22	23	5.0			10	11	0.9			20	23	0.3
		13	14	7.7		10	19	20	3.4			14	15	0.1		27	0	3	0.8
		14	15	6.0			20	21	2.3			17	18	0.1		28	6	8	1.6
		15	16	4.5		11	20	21	4.9		7	1	2	43.4			16	17	1.0
		16	17	4.2		12	0	3	1.0			2	3	62.4			18	20	0.2
		17	20	2.5			3	4	5.9			3	4	0.9			22	3	2.2
		20	3	2.8			4	5	70.3			8	9	24.4		29	4	8	0.7
	8	4	6	0.5			5	6	51.5			9	10	17.1			8	9	19.8
	12	21	22	5.1			6	7	30.9			10	11	5.3			9	10	5.7
		22	0	0.3			7	8	19.6			11	12	3.2			10	11	2.2
	15	22	2	2.1			8	9	18.3			12	14	3.6			11	12	3.1
	24	22	23	15.3			9	10	13.1		8	6	7	0.2			12	13	6.6
		23	0	25.5			10	11	3.7			7	8	3.5			13	15	0.3
	25	0	1	7.1			11	12	5.1			8	9	14.6		30	21	22	3.5
		1	2	3.1			12	13	8.5			9	12	2.1		31	15	16	2.2

降 水 量 摘 录 表

月	日	起	止	降水量(mm)	月	日	起	止	降水量(mm)	月	日	起	止	降水量(mm)	月	日	起	止	降水量(mm)
8	31	16	17	9.6	9	10	14	15	0.8	9	14	20	8	9.0	9	16	0	8	9.1
9	3	0	1	1.7			16	17	0.1		15	8	11	0.8			8	10	0.6
		1	2	7.1			18	19	0.1			14	17	0.6			12	13	0.1
		2	3	1.3		14	19	20	0.3			18	20	1.5					

1994　滚　河　石漫滩站

月	日	起	止	降水量(mm)	月	日	起	止	降水量(mm)	月	日	起	止	降水量(mm)	月	日	起	止	降水量(mm)
6	5	17	20	1.5	6	25	6	7	7.0	8	5	17	18	1.1	8	26	9	10	2.4
		20	21	0.4			7	8	5.3			19	20	4.7			10	11	7.3
	6	1	3	1.2			8	9	3.2			20	21	6.4			11	12	5.2
		3	4	3.4			9	12	2.8		6	8	9	36.7			12	13	0.3
		4	7	1.5		30	18	19	0.6			9	11	2.7			16	20	1.3
		23	0	3.1	7	1	10	12	0.2			21	22	0.1			20	22	0.7
	7	0	1	2.7		2	22	23	0.7		7	1	2	24.4		27	2	4	0.5
		1	6	6.6		3	13	14	0.3			2	3	39.0		28	7	8	0.6
		6	7	4.0		5	16	17	18.0			3	4	2.6			16	17	0.6
		7	8	1.1			17	18	4.7			4	5	0.8			22	2	1.0
		8	9	3.7			21	0	2.5			8	9	6.4		29	4	6	0.4
		9	10	2.8		10	19	20	4.9			9	10	14.4			7	8	2.5
		10	11	2.9			20	21	4.0			10	11	3.9			8	9	14.1
		11	13	2.1			21	22	0.1			11	12	3.9			9	10	4.9
		13	14	4.2		11	20	22	0.2			12	14	2.8			10	11	4.2
		14	15	4.2		12	0	2	0.2		8	6	7	0.7			11	12	0.9
		15	16	6.8			3	4	27.6			7	8	4.6			12	13	8.6
		16	17	4.1			4	5	47.0			8	9	6.3			13	16	2.3
		17	20	3.9			5	6	48.7			9	12	3.0	9	2	17	18	0.1
		20	6	4.0			6	7	36.5			13	15	1.3		3	0	1	4.3
	8	7	8	0.1			7	8	16.7		23	5	6	12.2			1	2	14.3
	12	21	22	6.7			8	9	20.9			6	7	21.0			2	3	0.5
		22	23	2.7			9	10	5.4			7	8	9.0		10	14	15	1.0
		23	0	0.1			10	11	5.1			8	9	18.4			16	17	0.1
	15	23	2	2.2			11	12	4.6			9	10	3.7		11	1	2	0.1
	24	9	10	0.6			12	13	6.9			10	11	2.7		14	20	8	8.9
		22	23	0.6			13	14	2.2			11	12	7.2		15	8	11	1.0
		23	0	18.5			14	15	2.8			12	13	2.3			12	20	2.1
	25	0	1	24.3			15	16	0.2			13	14	6.3		16	0	8	9.7
		1	3	2.1			17	20	1.6			14	15	0.1			8	10	1.1
		3	4	5.0		15	16	18	1.7			16	18	0.5					
		4	5	10.8		16	7	8	0.1		25	16	17	8.6					
		5	6	15.1		22	16	17	0.1		26	3	6	0.7					

1994　滚　河　袁门站

月	日	起	止	降水量(mm)	月	日	起	止	降水量(mm)	月	日	起	止	降水量(mm)	月	日	起	止	降水量(mm)
6	5	18	20	0.2	6	7	9	10	3.2	6	12	22	23	3.2	6	25	6	7	8.6
	6	0	7	3.1			10	11	3.9		15	22	2	2.6			7	8	6.0
		15	17	0.5			11	13	0.8		24	8	10	0.6			8	9	3.4
		22	23	0.8			13	14	4.5			18	19	0.1			9	10	2.6
		23	0	2.7			14	15	5.7			23	0	13.8			10	12	0.6
	7	0	1	1.9			15	16	9.9		25	0	1	7.3		30	10	11	0.9
		1	2	3.9			16	17	3.3			1	2	2.6			18	20	1.9
		2	5	2.7			17	18	2.7			2	3	1.1	7	1	2	3	0.2
		5	6	3.8			18	20	1.3			3	4	5.0		3	13	14	2.9
		6	8	4.2			20	8	5.7			4	5	6.2			14	15	0.1
		8	9	5.3		12	21	22	0.5			5	6	11.7			22	23	0.2

降 水 量 摘 录 表

月	日	起	止	降水量(mm)	月	日	起	止	降水量(mm)	月	日	起	止	降水量(mm)	月	日	起	止	降水量(mm)
7	4	1	2	0.1	8	5	19	20	11.3	8	23	5	6	20.8	8	29	12	13	8.8
	5	16	17	2.4			20	21	3.0			6	7	12.3			13	14	3.9
		21	23	1.2		6	8	9	3.8			7	8	7.3			14	16	1.4
	6	4	5	0.1			10	11	0.1			8	9	8.6	9	2	18	20	0.5
	10	19	20	8.1			19	20	1.6			9	10	4.2		3	2	3	14.6
		20	21	4.4			20	22	2.1			10	11	5.8			3	5	0.6
		21	22	0.3		7	0	1	11.9			11	12	5.0		4	13	14	3.1
	12	1	2	0.2			1	2	26.7			12	13	3.3			14	15	0.8
		2	3	2.8			2	3	4.5			13	14	1.9			16	17	0.1
		3	4	13.7			3	4	1.6			16	18	2.4	10	14	15	0.4
		4	5	46.8			6	8	0.2	25	15	16	4.3			17	18	0.2
		5	6	61.2			8	9	6.0			16	17	0.6	11	1	2	0.2
		6	7	30.0			9	10	7.3	26	2	5	0.8	14	15	17	0.1
		7	8	15.9			10	11	3.0			9	10	7.2			19	20	0.2
		8	9	14.1			11	12	2.8			10	11	0.9			20	8	6.3
		9	10	5.1			12	13	2.8			11	12	11.9	15	8	11	0.6
		10	11	2.0			13	14	1.8			12	13	0.3			12	20	4.3
		11	12	3.9			15	16	0.1			15	20	3.0			20	21	0.2
		12	13	8.1	8	6	7	0.3			20	22	0.6	16	0	5	5.0
		13	14	3.9			7	8	7.8	27	0	5	2.3			5	6	2.8
		14	16	0.7			8	12	4.9	28	7	8	0.5			6	8	2.6
		17	20	1.5			13	15	1.8			23	2	0.4			8	9	0.5
	16	16	19	2.2	20	9	10	0.3	29	7	8	2.8			10	12	0.2
8	5	16	19	1.6	23	3	5	3.5			8	12	7.3	25	5	6	0.2

1995   滚   河   刀子岭站

月	日	起	止	降水量(mm)	月	日	起	止	降水量(mm)	月	日	起	止	降水量(mm)	月	日	起	止	降水量(mm)
4	22	4	5	0.4	6	20	9	10	15.4	7	11	5	6	0.1	7	25	11	12	3.5
		5	6	4.0			10	11	7.7		12	17	18	19.1			12	13	0.2
		6	7	15.7			11	12	4.1			18	20	3.3		30	15	17	2.4
		7	8	13.4			12	13	6.5		15	19	20	0.3		31	14	15	27.5
		8	9	6.8			13	14	3.0			20	22	1.6			15	16	0.1
		9	10	3.6			14	15	0.1		16	0	2	1.1	8	2	22	23	1.3
		10	15	2.6			15	16	4.8			6	7	2.1		3	0	1	0.1
		19	20	0.1			16	17	4.1			7	8	3.4			2	3	1.6
6	1	18	19	4.6			17	18	2.7		18	16	17	12.0			3	4	33.6
		19	20	0.1			18	19	0.2			17	18	3.5			4	6	1.4
		20	21	3.6			22	1	0.4		19	1	2	0.2			19	20	5.6
		21	23	0.2		21	23	3	2.8		20	4	5	8.9			20	22	0.8
	2	16	18	0.2	7	7	5	8	1.4			5	6	0.5		4	3	6	1.9
	9	8	9	8.1			8	9	1.0			6	7	20.9			6	7	6.4
		18	19	0.1			9	10	3.2		22	16	17	28.8			7	8	0.2
	10	23	1	2.2			10	11	4.2			17	18	2.6			8	9	1.5
		2	3	11.1			11	12	4.3		23	20	21	0.2			9	10	3.0
		3	4	8.7			12	13	6.4			21	22	40.9			10	11	1.5
		4	5	5.6			13	20	7.3			22	23	0.1			11	12	6.7
		5	6	3.9			22	2	2.2		24	0	2	2.0			12	13	10.2
		6	8	0.2	8	5	7	2.1			3	6	1.1			13	14	6.2
		8	10	0.6			7	8	2.7			8	9	3.3			14	15	4.4
		14	15	8.3			8	9	5.7			9	10	4.0			15	17	2.8
		15	17	0.2			9	10	1.5			10	11	4.0			20	21	0.1
	11	5	6	6.3			10	11	3.1			11	12	18.6		5	16	17	6.1
		6	7	7.3			11	13	1.5			12	13	1.3		6	16	17	2.7
		7	8	0.8		10	20	21	3.4		25	0	1	35.3			17	18	0.1
		9	10	0.1			21	0	1.3			1	2	31.3			19	20	48.1
		14	15	0.4		11	1	2	1.2			2	3	1.3			20	21	30.8
	20	6	7	1.1			2	3	2.9			5	6	12.9			21	22	1.4
		7	8	3.0			3	4	19.4			6	7	4.7		7	2	4	3.8
		8	9	2.7			4	5	7.5			10	11	18.0			6	8	0.2

降 水 量 摘 录 表

月	日	起	止	降水量(mm)	月	日	起	止	降水量(mm)	月	日	起	止	降水量(mm)	月	日	起	止	降水量(mm)
8	7	9	10	1.9	8	15	4	8	7.9	8	30	20	22	0.2	10	2	19	20	7.2
		10	11	14.2			8	20	7.9		31	2	3	0.1			20	21	4.6
		11	15	1.3			20	23	0.6	9	4	4	8	0.6			21	22	3.9
		16	17	1.6		16	2	4	0.2			8	10	0.2			22	23	5.8
		17	18	4.2		17	1	2	15.9			17	18	0.1			23	0	4.6
	9	4	8	1.4			2	3	0.1			19	20	0.1		3	0	1	3.4
		15	16	3.9			11	12	5.2			20	0	0.4			1	3	2.3
		16	17	17.3			12	13	3.2		5	2	7	0.5			4	5	0.1
		17	18	0.1			13	14	0.1		7	5	8	0.3		13	13	15	1.3
	12	0	1	0.2		20	17	18	1.9			20	21	0.1			15	16	7.3
		1	2	3.0		21	12	13	1.8			22	23	0.1			16	17	28.0
		3	4	13.0			15	16	0.1		8	0	1	0.1			17	18	13.4
		4	5	1.3			17	20	2.0			2	5	0.3			18	19	11.2
		5	6	3.7			20	22	0.6			7	8	0.1			19	20	3.4
		6	7	3.8			23	0	31.3		9	20	21	1.1			22	23	0.1
		7	8	1.7		22	0	1	10.9		10	0	2	3.8		22	18	20	2.2
		8	9	3.9			3	4	0.2		11	5	8	0.9			20	21	3.6
		9	10	2.9			5	8	1.3			10	11	0.1			21	22	2.6
		10	11	1.1		29	19	20	12.4		12	6	8	1.6			22	23	2.7
	13	3	4	0.3		30	0	2	1.6			8	15	2.9			23	0	5.7
		7	8	0.1			2	3	7.6			21	23	0.8		23	0	1	3.5
		8	9	0.1			3	4	34.0	10	2	10	11	0.1			1	2	2.6
	14	2	3	0.4			4	5	0.1			16	17	3.1			2	3	3.9
		16	17	1.5			7	8	0.3			17	18	3.0			3	4	3.2
		23	3	5.9			16	17	0.1			18	19	5.3			4	5	4.2
	15	3	4	5.5			19	20	0.2								5	8	5.0

1995 滚 河 尚店站

月	日	起	止	降水量(mm)	月	日	起	止	降水量(mm)	月	日	起	止	降水量(mm)	月	日	起	止	降水量(mm)
6	2	8	9	0.1	6	29	11	12	4.7	7	16	6	8	0.3	7	30	16	17	3.6
		16	17	0.2			12	13	5.1			8	10	0.6			17	18	0.7
	9	7	8	0.5			15	17	0.8			23	0	0.5			19	20	0.1
		8	9	0.2	7	7	6	8	1.5		18	16	17	7.3	8	2	23	0	0.4
		23	0	0.3			8	9	1.3			17	18	0.6		3	1	2	2.7
	10	2	3	11.5			9	10	6.4			23	0	0.1			2	5	1.0
		3	4	4.9			10	11	2.8		19	1	2	2.0			7	8	0.1
		4	5	7.3			11	12	3.8		20	2	5	2.4		4	9	11	1.7
		5	6	2.3			12	13	5.1			5	6	6.9			11	12	3.1
		7	8	0.1			13	20	5.7			6	7	11.8			12	13	5.1
		10	11	0.1		8	0	1	0.4		23	6	7	0.1			13	14	2.9
		13	14	1.9			3	4	0.1			18	20	1.1			14	16	0.1
		14	15	2.6			6	7	0.2			21	22	5.3			23	0	0.1
		15	16	0.1			7	8	2.7			23	2	2.7		5	3	5	0.3
	11	6	8	1.6			8	9	3.6		24	3	6	3.0			9	10	1.1
		8	9	0.1			9	12	1.9			7	8	0.6		6	16	18	2.1
	14	18	19	1.5		10	4	5	0.1			8	9	3.7			17	18	0.3
	20	6	7	1.5			21	22	21.9			9	10	3.5			18	19	27.6
		7	8	10.1			22	23	0.4			10	11	3.7			19	20	2.1
		8	9	0.8			23	0	10.6			11	12	4.5			23	0	1.8
		9	10	4.2		11	0	2	0.9			12	13	2.1		7	1	5	2.3
		10	12	4.3			2	3	7.9			17	18	8.2			9	11	0.6
		12	13	2.7			3	4	6.8			18	19	0.3			11	12	2.7
		13	15	1.8			4	5	5.8		25	0	1	37.6			12	18	2.2
		15	16	3.7			5	6	0.1			1		13.8		9	4	8	1.4
		16	17	2.6		12	17	18	3.0			2	3	2.2		11	13	14	1.2
		17	18	1.0			18	20	0.7			5	6	14.8			14	15	5.5
		22	23	0.1		15	19	20	13.7			6	7	0.5		12	3	4	10.5
	21	23	3	1.9			20	21	0.1			10	11	11.8			4	5	1.9
	24	4	6	0.2		16	0	3	1.9			11	12	0.4					

降 水 量 摘 录 表

月	日	起	止	降水量(mm)	月	日	起	止	降水量(mm)	月	日	起	止	降水量(mm)	月	日	起	止	降水量(mm)
8	12	5	6	3.2	8	15	18	19	0.1	8	30	1	2	2.4	9	11	14	18	2.0
		6	7	2.8			16	3	0.2			2	3	11.7		12	3	4	0.1
		7	8	1.0		17	12	13	0.1			3	4	11.5			6	8	0.7
		8	10	3.2		20	17	18	2.8			4	6	0.2			8	14	2.6
		10	11	4.9		21	12	13	5.2			7	8	0.1			21	22	0.1
	14	23	0	1.9			13	15	0.2			9	10	0.1	10	13	15	16	3.1
		2	3	0.2			16	20	3.1			19	20	0.3			16	17	5.8
		23	5	9.2			20	22	0.8			20	23	0.3			17	18	11.9
	15	5	6	7.7			23	0	38.1	9	4	21	8	1.3			18	19	3.0
		6	7	3.0		22	0	2	0.7		10	0	2	3.5			19	20	0.1
		7	8	3.6			5	8	0.8			7	8	0.1			20	22	0.3
		8	12	2.1		29	23	0	2.9		11	5	9	0.7					
		13	15	0.2		30	0	1	9.4			9	10	0.1					

1995　滚　河　柏庄站

月	日	起	止	降水量(mm)	月	日	起	止	降水量(mm)	月	日	起	止	降水量(mm)	月	日	起	止	降水量(mm)
6	2	14	16	0.5	7	11	1	2	9.9	7	25	2	3	13.7	8	13	7	8	0.1
	9	7	8	5.0			2	3	29.3			3	4	0.1		14	2	4	0.3
		8	9	9.0			3	4	7.3			5	6	14.2			16	18	2.8
		16	18	0.2			4	5	1.3			6	7	5.1			23	0	1.1
		23	0	0.3			7	8	0.1			10	11	5.1		15	0	1	4.2
	10	2	3	10.5		12	17	18	13.5			11	12	0.4			1	6	6.2
		3	4	2.7			18	19	0.5		28	13	14	0.1			6	7	2.8
		4	5	3.5			20	21	0.1	8	4	7	8	0.1			7	8	1.4
		5	6	4.1		15	14	15	2.8			9	12	2.9			8	13	4.3
		6	8	2.8			15	16	0.1			12	13	4.6			18	20	0.5
		9	10	0.5			19	20	3.7			13	15	1.8		16	2	4	0.4
		13	17	2.6		16	7	8	0.6		5	3	5	0.3		17	11	13	1.6
	11	5	8	2.5			8	10	1.9			10	11	0.1			20	21	0.2
		8	9	0.1			19	20	4.4			16	18	3.7		20	17	18	43.2
	20	7	8	3.5		18	16	17	6.8		6	16	17	2.6			18	19	2.6
		8	10	4.1			17	18	4.8			17	18	3.7			20	21	0.2
		10	11	10.8		20	2	3	0.9			18	19	4.2		21	12	20	8.6
		11	12	1.8			4	5	1.3			19	20	3.9			20	21	0.9
		12	13	2.6			6	7	20.9			20	21	0.5			23	0	43.5
		13	14	3.2		23	16	17	1.1			21	22	5.6		22	0	8	2.4
		14	15	1.3			17	18	12.3			22	23	0.1			8	9	0.1
		15	16	3.8			18	19	21.2			23	0	13.4		29	23	0	34.8
		16	19	2.2			19	20	3.4		7	1	5	1.3		30	0	1	10.9
		22	0	0.2			20	21	0.1			6	7	0.7			1	2	2.2
	21	23	3	0.5			21	22	18.6			7	8	4.9			2	3	6.4
	29	10	14	2.4			23	0	0.5			10	13	2.9			3	8	5.5
		15	17	1.1		24	0	1	2.6			13	14	5.1			9	11	0.6
7	7	6	8	1.5			1	2	0.5			14	16	0.5	9	4	10	12	0.2
		8	9	1.5			3	4	0.3		9	3	4	2.7			20	6	1.0
		9	10	2.6			4	5	3.4			4	7	1.5		9	23	5	2.1
		10	11	3.0			5	6	1.4			16	17	24.9		11	5	8	0.5
		11	12	10.0			7	8	0.8			17	18	5.5			13	18	2.5
		12	13	5.0			8	9	3.3			18	19	0.1		12	4	5	0.1
		13	14	3.8			9	10	4.5		10	6	7	0.1			6	8	0.3
		14	20	5.2			10	11	3.7		11	16	17	2.9			8	15	3.8
		22	0	1.2			11	12	4.6		12	3	4	10.0			21	22	0.3
	8	2	4	0.2			12	13	4.0			4	5	14.2	10	13	15	16	1.0
		6	8	0.6			18	19	1.0			5	6	3.1			16	17	11.0
		8	13	3.3			19	20	2.9			6	8	3.0			17	18	16.7
	10	21	22	10.1			20	21	0.3			8	9	8.2			18	19	6.2
		22	23	10.0			23	0	0.1			9	10	1.2			19	20	0.3
		23	0	4.1		25	0	1	24.5			23	0	0.3			20	22	0.3
	11	0	1	0.9			1	2	8.0		13	4	5	2.4					

降 水 量 摘 录 表

1995 　滚　河　石漫滩站

月	日	起	止	降水量(mm)	月	日	起	止	降水量(mm)	月	日	起	止	降水量(mm)	月	日	起	止	降水量(mm)
6	1	18	19	.0.1	7	10	22	23	0.9	8	3	0	1	8.8	8	21	14	19	3.0
		19	20	2.7			23	0	7.5			1	2	0.9			19	20	3.2
	9	8	9	27.1		11	0	1	0.1			2	3	6.1			20	21	0.5
		10	11	0.1			1	2	5.3			3	4	9.0			22	23	0.8
		16	17	0.1			2	3	28.5		4	7	8	0.2			23	0	28.6
	10	23	0	0.3			3	4	7.1			9	10	13.6		22	0	4	0.5
		2	3	3.2			4	5	2.2			10	11	1.2			5	8	0.5
		3	4	4.4		12	17	18	8.1			11	12	3.4		29	22	23	0.1
		4	5	5.9			18	19	0.8			12	13	4.4			23	0	9.1
		5	6	4.1			20	21	0.2			13	14	5.3		30	0	1	38.0
		7	8	2.0		15	19	20	6.7			14	15	0.9			1	2	0.8
		8	10	0.4			20	21	0.2		5	16	17	3.8			2	3	2.8
		12	13	0.1		16	7	8	0.5			17	18	0.1			3	4	5.6
		13	14	5.1			8	10	1.3		6	17	18	24.8			4	8	2.1
		14	17	1.5			19	20	3.5			18	19	69.5			9	10	0.7
	11	5	6	18.2		18	16	17	5.9			19	20	4.8			11	12	0.1
		6	7	7.7			17	18	4.5			21	22	0.5			20	23	0.4
		7	8	0.9		20	2	3	0.3			23	0	0.4		31	7	8	0.1
	20	7	8	2.5			3	4	2.9		7	2	5	1.3	9	4	4	6	0.2
		8	9	5.9			4	5	0.2			7	8	0.2			7	8	0.2
		9	10	4.4			5	6	9.9			11	12	5.0			19	20	0.1
		10	11	6.3			6	7	10.5			12	17	5.0			20	6	2.6
		11	12	2.3			7	8	0.1		9	17	19	0.5		5	7	8	0.1
		12	13	4.5			11	12	0.5		11	10	11	0.2		7	6	8	0.4
		13	15	3.0		23	15	16	0.5		12	3	4	15.4		9	23	2	2.9
		15	16	3.5			17	18	12.6			4	5	6.9		10	4	5	0.1
		16	17	3.0			18	20	2.5			5	6	3.5		11	5	8	0.6
		17	18	0.5			21	22	18.9			6	7	2.9			13	18	1.9
		20	21	0.1			22	0	0.3			7	8	0.8			19	20	0.1
		22	23	0.2		24	0	1	2.6			8	9	7.7		12	6	8	0.4
	21	20	22	0.7			1	2	0.3			9	11	4.1			8	15	3.7
		23	0	0.1			3	8	6.3			20	21	0.1			21	22	0.5
	29	11	13	3.8			8	9	4.1		14	2	3	0.8	10	2	15	16	2.9
		15	17	0.4			9	10	3.6			16	18	0.5			16	17	3.9
7	7	5	8	1.5			10	11	3.4			23	1	3.2			17	18	4.5
		8	9	1.1			11	12	3.7		15	2	3	3.0			18	19	6.6
		9	10	2.7			12	14	2.2			3	4	1.2			19	20	4.0
		10	11	3.9			17	18	0.4			4	5	6.8			20	22	4.1
		11	12	5.2			18	19	10.8			5	6	1.8			22	23	3.2
		12	13	4.0			20	21	0.1			6	7	8.5			23	0	3.4
		13	20	6.3		25	0	1	30.2			7	8	1.6		3	0	4	3.1
		22	1	0.4			1	2	12.5			8	15	5.4			6	7	0.1
	8	7	8	1.9			2	3	2.1			18	20	0.3		13	15	16	4.0
		8	9	4.8			4	5	0.1		16	2	5	0.6			16	17	7.1
		9	13	2.2			5	6	19.2		17	1	2	0.6			17	18	9.5
		15	16	0.3			6	7	0.6		20	17	18	36.9			18	19	4.5
		18	20	1.4			10	11	8.5			18	20	2.2			19	20	0.7
		21	22	10.5			11	12	0.4		21	12	13	2.2			20	23	0.3

1995 　滚　河　袁门站

月	日	起	止	降水量(mm)	月	日	起	止	降水量(mm)	月	日	起	止	降水量(mm)	月	日	起	止	降水量(mm)
6	2	16	17	0.1	6	9	8	9	2.0	6	9	11	12	0.1	6	9	23	1	0.3

降 水 量 摘 录 表

月	日	起	止	降水量(mm)	月	日	起	止	降水量(mm)	月	日	起	止	降水量(mm)	月	日	起	止	降水量(mm)
6	10	2	3	7.4	7	11	3	4	10.1	8	4	11	12	13.2	8	22	2	4	0.3
		3	4	3.6			4	5	14.4			12	13	5.2			5	8	0.9
		4	5	6.0			6	7	0.1			13	14	5.5		29	22	2	3.7
		5	6	2.8		12	13	14	0.1			14	16	1.1		30	2	3	8.2
		7	8	0.1			17	18	15.4		5	3	4	0.1			3	4	13.9
		10	13	0.3			18	20	0.8		6	17	18	0.5			4	7	0.3
		13	14	3.0		15	18	19	0.1			18	19	29.3			9	11	0.2
		14	15	8.7			19	20	17.8			19	20	7.3			18	20	0.5
		15	16	0.2			20	21	0.2			20	22	1.3			20	23	0.4
	11	5	6	13.2		16	1	3	0.6			23	0	0.5	9	4	4	6	0.2
		6	7	2.9			7	8	0.4		7	1	5	1.7			7	8	0.1
		7	8	0.4			9	10	0.2			9	10	4.2			21	22	0.1
	17	15	16	0.2			18	19	23.5			10	11	6.5			23	0	0.1
	20	7	8	1.2			19	20	0.1			11	13	0.8		5	1	4	0.3
		8	9	0.6		17	18	19	0.6			14	17	2.4			5	6	0.1
		9	10	9.0		18	16	17	11.4		9	4	8	1.2			7	8	0.1
		10	11	6.0			21	0	1.1			17	18	0.3		9	23	0	0.3
		11	12	2.4		19	1	2	1.7		11	9	11	0.9		10	0	1	2.8
		12	13	3.2			4	5	0.1		12	3	4	9.9			1	2	0.9
		13	15	1.9		20	2	6	5.5			4	5	3.8		11	5	8	0.7
		15	16	4.3			6	7	13.8			5	6	3.4			9	10	0.1
		16	17	3.2			7	8	0.1			6	7	2.7			14	18	2.3
		17	18	1.0			11	13	0.2			7	8	1.2		12	3	4	0.1
		22	23	0.3		23	6	7	1.0			8	9	3.2			5	8	1.0
	21	23	3	2.0			21	22	25.0			9	10	3.3			8	15	2.1
	24	3	6	0.3		24	0	2	2.2			10	12	2.5			21	22	0.1
	29	11	12	1.7			3	6	3.0		14	16	17	0.1	10	2	15	16	0.6
		12	13	4.4			8	9	5.3			23	0	0.3			16	17	2.7
		16	18	0.3			9	10	3.3		15	0	1	2.7			17	18	2.1
7	7	6	8	1.6			10	11	2.9			1	3	2.8			18	19	5.1
		8	9	1.1			11	12	6.3			3	4	2.6			19	20	6.2
		9	10	6.3			12	13	1.6			4	5	3.9			20	21	4.1
		10	11	2.6			15	16	0.1			5	6	4.8			21	22	4.7
		11	12	2.9		25	0	1	33.1			6	7	6.4			22	23	5.3
		12	13	5.1			1	2	18.5			7	8	3.3			23	0	8.2
		13	20	5.4			2	3	1.6			8	15	4.0		3	0	1	6.2
		23	2	0.4			5	6	22.0			16	20	0.8			1	2	3.5
	8	6	7	0.7			6	7	14.5		16	3	5	0.2		13	13	14	0.2
		7	8	3.3			10	11	18.3		17	1	2	6.3			15	16	4.1
		8	9	4.9			11	13	1.0			12	14	0.4			16	17	13.8
	10	9	12	3.1		30	15	17	1.9		20	16	19	2.0			17	18	14.0
		18	19	3.7	8	2	22	23	0.4		21	12	13	1.5			18	19	3.3
		20	21	0.1		3	1	5	2.7			14	15	0.1			19	20	0.2
		21	22	11.0		4	1	5	1.2			16	20	2.4			21	22	0.1
		22	0	1.6			8	9	2.0			20	23	0.7					
	11	1	2	0.5			9	10	14.1		22	23	0	32.1					
		2	3	2.6			10	11	0.3			0	1	1.1					

1996 滚 河 刀子岭站

月	日	起	止	降水量(mm)	月	日	起	止	降水量(mm)	月	日	起	止	降水量(mm)	月	日	起	止	降水量(mm)
6	2	21	4	1.6	6	4	8	10	2.9	6	6	15	16	0.7	6	16	20	21	7.8
	3	13	14	0.8			12	13	0.6			17	18	0.1			21	22	7.0
		21	22	0.1			13	14	11.1	7	20	20	21	0.2		17	0	1	6.6
	4	0	2	0.3			14	15	7.1	8	7	7	8	0.1			1	2	0.4
		2	3	2.9			15	19	2.1			17	18	0.3			3	5	0.3
		3	4	0.6		6	20	22	2.3	9	16	7	8	0.1		18	20	21	1.3
		4	5	3.5			8	13	2.6			13	14	0.1			23	1	0.7
		5	6	3.6			13	14	10.3			18	19	4.8		19	1	2	7.8
		6	8	1.2			14	15	3.0			19	20	0.1			2	3	5.0

降 水 量 摘 录 表

月	日	起	止	降水量(mm)
6	19	3	4	3.2
	23	8	9	0.1
		12	20	5.0
		20	1	3.8
	24	4	7	0.3
	28	8	9	1.7
		9	10	4.9
		10	11	20.0
		11	12	1.2
		12	13	8.3
		13	14	17.7
		14	15	22.5
		15	16	4.6
		16	19	3.2
		20	21	0.1
		23	0	0.1
7	2	15	16	0.4
	3	1	2	0.3
		2	3	9.4
		3	5	1.0
		5	6	4.3
		6	7	2.5
		7	8	7.9
		8	9	12.8
		9	10	19.6
		10	11	22.4
		11	12	14.7
		12	13	14.9
		13	14	8.9
		14	15	4.1
		15	20	7.3
		20	1	7.0
	4	6	8	0.2
	7	22	23	3.4
		23	1	1.3
	8	3	4	1.5
		4	5	13.7
		5	8	5.4
		8	13	1.4
		14	18	1.4
	9	1	2	0.8
		4	6	0.4
		8	10	2.8
		10	11	3.1
		11	12	1.9
		12	13	5.0
		13	14	8.4

月	日	起	止	降水量(mm)
7	9	14	15	14.0
		15	16	3.5
		16	17	2.5
		19	20	0.2
		21	0	0.4
	10	6	8	0.3
	11	8	10	1.2
	13	5	6	7.8
		6	7	0.7
		16	17	0.5
	14	14	19	1.3
	19	16	17	0.1
	25	20	21	7.3
		22	23	27.0
		23	0	10.9
	26	0	4	2.7
		6	7	0.1
	27	21	23	1.3
	28	1	2	1.4
		16	17	2.7
		17	18	0.7
	29	12	13	26.5
		13	14	0.6
		15	16	0.3
		18	19	0.1
8	1	7	8	0.8
		8	9	0.2
		14	17	1.2
		18	19	4.3
		19	20	13.2
		20	23	1.5
	2	6	8	0.6
		8	15	7.5
		15	16	3.9
		16	17	4.8
		17	18	19.4
		18	19	15.6
		19	20	11.2
		20	21	22.6
		21	22	50.3
		22	0	2.6
	3	0	1	13.1
		1	2	6.1
		2	6	3.2
		6	7	2.9
		7	8	3.3
		8	9	3.8

月	日	起	止	降水量(mm)
8	3	9	10	3.5
		10	13	3.5
		13	14	6.7
		14	15	6.2
		15	20	8.0
		20	21	0.1
		22	2	4.2
	4	2	3	5.0
		3	5	1.9
		5	6	3.9
		6	7	4.0
		7	8	0.3
		8	13	0.9
		14	15	0.1
	5	11	12	10.8
		12	13	3.7
		14	15	0.3
		15	16	5.0
		18	19	1.3
	7	17	19	0.5
	13	23	1	1.4
	21	22	0	0.4
	23	0	1	0.2
		7	8	0.4
		8	16	4.8
		18	20	0.6
		20	4	4.2
	24	7	8	0.1
	27	18	19	0.2
		23	2	0.3
	28	23	2	0.4
9	5	11	18	7.6
		19	20	0.1
		21	23	0.2
	7	10	20	2.4
	8	1	4	2.3
		4	5	4.7
		5	6	5.0
		6	7	5.3
		7	8	2.6
		8	13	8.6
		13	14	3.2
		14	15	6.4
		15	16	4.9
		16	17	2.7
		17	20	3.2
		20	0	1.2

月	日	起	止	降水量(mm)
9	11	1	3	0.7
		6	7	0.1
		20	21	2.7
		21	22	2.6
	12	0	8	3.5
	15	21	22	5.0
		22	23	1.5
	17	7	8	0.5
		8	10	1.9
		14	15	21.8
		15	16	4.6
		17	20	2.9
		20	1	7.0
	18	1	2	3.5
		2	3	3.0
		3	4	2.4
		4	5	3.1
		5	8	1.3
		8	14	4.6
		14	15	3.1
		15	16	4.9
		16	17	4.3
		17	20	2.5
10	1	6	8	0.6
	30	11	19	3.8
		19	20	3.5
		20	21	4.2
		21	22	5.8
		22	23	5.6
		23	0	4.8
	31	0	1	5.6
		1	2	5.9
		2	3	5.6
		3	4	4.0
		4	5	5.0
		5	6	4.6
		6	7	6.1
		7	8	3.8
		8	9	2.8
		9	10	2.6
		10	12	4.4
		13	20	9.8
		20	23	5.4
		23	0	3.0
11	1	0	1	1.3
		1	2	5.1
		2	8	7.8

1996 滚 河 尚店站

月	日	起	止	降水量(mm)
6	2	14	15	0.4
		20	3	3.1
	3	5	6	0.1
	4	0	4	3.0
		4	5	3.2
		5	8	1.4
		8	10	0.8
		12	13	1.1
		13	14	7.5

月	日	起	止	降水量(mm)
6	4	14	15	2.9
		15	17	1.9
		19	20	0.1
		20	22	1.1
	6	9	11	0.7
		12	13	0.4
		13	14	4.8
		14	16	1.4
	16	17	18	5.2

月	日	起	止	降水量(mm)
6	16	18	19	1.3
		20	21	1.0
		21	22	4.4
		23	0	1.4
	17	0	1	16.1
		1	2	0.4
	18	23	1	1.2
	19	1	2	9.2
		2	3	5.0

月	日	起	止	降水量(mm)
6	19	3	4	0.8
	23	12	20	4.6
		20	2	2.1
	24	4	7	1.1
	28	8	9	1.0
		9	10	4.9
		10	11	20.2
		11	12	1.5
		12	13	4.8

降 水 量 摘 录 表

月	日	起	止	降水量(mm)	月	日	起	止	降水量(mm)	月	日	起	止	降水量(mm)	月	日	起	止	降水量(mm)
6	28	13	14	9.8	7	13	6	7	0.1	8	3	20	21	0.1	9	17	14	15	14.0
		14	15	5.9			23	0	0.5			23	1	0.2			15	20	2.2
		15	16	2.6		14	14	17	2.6		4	2	4	0.4			20	0	0.9
		16	18	1.9		20	11	12	2.7			6	8	0.2		18	0	1	2.8
		19	20	0.1			12	14	1.0		5	14	15	4.4			1	2	4.4
7	3	2	3	4.5		25	22	23	17.9			15	16	13.7			2	3	4.4
		3	5	1.2			23	0	6.3			17	20	1.7			3	4	3.7
		5	6	3.4		26	0	1	2.8		23	18	20	0.2			4	5	3.5
		6	7	2.0			1	4	1.4			21	0	0.6			5	8	1.1
		7	8	4.8		27	2	4	0.4	9	5	12	15	2.0			8	15	4.5
		8	9	10.2		28	16	17	2.7			15	16	4.2			15	16	6.0
		9	10	7.7		29	13	14	24.4			16	17	5.7			16	17	2.6
		10	11	19.8			16	17	0.4			17	19	0.3			17	20	1.7
		11	12	18.3			19	20	0.1			20	21	0.3	10	1	6	8	0.6
		12	13	9.8	8	1	15	17	0.3		7	11	12	0.1		30	13	19	2.5
		13	14	4.2			19	20	5.7			14	17	2.1			19	20	3.1
		14	15	12.9			20	0	1.5			23	2	2.1			20	21	4.6
		15	16	4.5		2	3	4	0.1		8	2	3	3.8			21	22	4.4
		16	20	5.0			9	10	0.1			3	5	3.0			22	23	5.1
		20	0	1.9			13	14	0.2			5	6	3.6			23	0	4.2
	7	22	1	1.6			15	17	2.5			6	7	3.3	31	0	1	5.9	
	8	3	8	4.7			17	18	7.2			7	8	1.8			1	2	5.8
		8	9	0.5			18	19	23.0			8	11	4.6			2	3	4.4
		10	13	1.6			19	20	13.5			11	12	2.8			3	4	3.5
		14	18	1.7			20	21	16.7			12	14	2.7			4	5	4.8
	9	1	2	0.1			21	22	22.6			14	15	5.0			5	6	5.1
		5	6	0.1			22	23	8.0			15	16	3.1			6	7	5.7
		9	10	2.3			23	0	1.5			16	20	5.4			7	8	5.5
		10	11	3.6		3	0	1	7.0			20	0	1.4			8	9	3.4
		11	13	4.4			1	2	7.8	10	6	8	1.5			9	10	3.4	
		13	14	5.1			2	3	0.5	11	1	4	3.5			10	11	4.0	
		14	15	3.9			3	4	3.2			14	15	0.2			11	12	3.6
		15	16	3.2			5	6	4.0			20	22	2.4			12	19	7.7
		16	17	0.5			7	8	0.1	12	1	7	3.3			19	20	3.7
		19	20	0.1			8	9	3.0	15	21	22	15.9			20	21	2.4
	11	5	6	0.2			9	13	5.4			22	23	0.7			21	22	3.3
		7	8	0.4			13	14	4.6	17	6	8	1.3			22	1	5.1
		8	9	1.2			14	15	6.0			8	9	1.0	11	1	1	2	4.9
		10	11	0.1			15	16	4.5			9	10	3.9			2	8	7.9
	13	5	6	11.2			16	19	1.6			13	14	12.9					

1996 滚 河 柏庄站

月	日	起	止	降水量(mm)	月	日	起	止	降水量(mm)	月	日	起	止	降水量(mm)	月	日	起	止	降水量(mm)
6	2	13	15	1.9	6	16	21	22	2.2	6	28	11	12	2.4	7	3	13	14	8.8
		20	3	3.8			23	0	13.1			12	13	6.0			14	15	9.9
	4	0	1	0.7		17	0	1	16.2			13	14	9.8			15	16	3.5
		2	8	6.5			1	2	0.3			14	15	5.0			16	20	3.7
		8	11	2.5		18	19	20	0.5			15	19	4.3			20	0	4.7
		12	13	0.7			23	1	1.1			20	21	0.2		7	22	23	0.2
		13	14	8.3		19	1	2	12.3	7	3	2	3	3.4			23	0	3.3
		14	18	3.7			2	3	5.5			3	5	2.1		8	0	1	1.1
		20	22	0.2			3	4	0.9			5	6	3.4			2	8	6.3
	6	9	12	0.4		23	12	20	5.3			6	7	4.7			8	10	1.1
		13	14	6.6		24	20	0	1.0			7	8	4.0			11	12	0.2
		14	17	2.4			1	2	0.1			8	9	9.0			16	18	0.5
	16	15	16	4.0			3	6	0.6			9	10	8.2		9	0	1	0.2
		16	17	1.6		28	8	9	1.0			10	11	17.3			9	10	1.7
		17	18	5.0			9	10	5.6			11	12	23.1			10	11	3.9
		18	19	1.1			10	11	8.9			12	13	15.9			11	12	4.6

降 水 量 摘 录 表

月	日	起	止	降水量(mm)
7	9	12	13	3.9
		13	14	5.5
		14	15	2.6
		15	16	3.1
		16	17	0.1
		19	20	0.1
	10	21	22	0.4
	11	5	8	1.2
		8	10	0.8
		14	15	0.1
	13	5	6	8.7
		6	7	0.3
		23	0	0.9
	14	14	17	1.3
		19	20	0.1
	20	11	12	7.0
		12	13	13.9
		13	14	0.3
	25	21	22	3.9
		22	23	19.3
		23	0	12.0
	26	0	4	3.7
		5	7	0.2
	27	2	4	0.4
	29	14	15	1.7
8	1	17	18	0.2
		19	20	12.1
		21	0	0.6
	2	13	17	2.8
		17	18	4.2
8	2	18	19	15.7
		19	20	26.2
		20	21	54.8
		21	22	0.8
		22	23	14.3
		23	1	2.1
	3	1	2	5.8
		2	3	1.5
		3	4	3.1
		7	8	0.1
		8	13	4.4
		13	14	4.1
		14	15	8.9
		15	16	5.8
		16	20	3.6
		20	21	0.4
		22	1	1.6
	4	2	4	0.7
		6	7	0.1
	5	11	12	2.4
		14	15	17.7
		15	16	9.5
		16	17	1.1
		17	18	9.5
		18	20	0.8
	22	23	0	6.1
	23	10	12	0.2
		19	20	0.2
		20	1	1.6
	28	0	1	0.2
9	5	11	20	3.0
		20	21	0.3
	7	14	17	1.7
	8	0	4	5.0
		4	5	3.3
		5	6	3.4
		6	7	3.7
		7	8	2.2
		8	11	2.9
		11	12	2.9
		12	13	1.3
		13	14	2.6
		14	15	5.5
		15	16	3.1
		16	17	3.5
		17	20	5.1
		20	23	1.5
	10	6	8	2.0
	11	1	7	3.3
		14	15	0.1
		18	20	0.2
		20	23	0.9
	12	0	7	1.9
	15	21	22	11.9
		22	23	1.0
	17	7	8	0.9
		8	9	4.4
		9	10	1.6
		13	14	15.2
		14	15	13.8
9	17	15	20	4.7
		20	0	3.4
	18	0	1	7.2
		1	2	5.2
		2	3	3.5
		3	8	9.7
		8	15	4.9
		15	16	4.0
		16	17	3.6
		17	20	2.1
10	30	13	20	5.9
		20	21	3.3
		21	22	4.4
		22	23	4.0
		23	0	4.2
	31	0	1	3.7
		1	2	5.5
		2	3	3.4
		3	4	2.7
		4	5	3.0
		5	6	3.8
		6	7	3.8
		7	8	4.1
		8	9	3.7
		9	10	3.9
		10	11	3.6
		11	20	11.3
		20	1	9.3
11	1	1	2	3.6
		2	8	8.8

1996　滚　河　石漫滩站

月	日	起	止	降水量(mm)
6	2	13	16	1.1
		20	4	4.4
	3	6	7	0.1
	4	0	4	1.6
		4	5	3.4
		5	8	4.5
		8	10	3.0
		12	13	0.8
		13	14	9.8
		14	15	3.3
		15	16	0.1
		16	17	2.8
		17	18	0.1
		20	22	0.3
	6	9	13	1.2
		13	14	5.6
		14	17	2.2
	16	16	17	0.2
		18	19	12.1
		20	21	4.2
	17	21	0	1.6
		0	1	15.8
		1	3	0.4
	19	0	1	0.6
		1	2	9.8
		2	3	5.3
6	19	3	4	3.0
	23	12	20	4.4
		20	0	1.6
	24	4	6	0.7
	28	8	9	0.9
		9	10	5.6
		10	11	10.6
		11	12	2.0
		12	13	3.4
		13	14	10.1
		14	15	6.3
		15	16	3.1
		16	18	1.4
7	3	1	2	0.1
		2	3	4.8
		3	5	3.4
		5	6	3.3
		6	7	3.3
		7	8	4.8
		8	9	9.0
		9	10	10.5
		10	11	17.8
		11	12	25.8
		12	13	15.8
		13	14	5.9
		14	15	10.5
7	3	15	16	6.4
		16	17	6.8
		17	18	2.8
		18	20	1.1
		20	22	1.2
		22	23	3.1
		23	0	0.6
	4	7	8	0.1
	7	21	22	19.3
		22	4	5.1
	8	4	5	3.3
		5	6	3.5
		6	7	3.4
		7	8	4.3
		8	9	0.1
		10	14	1.3
		18	19	0.1
	9	0	1	0.1
		9	10	2.0
		10	11	3.8
		11	12	4.7
		12	13	3.4
		13	14	7.6
		14	15	4.0
		15	16	3.9
		16	17	0.7
7	11	7	8	2.3
		8	9	0.4
	13	5	6	6.3
		6	7	0.3
		17	18	9.6
	14	0	1	0.6
		14	16	1.7
		17	18	0.1
		20	13	12.4
		13	15	0.2
	25	20	21	0.4
		22	23	21.6
		23	0	2.7
	26	0	1	2.6
		1	2	0.4
	28	5	8	0.3
		1	2	0.3
	29	14	18	2.4
8	1	7	8	0.4
		15	16	0.4
		19	20	5.6
		21	22	0.3
	2	15	16	1.4
		16	17	2.7
		17	18	4.9
		18	19	13.7

降 水 量 摘 录 表

月	日	起	止	降水量(mm)	月	日	起	止	降水量(mm)	月	日	起	止	降水量(mm)	月	日	起	止	降水量(mm)
8	2	19	20	44.1	9	5	11	15	1.4	9	11	7	8	0.1	10	30	12	19	4.7
		20	21	47.5			15	16	2.6			14	16	0.3			19	20	3.2
		21	22	0.3			16	17	5.5			20	23	1.1			20	21	4.0
		22	23	6.5			17	18	0.4	12	15	1	8	2.9			21	22	4.9
		23	5	6.6			20	21	0.2			21	22	6.1			22	23	6.0
	3	6	8	0.8		7	14	18	2.0			22	23	0.7			23	0	3.9
		8	13	3.5		8	0	2	1.0		17	4	5	0.1		31	0	1	5.2
		13	14	4.5			2	3	3.2			6	8	1.4			1	2	7.0
		14	15	8.9			3	4	2.5			8	10	3.0			2	3	4.2
		15	16	5.7			4	5	4.0			13	14	7.4			3	4	3.7
		16	17	5.9			5	6	2.4			14	15	40.8			4	5	4.8
		17	20	3.3			6	7	5.2			15	17	1.9			5	6	4.2
		20	22	0.4			7	8	3.5			17	18	2.7			6	7	5.4
	4	1	8	5.2			8	11	5.1			18	20	1.7			7	8	5.3
	5	14	15	0.1			11	12	4.6			20	0	5.3			8	9	4.1
		15	16	15.4			12	13	2.5		18	0	1	5.8			9	10	4.0
		18	20	1.4			13	14	3.4			1	2	5.3			10	11	4.9
	7	16	17	3.9			14	15	5.5			2	3	3.5			11	12	3.2
		17	18	31.5			15	16	4.5			3	4	3.5			12	17	5.2
		18	19	2.9			16	17	2.7			4	5	5.3			17	18	3.2
		20	21	1.6			17	20	4.5			5	8	2.1			18	19	1.6
	8	7	8	0.1			20	23	1.4			8	14	3.3			19	20	3.4
	13	22	23	0.3		9	1	2	0.1			14	15	2.6			20	21	3.0
		23	0	15.2		10	3	4	0.1			15	16	6.2			21	22	3.3
	18	16	17	3.3			6	8	1.7			16	17	2.9			22	8	17.6
	23	8	12	0.7		11	1	2	0.3			17	20	1.8					
		18	20	0.4			2	3	2.7			22	23	0.1					
		20	2	2.2			3	5	0.6	10	1	6	8	0.5					

1996 滚 河 袁门站

月	日	起	止	降水量(mm)	月	日	起	止	降水量(mm)	月	日	起	止	降水量(mm)	月	日	起	止	降水量(mm)
6	2	20	23	3.2	6	19	3	4	2.7	7	3	20	22	0.9	7	14	14	17	3.3
	3	0	3	0.6		23	12	20	5.2			22	23	3.3			18	20	0.2
	4	1	4	2.5			20	1	2.4			23	1	0.5		20	11	13	4.6
		4	5	2.7		24	4	6	0.7		7	22	2	1.1		25	20	22	2.5
		5	8	2.5		28	8	9	1.5		8	3	4	0.8			22	23	56.7
		8	10	1.6			9	10	4.8			4	5	6.2			23	0	6.1
		12	13	0.5			10	11	19.4			5	8	5.0		26	0	2	2.7
		13	14	7.7			11	12	0.8			8	12	1.0			3	4	0.5
		14	15	12.9			12	13	6.7			14	15	0.1		27	2	4	0.2
		15	16	7.8			13	14	11.3			16	20	0.8		28	15	16	6.9
		16	17	9.6			14	15	10.0	9	1	1	2	0.1			16	17	3.6
		17	18	7.7			15	16	3.0			4	5	0.1			18	19	0.1
		18	19	4.1			16	17	1.4			8	10	2.0			23	0	0.1
		20	22	1.5			20	21	0.1			10	11	3.4		29	13	15	2.2
	6	9	11	0.3	7	2	15	16	0.6			11	12	1.7			16	17	7.4
		12	13	1.1		3	1	2	0.2			12	13	2.9		31	12	13	0.5
		13	14	7.3			2	3	8.2			13	14	7.4	8	1	7	8	0.2
		14	15	0.7			3	7	6.7			14	15	6.1			9	10	0.1
	8	17	18	0.3			7	8	3.2			15	16	2.9			16	17	0.6
	16	17	18	1.2			8	9	8.2			16	17	1.7			16	19	0.5
		18	19	8.1			9	10	7.8			19	20	0.1			19	20	7.8
		20	21	0.8			10	11	23.2			20	22	0.3			20	0	1.5
		21	22	6.5			11	12	14.1	10	1	1	2	0.1		2	8	10	0.2
	17	0	1	19.7			12	13	8.4	11	8	8	10	1.2			11	16	2.6
		1	2	0.3			13	14	5.1		13	5	6	10.4			16	17	4.2
	18	23	1	0.7			14	15	8.6			6	7	0.2			17	18	8.8
	19	1	2	9.3			15	16	4.3			14	15	0.1			18	19	17.3
		2	3	4.3			16	20	4.1			16	18	1.1			19	20	14.4

降 水 量 摘 录 表

月	日	时或时分		降水量	月	日	时或时分		降水量	月	日	时或时分		降水量	月	日	时或时分		降水量
		起	止	（mm）			起	止	（mm）			起	止	（mm）			起	止	（mm）
8	2	20	21	16.4	8	7	18	19	5.8	9	15	17	18	0.1	10	30	21	22	4.5
		21	22	12.4		8	14	15	1.8			21	22	5.6			22	23	5.0
		22	23	11.7		13	23	0	0.3			22	23	1.1			23	0	3.8
		23	0	0.9		23	8	14	1.2		17	7	8	0.5		31	0	1	5.0
	3	0	1	7.5			18	20	0.6			8	9	1.2			1	2	5.8
		1	2	5.4			20	6	1.6			9	10	3.2			2	3	4.3
		2	3	1.0		27	18	19	0.1			13	14	1.6			3	4	3.6
		3	4	5.5	9	5	11	20	12.0			14	15	34.5			4	5	3.9
		5	6	4.0			20	22	0.4			15	20	3.4			5	6	4.6
		6	8	1.2		6	14	16	2.4			20	1	5.0			6	7	5.4
		8	9	5.3		7	16	18	0.2		18	1	2	5.0			7	8	4.4
		9	10	2.8		8	0	8	15.4			2	3	2.7			8	9	4.1
		10	13	3.9			8	13	8.1			3	4	3.9			9	10	2.9
		13	14	4.2			13	14	2.8			4	5	3.1			10	11	3.0
		14	15	5.7			14	15	5.7			5	7	1.1			11	12	3.2
		15	16	3.2			15	16	4.2			8	14	3.7			12	17	4.8
		16	20	1.6			16	20	5.5			14	15	3.3			17	18	3.3
		20	21	0.1			20	23	1.1			15	16	6.4			18	19	2.7
		22	4	3.6		9	4	5	0.1			16	17	3.2			19	20	2.9
	4	5	7	3.0		10	6	8	0.6			17	20	1.5			20	21	2.1
		9	10	0.1		11	1	4	2.6			23	0	0.1			21	22	2.7
		14	15	0.1			14	15	0.1	10	1	6	8	0.9			22	1	6.3
	5	12	13	0.7			18	19	0.1		30	13	19	2.7	11	1	1	2	4.8
		15	16	10.4			20	23	2.7			19	20	2.6			2	8	8.4
		18	19	0.3		12	1	8	3.4			20	21	4.2					

1997 滚 河 刀子岭站

月	日	时或时分		降水量	月	日	时或时分		降水量	月	日	时或时分		降水量	月	日	时或时分		降水量
		起	止	（mm）			起	止	（mm）			起	止	（mm）			起	止	（mm）
6	6	8	9	1.6	7	1	2	3	3.8	7	19	20	22	0.5	9	13	8	12	2.8
		9	10	3.2			3	4	10.6			23	4	2.6			12	13	2.6
		10	11	4.0			4	8	5.1		20	6	7	0.1			13	14	3.7
		11	12	3.0			8	9	4.5		22	16	17	2.4			14	15	1.9
		12	16	1.9			9	10	0.5	8	1	16	18	2.2			15	16	2.9
		23	0	2.8		2	3	5	0.8			23	0	5.3			16	17	3.1
	7	0	1	0.1			14	15	1.3		2	0	1	0.7			17	20	4.7
		2	4	1.7			15	16	4.2			3	5	0.6			20	21	1.2
		4	5	2.8			16	17	0.1		3	7	8	0.6			21	22	2.8
		5	6	3.8		4	1	2	11.6			19	20	9.2			22	23	1.8
		6	8	3.1			2	7	6.4		6	13	14	0.1			23	0	2.7
		8	20	7.7			23	0	0.3		7	3	5	3.4		14	0	1	3.8
		20	23	4.2		5	0	1	3.8			5	7	8.2			1	2	3.7
		23	0	3.1			1	2	1.0			8	9	24.2			2	4	3.0
	8	0	4	2.4		13	13	18	2.2		24	10	11	9.8			4	5	2.6
		6	8	1.4		16	9	12	3.4			11	12	3.1			5	6	2.6
		23	2	0.8			12	13	5.8			22	23	0.1			6	8	2.9
	29	14	19	2.4			13	20	5.7		31	20	22	0.2			8	20	16.6
		19	20	3.0			20	3	2.2	9	1	5	8	1.9			20	1	4.8
		20	21	0.4		17	6	7	4.8			10	11	16.2		15	1	2	5.2
		23	1	0.4			7	8	0.2			11	13	2.5			2	8	7.0
	30	1	2	3.1		19	11	12	0.1			14	15	0.1			8	9	3.0
		2	6	6.8			13	14	28.4		11	20	21	0.1			9	13	3.9
		6	7	3.3			14	15	1.0		12	0	2	0.2		18	4	5	0.1
		7	8	1.0			16	18	1.3			3	8	0.5					
		8	11	1.0			18	19	5.0			9	20	4.4					
		18	19	0.1			19	20	2.2			20	8	11.9					

降　水　量　摘　录　表

1997　滚　河　尚店站

月	日	起	止	降水量(mm)	月	日	起	止	降水量(mm)	月	日	起	止	降水量(mm)	月	日	起	止	降水量(mm)
6	6	7	8	0.1	7	1	7	8	0.4	7	16	10	20	8.1	8	24	22	23	2.6
		8	15	8.0			8	10	0.8			20	2	2.3		28	11	12	0.1
	7	0	1	0.1		2	21	22	0.9		17	5	8	2.3			14	15	0.1
		3	8	5.6		3	8	9	0.1		19	12	13	18.8	9	1	6	7	0.1
		8	10	0.6			23	0	0.8			13	14	9.0		12	6	7	0.1
		14	15	0.1		4	0	1	8.7			14	15	1.6			9	10	0.1
		19	20	0.1			1	2	3.6			16	17	3.1			13	14	0.1
		20	21	0.1			2	3	5.6			17	18	8.4			17	20	0.4
		22	3	1.5			3	4	4.2			18	20	1.3			22	2	1.9
	8	7	8	0.3			4	6	0.5		20	0	2	0.9		13	3	8	1.2
		23	2	0.8			7	8	0.1		22	8	9	0.3			8	13	3.3
	9	5	6	0.1			11	12	0.2			15	16	8.7			13	14	4.3
	29	12	13	0.1			22	1	0.9			16	17	13.6			14	20	9.7
		13	14	3.7		5	3	4	0.3			17	18	0.6			20	23	3.6
		14	20	4.8			21	22	0.1	8	2	1	2	0.2			23	0	3.0
		22	8	9.2		13	16	17	3.4			3	5	0.7		14	0	8	11.1
	30	8	10	0.5			17	18	0.1		3	20	21	1.7			8	20	12.4
7	1	2	4	1.1		16	6	7	0.7		7	4	6	1.7			20	21	0.5
		4	5	6.4			7	8	4.9			7	8	3.2			22	8	13.9
		5	6	6.1			8	9	0.7			8	9	15.5		15	8	14	4.9
		6	7	5.2			9	10	4.0			9	10	11.9					

1997　滚　河　柏庄站

月	日	起	止	降水量(mm)	月	日	起	止	降水量(mm)	月	日	起	止	降水量(mm)	月	日	起	止	降水量(mm)
6	6	8	11	3.7	7	1	8	9	3.1	7	17	5	8	1.3	9	12	4	8	0.5
		11	12	3.0			9	11	0.4		19	12	13	21.0			8	20	3.3
		12	15	1.7			22	23	0.9			13	14	14.6			20	8	7.6
	7	0	2	0.7		2	21	22	0.9			14	15	19.4		13	8	13	6.6
		3	5	3.5		4	0	1	8.5			16	17	1.9			13	14	4.2
		5	6	3.4			1	3	2.3			17	18	4.8			14	16	4.7
		6	7	3.4			3	4	3.8		20	0	3	1.0			16	17	2.6
		7	8	2.1			4	5	3.5		22	8	9	0.1			17	18	1.7
		8	20	6.7			5	6	1.0			15	16	22.8			18	19	2.6
		20	22	0.8			8	9	0.4			16	17	70.7			19	20	1.9
		22	23	3.0			9	10	4.1			17	18	0.1			20	21	3.0
		23	0	1.2			10	11	0.4		31	17	18	5.7			21	22	3.4
	8	0	1	3.1		5	2	4	1.6	8	1	22	23	0.1			22	23	2.1
		1	3	1.9			13	14	0.2		2	0	1	3.0			23	0	3.5
		5	8	1.6			18	19	0.2			1	2	0.2		14	0	1	2.4
		23	1	1.1			23	0	0.2			3	5	0.8			1	2	2.9
	29	14	20	6.0		13	16	17	3.2		4	14	15	1.9			2	3	1.8
		20	21	0.5			17	18	0.2		7	4	5	0.7			3	4	3.0
		2	4	4.5		16	7	8	0.5			7	8	0.9			4	5	3.6
	30	4	5	6.3			8	9	2.6			8	9	4.4			5	6	2.6
		5	8	1.3			9	10	3.8			9	11	1.2			6	7	3.1
		8	10	0.6			10	11	1.5		11	17	18	0.5			7	8	2.4
7	1	3	4	3.7			11	12	3.1		24	12	13	0.1			8	20	14.7
		4	5	1.3			12	13	2.6			14	18	2.2			20	8	14.0
		5	6	7.2			13	18	2.0		28	15	18	4.0		15	8	14	5.2
		6	7	8.9			20	22	2.6	9	11	20	21	0.1			17	18	0.1
		7	8	3.4			23	1	1.6		12	1	3	0.2		23	19	20	0.1

降 水 量 摘 录 表

月	日	起	止	降水量(mm)	月	日	起	止	降水量(mm)	月	日	起	止	降水量(mm)	月	日	起	止	降水量(mm)
9	23	20	21	0.1															

1997　滚　河　石漫滩站

月	日	起	止	降水量(mm)	月	日	起	止	降水量(mm)	月	日	起	止	降水量(mm)	月	日	起	止	降水量(mm)
6	6	8	9	1.0	7	2	15	16	0.3	7	17	5	8	1.8	9	13	2	8	3.3
		9	10	3.4		3	19	20	13.0			15	16	0.1			8	13	7.3
		10	11	3.1			20	21	4.5		19	12	13	7.5			13	14	5.7
		11	12	2.9			21	22	0.1			13	14	22.8			14	15	3.5
		12	15	2.7			23	0	2.4			14	15	5.0			15	16	4.1
		19	20	0.1		4	0	1	21.9			15	16	0.1			16	17	3.1
		23	1	2.1			1	2	1.3			17	18	8.7			17	18	1.4
	7	2	3	0.2			2	3	23.3			18	19	0.8			18	19	2.6
		3	4	4.0			3	4	8.5			20	21	0.1			19	20	2.2
		4	5	2.3			4	5	0.3		20	0	2	1.0			20	21	2.1
		5	6	4.2			5	6	3.2		22	10	11	0.1			21	22	3.2
		6	7	5.2			6	8	0.3			15	16	5.9			22	23	2.5
		7	8	2.6			9	10	0.1			16	17	0.4			23	0	4.3
		8	20	7.6			22	23	0.2	8	2	0	5	2.6		14	0	1	2.4
		20	8	5.1		5	2	5	1.5		3	9	10	0.1			1	2	3.6
	8	23	1	0.9			13	14	0.2		4	2	3	0.1			2	3	2.1
	29	14	20	5.4			16	17	0.1			3	4	2.6			3	4	3.3
		20	21	0.1			19	20	0.1			5	6	0.1			4	5	2.8
		22	4	6.0		6	6	7	0.1			14	15	1.1			5	6	2.6
	30	4	5	4.1		13	14	15	0.3		7	8	9	0.2			6	7	3.5
		5	8	2.1			16	17	0.2		24	14	15	0.3			7	8	2.0
		8	11	1.2			18	19	0.1			22	23	1.5			8	9	2.2
7	1	2	4	2.8		16	8	9	3.0		28	12	13	0.3			9	10	2.6
		4	5	3.1			9	10	4.0	9	1	7	8	0.2			10	20	13.1
		5	6	8.2			10	12	2.5			10	12	1.0			20	1	4.6
		6	7	7.4			12	13	3.3		11	17	19	0.3		15	1	2	3.0
		7	8	3.1			13	18	3.6		12	0	8	1.3			2	8	10.6
		8	9	0.5			19	20	0.1			8	20	4.6			8	14	5.8
		15	16	0.1			20	22	0.7			20	1	2.9		18	3	19	0.3
		21	23	0.5			23	2	2.4		13	1	2	2.8		23	19	20	0.2

1997　滚　河　袁门站

月	日	起	止	降水量(mm)	月	日	起	止	降水量(mm)	月	日	起	止	降水量(mm)	月	日	起	止	降水量(mm)
6	6	8	10	2.8	6	29	20	21	0.1	7	4	4	7	0.9	7	19	13	14	28.6
		10	11	2.8			22	8	10.1			23	0	1.4			14	15	4.4
		11	12	2.7		30	8	10	0.6		5	0	1	2.8			16	17	7.7
		12	13	0.4			14	15	0.1			1	5	0.4			17	20	3.5
		23	1	0.3	7	1	2	3	1.3		13	10	11	0.1			20	22	0.3
	7	3	4	2.2			3	4	3.6			14	15	0.5			23	3	0.9
		4	5	3.5			4	5	4.2			16	17	0.6		22	15	16	4.0
		5	6	3.5			5	6	5.5		16	7	8	3.4			16	18	1.5
		6	8	3.0			6	8	2.8			8	9	4.0		28	15	16	0.1
		8	20	4.1			8	9	15.8			9	10	2.7			17	18	0.1
		20	21	0.4			9	10	0.5			10	18	7.8		30	16	17	0.9
	8	22	3	3.8		3	14	15	0.1			19	20	0.2	8	1	17	18	0.1
		6	8	0.5			19	20	29.7			20	22	0.3			23	0	6.4
	9	6	7	0.7			20	22	0.7			23	1	0.7		2	0	1	7.3
		7	8	0.1			23	2	4.4		17	6	7	3.6			1	2	2.7
	29	14	19	2.3		4	2	3	16.6			7	8	0.1			3	5	0.7
		19	20	2.9			3	4	4.2		19	12	13	7.3		3	7	8	1.0

降水量摘录表

月	日	时或时分		降水量	月	日	时或时分		降水量	月	日	时或时分		降水量	月	日	时或时分		降水量
		起	止	(mm)			起	止	(mm)			起	止	(mm)			起	止	(mm)
8	3	11	12	0.1	9	1	6	8	0.6	9	13	15	16	3.3	9	14	2	8	9.6
		18	19	0.1		12	0	2	0.2			16	17	3.2			8	20	14.2
	4	3	4	0.4			4	7	0.3			17	20	5.0			20	1	6.0
	7	6	8	0.5			9	20	2.8			20	21	2.0		15	1	2	3.2
		8	9	14.3			20	8	5.1			21	22	2.8			2	6	5.3
		10	11	0.1		13	8	12	3.1			22	23	1.6			6	7	3.7
	17	14	15	0.1			12	13	3.1			23	0	2.8			7	8	0.5
		20	21	0.4			13	14	4.8		14	0	1	2.3			8	14	4.5
	24	21	23	1.1			14	15	2.7			1	2	2.7			18	19	0.1

1998　滚　河　刀子岭站

月	日	时或时分		降水量	月	日	时或时分		降水量	月	日	时或时分		降水量	月	日	时或时分		降水量
		起	止	(mm)			起	止	(mm)			起	止	(mm)			起	止	(mm)
4	11	2	4	3.2	5	21	18	19	5.8	7	1	15	16	11.6	8	10	1	2	0.1
		4	5	3.0			19	20	1.5			16	17	7.9			4	6	0.5
		5	6	4.5			20	21	0.4			17	18	18.3			7	8	0.2
		6	8	1.4		22	3	4	0.1			18	19	5.8		12	17	18	4.9
		10	12	2.2		31	11	12	7.0			19	20	0.2			18	19	0.1
		12	13	3.3			12	13	5.8		4	18	20	0.3		13	3	8	4.1
		13	14	3.5			13	14	6.6		7	18	19	0.7			9	10	2.7
		14	15	6.4			14	15	5.8		15	22	3	2.3			10	12	1.4
		15	16	3.0			15	16	8.9		16	5	6	5.7			14	15	0.1
		16	20	4.7			16	17	5.4			6	7	37.7		14	0	1	13.8
		20	23	0.8			17	18	3.9			7	8	3.8			1	2	18.2
	30	10	11	0.1			18	19	3.6			8	9	2.4			2	3	2.7
		12	14	0.2			19	20	8.6			9	10	15.7			3	4	24.7
		17	20	2.1			20	21	11.0			11	12	0.2			4	5	0.2
		20	1	7.4			21	22	17.0			15	16	5.1			19	20	0.3
5	1	1	2	6.8			22	23	16.4		17	18	19	0.1			20	21	3.3
		2	3	9.4			23	0	11.0			20	21	0.1			21	22	1.8
		3	4	5.0	6	1	0	1	8.0		28	9	10	0.2			22	23	4.5
		4	5	4.5			1	2	4.8			10	11	6.9			23	0	44.1
		5	6	4.0			2	3	7.3			11	12	1.5		15	0	1	8.6
		6	8	1.2			3	8	8.9			12	13	14.8			1	2	4.6
	7	9	10	4.3		8	1	2	0.6			13	14	3.9			2	3	22.5
		10	11	5.6			4	7	1.4			14	15	2.0			3	4	18.0
		11	12	3.3			8	10	1.1		30	10	11	0.3			4	8	6.8
		12	13	4.5		11	21	8	5.2			12	13	17.6			8	9	1.7
		13	15	2.5		12	9	11	0.5			13	14	3.8			9	10	4.7
		15	16	3.7		13	0	1	0.1			14	17	0.9			10	11	10.3
		16	20	7.1		18	7	8	0.5	8	3	12	13	0.1			11	12	5.0
		20	22	1.9		29	2	7	2.7			16	18	0.4			12	13	2.7
	8	0	8	8.8			8	9	0.7			21	22	0.1			13	19	5.2
		8	10	0.8			10	11	1.9		4	6	7	0.1		16	6	7	0.2
	20	20	21	1.6			11	12	5.2			11	13	1.2			6	12	0.7
		22	23	0.5			12	13	14.2			13	14	8.6		20	13	15	3.3
		23	0	3.1			13	14	11.3			14	15	4.2			20	21	0.1
	21	0	1	13.3			14	15	11.9			19	20	0.1		21	23	0	0.4
		1	2	4.3			16	17	4.9		6	21	22	1.5		22	2	3	0.8
		2	3	2.7			17	19	0.7			22	23	3.2		26	14	15	2.1
		3	4	2.6			22	23	6.6			23	0	5.6			15	16	3.1
		4	5	2.7			23	0	3.3		7	0	8	5.3			16	17	3.4
		5	6	4.6		30	0	1	3.0			8	10	0.4			17	18	0.2
		6	7	4.7			1	2	1.1			10	11	2.7			20	21	0.1
		7	8	3.8			2	3	3.0			14	15	0.1			22	23	0.4
		8	9	10.5			3	5	0.8		9	15	16	0.1		27	7	8	0.1
		9	10	7.3	7	1	7	8	0.4			16	17	39.0		31	1	2	18.8
		10	15	4.0			10	13	2.4			17	20	1.3			2	3	13.5
		16	17	0.7			13	14	4.7			20	23	3.0			4	5	0.1
		17	18	6.5			14	15	25.4						9	10	21	23	0.2

降 水 量 摘 录 表

月	日	起	止	降水量(mm)	月	日	起	止	降水量(mm)	月	日	起	止	降水量(mm)	月	日	起	止	降水量(mm)	月	日	起	止	降水量(mm)
9	15	5	6	11.9	9	15	9	10	2.8	9	22	15	16	0.1										
		8	9	0.6			10	14	0.8			22	0	0.5										

1998　滚　河　尚店站

月	日	起	止	降水量(mm)	月	日	起	止	降水量(mm)	月	日	起	止	降水量(mm)	月	日	起	止	降水量(mm)
4	30	17	20	1.1	5	31	23	0	9.1	7	16	8	9	46.0	8	13	4	8	5.1
		20	1	5.3	6	1	0	1	2.7			9	10	8.7			8	11	0.3
5	1	1	2	17.3			1	2	8.0			10	11	0.2		14	0	2	2.0
		2	3	12.2			2	8	5.3			14	15	8.7			2	3	6.7
		3	4	2.2			8	10	0.5			16	17	0.1			3	4	1.4
		4	5	9.2		8	2	5	0.5		28	9	10	0.8			20	21	7.4
		5	6	8.9			5	7	0.1			10	11	10.8			21	23	3.6
		6	8	1.4		11	20	22	0.7			11	12	8.7			23	0	14.3
5	20	19	20	22.7			23	4	3.1			12	13	11.4		15	0	1	23.2
		20	21	66.9		12	5	8	1.2			13	14	5.5			1	2	11.5
		21	22	3.8			8	11	0.7			14	15	2.2			2	3	20.4
		22	23	2.1		19	7	8	0.2		29	4	5	0.5			3	4	6.6
		23	0	4.6		29	2	5	2.3			5	6	4.0			4	8	1.9
5	21	0	1	10.2			6	8	1.0			13	14	0.2			8	9	1.2
		1	2	5.3			8	9	0.6			19	20	3.2			9	10	4.3
		2	6	4.3			10	13	2.0		30	13	14	14.7			10	11	6.7
		6	7	3.9			14	15	10.9			14	15	0.1			11	19	8.4
		7	8	2.0			15	16	1.4	8	3	16	18	0.5			20	21	0.1
		8	9	3.5			16	17	5.2			19	20	0.2		16	12	14	0.4
		9	10	7.3			17	18	2.5			20	21	0.3			16	17	0.1
		10	11	22.3			23	0	0.2		4	12	13	1.6		20	15	16	1.7
		11	12	8.5		30	1	4	2.5			13	14	9.3		21	22	23	0.2
		13	14	2.8			5	6	0.1			14	15	8.0			23	0	36.5
		17	18	3.0	7	1	7	8	0.8			15	16	2.1		22	2	3	0.1
		18	19	1.1			9	13	3.0		6	19	20	0.5			6	7	0.1
		19	20	3.2			13	14	17.1			20	21	0.6		26	14	15	3.7
5	31	9	11	0.3			14	15	5.4			22	1	3.2			15	16	3.0
		11	12	6.7			15	16	5.3		7	2	3	2.2			16	20	3.2
		12	13	2.3			16	17	8.9			3	4	6.1			23	0	0.2
		13	14	8.3			17	18	10.8			4	6	1.7		27	1	2	0.1
		14	15	3.0			18	19	6.2			7	8	0.2		31	0	1	0.4
		15	16	4.9		4	8	9	0.8			8	11	0.5			1	2	4.4
		16	17	3.8		9	16	17	11.7		9	4	6	0.2			2	4	1.7
		17	18	3.5			18	19	0.3			15	16	3.4	9	10	21	23	1.8
		18	19	2.4		10	17	18	0.2			16	17	13.2		15	8	10	1.0
		19	20	6.5		15	20	3	3.9			17	20	2.5		22	22	0	0.4
		20	21	6.7		16	5	6	5.5			21	23	1.8					
		21	22	12.6			6	7	10.5		10	2	5	0.5					
		22	23	17.8			7	8	15.8			6	7	0.2					

1998　滚　河　柏庄站

月	日	起	止	降水量(mm)	月	日	起	止	降水量(mm)	月	日	起	止	降水量(mm)	月	日	起	止	降水量(mm)
4	30	8	11	0.4	5	1	3	4	14.9	5	20	20	21	38.2	5	21	6	7	13.5
		13	14	0.1			4	5	4.9			21	22	18.1			7	8	3.4
		18	20	1.1			5	6	12.4			22	23	1.9			8	9	2.1
		20	0	3.8			6	7	12.3			23	0	3.3			9	10	13.7
5	1	0	1	5.4			7	8	2.8		21	0	1	8.7			10	11	28.6
		1	2	1.0		20	17	19	1.1			1	2	8.5			11	12	50.8
		2	3	19.1			19	20	19.5			2	6	4.6			12	13	0.1

降 水 量 摘 录 表

月	日	时或时分		降水量	月	日	时或时分		降水量	月	日	时或时分		降水量	月	日	时或时分		降水量
		起	止	(mm)			起	止	(mm)			起	止	(mm)			起	止	(mm)
5	21	13	14	8.2	6	29	11	12	4.5	7	16	9	10	0.1	8	10	7	8	0.1
		14	15	2.1			12	14	4.0			14	15	0.2		13	4	8	3.5
		17	18	9.7			14	15	8.4			16	19	0.6			8	10	0.8
		18	19	10.0			15	16	18.8		28	10	11	2.3		14	3	4	0.4
		19	20	4.2			16	17	7.9			11	12	25.7			12	13	0.1
	22	6	7	0.1			17	18	1.1			12	13	9.2			20	21	2.9
	31	9	10	0.6			22	0	0.3			13	14	5.1			21	23	3.5
		11	12	3.6		30	1	3	2.6			14	15	2.2			23	0	3.8
		12	13	1.3			3	4	4.3			23	0	0.1		15	0	1	20.1
		13	14	9.5			4	5	0.2		29	5	8	2.5			1	2	7.5
		14	15	5.4	7	1	6	7	0.1			18	20	0.6			2	3	20.9
		15	16	4.9			7	8	0.9			20	21	0.1			3	4	7.0
		16	17	4.1			8	9	0.9		30	12	13	2.6			4	5	0.3
		17	18	5.7			9	10	6.0			13	14	8.3			6	8	1.6
		18	19	3.3			10	13	4.5			14	18	1.1			8	9	8.1
		19	20	5.2			13	14	8.3	8	3	12	13	0.1			9	10	4.5
		20	21	5.6			14	15	8.7			16	19	0.6			10	11	6.7
		21	22	9.5			15	16	9.1			20	21	0.1			11	20	5.1
		22	23	18.7			16	17	7.9		4	12	13	7.6		16	12	13	0.2
		23	0	6.4			17	18	22.3			13	14	4.4			15	17	0.2
6	1	0	1	7.9			18	19	12.9			14	15	0.3		21	21	22	0.6
		1	2	6.5			19	20	0.1		6	20	21	0.7			22	23	4.3
		2	8	6.1			20	21	0.1			22	23	0.3			23	0	30.2
		8	10	0.8		9	16	17	1.9			23	0	5.5		22	0	2	1.4
	8	2	4	0.8			18	19	3.5		7	0	3	2.7			7	8	0.1
	11	20	22	0.5		10	17	18	7.5			3	4	8.9			10	11	0.4
		23	4	2.8			18	19	1.3			4	8	2.9		26	14	15	3.2
	12	5	8	1.2		11	14	15	5.0			8	9	0.2			15	20	1.4
		8	10	0.9		12	13	14	4.7			17	18	0.1			23	2	0.3
	17	17	20	0.5		13	16	17	5.9		9	4	6	0.4		31	1	2	10.3
	18	3	4	0.1			17	18	0.1			15	16	0.5			2	3	9.9
		6	8	0.4		15	20	5	7.1			16	17	6.0			3	5	0.9
	29	3	4	5.1		16	5	6	5.4			17	20	1.6	9	15	9	10	0.6
		4	8	4.6			6	7	2.2			21	22	0.2		22	22	0	0.2
		8	11	0.4			7	8	7.5		10	2	6	0.8					

1998 滚 河 石漫滩站

月	日	时或时分		降水量	月	日	时或时分		降水量	月	日	时或时分		降水量	月	日	时或时分		降水量
		起	止	(mm)			起	止	(mm)			起	止	(mm)			起	止	(mm)
4	30	12	14	0.2	5	21	11	12	2.7	6	1	0	1	6.6	6	29	16	17	10.9
		18	20	1.1			12	13	0.1			1	2	6.7			19	20	0.1
		20	1	6.8			13	14	3.7			2	8	6.1		30	0	1	0.1
5	1	1	2	19.7			14	17	0.5			8	10	0.6			2	3	4.8
		2	3	14.5			17	18	5.3			12	13	0.1			3	5	1.7
		3	4	3.2			18	19	3.2		7	8	9	0.1	7	1	7	8	0.1
		4	5	8.8			19	20	5.4		8	2	5	0.8			8	9	1.5
		5	6	13.5		31	9	10	0.2			7	8	0.1			9	10	0.1
		6	8	2.7			11	12	2.9		11	20	22	0.5			10	13	1.7
	20	17	20	3.4			12	13	2.4			23	8	4.8			13	14	34.5
		20	21	12.7			13	14	10.9		12	8	10	1.0			14	15	9.1
		21	23	2.4			14	15	5.4		17	12	13	0.1			15	16	17.0
		23	0	3.8			15	16	3.7		18	17	20	0.2			16	17	9.2
	21	0	1	6.8			16	17	2.8		29	2	3	1.0			17	18	17.2
		1	2	7.4			17	18	4.1			3	4	2.7			18	19	16.5
		2	6	4.4			18	19	3.3			5	8	1.3		4	8	9	0.4
		6	7	3.8			19	20	7.8			8	12	1.4			14	15	2.1
		7	8	4.2			20	21	5.7			12	13	4.8		9	20	21	1.8
		8	9	2.6			21	22	12.3			13	14	0.3		10	17	19	0.2
		9	10	11.2			22	23	17.3			14	15	9.4		11	11	12	0.7
		10	11	7.3			23	0	9.4			15	16	9.0		15	20	4	5.7

降 水 量 摘 录 表

月	日	起	止	降水量(mm)	月	日	起	止	降水量(mm)	月	日	起	止	降水量(mm)	月	日	起	止	降水量(mm)
7	16	5	6	3.0	8	3	17	18	0.2	8	9	17	20	2.0	8	15	8	9	4.0
		6	7	6.0			20	22	0.2			20	23	1.6			9	10	3.6
		7	8	16.4		4	12	13	1.4		10	2	7	0.7			10	11	4.9
		8	9	4.4			13	14	12.3		13	3	8	4.7			11	12	2.6
		9	11	2.0			14	16	0.3			8	11	0.7			12	19	4.5
	28	16	17	3.8		6	15	16	0.1		14	1	2	0.2		16	12	14	0.3
		9	10	3.3			19	20	0.4			2	3	2.7			16	17	0.1
		10	11	3.7			20	23	1.6			3	4	1.2		21	22	23	1.5
		11	12	11.9			23	0	22.7			7	8	0.1			23	0	15.7
		12	13	27.2		7	0	1	0.6			9	10	0.1		22	0	4	0.5
		13	14	5.4			2	3	1.1			16	17	0.1		26	12	14	0.2
		14	15	2.5			3	4	6.6			20	21	2.9			14	15	3.6
	29	4	7	1.6			4	6	1.2			21	22	5.0			15	20	2.4
		11	13	0.7			7	8	0.1			22	23	2.2			23	0	0.1
		16	17	0.1			8	10	0.4			23	0	4.3		31	0	1	0.3
	30	18	19	0.4			16	17	0.1		15	0	1	26.5			1	2	13.2
		10	11	0.1		9	4	7	0.7			1	2	7.1			2	3	2.0
		12	13	13.0			8	9	0.1			2	3	21.0	9	15	3	10	0.3
		13	14	3.7			13	14	5.7			3	4	15.1			13	14	0.1
		14	18	1.8			15	16	13.1			4	5	0.3		22	21	0	0.4
8	3	14	15	0.1			16	17	20.0			7	8	1.0					

1998 滚 河 袁门站

月	日	起	止	降水量(mm)	月	日	起	止	降水量(mm)	月	日	起	止	降水量(mm)	月	日	起	止	降水量(mm)
4	30	11	14	0.4	5	31	18	19	1.9	7	1	17	18	14.8	8	4	14	15	4.0
		17	20	1.6			19	20	10.7			18	19	9.7			15	16	1.5
		20	1	5.4			20	21	8.3			19	20	0.2		6	19	20	0.2
5	1	1	2	13.6			21	22	16.7		2	6	7	0.1			20	22	1.1
		2	3	7.8			22	23	20.3		4	7	8	0.6			22	23	2.6
		3	4	1.6			23	0	5.6			8	9	0.3			23	0	10.1
		4	5	7.3	6	1	0	1	4.8			14	15	0.1		7	0	1	0.2
		5	6	7.7			1	2	6.1			18	19	1.2			2	3	2.0
		6	8	1.5			2	8	5.2		9	19	20	1.1			3	4	3.6
	7	9	10	6.7			8	10	0.6		10	17	18	2.7			4	8	2.6
		10	11	6.8			11	12	0.1		15	20	0	1.7			8	11	1.9
		11	12	9.4		8	2	5	0.8		16	1	4	1.7		9	5	6	0.1
		12	13	3.2			7	8	0.1			5	6	2.2			13	14	1.0
		13	14	2.9		11	19	20	0.1			6	7	5.4			15	16	10.0
		14	20	2.6			21	22	0.5			7	8	17.3			16	17	11.4
	8	21	22	0.1			23	8	5.1			8	9	16.8			17	20	2.2
	20	0	8	6.5			8	10	0.7			9	10	2.5			20	22	0.7
		17	18	0.1		12	7	8	0.4			14	15	14.6			22	23	8.7
		19	20	3.0		18	2	6	1.9			19	20	0.1			23	0	0.1
		20	21	8.3		29	2	8	0.2		27	18	20	1.1		10	4	6	0.2
	21	22	23	1.3			10	11	0.4			20	21	8.7			7	8	0.1
		23	0	5.2			12	13	3.7			21	22	3.9		12	17	20	0.9
		0	1	10.4			13	14	0.5			22	23	35.3		13	3	8	5.6
		1	2	7.7			14	15	13.9			23	0	4.5			8	11	3.2
		2	5	3.8			15	16	0.1		28	0	1	1.7		14	1	2	6.2
		5	6	2.9			16	17	10.1			12	15	2.2			2	3	4.1
		6	7	4.8			17	18	2.7		29	9	10	0.2			3	4	4.3
		7	8	2.8			18	19	0.1		30	9	10	5.0			4	5	0.2
	31	11	12	5.6			22	4	4.9			10	11	6.5			20	21	3.7
		12	13	3.2	7	1	7	8	0.5			11	12	1.0			21	22	0.7
		13	14	9.0			10	13	2.1	8	3	16	20	0.5			22	23	4.0
		14	15	5.4			13	14	6.2			20	22	0.2			23	0	30.8
		15	16	4.3			14	15	17.4		4	11	12	8.1		15	0	1	20.3
		16	17	5.6			15	16	17.3			12	13	1.7			1	2	22.1
		17	18	3.2			16	17	6.5			13	14	19.4					

降 水 量 摘 录 表

月	日	起	止	降水量(mm)	月	日	起	止	降水量(mm)	月	日	起	止	降水量(mm)	月	日	起	止	降水量(mm)
8	15	3	4	6.3	8	19	18	19	0.1	8	26	16	17	11.3	9	10	21	22	3.8
		4	7	2.1		20	14	16	0.4			17	20	1.1			22	23	0.1
		8	9	2.0			17	18	0.1			21	22	0.1		15	5	7	0.2
		9	10	3.2		21	22	23	0.2			23	0	0.2			8	11	1.0
		10	11	6.1			23	0	11.5		31	0	1	0.4			12	14	0.3
	16	11	18	8.3		22	3	4	0.1	9	10	1	2	5.6		22	17	18	0.1
		13	14	0.5		26	14	15	2.0			2	3	2.4			22	0	0.6
		15	16	0.1			15	16	6.4			17	18	0.1					

1999 滚 河 刀子岭站

月	日	起	止	降水量(mm)	月	日	起	止	降水量(mm)	月	日	起	止	降水量(mm)	月	日	起	止	降水量(mm)
5	14	17	18	3.0	6	22	12	13	18.7	7	6	5	6	17.1	9	14	9	10	5.8
		20	21	3.2			13	17	5.0			6	7	18.1			10	12	0.2
		22	3	3.7			17	18	3.2			7	8	0.8			13	16	0.7
	15	4	7	3.8			18	19	3.9			8	9	7.5		15	7	8	0.1
		7	8	4.9			19	20	1.6			9	10	12.6		17	7	8	0.2
		8	9	2.3			20	21	1.7			10	11	11.8		18	8	10	0.2
		9	10	2.9			21	22	2.7			11	12	2.9			14	15	0.8
		10	11	1.8			22	23	2.1			12	13	4.2			16	20	1.7
		11	12	2.8			23	0	4.8			13	16	1.1			20	21	0.2
		12	19	6.7		23	0	1	2.7		7	2	3	0.1			22	0	0.2
		19	20	2.8			1	3	3.5			4	5	6.3		19	4	5	0.1
		20	0	1.4			3	4	4.9			5	6	5.1		30	1	2	0.4
	16	4	8	3.9			4	5	4.1			6	8	2.7			3	4	0.4
		8	10	0.4			5	6	0.7			8	10	1.0			5	7	0.3
	17	3	8	2.4			7	8	0.1			13	14	0.1			20	21	0.3
		9	14	5.3	7	3	12	13	0.2	8	1	7	8	0.2	10	1	8	20	13.5
		14	15	4.4			14	18	1.3			11	14	2.9			20	8	5.7
		15	16	7.7		4	0	1	0.9		24	19	20	0.1		2	8	20	1.5
		16	17	3.9			1	2	3.1		25	2	7	1.4			20	8	2.0
		17	20	2.9			2	3	0.1			7	8	6.5		3	8	20	4.3
		20	23	4.0			6	7	0.1			8	9	4.8			20	8	1.3
	23	8	11	0.4			18	19	0.6			9	11	0.7		4	8	20	4.4
		12	13	0.3		5	2	4	0.9			13	17	0.9			20	8	2.3
		14	15	21.5			4	5	5.6			17	18	18.5		5	8	20	11.8
		15	16	10.9			5	6	0.7			18	19	16.9			20	8	3.8
		16	20	1.8			6	7	3.1			19	20	2.3		8	8	20	2.7
	24	7	8	0.1			7	8	1.1			20	0	4.6		9	8	20	5.9
6	4	3	4	0.1			9	10	4.4	9	3	0	1	7.6			20	8	3.3
		7	8	0.9			10	11	0.1		4	1	3	1.5		10	8	20	0.9
		8	11	2.4			14	20	2.3		7	18	19	3.1		12	8	20	1.1
		13	14	0.1			20	21	12.5			19	20	0.1			20	8	0.4
	5	1	2	0.1			21	22	20.2		13	12	13	0.1		13	8	20	5.6
		10	19	4.4			22	23	22.3		14	4	6	1.9			20	8	5.5
		22	0	1.5			23	3	2.2			6	7	3.4		14	8	20	9.1
	16	2	3	0.1	6	3	4	4.6			7	8	3.5			20	8	0.6
		4	6	0.7			4	5	1.0			8	9	10.0		15	8	20	2.2

1999 滚 河 尚店站

月	日	起	止	降水量(mm)	月	日	起	止	降水量(mm)	月	日	起	止	降水量(mm)	月	日	起	止	降水量(mm)
5	14	16	17	0.5	5	14	23	0	10.2	5	15	8	9	2.0	5	15	12	17	4.0
		17	18	9.3		15	0	4	6.3			9	10	3.4			17	18	3.6
		20	21	0.6			4	5	4.9			10	11	3.1			18	20	1.5
		22	23	5.4			5	8	4.5			11	12	3.4			20	21	0.4

降 水 量 摘 录 表

第一组

月	日	起	止	降水量(mm)
5	16	5	8	1.2
6	4	7	8	2.1
		8	13	4.6
		22	23	0.1
	5	0	2	0.2
		3	4	0.4
		6	7	0.1
	15	14	16	0.4
	22	12	13	3.0
		13	14	2.6
		14	18	3.2
		18	19	5.7
		19	20	1.4
		20	23	5.2
		23	0	2.7
	23	0	6	5.2
		7	8	0.1
7	3	13	16	1.3
	4	0	2	3.1
		7	8	0.1
	5	2	4	0.8
		4	5	6.4
		5	8	3.5
		8	11	1.5

第二组

月	日	起	止	降水量(mm)
7	5	17	18	3.1
		20	21	0.4
		21	22	9.3
		22	23	9.6
		23	3	3.1
	6	3	4	4.5
		4	5	4.6
		5	6	5.0
		6	7	5.9
		7	8	0.5
		8	9	7.1
		9	10	17.6
		10	11	5.3
		11	12	1.7
		12	13	4.9
		13	15	0.6
	7	3	8	5.3
		8	11	0.7
	12	20	21	1.0
	28	5	6	9.3
		6	7	0.2
8	1	10	13	3.0
	9	11	13	2.2
	20	20	21	0.2

第三组

月	日	起	止	降水量(mm)
8	25	7	8	3.4
		8	9	2.4
9	3	14	16	0.5
		17	18	0.2
		18	19	7.4
		19	20	4.0
		20	22	0.4
		22	23	4.1
		23	0	1.3
	4	0	1	3.5
		1	3	2.5
	14	5	6	0.5
		6	7	2.9
		7	8	2.0
		8	9	5.7
		9	11	1.8
		13	14	0.2
	18	14	16	0.5
		17	20	1.7
		20	22	0.3
		23	0	0.2
	19	6	7	0.1
	30	5	7	0.2
		8	10	0.2

第四组

月	日	起	止	降水量(mm)
10	1	8	20	3.6
		20	8	3.3
	2	8	20	0.5
		20	8	2.2
	3	8	20	3.5
		20	8	0.8
	4	8	20	1.4
		20	8	2.8
	5	8	20	10.3
		20	8	0.6
	8	20	8	1.6
	9	8	20	3.4
		20	8	3.5
	10	8	20	0.9
	12	8	20	1.2
		20	8	0.2
	13	8	20	5.0
		20	8	5.2
	14	8	20	4.9
		20	8	0.1
	15	8	20	1.5

1999　滚　河　柏庄站

第一组

月	日	起	止	降水量(mm)
5	14	12	13	0.1
		17	18	9.5
		19	20	0.1
		21	23	4.6
		23	0	8.1
	15	0	7	10.1
		7	8	3.7
		8	9	2.2
		9	10	5.2
		10	15	9.4
		15	16	3.2
		16	20	2.6
		20	21	0.3
	16	5	8	0.7
6	3	21	22	0.2
	4	7	8	1.8
		8	13	3.0
		19	20	0.1
		22	0	0.3
	5	1	3	3.0
		3	4	2.7
		16	20	0.8
	15	11	18	2.4
		23	0	0.2
	16	7	8	0.1
	22	12	13	0.3

第二组

月	日	起	止	降水量(mm)
6	22	13	14	9.9
		14	20	7.9
		20	4	12.0
	23	4	5	3.4
		5	6	0.3
	29	5	6	0.2
7	3	12	17	1.8
	4	0	3	2.5
		18	19	0.1
	5	2	4	1.9
		4	5	8.5
		5	7	3.8
		7	8	3.2
		8	11	0.3
		14	15	0.1
		17	18	0.1
		21	22	3.3
		22	23	3.9
		23	0	2.7
	6	0	3	2.2
		3	4	5.3
		4	5	3.2
		5	6	1.3
		6	7	5.8
		7	8	0.9
		8	9	7.6

第三组

月	日	起	止	降水量(mm)
7	6	9	10	11.4
		10	11	12.5
		11	13	1.7
		14	16	0.2
	7	4	8	4.5
		8	9	0.3
	12	20	21	1.1
	28	5	7	1.9
8	1	9	13	5.5
		16	17	0.1
	19	20	21	0.1
	25	5	8	1.9
		8	11	2.3
		16	17	0.1
	27	14	15	0.1
9	3	14	16	0.5
		18	19	0.2
		19	20	5.4
		20	23	1.4
		23	0	4.8
	4	0	4	3.9
	11	11	13	1.3
	14	5	6	2.7
		6	7	5.6
		7	8	3.5
		8	9	4.1

第四组

月	日	起	止	降水量(mm)
9	14	9	13	1.6
		15	16	0.1
	18	14	20	1.8
		20	22	0.3
		23	0	0.1
	30	1	2	0.2
		20	22	0.2
10	1	8	20	18.9
		20	8	1.6
	2	8	20	1.2
		20	8	2.0
	3	8	20	3.9
		20	8	0.6
	4	8	20	1.5
		20	8	3.0
	5	8	20	8.2
	8	20	8	1.8
	9	8	20	6.8
		20	8	3.6
	10	8	20	0.8
	12	8	20	1.5
	13	8	20	5.2
		20	8	4.7
	14	8	20	5.9
	15	8	20	1.2

降 水 量 摘 录 表

1999　滚　河　石漫滩站

月	日	起	止	降水量(mm)	月	日	起	止	降水量(mm)	月	日	起	止	降水量(mm)	月	日	起	止	降水量(mm)
5	14	17	18	14.6	6	22	14	20	5.0	7	6	14	15	0.1	9	14	8	9	5.2
		18	19	0.2			20	23	5.4		7	4	5	1.2			9	14	2.9
		20	21	21.9			23	0	3.2			5	6	4.2		18	8	11	0.3
		21	22	4.5		23	0	3	4.0			6	8	0.8			14	20	1.8
		22	23	2.6			3	4	3.6			8	11	0.5			20	0	0.7
	15	23	0	4.3			4	7	2.2	8	1	9	10	1.5		19	5	6	0.1
		0	8	10.5	7	3	13	18	1.3			10	11	2.8		30	1	3	0.2
		8	9	3.2		4	0	3	2.7			11	13	0.8			21	22	0.1
		9	10	5.3			5	6	0.1		9	5	6	0.4	10	1	7	8	0.5
		10	20	13.0			19	20	1.0			11	13	1.8			8	20	7.1
		20	21	0.3		5	2	4	1.9		14	6	7	0.2		2	20	8	2.5
	16	5	8	1.3			4	5	5.3		20	20	21	0.3			8	20	0.3
6	3	19	20	0.1			5	8	3.8		25	4	6	0.9		3	20	8	2.9
		23	0	0.1			8	11	0.4			7	8	3.1			8	20	3.7
	4	7	8	1.0			14	18	1.3			8	9	3.6			20	8	0.7
		8	12	2.4			20	21	3.3	9	3	9	11	0.6		4	8	20	0.4
		14	15	0.1			21	22	5.9			14	18	2.2			20	8	4.3
		22	0	0.2			22	23	10.4			18	19	2.6		5	8	20	9.6
	5	1	3	3.8			23	0	9.9			19	20	2.3			20	8	0.3
		3	4	3.3		6	0	3	0.8			20	22	0.9			8	20	1.5
		8	9	0.1			3	4	3.8			22	23	15.2		9	8	20	5.0
		17	18	0.2			4	5	3.3			23	0	12.6			20	8	3.1
	15	10	18	2.4			5	6	2.3		4	0	1	9.3		10	8	20	0.7
	16	5	6	0.1			6	7	5.8			1	2	3.8		12	8	20	1.2
	17	7	8	0.1			7	8	0.6			4	5	0.1		13	8	20	5.3
	22	8	9	0.1			8	9	10.7		11	11	13	0.4			20	8	6.9
		11	12	0.1			9	10	11.0		14	4	6	1.7		14	8	20	6.0
		12	13	6.8			10	11	13.1			6	7	6.5			20	8	0.2
		13	14	10.6			11	13	2.4			7	8	2.5		15	8	20	1.6

1999　滚　河　袁门站

月	日	起	止	降水量(mm)	月	日	起	止	降水量(mm)	月	日	起	止	降水量(mm)	月	日	起	止	降水量(mm)
5	14	17	18	10.9	5	17	17	20	2.8	6	22	14	20	7.4	7	5	21	22	23.8
		20	6	10.6			20	23	3.5			20	23	5.0			22	23	27.5
	15	6	7	3.1	6	3	15	16	0.1			23	0	3.3			23	0	0.6
		7	8	2.1		4	3	4	0.1		23	0	3	4.4		6	1	3	0.7
		8	9	2.6			7	8	0.8			3	4	2.6			3	4	5.8
		9	10	3.3			8	9	0.6			4	6	1.8			4	5	3.0
		10	11	3.7			9	10	3.0	7	3	12	13	0.2			5	6	11.2
		11	12	2.6			10	12	0.4			14	17	1.3			6	7	5.5
		12	13	2.8			13	14	0.1		4	0	1	1.0			7	8	0.4
		13	15	1.3			18	19	0.1			1	2	2.6			8	9	6.0
		15	16	3.7			23	0	0.1			2	3	0.2			9	10	19.2
		16	20	4.7		5	2	4	0.2			12	13	0.1			10	11	6.1
		20	21	0.2			8	9	0.1			18	19	0.4			11	12	1.8
	16	5	8	1.9			17	18	0.1		5	2	4	0.9			12	13	2.8
		8	10	0.6		15	11	18	2.3			4	5	7.0			13	15	0.5
	17	2	5	0.6		16	17	18	0.1			5	8	3.1			18	19	0.1
		6	8	0.4		17	7	8	0.1			8	11	0.8		7	3	4	0.3
		8	15	8.0		22	11	12	0.3			15	18	0.3			4	5	3.5
		15	16	4.4			12	13	9.9			19	20	0.1			5	6	3.7
		16	17	2.8			13	14	5.4			20	21	20.9			6	8	1.5

降 水 量 摘 录 表

月	日	起	止	降水量(mm)	月	日	起	止	降水量(mm)	月	日	起	止	降水量(mm)	月	日	起	止	降水量(mm)
7	7	9	10	0.5	9	3	13	17	1.0	9	14	13	15	0.4	10	4	8	20	6.2
		16	17	0.1			17	18	12.8		17	7	8	0.2			20	8	7.2
	12	20	21	3.9			18	19	10.3		18	8	10	0.4		5	8	20	10.3
8	1	10	14	2.3			19	20	2.6			14	20	1.7			20	8	0.6
	9	11	14	1.1			20	22	0.4			20	22	0.6		8	20	8	1.2
	20	16	17	0.1			22	23	4.2			23	0	0.1		9	8	20	6.1
		20	21	0.2			23	0	1.6		29	23	0	0.2			20	8	4.0
	24	8	9	0.1		4	0	1	10.8		30	0	5	0.3		10	8	20	0.7
		13	14	0.1			1	2	7.5			3	20	0.2		12	8	20	1.0
		22	23	0.2		14	4	6	1.7	10	1	8	20	2.2			20	8	0.4
	25	6	7	0.1			6	7	3.7		2	20	8	6.3		13	8	20	7.5
		7	8	3.0			7	8	2.7			8	20	0.5			20	8	6.0
		8	9	5.0			8	9	9.3			20	8	4.1		14	8	20	5.9
		9	10	0.3			9	10	3.2		3	8	20	3.0			20	8	0.6
		13	14	0.1			10	12	0.4			20	8	0.9		15	8	20	1.7

2000　滚　河　刀子岭站

月	日	起	止	降水量(mm)	月	日	起	止	降水量(mm)	月	日	起	止	降水量(mm)	月	日	起	止	降水量(mm)
5	8	16	17	1.0	6	20	21	22	7.3	6	26	20	21	7.4	7	7	4	5	4.2
		17	18	3.8			22	2	2.3			21	22	9.6			5	6	0.1
		18	19	2.3		21	19	20	19.3			22	23	13.5			13	15	0.3
		19	20	3.5			20	21	8.9			23	2	5.0		9	16	17	30.7
		20	21	8.6			21	23	1.8		27	2	3	6.9			17	18	1.0
		21	22	4.4		22	5	6	0.1			3	4	2.7		12	12	13	0.4
		22	23	3.8		24	12	18	5.2			4	5	3.6			23	0	0.2
		23	2	2.2		25	0	1	3.3			5	8	3.9		13	0	1	5.9
	9	3	7	0.4			1	8	6.8			15	17	0.4			1	2	4.7
6	1	19	20	0.1			8	11	1.8		28	19	20	1.1			2	3	14.6
	2	0	2	2.2			11	12	2.7			20	21	0.1			3	4	13.5
		2	3	6.6			12	13	3.1			22	23	0.1			4	5	21.9
		3	4	4.3			13	14	6.0	7	2	0	5	2.7			5	6	20.4
		4	5	0.1			14	15	2.3			6	8	0.5			6	7	18.8
		6	8	0.3			15	16	3.4			8	13	2.5			7	8	2.5
		8	18	7.9			16	17	2.3		3	1	2	0.9		14	23	1	0.5
		18	19	2.6			17	18	4.3			2	3	2.8			1	2	6.7
		19	20	17.7			18	19	3.9			3	4	0.8			2	3	0.1
		20	21	14.2			19	20	0.1			5	6	0.2			16	17	56.9
		21	22	8.6			20	21	6.5			6	7	2.9			17	18	3.8
		22	23	3.0			21	22	7.0			7	8	7.4			18	19	11.5
		23	0	3.7			22	23	14.2			8	9	8.1			19	20	15.0
	3	0	1	7.0			23	0	13.1			9	10	5.2			20	21	1.4
		1	2	4.6		26	0	1	6.0			10	11	8.2			21	22	10.6
		2	3	2.5			1	2	49.1			11	12	3.4			22	23	60.7
		3	4	10.1			2	3	39.4			12	13	3.5			23	0	40.6
		4	5	3.7			3	4	20.9			13	16	0.9		15	0	1	8.0
		5	8	5.3			4	5	2.7			22	3	4.9			1	2	0.5
		8	10	3.0			5	6	7.9		4	3	4	5.0			6	7	0.1
		10	11	3.9			6	7	14.1			4	5	4.5			14	15	1.2
		11	12	3.1			7	8	6.4			5	8	1.2		20	12	13	2.8
		12	13	1.5			8	9	9.0			8	11	1.0			13	14	0.1
		13	14	4.7			9	10	6.5			16	17	2.9		24	13	14	6.2
		14	15	1.7			10	11	24.4			17	18	2.7		25	20	21	1.1
		15	16	6.4			11	12	6.1			19	20	11.7			21	22	6.0
		16	17	4.9			12	14	4.7			20	22	1.2		26	15	16	13.3
		17	18	3.0			14	15	6.0		5	8	9	0.1			16	17	0.2
		18	19	1.2			15	16	8.5			11	15	1.6		28	5	6	4.5
	8	1	6	1.1			16	18	2.2		6	5	8	0.6			6	7	7.7
	20	14	15	0.1			18	19	6.0			17	18	2.7			7	8	0.1
		20	21	6.9			19	20	4.2			19	20	0.2			9	11	0.5

降 水 量 摘 录 表

月	日	起	止	降水量(mm)	月	日	起	止	降水量(mm)	月	日	起	止	降水量(mm)	月	日	起	止	降水量(mm)
7	28	12	14	0.3	8	5	8	9	4.0	8	24	13	14	0.3	9	21	7	8	0.1
	29	10	14	0.5			9	10	2.7		30	9	11	1.4			8	13	3.2
8	3	2	3	0.1			10	11	0.5	9	2	22	0	1.8		24	2	5	3.5
		3	4	3.1			12	18	5.9		3	1	2	16.4			5	6	15.0
		4	8	3.1		6	4	6	0.3			2	3	6.7			6	8	0.8
		8	12	3.2		10	11	12	3.6			3	4	5.8			15	20	1.7
		14	15	0.1		15	13	14	1.5			6	7	0.1			20	8	7.9
		16	17	5.6			14	15	5.1		4	16	17	8.7		25	8	11	1.8
		17	18	4.9			15	16	1.2			17	18	1.8			16	19	3.2
		18	19	3.4		18	13	14	2.3		5	1	4	1.2			21	8	9.2
		19	20	0.1			14	15	11.5			6	8	2.0		26	8	20	13.8
		21	4	5.7			15	16	19.0			8	12	3.0			20	8	7.2
	4	5	6	1.8			16	17	3.8			14	18	1.2		27	10	11	0.2
		6	7	3.1			17	18	1.6		6	23	4	1.5			14	20	1.1
		7	8	3.2			19	20	0.1		7	6	8	0.8			20	22	0.5
		8	16	9.1			20	0	3.0		9	18	19	0.2			23	0	0.1
		17	18	2.6		19	1	2	1.6			20	21	0.1		28	8	10	2.5
		18	20	3.6			2	3	3.0			22	23	0.1		29	1	2	0.1
		20	21	7.0			3	4	2.3		10	8	9	0.4	10	1	6	7	1.6
		21	22	3.5			4	5	2.7			12	14	0.3			7	8	7.7
		22	2	2.7			5	7	0.6			18	19	0.1			8	20	22.6
	5	5	6	0.2		24	8	11	2.9		20	14	17	1.4			20	8	3.5
		6	7	3.5			11	12	6.8		21	5	6	0.2					
		7	8	4.2			12	13	15.4			6	7	2.6					

2000　滚　河　尚店站

月	日	起	止	降水量(mm)	月	日	起	止	降水量(mm)	月	日	起	止	降水量(mm)	月	日	起	止	降水量(mm)
5	8	16	17	0.4	6	8	3	6	0.7	6	26	6	7	16.8	7	3	11	12	2.6
		17	18	3.3		20	22	23	0.1			7	8	4.3			12	13	7.7
		18	19	3.8		21	0	1	5.5			8	10	2.0			13	14	3.2
		19	20	2.8			17	18	0.2			10	11	3.3			14	16	1.1
		20	21	6.3			18	19	4.8			11	12	5.0			22	23	3.2
		21	22	3.7			19	20	31.5			12	14	2.3			23	2	3.6
		22	0	2.5			20	21	3.1			14	15	7.6		4	2	3	3.0
	9	1	2	0.1			21	0	1.6			15	16	4.0			3	4	6.5
		3	5	0.2		24	12	17	5.2			16	18	2.0			4	5	6.2
		6	7	0.1		25	0	1	1.1			18	19	4.4			5	7	1.2
6	2	0	2	0.9			2	3	1.3			19	20	3.0			8	11	2.3
		2	3	5.3			5	8	1.2			20	21	2.8			15	16	0.6
		3	4	3.1			8	9	0.4			21	22	6.7			16	17	35.7
		4	5	3.3			9	10	3.3			22	23	2.3			17	19	0.2
		9	19	10.1			10	12	3.8			23	0	4.2			19	20	20.7
		19	20	37.5			12	13	9.2		27	0	1	2.2			20	0	1.7
		20	21	3.5			13	14	15.2			1	2	5.5		5	3	4	0.7
		21	22	8.1			14	15	7.5			2	3	7.9			6	7	1.3
		22	23	5.9			15	16	2.8			3	4	3.7			9	16	3.1
		23	0	8.7			16	18	3.7			4	8	4.0			21	22	0.1
	3	0	1	3.1			18	19	3.7			11	17	2.4		6	4	5	0.1
		1	2	1.8			19	20	2.7		28	18	20	1.2			7	8	0.1
		2	3	3.4			20	21	1.2	7	2	0	8	4.5		9	17	18	0.6
		3	4	6.3			21	22	3.9			8	13	2.3		12	11	14	0.6
		4	5	2.1			22	23	13.2		3	2	3	0.4			23	0	0.6
		5	6	2.9			23	0	40.4			5	6	1.2		13	0	1	9.1
		6	8	0.6		26	0	1	42.1			6	7	7.2			1	2	4.1
		8	15	5.0			1	2	51.2			7	8	5.4			2	3	24.5
		15	16	3.2			2	3	17.0			8	9	6.2			3	4	19.2
		16	19	2.2			3	4	23.2			9	10	3.5			4	5	45.5
	4	7	8	0.1			4	5	7.3			10	11	9.4			5	6	22.5
	8	1	2	0.1			5	6	13.5								6	7	10.9

降 水 量 摘 录 表

月	日	起	止	降水量(mm)	月	日	起	止	降水量(mm)	月	日	起	止	降水量(mm)	月	日	起	止	降水量(mm)
7	13	7	8	1.0	8	4	7	8	3.8	8	19	1	5	3.8	9	24	1	4	5.4
	14	16	17	28.6			8	9	2.7		24	11	13	2.9			4	5	3.2
		17	18	24.2			9	13	2.9		30	6	7	1.8			5	6	11.9
		18	19	6.9			13	14	3.9			7	8	13.4			6	7	0.5
		19	20	0.4			14	18	4.1			8	10	1.8			12	13	0.1
		20	21	14.1			18	19	3.5			12	13	0.1			16	20	0.4
		21	22	48.6			19	20	1.1	9	2	17	18	0.5			20	22	0.4
		22	23	54.0			20	22	2.4			19	20	0.1			23	0	0.1
		23	0	31.4			22	23	3.3			23	1	0.5		25	1	8	1.7
	15	0	1	41.4			23	5	6.2		3	1	2	8.5			8	11	0.9
		1	2	0.4		5	5	6	3.5			2	3	7.5			12	13	0.1
		2	3	7.1			6	7	6.1			3	4	5.2			18	20	0.3
		6	7	0.1			7	8	3.4			4	5	0.1			20	21	0.1
	19	5	6	1.0			8	9	2.8		4	16	18	0.9			23	8	3.1
	20	13	14	5.5			9	10	2.0		5	0	4	1.1		26	8	20	4.8
		15	17	0.2			10	11	2.6			5	7	0.3			20	2	1.8
	25	21	22	2.9			11	17	5.2			8	11	0.3		27	6	7	0.1
		22	23	0.2			15	17	1.4			13	16	0.3			15	16	0.1
	28	6	7	0.7		9	2	4	0.4		6	23	8	1.8			19	20	0.1
	29	10	13	1.1		15	13	14	0.7		9	21	22	0.1		28	5	7	0.5
8	3	2	8	3.2			14	15	6.8		10	8	10	0.7			9	11	0.2
		8	11	2.1			16	17	0.1			13	14	0.1	10	1	6	7	2.2
		16	17	3.9		18	12	14	2.2			18	19	0.1			7	8	5.1
		17	20	2.6			14	15	2.6		11	18	19	0.4			8	20	19.4
		20	4	3.9			15	18	2.1		20	14	17	3.1			20	8	0.6
	4	5	6	4.3			19	20	0.6		21	6	8	1.0					
		6	7	3.1			20	23	2.2			8	12	3.0					

2000　滚　河　柏庄站

月	日	起	止	降水量(mm)	月	日	起	止	降水量(mm)	月	日	起	止	降水量(mm)	月	日	起	止	降水量(mm)
5	8	16	17	0.3	6	3	10	11	3.1	6	25	19	20	4.8	7	2	19	20	0.1
		17	18	2.8			11	12	2.8			20	21	3.4		3	1	2	3.3
		18	19	3.8			12	15	3.5			21	22	8.1			2	3	3.6
		19	20	1.9			15	16	5.2			22	23	17.5			5	6	0.8
		20	21	5.5			16	17	4.0			23	0	36.7			6	7	6.4
		21	22	4.5			17	19	1.5		26	0	1	49.5			7	8	4.7
		22	2	3.1			20	21	0.1			1	2	31.0			8	9	8.3
	9	3	6	0.4		8	1	2	0.3			2	3	10.0			9	10	3.7
6	2	0	2	0.5			4	6	0.5			3	4	16.5			10	11	10.0
		2	3	5.3		21	8	9	7.7			4	5	2.6			11	12	6.5
		3	4	3.6			18	19	1.2			5	6	13.5			12	13	8.3
		6	8	0.7			19	20	9.2			6	7	6.3			13	14	5.2
		8	10	1.0			20	21	7.9			7	8	1.4			14	16	1.3
		14	19	7.7			21	23	2.3			8	10	1.0			22	23	3.3
		19	20	3.0		24	13	17	2.4			11	20	9.5			23	1	2.0
		20	21	3.4		25	0	1	6.5			20	21	0.7		4	1	2	2.7
		21	22	23.1			1	3	1.7			21	22	2.8			2	3	4.4
		22	23	1.9			5	8	2.8			22	23	1.1			3	4	7.8
		23	0	8.2			8	9	0.5			23	0	3.1			4	5	13.5
	3	0	1	3.9			9	10	7.9		27	0	1	3.8			5	6	5.2
		1	2	1.6			10	11	2.8			1	2	4.4			6	8	0.6
		2	3	5.2			11	12	1.6			2	8	6.9			8	10	2.4
		3	4	7.8			12	13	9.7			11	13	1.0			13	14	0.1
		4	5	2.1			13	14	19.4			13	14	2.8			16	17	24.8
		5	6	3.9			14	15	5.8			14	15	1.2			17	19	0.8
		6	7	2.8			15	16	4.2		28	15	16	0.2			19	20	16.8
		7	8	1.5			16	17	3.4			18	20	0.6			20	0	5.5
		8	9	2.8			17	18	3.2	7	2	0	6	3.5		5	3	9	0.6
		9	10	1.8			18	19	4.0			8	13	1.0			9	10	2.5

降 水 量 摘 录 表

月	日	起	止	降水量(mm)	月	日	起	止	降水量(mm)	月	日	起	止	降水量(mm)	月	日	起	止	降水量(mm)
7	5	11	12	8.1	7	25	22	23	0.1	8	5	11	17	3.0	9	10	8	9	0.1
		12	15	2.8		29	10	12	0.8		6	14	15	0.2			13	15	0.2
		19	20	0.1	8	3	3	8	1.8		8	16	17	8.5		11	19	20	0.2
	6	5	6	0.1			8	10	0.5			17	18	11.4			20	21	0.1
		12	13	0.1			11	12	0.1		9	2	3	0.6		20	11	12	0.1
	7	8	11	0.5			13	14	0.1		15	13	15	0.4			14	17	1.3
	9	16	17	6.0			16	17	0.6		18	12	14	4.2		21	6	8	0.9
		17	18	4.3			17	18	7.1			14	15	3.7			8	12	2.2
	12	5	8	0.3			18	19	3.9			15	20	3.1		23	2	4	0.3
		11	13	0.4			19	20	0.3			20	21	0.8		24	2	4	1.9
		14	15	0.1			20	23	0.7		19	1	6	2.1			4	5	3.0
	13	0	1	10.5		4	0	4	4.8		23	2	3	0.4			5	6	3.7
		1	2	21.2			5	6	2.9			6	7	0.1			6	8	3.1
		2	3	7.0			6	7	2.9		24	8	9	0.1			12	13	0.1
		3	4	49.6			7	8	4.0			11	13	1.4			17	18	0.1
		4	5	43.5			8	9	3.1		30	6	8	1.5			20	23	1.1
		5	6	31.2			9	18	8.0			8	11	2.7		25	1	8	6.5
		6	8	1.7			18	19	2.9	9	3	1	3	3.0			8	12	5.6
	14	16	17	4.0			19	20	4.0			3	4	9.2			18	20	0.3
		17	18	27.5			20	21	4.7			4	5	8.8			22	8	5.7
		18	19	9.1			21	22	2.7			5	7	0.3		26	8	20	12.3
		19	20	1.2			22	23	1.4		4	15	18	1.9			20	8	5.5
		20	21	14.2			23	0	12.2			19	20	0.1		27	9	12	0.4
		21	22	73.5		5	0	1	31.0		5	1	3	1.3			13	14	0.1
		22	23	28.3			1	2	7.7			7	8	0.1			16	17	0.1
		23	0	31.9			2	3	5.0			8	9	0.5			18	20	0.2
	15	0	1	41.6			3	6	4.3			10	11	0.1			20	21	0.1
		1	2	1.0			6	7	3.5			13	17	1.3		28	8	10	0.2
		2	3	49.6			7	8	5.8		6	22	3	1.5	10	1	6	7	1.4
		3	4	0.2			8	9	4.1		7	5	8	0.6			7	8	4.2
	25	20	21	16.4			9	10	2.4		9	19	20	0.1			8	20	21.5
		21	22	8.7			10	11	4.7			21	22	0.2			20	8	0.9

2000　滚　河　石漫滩站

月	日	起	止	降水量(mm)	月	日	起	止	降水量(mm)	月	日	起	止	降水量(mm)	月	日	起	止	降水量(mm)
6	1	19	20	0.2	6	3	15	16	6.2	6	25	18	19	4.3	6	27	0	1	1.2
	2	0	2	0.6			16	17	2.8			19	20	6.8			1	2	4.0
		2	3	4.5			17	19	1.0			20	21	2.4			2	3	8.8
		3	4	4.7		8	1	2	0.4			21	22	5.0			3	4	2.8
		4	5	0.1			3	6	0.7			22	23	14.3			4	8	3.7
		7	8	0.7		20	23	0	0.2			23	0	34.4			13	14	2.7
		8	10	1.5		21	18	19	0.3		26	0	1	55.2			14	15	2.0
		11	16	5.3			19	20	5.7			1	2	41.9		28	15	16	0.1
		16	17	5.6			20	21	18.0			2	3	13.9			18	20	0.5
		17	18	3.0			21	22	3.5			3	4	32.6	7	2	0	6	3.2
		18	19	3.8		24	12	13	6.0			4	5	3.7			8	13	1.0
		19	20	35.3			13	15	1.4			5	6	16.2		3	1	2	2.0
		20	21	9.0			16	17	0.4			6	7	11.2			2	3	6.9
		21	22	9.0		25	0	7	4.5			7	8	1.5			3	4	0.1
		22	23	6.8			7	8	2.6			8	10	1.3			5	6	0.1
		23	0	8.2			8	9	1.7			11	14	5.6			6	7	4.6
	3	0	1	4.5			9	10	5.7			14	15	2.9			7	8	6.3
		1	2	2.0			10	12	3.2			15	18	2.4			8	9	6.0
		2	3	4.5			12	13	8.4			18	19	4.0			9	10	3.8
		3	4	5.8			13	14	11.2			19	20	1.7			10	11	8.7
		4	8	7.9			14	15	6.7			20	21	1.5			11	12	4.5
		8	10	2.9			15	16	3.0			21	22	4.5			12	13	5.9
		10	11	2.7			16	17	4.5			22	23	2.3			13	14	3.6
		11	15	5.2			17	18	3.1			23	0	3.8			14	15	1.3

降 水 量 摘 录 表

月	日	起	止	降水量(mm)	月	日	起	止	降水量(mm)	月	日	起	止	降水量(mm)	月	日	起	止	降水量(mm)
7	3	22	23	3.7	7	14	16	17	22.8	8	5	3	4	2.8	9	5	8	10	0.2
		23	2	3.7			17	18	15.0			4	6	1.8			14	15	1.1
	4	2	3	6.3			18	19	6.3			6	7	5.0		6	22	3	1.0
		3	4	5.0			19	20	2.0			7	8	6.7		7	5	8	0.5
		4	5	4.9			20	21	9.0			8	9	3.5		9	19	20	0.1
		5	7	1.7			21	22	48.2			9	10	0.6			20	21	0.1
		8	12	1.8			22	23	39.5			10	11	4.1		10	8	9	0.1
		16	17	20.5			23	0	24.6			11	16	2.8		11	18	20	0.3
		17	19	1.0		15	0	1	51.1		8	16	18	0.6		20	15	17	2.1
		19	20	8.3			1	2	0.3		9	2	3	0.2		21	6	8	0.5
		20	21	1.0			2	3	22.8		15	13	15	0.4			8	11	2.3
		22	0	1.3			14	15	0.5		18	8	9	0.1		23	19	20	0.1
	5	4	5	0.1		20	12	13	0.1			12	13	2.6		24	2	3	2.0
		7	8	0.4			13	14	2.8			13	14	1.2			3	4	2.6
		9	10	0.2			14	15	30.4			14	15	2.6			4	5	2.1
	6	11	14	0.8		25	20	21	0.4			15	20	4.1			5	6	18.6
		8	9	0.1		26	14	16	2.9			20	22	1.2			12	13	0.5
		22	23	0.5		28	5	7	0.3		19	1	5	2.3			15	20	2.6
	7	5	6	0.2		29	10	12	0.3		24	7	8	0.4			20	8	11.5
		7	8	0.1	8	3	3	8	2.4			8	9	0.1		25	8	9	4.1
		8	9	0.4			8	11	0.8			10	11	0.1			9	10	3.0
		10	11	0.1			16	17	2.2			11	12	4.5			10	11	0.5
	9	11	12	0.1			17	18	5.3			12	13	2.9			13	14	0.1
		16	17	0.6			18	19	5.1			13	14	0.1			18	20	0.2
		17	18	2.9			19	20	0.1		30	6	7	0.7			22	8	9.0
	12	10	13	0.4			22	23	0.2			7	8	4.9		26	8	20	10.5
		23	0	0.1		4	1	7	7.0			8	9	1.3			20	8	8.0
	13	0	1	4.7			7	8	5.5	9	2	17	19	0.3		27	9	12	0.3
		1	2	15.3			8	9	3.2		3	1	2	0.6			13	14	0.1
		2	3	10.8			9	19	7.9			2	3	4.4			15	18	0.3
		3	4	52.6			19	20	3.4			3	4	4.1			19	20	0.3
		4	5	62.0			20	22	1.9			4	5	3.3			20	21	0.1
		5	6	25.7			22	23	7.4			5	7	0.6		28	6	8	1.3
		6	7	7.5			23	0	0.5			8	13	0.4			8	11	0.7
		7	8	0.1		5	0	1	3.7		4	17	18	3.6	10	1	6	7	0.5
		15	16	0.1			1	2	8.9		5	1	4	0.8			7	8	3.6
	14	0	2	0.9			2	3	1.0			6	7	0.4			8	8	20.2

2000 滚 河 袁门站

月	日	起	止	降水量(mm)	月	日	起	止	降水量(mm)	月	日	起	止	降水量(mm)	月	日	起	止	降水量(mm)
5	8	16	17	1.3	6	2	21	22	6.5	6	22	5	6	1.2	6	26	3	4	21.5
		17	18	3.5			22	23	1.2		24	12	17	4.2			4	5	4.1
		18	19	3.0			23	0	8.1		25	0	3	1.8			5	6	15.9
		19	20	3.4		3	0	1	4.0			5	8	5.2			6	7	18.4
		20	21	6.4			1	2	3.7			8	12	4.4			7	8	4.3
		21	22	3.5			2	3	6.0			12	13	5.6			8	10	2.8
		22	1	2.9			3	4	9.2			13	14	15.5			10	11	8.5
	9	3	4	0.1			4	5	3.1			14	15	3.2			11	12	3.2
		5	6	0.3			5	8	4.3			15	17	3.0			12	14	4.1
6	2	0	2	1.4			8	10	1.8			17	18	3.9			14	15	8.0
		2	3	6.9			10	11	3.9			18	19	4.4			15	16	7.9
		3	4	3.1			11	15	5.8			19	20	1.0			16	18	1.5
		4	5	0.1			15	16	7.0			20	21	2.7			18	19	4.4
		6	7	0.1			16	19	3.1			21	22	6.8			19	20	6.7
		8	14	5.2		8	1	7	1.0			22	23	13.0			20	21	7.1
		14	15	2.7		21	0	1	0.8			23	0	23.0			21	22	6.0
		15	19	4.9			19	20	30.6		26	0	1	23.5			22	23	2.7
		19	20	27.2			20	21	15.2			1	2	50.0			23	0	0.4
		20	21	7.1			21	23	2.0			2	3	43.0		27	0	1	4.2

降 水 量 摘 录 表

月	日	起	止	降水量(mm)	月	日	起	止	降水量(mm)	月	日	起	止	降水量(mm)	月	日	起	止	降水量(mm)
6	27	1	2	3.4	7	12	11	14	0.3	8	4	16	17	3.3	9	5	1	4	0.7
		2	3	4.6			23	0	1.3			17	20	4.6			6	8	0.3
		3	4	2.8		13	0	1	9.8			20	21	3.0			8	10	0.7
		4	7	5.0			1	2	5.0			21	22	1.3			11	12	0.1
		11	18	3.0			2	3	13.8			22	23	5.6			14	17	0.8
		19	20	0.2			3	4	20.8			23	0	2.8		6	15	16	0.1
	28	18	20	0.5			4	5	51.0		5	0	1	3.9			23	8	1.8
		20	21	0.1			5	6	33.2			1	6	4.8		9	17	20	0.3
7	2	0	8	3.8			6	7	9.6			6	7	6.0			20	22	0.2
		8	14	1.5			7	8	1.5			7	8	4.8		10	8	10	0.5
	3	1	2	5.5			22	1	3.9			8	10	4.4			13	14	0.1
		2	3	1.4		14	16	17	18.9			10	11	2.7			17	19	0.2
		6	7	3.9			17	18	8.9			11	17	5.3			18	19	0.3
		7	8	6.1			18	19	15.4		15	9	10	0.1		11	21	22	0.1
		8	9	5.3			19	20	4.8			13	14	1.2		20	13	18	3.1
		9	10	3.7			20	21	4.2			14	15	3.0		21	5	8	0.4
		10	11	10.5			21	22	45.0			17	18	0.1			8	12	2.6
		11	12	2.5			22	23	45.2		18	12	14	2.0		24	1	3	1.7
		12	13	4.3			23	0	32.4			14	15	3.0			3	4	3.1
		13	14	3.8		15	0	1	27.6			15	16	2.7			4	5	0.9
		14	15	1.1		20	12	13	1.3			16	20	1.3			5	6	11.3
		22	2	3.8			13	14	4.4			20	23	1.5			6	8	0.7
	4	2	3	3.2			14	15	1.3		19	1	6	5.5			16	20	1.3
		3	4	5.6			17	18	0.1		24	11	12	2.7			20	8	9.0
		4	5	3.6		23	21	23	2.0			12	13	4.9		25	8	12	3.5
		5	7	0.7		25	21	22	6.8			13	15	0.2			17	20	0.7
		8	10	1.5		28	6	7	0.1		30	6	7	2.8			22	8	5.8
		12	13	0.1		29	10	12	0.6			7	8	8.8		26	8	20	10.5
		16	17	21.0			13	14	0.1			8	11	0.9			20	8	5.7
		17	18	0.5			18	19	0.1			14	15	0.1		27	10	11	0.1
		19	20	15.3	8	3	2	8	2.6	9	2	15	16	0.1			14	20	0.9
		20	1	1.8			8	10	1.3			18	19	1.2			20	21	0.2
	5	6	8	2.2			16	17	8.9			22	0	0.8		28	8	10	0.8
		12	15	1.7			17	20	3.8		3	1	2	6.4			16	17	0.1
		18	19	0.1			20	7	7.8			2	3	5.9		30	11	12	0.1
	6	6	7	0.1		4	7	8	4.2			3	4	8.2	10	1	16	17	0.1
		15	16	0.1			8	13	6.7			4	5	0.7			6	7	1.6
	7	5	8	0.4			13	14	4.0			6	7	5.3			7	8	4.8
	9	16	17	2.9			14	15	4.0		4	16	17	33.8			8	8	18.3
		17	19	0.2			15	16	1.2			17	18	0.8					

2001 滚 河 刀子岭站

月	日	起	止	降水量(mm)	月	日	起	止	降水量(mm)	月	日	起	止	降水量(mm)	月	日	起	止	降水量(mm)
6	9	3	4	0.3	6	17	5	6	0.1	7	21	6	7	5.9	7	23	18	19	12.8
		13	20	11.5			11	20	4.4			7	8	3.0			20	21	4.6
		20	22	1.3			20	21	1.4			8	9	0.4			23	0	0.6
	10	7	8	0.1			21	22	15.4			20	21	51.2		24	7	8	0.1
	12	12	13	0.1			22	4	3.6			21	0	2.1			14	15	4.5
	13	13	14	3.0		28	16	17	0.1		22	2	5	1.3			15	16	2.4
	15	21	22	1.0			21	22	0.1			16	17	37.3			19	20	4.6
	16	1	2	0.1		29	5	6	0.2			17	18	28.8			21	22	4.5
		2	3	7.2			6	7	26.3			18	20	0.5			22	23	5.3
		3	4	3.6			8	11	1.6			20	21	0.6			23	0	1.8
		4	5	5.4			22	23	0.1			21	22	3.0		25	3	5	2.7
		5	6	0.5	7	2	15	16	3.3			22	23	0.1			6	7	0.1
		7	8	0.2			16	17	14.3		23	2	3	0.1			16	17	19.4
		9	13	3.6			17	19	2.2			6	7	0.1			17	18	2.4
		18	20	2.7			20	21	0.1			16	17	0.4		26	5	6	0.1
		20	21	0.5		21	5	6	3.5			17	18	39.3			15	16	23.4

降 水 量 摘 录 表

月	日	起	止	降水量(mm)	月	日	起	止	降水量(mm)	月	日	起	止	降水量(mm)	月	日	起	止	降水量(mm)
7	26	16	17	5.3	7	29	23	0	9.4	8	7	16	17	13.7	8	30	22	8	6.0
		17	20	2.1		30	0	1	11.2			17	18	0.6		31	8	10	0.2
	28	4	5	8.7			1	2	6.0			19	20	0.1			12	13	5.7
		5	6	5.5			2	3	4.0		9	17	18	0.4			13	14	0.1
		6	7	7.5			3	4	6.2			19	20	0.1			20	21	0.1
		7	8	4.5			4	5	15.6		15	13	15	0.5	9	17	22	0	1.8
		8	9	0.1			5	6	35.4			19	20	0.1			18	6	0.1
		16	18	0.2			6	7	28.8		20	14	18	0.9		21	12	18	6.2
	29	3	4	0.6			7	8	4.2			19	20	0.1			18	19	2.6
		7	8	0.1			8	9	8.7			22	23	0.1			19	20	3.4
		16	17	0.1			9	12	2.2		21	4	6	1.0			20	0	3.6
		19	20	0.2			12	13	3.1			7	8	0.1		22	1	4	1.1
		20	21	4.3			13	17	2.3		29	0	1	0.5			11	12	0.1
		21	22	1.0		31	4	5	0.1			2	5	1.5					
		22	23	2.6	8	7	15	16	29.5		30	19	20	0.1					

2001　滚　河　尚店站

月	日	起	止	降水量(mm)	月	日	起	止	降水量(mm)	月	日	起	止	降水量(mm)	月	日	起	止	降水量(mm)
6	9	3	5	0.3	6	29	5	6	25.1	7	23	19	20	6.7	7	30	4	5	31.8
		13	20	7.0			6	7	1.6			20	21	5.0			5	6	26.3
		21	22	0.1			8	9	4.2		24	1	2	0.1			6	7	30.9
	15	20	21	1.6			9	10	2.0			5	7	0.5			7	8	8.1
		23	0	0.2	7	2	15	16	17.7			9	10	0.1			8	9	7.5
	16	1	2	0.5			16	17	24.2			14	15	14.1			9	10	1.5
		2	3	14.8			17	19	2.0			15	16	1.3			10	11	4.0
		3	4	13.0		3	9	11	1.0			22	23	3.0			11	12	11.0
		4	5	4.3			14	15	0.2			23	0	0.1			12	13	7.0
		5	6	0.9		11	1	2	1.2		25	3	6	0.9			13	14	0.4
		6	7	13.7			2	3	4.7		26	15	16	41.7	8	7	15	19	2.2
		7	8	0.1			3	4	10.7			16	17	2.7		9	16	19	0.7
		8	9	0.6			4	5	0.3			17	19	1.4		15	13	14	10.2
		9	10	7.1		20	15	16	1.0		28	1	2	1.5		20	14	18	2.0
		10	13	2.2		21	5	8	4.5			3	4	4.7		21	5	6	0.1
		17	20	3.8			20	21	26.5			4	5	47.8		29	1	4	1.1
		20	23	0.5			21	0	1.6			5	6	6.0		30	23	8	4.0
	17	0	1	0.3		22	2	5	0.7			6	7	10.0		31	8	9	0.3
		11	14	1.1			16	17	3.4			7	8	7.4			13	14	3.5
		14	15	3.7			17	18	7.6			8	9	0.1	9	17	22	0	2.3
		15	19	2.6			18	19	9.0			15	17	0.4		21	9	11	0.4
		22	23	2.9			19	20	0.1		29	21	23	1.7			12	20	3.7
		23	0	3.4			20	22	2.1			23	0	3.8			20	0	1.3
	18	0	2	4.3		23	1	4	0.3		30	0	1	6.2		22	1	3	0.3
		1	2	0.1			15	16	0.1			1	2	9.5					
		7	8	0.1			16	17	6.9			2	3	5.0					
	28	17	18	2.2			17	18	10.1			3	4	4.1					

2001　滚　河　柏庄站

月	日	起	止	降水量(mm)	月	日	起	止	降水量(mm)	月	日	起	止	降水量(mm)	月	日	起	止	降水量(mm)
6	9	4	5	0.1	6	15	20	22	0.6	6	16	5	6	7.4	6	16	17	18	1.6
		12	16	2.8			23	1	1.4			6	7	22.0			18	19	7.5
		16	17	3.2		16	1	2	2.9			7	8	0.1			19	20	0.5
		17	20	2.8			2	3	15.2			8	9	6.1			20	23	0.4
		20	21	0.2			3	4	15.3			9	10	6.0		17	1	2	2.5
	12	15	16	0.2			4	5	7.4			11	16	1.4			10	12	0.4

月	日	起	止	降水量(mm)	月	日	起	止	降水量(mm)	月	日	起	止	降水量(mm)	月	日	起	止	降水量(mm)
6	17	13	14	0.3	7	3	9	10	2.5	7	24	20	5	1.9	7	30	10	11	5.1
		14	15	4.3			10	11	3.4		25	12	13	1.6			11	12	5.0
		15	16	3.9			14	16	0.3		26	15	16	7.5			12	13	7.2
		16	19	4.1		10	22	23	0.3			16	17	10.6			13	14	0.5
		22	23	4.9		11	2	5	3.1			17	19	2.1	8	7	15	19	3.2
		23	0	4.5			10	12	0.5		28	1	3	1.6		9	16	17	0.7
	18	0	1	5.9		21	5	8	3.7			3	4	4.9			18	19	0.1
		1	2	1.2			8	9	0.1			4	5	41.3		15	13	14	36.3
	20	20	21	7.7			20	21	42.2			5	6	3.9			16	17	0.1
		21	0	2.1			21	22	3.4			6	7	16.4		20	15	18	0.9
	21	3	4	0.3			22	0	0.5			7	8	17.2		21	7	8	0.3
		7	8	0.1		22	3	5	0.2			8	10	0.3			17	18	0.1
	28	6	7	0.1			16	17	12.7			15	17	0.4		29	0	4	3.9
		8	9	0.3			17	18	14.7		29	20	0	1.5		30	23	1	0.2
		17	18	5.9			18	19	11.8		30	0	1	7.2		31	2	8	3.6
	29	18	19	0.1			19	20	0.3			1	2	11.4			8	9	1.1
		4	5	3.0			20	22	1.5			2	3	5.3	9	17	21	23	1.5
		5	6	3.0		23	16	17	0.2			3	4	4.8		21	13	20	1.8
		8	9	4.1			17	18	3.3			4	5	17.1			20	22	1.0
		9	10	1.4			20	21	29.3			5	6	28.9			23	1	0.3
7	2	15	16	24.8			21	22	0.5			6	7	36.4		22	3	4	0.1
		16	17	26.2		24	6	8	0.8			7	8	23.9					
		17	18	2.8			14	15	38.0			8	9	3.6					
		18	19	0.3			15	17	0.7			9	10	9.2					

2001 滚 河 石漫滩站

月	日	起	止	降水量(mm)	月	日	起	止	降水量(mm)	月	日	起	止	降水量(mm)	月	日	起	止	降水量(mm)
6	9	3	5	0.3	6	28	17	20	1.5	7	23	18	19	0.4	7	30	4	5	19.2
		10	11	0.1		29	5	6	18.1			20	21	11.4			5	6	26.8
		13	20	5.4			6	7	4.4			21	22	0.1			6	7	40.9
	12	7	8	0.1			8	9	0.5		24	6	8	0.3			7	8	17.6
	15	20	22	3.5			9	10	4.2			14	15	22.6			8	9	10.7
		23	0	0.2			17	18	0.1			15	16	1.4			9	10	2.4
	16	1	2	0.6	7	2	15	16	6.0			17	18	0.1			10	11	8.5
		2	3	11.5			16	17	20.9			20	22	1.2			11	12	8.1
		3	4	16.1			17	18	5.9			23	0	0.6			12	13	6.9
		4	5	7.1			18	19	0.4		25	3	6	1.2			13	14	0.2
		5	6	4.4		3	10	11	0.1			12	13	8.0	8	7	14	15	0.4
		6	7	26.6			14	15	0.1			13	14	0.6			15	16	40.3
		7	8	0.1			19	20	0.1			15	16	0.1			16	19	1.8
		8	9	2.4		11	2	3	1.9		26	15	16	10.0		9	16	19	0.8
		9	10	5.2			3	4	4.1			16	17	23.0		15	13	14	7.8
		10	13	2.3			4	6	0.4			17	20	1.9			14	15	0.4
		18	19	3.3			11	12	0.4		27	20	21	0.1		20	14	18	2.3
		19	20	0.7		20	16	17	7.2		28	1	4	1.0		29	1	2	4.2
		20	23	0.5		21	6	8	1.9			4	5	25.3			2	6	1.8
	17	1	2	1.7			8	9	0.3			5	6	4.9		30	22	1	0.4
		7	8	0.1			20	21	35.5			6	7	14.5		31	2	8	3.5
		11	17	6.2			21	0	2.3			7	8	9.3			8	9	1.0
		17	18	4.9		22	1	4	0.5			8	9	0.2			9	14	2.6
		18	19	4.6			16	17	39.4			16	17	0.2	9	17	22	0	1.2
		22	23	1.8			17	18	16.5		29	3	4	0.6		21	10	11	0.2
		23	0	4.7			18	19	12.3			9	10	0.1			13	20	2.1
	18	0	1	6.3			19	20	0.1			20	0	2.9			20	22	0.8
		1	3	1.3			20	23	1.5		30	0	1	8.8			23	0	0.2
	20	22	23	0.1		23	2	3	0.1			1	2	7.0		22	1	2	0.2
	28	5	7	0.2			16	17	2.5			2	3	6.0			3	4	0.1
		8	9	0.2			17	18	25.4			3	4	5.2					

降 水 量 摘 录 表

2001　滚　河　袁门站

月	日	起	止	降水量(mm)	月	日	起	止	降水量(mm)	月	日	起	止	降水量(mm)	月	日	起	止	降水量(mm)
6	9	3	4	0.2	6	29	7	8	0.1	7	23	18	20	0.8	7	30	7	8	18.2
		14	20	8.7			8	9	1.4			20	21	9.4			8	9	8.3
		20	21	0.1			9	10	6.7			21	22	0.2			9	11	2.1
	12	7	8	0.1	7	2	15	16	8.2		24	6	8	2.8			11	12	3.7
		12	14	2.1			16	17	22.3			14	15	8.0			12	13	4.9
	15	20	22	0.5			17	18	2.9			15	18	2.7			13	14	0.7
	16	1	2	0.4			18	20	0.3			22	0	1.3			15	16	0.1
		2	3	7.4		11	1	3	0.4		25	3	6	0.4	8	7	15	16	4.9
		3	4	8.7			3	4	5.7		26	15	16	18.8			16	20	3.1
		4	5	7.9			4	6	0.3			16	17	4.7		15	15	16	6.5
		5	6	0.6		20	15	16	0.8			17	20	2.0			16	17	25.1
		6	7	15.6		21	5		3.1		28	4	5	35.4			17	20	2.7
		7	8	0.9			19	20	0.6			5	6	12.3		20	13	18	1.6
		8	9	0.6			20	21	15.0			6	7	15.0			19	20	0.1
		9	10	4.2			21	0	1.7			7	8	5.0		29	2	5	2.5
		10	13	2.2		22	2	4	1.0			16	18	0.3		30	23	2	0.7
		16	17	0.1			5	6	0.1		29	3	5	0.3		31	3	8	3.1
		18	20	2.4			16	17	17.8			20	23	1.9			8	10	0.2
		20	21	0.4			17	18	12.8			23	0	8.2			12	13	10.2
	17	11	20	4.6			18	19	16.1		30	0	1	9.1			13	15	0.4
		21	0	3.0			19	20	0.1			1	2	5.3	9	17	22	0	1.3
	18	0	1	4.0			20	0	1.1			2	3	13.7		21	13	20	4.7
		1	2	0.4		23	6	7	0.1			3	4	5.7			20	0	1.9
		3	4	0.1			16	17	3.9			4	5	19.5		22	1	3	0.7
	29	5	6	4.0			17	18	33.8			5	6	35.7					
		6	7	11.8								6	7	37.8					

2002　滚　河　刀子岭站

月	日	起	止	降水量(mm)	月	日	起	止	降水量(mm)	月	日	起	止	降水量(mm)	月	日	起	止	降水量(mm)
5	1	14	15	0.5	5	5	19	20	3.4	6	21	14	19	4.5	6	23	3	4	0.3
		15	16	3.0			20	21	3.2			20	21	0.1			4	5	3.4
		16	17	13.0			21	22	4.4			22	1	1.3			5	6	0.1
		17	18	8.9			22	23	3.4		22	1	2	4.8			7	8	0.1
		18	19	4.1			23	1	4.0			2	3	2.7			9	11	0.2
		19	20	1.5	6	1	2	2.6			3	4	32.4			15	18	1.6
		20	21	4.1			2	4	0.9			4	5	5.0			20	0	2.3
		21	22	2.9			4	5	3.1			5	6	29.8		24	2	3	0.1
		22	23	14.4			5	6	2.7			6	7	16.9		27	4	5	8.0
		23	0	6.9			6	7	4.0			7	8	5.4			5	6	13.6
	2	0	4	3.0			7	8	4.1			8	9	4.8			6	7	18.0
		5	8	0.8			8	11	1.3			9	10	3.6			7	8	25.5
	4	14	16	0.5	6	7	17	18	2.4			10	11	16.7			8	9	6.2
		17	18	0.1		8	16	19	1.2			11	12	14.4			9	10	0.3
		21	8	6.7		9	16	17	3.0			12	13	8.8			10	11	4.4
	5	8	9	0.1			17	18	4.7			13	14	24.4			11	12	3.8
		11	12	0.2			18	19	6.1			14	17	1.0			12	13	7.9
		12	13	7.5			19	20	9.9			18	20	0.3			13	14	5.3
		13	16	4.7			20	21	0.8			21	22	0.9			14	16	2.6
		16	17	2.8			23	1	0.4			22	23	18.4			19	20	0.1
		17	18	3.7		21	12	13	0.5			23	1	0.3	7	4	14	15	0.4
		18	19	2.9			13	14	5.5		23	2	3	4.5		17	18	20	1.0

降 水 量 摘 录 表

月	日	起	止	降水量(mm)	月	日	起	止	降水量(mm)	月	日	起	止	降水量(mm)	月	日	起	止	降水量(mm)
7	18	23	0	1.3	7	29	0	4	0.8	8	24	7	8	3.3	9	14	21	22	0.2
	19	2	3	31.3			19	20	0.5			9	11	0.3			23	0	0.1
		22	23	7.7	8	1	17	18	7.1		25	7	8	0.4		15	1	3	1.6
		23	0	0.5		2	18	19	0.6			10	11	0.8			3	4	3.5
	21	15	16	1.0		5	20	21	32.6			12	13	8.7			4	7	4.3
		16	17	4.3			21	22	9.4			13	14	2.8		20	16	17	5.5
		17	18	2.4			22	1	2.8			14	15	0.6			17	18	3.9
	22	22	7	7.5		6	14	16	3.0	9	9	9	10	0.5			18	19	2.0
	25	23	1	2.6			16	17	2.7			10	11	16.8			19	20	6.4
	26	6	8	0.2			17	18	0.1			11	12	4.6			20	21	2.9
		9	14	3.0		8	20	21	0.4			12	13	5.0			21	22	4.5
		21	0	1.1			23	7	2.0			13	15	2.4			22	23	3.7
	27	1	3	2.4		11	23	1	0.3			17	18	0.1			23	0	1.3
		3	4	3.3		15	18	19	3.4		13	0	8	5.6		21	0	1	3.4
		4	7	0.4		19	11	12	0.2			8	14	2.6			1	2	3.5
		14	20	8.5			13	18	0.9			16	20	1.0			2	8	6.0
		20	1	9.4			20	21	0.2			20	8	7.3			12	14	0.2
	28	2	7	1.3		20	4	5	0.1		14	8	10	0.4			15	20	1.4
		8	13	0.9		24	6	7	2.9			17	20	0.8					

2002　滚　河　尚店站

月	日	起	止	降水量(mm)	月	日	起	止	降水量(mm)	月	日	起	止	降水量(mm)	月	日	起	止	降水量(mm)
5	1	14	15	1.9	6	22	3	4	13.3	7	19	1	2	3.0	8	24	6	7	3.2
		15	16	2.9			4	5	14.2			2	3	9.8			8	11	2.7
		16	17	6.1			5	6	39.5			22	23	9.0		25	7	8	0.3
		17	18	10.3			6	7	33.9			23	0	0.1			9	11	0.4
		18	20	2.6			7	8	5.0		21	15	16	1.6			13	15	0.2
		20	22	1.8			8	9	2.4			16	17	2.9	9	9	10	11	5.4
		22	23	5.3			9	10	2.8			17	18	1.6			11	12	7.5
		23	0	7.5			10	11	23.4		22	3	4	0.1			12	13	6.4
	2	0	4	1.7			11	12	22.3			6	7	0.1			13	14	2.8
		5	6	0.1			12	13	8.1			21	6	7.6			14	16	0.5
	4	17	18	0.1			13	14	3.5		23	7	8	0.1		11	20	22	2.2
		21	22	0.1			14	15	4.1		25	22	0	2.9		13	2	4	0.3
		23	8	6.1			18	19	0.3		26	0	1	7.7			5	8	0.5
	5	8	12	2.8			21	22	4.1			1	3	1.2			8	13	0.8
		12	13	7.3			22	0	2.8			8	14	1.5			20	22	0.3
		13	16	5.3		23	1	3	0.3		27	3	5	1.7		14	0	8	2.3
		16	17	3.0			3	4	3.5			17	18	0.2			9	10	0.3
		17	18	6.0			4	5	0.4			19	20	0.1			12	14	0.4
		18	19	2.3			7	8	0.1			21	4	1.9			18	20	1.3
		19	20	3.0			8	10	0.5		28	5	6	0.2			20	21	0.1
		20	21	2.8			15	16	0.8			9	13	2.6		15	1	2	0.5
		21	6	13.5			20	0	2.0		29	1	2	0.3			2	3	2.9
	6	6	7	3.8		27	3	4	0.5			19	20	1.2			3	7	4.1
		7	8	2.7			4	5	6.5	8	5	20	21	35.4		20	16	17	2.1
		8	10	0.5			5	6	9.8			21	22	6.9			17	18	2.7
6	8	16	18	2.9			6	7	16.7			22	23	3.1			18	19	3.6
	9	15	19	2.6			7	8	20.4			23	1	1.3			19	20	4.7
		19	20	4.2			8	9	4.6	9	9	0	1	0.1			20	21	2.1
		23	0	0.2			9	10	0.1			1	7	1.2			21	22	3.9
	21	12	13	0.2			10	11	5.5		11	23	2	0.5			22	23	3.2
		13	14	2.8			11	12	4.3		12	5	6	0.1			23	0	1.3
		14	15	1.3			12	15	5.6		15	20	21	0.2		21	0	1	4.3
		16	17	2.2	7	4	1	2	0.9		19	16	18	0.2			1	2	3.0
		22	23	3.1			16	18	1.5			19	20	0.1			2	7	1.6
		23	1	2.9		5	12	13	0.5			20	21	0.2			11	13	0.3
	22	1	2	13.5			14	15	0.3		20	6	7	0.1			14	19	1.4
		2	3	2.0		18	22	0	1.5			9	11	1.0					

降 水 量 摘 录 表

2002　滚　河　柏庄站

月	日	起	止	降水量(mm)	月	日	起	止	降水量(mm)	月	日	起	止	降水量(mm)	月	日	起	止	降水量(mm)
5	1	14	15	1.6	6	21	14	15	2.9	7	4	1	2	0.8	8	24	7	8	0.6
		15	16	2.6			16	18	0.8			18	21	0.5			8	9	9.0
		16	17	5.3			22	1	4.0		19	2	3	23.6			9	10	6.7
		17	18	9.8		22	1	2	6.4			22	3	3.8			10	11	0.1
		18	19	5.9			2	3	4.1		21	15	16	2.5		25	7	8	4.3
		19	20	0.6			3	4	15.2			16	17	3.5			9	11	1.9
		20	3	7.9			4	5	40.4			17	18	1.5			13	15	0.6
	2	5	6	0.2			5	6	21.1		22	21	7	5.8	9	9	11	12	4.1
		7	8	0.1			6	7	9.4		25	22	23	30.6			12	13	7.6
	4	18	20	0.2			7	8	0.8			23	4	4.7			13	14	3.9
		20	21	0.1			8	10	0.9		26	11	14	1.2			14	15	0.8
		22	8	4.7			10	11	7.3			22	23	0.1		11	21	22	0.2
	5	8	11	0.9			11	12	7.3		27	3	7	2.7		13	2	8	2.5
		11	12	6.1			12	13	15.5			13	14	0.2			8	20	4.5
		12	13	3.2			13	14	1.1			15	20	3.2			20	22	1.2
		13	15	3.8			14	15	7.8			20	7	5.6			23	8	4.3
		15	16	3.0			15	17	0.4		28	9	12	2.1		14	8	10	0.4
		16	17	6.0			21	22	0.3		29	1	2	0.2			11	15	0.4
		17	18	3.7			22	23	12.3	8	2	18	19	0.2			17	20	1.3
		18	19	3.3			23	0	3.6		5	20	21	3.3			22	2	1.1
		19	20	3.1		23	0	1	0.1			21	22	38.2		15	2	3	3.5
		20	21	4.4			3	5	0.2			22	23	5.7			3	8	4.6
		21	22	2.7			7	8	3.4			23	1	1.1		20	16	17	2.3
		22	1	4.4			15	16	0.8		6	17	18	0.2			17	18	3.6
	6	1	2	2.7			20	22	1.1		8	20	21	0.1			18	19	3.5
		2	4	2.6			23	0	0.3		9	0	1	0.1			19	20	3.8
		4	5	2.6		27	3	4	2.0			2	5	0.7			20	21	1.7
		5	6	3.4			4	5	5.1		12	1	3	0.2			21	22	3.2
		6	7	2.8			5	6	8.5		19	17	18	0.1			22	23	3.1
		7	8	0.5			6	7	12.8			19	20	0.1			23	0	2.6
		8	10	0.3			7	8	14.4			20	21	0.1		21	0	1	3.5
6	8	16	18	2.1			8	9	5.4			22	23	0.1			1	7	4.8
	9	16	20	4.1			9	10	1.1		20	9	11	0.7			11	19	1.4
		20	21	0.1			10	11	8.2		21	11	12	0.1					
	21	13	14	2.3			11	15	5.8		24	6	7	17.0					

2002　滚　河　石漫滩站

月	日	起	止	降水量(mm)	月	日	起	止	降水量(mm)	月	日	起	止	降水量(mm)	月	日	起	止	降水量(mm)
5	1	14	16	3.8	5	5	5	6	3.4	5	6	1	2	2.7	6	21	11	12	0.2
		16	17	5.7			6	8	2.0			2	4	2.6			13	14	1.6
		17	18	9.4			8	11	0.6			4	5	2.6			14	15	2.9
		18	19	6.0			11	12	9.4			5	6	4.4			15	19	2.3
		19	20	0.5			12	13	3.3			6	7	4.4			23	1	1.8
		20	22	2.3			13	15	3.8			7	8	0.6		22	1	2	6.3
		22	23	4.7			15	16	2.7			9	10	0.2			2	3	2.1
		23	0	9.7			16	17	6.2	6	7	17	19	0.2			3	4	27.8
	2	0	3	1.6			17	18	3.7		8	15	18	0.8			4	5	33.0
		5	6	0.4			18	19	3.3		9	15	17	1.2			5	6	38.2
	4	4	5	0.2			19	20	3.2			17	18	6.8			6	7	19.8
		9	10	0.1			20	21	4.2			18	19	0.5			7	8	3.5
		17	18	0.1			21	22	2.8			19	20	4.3			8	10	2.9
		21	5	3.1			22	1	4.4			22	0	0.3			10	11	5.0

降 水 量 摘 录 表

月	日	起	止	降水量(mm)	月	日	起	止	降水量(mm)	月	日	起	止	降水量(mm)	月	日	起	止	降水量(mm)
6	22	11	12	7.7	7	19	6	7	0.1	8	5	23	0	0.3	9	13	8	15	3.7
		12	13	15.6			18	19	0.1		6	16	18	0.8			18	20	0.4
		13	14	4.7			21	0	0.8		8	19	20	0.1			20	8	4.6
		14	15	5.3		21	15	16	4.7			20	21	0.2		14	8	10	0.4
		15	20	1.6			16	17	4.7		9	0	1	0.1			11	12	0.9
		21	23	2.5			17	18	2.7		11	2	4	0.8			13	15	0.2
		23	0	3.1			18	19	0.1			23	3	0.4			16	17	0.1
	23	0	5	1.5		22	21	5	6.0		12	22	23	0.1			18	20	1.3
		7	8	4.0		23	6	7	0.2		15	20	21	0.1			22	2	1.1
		8	10	0.3			10	11	0.2		19	16	18	0.3		15	2	3	3.7
		15	17	0.6			17	18	0.1			19	20	0.1			3	7	5.6
		20	22	0.9		25	21	22	0.1			20	22	0.2			17	18	0.1
		23	0	0.3			22	23	6.5		20	9	11	0.6		20	15	16	1.1
	27	3	4	0.4			23	2	3.0		24	6	7	7.4			16	17	4.8
		4	5	3.7		26	3	4	0.1			7	8	2.4			17	18	4.1
		5	6	9.1		27	10	15	1.8			8	9	4.9			18	19	7.5
		6	7	15.5			1	5	2.0			9	10	3.5			19	20	4.9
		7	8	17.6			6	7	0.4			10	11	0.5			20	21	2.7
		8	9	10.8			15	20	2.7			12	14	0.3			21	22	4.9
		9	10	0.6			20	0	3.3		25	7	8	0.4			22	23	3.4
		10	11	7.7		28	0	1	6.4			8	11	2.2			23	0	2.6
		11	16	6.0			1	5	1.3			13	15	0.9		21	0	1	5.3
7	4	1	2	0.8			10	13	1.6			11	12	7.6			1	2	2.7
	5	6	7	0.5		29	0	2	0.3			12	13	6.3			2	7	2.5
	18	0	1	0.2	8	2	19	20	0.1			13	14	2.5			12	19	1.4
	19	1	2	11.4		5	21	22	22.4			15	16	0.3			23	0	0.1
		2	3	26.3			22	23	4.5	9	12	23	8	4.6		22	6	7	0.1

2002 滚 河 袁门站

月	日	起	止	降水量(mm)	月	日	起	止	降水量(mm)	月	日	起	止	降水量(mm)	月	日	起	止	降水量(mm)
5	1	14	16	2.3	6	8	16	18	1.0	6	23	16	17	0.1	7	26	15	16	0.1
		16	17	7.6		9	16	17	0.5			20	0	2.1		27	2	3	0.6
		17	18	10.3			17	18	7.0		27	4	5	6.0			3	4	2.7
		18	19	5.5			18	19	3.0			5	6	12.3			4	6	0.5
		19	20	0.8			19	20	6.0			6	7	20.7			15	20	2.0
		20	21	3.8		10	0	1	0.5			7	8	33.9		28	20	0	3.4
		21	22	0.8		21	13	15	3.5			8	9	7.7			0	1	2.6
		22	23	8.2			16	18	0.7			9	10	0.8			1	6	0.7
		23	0	9.8			22	1	1.7			10	11	4.0			7	8	0.1
	2	0	6	3.0		22	1	2	6.7			11	12	2.8			10	13	2.1
		7	8	0.1			2	3	1.5			12	13	1.9		29	1	2	0.2
	5	0	5	0.8			3	4	29.6			13	14	3.2	8	2	18	19	1.1
		5	6	3.2			4	5	1.4			14	15	1.9		5	20	21	20.4
		6	7	2.7			5	6	24.9			18	19	0.1			21	22	17.1
		7	8	0.9			6	7	24.8	7	5	11	13	0.6			22	1	2.7
		10	11	0.2			7	8	3.6		18	21	22	23.5		9	1	5	1.1
		12	13	7.2			8	9	4.1			22	23	5.1			6	7	0.1
		13	16	5.5			9	10	3.5			23	0	0.6		12	0	1	0.2
		16	17	3.0			10	11	20.0		19	22	0	2.9			2	3	0.1
		17	18	3.2			11	12	26.5		21	15	18	5.7		19	17	18	0.1
		18	19	2.1			12	13	14.4			19	20	0.1			19	20	0.1
		19	20	2.7			13	14	8.6		22	22	5	6.4			20	21	0.1
		20	21	3.0			14	16	2.7		23	6	7	0.2		24	6	7	8.5
		21	22	3.1			19	20	0.1		24	16	17	3.3			7	8	2.3
		22	6	14.1			21		1.7			17	18	0.1			9	11	1.7
	6	6	7	4.0		23	2	3	0.2		25	22	0	0.4		25	9	10	3.5
		7	8	4.1			4	5	2.3		26	0	1	5.3			10	11	0.1
		8	11	0.8			6	7	0.2			6	7	0.1			13	15	2.2
6	7	17	18	9.0			10	11	0.1			11	14	1.3	9	9	10	11	13.4

降 水 量 摘 录 表

月	日	起	止	降水量(mm)	月	日	起	止	降水量(mm)	月	日	起	止	降水量(mm)	月	日	起	止	降水量(mm)
9	9	11	12	11.0	9	14	0	8	4.4	9	15	4	8	3.0	9	20	22	23	3.1
		12	13	3.1			8	11	0.4		20	16	17	4.0			23	0	1.4
		13	17	2.5			12	13	0.2			17	18	5.4		21	0	1	6.0
	13	0	8	3.7			18	20	0.7			18	19	4.3			1	2	3.0
		8	14	3.0			22	23	0.1			19	20	5.3			2	7	3.4
		19	20	0.2		15	1	3	2.2			20	21	2.7			12	13	0.2
		20	23	0.9			3	4	3.0			21	22	5.2			14	19	1.7

2003　滚　河　刀子岭站

月	日	起	止	降水量(mm)	月	日	起	止	降水量(mm)	月	日	起	止	降水量(mm)	月	日	起	止	降水量(mm)
5	5	8	10	0.4	6	29	12	13	0.2	7	4	10	12	2.0	8	6	11	12	7.4
		12	13	0.1			13	14	13.3		8	10	11	0.2			13	14	0.1
		16	20	0.5			14	15	0.3			15	16	4.7		10	11	12	21.0
		21	23	0.2			17	20	1.9			16	18	0.3			12	13	6.6
	6	1	4	1.8			20	22	1.7		9	22	0	0.6			13	17	0.5
		4	5	22.9			22	23	4.1		10	1	2	0.1		11	10	11	0.1
		5	6	9.7			23	0	3.5		11	11	13	0.2			12	19	2.0
		6	7	2.3		30	0	6	2.4			20	22	0.2			20	21	0.4
		7	8	4.1			6	7	3.5			23	0	9.4		12	0	8	10.8
		8	15	6.1			7	8	8.0		12	0	1	6.4			8	9	3.9
		15	16	2.9			8	9	9.2			1	3	1.3			9	11	1.0
		16	17	12.3			9	10	6.0			6	8	0.3			12	13	0.2
		17	18	8.9			10	11	3.0			9	11	0.3			15	20	2.4
		18	20	4.2			11	13	2.4			12	13	0.1			20	8	9.7
		20	1	4.5			13	14	4.0			17	18	0.7		13	8	17	7.6
	7	4	5	0.1			14	20	10.0			19	20	0.3			20	8	9.8
	13	8	20	0.3			20	21	2.8			22	23	0.8		14	8	11	1.4
		20	8	0.3			21	1	0.7		13	0	1	0.1			11	12	2.6
	16	8	20	0.9	7	1	3	5	0.2			1	2	3.0			12	17	7.3
		20	8	0.9			6	8	1.1			2	3	1.4			17	18	3.4
	18	8	20	0.3			8	9	1.0			4	5	0.2			18	19	3.4
		20	8	0.3			9	10	3.9			6	7	0.1			19	20	2.3
6	2	15	18	0.4			10	13	3.4			19	20	0.1			20	0	5.6
	9	16	18	0.6			13	14	3.7			20	21	0.1		15	0	1	4.4
		21	1	0.8			14	15	6.7		14	4	5	0.1			1	2	4.7
	10	2	3	0.1			15	16	5.1			6	8	0.6			2	3	3.0
		20	4	3.9			16	17	10.7			8	10	0.4			3	4	4.4
	21	1	2	6.5			17	18	4.5			14	15	0.1			4	5	5.4
		2	3	0.8			18	20	2.6		15	3	4	0.3			5	6	3.3
	22	1	2	9.7			20	1	6.1			5	8	0.4			6	7	6.0
		2	8	5.7		2	2	4	3.5			14	15	0.1			7	8	4.6
		11	12	0.3			4	5	3.2		16	5	8	1.4			8	9	2.5
		14	15	0.5			5	8	2.9			8	20	6.5			9	10	3.8
		15	16	4.0			11	12	0.1			20	5	10.8			10	20	13.6
		16	17	2.9			15	17	0.4		17	6	8	0.2			20	23	0.9
		19	20	0.1		3	7	8	1.2		19	18	19	0.4		16	5	6	0.1
	26	2	5	1.8			8	10	0.2		20	13	14	0.7		17	5	8	1.1
		5	6	4.9			13	15	2.3		21	8	9	5.8			8	9	0.1
		6	7	3.0			15	16	10.6			9	10	0.6			10	11	0.4
		7	8	0.9			16	19	2.2			10	11	2.7			11	12	7.1
		8	9	4.8			19	20	3.4			11	12	5.5			12	13	4.4
		9	10	7.1			20	23	1.3			12	13	4.0			13	15	2.6
		10	11	2.7		4	0	1	0.5			13	14	2.6			17	18	0.1
		11	12	1.6			1	2	5.4			14	15	0.1		18	5	6	0.1
		12	13	2.8			2	3	3.3	8	1	22	23	22.0		19	0	2	0.4
		13	14	4.5			3	6	2.3		2	0	1	0.1			2	3	2.7
		14	15	3.1			6	7	4.8		4	22	23	0.1			3	4	0.1
		15	19	3.1			7	8	8.1		5	5	6	0.1		20	9	10	0.2
		20	21	0.1			8	9	2.0								12	13	0.1

降 水 量 摘 录 表

月	日	起	止	降水量(mm)	月	日	起	止	降水量(mm)	月	日	起	止	降水量(mm)	月	日	起	止	降水量(mm)
8	20	19	20	0.1	8	27	3	7	1.0	9	1	20	0	4.0	9	7	6	7	0.1
	21	5	6	0.8			8	9	0.2		2	0	1	3.4			18	19	0.1
		7	8	0.8			10	11	0.1			1	2	4.6		8	2	4	0.3
		8	11	1.0		28	5	7	0.8			2	8	10.9			5	6	6.8
		12	17	1.4			22	23	0.5			8	10	3.3			6	7	3.7
	22	19	20	0.1			23	0	5.2			10	11	3.0			7	8	2.1
		7	8	0.2		29	0	1	4.4			11	14	1.8			8	11	3.4
		12	13	0.3			1	2	18.9		3	7	8	0.1			17	18	0.1
		18	19	0.7			2	3	4.2			11	20	5.9		18	21	1	4.6
		19	20	6.4			3	4	14.9			20	23	1.3		19	1	2	2.7
	23	21	22	0.1			4	5	7.7		4	0	3	0.4			2	5	3.9
		7	8	0.1			5	6	16.4			5	6	0.1			5	6	2.6
	24	9	10	0.1			6	7	29.2			7	8	0.2			6	7	3.7
		16	20	1.0			7	8	15.0		6	5	6	2.6			7	8	3.1
		21	0	0.5			8	9	9.8			6	7	8.3			8	9	2.7
	25	4	5	0.1			9	10	4.1			7	8	2.1			9	10	4.2
		6	7	0.1			10	20	7.2			8	9	2.8			10	11	3.9
		8	9	0.7			20	3	7.1			9	10	2.6			11	12	2.7
		9	10	4.0		30	3	4	9.1			10	11	4.4			12	20	10.0
		10	11	3.3			4	8	6.3			11	13	4.6			20	8	3.4
		11	12	5.5			8	18	2.7			13	14	4.4		28	21	8	4.4
		12	13	0.8		31	11	12	2.5			14	15	4.7		29	8	10	0.4
		13	14	10.5			12	13	5.8			15	17	0.7			11	15	0.7
		14	15	3.3			13	15	1.9			18	19	0.1			16	17	0.1
		15	16	10.1			16	18	0.2		7	0	1	1.9		30	7	8	0.1
		16	17	2.6			21	22	0.2			1	2	10.4			20	8	17.0
		17	18	0.1			23	8	8.2			2	3	2.1					
	26	7	8	0.1	9	1	8	16	7.9			3	4	8.1					
	27	0	2	2.6			18	19	0.1			4	5	4.1					

2003 滚 河 尚店站

月	日	起	止	降水量(mm)	月	日	起	止	降水量(mm)	月	日	起	止	降水量(mm)	月	日	起	止	降水量(mm)
5	5	9	10	0.2	6	9	20	21	3.6	6	30	8	9	7.4	7	4	6	7	3.5
		11	12	0.1			21	22	4.1			9	10	5.2			7	8	1.8
		19	20	0.1			22	2	1.9			10	11	2.6			8	12	1.3
		22	23	0.2		10	21	0	1.9			11	13	1.9		8	15	16	17.5
	6	1	4	2.9		11	1	3	0.6			13	14	3.6			16	17	1.1
		4	5	11.9		22	1	2	4.9			14	20	3.7		9	22	23	0.9
		5	6	4.5			4	5	6.9			20	21	0.5		11	11	13	0.6
		6	7	0.4			5	6	3.2			22	23	0.1			19	20	0.3
		7	8	3.5			6	8	1.0	7	1	8	13	3.6			20	21	0.1
		8	11	1.7			8	9	0.4			13	14	3.7			22	23	1.0
		12	14	0.3			11	14	2.1			14	15	3.8			23	0	7.3
		15	16	0.4			14	15	5.0			15	16	5.8		12	0	2	1.3
		16	17	3.2			15	16	4.2			16	17	4.7			21	23	1.0
		17	18	4.4			16	17	0.3			17	18	4.2		13	1	5	1.0
		18	19	3.1		23	8	13	5.2			18	20	2.1			6	7	0.1
		19	20	1.6			13	14	3.0			20	22	1.8		14	6	8	0.3
		20	0	2.6			14	17	2.4			22	23	3.9		15	3	6	0.6
	16	8	20	0.4			18	19	0.2			23	3	3.6		16	2	3	0.3
		20	8	0.4		27	2	8	4.6		2	3	4	2.6			4	9	1.1
	18	8	20	0.4		29	13	14	18.0			4	5	3.3			9	10	0.1
6	2	20	8	0.4			14	15	3.4			5	8	1.7			11	14	0.3
		13	14	0.2			15	16	0.2			6	8	2.4			20	22	0.5
		15	16	0.2			17	20	0.9			11	15	0.8			23	3	2.7
	3	8	9	0.1			20	4	4.0			15	16	3.5		17	4	5	0.2
		17	18	0.3		30	5	6	0.6			16	20	1.4			6	7	0.1
	5	21	23	1.5			6	7	3.6		3	21	3	4.7		20	0	2	0.3
	9	16	17	6.0			7	8	8.6		4	4	6	2.8			20	22	0.4

降 水 量 摘 录 表

月	日	起	止	降水量(mm)	月	日	起	止	降水量(mm)	月	日	起	止	降水量(mm)	月	日	起	止	降水量(mm)
7	21	2	3	0.1	8	15	20	22	0.5	8	29	8	9	9.9	9	6	6	7	8.3
		4	8	5.4		17	10	11	1.4			9	10	6.2			7	8	1.0
		8	10	1.3			11	12	2.8			13	16	1.3			8	9	0.2
		10	11	3.2			12	16	3.5			17	20	3.2			9	10	2.8
		11	12	3.8		19	1	3	0.6			20	8	7.9			10	13	3.0
		12	15	2.3		20	8	13	0.7		30	9	10	0.1			13	14	5.9
	28	20	21	5.5		21	8	9	0.1			13	14	0.1			14	16	1.0
		21	22	3.4			13	14	0.1			15	17	0.3			23	0	0.8
8	1	22	23	9.6		22	3	4	0.1		31	11	12	2.2		7	0	1	7.5
	3	11	13	0.5			6	8	1.9			12	13	3.5			1	2	9.7
	10	12	13	4.4			19	20	0.6			13	14	3.8			2	3	6.8
		13	16	1.4			20	21	0.1			14	15	0.2			3	4	6.5
	11	12	18	1.2		24	17	18	0.1			16	18	0.5			4	5	1.6
		20	23	0.8			22	23	0.5			21	22	0.1			14	15	0.1
	12	0	5	4.0		25	3	4	0.1	9	1	1	7	4.1			18	19	0.1
		5	6	2.8			7	8	0.2			7	8	3.1		8	2	6	2.8
		6	7	1.0			8	9	2.0			8	16	5.1			6	7	5.5
		7	8	3.0			9	10	6.5			19	20	0.1			7	8	2.1
		8	13	2.8			10	11	4.5			20	22	2.6			8	9	3.2
		15	20	2.8			11	12	4.6			22	23	3.3			9	11	2.1
		20	2	2.4			12	14	3.6			23	0	3.7			12	13	0.1
	13	4	8	4.1			14	15	4.2		2	0	1	1.8			23	1	0.3
		8	15	6.2			15	16	12.3			1	2	3.2		18	8	12	1.7
		22	3	5.3			16	18	0.5			2	3	2.1			15	16	0.1
	14	4	8	2.7		27	0	1	6.5			3	4	2.6			20	7	9.8
		8	20	16.2			1	2	3.7			4	8	7.4		19	7	8	3.7
		20	0	3.9			2	3	1.9			8	9	2.5			8	9	2.7
	15	0	1	5.1			3	4	2.8			9	10	3.2			9	10	3.6
		1	2	4.3			4	5	6.2			10	11	2.9			10	18	5.1
		2	3	2.3			5	6	1.0			11	14	2.2			19	20	0.2
		3	4	6.1		28	5	7	0.8		3	11	14	1.4			22	6	1.6
		4	5	8.3			20	1	6.6			15	16	0.1		29	1	8	2.7
		5	6	7.8		29	1	2	26.7			17	20	0.7			8	10	0.4
		6	7	4.3			2	3	0.1			20	23	0.5			11	12	0.1
		7	8	2.3			3	4	3.8		4	1	2	0.1			13	14	0.1
		8	9	3.3			4	5	3.0			6	7	0.1		30	5	6	0.1
		9	10	2.1			5	6	3.8			12	14	0.3			23	8	3.9
		10	11	2.6			6	7	13.1		5	4	5	0.1					
		11	20	8.4			7	8	4.5		6	0	6	1.5					

2003 滚 河 柏庄站

月	日	起	止	降水量(mm)	月	日	起	止	降水量(mm)	月	日	起	止	降水量(mm)	月	日	起	止	降水量(mm)
5	5	8	13	0.8	6	2	13	14	0.1	6	22	7	8	3.2	6	29	14	16	2.2
		20	0	0.9			15	17	0.4			8	9	13.4			18	20	1.2
	6	1	3	0.7			21	23	1.0			9	11	1.6			20	3	4.1
		3	4	3.6		3	16	18	0.3			12	14	1.3		30	4	6	0.3
		4	5	12.7		9	16	17	14.2			14	15	4.3			6	7	2.9
		5	6	3.2			20	21	18.2			15	16	6.6			7	8	14.9
		6	8	0.9			21	22	9.7			16	17	0.4			8	9	6.0
		8	12	2.1			22	23	1.4		26	5	6	0.5			9	10	5.0
		13	18	5.5		10	0	1	0.2			6	7	3.0			10	13	3.9
		18	19	3.6			22	0	1.7			7	8	2.0			13	14	3.8
		19	20	3.5		11	1	2	0.2			8	9	2.9			14	20	5.6
		20	22	1.1		19	12	13	0.5			9	10	2.7			20	22	1.0
		23	0	0.1		21	12	13	0.1			10	11	2.7	7	1	8	13	3.6
	16	8	20	0.1			21	22	0.1			11	13	3.7			13	14	4.0
		20	8	0.1		22	1	2	3.7			13	14	3.3			14	15	5.6
	18	13	14	12.4			2	6	3.3			14	19	2.9			15	16	5.1
		14	15	0.2			6	7	6.8		29	13	14	9.9			16	17	6.8

降 水 量 摘 录 表

月	日	时或时分		降水量(mm)	月	日	时或时分		降水量(mm)	月	日	时或时分		降水量(mm)	月	日	时或时分		降水量(mm)
		起	止				起	止				起	止				起	止	
7	1	17	18	6.8	7	21	10	11	5.0	8	22	6	8	1.5	9	2	7	8	3.0
		18	20	3.3			11	14	4.0		24	1	2	0.3			8	9	3.7
		20	22	0.8			17	18	0.1			13	14	0.1			9	10	2.6
		22	23	7.7		28	20	21	6.7			17	18	0.1			10	15	4.2
		23	3	4.4			21	22	0.6		25	0	1	0.1		3	11	15	1.1
	2	3	4	3.6	8	1	21	22	1.4			3	4	0.9			17	20	0.9
		4	5	4.3		2	0	3	4.6			8	10	1.9			20	22	0.3
		5	8	0.9		3	10	11	5.0			10	11	3.1			23	0	0.1
		8	11	0.6			12	13	17.4			11	12	3.5		4	1	2	0.1
		13	14	0.1			13	14	4.0			12	15	3.3			13	14	0.2
	3	6	8	0.7			16	17	0.3			15	16	12.0		6	5	6	1.2
		10	12	0.5		7	10	11	0.4			16	17	6.1			6	7	8.1
		14	15	0.5		9	12	13	5.3			17	18	5.5			7	8	1.8
		15	16	9.6			13	14	2.6		27	0	1	3.5			8	9	1.1
		16	20	0.6			14	16	0.7			1	2	1.2			9	10	3.7
		21	6	5.9		10	10	12	0.9			2	3	4.2			10	13	3.2
	4	6	7	3.2			12	13	3.0			3	5	3.5			13	14	6.5
		7	8	0.4			13	15	2.0		28	21	22	0.4			14	15	0.2
		8	9	0.8			17	18	0.1			22	23	11.2			16	17	0.1
	8	14	15	6.9		11	13	17	0.6			23	1	0.9			23	1	2.8
		15	16	15.0			21	23	0.4		29	1	2	27.2		7	1	2	6.4
		16	17	0.1		12	0	8	11.2			2	4	4.3			2	3	11.5
	9	22	23	0.9			8	13	2.2			4	5	5.4			3	5	1.6
	11	10	11	0.2			14	20	4.5			5	6	3.8			7	8	0.1
		11	12	2.8			20	1	0.9			6	7	8.1			13	15	0.3
		12	13	1.9		13	3	8	6.5			7	8	7.5		8	4	6	2.1
		18	19	0.1			8	15	5.8			8	9	5.6			6	7	2.7
		20	21	0.2			22	8	7.5			9	10	13.6			7	8	1.9
		22	23	0.3		14	8	18	11.6			10	18	3.7			8	12	3.5
		23	0	9.8			18	19	3.0			18	19	3.8		18	8	12	1.7
	12	0	3	1.8			19	20	1.2			19	20	2.1			16	17	0.1
		10	13	0.3			20	0	4.8			20	3	5.8			19	20	0.2
		15	19	0.4		15	0	1	3.7		30	3	4	2.9			20	5	8.8
		21	23	0.2			1	2	3.4			4	8	2.2		19	5	6	3.4
	14	1	2	2.2			2	3	2.6			8	9	0.1			6	7	4.1
		3	4	0.1			3	4	6.9			11	14	0.5			7	8	6.5
		7	8	0.1			4	5	6.2			15	18	0.7			8	9	5.7
		8	10	0.2			5	6	4.8		31	11	12	2.6			9	10	6.0
		15	16	0.2			6	7	4.0			12	15	4.8			10	11	3.2
	15	2	6	2.1			7	8	2.8			16	18	0.5			11	20	6.3
	16	4	8	1.2			8	9	3.8	9	1	2	8	5.5			21	4	2.0
		8	20	3.4			9	10	3.4			8	15	4.8		20	7	8	0.1
		20	5	3.0			10	20	11.9			16	17	0.1		29	2	8	1.3
	17	7	8	0.1			21	22	0.2			18	20	0.9			8	12	0.5
	20	22	23	0.2		17	5	7	0.4			20	22	3.9		30	20	8	7.7
	21	1	2	0.1			10	15	4.6			22	23	3.8					
		4	8	7.0		19	2	3	0.3			23	0	4.8					
		8	10	2.0		21	8	9	0.4		2	0	7	14.1					

2003 滚 河 石漫滩站

月	日	时或时分		降水量(mm)	月	日	时或时分		降水量(mm)	月	日	时或时分		降水量(mm)	月	日	时或时分		降水量(mm)
		起	止				起	止				起	止				起	止	
5	5	8	9	0.3	5	6	6	7	1.3	5	6	20	1	4.0	6	2	15	16	0.3
		11	12	0.1			7	8	4.1		13	8	20	0.1			22	23	0.1
		16	18	0.3			8	11	2.6			20	8	0.1		3	4	5	0.2
		19	20	0.1			13	16	3.5		16	8	20	0.2			6	7	0.1
		20	23	0.9			16	17	3.6			20	8	0.2			8	9	0.1
	6	0	4	1.3			17	18	2.0		18	8	20	0.4			10	11	0.1
		4	5	13.2			18	19	3.1			20	8	0.4			17	18	0.5
		5	6	9.0			19	20	3.9	6	2	13	14	0.3	9		16	19	2.6

降 水 量 摘 录 表

月	日	起	止	降水量(mm)	月	日	起	止	降水量(mm)	月	日	起	止	降水量(mm)	月	日	起	止	降水量(mm)
6	9	20	21	16.6	7	3	16	20	2.0	8	11	19	20	0.1	8	27	3	4	1.5
		21	22	20.3			21	3	4.8			20	23	0.6			4	5	6.5
		22	1	2.1		4	4	6	2.7		12	0	8	10.8		28	5	6	0.3
	10	20	0	2.5			6	7	3.6			8	13	3.0			21	22	1.0
	11	1	3	0.5			7	8	1.7			14	20	4.7			22	23	10.8
	19	19	20	0.1			8	9	0.7			20	2	3.5			23	0	2.0
		20	21	0.3			18	19	0.1		13	3	7	3.9		29	0	1	9.4
	21	20	21	0.1		8	14	15	11.7			7	8	2.8			1	2	31.1
	22	1	2	9.0			15	16	18.0			8	9	3.0			2	3	5.2
		2	3	0.2			16	18	0.3			9	15	4.5			3	4	1.1
		3	4	6.1		9	21	23	1.3			17	18	0.1			4	5	6.4
		4	5	2.9		11	10	11	0.6			22	8	7.3			5	6	4.0
		5	6	6.0			12	13	0.9		14	8	15	8.0			6	7	8.8
		6	7	3.3			15	17	0.2			15	16	2.6			7	8	9.2
		7	8	1.1			18	20	0.5			16	17	2.6			8	9	10.8
		8	9	3.4			20	22	0.3			17	18	2.6			9	10	9.2
		9	10	0.6			23	0	9.3			18	19	2.6			10	11	0.2
		11	14	2.8		12	0	3	2.9			19	20	2.4			13	20	8.0
		14	15	5.1			9	13	0.4			20	0	5.3			20	8	12.4
		15	16	8.1			17	18	0.1		15	0	1	4.4		30	8	9	0.3
		16	17	1.6			21	23	0.8			1	2	4.4			11	14	0.5
	26	2	3	0.1		13	2	3	0.6			2	3	4.4			15	18	0.6
		4	6	1.2			4	5	0.2			3	4	4.5		31	12	13	4.1
		6	7	3.8			10	11	0.1			4	5	4.4			13	14	3.8
		7	8	0.9			20	21	0.1			5	6	4.4			14	15	0.4
		8	9	1.6			22	0	0.2			6	7	4.4			17	19	1.1
		9	10	2.9		14	1	2	0.1			7	8	4.5			22	23	0.1
		10	13	3.7			3	4	0.1			8	9	4.6	9	1	1	7	3.6
		13	14	4.3			5	6	0.1			9	10	3.0			7	8	4.3
		14	19	3.7			9	10	0.1			10	11	2.6			8	16	5.9
	29	8	9	0.1			15	16	0.1			11	13	1.2			19	20	0.3
		13	14	9.3			19	20	0.1			13	14	2.6			20	22	2.5
		14	16	1.0		15	3	5	0.2			14	20	5.9			22	23	3.4
		17	20	1.7			6	8	0.8			20	22	0.3			23	0	4.3
		20	1	5.2			20	21	0.1		17	5	7	0.4		2	0	1	2.2
	30	2	6	0.6		16	2	3	0.1			8	9	0.2			1	2	3.8
		6	7	3.7			4	8	1.4			10	15	6.2			2	8	11.0
		7	8	6.6			8	9	0.2			16	17	0.1			8	9	2.4
		8	9	8.5			10	20	2.5		19	2	3	0.8			9	10	2.9
		9	10	6.4			20	5	3.4		20	7	8	0.1			10	11	3.2
		10	11	3.0		17	7	8	0.1			8	11	0.8			11	13	2.4
		11	13	1.9		19	11	12	0.1		21	7	8	0.5		3	11	14	1.2
		13	14	5.8			19	20	0.1			8	9	0.3			17	20	1.4
		14	20	5.8		20	22	23	0.2		22	12	13	0.1			20	23	0.6
		20	22	0.8		21	0	3	0.3			19	20	2.5		4	0	2	0.2
7	1	7	8	0.1			4	8	6.0			20	21	1.1			6	7	0.1
		8	14	5.0			8	11	3.5		23	17	18	0.1			16	17	0.1
		14	15	5.7			11	12	4.2		24	5	8	0.4		6	4	6	2.1
		15	16	4.9			12	13	4.4			10	11	0.1			6	7	8.6
		16	17	7.3			13	14	1.0			15	18	0.6			7	8	2.9
		17	18	4.8			16	17	0.1		25	22	1	0.3			8	9	0.3
		18	19	3.2			21	22	6.8			8	9	1.6			9	10	3.9
		19	20	0.9		28	22	0	2.0			9	10	3.3			10	13	2.4
		20	22	1.1	8	1	11	12	3.5			10	11	2.6			13	14	9.3
		22	23	6.9		3	12	13	4.1			11	12	5.0			14	16	0.9
	2	23	3	4.4			13	14	0.1			12	14	2.4			17	18	0.3
		3	4	3.0		4	22	23	0.2			14	15	3.8			23	0	1.1
		4	5	4.5		9	12	14	0.6			15	16	6.7		7	0	1	5.7
		5	8	1.1		10	12	13	13.3			16	17	4.0			1	2	8.7
		8	9	0.5			13	15	0.6			17	19	2.1			2	3	9.0
	3	6	8	1.0			16	17	0.1		26	15	16	0.1			3	4	4.4
		10	13	0.3		11	9	10	0.2		27	0	1	2.7			4	5	1.5
		14	15	0.3			14	15	0.4			1	2	3.0			13	14	0.1
		15	16	2.9			16	17	0.1			2	3	3.7			15	16	0.1

降 水 量 摘 录 表

月	日	起	止	降水量(mm)	月	日	起	止	降水量(mm)	月	日	起	止	降水量(mm)	月	日	起	止	降水量(mm)
9	8	2	5	1.6	9	18	8	12	1.4	9	19	10	11	3.0	9	29	8	13	1.5
		5	6	2.9			20	6	11.9			11	19	5.3			14	15	0.1
		6	7	3.3		19	6	7	4.0			21	23	0.5		30	19	20	0.1
		7	8	1.7			7	8	3.7		20	0	1	0.5			20	8	9.2
		8	11	3.4			8	9	4.8			3	4	1.0					
		17	18	0.1			9	10	3.7		29	0	8	2.4					

2003 滚 河 袁门站

月	日	起	止	降水量(mm)	月	日	起	止	降水量(mm)	月	日	起	止	降水量(mm)	月	日	起	止	降水量(mm)
5	5	8	10	0.3	6	29	20	23	2.2	7	12	17	18	0.2	8	15	2	3	2.6
		16	19	0.3			23	0	6.3			21	22	1.5			3	4	6.0
		20	23	0.4		30	0	1	3.3		13	1	3	0.3			4	5	5.5
	6	0	4	1.8			1	8	4.1			4	5	0.1			5	6	5.8
		4	5	15.1			8	9	8.3			9	10	0.1			6	7	5.1
		5	6	7.8			9	10	6.5			19	20	0.1			7	8	2.7
		6	7	1.0			10	11	5.4		14	6	7	0.1			8	9	4.5
		7	8	3.2			11	12	4.1			17	18	0.1			9	10	2.7
		8	16	4.8			12	14	3.3		15	3	4	0.3			10	20	10.6
		16	17	6.1			14	15	4.0			5	7	0.4			20	22	0.6
		17	18	6.0			15	20	3.8			9	10	0.1		17	6	8	0.8
		18	19	2.9			20	23	1.6			18	19	0.1			8	11	2.0
		19	20	2.9	7	1	7	8	0.1			21	22	0.1			11	12	2.9
		20	23	2.1			8	9	1.2		16	4	8	2.1			12	13	2.8
	7	7	8	0.1			9	10	2.9			9	20	2.9			13	17	1.5
	16	8	20	0.2			10	13	2.3			20	5	4.6		19	2	3	1.0
		20	8	0.2			13	14	3.3		21	4	8	5.9		20	8	11	0.7
	18	8	20	1.5			14	15	5.5			8	11	5.2			12	13	0.1
		20	8	1.5			15	16	5.8			11	12	3.7		21	5	6	0.3
6	2	14	15	0.1			16	17	5.7			12	13	4.0			7	8	0.3
		22	23	0.4			17	18	4.1			13	14	0.9			8	10	0.2
	9	16	17	1.1			18	20	2.8			15	16	0.1			12	14	0.4
		20	21	4.6			20	22	0.9	8	1	21	22	6.5		22	6	8	0.5
		21	2	2.9			22	23	2.7			22	23	0.8			12	13	0.1
	10	21	3	3.0			23	1	2.0		2	5	6	0.1			17	18	0.1
	21	2	3	0.3		2	2	4	3.2		3	12	13	0.2			19	20	3.7
	22	1	2	9.5			4	5	3.4		10	12	13	6.4			20	21	0.1
		2	3	0.4			5	8	2.4			13	14	3.4		24	17	19	0.7
		3	4	4.7		3	6	8	2.2			14	16	0.6			20	21	0.1
		4	5	1.4			11	14	1.0		11	12	17	1.3			22	0	1.7
		5	6	3.9			14	15	3.0			18	19	0.1		25	7	8	0.1
		6	7	3.1			15	20	3.2			20	4	2.7			8	9	6.5
		7	8	0.5			20	1	4.0		12	4	5	3.3			9	10	2.2
		11	12	0.4		4	1	2	3.9			5	8	5.4			10	11	3.9
		13	14	0.1			2	3	0.3			8	11	2.0			11	13	2.7
		14	15	4.1			4	5	0.2			13	20	5.3			13	14	3.7
		15	16	10.5			5	6	3.9			20	22	1.9			14	15	3.5
		16	18	0.7			6	7	3.7		13	0	1	0.8			15	17	3.3
	25	19	20	0.1			7	8	1.6			4	8	4.9			18	19	0.1
	26	1	5	6.4			8	11	3.1			8	16	5.6			22	23	0.1
		5	6	2.6		8	15	16	11.1			22	3	4.8		27	0	1	9.2
		6	8	1.6			16	18	0.7		14	4	8	3.1			1	4	1.5
		8	9	3.5		9	16	17	0.1			8	11	1.8			4	5	4.6
		9	13	6.2			22	23	0.5			11	12	2.6			5	6	0.1
		13	14	2.9		11	9	10	0.3			12	18	9.5		28	4	7	2.3
		14	17	2.6			15	16	0.1			18	19	2.9			20	22	1.0
		18	19	0.1			20	21	1.7			19	20	1.5			22	23	5.0
	29	14	15	10.8			21	22	9.8			20	0	5.0			23	0	0.8
		15	17	0.5			22	0	1.4		15	0	1	5.0		29	0	1	37.9
		18	20	0.6		12	10	11	0.1			1	2	4.5			1	2	0.4

降 水 量 摘 录 表

月	日	起	止	降水量(mm)	月	日	起	止	降水量(mm)	月	日	起	止	降水量(mm)	月	日	起	止	降水量(mm)
8	29	2	3	6.0	9	1	1	8	5.2	9	4	19	20	0.1	9	8	8	9	3.0
		3	4	4.2			8	15	6.0		6	5	6	1.8			9	12	1.9
		4	5	10.3			16	17	0.1			6	7	3.3			14	15	0.1
		5	6	18.6			20	23	4.0			7	8	1.9		18	9	12	0.8
		6	7	7.4			23	0	3.8			8	9	0.4			17	18	0.1
		7	8	10.4		2	0	1	2.8			9	10	3.6		19	20	3	8.2
		8	9	1.6			1	2	3.0			10	13	6.0			4	5	1.8
		12	20	5.4			2	8	10.3			13	14	3.6			5	6	2.8
		20	3	6.8			8	9	1.3			14	17	1.5			6	7	3.7
	30	3	4	4.3			9	10	2.7			23	0	0.3			7	8	3.6
		4	8	2.6			10	11	3.6		7	0	1	5.8			8	9	3.4
		8	10	0.4			11	13	2.1			1	2	16.2			9	10	4.3
		12	15	0.6			15	16	0.1			2	3	4.9			10	18	6.1
		16	18	0.4		3	11	14	1.5			3	4	12.6			19	20	0.2
	31	9	10	1.5			15	20	2.5			4	6	2.3			22	5	1.8
		10	11	4.3			20	23	1.0			14	16	0.2		28	23	8	3.4
		11	13	1.5		4	0	4	0.5			18	19	0.1		29	8	16	2.2
		14	16	0.8			5	6	0.1		8	3	6	3.2		30	16	17	0.1
		18	19	0.1			7	8	0.1			6	7	6.0			20	8	10.2
		21	23	0.2			12	14	0.4			7	8	1.6					

2004　滚　河　刀子岭站

月	日	起	止	降水量(mm)	月	日	起	止	降水量(mm)	月	日	起	止	降水量(mm)	月	日	起	止	降水量(mm)
6	3	23	2	2.1	7	10	13	14	2.8	7	17	14	15	3.5	8	4	9	10	8.1
	4	3	5	1.7			14	15	10.4			15	17	1.2			10	11	4.6
		6	8	0.5			15	16	3.6			19	20	0.1			11	12	4.8
		8	9	0.1			16	20	3.2		18	16	17	4.6			12	13	1.1
		11	12	0.3			20	23	0.4			17	18	0.2			13	14	7.9
		14	19	1.9		12	19	20	0.5			23	0	3.3			14	15	21.5
		21	8	14.1		14	14	15	0.2		19	0	1	51.5			15	16	0.7
	5	8	16	6.9			16	17	0.1			1	2	13.8			18	19	14.4
		19	20	0.4		15	11	13	0.4			6	7	0.1			19	20	1.8
		20	23	2.4			15	17	2.2			21	22	2.1			20	23	2.2
	14	0	2	2.1			17	18	3.6			22	23	4.7		5	0	5	3.5
		2	3	2.6		16	2	3	0.3			23	3	2.9			6	7	0.1
		3	4	2.0			4	5	0.1		20	8	9	1.9			21	1	1.9
		4	5	4.3			6	8	2.0			9	10	13.0		6	2	3	0.1
		5	8	3.1			8	9	5.3			10	11	3.0			5	6	0.1
		8	15	4.7			9	10	8.0			11	13	2.0		9	16	17	0.5
		18	19	0.1			10	11	4.1			15	16	0.1			20	21	0.1
		22	8	5.1			11	12	4.0		21	2	3	0.3		10	11	12	24.2
	15	8	10	0.5			12	13	17.7		25	3	6	3.2			12	13	6.8
		12	13	0.1			13	14	0.2		30	12	17	2.5			16	17	7.8
		15	18	0.5			14	15	4.9			18	19	0.1			17	18	26.4
	29	11	14	1.6			15	16	24.3			20	0	2.8			18	20	2.9
	30	11	12	3.5			16	17	28.4		31	4	6	0.3			20	21	0.8
		12	13	7.0			17	20	1.2			7	8	0.1			22	23	0.1
		13	14	0.1			20	21	0.2	8	1	10	11	0.1		11	21	23	1.5
		15	16	1.9			22	1	1.5		2	5	6	0.1		12	0	1	0.1
		16	17	9.6		17	1	2	5.7			6	7	3.8		13	23	1	2.3
		17	18	0.9			2	4	1.2			7	8	2.7		14	2	8	7.0
7	9	23	2	1.8			4	5	8.1			8	9	1.3			8	16	7.4
	10	6	7	4.0			5	6	32.1			12	13	0.1			23	1	1.8
		7	8	4.1			6	7	32.9			16	17	1.5		15	1	2	17.2
		8	9	8.8			7	8	11.9		3	19	20	8.1			2	3	16.5
		9	10	6.3			8	9	3.2			21	22	0.1			3	4	0.6
		10	11	10.9			9	10	4.1		4	6	7	1.7			4	5	5.3
		11	12	9.6			10	11	0.4			7	8	8.5			5	6	7.0
		12	13	13.1			12	14	2.0			8	9	2.5			6	7	12.7

降 水 量 摘 录 表

月	日	起	止	降水量(mm)	月	日	起	止	降水量(mm)	月	日	起	止	降水量(mm)	月	日	起	止	降水量(mm)
8	15	7	8	1.3	8	20	22	23	6.5	9	4	2	3	3.3	9	19	19	20	4.7
		8	11	4.7			23	0	6.9			3	4	3.0			20	21	4.4
		11	12	6.5		21	0	1	4.2			4	8	3.5			21	22	2.7
		12	13	1.8			1	8	6.8			8	9	2.2			22	23	6.1
		13	14	5.3			9	10	0.1			9	10	3.2			23	0	5.5
		14	20	2.2			11	13	0.6			10	13	3.4		20	0	4	4.0
	16	21	8	4.7		26	15	20	3.9		5	5	8	1.2			5	6	0.1
		8	9	5.2			20	21	0.9			11	17	3.9		24	18	20	0.4
		9	17	8.9			22	23	0.1			19	20	0.1			20	22	1.0
		17	18	4.1		27	8	12	1.5		14	17	18	7.0			22	23	2.7
		18	20	3.6	9	3	7	8	1.6			18	19	19.8			23	6	10.4
		20	21	1.2			8	14	6.6			19	20	0.1		25	7	8	0.1
		23	4	1.8			14	15	3.4		19	14	15	0.8		30	13	15	2.4
	17	5	6	0.1			15	17	1.2			15	16	7.0			15	16	2.9
	20	15	17	0.4			18	20	0.2			16	17	4.0			16	20	3.7
		18	19	0.1			20	21	0.2			17	18	0.4			20	0	1.3
		21	22	2.5		4	0	2	0.2			18	19	4.6					

2004　滚　河　尚店站

月	日	起	止	降水量(mm)	月	日	起	止	降水量(mm)	月	日	起	止	降水量(mm)	月	日	起	止	降水量(mm)
6	3	23	8	4.5	7	15	16	18	0.5	7	25	2	5	2.5	8	15	12	14	2.0
	4	15	19	0.9		16	1	3	0.3		30	23	1	1.0			14	15	4.0
		22	8	3.7			5	6	0.6	8	2	1	3	2.0			17	18	0.5
	5	13	15	0.4			6	7	5.2			5	8	2.7		16	2	3	0.5
		20	23	0.9			7	8	1.0			9	12	0.9			5	6	1.0
	14	0	1	0.9			8	9	0.7		4	5	6	2.0			7	8	1.0
		1	2	2.8			9	10	3.0			6	7	4.5			8	10	2.0
		2	4	4.4			10	11	4.9			7	8	32.7			11	12	1.0
		4	5	4.7			11	12	18.5			8	9	3.0			12	13	3.0
		5	8	1.8			12	13	30.3			9	10	14.4			13	15	2.0
		8	14	4.4			13	14	6.9			10	11	5.1			16	20	4.1
		15	16	0.1			14	15	1.3			11	12	4.4			20	21	0.9
		23	1	0.2			15	16	4.7			12	13	0.9			22	23	0.5
	15	2	8	0.9			16	17	19.5			13	14	10.5		20	18	19	1.8
	30	5	6	0.3			17	18	1.3			14	15	8.4			21	23	3.2
		7	8	0.1			18	19	2.6			15	17	1.4			23	0	9.7
		14	15	4.0			19	20	0.4			18	19	4.8		21	0	1	3.6
		15	16	2.0			20	21	0.5			19	20	1.8			7	8	0.2
		16	17	7.2			22	0	0.9			20	21	0.7		26	18	20	0.8
		18	19	0.1		17	0	1	20.5			22	23	0.5			20	23	0.9
7	9	23	0	5.1			1	2	11.6		10	15	17	0.2		29	14	15	0.1
	10	0	1	0.1			2	3	22.3			17	18	44.0			16	17	0.5
		6	7	4.3			3	4	25.6			18	20	1.2		30	3	4	0.2
		7	8	8.6			4	5	32.8			20	21	0.9			7	8	0.1
		8	9	6.6			5	6	51.6		11	21	23	2.5	9	3	4	7	3.0
		9	10	5.4			6	7	13.6			23	0	4.4			7	8	2.6
		10	11	8.3			7	8	4.6		13	12	13	0.2			8	17	4.9
		11	12	8.5			8	9	3.4			23	8	7.0		4	1	8	5.7
		12	13	6.3			9	13	2.7		14	8	10	1.0			8	10	2.0
		13	14	6.5			15	19	1.8			11	14	4.0			10	11	3.0
		14	15	8.2		19	22	23	3.1			17	18	0.5			11	13	1.3
		15	16	2.6			23	1	1.0		15	1	2	3.5		5	5	8	0.6
		17	20	2.8		20	2	3	0.6			2	3	25.5			13	17	1.3
		20	21	0.8			8	9	1.1			3	4	2.0		14	17	18	21.4
		22	23	0.2			9	10	6.2			4	5	7.5			18	19	6.1
	11	7	8	0.1			10	11	3.1			5	6	3.0			19	20	0.2
	12	18	20	3.2			11	13	3.7			6	7	5.0		18	8	9	5.7
	14	14	15	0.4			14	16	1.2			7	8	6.0		19	13	15	2.0
	15	15	16	5.6		21	2	4	1.0			11	12	4.0					

降 水 量 摘 录 表

月	日	起	止	降水量(mm)	月	日	起	止	降水量(mm)	月	日	起	止	降水量(mm)	月	日	起	止	降水量(mm)
9	19	15	16	3.9	9	19	21	22	4.4	9	24	18	20	1.0	9	30	20	21	0.6
		16	17	3.3			22	23	2.8			21	5	10.3	10	1	7	8	0.1
		18	19	3.5			23	0	3.5		25	7	8	0.1					
		19	20	2.4		20	0	4	4.0		30	11	15	4.3					
		20	21	3.2			6	7	0.1			16	20	1.8					

2004 滚 河 柏庄站

月	日	起	止	降水量(mm)	月	日	起	止	降水量(mm)	月	日	起	止	降水量(mm)	月	日	起	止	降水量(mm)
6	3	23	2	1.1	7	16	12	13	16.6	8	4	3	4	0.5	8	16	14	20	5.8
	4	4	8	1.4			13	14	9.9			5	6	0.1			20	0	0.7
		15	19	1.6			14	15	3.5			6	7	35.5		20	16	17	0.1
		21	8	7.4			15	16	23.8			7	8	45.6			20	22	4.1
	5	11	15	1.3			16	17	9.4			8	9	4.0			22	23	6.3
		20	23	0.6			17	18	3.5			9	10	5.6			23	0	10.1
	6	1	2	0.1			18	19	26.0			10	11	3.6		21	0	1	5.3
	14	1	2	2.7			19	20	0.7			11	12	5.5			1	8	3.7
		2	8	8.0			20	21	1.2			12	15	2.4		26	20	22	0.5
		8	13	5.1			22	0	1.4			16	17	5.9			23	0	0.1
		14	15	0.1		17	0	1	29.5			17	18	0.4		29	15	16	0.2
		18	20	0.3			1	2	22.0			18	19	10.2			19	20	0.1
		21	8	3.6			2	3	35.0			19	20	9.7	9	3	5	8	4.2
	15	8	12	0.8			3	4	28.3			20	21	1.5			8	16	3.0
		16	18	0.2			4	5	48.5			22	23	5.6		4	2	3	2.7
	29	12	13	1.9			5	6	37.3			23	0	3.0			3	8	4.1
		13	14	3.0			6	7	5.4		5	2	4	0.5			8	12	2.7
		14	16	3.0			7	8	1.2		6	6	7	0.3			16	17	0.1
		19	20	0.1			8	9	3.2		9	17	19	0.2		5	5	8	1.0
	30	14	15	2.6			9	11	0.6		10	17	18	29.8			8	9	0.1
		15	16	3.1			15	19	0.7			18	20	0.7			11	15	2.0
		16	17	2.9		18	13	14	0.5			20	22	0.8		14	17	18	15.5
		17	19	0.3			17	18	1.1		13	7	8	0.1			18	19	6.5
7	9	23	0	28.8		19	3	4	0.1			23	4	3.9			20	21	0.5
	10	0	1	0.2			22	23	4.2		14	4	5	3.2		18	8	10	1.7
		7	8	10.4			23	5	3.1			5	6	1.4		19	13	15	2.0
		8	9	7.4		20	8	9	1.0			6	7	3.7			15	16	4.1
		9	10	6.3			9	10	7.8			7	8	0.5			16	17	2.9
		10	11	11.2			10	11	3.0			8	10	2.3			18	19	3.5
		11	12	18.9			11	13	3.8			11	16	4.2			19	20	2.5
		12	13	7.2			14	16	1.7			18	19	0.1			20	21	3.0
		13	14	8.6		21	2	4	1.0		15	0	2	1.0			21	22	5.6
		14	15	3.6		25	2	6	4.4			2	3	24.6			22	23	1.4
		15	16	5.9		30	13	14	0.2			3	4	22.0			23	0	3.6
		17	20	2.0			20	21	0.1			4	5	6.7		20	0	1	2.4
		20	23	1.8			22	23	3.9			5	6	2.6			2	3	1.0
	15	16	18	3.1			23	0	0.4			6	7	3.7		21	9	10	0.1
		21	22	0.7		31	4	5	0.1			7	8	1.2		24	18	20	0.5
	16	3	4	0.1	8	2	2	3	9.0			9	14	4.0			20	6	10.0
		6	8	0.8			3	4	0.1			14	15	3.0		25	7	8	0.1
		8	9	0.3			6	7	0.2			15	17	0.4		30	12	16	3.3
		9	10	3.2			9	13	1.0		16	2	8	2.5			17	20	1.2
		10	11	6.0			14	15	0.1			8	13	3.4			20	22	0.6
		11	12	14.0		3	11	12	0.1			13	14	3.5					

降 水 量 摘 录 表

2004 滚 河 石漫滩站

月	日	起	止	降水量(mm)	月	日	起	止	降水量(mm)	月	日	起	止	降水量(mm)	月	日	起	止	降水量(mm)
6	3	23	2	1.7	7	16	8	10	2.7	8	2	6	8	0.8	8	26	16	20	2.8
	4	3	8	2.8			10	11	5.3			8	9	0.3			20	21	0.6
		14	19	1.7			11	12	14.8			10	11	0.3			22	23	0.4
		21	8	8.1			12	13	22.6			17	18	0.1		27	7	8	0.1
	5	9	15	1.8			13	14	12.5		4	3	5	0.7			8	9	0.1
		16	17	0.1			14	15	3.9			6	7	25.5			16	17	0.1
		20	23	1.1			15	16	6.1			7	8	37.5		29	8	9	0.1
	6	1	2	0.1			16	17	19.4			8	9	4.0			14	16	0.3
	13	19	20	0.1			17	18	2.1			9	10	6.7			17	18	0.2
	14	1	2	2.6			18	19	4.5			10	11	3.9	9	3	4	6	1.1
		2	4	3.7			19	20	0.9			11	12	5.9			6	7	3.2
		4	5	3.7			20	21	0.6			12	18	6.3			7	8	1.9
		5	8	2.1			22	0	1.4			18	19	8.3			8	10	1.5
		8	14	4.7		17	0	1	19.8			19	20	2.2			12	16	1.7
		17	19	0.3			1	2	17.6			20	21	0.5			19	20	0.1
		22	8	2.4			2	3	22.5			22	23	1.2		4	2	3	2.6
	15	8	10	0.5			3	4	22.1		5	1	2	0.1			3	4	2.7
		11	12	0.1			4	5	39.3		9	16	17	3.1			4	8	2.8
		16	17	0.2			5	6	50.0			17	18	0.2			8	12	2.9
	29	12	14	2.9			6	7	12.3		10	17	18	35.7			16	17	0.1
	30	12	14	0.3			7	8	3.3			18	20	1.5		5	3	8	1.8
		14	15	7.6			8	9	3.6			20	21	0.5			10	16	2.8
		16	17	9.2			9	12	1.0		13	23	1	1.6			19	20	0.1
		17	19	0.2			14	17	1.4		14	3	8	4.5		14	17	18	7.1
7	9	23	0	12.0			18	19	0.2			8	10	1.1			18	19	14.6
	10	0	1	1.3			21	22	0.1			11	15	2.9			19	20	1.0
		6	7	2.0		18	11	12	0.1			22	23	0.1		15	2	3	0.1
		7	8	6.5			16	17	3.0		15	1	2	0.8		18	8	10	0.8
		8	9	9.6			17	18	6.9			2	3	28.5		19	13	15	3.0
		9	10	5.0		19	0	1	0.5			3	4	15.3			15	16	5.0
		10	11	10.4			1	2	11.5			4	5	6.8			16	17	3.5
		11	12	15.5			9	10	0.1			5	8	3.9			17	18	0.2
		12	13	9.0			21	22	0.2			8	17	6.8			18	19	6.6
		13	14	4.4			22	23	5.4			19	20	0.1			19	20	3.7
		14	15	5.5			23	1	1.3			23	8	3.4			20	21	4.2
		15	16	4.3		20	2	3	0.4		16	8	20	12.5			21	22	3.2
		17	20	2.3			5	6	0.1			20	21	0.2			22	23	2.8
		20	23	1.4			8	9	1.0			22	0	0.3			23	0	4.6
	12	18	19	0.4			9	10	9.7		20	9	10	1.4		20	0	1	2.9
	14	13	14	1.4			10	11	3.0			15	18	0.4			1	4	2.3
		15	16	0.1			11	13	3.4			19	20	0.2			6	8	0.2
	15	14	15	8.5			16	17	0.1			20	21	8.6		24	18	20	0.6
		15	16	2.8		21	2	3	0.6			21	22	13.7			21	6	11.2
		16	19	1.9		25	2	6	3.9			22	23	15.2		25	7	8	0.1
		21	22	0.4		30	13	14	0.1			23	0	15.2		30	12	15	4.4
	16	2	3	0.3			15	16	0.1		21	0	1	3.2			16	20	2.7
		6	7	6.4			20	0	2.9			1	8	5.2			20	21	0.7
		7	8	0.7		31	3	6	0.3		26	14	15	0.1			22	23	0.1

2004 滚 河 袁门站

月	日	起	止	降水量(mm)	月	日	起	止	降水量(mm)	月	日	起	止	降水量(mm)	月	日	起	止	降水量(mm)
6	3	23	2	2.3	6	4	3	8	3.4	6	4	11	12	0.1	6	4	15	20	0.9

降 水 量 摘 录 表

月	日	时或时分		降水量(mm)	月	日	时或时分		降水量(mm)	月	日	时或时分		降水量(mm)	月	日	时或时分		降水量(mm)
		起	止				起	止				起	止				起	止	
6	4	21	8	7.3	7	16	18	20	1.2	8	4	13	14	63.5	8	27	8	9	0.1
	5	8	16	2.5			20	22	0.5			14	15	15.4			13	14	0.1
		20	23	1.4			23	1	1.7			15	17	0.6		29	15	17	0.8
	14	0	4	5.8		17	1	2	6.7			18	19	6.3			18	19	0.1
		4	5	3.6			2	3	7.0			19	20	1.3		30	3	5	0.2
		5	8	1.4			3	4	1.2			20	0	1.8			6	7	0.1
		8	14	4.1			4	5	12.7		5	22	0	0.6	9	3	4	6	0.4
		17	18	0.1			5	6	43.2		10	11	13	1.9			6	7	5.0
		22	8	2.5			6	7	43.3			17	18	59.2			7	8	1.5
	15	8	10	0.4			7	8	4.1			18	19	3.9			8	11	2.5
	30	11	12	0.1			8	9	7.0			19	20	0.6			13	17	3.9
		14	15	3.4			9	10	3.6			20	22	1.6			18	19	0.1
		15	16	1.9			10	13	1.1		11	18	19	0.1		4	1	6	7.1
		16	17	3.2			14	17	1.4			23	0	3.6			7	8	0.3
		17	18	3.9			18	19	0.2		12	17	18	0.8			8	14	6.5
7	1	19	20	0.1		18	16	17	7.6		13	23	8	6.5			18	19	0.1
	10	1	2	0.1			23	0	2.7		14	8	12	6.9		5	2	6	1.2
		2	6	0.2		19	0	1	19.3			12	13	2.7			8	9	0.1
		6	7	2.5			1	2	1.9			13	16	2.1			10	13	0.7
		7	8	3.7			8	9	0.1			20	22	0.2			14	16	1.6
		8	9	11.1			17	18	0.1		15	23	1	0.8			17	18	0.1
		9	10	5.8			21	22	0.1			1	2	17.0		14	17	18	6.9
		10	11	7.7			22	23	3.0			2	3	14.6			18	19	15.0
		11	12	10.8			23	0	0.2			3	5	4.3			19	20	0.4
		12	13	6.8		20	2	3	0.4			5	6	5.6		18	8	10	1.0
		13	14	3.3			8	9	3.5			6	7	2.7		19	13	15	1.6
		14	15	4.7			9	10	5.9			7	8	0.4			15	16	4.6
		15	16	10.0			10	13	5.5			8	11	1.6			16	17	3.4
		16	20	2.5			15	16	0.1			11	12	5.9			17	18	0.2
		20	23	1.0		21	2	3	0.4			12	15	3.9			18	19	5.0
	12	19	20	0.4		25	3	6	2.7			17	18	0.1			19	20	3.4
	14	16	17	3.5		30	13	16	0.4			22	8	3.3			20	21	4.5
		17	18	0.3			23	0	1.1		16	8	20	13.4			21	22	3.8
	15	8	9	0.1		31	6	7	0.2			20	0	0.5			22	23	5.1
		15	16	2.9	8	2	7	8	1.5		17	2	3	0.2			23	0	3.6
		16	18	2.5		3	8	11	1.1		20	15	16	0.2		20	0	4	2.5
	16	5	6	0.3			12	13	0.1			17	18	0.1			7	8	0.1
		6	7	5.6			13	14	0.1			20	21	1.5			12	13	0.1
		7	8	0.3			18	20	1.4			21	22	4.9		24	18	20	0.5
		8	10	4.2			21	22	0.1			22	23	11.1			20	5	10.0
		10	11	5.1		4	5	6	1.7			23	0	6.8		26	18	19	0.1
		11	12	3.3			6	7	30.6		21	0	1	2.7		30	12	13	0.6
		12	13	28.0			7	8	10.8			1	5	3.3			13	14	4.6
		13	14	12.0			8	9	5.9			6	8	0.5			14	15	0.8
		14	15	5.1			9	10	7.7			10	12	0.5			16	20	1.4
		15	16	3.1			10	11	6.6		26	15	16	0.1			20	21	0.9
		16	17	12.5			11	12	3.9			15	20	3.1			23	0	0.1
		17	18	7.5			12	13	3.4			20	22	0.2					

2005　滚　河　刀子岭站

月	日	时或时分		降水量(mm)	月	日	时或时分		降水量(mm)	月	日	时或时分		降水量(mm)	月	日	时或时分		降水量(mm)
		起	止				起	止				起	止				起	止	
5	12	22	23	1.8	5	13	6	8	2.6	5	15	15	16	2.6	5	16	23	0	4.1
		23	0	6.0			8	10	3.0			16	20	2.7		17	0	1	1.4
	13	0	1	3.5			10	11	3.6			20	21	0.4			19	20	0.1
		1	2	1.6			11	19	2.8			22	0	1.6	6	1	1	2	0.1
		2	3	16.7		14	17	20	0.5		16	5	7	0.4			4	6	0.4
		3	4	11.4			20	3	1.8			11	12	0.1			8	12	2.1
		4	5	6.0		15	6	7	0.1			14	20	5.1			14	16	0.2
		5	6	4.4			11	12	0.1			20	23	1.5			19	20	0.1

降 水 量 摘 录 表

月	日	起	止	降水量(mm)	月	日	起	止	降水量(mm)	月	日	起	止	降水量(mm)	月	日	起	止	降水量(mm)
6	6	20	22	0.2	7	9	8	10	0.9	8	2	14	15	1.1	8	28	14	16	2.5
	9	0	4	2.3			10	11	3.9			17	18	0.1			17	20	2.4
		5	7	0.3			11	13	0.2			19	20	0.1			23	2	3.5
		9	14	6.4			23	3	1.3		3	19	20	8.6		29	2	3	2.9
		14	15	8.2		10	3	4	3.5			20	21	6.8			3	4	2.8
		15	16	3.3			4	5	7.2		6	7	8	2.0			4	5	1.2
		16	17	10.8			5	6	4.1			8	9	2.8			6	7	7.3
		17	18	3.7			6	7	25.7			9	10	0.2			7	8	24.0
		18	20	3.1			7	8	11.3			13	14	0.1			8	9	9.5
		20	22	1.8			8	9	5.1			17	19	1.6			9	10	8.5
	10	7	8	0.1			9	10	0.2			20	21	3.1			10	11	6.8
	16	15	16	10.3			12	15	0.7			21	22	5.7			11	12	5.7
	17	1	2	0.1			17	18	0.1			22	23	0.8			12	13	8.1
	21	11	12	1.9			18	19	18.2		7	6	7	0.4			13	14	0.2
		12	13	15.7		15	5	6	0.3		13	15	16	0.1	9	2	6	8	0.4
	25	14	15	4.0		16	6	7	3.3		15	13	14	3.3			8	9	0.2
		15	16	34.5			7	8	3.1			17	18	0.1			9	10	9.6
		16	17	4.7			8	10	2.1		17	1	2	4.8			10	11	8.0
		17	18	3.7			10	11	3.4			2	4	2.1			11	12	0.1
		18	20	1.9			11	12	0.6			9	11	0.2		3	0	2	2.1
		21	22	10.7			17	19	0.4			19	20	0.8			2	3	3.2
		22	23	5.9		19	9	11	0.3			20	23	1.9			3	4	0.2
		23	2	2.1		21	12	15	2.0			23	0	2.6			5	8	4.7
	26	3	5	0.5			15	16	6.1		18	0	3	0.9			8	9	3.7
		6	8	0.3			16	17	8.7			3	4	3.3			9	10	3.7
7	30	15	16	1.0			17	18	2.4			4	8	1.3			10	11	1.3
	3	8	10	0.2			18	19	3.1			9	12	2.3		4	22	3	6.2
	4	0	1	0.4			19	20	3.4			17	20	1.0		5	3	4	3.3
	5	0	1	2.2			20	2	3.8			20	21	0.3			4	8	3.9
		2	3	4.7		22	2	3	4.8			22	23	0.1			8	11	0.5
		3	4	0.4			3	4	0.5		19	1	2	0.1		14	6	8	1.2
		4	5	8.6			4	5	4.8			3	8	6.9			8	9	2.0
		5	6	0.1			5	7	0.6			8	9	1.3			9	10	7.8
	6	7	8	9.0			8	9	9.9			9	10	2.7			12	13	0.4
		8	9	5.4			14	15	0.1			10	14	3.0		15	4	5	0.1
		9	12	1.4			16	17	0.1			15	16	0.2			6	7	0.1
		12	13	9.5			19	20	0.3			17	18	0.1		16	23	0	6.0
		13	14	7.7			20	22	0.3		20	6	8	0.3		17	0	1	3.2
		14	15	3.0		23	1	3	0.9			6	13	1.7			1	3	1.2
		15	16	1.5			5	7	0.2			14	18	1.8			5	7	0.5
		16	17	5.6			11	14	1.5			23	1	0.3		20	6	8	0.2
		17	18	7.1			18	19	4.6		21	2	3	0.1			17	20	0.9
		18	19	17.1			19	20	0.5			10	16	10.0			20	3	2.9
		19	20	0.1		24	6	8	0.2			16	17	2.7		21	3	4	5.9
	7	4	7	3.4			10	11	1.4			17	20	2.8			4	5	4.8
		7	8	3.2			11	12	3.4			20	23	4.2			5	8	0.7
		8	11	2.2			12	13	0.1		22	0	5	5.3			8	18	10.3
		11	12	2.8			15	17	1.7			5	6	3.7			19	20	0.1
		12	13	14.2			18	19	0.1			6	7	3.6		23	7	8	0.3
		13	14	11.3		27	20	22	0.7			7	8	3.6			8	12	2.7
		14	15	0.2		28	0	4	2.8			8	9	2.0		24	17	19	3.3
		16	17	0.1		29	18	19	9.1			9	10	2.9			19	20	6.5
		18	19	0.6			19	20	10.7			10	17	7.3			20	21	2.8
	8	7	8	5.4			20	21	0.1			17	18	2.9			21	23	3.8
		8	9	11.2		30	0	1	5.4			18	20	0.2			23	0	3.6
		9	10	1.9			2	4	2.0			22	7	9.4		25	0	1	2.5
		10	11	3.4			7	8	0.1		23	7	8	3.4			1	2	2.9
		11	12	4.6	8	2	4	7	0.3			8	14	8.0			2	3	3.8
		12	13	3.0			9	10	4.8			14	15	3.2			3	4	2.4
		13	14	3.6			10	11	11.3			15	20	3.7			4	5	3.3
		14	15	2.0			11	12	3.1			20	21	0.1			5	6	3.4
		15	16	2.8			12	13	1.5		24	9	8	0.1			6	7	3.9
		16	17	0.1			13	14	4.0		28	9	13	3.6			7	8	1.9
		18	20	0.8								13	14	3.0			8	13	6.0

降 水 量 摘 录 表

月	日	起	止	降水量(mm)	月	日	起	止	降水量(mm)	月	日	起	止	降水量(mm)	月	日	起	止	降水量(mm)
9	25	17	18	0.1	9	26	19	20	3.4	9	28	0	3	0.5	9	30	0	1	5.8
	26	8	9	3.3			20	21	3.1			4	5	0.1			1	3	0.3
		9	10	4.6			21	8	8.9			16	20	0.5			19	20	0.1
		10	11	3.6		27	8	10	0.3			20	4	1.7			20	22	0.4
		11	12	3.8			12	14	0.3		29	5	7	0.3	10	1	7	8	0.1
		12	17	9.1			16	17	0.1			11	20	2.1					
		17	18	3.5			18	19	0.1			22	23	0.4					
		18	19	1.8			22	23	0.1			23	0	3.4					

2005 滚 河 尚店站

月	日	起	止	降水量(mm)	月	日	起	止	降水量(mm)	月	日	起	止	降水量(mm)	月	日	起	止	降水量(mm)
5	12	21	22	0.1	6	25	15	16	8.3	7	10	0	1	0.1	8	2	10	11	2.3
		22	23	4.4			16	17	1.1			2	3	0.8			11	12	3.2
		23	0	3.5			17	18	3.8			3	4	3.4			12	13	6.3
	13	0	1	9.5			18	19	0.3			4	5	3.7			13	14	1.8
		1	2	5.7			20	21	0.6			5	6	1.2			19	20	0.1
		2	3	7.0			21	22	5.0			6	7	8.1		3	19	20	16.9
		3	4	2.2			22	23	6.0			7	8	5.6			20	21	1.9
		4	5	16.4			23	1	0.6			8	10	1.0			23	0	0.1
		5	6	7.7		26	2	4	0.5			12	14	0.9		6	8	10	2.6
		6	7	5.4			6	7	0.1		15	18	19	6.5			21	22	4.9
		7	8	2.2		30	20	21	9.8			19	20	0.1			22	23	0.3
		8	10	2.4			21	22	0.4			21	22	0.9		13	15	18	6.6
		10	11	3.9	7	1	5	6	0.1		16	5	8	4.7		15	13	14	1.1
		11	20	3.0		5	1	2	19.2			8	10	1.4			15	16	1.5
	14	20	21	0.6			3	4	3.1			10	11	3.3		17	2	3	24.1
	15	3	4	0.6			6	7	0.1			11	12	0.5			7	8	0.1
		15	20	2.6		6	7	8	0.5		17	19	20	1.3			8	9	5.5
		22	23	3.2			8	9	4.2			20	21	1.0			9	10	1.8
	16	0	5	1.2			9	10	1.2		21	14	15	1.0			18	20	1.5
		6	8	0.5			10	11	2.7			15	16	4.2			20	22	0.5
		8	9	0.2			11	12	4.0			16	17	2.7			22	23	2.6
		10	11	0.1			12	13	13.2			17	18	3.2			23	0	1.1
		12	20	2.6			13	14	8.1			18	20	2.1		18	1	3	1.2
		20	23	0.6			14	16	3.7			20	23	2.9			3	4	4.4
		23	0	5.0			16	17	5.4		22	0	7	3.5			4	7	1.2
	17	0	1	1.5			17	18	17.8			8	9	23.0			9	11	0.5
	20	14	15	0.1			18	19	3.7			9	10	0.2			18	20	1.0
		18	19	0.1			20	21	0.1			14	15	6.2			20	21	0.4
6	6	4	5	0.3	7		5	6	2.0			15	16	0.8			22	23	0.3
		6	7	0.1			6	7	4.9			16	17	11.6		19	1	8	7.0
		8	15	2.1			7	8	8.8			19	20	0.1		20	5	8	1.4
	9	0	3	1.1			8	9	1.6		23	1	2	0.1			8	13	1.3
		5	7	1.2			10	12	1.5			3	4	0.1			14	17	1.3
		9	10	1.7			12	13	4.9			14	15	4.0			18	19	0.1
		10	11	2.7			13	18	3.9			15	16	1.9		21	0	1	0.2
		11	13	2.5			23	0	0.1			18	19	7.4			2	3	0.1
		13	14	3.1	8		6	7	0.1			19	20	3.4			9	15	10.9
		14	15	6.4			7	8	12.0			20	21	0.1			15	16	2.6
		15	16	2.4			8	9	18.7		27	20	22	0.7			16	20	4.4
		16	17	5.5			9	10	1.7		28	0	2	2.4			20	5	11.2
		17	18	2.7			10	11	2.7		29	19	20	27.8		22	5	6	2.8
		18	20	2.0			11	12	3.4		30	2	3	4.8			6	7	2.9
		20	21	0.3			12	14	2.3			3	4	0.2			7	8	2.2
	16	15	16	17.0			14	15	3.9			5	6	0.1			8	9	1.9
		16	17	0.1			15	16	0.8	8	1	20	21	0.5			9	10	3.6
	21	11	12	5.6			17	19	1.3		2	3	8	0.9			10	19	10.4
		12	13	1.2	9		11	12	1.1			8	9	2.6			22	8	11.9
	25	14	15	20.2			15	16	0.1			9	10	5.0					

降 水 量 摘 录 表

月	日	起	止	降水量(mm)	月	日	起	止	降水量(mm)	月	日	起	止	降水量(mm)	月	日	起	止	降水量(mm)
8	23	8	16	9.3	9	3	5	8	1.4	9	24	19	20	5.4	9	27	10	11	0.1
		17	20	0.4			8	11	5.0			20	21	2.6			12	13	0.2
	24	1	2	0.1		5	8	9	5.2			21	22	1.2			16	17	0.1
		3	4	0.1			9	10	0.3			22	23	2.9			22	2	0.5
		6	7	0.1		14	7	8	0.5			23	0	2.0		28	18	20	0.3
	28	7	8	0.2			8	9	4.5		25	0	1	3.5			20	0	1.2
		9	16	6.4			9	11	1.3			1	2	2.9		29	1	6	0.8
		18	19	1.1			11	12	5.2			2	3	2.9			7	8	0.1
		19	20	10.3			12	13	0.3			3	5	3.8			8	9	0.1
		23	2	2.7		15	5	6	0.1			5	6	2.9			10	19	1.6
	29	2	3	2.6			7	8	0.1			6	7	3.4			22	1	3.3
		3	6	1.2		17	0	2	1.5			7	8	2.7	10	1	7	8	0.1
		6	7	5.6			5	7	0.3			8	16	5.9			8	20	5.2
		7	8	6.4		20	19	20	0.1		26	7	8	0.4			20	8	6.7
		8	9	5.0			23	3	2.1			8	9	3.5		2	8	20	2.4
		9	10	6.6		21	3	4	5.8			9	10	3.7			20	8	16.3
		10	11	6.1			4	5	1.7			10	11	3.9		3	8	20	0.8
		11	12	12.3			5	8	0.1			11	12	3.2			20	8	0.4
		12	13	3.3			8	13	2.6			12	16	6.1		4	20	8	0.6
9	2	10	11	6.6			13	14	3.3			16	17	4.3		6	8	20	3.3
		17	18	0.1			14	19	4.0			17	18	2.3			20	8	1.0
		23	0	2.1		23	7	8	0.8			18	19	2.6					
	3	0	1	3.8			8	12	1.6			19	20	2.3					
		1	4	3.3		24	16	19	4.5			20	8	9.1					

2005　滚　河　柏庄站

月	日	起	止	降水量(mm)	月	日	起	止	降水量(mm)	月	日	起	止	降水量(mm)	月	日	起	止	降水量(mm)
5	12	22	23	1.1	6	9	1	8	5.5	7	6	2	3	1.3	7	10	0	1	0.5
		23	0	5.9			8	9	0.2			5	6	0.1			2	5	3.5
	13	0	1	2.4			9	10	3.3			7	8	0.5			5	6	2.7
		1	2	9.5			10	14	7.2			8	9	3.3			6	7	3.0
		2	3	6.4			14	15	8.2			9	10	3.3			7	8	6.9
		3	4	3.1			15	16	5.4			10	11	0.5			8	10	1.0
		4	5	1.8			16	17	6.2			11	12	12.8			12	15	0.7
		5	6	3.8			17	18	3.2			12	13	41.7			17	18	0.1
		6	8	3.1			18	20	1.7			13	14	10.3		15	18	19	4.2
		8	18	5.5			20	22	0.5			14	15	3.4			19	20	0.5
		23	0	0.1		10	1	2	0.1			15	16	1.6		16	6	7	1.8
	14	18	19	0.1		16	15	16	1.5			16	17	6.1			7	8	3.0
		20	4	1.2		21	9	10	0.1			17	18	12.7			8	13	3.1
	15	5	6	0.1			11	12	12.6			18	19	3.5		21	12	13	0.1
		9	10	0.1			12	13	1.2			19	20	1.0			15	16	0.4
		11	12	0.1		25	14	15	4.5		7	20	21	0.1			16	17	2.8
		15	20	2.4			15	16	18.6			4	6	1.3			17	18	3.9
		20	21	0.1			16	17	1.5			6	7	6.2			18	19	1.0
		22	23	3.4			17	18	3.1			7	8	7.2			19	20	3.0
		23	0	0.3			18	19	1.2			8	9	6.7			20	23	2.8
	16	1	2	0.2			21	22	7.9			9	11	0.4		22	1	2	0.6
		3	5	0.2			22	23	14.4			11	12	5.4			3	5	2.4
		7	8	0.1			23	0	3.1			12	13	18.1			5	6	4.1
		13	20	2.6		26	0	5	3.4			13	14	3.5			7	8	1.3
		20	21	0.2			7	8	0.1			14	19	3.1			8	9	4.8
		22	23	0.3		30	20	21	44.8	8		0	1	0.3			12	14	0.8
		23	0	3.7			21	23	0.7			7	8	2.2			14	15	4.3
	17	0	1	1.4			23	0	29.7			8	9	25.0			15	16	0.7
	20	17	19	0.2	7	1	0	1	8.7			9	10	9.7		23	3	4	0.1
6	6	3	6	0.8		5	1	3	3.4			10	14	3.4			22	0	0.3
		9	13	1.1			3	4	8.1			14	15	8.5		27	20	22	1.0
		20	22	0.2			4	6	0.9			15	18	1.7			23	0	0.1

降 水 量 摘 录 表

月	日	时或时分 起	时或时分 止	降水量 (mm)	月	日	时或时分 起	时或时分 止	降水量 (mm)	月	日	时或时分 起	时或时分 止	降水量 (mm)	月	日	时或时分 起	时或时分 止	降水量 (mm)
7	28	1	3	0.2	8	18	18	20	0.8	8	29	6	7	2.9	9	24	21	22	1.8
	29	19	20	6.2			20	23	0.4			7	8	6.3			22	23	3.5
		20	22	1.1		19	0	1	0.1			8	9	5.9			23	0	4.0
	30	1	2	0.1			2	7	3.1			9	10	6.0		25	0	1	6.5
		2	3	7.3			7	8	3.2			10	11	5.1			1	2	4.3
8	1	3	6	2.5			8	9	3.1			11	12	3.8			2	3	2.0
	2	21	22	0.2			9	13	4.6			12	13	2.0			3	4	2.6
		2	3	1.3			15	16	0.1			18	19	0.1			4	5	2.6
		3	4	3.9		20	4	8	1.3	9	2	10	11	5.9			5	6	4.2
		4	7	0.4			8	14	1.2			13	14	0.1			6	7	3.8
		8	10	2.8			15	18	0.4		3	0	1	4.0			7	8	3.0
		10	11	14.4		21	2	3	0.1			1	8	7.2			8	9	2.6
		11	12	15.6			9	20	14.6			8	12	5.5			9	13	5.0
		12	13	5.4			20	5	10.5		5	1	8	5.9		26	8	9	2.0
		13	14	0.9		22	5	6	2.6			8	10	0.2			9	10	3.6
		21	23	0.4			6	7	2.8			14	15	0.1			10	11	4.3
	3	20	21	4.7			7	8	2.7		14	7	8	0.1			11	12	3.7
		21	22	0.1			8	9	1.8			8	9	3.0			12	16	6.8
	6	8	10	2.2			9	10	3.0			9	10	2.6			16	17	3.7
		11	13	1.5			10	11	2.6			10	14	3.4			17	20	7.0
	13	15	16	5.5			11	18	9.0		17	0	2	2.1			20	7	8.0
		16	17	7.4			22	8	8.5			6	7	0.5		27	9	10	0.2
		17	18	5.6		23	8	12	3.6		20	19	20	0.2			13	14	0.1
		18	19	0.1			12	13	2.6			20	21	0.1			16	18	0.4
	16	17	18	0.4			13	14	3.0			22	6	5.6		28	0	1	0.1
	17	2	3	8.1			14	20	3.3		21	7	8	0.6			2	3	0.1
		3	4	0.1			22	23	0.1			8	13	2.3			21	1	1.5
		8	11	2.3		28	7	8	0.6			13	14	2.6		29	2	7	0.8
		18	20	2.5			8	14	6.2			14	17	4.8			11	14	0.9
		20	22	1.9			14	15	2.7		23	7	8	0.5			23	0	1.4
		22	23	3.0			15	19	1.8			8	9	1.1		30	0	1	3.3
		23	1	1.8			19	20	10.5			10	11	0.1			1	5	2.6
	18	2	3	0.4			20	22	0.3			13	14	0.1			20	23	0.5
		3	4	3.1			23	4	4.6		24	16	19	4.4	10	1	7	8	0.5
		4	6	1.5		29	4	5	8.1			19	20	6.0					
		9	12	0.9			5	6	3.8			20	21	4.7					

2005　滚　河　石漫滩站

月	日	时或时分 起	时或时分 止	降水量 (mm)	月	日	时或时分 起	时或时分 止	降水量 (mm)	月	日	时或时分 起	时或时分 止	降水量 (mm)	月	日	时或时分 起	时或时分 止	降水量 (mm)
5	12	22	23	1.0	5	15	15	16	2.9	6	9	14	15	6.7	6	30	21	22	2.5
		23	0	5.4			16	20	2.3			15	16	4.1			22	23	13.6
	13	0	1	1.8			22	23	3.0			16	17	7.1			23	1	2.1
		1	2	19.6			23	4	2.2			17	18	3.4	7	4	22	1	1.0
		2	3	16.2		16	6	8	0.3			18	20	2.1		5	1	2	7.6
		3	4	14.2			8	10	0.3			20	22	0.5			2	3	6.5
		4	5	9.1			11	20	2.6		16	15	20	22.5			3	4	3.4
		5	6	5.3			20	23	0.6		21	11	12	18.7			6	7	0.8
		6	7	2.2			23	0	3.7			12	13	0.2		6	1	3	0.5
		7	8	3.3		17	0	2	2.1			15	16	0.1			4	5	0.1
		8	10	1.1		20	14	15	0.2		25	14	15	9.5			7	8	2.0
		10	11	2.6			17	19	0.2			15	16	8.6			8	9	7.0
		11	19	3.3	6	5	20	21	0.1			16	17	1.4			9	10	10.6
	14	7	8	0.1		6	0	1	0.1			17	18	3.0			10	11	1.1
		18	19	0.1			3	5	1.0			18	19	0.7			11	12	10.7
	15	20	4	1.7			7	8	0.1			21	22	9.3			12	13	23.4
		5	6	0.1			8	15	2.6			22	23	9.0			13	14	12.1
		7	8	0.2			20	21	0.1			23	4	2.8			14	16	3.7
		8	10	0.3		9	0	8	5.1		26	6	8	0.2			16	17	6.3
		13	14	0.1			8	14	5.8		30	20	21	21.2			17	18	14.8

降 水 量 摘 录 表

月	日	起	止	降水量(mm)	月	日	起	止	降水量(mm)	月	日	起	止	降水量(mm)	月	日	起	止	降水量(mm)
7	6	18	20	1.9	7	29	19	20	37.1	8	21	4	5	0.1	9	20	17	20	0.8
	7	5	6	0.8			20	21	0.3			9	20	17.5			20	3	3.9
		6	7	4.8		30	2	6	2.7			20	6	11.7		21	3	4	9.2
		7	8	6.4	8	1	13	14	0.1		22	6	7	2.6			4	8	2.6
		8	9	2.9			21	22	0.4			7	8	3.0			8	14	4.2
		9	12	1.0		2	2	3	3.5			8	9	1.9			14	15	2.8
		12	13	19.0			3	4	8.5			9	10	3.3			15	18	2.5
		13	14	7.0			4	5	0.3			10	11	3.3			20	21	0.1
		14	15	3.5			6	8	0.2			11	18	8.3		23	7	8	0.8
		15	16	0.1			8	9	1.0			22	8	10.8			8	9	1.2
		17	19	0.7			9	10	14.1		23	8	12	5.2			12	13	0.1
		23	1	0.3			10	11	2.2			12	13	2.9			17	18	0.1
	8	7	8	5.0			11	12	5.9			13	19	4.6		24	15	19	4.6
		8	9	23.8			12	13	4.5			21	22	0.1			19	20	6.9
		9	10	15.1			13	14	1.2		28	7	8	1.3			20	21	4.4
		10	11	0.7			17	19	0.2			8	14	6.5			21	22	1.7
		11	12	4.6			20	22	0.2			14	15	3.3			22	23	3.2
		12	14	1.3		3	17	18	0.1			15	16	0.7			23	0	2.7
		14	15	5.8			19	20	4.9			17	19	0.4		25	0	1	5.4
		15	17	1.0			20	21	9.2			19	20	13.0			1	2	4.0
		18	19	0.1		4	6	7	0.1			20	21	0.2			2	3	4.7
	9	10	11	0.1		6	8	10	0.8			23	2	2.2			3	4	2.6
		14	16	0.2			11	12	0.9		29	2	3	3.1			4	5	1.7
	10	0	1	0.2			14	15	0.1			3	4	1.3			5	6	3.6
		2	4	2.5			21	22	0.1			4	5	9.7			6	7	3.8
		4	5	3.0		7	16	17	1.7			5	6	5.9			7	8	2.3
		5	6	1.8		10	2	3	0.1			6	7	3.2			8	9	3.0
		6	7	10.3		13	15	16	17.3			7	8	5.5			9	10	3.0
		7	8	7.8			16	17	1.4			8	9	5.5			10	11	2.7
		8	9	3.3			20	21	0.1			9	10	8.0			11	15	0.7
		9	10	0.1		15	13	14	0.9			10	11	6.3		26	7	8	0.1
		12	14	0.7			15	16	3.3			11	12	3.3			8	9	2.7
		15	16	0.1		17	0	1	0.1			12	13	7.3			9	10	3.8
	15	18	20	1.5			2	4	1.7			19	20	0.1			10	11	5.3
	16	6	7	1.4			7	8	0.1	9	2	10	11	8.6			11	12	4.0
		7	8	3.5			8	9	0.5			23	0	3.4			12	15	5.4
		8	10	0.2			9	10	2.7		3	0	1	6.6			15	16	2.8
		10	11	3.1			16	17	0.1			1	2	0.9			16	17	5.5
		11	12	0.9			18	20	1.6			2	3	2.7			17	18	3.1
		16	17	0.1			20	22	1.2			3	4	0.9			18	19	3.4
	17	3	4	0.1			22	23	3.4			6	8	1.6			19	20	2.8
	21	10	11	0.4			23	0	1.4			8	9	4.5			20	21	3.5
		15	16	1.0		18	1	3	0.8			9	10	3.2			21	8	8.9
		16	17	5.0			3	4	3.1			10	11	0.6		27	8	11	0.6
		17	20	4.9			4	6	1.3			12	13	0.1			12	13	0.2
		20	22	2.7			7	8	0.1			17	18	0.1			16	17	0.4
	22	0	1	1.7			9	12	0.8		4	18	19	0.1			18	19	0.1
		3	4	0.1			18	20	1.5		5	0	8	6.8			21	3	0.6
		4	5	4.0			20	21	0.2			8	10	0.4		28	17	20	0.4
		5	6	0.4			22	23	0.2			18	19	0.1			20	8	2.3
		7	8	0.1		19	0	6	2.9		13	17	18	0.1		29	8	9	0.2
		8	9	5.2			6	7	2.9		14	7	8	0.4			10	12	0.2
		9	10	0.1			7	8	3.2			8	12	4.5			13	18	1.1
		14	15	2.9			8	13	5.4			12	13	4.1			22	0	2.3
	23	2	3	1.6		20	5	8	0.7		16	18	19	0.1		30	0	1	4.1
		20	21	0.7			8	12	0.8		17	0	2	2.6			9	10	0.1
		22	0	0.7			13	14	0.1			6	7	0.5			19	20	0.2
	27	20	22	1.5			15	18	0.3		20	5	7	0.5			20	21	0.3
	28	0	2	0.3		21	0	1	0.1			8	10	0.2					

降 水 量 摘 录 表

2005 滚 河 袁门站

月	日	起	止	降水量(mm)	月	日	起	止	降水量(mm)	月	日	起	止	降水量(mm)	月	日	起	止	降水量(mm)
5	12	16	17	0.1	7	5	3	4	0.2	7	21	18	20	2.1	8	20	8	13	1.2
		22	23	1.2			4	5	3.3			20	3	4.3			14	16	1.0
		23	0	4.5		6	4	7	0.1		22	3	4	4.5			17	18	0.1
	13	0	1	4.9			7	8	6.0			4	6	2.0			19	20	0.1
		1	2	5.2			8	9	4.4			8	9	9.7			22	0	0.3
		2	3	17.1			10	11	3.3			10	11	0.3		21	1	2	0.1
		3	4	16.1			11	12	0.8			15	16	17.8			7	8	0.1
		4	5	24.1			12	13	16.9		23	1	2	0.7			9	15	8.5
		5	6	7.7			13	14	12.7			7	8	0.3			15	16	3.0
		6	7	2.3			14	15	4.0			18	19	3.5			16	20	3.8
		7	8	4.6			15	16	1.0			19	20	0.9			20	5	9.3
		8	10	2.6			16	17	5.9			20	21	0.3		22	5	6	2.6
		10	11	4.1			17	18	7.0		27	20	22	0.6			6	7	3.2
		11	20	3.3			18	19	16.7		28	0	2	3.2			7	8	3.2
	14	8	9	0.1			19	20	0.2		29	18	19	2.1			8	9	1.6
		18	19	0.1		7	5	7	2.9			19	20	12.4			9	10	3.0
		20	2	1.2			7	8	8.6		30	1	5	3.2			10	19	11.4
	15	6	7	0.1			8	9	2.7	8	1	22	23	0.1			22	7	8.9
		11	12	0.1			9	12	1.1		2	3	6	0.5		23	7	8	2.7
		15	20	2.8			12	13	4.0			7	8	18.4			8	20	10.3
		20	21	0.1			13	16	4.4			8	9	0.6			21	22	0.1
		22	23	3.9			17	19	0.8			9	10	4.4		24	7	8	0.1
		23	5	1.2		8	6	7	4.8			10	11	13.5		28	8	16	7.7
	16	6	8	0.3			7	8	18.7			11	12	3.1			18	20	2.5
		8	10	0.2			8	9	18.8			12	13	9.2			21	22	0.1
		14	20	3.7			9	10	2.0			13	15	1.8		29	23	2	2.7
		20	1	4.4			10	11	3.6			17	18	0.2			2	3	4.0
6	6	4	6	0.3			11	12	3.0		3	19	20	17.0			3	6	3.2
		8	12	2.1			12	14	2.6			20	21	13.0			6	7	4.6
		14	15	0.2			14	15	5.2		4	1	2	0.1			7	8	9.4
		18	19	0.1			15	19	1.7		6	8	10	0.7			8	9	7.6
	9	0	4	1.4			22	23	0.1			18	19	0.9			9	10	7.5
		5	7	0.7		9	11	13	0.8			21	22	3.7			10	11	6.9
		8	14	6.8			18	19	0.1			22	23	1.3			11	12	9.2
		14	15	6.2		10	1	3	0.7		7	8	10	0.1			12	13	6.1
		15	16	3.6			3	4	3.4			19	20	0.2			13	14	0.2
		16	17	4.2			4	5	4.7		13	15	16	4.8	9	2	10	11	6.7
		17	18	4.9			5	6	2.2		14	9	10	0.2			23	0	0.5
		18	20	3.3			6	7	17.9		15	13	14	4.4		3	0	1	3.2
		20	22	1.1			7	8	11.3			15	16	0.3			1	2	0.3
	16	15	16	10.9			8	9	2.7		17	1	2	0.8		5	2	3	3.2
	21	11	12	5.0			10	11	0.1			2	3	6.0			3	4	0.5
		12	13	20.2			12	14	0.7			6	7	0.1			4	8	2.6
		13	14	0.1			15	16	0.1			9	10	1.0			8	9	4.0
	25	15	16	16.9		15	18	19	0.1			19	20	0.8			9	10	4.0
		16	17	4.7			21	22	0.1		18	20	1	3.8			10	12	0.8
		17	20	4.5		16	5	6	0.5			2	3	1.0		14	0	8	8.1
		20	21	0.4			6	7	3.4			3	4	3.6			9	11	1.1
		21	22	6.0			7	8	1.0			4	8	1.4			11	15	3.2
		22	23	8.1			8	10	2.5			9	12	1.0		16	11	12	0.6
		23	2	2.1			10	11	2.7			18	20	0.4			12	13	4.6
	26	3	5	0.4			11	12	1.5			20	23	0.4			23	2	3.7
	30	21	22	0.5		19	17	18	2.0		19	0	8	6.5		17	5	7	0.3
		22	23	9.2		21	9	16	3.7			8	15	8.0		20	9	10	0.1
7	4	23	2	3.0			16	17	6.1		20	3	4	0.1			18	20	0.6
	5	2	3	5.4			17	18	4.2			5	8	0.4					

降 水 量 摘 录 表

月	日	起	止	降水量(mm)	月	日	起	止	降水量(mm)	月	日	起	止	降水量(mm)	月	日	起	止	降水量(mm)
9	20	20	23	0.6	9	24	22	23	3.0	9	26	8	9	2.5	9	27	21	23	0.2
	21	0	3	2.1			23	0	2.1			9	10	3.8		28	0	2	0.3
		3	4	9.3		25	0	1	5.2			10	11	4.0			0	3	0.1
		4	5	0.3			1	2	3.0			11	12	3.6			22	4	0.6
		8	12	2.2			2	3	3.1			12	16	6.7		29	1	7	0.9
		13	14	2.6			3	4	2.5			16	17	3.4			12	16	0.8
		14	18	5.0			4	5	2.7			17	18	3.0			17	19	0.3
		23	0	0.1			5	6	3.6			18	19	3.0			21	23	0.6
	23	7	8	0.4			6	7	3.3			19	20	2.7			23	0	4.3
		8	12	2.0			7	8	7.0			20	21	2.9		30	0	1	7.4
	24	17	19	3.7		26	8	14	6.5			21	8	8.9			1	3	0.4
		19	20	5.6			15	16	0.1		27	10	11	0.2			7	8	0.1
		20	21	2.7			5	6	0.1			13	14	0.1			20	21	0.3
		21	22	1.5			7	8	0.4			16	17	0.1	10	1	4	5	0.1

2006　滚　河　刀子岭站

月	日	起	止	降水量(mm)	月	日	起	止	降水量(mm)	月	日	起	止	降水量(mm)	月	日	起	止	降水量(mm)
6	13	19	20	2.8	7	2	4	5	0.1	7	22	20	21	1.2	8	7	17	18	29.3
		20	21	0.7		3	20	21	4.5			21	22	4.5			18	19	3.4
		21	22	14.3			21	22	3.1			22	23	3.1			19	20	0.6
		22	23	6.5			22	23	10.9			23	0	0.2		15	5	8	0.3
		23	6	5.9			23	0	33.1		23	7	8	0.3		25	22	23	0.7
	14	7	8	0.1		4	0	1	41.2			9	10	0.1		26	1	2	0.1
	20	16	17	24.4			1	2	11.5			12	16	1.2			7	8	0.1
		17	18	17.2			2	5	1.8			19	20	0.1		27	19	20	0.3
		18	19	0.1			5	6	4.1		27	10	11	0.6			20	21	0.1
	21	0	1	4.5			6	8	1.4			11	12	4.4		29	8	13	1.1
		2	3	0.6			8	12	6.7			12	20	4.9			16	17	0.1
		3	4	3.9			12	13	6.6			20	22	1.9		30	5	7	0.2
		4	7	1.7			13	14	8.5		28	0	2	0.9			19	20	0.1
		17	19	0.2			14	15	3.0			5	6	3.8			20	22	0.3
	22	1	3	2.6			15	16	2.9			6	7	11.9			23	2	0.4
		3	4	8.8			16	17	0.2			7	8	14.3		31	3	6	0.3
		4	5	4.2			18	19	0.1			8	9	17.4			7	8	0.1
		5	6	4.7		5	6	7	0.1			9	10	9.5			10	11	0.1
		6	7	7.5		15	9	11	3.3			10	11	10.0			13	14	0.1
		7	8	0.6			15	18	1.5			11	12	11.4	9	1	7	8	0.1
		8	9	0.5			19	20	2.4			12	13	5.4		2	1	2	1.2
		9	10	3.0			20	22	0.8			13	18	5.1			4	5	0.1
		10	11	0.7			23	5	2.2		29	1	2	5.5		4	5	8	3.5
	23	23	2	1.1		16	5	6	4.6			2	3	15.9			8	19	9.6
		3	4	0.1			6	7	2.7			3	4	5.4			19	20	16.6
		6	7	0.1			7	8	10.1			4	5	1.5			20	21	8.4
	28	23	1	0.6			8	10	1.1			6	7	0.3			21	4	6.7
	29	1	2	8.4			15	16	0.3			17	18	14.4		5	6	8	0.3
		2	3	36.9			16	17	2.8			18	20	0.4		7	10	11	5.8
		3	4	2.8			18	20	3.8			20	21	0.1			11	12	6.4
		4	5	0.1			23	2	0.8		31	18	19	7.5			12	13	5.2
		15	16	15.7		17	5	6	0.1			19	20	4.9			13	20	2.4
		16	17	2.8		20	20	7	3.4			20	21	5.5			21	22	0.1
		17	18	5.8		21	11	13	0.2			21	1	3.5		8	0	1	0.2
	30	2	3	0.1			15	16	0.1	8	2	19	20	0.2			6	7	0.1
		4	8	2.9			18	20	0.3		3	9	10	8.4		26	2	7	4.2
		8	13	6.2			20	21	0.1			11	12	0.1			8	10	0.7
		19	20	0.8			21	23	0.1		5	21	22	0.1			12	16	0.6
		20	21	0.6		22	1	2	13.3		6	2	3	25.8			19	20	0.1
7	1	1	3	0.7			2	3	2.4			3	6	3.7			20	21	0.2
		7	8	0.1			3	4	4.4		7	14	16	0.6		27	22	0	0.2
		20	22	0.8			4	7	1.4								2	3	0.1

降 水 量 摘 录 表

月	日	起	止	降水量(mm)	月	日	起	止	降水量(mm)	月	日	起	止	降水量(mm)	月	日	起	止	降水量(mm)
9	27	7	8	0.1	9	27	22	23	5.6	9	28	15	19	0.7	9	29	20	1	2.6
		16	17	0.3			23	8	8.0			21	2	5.8		30	2	7	2.3
		18	20	0.3		28	8	9	0.3		29	3	7	0.9			16	8	0.1
		21	22	0.9			10	14	0.5			16	17	0.1					

2006 滚 河 尚店站

月	日	起	止	降水量(mm)	月	日	起	止	降水量(mm)	月	日	起	止	降水量(mm)	月	日	起	止	降水量(mm)
6	13	19	20	0.3	7	4	7	8	5.0	7	27	21	22	2.1	8	27	17	18	3.0
		20	22	0.7			8	9	1.6		28	1	2	0.3			19	20	0.1
		22	23	3.2			9	10	10.6			3	4	0.1		28	16	17	3.3
		23	0	3.8			10	11	2.6			5	6	3.1			17	18	0.1
	14	0	7	3.2			11	12	0.6			6	7	14.6		30	1	3	0.3
	20	16	17	1.5			12	13	3.1			7	8	17.9					
		17	18	6.8			13	14	3.7			8	9	16.1		31	2	4	0.2
	21	1	3	0.8			14	15	3.0			9	10	14.5			7	8	0.1
		3	4	3.4			15	17	2.1			10	11	8.8	9	4	2	3	0.2
		4	5	2.7			20	21	0.2			11	15	2.4			5	6	0.1
		5	6	0.2		13	10	11	0.2			16	17	0.2			6	7	3.3
		7	8	0.1		15	9	10	0.1			20	21	0.1			7	8	0.6
		19	20	0.2			17	18	3.6		29	1	2	14.0			8	19	7.6
	22	3	4	1.7			18	19	0.1			2	3	2.8			19	20	5.5
		4	5	4.5			19	20	3.1			3	4	4.2			20	21	6.0
		5	6	4.9			20	21	0.1			4	8	1.6			21	22	4.0
		6	7	5.5		16	2	3	1.7			8	10	0.4			22	4	3.7
		7	8	0.6			5	8	3.6			11	12	0.1		5	6	8	0.2
		8	10	1.9			18	20	3.5			16	17	1.9		7	9	10	0.1
		12	13	0.1		17	5	7	0.4			17	18	2.8			10	11	5.5
		18	19	0.1		20	20	21	0.1			18	20	0.7			11	12	2.0
	23	6	7	0.1			21	22	17.3		30	7	8	0.1			12	13	5.5
	29	1	2	23.4		21	6	7	0.1		31	18	19	9.9			13	18	4.0
		2	3	28.8			13	14	4.2			19	20	3.5			22	23	0.1
		3	4	3.6			17	18	3.2			20	21	6.3		8	6	7	0.1
		4	5	0.1			18	19	6.2	8	2	21	2	2.9		26	3	6	1.9
		15	16	34.0			19	20	1.4			17	18	0.1			6	7	3.4
		16	17	40.2			20	21	0.5			18	19	4.2			7	8	0.8
		17	18	37.8		22	0	1	25.5		3	10	11	0.3			8	12	1.9
		18	19	0.1			1	2	37.0		4	0	1	0.1			19	20	0.1
	30	3	8	2.0			2	3	2.9		6	1	2	1.8			20	22	0.2
		8	12	3.9			3	5	4.1			2	3	36.0		27	3	5	0.2
		19	20	0.7			6	7	0.1			3	8	2.7			18	19	0.6
		20	22	0.4			20	21	0.8		7	15	16	6.6			21	22	1.0
7	1	7	8	0.1			21	22	2.8			16	17	4.8			22	23	3.6
	3	14	15	0.1			22	23	0.4		8	4	5	0.1			23	4	4.4
		18	20	0.4		23	8	10	0.2			7	8	0.1		28	5	8	1.0
		20	22	2.0			12	16	1.4			12	13	2.6			8	11	0.6
		22	23	7.8		27	11	12	0.8			13	15	0.2			13	19	2.0
		23	0	59.7			14	16	0.4		14	16	18	1.1			21	7	8.4
	4	0	1	38.6			18	20	0.4		15	4	6	0.3		29	16	17	0.1
		1	5	1.4			20	21	9.1		25	12	14	0.4			21	1	1.7
		5	7	1.8							27	16	17	1.3		30	3	6	1.3

2006 滚 河 柏庄站

月	日	起	止	降水量(mm)	月	日	起	止	降水量(mm)	月	日	起	止	降水量(mm)	月	日	起	止	降水量(mm)
6	13	21	22	1.6	6	13	23	0	6.1	6	21	3	6	4.2	6	22	4	5	8.7
		22	23	4.2		14	0	7	3.2		22	3	4	1.0			8	10	2.6

降 水 量 摘 录 表

月	日	起	止	降水量(mm)	月	日	起	止	降水量(mm)	月	日	起	止	降水量(mm)	月	日	起	止	降水量(mm)
6	23	2	6	0.9	7	17	5	6	1.7	7	29	16	17	0.7	9	4	7	8	0.5
	29	0	1	0.2			8	9	0.1			17	18	3.5			8	11	1.8
		1	2	35.1			12	13	0.1			18	20	0.7			11	12	4.1
		2	3	2.6			16	17	0.2		31	18	19	4.5			12	19	10.6
		3	5	0.7			17	18	41.4			19	20	3.5			19	20	7.0
		16	17	4.1			18	19	11.8			20	21	5.5			20	21	9.7
		17	18	4.1			19	20	0.8			21	22	3.9			21	7	7.9
		18	19	23.4			20	21	0.4			22	1	0.8		7	8	10	1.6
	30	3	8	4.6			21	22	6.0	8	1	2	3	0.1			10	11	4.5
		8	14	3.8			23	0	0.1		2	16	19	1.6			11	12	1.7
		16	17	0.1		22	2	3	0.1		3	9	10	0.2			12	13	3.8
		19	20	1.0			4	5	0.3			11	12	0.1			13	19	2.2
		20	22	0.5			20	0	2.1		4	6	8	0.2			23	0	0.1
7	1	7	8	0.1		23	7	8	0.1		5	11	12	0.1		26	3	8	3.7
	3	18	20	0.4			9	10	0.1		6	1	2	3.9			8	12	1.4
		20	22	1.2			11	17	2.8			2	3	18.3			18	20	1.0
		22	23	4.4		27	15	17	0.9			3	6	2.3			20	23	0.8
		23	0	9.2			20	21	2.1		7	16	17	0.7		27	0	1	0.1
	4	0	1	51.9			21	22	3.8			17	18	2.7			16	20	2.3
		1	7	5.8			23	0	0.1			18	20	1.7			20	21	0.4
		7	8	9.5		28	2	4	0.3		12	6	8	1.5			21	22	2.8
		8	9	4.2			6	7	6.6			15	17	0.2			22	23	6.3
		9	10	13.1			7	8	13.5		14	16	17	4.2			23	8	6.0
		10	11	8.5			8	9	20.0		15	7	10	5.1		28	8	10	0.6
		11	13	1.9			9	10	9.2			10	11	1.8			11	12	0.1
		13	14	4.4			10	11	10.0			11	12	3.0			13	15	0.5
		14	17	3.4			11	12	3.3		28	9	11	0.2			16	19	2.2
	7	5	7	0.3			12	15	0.7		29	10	12	0.3			21	3	6.5
	15	8	9	0.1			16	18	0.4			23	1	0.2		29	4	7	0.5
		17	18	0.1		29	1	2	10.4		30	2	4	0.5			8	10	0.3
		19	20	2.1			2	3	8.5		31	5	6	0.1		30	21	0	0.9
	16	6	7	0.5			3	4	3.2			6	7	0.1			1	7	1.0
		7	8	4.4			4	5	3.6			7	8	0.1			7	8	0.1
		8	11	0.5			5	6	0.3	9	2	11	12	0.1					
		19	20	6.4			7	8	0.4		4	2	6	0.7					
		21	23	0.2			8	11	0.8		6	6	7	3.3					

2006　滚　河　石漫滩站

月	日	起	止	降水量(mm)	月	日	起	止	降水量(mm)	月	日	起	止	降水量(mm)	月	日	起	止	降水量(mm)
6	13	18	20	0.3	6	29	1	2	27.5	7	4	0	1	39.2	7	17	11	13	0.4
		20	21	0.2			2	3	7.4			1	2	4.6		20	21	22	0.9
		21	22	3.0			3	5	1.1			2	7	2.4		21	12	14	1.9
		22	23	12.7			16	17	9.0			7	8	8.2			17	18	35.7
		23	0	3.9			17	18	1.5			8	9	7.1			18	19	6.6
	14	0	6	3.1			18	19	10.2			9	10	19.2			19	20	1.7
	20	19	20	0.1			19	20	0.3			10	11	12.7			20	21	0.3
	21	2	5	4.8		30	3	8	1.3			11	13	2.3			23	0	2.0
		6	7	0.1			8	13	4.4			13	14	4.2		22	0	1	23.6
		11	12	0.1			19	20	0.5			14	15	2.7			4	5	0.1
	22	17	18	0.9			20	22	0.6			15	17	1.3			6	7	0.2
		0	1	0.1	7	1	20	22	1.0		7	5	6	0.4			6	23	2.1
		3	4	1.3		2	2	4	0.5		15	17	18	2.8		23	7	8	0.2
		4	5	3.0			19	20	0.1			19	20	3.9			8	9	0.1
		5	6	5.9		3	1	2	0.1		16	2	4	1.1			11	17	2.1
		6	7	6.1			13	14	0.2			6	7	1.5		27	11	12	6.5
		7	8	0.6			19	20	0.2			7	8	4.5			12	15	0.9
		8	12	4.2			20	22	2.1			15	17	0.2			19	20	0.1
		18	19	0.2			22	23	5.6			19	20	5.1			20	21	5.5
	29	0	1	0.3			23	0	17.2		17	5	7	1.1			21	22	1.8

降 水 量 摘 录 表

月	日	时或时分 起	止	降水量(mm)	月	日	时或时分 起	止	降水量(mm)	月	日	时或时分 起	止	降水量(mm)	月	日	时或时分 起	止	降水量(mm)
7	28	1	2	1.2	7	31	22	0	0.9	8	29	8	12	1.2	9	7	13	19	4.0
		3	5	0.2	8	1	1	2	0.1			14	15	0.1		26	3	8	3.9
		6	7	10.2		2	15	17	1.5		30	2	3	0.1			8	10	0.6
		7	8	8.6			19	20	0.1			10	11	0.1			16	17	0.1
		8	9	9.1		3	9	11	1.3			21	6	1.4			19	20	0.6
		9	10	10.6		6	2	3	16.5		31	7	8	0.2			20	23	0.5
		10	11	15.2			3	4	5.2			8	11	0.6		27	16	20	2.0
		11	13	2.7			4	6	1.6			9	10	0.2			20	22	2.5
		14	18	1.9			7	8	0.1	9	2	4	6	0.5			22	23	8.5
	29	1	2	0.6			16	17	0.3		4	6	7	4.3			23	4	5.8
		2	3	9.9		7	13	14	2.8			7	8	2.7		28	5	8	0.4
		3	4	2.5			16	17	2.7			8	19	15.1			8	11	1.5
		4	5	4.3			17	18	24.4			19	20	5.8			13	19	3.0
		5	8	1.0			18	19	0.7			20	21	8.3			21	4	6.1
		16	20	5.0		8	5	6	0.1			21	22	4.3		29	5	8	0.9
	30	7	8	0.1		12	14	15	3.0			22	7	6.9			8	10	0.4
	31	18	19	13.9		14	16	17	0.1		7	8	10	0.8			17	18	0.1
		19	20	1.9		15	3	5	0.2			10	11	4.8			21	1	1.1
		20	21	5.5			9	10	2.3			11	12	1.7		30	2	7	2.5
		21	22	3.5			17	18	0.1			12	13	3.7					

2006　滚　河　袁门站

月	日	时或时分 起	止	降水量(mm)	月	日	时或时分 起	止	降水量(mm)	月	日	时或时分 起	止	降水量(mm)	月	日	时或时分 起	止	降水量(mm)
6	13	19	20	0.4	7	4	11	13	2.5	7	23	12	16	1.2	8	8	4	5	0.1
		20	22	1.8			13	14	3.9			21	22	0.1		14	16	17	5.6
		22	23	5.2			14	15	4.9		27	11	12	5.2			17	18	0.2
		23	7	5.9			15	16	2.8			12	20	1.8		15	4	6	0.5
	20	18	19	5.1			16	19	1.5			20	21	8.4			7	8	0.1
	21	3	5	2.6		5	7	8	0.1			21	22	2.6		27	15	16	0.9
		5	6	3.8		15	11	12	0.6			22	23	0.1			16	17	7.1
		6	8	0.8			19	20	7.1		28	1	2	0.6			17	19	0.3
	22	4	5	6.3			20	21	0.1			4	5	0.1		29	11	13	0.2
		5	6	3.7			23	0	0.1			5	6	2.9		30	1	2	0.1
		6	7	7.7		16	2	4	0.9			6	7	14.5		31	1	2	0.1
		7	8	4.5			6	7	3.8			7	8	15.6			3	5	0.3
		8	12	2.1			7	8	4.5			8	9	14.0			7	8	0.1
	29	3	4	18.2			8	9	1.1			9	10	13.6	9	1	19	20	0.1
		4	5	22.5			15	20	1.9			10	11	11.3			20	21	0.1
		5	6	3.6		17	2	3	0.1			11	12	4.2		4	1	3	1.5
		14	15	12.8			6	7	13.3			12	18	4.9			4	6	0.4
		15	16	16.0			7	8	10.0		29	1	2	3.3			6	7	2.7
		16	17	29.1		20	21	22	3.3			2	3	9.8			7	8	0.5
		17	18	6.1			22	23	0.3			3	4	3.7			8	15	3.9
	30	7	8	0.2		21	3	4	0.1			4	7	2.5			15	16	9.9
		8	13	4.5			13	14	5.2			9	10	0.2			16	19	2.7
		19	20	0.1			14	15	0.1			17	18	3.3			19	20	10.3
		20	22	0.3			17	18	2.0			18	20	0.8			20	21	6.5
7	1	0	1	0.1			18	19	5.0		31	18	19	21.4			21	5	6.9
		5	6	0.1			19	20	2.0			19	20	3.9		5	6	8	0.2
	3	19	20	0.3			20	22	0.4			20	21	5.2		7	9	10	0.2
		21	22	1.2		22	0	1	2.1			21	22	3.7			10	11	6.6
		22	23	3.7			1	2	16.9			22	1	1.4			11	12	3.0
		23	0	18.8			2	6	3.8	8	1	3	4	0.1			12	13	5.3
	4	0	1	78.2			7	8	0.1		3	9	10	2.2			13	18	3.6
		1	2	32.2			20	21	0.3		6	2	3	18.4			22	23	0.1
		2	8	3.2			21	22	2.6			3	7	4.1		8	4	5	0.1
		8	9	3.5			22	23	3.8		7	15	16	5.1		26	3	8	5.4
		9	10	3.7			23	1	0.2			17	18	30.3			8	10	1.0
		10	11	4.5		23	5	6	0.1			18	20	1.9			11	12	0.1

降 水 量 摘 录 表

月	日	时或时分		降水量	月	日	时或时分		降水量	月	日	时或时分		降水量	月	日	时或时分		降水量
		起	止	（mm）			起	止	（mm）			起	止	（mm）			起	止	（mm）
9	26	19	20	0.2	9	27	18	20	1.0	9	28	8	11	1.0	9	29	21	1	2.0
		20	21	0.1			21	22	1.0			12	13	0.1		30	3	7	2.5
	27	0	1	0.1			22	23	5.0			14	19	1.8			7	8	0.1
		4	5	0.1			23	8	5.7			21	7	7.4					

2007　滚　河　刀子岭站

月	日	时或时分		降水量	月	日	时或时分		降水量	月	日	时或时分		降水量	月	日	时或时分		降水量
		起	止	（mm）			起	止	（mm）			起	止	（mm）			起	止	（mm）
5	11	13	15	0.2	6	19	15	16	3.0	7	12	18	19	0.1	7	20	5	6	3.7
	22	17	18	0.5			16	20	9.7		13	5	8	2.0			6	8	1.9
		18	19	4.9			20	8	10.6			8	9	1.1			9	10	0.5
		19	20	0.1		20	8	11	0.7			9	10	5.8			10	11	2.6
		20	22	0.2			12	13	0.1			10	11	2.6			11	15	4.8
	23	0	2	1.6		21	10	11	0.2			11	12	1.1			15	16	3.1
		2	3	2.7			12	14	2.9			12	13	4.4			16	17	3.6
		3	4	13.0		22	10	11	10.9			13	14	7.0			17	18	0.5
		4	5	10.2			11	18	4.9			14	15	3.7			18	19	2.8
		5	6	2.6			19	20	0.1			15	16	2.9			19	20	0.3
		6	8	1.1			21	22	0.2			16	17	4.1			20	21	0.2
		8	16	3.4			23	0	0.1			17	20	3.7			22	1	1.6
		18	20	0.6		26	23	1	1.8			20	22	0.5		21	4	7	3.7
		20	23	2.1		27	3	6	2.3			23	6	8.1			9	13	0.8
		23	0	4.3			6	7	4.1		14	6	7	7.9			15	16	0.1
	24	0	2	1.6		29	20	22	0.2			7	8	5.1		24	7	8	0.2
		7	8	0.1			22	23	40.6			8	9	5.0			8	12	1.5
	30	6	7	0.1			23	0	5.9			9	10	9.0			13	14	0.1
		9	10	3.5		30	0	1	0.1			10	11	7.0			23	8	4.6
		10	11	0.1			4	5	0.1			11	12	12.2		27	10	11	0.4
		13	14	2.3	7	2	21	0	5.5			12	13	7.7			14	15	2.6
		14	15	41.5		3	2	8	5.0			13	14	20.0	8	2	18	20	0.3
		15	16	4.6			8	9	4.1			14	15	12.0			20	21	0.1
		16	17	4.8			9	11	0.2			15	16	13.4		3	5	6	0.8
		17	18	31.2			12	16	2.7			16	17	15.2		5	15	17	0.8
		18	20	0.9		4	17	20	3.4			17	18	1.9		6	4	6	0.5
		23	4	1.8			20	22	1.5			18	19	3.9			6	8	4.2
	31	5	6	0.1			22	23	47.6			19	20	1.5			8	9	2.9
6	18	6	8	0.8			23	0	27.4			20	21	1.3			9	10	30.6
		8	9	0.1		5	0	1	25.6			21	22	2.8			11	13	2.7
		13	14	0.3			1	2	24.5			22	23	3.2		10	15	18	0.4
		14	15	3.5			2	3	12.0			23	1	0.4		11	5	6	0.3
		15	17	3.1			3	4	4.4		19	3	4	3.5		15	16	17	18.1
		17	18	8.0			4	8	2.5			4	5	27.4			17	18	6.1
		18	19	3.1			8	9	0.4			5	8	4.3			18	19	0.1
		19	20	0.4			16	20	3.8			8	10	2.4		17	10	12	0.7
		20	21	1.8			20	21	8.0			10	11	3.1		21	6	7	0.2
		21	22	2.9			21	22	21.2			11	12	6.2			8	9	0.7
		22	23	5.5			22	23	30.2			12	14	2.2			11	14	2.1
		23	0	6.1			23	0	20.3			14	15	12.3		22	2	3	0.1
	19	0	1	4.1		6	0	1	3.6			15	16	16.7			13	17	2.2
		1	2	3.8			1	2	3.9			16	17	7.3			20	21	3.2
		2	5	4.8			2	3	0.1			17	20	3.3			21	22	1.3
		5	6	3.7			4	5	0.1			20	21	2.4			22	23	5.1
		6	7	5.1			6	8	0.4			21	22	4.7			23	1	2.1
		7	8	4.0		7	17	19	0.5			22	23	3.3		23	2	5	1.3
		8	10	4.1		8	11	14	1.6			23	0	0.5			5	6	3.0
		10	11	6.5			14	15	3.3		20	0	1	5.3			6	8	1.6
		11	12	7.4			15	16	0.6			1	2	7.4			8	12	5.4
		12	13	5.5			16	17	10.0			2	3	7.4		24	9	10	0.2
		13	14	5.0			17	18	0.1			3	4	4.3			15	16	0.1
		14	15	0.7			21	2	2.6			4	5	0.8		25	15	16	0.1

降 水 量 摘 录 表

月	日	起	止	降水量(mm)	月	日	起	止	降水量(mm)	月	日	起	止	降水量(mm)	月	日	起	止	降水量(mm)
8	25	17	18	0.3	8	31	12	13	3.4	9	13	1	4	0.4	9	28	22	8	5.0
	27	5	6	0.2			13	16	2.4			13	20	5.1		29	8	20	4.1
		7	8	0.1			18	20	0.8			20	0	0.6			20	22	0.3
	29	8	9	0.4			20	22	0.5		14	5	6	0.1			23	1	0.3
		10	11	0.6	9	1	0	2	0.6		17	16	20	1.0		30	3	4	0.1
		21	22	4.6			3	8	3.3			20	21	0.1			5	8	0.4
	30	7	8	0.8		3	13	15	2.5		27	17	19	0.7			8	9	0.1
		19	20	0.5			19	20	0.1		28	2	4	1.7			18	19	0.1
		20	6	5.8			21	0	3.0			4	5	10.2			20	22	0.3
	31	7	8	0.1		4	7	8	0.1			5	7	0.3			23	0	0.1
		8	11	4.3		12	18	20	0.2			9	11	0.9	10	1	2	6	0.5
		11	12	3.6			20	0	1.7			20	21	0.5					

2007　滚　河　尚店站

月	日	起	止	降水量(mm)	月	日	起	止	降水量(mm)	月	日	起	止	降水量(mm)	月	日	起	止	降水量(mm)
5	11	13	14	0.1	6	19	20	1	0.9	7	6	0	1	10.2	7	19	5	7	3.4
		16	17	0.3		20	2	8	1.8			1	8	1.3			8	15	6.3
	22	18	19	14.6			11	12	0.1			22	23	0.1			15	16	19.6
		19	20	0.7		21	10	12	0.2		7	15	16	0.1			16	17	5.1
		20	22	0.3			12	13	5.9			17	18	0.7			17	20	1.5
	23	23	2	1.0			13	14	2.6		8	11	12	0.1			20	21	0.4
		3	4	5.1			14	16	0.4			14	16	1.4			21	22	2.7
		4	5	2.6			22	23	0.3			16	17	8.6			22	1	0.4
		5	7	0.5		22	4	5	0.1			21	1	2.6		20	1	2	7.4
		8	11	0.6			7	8	0.1		9	5	6	0.1			2	3	3.9
		18	19	0.2			10	11	4.5		13	5	8	2.4			3	5	2.4
		21	22	0.2			11	18	2.8			8	9	0.4			5	6	4.5
		22	23	3.5			19	20	0.5			9	10	3.6			6	8	0.7
		23	0	6.8			20	22	0.3			10	11	5.6			9	13	2.1
	24	0	3	0.3		26	22	1	1.5			11	12	4.9			14	15	2.9
	30	9	10	1.7		27	4	6	2.7			12	13	8.5			15	16	0.8
		12	13	0.6			6	7	10.2			13	14	5.0			16	17	3.7
		13	14	12.4			7	8	0.1			14	15	3.7			17	20	2.5
		14	15	19.1		29	21	22	0.6			15	16	1.8			22	1	3.0
		15	16	3.6			22	23	5.1			16	17	3.1		21	3	4	0.2
		16	17	12.1			23	0	0.3			17	20	2.4			4	5	2.6
		17	18	14.1	7	2	21	22	0.3			20	6	3.9			5	7	1.8
		18	19	0.5		3	3	7	2.9		14	6	7	4.8			8	15	1.4
		20	21	0.1			7	8	2.9			7	8	4.8			17	18	0.1
		23	2	1.0			8	16	3.8			8	9	1.4		24	7	8	0.2
	31	4	5	0.2		4	17	18	0.3			9	10	2.7			8	11	2.1
6	18	6	8	1.1			18	19	2.7			10	11	8.1		25	0	1	0.2
		12	17	6.2			19	20	0.2			11	12	4.1			2	8	1.8
		17	18	12.0			22	23	12.0			12	13	4.1			12	13	0.4
		18	19	3.6			23	0	18.9			13	14	10.2		27	9	11	1.5
		19	20	0.4		5	0	1	29.6			14	15	6.9	8	3	6	8	1.4
		20	22	0.7			1	2	19.4			15	16	9.5		6	4	5	1.1
		22	23	4.5			2	3	37.0			16	17	7.7			7	8	0.6
		23	0	5.1			3	4	13.6			17	18	2.3			9	12	3.1
	19	0	1	4.7			4	5	19.8			18	19	4.2			13	14	0.1
		1	5	3.9			5	8	2.5			19	20	2.1		10	15	17	0.2
		5	6	3.0			11	12	0.1			20	21	3.1			23	0	0.3
		6	7	3.7			17	18	1.3			21	22	2.8		15	17	19	0.5
		7	8	4.1			18	19	18.2			22	1	1.6		17	8	9	0.1
		8	10	1.3			19	20	3.1		15	7	8	0.1		21	14	15	4.0
		10	11	2.9			20	21	0.9		17	14	16	0.3			16	17	0.1
		11	12	3.8			21	22	8.0			19	21	0.1		22	3	4	1.3
		12	13	2.9			22	23	9.9		19	3	4	1.1			22	1	2.6
		13	20	4.0			23	0	17.4			4	5	14.0		23	4	8	1.8

降 水 量 摘 录 表

月	日	起	止	降水量(mm)	月	日	起	止	降水量(mm)	月	日	起	止	降水量(mm)	月	日	起	止	降水量(mm)
8	23	8	12	0.8	8	31	4	6	2.4	9	13	7	8	0.1	9	29	1	8	4.0
	24	7	8	0.1			8	16	4.8			13	20	5.2			8	20	3.5
		8	9	0.3			19	20	0.1			21	22	0.1			20	22	0.2
	29	8	9	0.3	9	1	0	1	0.2		14	0	1	0.1			23	0	0.1
		10	13	0.8			5	6	0.3			7	8	0.1		30	3	4	0.1
	30	20	23	1.8			7	8	0.1		17	16	19	0.5			6	7	0.1
		8	9	5.5		3	18	20	0.8		27	17	18	0.4			20	22	0.2
		19	20	0.2		12	21	0	3.7		28	2	3	8.7	10	1	2	5	0.6
		20	21	0.4			17	18	0.1			3	4	5.4			7	8	0.1
		23	0	0.1			19	20	0.3			4	5	10.1					
	31	1	3	0.3			20	2	2.4			5	6	2.4					

2007 滚 河 柏 庄 站

月	日	起	止	降水量(mm)	月	日	起	止	降水量(mm)	月	日	起	止	降水量(mm)	月	日	起	止	降水量(mm)
5	22	18	19	4.6	6	22	20	23	0.6	7	13	13	14	2.7	7	20	3	4	5.2
		19	20	5.5		27	1	2	0.1			14	15	2.2			4	5	0.1
		21	22	0.1			4	8	3.6			15	16	2.9			5	6	6.5
		23	8	5.7			8	11	0.6			16	17	2.4			6	8	1.0
	23	9	10	0.1		29	21	22	0.3			17	18	2.7			8	9	0.2
		16	17	0.1			22	23	12.7			18	20	1.5			10	16	5.8
		21	22	0.7			23	2	1.9			20	7	4.4			16	17	3.5
		22	23	3.7	7	3	6	8	2.0		14	7	8	3.4			17	20	3.5
		23	0	3.3			8	10	0.5			8	9	6.0			21	0	3.2
	24	0	1	0.1			12	16	0.5			9	10	7.8		21	1	8	4.1
	30	9	11	2.0		4	17	18	0.2			10	11	7.2			8	10	0.7
		12	13	1.5			18	19	3.0			11	12	10.6			11	17	0.8
		13	14	15.2			19	20	0.5			12	13	12.9			19	20	0.1
		14	15	23.3			22	23	12.3			13	14	11.4		24	7	8	0.2
		15	16	6.3			23	0	19.6			14	15	12.4			8	11	2.2
		16	19	4.8		5	0	1	17.4			15	16	14.8			12	13	0.1
		20	21	0.1			1	2	13.2			16	17	14.5		25	2	8	3.2
		23	4	1.9			2	3	36.9			17	18	4.2		27	10	11	1.9
	31	7	8	0.1			3	4	16.5			18	19	7.0			12	13	0.1
6	18	7	8	0.5			4	5	41.7			19	20	4.8	8	2	18	19	0.5
		13	16	4.3			5	6	2.7			20	21	2.4			20	22	1.4
		16	17	3.9			6	8	0.2			21	22	3.9		3	1	2	0.1
		17	18	7.6			8	9	0.1			22	1	2.8		6	4	5	2.8
		18	19	7.2			11	13	0.6		15	7	8	0.1			5	6	0.3
		19	20	0.6			17	18	0.8		17	15	20	2.5			7	8	0.2
		20	23	0.4			18	19	8.4			20	3	0.9			8	9	0.1
		23	0	3.5			19	20	6.6		18	4	7	0.3			9	10	3.9
	19	0	1	3.6			20	21	6.0			12	13	0.1			10	11	6.9
		1	6	6.4			21	22	9.0			23	3	2.4			11	14	1.7
		6	7	2.9			22	23	16.7		19	3	4	15.9		8	18	19	2.1
		7	8	4.7			23	0	12.5			4	5	4.0		10	15	16	0.2
		8	11	4.6		6	0	1	4.5			5	7	2.0			17	18	0.1
		11	12	4.0			1	5	2.3			8	9	1.0		17	13	14	0.1
		12	13	2.8			6	8	0.9			9	10	3.5		21	8	10	2.5
		13	20	10.0		8	11	12	0.4			10	11	5.6			12	13	0.1
		20	8	6.8			13	14	0.1			11	12	4.3			14	15	0.4
	20	9	12	0.5			16	18	1.3			12	14	2.2			16	17	5.0
	21	12	13	4.2			22	0	0.5			14	15	5.7			18	19	0.1
		13	14	3.1		13	4	6	0.7			15	16	11.0		22	17	19	1.1
		14	16	3.1			6	7	2.9			16	17	8.4			22	0	1.1
	22	23	0	0.1			7	8	1.8			17	18	4.9		23	4	8	2.4
		7	8	0.3			8	10	2.6			18	20	0.7			8	11	0.4
		10	11	3.0			10	11	15.2			20	1	4.2			15	16	0.1
		11	17	3.1			11	12	11.6		20	1	2	4.1		24	1	2	0.5
		18	20	0.4			12	13	8.3			2	3	7.8			2	3	7.4

降 水 量 摘 录 表

月	日	起	止	降水量(mm)	月	日	起	止	降水量(mm)	月	日	起	止	降水量(mm)	月	日	起	止	降水量(mm)
8	24	3	4	0.1	8	30	23	8	5.7	9	3	22	23	0.4	9	28	7	8	0.1
		7	9	13.2		31	8	12	3.2		4	0	1	0.1			8	9	0.2
		8	9	2.7			12	13	3.3		12	20	4	3.3		29	0	8	3.1
	29	12	13	4.7			13	16	1.6		13	13	20	4.6			8	20	5.4
		13	14	0.1			19	20	0.2			20	23	0.3			20	21	0.2
	30	21	23	0.3	9	1	20	21	0.1		17	17	18	0.4			22	0	0.3
		6	8	0.5			0	2	0.2			19	20	0.1		30	4	5	0.1
		8	9	0.2			4	6	0.4		28	2	3	4.4			7	8	0.1
		13	14	0.1		3	19	20	0.1			3	4	3.5			17	18	0.1
		19	20	0.2			20	21	0.1			4	5	13.3	10	1	3	6	0.3
		20	22	0.7			21	22	2.6			5	6	2.8					

2007　滚　河　石漫滩站

月	日	起	止	降水量(mm)	月	日	起	止	降水量(mm)	月	日	起	止	降水量(mm)	月	日	起	止	降水量(mm)
5	11	16	17	0.1	6	26	22	1	1.7	7	13	9	10	4.4	7	20	5	6	7.1
		18	19	0.1		27	4	6	3.0			10	11	7.2			6	7	2.7
	22	18	19	8.2			6	7	9.1			11	12	9.7			10	12	3.7
		19	20	6.4			7	8	0.1			12	13	6.3			13	14	0.3
		22	3	0.7		29	15	16	0.1			13	16	6.5			14	15	2.6
	23	3	4	4.1			22	23	12.3			16	17	3.0			15	16	1.6
		4	6	1.0			23	0	3.1			17	20	1.8			16	17	4.0
		8	10	0.3		30	0	1	0.3			20	6	6.2			17	20	2.6
		21	23	1.9	7	2	21	22	0.2		14	6	7	5.0			21	1	3.2
		23	0	6.0		3	3	8	4.6			7	8	5.0		21	3	7	3.1
	24	0	1	0.3			8	11	1.1			8	9	3.6			8	9	0.5
		4	5	0.1			12	15	0.5			9	10	5.4			11	12	0.3
	30	10	11	2.5			19	20	0.1			10	11	11.3			13	16	0.3
		13	14	2.4		4	17	20	2.5			11	12	7.0			17	18	0.1
		14	15	48.2			20	22	0.4			12	13	8.6		24	7	8	0.2
		15	16	3.7			22	23	5.0			13	14	11.7			8	11	2.2
		16	17	3.3			23	0	26.9			14	15	8.4			12	13	0.1
		17	18	4.2	5		0	1	23.3			15	16	10.2		25	0	8	4.2
		18	20	0.6			1	2	12.0			16	17	12.7			12	14	0.4
		23	4	2.4			2	3	34.4			17	18	1.8		27	10	11	1.3
6	18	6	8	0.8			3	4	18.3			18	19	3.5			14	15	0.1
		8	9	0.1			4	5	58.8			19	20	1.3		30	18	19	1.1
		13	16	4.3			5	6	15.1			20	21	1.6	8	3	5	7	0.5
		16	17	2.6			6	8	0.9			21	22	6.5			15	16	0.1
		17	18	12.0			11	12	0.1			22	1	2.4		6	4	6	1.7
		18	19	5.9			17	18	0.3		15	6	7	0.1			7	8	0.4
		19	20	0.3			18	19	15.1		18	22	0	1.6			8	9	2.8
		20	23	1.4			19	20	10.4		19	3	4	16.6			10	11	7.9
		23	0	3.6			20	21	0.7			4	5	3.7		8	16	17	0.1
	19	0	1	2.7			21	22	6.9			5	7	2.8			17	18	8.0
		1	7	8.9			22	23	9.5			8	11	5.0			18	19	1.3
		7	8	3.0			23	0	17.7			11	12	4.0		10	15	16	0.4
		8	11	2.8	6		0	1	4.8			12	15	5.5			17	18	0.1
		11	12	3.3			1	8	2.7			15	16	18.3		15	15	16	0.1
		12	13	3.5	7	9	10		0.1			16	17	11.0			16	17	12.6
		13	20	8.5			16	17	0.1			17	18	4.4			17	18	4.3
		20	8	6.8	8	11	12		0.3			18	20	0.7		17	8	10	0.3
	20	9	11	0.5			14	15	0.8			20	21	0.6			17	18	0.1
		12	13	0.1			15	16	5.4			21	22	3.2		21	8	9	0.3
	21	12	13	6.4			16	17	5.6			22	23	0.5			14	15	1.8
		13	14	4.1			19	20	0.1	20		0	1	0.1			16	17	0.3
		14	16	2.6			22	23	0.7			1	2	6.7		22	17	18	0.1
		16	23	0.1	9	5	8		0.1			2	3	4.7			20	21	0.1
	22	10	20	8.2		13	4	6	2.7			3	4	4.6			21	22	3.0
		20	23	0.7			8	9	0.6			4	5	0.4			22	1	1.2

降 水 量 摘 录 表

月	日	起	止	降水量(mm)	月	日	起	止	降水量(mm)	月	日	起	止	降水量(mm)	月	日	起	止	降水量(mm)
8	23	4	8	1.2	8	30	20	21	3.7	9	13	1	3	0.6	9	28	23	8	6.1
		8	11	1.3			21	1	0.7			13	20	5.1		29	8	20	7.0
	24	1	2	0.9		31	1	5	1.9			20	22	0.2			20	21	0.1
		2	3	6.6			8	16	5.2		17	16	18	0.3		30	2	8	0.9
		7	8	9.3			19	20	0.2		27	17	18	0.2			8	9	0.1
		8	10	0.2			20	21	0.1		28	2	3	7.6			19	20	0.1
	29	8	9	0.1	9	1	4	6	0.8			3	4	7.5			20	0	0.4
		10	12	1.1			7	8	0.1			4	5	9.6	10	1	2	6	0.4
		12	13	2.6		3	17	19	0.2			5	6	3.8			7	8	0.1
		20	22	1.3			20	23	3.2			6	7	0.1					
	30	8	9	3.1		12	17	20	0.3			8	9	0.1					
		19	20	0.5			20	0	1.6			21	22	0.1					

2007　滚　河　袁门站

月	日	起	止	降水量(mm)	月	日	起	止	降水量(mm)	月	日	起	止	降水量(mm)	月	日	起	止	降水量(mm)
5	22	17	18	2.3	6	20	11	12	0.2	7	7	4	5	0.1	7	19	12	13	2.7
		18	19	6.2		21	3	4	0.1			7	8	0.1			13	14	1.2
		19	20	0.1			12	13	2.7			17	19	0.7			14	15	3.8
	23	0	3	2.6			13	15	2.1		8	12	13	0.2			15	16	20.2
		3	4	10.8			23	0	0.2			14	18	4.2			16	17	10.6
		4	5	2.7		22	5	6	0.1			18	19	3.5			17	20	1.9
		5	8	1.4			10	11	4.3			19	20	0.9			20	1	4.6
		8	12	1.8			11	18	3.8		13	4	7	1.8		20	1	2	5.3
		15	16	0.1			21	23	0.3			8	9	0.6			2	3	5.4
		18	19	0.1		23	1	2	0.1			9	10	4.6			3	4	5.2
		21	22	0.2			3	4	0.1			10	11	5.6			4	5	0.2
		22	23	2.9		26	23	4	1.7			11	12	5.3			5	6	5.0
		23	0	6.3		27	5	8	1.5			12	13	9.6			6	8	1.8
	24	0	2	1.0			8	10	0.2			13	14	8.9			8	16	7.6
		5	6	0.1		29	15	20	2.9			14	15	2.7			16	17	3.0
	30	9	10	3.4			20	23	1.4			15	16	1.7			17	18	2.8
		10	11	1.2			23	0	7.7			16	17	3.1			18	20	2.2
		13	14	14.8		30	0	1	5.0			17	20	1.6			21	0	3.0
		14	15	38.6			1	2	2.9			20	6	5.9		21	2	4	0.5
		15	16	3.0			2	8	6.2		14	6	7	6.0			4	5	3.0
		16	17	8.2	7	2	22	8	1.4			7	8	6.4			5	7	1.7
		17	18	37.8		3	10	15	3.5			8	9	1.4			10	12	0.3
		18	20	0.8		4	18	19	1.0			9	10	5.3			13	14	0.3
	31	0	4	0.8			22	23	5.0			10	11	7.3			16	17	0.1
		7	8	0.1			23	0	51.7			11	12	9.6		24	8	11	1.7
6	18	7	8	0.5		5	0	1	29.8			12	13	5.8		25	0	8	2.6
		10	11	0.1			1	2	17.7			13	14	12.0			13	14	0.1
		14	17	6.0			2	3	35.8			14	15	8.4		27	14	15	0.1
		17	18	5.2			3	4	23.9			15	16	9.6	8	3	5	6	0.3
		18	19	10.1			4	5	13.6			16	17	11.7			7	8	0.2
		19	20	0.3			5	6	5.0			17	20	5.1		6	5	6	0.4
		20	23	3.4			6	8	2.0			20	21	1.6			8	9	3.3
		23	0	5.9			8	9	0.2			21	22	4.4			10	12	3.0
	19	0	1	3.4			17	18	0.9			22	23	3.6		10	16	17	0.2
		1	2	4.3			18	19	4.8			23	1	1.6		11	5	6	0.4
		2	6	6.1			19	20	8.9		15	2	3	0.1			7	8	0.1
		6	7	4.8			20	21	5.3		19	3	4	3.1		15	17	18	6.8
		7	8	5.1			21	22	11.0			4	5	39.0			18	19	0.1
		8	11	3.1			22	23	25.0			5	6	1.4		17	8	9	0.1
		11	12	5.6			23	0	15.0			6	7	3.3			11	13	0.2
		12	13	4.1		6	0	1	8.4			7	8	1.7		21	8	9	1.4
		13	14	3.5			1	2	3.6			8	10	1.7			13	14	0.2
		14	20	5.2			7	8	0.2			10	11	4.1			14	15	3.7
		20	8	5.2			22	23	0.4			11	12	2.5			15	16	0.6

降 水 量 摘 录 表

月	日	时或时分 起	止	降水量(mm)	月	日	时或时分 起	止	降水量(mm)	月	日	时或时分 起	止	降水量(mm)	月	日	时或时分 起	止	降水量(mm)
8	21	18	19	0.1	8	30	19	20	0.2	9	3	21	23	2.6	9	28	5	6	7.2
	22	5	6	0.1			20	21	0.4		4	0	1	0.1			6	7	0.3
		21	0	6.5			22	6	2.4		12	22	4	1.7			20	23	0.5
	23	5	6	2.0		31	7	8	0.1		13	7	8	0.1		29	0	8	4.3
		7	8	1.0			8	12	3.7			13	20	4.3			8	20	4.6
		8	12	2.4			12	13	2.7			20	0	0.7			20	0	0.6
	24	4	5	0.5			13	16	2.3		17	17	19	0.3		30	2	3	0.1
		6	7	0.3			19	20	0.1			20	21	0.1			5	6	0.1
	29	8	9	0.2	9	1	20	21	0.1		18	0	1	0.1			7	8	0.2
		10	12	1.0			0	2	0.3			7	8	0.1			8	9	0.1
	30	20	23	2.5			4	6	0.6		28	2	3	2.0			20	22	0.2
		7	8	0.1			7	8	0.1			3	4	2.8	10	1	0	1	0.1
		8	9	3.2		3	18	20	2.5			4	5	3.3			3	6	0.5

2008　滚　河　刀子岭站

月	日	时或时分 起	止	降水量(mm)	月	日	时或时分 起	止	降水量(mm)	月	日	时或时分 起	止	降水量(mm)	月	日	时或时分 起	止	降水量(mm)
5	3	3	4	16.3	7	7	12	15	0.6	7	23	4	5	2.8	8	15	16	19	1.3
		4	5	3.8			22	2	1.0			5	7	2.4		16	7	8	0.7
		5	8	2.6		9	3	4	0.1			8	9	3.1			8	9	2.6
		11	14	3.1			5	7	1.9			9	15	6.5			9	11	4.9
		14	15	3.1			7	8	4.4			20	23	0.5			11	12	3.2
		15	16	8.6			8	9	11.7		24	16	17	0.3			12	13	2.8
		16	17	21.5			9	10	4.1			18	19	0.1			13	18	6.6
		17	18	9.2			10	12	1.6			20	21	0.1			18	19	4.1
		18	19	6.4		13	19	20	1.2		25	0	1	3.7			19	20	4.5
		19	20	0.9			20	21	0.3			1	2	13.8			20	21	5.3
		22	23	0.1			21	22	5.1			2	3	14.4			21	22	6.3
	4	2	3	0.1		14	19	20	8.0			3	4	8.7			22	0	4.9
		8	20	19.0		15	9	13	1.4			4	5	4.3		17	0	1	3.2
		20	2	2.7		17	14	16	3.5			5	6	2.8			1	2	3.2
	9	18	19	0.4			19	20	0.3			6	7	0.3			2	8	3.8
	17	22	23	0.3			20	21	3.2			9	10	0.1		19	23	0	13.9
	18	0	1	0.1			21	22	3.6		30	3	4	2.1		20	0	1	0.1
	26	15	16	2.5			22	23	4.2			5	6	0.1			2	5	4.5
		21	22	0.1			23	0	3.8			7	8	0.1			5	6	8.9
6	2	23	1	2.7		18	0	4	2.3			15	20	5.0			6	7	11.8
	3	2	3	0.7			5	6	0.1			20	21	0.5			7	8	0.1
		4	6	0.8		22	0	4	6.0			22	1	0.8			8	9	0.2
	12	21	23	1.2			4	5	11.8		31	3	6	2.1		21	9	11	0.2
	19	23	1	0.4			5	6	6.3			6	7	3.0			12	15	1.6
	20	3	8	5.9			6	7	13.4			7	8	1.8		28	23	0	5.1
		8	10	0.5			7	8	5.0			8	9	2.5		29	0	1	0.1
		10	11	5.4			8	9	4.3			9	10	3.8			2	3	0.1
		11	13	0.9			9	11	3.5			10	11	2.1			4	5	0.1
	21	6	8	0.2			11	12	6.1			11	12	2.6			6	7	0.1
		11	12	0.2			12	13	14.2			12	13	4.7			16	20	1.7
7	1	13	18	4.0			13	14	8.5			13	14	0.2		30	20	2	8.1
		11	12	0.3			14	15	5.0			15	16	0.1			2	3	3.1
		17	20	4.3			15	16	10.0	8	2	3	4	0.1			3	7	4.7
		20	21	0.8			16	17	11.2		5	13	19	3.1			7	8	3.9
	3	21	0	0.6			17	18	8.2			20	21	0.1			8	9	5.0
	4	1	3	0.9			18	19	6.3		13	12	16	2.5			9	10	3.1
	5	3	6	3.0			19	20	2.9			19	20	0.1			10	11	5.1
		6	7	9.9			20	21	2.9			20	3	4.5			11	13	1.6
		7	8	11.3			21	22	2.9		14	4	5	6.9			17	18	0.1
		8	9	7.9			22	1	3.1			5	7	0.7	9	7	21	23	0.2
		9	11	2.7		23	1	2	5.7		15	2	8	1.9		8	0	2	1.0
		13	15	3.2			2	3	7.9			8	11	1.0			5	8	2.1
		16	17	0.1			3	4	4.7								8	16	3.6

降水量摘录表

月	日	起	止	降水量(mm)	月	日	起	止	降水量(mm)	月	日	起	止	降水量(mm)	月	日	起	止	降水量(mm)
9	10	13	15	0.3	9	18	23	0	0.1	9	27	11	12	0.1	9	28	10	12	0.3
	18	2	3	0.3		19	1	8	1.2			16	17	0.1			13	15	0.2
		12	19	4.3		24	0	5	1.9			18	20	3.5			22	0	0.2
		19	20	7.9			15	20	0.5			20	22	1.9		29	2	5	0.6
		20	21	2.6		26	4	6	0.2		28	4	8	0.6					
		21	22	0.2		27	6	8	0.3			8	9	0.1					

2008　滚　河　尚店站

月	日	起	止	降水量(mm)	月	日	起	止	降水量(mm)	月	日	起	止	降水量(mm)	月	日	起	止	降水量(mm)
5	3	2	3	12.3	7	5	11	12	0.4	7	22	21	22	3.3	8	16	17	20	3.3
		3	4	25.3			13	15	1.2			22	1	2.1			20	21	2.2
		4	5	1.8		7	12	15	0.5		23	1	2	2.6			21	22	3.8
		5	6	2.9			21	22	0.1			2	3	5.8			22	5	5.2
		6	8	2.7			23	0	0.1			3	4	6.1		17	7	8	0.1
		11	12	0.2		8	1	2	0.1			4	8	4.0		19	23	0	8.7
		12	13	2.8			4	5	0.1			9	14	0.7		20	3	4	16.3
		13	14	6.0		9	6	7	1.9			15	16	0.1			4	5	3.7
		14	15	9.7			7	8	12.2		24	17	19	0.7			5	6	8.7
		15	16	15.3			8	9	9.7		25	1	2	4.1			6	8	1.5
		16	17	10.1			9	10	4.2			2	3	15.6			8	9	13.9
		17	18	5.8			10	12	0.9			3	4	8.2			9	10	3.7
		18	20	2.6		13	20	21	0.6			4	5	4.3			10	11	0.1
	8	9	19	10.4		14	15	16	0.8			5	6	5.2		21	12	14	0.3
		20	21	1.5		15	6	8	0.4			6	8	1.6			18	19	0.1
	9	0	1	0.9			11	13	1.0			14	15	0.1		28	23	0	2.6
		19	20	0.4		17	16	17	0.4		30	2	6	4.8		29	1	2	0.1
	18	7	8	0.3			19	20	0.2			10	11	0.3			3	4	0.1
	27	17	20	1.8			20	21	3.4			14	15	0.5			18	19	0.1
6	2	23	8	3.2			21	22	3.5			16	18	0.4			20	8	10.9
	12	21	22	0.4			22	0	2.3			20	21	2.3		30	8	12	7.0
	20	0	1	0.6		18	2	4	0.5		31	4	8	4.0	9	7	18	19	0.3
		3	5	1.2			6	7	0.1			8	13	6.5			21	22	0.1
		5	6	6.4		21	22	23	0.2	8	2	0	2	0.8		8	5	8	0.3
		6	7	29.4			23	0	5.4			3	4	0.1			8	10	0.3
		7	8	32.3		22	0	1	1.0		5	10	11	7.3			11	14	1.2
		8	9	2.5			1	2	7.3			11	12	55.1		9	21	23	0.4
		9	10	15.2			2	3	0.1			12	13	1.7		10	9	10	0.1
		10	11	7.4			3	4	2.7			13	14	7.2			13	15	0.2
		11	12	0.1			4	5	4.3			14	20	2.4			16	17	0.1
	21	6	7	0.1			5	6	1.6		13	11	15	1.0		18	0	4	0.8
		11	12	0.3			6	7	4.1			17	20	2.6			8	9	0.1
		13	17	2.3			7	8	3.0			20	1	2.8			11	19	4.4
7	1	11	12	0.4			8	9	5.0		14	4	5	0.1			19	20	5.8
		13	14	0.1			9	11	3.5			6	7	0.1			20	0	1.6
		18	20	3.2			11	12	3.5		15	2	5	0.5		19	1	2	0.3
		20	21	0.6			12	13	9.4			6	7	0.1			4	5	0.1
	3	21	23	0.6			13	14	7.9			8	10	0.5		24	0	1	0.3
	4	0	1	0.1			14	15	4.0			16	18	1.1			3	4	0.1
	5	3	5	0.5			15	16	6.7		16	7	8	0.4		26	3	5	0.4
		5	6	4.9			16	17	11.3			8	9	0.6		27	6	8	0.3
		6	7	3.0			17	18	5.7			9	10	2.9			18	20	1.9
		7	8	11.4			18	19	3.0			10	11	1.9			20	22	0.4
		8	9	3.2			19	20	1.1			11	12	2.6		28	5	7	0.4
		9	10	0.2			20	21	2.1			12	14	1.2			21	23	0.5

降 水 量 摘 录 表

2008　滚　河　柏庄站

月	日	起	止	降水量(mm)	月	日	起	止	降水量(mm)	月	日	起	止	降水量(mm)	月	日	起	止	降水量(mm)
5	3	2	3	1.6	7	5	13	16	0.9	7	23	5	8	3.2	8	19	23	0	10.6
		3	4	20.7		7	12	13	0.2			8	14	1.4		20	0	1	0.1
		4	5	1.3			14	15	0.2			17	18	0.1			3	4	18.5
		5	6	2.6			17	18	0.1		24	20	21	0.1			4	5	8.8
		6	7	1.1			21	22	0.1		25	0	1	0.1			5	6	10.6
		12	14	3.0		8	0	2	0.2			1	2	4.0			6	8	2.9
		14	15	5.6			5	6	0.1			2	3	10.6			8	9	3.1
		15	16	11.4		9	6	7	2.4			3	4	6.0			10	11	0.1
		16	17	9.8			7	8	5.3			4	5	3.6			14	15	0.1
		17	18	4.0			8	9	6.0			5	6	3.8		21	11	13	0.8
		18	19	2.9			9	12	1.7			6	8	2.5		28	23	1	0.3
		19	20	0.3		13	19	20	10.2			9	12	0.5		29	2	5	0.3
		22	23	0.7			20	21	0.1		30	4	7	0.9			18	20	0.5
	8	4	6	0.6		14	15	16	2.7			16	17	0.6			21	8	16.1
		9	15	6.6			16	17	0.1			18	20	0.7		30	8	9	3.5
		15	16	3.2			21	22	0.1			20	21	7.7			9	10	3.2
		16	17	2.2		15	6	7	1.3			21	0	0.5			10	11	3.1
		17	18	2.9			10	11	0.1		31	1	3	0.6			11	14	1.4
		18	20	2.3			11	12	3.9			4	5	0.9	9	7	8	9	0.1
		20	23	1.5			12	14	0.6			5	6	2.7		8	7	8	0.1
	9	0	2	0.2		17	11	12	0.1			6	7	3.8			8	10	0.5
		17	20	0.3			14	15	9.0			7	8	1.0			12	13	0.1
	17	21	23	2.3			15	17	1.1			8	9	2.8			14	15	0.1
	18	7	8	0.8			19	20	0.9			9	10	3.3		9	12	13	0.1
	26	16	17	0.8			20	21	4.7			10	11	5.1			21	0	0.8
	27	18	19	0.1			21	22	3.9			11	14	1.3		10	9	11	0.8
		16	17	7.0			22	23	1.5			16	17	0.1			13	15	0.9
		17	18	4.7		18	2	4	2.0	8	1	18	19	1.1			19	20	0.1
		18	19	0.1			6	7	0.1			20	21	0.1		17	17	18	0.1
6	2	23	3	3.0		21	23	0	1.7		2	3	4	0.1		18	2	3	0.1
	3	4	6	0.9		22	0	1	4.6			5	6	2.3			5	6	0.1
	12	21	22	7.9			1	2	7.9		5	11	12	22.6			11	13	0.6
		22	23	0.2			2	3	2.6			12	14	2.2			14	18	3.7
	20	1	3	0.2			3	4	0.8			14	15	3.0			18	19	5.1
		4	5	1.0			4	5	6.6			15	19	2.1			19	20	6.4
		5	6	4.8			5	6	0.3			20	21	0.1			20	21	3.0
		6	7	25.7			6	7	4.9		13	12	15	0.4			21	1	0.6
		7	8	20.6			7	8	3.0			17	18	5.4		19	3	4	0.1
		8	9	27.7			8	9	5.0			18	19	6.5			5	6	0.1
		9	10	20.8			9	11	3.8			19	20	0.5			7	8	0.1
		10	11	5.5			11	12	3.2			20	22	1.2			11	12	0.1
		11	13	2.2			12	13	7.7			22	23	4.4		24	0	2	0.4
		17	18	0.1			13	14	4.6			23	0	10.1			5	6	0.1
	21	12	17	1.0			14	15	4.2		14	0	1	0.4		26	3	4	0.9
	22	10	11	0.1			15	16	8.6			3	4	0.1			5	6	0.1
		19	20	0.3			16	17	11.2		15	2	7	1.2		27	7	8	0.1
	23	0	1	0.1			17	18	3.0			8	11	0.3			18	20	1.7
7	1	11	14	1.4			18	19	3.6			17	18	0.1			20	21	0.1
		17	20	4.4			19	20	1.3		16	8	9	0.4		28	0	1	0.1
		20	21	0.3			20	21	3.3			9	10	3.0			2	3	0.2
	3	21	0	0.9			21	22	3.9			10	11	2.4			4	8	0.6
	5	2	5	3.1			22	1	2.2			11	12	3.6		29	21	23	0.5
		5	6	7.0		23	1	2	2.7			12	14	1.5			1	2	0.1
		6	7	16.7			2	3	3.6			17	20	2.5					
		7	8	12.4			3	4	4.8			20	21	3.3					
		8	12	1.5			4	5	3.1			21	6	10.0					

降水量摘录表

2008　滚　河　石漫滩站

月	日	起	止	降水量(mm)	月	日	起	止	降水量(mm)	月	日	起	止	降水量(mm)	月	日	起	止	降水量(mm)
5	3	3	4	28.8	7	7	20	22	0.2	7	24	20	21	0.1	8	19	23	0	5.2
		4	5	5.7			23	2	0.5		25	1	2	2.1		20	0	1	0.4
		5	7	1.2		8	5	6	0.1			2	3	7.3			3	4	9.7
		12	14	3.7		9	5	8	2.6			3	4	12.9			4	5	10.8
		14	15	3.3			8	9	5.7			4	5	3.7			5	6	9.0
		15	16	17.1			9	10	6.4			5	6	3.9			6	8	0.8
		16	17	9.3			10	11	0.1			6	8	2.1			8	9	4.7
		17	18	5.2		14	15	16	4.8			8	10	0.6			9	10	2.4
		18	20	2.4			16	17	0.2			17	18	0.1			17	18	0.1
	8	9	15	7.4			19	20	0.4		29	18	20	1.0		21	11	12	0.4
		15	16	3.3			20	21	0.6		30	2	5	1.9		28	23	1	0.2
		16	17	2.0			22	23	0.1			9	11	1.1		29	3	5	0.3
		17	18	2.8		15	6	7	0.3			14	15	1.9			16	17	0.2
		18	20	1.9			11	13	0.1			16	17	3.9			18	20	1.2
		20	0	1.7			19	20	0.1			17	18	0.1			20	22	1.0
	9	19	20	0.5		17	14	15	13.5			19	20	0.5			22	23	5.5
		20	21	0.1			15	17	2.1			20	21	2.3			23	0	3.6
	17	21	22	3.1			19	20	0.4		31	3	8	4.5		30	0	8	11.6
	18	7	8	0.3			20	21	3.9			8	9	0.7			8	9	5.8
	26	16	18	0.3			21	22	3.8			9	10	3.2			9	10	3.6
	27	20	0	2.3			22	0	1.8			10	11	2.3			10	11	2.7
	28	7	8	0.1		18	2	5	1.3			11	12	3.2			11	13	1.8
6	2	23	1	2.4		21	23	1	3.1			12	13	0.5	9	7	20	22	0.3
	3	2	3	0.8		22	1	2	3.0			14	15	0.1		8	1	2	0.1
		4	6	1.3			2	4	3.1	8	2	5	6	7.3			3	8	2.1
	12	21	23	0.2			4	5	7.7			6	7	0.1			8	10	0.3
	20	3	5	0.9			5	6	4.0		5	10	11	5.9			11	14	1.7
		5	6	8.2			6	7	9.5			11	12	46.3			18	19	0.1
		6	7	17.3			7	8	3.1			12	13	3.7	10	9	9	10	0.7
		7	8	47.9			8	9	4.3			13	14	5.3			13	15	0.7
		8	9	6.1			9	11	3.7			14	19	3.0	11	5	5	6	0.1
		9	10	25.7			11	12	5.9		13	12	15	1.4		18	1	3	1.0
		10	11	12.0			12	13	13.0			17	20	2.4			12	19	4.3
		11	12	0.3			13	14	9.8			20	23	3.3			19	20	4.2
		17	18	0.1			14	15	4.1			23	0	2.7			20	21	4.6
	21	6	7	0.1			15	16	10.1		14	0	2	0.2			21	22	2.8
		12	17	1.4			16	17	11.8			20	21	0.1			22	0	2.4
	22	19	20	0.4			17	18	8.0		15	2	6	0.8		19	1	4	0.4
7	1	11	12	11.1			18	19	6.7			7	8	0.1			5	7	0.4
		12	13	0.1			19	20	2.8			8	9	0.2		23	23	1	0.8
		17	20	4.1			20	21	2.5			16	18	0.4		24	2	3	0.1
		20	21	0.1			21	22	3.1		16	4	5	0.1			4	5	0.1
	3	21	0	1.1			22	1	3.5			6	8	0.3		26	3	5	0.9
	4	2	3	0.4		23	1	2	4.0			8	9	0.6		27	6	8	0.4
		22	23	0.1			2	3	9.1			9	10	5.0			18	20	0.8
	5	2	4	1.2			3	4	4.4			10	11	4.0		28	2	3	0.3
		5	6	4.3			4	5	2.9			11	14	4.0			4	8	0.8
		6	7	4.0			5	6	2.6			17	19	4.1			12	13	0.2
		7	8	25.3			6	7	0.4			19	20	5.2			20	23	0.7
		8	9	3.0			8	9	0.2			20	21	3.4		29	4	5	0.1
		10	12	0.7			11	13	0.8			21	22	7.4					
		14	15	1.1			21	22	0.1			22	23	2.9					
	7	12	14	0.4		24	4	5	0.1			23	0	2.6					
		17	18	0.1			17	18	0.3		17	0	6	6.2					

降 水 量 摘 录 表

2008　滚　河　袁门站

月	日	起	止	降水量(mm)	月	日	起	止	降水量(mm)	月	日	起	止	降水量(mm)	月	日	起	止	降水量(mm)
5	3	3	4	46.7	7	9	6	7	2.2	7	25	6	8	2.5	8	20	8	9	5.9
		4	5	6.7			7	8	5.3			9	10	0.1			9	10	0.2
		5	8	2.1			8	9	4.7		30	3	6	2.7		21	13	14	3.5
		12	14	3.5			9	10	3.7			9	10	0.1			14	15	0.1
		14	15	7.3			10	12	0.2			14	15	2.2		28	23	1	1.7
		15	16	14.4		13	20	22	0.5			16	17	3.4		29	2	3	0.1
		16	17	14.3		14	19	20	7.7			19	20	0.1			19	20	0.3
		17	18	6.7			20	21	0.1			20	21	2.8			20	22	0.9
		18	19	4.7		15	11	12	0.1		31	2	3	0.1			22	23	3.6
		19	20	1.0		17	15	17	2.3			4	8	4.0			23	8	11.1
	4	4	5	0.1			19	20	0.1			8	9	1.5		30	8	9	3.2
	8	9	17	10.5			20	21	3.5			9	10	2.6			9	10	2.9
		17	18	3.1			21	22	3.3			10	14	5.3			10	13	3.1
		18	20	1.4			22	23	3.1	8	2	1	4	1.5	9	8	1	2	0.6
		20	1	1.7			23	5	1.4			5	7	0.3			3	4	0.1
	17	21	23	1.5		21	23	1	2.0		5	13	14	30.6			5	6	0.1
	18	5	6	0.1		22	1	2	5.0			14	19	2.2			7	8	0.2
		7	8	0.1			2	3	0.5		6	1	2	0.1			8	15	3.6
6	3	0	4	3.0			3	4	3.4			7	8	0.1		9	23	0	0.1
		5	7	1.2			4	5	12.9		13	12	15	2.0		10	5	6	0.1
	12	16	17	3.5			5	6	3.6			17	18	0.5			9	10	0.1
		21	23	0.8			6	7	8.9			20	23	2.0			14	15	0.1
	20	3	4	0.6			7	8	4.2			23	0	4.7		11	5	6	0.1
		4	5	4.4			8	9	3.8		14	1	2	0.1		18	1	3	1.1
		5	6	8.7			9	11	4.2			3	5	0.3			6	7	0.1
		6	7	9.7			11	12	14.9		15	5	6	0.3			13	14	0.1
		7	8	6.1			12	13	28.5			8	11	0.6			15	17	0.3
		8	9	0.1			13	14	8.6			16	18	0.9			18	19	1.7
		9	10	6.6			14	15	3.1		16	0	1	0.1			19	20	6.7
		10	11	8.1			15	16	11.2			7	8	0.4			20	21	2.8
		11	13	0.2			16	17	7.0			8	9	1.5			21	3	4.1
	21	11	12	0.1			17	18	9.0			9	10	2.8		19	4	5	0.1
		13	18	2.6			18	19	6.6			10	11	2.6			6	8	0.2
	22	7	8	0.2			19	20	2.8			11	12	3.8		24	1	3	0.2
		19	20	1.5			20	21	2.3			12	13	4.2			4	5	0.1
7	1	20	21	0.1			21	22	3.4			13	18	4.1		25	15	17	0.2
		18	20	3.7			22	2	6.6			18	19	2.9		26	0	1	0.1
		20	21	0.7		23	2	3	10.9			19	20	4.9			4	5	0.2
	3	21	23	0.4			3	4	7.0			20	21	2.4			7	8	0.1
	5	5	6	3.6			4	5	3.2			21	22	5.1		27	19	20	2.1
		6	7	5.9			5	6	2.7			22	6	9.1		28	20	22	0.7
		7	8	15.0			6	8	0.9		17	7	8	0.1			3	8	0.6
		8	9	3.4			10	13	1.5		19	23	0	22.9			12	14	0.2
		9	12	0.5		25	1	2	8.9		20	0	1	2.5			22	0	0.3
		13	15	1.8			2	3	12.7			2	3	0.1		29	3	4	0.1
	7	12	14	0.3			3	4	8.9			4	5	3.6			5	6	0.1
		23	0	0.2			4	5	5.6			5	6	6.1					
	8	1	3	0.3			5	6	4.9			6	7	0.5					

2009　滚　河　刀子岭站

月	日	起	止	降水量(mm)	月	日	起	止	降水量(mm)	月	日	起	止	降水量(mm)	月	日	起	止	降水量(mm)
5	1	8	9	0.2	5	1	9	10	0.3	5	1	10	11	0.1	5	10	21	22	0.9

降 水 量 摘 录 表

月	日	时或时分起	止	降水量(mm)	月	日	时或时分起	止	降水量(mm)	月	日	时或时分起	止	降水量(mm)	月	日	时或时分起	止	降水量(mm)
5	10	22	23	0.3	5	25	5	6	2.4	6	12	21	22	0.2	7	11	0	1	0.2
		23	23;59	0.6			6	7	2.5			22	23	4.1			1	2	0.1
	11	0	1	3.2			7	8	2.2			23	23;59	0.8			2	3	0.2
		1	2	0.3			8	9	3.2		13	1	2	0.1			3	4	0.2
		2	3	1.4			9	10	3.0		17	10	11	0.3			4	5	0.5
		4	5	0.1			10	11	2.8			11	12	0.1			5	6	0.8
	11	23	23;59	0.5			11	12	2.7			12	13	0.3			6	7	6.7
	12	0	1	2.6			12	13	2.0			13	14	0.2			7	8	4.1
		1	2	0.2			13	14	1.7			14	15	0.1			8	9	3.3
		2	3	0.7			14	15	1.4			15	16	2.4			9	10	0.6
		3	4	0.3			15	16	1.0			16	17	1.8			10	11	1.0
	14	5	6	2.2			16	17	0.7			17	18	0.1			11	12	8.2
		6	7	1.7			17	18	0.6			20	21	0.2			12	13	4.7
		7	8	0.6			18	19	0.3			21	22	0.1			13	14	4.4
		8	9	0.3			19	20	0.3		18	0	1	0.1			14	15	2.9
		9	10	0.6		27	15	16	0.1			4	5	2.3			15	16	0.8
		10	11	0.3			16	17	0.2			5	6	2.0			16	17	0.2
		11	12	0.6			17	18	0.2			6	7	1.2		19	10	11	1.3
		12	13	0.3			18	19	1.0			7	8	0.3		21	19	20	28.7
		13	14	1.8			19	20	1.0		19	4	5	0.2			20	21	9.1
		14	15	1.8			20	21	0.4			5	6	0.7			21	22	0.1
		15	16	1.4			22	23	0.9			6	7	0.2		22	4	5	0.1
		16	17	0.9			23	23;59	0.7		20	2	3	0.2			7	8	1.3
		17	18	0.7		28	0	1	0.1			4	5	1.6			8	9	2.3
		18	19	1.4			1	2	1.9			5	6	13.3			9	10	1.2
		19	20	1.6			2	3	0.5			6	7	2.0			10	11	0.9
		20	21	0.4			3	4	0.5			7	8	0.2			11	12	1.1
		21	22	0.1			4	5	1.2		28	0	1	17.4			12	13	1.1
		22	23	0.6			5	6	1.3			1	2	59.3			13	14	0.9
		23	23;59	0.3			6	7	0.8			2	3	1.4			14	15	0.1
	15	0	1	0.1			7	8	0.2			5	6	0.1			15	16	0.9
		3	4	0.1			14	15	0.1			19	20	0.5			16	17	3.5
		4	5	0.1			16	17	0.1			20	21	0.3			17	18	3.4
		5	6	4.8			17	18	0.3		29	6	7	0.1			18	19	0.1
		6	7	6.4		29	2	3	1.2	7	5	11	12	14.1			19	20	0.2
		7	8	2.8			3	4	0.2			12	13	1.0			20	21	0.1
		8	9	2.3			4	5	1.8			15	16	5.8			21	22	0.1
		9	10	2.1			5	6	1.1			16	17	0.3			22	23	0.1
		10	11	1.6			6	7	1.3		6	4	5	1.4			23	23;59	0.2
		11	12	0.8			7	8	3.2			5	6	6.4		23	0	1	0.1
		12	13	2.9			8	9	0.1			6	7	0.3			1	2	0.1
		13	14	4.5			10	11	0.1			7	8	0.8			2	3	0.1
		14	15	6.7	6	7	18	19	0.1			8	9	0.5			5	6	0.2
		15	16	2.3		8	2	3	1.2			9	10	1.1			6	7	2.4
		17	18	0.2			3	4	0.6			10	11	0.1			7	8	0.2
		18	19	0.3			4	5	1.4		7	1	2	1.1		24	8	9	0.2
		19	20	0.1			5	6	1.1			2	3	1.5		27	5	6	0.6
		20	21	0.1			6	7	1.1			3	4	3.7			6	7	0.7
	22	22	23	0.3			7	8	1.1			4	5	2.8			7	8	0.2
		23	23;59	0.2			8	9	0.1			5	6	1.1		31	5	6	0.1
	23	0	1	0.4			9	10	0.5			6	7	0.1			6	7	0.1
		1	2	0.5			10	11	0.4			7	8	0.6			10	11	0.1
		2	3	0.6			13	14	0.3			8	9	4.6			11	12	0.1
		3	4	0.3			14	15	0.1			9	10	0.2			12	13	0.1
	24	19	20	0.1			15	16	0.7			13	14	9.0			13	14	0.1
		20	21	1.1			16	17	0.1			14	15	0.2	8	3	15	16	0.4
		21	22	0.8			17	18	0.7			21	22	0.4			16	17	0.5
		22	23	1.4			19	20	0.1			22	23	0.1			17	18	1.4
		23	23;59	1.5			20	21	0.1		8	3	4	0.1			18	19	0.6
	25	0	1	1.7			21	22	0.2		9	6	7	1.3			19	20	0.7
		1	2	1.5			23	23;59	0.1			7	8	0.1			23	23;59	0.1
		2	3	1.7		9	4	5	7.0			8	9	0.8		4	0	1	0.1
		3	4	2.0			5	6	4.5			9	10	0.2			1	2	0.1
		4	5	1.8			6	7	0.7			13	14	0.1			2	3	0.1

降 水 量 摘 录 表

月	日	起	止	降水量(mm)	月	日	起	止	降水量(mm)	月	日	起	止	降水量(mm)	月	日	起	止	降水量(mm)
8	4	6	7	1.5	8	10	12	13	0.1	8	29	6	7	8.8	9	18	14	15	0.3
		7	8	0.6			13	14	0.3			7	8	10.7			15	16	0.2
		13	14	0.1			18	19	0.1			8	9	4.5			16	17	0.4
		14	15	0.1		16	15	16	19.4			9	10	11.3			17	18	0.8
		22	23	0.2			16	17	0.4			10	11	8.2			18	19	0.5
	5	23	23;59	0.7		17	17	18	0.1			11	12	0.4			19	20	0.5
		0	1	0.2			0	1	0.1			12	13	1.1			20	21	0.4
		1	2	0.1			1	2	0.6			13	14	1.2			21	22	0.3
		2	3	0.2			3	4	0.9			14	15	1.0			22	23	0.1
		3	4	0.8			4	5	2.9			15	16	0.2			23	23;59	0.1
		4	5	1.0			5	6	0.6			17	18	0.1		19	0	1	0.1
		5	6	0.1			6	7	0.1		30	1	2	0.1			1	2	0.4
		6	7	0.4			8	9	3.0	9	4	19	20	1.4			2	3	0.2
		7	8	0.3			9	10	27.3			20	21	10.4			3	4	0.3
		8	9	1.0			10	11	0.2			21	22	11.9			4	5	0.2
		9	10	1.5			11	12	1.2			22	23	5.9			5	6	0.2
		10	11	0.2			12	13	2.0			23	23;59	0.1			6	7	0.1
		11	12	0.1			14	15	0.1		6	20	21	0.2			9	10	0.1
		12	13	0.4			16	17	0.3		7	16	17	0.1			11	12	0.1
		14	15	0.3			17	18	0.1			18	19	0.2			12	13	0.1
		15	16	0.5			20	21	0.6			19	20	0.3			13	14	0.6
		16	17	0.1			21	22	1.0			20	21	0.2			14	15	0.4
		17	18	0.1		18	2	3	0.1			21	22	0.1			15	16	0.7
		18	19	0.1			5	6	0.1			22	23	0.1			16	17	0.4
		19	20	0.9			11	12	0.1			23	23;59	0.1			17	18	0.3
		20	21	0.3			23	23;59	2.8		8	0	1	0.2			18	19	0.3
		22	23	0.1		19	0	1	0.3			1	2	0.1			19	20	5.6
		23	23;59	0.1		20	13	14	1.0			2	3	0.1			20	21	1.9
	6	1	2	0.2			14	15	4.4			4	5	0.2		20	6	7	1.4
		2	3	0.3			15	16	0.1			6	7	0.1			7	8	0.2
		3	4	0.4		21	15	16	0.7		12	1	2	0.1			11	12	0.1
		4	5	0.9			16	17	7.3			6	7	0.1			15	16	0.1
		5	6	0.5			20	21	0.1			7	8	0.1			16	17	0.1
		6	7	0.2		22	1	2	0.1		14	22	23	0.1			17	18	0.1
		12	13	0.1			2	3	0.1			23	23;59	0.3			18	19	0.1
	7	4	5	0.1			3	4	0.2		15	0	1	0.4		21	5	6	0.1
		21	22	0.1			4	5	0.1			1	2	0.1		24	10	11	0.5
	8	2	3	0.1			6	7	0.1			6	7	0.1			11	12	0.2
		3	4	0.3			8	9	0.3		16	13	14	0.1			12	13	0.2
		4	5	0.4			9	10	0.1			14	15	2.8			15	16	0.2
		5	6	0.2			10	11	0.1			15	16	0.1			18	19	0.1
		11	12	1.6		23	2	3	0.1			16	17	0.3			19	20	0.1
		12	13	0.4		28	9	10	1.4			18	19	0.1			23	23;59	0.1
		14	15	1.1			10	11	0.1		17	7	8	0.1		25	0	1	0.1
		15	16	2.0								19	20	0.1			8	9	0.1
		16	17	0.1			18	19	0.1		18	4	5	0.3			9	10	0.6
		17	18	0.2			19	20	0.1			5	6	0.2			10	11	0.6
	9	4	5	0.1		29	23	23;59	0.8			7	8	0.4			11	12	0.1
		15	16	4.8			0	1	0.7			8	9	0.5		26	1	2	0.1
		16	17	0.1								9	10	0.5			12	13	0.4
		18	19	1.5			2	3	2.9			10	11	0.8			13	14	0.7
	10	4	5	0.1			3	4	5.2			11	12	0.4			14	15	0.4
		6	7	0.3			4	5	12.3			12	13	0.8		27	15	16	0.4
		7	8	0.1			5	6	9.9			13	14	0.6			2	3	0.1

2009　滚　河　尚店站

月	日	起	止	降水量(mm)	月	日	起	止	降水量(mm)	月	日	起	止	降水量(mm)	月	日	起	止	降水量(mm)
4	18	8	20	6.2	4	19	8	20	21.9	5	1	11	12	0.6	5	10	13	14	0.2
		20	8	30.6			20	8	0.7			12	13	0.2			20	21	0.4

降 水 量 摘 录 表

月	日	起	止	降水量(mm)	月	日	起	止	降水量(mm)	月	日	起	止	降水量(mm)	月	日	起	止	降水量(mm)
5	10	21	22	1.2	5	25	0	1	1.7	6	17	15	16	2.1	7	10	16	17	0.6
		22	23	0.6			1	2	4.1			16	17	0.8			23	23:59	0.1
		23	23:59	4.6			2	3	3.5			17	18	0.3		11	0	1	0.1
	11	0	1	0.3			3	4	4.6			19	20	0.2			1	2	0.2
		1	2	0.1			4	5	3.8			20	21	0.2			2	3	0.1
		2	3	0.1			5	6	4.7			21	22	0.2			3	4	0.2
		3	4	2.2			6	7	4.8		18	0	1	0.1			4	5	0.1
		7	8	0.1			7	8	2.1			4	5	1.4			5	6	1.3
		20	21	0.9			8	9	1.4			5	6	3.2			6	7	2.2
		21	22	0.2			9	10	0.2			6	7	0.7			7	8	5.8
		22	23	0.2			10	11	0.3			7	8	0.1			8	9	2.7
		23	23:59	1.5			12	13	0.1		19	3	4	0.1			9	10	1.1
	12	1	2	0.6			15	16	0.2			4	5	1.9			10	11	3.2
		2	3	1.4			16	17	0.4			5	6	3.4			11	12	6.5
		3	4	0.2			17	18	0.1			6	7	2.4			12	13	4.9
		4	5	0.1		27	16	17	0.3			7	8	0.1			13	14	4.4
		5	6	0.1			17	18	0.2			14	15	0.1			14	15	2.8
	14	5	6	1.0			18	19	1.0		20	4	5	1.2			15	16	0.7
		6	7	0.4			19	20	1.9			5	6	1.2			16	17	0.1
		7	8	0.5			20	21	0.6			6	7	1.5			17	18	0.1
		8	9	0.2			22	23	1.6			7	8	0.3		12	9	10	0.1
		9	10	0.3			23	23:59	0.2			8	9	0.1			19	20	0.1
		10	11	0.2		28	0	1	0.1			22	23	0.1			20	21	0.1
		11	12	0.9			1	2	1.3		28	0	1	0.2			21	22	0.1
		12	13	0.7			2	3	0.4			1	2	11.4		14	0	1	0.1
		13	14	1.7			5	6	0.6			4	5	0.1		20	3	4	0.1
		14	15	1.2			6	7	0.8			19	20	0.1			5	6	0.1
		15	16	1.1			7	8	0.9			20	21	0.6		21	19	20	8.0
		16	17	0.5			8	9	0.4	7	5	10	11	0.2			20	21	3.7
		17	18	0.7			9	10	0.4			11	12	0.8		22	4	5	0.1
		18	19	0.4			10	11	0.2			12	13	1.7			7	8	1.6
		19	20	2.7			11	12	0.2		6	4	5	13.6			8	9	2.6
		20	21	0.1			15	16	1.3			5	6	6.3			9	10	1.2
		22	23	0.2			16	17	1.5			6	7	0.2			10	11	1.7
		23	23:59	1.0			17	18	0.7			7	8	3.3			11	12	1.9
	15	0	1	0.2			18	19	0.1			8	9	1.0			12	13	0.7
		4	5	1.0			19	20	0.1			9	10	1.4			13	14	0.8
		5	6	6.6	6	7	14	15	0.1			10	11	0.1			14	15	0.2
		6	7	5.3			16	17	0.1		7	0	1	11.4			15	16	2.8
		7	8	2.2			17	18	0.9			1	2	4.5			16	17	8.6
		8	9	2.5		8	1	2	0.1			2	3	4.3			17	18	0.1
		9	10	2.5			2	3	1.1			3	4	2.5			19	20	0.1
		10	11	2.3			3	4	0.2			4	5	5.2			20	21	0.4
		11	12	0.7			4	5	1.6			5	6	2.1			21	22	0.1
		12	13	5.3			5	6	1.3			6	7	0.1			22	23	0.2
		13	14	3.6			6	7	2.4			7	8	6.9			23	23:59	0.1
		14	15	2.9			7	8	2.8			8	9	12.1		23	5	6	0.2
		15	16	0.4			8	9	2.3			9	10	0.1			6	7	0.3
		16	17	0.1			9	10	0.2			11	12	0.1			7	8	0.3
		17	18	0.2			10	11	0.2			21	22	0.9			9	10	0.1
		18	19	0.1			12	13	0.1			22	23	0.1		27	4	5	0.1
		22	23	0.1			13	14	0.2		8	4	5	0.1			5	6	0.4
	22	21	22	0.1			14	15	0.4		9	2	3	0.1			6	7	0.8
		22	23	0.3			15	16	0.6			4	5	0.1			7	8	0.1
		23	23:59	0.4			17	18	0.3			5	6	0.6		31	5	6	0.1
	23	0	1	0.3			18	19	0.2			6	7	1.4			6	7	0.1
		1	2	0.6		12	20	21	0.5			7	8	0.1			9	10	0.1
		2	3	0.4			22	23	4.7			8	9	3.2			10	11	0.2
	24	13	14	0.1			23	23:59	0.7			9	10	0.7			13	14	0.1
		19	20	0.2		17	9	10	0.9			10	11	0.2	8	3	15	16	0.1
		20	21	1.7			10	11	0.5		10	12	13	0.2			16	17	0.8
		21	22	1.2			11	12	0.3			13	14	0.2			17	18	1.3
		22	23	1.5			12	13	0.1			14	15	3.7			18	19	0.5
		23	23:59	2.3			14	15	0.2								19	20	0.4

降 水 量 摘 录 表

月	日	起	止	降水量(mm)	月	日	起	止	降水量(mm)	月	日	起	止	降水量(mm)	月	日	起	止	降水量(mm)
8	4	0	1	0.2	8	8	12	13	2.4	8	29	11	12	1.5	9	18	21	22	0.4
		1	2	0.1			13	14	0.8			12	13	0.4			22	23	0.2
		5	6	0.3			14	15	0.2			13	14	0.9			23	23:59	0.1
		6	7	2.6			15	16	0.2			14	15	0.6		19	0	1	0.2
		8	9	0.1		9	5	6	0.1			15	16	0.1			1	2	0.1
		9	10	0.1		16	11	12	9.3			17	18	0.1			2	3	0.2
		12	13	0.1			12	13	0.1	9	4	19	20	0.1			3	4	0.1
		13	14	0.1			15	16	7.1			20	21	2.2			4	5	0.1
		15	16	0.1			16	17	0.2			22	23	0.3			5	6	0.1
		21	22	0.1			18	19	0.1		6	20	21	0.1			6	7	0.1
	5	0	1	0.2		17	2	3	6.1			21	22	0.1			7	8	0.2
		1	2	0.4			3	4	1.6		7	6	7	0.1			9	10	0.4
		2	3	0.6			4	5	2.8		8	4	5	0.1			10	11	0.1
		3	4	0.3			5	6	0.3		12	3	4	0.1			17	18	0.1
		4	5	0.3			6	7	0.2			7	8	0.1			19	20	0.4
		6	7	0.1			7	8	0.1			10	11	0.1			20	21	0.6
		7	8	0.2			8	9	7.9		13	7	8	0.1			21	22	0.2
		8	9	0.3			9	10	2.5			9	10	0.1			22	23	0.1
		9	10	0.3			11	12	1.2		14	4	5	0.1			23	23:59	0.3
		10	11	4.3			14	15	0.1			6	7	0.2		20	0	1	0.9
		11	12	3.0		20	13	14	0.2			7	8	0.3			1	2	0.6
		12	13	2.9			14	15	0.8			10	11	0.1			2	3	1.0
		13	14	1.9			15	16	0.6		15	0	1	0.3			3	4	0.8
		14	15	0.4		21	16	17	0.6			1	2	0.1			4	5	0.4
		15	16	1.5			17	18	0.1		16	14	15	0.7			5	6	0.4
		16	17	0.2			19	20	0.1			15	16	1.1			6	7	0.1
		18	19	0.2			20	21	1.1		17	3	4	0.3			7	8	0.1
		19	20	0.5		22	1	2	0.1			4	5	0.1			11	12	0.1
		20	21	0.1		28	9	10	2.7		18	4	5	0.1		21	4	5	0.1
	6	2	3	0.1			22	23	0.1			5	6	0.1		24	10	11	0.1
		3	4	0.1			23	23:59	0.2			6	7	0.3			11	12	0.5
		5	6	0.3		29	0	1	0.1			9	10	0.4			13	14	0.1
		6	7	0.2			1	2	0.5			10	11	0.3			14	15	0.1
		8	9	0.2			2	3	3.4			11	12	0.1			15	16	0.1
		9	10	0.8			3	4	1.8			12	13	0.2			18	19	0.1
		10	11	0.3			4	5	9.5			13	14	0.4		26	8	9	0.2
		13	14	0.1			5	6	8.4			14	15	0.1			10	11	0.1
	7	9	10	0.1			6	7	5.4			16	17	0.1			11	12	0.2
		21	22	0.1			7	8	7.1			17	18	0.3			14	15	0.5
	8	5	6	0.3			8	9	0.2			18	19	0.2			15	16	0.1
		7	8	0.3			9	10	3.7			19	20	0.2		27	3	4	0.1
		10	11	0.1			10	11	5.2			20	21	0.4					

2009 滚 河 柏庄站

月	日	起	止	降水量(mm)	月	日	起	止	降水量(mm)	月	日	起	止	降水量(mm)	月	日	起	止	降水量(mm)
5	1	11	12	0.6	5	11	23	23:59	2.5	5	14	13	14	2.1	5	15	5	6	8.5
		12	13	0.1		12	0	1	0.4			14	15	3.4			6	7	7.9
	10	21	22	6.5			1	2	0.4			15	16	0.8			7	8	1.3
		22	23	0.1			2	3	1.1			16	17	0.5			8	9	3.4
		23	23:59	2.9			3	4	0.2			17	18	2.8			9	10	3.1
	11	0	1	0.4			4	5	0.1			18	19	1.5			10	11	2.5
		1	2	0.1			7	8	0.1			19	20	2.5			11	12	2.0
		2	3	1.0		14	6	7	0.3			20	21	1.5			12	13	7.7
		3	4	0.5			7	8	1.1			21	22	1.2			13	14	2.4
		5	6	0.1			8	9	0.2			22	23	0.1			14	15	2.7
		19	20	0.3			9	10	0.2			23	23:59	0.7			15	16	0.2
		20	21	1.5			10	11	0.2		15	0	1	0.2			16	17	0.2
		21	22	0.8			11	12	0.8			1	2	0.1			17	18	0.2
		22	23	0.6			12	13	1.4			4	5	1.2			18	19	0.1

降 水 量 摘 录 表

月	日	起 (时或时分)	止 (时或时分)	降水量 (mm)
5	15	19	20	0.1
5	22	17	18	0.1
5	22	22	23	0.2
5	22	23	23:59	0.3
5	23	0	1	0.5
5	23	1	2	0.5
5	23	2	3	0.2
5	23	3	4	0.1
5	24	20	21	2.7
5	24	21	22	2.0
5	24	22	23	1.8
5	24	23	23:59	2.0
5	25	0	1	1.2
5	25	1	2	4.3
5	25	2	3	4.0
5	25	3	4	3.6
5	25	4	5	3.7
5	25	5	6	4.3
5	25	6	7	3.6
5	25	7	8	1.7
5	25	8	9	1.5
5	25	9	10	0.6
5	25	10	11	0.2
5	25	11	12	0.4
5	25	12	13	0.2
5	25	13	14	0.1
5	25	15	16	0.1
5	25	16	17	0.3
5	25	17	18	0.1
5	27	16	17	0.2
5	27	17	18	0.2
5	27	18	19	1.2
5	27	19	20	1.0
5	27	20	21	0.5
5	27	21	22	0.2
5	27	22	23	1.7
5	27	23	23:59	0.7
5	28	0	1	0.1
5	28	1	2	2.4
5	28	2	3	0.5
5	28	3	4	0.1
5	28	4	5	0.6
5	28	5	6	1.0
5	28	6	7	1.0
5	28	7	8	0.6
5	28	8	9	0.4
5	28	9	10	0.2
5	28	10	11	0.1
5	28	11	12	0.1
5	28	14	15	0.1
5	28	15	16	0.6
5	28	16	17	1.8
5	28	17	18	0.4
5	28	18	19	0.1
5	28	21	22	0.1
6	7	17	18	0.9
6	8	2	3	1.3
6	8	3	4	0.1
6	8	4	5	2.0
6	8	5	6	1.3
6	8	6	7	2.4
6	8	7	8	2.2
6	8	8	9	1.9
6	8	9	10	0.5
6	8	10	11	0.3
6	8	11	12	0.5
6	8	12	13	1.2
6	8	13	14	0.6
6	8	14	15	1.2
6	8	15	16	0.4
6	8	16	17	0.1
6	8	18	19	0.2
6	8	19	20	0.1
6	12	20	21	12.2
6	12	21	22	1.0
6	12	22	23	3.1
6	12	23	23:59	0.1
6	17	9	10	0.8
6	17	10	11	0.7
6	17	13	14	0.2
6	17	14	15	0.3
6	17	15	16	0.9
6	17	16	17	0.3
6	17	17	18	0.9
6	17	19	20	0.2
6	17	20	21	0.1
6	17	21	22	0.2
6	17	22	23	0.1
6	18	4	5	2.3
6	18	5	6	2.9
6	18	6	7	0.6
6	18	7	8	0.1
6	19	2	3	0.1
6	19	3	4	0.2
6	19	4	5	1.7
6	19	5	6	1.8
6	19	6	7	0.9
6	20	1	2	0.2
6	20	4	5	0.2
6	20	5	6	1.6
6	20	6	7	0.2
6	20	7	8	0.1
6	20	13	14	0.1
6	20	14	15	0.1
6	27	23	23:59	7.2
6	28	0	1	0.4
6	28	19	20	0.2
6	28	20	21	0.5
6	28	23	23:59	0.1
7	5	12	13	1.5
7	6	2	3	0.1
7	6	4	5	10.4
7	6	5	6	4.3
7	6	6	7	1.4
7	6	7	8	2.4
7	6	8	9	2.1
7	6	9	10	1.3
7	6	10	11	0.1
7	6	14	15	0.1
7	6	15	16	0.1
7	6	17	18	0.1
7	7	1	2	9.4
7	7	2	3	18.6
7	7	3	4	2.7
7	7	4	5	1.7
7	7	5	6	20.9
7	7	6	7	32.7
7	7	7	8	19.1
7	7	8	9	3.6
7	7	9	10	0.5
7	7	10	11	0.1
7	7	17	18	0.1
7	7	20	21	1.4
7	7	21	22	0.1
7	7	22	23	0.1
7	7	23	23:59	0.1
7	9	3	4	0.1
7	9	4	5	0.1
7	9	5	6	0.4
7	9	6	7	3.7
7	9	7	8	0.2
7	9	8	9	5.1
7	9	9	10	1.5
7	10	14	15	1.6
7	10	15	16	0.8
7	10	16	17	0.8
7	10	17	18	0.4
7	10	18	19	0.1
7	10	20	21	0.1
7	10	22	23	0.2
7	10	23	23:59	0.4
7	11	0	1	0.1
7	11	3	4	0.2
7	11	4	5	0.1
7	11	5	6	5.1
7	11	6	7	4.1
7	11	7	8	5.8
7	11	8	9	6.8
7	11	9	10	1.5
7	11	10	11	6.3
7	11	11	12	7.0
7	11	12	13	4.8
7	11	13	14	2.2
7	11	14	15	1.3
7	11	15	16	0.5
7	11	16	17	0.1
7	11	17	18	0.1
7	12	9	10	0.1
7	12	19	20	0.1
7	12	20	21	0.1
7	12	21	22	0.1
7	13	1	2	0.1
7	21	10	11	0.1
7	21	21	22	0.2
7	21	22	23	0.2
7	21	23	23:59	0.1
7	22	6	7	0.1
7	22	7	8	2.4
7	22	8	9	3.8
7	22	9	10	1.2
7	22	10	11	1.0
7	22	11	12	2.2
7	22	12	13	2.3
7	22	13	14	0.4
7	22	14	15	0.8
7	22	15	16	5.4
7	22	16	17	4.7
7	22	17	18	0.1
7	22	18	19	0.1
7	22	19	20	0.1
7	23	5	6	0.8
7	23	6	7	0.4
7	23	8	9	0.1
7	27	5	6	0.1
7	27	6	7	0.4
7	27	7	8	0.2
7	31	9	10	0.2
7	31	10	11	0.1
7	31	11	12	0.1
7	31	12	13	0.2
7	31	13	14	0.1
8	1	5	6	0.1
8	3	15	16	0.2
8	3	16	17	0.6
8	3	17	18	1.0
8	3	18	19	0.3
8	3	19	20	0.4
8	4	0	1	0.1
8	4	1	2	0.1
8	4	5	6	0.5
8	4	6	7	0.8
8	4	7	8	0.1
8	4	9	10	0.1
8	4	12	13	0.5
8	4	13	14	0.7
8	4	14	15	0.1
8	5	1	2	0.2
8	5	2	3	0.3
8	5	3	4	0.1
8	5	4	5	0.1
8	5	6	7	0.1
8	5	7	8	0.5
8	5	8	9	0.2
8	5	10	11	1.1
8	5	11	12	4.0
8	5	12	13	1.2
8	5	13	14	0.1
8	5	14	15	0.1
8	5	15	16	0.8
8	5	17	18	0.1
8	5	18	19	1.4
8	5	19	20	0.4
8	5	20	21	0.1
8	6	3	4	0.2
8	6	4	5	0.6
8	6	5	6	0.5
8	6	6	7	0.2
8	6	7	8	0.2
8	6	9	10	0.7
8	6	10	11	0.3
8	6	22	23	0.1
8	6	23	23:59	0.1
8	8	8	9	0.1
8	8	9	10	0.1
8	8	10	11	0.2
8	8	11	12	0.1
8	8	12	13	1.5
8	8	13	14	1.5
8	8	14	15	0.4
8	8	15	16	1.6
8	9	0	1	0.1
8	16	14	15	0.1
8	16	15	16	7.6
8	16	16	17	0.3

降 水 量 摘 录 表

月	日	起	止	降水量(mm)	月	日	起	止	降水量(mm)	月	日	起	止	降水量(mm)	月	日	起	止	降水量(mm)
8	16	17	18	0.1	8	29	12	13	1.1	9	14	17	18	0.1	9	19	10	11	0.5
		18	19	0.1			13	14	0.8		15	14	15	0.1			11	12	0.2
	17	2	3	7.6			14	15	0.7		16	0	1	0.1			17	18	0.2
		3	4	2.1			15	16	0.1			11	12	0.1			18	19	0.1
		4	5	2.4			16	17	0.3			14	15	0.3			19	20	0.7
		5	6	0.2			17	18	0.1			15	16	0.5			20	21	0.5
		6	7	0.3	9	4	13	14	0.1		17	4	5	0.1			21	22	0.2
		7	8	0.1			20	21	10.5			8	9	0.1			22	23	0.2
		9	10	4.6			21	22	0.1			14	15	0.1			23	23:59	0.5
		10	11	0.1			22	23	0.1		18	6	7	0.6		20	0	1	1.7
		11	12	3.1		6	14	15	4.9			7	8	0.2			1	2	0.5
		12	13	0.1		7	3	4	0.1			8	9	0.9			2	3	1.2
	20	14	15	0.1			18	19	0.1			9	10	0.9			3	4	1.0
		15	16	0.4			19	20	0.1			10	11	0.5			4	5	0.5
		16	17	0.1			20	21	0.1			11	12	0.3			5	6	0.6
	21	19	20	0.5			21	22	0.2			12	13	0.9			6	7	0.2
		20	21	2.0			22	23	0.1			13	14	0.5			17	18	0.1
	22	3	4	0.1			23	23:59	0.1			14	15	0.3		24	11	12	0.6
		7	8	0.1		8	0	1	0.1			15	16	0.2			14	15	0.1
	28	14	15	0.7			1	2	0.1			16	17	0.2			15	16	0.1
		22	23	1.5			3	4	0.1			17	18	0.3			17	18	0.1
		23	23:59	0.7			5	6	0.1			18	19	0.4		25	8	9	0.1
	29	0	1	0.5		11	22	23	0.2			19	20	0.4			9	10	0.9
		1	2	1.1			23	23:59	0.1			20	21	0.3			10	11	0.3
		2	3	2.9		12	9	10	0.1			21	22	0.3			11	12	0.1
		3	4	2.8			10	11	0.1			22	23	0.1		26	11	12	0.2
		4	5	9.3			11	12	0.1		19	0	1	0.1			12	13	1.8
		5	6	10.3		14	3	4	0.1			1	2	0.1			13	14	0.4
		6	7	5.0			4	5	0.1			2	3	0.1			14	15	0.3
		7	8	8.1			5	6	0.1			3	4	0.2			15	16	0.2
		8	9	1.8			6	7	0.5			5	6	0.2			16	17	0.1
		9	10	8.9			7	8	0.6			6	7	0.1			18	19	0.1
		10	11	8.7			10	11	0.2			9	10	0.3					
		11	12	1.9			11	12	0.1										

2009　滚　河　石漫滩站

月	日	起	止	降水量(mm)	月	日	起	止	降水量(mm)	月	日	起	止	降水量(mm)	月	日	起	止	降水量(mm)
5	1	11	12	0.4	5	13	21	22	0.1	5	15	0	1	0.4	5	23	0	1	0.4
	10	13	14	0.2			22	23	0.2			1	2	0.1			1	2	0.5
		15	16	0.4			23	23:59	0.3			4	5	0.5			2	3	0.3
		17	18	0.1		14	0	1	0.4			5	6	5.5		24	20	21	2.2
		21	22	2.1			1	2	0.5			6	7	7.7			21	22	2.3
		22	23	0.1			2	3	0.2			7	8	3.5			22	23	2.1
		23	23:59	1.0			8	9	0.1			8	9	3.6			23	23:59	2.7
	11	0	1	3.5			9	10	0.2			9	10	2.7		25	0	1	2.3
		1	2	0.2			10	11	0.1			10	11	2.5			1	2	4.5
		2	3	0.1			11	12	1.0			11	12	1.9			2	3	3.7
		3	4	1.9			12	13	1.1			12	13	7.2			3	4	5.0
		4	5	0.2			13	14	2.1			13	14	4.2			4	5	3.9
		20	21	0.7			14	15	3.0			14	15	2.5			5	6	5.2
		21	22	0.1			15	16	1.1			15	16	0.2			6	7	3.8
		22	23	0.2			16	17	0.6			16	17	0.2			7	8	2.5
		23	23:59	2.5			17	18	0.9			17	18	0.3			8	9	1.6
	12	0	1	0.2			18	19	1.2			18	19	0.1			9	10	0.6
		1	2	0.3			19	20	3.0		16	6	7	0.1			10	11	0.5
		2	3	1.1			20	21	0.5		22	21	22	0.1			11	12	0.2
		3	4	0.2			21	22	0.4			22	23	0.2			12	13	0.3
		4	5	0.1			22	23	0.1			23	23:59	0.3			13	14	0.1
	13	20	21	0.1			23	23:59	0.6								14	15	0.5

降 水 量 摘 录 表

月	日	起	止	降水量(mm)	月	日	起	止	降水量(mm)	月	日	起	止	降水量(mm)	月	日	起	止	降水量(mm)
5	25	15	16	0.3	6	17	15	16	0.7	7	11	1	2	0.7	8	4	15	16	0.1
		16	17	0.4			16	17	0.1			2	3	0.1			16	17	0.1
	27	16	17	0.2			17	18	0.7			3	4	0.3		5	0	1	0.1
		17	18	0.2			19	20	0.1			4	5	0.1			1	2	0.1
		18	19	1.0			21	22	0.2			5	6	0.6			2	3	0.9
		19	20	1.2			22	23	0.1			6	7	3.3			3	4	0.4
		20	21	0.4		18	4	5	6.0			7	8	6.7			4	5	0.7
		21	22	0.2			5	6	4.9			8	9	4.4			6	7	0.2
		22	23	1.0			6	7	1.1			9	10	1.7			7	8	0.1
		23	23:59	0.5			7	8	0.1			10	11	4.7			8	9	0.9
	28	0	1	0.1			18	19	0.1			11	12	8.6			9	10	2.2
		1	2	2.0		19	4	5	0.8			12	13	7.0			10	11	0.1
		2	3	0.5			5	6	0.1			13	14	3.0			11	12	0.1
		3	4	0.6			6	7	0.1			14	15	2.2			12	13	1.2
		4	5	1.3			13	14	0.1			15	16	0.6			13	14	8.0
		5	6	1.3		20	3	4	0.1			16	17	0.1			14	15	0.1
		6	7	0.7			4	5	0.5			18	19	0.1			15	16	0.1
		7	8	0.2			5	6	2.1		12	19	20	0.1			18	19	0.7
		8	9	0.4			6	7	0.5			20	21	0.1			19	20	0.2
		9	10	0.3			7	8	0.3		13	0	1	0.2			20	21	0.1
		12	13	0.1		27	23	23:59	1.3		14	1	2	0.1		6	2	3	0.2
		15	16	0.6		28	0	1	37.1		19	10	11	2.2			3	4	0.4
		16	17	1.6			1	2	0.8		21	16	17	0.1			4	5	0.4
		17	18	0.4			6	7	0.1			20	21	18.6			5	6	0.6
		18	19	0.1			19	20	0.2			21	22	15.8			6	7	1.1
		19	20	0.1			20	21	0.5			22	23	0.1			8	9	0.4
6	4	9	10	0.3	7	5	10	11	0.1		22	4	5	0.1			9	10	0.4
		12	13	0.1			12	13	0.7			7	8	0.3			22	23	0.1
	6	10	11	0.1			13	14	0.5			8	9	2.7		7	17	18	0.1
		17	18	0.1			14	15	0.1			9	10	1.8		8	4	5	0.4
	7	13	14	0.1		6	15	16	0.4			10	11	0.7			9	10	0.1
		14	15	0.1			4	5	0.2			11	12	2.0			10	11	0.1
		16	17	0.1			5	6	19.7			12	13	1.5			12	13	1.5
		17	18	0.3			6	7	0.4			13	14	2.0			13	14	0.5
		21	22	0.1			7	8	1.3			14	15	0.2			15	16	0.1
	8	2	3	1.1			8	9	1.0			15	16	0.3		16	12	13	0.8
		3	4	0.2			9	10	1.5			16	17	5.5			15	16	9.8
		4	5	1.8			21	22	0.1			17	18	0.3			16	17	6.2
		5	6	1.2		7	1	2	18.5			19	20	0.1			17	18	0.1
		6	7	1.3			2	3	2.8			20	21	0.9		17	2	3	1.0
		7	8	3.0			3	4	2.9			21	22	0.1			3	4	1.4
		8	9	2.7			4	5	2.5			23	23:59	0.1			4	5	3.2
		9	10	0.4			5	6	8.7		23	5	6	0.3			5	6	1.0
		10	11	0.3			6	7	27.9			6	7	1.4			6	7	0.3
		11	12	0.3			7	8	13.8			7	8	0.1			7	8	0.1
		12	13	0.7			8	9	2.9		24	8	9	0.2			8	9	0.9
		13	14	0.5			9	10	1.6		27	5	6	0.3			9	10	25.5
		14	15	1.4			11	12	0.1			6	7	0.9			11	12	2.1
		15	16	0.1			22	23	0.1			7	8	0.2			12	13	0.2
		16	17	0.1		9	3	4	0.6		31	5	6	0.1		20	13	14	0.1
		17	18	0.5			4	5	0.7			6	7	0.2			14	15	1.1
		18	19	0.2			5	6	0.2			9	10	0.2			15	16	2.6
		19	20	0.1			6	7	3.1			11	12	0.2		21	18	19	0.1
	9	5	6	0.1			7	8	0.6			12	13	0.3		22	1	2	0.1
	12	18	19	0.1			8	9	4.6	8	3	15	16	0.2			2	3	0.1
		20	21	4.3			9	10	0.7			16	17	0.5			3	4	0.1
		21	22	0.7			10	11	0.2			17	18	0.9			4	5	0.1
		22	23	2.9		10	13	14	0.3			18	19	0.4			7	8	0.2
		23	23:59	0.3			14	15	1.5			19	20	0.4			8	9	0.2
	13	0	1	0.1			15	16	0.8		4	0	1	0.1		23	13	14	0.1
	17	9	10	0.3			16	17	0.4			1	2	0.1		28	9	10	0.9
		10	11	0.5			22	23	0.1			5	6	0.1			10	11	0.1
		13	14	0.3			23	23:59	0.4			6	7	1.5			17	18	0.1
		14	15	0.1		11	0	1	0.1			13	14	0.1			23	23:59	0.7

降 水 量 摘 录 表

月	日	起	止	降水量(mm)	月	日	起	止	降水量(mm)	月	日	起	止	降水量(mm)	月	日	起	止	降水量(mm)
8	29	0	1	0.4	9	7	23	23:59	0.1	9	18	9	10	0.7	9	19	20	21	0.9
		1	2	1.6		8	0	1	0.1			10	11	0.7			21	22	0.2
		2	3	6.6			1	2	0.2			11	12	0.4			22	23	0.5
		3	4	3.5			2	3	0.1			12	13	0.7			23	23:59	0.8
		4	5	8.4			3	4	0.1			13	14	0.5		20	0	1	1.0
		5	6	11.8		11	22	23	0.2			14	15	0.5			1	2	1.0
		6	7	7.5			23	23:59	0.1			15	16	0.1			2	3	0.8
		7	8	9.8		12	4	5	0.1			16	17	0.1			3	4	0.5
		8	9	2.1			8	9	0.1			17	18	0.6			4	5	1.0
		9	10	3.4			10	11	0.1			18	19	0.4			5	6	0.7
		10	11	8.3			20	21	0.1			19	20	0.6			6	7	0.3
		11	12	4.2		14	2	3	0.1			20	21	0.3			7	8	0.1
		12	13	1.1			3	4	0.1			21	22	0.2			16	17	0.1
		13	14	1.5			4	5	0.2			22	23	0.1		24	7	8	0.3
		14	15	0.9			5	6	0.1			23	23:59	0.2			8	9	0.1
		15	16	0.1			6	7	0.3		19	0	1	0.4			10	11	0.1
		16	17	0.2			7	8	0.5			1	2	0.6			11	12	0.2
		17	18	0.1			10	11	0.1			2	3	0.5			14	15	0.5
	30	2	3	0.1			15	16	0.1			3	4	0.3			15	16	0.1
9	4	20	21	5.7		15	23	23:59	0.1			4	5	0.2			16	17	0.1
		22	23	0.6		16	4	5	0.1			5	6	0.2		25	8	9	0.3
	6	14	15	0.1			14	15	0.6			6	7	0.2			9	10	1.0
	7	15	16	0.1			15	16	0.9			7	8	0.1			10	11	0.1
		18	19	0.1		17	3	4	0.2			9	10	0.2		26	11	12	0.2
		19	20	0.2		18	5	6	0.3			10	11	0.2			12	13	0.2
		20	21	0.1			6	7	0.1			16	17	0.1			13	14	0.4
		21	22	0.1			7	8	0.1			17	18	0.1			14	15	0.3
		22	23	0.1			8	9	0.5			19	20	0.2			15	16	0.3

2009 滚 河 袁门站

月	日	起	止	降水量(mm)	月	日	起	止	降水量(mm)	月	日	起	止	降水量(mm)	月	日	起	止	降水量(mm)
5	1	10	11	0.2	5	14	17	18	0.5	5	24	22	23	1.2	5	28	4	5	0.2
		11	12	0.3			18	19	1.1			23	23:59	1.7			5	6	1.2
	10	21	22	1.4			19	20	1.1		25	0	1	3.1			6	7	1.1
		22	23	0.2			20	21	0.5			1	2	2.6			7	8	0.8
		23	23:59	3.1			22	23	0.1			2	3	3.8			8	9	0.3
	11	0	1	0.4			23	23:59	1.2			3	4	2.6			9	10	0.3
		1	2	0.1		15	0	1	0.1			4	5	4.4			10	11	0.1
		2	3	0.1			1	2	0.1			5	6	4.0			11	12	0.1
		5	6	0.1			5	6	5.3			6	7	5.8			15	16	0.9
		20	21	2.0			6	7	9.7			7	8	4.7			16	17	1.6
		21	22	0.3			7	8	2.7			8	9	2.6			17	18	0.7
		23	23:59	1.2			8	9	2.5			9	10	1.3			18	19	0.1
	12	1	2	0.2			9	10	2.4			10	11	0.3	6	8	2	3	1.1
		2	3	1.2			10	11	1.9			11	12	0.5			3	4	0.5
		3	4	0.1			11	12	1.0			16	17	0.1			4	5	1.7
		4	5	0.2			12	13	4.5			17	18	0.3			5	6	1.5
		7	8	0.1			13	14	4.0			18	19	0.1			6	7	1.2
	14	5	6	2.1			14	15	2.4		27	17	18	0.2			7	8	2.7
		6	7	0.8			15	16	0.5			18	19	1.3			8	9	2.4
		7	8	0.7			17	18	0.2			19	20	1.6			9	10	0.4
		9	10	0.5			19	20	0.1			20	21	0.5			10	11	0.3
		10	11	0.1			23	23:59	0.1			21	22	0.1			12	13	0.1
		11	12	0.7		22	23	23:59	0.2			22	23	1.5			13	14	0.2
		12	13	0.8		23	1	2	0.5			23	23:59	0.2			14	15	0.2
		13	14	2.0			2	3	0.6		28	0	1	0.2			15	16	0.1
		14	15	1.4			3	4	0.2			1	2	2.4			16	17	0.1
		15	16	1.0		24	21	22	1.1			2	3	0.6			17	18	0.6
		16	17	0.6								3	4	0.1			18	19	0.3

降 水 量 摘 录 表

月	日	起	止	降水量(mm)	月	日	起	止	降水量(mm)	月	日	起	止	降水量(mm)	月	日	起	止	降水量(mm)
6	8	20	21	0.1	7	10	14	15	2.4	8	4	0	1	0.1	8	22	7	8	0.1
	12	20	21	1.9			15	16	0.1			1	2	0.1			18	19	0.1
		21	22	0.2			16	17	0.3			5	6	0.6		23	7	8	0.1
		22	23	3.8			17	18	0.1			6	7	2.2		28	9	10	1.3
		23	23:59	0.2			23	23:59	0.1			7	8	0.1			23	23:59	0.3
	13	2	3	0.1		11	0	1	0.2			13	14	0.1		29	0	1	0.3
		7	8	0.1			1	2	0.1		5	0	1	0.4			1	2	0.8
	17	9	10	0.3			2	3	0.1			1	2	1.1			2	3	7.7
		10	11	0.3			3	4	0.3			3	4	0.3			3	4	3.6
		11	12	0.2			4	5	0.2								4	5	12.3
		14	15	0.1			5	6	4.6			4	5	0.5			5	6	11.6
		15	16	1.9			6	7	1.6			6	7	0.6			6	7	6.6
		16	17	0.6			7	8	6.9			7	8	0.1			7	8	7.2
		17	18	0.3			8	9	1.5			8	9	1.1			8	9	0.2
		19	20	0.2			9	10	0.7			9	10	2.6			9	10	7.1
		20	21	0.1			10	11	2.0			10	11	0.7			10	11	6.5
		21	22	0.1			11	12	7.7			11	12	0.1			11	12	0.9
		22	23	0.1			12	13	3.9			12	13	0.6			12	13	1.4
	18	4	5	13.5			13	14	5.3			13	14	0.2			13	14	1.2
		5	6	3.1			14	15	2.9			14	15	0.2			14	15	0.8
		6	7	1.1			15	16	0.9			15	16	0.2			15	16	0.1
		7	8	0.2			16	17	0.1			16	17	0.1			19	20	0.1
	19	4	5	0.5			18	19	0.1			19	20	0.7	9	4	19	20	2.0
		5	6	1.7		12	4	5	0.1			20	21	0.1			20	21	7.0
		6	7	1.3		13	2	3	0.1		6	2	3	0.5			21	22	1.3
	20	7	8	0.1			7	8	0.1			3	4	0.2			22	23	1.1
		4	5	6.9		19	9	10	4.0			4	5	0.5			23	23:59	0.1
		5	6	2.9			10	11	4.0			5	6	0.9		5	1	2	0.1
		6	7	1.3			12	13	0.1			7	8	0.2			7	8	0.1
		7	8	0.3		21	20	21	27.0			8	9	0.2		7	0	1	0.1
	28	0	1	13.5			21	22	3.3			9	10	0.6			21	22	0.1
		1	2	11.0			22	23	0.1			10	11	0.2			22	23	0.1
		5	6	0.5		22	3	4	0.1		8	4	5	0.4		8	0	1	0.1
		20	21	0.6			8	9	2.7			5	6	0.8			1	2	0.1
	29	3	4	0.1			9	10	2.0			7	8	0.1			2	3	0.1
7	5	12	13	1.1			10	11	0.8			11	12	0.3			4	5	0.1
		13	14	0.4			11	12	1.4			12	13	0.1			7	8	0.1
		15	16	5.0			12	13	1.5			14	15	3.1		14	6	7	0.1
		16	17	0.9			13	14	1.3	9	16	2	3	0.1			7	8	0.2
	6	5	6	9.3			14	15	0.1			11	12	0.4			20	21	0.1
		6	7	2.5			15	16	0.3			12	13	1.2		15	0	1	0.2
		7	8	0.2			16	17	3.1			15	16	12.3			1	2	0.2
		8	9	2.2			17	18	2.0			16	17	0.4			5	6	0.1
		9	10	1.4			18	19	2.0		17	2	3	1.9		16	14	15	0.3
		10	11	0.5			19	20	1.7			3	4	2.1			15	16	0.5
	7	1	2	15.1			20	21	0.2			4	5	2.2			16	17	0.2
		2	3	6.3			21	22	0.1			5	6	0.1			18	19	0.1
		3	4	3.9			22	23	0.3			7	8	0.1		17	3	4	0.1
		4	5	10.3			23	23:59	0.2			8	9	2.5			4	5	0.1
		5	6	3.0		23	1	2	0.1			9	10	4.0			7	8	0.1
		6	7	0.1			5	6	0.2			11	12	1.1		18	4	5	0.1
		7	8	4.9			6	7	0.4			12	13	0.1			5	6	0.3
		8	9	12.8			7	8	0.1			15	16	0.1			6	7	0.2
		9	10	1.6			10	11	0.1		18	6	7	0.1			7	8	0.2
		10	11	0.2		27	5	6	0.6		20	13	14	2.1			8	9	0.2
		11	12	0.1			6	7	0.7			14	15	7.9			9	10	0.5
		21	22	0.9			7	8	0.3			15	16	2.5			10	11	0.6
		22	23	0.2		31	10	11	0.2		21	1	2	0.1			11	12	0.5
	8	3	4	0.1	8	3	15	16	0.1			15	16	0.4			12	13	0.8
	9	6	7	1.5			16	17	0.6			16	17	0.6			13	14	0.8
		7	8	0.3			17	18	1.2		22	1	2	0.1			14	15	0.2
		8	9	2.2			18	19	0.6			2	3	0.1			15	16	0.1
		9	10	1.2			19	20	0.3			3	4	0.1			16	17	0.1
		11	12	0.1			23	23:59	0.1			4	5	0.1			17	18	0.2

降 水 量 摘 录 表

月	日	起	止	降水量 (mm)
9	18	18	19	0.3
		19	20	0.2
		20	21	0.2
		21	22	0.2
		22	23	0.2
	19	23	23:59	0.2
		0	1	0.1
		1	2	0.2
		2	3	0.2
		3	4	0.2
		4	5	0.1
		5	6	0.2
		6	7	0.1
9	19	7	8	0.2
		9	10	0.1
		10	11	0.1
		11	12	0.1
		12	13	0.1
		17	18	0.1
		18	19	0.1
		19	20	0.1
		20	21	0.1
		21	22	0.1
		22	23	0.1
		23	23:59	0.1
	20	0	1	0.1
9	20	1	2	0.2
		2	3	0.1
		4	5	0.2
		5	6	0.1
		6	7	0.1
		7	8	0.1
	24	11	12	0.1
		13	14	0.1
		15	16	0.1
		18	19	0.1
		22	23	0.1
	25	1	2	0.1
		4	5	0.1
9	25	12	13	0.1
		14	15	0.1
	26	5	6	0.1
		14	15	0.1
		15	16	0.1
		17	18	0.1
		19	20	0.1
		20	21	0.1
		22	23	0.1
	27	1	2	0.1
		4	5	0.1

2010　滚　河　刀子岭站

月	日	起	止	降水量 (mm)
4	18	20	8	0.2
	19	20	8	3.6
	20	8	20	5.9
		20	8	50.7
	21	8	20	13.1
	22	20	8	1.3
5	4	6	7	1.3
		7	8	1.0
		8	9	0.8
		9	10	5.3
		10	11	30.9
		11	12	18.0
		12	13	0.9
		13	14	0.9
		14	15	2.7
		15	16	1.5
		16	17	0.7
		17	18	2.3
		18	19	8.9
		19	20	1.6
		20	21	0.7
		21	22	0.3
		22	23	0.1
	8	12	13	0.9
		13	14	0.7
		14	15	0.1
		15	16	0.1
		16	17	0.9
		17	18	0.1
		19	20	0.1
	12	14	15	0.1
		15	16	1.2
		16	17	0.1
		17	18	0.1
		18	19	0.2
		19	20	0.5
		20	21	2.0
		21	22	0.5
		22	23	0.2
		23	0	0.5
	13	0	1	0.1
		1	2	0.5
		2	3	1.2
5	13	3	4	1.2
		4	5	0.4
		5	6	0.2
		6	7	0.6
		7	8	0.2
	16	14	15	3.0
		15	16	5.8
		16	17	4.9
		17	18	4.7
		18	19	2.7
		19	20	2.0
		20	21	2.0
		21	22	1.5
		22	23	1.5
		23	0	1.2
	17	0	1	0.5
		1	2	0.2
		2	3	0.4
		3	4	0.2
		4	5	0.1
	21	12	13	0.3
		15	16	0.3
		16	17	1.4
		17	18	0.1
		18	19	0.7
		19	20	1.6
		20	21	0.3
		21	22	0.3
		22	23	0.9
		23	0	0.8
	22	0	1	0.9
		1	2	1.2
		2	3	0.6
		3	4	1.3
		4	5	1.4
		5	6	1.2
		6	7	1.3
		7	8	0.5
		8	9	0.2
	26	18	19	0.2
		19	20	0.8
		20	21	0.6
		21	22	0.2
5	26	22	23	0.2
		23	0	0.3
	27	0	1	0.1
		9	10	0.2
		10	11	0.4
		11	12	0.2
		12	13	0.1
		14	15	0.1
		15	16	2.4
		16	17	3.7
		17	18	2.6
		18	19	2.6
		19	20	3.2
		20	21	0.1
		22	23	0.2
	28	1	2	0.1
		6	7	0.1
6	7	15	16	0.2
		16	17	0.4
		17	18	0.6
		19	20	0.2
		20	21	0.5
		21	22	0.9
		22	23	1.5
		23	0	1.4
	8	0	1	0.8
		1	2	2.4
		2	3	1.1
		3	4	2.4
		4	5	2.0
		5	6	1.5
		6	7	0.6
		7	8	0.3
		10	11	0.1
		11	12	0.5
		12	13	0.3
		14	15	2.0
		15	16	1.7
		16	17	1.0
		17	18	2.9
		18	19	2.7
		19	20	4.3
		20	21	5.5
6	8	21	22	4.6
		22	23	2.2
		23	0	2.6
	9	0	1	2.5
		1	2	1.8
		2	3	4.2
		3	4	6.2
		4	5	3.6
		5	6	0.6
		6	7	0.4
		7	8	0.1
		8	9	0.2
		9	10	0.2
		10	11	0.4
		11	12	1.4
		12	13	0.6
		14	15	0.8
		15	16	0.7
		18	19	0.1
		19	20	0.1
		20	21	0.1
	10	4	5	0.2
		7	8	0.1
7	1	18	19	0.6
		19	20	0.2
		20	21	7.3
		21	22	0.1
	2	5	6	0.1
	3	3	4	5.0
		4	5	3.0
		5	6	0.7
		8	9	1.0
	4	5	6	4.8
		6	7	0.2
	8	10	11	7.0
		11	12	2.5
		12	13	1.0
		13	14	0.5
		14	15	0.2
		17	18	0.1
	10	6	7	3.5
		7	8	8.0
		8	9	3.4

降 水 量 摘 录 表

月	日	起	止	降水量(mm)	月	日	起	止	降水量(mm)	月	日	起	止	降水量(mm)	月	日	起	止	降水量(mm)
7	10	9	10	0.5	7	24	21	22	1.5	8	24	13	14	1.8	9	6	11	12	0.1
		10	11	1.3		25	0	1	16.8			14	15	0.7			13	14	0.2
		12	13	0.1			1	2	0.5			15	16	1.0			14	15	0.9
		14	15	0.1			2	3	0.9			16	17	1.1			15	16	1.7
		19	20	0.1			3	4	0.1			17	18	0.5			16	17	8.2
	12	0	1	0.3			6	7	0.1			18	19	0.3			17	18	1.8
	15	19	20	0.5	8	1	18	19	23.3			19	20	0.2			18	19	1.5
		20	21	0.2			19	20	3.2			20	21	1.1			19	20	0.9
		21	22	0.2			22	23	0.1			21	22	2.3			20	21	0.1
		22	23	0.1		2	1	2	0.2			22	23	1.4			21	22	2.3
	16	23	0	1.1			2	3	5.9			23	0	1.1			22	23	2.9
		0	1	1.0			3	4	4.2		25	0	1	1.5			23	0	0.7
		1	2	6.2			6	7	0.1			1	2	2.3		7	0	1	0.4
		2	3	16.3			23	0	0.2			2	3	0.5			1	2	1.4
		3	4	21.1		3	1	2	4.0			4	5	0.3			2	3	7.7
		4	5	30.9			2	3	0.5			5	6	1.1			3	4	5.1
		5	6	15.7		5	1	2	0.3			6	7	1.8			4	5	3.7
		6	7	14.0			2	3	0.5			7	8	2.0			5	6	2.9
		7	8	6.9			3	4	0.1			8	9	4.9			6	7	2.1
		8	9	2.2			4	5	0.2			9	10	5.8			7	8	0.8
		9	10	6.8			7	8	0.1			10	11	1.2			8	9	1.0
		10	11	5.2		9	13	14	1.8			11	12	2.4			9	10	0.6
		11	12	0.6			14	15	8.8			12	13	2.4			10	11	1.1
	17	0	1	0.1			15	16	0.1			13	14	2.7			11	12	0.6
		5	6	6.9		10	1	2	0.1			14	15	2.7			12	13	0.1
		6	7	0.3		11	7	8	2.4			15	16	5.7			15	16	0.1
		7	8	2.6		14	10	11	10.1			16	17	2.9		8	5	6	0.4
		9	10	0.1		15	4	5	0.2			17	18	1.3			6	7	0.7
		11	12	0.1			6	7	0.1			18	19	1.4			7	8	0.9
		15	16	13.8			8	9	0.3			19	20	1.2			8	9	1.4
		16	17	0.3			17	18	0.2			20	21	1.1			9	10	2.3
		21	22	7.8		16	7	8	0.1			21	22	0.4			10	11	1.4
		22	23	6.4		20	15	16	1.5			22	23	0.6			11	12	0.9
	18	8	9	4.6			16	17	1.3			23	0	0.5			12	13	0.4
		9	10	10.8			17	18	2.2		26	0	1	0.1			13	14	0.1
		10	11	12.1			18	19	0.5			1	2	0.1			15	16	0.2
		11	12	4.0			19	20	0.9			2	3	0.6			16	17	0.2
		13	14	0.6			20	21	0.1			3	4	0.8			17	18	0.1
		14	15	0.9			22	23	0.1			5	6	0.1			19	20	0.1
		15	16	0.1		21	21	22	0.4			13	14	0.3		9	4	5	0.1
		18	19	0.1			22	23	0.1			14	15	0.7			16	17	0.2
		22	23	0.1		22	3	4	0.1			15	16	0.1			17	18	0.1
		23	0	0.3			4	5	0.2			18	19	0.1			22	23	2.7
	19	0	1	0.3			5	6	0.1		27	0	1	0.1			23	0	5.3
		3	4	0.1			6	7	1.0			1	2	0.1		10	0	1	3.8
		7	8	0.2			7	8	2.6	9	5	12	13	0.4			1	2	2.1
		10	11	0.3			8	9	1.4			13	14	3.0			2	3	0.7
		11	12	1.5			9	10	1.8			14	15	18.4			3	4	1.0
		12	13	0.3			10	11	0.3			15	16	3.4			4	5	0.2
		13	14	0.1			13	14	0.5			16	17	4.9			5	6	1.7
	20	1	2	0.1			14	15	3.5			17	18	2.8			6	7	0.5
	22	6	7	4.7			15	16	0.9			18	19	1.1			7	8	0.4
		7	8	0.1			16	17	0.4			19	20	1.1			8	9	1.2
		12	13	0.3			17	18	0.4			20	21	0.8			9	10	1.5
		13	14	0.3			19	20	0.1			21	22	1.3			10	11	0.2
	23	14	15	0.4		23	1	2	0.1			22	23	1.0		21	7	8	0.1
		8	9	0.1			2	3	0.4			23	0	0.5			16	17	0.3
		9	10	0.1		24	3	4	0.2		6	0	1	0.5			18	19	0.1
		12	13	1.8			4	5	0.6			1	2	0.1		22	2	3	0.2
		13	14	13.1			5	6	0.5			4	5	2.4			4	5	0.1
		14	15	4.3			6	7	1.2			5	6	1.4		24	6	7	0.1
		15	16	2.3			7	8	0.4			6	7	0.7			17	18	0.1
		16	17	1.1			11	12	0.7			7	8	0.2			18	19	1.2
		18	19	0.1			12	13	2.1			9	10	0.1			19	20	2.8

降 水 量 摘 录 表

月	日	起	止	降水量(mm)	月	日	起	止	降水量(mm)	月	日	起	止	降水量(mm)	月	日	起	止	降水量(mm)
9	24	20	21	3.0	9	25	6	7	0.8	9	25	16	17	1.9	9	28	14	15	0.4
		21	22	2.6			7	8	0.6			17	18	1.1			15	16	0.3
		22	23	2.6			8	9	1.0			18	19	1.6			16	17	0.1
		23	0	0.4			9	10	0.7			19	20	0.3			17	18	0.1
	25	0	1	0.7			10	11	0.1			20	21	0.1			18	19	0.4
		1	2	0.4			11	12	0.6			21	22	0.2			19	20	0.2
		2	3	0.8			12	13	0.3			22	23	0.3			20	21	0.1
		3	4	0.3			13	14	0.2			23	0	0.1			23	0	0.1
		4	5	0.4			14	15	0.7		26	0	1	0.1					
		5	6	0.9			15	16	0.3		28	13	14	0.2					

2010　滚　河　尚店站

月	日	起	止	降水量(mm)	月	日	起	止	降水量(mm)	月	日	起	止	降水量(mm)	月	日	起	止	降水量(mm)
5	4	6	7	0.2	5	21	18	19	0.3	6	8	2	3	2.4	7	8	12	13	1.3
		7	8	1.4			19	20	0.2			3	4	3.2			13	14	0.4
		8	9	0.3			20	21	0.4			4	5	2.5			14	15	0.1
		9	10	4.2			21	22	0.7			5	6	1.5			16	17	0.1
		10	11	12.2			23	0	0.5			6	7	0.9		10	6	7	3.4
		11	12	14.9		22	0	1	0.4			12	13	0.1			7	8	2.6
		17	18	10.7			1	2	0.2			13	14	0.2			8	9	0.7
		18	19	6.0			3	4	1.1			14	15	2.3			9	10	0.8
		19	20	0.4			4	5	1.0			15	16	2.4			10	11	0.4
		20	21	0.3			5	6	0.8			16	17	1.2			12	13	0.1
		21	22	0.1			6	7	1.2			17	18	1.2		15	14	15	1.4
		22	23	0.1			7	8	0.5			18	19	1.9			15	16	0.3
	8	12	13	0.1		26	16	17	0.2			19	20	2.2			19	20	0.2
		13	14	0.1			17	18	0.2			20	21	2.5			20	21	0.1
		14	15	0.3			18	19	0.3			21	22	2.9			21	22	0.4
		15	16	0.5			19	20	0.8			22	23	2.3			23	0	2.2
		16	17	0.8			20	21	0.4			23	0	2.1		16	0	1	3.9
		18	19	0.1			21	22	0.2		9	0	1	1.5			1	2	0.7
	12	14	15	0.3			22	23	0.1			1	2	0.9			2	3	12.6
		15	16	0.9			23	0	0.1			2	3	1.3			3	4	12.3
		16	17	0.1		27	1	2	0.1			3	4	2.4			4	5	2.3
		17	18	0.1			6	7	0.1			4	5	1.0			5	6	9.8
		18	19	0.5			7	8	0.1			5	6	0.3			6	7	15.2
		19	20	1.0			9	10	0.1			6	7	0.1			7	8	3.9
		20	21	1.2			10	11	1.1			7	8	0.1			8	9	5.5
		21	22	0.1			11	12	0.3			14	15	0.5			9	10	6.2
		22	23	0.3			12	13	0.1			15	16	0.6			10	11	3.3
		23	0	0.1			14	15	1.4			16	17	0.2			11	12	0.1
	13	2	3	1.4			15	16	3.6	7	2	1	2	0.2			12	13	0.2
		3	4	0.9			16	17	4.3			2	3	0.8		17	5	6	9.6
		4	5	0.2			17	18	3.1		3	3	4	0.3			6	7	2.5
		5	6	0.1			18	19	4.3			4	5	0.1			7	8	6.2
		6	7	0.3			19	20	1.5		3	3	4	8.9			8	9	2.6
		7	8	0.2			20	21	0.2			4	5	0.1			9	10	6.4
	16	14	15	1.7			21	22	0.2			5	6	0.9			10	11	12.1
		15	16	5.1	6	7	15	16	0.1			6	7	0.1			11	12	1.3
		16	17	4.1			16	17	0.5			8	9	0.1			12	13	0.1
		17	18	2.5			17	18	0.5			9	10	0.1			13	14	0.3
		18	19	3.5			18	19	0.2			15	16	4.1			14	15	0.2
		19	20	1.6			19	20	0.2		4	5	6	1.0			23	0	0.1
		20	21	2.0			20	21	1.1			7	8	0.1		18	1	2	1.8
		21	22	0.9			21	22	0.8			16	17	1.0			2	3	0.1
		22	23	0.5			22	23	0.9			17	18	0.5			4	5	0.1
		23	0	0.2			23	0	1.2			21	22	0.1			6	7	0.2
	17	2	3	0.1		8	0	1	1.4		8	10	11	1.0			6	7	0.7
	21	16	17	0.5			1	2	2.1			11	12	0.6			8	9	0.3

降 水 量 摘 录 表

月	日	起	止	降水量(mm)	月	日	起	止	降水量(mm)	月	日	起	止	降水量(mm)	月	日	起	止	降水量(mm)
7	18	9	10	0.2	8	20	17	18	0.1	8	25	15	16	3.8	9	8	21	22	0.1
		15	16	0.6			18	19	2.6			16	17	2.2			22	23	8.0
		16	17	0.1			19	20	2.1			17	18	1.0			23	0	2.3
		19	20	0.1			21	22	16.9			18	19	0.9		9	0	1	2.4
		21	22	2.8			22	23	0.1			19	20	0.8			1	2	1.4
		22	23	1.6		21	3	4	0.1			20	21	0.7			2	3	1.0
	19	6	7	0.1			23	0	2.0			21	22	0.2			3	4	0.5
		9	10	0.3		22	0	1	2.1			22	23	0.1			4	5	1.5
		10	11	0.7			1	2	4.4			23	0	0.1			5	6	2.0
		11	12	1.1			2	3	0.1		26	3	4	0.1			6	7	2.0
		13	14	0.2			3	4	3.0			5	6	0.1			7	8	0.8
		14	15	0.1			4	5	1.2	9	5	12	13	0.4			9	10	0.2
	22	13	14	0.2			5	6	0.4			13	14	3.1			10	11	0.2
		14	15	0.1			6	7	1.3			14	15	4.2			11	12	0.1
	23	8	9	0.2			7	8	1.4			15	16	1.6			16	17	0.1
		9	10	0.2			8	9	1.0			16	17	3.7		10	8	9	1.5
		10	11	0.1			9	10	1.5			17	18	2.5			9	10	1.0
		13	14	6.7			10	11	0.5			18	19	0.8			10	11	0.1
		14	15	2.3			11	12	0.1			19	20	0.6		11	5	6	0.1
		15	16	1.4			13	14	3.4			20	21	0.5		13	9	10	0.1
		16	17	0.8			14	15	4.3			21	22	0.4			13	14	0.1
	25	0	1	1.1			15	16	0.5			22	23	1.0		24	8	9	0.1
		1	2	1.2			16	17	0.1			23	0	2.7			18	19	1.1
		2	3	0.1			17	18	0.3		6	0	1	0.5			19	20	2.0
		3	4	0.3		23	1	2	4.4			2	3	0.1			20	21	1.1
		4	5	0.1			2	3	2.3			3	4	0.4			21	22	1.0
		7	8	0.1			3	4	3.2			4	5	0.7			22	23	1.3
		19	20	0.1			4	5	0.1			5	6	0.8			23	0	0.9
	26	5	6	0.1			5	6	0.2			6	7	1.3		25	0	1	0.3
	31	14	15	8.0			6	7	0.1			7	8	0.6			1	2	0.2
		15	16	1.7		24	4	5	0.6			8	9	0.3			2	3	0.2
		16	17	0.1			5	6	0.2			9	10	0.2			3	4	0.1
8	1	19	20	3.2			6	7	0.6			11	12	1.0			4	5	0.2
		20	21	0.1			7	8	0.1			12	13	0.1			5	6	0.4
	2	2	3	2.8			9	10	0.1			13	14	0.1			6	7	0.3
		3	4	4.9			10	11	0.9			14	15	0.6			7	8	0.4
		4	5	0.1			11	12	0.7			15	16	3.7			8	9	0.3
		5	6	0.4			12	13	1.7			16	17	2.2			9	10	0.1
	3	1	2	1.6			13	14	1.0			17	18	3.7			11	12	0.1
		2	3	1.8			14	15	0.6			18	19	1.3			12	13	0.1
		3	4	0.5			15	16	0.7			19	20	0.6			14	15	0.2
		5	6	0.1			16	17	1.2			20	21	3.8			15	16	0.5
	5	1	2	2.3			17	18	1.0			21	22	5.1			16	17	1.7
		2	3	0.2			18	19	0.4			22	23	8.3			17	18	1.5
		3	4	0.9			19	20	0.5			23	0	2.4			18	19	1.5
		4	5	0.8			20	21	0.5		7	0	1	0.1			19	20	0.2
		5	6	0.1			21	22	1.1			1	2	0.5			20	21	0.1
		6	7	0.1			22	23	0.7			2	3	8.3			21	22	0.1
	9	15	16	4.8			23	0	0.4			3	4	6.0			22	23	0.3
	11	8	9	0.6		25	0	1	1.0			4	5	3.1			23	0	0.1
		9	10	0.4			1	2	2.2			5	6	0.5		26	1	2	0.1
	13	17	18	2.6			2	3	0.5			6	7	0.2		28	10	11	0.1
	14	9	10	1.1			3	4	0.2			7	8	0.2			12	13	0.1
		10	11	6.2			4	5	1.2			12	13	0.1			13	14	0.7
		13	14	0.3			5	6	1.6		8	0	1	0.1			14	15	0.2
		14	15	0.8			6	7	1.6			6	7	0.1			15	16	0.6
		17	18	0.1			7	8	3.3			7	8	0.2			16	17	0.1
	15	9	10	0.1			8	9	5.1			11	12	0.1			17	18	0.1
		10	11	0.1			9	10	4.5			15	16	0.1			18	19	0.2
		17	18	0.1			10	11	1.0			16	17	0.1			19	20	0.1
	18	16	17	0.7			11	12	1.3			17	18	1.0			20	21	0.1
		17	18	0.5			12	13	1.6			18	19	0.4		30	11	12	0.1
	20	15	16	13.8			13	14	1.7			19	20	0.5			13	14	0.1
		16	17	0.3			14	15	2.9			20	21	0.1	10	1	0	1	0.1

降 水 量 摘 录 表

月	日	时或时分 起	止	降水量(mm)
10	1	1	2	0.1

2010　滚　河　柏庄站

月	日	起	止	mm	月	日	起	止	mm	月	日	起	止	mm	月	日	起	止	mm
4	18	20	8	0.1	5	21	16	17	0.6	6	8	15	16	1.0	7	16	10	11	4.6
	19	20	8	2.7			19	20	0.3			16	17	0.5			11	12	0.4
	20	8	20	4.2			20	21	0.3			17	18	1.3		17	5	6	0.5
		20	8	46.0			21	22	0.5			18	19	1.7			6	7	9.1
	21	8	20	9.3			22	23	0.1			19	20	2.7			7	8	6.7
		20	8	1.5			23	0	0.8			20	21	3.1			8	9	3.4
	22	8	20	0.8		22	0	1	0.2			21	22	3.5			9	10	1.7
5	4	5	6	0.1			1	2	0.1			22	23	2.5			10	11	7.6
		6	7	0.2			3	4	0.5			23	0	2.5			11	12	1.5
		7	8	0.9			4	5	1.2		9	0	1	2.2			12	13	0.1
		9	10	1.4			5	6	0.7			1	2	1.9			13	14	1.8
		10	11	13.1			6	7	1.1			2	3	5.2			14	15	0.9
		11	12	27.1			7	8	0.5			3	4	4.5		18	0	1	0.1
		12	13	0.1			8	9	0.1			4	5	1.6			2	3	0.7
		17	18	7.0		26	16	17	0.2			5	6	0.9			5	6	0.3
		18	19	7.7			17	18	0.3			6	7	0.4			6	7	0.1
		19	20	0.6			18	19	0.2			8	9	0.1			7	8	0.5
		20	21	0.2			19	20	0.2			9	10	0.1			8	9	0.2
		21	22	0.1			20	21	0.3			11	12	0.3			9	10	0.4
		23	0	0.1			21	22	0.1			12	13	0.4			11	12	0.1
	5	6	7	0.1			23	0	0.3			14	15	2.1			15	16	0.2
	8	14	15	0.5		27	0	1	0.1			15	16	1.1			16	17	0.4
		15	16	1.2			1	2	0.2			16	17	0.7			18	19	0.1
		16	17	0.5			6	7	0.3			19	20	0.1			19	20	0.2
	12	13	14	0.1			9	10	0.2			21	22	0.1			20	21	0.9
		15	16	0.9			10	11	0.6	7	3	3	4	0.8			21	22	2.6
		16	17	0.5			11	12	0.4			4	5	0.1			22	23	3.1
		17	18	0.2			12	13	0.3			8	9	0.1		19	7	8	0.1
		18	19	0.9			14	15	0.5			9	10	11.4			8	9	0.1
		19	20	1.9			15	16	3.0			10	11	0.2			9	10	1.0
		20	21	0.9			16	17	4.9	8		8	9	0.1			10	11	2.4
		21	22	0.2			17	18	5.7			9	10	0.1			11	12	1.4
		22	23	0.1			18	19	3.8			10	11	0.2			12	13	0.1
		23	0	0.3			19	20	0.7			11	12	1.0		22	9	10	5.8
	13	0	1	0.3			20	21	0.2			12	13	0.5			10	11	0.4
		1	2	0.1			21	22	0.1			13	14	0.1			11	12	0.1
		2	3	2.1	6	7	15	16	0.1	10		6	7	0.5			12	13	0.1
		3	4	1.1			16	17	0.7			7	8	2.3		23	11	12	0.4
		4	5	0.1			17	18	0.5			8	9	0.8			13	14	16.5
		6	7	0.1			18	19	0.2			9	10	2.3			14	15	3.0
	16	7	8	0.1			19	20	0.9			10	11	0.1			15	16	3.6
		14	15	1.7			20	21	1.0	15		19	20	0.1			16	17	0.8
		15	16	7.7			21	22	1.0			20	21	0.2			20	21	0.1
		16	17	3.5			22	23	0.9			21	22	0.5		24	1	2	0.1
		17	18	1.3			23	0	1.3			23	0	0.2			22	23	0.7
		18	19	2.5		8	0	1	0.5	16		0	1	0.8			23	0	0.2
		19	20	1.7			1	2	1.5			1	2	1.9		25	1	2	0.7
		20	21	1.9			2	3	2.2			2	3	0.8			2	3	0.3
		21	22	0.4			3	4	3.2			3	4	14.0			3	4	0.1
		22	23	0.8			4	5	1.9			4	5	6.2		31	14	15	0.3
		23	0	0.4			5	6	1.6			5	6	15.1	8	1	15	16	2.7
	17	0	1	0.2			6	7	0.7			6	7	6.5			18	19	0.1
		2	3	0.1			7	8	0.1			7	8	4.0			19	20	0.4
		3	4	0.1			13	14	0.4			8	9	6.5			20	21	0.2
	21	15	16	0.1			14	15	4.5			9	10	5.9		2	2	3	5.7

降 水 量 摘 录 表

月	日	起	止	降水量(mm)	月	日	起	止	降水量(mm)	月	日	起	止	降水量(mm)	月	日	起	止	降水量(mm)
8	2	3	4	7.7	8	24	4	5	2.2	9	5	18	19	1.1	9	9	17	18	0.4
		23	0	0.2			5	6	0.3			19	20	1.5			21	22	3.9
	3	2	3	0.1			6	7	0.3			20	21	0.3			22	23	7.6
		3	4	0.2			7	8	0.2			21	22	0.3			23	0	2.1
	5	1	2	19.0			10	11	1.0			22	23	0.7		10	0	1	1.7
	9	15	16	7.9			11	12	0.5			23	0	1.1			1	2	1.0
		16	17	0.1			12	13	2.5		6	0	1	2.0			2	3	0.7
	10	8	9	0.2			13	14	2.5			1	2	0.1			3	4	0.7
	14	1	2	0.2			14	15	0.5			3	4	0.4			5	6	0.8
		9	10	1.0			15	16	0.5			4	5	0.3			6	7	2.4
	18	10	11	9.7			16	17	1.5			5	6	0.8			7	8	1.3
		8	9	0.1			17	18	1.0			6	7	1.9			8	9	1.2
		15	16	2.2			19	20	1.0			7	8	0.3			9	10	0.6
		16	17	0.5			20	21	0.5			8	9	0.3			18	19	0.1
		17	18	2.0			21	22	1.0			9	10	0.5		16	15	16	0.6
	19	19	20	0.5			22	23	1.0			10	11	0.1			16	17	0.2
		20	21	1.9			23	0	0.5			11	12	1.3		17	4	5	0.3
	20	15	16	9.5		25	0	1	0.5			12	13	0.4			9	10	0.1
		16	17	1.8			1	2	2.0			13	14	0.1		24	18	19	1.5
		17	18	1.2			2	3	1.0			14	15	0.2			19	20	2.0
		18	19	1.3			3	4	0.5			15	16	1.2			20	21	2.1
		19	20	2.6			4	5	2.0			16	17	2.2			21	22	1.3
		20	21	0.2			5	6	3.5			17	18	3.9			22	23	0.8
		21	22	24.4			6	7	2.5			18	19	1.8			23	0	0.7
		22	23	0.4			7	8	6.5			19	20	0.5		25	0	1	0.2
	21	0	1	0.1			8	9	7.0			20	21	0.1			1	2	0.1
		18	19	0.4			9	10	4.4			21	22	8.1			2	3	0.1
		21	22	0.4			10	11	1.6			22	23	7.5			4	5	0.1
		22	23	0.1			11	12	1.6			23	0	2.7			5	6	0.2
	22	0	1	1.6			12	13	2.3		7	0	1	0.2			6	7	0.3
		1	2	2.8			13	14	1.7			1	2	0.3			7	8	0.3
		2	3	0.1			14	15	2.6			2	3	1.7			8	9	0.3
		3	4	1.4			15	16	2.5			3	4	9.7			9	10	0.2
		4	5	0.7			16	17	1.5			4	5	4.8			14	15	0.5
		5	6	0.3			17	18	1.3			5	6	0.7			15	16	0.4
		6	7	0.9			18	19	1.1			6	7	0.7			16	17	1.9
		7	8	0.9			19	20	0.6			7	8	0.6			17	18	1.7
		8	9	0.6			20	21	0.8			8	9	0.3			18	19	1.6
		9	10	0.3			21	22	0.1			9	10	0.2			19	20	0.2
		10	11	0.4			22	23	0.1			11	12	0.1			20	21	0.1
		11	12	0.2		26	23	0	0.1		8	6	7	0.1			21	22	0.1
		13	14	2.1			0	1	0.1			7	8	0.3			22	23	0.1
		14	15	6.1			1	2	0.1			8	9	0.4			23	0	0.1
		15	16	0.8			2	3	0.8			9	10	0.9		28	15	16	0.8
		18	19	0.1			3	4	0.1			10	11	0.9			16	17	0.3
	23	2	3	1.8	9	5	13	14	4.0			11	12	0.3			18	19	0.2
		3	4	4.1			14	15	3.4			12	13	0.2			19	20	0.1
		4	5	1.7			15	16	1.9			13	14	0.3					
		5	6	0.5			16	17	1.6		9	10	11	0.3					
		10	11	0.1			17	18	2.9			16	17	0.1					

2010 滚 河 石漫滩站

月	日	起	止	降水量(mm)	月	日	起	止	降水量(mm)	月	日	起	止	降水量(mm)	月	日	起	止	降水量(mm)
4	19	20	8	5.7	5	4	8	9	0.2	5	4	17	18	6.7	5	5	7	8	0.1
	20	8	20	10.0			9	10	1.3			18	19	8.3		8	12	13	0.1
		20	8	44.3			10	11	13.7			19	20	0.5			14	15	0.2
		8	20	9.3			11	12	26.9			20	21	0.2			15	16	0.6
5	4	6	7	0.4			12	13	0.1			21	22	0.1			16	17	0.7
		7	8	0.7			13	14	0.1			23	0	0.1			17	18	0.1

降水量摘录表

月	日	起	止	降水量(mm)	月	日	起	止	降水量(mm)	月	日	起	止	降水量(mm)	月	日	起	止	降水量(mm)
5	12	15	16	1.1	5	27	19	20	1.0	7	10	9	10	2.6	7	23	15	16	3.7
		16	17	0.4			20	21	0.2			10	11	0.4			16	17	0.9
		17	18	0.1			21	22	0.1			19	20	0.1			20	21	0.1
		18	19	0.9			22	23	0.1		11	1	2	0.1		24	2	3	0.1
		19	20	1.4	6	7	15	16	0.2		15	18	19	0.3		25	1	2	14.8
		20	21	1.0			16	17	0.3			19	20	0.3			2	3	0.7
		21	22	0.1			17	18	0.7			20	21	0.1			3	4	0.4
		22	23	0.1			18	19	0.2			21	22	0.8			4	5	0.1
		23	0	0.3			19	20	0.2			23	0	0.1			18	19	0.1
	13	0	1	0.4			20	21	0.5		16	1	2	0.4			19	20	0.1
		1	2	0.2			21	22	0.9			2	3	0.1			20	21	0.1
		2	3	2.3			22	23	1.3			3	4	7.4		31	14	15	2.3
		3	4	1.1			23	0	0.7			4	5	5.7			18	19	0.1
		4	5	0.1		8	0	1	1.2			5	6	8.1	8	1	0	1	0.1
		6	7	0.1			1	2	1.3			6	7	8.2			14	15	33.8
	16	7	8	0.2			2	3	2.1			7	8	2.9			15	16	4.8
		14	15	1.9			3	4	2.5			8	9	5.7			19	20	0.1
		15	16	6.5			4	5	3.6			9	10	4.1		2	1	2	0.1
		16	17	4.5			5	6	1.5			10	11	4.3			2	3	1.5
		17	18	2.9			6	7	0.8			11	12	0.3			3	4	3.8
		18	19	2.6			7	8	0.2			14	15	0.1			7	8	0.1
		19	20	2.5			13	14	0.5		17	2	3	1.1			19	20	0.1
		20	21	2.5			14	15	4.8			4	5	0.1			21	22	0.1
		21	22	0.7			15	16	1.8			5	6	0.8		3	2	3	1.2
		22	23	1.0			16	17	0.9			6	7	5.8			3	4	0.3
		23	0	0.2			17	18	0.9			7	8	5.9			5	6	0.1
	17	0	1	0.2			18	19	2.4			8	9	2.5		5	1	2	27.9
		2	3	0.2			19	20	3.2			9	10	2.6			2	3	0.2
		5	6	0.1			20	21	3.5			10	11	12.2			3	4	0.9
	21	11	12	0.1			21	22	3.0			11	12	1.2			4	5	0.9
		15	16	0.2			22	23	1.7			12	13	0.2			5	6	0.1
		16	17	0.1			23	0	2.6			13	14	1.3			7	8	0.1
		18	19	0.2		9	0	1	2.2			14	15	1.3		9	15	16	0.4
		19	20	0.3			1	2	1.6			18	19	0.1			22	23	0.1
		20	21	0.1			2	3	4.2			22	23	0.1		11	8	9	0.5
		21	22	0.8			3	4	2.9			23	0	0.1			19	20	0.1
		22	23	0.1			4	5	0.7		18	0	1	0.5		12	3	4	0.1
		23	0	0.4			5	6	0.6			1	2	0.1		13	17	18	0.1
	22	0	1	0.4			6	7	0.1			2	3	0.5		14	2	3	0.1
		2	3	0.2			7	8	0.1			4	5	0.1			10	11	5.6
		3	4	1.2			8	9	0.1			5	6	0.1			11	12	0.2
		4	5	1.3			14	15	2.3			6	7	0.2			14	15	0.4
		5	6	0.6			15	16	0.2			7	8	0.4			19	20	0.1
		6	7	0.9			16	17	0.3			8	9	0.3		15	5	6	0.1
		7	8	0.5			18	19	0.1			9	10	0.2			9	10	0.1
	26	8	9	0.3			19	20	0.1			15	16	0.3			19	20	0.1
		16	17	0.9			21	22	0.1			16	17	6.7			22	23	0.1
		17	18	0.3	7	3	4	5	0.1			21	22	1.9		19	16	17	13.8
		18	19	0.3			9	10	12.5			22	23	10.7			17	18	2.5
		19	20	0.2			10	11	0.3		19	7	8	0.2			19	20	0.1
		20	21	0.3			18	19	0.1			9	10	5.6		20	3	4	0.1
		21	22	0.1		4	3	4	0.1			10	11	1.3			15	16	0.7
		23	0	0.6			18	19	8.7			11	12	0.9			16	17	7.4
	27	1	2	0.2			19	20	0.1			13	14	0.4			17	18	0.7
		6	7	0.1		5	6	7	0.1			14	15	0.1			18	19	1.5
		9	10	0.2		8	10	11	0.6		22	7	8	0.1			19	20	2.1
		10	11	0.8			11	12	0.9			8	9	10.0			20	21	0.1
		11	12	0.2			12	13	0.2			9	10	1.8			22	23	0.3
		12	13	0.1			13	14	0.3			10	11	0.1		21	3	4	0.1
		14	15	0.5			16	17	0.1		23	2	3	0.1			7	8	0.1
		15	16	3.0			19	20	0.1			9	10	0.1			18	19	0.2
		16	17	3.9		10	6	7	0.4			11	12	0.4			19	20	0.3
		17	18	6.8			7	8	1.6			13	14	16.5			21	22	0.1
		18	19	5.0			8	9	1.0			14	15	3.2		22	0	1	0.1

降 水 量 摘 录 表

月	日	起	止	降水量(mm)	月	日	起	止	降水量(mm)	月	日	起	止	降水量(mm)	月	日	起	止	降水量(mm)
8	22	1	2	0.6	8	25	9	10	4.6	9	6	13	14	0.4	9	10	19	20	0.1
		3	4	2.2			10	11	1.7			14	15	0.6		11	4	5	0.1
		4	5	1.1			11	12	1.5			15	16	1.4		16	8	9	0.1
		5	6	0.4			12	13	2.4			16	17	4.0			19	20	0.1
		6	7	1.1			13	14	1.7			17	18	2.2		17	5	6	0.1
		7	8	1.2			14	15	2.5			18	19	2.4		21	15	16	0.6
		8	9	1.3			15	16	2.4			19	20	0.7			16	17	0.2
		9	10	0.8			16	17	1.6			21	22	6.7			19	20	0.1
		10	11	0.6			17	18	1.4			22	23	4.5		22	4	5	0.3
		11	12	0.1			18	19	1.1			23	0	2.4		24	18	19	1.6
		13	14	0.9			19	20	0.8		7	0	1	0.1			19	20	3.0
		14	15	5.6			20	21	0.6			1	2	0.5			20	21	1.9
		15	16	0.8			21	22	0.2			2	3	1.8			21	22	1.5
		16	17	0.1			22	23	0.1			3	4	7.1			22	23	1.0
		17	18	0.2			23	0	0.1			4	5	2.4			23	0	1.2
	23	19	20	0.1		26	0	1	0.1			5	6	1.0		25	0	1	0.4
		1	2	2.0			1	2	0.1			6	7	0.5			1	2	0.3
		2	3	3.5			2	3	0.5			7	8	0.7			2	3	0.1
		3	4	3.7			3	4	0.2			9	10	0.1			3	4	0.1
		4	5	0.1			5	6	0.1			10	11	0.1			4	5	0.3
		5	6	0.1			14	15	0.2		8	1	2	0.1			5	6	0.5
		6	7	0.1			19	20	0.1			6	7	0.2			6	7	0.4
	24	3	4	0.2			23	0	0.1			7	8	0.3			7	8	0.7
		4	5	0.8		27	6	7	0.1			8	9	0.2			8	9	0.4
		5	6	0.6			18	19	0.1			9	10	0.3			9	10	0.2
		6	7	0.7	9	2	19	20	0.1			10	11	0.5			11	12	0.1
		7	8	0.3		3	0	1	0.1			11	12	0.5			12	13	0.2
		10	11	0.7		5	12	13	0.2			16	17	0.1			13	14	0.1
		11	12	0.8			13	14	2.8			19	20	0.1			14	15	0.3
		12	13	2.5			14	15	5.3		9	3	4	0.1			15	16	0.6
		13	14	1.4			15	16	3.1			8	9	0.5			16	17	1.9
		14	15	0.8			16	17	2.7			16	17	0.4			17	18	2.1
		15	16	0.7			17	18	3.9			17	18	0.9			18	19	1.8
		16	17	1.3			18	19	4.2			18	19	0.5			19	20	0.2
		17	18	1.0			19	20	2.0			19	20	0.5			20	21	0.1
		18	19	0.4			20	21	0.5			20	21	0.1			21	22	0.1
		19	20	0.5			21	22	0.5			21	22	0.1			22	23	0.1
		20	21	0.8			22	23	2.2			22	23	7.2			23	0	0.1
		21	22	1.1			23	0	1.0			23	0	2.9		26	5	6	0.1
		22	23	0.9		6	0	1	0.7	10		0	1	2.0			7	8	0.1
	25	23	0	0.7			2	3	0.1			1	2	1.7		28	15	16	0.3
		0	1	0.8			3	4	0.2			2	3	0.6			16	17	0.4
		1	2	2.4			4	5	0.5			3	4	1.0			17	18	0.2
		2	3	0.7			5	6	1.5			4	5	0.1			18	19	0.5
		3	4	0.3			6	7	0.7			5	6	1.0			19	20	0.1
		4	5	1.3			7	8	0.3			6	7	2.0	10	1	1	2	0.1
		5	6	3.1			8	9	0.3			7	8	1.8			3	4	0.1
		6	7	2.0			9	10	0.3			8	9	0.9					
		7	8	3.5			11	12	0.4			9	10	1.6					
		8	9	7.2			12	13	0.1			10	11	0.1					

2010　滚　河　袁门站

月	日	起	止	降水量(mm)	月	日	起	止	降水量(mm)	月	日	起	止	降水量(mm)	月	日	起	止	降水量(mm)
4	19	20	8	4.7	5	4	7	8	1.0	5	4	18	19	15.5	5	8	16	17	0.9
	20	8	20	6.8			8	9	0.5			19	20	1.5			17	18	0.1
		20	8	50.1			9	10	3.0			21	22	0.5		12	15	16	1.6
	21	8	20	9.0			10	11	18.0		8	13	14	0.3			16	17	0.1
5	4	5	6	0.2			11	12	7.5			14	15	0.1			18	19	0.7
		6	7	0.2			17	18	7.0			15	16	0.3			19	20	0.8

降 水 量 摘 录 表

月	日	起	止	降水量(mm)	月	日	起	止	降水量(mm)	月	日	起	止	降水量(mm)	月	日	起	止	降水量(mm)
5	12	20	21	1.5	6	7	19	20	0.2	7	10	8	9	1.0	7	24	2	3	0.1
		21	22	0.2			20	21	0.6			9	10	0.8			21	22	2.5
		22	23	0.2			21	22	0.8			10	11	0.7			22	23	1.8
		23	0	0.1			22	23	1.1			12	13	0.2			23	0	0.1
	13	2	3	1.4			23	0	1.3			20	21	0.1		25	0	1	1.6
		3	4	0.9		8	0	1	1.3		15	19	20	0.1			1	2	5.1
		4	5	0.3			1	2	2.0			20	21	0.3			2	3	0.9
		5	6	0.1			2	3	2.1			21	22	0.2			3	4	0.5
		6	7	0.5			3	4	2.0			22	23	0.1			5	6	0.1
		7	8	0.1			4	5	2.6			23	0	0.2			19	20	0.1
	16	14	15	2.0			5	6	1.5		16	0	1	0.9	8	1	18	19	1.6
		15	16	6.1			6	7	1.1			1	2	2.9			19	20	0.6
		16	17	4.7			7	8	0.4			2	3	5.5			20	21	0.1
		17	18	2.6			11	12	0.1			3	4	17.6		2	2	3	6.7
		18	19	3.0			12	13	0.1			4	5	5.0			3	4	0.4
		19	20	1.4			13	14	0.1			5	6	15.7			5	6	0.1
		20	21	2.1			14	15	2.0			6	7	13.2			23	0	0.2
		21	22	1.1			15	16	1.9			7	8	5.3		3	1	2	11.8
		22	23	0.8			16	17	1.3			8	9	3.2			2	3	2.0
		23	0	0.2			17	18	1.5			9	10	6.4			3	4	0.1
	17	0	1	0.2			18	19	2.7			10	11	5.3		5	1	2	2.5
		2	3	0.2			19	20	3.2			11	12	0.5			2	3	1.8
		3	4	0.1			20	21	3.0			19	20	0.1			3	4	0.5
		4	5	0.1			21	22	3.2	17	5	6	7.4				4	5	0.8
	21	16	17	0.6			22	23	1.3			6	7	0.1			5	6	0.1
		18	19	0.4			23	0	2.4			7	8	3.5			7	8	0.1
		19	20	0.3		9	0	1	1.9			8	9	2.9		9	14	15	10.0
		20	21	0.3			1	2	1.2			9	10	4.9			15	16	2.0
		21	22	0.6			2	3	3.0			10	11	14.6		11	7	8	0.8
		22	23	0.1			3	4	3.7			11	12	2.1		13	19	20	5.0
	22	23	0	0.6			4	5	1.7			12	13	0.1			20	21	0.1
		0	1	0.5			5	6	0.8			14	15	0.7		14	9	10	3.0
		1	2	0.4			6	7	0.5			19	20	0.1			10	11	4.9
		2	3	0.2			7	8	0.1	18	1	2	0.4			11	12	0.1
		3	4	0.8			9	10	0.1			3	4	0.1			14	15	0.3
		4	5	0.9			11	12	0.1			6	7	0.1		15	8	9	0.1
		5	6	1.0			12	13	0.2			7	8	0.5			9	10	0.1
		6	7	0.9			14	15	0.5			8	9	0.1			10	11	0.1
		7	8	0.7			15	16	0.5			9	10	0.1			21	22	0.1
		8	9	0.1			16	17	0.2			10	11	0.1		20	19	20	0.2
	26	18	19	0.3			19	20	0.1			15	16	1.0			21	22	1.5
		19	20	0.7			21	22	0.1			16	17	0.2			22	23	0.1
		20	21	0.5	7	1	18	19	0.1			21	22	9.1		22	3	4	2.5
		21	22	0.1			19	20	0.2			22	23	1.9			4	5	4.9
		22	23	0.1			20	21	3.2	19	9	10	2.4			5	6	0.4
	27	23	0	0.2		3	3	4	18.6			10	11	1.2			6	7	1.0
		2	3	0.1			4	5	5.0			11	12	1.0			7	8	1.0
		7	8	0.1			7	8	0.1			13	14	0.3			8	9	1.1
		9	10	0.1			8	9	0.5			16	17	0.1			9	10	0.7
		10	11	0.7			9	10	0.1	22	6	7	9.5			10	11	0.6
		11	12	0.3			15	16	0.9			9	10	0.3			11	12	0.1
		12	13	0.2			16	17	0.1			10	11	0.5			13	14	1.0
		13	14	0.1		4	5	6	1.5			11	12	0.4			14	15	5.5
		15	16	2.3			17	18	17.4			15	16	0.1			15	16	0.8
		16	17	4.5			18	19	2.0			16	17	0.1			17	18	0.1
		17	18	1.6			19	20	0.2			19	20	0.1		23	0	1	0.1
		18	19	4.1		8	10	11	4.2	23	9	10	0.1			1	2	2.3
		19	20	2.5			11	12	0.5			10	11	0.1			2	3	3.0
		20	21	0.1			12	13	0.1			11	12	0.6			3	4	3.7
		21	22	0.1			13	14	0.4			13	14	7.7			4	5	0.2
		22	23	0.2			14	15	0.1			14	15	2.9			5	6	0.1
6	7	16	17	0.2			16	17	0.1			15	16	2.6		24	4	5	0.3
		17	18	0.7		10	6	7	5.0			16	17	1.3			5	6	0.7
		18	19	0.1			7	8	3.3			17	18	0.1			6	7	1.5

降 水 量 摘 录 表

月	日	起	止	降水量(mm)	月	日	起	止	降水量(mm)	月	日	起	止	降水量(mm)	月	日	起	止	降水量(mm)
8	24	7	8	0.5	8	26	14	15	0.9	9	7	7	8	0.5	9	24	23	0	0.8
		10	11	0.5		27	7	8	0.1		8	6	7	0.3		25	0	1	0.7
		11	12	1.0			17	18	3.2			7	8	1.4			1	2	0.2
		12	13	1.3	9	5	13	14	3.0			8	9	0.3			2	3	0.4
		13	14	1.7			14	15	8.5			9	10	0.8			3	4	0.3
		14	15	1.6			15	16	3.5			10	11	0.8			4	5	0.3
		15	16	1.4			16	17	4.5			11	12	0.6			5	6	0.8
		16	17	0.5			17	18	3.0			14	15	0.1			6	7	0.6
		17	18	1.0			18	19	1.8			16	17	0.1			7	8	0.4
		18	19	0.5			19	20	1.2			17	18	0.1			8	9	0.8
		19	20	0.2			20	21	0.5		9	16	17	0.5			9	10	0.3
		20	21	0.8			21	22	0.5			17	18	0.5			10	11	0.1
		21	22	2.0			22	23	2.0			18	19	1.5			11	12	0.2
		22	23	1.0			23	0	0.5			22	23	9.5			12	13	0.3
		23	0	1.0		6	3	4	0.5			23	0	4.5			13	14	0.1
	25	0	1	1.7			4	5	1.2		10	0	1	3.0			14	15	0.5
		1	2	0.8			5	6	1.8			1	2	2.0			15	16	0.5
		2	3	0.5			6	7	0.5			2	3	1.0			16	17	1.8
		3	4	0.5			7	8	1.0			3	4	0.5			17	18	1.5
		4	5	1.5			9	10	0.3			5	6	1.5			18	19	1.5
		5	6	1.5			11	12	0.5			6	7	1.0			19	20	0.3
		6	7	3.0			13	14	0.5			7	8	1.5			20	21	0.1
		8	9	5.0			14	15	0.7			8	9	1.3			21	22	0.1
		9	10	4.0			15	16	2.0			9	10	0.6			22	23	0.3
		10	11	2.0			16	17	3.2			10	11	0.3			23	0	0.2
		11	12	1.0			17	18	3.0		16	16	17	0.1		26	1	2	0.1
		12	13	2.0			18	19	1.7			3	4	0.1			7	8	0.1
		13	14	2.5			19	20	0.5			4	5	0.8		28	11	12	0.4
		14	15	2.7			20	21	0.8			5	6	0.5			13	14	0.6
		15	16	2.3			21	22	7.0			6	7	0.8			14	15	0.1
		16	17	2.5			22	23	3.8			7	8	0.2			15	16	0.5
		17	18	1.5			23	0	2.0		22	6	7	0.3			16	17	0.2
		18	19	1.5		7	1	2	0.5			5	6	0.2			17	18	0.2
		19	20	0.5			2	3	5.3		24	18	19	1.1			18	19	0.4
		20	21	1.0			3	4	4.0			19	20	3.4			20	21	0.1
		21	22	0.5			4	5	2.0			20	21	2.4					
		22	23	0.5			5	6	0.9			21	22	1.2					
	26	2	3	0.5			6	7	0.7			22	23	1.4					

2011　滚　河　刀子岭站

月	日	起	止	降水量(mm)	月	日	起	止	降水量(mm)	月	日	起	止	降水量(mm)	月	日	起	止	降水量(mm)
5	2	12	13	0.8	5	10	11	12	2.2	5	22	10	11	0.3	6	22	2	3	0.1
		13	14	3.0			12	13	1.1			11	12	1.5			6	7	0.1
		14	15	2.7			13	14	0.3			12	13	2.1			7	8	6.5
		15	16	0.9			14	15	0.1			13	14	0.4			8	9	3.7
		16	17	0.6			15	16	0.1			14	15	0.3			9	10	1.1
		17	18	0.2			16	17	0.2			15	16	0.2			10	11	0.2
		18	19	0.1			19	20	0.1			16	17	0.2			11	12	0.1
	10	0	1	1.2		20	23	0	1.2			18	19	0.1		23	0	1	2.7
		1	2	4.1		21	0	1	4.7		23	6	7	0.1			1	2	5.8
		2	3	37.9			1	2	11.9	6	9	16	17	0.4			2	3	5.1
		3	4	21.9			2	3	7.5		10	4	5	0.1			3	4	7.7
		4	5	8.8			3	4	0.3		18	1	2	0.1			4	5	40.4
		5	6	0.8		22	1	2	0.1			2	3	0.4			5	6	19.5
		6	7	0.9			3	4	0.1			5	6	0.1			6	7	7.6
		7	8	14.3			5	6	0.1		20	12	13	0.1			7	8	0.1
		8	9	7.3			7	8	0.2			13	14	0.3			10	11	0.7
		9	10	4.6			8	9	0.1		21	11	12	0.1			11	12	0.1
		10	11	0.7			9	10	0.1		22	1	2	0.2			12	13	1.9

降 水 量 摘 录 表

注：表头各组均为「月 | 日 | 时或时分（起 止）| 降水量（mm）」

月	日	起	止	降水量(mm)	月	日	起	止	降水量(mm)	月	日	起	止	降水量(mm)	月	日	起	止	降水量(mm)
6	23	17	18	0.1	8	1	11	12	0.8	8	18	14	15	0.2	9	6	19	20	2.6
		18	19	0.1			12	13	9.5			15	16	0.1			20	21	0.1
	24	6	7	0.1			13	14	3.1			16	17	0.1			23	0	1.3
7	4	5	6	0.5			14	15	1.3			17	18	0.1		7	0	1	0.8
		6	7	0.1			15	16	4.4			18	19	0.1			1	2	0.4
		8	9	3.6			16	17	3.7		19	5	6	0.1			2	3	0.5
		9	10	2.3			17	18	6.9			6	7	0.2			3	4	0.5
		10	11	0.1			18	19	3.7			10	11	0.1			4	5	0.4
		11	12	0.2			19	20	0.9			11	12	0.1			5	6	0.8
		12	13	0.1			21	22	1.3			13	14	0.2			6	7	0.2
		14	15	0.1			22	23	0.3			14	15	0.1			7	8	0.1
		15	16	0.1			23	0	1.1			15	16	0.1			8	9	0.7
		16	17	0.2		2	0	1	0.7		20	2	3	0.1			9	10	0.2
		17	18	0.1			1	2	1.2			7	8	0.1			10	11	1.9
		18	19	0.2			2	3	1.0		21	4	5	0.4			11	12	0.8
		19	20	0.2			3	4	3.0			5	6	0.3			12	13	1.5
		20	21	0.2			4	5	8.5			7	8	0.1			13	14	0.2
		22	23	0.1			5	6	4.4			10	11	5.5			14	15	0.3
	5	0	1	0.3			6	7	0.1			11	12	1.0			15	16	0.5
		1	2	0.1			8	9	0.3			12	13	2.7			16	17	0.8
	6	4	5	0.1			9	10	4.5			13	14	1.7			17	18	1.3
		20	21	0.5			10	11	4.7			14	15	2.5			18	19	0.7
		21	22	1.8			11	12	4.3			15	16	0.3		8	15	16	0.2
		22	23	1.2			12	13	0.9			16	17	0.6			16	17	0.5
		23	0	2.0			14	15	0.1			17	18	1.1			17	18	0.2
	7	0	1	4.3			20	21	0.1			19	20	0.8			18	19	0.1
		1	2	5.7		3	0	1	0.1			20	21	2.5		10	17	18	0.3
		2	3	0.5			1	2	0.1			21	22	0.2			18	19	0.3
	13	8	9	0.6			2	3	0.3			22	23	0.2			19	20	0.2
		9	10	0.2			3	4	0.1			23	0	0.2			20	21	2.6
		10	11	0.1			4	5	0.2		22	7	8	0.1			21	22	1.0
	22	17	18	20.9			5	6	0.3			20	21	0.9			22	23	0.4
		18	19	2.7			6	7	0.1			21	22	0.9			23	0	0.2
		19	20	0.3			7	8	0.1			22	23	2.3		11	2	3	0.4
		20	21	0.1		5	3	4	0.7			23	0	2.2			3	4	0.8
	23	16	17	2.3			5	6	0.1		23	0	1	3.1			4	5	0.1
	24	4	5	0.1			13	14	0.3			1	2	2.0			5	6	0.1
		18	19	0.6			14	15	0.1			2	3	1.1			16	17	0.1
		19	20	13.0			15	16	0.1			3	4	0.6			17	18	0.1
		20	21	10.0		6	2	3	0.3	9	2	4	5	0.1			18	19	0.2
		21	22	0.1			3	4	3.9			5	6	0.2			19	20	0.1
	26	16	17	4.5			4	5	1.9			6	7	0.3			20	21	0.1
		17	18	6.6			5	6	0.9			7	8	0.1			21	22	0.1
		18	19	0.4			6	7	0.4		5	6	7	0.3			22	23	0.1
		19	20	1.5			7	8	1.7			7	8	0.1			23	0	0.2
		20	21	0.9			8	9	0.3			9	10	0.6		12	0	1	0.3
		22	23	0.1			9	10	0.5			10	11	0.3			1	2	0.3
		23	0	0.1			12	13	1.1		6	0	1	0.3			2	3	0.1
	30	4	5	0.2			13	14	2.0			1	2	0.2			3	4	0.2
		5	6	0.7			14	15	0.3			2	3	0.1			4	5	0.2
		6	7	7.4			18	19	0.1			4	5	1.1			6	7	0.4
		7	8	0.1			21	22	0.4			5	6	1.8			8	9	0.1
		8	9	1.0			22	23	0.1			6	7	2.9			9	10	0.1
	31	19	20	0.5		7	6	7	0.1			7	8	2.4			15	16	0.1
		20	21	1.2		13	20	21	0.2			8	9	2.4			23	0	0.1
		21	22	2.1		16	17	18	0.7			9	10	0.3		13	16	17	0.1
		22	23	0.1		17	1	2	0.1			10	11	0.7			17	18	0.6
8	1	4	5	0.5			2	3	0.1			11	12	0.2			18	19	0.2
		5	6	1.7			5	6	0.1			12	13	0.3			23	0	0.1
		6	7	0.3		18	2	3	21.5			13	14	0.1		14	0	1	0.4
		7	8	0.1			3	4	6.0			14	15	0.1			1	2	0.3
		8	9	0.3			10	11	0.2			15	16	0.1			2	3	0.4
		9	10	0.8			11	12	0.1			17	18	0.1			3	4	0.5
		10	11	0.4			12	13	0.2			18	19	0.3			4	5	0.5

降 水 量 摘 录 表

月	日	起	止	降水量(mm)	月	日	起	止	降水量(mm)	月	日	起	止	降水量(mm)	月	日	起	止	降水量(mm)
9	14	5	6	0.4	9	17	8	9	1.3	9	18	15	16	0.9	9	27	21	22	1.4
		6	7	0.3			9	10	0.7			16	17	0.1			22	23	1.1
		7	8	0.4			10	11	0.8			17	18	0.3			23	0	2.8
		8	9	0.2			11	12	1.2			18	19	0.4		28	0	1	2.4
		9	10	0.6			12	13	1.3			20	21	0.2			1	2	1.0
		10	11	0.2			13	14	0.8			21	22	1.0			2	3	1.7
		11	12	0.2			14	15	1.7			22	23	3.2			3	4	1.8
		13	14	0.1			15	16	2.2			23	0	4.0			4	5	0.7
		14	15	0.1			16	17	2.7		19	0	1	1.8			5	6	0.3
	15	0	1	0.2			17	18	2.5			1	2	2.3			6	7	0.2
		1	2	0.2			18	19	1.8			2	3	2.1			7	8	1.0
		2	3	0.3			19	20	0.6			3	4	1.7			8	9	0.7
		3	4	0.2			20	21	1.4			4	5	2.1			9	10	0.5
		5	6	1.3			21	22	0.4			5	6	1.8			10	11	0.4
		6	7	3.4			22	23	0.9			6	7	0.3			15	16	0.2
		8	9	2.9		18	23	0	1.2			7	8	0.1			16	17	0.1
		9	10	21.4			0	1	2.3			8	9	0.1			19	20	0.5
		10	11	11.9			1	2	2.0		20	6	7	0.1			20	21	1.5
		11	12	4.3			2	3	4.5		27	5	6	0.2			21	22	0.5
		12	13	0.8			3	4	4.6			7	8	0.1			22	23	1.5
		13	14	0.3			4	5	2.1			16	17	7.8			23	0	0.9
		18	19	0.1			5	6	0.9			17	18	1.1		29	0	1	1.3
	17	4	5	0.2			6	7	0.1			18	19	1.4			1	2	0.5
		5	6	2.6			12	13	0.3			19	20	0.6			2	3	0.1
		6	7	2.6			13	14	0.7			20	21	2.3			4	5	0.1
		7	8	0.7			14	15	0.6								5	6	0.1

2011 滚 河 尚店站

月	日	起	止	降水量(mm)	月	日	起	止	降水量(mm)	月	日	起	止	降水量(mm)	月	日	起	止	降水量(mm)
5	2	12	13	0.4	5	22	11	12	2.1	6	24	6	7	0.1	7	22	19	20	0.2
		13	14	1.3			12	13	0.4	7	4	2	3	3.3			20	21	0.1
		14	15	3.0			13	14	0.2			3	4	0.1		23	16	17	10.4
		15	16	1.1			14	15	0.2			5	6	2.6			17	18	0.1
		16	17	1.1			15	16	0.3			6	7	1.5		24	19	20	2.1
		17	18	0.3			16	17	0.1			7	8	0.2			20	21	1.2
		18	19	0.2	6	20	12	13	0.1			8	9	1.7			22	23	0.1
	10	1	2	2.5			13	14	0.4			9	10	1.7		26	16	17	6.0
		2	3	11.1		21	7	8	0.1			10	11	0.1			17	18	1.4
		3	4	11.4		22	7	8	7.9			12	13	0.1			18	19	2.1
		4	5	22.5			8	9	8.3			17	18	0.1			19	20	1.4
		5	6	2.2			9	10	1.7			19	20	0.1			20	21	0.5
		6	7	0.9			10	11	0.8			21	22	0.1			21	22	0.3
		7	8	9.9			11	12	0.2		5	1	2	0.1			22	23	0.1
		8	9	13.5		23	0	1	8.0		6	20	21	0.1			23	0	0.1
		9	10	5.1			1	2	31.6			22	23	0.7		27	6	7	0.1
		10	11	2.8			2	3	43.8			23	0	3.9		30	4	5	0.8
		12	13	0.1			3	4	61.1		7	0	1	2.5			5	6	0.2
	20	23	0	0.2			4	5	28.7			1	2	2.6			6	7	6.8
	21	0	1	1.1			5	6	14.5			2	3	0.1			7	8	0.3
		1	2	0.4			6	7	6.9		11	20	21	7.7		31	18	19	1.0
		6	7	0.1			7	8	1.9			21	22	6.2			19	20	3.7
	22	1	2	0.1			8	9	2.0			22	23	0.1			20	21	0.3
		3	4	0.1			9	10	0.6			23	0	0.1			21	22	0.2
		5	6	0.1			10	11	7.5		13	7	8	0.3			22	23	0.2
		6	7	0.1			11	12	2.1			8	9	0.5	8	1	4	5	0.1
		7	8	0.2			12	13	0.1			9	10	0.3			5	6	0.4
		8	9	0.1			14	15	0.5		22	16	17	14.0			6	7	0.2
		9	10	0.1			15	16	0.2			17	18	5.0			7	8	0.5
		10	11	0.6			16	17	0.1			18	19	12.6			8	9	0.3

降 水 量 摘 录 表

月	日	起	止	降水量(mm)	月	日	起	止	降水量(mm)	月	日	起	止	降水量(mm)	月	日	起	止	降水量(mm)
8	1	9	10	1.7	8	21	17	18	0.5	9	7	16	17	0.5	9	17	11	12	0.1
		10	11	2.0			18	19	0.1			17	18	0.4			12	13	0.1
		11	12	0.1			19	20	0.3			18	19	0.5			13	14	0.3
		12	13	8.7			20	21	1.2		8	1	2	0.1			14	15	0.4
		13	14	6.7			21	22	0.1			15	16	0.3			15	16	0.5
		14	15	3.3		22	7	8	0.1			16	17	0.8			16	17	0.6
		15	16	4.2			21	22	1.3			17	18	0.2			17	18	0.5
		16	17	4.7			22	23	2.2			19	20	0.1			18	19	0.8
		17	18	7.2			23	0	2.0		10	17	18	0.4			19	20	0.3
		18	19	2.0		23	0	1	2.2			18	19	0.1		18	0	1	0.8
		19	20	0.2			1	2	1.2			19	20	1.3			1	2	0.4
		20	21	0.1			2	3	0.7			20	21	0.9			2	3	1.2
		21	22	0.4			3	4	0.1			21	22	2.3			3	4	2.3
		22	23	0.2			4	5	0.1			22	23	0.2			4	5	1.2
		23	0	0.5			5	6	0.1			23	0	0.1			5	6	0.2
	2	0	1	1.1			6	7	0.1		11	2	3	0.7			6	7	0.1
		1	2	0.7	9	3	13	14	0.2			3	4	0.8			7	8	0.1
		2	3	1.3			15	16	0.2			6	7	0.1			13	14	0.4
		3	4	1.1			16	17	0.4			17	18	0.2			14	15	0.2
		4	5	0.2		5	6	7	0.3			18	19	0.2			15	16	0.2
		5	6	8.2			7	8	0.3			19	20	0.1			16	17	0.1
		6	7	0.2			9	10	1.1			20	21	0.1			18	19	0.5
		7	8	0.1			10	11	0.2			22	23	0.2			20	21	0.1
		8	9	0.4			11	12	0.2		12	0	1	0.8			21	22	0.6
		9	10	9.8		6	0	1	0.4			1	2	0.1			22	23	2.0
		10	11	2.2			1	2	0.3			4	5	0.1			23	0	2.6
		11	12	3.1			2	3	0.1			5	6	0.1		19	0	1	2.1
		12	13	0.4			4	5	0.7			6	7	0.2			1	2	0.6
	3	4	5	0.1			5	6	0.7			7	8	0.2			2	3	1.3
		6	7	0.1			6	7	2.3			8	9	0.1			3	4	1.3
		7	8	0.1			7	8	3.2			9	10	0.3			4	5	1.6
	5	2	3	0.2			8	9	1.6			13	14	0.1			5	6	0.7
		3	4	0.6			9	10	0.3		13	20	21	0.2			6	7	0.4
		13	14	0.6			10	11	0.4			22	23	0.1			7	8	0.1
		14	15	0.3			11	12	0.1			23	0	0.3		27	4	5	0.2
	6	1	2	0.2			12	13	0.1		14	0	1	0.5			5	6	0.4
		2	3	0.1			14	15	0.1			1	2	0.1			7	8	0.1
		3	4	0.9			17	18	0.7			5	6	0.3			17	18	6.0
		4	5	5.0			18	19	0.3			7	8	0.1			18	19	1.4
		5	6	0.8			19	20	0.7			10	11	0.7			19	20	1.2
		6	7	0.1			20	21	0.1			11	12	4.4			20	21	0.6
		7	8	0.5			22	23	0.1			12	13	0.1			21	22	2.8
		8	9	0.3			23	0	0.4		15	4	5	0.6			22	23	2.3
		9	10	0.1		7	0	1	0.5			5	6	1.5			23	0	1.9
		16	17	0.1			1	2	0.3			6	7	0.4		28	0	1	2.1
	18	1	2	2.5			2	3	0.7			7	8	4.8			1	2	0.8
		2	3	1.2			3	4	0.5			8	9	8.6			2	3	1.5
		3	4	10.9			4	5	0.7			9	10	13.3			3	4	0.9
		4	5	5.1			5	6	0.6			10	11	6.0			4	5	0.6
		5	6	0.3			6	7	0.4			11	12	3.8			5	6	0.1
		6	7	0.1			7	8	0.2			12	13	0.7			20	21	1.2
	21	10	11	4.7			9	10	0.9		17	4	5	0.4			21	22	0.6
		11	12	3.1			10	11	0.7			5	6	0.3			22	23	0.6
		12	13	1.9			11	12	1.3			6	7	1.4			23	0	0.3
		13	14	4.0			12	13	1.3			7	8	0.6		29	0	1	0.8
		14	15	0.5			13	14	0.9			8	9	0.5			1	2	0.8
		15	16	0.2			14	15	0.5			9	10	0.2			5	6	0.1
		16	17	0.2			15	16	0.2			10	11	0.2					

降 水 量 摘 录 表

2011　滚　河　柏庄站

月	日	起	止	降水量(mm)	月	日	起	止	降水量(mm)	月	日	起	止	降水量(mm)	月	日	起	止	降水量(mm)
5	2	9	10	0.1	7	4	7	8	2.4	8	1	14	15	2.2	8	21	5	6	0.1
		12	13	0.4			8	9	0.4			15	16	4.5			7	8	0.1
		13	14	1.9			9	10	0.1			16	17	7.7			8	9	0.4
		14	15	2.1			11	12	0.1			17	18	10.7			9	10	0.1
		15	16	1.1			15	16	0.1			18	19	5.4			10	11	0.8
		16	17	0.6			16	17	0.1			19	20	0.5			11	12	3.3
		17	18	0.2			17	18	0.1			20	21	0.2			12	13	0.6
	3	4	5	0.1			19	20	0.1			21	22	0.5			13	14	7.4
		7	8	0.1		5	9	10	0.1			22	23	0.3			14	15	2.9
	10	2	3	11.3		6	6	7	0.1			23	0	0.2			15	16	0.2
		3	4	12.3			19	20	1.5		2	0	1	1.2			16	17	0.5
		4	5	23.5			20	21	1.4			1	2	0.8			17	18	0.5
		5	6	3.0			21	22	0.1			2	3	1.1			18	19	0.2
		6	7	0.3			22	23	0.2			3	4	0.7			19	20	0.9
		7	8	1.4			23	0	4.2			4	5	0.2			20	21	0.8
		8	9	7.0		7	0	1	4.9			5	6	4.8			21	22	0.2
		9	10	9.0			1	2	1.4			6	7	2.3			22	23	0.1
		10	11	8.3			2	3	0.1			7	8	0.2			23	0	0.1
		11	12	0.5			5	6	0.1			8	9	0.6		22	7	8	0.2
		13	14	0.1		10	16	17	0.1			9	10	6.8			21	22	1.8
	22	2	3	0.1		11	20	21	9.3			10	11	2.3			22	23	2.0
		7	8	0.1			21	22	12.8			11	12	2.3			23	0	1.8
		8	9	0.2			22	23	1.1			12	13	0.4		23	0	1	1.2
		10	11	0.8		13	7	8	0.5		3	4	5	0.1			1	2	0.6
		11	12	1.2			8	9	0.3			5	6	0.2			2	3	0.4
		12	13	0.1			9	10	0.4			6	7	0.1			3	4	0.3
		13	14	0.2		22	16	17	0.4		5	2	3	0.4			4	5	0.1
		14	15	0.1			17	18	0.1			3	4	0.7	9	5	9	10	0.5
		15	16	0.5			18	19	14.5			13	14	0.9			10	11	0.1
		16	17	0.2			19	20	0.3			14	15	0.4			11	12	0.1
6	20	12	13	0.1			20	21	0.1			15	16	0.1		6	0	1	0.5
		13	14	0.8		24	19	20	1.8		6	2	3	0.1			1	2	0.2
		14	15	0.1			20	21	0.4			3	4	0.2			4	5	0.4
	22	7	8	3.0		26	17	18	15.3			4	5	5.4			5	6	1.4
		8	9	7.1			18	19	2.6			5	6	2.9			6	7	4.2
		9	10	2.6			19	20	1.5			6	7	1.0			7	8	2.1
		10	11	1.9			20	21	0.8			7	8	1.2			8	9	0.9
		11	12	0.7			21	22	0.4			9	10	0.1			9	10	0.6
		23	0	0.4			22	23	0.2			10	11	0.1			10	11	0.5
	23	0	1	3.5			23	0	0.2			20	21	0.2			12	13	0.3
		1	2	26.5		27	0	1	0.1		7	18	19	1.5			14	15	0.1
		2	3	15.5		30	4	5	3.2		8	4	5	0.1			17	18	0.3
		3	4	21.2			5	6	0.7		13	23	0	1.6			19	20	0.3
		4	5	31.7			7	8	0.1		16	16	17	0.1			20	21	0.1
		5	6	10.0		31	19	20	0.9		18	1	2	0.5			21	22	0.1
		6	7	7.0			20	21	0.3			2	3	1.1			23	0	0.8
		7	8	4.7			22	23	1.1			3	4	15.0		7	0	1	0.1
		8	9	0.9	8	1	4	5	0.2			4	5	9.7			1	2	0.3
		9	10	3.5			5	6	0.2			5	6	2.5			2	3	0.3
		10	11	4.1			6	7	0.3			6	7	1.1			3	4	0.2
		11	12	1.8			8	9	1.0			7	8	0.1			4	5	0.6
		14	15	0.2			9	10	2.2			11	12	0.1			6	7	0.2
		15	16	0.1			10	11	1.0			12	13	0.1			7	8	0.2
		16	17	0.1			11	12	0.9			15	16	0.1			9	10	0.3
7	4	5	6	8.6			12	13	1.4		20	6	7	0.1			10	11	0.5
		6	7	7.9			13	14	19.3			7	8	0.1			11	12	1.7

降 水 量 摘 录 表

月	日	起	止	降水量(mm)	月	日	起	止	降水量(mm)	月	日	起	止	降水量(mm)	月	日	起	止	降水量(mm)
9	7	12	13	1.5	9	12	11	12	0.1	9	17	9	10	1.4	9	19	5	6	0.6
		13	14	1.9			13	14	0.1			10	11	0.7			6	7	0.5
		14	15	0.4		13	22	23	0.9			11	12	0.8			7	8	0.1
		15	16	0.2			23	0	1.7			12	13	0.5		20	7	8	0.1
		16	17	0.5		14	0	1	1.7			13	14	0.7			9	10	0.1
		17	18	0.7			1	2	0.2			14	15	0.7		27	3	4	0.1
		18	19	0.3			2	3	0.1			15	16	0.5			4	5	0.2
		19	20	0.1			3	4	0.1			16	17	0.2			5	6	0.2
	8	2	3	0.1			4	5	0.1			17	18	0.9			6	7	0.1
		15	16	0.6			5	6	0.2			18	19	0.9			17	18	2.7
		16	17	0.9			6	7	0.1			19	20	0.1			18	19	11.1
		17	18	0.1			7	8	0.1			23	0	0.2			19	20	6.1
	10	17	18	0.6			8	9	0.1		18	0	1	1.5			20	21	2.0
		18	19	0.4			9	10	0.1			1	2	1.3			21	22	3.2
		19	20	1.6			10	11	1.6			2	3	2.3			22	23	5.8
		20	21	0.6			11	12	0.5			3	4	3.3			23	0	5.6
		21	22	1.8			12	13	0.5			4	5	2.7		28	0	1	5.3
		22	23	0.1		15	1	2	0.1			5	6	0.4			1	2	0.8
		23	0	0.1			2	3	0.1			12	13	0.5			2	3	1.6
	11	2	3	2.3			4	5	0.1			13	14	0.5			3	4	1.7
		3	4	1.2			5	6	3.5			14	15	0.5			4	5	0.1
		17	18	0.1			6	7	0.2			15	16	0.4			5	6	0.1
		18	19	0.1			7	8	0.3			17	18	0.2			6	7	0.3
		19	20	0.1			8	9	5.5			18	19	0.5			7	8	0.3
		21	22	0.1			9	10	14.5			19	20	0.1			8	9	0.3
		22	23	0.1			10	11	4.0			20	21	1.0			9	10	0.1
	12	0	1	0.5			11	12	4.8			21	22	1.2			19	20	0.3
		1	2	0.2			12	13	0.9			22	23	3.1			20	21	0.6
		5	6	0.1			19	20	0.1			23	0	2.5			21	22	0.3
		6	7	0.1		17	4	5	0.5		19	0	1	3.1			22	23	0.3
		7	8	0.1			5	6	1.0			1	2	1.3			23	0	0.5
		8	9	0.1			6	7	5.7			2	3	2.2		29	0	1	1.1
		9	10	0.1			7	8	1.2			3	4	2.0			1	2	0.2
		10	11	0.4			8	9	0.9			4	5	1.6					

2011　滚　河　石漫滩站

月	日	起	止	降水量(mm)	月	日	起	止	降水量(mm)	月	日	起	止	降水量(mm)	月	日	起	止	降水量(mm)
5	2	12	13	0.4	5	21	0	1	1.2	6	22	7	8	5.6	6	25	7	8	0.3
		13	14	1.9			1	2	2.0			8	9	6.4	7	3	22	23	0.6
		14	15	2.2			2	3	0.6			9	10	1.3		4	3	4	0.1
		15	16	1.2			3	4	0.1			10	11	0.3			5	6	3.5
		16	17	0.7			17	18	0.1			17	18	0.1			6	7	2.8
		17	18	0.2		22	1	2	0.1			20	21	0.1			7	8	15.3
	3	7	8	0.1			4	5	0.1		23	0	1	2.1			8	9	2.3
	10	0	1	0.2			5	6	0.1			1	2	37.4			9	10	0.2
		2	3	13.4			6	7	0.1			2	3	25.7			15	16	0.1
		3	4	16.6			7	8	0.2			3	4	68.3			16	17	0.2
		4	5	27.1			8	9	0.1			4	5	30.2			18	19	0.1
		5	6	8.9			10	11	0.4			5	6	11.9			22	23	0.1
		6	7	3.6			11	12	1.6			6	7	7.3		6	19	20	0.4
		7	8	6.9			12	13	0.1			7	8	3.1			20	21	0.3
		8	9	13.0			13	14	0.3			8	9	3.3			22	23	0.5
		9	10	10.0			14	15	0.1			9	10	0.4			23	0	3.9
		10	11	3.0			15	16	0.4			10	11	5.4		7	0	1	6.3
		11	12	0.3			16	17	0.1			11	12	3.6			1	2	2.0
		12	13	0.2			17	18	0.1			13	14	0.1			2	3	0.1
		19	20	0.1		23	7	8	0.1			14	15	0.3			5	6	0.1
	11	3	4	0.1	6	20	13	14	0.7			15	16	0.3		11	20	21	1.0
	20	23	0	0.3		21	13	14	0.2			19	20	0.1			21	22	3.5

降 水 量 摘 录 表

月	日	起	止	降水量(mm)	月	日	起	止	降水量(mm)	月	日	起	止	降水量(mm)	月	日	起	止	降水量(mm)
7	12	1	2	0.1	8	2	9	10	4.9	9	5	9	10	0.6	9	12	7	8	0.2
	13	7	8	0.4			10	11	2.4			18	19	0.1			8	9	0.2
		8	9	0.1			11	12	3.0		6	0	1	0.7			10	11	0.2
		9	10	0.4			12	13	0.5			1	2	0.2			13	14	0.2
		19	20	0.1			15	16	0.1			4	5	0.8		13	19	20	0.1
	22	16	17	4.2		3	1	2	0.1			5	6	1.8			20	21	0.6
		17	18	0.2			5	6	0.1			6	7	4.3			22	23	0.1
		18	19	2.0		5	2	3	0.3			7	8	2.3			23	0	0.2
		19	20	0.8			3	4	0.5			8	9	1.7		14	0	1	0.7
		20	21	0.1			5	6	0.1			9	10	0.5			1	2	0.1
	23	16	17	5.3			13	14	0.9			10	11	0.6			2	3	0.1
		18	19	0.1			14	15	0.5			11	12	0.1			3	4	0.2
	24	17	18	0.1		6	0	1	0.5			12	13	0.3			4	5	0.3
		19	20	1.3			3	4	0.3			17	18	0.4			5	6	0.2
		20	21	0.9			4	5	5.1			18	19	0.1			6	7	0.1
	25	4	5	0.1			5	6	2.3			19	20	1.0			7	8	0.1
	26	16	17	2.6			6	7	0.1			20	21	0.2			10	11	0.5
		17	18	10.8			7	8	1.1			21	22	0.1			11	12	5.0
		18	19	2.1			13	14	0.1			23	0	1.5		15	4	5	0.5
		19	20	1.8			14	15	0.1		7	0	1	0.4			5	6	2.5
		20	21	0.7			16	17	0.3			1	2	0.3			7	8	6.5
		21	22	0.3			18	19	0.1			2	3	0.4			8	9	10.0
		22	23	0.1		7	18	19	0.6			3	4	0.8			9	10	10.7
		23	0	0.1		16	16	17	2.4			4	5	1.0			10	11	6.7
	27	0	1	0.3			19	20	0.1			5	6	0.5			11	12	3.6
	30	5	6	0.1		18	2	3	3.5			6	7	0.4			12	13	0.6
		4	5	0.5			3	4	3.8			7	8	0.3		17	4	5	0.7
		5	6	0.5			4	5	3.5			8	9	0.1			5	6	1.8
		6	7	0.3			5	6	5.6			9	10	0.1			6	7	2.7
		18	19	0.1			6	7	1.2			10	11	0.9			7	8	1.6
	31	1	2	0.1			11	12	0.2			11	12	1.6			8	9	1.9
		18	19	0.1			12	13	0.1			12	13	1.0			9	10	1.0
		19	20	1.0			14	15	0.1			13	14	1.0			10	11	0.7
		20	21	0.4			16	17	0.1			14	15	0.5			11	12	0.5
		22	23	0.7			18	19	0.1			15	16	0.2			12	13	0.7
8	1	4	5	0.1		19	8	9	0.1			16	17	0.6			13	14	0.8
		5	6	0.3			16	17	0.1			17	18	0.4			14	15	1.0
		6	7	0.3		20	7	8	0.1			18	19	0.5			15	16	0.3
		7	8	0.1		21	8	9	0.2		8	15	16	0.5			16	17	0.2
		8	9	0.8			10	11	2.5			16	17	0.8			17	18	0.4
		9	10	2.0			11	12	8.2			17	18	0.1			18	19	0.3
		10	11	1.1			12	13	1.8			19	20	0.1			23	0	0.1
		11	12	0.5			13	14	2.5		10	16	17	0.1		18	0	1	0.9
		12	13	0.9			14	15	5.1			17	18	0.5			1	2	0.7
		13	14	12.6			15	16	0.3			18	19	0.8			2	3	1.4
		14	15	1.9			16	17	1.8			19	20	2.5			3	4	2.8
		15	16	3.2			17	18	0.6			20	21	0.3			4	5	1.8
		16	17	2.7			18	19	0.4			21	22	1.3			5	6	0.2
		17	18	8.6			19	20	0.8			22	23	0.1			13	14	0.2
		18	19	4.3			20	21	1.1		11	2	3	1.2			14	15	0.2
		19	20	0.7			21	22	0.2			3	4	0.8			15	16	0.4
		20	21	0.7		22	6	7	0.4			6	7	0.1			16	17	0.1
		21	22	0.7			21	22	1.3			17	18	0.4			17	18	0.1
		22	23	0.3			22	23	2.1			18	19	0.4			18	19	0.3
		23	0	0.4			23	0	1.9			19	20	0.1			19	20	0.1
	2	0	1	1.3		23	0	1	1.6			20	21	0.3			20	21	0.9
		1	2	0.8			1	2	0.8			21	22	0.2			21	22	0.7
		2	3	1.1			2	3	0.6			22	23	0.3			22	23	3.0
		3	4	1.5			3	4	0.2			23	0	0.1			23	0	3.0
		4	5	0.4			4	5	0.1		12	0	1	0.7		19	0	1	1.3
		5	6	4.5	9	3	15	16	0.4			2	3	0.1			1	2	1.1
		6	7	0.9			16	17	1.3			3	4	0.1			2	3	1.8
		7	8	0.2		5	7	8	0.3			4	5	0.3			3	4	1.8
		8	9	0.5			8	9	0.1			6	7	0.2			4	5	1.7

降 水 量 摘 录 表

月	日	起	止	降水量(mm)	月	日	起	止	降水量(mm)	月	日	起	止	降水量(mm)	月	日	起	止	降水量(mm)
9	19	5	6	1.1	9	27	20	21	2.6	9	28	4	5	0.7	9	28	21	22	0.4
		6	7	0.5			21	22	2.0			6	7	0.2			22	23	0.4
		7	8	0.2			22	23	1.8			7	8	0.5			23	0	0.5
	27	5	6	0.2			23	0	8.5			8	9	0.1		29	0	1	1.0
		16	17	0.2		28	0	1	3.0			9	10	0.3			1	2	0.5
		17	18	8.8			1	2	3.2			10	11	0.1					
		18	19	6.8			2	3	1.6			19	20	0.7					
		19	20	8.5			3	4	1.3			20	21	0.7					

2011　滚　河　袁门站

月	日	起	止	降水量(mm)	月	日	起	止	降水量(mm)	月	日	起	止	降水量(mm)	月	日	起	止	降水量(mm)
5	2	11	12	0.1	6	22	6	7	0.8	7	23	16	17	21.0	8	2	12	13	0.4
		12	13	0.7			7	8	12.5		24	19	20	2.0			18	19	0.1
		13	14	2.1			8	9	5.8			20	21	2.2		3	1	2	0.1
		14	15	2.9			9	10	1.6		25	0	1	0.1			4	5	0.1
		15	16	1.1			10	11	0.5		26	16	17	5.8			5	6	0.1
		16	17	0.6			11	12	0.6			17	18	4.0		5	2	3	0.1
		17	18	0.2		23	0	1	6.0			18	19	1.5			3	4	0.6
		20	21	0.1			1	2	30.0			19	20	1.5			5	6	0.1
	10	0	1	0.7			2	3	20.4			20	21	0.7			13	14	0.5
		1	2	9.5			3	4	32.7			21	22	0.1		6	2	3	0.4
		2	3	26.8			4	5	26.5		27	1	2	0.1			3	4	0.5
		3	4	17.7			5	6	22.3		30	4	5	0.1			4	5	2.3
		4	5	9.8			6	7	6.5			5	6	0.2			5	6	2.7
		5	6	1.6			8	9	0.1			6	7	9.0			6	7	0.4
		6	7	0.8			9	10	0.1			7	8	0.1			7	8	1.2
		7	8	16.3			10	11	4.8		31	18	19	0.5			8	9	0.2
		8	9	15.0			11	12	1.4			19	20	1.6			12	13	0.2
		9	10	3.3			12	13	0.1			20	21	0.4			13	14	0.1
		10	11	1.0			14	15	0.6			22	23	0.5			14	15	0.1
		11	12	0.4			15	16	0.2	8	1	5	6	0.8		7	18	19	0.2
		12	13	0.2			18	19	0.2			6	7	0.7		8	5	6	0.1
		13	14	0.1	7	3	23	0	0.1			8	9	0.4		17	2	3	0.1
		15	16	0.1		4	0	1	0.2			9	10	1.0		18	2	3	31.6
		20	21	0.1			2	3	0.1			10	11	1.8			3	4	5.6
	20	22	23	2.4			6	7	0.2			11	12	0.3			4	5	0.3
	21	23	0	5.8			7	8	0.1			12	13	7.9			9	10	0.1
		0	1	8.0			8	9	2.9			13	14	9.5			10	11	0.1
		1	2	1.8			9	10	0.4			14	15	3.1			11	12	0.1
		2	3	1.5			10	11	0.1			15	16	4.4			12	13	0.3
		6	7	0.1			17	18	0.2			16	17	3.8			13	14	0.1
	22	1	2	0.1			19	20	0.3			17	18	7.5			15	16	0.1
		5	6	0.1			20	21	0.1			18	19	2.6			16	17	0.1
		6	7	0.1			21	22	0.1			19	20	0.7			17	18	0.1
		7	8	0.1		5	1	2	0.1			20	21	0.1		19	7	8	0.1
		8	9	0.1		6	19	20	0.5			21	22	0.6			11	12	0.1
		9	10	0.3			21	22	0.4			22	23	0.3			14	15	0.1
		10	11	0.8			22	23	3.1			23	0	0.5			21	22	0.1
		11	12	2.5			23	0	2.3		2	0	1	0.6		20	6	7	0.1
		12	13	0.7		7	0	1	2.2			1	2	0.8		21	10	11	3.5
		13	14	0.3		13	7	8	0.2			2	3	1.3			11	12	5.9
		14	15	0.1			8	9	0.5			3	4	2.0			12	13	3.0
		15	16	0.2			9	10	0.2			4	5	0.6			13	14	4.0
		16	17	0.1		14	7	8	0.1			5	6	8.2			14	15	1.1
	30	6	7	0.1		22	17	18	1.0			6	7	0.4			15	16	0.2
		7	8	0.1			18	19	3.5			8	9	0.8			16	17	1.8
6	20	12	13	0.1			19	20	0.8			9	10	15.5			17	18	0.9
		13	14	0.4			20	21	0.1			10	11	2.9			18	19	0.5
		14	15	0.1		23	4	5	0.1			11	12	4.0					

降 水 量 摘 录 表

月	日	起	止	降水量(mm)	月	日	起	止	降水量(mm)	月	日	起	止	降水量(mm)	月	日	起	止	降水量(mm)
8	21	19	20	0.3	9	7	6	7	0.7	9	14	0	1	0.6	9	18	5	6	0.2
		20	21	1.1			7	8	0.2			1	2	0.2			15	16	0.5
		21	22	0.2			9	10	0.1			2	3	0.2			16	17	0.1
		23	0	0.1			10	11	0.2			3	4	0.3			17	18	0.1
	22	0	1	0.1			11	12	1.0			4	5	0.4			18	19	0.3
		21	22	1.2			12	13	1.5			5	6	0.4			19	20	0.1
		22	23	2.0			13	14	0.7			6	7	0.4			20	21	1.0
		23	0	1.9			14	15	0.3			7	8	0.4			21	22	0.8
		0	1	2.8			15	16	0.2			9	10	0.4			22	23	3.5
		1	2	1.3			16	17	0.4			10	11	4.2			23	0	2.3
		2	3	0.6			17	18	0.8			11	12	0.8		19	0	1	1.1
		3	4	0.4			18	19	0.6			12	13	0.1			1	2	1.2
		4	5	0.1			21	22	0.1			22	23	0.1			2	3	1.7
9	2	7	8	0.1		8	15	16	0.2		15	1	2	0.1			3	4	1.9
	3	17	18	0.7			16	17	0.8			4	5	0.1			4	5	1.4
		18	19	0.1			17	18	0.2			5	6	2.2			5	6	1.0
	5	7	8	0.5			18	19	0.1			6	7	0.1			6	7	0.5
		9	10	0.9		9	5	6	0.1			7	8	4.5			7	8	0.2
		10	11	0.3		10	17	18	0.3			8	9	17.6			20	21	0.1
		21	22	0.1			18	19	0.2			9	10	21.7		27	6	7	0.3
	6	0	1	0.7			19	20	0.7			10	11	16.3			17	18	7.0
		1	2	0.2			20	21	2.8			11	12	5.0			18	19	2.6
		2	3	0.1			21	22	1.7			12	13	1.0			19	20	1.4
		4	5	0.8			22	23	0.2			13	14	0.2			20	21	1.5
		5	6	0.9		11	2	3	1.0		17	4	5	0.4			21	22	2.8
		6	7	2.5			3	4	0.6			5	6	0.2			22	23	1.7
		7	8	3.3			4	5	0.1			6	7	2.7			23	0	2.7
		8	9	2.4			16	17	0.1			7	8	1.4		28	0	1	2.8
		9	10	0.4			17	18	0.3			8	9	1.8			1	2	1.9
		10	11	0.3			18	19	0.2			9	10	1.0			2	3	1.1
		11	12	0.2			19	20	0.1			10	11	0.7			3	4	1.0
		12	13	0.1			20	21	0.2			11	12	0.5			4	5	1.0
		13	14	0.1			22	23	0.2			12	13	0.7			9	10	0.1
		17	18	1.7			23	0	0.1			13	14	0.7			10	11	0.1
		18	19	0.3		12	0	1	0.7			14	15	1.0			20	21	0.8
		19	20	0.7			1	2	0.1			15	16	0.3			21	22	0.9
		20	21	0.1			3	4	0.1			16	17	0.2			22	23	0.5
		21	22	0.1			4	5	0.3			17	18	0.4			23	0	0.5
		23	0	0.7			6	7	0.1			18	19	0.3		29	0	1	1.0
	7	0	1	0.3			8	9	0.2			23	0	0.2			1	2	0.9
		1	2	0.6			9	10	0.1		18	0	1	0.8			2	3	0.1
		2	3	0.6			11	12	0.1			1	2	0.7			7	8	0.1
		3	4	0.6			13	14	0.1			2	3	1.2					
		4	5	0.5		13	20	21	0.2			3	4	2.7					
		5	6	0.4			21	22	0.1			4	5	1.8					

2012　滚　河　刀子岭站

月	日	起	止	降水量(mm)	月	日	起	止	降水量(mm)	月	日	起	止	降水量(mm)	月	日	起	止	降水量(mm)
3	21	8	20	51.1	5	2	6	7	0.1	5	12	8	9	1.3	5	14	3	4	0.1
		20	8	12.8		7	10	11	0.4			9	10	1.2			4	5	0.1
	22	8	20	1.1			11	12	0.6			10	11	0.4		29	7	8	0.3
		20	8	0.3			14	15	0.1			11	12	0.7			8	9	1.3
4	30	8	20	2.8			21	22	0.3			12	13	1.6			9	10	2.1
		20	8	7.2			22	23	0.1			13	14	0.4			10	11	2.5
5	1	8	9	0.3		8	7	8	0.1			14	15	0.3			11	12	1.6
		9	10	0.1		12	4	5	3.5			15	16	0.1			12	13	2.1
		16	17	0.1			5	6	2.8		14	0	1	0.2			13	14	3.8
		22	23	0.1			6	7	3.5			1	2	0.1			14	15	1.1
	2	4	5	0.1			7	8	2.0			2	3	0.2			15	16	0.7

降 水 量 摘 录 表

月	日	起	止	降水量(mm)	月	日	起	止	降水量(mm)	月	日	起	止	降水量(mm)	月	日	起	止	降水量(mm)
5	29	16	17	0.4	7	1	2	3	0.1	7	24	20	21	0.2	8	20	13	14	3.8
	30	4	5	0.1			6	7	0.1		30	18	19	0.6			14	15	2.5
6	23	3	4	0.2			8	9	0.6	8	4	10	11	0.8			15	16	1.6
	27	13	14	0.2			9	10	4.0			11	12	1.1			17	18	0.1
		14	15	0.6			10	11	7.5			12	13	1.2			23	24	4.7
		15	16	0.7			11	12	2.5			13	14	0.2		21	0	1	3.3
		16	17	1.4			12	13	1.3			14	15	3.0			1	2	8.5
		17	18	1.0			14	15	0.1			17	18	0.1			2	3	8.0
		18	19	1.4		2	3	4	0.4			18	19	0.1			3	4	10.6
		19	20	0.7			5	6	1.9			20	21	1.9			4	5	6.0
		20	21	0.7			6	7	0.2			21	22	1.3			5	6	4.4
		21	22	0.6			7	8	0.1			22	23	2.7			6	7	0.4
		22	23	1.1			13	14	0.5			23	24	0.9			7	8	2.0
		23	24	1.9			14	15	0.3		5	0	1	0.3			8	9	4.9
	28	0	1	1.7			16	17	1.0			1	2	0.2			9	10	0.7
		1	2	0.9			17	18	1.2			2	3	0.3			10	11	0.1
		2	3	0.5			19	20	1.0			3	4	2.3		26	6	7	0.2
		3	4	1.0			20	21	0.2			4	5	0.1			7	8	0.6
		4	5	1.0		4	18	19	2.3			5	6	0.2			10	11	0.1
		5	6	1.9			19	20	11.2			6	7	0.1			12	13	0.1
		6	7	0.3			20	21	5.2			7	8	0.2			16	17	0.1
		7	8	0.3			21	22	10.0			9	10	0.2			17	18	0.5
		8	9	0.1			22	23	2.8			10	11	0.3			18	19	0.8
		9	10	0.3			23	24	0.4			11	12	0.5			19	20	0.1
		10	11	0.2		5	4	5	7.2	6	6	7	0.1			21	22	0.3
		11	12	0.2			5	6	1.4		13	8	9	0.1			22	23	0.6
		12	13	0.1			6	7	0.3			9	10	0.2		27	1	2	1.0
		13	14	0.2			7	8	0.1			10	11	0.1			3	4	0.1
		14	15	0.8			8	9	1.8			11	12	0.1			4	5	0.4
		15	16	3.2			9	10	0.8			12	13	0.1			5	6	0.2
		16	17	1.7			10	11	8.3			14	15	0.2			7	8	0.1
		17	18	1.1			11	12	12.8			15	16	0.1			12	13	0.1
		18	19	0.9			12	13	6.4			16	17	0.1			13	14	0.2
		19	20	0.4			13	14	9.7			17	18	0.5			17	18	0.1
		20	21	1.6			14	15	5.9			18	19	0.9		28	6	7	0.1
		21	22	0.7			15	16	1.2			19	20	0.7		31	16	17	0.2
		22	23	0.2			16	17	0.1			20	21	0.4			17	18	1.0
		23	24	0.2			17	18	0.1			21	22	0.2			18	19	1.3
	29	0	1	0.2		7	7	8	0.5			22	23	0.5			19	20	0.1
		1	2	0.3			8	9	1.4			23	24	0.7			20	21	1.2
		2	3	0.1			9	10	0.4		14	0	1	0.7			21	22	0.1
		3	4	0.1			12	13	0.1			1	2	0.6	9	1	1	2	0.1
	30	0	1	0.3			19	20	7.6			2	3	0.4			2	3	0.3
		1	2	1.1			20	21	0.1			3	4	0.6		2	0	1	1.2
		2	3	0.7		8	16	17	0.4			4	5	0.3			1	2	1.0
		3	4	0.4			18	19	0.7			5	6	0.4			2	3	0.3
		4	5	6.9			19	20	4.4			6	7	0.4			4	5	1.5
		5	6	1.4			20	21	0.9			7	8	0.4			5	6	2.8
		6	7	9.6			21	22	0.1			8	9	0.1			6	7	2.5
		7	8	3.8		9	20	21	3.5			9	10	0.1			7	8	0.6
		8	9	0.2			21	22	4.4			15	16	0.1		8	0	1	0.3
		9	10	0.2		13	15	16	0.1		15	1	2	3.1			1	2	4.7
		10	11	1.3			21	22	5.4			2	3	2.1			2	3	3.8
		11	12	1.3			22	23	21.2			3	4	0.2			3	4	1.8
		12	13	3.4		14	0	1	36.8			4	5	0.1			4	5	4.7
		13	14	1.4			1	2	0.9			5	6	0.1			5	6	6.5
		14	15	1.3			2	3	0.1			6	7	0.1			6	7	5.3
		15	16	1.2		22	6	7	6.5		20	2	3	8.4			7	8	7.6
		16	17	1.4			7	8	3.6			3	4	2.8			8	9	4.0
		17	18	1.0			8	9	0.2			4	5	0.2			9	10	0.9
		18	19	0.2			9	10	0.8			7	8	0.1			10	11	2.0
		19	20	0.1			10	11	1.8			10	11	0.5			11	12	0.3
		21	22	0.1		24	18	19	13.7			11	12	3.6			12	13	0.1
		22	23	0.2			19	20	1.6			12	13	13.0			14	15	0.3

降 水 量 摘 录 表

月	日	时或时分 起	时或时分 止	降水量(mm)	月	日	时或时分 起	时或时分 止	降水量(mm)	月	日	时或时分 起	时或时分 止	降水量(mm)	月	日	时或时分 起	时或时分 止	降水量(mm)
9	8	15	16	0.3	9	11	11	12	4.2	9	11	19	20	0.2	9	26	1	2	0.1
		17	18	0.1			12	13	2.7			20	21	0.6			17	18	0.1
	10	16	17	0.1			13	14	3.7			21	22	0.1			18	19	0.1
	11	0	1	0.4			14	15	2.7		12	2	3	0.1			19	20	0.1
		7	8	0.6			15	16	5.6		21	4	5	0.3			21	22	0.5
		8	9	0.3			16	17	2.8			6	7	0.8					
		9	10	1.2			17	18	0.2			7	8	0.3					
		10	11	3.2			18	19	0.3		25	22	23	0.3					

2012 滚 河 尚店站

月	日	时或时分 起	时或时分 止	降水量(mm)	月	日	时或时分 起	时或时分 止	降水量(mm)	月	日	时或时分 起	时或时分 止	降水量(mm)	月	日	时或时分 起	时或时分 止	降水量(mm)
4	30	8	20	1.7	6	27	18	19	0.4	6	30	19	20	0.2	7	8	16	17	2.2
		20	8	4.3			19	20	0.2			22	23	0.5			17	18	0.3
5	1	8	9	0.1			20	21	0.1	7	1	5	6	0.1			18	19	11.2
		11	12	0.1			21	22	0.1			8	9	0.1			19	20	4.4
		12	13	0.1			22	23	0.2			9	10	4.4			20	21	0.9
	7	9	10	0.5			23	24	0.7			10	11	4.8		9	2	3	0.1
		10	11	3.0		28	0	1	1.2			11	12	1.5			7	8	0.1
		11	12	0.4			1	2	1.6			12	13	3.5			20	21	5.2
		13	14	0.1			2	3	0.4			13	14	0.1			21	22	0.1
		20	21	0.2			3	4	0.6		2	3	4	1.5		10	0	1	0.1
		21	22	0.6			4	5	0.5			4	5	0.1			12	13	0.2
	8	7	8	0.1			5	6	0.6			5	6	0.7			13	14	0.3
	12	3	4	1.5			6	7	0.3			6	7	0.4		11	7	8	0.1
		4	5	2.5			7	8	0.4			7	8	0.1		13	14	15	0.1
		5	6	2.2			8	9	0.4			12	13	3.0			15	16	0.1
		6	7	0.7			9	10	0.3			13	14	1.1			23	24	1.9
		7	8	0.5			10	11	0.1			16	17	4.0		14	0	1	8.4
		8	9	0.7			11	12	0.5			17	18	0.8			1	2	0.2
		9	10	0.7			12	13	0.1			18	19	1.7			5	6	0.1
		10	11	0.3			14	15	0.4			19	20	0.1		22	5	6	1.2
		11	12	0.5			15	16	0.5	3	4	4	5	0.1			6	7	2.7
		12	13	0.7			16	17	0.9	4		18	19	11.5			7	8	2.5
		13	14	0.6			17	18	0.2			19	20	13.9			8	9	2.7
	14	0	1	0.1			18	19	0.7			20	21	7.5			9	10	4.2
		1	2	0.1			19	20	0.3			21	22	11.2			10	11	0.1
		2	3	0.1			20	21	0.1			22	23	2.9		23	5	6	0.1
		3	4	0.1			21	22	0.3			23	24	0.1		24	18	19	1.0
		4	5	0.1			23	24	0.1	5		4	5	8.2			19	20	1.9
	24	16	17	0.1		29	0	1	0.1			5	6	0.6		25	17	18	18.7
	29	6	7	0.1			1	2	0.2			6	7	0.2			18	19	0.6
		7	8	0.5			2	3	0.1			7	8	0.1		26	5	6	0.1
		8	9	1.8			5	6	0.1			8	9	0.2		31	18	19	3.8
		9	10	1.9		30	1	2	0.1			9	10	0.8			21	22	0.1
		10	11	2.6			2	3	0.2			10	11	13.0	8	1	5	6	0.1
		11	12	2.0			4	5	2.7			11	12	7.3		4	14	15	0.3
		12	13	4.0			5	6	3.5			12	13	6.0			20	21	3.0
		13	14	2.1			6	7	5.0			13	14	8.7			21	22	0.6
		14	15	1.3			7	8	2.7			14	15	4.1			22	23	20.6
		15	16	0.5			8	9	0.3			15	16	0.2			23	24	2.6
		16	17	0.1			9	10	1.5			18	19	0.1		5	0	1	0.3
6	23	13	14	0.7			10	11	2.2	7		7	8	0.5			1	2	0.2
		14	15	0.1			11	12	2.6			8	9	1.9			5	6	0.2
		16	17	0.1			12	13	2.0			9	10	0.8			6	7	0.2
	24	2	3	6.3			13	14	1.6			10	11	0.1			7	8	0.2
		3	4	0.1			14	15	1.6			18	19	1.0			8	9	1.4
	27	7	8	0.1			15	16	0.9			20	21	3.1			23	24	0.1
		16	17	0.7			16	17	1.5			23	24	0.1		14	0	1	0.1
		17	18	0.6			17	18	0.6	8	6	6	7	0.1			1	2	0.1

降 水 量 摘 录 表

月	日	起	止	降水量(mm)	月	日	起	止	降水量(mm)	月	日	起	止	降水量(mm)	月	日	起	止	降水量(mm)
8	14	2	3	0.1	8	21	8	9	2.2	9	1	17	18	0.1	9	8	16	17	0.1
		3	4	0.1			9	10	0.8		2	0	1	1.1			17	18	0.1
		7	8	0.2		26	16	17	0.1			1	2	14.0		9	5	6	0.1
		9	10	0.1			17	18	0.1			2	3	1.7		11	0	1	0.3
	15	1	2	4.0			18	19	0.3			3	4	0.8			7	8	0.5
		2	3	4.8			19	20	0.2			4	5	3.0			8	9	0.3
		3	4	0.8			20	21	0.1			5	6	5.4			9	10	0.4
	20	1	2	0.3			21	22	0.3			6	7	1.0			10	11	2.3
		2	3	11.2			22	23	0.9			7	8	0.1			11	12	3.2
		3	4	2.6			23	24	0.1		8	0	1	0.6			12	13	4.4
		7	8	0.1		27	0	1	0.1			1	2	3.4			13	14	2.6
		10	11	0.5			4	5	0.1			2	3	3.0			14	15	2.5
		11	12	0.1			6	7	0.3			3	4	1.7			15	16	3.5
		12	13	0.7			7	8	0.1			4	5	3.1			16	17	2.8
		13	14	3.8			18	19	3.4			5	6	5.8			17	18	0.2
		14	15	6.5		28	5	6	0.1			6	7	6.0			18	19	0.1
		23	24	1.3		31	16	17	0.1			7	8	10.6			19	20	0.1
	21	0	1	3.3			17	18	1.0			8	9	2.9			20	21	0.6
		1	2	6.3			18	19	0.5			9	10	1.0			21	22	0.2
		2	3	5.0			19	20	0.7			10	11	1.1			22	23	0.1
		3	4	3.2			20	21	3.5			11	12	0.1		21	6	7	0.2
		4	5	2.5			21	22	0.1			12	13	0.1			7	8	1.8
		5	6	1.9	9	1	7	8	0.1			13	14	0.7		25	22	23	0.1
		6	7	0.1			15	16	8.9			14	15	0.5		26	5	6	0.1
		7	8	1.0			16	17	2.9			15	16	0.4			22	23	0.1

2012　滚　河　柏庄站

月	日	起	止	降水量(mm)	月	日	起	止	降水量(mm)	月	日	起	止	降水量(mm)	月	日	起	止	降水量(mm)
4	23	8	20	8.3	5	29	14	15	1.4	6	28	18	19	0.7	7	1	10	11	0.4
		20	8	50.8			15	16	0.4			19	20	0.3			11	12	0.3
	24	8	20	1.8			16	17	0.2			20	21	0.2			12	13	0.7
	30	20	8	6.2	6	10	23	24	0.5			21	22	0.3		2	2	3	0.9
5	1	8	9	0.2			24	2	3	0.5		29	1	2	0.1			3	4	1.8
	7	9	10	1.0			3	4	0.1			5	6	0.1			4	5	0.1
		10	11	0.4		26	19	20	0.3			6	7	0.1			5	6	0.3
		11	12	0.7		27	14	15	0.1		30	0	1	0.2			6	7	0.4
		20	21	1.7			15	16	0.1			1	2	0.1			7	8	0.1
		21	22	0.1			16	17	0.7			2	3	0.3			8	9	0.1
	12	3	4	0.4			17	18	0.8			3	4	0.2			12	13	11.1
		4	5	2.6			18	19	0.4			4	5	1.5			13	14	1.6
		5	6	1.9			19	20	0.4			5	6	6.0			16	17	3.0
		6	7	0.5			22	23	0.2			6	7	5.8			17	18	0.9
		7	8	1.0			23	24	0.4			7	8	4.8			18	19	0.8
		8	9	2.8		28	0	1	0.4			8	9	0.5			19	20	0.1
		9	10	0.6			1	2	1.1			9	10	2.5		4	7	8	0.3
		10	11	0.2			2	3	0.4			10	11	4.8			17	18	0.3
		11	12	0.3			3	4	0.3			11	12	4.2			18	19	1.7
		12	13	0.8			4	5	0.4			12	13	1.7			19	20	7.0
		13	14	0.3			5	6	0.3			13	14	1.7			20	21	9.7
		20	21	0.1			6	7	1.1			14	15	2.8			21	22	4.6
	14	3	4	0.2			7	8	0.1			15	16	2.1			22	23	7.9
	24	17	18	0.1			8	9	0.1			16	17	0.9			23	24	0.7
	29	7	8	0.3			9	10	0.1			17	18	0.2		5	2	3	0.4
		8	9	1.2			11	12	1.1			18	19	0.1			4	5	10.8
		9	10	1.4			12	13	0.1			20	21	0.1			5	6	1.5
		10	11	2.0			14	15	0.5			21	22	0.2			6	7	0.7
		11	12	2.5			15	16	0.2			22	23	0.1			8	9	0.1
		12	13	1.0			16	17	0.2			23	24	0.1			9	10	0.4
		13	14	0.8			17	18	0.5	7	1	9	10	5.7			10	11	10.4

降 水 量 摘 录 表

月	日	起	止	降水量(mm)	月	日	起	止	降水量(mm)	月	日	起	止	降水量(mm)	月	日	起	止	降水量(mm)
7	5	11	12	7.0	7	25	18	19	0.8	8	20	12	13	0.7	9	8	0	1	0.3
		12	13	7.4		31	16	17	8.0			13	14	9.3			1	2	4.4
		13	14	9.9			17	18	2.6			14	15	5.5			2	3	2.8
		14	15	4.9			18	19	13.9			15	16	0.1			3	4	1.4
		15	16	0.1			19	20	0.9			23	24	0.4			4	5	4.1
	7	5	6	0.9			21	22	0.5		21	0	1	2.4			5	6	6.6
		7	8	1.1			22	23	0.3			1	2	4.9			6	7	7.5
		8	9	2.1	8	2	4	5	0.9			2	3	5.2			7	8	8.8
		9	10	0.7			6	7	0.1			3	4	2.4			8	9	2.4
		17	18	3.2		4	12	13	0.7			4	5	2.1			9	10	1.2
		18	19	7.6			13	14	0.6			5	6	1.4			10	11	0.8
	8	0	1	0.2			14	15	1.6			6	7	0.3			11	12	0.2
		9	10	0.1			15	16	0.3			7	8	3.1			13	14	0.5
		17	18	1.1			19	20	0.2			8	9	3.8			14	15	0.7
		19	20	7.0			20	21	7.9			9	10	0.7			15	16	0.1
		20	21	1.0			22	23	15.8		25	21	22	0.1			16	17	0.1
		21	22	2.5			23	24	3.3		26	8	9	0.2		9	6	7	0.1
	9	8	9	0.1		5	0	1	0.7			17	18	0.1		11	6	7	0.3
		21	22	0.1			8	9	1.0			18	19	0.2			7	8	0.4
	10	11	12	0.1			13	14	0.3			19	20	0.1			8	9	0.3
		12	13	0.8		13	18	19	0.3			21	22	1.8			9	10	0.7
		13	14	0.1			22	23	0.1			22	23	1.6			10	11	5.4
	11	8	9	0.1			23	24	0.1			23	24	0.4			11	12	3.7
	13	13	14	0.1		14	0	1	0.2		27	0	1	0.1			12	13	3.2
		14	15	0.6			1	2	0.3			2	3	1.7			13	14	2.9
		15	16	0.1			2	3	0.1			3	4	0.2			14	15	2.6
		21	22	0.7			3	4	0.1			6	7	0.1			15	16	3.0
		22	23	1.9			5	6	0.1		31	16	17	0.4			16	17	0.9
		23	24	0.2			6	7	0.1			17	18	0.7			17	18	0.4
	14	0	1	0.1			7	8	0.1			18	19	1.0			18	19	0.4
	22	6	7	6.0			8	9	0.2			19	20	0.5			19	20	0.3
		7	8	2.8		15	1	2	0.1			20	21	0.6			20	21	0.8
		8	9	1.4			3	4	0.1	9	1	16	17	14.7	12	5	5	6	0.1
		9	10	4.2		20	1	2	0.6		2	0	1	0.4		20	15	16	0.1
		10	11	0.1			2	3	9.1			1	2	9.6		21	4	5	0.3
	24	8	9	0.1			3	4	3.0			2	3	3.1			5	6	0.2
		18	19	0.6			6	7	0.1			3	4	0.9			6	7	2.7
		19	20	0.6			7	8	0.1			4	5	2.7			7	8	0.4
	25	8	9	0.1			9	10	0.2			5	6	3.3					
		17	18	25.3								6	7	1.1					

2012　滚　河　石漫滩站

月	日	起	止	降水量(mm)	月	日	起	止	降水量(mm)	月	日	起	止	降水量(mm)	月	日	起	止	降水量(mm)
4	30	8	20	1.4	5	12	8	9	0.5	5	29	14	15	1.5	6	28	2	3	0.4
		20	8	4.7			9	10	0.7			15	16	0.5			3	4	0.8
5	1	8	9	0.1			10	11	0.3			16	17	0.2			4	5	0.7
		9	10	0.1			11	12	0.4	6	10	23	24	1.5			5	6	1.2
	7	9	10	1.1			12	13	0.9		11	0	1	0.2			6	7	2.4
		10	11	0.2			13	14	0.4		25	22	23	0.1			7	8	0.5
		11	12	0.6			19	20	0.1		27	14	15	0.1			8	9	0.5
		13	14	0.1		14	3	4	0.2			16	17	0.6			9	10	0.5
		20	21	0.7		24	16	17	0.3			17	18	0.5			10	11	0.2
		21	22	0.2		29	7	8	0.3			18	19	0.9			12	13	0.1
	8	6	7	0.1			8	9	1.7			19	20	0.4			13	14	0.2
	12	3	4	1.0			9	10	1.1			20	21	0.2			14	15	0.7
		4	5	1.0			10	11	2.2			22	23	0.2			15	16	1.2
		5	6	1.5			11	12	4.0			23	24	0.3			16	17	0.7
		6	7	0.5			12	13	1.3		28	0	1	0.7			17	18	0.6
		7	8	0.5			13	14	0.8			1	2	1.6			18	19	1.0

降 水 量 摘 录 表

月	日	起	止	降水量(mm)	月	日	起	止	降水量(mm)	月	日	起	止	降水量(mm)	月	日	起	止	降水量(mm)
6	28	19	20	0.6	7	5	2	3	0.1	8	4	11	12	0.1	8	31	9	10	0.1
		20	21	0.4			4	5	7.8			14	15	1.2			15	16	0.1
		21	22	0.3			5	6	0.9			20	21	6.0			16	17	0.7
		23	24	0.1			6	7	0.4			22	23	22.2			17	18	1.0
	29	0	1	0.3			8	9	0.1			23	24	0.4			18	19	0.4
		1	2	0.1			9	10	1.0		5	0	1	0.7			19	20	0.7
		4	5	0.1			10	11	7.0			5	6	0.1			20	21	0.1
		5	6	0.1			11	12	7.7			8	9	0.2	9	1	16	17	8.6
		6	7	0.1			12	13	5.7			11	12	0.2			17	18	0.2
		18	19	0.4			13	14	9.4		13	22	23	0.2			18	19	0.1
	30	0	1	0.3			14	15	6.0			23	24	0.1		2	1	2	2.6
		2	3	0.2			15	16	0.3		14	0	1	0.3			2	3	0.6
		3	4	0.1			19	20	0.1			1	2	0.3			3	4	0.9
		4	5	1.7		7	5	6	2.5			2	3	0.5			4	5	2.6
		5	6	3.6			7	8	0.8			3	4	0.1			5	6	2.7
		6	7	5.4			8	9	1.5			5	6	0.1			6	7	2.7
		7	8	6.1			9	10	0.5			6	7	0.2			7	8	0.1
		8	9	0.6			18	19	2.3			7	8	0.5		7	23	24	0.1
		9	10	1.3			20	21	0.1			8	9	0.2		8	0	1	0.1
		10	11	2.8		8	0	1	0.5			18	19	0.1			1	2	4.2
		11	12	3.8			15	16	0.8		15	1	2	4.0			2	3	3.1
		12	13	1.8			16	17	0.1			3	4	0.3			3	4	1.4
		13	14	2.0			17	18	0.2			6	7	0.1			4	5	4.3
		14	15	2.5			18	19	3.5		20	2	3	11.7			5	6	6.0
		15	16	1.7			19	20	16.9			3	4	4.2			6	7	6.4
		16	17	1.0			20	21	0.1			4	5	0.2			7	8	10.3
		17	18	0.2			21	22	0.1			7	8	0.1			8	9	2.4
		18	19	0.1		9	2	3	0.1			9	10	0.2			9	10	1.3
		20	21	0.1			18	19	0.1			12	13	0.4			10	11	0.8
		21	22	0.2			21	22	39.5			13	14	3.9			11	12	0.2
		22	23	0.3			22	23	0.2			14	15	11.5			13	14	0.6
7	1	7	8	0.1		10	6	7	0.1			15	16	0.1			14	15	0.6
		8	9	0.3			12	13	0.7			23	24	1.7			15	16	0.2
		9	10	6.2			18	19	0.1		21	0	1	1.3		11	5	6	0.1
		10	11	0.9		13	13	14	0.1			1	2	5.6			6	7	0.2
		11	12	1.0			14	15	0.6			2	3	6.6			7	8	0.3
		12	13	2.0			17	18	0.1			3	4	5.0			8	9	0.3
	2	1	2	0.1			23	24	10.2			4	5	5.0			9	10	0.9
		2	3	0.7		14	0	1	3.4			5	6	2.0			10	11	3.9
		3	4	1.6			1	2	0.7			6	7	0.3			11	12	4.2
		5	6	0.4			5	6	0.1			7	8	1.1			12	13	6.0
		6	7	0.1		22	6	7	2.9			8	9	2.5			13	14	2.8
		7	8	0.1			7	8	1.2			9	10	0.8			14	15	3.0
		12	13	7.0			8	9	4.2			10	11	0.1			15	16	4.9
		13	14	10.5			9	10	5.1		25	21	22	0.1			16	17	0.6
		16	17	1.9			10	11	1.1		26	8	9	0.1			17	18	0.5
		17	18	0.6		24	18	19	1.1			16	17	0.4			18	19	0.2
		18	19	0.9			19	20	0.8			17	18	0.1			19	20	0.5
		20	21	0.1		25	17	18	9.7			18	19	0.3			20	21	0.8
	3	15	16	0.1		26	7	8	0.1			19	20	0.1		12	7	8	0.1
	4	15	16	0.1		31	18	19	0.8			20	21	0.1		21	4	5	0.2
		18	19	2.5			19	20	0.1			21	22	0.1			5	6	0.1
		19	20	11.2			21	22	10.4			22	23	0.9			6	7	0.7
		20	21	5.5			22	23	0.7			23	24	0.1			7	8	0.3
		21	22	10.0			23	24	0.1		27	1	2	0.7		25	22	23	0.2
		22	23	2.7	8	1	5	6	0.1			17	18	7.9					
		23	24	0.3		4	10	11	0.2		28	7	8	0.1					

降 水 量 摘 录 表

2012 滚 河 袁门站

月	日	起	止	降水量(mm)	月	日	起	止	降水量(mm)	月	日	起	止	降水量(mm)	月	日	起	止	降水量(mm)
4	30	8	20	2.3	6	28	7	8	0.4	7	2	17	18	0.9	7	22	7	8	0.5
		20	8	4.5			8	9	0.4			18	19	0.9			8	9	3.8
5	1	8	9	0.1			9	10	0.4			19	20	0.2			9	10	3.6
		10	11	0.2			10	11	0.2		3	5	6	0.1			10	11	0.5
	7	9	10	0.2			11	12	0.3		4	18	19	13.5		24	18	19	2.5
		10	11	1.3			13	14	0.2			19	20	7.0			19	20	1.4
		11	12	1.1			14	15	0.6			20	21	3.5		25	17	18	10.3
		20	21	0.8			15	16	0.9			21	22	11.8		31	18	19	6.6
		21	22	0.1			16	17	1.2			22	23	1.1			20	21	0.1
	12	3	4	0.2			17	18	0.3			23	24	2.3			21	22	8.6
		4	5	1.7			18	19	0.9		5	4	5	5.7			22	23	0.1
		5	6	2.9			19	20	0.3			5	6	1.6	8	4	10	11	0.1
		6	7	1.0			20	21	0.3			6	7	0.2			11	12	0.2
		7	8	0.8			21	22	0.3			7	8	0.1			14	15	1.5
		8	9	0.6			22	23	0.1			8	9	0.5			18	19	0.1
		9	10	0.4			23	24	0.1			9	10	0.3			20	21	3.3
		10	11	0.5		29	0	1	0.2			10	11	11.4			21	22	0.2
		11	12	0.6			1	2	0.3			11	12	13.2			22	23	41.1
		12	13	1.1			2	3	0.1			12	13	7.7			23	24	0.9
		13	14	0.5			3	4	0.1			13	14	9.7		5	0	1	0.2
		14	15	0.2			4	5	0.1			14	15	6.5			1	2	0.1
	14	0	1	0.1			7	8	0.1			15	16	0.5			4	5	0.1
		1	2	0.1			18	19	0.4		6	0	1	0.1			5	6	0.1
		3	4	0.2		30	0	1	0.3		7	5	6	5.7			7	8	0.7
		4	5	0.1			2	3	0.2			7	8	0.7			8	9	0.1
	24	16	17	0.1			3	4	0.1			8	9	1.5			11	12	0.1
	29	7	8	0.2			4	5	2.1			9	10	0.5			20	21	0.1
		8	9	1.1			5	6	3.4			17	18	0.3		13	16	17	0.3
		9	10	1.9			6	7	5.7			18	19	0.1			17	18	0.2
		10	11	2.5			7	8	5.8			19	20	0.1			18	19	0.3
		11	12	1.5			8	9	0.3			20	21	1.0			19	20	0.1
		12	13	3.6			9	10	0.8	8	5	6	0.1			20	21	0.1
		13	14	2.9			10	11	1.6			16	17	0.1			21	22	0.1
		14	15	1.5			11	12	2.3			17	18	0.4			22	23	0.9
		15	16	0.5			12	13	1.3			18	19	0.4			23	24	0.1
		16	17	0.2			13	14	1.6			19	20	15.1		14	1	2	0.7
6	6	5	6	0.2			14	15	0.9			20	21	0.9			6	7	0.1
	24	2	3	0.1			15	16	0.8	9	6	7	0.1			8	9	0.1
	27	3	4	0.2			16	17	1.6			20	21	2.9			9	10	0.1
		14	15	0.1			17	18	0.8			21	22	19.9		15	1	2	1.7
		15	16	0.2			18	19	0.1	10	0	1	0.1			2	3	2.3
		16	17	1.1			19	20	0.1			12	13	0.4			3	4	0.6
		17	18	0.7			20	21	0.1			13	14	0.1		20	1	2	0.2
		18	19	0.9			22	23	0.6	14	0	1	16.1			2	3	13.7
		19	20	0.4	7	1	5	6	0.1			1	2	1.0			3	4	2.3
		20	21	0.3			8	9	0.3			2	3	0.1			4	5	0.1
		21	22	0.2			9	10	5.0	20	16	17	1.0			6	7	0.1
		22	23	0.4			10	11	3.5			17	18	0.2			7	8	0.1
		23	24	1.1			11	12	2.9			18	19	0.1			11	12	1.3
	28	0	1	1.0			12	13	3.1			20	21	0.1			12	13	4.5
		1	2	2.0		2	2	3	0.3			22	23	0.1			13	14	4.1
		2	3	0.4			3	4	1.0	21	1	2	0.1			14	15	5.1
		3	4	0.5			5	6	1.4			4	5	0.1			15	16	0.5
		4	5	1.0			6	7	0.1			7	8	0.1			23	24	1.6
		5	6	2.2			13	14	2.0	22	5	6	0.2	21	0	1	2.1
		6	7	0.5			16	17	4.5			6	7	0.5			1	2	7.8

降 水 量 摘 录 表

月	日	时或时分 起	时或时分 止	降水量 (mm)	月	日	时或时分 起	时或时分 止	降水量 (mm)	月	日	时或时分 起	时或时分 止	降水量 (mm)	月	日	时或时分 起	时或时分 止	降水量 (mm)
8	21	2	3	5.6	8	27	4	5	0.1	9	2	6	7	1.6	9	11	8	9	0.2
		3	4	6.1			17	18	1.5		7	18	19	0.1			9	10	1.1
		4	5	4.6			18	19	6.0		8	0	1	0.5			10	11	3.7
		5	6	5.4			22	23	0.1			1	2	3.9			11	12	4.0
		6	7	0.4		31	16	17	0.2			2	3	4.3			12	13	2.1
		7	8	1.2			17	18	1.3			3	4	1.4			13	14	2.4
		8	9	3.8			18	19	3.5			4	5	4.0			14	15	3.2
		9	10	1.0			19	20	6.1			5	6	7.2			15	16	4.5
	22	0	1	0.1			20	21	1.1			6	7	5.8			16	17	1.4
	26	16	17	0.2			21	22	0.1			7	8	10.3			17	18	0.2
		17	18	0.3			23	24	0.1			8	9	3.0			18	19	0.1
		18	19	0.6	9	1	1	2	0.1			9	10	1.0			19	20	0.2
		19	20	0.1			16	17	2.9			10	11	1.1			20	21	0.8
		20	21	0.2			17	18	0.1			11	12	0.2			23	24	0.1
		21	22	0.2		2	1	2	8.7			13	14	0.1		12	4	5	0.1
		22	23	0.4			2	3	1.1			14	15	0.4		20	12	13	0.7
		23	24	0.1			3	4	0.1			15	16	0.2		25	22	23	0.2
	27	1	2	0.2			4	5	3.2			16	17	0.2		26	21	22	0.1
		2	3	0.1			5	6	3.5		11	7	8	0.5					

2013 滚 河 刀子岭站

月	日	时或时分 起	时或时分 止	降水量 (mm)	月	日	时或时分 起	时或时分 止	降水量 (mm)	月	日	时或时分 起	时或时分 止	降水量 (mm)	月	日	时或时分 起	时或时分 止	降水量 (mm)
5	5	20	21	0.9	5	8	17	18	0.1	5	26	6	7	3.2	6	10	10	11	0.4
		21	22	1.2			18	19	0.4			7	8	2.2			11	12	0.4
		22	23	0.2			19	20	0.5			8	9	1.0			12	13	0.6
		23	24	1.2			20	21	0.7			9	10	3.6			13	14	0.4
	6	0	1	1.2			21	22	0.4			10	11	3.7			14	15	0.2
		1	2	0.6			22	23	0.1			11	12	0.8			15	16	0.1
		2	3	0.2		17	16	17	0.1			12	13	6.5			16	17	0.1
		19	20	0.7			17	18	0.3			13	14	2.6			21	22	0.1
		20	21	0.1			18	19	0.1			14	15	1.3		23	8	9	0.3
	7	6	7	0.5			19	20	0.7			15	16	0.5			9	10	1.0
		7	8	0.2			20	21	0.6			16	17	0.8			10	11	0.4
		8	9	0.2			21	22	0.8			17	18	0.7			11	12	0.1
		10	11	0.6			22	23	2.4			18	19	0.1			12	13	0.1
		11	12	0.1			23	24	3.0		28	22	23	0.5			21	22	0.1
		12	13	0.5		18	0	1	2.4			23	24	2.1		24	16	17	1.6
		13	14	2.9			1	2	0.9		29	2	3	1.9			17	18	1.6
		14	15	0.4			2	3	0.1			3	4	1.3			18	19	1.2
		15	16	0.2			4	5	0.1			5	6	0.5			19	20	2.0
		16	17	0.1			8	9	0.1			15	16	0.6			20	21	1.4
		17	18	0.3			10	11	0.1			16	17	0.7			21	22	0.3
		18	19	1.1		25	12	13	0.5			17	18	0.2			22	23	1.7
		19	20	1.3			13	14	1.7			18	19	0.1			23	24	1.3
		20	21	0.9			14	15	2.6			20	21	0.1		25	0	1	1.5
		21	22	0.9			15	16	1.4		30	18	19	0.2			1	2	1.1
		22	23	0.9			16	17	1.6			19	20	1.4			2	3	1.3
		23	24	1.0			17	18	1.1			21	22	0.1			3	4	2.5
	8	0	1	0.8			18	19	0.7		31	4	5	0.1			4	5	0.6
		1	2	0.8			19	20	0.1	6	6	13	14	0.1			5	6	1.0
		2	3	0.8			21	22	1.7		7	4	5	0.1			6	7	1.8
		3	4	0.4			22	23	6.1			5	6	1.6			7	8	0.4
		4	5	0.4			23	24	4.6			7	8	0.3		30	22	23	1.2
		5	6	0.6		26	0	1	2.8		10	2	3	0.9			23	24	2.3
		6	7	0.3			1	2	5.6			3	4	0.7	7	1	0	1	1.2
		7	8	0.4			2	3	5.8			4	5	2.4		4	17	18	9.7
		8	9	0.5			3	4	6.3			5	6	4.5			18	19	9.7
		9	10	0.2			4	5	6.4			6	7	0.4			21	22	0.2
		13	14	0.1			5	6	5.5			7	8	0.4			22	23	0.3

降 水 量 摘 录 表

月	日	时或时分		降水量	月	日	时或时分		降水量	月	日	时或时分		降水量	月	日	时或时分		降水量
		起	止	(mm)			起	止	(mm)			起	止	(mm)			起	止	(mm)
7	11	17	18	1.1	7	20	12	13	0.3	8	25	0	1	2.2	9	8	21	22	0.6
		18	19	0.1			13	14	0.1			1	2	2.8			22	23	1.0
	12	18	19	1.2			14	15	0.1			2	3	0.3			23	24	0.9
		19	20	0.1			16	17	15.8			4	5	1.3		9	0	1	0.9
		21	22	0.2			17	18	19.6			5	6	2.9			1	2	0.1
	14	23	24	0.1		22	16	17	1.0			6	7	0.5			2	3	0.7
		1	2	0.3			17	18	5.3			7	8	6.5			3	4	0.9
		2	3	0.5			18	19	2.4			8	9	3.5			4	5	1.2
		3	4	0.4			19	20	2.5			9	10	2.1			5	6	0.2
		4	5	0.5			20	21	0.1			10	11	1.2			7	8	0.1
		5	6	0.4		29	13	14	1.2			11	12	1.3			8	9	1.3
		6	7	0.6			14	15	0.5			12	13	1.0			9	10	1.2
		7	8	0.6			20	21	4.8			13	14	1.6			10	11	1.0
		9	10	0.1			21	22	27.7			14	15	0.7			11	12	1.7
		11	12	0.1			22	23	0.3			15	16	0.8			12	13	0.7
		15	16	1.2			23	24	1.3			16	17	0.4			13	14	1.4
		18	19	2.6	8	1	18	19	7.4			17	18	0.1			14	15	1.1
		19	20	0.8			19	20	1.4			18	19	0.2			15	16	1.3
		20	21	0.2			20	21	2.3			21	22	0.1			16	17	0.6
	15	1	2	0.4			21	22	0.9			22	23	0.1			19	20	0.1
	16	0	1	2.0		13	16	17	1.0		26	1	2	0.1		22	6	7	0.1
		1	2	21.9			17	18	0.1			2	3	0.1			7	8	0.2
		2	3	0.2		23	7	8	0.5			7	8	0.1			8	9	0.3
		3	4	12.5			17	18	1.1		28	17	18	1.6			9	10	0.1
		4	5	3.3			18	19	0.9			18	19	0.1			10	11	0.1
		5	6	2.6			19	20	0.6		29	3	4	0.1			17	18	0.1
		6	7	0.2			20	21	2.7			4	5	0.3			19	20	0.1
		7	8	2.2			21	22	0.9			5	6	0.2		23	15	16	1.6
	17	15	16	9.9			22	23	3.6			6	7	0.1			16	17	1.0
		16	17	14.7			23	24	15.6			7	8	0.1			17	18	1.7
		17	18	0.6		24	0	1	2.7	9	4	17	18	0.2			18	19	7.0
		18	19	0.1			1	2	9.6			18	19	0.5			19	20	6.0
	18	7	8	0.2			2	3	12.7			19	20	0.7			20	21	2.6
		8	9	0.1			3	4	14.7			20	21	0.4			21	22	2.8
		9	10	0.1			4	5	28.6			21	22	0.1			22	23	1.0
		14	15	13.2			5	6	13.2			22	23	0.1			23	24	0.2
		15	16	0.5			6	7	9.6			23	24	0.1		24	0	1	0.9
		17	18	3.6			7	8	7.9		8	3	4	0.1			1	2	2.0
		18	19	2.1			8	9	14.7			4	5	1.0			2	3	0.7
		19	20	0.5			9	10	8.6			5	6	0.6			3	4	0.6
		20	21	0.1			10	11	9.6			6	7	1.0			4	5	1.9
		22	23	13.3			11	12	9.6			7	8	2.3			5	6	1.2
		23	24	0.1			12	13	9.1			8	9	1.9			6	7	0.2
	19	4	5	0.1			13	14	6.6			9	10	0.6			7	8	1.2
		7	8	0.1			14	15	3.6			10	11	0.8			8	9	1.2
		11	12	0.6			15	16	1.9			11	12	0.1			9	10	1.6
		12	13	0.2			16	17	0.8			12	13	0.8			10	11	0.2
		14	15	0.5			17	18	1.5			13	14	1.7			11	12	0.1
		15	16	0.1			18	19	1.5			14	15	1.9			12	13	0.1
	20	1	2	2.6			19	20	0.5			15	16	3.0			17	18	0.1
		2	3	1.1			20	21	0.1			16	17	3.2		27	14	15	0.3
		5	6	0.1			21	22	1.0			17	18	2.5			15	16	0.1
		6	7	0.9			22	23	0.7			18	19	0.2					
		7	8	0.1			23	24	8.7			19	20	1.1					
		9	10	0.5								20	21	0.7					

2013 滚 河 尚店站

月	日	起	止	降水量	月	日	起	止	降水量	月	日	起	止	降水量	月	日	起	止	降水量
5	5	20	21	0.5	5	5	22	23	0.1	5	6	0	1	0.9	5	6	2	3	0.1
		21	22	0.4			23	24	1.3			1	2	0.3			6	7	0.1

降 水 量 摘 录 表

月	日	起	止	(mm)	月	日	起	止	(mm)	月	日	起	止	(mm)	月	日	起	止	(mm)
5	6	20	21	0.3	5	29	3	4	0.8	7	12	19	20	0.2	8	12	23	24	0.9
	7	5	6	0.5			4	5	0.3		14	19	20	4.0		13	7	8	0.1
		6	7	0.2			7	8	0.1			20	21	0.2		23	18	19	0.2
		8	9	0.4			14	15	0.2			21	22	0.1			19	20	0.5
		9	10	0.4			15	16	1.9		16	0	1	17.8			20	21	0.2
		11	12	0.1			16	17	1.1			1	2	9.8			21	22	2.1
		13	14	0.5			17	18	0.2			2	3	0.2			22	23	0.6
		14	15	1.7		30	18	19	0.3			3	4	1.7			23	24	3.8
		15	16	0.4			19	20	1.4			4	5	5.8		24	0	1	0.5
		16	17	0.2			20	21	0.1			5	6	1.1			1	2	0.6
		19	20	0.4	6	10	21	22	0.1			6	7	0.4			2	3	2.1
		20	21	0.2			2	3	0.3			7	8	0.7			3	4	4.4
		21	22	0.3			3	4	0.5		17	17	18	12.0			4	5	16.5
		22	23	0.5			4	5	0.7			18	19	0.1			5	6	20.9
		23	24	0.1			5	6	0.9			19	20	0.3			6	7	14.2
	8	1	2	0.1			6	7	0.7			21	22	0.1			7	8	1.9
		2	3	0.1			7	8	4.4		18	8	9	0.2			8	9	4.7
		4	5	0.1			8	9	0.4			9	10	0.1			9	10	5.7
		11	12	0.1			10	11	0.1			14	15	33.6			10	11	5.7
		21	22	0.1			11	12	0.3			15	16	19.1			11	12	6.1
		23	24	0.1			12	13	0.4			16	17	0.1			12	13	4.0
	17	19	20	0.3			13	14	0.3			17	18	17.5			13	14	2.7
		20	21	0.8			14	15	0.1			18	19	6.7			14	15	2.1
		21	22	1.0			15	16	0.1			19	20	1.1			15	16	0.8
		22	23	2.0			17	18	0.1			21	22	0.1			16	17	0.4
	18	23	24	2.0	23	8	9	0.9			22	23	2.2			17	18	1.7
		0	1	1.8			9	10	1.2			23	24	0.6			18	19	6.5
		1	2	1.3			10	11	0.4		19	0	1	0.3			19	20	4.2
		2	3	0.3		24	15	16	0.6			3	4	0.1			20	21	0.2
		3	4	0.1			16	17	1.3			4	5	0.1			21	22	1.6
		5	6	0.1			17	18	0.6			5	6	0.1			22	23	0.8
	25	12	13	2.0			18	19	0.6			7	8	0.1			23	24	0.2
		13	14	3.0			19	20	1.3			8	9	0.3	25	0	1	13.1
		14	15	1.0			20	21	2.0			9	10	0.4			1	2	6.5
		15	16	3.4			21	22	1.2			10	11	0.1			2	3	6.3
		16	17	1.6			22	23	2.4			11	12	0.1			3	4	3.9
		17	18	1.0			23	24	2.2			13	14	0.9			4	5	4.3
		18	19	0.9	25	0	1	1.5			14	15	0.3			5	6	1.5
		19	20	0.2			1	2	1.3	20	1	2	0.7			6	7	1.6
		20	21	0.1			2	3	2.3			2	3	0.1			7	8	0.7
		21	22	1.3			3	4	1.9			10	11	0.1			8	9	0.3
		22	23	4.7			4	5	0.5			16	17	28.9			9	10	0.1
		23	24	9.1			5	6	0.3			17	18	16.8			10	11	0.4
	26	0	1	5.2			6	7	0.1			18	19	0.2			11	12	0.5
		1	2	4.2			7	8	0.1			20	21	0.2			12	13	0.4
		2	3	5.7	30	15	16	0.6	22	16	17	1.0			13	14	0.1
		3	4	4.9			16	17	0.1			17	18	0.4			14	15	0.2
		4	5	4.2			18	19	0.1			18	19	3.0			15	16	0.4
		5	6	2.5			22	23	0.4			19	20	0.3			16	17	0.2
		6	7	1.9			23	24	3.2	23	7	8	0.3			18	19	0.1
		7	8	0.9	7	1	0	1	2.4	29	21	22	7.1	26	3	4	0.1
		8	9	1.4			1	2	0.3			22	23	7.7	28	7	8	0.2
		9	10	8.6			6	7	0.1			23	24	14.0			17	18	1.0
		10	11	1.1		4	17	18	32.9	30	2	3	1.3			18	19	0.1
		11	12	0.1			18	19	2.0			4	5	0.1	9	4	15	16	0.1
		12	13	1.3			19	20	0.1	8	1	18	19	13.5			16	17	0.2
		13	14	2.5			21	22	0.4			19	20	6.1			17	18	0.3
		14	15	3.5			22	23	0.2			20	21	1.3			18	19	0.5
		15	16	0.5		5	5	6	0.1			21	22	2.4			19	20	0.5
		16	17	0.2		8	15	16	0.3			22	23	0.3			20	21	0.5
		17	18	0.2		11	21	22	23.8		8	23	24	0.3			21	22	0.2
		20	21	0.1			22	23	0.2		9	0	1	2.8			22	23	0.1
	28	23	24	0.5		12	18	19	27.4		12	21	22	3.6		5	0	1	0.1
	29	0	1	0.2								22	23	2.2		8	3	4	0.1

降 水 量 摘 录 表

月	日	起	止	降水量(mm)	月	日	起	止	降水量(mm)	月	日	起	止	降水量(mm)	月	日	起	止	降水量(mm)
9	8	4	5	0.7	9	8	20	21	0.7	9	9	14	15	0.6	9	24	2	3	0.1
		5	6	0.4			21	22	1.4			15	16	1.8			3	4	0.3
		6	7	1.5			22	23	1.3			16	17	0.2			4	5	0.5
		7	8	1.3			23	24	1.1		12	2	3	0.1			5	6	0.7
		8	9	2.5		9	0	1	0.4		22	9	10	0.4			6	7	0.7
		9	10	0.5			1	2	0.2			10	11	0.1			7	8	0.1
		10	11	0.1			2	3	0.8		23	14	15	0.3			8	9	0.4
		11	12	0.4			3	4	2.0			15	16	0.1			9	10	0.9
		12	13	0.3			4	5	0.8			18	19	0.1			10	11	0.7
		13	14	2.1			5	6	0.1			19	20	0.9			12	13	0.1
		14	15	1.5			8	9	0.7			20	21	0.7		27	9	10	0.2
		15	16	1.9			9	10	0.6			21	22	1.5			10	11	0.1
		16	17	2.1			10	11	1.4			22	23	1.8			14	15	0.1
		17	18	2.1			11	12	1.0			23	24	1.0			15	16	0.2
		18	19	0.4			12	13	1.5		24	0	1	0.1					
		19	20	1.2			13	14	1.7			1	2	0.4					

2013　滚　河　柏庄站

月	日	起	止	降水量(mm)	月	日	起	止	降水量(mm)	月	日	起	止	降水量(mm)	月	日	起	止	降水量(mm)
5	5	19	20	0.1	5	25	15	16	3.1	6	10	4	5	0.4	6	30	22	23	1.4
		20	21	0.5			16	17	3.5			5	6	1.0			23	24	2.9
		21	22	0.2			17	18	1.9			6	7	1.3	7	1	0	1	1.4
		22	23	0.1			18	19	0.8			7	8	1.5		4	17	18	27.6
		23	24	1.3			19	20	0.4			8	9	0.2			18	19	1.4
	6	0	1	1.6			20	21	0.1			9	10	0.2			19	20	0.1
		1	2	0.8			21	22	2.9			10	11	0.4			20	21	0.2
		20	21	0.2			22	23	5.5			11	12	0.3			21	22	0.5
	7	5	6	0.7			23	24	9.1			12	13	0.4			22	23	0.3
		7	8	0.1		26	0	1	4.8			13	14	0.4			23	24	0.1
		8	9	0.3			1	2	7.0			14	15	0.2		8	9	10	0.1
		9	10	0.6			2	3	5.4			15	16	0.1			15	16	0.1
		10	11	0.1			3	4	4.9			16	17	0.1		11	17	18	1.9
		12	13	0.9			4	5	4.6		11	20	21	0.1			18	19	0.1
		13	14	0.2			5	6	4.4			22	23	0.3			21	22	5.3
		14	15	3.9			6	7	1.7		22	20	21	0.3			22	23	2.8
		15	16	1.3			7	8	2.2		23	7	8	0.6		12	17	18	1.2
		16	17	0.3			8	9	1.8			8	9	1.3			18	19	15.9
		17	18	0.1			9	10	5.7			9	10	0.2		14	19	20	3.4
		18	19	0.2			10	11	1.1			12	13	0.3			20	21	0.2
		19	20	0.1			11	12	1.1		24	14	15	0.1		15	23	24	0.2
		21	22	0.1			12	13	3.0			15	16	0.1		16	0	1	10.4
		22	23	0.1			13	14	2.4			16	17	0.5			1	2	11.0
	8	20	21	0.5			14	15	2.7			17	18	0.5			2	3	0.2
	17	18	19	0.1			15	16	0.2			18	19	0.5			3	4	3.0
		19	20	0.5		29	0	1	0.3			19	20	0.6			4	5	2.9
		20	21	0.9			3	4	0.3			20	21	4.4			5	6	1.8
		21	22	1.4			4	5	0.1			21	22	2.3			6	7	0.3
		22	23	1.6			14	15	0.5			22	23	2.4		17	17	18	1.1
		23	24	1.5			15	16	1.7			23	24	3.4			18	19	0.1
	18	0	1	2.5			16	17	0.8		25	0	1	0.9		18	13	14	4.4
		1	2	1.1			17	18	0.1			1	2	0.8			14	15	39.3
		2	3	1.1		30	18	19	0.4			2	3	0.6			15	16	0.5
		3	4	0.1			19	20	1.2			3	4	1.3			17	18	16.9
		7	8	0.2			21	22	0.3			4	5	1.5			18	19	1.7
	25	8	9	0.1	6	10	0	1	0.2			5	6	0.2			19	20	0.3
		11	12	0.1			1	2	0.3			6	7	0.1		19	23	24	0.9
		12	13	0.7			2	3	0.5			7	8	0.2			1	2	0.1
		13	14	2.9			3	4	1.0		30	14	15	0.4			3	7	0.1
		14	15	1.7								15	16	0.1			7	8	0.9

降 水 量 摘 录 表

月	日	起	止	降水量(mm)	月	日	起	止	降水量(mm)	月	日	起	止	降水量(mm)	月	日	起	止	降水量(mm)
7	19	8	9	0.2	8	13	17	18	0.1	8	25	12	13	0.6	9	9	3	4	2.1
		9	10	1.3			22	23	0.1			13	14	0.2			4	5	0.3
		10	11	0.5		23	20	21	0.2			14	15	0.1			5	6	0.1
		11	12	0.2			21	22	2.3			15	16	0.1			9	10	0.2
		12	13	0.1			22	23	2.2			16	17	0.2			10	11	1.4
	20	13	14	0.1			23	24	8.4			20	21	0.1			11	12	1.2
		2	3	0.3		24	0	1	14.7		28	7	8	0.3			12	13	0.6
		7	8	0.1			1	2	8.8			17	18	0.7			13	14	1.9
		8	9	0.1			2	3	17.0		29	8	9	0.1			14	15	0.9
		9	10	0.2			3	4	17.0			9	10	0.3			15	16	1.3
		11	12	0.1			4	5	13.0	9	4	15	16	0.2			16	17	1.2
		14	15	0.7			5	6	18.9			16	17	0.4			17	18	0.1
		15	16	5.9			6	7	11.0			17	18	0.2		23	2	3	0.1
		16	17	39.1			7	8	7.0			18	19	0.3			3	4	0.1
		17	18	0.6			8	9	4.6			19	20	0.3			7	8	0.1
	21	7	8	0.1			9	10	5.5			20	21	0.4			14	15	0.1
	22	14	15	0.1			10	11	4.7			21	22	0.1			15	16	0.6
		16	17	0.3			11	12	7.4			22	23	0.1			16	17	0.1
		17	18	0.6			12	13	2.6		7	18	19	0.1			18	19	0.8
		18	19	2.8			13	14	2.3		8	4	5	0.9			19	20	3.4
	29	19	20	0.8			14	15	1.8			5	6	0.8			20	21	2.6
		2	3	0.2			15	16	0.9			6	7	0.6			21	22	1.3
		20	21	0.1			16	17	0.3			7	8	1.9			22	23	0.2
		21	22	6.1			17	18	0.1			8	9	2.3		24	0	1	0.5
		22	23	0.1			19	20	0.3			9	10	0.3			1	2	0.4
	30	23	24	17.9			20	21	0.9			10	11	0.4			2	3	0.5
		0	1	1.2			21	22	0.3			11	12	0.5			3	4	0.2
		1	2	0.2			22	23	0.2			13	14	1.3			4	5	1.1
		2	3	5.5			23	24	0.2			14	15	1.4			5	6	1.3
		3	4	0.1		25	0	1	2.7			15	16	2.5			6	7	0.8
8	1	18	19	14.8			1	2	4.2			16	17	1.7			7	8	0.6
		19	20	1.7			2	3	0.4			17	18	1.0			8	9	1.2
		20	21	2.5			3	4	7.5			18	19	0.4			9	10	0.8
		21	22	0.4			4	5	5.2			19	20	2.0			10	11	0.1
	2	6	7	0.1			5	6	5.8			20	21	1.4			15	16	0.1
	3	0	1	0.1			6	7	2.4			21	22	0.4		27	8	9	0.2
		5	6	0.3			7	8	0.5			22	23	0.8			9	10	0.1
	8	23	24	7.7			8	9	0.1			23	24	1.1			13	14	0.1
	9	0	1	20.2			9	10	0.4		9	0	1	0.4			14	15	0.3
	12	21	22	0.4			10	11	0.3			1	2	0.1			15	16	0.1
		22	23	0.1			11	12	0.3			2	3	0.4					
	13	16	17	1.9															

2013　滚　河　石漫滩站

月	日	起	止	降水量(mm)	月	日	起	止	降水量(mm)	月	日	起	止	降水量(mm)	月	日	起	止	降水量(mm)
5	5	20	21	0.5	5	7	14	15	0.9	5	8	4	5	0.1	5	18	1	2	0.8
		21	22	0.7			15	16	1.0			5	6	0.2			2	3	0.6
		22	23	0.1			16	17	0.3			6	7	0.1			3	4	0.3
		23	24	1.0			17	18	0.1			7	8	0.1			6	7	0.1
	6	0	1	1.4			18	19	0.1			20	21	0.4			7	8	0.1
		1	2	0.3			19	20	0.4		9	0	1	0.1		25	12	13	1.1
		2	3	0.1			20	21	0.3		17	16	17	0.1			13	14	2.2
		6	7	0.1			21	22	0.7			18	19	0.1			14	15	1.1
		20	21	1.3			22	23	0.9			19	20	0.6			15	16	2.3
	7	5	6	0.1			23	24	0.4			20	21	1.1			16	17	2.1
		6	7	0.2		8	0	1	0.3			21	22	0.8			17	18	1.0
		8	9	0.3			1	2	0.5			22	23	2.4			18	19	1.0
		9	10	0.6			2	3	0.5			23	24	1.7			19	20	0.2
		13	14	1.3			3	4	0.2		18	0	1	2.2			20	21	0.1

降 水 量 摘 录 表

月	日	起	止	降水量(mm)	月	日	起	止	降水量(mm)	月	日	起	止	降水量(mm)	月	日	起	止	降水量(mm)
5	25	21	22	2.6	6	23	8	9	1.0	7	18	18	19	1.5	8	24	11	12	11.8
		22	23	5.7			9	10	0.7			19	20	0.6			12	13	5.7
		23	24	7.6			10	11	0.1			21	22	0.1			13	14	2.9
	26	0	1	2.8		24	15	16	0.4			22	23	11.9			14	15	2.8
		1	2	5.7			16	17	0.2			23	24	0.1			15	16	1.6
		2	3	4.3			17	18	0.6	19		3	4	0.1			16	17	0.4
		3	4	5.4			18	19	0.5			4	5	0.1			17	18	0.5
		4	5	4.6			19	20	0.9			6	7	0.1			18	19	0.4
		5	6	6.2			20	21	2.7			8	9	0.6			19	20	1.1
		6	7	3.2			21	22	1.7			9	10	0.7			20	21	0.4
		7	8	1.2			22	23	2.2			10	11	0.2			21	22	0.5
		8	9	1.9			23	24	3.0			13	14	0.3			22	23	0.2
		9	10	12.0		25	0	1	2.0			14	15	0.2			23	24	0.1
		10	11	5.3			1	2	1.1			21	22	0.1		25	0	1	9.1
		11	12	0.4			2	3	0.8	20		2	3	0.9			1	2	6.3
		12	13	0.4			3	4	2.2			3	4	0.1			2	3	1.7
		13	14	2.7			4	5	1.3			5	6	0.1			3	4	2.6
		14	15	4.5			5	6	1.1			8	9	0.1			4	5	3.6
		15	16	0.3			6	7	0.6			9	10	0.3			5	6	0.6
		16	17	0.1			7	8	0.1			15	16	8.1			6	7	3.3
		19	20	0.1		30	22	23	0.3			16	17	23.1			7	8	1.3
	27	6	7	0.1			23	24	2.1			17	18	2.4			8	9	0.2
		7	8	0.1	7	1	0	1	0.4			18	19	0.1			9	10	0.6
	28	22	23	0.1			3	4	0.1	21		6	7	0.1			10	11	0.4
		23	24	0.1		4	17	18	44.1	22		16	17	1.3			11	12	0.4
	29	0	1	0.1			18	19	1.8			17	18	0.4			12	13	0.4
		3	4	1.0			21	22	0.6			18	19	17.3			13	14	0.4
		4	5	0.2			22	23	0.4			19	20	10.2			14	15	0.4
		14	15	0.3		5	6	7	0.1	23		1	2	0.1			15	16	0.5
		15	16	2.0			7	8	0.1	29		21	22	4.0			16	17	0.2
		16	17	1.0			19	20	0.1			22	23	3.0			17	18	0.1
		20	21	0.1			23	24	0.1			23	24	43.4			18	19	0.1
	30	18	19	0.6		11	17	18	1.9	30		2	3	0.7			22	23	0.1
		19	20	1.3			19	20	0.1			5	6	0.1		26	1	2	0.1
		21	22	0.1			21	22	7.9	8	1	18	19	37.1			2	3	0.1
	31	1	2	0.1			22	23	0.2			19	20	2.0			6	7	0.1
6	7	6	7	0.1		12	5	6	0.1			20	21	3.6		28	17	18	0.5
	8	0	1	0.1			18	19	1.3			21	22	0.9		29	8	9	0.1
	10	1	2	0.1			19	20	0.1			22	23	0.1			9	10	0.1
		2	3	0.5			21	22	0.2		2	5	6	0.1	9	4	15	16	0.1
		3	4	0.4			23	24	0.1		8	23	24	5.6			16	17	0.1
		4	5	0.7		13	6	7	0.1		9	0	1	10.9			17	18	0.1
		5	6	4.0			19	20	0.1			1	2	0.1			18	19	0.3
		6	7	1.5		14	0	1	0.1			5	6	0.1			19	20	0.2
		7	8	2.9			11	12	0.1			7	8	0.1			20	21	0.4
		8	9	0.6			19	20	6.3		12	20	21	0.2			21	22	0.2
		10	11	0.2			20	21	0.1		23	17	18	0.1			22	23	0.1
		11	12	0.1		15	4	5	0.1			18	19	0.2	5	8	4	5	1.1
		12	13	0.4		16	0	1	2.2			19	20	0.4			5	6	0.5
		13	14	0.3			1	2	26.0			20	21	0.9			6	7	0.7
		14	15	0.3			2	3	0.5			21	22	6.6			7	8	1.9
		15	16	0.1			3	4	2.9			22	23	0.2			8	9	2.6
		16	17	0.1			4	5	3.9			23	24	9.7			9	10	0.2
	11	6	7	0.1			5	6	1.6		24	0	1	1.4			10	11	0.3
		20	21	0.2			6	7	0.3			1	2	4.5			11	12	0.3
		21	22	1.5			7	8	0.1			2	3	17.8			12	13	0.2
	12	0	1	0.1		17	17	18	0.1			3	4	7.4			13	14	1.0
	22	0	1	0.1			18	19	0.3			4	5	24.3			14	15	1.0
		3	4	0.1		18	6	7	0.1			5	6	19.7			15	16	2.4
		5	6	0.1			7	8	1.4			6	7	11.1			16	17	1.9
		20	21	0.6			8	9	0.2			7	8	1.5			17	18	1.7
		21	22	0.1			14	15	66.0			8	9	10.8			18	19	0.5
	23	7	8	0.7			15	16	5.3			9	10	5.3			19	20	2.3
							17	18	5.2			10	11	12.8					

降 水 量 摘 录 表

月	日	时或时分 起	止	降水量 (mm)	月	日	时或时分 起	止	降水量 (mm)	月	日	时或时分 起	止	降水量 (mm)	月	日	时或时分 起	止	降水量 (mm)
9	8	20	21	0.6	9	9	13	14	1.8	9	23	14	15	0.6	9	24	5	6	1.1
		21	22	0.9			14	15	0.8			15	16	0.9			6	7	0.6
		22	23	1.1			15	16	1.5			16	17	0.5			7	8	1.0
		23	24	1.1			16	17	0.6			18	19	2.3			8	9	1.0
	9	0	1	0.4			17	18	0.1			19	20	6.7			9	10	1.0
		1	2	0.1		11	23	24	0.1			20	21	1.3			10	11	0.2
		2	3	0.8		12	16	17	0.2			21	22	1.7		27	8	9	0.1
		3	4	2.2		22	8	9	0.1			22	23	1.7			9	10	0.1
		4	5	0.3			9	10	0.1			23	24	0.8			14	15	0.2
		8	9	0.3		23	1	2	0.4		24	0	1	0.9			15	16	0.1
		9	10	0.2			2	3	0.4			1	2	1.0		28	19	20	0.1
		10	11	1.4			3	4	0.1			2	3	0.6					
		11	12	1.0			4	5	0.1			3	4	0.5					
		12	13	0.9			13	14	0.7			4	5	1.8					

2013 滚 河 袁门站

月	日	时或时分 起	止	降水量 (mm)	月	日	时或时分 起	止	降水量 (mm)	月	日	时或时分 起	止	降水量 (mm)	月	日	时或时分 起	止	降水量 (mm)
5	5	20	21	0.5	5	17	20	21	0.7	5	29	4	5	0.4	6	25	3	4	3.0
		21	22	0.9			21	22	0.8			6	7	0.2			4	5	1.4
		22	23	0.1			22	23	2.6			15	16	1.2			5	6	0.5
		23	24	1.5			23	24	1.7			16	17	1.0			6	7	1.8
	6	0	1	1.0		18	0	1	1.7			17	18	0.4			7	8	0.5
		1	2	0.3			1	2	0.7		30	18	19	0.5		30	15	16	0.2
		3	4	0.1			2	3	0.2			19	20	1.3			16	17	0.3
		19	20	0.8		25	12	13	1.4			21	22	0.1			22	23	0.2
		20	21	0.1			13	14	2.2			22	23	0.1			23	24	2.1
	7	4	5	0.1			14	15	1.0	6	7	6	7	0.2	7	1	0	1	1.5
		5	6	0.1			15	16	3.4			7	8	0.3			1	2	0.2
		6	7	0.2			16	17	1.7		10	2	3	0.5		4	17	18	4.0
		7	8	0.1			17	18	0.9			3	4	0.5			18	19	22.9
		8	9	0.4			18	19	0.9			4	5	0.6			19	20	0.1
		9	10	0.1			19	20	0.1			5	6	4.0			21	22	0.2
		10	11	0.1			20	21	0.1			6	7	1.4			22	23	0.2
		11	12	0.1			21	22	1.5			7	8	2.7			23	24	0.3
		13	14	2.0			22	23	6.1			8	9	0.1		5	7	8	0.1
		14	15	0.8			23	24	8.6			10	11	0.2		11	21	22	0.8
		15	16	0.5		26	0	1	3.1			11	12	0.3		12	18	19	21.3
		16	17	0.4			1	2	5.4			12	13	0.4			19	20	0.2
		17	18	0.1			2	3	7.6			13	14	0.2			20	21	0.1
		18	19	0.1			3	4	5.1			14	15	0.3		14	5	6	0.2
		19	20	0.9			4	5	6.5			16	17	0.1			6	7	0.2
		20	21	0.6			5	6	5.5		22	3	4	0.3			7	8	0.1
		21	22	0.9			6	7	3.6			7	8	0.1			19	20	2.1
		22	23	1.3			7	8	2.5		23	8	9	0.7		15	0	1	0.1
		23	24	0.6			8	9	0.8			9	10	0.8		16	0	1	20.6
	8	0	1	0.3			9	10	7.3			10	11	0.3			1	2	17.9
		1	2	0.4			10	11	3.6			22	23	0.1			2	3	1.4
		2	3	0.6			11	12	0.3		24	15	16	0.8			3	4	4.6
		3	4	0.3			12	13	1.8			16	17	0.4			4	5	4.8
		4	5	0.1			13	14	3.1			17	18	0.7			5	6	2.4
		5	6	0.1			14	15	2.3			18	19	0.6			6	7	0.3
		6	7	0.1			15	16	0.3			19	20	1.2			7	8	1.2
		7	8	0.1			16	17	0.1			20	21	1.5		17	13	14	2.4
		12	13	0.1			17	18	0.1			21	22	1.5			14	15	0.1
		14	15	0.2			20	21	0.1			22	23	1.2			15	16	2.6
		20	21	0.6		28	23	24	0.4			23	24	1.6			16	17	0.2
		21	22	0.2		29	0	1	0.5		25	0	1	2.3			17	18	1.4
	9	7	8	0.1			1	2	0.1			1	2	1.4			20	21	0.1
	17	19	20	0.4			3	4	0.3			2	3	2.0		18	7	8	2.5

降 水 量 摘 录 表

月	日	起	止	降水量(mm)	月	日	起	止	降水量(mm)	月	日	起	止	降水量(mm)	月	日	起	止	降水量(mm)
7	18	8	9	0.2	8	9	0	1	7.2	8	25	6	7	4.9	9	8	18	19	0.4
		13	14	3.8			1	2	0.1			7	8	1.5			19	20	0.8
		14	15	41.4		12	20	21	3.2			8	9	0.3			20	21	1.1
		15	16	2.8		13	15	16	13.0			9	10	0.5			21	22	1.0
		17	18	3.3			16	17	0.1			10	11	0.7			22	23	1.0
		18	19	1.1		23	17	18	0.1			11	12	0.7			23	24	1.3
		19	20	0.7			18	19	0.1			12	13	3.2		9	0	1	0.7
		21	22	0.6			19	20	0.4			13	14	1.0			1	2	0.1
		22	23	9.7			20	21	1.1			14	15	0.2			2	3	0.7
		23	24	0.1			21	22	6.5			15	16	0.3			3	4	1.6
	19	0	1	0.1			22	23	0.5			16	17	0.4			4	5	1.5
		4	5	0.1			23	24	9.2			17	18	0.1			8	9	0.1
		9	10	0.1		24	0	1	1.4			18	19	0.1			9	10	1.3
		10	11	0.1			1	2	7.7		26	0	1	0.1			10	11	1.1
		12	13	0.1			2	3	13.8			1	2	0.1			11	12	1.6
		14	15	4.8			3	4	7.3		28	17	18	2.2			12	13	0.9
		15	16	0.1			4	5	24.4			18	19	1.6			13	14	1.3
	20	2	3	0.9			5	6	18.4		29	3	4	0.1			14	15	1.6
		9	10	0.2			6	7	10.5			4	5	0.1			15	16	0.8
		10	11	0.1			7	8	1.3			5	6	0.1			16	17	1.5
		16	17	37.7			8	9	6.5	9	4	16	17	0.2			17	18	0.1
		17	18	12.7			9	10	6.3			17	18	0.1			20	21	0.1
		18	19	1.0			10	11	6.2			18	19	0.1		22	13	14	0.1
	22	16	17	1.3			11	12	8.1			19	20	0.6			20	21	0.3
		17	18	7.5			12	13	3.9			20	21	0.6			21	22	0.1
		18	19	2.9			13	14	4.1			21	22	0.5		23	5	6	0.1
		19	20	2.4			14	15	6.8			22	23	0.1			16	17	0.1
		20	21	0.1			15	16	1.3			23	24	0.1			18	19	0.7
		21	22	0.1			16	17	0.7		8	4	5	0.5			19	20	0.2
	29	21	22	36.8			17	18	2.6			5	6	0.7			21	22	10.1
		22	23	2.0			18	19	2.5			6	7	0.6			22	23	0.9
	30	3	4	0.1			19	20	0.8			7	8	1.7		24	10	11	0.6
8	1	12	13	5.1			20	21	0.3			8	9	2.4			12	13	0.1
		13	14	12.6			21	22	3.2			9	10	0.7			15	16	0.1
		14	15	0.1			22	23	1.1			10	11	0.3			22	23	0.1
		16	17	1.8			23	24	11.9			11	12	0.3		27	9	10	0.1
		17	18	0.7		25	0	1	24.6			12	13	0.2			14	15	0.2
		18	19	0.9			1	2	0.6			13	14	1.4			15	16	0.1
		19	20	0.1			2	3	1.3			14	15	2.6			19	20	0.1
		21	22	0.1			3	4	1.1			15	16	1.6					
8	8	21	22	0.1			4	5	4.1			16	17	2.1					
		23	24	0.4			5	6	3.0			17	18	1.7					

各 时 段 最 大 降 水 量 表（1）

年份	站名 \ 时段(min) / 最大	10	20	30	45	1×60	1.5×60	2×60	3×60	4×60	6×60	9×60	12×60	24×60
							降水量(mm) / 开始 月-日							
1965	石漫滩			30.9		30.9	30.9	40.3	57.0	69.1	81.3	87.4	95.1	96.4
				7-19		7-19	7-19	6-30	6-30	6-30	6-30	6-30	6-30	6-30
1966	石漫滩			32.0		41.8	46.0	46.8	46.8	46.8	46.8	46.8	47.1	47.1
				7-25		8-10	8-10	8-10	8-10	8-10	8-10	8-10	8-10	8-10
1969	石漫滩			45.2		76.5	103.6	120.2	135.7	143.8	157.2	168.2	171.4	197.0
				9-1		9-1	9-1	9-1	9-1	9-1	9-1	9-1	9-1	9-1
1970	石漫滩	15.2	21.7	24.9	25.8	25.9	25.9	27.9	37.0	43.1	52.1	56.6	60.1	61.4
		7-2	6-12	6-12	6-12	6-12	6-12	9-16	9-16	9-16	9-16	9-16	9-16	9-16
1971	石漫滩	13.3	15.6	21.7	27.6	32.8	42.4	55.1	58.8	61.3	69.5	92.9	99.5	109.5
		6-25	6-25	6-29	6-29	6-29	6-29	6-29	6-29	6-29	6-25	8-23	8-23	8-23
1972	石漫滩	16.5	28.0	40.0	49.9	50.4	50.4	51.3	51.5	52.4	57.7	58.2	82.6	95.2
		4-18	4-18	4-18	4-18	4-18	4-18	4-18	4-18	4-18	6-27	7-1	7-1	7-1
1973	石漫滩	9.9	17.7	20.6	28.6	32.2	41.2	43.3	44.9	47.6	51.0	51.7	65.5	70.0
		7-9	7-28	7-28	7-28	7-28	7-28	7-28	7-28	7-28	7-28	7-28	7-28	7-28
1974	石漫滩	18.0	28.1	31.2	31.3	35.3	44.7	51.6	68.2	98.0	114.1	148.9	155.3	201.7
		7-9	7-9	7-9	7-9	8-4	8-4	8-4	8-3	8-3	8-3	8-3	8-3	8-3
1976	石漫滩	14.8	18.6	29.5	35.1	38.1	40.2	40.8	43.5	49.8	57.4	57.4	58.0	64.6
		7-20	7-20	7-20	7-20	7-20	7-20	7-20	7-18	8-5	8-5	8-5	6-28	6-28
1977	石漫滩	12.1	19.0	22.1	26.3	33.1	40.6	45.0	49.3	53.8	57.7	62.9	64.2	66.9
		7-10	7-10	5-13	5-13	5-13	5-13	5-13	5-13	5-13	5-13	5-13	5-13	7-8
1978	柏庄	14.6	23.3	28.0	31.9	34.0	34.9	35.6	37.2	37.4	40.4	44.7	45.2	45.2
		8-8	8-8	8-8	7-11	8-8	7-11	8-8	8-7	8-7	8-7	7-11	7-11	7-11
1978	石漫滩	12.4	19.2	23.0	26.4	27.9	29.4	29.6	29.7	30.0	34.0	41.2	42.0	42.0
		5-27	7-11	7-11	7-11	7-11	7-11	7-11	7-11	7-11	7-11	7-11	7-11	7-11
1979	柏庄	19.0	28.3	40.1	50.5	57.3	59.7	59.7	59.7	64.1	73.2	92.7	94.9	96.0
		8-13	813	8-13	8-13	8-13	8-13	8-13	8-13	7-15	7-15	7-15	7-15	7-15
1979	石漫滩	12.9	19.9	27.1	30.0	38.3	56.6	65.9	73.0	79.0	83.7	91.7	93.7	93.8
		6-3	6-3	8-6	4-22	4-22	4-22	4-22	4-22	4-22	4-22	7-15	7-15	7-15
1980	柏庄	11.7	22.5	29.0	34.1	44.3	48.3	49.2	60.0	61.7	65.3	77.1	92.6	122.4
		5-31	5-31	5-31	5-31	5-31	5-31	5-31	5-23	5-23	5-23	5-31	5-31	8-23
1980	石漫滩	14.2	20.5	24.7	30.0	34.7	41.6	47.1	50.6	57.7	74.9	93.2	102.8	162.8
		9-3	5-13	5-13	5-13	5-13	8-23	8-23	5-23	8-23	8-23	8-23	8-23	8-23
1981	柏庄	10.3	17.9	21.4	26.7	32.3	35.8	40.1	41.9	42.2	48.8	53.6	74.5	78.6
		7-29	7-29	7-29	8-9	8-9	8-10	8-10	8-10	8-10	6-8	6-8	8-9	8-9
1981	石漫滩	15.4	27.6	31.3	34.5	36.3	37.2	44.5	48.0	48.1	48.1	54.4	60.4	68.2
		7-8	7-8	7-8	7-8	7-8	7-8	7-8	7-8	6-8	8-9	6-8	8-9	6-8
1982	袁门	19.1	31.8	44.4	62.6	72.7	86.7	96.1	118.4	160.8	205.4	214.3	214.4	291.0
		8-14	8-14	8-14	8-14	8-14	8-14	8-14	8-14	8-14	8-14	8-14	8-14	7-21
1982	柏庄	17.4	27.0	37.7	55.0	68.8	88.0	96.5	108.5	114.8	139.8	157.8	165.2	165.4
		8-14	8-14	8-14	8-14	8-14	8-14	8-14	8-14	8-14	8-14	8-14	8-14	8-13
1982	石漫滩	20.2	35.9	43.4	44.6	51.7	52.7	64.2	81.5	108.1	135.1	157.2	172.3	187.9
		8-2	8-2	8-2	8-2	8-2	8-2	8-13	8-13	8-13	8-13	8-13	8-12	8-12
1983	袁门	16.8	29.7	40.5	54.2	61.8	84.5	102.4	112.4	135.8	142.3	143.5	143.5	143.6
		7-19	7-19	7-19	7-19	7-19	7-19	7-19	7-19	7-19	7-19	7-19	7-19	7-19
1983	柏庄	31.2	37.1	47.1	50.4	51.7	54.4	61.4	89.3	56.4	103.2	103.5	104.0	104.2
		5-29	5-29	5-29	5-29	5-29	7-19	7-19	7-19	7-19	7-19	7-19	7-19	7-19

各 时 段 最 大 降 水 量 表 （1）

年份	站名	时段(min) 10	20	30	45	1×60	1.5×60	2×60	3×60	4×60	6×60	9×60	12×60	24×60
		降水量(mm) 开始 月-日												
1983	石漫滩	16.8	29.8	36.4	42.1	44.6	49.1	53.2	75.9	88.2	102.0	102.1	102.3	105.9
		5-29	5-29	5-29	5-29	5-29	7-20	7-20	7-19	7-19	7-19	7-19	7-19	10-17
1984	袁门	18.3	30.6	40.6	63.7	78.2	103.4	120.2	144.6	160.6	183.9	192.1	216.0	246.6
		9-7	9-7	9-7	9-7	9-7	9-7	9-7	9-7	9-7	9-6	9-6	9-6	9-6
1984	柏庄	15.6	22.6	27.1	28.4	29.3	33.3	39.7	50.6	53.8	60.2	74.8	96.7	147.0
		7-24	7-24	7-24	7-24	7-24	7-2	7-2	7-2	7-2	9-6	9-6	9-6	9-6
1984	石漫滩	17.6	29.5	46.6	49.4	49.5	50.2	51.1	53.2	58.6	64.2	65.7	76.9	112.9
		7-17	7-17	7-17	7-17	7-17	7-17	7-17	7-17	7-17	7-17	7-17	9-6	9-6
1985	袁门	18.6	29.1	35.1	39.1	40.6	48.5	48.7	52.9	58.7	63.7	69.4	73.0	79.1
		7-24	7-24	7-24	7-24	7-24	7-24	7-24	4-25	4-24	4-24	4-24	4-24	4-24
1985	柏庄	12.1	18.7	23.0	25.2	25.7	27.4	33.3	40.2	40.3	40.3	40.3	47.4	53.2
		7-9	7-9	7-9	7-9	7-9	7-24	7-24	7-9	7-9	7-9	7-9	4-24	4-24
1985	石漫滩	14.0	18.7	23.6	26.5	28.3	40.2	40.2	51.9	52.0	52.3	52.4	52.4	52.4
		7-14	7-14	7-24	7-24	7-24	7-24	7-24	7-24	7-24	7-24	7-24	7-24	7-24
1986	袁门	11.3	14.4	19.2	22.1	24.0	30.1	34.6	43.0	53.8	68.0	82.1	86.4	93.8
		7-30	9-8	9-8	9-8	9-8	9-8	9-8	9-8	9-8	9-8	9-8	9-8	9-8
1986	柏庄	13.2	20.1	21.4	23.4	25.5	28.1	30.6	40.1	47.9	60.2	67.8	70.9	94.2
		9-8	9-8	9-8	9-8	9-8	9-8	9-8	9-8	9-8	9-8	9-8	9-8	9-8
1986	石漫滩	11.1	11.6	11.9	14.1	19.7	24.2	25.7	34.9	42.5	54.3	60.9	65.0	82.2
		8-15	8-15	8-15	9-8	9-8	9-8	9-8	9-8	9-8	9-8	9-8	9-8	9-8
1987	袁门	16.6	24.7	29.8	33.3	35.9	48.0	56.6	70.2	83.2	98.7	120.3	140.0	144.0
		5-21	5-21	5-21	8-4	8-4	7-19	7-19	7-19	7-19	7-19	7-19	7-19	7-18
1987	柏庄	10.4	15.2	17.9	23.2	26.2	30.5	40.1	47.2	60.3	87.8	90.6	92.9	94.7
		7-19	7-19	7-19	7-19	7-19	7-19	7-19	7-19	7-19	7-19	7-19	7-19	7-18
1987	石漫滩	8.5	15.0	17.2	23.2	28.4	36.5	43.3	52.3	61.9	76.6	80.4	84.4	85.9
		8-5	8-5	8-5	7-19	7-19	7-19	7-19	7-19	7-19	7-19	7-19	7-19	7.18
1988	袁门	18.8	27.3	30.4	34.7	40.0	41.7	42.0	42.3	42.4	52.1	56.5	77.6	84.7
		8-1	8-1	8-1	7-30	7-30	7-30	7-30	7-30	7-30	7-23	7-23	7-23	7-23
1988	柏庄	11.1	16.1	18.4	18.6	21.4	30.6	34.1	47.7	54.2	(67.5)	87.4	110.8	120.0
		8-12	8-12	8-12	8-12	7-24	7-24	7-24	7-24	7-24	7-24	7-24	7-23	7-23
1988	石漫滩	15.4	23.7	27.1	30.9	31.8	33.8	37.5	54.9	68.9	82.4	103.5	126.6	136.1
		8-1	8-1	8-1	8-1	8-1	7-24	7-24	7-24	7-24	7-24	7-23	7-23	7-23
1989	柏庄	13.8	17.4	22.2	28.7	31.0	35.5	42.8	48.6	51.3	59.8	68.8	71.7	99.5
		7-23	7-5	7-24	7-24	7-5	7-5	7-5	7-5	7-5	6-12	6-12	6-12	8-6
1989	石漫滩	16.4	30.3	39.0	45.1	50.0	61.5	69.5	78.8	82.3	88.8	94.0	112.6	173.3
		8-7	8-7	8-7	8-7	6-7	6-7	6-7	6-7	6-7	6-7	8-7	8-7	8-7
1990	柏庄	16.9	29.3	36.3	40.1	44	51.8	53.4	55.7	56.1	56.4	58	58.4	70.1
		7-17	7-17	7-11	7-11	7-17	7-17	7-16	7-16	7-16	7-16	7-16	7-16	7-20
1990	滚河李	13.8	18	20.7	25.9	29.2	31.1	34.7	38.2	39.6	43.4	54.8	61	76
		6-14	6-14	6-14	7-28	7-28	7-17	7-16	7-16	7-16	6-19	6-19	6-19	6-19
1991	柏庄	12.0	22.9	30.6	37.1	43	57.6	59.3	60.7	65.2	70.4	101.3	108.4	124.2
		5-24	5-24	5-24	5-24	5-24	5-24	5-24	5-24	5-24	5-24	5-24	5-24	5-24
1991	滚河李	12.5	19.9	24.4	35.8	43.5	55.8	58.9	63.1	65.5	73.2	117.8	127.4	146.9
		5-24	5-24	5-24	5-24	5-24	5-24	5-24	5-24	5-24	5-24	5-24	5-24	5-24
1992	柏庄	9.5	11.3	11.8	13.8	17.9	23.1	31.5	42.1	45.6	58.2	72.7	77.8	83.5
		8-5	8-5	8-5	8-31	8-31	8-31	8-31	8-31	8-31	8-31	8-31	8-31	8-31

各 时 段 最 大 降 水 量 表（1）

年份	站名	时段(min) 最大 \ 10	20	30	45	1×60	1.5×60	2×60	3×60	4×60	6×60	9×60	12×60	24×60
		降水量(mm) 开始 月-日												
1992	滚河李	11.1	16.6	17.7	18.1	18.2	20	20.8	27.1	32.2	40.7	52.5	54.6	56.4
		7-10	7-10	7-10	7-10	7-10	5-5	5-5	7-13	7-13	8-31	8-31	8-31	8-31
1993	柏庄	8.1	14.6	16.2	19	25.3	31.8	35.9	43.3	51.3	55.8	58.1	61.2	65
		6-11	6-11	6-11	4-30	4-30	6-11	6-11	4-30	4-30	4-30	4-30	4-30	4-30
1993	滚河李	7.9	9.3	12.1	15.3	16.4	21.9	24.5	34	37	38.7	39	39.9	50.3
		4-30	4-30	8-3	8-3	8-3	6-11	6-11	6-11	6-11	4-30	4-30	4-30	8-12
1994	柏庄	19.6	34.4	49.8	68.9	91.9	105.3	121.8	152.7	172.9	204.5	221.9	232.7	239.9
		8-7	8-7	8-7	8-7	8-7	7-12	7-12	7-12	7-12	7-12	7-12	7-12	7-11
1994	石漫滩	17	31	42.1	54	59.4	78.4	99.7	139.8	164.6	198.6	212.8	224.4	226.6
		8-7	8-7	8-7	8-7	8-7	7-12	7-12	7-12	7-12	7-12	7-12	7-12	7-11
1995	柏庄	25	32.9	39.9	43.7	45.5	45.8	45.8	48.1	54.7	64.3	72.9	73	90.8
		8-20	8-20	8-20	8-20	8-20	8-20	8-20	8-29	8-29	7-10	7-10	7-10	7-24
1995	滚河李	20.4	33.2	42.8	61.4	69.9	85	98.7	99.1	99.1	99.6	100	101.3	111.5
		8-6	8-6	8-6	8-6	8-6	8-6	8-6	8-6	8-6	8-6	8-6	8-6	8-6
1996	柏庄	16.7	30.9	41.0	54.6	65.7	73.3	86.3	97.8	104.7	116.5	124.2	130.4	153.8
		8-2	8-2	8-2	8-2	8-2	8-2	8-2	8-2	8-2	8-2	8-2	8-2	8-2
1996	石漫滩	18.9	31.7	43.8	60.7	81.3	90.4	95.8	107.8	112.2	119.6	124.3	127.5	154.0
		8-2	8-2	8-2	8-2	8-2	8-2	8-2	8-2	8-2	8-2	8-2	8-2	8-2
1997	柏庄	16.0	27.5	39.0	56.0	70.7	93.5	93.6	93.6	93.6	93.6	93.6	93.7	93.7
		7-22	7-22	7-22	7-22	7-22	7-22	7-22	7-22	7-22	7-22	7-22	7-22	7-22
1997	石漫滩	13.0	18.9	23.4	26.7	29.1	31.3	32.4	46.5	57.3	60.7	75.1	78.8	78.9
		7-3	7-4	7-3	7-4	7-4	7-4	7-4	7-4	7-3	7-3	7-3	7-3	7-3
1998	柏庄	19.2	35.6	49.4	62.6	72.3	76.5	84.3	93.6	96.5	113.9	124.3	136.0	248.6
		5-21	5-21	5-21	5-21	5-21	5-21	5-21	5-21	5-21	5-21	5-21	5-21	5-20
1998	石漫滩	13.2	21.9	25.8	28.5	34.6	39.1	45.1	60.6	70.9	103.5	105.2	106.8	108.0
		7-28	7-28	7-28	7-1	7-1	7-1	7-1	7-1	7-1	7-1	7-1	7-1	5-31
1999	柏庄	6.1	10.1	12.7	14.6	17.8	22.9	26.2	31.5	33.1	40.0	50.5	55.5	62.1
		7-6	7-6	7-6	7-6	7-6	7-6	7-6	7-6	7-6	7-6	7-6	7-5	7-5
1999	石漫滩	9.8	17.4	20.6	24.4	25.8	27.7	31.3	38.6	41.0	46.2	51.8	61.3	84.6
		9-3	9-3	9-3	5-14	5-14	9-3	9-3	9-3	9-3	5-14	7-6	7-5	7-5
2000	柏庄	22.2	33.7	41.8	54.8	76.9	85.9	101.8	136.7	180.2	233.2	250.4	282.1	282.1
		7-13	7-14	7-14	7-14	7-14	7-14	7-14	7-14	7-14	7-14	7-14	7-14	7-14
2000	石漫滩	19.6	30.9	43.9	57.3	73.0	95.0	114.6	141.5	167.3	192.7	223.6	241.6	292.6
		7-13	7-14	7-13	7-13	7-13	7-13	7-13	7-14	7-14	6-25	6-25	7-14	6-25
2001	柏庄	20.2	34.7	39.4	42.2	44.7	55.3	67.1	92.2	106.9	120.1	141.7	158.0	167.1
		7-21	7-21	7-21	7-21	7-21	7-30	7-30	7-30	7-30	7-30	7-30	7-29	7-29
2001	石漫滩	20.1	36.4	41.9	44.2	48.7	57.1	68.8	92.3	105.6	121.8	142.8	162.7	171.2
		7-22	7-22	7-22	7-22	7-22	7-22	7-30	7-30	7-30	7-30	7-29	7-29	7-29
2002	柏庄	17.1	25.3	34.3	43.5	53.2	59.7	72.7	79.4	88.5	97.2	114.4	129.8	156.2
		7-19	8-5	8-5	6-22	6-22	6-22	6-22	6-22	6-22	6-22	6-22	6-22	6-21
2002	石漫滩	32.7	33.3	37.5	38.2	45.0	61.0	82.3	100.1	118.8	128.9	140.8	163.7	179.5
		7-19	7-19	7-19	6-22	6-22	6-22	6-22	6-22	6-22	6-22	6-22	6-22	6-21
2003	柏庄	11.5	17.2	20.2	24.6	27.2	27.7	29.5	31.5	39.6	48.8	75.6	87.6	98.9
		5-18	7-8	7-8	8-29	8-29	8-29	8-29	8-29	8-28	8-29	8-29	8-28	8-28
2003	石漫滩	13.3	21.2	26.3	30.2	31.3	33.6	40.5	46.5	54.0	61.1	86.9	108.1	118.0
		8-29	8-29	8-29	8-29	8-29	8-29	8-28	8-28	8-28	8-28	8-29	8-28	8-28

各 时 段 最 大 降 水 量 表 （1）

年份	站名	时段(min) 最大	10	20	30	45	1×60	1.5×60	2×60	3×60	4×60	6×60	9×60	12×60	24×60
			降水量(mm) / 开始 月-日												
2004	柏　庄		20.8	29.7	35.2	53.6	62.4	79.8	88.4	116.0	151.1	202.6	210.9	230.3	329.6
			8-4	8-4	8-4	8-4	8-4	8-4	7-17	7-17	7-17	7-17	7-16	7-16	7-16
2004	石漫滩		15.5	22.8	31.2	42.8	50.5	69.9	89.3	119.3	137.8	181.0	190.9	192.6	286.9
			7-16	8-4	8-4	8-4	8-4	7-17	7-17	7-17	7-17	7-17	7-17	7-16	7-16
2005	柏　庄		26.5	38.1	44.5	44.8	44.8	52.5	58.9	66.4	83.5	83.9	93.4	100.7	120.2
			6-30	6-30	6-30	6-30	6-30	7-6	7-6	7-6	6-30	6-30	7-6	7-6	7-6
2005	石漫滩		16.4	30.4	34.2	36.0	37.1	37.4	41.8	51.6	59.1	67.0	85.0	93.4	105.1
			7-29	7-29	7-29	7-29	7-29	7-29	7-6	5-13	5-13	5-13	7-6	7-6	7-6
2006	柏　庄		22.0	29.2	34.0	46.4	53.9	59.6	61.6	66.8	67.9	69.1	77.2	106.4	117.9
			6-29	6-29	7-4	7-4	7-3	7-3	7-3	7-3	7-3	7-3	7-3	7-3	7-3
2006	石漫滩		17.8	25.8	30.4	32.9	39.2	47.3	57.2	65.8	66.9	69.0	72.6	115.2	129.0
			6-29	6-29	6-29	6-29	7-4	7-3	7-3	7-3	7-3	7-3	7-3	7-3	7-3
2007	柏　庄		14.1	19.4	26.4	33.1	41.7	49.3	58.2	95.3	109.6	145.3	160.5	164.0	200.1
			5-30	5-30	7-5	7-5	7-5	7-5	7-5	7-5	7-5	7-4	7-4	7-4	7-4
2007	石漫滩		17.5	26.1	35.1	46.2	59.7	77.5	80.2	120.8	136.0	180.7	194.4	196.4	234.4
			5-30	7-5	7-5	7-5	7-5	7-5	7-5	7-5	7-5	7-4	7-4	7-4	7-4
2008	柏　庄		13.9	17.9	22.5	28.2	33.2	44.7	50.9	74.7	97.2	105.5	108.3	108.5	108.6
			8-20	8-20	6-20	6-20	6-20	6-20	6-20	6-20	6-20	6-20	6-20	6-20	6-20
2008	石漫滩		28.9	40.5	43.6	45.3	50.5	63.3	67.3	82.5	106.0	117.3	118.4	118.4	131.6
			8-5	8-5	8-5	8-5	6-20	6-20	6-20	6-20	6-20	6-20	6-20	6-20	7-22
2009	柏　庄		10.8	20.1	26.4	33.7	39.2	52.7	64.9	72.7	76.3	95.9	109.2	109.3	111.1
			7-7	7-7	7-7	7-7	7-7	7-7	7-7	7-7	7-7	7-7	7-7	7-7	7-7
2009	石漫滩		12.0	19.5	27.5	36.5	38.1	39.1	43.2	50.4	53.3	70.1	81.6	81.7	82.3
			6-28	6-28	6-28	6-28	6-27	6-27	7-7	7-7	7-7	7-7	7-7	7-7	7-6
2010	柏　庄		13.4	21.1	24.4	24.7	31.2	38.2	40.4	41.6	41.8	53.2	63.9	66.8	67.7
			8-20	8-20	8-20	8-20	5-4	5-4	5-4	5-4	7-16	7-16	7-16	7-15	7-15
2010	石漫滩		14.9	25.0	29.2	34.8	38.4	38.6	40.7	41.9	42.1	43.2	55.8	58.3	59.3
			8-1	8-1	8-1	8-1	8-1	8-1	5-4	5-4	5-4	5-4	5-4	5-4	5-4
2011	柏　庄		13.7	19.1	23.2	29.2	34.7	46.0	56.7	74.0	97.6	111.9	121.8	130.7	133.6
			6-23	6-23	6-23	6-23	6-23	6-23	6-23	6-23	6-23	6-23	6-23	6-22	6-22
2011	石漫滩		19.8	35.3	49.2	67.1	85.0	96.8	111.8	135.3	162.1	181.4	189.3	198.7	199.6
			6-23	6-23	6-23	6-23	6-23	6-23	6-23	6-23	6-23	6-23	6-23	6-23	6-22
2012	柏　庄		10.1	19.5	23.9	25.5	26.1	26.1	26.1	26.1	35.2	40.0	41.0	53.3	85.5
			7-25	7-25	7-25	7-25	7-25	7-25	7-25	7-25	7-5	7-5	7-5	7-5	7-4
2012	石漫滩		18.6	28.1	37.5	37.6	39.6	39.7	39.7	39.7	39.8	39.8	39.8	46.3	78.6
			7-9	7-9	7-9	7-9	7-9	7-9	7-9	7-9	7-9	7-9	7-9	7-5	7-4
2013	柏　庄		14.9	21.9	31.7	42.0	44.1	45.1	45.3	49.5	66.8	90.7	117.5	134.8	151.9
			7-4	7-4	7-20	7-20	7-20	7-20	7-20	8-24	8-24	8-23	8-23	8-23	8-23
2013	石漫滩		20.1	36.8	46.1	58.7	70.8	71.3	71.3	71.3	77.5	85.1	110.7	132.8	161.5
			7-4	7-29	7-18	7-18	7-18	7-18	7-18	7-18	7-18	8-24	8-24	8-24	8-23

各 时 段 最 大 降 水 量 表 （2）

降水量 mm

年份	站名	时段(h) 1			2			3			6			12			24		
		降水量	开始 月	日	降水量	开始 月	日	降水量	开始 月	日	降水量	开始 月	日	降水量	开始 月	日	降水量	开始 月	日
1964	尚店	21.2	8	11				44.3	7	31	56.6	8	11	64.5	5	15	100.1	8	11
1964	袁门	28.6	8	11				58.2	7	31	76.5	8	11	80.7	7	31	100.9	8	11
1964	柏庄	24.8	7	31				44.1	7	31	56.3	7	31	61.3	7	31	80.5	5	15
1964	石漫滩	24.5	7	31				50.9	7	31	71.4	7	31	78.9	7	31	84.9	10	3
1965	尚店	53.5	7	2				72.6	7	2	87.4	6	30	100.2	6	30	121.8	6	30
1965	袁门	26.7	7	2				55.6	7	2	63.7	7	1	84.9	6	30	105.9	6	30
1965	柏庄	35.4	7	2				72.5	7	2	98.9	7	2	121.1	7	2	124.2	7	1
1966	尚店	16.8	7	23				29.1	7	23	30.0	7	23	39.0	7	22	66.4	7	22
1966	袁门	33.5	8	10				33.7	8	10	36.9	7	23	62.6	7	22	66.6	7	22
1966	柏庄	20.0	8	10				35.1	8	10	35.1	8	10	35.1	8	10	48.3	7	23
1967	尚店	52.0	7	3				70.9	7	3	86.8	7	12	121.6	7	11	130.9	7	11
1967	袁门	48.9	7	3				81.1	7	3	98.5	7	12	140.4	7	11	167.1	7	11
1967	柏庄	40.5	7	12				52.6	9	9	65.6	9	9	94.9	7	11	111.2	7	11
1967	柴厂				50.2	7	12				103.6	7	11	135.8	7	11	149.0	7	11
1967	石漫滩	49.7	7	24				63.9	7	24	75.1	7	12	101.1	7	11	115.8	7	11
1968	尚店	22.4	7	21				46.0	9	18	73.9	9	18	99.9	9	18	113.5	9	18
1968	袁门	28.1	7	12				53.3	7	12	69.6	7	12	98.8	7	12	106.1	7	12
1968	柏庄	51.3	9	18				92.5	9	18	123.8	9	18	143.7	9	18	165.3	9	18
1968	柴厂				31.1	7	12				66.5	9	18	103.0	7	12	114.7	7	12
1968	石漫滩	46.9	9	18				90.7	9	18	128.1	9	18	152.6	9	18	166.1	9	18
1969	尚店	83.1	9	2				120.7	9	2	149.8	9	2	171.1	9	2	190.6	8	10
1969	袁门	65.8	9	2				141.4	9	2	158.9	9	2	211.0	8	10	278.3	8	10
1969	柏庄	70.1	9	2				102.2	9	2	130.8	9	2	151.7	9	1	165.6	8	10
1969	柴厂				125.4	9	2				152.8	9	2	164.5	9	2	191.7	8	10
1970	尚店	19.5	7	2				30.7	7	2	46.7	9	16	55.0	9	16	66.5	6	17
1970	袁门	16.3	9	16				29.8	9	16	47.1	9	16	62.7	9	16	65.5	6	17
1970	柏庄	20.3	6	12				26.9	9	16	41.3	9	16	52.0	9	16	63.4	6	17
1970	柴厂				31.6	7	2				41.2	9	16	54.2	9	16	61.2	6	17
1971	尚店	42.5	8	18				64.4	6	29	66.1	6	29	92.3	6	25	92.3	6	25
1971	袁门	53.6	8	2				71.2	6	29	81.8	6	29	108.8	8	24	120.8	8	23
1971	柏庄	31.5	6	29				43.1	6	25	68.1	6	25	102.9	6	25	103.7	6	25
1971	柴厂				65.6	8	12				80.1	8	24	136.7	8	24	148.6	8	23
1972	尚店	22.5	7	2				51.9	7	2	103.2	7	2	168.1	7	1	185.8	7	1
1972	袁门	32.8	7	2				71.6	7	2	113.8	7	2	169.1	7	1	179.7	7	1
1972	柏庄	25.5	7	1				41.0	6	27	56.3	7	1	87.2	7	1	105.5	7	1
1972	柴厂				40.9	7	2				99.3	7	2	160.3	7	1	172.2	7	1
1973	尚店	37.7	7	28				70.2	7	28	73.8	7	28	76.6	7	28	95.9	7	1
1973	袁门	39.0	6	10				60.9	5	2	86.0	5	2	92.4	5	2	94.7	5	2
1973	柏庄	32.4	7	29				57.5	5	3	71.4	5	2	75.7	5	2	82.4	7	1
1973	柴厂				56.8	5	3				79.5	5	2	84.8	5	2	87.1	5	2
1974	尚店	38.9	8	3				51.7	8	3	80.4	8	5	119.5	8	4	160.3	8	4
1974	袁门	38.6	7	28				67.5	8	5	96.8	8	5	148.6	8	4	224.3	8	4
1974	柏庄	26.0	8	5				58.5	8	5	92.1	8	5	139.0	8	4	178.1	8	4
1974	柴厂				31.7	8	4				53.0	8	4	82.3	8	4	130.8	8	4
1975	尚店	179.1	8	5				328.6	8	5	441.7	8	5	552.5	8	5	587.3	8	7

各 时 段 最 大 降 水 量 表（2）

降水量 mm

年份	站名	1 降水量	开始 月	开始 日	2 降水量	开始 月	开始 日	3 降水量	开始 月	开始 日	6 降水量	开始 月	开始 日	12 降水量	开始 月	开始 日	24 降水量	开始 月	开始 日
1975	袁门	132.3	8	7				216.6	8	7	290.0	8	7	423.6	8	7	533.5	8	7
1975	柏庄	128.9	8	8				275.0	8	7	345.9	8	7	472.3	8	7	715.4	8	7
1975	柴厂				141.1	8	7				261.0	8	7	396.5	8	7	515.6	8	7
1975	石漫滩	98.7	8	8				228.7	8	7	272.4	8	7	383.3	8	7	577.7	8	7
1976	尚店	18.7	7	21				38.5	7	21	48.7	8	11	61.9	8	11	89.5	8	11
1976	刀子岭	26.0	7	18				57.4	7	18	66.7	7	18	78.3	8	11	116.5	8	11
1976	袁门	21.1	8	5				39.4	7	21	41.0	8	5	62.5	8	11	85.7	8	11
1976	柏庄	16.7	7	21				41.4	7	21	54.1	7	20	62.5	7	20	78.9	8	11
1976	柴厂				36.5	7	18				57.6	8	18	62.2	8	11	91.9	8	11
1977	尚店	29.4	10	28				46.6	7	25	53.5	7	25	58.0	5	13	66.4	7	10
1977	刀子岭	39.2	5	13				63.7	5	13	79.3	5	13	96.5	5	13	109.4	7	10
1977	袁门	36.5	7	25				70.1	7	25	75.1	7	25	75.1	7	25	75.8	7	25
1977	柏庄	25.4	7	25				38.5	7	25	40.7	7	25	53.6	5	13	53.6	5	13
1977	柴厂				56.9	5	13				80.2	5	13	94.7	5	13	95.3	7	10
1978	尚店	35.1	7	21				38.3	8	24	38.3	8	24	47.2	7	11	47.2	7	11
1978	刀子岭	28.0	8	8				51.8	8	8	54.3	8	8	57.7	8	8	57.7	8	8
1978	袁门	33.8	7	29				35.5	8	8	39.3	8	8	41.4	7	15	46.2	7	14
1978	柴厂				34.4	8	9				51.7	8	9	51.7	8	9	56.3	8	8
1979	尚店	32.6	7	25				62.3	7	15	88.6	7	15	98.8	7	15	99.7	7	15
1979	刀子岭	55.2	7	2				80.2	7	2	113.6	7	2	136.7	7	2	139.4	7	2
1979	袁门	30.1	4	23				84.0	4	22	108.8	4	22	113.3	4	22	116.5	4	22
1979	柴厂				64.2	4	23				101.7	4	23	103.1	4	22	107.3	4	22
1980	尚店	39.6	8	16				57.4	8	16	69.2	5	23	94.3	8	23	154.2	8	23
1980	刀子岭	24.9	5	24				53.4	8	23	67.5	8	23	121.3	8	23	201.5	8	23
1980	袁门	50.4	8	16				55.4	8	16	58.8	5	23	82.7	8	23	145.4	8	23
1980	柴厂				47.2	5	14				66.3	6	23	101.3	8	23	191.2	8	23
1981	尚店	36.5	8	9	47.7	8	9	75.5	8	9	75.9	8	9	85.2	8	9	119.7	8	9
1981	刀子岭	24.9	8	9	31.9	8	9	39.8	6	8	51.6	6	8	69.6	6	8	100.6	6	8
1981	袁门	36.4	8	9	57.4	8	9	83.4	8	9	105.4	8	9	106.2	8	9	154.6	8	9
1981	柴厂				75.9	8	9				104.5	8	9	105.7	8	9	139.1	8	9
1982	尚店	62.4	8	14	103.0	8	14	110.9	8	14	174.7	8	14	216.8	8	13	225.3	8	13
1982	刀子岭	84.9	8	14	114.3	8	14	119.0	8	14	234.2	8	14	241.4	8	14	286.2	7	21
1982	袁门	71.4	8	14	92.2	8	14	114.8	8	14	204.7	8	14	214.3	8	14	291.0	7	21
1982	柏庄	67.3	8	14	88.6	8	14	106.3	8	14	138.9	8	14	163.9	8	14	165.4	8	13
1982	石漫滩	46.7	8	2	59.6	8	13	81.5	8	13	133.7	8	13	171.4	8	12	187.7	8	12
1982	柴厂				93.1	8	14				160.1	7	21	185.3	7	21	277.4	7	21
1983	尚店	48.8	7	19	96.6	7	19	111.9	7	19	138.6	7	19	140.5	7	19	140.7	7	19
1983	刀子岭	25.0	6	11	46.2	7	19	57.9	7	19	79.8	7	19	80.3	7	19	101.5	10	4
1983	袁门	49.2	7	20	84.6	7	19	108.0	7	19	141.4	7	19	143.5	7	19	143.6	7	19
1983	柏庄	43.0	7	20	59.7	7	19	84.5	7	19	102.4	7	19	104.0	7	19	104.2	7	19
1983	石漫滩	40.9	5	29	49.9	7	20	75.5	7	19	101.9	7	19	102.3	7	19	105.9	10	17
1983	柴厂				100.3	7	20				161.3	7	19	163.7	7	19	163.7	7	19
1984	尚店	61.7	9	7	92.9	9	7	113.1	9	7	132.2	9	7	195.2	9	6	231.8	7	25
1984	刀子岭	55.8	9	7	110.3	9	7	143.6	9	7	184.6	9	6	216.8	9	6	245.2	9	6
1984	袁门	56.3	9	7	110.3	9	7	143.7	9	7	183.9	9	6	216.0	9	6	244.6	9	6

各 时 段 最 大 降 水 量 表（2）

降水量 mm

年份	站名	1 降水量	开始 月	开始 日	2 降水量	开始 月	开始 日	3 降水量	开始 月	开始 日	6 降水量	开始 月	开始 日	12 降水量	开始 月	开始 日	24 降水量	开始 月	开始 日
1984	柏　庄	29.2	7	24	39.7	7	2	46.4	7	2	59.2	9	6	96.7	9	6	147.0	9	6
1984	石漫滩	49.5	7	17	50.8	7	17	52.5	7	17	64.2	7	17	76.9	9	6	112.4	9	6
1984	柴　厂				108.9	9	7				179.3	9	7	228.8	9	6	262.3	9	6
1985	尚　店	69.9	8	9	76.7	8	9	78.8	8	9	79.9	8	9	79.9	8	9	79.9	8	9
1985	刀子岭	44.1	7	24	54.7	7	24	65.6	4	25	80.4	4	24	90.8	4	24	97.9	4	24
1985	袁　门	39.3	7	24	48.6	7	24	49.7	7	24	63.4	4	24	73.0	4	24	78.8	4	24
1985	柏　庄	25.5	7	9	33.3	7	24	40.2	7	9	40.3	7	9	47.4	4	24	53.2	4	24
1985	石漫滩	27.1	7	24	37.5	7	24	49.1	7	24	52.2	7	24	52.4	7	24	52.4	7	24
1986	尚　店	41.3	9	8	65.5	9	8	69.5	9	8	98.6	9	8	108.9	9	8	123.6	9	8
1986	刀子岭	25.7	7	30	41.6	9	8	58.0	9	8	89.6	9	8	107.2	9	8	134.0	9	8
1986	袁　门	23.3	9	8	33.6	9	8	41.5	9	8	66.7	9	8	86.3	9	8	93.2	9	8
1986	柏　庄	19.9	9	8	29.1	9	8	37.8	9	8	60.0	9	8	70.9	9	8	94.0	9	8
1986	石漫滩	12.8	9	8	24.0	9	8	29.2	9	8	53.3	9	8	64.3	9	8	80.1	9	8
1987	尚　店	24.9	7	19	46.0	7	19	54.3	7	19	88.1	7	19	102.5	7	19	105.6	7	18
1987	刀子岭	21.8	7	19	42.3	7	19	56.5	7	19	90.6	7	19	119.3	7	19	124.0	10	12
1987	袁　门	32.9	8	4	49.7	7	19	69.5	7	19	97.2	7	19	140.0	7	19	144.6	7	18
1987	柏　庄	24.7	7	19	38.8	7	19	46.8	7	19	86.3	7	19	92.9	7	19	94.6	7	18
1987	石漫滩	23.1	7	19	38.3	7	19	51.7	7	19	76.2	7	19	84.3	7	19	85.9	7	18
1988	尚　店	32.7	7	23	44.5	7	23	45.8	7	23	57.6	7	23	102.4	7	23	112.3	7	23
1988	刀子岭	40.6	7	23	47.9	5	6	52.0	5	6	58.8	7	23	89.1	7	23	101.1	7	23
1988	袁　门	28.3	8	1	41.8	7	30	42.3	7	30	51.8	7	23	75.5	7	23	83.9	7	23
1988	柏　庄	20.2	7	24	34.1	7	24	43.6	7	24	(65.5)	7	24	108.0	7	23	120.0	7	23
1988	石漫滩	29.8	7	24	36.3	7	24	54.9	7	24	82.4	7	24	124.8	7	23	136.1	7	23
1989	尚　店	35.0	6	7	59.5	6	13	82.7	6	13	97.3	6	13	120.2	6	12	135.9	6	6
1989	刀子岭	70.9	7	23	74.7	7	23	82.8	6	13	98.4	6	12	109.0	6	12	135.1	6	6
1989	袁　门	42.0	6	13	71.0	6	13	86.5	6	13	105.6	6	12	113.0	6	12	142.0	6	6
1989	柏　庄	29.4	7	5	41.8	7	5	48.3	7	5	59.4	6	12	71.7	6	12	97.8	8	6
1989	石漫滩	45.1	8	7	65.6	6	7	78.4	6	7	88.3	6	7	110.0	8	7	173.4	8	7
1990	尚　店	49.1	7	11	50.8	7	11	50.8	7	11	50.8	7	11	50.8	7	11	71.1	7	20
1990	刀子岭	25.9	9	4	31.2	8	6	37.3	8	15	41.8	9	22	60.3	5	15	83.1	5	15
1990	袁　门	30.7	7	11	33.4	7	11	35.4	7	20	45.6	7	20	46.4	7	20	62.3	5	15
1990	柏　庄	41.7	7	17	53.2	7	17	54.8	7	17	56.4	7	16	58.4	7	16	70.1	7	20
1990	滚河李	29.2	7	28	33.2	7	17	37.7	7	16	42.5	6	19	60.8	6	19	76.0	6	19
1991	尚　店	17.3	9	1	25.8	5	24	42.1	9	1	48.7	9	1	89.4	5	24	101.4	5	24
1991	刀子岭	58.0	9	1	81.4	9	1	121.6	9	1	123.5	9	1	134.1	9	1	142.7	9	1
1991	袁　门	25.5	9	1	31.2	5	24	53.4	9	1	57.8	9	1	71.6	5	24	103.3	5	24
1991	柏　庄	39.6	5	24	56.5	5	24	59.9	5	24	68.5	5	24	108.4	5	24	124.1	5	24
1991	滚河李	31.4	5	24	58.1	5	24	61.6	5	24	71.7	5	24	127.0	5	24	146.9	5	24
1991	尚　店	14.7	8	6	20.4	9	12	25.0	7	13	39.2	7	13	51.9	7	13	53.8	7	13
1992	刀子岭	28.0	7	15	49.5	7	15	56.2	7	15	71.6	7	15	84.4	8	31	87.7	8	31
1992	袁　门	32.7	8	18	50.1	8	18	56.4	8	18	56.6	8	18	56.6	8	18	56.6	8	18
1992	柏　庄	16.7	8	31	29.9	8	31	41.4	8	31	56.2	8	31	75.3	8	31	83.2	8	31
1992	滚河李	18.2	7	10	20.1	5	5	26.0	7	13	39.1	7	13	54.5	8	31	56.4	8	31
1993	尚　店	27.0	8	23	36.4	8	23	49.8	8	23	64.4	8	23	66.4	8	23	66.4	8	23
1993	刀子岭	38.5	8	23	66.5	8	23	78.5	8	23	101.1	8	23	101.6	8	23	101.8	8	23

各 时 段 最 大 降 水 量 表 （2）

降水量 mm

年份	站名	1 降水量	开始 月	日	2 降水量	开始 月	日	3 降水量	开始 月	日	6 降水量	开始 月	日	12 降水量	开始 月	日	24 降水量	开始 月	日
1993	袁门	60.6	6	16	74.6	6	16	75.6	6	16	86.3	8	23	86.9	8	23	86.9	8	23
1994	尚店	39.8	7	12	78.8	7	12	97.8	7	12	134.3	7	12	157.4	7	12	159.9	7	11
1994	刀子岭	68.8	7	12	128.2	7	12	171.9	7	12	278.4	7	12	355.6	7	12	358.9	7	12
1994	袁门	61.2	7	12	108.0	7	12	138.0	7	12	181.7	7	12	207.5	7	12	209.9	7	12
1995	尚店	38.1	8	21	51.4	7	25	53.6	7	25	68.4	7	25	81.1	7	25	95.8	7	24
1995	刀子岭	48.1	8	6	78.9	8	6	80.3	8	6	83.1	8	6	107.0	7	25	123.4	7	24
1995	袁门	33.1	7	25	51.6	7	25	53.2	7	25	75.2	7	25	108.5	7	25	116.0	7	24
1996	尚店	24.4	7	29	39.3	8	2	53.2	8	2	91.0	8	2	112.3	8	2	139.9	8	2
1996	刀子岭	50.3	8	2	72.9	8	2	84.1	8	2	123.9	8	2	150.7	8	2	182.7	8	2
1997	尚店	18.8	7	19	27.8	7	19	30.6	8	7	40.9	7	19	42.2	7	19	43.1	7	19
1997	刀子岭	28.4	7	19	32.4	8	7	32.4	8	7	35.8	8	7	39.2	7	19	52.6	9	13
1997	袁门	29.7	7	3	35.9	7	19	40.3	7	19	49.5	7	19	56.5	7	3	56.6	7	3
1998	尚店	66.9	5	20	89.6	5	20	93.4	5	20	110.3	5	20	123.8	5	20	174.3	5	20
1998	刀子岭	44.1	8	14	52.7	8	14	57.3	8	14	102.3	8	14	121.3	8	14	144.1	8	14
1998	袁门	35.3	7	27	51.1	8	14	64.2	8	14	96.6	8	14	106.0	8	14	122.7	8	14
1999	尚店	17.6	7	6	24.7	7	6	30.0	7	6	41.4	7	6	58.7	7	6	83.2	7	5
1999	刀子岭	22.3	7	5	42.5	7	5	55.0	7	5	67.9	7	6	98.8	7	5	140.5	7	5
1999	袁门	27.5	7	5	51.3	7	5	72.2	7	5	73.2	7	5	99.4	7	5	136.2	7	5
2000	尚店	54.0	7	14	102.6	7	14	134.0	7	14	189.9	7	14	257.1	7	14	289.2	6	25
2000	刀子岭	60.7	7	14	101.3	7	14	111.9	7	14	142.7	6	25	209.0	7	14	268.4	6	25
2000	袁门	51.0	7	13	93.0	6	26	122.6	7	14	174.0	6	25	226.2	6	25	277.7	6	25
2001	尚店	47.8	7	28	58.1	7	30	89.0	7	30	108.7	7	30	146.7	7	30	158.8	7	29
2001	刀子岭	51.2	7	21	66.1	7	22	79.8	7	30	98.9	7	30	133.1	7	29	145.2	7	29
2001	袁门	37.8	7	30	73.5	7	30	93.0	7	30	130.6	7	30	163.7	7	29	174.9	7	29
2002	尚店	39.5	6	22	73.4	6	22	87.6	6	22	116.4	6	22	180.4	6	22	198.4	6	21
2002	刀子岭	32.6	8	5	46.7	6	22	67.2	6	22	94.3	6	22	164.9	6	22	191.2	6	21
2002	袁门	33.9	6	27	54.6	6	27	66.9	6	27	88.9	6	22	163.9	6	22	174.7	6	21
2003	尚店	26.7	8	29	27.4	8	29	30.6	8	29	50.5	8	29	74.2	8	28	82.2	8	28
2003	刀子岭	29.2	8	29	45.6	8	29	60.6	8	29	93.0	8	29	131.2	8	28	139.3	8	28
2003	袁门	37.9	8	29	38.7	8	28	44.3	8	29	77.4	8	29	103.2	8	28	109.1	8	28
2004	尚店	51.6	7	17	84.4	7	17	110.0	7	17	164.4	7	17	189.3	7	16	280.8	7	16
2004	刀子岭	51.5	7	19	65.3	7	19	76.9	7	17	92.3	7	17	101.0	7	16	191.7	7	16
2004	袁门	63.5	8	4	86.5	7	17	99.2	7	17	114.1	7	17	150.1	8	4	208.8	7	16
2005	尚店	27.8	7	29	30.7	7	8	32.4	7	8	48.5	5	13	66.4	5	12	79.8	7	6
2005	刀子岭	34.5	6	25	39.2	6	25	43.2	6	25	62.6	8	29	77.9	8	29	88.2	8	28
2005	袁门	24.1	5	13	40.2	5	13	57.3	5	13	75.1	5	13	93.2	5	12	97.7	5	12
2006	尚店	59.7	7	3	98.3	7	3	112.0	6	29	112.1	6	29	126.5	7	3	168.0	6	29
2006	刀子岭	41.2	7	3	74.3	7	3	85.8	7	3	104.3	7	3	111.6	7	3	139.6	7	3
2006	袁门	78.2	7	4	110.4	7	4	129.2	7	4	135.3	7	3	144.1	7	3	164.9	7	3
2007	尚店	37.0	7	5	56.4	7	5	86.0	7	5	138.3	7	4	155.3	7	4	184.4	7	4
2007	刀子岭	47.6	7	4	75.0	7	4	100.6	7	4	141.5	7	4	147.7	7	4	177.4	7	4
2007	袁门	51.7	7	4	81.5	7	4	99.2	7	4	172.5	7	4	184.7	7	4	235.6	7	4
2008	尚店	55.1	8	5	62.4	8	5	68.1	6	20	93.2	6	20	95.1	6	20	97.5	5	3
2008	刀子岭	21.5	5	3	30.7	5	3	39.3	5	3	57.1	7	22	89.4	7	22	143.9	7	22
2008	袁门	46.7	5	3	53.4	5	3	54.5	5	3	73.3	7	22	103.9	7	22	159.5	7	22

各 时 段 最 大 降 水 量 表（2）

降水量 mm

年份	时段(h) 最大 站名	1			2			3			6			12			24		
		降水量	开始 月	日	降水量	开始 月	日	降水量	开始 月	日	降水量	开始 月	日	降水量	开始 月	日	降水量	开始 月	日
2009	尚店	13.6	7	6	19.9	7	6	23.3	8	29	35.6	8	29	49.3	7	7	52.5	4	18
2009	刀子岭	59.3	6	28	76.7	6	28	78.1	6	28	78.2	6	28	78.2	6	28	80.0	8	28
2009	袁门	27.0	7	21	30.3	7	21	30.5	8	29	49.0	8	29	66.3	8	29	68.7	8	28
2010	尚店	16.9	8	20	27.1	5	4	31.3	5	4	56.1	7	16	77.9	7	15	80.6	7	15
2010	刀子岭	30.9	5	4	52.0	7	16	68.3	7	16	104.9	7	16	127.4	7	15	129.0	7	15
2010	袁门	18.6	7	3	28.9	7	16	38.3	7	16	62.3	7	16	81.5	7	16	82.4	7	15
2011	尚店	61.1	6	23	104.9	6	23	136.5	6	23	187.7	6	23	208.7	6	23	213.5	6	22
2011	刀子岭	40.4	6	23	59.9	6	23	68.6	5	10	86.1	6	23	104.7	5	10	106.6	5	10
2011	袁门	32.7	6	23	59.2	6	23	83.1	6	23	138.4	6	23	150.8	6	23	165.4	6	22
2012	袁门	41.1	8	4	42.0	8	4	44.6	8	4	49.0	7	5	57.4	7	5	96.6	7	4
2012	刀子岭	36.8	7	14	37.7	7	14	58.0	7	13	64.4	7	13	64.5	7	13	88.0	7	4
2012	尚店	20.6	8	4	25.4	7	4	32.9	7	4	47.1	7	4	55.9	7	4	96.5	7	4
2013	尚店	33.6	7	18	52.7	7	18	52.8	7	18	78.1	7	18	88.9	8	24	131.2	8	24
2013	刀子岭	28.6	8	24	43.3	8	24	56.5	8	24	88.7	8	24	147.9	8	24	189.1	8	23
2013	袁门	41.4	7	18	50.4	7	20	53.3	8	24	82.1	8	24	114.4	8	24	174.3	8	24

1952 滚河 石漫滩站 逐日水面蒸发量表

蒸发器位置特征:陆上水面蒸发场　　　　蒸发器型式:80cm 口径套盆　　　　水面蒸发量 mm

日\月	一月	二月	三月	四月	五月	六月	七月	八月	九月	十月	十一月	十二月
1	B↓	B↓	1.5	5.7	1.7	12.0	3.7	4.3	3.3	7.7	3.1	B↓
2	B↓	B↓	2.6	2.8	↓	8.2	3.0	2.6	4.7	4.6	2.4	B↓
3	B↓	B↓		4.1	1.2	10.5	0.6	2.1	4.0	3.2	1.7	B↓
4	B↓	5.4		4.4	0.6+	8.2	1.5	1.9	↓	2.6	2.3	B↓
5	B↓	B↓		5.0	1.1	8.4	0.5	4.1	4.4	2.8	2.9	B↓
6	B↓	B↓		3.8	4.8	7.9	1.1	5.0	1.3+	3.5	1.5	B↓
7	B↓	B↓		5.2	4.0	12.2	2.7	3.8	1.2+	3.5	2.0	B↓
8	B↓	6.0		3.6	2.4	8.8	6.8	3.2	1.1+	4.0	1.4	B↓
9	B↓	2.4		8.2	1.1	8.8	5.5	1.6	2.2	0.7	1.0	B↓
10	B↓	2.5	1.0	1.1	0.5	11.2	4.8	0.8	1.6	3.2	0.5	B↓
11	B↓		1.8	2.1	2.5	6.7	3.6	3.3	2.7	3.7	2.0+	B↓
12	B↓	B↓	3.0	4.8	5.6	1.7	2.0	1.1	2.9		1.5+	5.9Φ
13	B↓	B↓	8.0	7.4	8.8	1.6	7.4	4.0	3.3		1.0+	B↓
14	10.7		7.1	7.4	5.3	8.7	5.3	4.0	1.7	4.4	0.5	B↓
15	1.1		3.9	5.9	2.6	9.0	4.3	3.0	2.4	4.4	1.0	B↓
16	1.7			8.9	0.3	8.8	6.6	4.6	3.6	3.9	0.5	
17	B↓			6.7	0.5	5.8	6.7	5.5	1.4	3.6	0.7	5.5
18	3.8			3.5	2.2	1.0	4.2	5.7	0.6	2.6	0.5	0.4
19	1.7		1.5	3.5	1.6	7.4	5.1	5.9	2.0	0.0!	0.7	0.7
20	2.6		4.5	4.1	3.8	7.9	6.6	2.8	3.6	3.1	0.4	B↓
21	2.2		3.4	6.1	2.0	11.7	6.8	4.2	2.4	1.6	0.7	2.6
22	1.7		3.7	1.2	5.0	9.7	4.8	0.8	4.6	1.1	0.4	1.4
23	2.3		3.5	0.2	4.2	8.9	2.6	0.9	3.7	1.8	0.3	B↓
24	B↓			3.6	2.5	10.0	2.0	3.6	1.7	1.0	0.3	B↓
25	4.0			4.7	3.7	9.5	1.9	4.8	2.9	1.0	0.3	B↓
26	2.0		1.0	4.8	3.4	8.9	2.7	4.4	3.5	1.0	0.3	B↓
27	1.7		2.2	4.2	6.0	1.5	3.5	3.1	2.6	0.8	0.3	B↓
28	0.9	1.7	2.5	4.6	10.7	2.7	4.6	0.1	2.8	1.4	0.9	B↓
29	1.1	1.3		3.6	9.0	1.4	6.6	0.0!	2.7	2.0	0.7	4.7
30	0.5			3.1	2.2	1.6	7.1	2.3	3.9	2.4	0.5Φ	1.8
31	1.4		2.8		8.7		7.4	2.5		2.5		1.1
水面蒸发量	(39.4)	(19.9)	(43.0)	133.1	105.8	231.8	125.9	100.3	77.7	84.3	32.3	23.8
最　大	2.6	(2.5)	4.5	8.9	10.7	12.2	7.4	7.4	4.7	7.7	3.1	1.8
最　小	0.5	(0.6)	(1.0)	0.2	0.3	0.5	0.5	0.1	0.6	0.7	0.3	0.4

年统计：水面蒸发量 (1017.3)　　最大日水面蒸发量 12.2　6月7日　　最小日水面蒸发量 0.1　8月28日
终冰 3月13日　　初冰 12月1日
附注：空白处未观测。

1953 滚河 石漫滩站 逐日水面蒸发量表

蒸发器位置特征:陆上水面蒸发场　　　　蒸发器型式:80cm 口径套盆　　　　水面蒸发量 mm

日\月	一月	二月	三月	四月	五月	六月	七月	八月	九月	十月	十一月	十二月
1	B↓	B↓	1.7	8.0	5.0	↓	4.7	4.2	5.0	5.7	1.0	1.1
2	B↓	1.6Φ	1.6	8.6	6.3	23.8		3.7	6.3	4.5	1.6	1.1
3	B↓	B↓	1.9	5.5	3.1		0.5	2.0	4.3	6.0	2.0	B↓
4	B↓	B↓	1.0	1.3	5.0	16.9	10.2	0.9	4.7	1.9	3.0	B↓
5	B↓	B↓	3.0	2.8	4.1		2.9		2.3	3.4	3.0	B↓
6	B↓	1.2	7.0	5.6	7.3	5.9	4.6	6.0	5.5	3.0	1.8	B↓
7	B↓	0.9	3.3	2.4	6.0	11.0	8.3	4.3	6.2	4.9	0.7	B↓
8	8.3	B↓	2.8	4.6	10.3	12.5	8.7	6.9	6.4	4.9	0.0	B↓
9	2.0	3.0		5.4	7.5		10.4	6.7	5.5	7.9	0.0	B↓
10	B↓	2.5		2.6	3.7	7.9	4.1	5.7	3.0	4.0	0.3	B↓
11	B↓	2.0	1.8	3.3	6.3	12.7	0.6	8.4	6.2	5.4	0.7	5.0
12	B↓	B↓	2.7	4.2	12.3	↓	2.9	7.0	5.9	3.0	2.3	1.1
13	B↓	B↓	2.4	3.6	9.4	21.0	9.4	2.2	5.2	5.4	2.5	1.1
14	B↓	B↓	2.7	3.5	14.9	9.5	5.1	4.6	5.8	3.3	1.9	B↓
15	B↓	B↓	2.2	3.6	9.1	7.5	6.7	4.0	5.7	5.3	1.7	2.1
16	B↓	B↓	3.7	6.2	8.5	8.5	8.1	7.1	4.7	3.0	0.0	B↓
17	B↓	B↓			7.0	12.3	5.0	6.6	5.1	2.9	0.0	1.2
18	B↓	B↓	1.3		7.0	8.1	3.5	1.4	6.0	2.2	B↓	B↓
19	B↓	B↓	1.9		5.3	7.7	3.0	0.6	5.8	3.3	B↓	2.7
20	B↓	B↓	2.3		5.3	9.4	3.2		3.5	3.0	3.3	B↓
21	B↓	B↓	3.0	4.5	3.6	6.6	5.3	4.0	1.5	3.6	4.0	B↓
22	B↓	B↓	4.7	5.7	6.5	3.8	7.0		3.7	3.5	1.0	B↓
23	B↓	6.3	5.0		11.6	8.7	6.1	1.1	4.8	6.0	1.5	B↓
24	B↓	0.1	5.3		14.0	8.2	0.6	5.3	6.0	5.0	0.6	B↓
25	B↓	1.7	7.7		B↓	7.4	3.0	3.0	5.8	0.8		B↓
26	B↓	1.4	B↓		20.3	5.8	8.9	3.1	6.0	3.8	0.8	B↓
27	B↓	2.3	B↓	6.5	10.3	8.2	8.0	1.8	7.0	3.0	0.9	B↓
28	B↓	3.0	1.3	3.5	10.6	10.0	9.7	5.0	7.5	3.1	1.5	B↓
29	B↓		2.9	5.0	5.2	10.0	6.6	5.0	4.4	0.6	1.2	B↓
30	B↓		2.0	5.4	5.4	5.9	3.4	1.5	5.0	2.5	1.3	13.5
31	17.8Φ		3.0		9.2		4.1			1.3		0.7Φ
水面蒸发量	28.1	26.0	(81.5)	(101.8)	240.1	(249.3)	(172.0)	(116.2)	154.8	(115.5)	39.4	29.1
最　大	2.0	3.0	7.7	8.6	14.9	12.7	10.4	8.4	7.5	7.9	4.0	1.4
最　小	(0.8)	(0.1)	(0.4)	(1.3)	3.1	(3.8)	0.5	0.6	1.5	0.6	0.0	(0.5)

年统计：水面蒸发量 (1353.8)　　最大日水面蒸发量 14.9　5月14日　　最小日水面蒸发量 0.0　11月8日
终冰 3月27日　　初冰 12月1日
附注：空白处未观测

1954　滚　河　石漫滩站　逐日水面蒸发量表

蒸发器位置特征:陆上水面蒸发场　　　　　蒸发器型式:80cm 口径套盆　　　　　水面蒸发量 mm

日 ＼ 月	一 月	二 月	三 月	四 月	五 月	六 月	七 月	八 月	九 月	十 月	十一月	十二月
1	B↓Φ	1.3Φ	0.8	5.7	8.4	5.8	7.0	0.8	3.5	0.9	4.1	0.4
2	1.4Φ	B↓	B↓	4.9	5.3	6.5	6.0	0.1	2.0	5.0	2.1	B↓
3	B↓	B↓	B↓	4.8	5.6	7.0	1.1	4.6	0.0	3.2	3.2	B↓
4	1.3	B↓	B↓	4.0	5.5	1.4	2.0 +	0.4	1.6	0.1	4.3	B↓
5	0.2	B↓	B↓	5.4	1.6	2.8	0.1	3.0	3.7	1.4	3.1	B↓
6	0.5	B↓	2.5	6.3	2.1	6.5	9.1	2.8	5.3	2.0	2.7	B↓
7	0.6	9.0	1.2	6.0	4.9	6.0	2.5	3.5	4.9	2.0	2.1	B↓
8	0.7	2.0	2.0	3.7	3.0	8.0	6.8	2.4	3.9	0.1	2.8	B↓
9	0.2	2.3	2.8	2.0	6.5	6.1	3.4	1.2	5.1	1.3	3.2	B↓
10	0.6	2.4	1.8	0.1	10.3	8.9	1.6	2.6	5.5	1.9	3.7	B↓
11	0.3	3.6	2.0	1.4	4.7	9.4	1.9	5.4	3.5	2.7	3.7	B↓
12	0.2	3.1	1.7	3.2	1.5	6.0	1.1	9.7	5.6	5.5	2.0	B↓
13	0.2	0.0	1.4	5.4	2.4	4.0	5.0	3.4	4.7	5.5	3.6	B↓
14	0.3	B↓	3.3	3.0	0.1	6.2	5.5	2.3	5.9	3.4	2.3	B↓
15	0.0	B↓	4.0	2.0	1.0	8.1	4.0	2.2	6.5	4.0	1.0	B↓
16	0.1	B↓	4.2	0.0	2.5	7.4	2.9	5.1	7.7	3.0	2.2	B↓
17	0.4	B↓	6.4	1.4	5.8	8.1	3.6	5.7	10.3	2.1	2.0	B↓
18	0.3	0.0	5.1	3.0	5.4	5.4	4.4	3.8	4.7	2.0	2.0	B↓
19	0.1	0.0	6.7	4.0	3.0	10.0	1.1	1.6	4.4	2.4	2.5	B↓
20	0.0	1.5	2.3	5.0	4.1	10.0	1.6	4.2	5.4	3.4	3.0	6.8
21	B↓	1.3	2.3	4.7	4.4	7.9	0.7	4.7	2.6	2.8	1.6	1.9
22	B↓	3.0	5.7	6.9	1.8	11.9	3.0	2.5	3.3	3.2	1.5	0.6
23	B↓	2.9	5.3	5.9	5.7	4.2	5.8	2.3	4.3	4.3	1.2	B↓
24	B↓	1.4	4.7	5.4	3.5	2.1	4.4	3.1	2.1	4.6	1.1	B↓
25	B↓	0.6	3.5	1.2	2.0	4.1	4.7	3.6	3.3	4.6	B↓	B↓
26	B↓	B↓	5.5	3.9	8.5	6.5	2.3	1.0	4.6	4.2	B↓	B↓
27	B↓	0.0	1.4	3.8	4.7	4.8	3.7	0.6	4.9	2.0	B↓	B↓
28	B↓	0.5	6.8	5.4	6.7	4.6	2.5	2.5	5.0	1.0	B↓	B↓
29	B↓		4.8	5.4	6.0	6.0	4.8	2.0	5.7	1.2	B↓	B↓
30	B↓		7.9	9.0	7.0	9.8	3.7	2.4	3.8	2.9	8.9	B↓
31	14.2Φ		6.6		4.0		3.7	1.4		3.5		8.1Φ
水面蒸发量	21.6	34.9	102.7	122.9	138.0	195.5	111.5	90.9	133.8	84.2	69.9	17.8
最　大	1.3	3.6	7.9	9.0	10.3	11.9	9.1	9.7	10.3	5.5	4.3	1.9
最　小	0.0	0.0	(0.5)	0.0	0.0	1.4	0.0	0.1	0.0	0.1	1.0	0.4

年 统 计	水面蒸发量 1123.7	最大日水面蒸发量 11.9　6月22日	最小日水面蒸发量 0.0　1月15日
	终冰	3月5日　初冰	11月19日

附　注	

1955 滚 河 石漫滩站 蒸发量月年统计表

蒸发器位置特征:陆上水面蒸发场　　　　　蒸发器型式:80cm 口径套盆　　　　　水面蒸发量 mm

项目＼月份	一月	二月	三月	四月	五月	六月	七月	八月	九月	十月	十一月	十二月
水面蒸发量	40.7	66.9	57.7	129.5	176.7	244.5	169.6	142.6	83.0	98.6	85.0	50.9
最　大	2.8	8.9	9.0	14.1	11.7	13.9	10.7	9.4	6.0	5.6	6.2	4.0
日　期	31	26	17	12	20	11	1	17	5	20	4	5
最　小	0.9	0.0	0.0	0.0	2.2	1.9	0.1	0.1	0.2	0.8	1.1	0.6
日　期	27	8	2	15	1	14	7	3	19	15	1	11

年统计	水面蒸发量　1345.7	最大日水面蒸发量　14.1　4月12日	最小日水面蒸发量　0.0　2月8日
	终冰　　　　月　日	初冰	月　日
附　注			

1956 滚 河 石漫滩站 蒸发量月年统计表

蒸发器位置特征:陆上水面蒸发场　　　　　蒸发器型式:80cm 口径套盆　　　　　水面蒸发量 mm

项目＼月份	一月	二月	三月	四月	五月	六月	七月	八月	九月	十月	十一月	十二月
水面蒸发量	25.3	58.2	68.0	126.3	158.0	142.1	197.0	131.8	129.3	119.3	69.3	42.6
最　大	(1.3)	3.3	6.9	10.3	12.3	11.6	12.5	10.2	9.7	6.5	5.2	4.0
日　期	(31)	5	20	14	30	4	23	7	4	18	12	3
最　小	(0.4)	(0.4)	0.1	0.2	0.6	0.1	2.0	0.2	0.5	0.9	(0.8)	(1.0)
日　期	(30)	(25)	28	7	12	9	8	19	15	10	(20)	(1)

年统计	水面蒸发量　(1267.3)	最大日水面蒸发量　12.5　7月23日	最小日水面蒸发量　0.1　3月28日
	终冰　3月25日	初冰	11月11日
附　注			

1957 滚 河 石漫滩站 蒸发量月年统计表

蒸发器位置特征:陆上水面蒸发场　　　　　蒸发器型式:80cm 口径套盆　　　　　水面蒸发量 mm

项目＼月份	一月	二月	三月	四月	五月	六月	七月	八月	九月	十月	十一月	十二月
水面蒸发量	13.4	32.4	87.1	122.7	159.9	167.1	185.4	170.0	153.1	139.1	60.4	31.0
最　大	(1.1)	4.2	8.8	10.7	13.6	10.0	13.0	8.0	9.0	10.0	4.2	2.5
日　期	(1)	28	28	8	29	3	18	22	23	5	18	16
最　小	(0.1)	(0.5)	(0.4)	0.8	1.4	0.5	1.1	1.2	1.9	0.2	0.0	(0.2)
日　期	(9)	(24)	(9)	9	5	21	20	16	17	24	26	(5)

年统计	水面蒸发量　1321.6	最大日水面蒸发量　13.6　5月29日	最小日水面蒸发量　0.0　11月26日
	终冰　3月15日	初冰	11月29日
附　注			

1958 滚 河 石漫滩站 蒸发量月年统计表

蒸发器位置特征:陆上水面蒸发场　　　　　蒸发器型式:80cm 口径套盆　　　　　水面蒸发量 mm

项目＼月份	一月	二月	三月	四月	五月	六月	七月	八月	九月	十月	十一月	十二月
水面蒸发量	44.1	85.7	91.0	82.6	155.2	200.9	129.5	119.1	119.8	82.4	41.6	43.3
最　大	4.0	8.6	5.3	8.5	12.0	12.9	9.5	7.1	6.9	4.5	2.5	3.3
日　期	9	21	8	27	23	25	24	7	5	25	22	19
最　小	0.1	(0.9)	0.5	0.2	0.3	1.2	0.2	0.3	0.5	0.1	0.2	0.1
日　期	10	(1)	5	28	10	1	5	13	19	12	6	17

年统计	水面蒸发量　1195.2	最大日水面蒸发量　12.9　6月25日	最小日水面蒸发量　0.1　1月10日
	终冰　3月3日	初冰	12月12日
附　注			

1959　滚　河　石漫滩站　蒸发量月年统计表

蒸发器位置特征:陆上水面蒸发场　　　　　　蒸发器型式:80cm 口径套盆　　　　　　水面蒸发量 mm

项目 \ 月份	一月	二月	三月	四月	五月	六月	七月	八月	九月	十月	十一月	十二月
水面蒸发量	52.2	38.2	81.6	150.0	122.2	196.8	236.7	223.8	166.3	125.0	46.5	29.6
最　大	2.1	3.5	5.3	9.6	8.0	14.0	11.6	10.8	10.0	10.0	5.6	2.8
日　期	24	25	26	15	28	18	30	20	20	2	7	1
最　小	0.5	(0.1)	0.5	0.1	0.0	0.4	2.6	1.1	1.3	0.2	0.2	0.2
日　期	25	(13)	5	10	7	4	13	13	22	25	17	11

年 统 计	水面蒸发量　(1468.9)	最大日水面蒸发量　14.0 6月18日	最小日水面蒸发量　0.0 5月7日
	终冰　　2月16日	初冰	11月9日
附　注			

1960　滚　河　石漫滩站　蒸发量月年统计表

蒸发器位置特征:陆上水面蒸发场　　　　　　蒸发器型式:80cm 口径套盆　　　　　　水面蒸发量 mm

项目 \ 月份	一月	二月	三月	四月	五月	六月	七月	八月	九月	十月	十一月	十二月
水面蒸发量	34.2	72.5	60.7	126.0	163.5	185.2	143.6	153.5	95.0	70.5	56.6	41.0
最　大	4.6	6.0	5.4	9.0	11.3	13.0	7.6	7.4	6.8	5.9	4.0	3.7
日　期	3	24	26	26	27	2	23	30	2	10	3	11
最　小	(0.3)	0.0	0.2	0.2	0.1	2.1	0.7	0.4	0.1	0.3	(0.3)	0.4
日　期	(18)	15	9	9	7	19	7	16	26	14	(23)	31

年 统 计	水面蒸发量　1202.3	最大日水面蒸发量　13.0 6月2日	最小日水面蒸发量　0.0 2月15日
	终冰　　3月24日	初冰	11月23日
附　注			

1961　滚　河　石漫滩站　蒸发量月年统计表

蒸发器位置特征:陆上水面蒸发场　　　　　　蒸发器型式:80cm 口径套盆　　　　　　水面蒸发量 mm

项目 \ 月份	一月	二月	三月	四月	五月	六月	七月	八月	九月	十月	十一月	十二月
水面蒸发量	48.3	71.8	79.7	140.8	178.8	163.1	177.5	145.4	131.7	80.0	33.5	37.5
最　大	3.2	5.2	6.7	9.1	12.6	10.1	10.2	11.0	7.9	7.7	2.4	2.4
日　期	3	27	29	2	3	3	24	23	6	9	4	10
最　小	0.1	0.4	0.3	2.2	1.7	2.0	1.2	1.5	0.9	0.2	0.1	0.1
日　期	23	10	3	18	15	18	10	15	19	24	17	13

年 统 计	水面蒸发量　1288.1	最大日水面蒸发量　12.6 5月3日	最小日水面蒸发量　0.1 1月23日
	终冰　　2月4日	初冰	12月13日
附　注			

1962　滚　河　石漫滩站　蒸发量月年统计表

蒸发器位置特征:陆上水面蒸发场　　　　　　蒸发器型式:80cm 口径套盆　　　　　　水面蒸发量 mm

项目 \ 月份	一月	二月	三月	四月	五月	六月	七月	八月	九月	十月	十一月	十二月
水面蒸发量	32.5	50.3	132.1	110.7	180.4	183.9	187.2	154.6	121.2	67.0	52.5	52.4
最　大	2.2	5.0	6.1	7.1	10.9	10.8	10.0	9.8	8.0	4.7	4.9	4.0
日　期	29	20	14	20	20	7	13	5	9	4	3	4
最　小	(0.5)	0.3	1.6	0.9	0.7	2.0	0.6	1.3	1.5	0.1	0.2	0.0
日　期	(1)	9	4	1	4	18	8	17	25	9	16	12

年 统 计	水面蒸发量　1324.8	最大日水面蒸发量　10.9 5月20日	最小日水面蒸发量　0.0 12月12日
	终冰　　2月25日	初冰	11月22日
附　注			

1963 滚 河 石漫滩站 蒸发量月年统计表

蒸发器位置特征:陆上水面蒸发场　　　　　　蒸发器型式:80cm 口径套盆　　　　　　水面蒸发量 mm

项目 \ 月份	一 月	二 月	三 月	四 月	五 月	六 月	七 月	八 月	九 月	十 月	十一月	十二月
水面蒸发量	76.5	70.4	90.7	69.8	89.2	186.3	171.3	110.7	84.0	107.6	71.8	45.7
最　大	(3.6)	6.2	6.7	6.0	5.8	9.4	12.5	6.9	5.6	6.1	4.5	3.2
日　期	(22)	25	31	1	8	10	23	9	27	15	7	23
最　小	(1.8)	0.2	0.1	0.0	0.2	0.2	0.1	0.4	0.2	0.8	0.2	(0.1)
日　期	(6)	11	8	17	14	1	11	24	29	31	9	(8)

年 统 计	水面蒸发量　　1174.0		最大日水面蒸发量　12.5 7月23日		最小日水面蒸发量　0.0 4月17日	
	终冰		3月 12日	初冰		12月3日
附　　注						

1998　滚　河　石漫滩站　逐日水面蒸发量表

蒸发器位置特征:陆上水面蒸发场　　　　蒸发器型式:E601型蒸发器　　　　水面蒸发量 mm

日\月	一月	二月	三月	四月	五月	六月	七月	八月	九月	十月	十一月	十二月
1	1.2	0.3	1.6	2.3	1.6	1.3	0.5	3.6	2.0	3.8	3.4	0.1
2	0.9	0.3	1.8	1.9	2.5	3.8	0.8	2.3	2.9	4.4	3.8	B↓
3	B↓	0.1	1.2	1.7	2.5	5.5	2.6	0.4	5.0	4.8	5.5	1.0B
4	B↓	B↓	1.5	1.2	1.1	4.2	2.5	0.4	3.2	2.6	3.4	1.0
5	B↓	3.0B	1.2	1.2	3.6	3.1	3.1	3.3	3.6	2.5	1.7	0.6
6	6.1B	1.4	0.8	1.5	1.9	3.1	3.5	4.2	3.4	3.1	1.8	0.8
7	B↓	1.6	2.5	0.0	1.5	3.1	4.4	3.0	2.8	2.3	1.9	1.9
8	1.7B	1.6	B↓	1.7	1.5	2.4	3.8	1.7	2.4	2.9	1.5	1.0
9	0.0	2.8	B↓	1.8	1.8	3.0	3.4	3.7	3.3	2.3	3.2	1.0
10	0.0	1.7	2.8B	1.4	0.1	3.0	3.2	5.1	4.6	2.9	2.5	1.0
11	0.9	1.6	1.4	3.0	0.7	2.4	1.3	2.4	3.2	1.9	2.3	1.1
12	0.0	2.2	1.8	3.8	1.3	2.0	3.9	1.1	2.8	1.4	1.7	1.2
13	B↓	1.1	2.4	3.1	0.8	2.8	4.2	2.6	2.9	2.3	2.4	1.4
14	B↓	0.7	3.8	3.6	1.1	3.5	4.2	0.6	2.6	3.8	2.1	3.0
15	B↓	1.9	2.2	4.4	2.1	3.6	4.8	0.1	3.1	2.3	2.3	2.8
16	B↓	1.0	2.0	6.6	1.9	3.5	2.0	2.3	4.3	4.0	3.3	0.6
17	B↓	0.4	2.3	3.9	3.5	2.2	4.1	2.3	3.1	5.3	3.7	0.8
18	B↓	0.2	3.3	4.0	3.4	4.5	4.1	3.0	2.7	3.8	2.2	1.3
19	B↓	0.4	0.3	5.4	1.3	3.9	4.0	2.8	6.4	2.4	1.4	1.0
20	B↓	0.7	0.5	0.5	0.3	4.6	5.5	3.3	8.6	2.3	2.3	1.0
21	B↓	2.2	2.6	2.7	0.2	4.5	2.5	3.3	3.3	2.1	1.9	0.7
22	B↓	1.8	0.9	0.6	1.1	4.0	3.8	3.0	2.4	2.8	3.1	0.8
23	B↓	0.5	0.5	4.8	0.8	4.1	2.4	2.0	2.7	2.1	2.8	1.1
24	B↓	1.2	0.7	3.2	3.5	3.6	2.9	2.2	2.0	2.1	1.2	1.2
25	B↓	1.6	0.5	2.8	5.0	3.0	3.6	3.3	1.2	3.1	1.8	0.9
26	B↓	2.5	1.3	2.7	4.1	3.0	4.4	2.8	2.0	4.6	1.0	1.7
27	B↓	2.0	2.4	1.9	3.0	4.8	2.8	2.7	3.0	2.3	0.7	1.1
28	B↓	2.4	2.7	2.5	4.6	3.0	3.0	2.5	3.8	2.0	0.5	2.0
29	B↓		1.7	2.0	3.0	4.0	1.6	3.0	3.4	1.3	0.4	0.2
30	B↓		1.5	2.6	0.8	2.3	2.3	4.8	4.9	1.9	0.1	1.1
31	26.5B		2.0		3.1		1.8	3.3		1.8		1.0
水面蒸发量	37.3	37.2	50.2	82.1	67.1	100.3	97.2	81.1	101.6	87.2	65.9	34.4
最　大	(1.5)	2.8	3.8	6.6	5.0	5.5	5.5	5.1	8.6	5.3	5.5	3.0
最　小	0.0	0.1	0.3	0.0	0.1	0.8	0.5	0.1	1.2	1.3	0.1	0.1

年统计				
水面蒸发量	841.6	最大日水面蒸发量　8.6　9月20日	最小日水面蒸发量　0.0　1月9日	
终冰	3月10日	初冰	12月2日	
附注				

1999　滚　河　石漫滩站　逐日水面蒸发量表

蒸发器位置特征:陆上水面蒸发场　　　　蒸发器型式:E601型蒸发器　　　　水面蒸发量 mm

日\月	一月	二月	三月	四月	五月	六月	七月	八月	九月	十月	十一月	十二月
1	0.6	2.7	2.5	1.4	3.5	2.5	3.4	2.8	4.2	1.8	2.9	1.0
2	1.2	4.2	1.6	0.9	1.4	3.6	4.1	4.8	5.3	2.0	2.5	2.0
3	1.3	2.4	1.9	2.2	1.6	1.2	2.1	4.7	1.9	2.3	1.0	0.5
4	1.1	1.9	3.1	3.2	3.0	2.5	2.3	5.0	1.6	0.4	1.0	2.7
5	1.3	2.2	2.4	4.6	3.6	1.0	2.3	4.1	2.0	0.4	0.7	1.8
6	2.1	1.3	0.3	3.9	3.9	3.1	2.0	4.0	2.0	1.1	1.8	1.7
7	1.2	1.8	2.5	3.1	3.2	2.4	1.3	4.0	2.7	1.3	2.1	1.8
8	1.5	1.5	0.1	0.7	4.1	3.8	1.6	4.4	3.1	1.8	1.6	1.7
9	0.3	2.0	1.4	2.0	4.6	4.2	2.0	2.6	3.8	0.2	1.1	1.7
10	B↓	1.2	1.0	2.6	3.5	2.6	3.1	4.5	5.1	0.8	0.3	2.3
11	B↓	3.1	1.0	0.9	3.1	3.1	2.6	6.2	3.7	0.9	0.8	1.8
12	B↓	2.2	0.8	3.8	5.1	3.6	3.2	3.9	5.2	0.2	1.6	1.5
13	B↓	2.0	0.8	3.3	3.6	3.4	2.6	3.2	3.6	0.6	0.9	1.4
14	B↓	1.4	0.1	4.2	2.9	1.3	2.2	3.1	3.2	1.2	1.3	1.4
15	B↓	1.4	0.5	1.7	1.0	1.5	3.5	1.6	1.6	0.8	1.9	1.8
16	B↓	3.4	0.9	0.9	0.9	2.7	2.0	2.6	2.6	2.2	1.5	1.7
17	B↓	1.7	0.6	1.5	0.6	4.4	3.4	4.1	2.4	2.2	1.1	1.4
18	B↓	B↓	0.2	2.0	1.4	4.4	3.3	1.1	1.1	1.6	1.4	B↓
19	12.2B	B↓	0.2	2.8	3.3	4.9	2.8	3.1	2.4	3.0	1.0	B↓
20	1.6	10.5B	1.1	2.4	2.8	5.0	4.1	3.6	3.5	0.8	1.0	B↓
21	1.7	2.6	1.6	2.2	1.7	2.7	4.4	2.5	2.7	1.0	0.6	B↓
22	2.1	1.8	1.6	2.9	1.4	2.2	3.6	4.3	2.5	1.1	1.7	B↓
23	1.2	1.6	1.8	0.6	1.5	2.1	3.7	3.3	3.1	1.4	1.0	B↓
24	2.0	1.9	2.0	2.0	2.8	3.2	4.0	3.0	3.0	1.7	1.0	B↓
25	0.8	1.0	1.4	1.7	2.0	4.5	4.2	1.2	4.1	0.5	1.4	B↓
26	1.3	0.5	1.0	2.2	4.9	4.8	4.1	2.6	3.3	1.6	1.3	7.1B
27	1.9	2.7	2.0	1.4	5.6	3.4	5.3	3.0	2.7	2.1	2.3	2.1
28	1.6	2.6	2.6	2.4	3.7	2.7	3.7	2.8	0.6	2.8	1.8	1.2
29	2.2		1.1	2.1	4.1	4.2	2.1	2.8	2.0	2.6	1.8	2.2
30	1.1		2.6	2.8	3.3	2.1	4.5	3.9	1.8	1.8	0.7	1.0
31	0.2		1.5		2.5		4.2	3.7		1.3		0.5
水面蒸发量	40.5	61.6	42.2	68.4	90.6	93.1	95.8	112.2	86.8	43.5	41.4	42.3
最　大	2.2	4.2	3.1	4.6	5.6	5.0	5.3	6.2	5.3	3.0	2.9	2.7
最　小	0.2	0.5	0.1	0.6	0.6	1.0	1.3	1.1	0.6	0.2	0.3	0.5

年统计				
水面蒸发量	818.4	最大日水面蒸发量　6.2　8月11日	最小日水面蒸发量　0.1　3月8日	
终冰	2月20日	初冰	12月18日	
附注				

2000　滚　河　石漫滩站　逐日水面蒸发量表

蒸发器位置特征:陆上水面蒸发场　　　蒸发器型式:E601型蒸发器　　　水面蒸发量 mm

日＼月	一月	二月	三月	四月	五月	六月	七月	八月	九月	十月	十一月	十二月
1	B↓	B↓	2.2	3.0	4.6	2.5	2.0	2.6	3.1	0.8	2.0	0.5
2	1.0B	B↓	1.6	1.7	6.0	1.7	4.0	2.3	2.5	1.7	2.2	1.4
3	0.5	B↓	1.9	1.7	5.7	1.3	1.9	1.3	0.4	2.3	1.6	2.5
4	0.6	B↓	1.7	2.8	6.2	2.4	0.4	1.4	2.6	2.3	2.2	0.8
5	0.6	B↓	1.9	3.3	6.0	3.2	0.0	0.0	4.0	1.8	1.5	0.8
6	B↓	B↓	3.0	3.6	4.0	4.4	1.2	1.1	1.6	1.9	1.9	0.3
7	B↓	2.5BΦ	1.7	2.9	4.0	3.7	0.4	1.3	2.5	2.1	3.5	0.7
8	B↓	1.2	2.4	1.4	1.3	4.3	2.9	1.3	2.9	2.3	1.4	0.4
9	B↓	1.1	2.0	5.2	3.7	3.5	3.0	2.2	1.7	1.1	1.4	0.8
10	B↓	1.7	1.3	3.9	3.6	2.3	2.7	2.2	1.1	1.0	0.7	1.4
11	B↓	0.8	2.4	4.2	2.3	3.4	2.2	4.4	1.8	2.6	0.9	0.9
12	B↓	0.9	1.5	3.9	4.8	4.4	1.0	2.2	1.2	1.6	1.5	1.3
13	B↓	0.4	1.6	4.7	2.8	4.5	1.1	2.6	3.3	1.7	1.9	1.8
14	B↓	2.0	1.8	4.6	3.5	4.9	1.3	3.0	3.4	1.5	0.2	0.8
15	B↓	1.9	2.1	3.7	1.1	4.8	1.8	2.5	2.4	1.2	1.1	1.2
16	B↓	1.1	3.0	3.7	3.6	5.1	3.0	3.4	3.0	0.6	1.6	0.8
17	B↓	0.5	3.0	3.1	4.5	4.6	2.9	2.6	3.7	1.2	1.1	1.1
18	B↓	0.1	3.5	2.3	6.7	2.5	5.5	2.0	2.1	1.3	1.1	0.8
19	B↓	0.6	4.0	2.6	5.1	3.6	1.8	2.5	2.0	1.0	1.4	0.1
20	B↓	0.8	1.8	3.4	4.3	4.4	4.4	3.9	1.3	1.1	1.7	1.8
21	B↓	0.5	1.3	5.4	8.5	1.7	4.6	3.2	1.7	1.4	1.7	1.2
22	B↓	1.7	2.8	3.6	3.4	2.4	3.6	4.6	1.1	0.2	1.5	1.3
23	B↓	1.0	4.7	3.7	3.4	3.3	3.4	3.7	2.3	0.8	1.1	0.8
24	B↓	1.2	2.6	4.2	2.6	1.1	3.4	2.3	4.0	1.7	0.3	0.9
25	B↓	1.7	4.1	4.9	1.0	1.0	4.3	3.4	2.8	2.3	0.9	1.1
26	B↓	2.3	5.2	4.2	1.8	2.8	2.8	4.2	2.3	0.9	1.2	1.0
27	B↓	1.4	4.8	3.6	4.2	0.0	4.1	3.2	0.2	1.2	0.4	1.4
28	B↓	2.6	3.9	4.8	0.3	0.6	3.4	3.7	1.2	1.4	0.9	0.7
29	B↓	1.6	3.4	4.1	1.5	4.1	2.9	3.6	0.9	2.9	0.8	0.4
30	B↓		2.6	5.7	2.7	2.0	5.5	2.2	1.3	2.5	0.4	0.4
31	9.2BΦ		4.1		5.5		4.5	3.8		2.5		0.4
水面蒸发量	11.9	29.6	83.9	109.9	118.7	90.4	86.0	82.7	64.4	48.9	40.1	29.8
最大	0.6	2.6	5.2	5.7	8.5	5.1	5.5	4.6	4.0	2.9	3.5	2.3
最小	(0.4)	0.1	1.3	1.4	0.3	0.0	0.0	0.0	0.2	0.2	0.2	0.1

年统计：水面蒸发量 796.3　　最大日水面蒸发量 8.5　5月21日　　最小日水面蒸发量 0.0　6月27日
终冰 2月7日　　初冰 月日

附注：

2001　滚　河　石漫滩站　逐日水面蒸发量表

蒸发器位置特征:陆上水面蒸发场　　　蒸发器型式:E601型蒸发器　　　水面蒸发量 mm

日＼月	一月	二月	三月	四月	五月	六月	七月	八月	九月	十月	十一月	十二月
1	0.5	↓	1.7	2.4	3.9	5.3	5.8	2.5	2.3	1.6	1.9	1.8
2	1.4	1.3B	2.8	3.1	4.3	4.7	4.1	3.7	2.8	0.8	0.8	1.3
3	1.2	1.2	2.4	3.7	2.7	3.8	2.0	4.0	2.2	2.3	0.8	1.4
4	0.7	0.4	1.4	3.6	1.0	3.7	3.1	2.5	2.1	4.4	0.6	1.4
5	↓	↓	2.3	3.6	2.9	4.3	5.3	3.4	3.8	2.3	1.8	↓
6	B↓	B↓	3.2	1.1	3.5	3.7	5.2	3.1	5.5	1.5	2.0	1.0B
7	B↓	B↓	2.9	1.6	2.6	5.7	4.6	6.8	5.4	0.7	1.4	0.5
8	B↓	B↓	3.0	2.0	4.4	3.8	4.9	2.2	1.7	3.4	1.8	0.6
9	B↓	6.4B	3.9	4.8	4.2	1.2	6.7	2.5	3.5	3.3	1.6	B↓
10	B↓	2.0	2.3	1.7	3.6	2.5	5.2	2.2	2.6	3.0	2.1	B↓
11	B↓	↓	2.2	3.8	4.1	2.7	3.6	3.0	3.7	2.4	1.7	B↓
12	B↓	B↓	2.1	4.0	3.4	2.2	4.3	3.0	2.6	1.9	1.4	B↓
13	B↓	B↓	3.6	2.7	4.0	4.4	5.3	3.1	1.9	1.4	4.0	B↓
14	B↓	5.0B	3.3	2.7	5.7	4.0	4.0	3.3	3.4	0.4	2.7	B↓
15	B↓	2.7	2.6	4.2	4.2	4.8	4.8	3.2	3.9	1.4	1.9	B↓
16	B↓	3.6	0.9	3.0	4.1	2.9	6.9	3.3	2.0	1.4	1.3	B↓
17	B↓	1.2	2.2	3.1	4.1	2.1	6.3	3.5	2.2	1.6	1.6	6.0B
18	9.4B	1.0	1.0	2.2	4.5	3.4	4.8	3.1	3.0	3.1	1.5	0.2
19		1.2	2.1	5.5	4.9	3.0	4.9	5.6	4.0	1.7	1.4	↓
20	0.2	0.4	3.1	3.1	3.4	1.9	8.1	1.2	2.6	1.0	1.5	B↓
21	↓	1.2	3.5	2.1	4.8	2.4	1.7	1.8	0.3	1.0	1.4	B↓
22	B↓	0.2	2.9	3.2	5.4	3.3	1.5	3.1	1.3	1.7	1.4	B↓
23	B↓	0.2	1.8	1.4	4.1	6.2	1.4	3.9	2.8	1.6	1.1	B↓
24	B↓	1.9	2.1	1.7	3.7	3.7	3.1	3.2	2.7	2.1	2.1	B↓
25	B↓	1.7	2.8	2.6	1.7	2.9	1.3	4.0	2.2	0.5	2.2	B↓
26	B↓	0.3	1.9	2.6	1.5	4.1	3.7	4.2	0.6	0.9	1.2	B↓
27	B↓	0.8	3.1	2.1	3.9	4.0	4.4	3.0	4.3	1.3	1.1	B↓
28	B↓	1.6	2.3	0.9	5.9	3.2	1.5	2.7	3.2	2.2	0.8	B↓
29	B↓		2.2	1.7	3.0	2.8	0.6	2.1	1.8	2.3	1.1	B↓
30	1.8B		3.5	2.4	4.4	4.8	3.5	1.8	3.5	0.7		7.6B
31	1.3		1.6		4.5		2.0	1.1		1.4		1.5
水面蒸发量	16.5	34.3	76.7	82.6	118.8	107.1	122.3	96.1	83.9	56.2	46.9	23.3
最大	1.4	3.6	3.9	5.5	5.9	6.2	8.1	6.8	5.5	4.4	4.0	1.8
最小	0.2	0.2	0.9	0.9	1.0	1.2	0.6	1.1	0.3	0.4	0.6	0.2

年统计：水面蒸发量 864.7　　最大日水面蒸发量 8.1　7月20日　　最小日水面蒸发量 0.2　1月20日
终冰 2月14日　　初冰 12月6日

附注：

2002　滚　河　石漫滩站　逐日水面蒸发量表

蒸发器位置特征:陆上水面蒸发场　　　　蒸发器型式:E601型蒸发器　　　　水面蒸发量 mm

日＼月	一月	二月	三月	四月	五月	六月	七月	八月	九月	十月	十一月	十二月
1	B↓	B↓	0.3	1.9	0.6	3.8	3.3	3.6	5.2	4.1	0.8	0.0
2	2.4B	3.1BΦ	0.7	2.3	1.6	2.8	3.1	4.4	4.0	2.8	3.1	0.6
3	1.7	0.9	B↓	2.1	1.3	4.2	2.4	2.1	3.0	2.7	3.9	0.4
4	2.0	1.0	B↓	0.5	0.2	2.9	2.0	3.9	1.9	3.0	3.3	0.2
5	0.6	1.5	1.4B	0.7	0.8	3.2	1.5	5.6	3.1	3.5	2.0	0.2
6	3.3	1.8	2.1	3.1	1.6	3.1	2.0	5.1	4.0	4.5	1.3	0.0
7	1.4	1.6	2.0	1.9	1.6	4.0	2.1	4.7	4.0	2.5	2.1	0.5
8	1.0	0.8	2.0	2.5	1.4	4.6	4.6	3.2	3.9	3.2	2.2	0.6
9	1.3	1.2	2.2	1.8	1.4	2.6	4.1	2.8	0.3	2.7	1.0	0.8
10	1.9	2.1	1.7	2.0	2.2	6.4	4.2	3.0	1.8	2.1	0.6	0.7
11	0.9	1.9	1.0	3.2	2.5	5.4	3.7	2.8	4.5	2.6	1.0	0.5
12	1.3	2.6	1.0	2.9	2.0	6.7	4.3	3.2	3.0	2.2	2.0	0.8
13	0.3	1.5	0.3	3.2	0.6	4.1	4.2	1.4	1.0	2.2	2.9	0.5
14	0.2	1.0	1.7	3.2	1.4	3.8	3.8	1.9	0.8	2.3	1.9	0.6
15	0.7	1.4	1.7	3.5	1.4	4.0	4.3	2.1	2.0	2.2	1.6	0.7
16	0.6	1.2	3.4	2.2	2.0	3.7	2.9	2.2	2.0	2.1	2.0	0.8
17	B↓	1.9	3.0	2.1	4.3	3.5	5.9	2.2	2.0	2.1	2.3	0.7
18	1.5B	1.0	2.0	2.4	1.7	3.4	6.9	2.2	3.1	2.5	2.9	0.5
19	1.3	1.4	1.5	2.0	1.8	2.6	5.2	0.7	3.2	0.4	0.5	0.3
20	B↓	1.0	2.7	2.8	2.0	5.0	3.1	2.4	2.3	1.3	0.5	B↓
21	B↓	0.9	0.5	2.6	1.3	1.4	3.1	1.0	0.6	2.4	0.5	B↓
22	B↓	0.6	2.4	3.0	1.7	1.9	1.4	3.0	3.0	2.2	0.8	B↓
23	6.6B	1.7	2.0	2.2	2.3	0.4	1.8	4.7	3.2	1.5	1.2	B↓
24	B↓	1.7	0.8	0.8	3.6	1.9	2.0	0.6	3.2	1.5	1.5	B↓
25	2.4B	0.9	2.1	2.4	4.4	2.2	3.5	0.6	3.3	1.8	2.0	B↓
26	1.0	0.5	1.6	1.1	2.8	1.3	1.9	2.2	1.9	1.4	2.2	B↓
27	0.5	0.8	2.0	0.5	4.5	1.9	1.8	3.5	5.1	2.3	1.3	B↓
28	B↓	1.4	1.1	0.6	3.7	2.6	0.6	3.5	3.9	2.4	2.0	B↓
29	B↓		3.2	1.3	2.3	3.8	0.5	3.6	2.6	1.1	1.0	B↓
30	4.3B		1.1	3.5	1.8	3.5	4.1	3.4	0.6	0.9		B↓
31	1.6BΦ		3.6		5.0		1.4	4.9		2.6		6.7B
水面蒸发量	38.8	37.4	55.4	61.9	66.1	97.8	95.1	93.7	85.3	71.8	51.3	16.1
最　大	3.3	2.6	4.4	3.5	5.0	6.7	6.9	5.6	5.2	4.5	3.9	0.8
最　小	0.2	0.5	0.3	0.5	0.2	0.4	0.5	0.6	0.3	0.4	0.5	0.0

年统计：水面蒸发量 770.7　　最大日水面蒸发量 6.9　7月18日　　最小日水面蒸发量 0.0　12月1日

终冰 3月5日　　初冰 12月20日

附注：

2003　滚　河　石漫滩站　逐日水面蒸发量表

蒸发器位置特征:陆上水面蒸发场　　　　蒸发器型式:E601型蒸发器　　　　水面蒸发量 mm

日＼月	一月	二月	三月	四月	五月	六月	七月	八月	九月	十月	十一月	十二月
1	B↓	B↓	0.8	0.9	4.4	2.9	0.9	5.1	0.5	0.4	1.8	1.0
2	B↓	0.4B	1.2	1.0	3.9	1.9	0.3	4.8	1.2	0.6	3.8	0.5
3	B↓	1.2	2.0	1.0	1.9	0.7	0.5	2.9	0.4	0.6	3.1	1.1
4	B↓	2.3	B↓	1.6	0.5	2.2	0.8	2.5	1.5	0.3	1.1	0.5
5	B↓	1.2	B↓	1.3	0.5	3.3	2.1	1.8	1.3	0.9	1.0	0.0
6	B↓	1.8	B↓	1.2	1.4	5.2	3.1	1.6	1.2	1.2	1.0	1.3
7	B↓	0.9	2.4B	3.6	1.8	3.3	2.6	3.9	1.0	1.5	1.3	1.1
8	B↓	0.7	2.1	3.1	2.0	3.7	3.7	2.3	0.5	1.6	1.0	0.6
9	B↓	B↓	1.0	4.2	1.9	2.8	3.3	3.7	0.6	1.5	0.8	0.7
10	B↓	B↓	2.7	2.2	2.5	2.2	3.5	3.7	2.4	1.2	0.8	0.7
11	8.2B	B↓	0.8	1.0	3.6	3.9	0.2	0.8	1.0	1.4	1.3	0.8
12	1.2	B↓	0.8	2.5	1.9	3.1	0.6	0.8	2.9	1.4	1.0	1.2
13	1.7	B↓	0.3	2.3	1.3	5.7	1.4	0.0	2.8	2.9	0.9	1.3
14	1.4	1.1B	0.2	3.5	0.9	5.5	0.7	1.2	2.8	1.9	1.3	0.6
15	1.1	0.3	0.3	3.5	1.0	4.4	1.1	1.4	0.9	2.7	0.8	0.7
16	1.3	0.8	0.6	2.1	0.5	3.9	0.2	0.7	2.8	2.4	1.7	1.3
17	1.3	0.7	0.4	3.2	0.8	2.3	1.2	0.6	2.0	1.9	1.0	0.7
18	B↓	1.2	0.6	2.6	4.2	4.2	4.4	1.3	1.1	1.3	0.1	B↓
19	B↓	0.4	1.6	1.2	1.2	3.7	3.0	1.3	1.0	0.5	0.2	B↓
20	1.8B	0.2	1.7	2.3	2.8	3.8	2.2	0.2	1.0	2.1	2.1	B↓
21	0.7	0.1	2.7	1.0	2.3	2.1	0.9	0.4	2.5	2.3	1.8	7.0B
22	2.4	1.2	1.7	1.2	2.2	1.3	3.1	3.7	1.7	1.4	1.4	1.8
23	0.6	0.8	2.3	0.2	2.7	2.9	2.9	3.3	3.1	2.2	1.1	0.9
24	1.1	0.3	2.3	0.8	1.7	3.8	5.5	0.9	3.1	1.3	0.5	2.7
25	0.4	0.2	1.8	2.4		4.2	3.4	0.8	4.0	2.0	0.5	B↓
26	B↓	1.4	2.2	2.4	2.9	1.4	4.2	3.5	2.7	2.0	1.0	B↓
27	B↓	0.2	2.7	2.8	2.6	4.0	5.0	2.0	3.0	3.6	1.0	3.6B
28	B↓	0.6	2.3	3.1	2.5	3.1	3.8	4.6	1.6	1.3	0.8	1.9
29	5.9B		2.6	3.1	4.7	2.8	3.8	3.6	0.7	1.0	1.7	0.4
30	0.3		1.8	4.1	1.0		1.6	1.6	1.2	1.0	0.5	0.2
31			4.1		4.0		4.8	0.5		1.6		1.2
水面蒸发量	29.6	18.0	44.2	65.4	72.8	95.3	79.4	59.5	53.1	48.5	36.1	34.1
最　大	2.4	2.3	2.7	4.2	4.7	5.7	6.2	5.1	4.0	3.6	3.8	2.7
最　小	0.2	0.1	0.2	0.2	0.2	0.4	0.1	0.1	0.1	0.1	0.1	0.0

年统计：水面蒸发量 636.0　　最大日水面蒸发量 6.2　7月30日　　最小日水面蒸发量 0.0　8月13日

终冰 3月7日　　初冰 12月18日

附注：

2004 滚河 石漫滩站 逐日水面蒸发量表

蒸发器位置特征:陆上水面蒸发场　　　　蒸发器型式:E601 型蒸发器　　　　水面蒸发量 mm

日\月	一月	二月	三月	四月	五月	六月	七月	八月	九月	十月	十一月	十二月
1	1.0	1.0	1.3	4.7	2.8	2.6	4.6	0.3	2.0	4.0	3.3	0.5
2	1.0	B↓	1.5	3.2	1.3	3.6	3.3	1.6	2.0	4.0	1.7	0.5
3	1.2	B↓	3.2	3.1	1.9	2.8	3.3	1.4	1.6	4.1	1.2	0.3
4	0.7	B↓	3.5	3.3	3.9	1.1	6.4	3.4	0.9	1.7	1.3	2.2
5	0.8	B↓	4.0	2.8	4.9	0.7	4.1	1.0	0.4	1.6	2.2	1.1
6	0.4	B↓	2.2	2.7	3.8	1.7	5.0	2.0	1.4	1.7	1.0	2.6
7	0.8	B↓	2.7	2.7	3.2	4.0	4.9	2.8	4.0	1.5	1.0	2.1
8	0.4	B↓	3.1	4.2	3.3	4.2	7.4	3.0	4.2	1.6	1.9	1.3
9	0.8	12.3B	5.3	3.2	3.4	3.5	6.2	3.6	3.4	1.4	1.1	1.7
10	0.8	2.2	2.4	2.8	4.0	4.0	4.5	2.8	3.8	2.1	1.7	0.8
11	0.8	1.5	1.3	3.0	0.9	4.1	2.3	1.8	4.3	1.8	1.9	0.8
12	B↓	1.5	1.0	2.4	2.8	3.2	2.4	3.4	3.1	3.1	1.4	0.9
13	2.1B	3.3	1.4	1.2	4.4	3.6	3.0	3.6	3.1	2.6	0.5	0.5
14	0.2	2.5	1.9	1.6	0.8	0.4	2.5	2.4	3.7	1.1	1.7	0.3
15	0.4	1.3	2.7	3.7	4.4	0.3	3.5	0.7	1.9	1.1	1.3	0.8
16	B↓	0.9	3.2	3.3	6.8	2.0	0.9	0.3	2.9	0.1	1.6	0.2
17	B↓	1.4	3.5	2.3	5.0	2.0	0.2	2.0	3.7	1.5	1.4	1.3
18	B↓	2.0	2.5	3.1	4.0	3.5	3.0	3.1	1.6	1.5	0.8	1.3
19	B↓	1.0	1.0	3.9	5.1	3.5	3.3	1.6	2.6	1.4	1.4	0.4
20	B↓	0.2	0.3	4.3	5.4	5.5	1.0	0.5	1.9	4.2	1.1	B↓
21	B↓	1.4	0.9	4.2	4.4	4.8	4.0	1.1	4.2	2.0	1.1	B↓
22	B↓	0.9	1.5	4.7	5.0	4.7	4.6	2.0	2.7	0.3	0.7	B↓
23	B↓	1.0	1.8	3.6	4.8	4.2	5.5	2.1	3.4	1.6	1.1	B↓
24	B↓	1.5	1.5	4.1	3.9	3.7	3.7	2.2	1.4	1.5	0.2	B↓
25	B↓	2.4	1.4	1.1	1.4	4.4	2.3	2.1	1.1	3.5	0.5	B↓
26	B↓	2.3	2.1	4.4	1.8	5.0	2.7	2.0	1.9	0.5	1.2	B↓
27	B↓	0.6	2.4	3.5	1.5	5.0	3.8	1.7	1.6	1.5	1.2	B↓
28	B↓	0.6	1.8	2.7	2.8	2.5	3.1	3.3	2.1	1.1	0.9	B↓
29	13.3B	1.0	3.7	2.1	4.7	4.1	4.3	1.7	2.4	0.7	0.9	B↓
30	0.5		3.0	2.9	2.3	3.2	4.3	1.8	2.4	0.7	0.5	B↓
31	0.7		2.8		4.7		2.2	3.5		1.6		3.9B
水面蒸发量	25.9	42.8	70.9	94.8	109.4	97.9	110.3	67.3	75.6	56.6	37.8	23.5
最　大	1.2	3.3	5.3	4.7	6.8	5.5	7.4	4.3	4.3	4.2	3.3	2.6
最　小	0.2	0.2	0.3	1.1	0.8	0.3	0.2	0.3	0.4	0.1	0.2	0.2

年统计	水面蒸发量 812.8			最大日水面蒸发量 7.4		7月8日	最小日水面蒸发量 0.1		10月16日
	终冰			2月9日	初冰				12月20日

附　注

2005 滚河 石漫滩站 逐日水面蒸发量表

蒸发器位置特征:陆上水面蒸发场　　　　蒸发器型式:E601 型蒸发器　　　　水面蒸发量 mm

日\月	一月	二月	三月	四月	五月	六月	七月	八月	九月	十月	十一月	十二月
1	B↓	B↓	1.3	2.0	3.0	4.3	3.7	3.0	2.8	0.6	1.8	1.4
2	B↓	B↓	0.8	1.7	3.1	4.1	5.5	0.9	3.3	1.9	1.6	2.1
3	B↓	B↓	2.7	1.3	1.3	4.1	2.2	2.3	2.7	2.0	1.2	2.7
4	B↓	B↓	B↓	3.3	0.8	3.5	3.3	3.4	2.2	1.6	0.3	B↓
5	B↓	B↓	6.5B	2.3	2.6	3.7	2.6	2.7	1.6	1.2	1.5	B↓
6	B↓	B↓	2.5	3.6	3.7	0.6	0.7	2.1	2.2	1.0	2.6	B↓
7	B↓	B↓	1.9	2.7	3.1	1.8	0.9	3.3	2.5	3.9	1.5	6.0B
8	B↓	B↓	2.2	1.6	3.9	1.5	2.5	2.6	2.2	2.0	1.7	1.2
9	B↓	B↓	1.4	1.2	3.9	0.2	1.1	2.1	2.7	2.2	1.0	1.6
10	B↓	B↓	2.5	1.7	2.8	1.8	1.2	3.0	3.1	2.3	1.4	B↓
11	B↓	B↓	B↓	0.7	2.8	3.0	2.4	4.5	3.1	1.7	1.8	B↓
12	B↓	B↓	1.3B	3.5	1.8	3.9	3.0	3.9	3.1	1.4	0.3	B↓
13	B↓	B↓	2.2	4.6	1.6	4.0	3.5	4.3	1.2	4.4	0.8	B↓
14	B↓	B↓	2.1	3.2	0.2	4.7	3.4	2.5	1.9	2.1	1.0	B↓
15	B↓	B↓	1.1	2.5	0.5	3.8	3.4	2.2	1.7	2.1	1.7	B↓
16	B↓	B↓	0.8	2.2	0.3	4.1	2.6	5.3	2.1	2.0	1.5	B↓
17	B↓	B↓	3.8	2.3	2.8	2.3	3.2	3.1	1.1	2.0	1.0	B↓
18	B↓	B↓	2.4	2.3	3.2	4.2	1.3	1.7	2.0	1.4	1.1	B↓
19	B↓	8.2B	1.1	5.0	2.9	4.8	2.7	0.8	1.3	0.7	1.1	B↓
20	B↓	0.9	1.3	5.0	2.0	4.0	3.8	1.2	2.5	0.3	0.7	B↓
21	3.0B	1.1	0.8	3.5	3.2	4.8	1.3	0.4	1.7	1.7	1.2	B↓
22	0.6	1.3	0.6	2.0	2.6	3.4	1.9	0.0	2.4	2.4	1.1	B↓
23	0.2	0.3	2.4	2.4	3.0	4.7	2.8	0.1	1.9	1.3	1.4	19.2B
24	B↓	1.3	2.9	2.4	4.0	3.6	1.4	2.4	0.3	1.0	2.0	1.1
25	B↓	1.2	1.4	3.4	2.9	2.9	2.6	2.9	0.6	1.4	1.5	0.8
26	B↓	1.4	1.6	2.5	2.0	2.7	3.4	2.6	0.2	1.4	1.2	0.5
27	B↓	1.4	1.6	3.7	3.2	2.4	1.9	2.7	0.1	1.8	2.0	0.7
28	0.6B	2.1	2.2	3.4	2.4	3.0	2.3	0.5	0.2	3.2	1.2	1.2
29	B↓		2.8	2.0	2.8	4.0	3.7	1.2	0.0	1.8	1.6	1.1
30	B↓		1.7	2.0	2.0	4.0	2.2	1.6	0.6	1.6	1.6	0.5
31	0.3B		2.6		1.2		2.6	1.8		1.9		0.7
水面蒸发量	4.7	19.2	58.5	81.9	75.5	99.9	79.1	72.1	53.3	53.5	42.6	40.8
最　大	0.6	2.1	3.8	5.0	4.0	4.8	5.5	5.3	3.3	4.4	3.2	2.7
最　小	(0.1)	0.3	0.6	0.7	0.2	0.2	0.7	0.0	0.0	0.3	0.3	0.5

年统计	水面蒸发量 681.1			最大日水面蒸发量 5.5		7月2日	最小日水面蒸发量 0.0		8月22日
	终冰			3月12日	初冰				12月4日

附　注

2006　滚　河　石漫滩站　逐日水面蒸发量表

蒸发器位置特征:陆上水面蒸发场　　　蒸发器型式:E601 型蒸发器　　　水面蒸发量 mm

日＼月	一月	二月	三月	四月	五月	六月	七月	八月	九月	十月	十一月	十二月
1	0.6	0.3	0.6	4.7	2.6	4.4	3.2	3.0	0.7	1.5	2.2	1.8
2	0.7	B↓	1.3	3.4	3.1	4.1	1.9	4.5	1.1	1.4	2.2	1.2
3	0.5	B↓	2.3	2.9	1.7	1.8	2.0	1.5	1.1	1.6	2.0	0.8
4	B↓	B↓	1.4	0.1	2.4	3.2	2.0	3.0	2.4	2.0	2.2	0.8
5	B↓	B↓	1.4	1.3	2.5	2.3	1.8	3.7	3.1	1.3	2.3	1.1
6	B↓	B↓	1.6	3.2	2.1	3.0	3.0	2.2	3.3	0.7	2.6	0.5
7	B↓	B↓	2.2	2.7	2.8	3.9	2.7	5.4	1.2	1.8	2.3	0.5
8	B↓	B↓	0.2	1.7	0.9	6.7	2.6	2.9	2.7	1.7	1.8	B↓
9	B↓	B↓	1.0	2.4	1.3	7.0	1.0	3.3	4.2	2.1	1.8	0.5B
10	B↓	2.6B	1.6	2.1	1.8	6.4	2.5	3.2	3.0	2.7	1.6	0.9
11	B↓	0.6	2.4	3.2	2.3	5.3	3.8	2.2	4.1	1.7	2.2	0.9
12	B↓	0.6	2.3	2.0	1.3	4.0	2.1	1.9	2.3	1.8	2.0	1.8
13	B↓	0.5	3.0	1.8	4.0	3.7	3.9	2.2	1.9	1.4	2.3	1.1
14	B↓	0.9	3.0	1.4	4.3	3.5	4.1	3.2	1.3	2.0	1.8	1.1
15	3.6B	0.2	2.0	2.3	4.6	5.8	1.8	2.4	2.1	1.7	0.9	2.5
16	0.4	2.1	1.8	3.6	5.1	5.2	0.7	2.3	2.8	1.1	1.8	B↓
17	B↓	2.0	5.7	2.7	3.3	5.3	2.5	3.3	2.4	2.5	0.6	3.7B
18	B↓	1.4	3.0	2.9	4.5	5.5	2.5	3.6	1.8	0.9	0.6	1.3
19	B↓	1.4	2.5	3.9	3.5	5.5	2.0	4.9	2.8	1.0	0.5	1.1
20	B↓	2.2	1.8	3.0	5.9	4.3	3.9	3.9	3.4	0.7	1.0	1.3
21	B↓	1.3	2.5	0.7	2.3	2.6	0.7	3.6	3.2	0.6	0.8	0.8
22	B↓	1.4	2.4	1.3	3.7	1.0	2.1	2.1	2.8	3.4	0.4	0.6
23	B↓	1.5	3.8	2.0	4.4	2.0	1.2	2.1	2.1	3.2	2.6	0.6
24	B↓	1.3	3.0	2.8	1.6	2.6	1.6	2.0	1.7	1.5	0.2	0.7
25	B↓	1.5	1.7	1.6	1.6	5.5	2.1	3.4	0.7	2.2	0.2	0.8
26	B↓	1.3	2.4	1.2	4.0	2.6	1.4	1.8	1.2	1.6	0.2	0.2
27	B↓	0.3	4.3	2.0	3.8	4.0	0.2	1.8	0.5	1.3	0.6	B↓
28	B↓	0.3	3.5	3.4	3.2	5.5	0.9	2.9	1.6	1.7	0.4	B↓
29	B↓		3.7	4.3	5.0	2.8	1.4	1.4	0.1	1.0	0.6	2.0B
30	2.4B		2.3	4.6	5.0	0.6	3.4	1.4	0.7	2.0	1.6	2.0
31	0.0		2.0		3.3		3.7	1.3		2.0		0.2
水面蒸发量	8.2	24.7	72.7	75.2	97.9	118.1	66.6	88.9	62.3	52.1	42.7	28.8
最　大	0.7	2.3	5.7	4.7	5.9	7.0	4.1	5.4	4.2	3.4	2.6	2.5
最　小	0.0	0.2	0.2	0.1	0.9	0.6	0.2	1.3	0.1	0.6	0.2	0.0

年统计：水面蒸发量 738.2　最大日水面蒸发量 7.0　6月9日　最小日水面蒸发量 0.0　1月31日
终冰 2月10日　初冰 12月8日

附　注

2007　滚　河　石漫滩站　逐日水面蒸发量表

蒸发器位置特征:陆上水面蒸发场　　　蒸发器型式:E601 型蒸发器　　　水面蒸发量 mm

日＼月	一月	二月	三月	四月	五月	六月	七月	八月	九月	十月	十一月	十二月
1	0.2	1.5	0.1	2.6	3.7	2.9	3.9	4.0	1.6	0.2	2.8	1.0
2	B↓	1.7	0.3	2.9	2.7	2.5	2.3	3.5	2.6	1.9	2.2	2.0
3	B↓	2.0	0.7	3.0	2.1	2.9	1.2	2.3	2.4	1.2	1.4	1.7
4	B↓	0.9	1.8	3.3	3.6	1.6	2.4	2.8	1.7	1.2	1.4	0.6
5	B↓	1.5	3.1	2.7	4.8	2.3	1.0	2.5	2.7	0.8	1.0	1.0
6	B↓	0.5	2.5	2.3	4.2	3.2	3.9	1.7	3.1	0.4	1.2	0.7
7	B↓	0.4	2.2	2.6	3.9	3.9	1.1	0.8	3.4	4.8	1.2	1.0
8	B↓	0.3	1.0	2.9	4.7	2.6	1.2	3.2	2.3	2.4	1.4	0.1
9	B↓	0.8	2.5	1.5	6.1	1.3	3.1	2.8	3.0	3.3	0.6	0.7
10	B↓	1.6	2.4	2.9	2.2	2.4	3.2	2.9	3.2	1.7	2.0	0.5
11	B↓	0.9	1.3	2.2	2.9	2.5	2.3	3.3	2.7	2.0	2.0	0.2
12	B↓	0.4	1.7	2.5	4.2	1.9	1.7	3.7	2.9	0.2	1.7	0.4
13	B↓	2.8	1.4	2.4	5.6	4.3	2.3	3.4	0.1	0.4	1.1	0.9
14	B↓	1.8	1.0	1.6	5.1	1.9	1.2	4.0	2.4	0.7	0.8	0.7
15	B↓	0.3	0.4	4.8	2.8	2.7	1.0	2.7	2.7	1.5	1.3	
16	B↓	0.4	1.0	2.7	7.3	3.7	4.3	2.8	1.6	1.1	0.7	
17	B↓	0.2	1.1	3.4	5.5	4.1	2.2	0.9	3.3	2.0	1.4	0.7
18	B↓	1.0	1.1	1.9	7.5	2.7	3.7	2.6	4.6	2.1	1.7	1.5
19	B↓	0.6	1.9	3.4	4.0	0.0	1.2	2.6	4.9	2.1	1.6	1.2
20	17.7B	1.1	1.4	1.9	4.5	0.2	0.5	2.6	3.4	2.9	1.4	0.5
21	0.7	0.6	1.9	1.0	3.0	0.4	0.6	1.0	3.3	1.0	0.4	0.7
22	0.6	1.4	1.4	2.3	2.1	0.1	0.6	1.5	2.8	1.8	1.6	0.5
23	0.6	1.0	2.0	1.9	1.8	3.1	1.8	1.2	2.2	1.4	1.3	0.5
24	0.9	0.5	1.8	2.8	3.9	3.4	1.6	1.2	2.2	0.7	1.9	0.1
25	0.9	1.1	1.3	3.4	4.1	3.1	0.7	1.8	2.2	1.3		0.5
26	2.0	2.1	1.4	2.4	5.7	2.5	1.5	3.5	1.3	1.1	2.1	0.7
27	B↓	1.0	4.2	2.5	4.4	3.0	1.8	3.2	3.8	1.3	1.8	0.1
28	5.2B	0.5	3.0	1.1	2.8	2.8	3.0	1.2	1.3	3.0	1.0	2.7
29	2.4		3.8	1.4	2.2	3.9	3.0	1.2	0.8	2.1	2.0	2.0
30	0.6		1.2	3.5	1.3	2.8	3.0	1.2	0.3	1.7	0.8	3.9
31	0.2		1.6		2.4		4.3	1.3		1.5		1.2
水面蒸发量	35.0	28.9	52.3	73.4	123.1	74.8	60.8	76.0	76.0	50.4	44.6	30.3
最　大	2.9	2.8	4.2	3.5	7.5	4.3	4.3	4.3	4.9	4.8	2.8	3.9
最　小	0.2	0.2	0.1	1.0	1.3	0.0	0.5	0.8	0.1	0.2	0.4	0.1

年统计：水面蒸发量 725.6　最大日水面蒸发量 7.5　5月18日　最小日水面蒸发量 0.0　6月19日
终冰 1月28日　初冰 月日

附　注

2008　滚　河　石漫滩站　逐日水面蒸发量表

蒸发器位置特征:陆上水面蒸发场　　　　蒸发器型式:E601型蒸发器　　　　水面蒸发量 mm

日＼月	一 月	二 月	三 月	四 月	五 月	六 月	七 月	八 月	九 月	十 月	十一月	十二月
1	↓	↓	2.8	1.2	4.0	5.1	2.5	2.6	3.3	1.6	0.7	1.7
2	B↓	B↓	4.8	3.1	2.6	5.7	2.8	2.7	3.9	1.0	0.9	1.2
3	3.0B	B↓	3.5	2.4	1.1	2.9	2.8	3.9	3.7	0.6	1.3	2.8
4	1.0	B↓	2.2	2.4	3.5	4.6	4.3	3.0	3.2	2.0	0.7	3.4
5	1.2	B↓	0.4	1.3	4.3	5.1	2.7	1.5	3.2	3.7	1.5	1.5
6	0.7	B↓	0.7	2.0	3.8	3.5	2.0	1.1	4.2	2.0	0.4	2.3
7	0.9	B↓	1.6	1.0	3.3	3.7	0.3	1.8	1.9	1.3	1.0	1.4
8	1.0	B↓	1.4	1.1	1.8	3.4	1.7	3.9	0.7	1.6	1.6	2.2
9	1.6	B↓	1.8	1.5	1.9	3.0	0.6	3.9	2.4	1.1	1.8	1.7
10	0.6	B↓	2.0	1.6	3.5	2.0	2.5	4.0	1.8	1.6	1.7	1.9
11	B↓	B↓	2.1	1.5	4.2	3.4	3.1	3.9	2.6	2.1	1.4	1.6
12	B↓	B↓	0.3	1.4	5.7	2.5	2.4	3.5	3.5	2.2	1.2	1.0
13	B↓	B↓	2.5	1.9	3.8	3.5	2.4	1.7	4.0	3.0	1.2	1.9
14	B↓	B↓	1.4	0.2	5.6	3.5	2.6	2.5	2.6	2.0	1.1	1.0
15	B↓	10.5B	2.8	0.6	3.1	2.9	2.3	1.2	3.6	2.1	0.6	1.4
16	B↓	2.1	2.1	2.6	5.1	2.7	3.2	1.4	2.8	3.1	0.6	1.3
17	B↓	1.8	1.5	3.2	3.5	2.5	4.6	1.3	1.5	1.8	1.7	1.9
18	B↓	1.0	3.2	0.7	3.4	2.4	3.4	1.9	1.3	2.8	2.6	0.9
19	B↓	1.4	2.4	0.3	4.9	2.4	3.5	0.4	1.0	0.9	2.7	1.7
20	B↓	1.5	1.2	1.3	6.3	2.8	2.5	1.3	1.7	0.5	1.4	2.3
21	B↓	1.6	1.0	1.8	3.1	0.3	2.7	1.4	1.2	0.4	0.9	↓
22	B↓	1.6	3.4	5.0	4.7	1.6	1.1	3.6	1.0	2.0	1.2	B↓
23	B↓	1.0	4.2	5.1	2.8	3.4	1.2	4.4	3.3	3.3	0.9	B↓
24	B↓		4.2	3.0	3.1	3.1	0.3	3.8	1.7	2.4	1.6	B↓
25	B↓	0.3B	3.4	4.7	2.9	4.5	0.8	2.6	1.9	1.8	0.9	B↓
26	B↓	2.5	4.0	3.6	2.6	2.6	1.4	4.0	2.2	1.1	5.0	7.5B
27	B↓	2.3	3.4	4.5	2.8	3.6	2.4	3.1	2.0	0.8	2.8	0.8
28	B↓	2.4	0.8	4.1	5.6	3.4	2.0	2.5	0.5	1.2	2.2	↓
29	B↓	2.7	0.5	3.7	5.9	3.8	4.2	3.3	0.5	1.5	1.9	B↓
30	9.5B		1.4	3.9	5.7	3.5	1.8	3.2	1.8	1.0	2.2	3.1B
31	0.3		1.0		6.6		1.4	2.6		1.1		1.6
水面蒸发量	19.8	32.1	68.0	70.9	121.2	97.4	71.5	82.0	70.1	52.7	45.7	48.1
最 大	1.6	2.7	4.8	5.1	6.6	5.7	4.6	4.4	4.2	3.7	5.0	3.4
最 小	0.3	(0.2)	0.3	0.2	1.1	0.3	0.3	0.4	0.4	0.4	0.4	0.8

年统计：水面蒸发量 779.5　　最大日水面蒸发量 6.6　5月31日　　最小日水面蒸发量 0.2　2月24日

终冰 2月25日　　初冰 12月22日

附注：

2009　滚　河　石漫滩站　逐日水面蒸发量表

蒸发器位置特征:陆上水面蒸发场　　　　蒸发器型式:E601型蒸发器　　　　水面蒸发量 mm

日＼月	一 月	二 月	三 月	四 月	五 月	六 月	七 月	八 月	九 月	十 月	十一月	十二月
1	↓	1.1	0.6	0.8	0.9	2.7	3.5	2.3	2.3	3.9	3.3	0.5
2	1.7B	1.1	0.2	2.0	2.0	4.3	4.7	2.8	3.0	1.9	2.9	2.0
3	1.4	0.9	1.2	0.9	3.0	3.9	5.2	1.9	2.2	5.7	3.1	1.2
4	1.0	0.7	0.1	0.8	5.2	3.1	4.6	0.9	2.4	3.1	2.2	2.1
5	↓	0.6	2.0	2.0	3.2	4.4	2.4	1.2	3.2	2.4	2.2	1.4
6	B↓	0.4	2.2	2.7	3.7	3.1	1.4	0.7	5.2	2.8	1.0	1.2
7	B↓	0.1	2.5	2.8	4.7	2.1	1.6	1.6	2.9	1.5	1.4	0.6
8	B↓	0.6	1.6	3.3	4.5	0.5	3.7	0.8	2.2	1.2	2.1	0.2
9	B↓	1.2	2.2	2.7	4.8	1.7	2.3	2.5	1.3	1.1	0.1	0.8
10	B↓	1.6	2.6	1.0	3.3	3.2	0.6	3.0	1.3	4.1	0.0	0.8
11	B↓	0.6	0.3	1.2	1.3	4.6	1.9	3.4	1.0	1.2	↓	1.3
12	B↓	1.7	0.1	1.6	2.5	5.1	0.5	4.1	1.6	0.9	0.2B	1.0
13	B↓	1.5	3.5	2.0	3.5	3.1	5.9	1.7	2.4	0.8	0.8	0.7
14	B↓	0.8	2.8	2.4	2.1	5.2	2.9	3.5	0.6	2.5	1.3	↓
15	B↓	0.6	1.8	2.8	0.5	4.3	2.9	4.2	2.8	2.4	↓	0.7B
16	B↓	0.6	1.8	2.5	2.8	4.7	3.9	2.0	0.9	2.7	B↓	0.4
17	B↓	0.5	2.4	1.0	2.7	1.6	4.2	3.0	0.9	3.6	0.6B	1.1
18	B↓	0.4	1.5	0.7	4.0	0.8	3.3	1.9	1.2	3.1	↓	↓
19	B↓	1.4	2.7	0.4	2.7	4.3	3.1	2.4	1.2	4.0	1.0	B↓
20	B↓	1.8	1.4	3.1	3.9	2.4	4.8	1.5	0.7	2.5	1.8	B↓
21	12.4B	1.4	1.1	2.4	3.7	2.7	3.9	3.7	2.1	2.5	2.2	3.8B
22		0.8	2.7	1.5	2.3	5.1	1.4	2.5	4.8	2.1	1.7	0.7
23	B↓	0.6	0.6	0.9	4.5	3.5	2.5	1.8	2.4	2.6	0.9	0.6
24	B↓	0.2	1.9	3.4	1.7	5.3	3.5	2.8	0.1	2.5	0.8	1.1
25	B↓	↓	2.4	2.3	1.6	4.9	3.4	2.7	1.2	1.3	1.1	↓
26	B↓	0.2B	1.3	4.1	1.8	4.0	2.8	2.8	0.4	1.7	0.4	B↓
27	11.4B	0.2	1.8	3.3	1.1	7.9	3.6	2.9	0.5	2.2	0.6	B↓
28	1.4	1.1	0.9	4.5	0.6	2.5	3.3	1.4	1.6	2.2	↓	6.1B
29	1.0		2.3	2.8	1.7	3.9	4.3	3.3	2.4	2.2	1.0B	1.1
30	1.2		1.6	1.7	4.0	5.8	3.9	3.0	1.6	1.1	0.2	1.1
31	0.8		0.4		3.7		1.5	1.9		0.5		2.0
水面蒸发量	32.3	22.7	50.5	63.6	88.0	110.7	93.1	80.0	55.7	72.9	33.9	32.2
最 大	(1.9)	1.8	3.5	4.5	5.2	7.9	5.2	5.9	5.2	5.7	3.3	2.1
最 小	(0.7)	0.1	0.1	0.4	0.5	0.5	0.5	0.7	0.1	0.5	0.0	0.2

年统计：水面蒸发量 735.6　　最大日水面蒸发量 7.9　6月27日　　最小日水面蒸发量 0.0　11月10日

终冰 2月26日　　初冰 11月12日

附注：

2010　滚　河　石漫滩站　逐日水面蒸发量表

蒸发器位置特征:陆上水面蒸发场　　　　　蒸发器型式:E601型蒸发器　　　　　水面蒸发量 mm

日＼月	一月	二月	三月	四月	五月	六月	七月	八月	九月	十月	十一月	十二月
1	2.0	0.9	1.1	2.4	3.0	2.7	3.6	1.7	2.6	1.9	1.0	1.8
2	1.2	1.1	0.1	2.8	3.2	3.6	2.5	2.3	1.8	5.1	1.3	3.1
3	↓	1.1	0.1	3.3	3.5	3.1	1.9	6.7	1.7	4.1	0.9	1.6
4	B↓	1.0	0.8	1.5	0.5	2.8	2.2	3.9	1.8	2.9	1.4	1.5
5	B↓	0.8	0.1	2.0	4.4	3.5	2.5	5.4	1.1	2.6	2.3	2.4
6	B↓	0.1	0.4	3.9	2.9	5.0	3.8	2.4	1.8	2.4		1.6
7	B↓	0.1	1.1	2.8	1.5	2.2	3.4	1.2	0.7	2.5	3.9	2.3
8	B↓	0.1	0.7	3.3	0.2	2.2	2.2	4.4	1.5	1.5	1.5	2.0
9	B↓	0.1	1.7	3.4	1.0	2.9	3.6		0.3	2.1	2.7	2.5
10	B↓	↓	5.2B	1.3	4.4	2.8	1.6	3.3	2.9	2.3	2.5	2.4
11	B↓	B↓	3.1	1.4	3.3	3.0	2.5	2.4	1.9	3.3	3.8	1.4
12	B↓	B↓	1.8	2.1	1.3	3.1	3.1	2.8	1.2	1.8	1.9	1.3
13	B↓	B↓	2.0	2.1	2.4	3.9	2.7	4.5	1.5	1.3	3.5	1.2
14	B↓	B↓	0.1	1.1	3.5	5.1	3.5	1.9	1.8	1.7	0.9	1.7
15	B↓	B↓	2.4	2.0	2.0	3.3	2.2	2.4	1.7	2.2	1.5	↓
16	B↓	B↓	2.4	2.2	0.2	3.6	0.7	4.6	2.0	2.8	1.7	B↓
17	B↓	B↓	2.7	2.2	1.4	4.0	0.5	3.2	2.5	3.1	1.1	5.8B
18	11.9B	2.0B	1.1	1.0	2.2	4.6	1.2	3.8	3.5	1.3	1.3	1.1
19	0.5	1.8	3.5	0.7	4.0	4.4	0.7	4.0	3.6	2.4	1.4	2.7
20	0.9	2.3	4.6	0.5	3.0	5.1	3.3	4.4	2.3	1.6	1.9	1.5
21	0.8	2.0	2.7	1.4	1.9	4.4	3.1	1.8	3.8	1.6	4.0	1.1
22	↓	0.9	0.2	1.8	1.3	3.4	2.3	2.0	2.5	1.7	2.0	1.4
23	3.2B	1.1	1.0	2.6	2.9	4.0	0.8	2.6	1.8	0.8	1.6	2.0
24	1.3	1.6	1.9	3.2	2.5	2.7	2.0	1.4	2.5	2.1	1.7	↓
25	1.5	1.3	2.0	1.5	4.0	2.1	1.3	1.2	0.4	2.7	1.0	B↓
26	1.1	0.9	2.6	3.7	2.1	2.1	2.9	1.6	2.0	1.5	2.0	4.1B
27	0.9	1.0	2.5	3.6	0.7	3.3	4.0	1.5	1.5	1.9	2.7	0.7
28	1.1	0.4	2.0	4.2	1.8	3.4	3.9	3.6	2.0	1.6	1.3	2.2
29	1.1		0.7	3.2	3.4	3.6	3.5	2.2	2.1	1.7	1.9	↓
30	1.6		1.2	3.8	3.6	3.9	4.3	2.5	1.9	1.9	2.1	5.5B
31	0.6		0.3		3.3		4.4	1.6		2.0		2.2
水面蒸发量	29.7	20.6	50.4	68.2	78.0	100.0	79.5	90.9	57.5	68.4	58.6	57.1
最　大	2.0	2.3	4.6	4.2	4.4	5.1	4.4	6.7	3.8	5.1	4.0	3.1
最　小	0.5	0.1	0.1	0.5	0.2	0.3	0.5	1.2	0.3	0.8	0.9	0.7

年统计：水面蒸发量 758.9　　最大日水面蒸发量 6.7　8月3日　　最小日水面蒸发量 0.1　2月6日
终冰 3月10日　　初冰 12月16日
附注：

2011　滚　河　石漫滩站　逐日水面蒸发量表

蒸发器位置特征:陆上水面蒸发场　　　　　蒸发器型式:E601型蒸发器　　　　　水面蒸发量 mm

日＼月	一月	二月	三月	四月	五月	六月	七月	八月	九月	十月	十一月	十二月
1	0.4	0.9	0.4	4.3	4.0	2.8	3.3	0.9	4.7	2.1	0.9	0.8
2	↓	1.9	0.2	0.9	1.1	4.8	3.0	0.5	1.1	2.0	0.6	0.5
3	B↓	1.4	1.7	2.3	2.7	5.6	2.0	2.5	3.5	1.4	0.4	0.7
4	B↓	1.1	2.4	2.2	3.9	2.5	2.3	1.5	2.3	1.4	0.1	0.4
5	B↓	1.3	0.9	1.1	4.1	3.8	2.4	0.2	1.6	1.9	0.3	0.2
6	B↓	1.4	0.5	0.9	2.9	5.0	2.5	1.8	1.0	2.2	0.2	0.1
7	B↓	1.0	2.0	1.4	3.7	4.9	2.8	2.1	0.8	1.9	0.3	0.3
8	B↓	1.8	1.8	1.8	4.2	4.5	3.7	3.7	1.5	2.6	0.5	1.3
9	B↓	0.2	2.1	3.1	3.6	6.0	2.7	1.0	0.9	2.1	0.8	B↓
10	B↓	0.3	2.0	3.9	2.4	4.3	2.8	3.3	0.5	1.3	0.9	
11	B↓	0.2	1.7	2.7	3.4	3.6	3.5	2.2	0.9	1.0	1.0	3.0B
12	B↓	0.4	3.5	3.4	6.1	4.1	2.5	3.1	0.2	0.6	2.1	1.2
13	B↓	↓	1.4	2.8	3.8	3.8	3.1	2.4	0.1	0.6	1.0	0.5
14	B↓	B↓	3.4	2.1	5.0	2.4	2.5	5.4	0.5	3.1	1.1	1.7
15	B↓	3.6B	4.2	3.3	4.0	3.9	3.3	4.6	0.8	3.0	0.2	↓
16	B↓	1.0	2.8	4.3	3.1	3.6	4.2	1.8	0.8	2.3	0.7	B↓
17	B↓	1.2	3.0	4.0	6.0	3.8	2.9	2.9	0.2	2.0	0.3	2.3B
18	B↓	1.3	3.7	4.5	4.8	2.5	1.6	2.6	0.3	2.0	0.5	↓
19	B↓	0.6	0.2	4.2	3.6	3.6		0.8	0.3	2.2	0.7	1.5B
20	B↓	1.3	0.3	3.0	3.7	2.9	3.2	3.0	0.5	1.6	1.2	0.5
21	B↓	1.7	0.5	2.0	1.7	2.2	4.3	2.7	2.2	1.3	0.5	↓
22	B↓	1.2	2.5	2.8	1.5	1.8	3.5	0.5	1.3	0.6	0.6	B↓
23	B↓	2.0	2.1	4.6	2.9	1.0	3.1	1.6	3.0	2.5	2.0	B↓
24	B↓	0.7	3.3	4.5	1.6	4.0	4.4	2.2	3.4	2.5	1.6	B↓
25	B↓	0.4	2.8	5.5	2.7	3.9	3.3	2.7	2.6	2.4	1.1	5.9B
26	B↓	0.3	2.8	3.2	3.0	3.3	3.2	2.7	2.6	1.0	1.0	1.9
27	B↓	0.1	2.7	5.0	3.6	3.0	3.7	3.3	0.4	0.8	0.5	↓
28	B↓	0.2	3.8	5.1	5.4	3.4	3.0	2.5	0.7	1.4	0.2	1.3B
29	B↓		3.2	4.8	1.7	3.9	2.5	2.5	0.3	1.6	0.1	0.4
30	27.7B		4.1	4.7	2.6	4.5	4.8	2.6	1.7	1.6	1.1	0.2
31	1.1		2.9		4.2		3.1	3.1		0.6		0.4
水面蒸发量	29.2	27.5	68.9	98.4	108.2	109.4	99.1	69.5	41.1	51.2	22.5	25.1
最　大	1.1	2.0	4.2	5.5	6.1	6.0	4.8	5.4	4.7	3.1	2.1	1.9
最　小	0.4	0.1	0.2	0.9	1.1	1.0	1.6	0.2	0.1	0.6	0.1	0.1

年统计：水面蒸发量 750.1　　最大日水面蒸发量 6.1　5月12日　　最小日水面蒸发量 0.1　2月27日
终冰 2月15日　　初冰 12月10日
附注：

2012　滚　河　石漫滩站　逐日水面蒸发量表

蒸发器位置特征:陆上水面蒸发场　　　　蒸发器型式:E601型蒸发器　　　　水面蒸发量 mm

日＼月	一月	二月	三月	四月	五月	六月	七月	八月	九月	十月	十一月	十二月
1	0.3	↓	0.3	1.9	1.0	1.8	1.0	3.5	4.3	3.9	1.0	1.3
2	1.2	B↓	0.5	2.5	2.3	2.8	0.8	1.6	4.6	2.9	0.1	0.8
3		B↓	0.3	3.3	1.6	2.2	1.7	3.7	3.0	0.9	0.9	1.5
4	B↓	B↓	0.7	3.1	2.7	2.8	1.1	1.9	3.6	0.9	0.9	1.1
5	B↓	3.2B	1.0	3.3	2.0	2.8	1.2	1.3	4.0	1.1	2.0	0.8
6	B↓		1.5	2.7	2.8	1.8	1.5	2.5	2.2	2.0	1.5	1.4
7	B↓	B↓	1.8	2.4	1.9	2.3	3.4	3.0	0.9	2.0	1.5	1.2
8	B↓	B↓	2.4	3.0	1.6	5.5	2.1	3.2	0.7	2.0	1.5	1.5
9	B↓	B↓	1.6	1.6	1.4	3.9	2.6	5.5	2.0	5.0	0.3	1.6
10	B↓	B↓	1.6	1.9	2.0	1.8	2.8	1.5	1.9	3.1	0.3	1.6
11	B↓	4.5B	2.3	1.2	1.8	2.8	2.5	2.2	1.8	2.4	2.9	B↓
12	B↓	1.5	1.5	1.8	2.5	6.4	3.6	4.5	4.0	2.0	2.4	2.5B
13	B↓	B↓	2.5	2.3	1.9	7.0	1.5	0.9	3.5	2.2	0.7	
14	B↓	1.7B	1.0	1.3	4.1	4.8	2.2	1.2	3.2	1.0	2.5	B↓
15	B↓	0.2	0.5	1.9	2.0	4.9	3.2	1.9	2.9	0.4	1.0	0.5B
16	6.5B	0.4	0.9	1.8	3.7	3.8	2.4	3.1	2.9	2.0	2.0	
17	0.3	↓	1.5	1.5	4.7	3.6	4.2	3.9	3.5	2.7	1.1	0.3B
18	0.1	B↓	0.5	1.3	3.6	4.6	2.1	2.5	2.5	1.5	0.8	0.9
19	0.1	4.7B	1.3	2.0	5.0	6.2	5.9	3.5	3.3	1.3	2.2	1.0
20	↓	0.7	0.9	1.2	0.6	4.5	3.5	1.6	2.2	2.2	0.5	↓
21	B↓	1.5	0.2	2.0	3.8	4.9	3.9	2.5	1.5	4.0	1.1	B↓
22	B↓	1.3	0.9	2.3	2.6	5.7	3.3	2.9	1.6	3.2	1.1	B↓
23	B↓	2.2	3.5	1.7	1.8	2.8	4.1	3.5	1.9	2.6	0.9	B↓
24	B↓	1.4	3.0	2.4	1.8	4.8	3.8	4.6	2.5	2.6	0.7	B↓
25	B↓	1.2	2.2	2.9	3.3	3.8	3.4	2.4	3.3	1.8	1.5	B↓
26	B↓	1.6	2.4	5.5	3.2	3.7	6.1	0.8	1.0	0.8	1.0	B↓
27	B↓	2.4	1.8	2.7	0.8	2.3	4.4	1.9	3.3	1.1	2.0	B↓
28	1.4B	1.8	1.9	3.3	2.2	0.6	5.1	3.9	4.2	2.2	1.9	B↓
29	↓	0.7	1.1	2.1	3.6	0.5	5.7	2.0	3.6	1.5	1.5	B↓
30	1.1B		2.5	2.2	2.5	1.6	5.1	3.1	3.0	3.2	1.9	3.8B
31	1.6		3.8		1.8		0.9	1.6		2.9		0.2
水面蒸发量	12.6	29.5	47.9	69.1	76.6	107.0	94.7	82.2	82.9	68.6	42.7	20.4
最大	1.6	2.4	3.8	5.5	5.0	7.0	6.1	5.5	4.6	5.0	3.9	1.6
最小	0.1	0.2	0.2	1.2	0.6	0.5	0.8	0.8	0.7	0.4	0.1	(0.2)

年统计：水面蒸发量 734.2　最大日水面蒸发量 7.0　6月13日　最小日水面蒸发量 0.1　1月18日

终冰　2月19日　　初冰　12月11日

附注

2013　滚　河　石漫滩站　逐日水面蒸发量表

蒸发器位置特征:陆上水面蒸发场　　　　蒸发器型式:E601型蒸发器　　　　水面蒸发量 mm

日＼月	一月	二月	三月	四月	五月	六月	七月	八月	九月	十月	十一月	十二月
1	↓	0.2	2.3	2.7	3.8	1.8	3.2	4.3	4.1	0.5	0.6	1.2
2	B↓	0.3	3.3	3.0	3.3	4.0	5.0	2.7	3.9	3.2	0.7	1.2
3	B↓	0.1	2.1	1.2	4.2	4.5	5.9	3.9	3.0	2.6	1.5	1.5
4	B↓		2.3	2.0	3.0	2.6	3.3	4.6	3.1	2.6	1.8	1.6
5	B↓	B↓	3.0	1.0	1.9	2.5	3.8	4.5	2.8	2.6	0.9	1.5
6	B↓	B↓	3.4	3.3	1.3	2.2	3.2	6.8	3.0	2.0	1.0	1.5
7	B↓	B↓	2.5	4.0	0.6	3.3	3.9	4.9	1.6	3.4	1.8	1.2
8	B↓	B↓	3.0	3.3	0.6	4.0	4.0	6.7	1.6	4.8	0.9	1.0
9	B↓	B↓	6.2	4.1	1.9	3.5	5.5	3.5	3.0	3.0	0.1	1.8
10	B↓	1.0B	3.8	4.2	4.7	1.5	5.2	3.9	1.2	2.8	0.5	2.2
11	B↓		1.8	3.8	5.4	3.3	5.6	4.3	1.4	2.0	1.0	1.7
12	B↓	B↓	1.9	3.6	5.4	4.5	2.9	6.6	2.1	3.2	1.3	1.3
13	B↓	3.0B	2.2	4.2	5.6	4.5	4.6	1.9	2.7	1.3	1.3	1.6
14	B↓	1.0	0.7	4.3	5.6	4.0	1.3	3.4	2.5	3.4	1.9	1.2
15	B↓	0.9	0.4	5.9	4.7	4.0	2.6	4.3	3.4	3.8	2.2	1.2
16	B↓	0.9	0.6	3.0	2.7	5.0	3.4	6.0	2.7	2.2	2.9	0.6
17	B↓	1.2	2.5	3.0	1.6	5.0	5.0	5.3	2.1	2.1	2.2	0.4
18	B↓	0.7	2.3	3.9	2.1	5.0	2.0	5.7	3.7	1.7	1.4	↓
19	B↓		2.4	2.3	3.4	4.5	6.5	2.5	1.3	1.3	1.7	0.8B
20	B↓	0.3	2.6	1.2	3.6	5.1	0.1	5.4	3.1	1.9	1.0	0.2B
21	B↓	0.3	2.2	1.9	5.2	3.7	1.2	4.6	3.8	2.0	1.5	↓
22	B↓	1.5	0.7	0.8	5.7	4.1	1.7	6.1	1.1	1.7	0.1	B↓
23	B↓	1.3	1.5	1.4	2.9	1.5	2.5	2.1	2.3	2.5	0.2	B↓
24	B↓	1.2	0.7	1.8	3.7	0.9	3.0	0.7	2.0	3.5	0.6	B↓
25	13.9B	1.4	1.3	3.8	0.4	4.0	4.0	0.2	2.4	2.2	1.8	B↓
26	B↓	0.8	1.3	4.0	0.4	4.9	4.8	2.6	2.8	1.9	0.8	B↓
27	B↓	0.2	2.2	4.7	0.4	3.0	4.7	2.6	2.0	1.1	2.7	B↓
28	0.5B	0.4	1.8	1.4	3.8	3.0	4.6	0.8	1.8	1.3	2.0	B↓
29	↓		2.1	2.3	2.7	3.5	3.9	3.9	2.6	2.5	2.5	B↓
30	0.5B		1.1	3.5	3.4	4.5	4.1	3.8	2.6	0.1	1.9	8.2B
31			1.1		4.6		4.6	5.5		0.1		2.0
水面蒸发量	15.1	17.5	65.3	90.4	95.8	108.2	106.6	130.5	74.8	70.2	40.8	33.9
最大	(0.6)	1.5	6.2	5.9	5.7	5.1	5.9	6.8	5.3	4.8	2.9	2.2
最小	(0.2)	0.1	0.4	0.8	0.4	0.9	0.1	0.2	0.3	0.1	0.1	0.2

年统计：水面蒸发量 849.1　最大日水面蒸发量 6.8　8月6日　最小日水面蒸发量 0.1　2月3日

终冰　2月13日　　初冰　12月19日

附注

1952　滚　河　石漫滩站　逐日平均气温表

气温 ℃

日＼月	一月	二月	三月	四月	五月	六月	七月	八月	九月	十月	十一月	十二月
1	3.5	2.5	4.7	12.5	21.8	26.5	26.2	23.3	23.4	20.2	11.2	-3.4
2	-2.0	-0.5	6.8	12.8	21.0	26.7	25.9	23.7	24.3+	19.4	13.5	-3.9
3	0.9	1.7	2.0	16.8	16.3	29.2	20.7	23.8+	23.9	18.4	13.5	-1.6
4	0.0	2.0	-1.0	19.8	16.2	29.3	22.8	21.2	25.9	18.5	14.6	-1.0
5	0.2	2.4	1.3	19.8	16.7	29.3	23.1	24.2	26.7	16.9	10.7	0.9
6	2.2	0.3	1.3	18.5	19.3	29.5	22.5	25.7	20.7	16.1	9.1	2.5
7	2.5	2.8	1.5	20.0	17.8	30.5	25.5	26.5	18.7	18.5	11.8	1.5
8	2.3	6.0	3.3	18.7	18.5	25.7	26.1	27.3	20.4	19.0	14.1	1.6
9	0.9	7.7	4.2	22.3	15.3	23.7	28.6	25.9	22.0	13.2	13.8	2.4
10	1.8	8.0	6.7	10.2	13.8	28.9	26.7	24.4	23.5	11.1	15.3	2.5
11	1.2	9.3	6.8	9.7	17.3	24.8	26.3	28.0	23.2	11.7	11.9	3.7
12	-0.3	3.9	6.5	11.7	21.7	24.6	24.1	26.8	19.4	13.3	4.7	3.3
13	1.2	0.3	5.7	14.3	22.5	26.1	22.6	27.0	23.3	14.9	1.0	3.0
14	5.5	-1.5	15.3+	14.0	23.3	27.8	26.0	24.5	23.3	16.9	2.7	5.0
15	2.2	-4.8	12.3	16.0	21.7	28.5	27.9	22.3	23.0	13.3	6.1	0.3
16	6.5	-6.3	7.7	25.2	21.0	29.6	28.6	23.6	24.0	13.8	10.1	3.1
17	5.7	-6.0	7.8	19.8	19.5	29.4	28.8	24.0	20.0	17.4	10.1	7.3
18	0.2	-3.8	5.8	17.2	19.3	22.6	27.8	24.8	19.8	17.2	8.3	4.9
19	7.3	-2.6	4.3	17.2	17.7	28.0	28.1	25.9	20.3	14.8	5.1	0.9
20	9.5	2.7	8.2	18.8	20.2	28.0	29.1	23.5	22.9	13.7	4.7	3.8
21	7.7	6.6	12.0	20.3	19.0	26.9	28.7	27.6	21.0	9.5	6.8	5.4
22	4.2	1.1	12.3	10.0	22.0	24.0	27.3	20.8	23.6	10.9	6.3	5.9
23	2.8	-0.3	10.3	7.7	20.8	24.7	26.7	22.0	23.9	10.9	5.9	0.6
24	4.8	-1.5	5.3	11.8	18.8	26.3	26.3	22.7	16.1	11.7	6.4	-0.1
25	3.7	1.0	4.0	17.5	21.2	26.5	27.6	23.3	15.7	12.5	6.9	-0.4
26	7.5	2.6	5.7	20.8	20.8	29.2	26.3	23.1	17.3	10.8	6.9	1.6
27	9.3	1.7	9.8	19.0	24.3	29.3	27.3	22.0+	17.7	10.8	8.5	2.1
28	2.7	3.2	11.3	21.3	26.5	24.3+	30.7	18.3	18.0	14.3	8.1	2.6
29	3.2	3.8	9.0	20.2	23.5	27.2	31.3	19.9	18.3	14.3	10.9	5.9
30	2.8		8.2	22.5	21.3+	23.4	28.3	21.4	19.9	15.3	4.1	7.3
31	4.0		13.3		24.3		32.2	23.2		13.3		5.7
平　均	3.3	1.4	6.9	16.9	20.1	27.0	26.8	23.9	21.3	14.5	8.8	2.4
最　大	18.0	18.0	22.5	30.5	33.0	39.0	36.6	34.0	32.6	27.0	22.7	13.6
日　期	20	11	14	16	28	7	29	21	5	3	4	30
最　小	-5.0	-8.0	-2.0	5.0	10.5	16.5	19.0	16.9	11.0	5.6	0.0	-4.7
日　期	25	19	4	2	11	23	3	26	26	16	30	1

年统计	最高气温	39.0		6月7日	最低气温	-8.0	2月19日,气温较差47.0	平均气温	14.5

附　注　+为改正数值。普通温度表置于观测场上百叶箱内,观测场地点在测站外空旷场地上,四周无障碍物。每日6、14、21时观测三次,以三次平均值代表日平均,最高最低温度自每日三次气温中取得。

1953　滚　河　石漫滩站　逐日平均气温表

气温 ℃

日＼月	一月	二月	三月	四月	五月	六月	七月	八月	九月	十月	十一月	十二月
1	-2.7	0.7	8.8	15.1	17.8	—	26.3	26.8	25.8	19.0	10.6	6.9
2	-0.4	1.3	6.6	17.8	18.9	—	23.9	24.8	25.6	21.4	12.1	-0.7
3	-1.9	-0.3	6.8	13.3	18.2	28.0	24.0	21.5	24.9	23.0	15.3	-0.4
4	-0.4	01.2	7.0	11.3	21.3	28.9	27.7	21.2	24.5	18.2+	16.1	-0.2
5	3.1	0.3	11.3	10.7	23.5	24.1	27.3	24.9	22.5	19.8	17.2	-1.1
6	5.2	0.4	13.0	13.4	24.8	19.0	29.3	23.2	22.8	20.3	12.9	0.2
7	2.2	0.9	9.0	11.8	20.3	26.2	30.7	25.5	26.3	22.7	12.3	0.6
8	8.0	2.0	10.1	17.7	25.8	30.0	31.1	27.6	24.6	21.3	10.5	2.4
9	9.7	5.7	7.0	16.8	25.8	23.2	33.1	30.2	24.9	21.5	5.8	3.3
10	9.1	8.7	4.9	11.7	18.9	24.5	31.9	30.3	22.5	21.0	6.3	2.5
11	2.6	5.1	7.7	7.2	23.3+	26.6	—	32.3	25.2	20.7	6.4	3.8
12	0.8	-1.9	6.7	11.0	18.9	26.5	28.7	33.5	19.6	22.1	9.3	6.6
13	-0.6	-0.8	9.7	10.7	18.8	27.9	31.5	28.8	18.9	19.2	9.8	6.5
14	-0.5	-1.7	10.5	12.2	22.5	27.8	30.0	30.3	22.4	19.8	12.2	5.6
15	2.0	-4.0	9.5	12.3	23.0	28.5	30.0	29.5	23.1	21.7	9.5	4.5
16	-0.5	-3.7	11.1	14.4	24.1	31.3	32.0	31.5	23.7	20.1	8.4	4.3
17	-5.2	-2.0	13.0	13.5	25.8	32.8	31.0	29.3	24.7		1.3	4.8
18	-3.9	-1.4	12.3	15.3	24.7	30.7	26.3	26.2	24.7	17.7	1.6	7.3
19	-2.9	0.7	12.8	11.3	29.3	29.3	29.1	25.3	23.8	15.3	3.3	6.2
20	2.9	0.9	11.3	14.7	22.4	33.3	28.5	24.3	22.7	15.3	4.8	6.0
21	3.2	-0.7	9.2	14.8	21.9	27.7	28.4	22.4	18.2	17.1	—	0.4
22	3.3	0.6	11.0	16.2	22.8	23.5	30.2	19.6	20.6	17.2	4.8	3.7
23	2.2	2.7	14.7	17.7	23.2	27.9	27.3	23.5	22.6	17.9	9.1	2.5
24	3.1	3.4	16.9	20.9	27.1	28.2	26.0	30.0	24.5	21.2	8.3	5.0
25	0.1	6.7	10.8	22.0	28.7	31.0	29.3	26.1	24.8	17.3	8.3	6.0
26	1.9	8.3	1.0	25.3	—	28.3	31.0	23.0	25.5	18.6	7.2	3.7
27	4.7	8.6	1.0	26.6	28.5	30.1	32.1	21.1	24.5	17.0	6.0	0.9
28	2.3	12.8	7.0	17.7	25.8	31.0	31.9	23.5	23.3	18.1	8.3	3.5
29	1.8		9.4	17.9	22.3	32.3	31.3	18.9	18.9	16.0	9.0	5.6
30	2.1		10.4	17.9	22.7	29.0	27.4	23.2	20.3	13.7	9.6	2.9
31	0.3		12.2		25.1		27.8	23.2		11.9		2.3
平　均	1.7	1.9	9.4	15.7	—	—	—	26.1	23.2	18.9	8.5	3.4
最　大	16.0	19.5	24.8	33.6	38.0	39.5	41.0	38.0	34.0	30.0	21.3	13.1
日　期	9	28	24	27	25	20	10	12	7	12	4	12
最　小	-9.0	-5.5	-2.5	1.8	10.0	16.8	21.0	18.5	9.5		-1.0	-3.5
日　期	18	16	26	12	2	12	3	28	29	28	20	6

年统计	最高气温	41.0		7月10日	最低气温	-9.0	1月18日,气温较差50.0	平均气温	—
历年统计	最高气温	41.0		1953年7月10日	最低气温	-9.0	1953年1月18日	平均气温	14.5

附　注　+为改正数值;( )不全统计。温度表一只,置于观测场上百叶箱内,观测场地点在测站院内,四周无障碍物。每日6、14、21时观测三次,以三次平均值代表日平均,最高最低温度自每日三次气温中取得。

1954　滚　河　石漫滩站　逐日平均气温表

日＼月	一月	二月	三月	四月	五月	六月	七月	八月	九月	十月	十一月	十二月
1	2.1+	5.5⊕	3.5	17.0	23.5	22.8	28.6	21.1	26.5	18.7	12.7	0.9
2	3.5	-0.7	3.0	15.5	19.0	24.4	27.2	22.3	22.6	18.4	12.5	-1.2
3	1.3	-0.2	-0.5	12.9	18.3	27.0	24.3	23.5	21.3	11.8	12.6+	-1.8
4	3.9	0.9	-1.9	13.8	18.3	22.4	22.6	25.9	22.6	11.0	13.3	-2.1
5	1.5	1.1+	-0.1	16.4	17.5	24.3	25.5	26.2	25.2	10.8	13.8	-2.5
6	3.9	2.4	1.5	14.6	16.0	25.0	21.5	27.1	24.7	11.6	12.1	-2.6
7	2.5	5.5	2.8	9.3	18.3	25.5	25.1	24.8	22.6	10.7	15.6	-1.4
8	5.0	5.3	4.6	11.4	19.4	26.7	26.4	25.5	23.6	13.0	16.8	-1.9
9	2.7	8.8	6.3	12.8	20.2	23.8	27.0	26.0	24.3	13.0	14.3	-3.2
10	2.2	12.3	2.9	11.5	19.7	26.8	24.7	28.4	25.0	13.1	13.6	-4.3
11	0.8	11.9	3.4	12.3	21.0	28.1	23.3	30.7	22.1	14.3	13.7	-1.4
12	1.1	3.0	3.7	17.9	20.8	23.7	22.3	30.7	23.5	14.8	12.0	-2.9
13	1.8	0.4	5.1	19.8	17.3	24.0	23.8	27.5	22.4	14.1	10.3	-0.5
14	1.4	0.2	7.4	16.4	13.4	25.6	24.5	26.0	22.7	16.4	9.3	-0.7
15	0.5	-0.2	6.9	11.7	13.7	24.9	25.0	27.6	24.1	15.6	9.9	1.1
16	1.7	0.5	7.5	11.5	17.4	25.5	23.1	28.0	23.3	15.9	8.5	0.8
17	1.7	0.3	12.9	13.5	20.5	25.7	24.8	28.6	20.5	16.2	4.3	-0.6
18	3.2	0.6	14.8	12.4	22.3	25.7	26.2	22.3	21.3	15.0	6.2	4.3
19	1.8	2.1	3.6	11.8	22.2	28.8	22.3	22.5	21.2	15.2	7.2	4.0
20	1.4	5.5	3.5	11.3	21.4	27.9	23.5	24.2	22.8	15.0	11.9	4.6
21	-1.9	5.8	7.6	14.1	18.1	30.4	24.7	24.8	21.3	14.2	12.3	8.1
22	4.5	7.2	10.0	16.5	19.1⊕	30.4	26.6	22.9	20.4	15.2	11.0	0.3
23	5.3	9.7	14.4	17.5	19.2	24.0	26.3	23.8	21.8	15.9	10.8	-0.2
24	-4.3	9.2	13.0	18.3	17.8	23.8	27.3	25.1	19.0	16.8	5.8	-0.1
25	-4.8	9.4	17.1	12.8	18.7	23.0	27.9	25.5	17.4	17.1	0.1	-4.6
26	-3.9	0.2	13.4	11.1	19.3	25.1	25.6	24.0	18.7	14.8	0.1	-7.4
27	-2.7⊕	1.5	8.9	12.6	21.7	24.5	27.7	25.0	18.9	14.6	0.5	-7.8
28	1.5	3.1	8.2	16.8	23.8	25.8	27.4	25.8	18.5	14.8	1.4	-6.8
29	1.5		9.1	17.0	25.5	28.0	25.5	25.0	18.5	15.0	2.8	-8.9
30	4.2		12.8	20.4	24.2	29.6	24.7	21.6	18.8	15.0	1.5	-8.3
31	6.2		15.5		21.4		22.0	24.9		14.4		-7.6
平均	1.0	4.0	7.1	14.4	19.6	25.8	25.1	25.4	21.9	14.5	9.2	-1.8
最大	11.9	18.5					34.5	34.1	34.5	27.8	26.4	13.2
日期	31	11					2	12	1	26	10	21
最小	-7.8	-4.0					19.0	19.6	13.4	7.0	-0.9	-10.0
日期	23	5					6	30	25	31	17	30

年统计	最高气温 34.5	7月2日	最低气温 -10.0	12月30日, 气温较差44.5	平均气温 13.9
历年统计	最高气温 41.0	1953年7月10日	最低气温 -10.0	1954年12月30日	平均气温 14.2

附注：+为改正数值;⊕插补数值。干湿球温度表及最高最低温度表各一只,安置于观测场上百叶箱内,四周无障碍物。1至2月每日6、14、21时观测三次;3至6月每日7、19时观测二次;7至12月每日7、13、19时观测三次,自10月起同时观测最高最低气温。1至2月以三次平均值,3至12月以7、19时两次平均值,代表日平均气温。最高最低气温10月前除3至6月不统计外,其余均在各次实测值中挑选;10至12月在各次定时观测值中挑选。据1952至1954年实测作历年统计。

1952　滚　河　石漫滩站　逐日最多风向平均风力表

日	一月		二月		三月		四月		五月		六月		七月		八月		九月		十月		十一月		十二月	
	风向	风力	风向	风力	风向	风力	风向	风力	风向	风力	风向	风力	风向	风力	风向	风力	风向	风力	风向	风力	风向	风力	风向	风力
1	SW	2	NE	3.7	ESP	1.3	SE	2.7	NE	1	SW	3.3	NW	1.3	N	2.3	NE	0.7	NNE	2.3	SSW	1.3	NNE	4.3
2	WSW	2.3	E	2.3	W	1	WSW	1	N	1.3	SW	2.3	C	0.3	C	0.7	C	0	SW	1.7	WSW	1.7	WNW	3.7
3	SW	2.7	SSW	1.3	E	3.3	SW	3.3	N	2	SW	2	N	1.3	NW	1	C	0	SSW	1.3	SSW	1.7	WSW	2
4	SW	2	ESE	2	NNE	2.7	SW	2.7	N	2.3	WNW	1.3	NNE	0.7	NNE	0.7	SW	1.7	WSW	0.7	SSW	2	NW	2
5	NE	1	SE	3.3	ESE	2.3	SW	1.7	C	0.7	SW	2	N	1	NE	0.7	SSW	1.3	SW	0.7	NNE	1.7	WSW	1.7
6	NW	3	NE	2	N	0.3	SE	1	SW	1.3	N	1.3	SW	1.3	C	0.7	NE	1.3	SW	1.3	N	2	SW	1.3
7	WSW	2.7	SW	2	W	1	SE	2.7	NE	2	N	3.7	E	1	E	1.7	NNE	1.7	SSW	1.3	WSW	2.7	NW	1.3
8	SW	2.3	WSW	2.3	E	2.3	E	1.3	ENE	1.7	N	3.7	SE	2	NE	1.7	NNE	0.7	S	1.3	SW	1	SW	2.3
9	NE	0.3	SW	2.3	E	1	SE	2.7	C	0.3	N	0.7	E	1	NNW	1	C	0.7	NNW	2.7	ENE	1	SW	2.7
10	NNE	2	W	1.7	ESE	2	NNE	3.7	C	0.3	WSW	3.3	NE	2	ENE	1	SW	0.7	WNW	3.3	NNW	1.3	NNW	1
11	NNE	1	N	2.7	ESE	1.7	NNW	3.3	SW	1	C	0.7	NE	1.7	NE	2.7	NW	1.7	W	1.7	NNW	2.3	SW	2
12	NNE	1	NNE	2.7	SE	0.7	NE	1.3	SW	1.7	NE	0.7	C	1	NW	2.3	SW	2	WSW	2	N	4	SSW	2
13	W	1.7	NNE	3.3	SW	3.7	NW	4.3	SE	2.3	SW	1.3	C	0	NNW	1.7	SW	2	W	1	NNW	3.7	NNW	1
14	W	3	NE	3.7	WSW	4	NW	4	NEN	0.7	NNW	2	SW	0.7	N	1.7	E	2	WSW	1.7	NNE	1.7	NNW	3.7
15	W	1.7	NNE	4	NE	3.7	WSW	4.7	NEN	1	E	1.7	C	0.3	N	1.3	SW	1	SW	1.3	NE	0.7	N	1.7
16	WSW	2	NNE	1.3	NE	2.7	WSW	6	ESE	1.3	SSW	1.3	E	1.7	NNE	1.3	ENE	1.3	WSW	1.7	SW	2.3	SW	3
17	NW	2.3	NE	1	NE	1.3	NE	3.7	NE	1	SW	1.7	NE	2.3	NNE	1.3	NNW	1.7	SSE	2.3	NW	2	WSW	2
18	SW	2.7	NW	3	N	4.7	NW	1.7	NW	2.3	SW	2.3	E	1.3	SSW	1	NNW	1.3	W	1	N	1	NNE	1
19	SW	3	SW	1.7	SE	1	N	1	NW	1.7	SW	1.7	ENE	1.3	SW	0.7	WSW	1	C	0.3	N	2.7	N	2.3
20	SW	2.7	WSW	2	WSW	2.3	SSE	1.3	W	2	ENE	0.7	N	1.3	SW	1	WSW	2.3	NW	2.7	WSW	2	WSW	2.3
21	SE	1.7	SW	2.3	W	2.7	N	2.3	WSW	1.3	SE	2.7	N	1.7	WSW	0.7	NEN	1.3	NW	3	SSW	2.3	SW	3
22	NE	2	NE	3.3	SE	2.3	NNE	5.7	SW	2.7	SE	3	N	2.3	E	1	SE	2	SW	1.3	NNW	2.3	W	1.7
23	NE	1.3	ENE	2.7	NE	3	N	2	N	2.3	SSE	2.7	NW	1	NNW	1.7	WSW	2.3	N	2	NNW	1.3	NNE	2.7
24	NW	3.3	NNE	2.3	NNE	3	SW	2	NNE	2	S	1.3	N	1.7	NNW	3.7	SW	2.3	N	1.7	N	1.7	NNE	1.7
25	SW	2.7	NNE	2	NNE	2.3	S	3.3	SE	2	SE	1	C	0.3	WSW	1	SW	0.7	ENE	1	NE	2	N	1.7
26	SW	3	E	2	C	0.7	SE	1.3	WSW	1.7	S	0.7	NNE	1.3	W	2	SW	1.7	W	1.7	NNW	2.3	N	1
27	SW	3.3	SE	2	SE	3	NE	1	SW	3.3	S	1.7	NE	1	W	0.7	C	0.3	SW	2.3	NNW	1	NW	1.7
28	SW	0.7	SSE	2	WSW	1.7	C	0.3	SSW	5	SW	2.3	SW	1.3	WSW	0.7	ESE	1.3	SW	2.7	N	0.7	SW	1.3
29	NNE	0.7	SE	1	NNE	1.7	W	1	NW	3.7	W	2.3	SSW	1.3	SW	0.3	SE	1.3	WSW	2.3	SW	2.3	SW	4
30	NE	1.3			N	2.7	SE	1	S	1.3	NW	1	C	0.7	C		WSW	1	WSW	2.7	N	4	SW	2.7
31	SE	2			SW	2.3			SW	2			W	1.7	C				E	0.7			WSW	3.7
最多风向	SW		SW		NNE		SW		SW		SW		SW		SW		SW		SW		NNW		SW	
平均风力	2		2.3		2.2		2.5		1.8		1.9		1.2		1.2		1.4		1.8		2		2.2	
最大风力	5		5		6		7		6		6		4		4		6		4		7		7	
日　期	24		15		15		16		28		7		10		1		24		10		30		1	

全年统计：最多风向　SW　　最大风力　7　　4月16日　　平均风力　1.9

1953　滚　河　石漫滩站　逐日最多风向平均风力表

日	一月 风向	一月 风力	二月 风向	二月 风力	三月 风向	三月 风力	四月 风向	四月 风力	五月 风向	五月 风力	六月 风向	六月 风力	七月 风向	七月 风力	八月 风向	八月 风力	九月 风向	九月 风力	十月 风向	十月 风力	十一月 风向	十一月 风力	十二月 风向	十二月 风力
1	NNW	3.3		1.7		3		3.3		2.7	SW	2.3		2	C	1.3		1.7	C	1	C	1.7		3.7
2		2	C	1.3	C	1.7		2.7		2	SW	2.3		2	C	1.7		1.7		2.7		1.7	NNE	4
3		2	C	1	C	1	C	1.3		2.3		4	C	1		1.7		3.3	C	0.7	C	1	N	3.3
4	SW	2.7	N	1.7	SW	1.7	C	1.7	C	1.3	C	1.7	C	1.3	N	1.7		2		2		1.7	N	3.7
5	SW	1.7	C	1		2		1.7		4.7	C	0.7	NNW	3.3	C	1.3	C	1.7	C	2		2	C	1.3
6	SW	3.7		2.3	SW	5.3		2		2.7	SW	2		0.7		2	SW	4	C	2		2	C	1.3
7	C	0.7	C	1.7		3.3	SW	2.3		2.3		2	SSW	4.7		1.7		2.3	C	1.3		2.3	C	1.3
8	SW	6		1.7	C	1.3		2	S	3.7	SSW	4		3.3	SW	2.3		2		3.7	NE	3.7	NW	2
9	SW	4	SW	2.7	N	2.7	C	1.3	N	1.7	SSW	4	SW	4	SW	2.7	C	1.3		2		4.7	NW	3.3
10	C	1.3	SW	3.7	NW	2	C	2	N	2	SW	2		1.7		1.7	C	2.3	C	1.3	N	2.7		2.3
11		1.7	C	1.7		3		2.3		2		2	C	1.3		3	SW	4.3	SW	2.3	C	1.7	C	1.7
12	C	1.3	NNW	3.7		2.3		1.7		4.3	SW	1.7		3	SW	3	N	3	SW	1.7		3	SW	2.7
13	NW	2.7	C	1		1.3	SSE	2.3	W	3.3	SSW	3.3		2.3		2		1.7		1.7		2.7	SW	1.7
14	C	0.3	C	2	C	1.3		1.7	SW	4		3.3		3	C	1.3	C	1.7	C	1.3		2.3	C	2
15	C	1	N	3.3		1.7	C	1.3	SW	4.3	SSW	2	C	1	C	1.7	C	1.7	C	1.3	E	3.3	C	1.3
16		2.7	C	1		2.3		2.3		3.3		2		2		2		2		2.7	N	3		3
17		1.7		1.3	C	1.7		2.3	NNE	2		2.7	C	1.3		3	C	1		2.3	NNE	4.7	SW	1.7
18		1.7		1.7		1.7	N	2	E	2.3	SW	3.3		1.7	N	4.3	C	1.3		2		2.7	SW	2.7
19	SW	2	C	1.3	C	1.3		2.7	E	2	SW	2.7	C	1.3	NNE	2.3				3.7		2	C	1.3
20	SW	3		2	C	1	NNE	4		3.3		2.7	C	1.3		2		1.7		2.3		1.7		3
21	C	1.7	E	2.3	ESE	2	C	1.7		3.3		2.3	C	1	NNE	3	C	1.7		2	SW	5		2.3
22		2.7		1.7	SW	3.3	C	1		2.3		2	C	1.3	N	3.3		2	SW	2		2.7	NW	4
23	C	1.3	C	1.3	SW	3	SW	3	SW	3	SW	3	C	1.3	C	0.7		2	SW	3		3.3	SW	3.3
24		2	C	1.3		2	SW	3.7		4.7		2.7	C	1		2.3	C	1.7	SW	2.7	C	1.3	SW	4.3
25	C	1.3	SW	2	N	4	SW	2	SW	3.7		2.3		2	NNE	2	C	1.3	C	1.3	C	1.3	SW	2.7
26	C	1		2.3	N	4.7	S	3.3		1.7		2.3	SW	3	NNE	2		2.3		2.7	C	1		3
27	SW	2.7	SW	3.7		1.7	WSW	2.7		3.3		2.3	S	2.3	N	1.7	C	1.7	C	1.3	C	1	C	1
28	SW	2		3.7		2	NW	3.7		3		2		3.7		1.7		3.3		2	SW	2.3	SW	2
29		2			C	1.3	N	2.3		3.3		2	SSW	3	NNE	2	C	1.3		2.3		2		2.3
30	C	1.3			C	1		2.7		3		2.7		2	C	1.3		1.7		2.7	NNW	2.3	C	1.3
31		1.3			C	1.3				2				2	C	1.3				2				2.3
最多风向	C,SW		C,SW		C,SW		C,SW		SW		SW		C,SW		C,N		C,SW		C,SW		C,N		C,SW	
平均风力	2.1		2		2.2		2.3		2.9		2.5		2.1		2		2		2.1		2.4		2.4	
最大风力	7 SW		6 SW		7 SW		8 NW		8 NNW		5 S		7 NW		7 ESE		7 NNE		6 NW		6 SW		5 N	
日　期	8		28		6		28		12		3		31		1		11		8		21		2	

全年统计

最多风力　C,SW　　额度　33,18%　　最大风力　8　风向：NW　4月28日　　平均风力　2.3

最大月平均风力　2.9　　5月　　　　最小月平均风力　2.0　　2,8,9月

1954　滚　河　石漫滩站　逐日平均相对湿度表

相对湿度以%计

日＼月	一月	二月	三月	四月	五月	六月	七月	八月	九月	十月	十一月	十二月
1						73	68	95	91	86	55	72
2						66	78	87	98	69	73	88
3						66	86	94	99	82	67 +	79
4						89	94	89	91	92	68	87
5						76	81	86	80	97	66	93
6						69	97	89	83	96	66	94
7						72	81	99	80	93	68	98
8						62	79	97	71	89	65	87
9						70	80	96	79	88	73	59
10						56	95	87	73	79	62	82
11						49	98	76	86	71	49	82
12						79	94	77	75	77	69	—
13						78	82	88	72	65	79	87
14						73	79	91	65	68	76	78
15						65	88	88	58	82	82	—
16						64	98	86	63	78	64	87
17						65	81	84	57	83	66	96
18						69	78	96	63	74	59	59
19						54	97	91	72	75	62	63
20						47	92	80	68	78	69	82
21						57	94	80	72	78	71	79
22						60	85	93	71	67	78	98
23						86	82	85	71	65	85	99
24						90	81	87	79	60	88	—
25						79	82	89	73	53	91	—
26						63	91	91	72	73	95	—
27						66	87	95	71	84	98	—
28						68	85	95	64	87	99	—
29						66	87	93	54	86	91	90
30						57	82	95	70	71	93	79
31							85	94		61		94
平　均						67.8	86.0	89.5	74.0	77.6	74.2	—
最　大												
日　期												
最　小						32	49	61	29	27	24	(48)
日　期						19	2	21	15	25	4	(14)

年 统 计	最小相对湿度　(24)　　　(11月4日)	平均相对湿度　—
历年统计	最小相对湿度　　　　月　日	平均相对湿度
附　注	+ 为改正数值；( )不全统计。干湿球温度表安置于观测场上百叶箱内，四周无障碍物。本站湿度自6月1日起开始观测。本表湿度未经气压订正。本站湿度6月每日7、19时观测二次；7至12月每日7、13、19时观测三次。日平均湿度以7、19时两次平均值代表日平均。最小相对湿度在各次定时观测值中挑选。	

石漫滩水库降水量月年统计表

单位:mm

年份	项目	1月	2月	3月	4月	5月	6月	7月	8月	9月	10月	11月	12月	年降水量	年降水天数	年最大日降水量
1952	月平均量	0	17.1	40.9	25.0	52.0	188.2	103.2	269.6	178.0	53.0	176.5	0.8	1104.2	104	127.1
	降水天数	0	6	11	4	13	5	12	13	11	7	19	3			
	最大降水量	0	16.3	20.7	31.1	29.8	127.1	35.3	86.0	85.5	27.6	44.7	1.3			
1953	月平均量	16.0	17.9	29.0	35.0	6.9	54.9	282.4	296.4	3.4	25.7	70.8	18.1	856.5	87	111.5
	降水天数	3	9	6	4	4	6	18	16	3	6	9	7			
	最大降水量	13.4	9.3	20.1	36.6	4.9	28.8	79.7	111.5	2.5	19.0	34.0	5.7			
1954	月平均量	62.5	55.6	19.4	36.4	120.4	22.6	417.3	190.3	18.4	100.4	105.2	71.9	1220.4	139	158.4
	降水天数	19	9	6	10	9	7	19	22	7	11	7	18			
	最大降水量	15.4	30.2	11.4	15	41.8	10.6	158.4	58.3	12.4	28.5	42.5	24.5			
1955	月平均量	11.0	36.0	92.8	32.8	18.3	17.9	306.2	346.2	98.7	7.8	1.5	31.7	1000.8	109	91.6
	降水天数	4	9	13	9	9	7	16	16	13	6	1	6			
	最大降水量	13.0	9.4	25.6	6.9	10.1	10.6	91.6	77.8	27.4	3.4	1.6	15.3			
1956	月平均量	17.7	1.2	66.8	80.2	23.1	435.9	125.1	351.1	5.9	8.2	0.1	7	1122.3	102	123.8
	降水天数	6	2	15	8	8	22	14	19	6	4	1	5			
	最大降水量	13.8	1.9	39.9	50.1	12.1	108.7	39.9	123.8	4.7	9.7	0.2	3.8			
1957	月平均量	74.6	23.0	29.0	102.3	87.0	190.9	411.6	35.3	12.3	35.3	41.8	22.8	1065.7	108	179.3
	降水天数	13	4	10	13	12	15	14	8	7	6	9	3			
	最大降水量	24.5	17.1	48.2	56.9	61.7	89.2	179.3	21.4	7.7	29.5	12.9	16.1			
1958	月平均量	25.6	2.8	48.2	109.2	120.1	82.7	228.9	251.8	94.6	54.7	83.4	29.6	1131.6	105	149.2
	降水天数	4	2	8	13	10	10	19	17	8	8	8	3			
	最大降水量	23.2	2.9	16.4	69.8	61.4	80.0	79.0	149.2	48.8	37.6	28.3	24.9			
1959	月平均量	19.0	34.9	85.7	90.9	97.6	189.3	91.9	49.6	81.9	53.2	39.0	31.4	864.4	92	112.4
	降水天数	7	8	7	8	13	9	7	7	6	8	10	8			
	最大降水量	11.9	16.6	24.6	53.7	33.4	112.4	81.5	39.9	35.7	21.5	21.5	20.8			
1960	月平均量	19.7	19.0	111.8	86.4	37.6	115.7	135.4	31.9	272.0	35.6	18.3	5.7	889.2	95	131.3
	降水天数	6	3	14	6	7	11	16	5	13	9	8	2			
	最大降水量	13.5	18.3	24.1	65.1	11.6	61.3	42.4	25.2	131.3	14.9	10.1	7.8			
1961	月平均量	8.0	4.8	66.6	63.0	57.3	76.1	88.0	72.2	31.6	68.5	106.6	3.9	646.8	102	56.7
	降水天数	3	3	8	6	11	11	10	11	11	14	14	6			
	最大降水量	9.1	3.9	29.2	43.5	31.8	50.2	42.5	56.7	17.2	23.3	41.2	2.7			
1962	月平均量	8.8	17.2	1.9	47.6	34.2	65.0	98.2	314.4	124.8	85.0	170.2	12.0	979.1	104	106.1
	降水天数	4	6	2	10	6	13	13	15	12	10	12	7			
	最大降水量	9.3	8.6	3.2	15.2	23.7	50.0	57.6	106.1	60.4	37.0	48.8	5.6			

石浸滩水库降水量月年统计表

单位:mm

年份	项目	1月	2月	3月	4月	5月	6月	7月	8月	9月	10月	11月	12月	年降水量	年降水天数	年最大日降水量
1963	月平均量	0	7.0	71.2	74.6	301.9	36.0	111.2	535.9	154.4	1.4	9.6	6.6	1309.9	112	221.6
	降水天数	0	1	8	17	20	8	14	23	14	2	5	4			
	最大降水量	0	7.4	23.4	29.5	79.8	33.9	44.1	221.6	39.3	1.0	4.8	4.0			
1964	月平均量	52.6	46.1	43.0	254.1	204.0	82.6	152.4	137.5	209.8	219.7	29.7	15.6	1447.1	142	90
	降水天数	8	8	9	18	14	8	14	11	24	21	7	3			
	最大降水量	36.3	25.4	17.1	60.9	90.0	59.1	80.2	73.4	53.4	54.6	14.2	17.0			
1965	月平均量	22.5	36.2	55.9	66.2	17.3	99.3	434.6	160.8	20.3	65.7	30.6	1.4	1010.8	86	124.2
	降水天数	6	8	5	9	6	6	17	14	5	9	5	2			
	最大降水量	12.3	16.4	26.9	36.8	6.7	119.0	124.2	64.6	16.8	22.6	20.7	1.4			
1966	月平均量	15.2	20.2	69.9	52.2	65.6	42.8	109.1	44.4	3.8	51.6	18.4	19.8	513.1	84	59.8
	降水天数	6	5	9	8	14	5	10	7	5	8	4	9			
	最大降水量	11.1	20.4	39.2	39.4	35.1	28.6	59.8	46.0	5.4	22.0	15.1	9.8			
1967	月平均量	11.1	68.3	75.5	85.7	81.4	114.2	303.1	94.1	202.8	29.7	178.7	0	1244.5	102	160.1
	降水天数	2	9	12	11	13	9	13	9	12	5	13	0			
	最大降水量	15.7	46.0	24.1	31.0	43.3	60.5	160.1	74.0	82.6	23.0	70.1	0			
1968	月平均量	19.9	0	23.0	44.8	83.8	65.8	232.4	176.0	203.2	146.7	12.5	44.3	1052.4	90	165.4
	降水天数	8	0	8	7	9	4	13	14	9	11	5	10			
	最大降水量	7.6	0	10.2	17.5	43.9	63.2	112.7	65.1	165.4	35.4	13.0	15.9			
1969	月平均量	64.4	47.4	29.5	153.7	65.7	16.7	113.1	255.2	383.1	8.3	20.8	0.2	1158	98	222.5
	降水天数	11	12	5	12	9	7	11	11	18	5	3	2			
	最大降水量	29.5	17.6	24.0	46.1	45.9	12.3	56.9	222.5	155.8	5.7	25.8	0.8			
1970	月平均量	2.1	65.5	36.3	128.4	83.5	93.7	91.3	42.7	152.9	82.8	11.0	12.6	802.8	96	64.5
	降水天数	5	8	8	10	10	11	13	7	13	7	4	4			
	最大降水量	2.1	30.7	18.7	52.4	54.5	64.1	40.0	23.3	64.5	37.5	6.5	7.4			
1971	月平均量	31.4	53.8	27.2	76.3	36.7	363.7	88.1	285.4	54.5	65.7	90.4	16.2	1189.3	105	89.1
	降水天数	3	11	8	13	6	17	8	13	10	9	7	6			
	最大降水量	24.5	14.8	9.8	25.9	36.4	65.1	70.1	89.1	23.6	18.8	48.0	10.1			
1972	月平均量	43.3	30.4	99.0	40.6	66.7	128.1	216.3	23.3	77.5	85.8	58.3	24.7	894.1	110	180.8
	降水天数	7	9	13	8	13	10	11	6	9	12	9	7			
	最大降水量	20.3	16.8	23.2	52.5	29.5	58.5	180.8	22.1	28.8	29.0	28.2	13.4			
1973	月平均量	40.4	22.4	26.3	175.0	126.3	64.5	272.6	88.7	73.0	50.1	3.7	0	943	88	95.1
	降水天数	8	8	9	9	11	8	16	5	8	7	2	0			
	最大降水量	28.3	18.2	13.3	68.1	91.0	61.4	95.1	72.4	30.2	21.3	5.2	0			

石漫滩水库降水量月年统计表

单位:mm

年份	项目	1月	2月	3月	4月	5月	6月	7月	8月	9月	10月	11月	12月	年降水量	年降水天数	年最大日降水量
1974	月平均量	40.1	32.7	60.5	66.0	160.8	19.3	83.2	268.8	107.9	121.9	59.4	51.2	1071.8	107	217.7
	降水天数	10	9	5	7	12	6	10	11	11	13	11	9			
	最大降水量	16.0	11.4	31.7	47.8	81.8	10.9	38.6	217.7	52.3	56.2	35.4	29.5			
1975	月平均量	2.0	39.6	13.3	168.2	28.5	96.3	117.8	1013.2	111.2	100.9	1.9	78.8	1771.9	96	627.6
	降水天数	1	5	4	13	9	12	13	10	16	11	3	7			
	最大降水量	2.2	27.0	11.9	59.8	17.5	56.1	69.9	627.6	32.1	47.6	1.9	50.3			
1976	月平均量	0	53.4	5.2	57.2	63.4	82.9	214.6	218.6	51.3	29.3	31.8	3.6	811.4	86	84.8
	降水天数	0	12	6	12	8	7	12	15	9	7	5	3			
	最大降水量	0	22.2	3.7	29.7	47.0	57.8	81.7	84.8	27.1	15.0	21.3	4.2			
1977	月平均量	10.3	0.0	48.1	120.0	95.3	97.8	288.9	100.4	83.5	143.8	52.1	40.2	1080.3	93	101.4
	降水天数	7	0	6	11	10	7	19	11	7	10	4	10			
	最大降水量	6.9	0.0	27.8	45.8	74.5	71.0	101.4	47.9	51.5	73.9	38.8	24.1			
1978	月平均量	2.7	68.4	14.3	11.4	53.3	74.9	141.9	97.0	32.5	41.9	69.4	13.2	620.9	81	57.7
	降水天数	2	7	6	3	7	10	15	10	4	4	8	6			
	最大降水量	3.2	31.0	8.2	8.1	32.6	48.2	44.7	57.7	40.3	28.1	36.7	7.7			
1979	月平均量	41.4	78.8	48.3	138.2	87.7	98.7	332.2	132.4	269.9	1.6	10.3	56.9	1296.5	100	138.8
	降水天数	6	4	8	11	7	9	14	19	14	2	4	7			
	最大降水量	23.3	66.6	40.9	113.3	54.2	60.8	138.8	62.9	67.9	2.8	9.3	27.8			
1980	月平均量	47.0	0.6	89.0	43.4	182.2	180.9	110.5	294.7	62.2	113.7	5.1	1.4	1130.5	102	167.9
	降水天数	3	1	14	10	8	14	14	16	7	12	5	2			
	最大降水量	52.0	1.0	28.3	18.8	94.1	100.2	49.4	167.9	24.6	80.0	2.9	2.0			
1981	月平均量	20.8	30.2	47.5	51.3	5.0	157.4	78.4	215.3	65.8	91.9	60.2	10.7	834.6	98	154.6
	降水天数	7	6	10	8	4	9	15	12	10	15	11	2			
	最大降水量	12.8	46.2	25.4	49.8	6.1	81.8	48.8	154.6	20.2	35.3	32.5	12.6			
1982	月平均量	11.1	15.2	53.1	35.6	89.6	46.8	407.2	469.0	81.4	25.3	67.8	0.7	1302.8	112	274.9
	降水天数	6	5	9	7	8	10	19	23	15	8	11	1			
	最大降水量	11.1	16.5	21.3	20.2	46.2	26.8	274.9	273.4	30.3	10.9	45.8	0.9			
1983	月平均量	7.0	11.8	49.4	49.5	127.9	130.7	232.6	106.4	178.1	303.4	13.1	0	1209.9	97	163.7
	降水天数	5	1	5	8	12	11	15	13	12	16	6	0			
	最大降水量	3.6	7.6	44.4	21.6	60.6	65.0	163.7	38.7	66.3	92.5	7.1	0			
1984	月平均量	17.7	7.6	18.1	56.5	86.5	173.8	495.9	181.7	488.5	22.0	86.3	65.8	1700.3	104	251.9
	降水天数	4	4	4	11	10	12	19	12	16	4	9	7			
	最大降水量	15.3	6.8	14.8	35.6	44.3	177.4	182.5	61.8	251.9	12.3	46.3	36.8			

石漫滩水库降水量月年统计表

单位：mm

年份	项目	1月	2月	3月	4月	5月	6月	7月	8月	9月	10月	11月	12月	年降水量	年降水天数	年最大日降水量
1985	月平均量	17.6	34.7	45.7	80.7	150.0	26.9	145.5	105.0	117.8	194.1	19.2	22.3	959.5	110	91.4
	降水天数	4	9	10	7	13	10	16	15	11	14	5	4			
	最大降水量	12.4	20.3	21.1	91.4	69.2	13.4	57.1	79.9	29.5	57.4	12.3	26.7			
1986	月平均量	15.1	2.6	27.6	27.7	42.5	54.7	103.0	53.8	186.1	62.6	12.4	39.8	627.9	80	111.1
	降水天数	4	3	8	11	7	7	14	7	9	7	3	7			
	最大降水量	10.6	2.6	18.7	19.4	34.2	27.6	48.9	41.7	111.1	45.7	15.0	22.8			
1987	月平均量	14.5	35.6	66.5	38.3	168.6	102.2	176.5	99.7	22.7	161.0	20.6	0	906.2	93	117.1
	降水天数	4	10	13	6	9	11	13	12	5	12	6	0			
	最大降水量	16.5	12.8	26.0	23.8	60.7	46.8	99.1	79.4	14.3	117.1	14.5	0			
1988	月平均量	1.2	21.2	64.0	14.1	94.0	8.4	217.5	117.5	78.5	45.4	0.0	5.3	667.1	79	115.6
	降水天数	2	7	9	5	11	2	13	14	7	8	0	7			
	最大降水量	2.0	13.0	34.8	13.0	59.2	21.4	115.6	46.3	28.2	28.4	0	3.1			
1989	月平均量	88.9	83.7	42.9	19.9	94.0	275.6	289.1	282.9	26.6	9.3	50.1	39.7	1302.6	115	123.4
	降水天数	11	10	6	9	11	13	17	18	8	3	8	8			
	最大降水量	30.5	48.9	19.6	11.3	57.6	120.2	102.8	123.4	20.9	5.9	23.9	26.5			
1990	月平均量	44.5	76.0	82.6	82.9	91.6	177.1	192.4	102.1	48.8	18.4	84.6	10.7	1011.6	97	73.6
	降水天数	6	10	10	9	8	11	15	9	8	6	8	2			
	最大降水量	20.6	26.4	29.4	45.3	73.1	73.6	71.1	47.6	54.1	16.9	28.4	9.5			
1991	月平均量	16.7	30.8	96.1	56.6	217.7	100.2	79.6	158.3	129.1	2.3	15.5	33.9	936.8	95	144.1
	降水天数	6	7	11	9	14	13	6	12	7	5	1	8			
	最大降水量	14.1	15.2	44.3	25.0	144.1	45.1	85.1	52.5	139.4	2.4	22.6	17.2			
1992	月平均量	7.3	3.7	101.6	30.1	40.0	51.1	121.1	137.9	71.9	28.5	20.5	17.5	631.2	94	87.7
	降水天数	3	4	15	6	11	11	11	15	13	5	2	5			
	最大降水量	9.6	5.9	35.9	29.4	21.9	28.9	74.0	87.7	47.2	25.3	19.6	14.4			
1993	月平均量	26.0	53.5	49.3	51.0	63.1	131.3	84.6	205.4	23.3	8.9	91.8	0.3	788.7	95	101.6
	降水天数	9	9	8	3	13	10	9	17	6	5	12	1			
	最大降水量	13.6	25.3	29.9	63.8	27.9	82.8	45.6	101.6	19.0	5.8	32.2	1.4			
1994	月平均量	11.3	23.8	31.7	72.2	9.4	161.2	298.6	316.5	40.3	83.1	70.8	47.6	1166.5	97	260.0
	降水天数	3	5	7	13	5	8	11	13	7	7	13	12			
	最大降水量	11.9	22.0	24.7	34.5	10.7	103.3	260.0	164.4	19.3	60.1	21.0	12.8			
1995	月平均量	0.7	4.7	24.9	46.1	22.3	102.4	327.9	319.6	12.8	141.0	0	6.1	1008.5	82	116.7
	降水天数	2	1	5	6	7	11	16	19	8	10	0	2			
	最大降水量	1.4	5.2	14.8	33.5	13.2	51.7	116.7	101.5	4.9	64.7	0	7.0			

石漫滩水库降水量月年统计表

单位：mm

年份	项目	1月	2月	3月	4月	5月	6月	7月	8月	9月	10月	11月	12月	年降水量	年降水天数	年最大日降水量
1996	月平均量	10.3	19.9	31.7	28.4	35.7	166.3	258.9	220.2	162.4	148.9	104.7	0.9	1188.2	104	166.5
	降水天数	4	3	12	6	9	10	15	12	12	10	13	1			
	最大降水量	5.2	17.2	14.5	18.9	32.5	84.3	117.4	166.5	88.3	68.3	47.1	1.1			
1997	月平均量	19.3	14.8	48.1	30.7	38.7	76.7	151.7	34.5	103.5	20.0	68.4	7.1	613.3	80	93.7
	降水天数	6	4	8	9	7	6	11	8	8	4	8	6			
	最大降水量	9.2	13.8	27.0	23.6	21.6	33.8	93.7	27.4	64.3	22.3	34.4	5.0			
1998	月平均量	63.5	22.7	93.0	143.3	348.9	58.7	213.4	263.6	5.6	6.3	1.7	18.6	1239.3	89	140.0
	降水天数	8	6	14	10	11	8	12	16	4	3	1	4			
	最大降水量	34.2	13.5	45.0	78.2	140.0	68.6	105.3	114.5	11.9	10.0	3.2	13.2			
1999	月平均量	1.1	1.5	72.8	108.6	122.3	51.8	132.5	13.3	62.4	95.3	20.0	0.4	682.1	81	105.6
	降水天数	1	1	12	10	14	6	7	7	8	17	6	1			
	最大降水量	2.5	2.2	32.5	32.1	58.6	59.7	105.6	8.0	52.3	20.7	15.1	0.8			
2000	月平均量	47.4	15.2	0	1.8	54.0	523.5	554.9	149.1	109.8	129.6	38.9	12.2	1636.4	106	290.9
	降水天数	12	4	0	3	10	11	19	12	17	13	9	3			
	最大降水量	27.3	14.6	0	1.9	30.0	290.9	282.1	96.3	35.6	33.5	35.1	8.4			
2001	月平均量	64.4	37.9	10.8	20.0	8.0	126.9	471.2	52.9	9.1	55.4	4.6	92.9	954.1	84	155.1
	降水天数	11	10	2	5	3	10	15	8	3	8	3	12			
	最大降水量	20.5	15.7	12.7	13.5	6.6	72.3	155.1	43.9	16.9	34.7	2.9	33.0			
2002	月平均量	11.9	14.4	38.6	58.9	160.3	293.2	80.8	70.1	87.4	34.0	14.2	78.4	942.3	91	139.5
	降水天数	4	3	10	9	11	10	12	12	7	4	2	13			
	最大降水量	7.3	17.2	18.1	22.1	64.9	139.5	37.8	48.3	46.5	31.7	15.6	19.8			
2003	月平均量	12.2	64.2	61.8	69.8	60.4	156.5	154.5	361.4	174.3	154.9	69.5	28.4	1368.0	123	116.4
	降水天数	4	8	11	12	7	11	16	26	13	8	7	6			
	最大降水量	4.7	18.3	19.9	27.5	42.0	43.7	57.3	116.4	57.2	82.1	24.3	17.5			
2004	月平均量	23.6	22.4	36.7	10.9	68.6	56.4	421.4	318.5	111.3	7.7	48.7	42.6	1168.8	88	326.7
	降水天数	7	4	5	3	11	8	12	17	11	2	7	11			
	最大降水量	13.8	22.1	20.5	7.3	30.5	23.0	326.7	116.4	44.3	6.9	22.4	26.7			
2005	月平均量	5.6	29.1	36.0	47.1	116.3	148.8	324.6	272.6	188.7	59.2	29.1	4.5	1261.6	112	115.0
	降水天数	3	11	6	3	11	8	17	19	20	12	5	1			
	最大降水量	4.4	9.8	17.3	62.1	87.8	83.9	115.0	55.0	53.2	25.1	24.4	4.9			
2006	月平均量	64.5	24.8	7.7	47.7	96.1	162.7	376.6	68.0	96.6	3.8	89.2	16.4	1054.1	91	137.6
	降水天数	8	9	1	6	10	7	16	11	9	3	9	5			
	最大降水量	39.3	12.0	10.0	25.1	24.9	114.1	137.6	40.5	41.6	2.6	42.3	6.6			

石漫滩水库降水量月年统计表

单位:mm

年份	项目	1月	2月	3月	4月	5月	6月	7月	8月	9月	10月	11月	12月	年降水量	年降水天数	年最大日降水量
2007	月平均量	0	37.2	106.7	12.8	113.0	131.5	563.3	77.3	46.2	26.6	16.9	19.4	1150.9	96	197.6
	降水天数	0	9	10	7	5	9	19	16	8	7	3	8			
	最大降水量	0	11.5	36.1	14.1	108.7	60.3	197.6	40.4	28.8	19.6	17.8	9.3			
2008	月平均量	68.9	6.6	42.5	97.7	108.5	85.8	304.9	179.3	28.4	51.3	8.6	0.4	983.1	89	136.7
	降水天数	14	1	6	7	8	6	19	12	12	6	3	1			
	最大降水量	26.8	7.9	25.5	46.5	55.5	74.3	136.7	73.7	19.7	37.5	7.3	0.8			
2009	月平均量	2.3	31.3	41.1	69.9	130.7	84.3	194.0	147.8	37.7	21.3	82.6	19.2	862.1	115	108.9
	降水天数	1	10	10	6	12	10	16	16	17	7	10	4			
	最大降水量	2.6	12.1	13.6	40.7	40.2	78.2	108.9	53.5	29.7	17.9	33.5	22.5			
2010	月平均量	0.5	33.6	65.5	71.0	127.5	59.8	221.9	173.3	132.5	4.4	2.8	0.6	893.3	91	114.2
	降水天数	3	9	9	9	9	3	17	17	13	6	1	2			
	最大降水量	0.7	19.0	23.9	56.9	75.6	49.8	114.2	44.2	52.3	2.5	4.6	0.8			
2011	月平均量	0.7	41.6	27.6	15.9	116.8	174.2	95.0	147.0	179.4	64.4	113.7	14.8	991.1	93	207.5
	降水天数	3	6	4	6	7	6	13	14	20	6	14	3			
	最大降水量	0.8	16.9	19.4	9.8	89.9	207.5	31.9	69.3	61.8	33.0	31.8	8.1			
2012	月平均量	14.3	1.3	57.7	64.9	30.7	56.8	224.0	121.4	96.4	11.0	26.8	22.2	727.6	95	73.0
	降水天数	8	3	11	6	8	7	17	11	8	5	8	10			
	最大降水量	5.2	1.5	63.9	59.1	16.3	24.2	64.5	73.0	39.0	8.7	12.5	11.6			
2013	月平均量	7.7	22.9	16.3	46.0	118.5	40.4	276.3	239.9	61.1	20.2	25.1	0	874.6	85	124.4
	降水天数	4	6	5	9	11	9	13	12	11	3	8	0			
	最大降水量	4.2	16.1	8.6	30.2	67.8	22.4	91.2	124.4	32.6	11.5	13.4	0			

注:1. 月平均量是流域内所有降水量站当月观测值的算术平均值,代表流域面平均降水量。

2. 月降水天数按流域内所有降水量站中降水天数最多的统计,代表流域内的降水天数。

3. 月最大降水量是流域内当月所有降水量站中日最大降水量,表示当月流域内最大日降水量。

4. 年降水量是各月平均降水量之和。

5. 年降水天数是各月降水天数之和。

6. 年最大日降水量在各月最大值中挑选。

石漫滩流量月年统计表

单位：m³/s

年份	月份	1月	2月	3月	4月	5月	6月	7月	8月	9月	10月	11月	12月	年平均	年最大	年最大日期	年最小	年最小日期
1952年	月平均流量	0.8	0.9	5.1	3.7	6.6	3.8	9.3	18.1	17.7	22.2	17.4	6.6	7.7				
	月最大流量	1.4	3.8	17.0	24.0	26.0	48.7	38.0	30.3	149.0	21.0	71.6	36.9		149	9月8日		
	出现日期	4	27	31	11	4	29	3	16	8	21	13	1					
	月最小流量	0.3	0.3	1.7	0.9	0.9	0.3	1.4	0.9	2.6	0.6	0.9	1.70				0.3	1月24日
	出现日期	24	1	29	19	1	25	18	2	21	10	3	28					
1953年	月平均流量	0.74	1.21	0.94	0.46	0.15	0.44	3.58	17.9	6.98	0.14	1.70	0.42	2.91				
	月最大流量	1.29	3.02	4.40	5.60	0.42	12.3	103	171	37.2	6.94	19.1	6.94		171	8月6日		
	出现日期	4	21	11	28	1	24	31	6	4	3	17	19					
	月最小流量	0.30	0.42	0.42	0.18	0.07	0.07	0.14	0.42	0.05	0.04	0.04	0.14				0.04	10月6日
	出现日期	23	1	25	25	6	12	9	3	29	6	2	1					
1954年	月平均流量	2.17	4.02	1.82	0.91	1.90	0.38	29.7	9.28	4.62	3.98	1.56	4.17	5.43				
	月最大流量	9.35	17.9	8.60	7.10	29.0	12.6	219	80.0	59.0	50.1	27.9	35.8		219	7月16日		
	出现日期	31	27	7	17	24	4	16	22	18	6	28	27					
	月最小流量	0.46	1.06	0.25	0.25	0.20	0.1	0.1	0.67	0.15	0.15	0.1	0.56				0.10	6月22日
	出现日期	1	20	31	1	1	22	1	17	28	1	15	18					
1955年	月平均流量	4.58	1.67	5.77	0.75	1.96	0.17	11.4	23.9	2.52	1.69	0.27	0.065	4.63				
	月最大流量	27.6	8.00	26.5	3.50	18.9	0.24	145	100	22.1	20.4	3.43	0.08		145	7月9日		
	出现日期	21	6	9	24	9	1	9	19	19	20	13	1					
	月最小流量	0.47	0.31	0.31	0.24	0.24	0.080	0.025	0.24	0.16	0.080	0.080	0.050				0.025	7月2日
	出现日期	12	27	1	12	29	12	2	13	5	12	23	6					
1956年	月平均流量	0.11	1.06	1.55	8.20	4.48	23.7	12.0	26.6	6.17	0.25	0.13	0.052	7.03				
	月最大流量	0.20	11.2	16.6	49.0	18.3	115	117	185	24.8	12.7	0.24	0.052		185	8月11日		
	出现日期																	
	月最小流量	0.062	0.073	0.15	0.33	0.070	0.042	0.11	0.56	0.055	0.11	0.050	0.050				0.042	6月1日
	出现日期																	
1957年	月平均流量	0.44	0.89	0.15	0.48	5.22	4.67	20.0	0	0	0	0	0.065	2.70				
	月最大流量	1.62	1.96	0.19	5.00	(38.6)	34.6	73.5	0	9.20	0	0	7.00		73.5	7月22日		
	出现日期																	
	月最小流量	0.052	0.14	0.10	0.076	(1.09)	0	0	0	0	0	0	0				0	6月19日
	出现日期																	

石 漫 滩 流 量 月 年 统 计 表

单位:m³/s

年份	月份	1月	2月	3月	4月	5月	6月	7月	8月	9月	10月	11月	12月	年平均	年最大	年最大日期	年最小	年最小日期
1973年	月平均流量	1.61	0.290	0.170	0.170	2.43	1.15	1.01	1.12	0.870	1.12	0	1.57	0.970				
	月最大流量	1.88	1.27	0.210	0.220	23.5	1.56	1.30	1.86	1.13	1.40	0	1.90		23.5	5月7日		
	出现日期	21	1	10	19	7	3	3	13	10	24	1	30					
	月最小流量	1.37	0.060	0.130	0	0.170	0.430	0.830	0.620	0.360	0.710	0	0.590				0	4月15日
	出现日期	3	6	23	15	3	19	21	14	3	16	1	21					
1974年	月平均流量	1.30	1.43	1.26	1.12	0.970	1.61	2.22	0.810	1.17	1.42	1.42	2.00	1.39				
	月最大流量	2.05	1.90	1.46	1.37	1.83	1.89	11.8	1.27	1.57	1.65	1.98	2.21		11.8	7月12日		
	出现日期	14	24	12	18	30	6	12	17	29	15	29	16					
	月最小流量	0.330	1.17	1	0.710	0	1.25	0.340	0.150	0.100	0.490	0.530	1.55				0	5月18日
	出现日期	30	7	7	19	18	25	30	8	4	12	8	15					
1975年	月平均流量										2.4	0.69	1.65					
	月最大流量										14.4	1.17	5					
	出现日期										11	1	4					
	月最小流量										0.73	0.5	0.55					
	出现日期										10	21	1					
1976年	月平均流量	0.380	1.39	0.470	0.660	0.460	0.220	2.89	2.28	1.28	0.390	0.290	0.170	0.91				
	月最大流量	0.740	4.05	1.64	7.06	7.42	5.62	80.8	22.3	14.7	0.590	0.400	0.260		80.8	7月21日		
	出现日期	1	15	1	27	17	29	21	12	1	22	4	1					
	月最小流量	0.170	0.120	0.120	0.050	0.060	0.039	0.150	0.650	0.350	0.300	0.210	0.120				0.039	6月6日
	出现日期	22	5	31	26	16	6	7	24	27	1	23	21					
1977年	月平均流量	0.100	0.096	0.054	0.740	1.54	0.920	4.70	2.18	1.23	1.69	2.34	0.460	1.35				
	月最大流量	0.120	0.120	0.100	11.4	27.0	19.3	27.7	23.7	17.9	25.9	20.6	1.20		27.7	7月25日		
	出现日期	28	1	30	23	13	26	25	10	15	28	6	28					
	月最小流量	0.082	0.070	0.012	0.070	0.150	0.035	0.410	0.660	0.310	0.310	0.180	0.180				0.012	3月9日
	出现日期	2	27	9	2	8	22	1	22	30	1	25	1					
1978年	月平均流量	0.390	1.50	0.560	0.250	0.140	0.170	0.830	1.15	0.360	0.270	0.510	0.420	0.54				
	月最大流量	0.640	3.56	1.18	0.400	0.180	0.520	7.44	26.7	0.740	0.400	1.98	0.460		26.7	8月9日		
	出现日期	1	1	1	1	8	27	11	9	9	4	10	1					
	月最小流量	0.240	0.240	0.360	0.180	0.120	0.110	0.220	0.170	0.260	0.180	0.200	0.290				0.110	6月24日
	出现日期	31	1	24	15	16	24	1	7	1	19	1	27					

石漫滩流量月年统计表

年份	月份	1月	2月	3月	4月	5月	6月	7月	8月	9月	10月	11月	12月	年平均	年最大	年最大日期	年最小	年最小日期
1979年	月平均流量	0.300	1.50	1.07	2.49	2.59	1.26	7.27	1.89	8.92	1.42	0.680	0.790	2.51	62.0	7月15日	0.290	1月1日
	月最大流量	0.350	15.2	3.11	27.5	24.0	11.0	62.0	16.3	44.6	3.26	0.760	1.93					
	出现日期	17	25	30	23	12	19	15	13	15	1	24	21					
	月最小流量	0.290	0.290	0.740	0.740	0.660	0.470	0.560	0.800	0.840	0.580	0.600	0.680					
	出现日期	1	1	15	21	29	1	2	26	11	25	11	8					
1980年	月平均流量	0.910	0.980	2.64	1.53	1.65	3.69							—	(34.0)	6月23日	(0.600)	5月22日
	月最大流量	1.53	1.06	8.05	4.86	26.1	34.0											
	出现日期	28	22	21	5	24	23											
	月最小流量	0.760	0.900	0.950	0.860	0.600	1.44											
	出现日期	31	1	1	23	22	9											
1999年	月平均流量	0	0	0.140	4.65	2.10	0	2.25	0	0	0	0	0	0.760	10.0	4月12日	0	1月1日
	月最大流量	0	0	6.00	10.0	6.50	0	9.00	0	0	0	0	0					
	出现日期	1	1	3	12	21	1	5	1	1	1	1	1					
	月最小流量	0	0	0	0	0	0	0	0	0	0	0	0					
	出现日期	1	1	1	1	1	1	1	1	1	1	1	1					
2000年	月平均流量	0	0	0	0	0	0	33.2	3.86	0	0.930	2.99	0	5.42	672	7月1日	0	1月1日
	月最大流量	0	0	0	0	0	0	672	75.1	0	195	151	0					
	出现日期	1	1	1	1	1	1	1	7	1	31	15	1					
	月最小流量	0	0	0	0	0	0	0	0	0	0	0	0					
	出现日期	1	1	1	1	1	1	1	1	1	1	1	1					
2001年	月平均流量	0	11.9	0	0.480	2.59	0	13.6	5.24	0	0	0	0	2.78	185	7月30日	0	1月1日
	月最大流量	0	38.9	0	18.1	32.5	0	185	92.4	0	0	0	0					
	出现日期	1	15	1	17	6	1	30	30	1	1	1	1					
	月最小流量	0	0	0	0	0	0	0	0	0	0	0	0					
	出现日期	1	1	1	1	7	1	1	1	1	1	1	1					
2002年	月平均流量	0	0	0	0	8.25	12.8	1.75	2.29	2.9	0.200	0	0	2.35	67.0	6月23日	0	1月1日
	月最大流量	0	0	0	0	49.5	67.0	42.2	33.2	24.5	18.5	0	0					
	出现日期	1	1	1	1	18	23	2	3	11	18	1	1					
	月最小流量	0	0	0	0	0	0	0	0	0	0	0	0					
	出现日期	1	1	1	1	1	1	1	1	1	1	1	1					

石漫滩流量月年统计表

单位:m³/s

年份	月份	1月	2月	3月	4月	5月	6月	7月	8月	9月	10月	11月	12月	年平均	年最大	年最大日期	年最小	年最小日期
2003年	月平均流量	0	0	0	0	0	3.99	8.92	12.5	15.3	6.45	1.76	0	4.10				
	月最大流量	0	0	0	0	0	82.3	58.9	109	55.9	96.9	50.1	0		109	8月29日		
	出现日期	1	1	1	1	1	1	2	29	7	11	15	1					
	月最小流量	0	0	0	0	0	0	0	0	0	0	0	0				0	1月1日
	出现日期	1	1	1	1	1	1	1	1	5	1	1	1					
2004年	月平均流量	0	0	1.47	0	3.07	0.550	20.2	19.1	0	1.63	0	0	3.89				
	月最大流量	0	0	20.3	0	66.9	17.9	354	61.0	0	59.1	0	0		354	7月17日		
	出现日期	1	1	11	1	1	23	17	5	1	1	1	1					
	月最小流量	0	0	0	0	0	0	0	0	0	0	0	0				0	1月1日
	出现日期	1	1	1	1	1	1	1	1	1	1	1	1					
2005年	月平均流量	0	0	0	4.44	5.43	2.13	13	9.58	11.6	4.50	0	0	4.25				
	月最大流量	0	0	0	18.7	104	16.5	80.2	99.8	106	60.6	0	0		106	9月26日		
	出现日期	1	1	1	6	1	25	8	29	26	4	1	1					
	月最小流量	0	0	0	0	0	0	0	0	0	0	0	0				0	1月1日
	出现日期	1	1	1	1	1	1	1	1	1	1	1	1					
2006年	月平均流量	0	5.38	0	0	6.17	4.22	19.8	4.22	0	0	0	0	3.32				
	月最大流量	0	18.7	0	0	57.3	18.3	107	54.9	0	0	0	0		107	7月4日		
	出现日期	1	16	1	1	1	9	4	11	1	1	1	1					
	月最小流量	0	0	0	0	0	0	0	0	0	0	0	0				0	1月1日
	出现日期	1	1	1	1	1	1	1	1	1	1	1	1					
2007年	月平均流量	0	0	8.00	0	1.89	3.05	35.5	2.77	0	0	0	0	4.34				
	月最大流量	0	0	19.8	0	54.8	56.2	323	52.5	0	0	0	0		323	7月6日		
	出现日期	1	1	6	1	1	22	6	10	1	1	1	1					
	月最小流量	0	0	0	0	0	0	0	0	0	0	0	0				0	1月1日
	出现日期	1	1	1	1	1	1	1	1	1	1	1	1					
2008年	月平均流量	0	0	1.66	0	15.0	0.831	6.17	5.66	1.32	0	0	0	2.59				
	月最大流量	0	0	45.2	0	28.0	33.0	57.5	55.7	49.6	0	0	0		57.5	7月23日		
	出现日期	1	1	12	1	3	18	23	20	4	1	1	1					
	月最小流量	0	0	0	0	0	0	0	0	0	0	0	0				0	1月1日
	出现日期	1	1	1	1	1	1	1	1	1	1	1	1					

石漫滩流量月年统计表

单位：m³/s

年份	月份	1月	2月	3月	4月	5月	6月	7月	8月	9月	10月	11月	12月	年平均	年最大	年最大日期	年最小	年最小日期
2009年	月平均流量	1.35	0	0	1.29	2.68	0	3.36	1.79	2.18	0	0	0	1.07				
	月最大流量	18.9	0	0	112	402	0	54.8	53.6	53.9	0	0	0		402	5月6日		
	出现日期	19	1	1	13	6	1	8	24	7	1	1	1					
	月最小流量	0	0	0	0	0	0	0	0	0	0	0	0				0	
	出现日期	1	1	1	1	1	1	1	1	1	1	1	1					1月1日
2010年	月平均流量	1.47	0.561	0	6.79	3.88	0	4.67	5.95	4.53	0	0	0	2.33				
	月最大流量	19.0	18.8	0	9.93	15.1	0	50.7	55.1	54.2	0	0	0		55.1	8月27日		
	出现日期	29	1	1	9	5	1	18	27	8	1	1	1					
	月最小流量	0	0	0	0	0	0	0	0	0	0	0	0				0	
	出现日期	1	1	1	1	1	1	1	1	1	1	1	1					1月1日
2011年	月平均流量	0.634	2.38	1.18	0.617	0	3.00	1.22	0	3.89	3.92	6.03	2.72	2.12				
	月最大流量	9.63	9.59	9.45	11.1	0	59.0	48.0	0	51.9	33.2	33.2	20.5		59.0	6月20日		
	出现日期	14	12	19	28	1	20	20	1	28	31	1	1					
	月最小流量	0	0	0	1	0	0	0	0	0	1	3	5					
	出现日期	1	1	1	1	1	1	1	1	1	1	3	1					1月1日
2012年	月平均流量	1.19	0	4.15	0	1.28	1.45	4.09	0.884	0	0	0	0.466	1.14				
	月最大流量	6.42	0	26.6	0	21.9	5.16	8.08	22.7	0	0	0	13.1		26.6	3月26日		
	出现日期	16	1	26	1	3	14	28	8	1	1	1	18					
	月最小流量	0	0	0	0	0	0	0	0	0	0	0	0				0	
	出现日期	1	1	1	1	1	1	1	1	1	1	1	1					1月1日
2013年	月平均流量	0	1.65	0	0	2.00	0	3.39	6.42	0.630	0	0	0.945	1.26				
	月最大流量	0	12.4	0	0	8.83	0	52.7	70.9	11.1	0	0	9.91		70.9	8月25日		
	出现日期	1	5	1	1	24	1	22	25	11	1	1	11					
	月最小流量	0	0	0	0	0	0	0	0	0	0	0	0				0	
	出现日期	1	1	1	1	1	1	1	1	2	1	1	1					1月1日

"75·8"洪水调查及计算[1]

石漫滩水库,1975年8月上旬遭遇了历史上罕见的特大暴雨洪水,不幸水漫防浪墙,于8月8日0时30分垮坝失事。自8月4日8时至8日8时,水库以上流域平均降雨1 074.4 mm,入库最大流量6 280 m³/s,发生在8月7日24时,产生的洪水总量2.24×10⁸ m³。这次暴雨洪水前,水库有底水0.34×10⁸ m³。垮坝最大流量30 000 m³/s,发生在8日1时30分左右。由8日0时30分垮坝起至6时水库泄空止,5.5个小时向下游倾泄水量约1.67×10⁸ m³(包括大坝缺口及水工建筑物下泄量),使下游人民的生命财产遭到严重的损失。

1 水库概况

石漫滩水库位于河南省舞阳工区境内、洪河支流滚河上游,集水面积230 km²(原设计及1970年以前的各次扩建设计采用流域面积为215 km²。1976年石漫滩水库复建设计,根据新航测地形复核,流域面积为230 km²)。水库兴建于1951年,是新中国成立后兴建的第一座土坝大型水库,以后经过1956年和1959年两次扩建加固。坝体为均质土坝,最大坝高25 m,坝顶宽6 m,坝顶长500 m,坝顶高程109.85 m,防浪墙顶高程111.05 m,总库容0.918×10⁸ m³。水库建成后在防洪、灌溉、发电等诸方面均发挥了一定的作用。设计洪水主要指标见下表。

石漫滩水库防洪标准及设计数据变动情况表

校核标准	500年	校核洪水位(m)		109.30		相应库容 (×10⁸ m³)		0.918		兴利水位 (m)	105.00
设计标准	50年	设计洪水位(m)		107.00		相应库容 (×10⁸ m³)		0.683		相应于兴利水位库容 (×10⁸ m³)	0.463
防汛限制水位(m)	100.10	相应库容 (×10⁸ m³)		0.228		死水位 (m)		95.00		相应库容 (×10⁸ m³)	0.056
设计阶段 (频率计算指标)	一日雨量(mm)			三日雨量(mm)			洪峰(m³/s)			一日洪量 (×10⁸ m³)			三日洪量 (×10⁸ m³)		
	50年	500年	1 000年	50年	500年	1 000年	50年	500年	1 000年	50年	500年	1 000年	50年	500年	1 000年
原设计	204	338		296	490		965	1 531							
1955年扩建设计					490			1 675							
1964年复核计算	324	578		414	738		2 880	6 250			0.89	0.98		1.14	1.24
1970年许昌扩建设计		511			642		2 800	5 065	5 485		1.02	1.11		1.23	1.34

2 1975年8月4日至8日暴雨洪水概况

在1975年3号台风的影响下,石漫滩水库以上流域8月4日11时开始降雨,5日降雨强度增大,6日转小,7日特大,至8月8日5时降雨基本停止。水库以上流域内设有石漫滩、袁门、柏庄、尚店、柴厂、油坊山、水磨湾等七个雨量站。其中,石漫滩、袁门、柏庄、尚店、柴厂是国家基本雨量站,油坊山、水磨湾是1975年防汛会议结束后设立的防汛专用站。

---

[1] 本节摘自水利电力部治淮委员会编印的《淮河流域洪汝河、沙颍河水系1975年8月暴雨洪水调查报告》。

石漫滩水库是"75·8"特大暴雨中心地区之一。根据调查,暴雨中心在油坊山站,该站8月4日8时至8日8时,总降雨量达1 411.4 mm。尚店站,8月4日至8日8时4天总降雨量为1 306.1 mm。石漫滩水库以上流域8月4日至8日8时总降雨量按上述七个站面积加权平均为1 074.4 mm(各站的权重为:石漫滩8.4%、袁门36.0%、柏庄14.8%、尚店17.0%、柴厂8.1%、油坊山8.4%、水磨湾7.3%)。最大1小时、3小时、6小时、和24小时的雨量分别为124.7 mm、254.5 mm、333.3 mm和614.5 mm,最大1天和3天的雨量分别为559.4 mm和1 041.5 mm。

由于这次降雨主要集中在8月5日和7日,因此形成了两个相应的入库洪水过程,其中尤以7日的降雨所形成的洪峰为最大。

3 水库失事经过

降雨前8月4日8时库水位为102.17 m,低于汛期限制水位(102.30 m)。5日20时库水位明显上涨,23时50分后逐步开启输水道及溢洪道闸门泄流,其后为保下游田岗水库安全,曾于7日6时30分及12时20分对溢洪道先后两次落闸,压低泄量,14时溢洪道闸门又全部开启。7日22时30分库水位涨至109.80 m,接近坝顶高程。8日0时10分水库管理局同志借雷电闪光(因7日田岗水库水位上升,淹没了电站尾水,照明停止)目测库水位已与防浪墙顶相平,此后大坝开始过水。约8日0时20分防浪墙被冲倒,0时30分涨至最高水位111.40 m,坝体开始溃决。根据水库管理局同志现场观察,距离南坝头124 m处(原河道主流线)先冲开口门,接着冲刷下游护坡砂卵石,然后坝体层层刷切,扩宽口门。至8日4时40分左右,库内尚有水深1 m余,水库基本泄空。8日7时库内水深约0.3 m,有群众在库内涉水而过,水库约在6时即全部泄空。由8日0时30分溃坝起至6时止水库总泄出水量1.67×10⁸ m³,给下游舞阳、西平等县造成严重的洪水灾害。

4 洪水调查及测量

(1)石漫滩水库库水位观测到8月7日22时47分,此后水位缺测,最高洪水位系根据洪痕测量取得,调查测量的石漫滩水库坝址处最高洪痕有两处,其结果如下:

北坝头溢洪道启闭机工作桥底板下洪痕,测量其高程为111.36 m,受溢洪道流影响,较水库最高水位可能偏低。

南坝头输水洞起闭机房洪痕,室内外四周洪痕非常清晰、可靠。水库管理局的水准仪架子被洪水冲走,洪水过后,把水准仪放在凳子上测得洪痕高程为111.37 m。调查组用水准仪校测核实,该处洪痕高程为111.40 m(测量数值111.397 m)。因此,选定坝前最高洪水位为111.40 m,出现在8日0时30分。其调查成果见附表1。

(2)大坝缺口断面。调查组在1975年10月8日沿坝轴线(以防浪墙线为准)测量溃决口门:上口宽度为446 m,下口宽度288 m(相应于该日实测库水位89.62 m时的水面宽度),溃坝口门平均宽度为364 m(缺口形状不够规则,平均宽度按面积与深度比求得),大坝缺口最低处约冲到高程84 m,比原设计平均河底高程84.85 m低,在200 m长度范围内平均冲刷深0.85 m。

(3)大坝下游河道横断面及洪痕测量。为了推算石漫滩水库垮坝最大流量,对石漫滩水库下游河道的洪水大断面及左右岸洪痕、比降进行了调查与测量。其成果见附表1和附表2。

5 入库洪水过程的分析计算

5.1 大坝过水之前

石漫滩水库大坝过水之前的入库流量,系根据库容变量及泄水建筑物泄量用水量平衡方法计算,其计算公式与板桥水库相同,计算时段 Δt 取小时,算得8月5日18时至7日24时的入库洪水过程,8月5日23时30分洪峰流量为3 640 m³/s,其过程见附表3。

5.2 大坝过水之后

石漫滩水库在8日0时10分大坝过水以后,入库流量系根据坝址以上流域降雨量用单位推算。由于8月5~6日洪水(即"75·8"暴雨的第一次洪峰),降雨在面上分布很不均匀,分析单位线存在一定困难。为此,选用了1969年9月上旬的一次洪水,用瞬间单位线法分析得该次洪水的时段单位线,用以推算本次8月7~8日入库洪水过程。

分析 1969 年 9 月上旬洪水时,地下径流部分按曲线分割,地面径流瞬时单位线的参数为 $m_1 = 1.34$、$m_2 = 0.73$。在用以推算本次洪水时,考虑降雨强度相差较大(1969 年和本次洪雨峰部分 2 小时平均净雨强度分别为 63.2 mm/h 和 171.4 mm/h),因此进行了非线性改正。改正时采用的公式为: $m'_1 = m_1 (\frac{h'}{h})^{0.3}$,其中 h、h' 分别为 1969 年 9 月上旬和本次洪水 2 小时平均净雨强度;m_1、m'_1 分别为 1969 年 9 月上旬和本次洪水瞬时单位线的参数。根据以上方法推算得本次 8 月 7 ~ 8 日石漫滩水库入库洪水过程(见附表 4)。

6 石漫滩水库"75·8"暴雨产水量分析

在计算石漫滩水库的洪水量时,从实测水位及下泄流量反推的是垮坝前的洪水量。用降雨资料推算的是垮坝后降雨造成的洪水量。而上游小水库在石漫滩水库垮坝前拦蓄的水量,在以上两部分洪水量中均未包括。因此,计算得到的洪水总量 $2.14 \times 10^8 \text{m}^3$,并非是石漫滩水库的实际洪水量。

石漫滩水库以上,小型水库有 7 座,其中袁门、油坊山水库为最大,其集水面积占石漫滩水库流域面积的 21%,库容均在 $600 \times 10^4 \text{m}^3$ 以上。其袁门、油坊山水库两座水库的指标见下表。

袁门、油坊山水库各项指标

水库名称	集水面积 (km²)	最高防洪水位(m)	总库容 (×10⁴m³)	坝顶高程 (m)	溢洪道高程 (m)	相应库容 (×10⁴m³)	溢洪道最大泄量(m³/s)
袁门	30.6	167.55	640	169.2	162.4	206	550
油坊山	18.95	179.20	660	179.2	175.1	350	139

调查时当地介绍:在洪水期间袁门水库 5 日 20 时库水位和溢洪道底平,6 日 8 时溢洪道水深 2 m;7 日 8 时溢洪道水深 2.5 m,20 时到 3.5 m,24 时到 6 m;8 日 1 时大坝全部漫溢,1 时到 2 时坝顶水深有 1 m 多,相应库容约为 $1 000 \times 10^4 \text{m}^3$;8 日 2 时以后,北坝头堤顶的石头开始露头,说明坝已垮了。油坊山水库在 8 日凌晨 1 时左右水位最高,相应库容约为 $700 \times 10^4 \text{m}^3$,经大力抢护,水库未垮。

由于两座水库没有实测资料,无法详细确定其拦蓄过程。但可以肯定,在石漫滩水库垮坝前后,两座水库拦蓄量均很大,此部分拦蓄量在计算石漫滩洪水量时未包括,必须加上。经分析估计,袁门、油坊山水库拦蓄量分别约有 $600 \times 10^4 \text{m}^3$ 和 $400 \times 10^4 \text{m}^3$,则石漫滩水库在本次暴雨中的产水量应为 $2.14 + 0.06 + 0.04 = 2.24 \times 10^8 (\text{m}^3)$,折算径流深为 973.9 mm。

7 垮坝流量的分析计算

对垮坝流量的计算,采用了两种方法:比降面积法及经验公式法。

7.1 比降面积法

在距坝轴线下游 750 m 处,测量了洪水断面。在大坝下游左岸调查到洪痕 7 处,测距 1 543 m;右岸调查到洪痕 4 处,测距 1 200 m。由左、右岸洪痕水面线算得左、右断面处最高水位及洪痕比降为:左岸 94.90 m、0.15‰,右岸 95.98 m、3.8‰。由于左、右岸水位相差较大,调查组又一次测量了左、右岸洪痕,校测的结果相差无几,说明溃坝后水库下游洪水波的横比降确实很大。查找原因,这与洪水主流方向及下游河槽两侧的地形有关。石漫滩水库溃坝后洪水波主流偏于下游较顺直的右岸,实地调查尚可见到大坝下游被洪水冲出的一条淤积沙坎堆于主流线的左侧。左岸下游是一个半圆弧形的山凹,靠山凹下端的山窝上有水库管理局被洪水冲下来的账本、书、材料等,可判定左岸属回水区。溃坝下来顶冲右岸,顺岸边而下,洪水展开较小,因此左、右岸有很大的水面横比降是合理的。

根据实地调查,左、右岸过水断面底部河床质均为细砂间有小卵石,主槽是石漫滩坝上冲下来的块石及卵石。

计算中分主槽、左岸、右岸,选用不同糙率及洪水比降。按曼宁公式

$$Q_m = \frac{1}{n} A R^{2/3} S^{1/2}$$

计算垮坝最大流量,成果见下表。

石漫滩水库下游调查断面最大流量计算成果表

部位	断面平均洪水位 H（m）	断面水面宽度 B（m）	断面面积 A（m²）	水力半径 R（m）	比降 S（‰）	河床组成	糙率 n	部分流量 Q_m（m³/s）	总流量 ΣQ_m（m³/s）
左岸	94.65	379.6	2 265	5.96	0.15	沙土	0.03	3 040	
中槽	95.10	294.7	2 285	7.78	2.0	卵石	0.04	10 100	30440
右岸	95.60	425.2	2 880	6.68	3.8	砂	0.037	17 300	

在调查断面上游有小东河汇入,其集水面积为 75 km²。当石漫滩水库出现垮坝最大流量时,小东河来水会受水库出流影响,发生顶托甚至倒灌,因此在计算调查断面处的跨坝最大流量时,未考虑小东河的来量,只考虑水库泄流建筑物下泄流量约 500 m³/s,由此得石漫滩水库的垮坝最大流量约为 30 000 m³/s。

7.2 经验公式法

石漫滩水库系全部溃决,计算垮坝最大流量时采用圣维南公式,即

$$Q_m = \frac{8}{27} b \sqrt{g} h^{3/2}$$

式中符号意义同前。

根据调查,石漫滩水库最高洪水位为 111.40 m。当水库溃决时,下游田岗水库回水已淹至石漫滩水库坝脚,按田岗水库水位观测资料推算,石漫滩垮坝时,下游水位为 91.02 m。由此得坝前水深 $h = 111.40 - 91.02 = 20.38$（m）;根据实测的决口断面资料计算,平均决口宽度为 364 m,则垮坝最大流量为 30 800 m³/s。

根据上述两种方法计算的结果,石漫滩水库最大垮坝流量都在 30 000 m³/s 左右,其中比降面积法引用了较多的实测资料,成果相对可靠些,故采用垮坝最大流量为 30 000 m³/s。8 月 5~8 日石漫滩水库入、出库流量过程见附图 1。

8 石漫滩水库垮坝对下游的影响

石漫滩水库于 8 日 0 时 30 分溃坝,溃坝后的洪水首先冲向约 6 km 的田岗水库大坝,漫决该水库主坝四个口门,副坝几乎全部冲毁。洪水过后,田岗水库管理所根据溢洪道泄洪闸第四墩和第五墩挂草,按闸门顶高程比测得田岗水库最高洪水位为 94.00~94.30 m(因附近水准点已被洪水淹没,调查组调查时未引测复核),与实测石漫滩水库下游洪痕相比较接近。石漫滩溃坝的洪水摧毁田岗水库后,一股水向北漫流,约于 8 日 0 时 45 分到达枣林公社,于 1 时到达枣林公社的生刘庄、杨楼一带,而后进入三里河(又称洪溪河);另一股水顺滚河而向东流,汇入洪河。

在石漫滩水库垮坝以前,颍河水系的干江河于 8 月 6 日晨 6 时在舞阳县保和寨公社锅垛口决口(决口处即原干江河故道入口)。8 月 6 日决口处过水量小,漯南小铁路未过水,8 月 7~8 日决口处大量洪水漫过漯南小铁路,经三里河窜入洪河。

石漫滩溃坝的洪水与后续的干江河在锅垛口决口洪水汇合后,其前锋约于 8 日 7 时冲入废杨庄水库,经滞洪后由杨庄大坝原缺口处下泄,大坝缺口处由 60 m 冲至 130 m。杨庄水库 8 日中午最高水位 71.00 m 左右(1975 年 10 月 19 日调查测量),最大滞洪量约为 1.40×10⁸ m³。洪水出杨庄水库后分流三股:一股水紧靠杨庄大坝下游左保山漫决黄沟村附近洪河北堤 740 余米,决口下游两个村庄一扫而光,洪水向东北漫流入老王坡,根据调查估算,这股水洪峰流量约 4 000 m³/s,通过的总水量为 5.71×10⁸ m³;一股水沿洪河下泄,总水量为 1.88×10⁸ m³,其中由桂李进洪闸分洪入老王坡的水量为 1.07×10⁸ m³;另一股水漫决洪河南堤,向东南漫流经西平县,然后汇汝河洪水入上蔡县,漫流于上蔡岗周围。

石漫滩水库溃坝的洪水量及洪峰虽较板桥水库为小,并经废杨庄水库滞洪后,洪峰也有所减缓,但总的来看,水库下游受灾还是相当严重的。舞阳工区的三个公社,一般受淹水深 2 m 左右;武功、八台两公社分别紧靠石漫滩垮坝、锅垛口决口下游地区水深达到 4~5 m;上蔡县一般地面水深 3 m 左右,最深处 5~6 m(如白寺、西洪、吴宋湖等低洼地区);西平县受淹范围很广,受淹耕地约占总耕地面积的 90%。

附表 1　石漫滩水库洪痕调查成果表

调查地点	河南省舞阳工区	调查时间	1975 年 10 月 8~10 日

调查目的	"75·8"洪水期间,石漫滩水库垮坝失事,水库最高水位缺测。为计算垮坝最大流量在水库大坝下游调查最高洪痕。

洪水涨落情况	洪水来前 8 月 5 日 8 时库水位 102.26 m,5 日 20 时库水位 102.40 m,库水位开始上涨;7 日 22 时 30 分水位涨至 109.80 m,平坝顶;8 时 0 时 10 分库水位平防浪墙顶,0 时 20 分库水位 111.37 m,防浪墙普遍漫水,0 时 30 分水位涨至最高为 111.397 m,坝体开始溃决;8 日 4 时 40 分左右水库泄空,水深 1 m 多,库内尚存水约 36 万 m³,7 时库内水深约 0.3 m,群众可涉水而过。

最高洪痕记录	编号	洪痕位置	起点距 (m)	高程 (m)	发生时间 月	发生时间 日	发生时间 时	可靠程度
	I	大坝右边输水洞启闭机房墙上	0	111.397	8	8	0;30	可靠
	II	大坝左边溢洪道启闭机工作桥	0	111.361	"	"	"	供参考
	左 02	苏岭村南屋角	373	95.116				"
	左 01	"	375	94.611				可靠
	左 2	罗林家山边菜地	523	94.338				较可靠
	左 3	苏岑村东北岗上	678	94.358				"
	左 6	李沟小学门前	853	94.452				"
	左 7	罗湾罗庆珍家墙上	1243	94.294				"
	左 8	罗湾仓库岗坡上	1543	94.418				供参考
	右 1	小湾河坎上	375	97.451				可靠
	右 2	李庄西北角河坎大树上	700	96.189				"
	右 3	李庄西南角河坎上	830	95.962				较可靠
	右 4	小湾林场水塔附近	1200	94.303				"

备注	1.高程为废黄河口基面; 2.起点距指大坝下游距离。

附表 2　石漫滩水库各断面测量成果表

断面名称	起点距(m)	高程(m)	备　注	断面名称	起点距(m)	高程(m)	备　注
大坝决口断面	0	110.67		水库下游河道调查横断面	422.0	85.54	
	4	67			423.0	86.52	
	6	109.15			431.5	84	
	10	105.75			431.5	87.28	
	46	104.43			488.5	33	
	54	103.38			488.5	86.40	
	62.2	100.60			493.5	51	
	70.2	15			495.5	87.33	
	92.6	96.68			528.5	87.06	
	112.7	94.10			529.5	53	
	117.1	90.43			532.5	47	
	121.3	89.62	测量时左水边线		536.5	86.64	
	134.3	87.52			544.5	64	
	140.3	52			581.5	87.03	
	145.3	92			582.5	76	
	162.3	88.12			670.5	88.15	
	199.3	85.22			672.5	75	
	230.3	84.12			730.5	94	
	258.3	22			758.5	93	
	286.3	83.82			762.5	23	
	300.3	62			786.5	70	
	316.3	42			810.5	41	
	335.3	47			832.5	89.10	
	357.3	52			870.5	88.08	
	370.3	62			935.5	07	
	383.3	72			946.5	81	
	401.3	85.02			970.5	87.70	
	408.3	89.62	测量时右水边线		972.5	19	
	410.3	90.52			1 010.5	41	
	435.3	108.41			1 015.5	79	
	437.3	109.80			1 062.5	90.35	
	448.0	80			1 066.5	91.76	
	448.0	111.05			1 100.3	94.96	
	472.5	05	为防浪墙高程		1 102.3	96.97	
水库下游河道调查横断面	0	96.83			1 102.3	97.03	
	6	94.42					
	14.5	90.97					
	58.5	88.92					
	206.5	87.84					
	342.5	88.54					
	379.0	87.75					
	388.0	86.79					
	388.5	85.98					
	398.3	64					
	411.5	87.39					
	416.5	85.73					
说　　明	高程为废黄河口基面。						

593

附表3　石漫滩水库8月5~8日入库、出库水量分析计算成果表

时间 月.日	时:分	库水位 (m)	相应库容 (×10⁸ m³)	库容差 ΔV (×10⁸ m³)	时段长 Δt (s)	库容变量 ΔV/Δt (m³/s)	建筑物泄量(m³/s) 输水道	溢洪道	总泄量	时段平均泄量	入库洪水流量 (m³/s)	出库流量 (m³/s)	出库 时段洪量 (×10⁸ m³)	累计洪量 (×10⁸ m³)
8.5	18	102.37	0.347 4								17			
	19	102.38	0.348 0	0.000 6	3 600	16.7					33			
	20	102.40	0.349 2	0.001 2	3 600	33.1					472			
	21	102.69	0.366 2	0.017 0	3 600	472					475			
	22	102.98	0.383 3	0.017 1	3 600	475					1 590			
	23	103.87	0.440 6	0.057 3	3 600	1 590	0	0	0	27	3 640	27	0.001 0	0.001 0
	24	105.65	0.570 4	0.129 8	3 600	3 610	54.4	0	54.4	157	1 290	157	0.005 7	0.006 7
6	1	106.16	0.611 2	0.040 8	3 600	1 134	55.1	204	259	266	952	266	0.009 6	0.016 3
	2	106.45	0.635 9	0.024 7	3 600	684	55.7	216	272	281	1 660	281	0.010 1	0.026 4
	3	107.03	0.685 4	0.049 5	3 600	1 374	56.7	232	289	292	862	292	0.010 5	0.036 9
	4	25	0.705 9	0.020 5	3 600	570	57.1	238	295	296	504	296	0.010 7	0.047 6
	5	33	0.713 4	0.007 5	3 600	208	57.2	240	297	321	346	321	0.011 6	0.059 2
	6	34	0.714 3	0.000 9	3 600	25	105	240	345	368	290	368	0.013 2	0.072 4
	7	31	0.711 5	-0.002 8	3 600	-78	105	286	391	413	232	413	0.014 9	0.087 3
	8	24	0.705 0	-0.006 5	3 600	-181	105	330	435	434	201	434	0.015 6	0.102 9
	9	15	0.696 6	-0.008 4	3 600	-233	105	327	432	430	172	430	0.015 5	0.118 4
	10	107.05	0.687 3	-0.009 3	3 600	-258	105	323	428	427	180	427	0.015 4	0.133 8
	11	106.95	0.678 4	-0.008 9	3 600	-247	104	321	425	423	187	423	0.015 2	0.149 0
	12	85	0.669 9	-0.008 5	3 600	-236	104	316	420	418	204	418	0.015 0	0.164 0
	13	76	0.662 2	-0.007 7	3 600	-214	104	312	416	414	156	414	0.014 9	0.178 9
	14	65	0.652 9	-0.009 3	3 600	-258	104	307	411	408	147	408	0.014 7	0.193 6
	15	54	0.643 5	-0.009 4	3 600	-261	104	301	405	403	214	403	0.014 5	0.208 1
	16	46	0.636 7	-0.006 8	3 600	-189	103	297	400	401	426	401	0.014 4	0.222 5
	17	47	0.637 6	0.000 9	3 600	25	103	298	401	401	401	401	0.014 4	0.236 9
	18	47	0.637 6	0	3 600	0	103	298	401	400	281	400	0.014 4	0.251 3
	19	42	0.633 3	-0.004 3	3 600	-119	103	295	398	397	280	397	0.014 3	0.265 6
	20	37	0.629 1	-0.004 2	3 600	-117	103	293	396	394	227	394	0.014 2	0.279 8
	21	30	0.623 1	-0.006	3 600	-167	102	290	392	391	274	391	0.014 1	0.293 9
	22	25	0.618 9	-0.004 2	3 600	-117	102	287	389	388	293	388	0.014 0	0.307 9
	23	21	0.615 5	-0.003 4	3 600	-95	102	285	387	386	244	386	0.013 9	0.321 8

续附表 3

| 时间 | | 库水位 | 相应库容 | 库容差 ΔV | 时段长 Δt | 库容变量 ΔV/Δt | 建筑物泄量 (m³/s) | | | 时段平均泄量 | 入库洪水流量 | 出库 | | 洪水 |
月.日	时:分	(m)	(×10⁸m³)	(×10⁸m³)	(s)	(m³/s)	输水道	溢洪道	总泄量		(m³/s)	出库流量 (m³/s)	时段洪量 (×10⁸m³)	累计洪水量 (×10⁸m³)
6	24	106.15	0.610 4	-0.005 1	3 600	-142	102	283	385	385	360	385	0.013 9	0.335 7
7	1	14	0.609 5	-0.000 9	3 600	-25	102	282	384	385	432	385	0.013 9	0.349 6
	2	16	0.611 2	0.001 7	3 600	47	102	283	385	387	576	387	0.013 9	0.363 5
	3	24	0.618 0	0.006 8	3 600	189	102	287	389	388	766	388	0.014 0	0.377 5
	4	40	0.631 6	0.013 6	3 600	378	103	294	397	404	1 020	404	0.014 5	0.392 0
	5	66	0.653 7	0.022 1	3 600	614	103	308	411	403	545	403	0.014 5	0.406 5
	6	72	0.658 8	0.005 1	3 600	142	103	311	414	313	574	313	0.011 3	0.417 8
	7	83	0.668 2	0.009 4	3 600	261	104	108	212	214	847	214	0.007 7	0.425 5
	8	107.09	0.691 0	0.022 8	3 600	633	105	111	216	217	864	217	0.007 8	0.433 3
	9	34	0.714 3	0.023 3	3 600	647	105	112	217	332	877	332	0.012 0	0.445 3
	10	55	0.733 9	0.019 6	3 600	545	106	341	447	450	861	450	0.016 2	0.461 5
	11	71	0.748 7	0.014 8	3 600	411	106	346	452	456	950	456	0.016 4	0.477 9
	12	90	0.766 5	0.017 8	3 600	494	107	353	460	343	943	343	0.012 3	0.490 2
	13	108.12	0.788 1	0.021 6	3 600	600	108	117	225	226	568	226	0.008 1	0.498 3
	14	24	0.800 4	0.012 3	3 600	342	108	118	226	350	494	350	0.012 6	0.510 9
	15	29	0.805 6	0.005 2	3 600	144	109	365	474	475	700	475	0.017 1	0.528 0
	16	37	0.813 7	0.008 1	3 600	225	109	367	476	480	1 080	480	0.017 3	0.545 3
	17	58	0.835 3	0.021 6	3 600	600	109	374	483	488	1 350	488	0.017 6	0.562 9
	18	88	0.866 2	0.030 9	3 600	858	109	384	493	498	1 250	498	0.017 9	0.580 8
	19	109.13	0.893 1	0.026 9	3 600	747	110	392	502	505	1 060	505	0.018 2	0.599 0
	20	31	0.913 2	0.020 1	3 600	558	110	397	507	509	820	509	0.018 3	0.617 3
	21	41	0.924 4	0.011 2	3 600	311	110	401	511	515	1 080	515	0.018 5	0.635 8
	22	59	0.944 7	0.020 3	3 600	564	111	407	518	530	2 310	530	0.019 1	0.654 9
	23	110.14	1.008 8	0.064 1	3 600	1 780	113	429	542	555	3 200	555	0.020 0	0.674 9
	24	88	1.104 2	0.095 4	3 600	2 650	114	453	567					
8.8	0:3	111.40	1.174 5	0.070 3	1 800	3 910								

特征值统计：入库最大流量 6 280 m³/s；入库洪水总量 2.14 亿 m³；出库最大流量 30 500 m³/s；跨坝最大流量 30 000m³/s。

注：1.7 日 20 时以后以降雨推算的入库流量过程见附表 4；

2.考虑上游袁门、油坊山水库 7 日 21 时前拦蓄量后，石漫滩水库产水量约为 2.24 亿 m³。

附表 4　石漫滩水库 8 月 7~8 日入库流量过程计算表

日期		单位线 (m³/s)			流域平均雨量 (mm)	平均入渗量* (mm)	净雨深 (mm)	各时段净雨产生之地面径流量 (m³/s)								地面径流量 (m³/s)	前期退水流量 (m³/s)	本次降雨产生之地下水量 (m³/s)	总流量 (m³/s)
月.日	时	Q1	Q2	Q3				9.7 用Q1	25.2 用Q2	50.7 用Q3	120.7 用Q3	71.1 用Q3	31.4 用Q2	10.2 用Q1	8.0 用Q1				
8.7	20	213	308	390				0								0			
	21	188	191	174	13.1	4	9.1	194	0							194	730	3	927
	22	108	84	54	29.2	4	25.2	171	777	0						948	600	3	1 550
	23	62	34	16	54.7	4	50.7	98	482	1 980	0					2 560	480	20	3 060
	24	33	12	4	124.7	4	120.7	56	212	882	4 710	0				5 860	350	70	6 280
8	1	17	7	1	75.1	4	71.1	30	86	274	2 100	2 770	0			5 260	280	130	5 670
	2	10	3		35.4	4	31.4	15	30	81	652	1 240	967	0		2 985	220	160	3 360
	3	3	3		14.2	4	10.2	9	18	20	193	384	600	217	0	1 441	180	190	1 810
	4	3			12.0	4	8.0	3	8	5	48	114	264	192	171	805	150	180	1 140
	5	1			1.7	1.7	0	3			12	28	107	110	150	410	130	170	710
	6							1				7	38	63	86	195	110	150	455
	7												22	34	50	106	90	135	331
	8												9	17	26	52	80	120	252
	9													10	14	24	70	105	199
	10													3	8	11	60	90	161
	11													3	2	5	50	80	135
	12													1	2	3	40	70	113
	13														1	1	30	60	91
	14																25	50	75
	15																21	40	61
	16																18	35	53
	17																15	30	45
	18																12	25	37
	19																10	20	30
	20																8	17	25
	21																6	14	20

注：1. "*" 系根据 1969 年 9 月 2 日洪水分析，包括潜流在内的平均入渗量每小时约为 4mm；
2. 本计算中未考虑上游袁门、油坊山水库的拦蓄作用；
3. Q2 为本次分析的单位线，Q1、Q3 是经过非线性修改正的单位线。

— 596 —

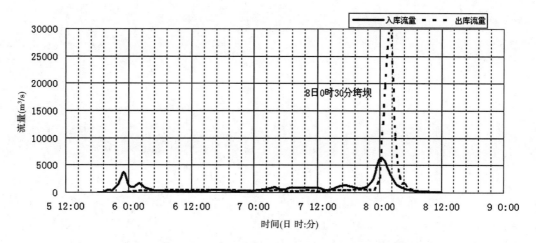

附图 1 　8 月 5 ~ 8 日石漫滩水库入、出库流量过程线